LaTeX

Band 3: Erweiterungen

Helmut Kopka

LaTeX

Band 3: Erweiterungen

Pearson Studium

ein Imprint der Pearson Education Deutschland GmbH

Die Deutsche Bibliothek – CIP-Einheitsaufnahme

Ein Titeldatensatz für diese Publikation ist bei
Der Deutschen Bibliothek erhältlich.

10 9 8 7 6 5 4 3 2 1

05 04 03 02

ISBN 3-8273-7043-4

Korrigierter Nachdruck 2002 bei Pearson Studium,
ein Imprint der Pearson Education Deutschland GmbH
Martin-Kollar-Straße 10-12, D-81829 München/Germany

Lektorat: Irmgard Wagner, Planegg, irmwagner@t-online.de
Korrektorat: Petra Kienle, Fürstenfeldbruck
Herstellung: Kunigunde Huber, khuber@pearson.de
Satz: Helmut Kopka
Druck und Verarbeitung: Bercker Graphischer Betrieb, Kevelaer

Printed in Germany

Vorwort

Der vorliegende Band drei schließt die dreibändige LaTeX-Buchserie ab. Die Untertitel der drei Bände

Band 1: LaTeX-Einführung
Band 2: LaTeX-Ergänzungen – mit einer Einführung in METAFONT
Band 3: LaTeX-Erweiterungen

spiegeln die Gliederungsstruktur der Buchtrilogie wider, auch wenn diese Untertitel bezüglich der jeweiligen Inhalte teilweise unvollständig sind. So ist Band 1 zunächst eine Einführung, gleichzeitig aber auch ein Nachschlagewerk für alle Möglichkeiten einer LaTeX-Grundinstallation, wozu sich der alphabetische Befehlsindex mit einer Kurzbeschreibung *aller* LaTeX-Befehle und -Umgebungen sowie den zugehörigen Erläuterungsverweisen anbietet. Außerdem enthält Band 1 mit dem 46-seitigen Anhang F eine ausführliche Installationsanleitung für ein arbeitsfähiges TeX- und LaTeX-System.

Band 2 stellt eine Reihe von LaTeX-Ergänzungen vor, die mit dem Kenntnisstand von Band 1 sofort genutzt werden können, ohne dass hierzu grundsätzlich Neues hinzugelernt werden müsste, da diese Ergänzungen die LaTeX-Standardsyntax übernehmen. Ein Schwerpunkt von Band 2 liegt in der Nutzung weiterer Schriften, einschließlich der PostScript-Schriften. Dies schließt die Vorstellung von Sonderschriften mit zugehörigen Bearbeitungswerkzeugen zur Spieledokumentation, wie Schach, Backgammon, Go und Kreuzworträtseln sowie für den Musiknotensatz ein. Diese Sonderzeichensätze leiten über zur Einbindung von Grafiken unterschiedlicher Herkunft in eine LaTeX-Bearbeitung.

Mit seinem letzten Kapitel 8 stellt Band 2 eine Kurzeinführung in das Programm METAFONT bereit, mit dem alle verfügbaren Zeichensatz-Quellenfiles in die druckerspezifischen Zeichensatz-Ausgabefiles umgewandelt werden können. Grundsätzlich ermöglicht METAFONT aus programmtechnischer Sicht die Erstellung beliebiger Zeichensätze und Grafikstrukturen. Für ein typographisch akzeptables Ergebnis sind jedoch neben den reinen programmtechnischen Kenntnissen auch vertiefte Fachkenntnisse der Typographie gefragt. Die Erstellung spezieller Firmenlogos u. ä. zur Einbindung in eine LaTeX-Bearbeitung kann dagegen von jedermann vorgenommen werden.

Band 3 richtet sich an Anwender, die die LaTeX-Grund- und Ergänzungsmöglichkeiten aus Band 1 und 2 erweitern wollen, sowie an LaTeX-Systemverwalter, die ein LaTeX-Gesamtsystem sachgerecht zu strukturieren und zu warten haben. Dazu wird in Kapitel 1 zunächst das zugrundeliegende TeX-System in seiner Struktur und seiner Filegliederung systematisch dargestellt.

Im anschließenden Kapitel 2 wird die Struktur eines LaTeX-Systems, einschließlich der Aufgaben und Wechselbeziehungen seiner Systemkomponenten, im Detail beschrieben. Bezüglich seiner Systemgliederung ist LaTeX 2_ε seinem Vorgänger LaTeX 2.09 bereits aus formaler Sicht überlegen. Die verschiedenen Systemkomponenten, wie Klassenfiles, Klassenoptionsfiles und sonstige Ergänzungspakete, werden hier durch die Anhänge `.cls`, `.clo` bzw. `.sty` in den Filenamen gekennzeichnet, während die äquivalenten Systemfiles in LaTeX 2.09 alle den einheitlichen Namensanhang `.sty` tragen.

Auch die Wechselbeziehungen zwischen dem sog. LaTeX-Kern und den Klassenfiles sowie den Ergänzungspaketen erfolgen in LaTeX 2_ε sehr viel übersichtlicher und einfacher durch die sog. Interface-Befehle. Die Interface-Befehle sind daran zu erkennen, dass sie lange selbstbeschreibende Befehlsnamen tragen, in denen Groß- und Kleinbuchstaben vermischt auftreten. Alle für eigene Anwendungszwecke nützlichen Interface-Befehle werden im Verlauf von Kapitel 2 vorgestellt, ebenso wie einige interne Befehle, die ein oder mehrere `@`-Zeichen in ihren Namen enthalten und deshalb aus der Anwenderebene nicht direkt angesprochen werden können. Solche internen Befehle können aber in eigenen Ergänzungspaketen und Klassenfiles genutzt werden.

Die Standard-Klassen- und -Klassenoptionsfiles werden in Kapitel 3 im Detail vorgestellt und inhaltlich beschrieben. Nach deren Muster können vom Anwender eigene Klassenfiles und Ergänzungspakete entwickelt werden, wenn die gestellten Layoutforderung mit den LaTeX-Standardformen nicht zu erzielen sind. Aus historischen Gründen und für Anwender, die immer noch LaTeX 2.09 verwenden, enthält Kapitel 4 die entsprechenden Struktur- und Systembeschreibungen für LaTeX 2.09.

Bei der Entwicklung von eigenen Ergänzungspaketen sowie von Klassen- und Klassenoptionsfiles werden ausschließlich LaTeX-eigene Konstrukte nicht immer ausreichen, so dass von weiterreichenden Programmelementen aus TeX Gebrauch gemacht werden muss. Für solche Anleihen aus TeX mag Kapitel 5 als Kompaktdarstellung von TeX hilfreich sein.

Das abschließende Kapitel 6 aus Band 3 enthält eine Reihe von Beispielen für einfache und aufwendigere Ergänzungspakete und Klassenfiles, die als Muster für Eigenentwicklungen dienen sollen.

Der Band 3 schließt ab mit den drei Anhängen A, B und C, in denen das TeX-Entwicklungswerkeug WEB sowie alle TeX-Zusatzprogramme einer TeX-Standardinstallation vorgestellt werden. Als Beispiel für ein nützliches Zusatzprogramm sei hier patgen genannt, mit dem aus einem eingegebenen Trennlexikon für eine beliebige Sprache das zugehörige TeX-Trennmusterfile erstellt wird.

Im Buchtext von Band 3 erscheinen häufig Verweise auf Band 1 und 2 dieser Buchserie. Diese Verweise erfolgen in der Form [5a, 3.2] oder [5b, 4.2.6] und beziehen sich mit ‘5a’ und ‘5b’ auf die damit gekennzeichneten Einträge des Literaturverzeichnisses. Die nachgestellte Angabe, wie 3.2 oder 4.2.6, verweist auf die entsprechenden Abschnitte oder Unterabschnitte der zitierten Bücher.

Inhaltsverzeichnis

Kapitel 1

Das TEX-Gesamtsystem

Dieses Kapitel richtet sich an TEX-Systemverwalter, die das TEX-System auf ihrem Rechner zu warten, anzupassen und/oder zu ergänzen haben. Dies schließt den PC-Betreiber ein, der diese Aufgabe auf seinem Individualrechner selbst vorzunehmen hat. Dabei wird vorausgesetzt, dass auf dem betrachteten Rechner ein arbeitsfähiges TEX- und LATEX-System verfügbar ist. [5a, Anh. F.1–F.3] enthält ausführliche Hinweise zur Installation eines TEX- und LATEX-Grundsystems, auf die bei Bedarf zurückgegriffen werden sollte. Einige der dort gegebenen Erläuterungen werden hier zunächst zur Erinnerung wiederholt.

1.1 Ein TEX-Grundsystem

1.1.1 Das TEX-Startsystem

Nach der Installation eines TEX-Systems stehen zwei lauffähige Programme zur Verfügung, von denen das eine den Namen `initex` und das andere den Namen `virtex` oder häufig auch nur `tex` trägt. Für die Ausführung dieser Programme wird *zwingend* ein File mit dem Namen `tex.poo` oder, wenn der Namensanhang mehr als drei Buchstaben enthalten darf, `tex.pool` benötigt. Dieses File entsteht bei der Kompilierung der ausführbaren Programme aus deren Quellenfiles[1]. Wurde das TEX-Paket nur in Form ausführbarer Programme geliefert, wie es bei den meisten PC-Versionen der Fall ist, so muss `tex.poo` zwingend beigefügt sein.

Die ausführbaren Programme `initex` und `virtex`, die unter DOS zusätzlich durch den Anhang `.exe` als `initex.exe` bzw. `virtex.exe` gekennzeichnet werden, erwarten das File `tex.poo` in einem speziellen Verzeichnis des sog. TEX-Filesystems (s. 1.2), das bei der Kompilierung vorgegeben oder mittels Umgebungsvariablen festgelegt werden kann. Falls der Betreiber zu Beginn das TEX-Filesystem noch nicht überschaut, so kann er das `tex.poo`-File ebenso wie die im nächsten Unterabschnitt aufgelisteten Systemfiles ins aktuelle Verzeichnis kopieren, da das aktuelle Verzeichnis bei allen ausführbaren TEX-Programmen bei der Filesuche ebenfalls durchmustert wird.

---

[1] Das File `tex.pool` besteht aus einer Vielzahl von Zeichenketten mit vorangestellter Längeninformation. Hiermit werden die zugehörigen Texte, z. B. die Fehlermeldungen, effizienter verwaltet, als dies standardmäßig durch den Pascal-Compiler erfolgt.

Das Programm `virtex` oder `tex` ist das TEX-Grundprogramm zur Formatierung der einzugebenden Texte. Es stellt die ca. 300 TEX-Grundbefehle bereit, die im Standardwerk von Donald E. Knuth, "The TEXbook" [10a], mit einem * im Indexregister gekennzeichnet sind. Im gleichen Buch werden jedoch weitere ca. 600 TEX-Befehle vorgestellt, die für den Anwender in gleicher Weise wie die Grundbefehle erscheinen. Sie werden durch sog. TEX-Makros realisiert. Makros sind TEX-Strukturen, die wie Befehle unter einem Namen bereitgestellt werden, hinter denen sich aber TEX-Ablauffolgen verbergen, die ihrerseits entweder auf einfache Zeichenketten und/oder TEX-Grundbefehle oder auf weitere Makros zurückführen. Makrodefinitionen stellen von ihrer Struktur her ein Stückchen TEX-Text dar, wie er mit jedem Editor erstellt werden kann. Beim Aufruf eines Makros wird dieses dann im Zuge der Bearbeitung gemäß seiner Definition durch den Ablauftext ersetzt und dann abgearbeitet.

Alle in "The TEXbook" vorgestellten Zusatzbefehle werden als Makros in dem File `plain.tex` definiert. Dieses gehört damit ebenfalls zur Minimalausstattung eines nutzbaren TEX-Systems. Die Abarbeitung komplexer Makros kann zeitaufwendig sein, da sie mit jedem Aufruf aufs Neue vollständig in ihren Ersatztext umgesetzt werden und dieser dann Schritt für Schritt abgearbeitet wird.

1.1.2 TEX-Formatfiles

Hier kommt nun das Programm `initex` zum Tragen. Es stellt eine spezielle Version von TEX dar, mit der Makros oder ganze Makropakete *vorbearbeitet* und in *maschinenspezifischer* Form abgelegt werden. Die Abarbeitung solcher vorbearbeiteten Makros erfolgt schneller als die der Originaldefinitionen. Das Programm `initex` stellt gewissermaßen den TEX-Compiler zur Vorbearbeitung von TEX-Makropaketen dar. Dieser erwartet beim Aufruf die Angabe des Filenamens für das Makropaket. Trägt der Filename für das Makropaket den Anhang `.tex`, so genügt die Angabe des Grundnamens. Der Bearbeitungsaufruf ist systemabhängig und lautet meistens:[2]

`initex` *file_grund_name.anh* oder `initex` *file_grund_name*

Das Bearbeitungsergebnis wird in einem sog. *Formatfile* mit dem gleichen Grundnamen und dem Anhang `.fmt` abgelegt. Für das File `plain.tex` erfolgt der Bearbeitungsaufruf also einfach durch:

```
initex plain
```

Auf dem Bildschirm erscheint hierauf (am Beispiel meines UNIX-Systems):

```
This is TeX, Version 3.1415 (C Version 6.1) (INITEX)
(plain.tex Preloading the plain format: codes, registers, parameters,
fonts, more fonts, macros, math definitions, output routines, hyphenation
(/usr/local/lib/texmf/tex/plain/hyphen.tex))
*
```

Hierauf bleibt das Programm stehen und wartet auf eine Anwenderreaktion. Diese muss lauten: `\dump`, gefolgt von der Returntaste, worauf die Bearbeitung mit der Bildschirmnachricht

[2] Bei dem auf PCs verbreiteten emTEX-Paket ist `initex` kein eigenständiges Programm, sondern erfolgt als Aufruf des ausführbaren TEX-Programms mit der Optionsangabe `/i` als

`tex /i` *file_grund_name.anh* oder `tex /i` *file_grund_name*.

Beginning to dump on files plain.fmt
(format=plain *aktuelles Datum*

fortgesetzt wird, gefolgt von etwas Statistik und einer Vielzahl Zeilen der Form

`\font\`*TEX_name*=*zs_file* oder
`\font\preloaded=`*zs_file*

Die Bearbeitung endet mit einigen weiteren statistischen Angaben über die vorbearbeiteten Zeichensätze und das/die verwendete(n) Trennmuster. Das Bearbeitungsergebnis wird in `plain.fmt` abgelegt. Die vorangegangenen Bildschirmmitteilungen und eine Reihe weiterer Bearbeitungsinformationen werden gleichzeitig in `plain.log` protokolliert.

Mit den Anweisungen der Form `\font\`*TEX_name*=*zs_file* werden die *metrischen* Eigenschaften der angeforderten Zeichensätze, also die *Höhe*, *Tiefe* und *Breite* ihrer Zeichen sowie deren Abstand zum nachfolgenden Zeichen, bekannt gemacht, die dann unter dem angegebenen TEX-Befehlsnamen zur Verfügung stehen (*definierte* Zeichensätze). Die metrischen Zeichensatzinformationen werden mit den sog. `.tfm`-Files, also den Zeichensatzfiles mit dem Namensanhang `.tfm`, bereitgestellt. Mit

```
\font\tenrm=cmr10
```

wird die Information aus dem File `cmr10.tfm` für die TEX-Bearbeitung unter dem Befehlsnamen `\tenrm` in maschinenspezifischer Form intern abgespeichert.

Mit der anderen Anweisungsgruppe der Form `\font\preloaded=`*zs_file* werden die metrischen Informationen der angeforderten `.tfm`-Files ebenfalls im erzeugten Formatfile maschinenspezifisch abgelegt. Sie bleiben zunächst jedoch anonym, da ihnen kein entsprechender Befehlsname zugeordnet wurde. (Der benutzte Befehlsname `\preloaded` wird in `plain.tex` später als *undefiniert* erklärt!) Der Vorteil dieser *vorgeladenen* anonymen Zeichensätze liegt darin, dass sie bei einer späteren TEX-Bearbeitung mit expliziten `\font`-Befehlen aktiviert werden können, *ohne* dass die zugehörigen `.tfm`-Zeichensätze zum Bearbeitungszeitpunkt erneut eingelesen werden müssen.

Alle durch `plain.tex` angeforderten `.tfm`-Zeichensatzfiles müssen zum Zeitpunkt des `initex`-Aufrufs verfügbar sein. Sie gehören damit ebenfalls zur Minimalausstattung eines TEX-Systems. Für ein Standard-`plain.tex` sind dies

```
cmbx5.tfm     cmr5.tfm    cmmi5.tfm    cmsy5.tfm
cmbx7.tfm     cmr7.tfm    cmmi7.tfm    cmsy7.tfm
cmbx10.tfm    cmr10.tfm   cmmi10.tfm   cmsy10.tfm
cmex10.tfm    cmtt10.tfm  cmti10.tfm   cmsl10.tfm
```

für die definierten Zeichensätze und zusätzlich

```
cmbx6.tfm     cmr6.tfm      cmmi6.tfm    cmsy6.tfm    cmti7.tfm
cmbx8.tfm     cmr8.tfm      cmmi8.tfm    cmsy8.tf,    cmti8.tfm
cmbx9.tfm     cmr9.tfm      cmmi9.tfm    cmsy9.tfm    cmti9.tfm,
cmss10.tfm    cmssi10.tfm   cmsl8.tfm    cmtt8.tfm    cmsltt10.tfm
cmssq8.tfm    cmssqi8.tfm   cmsl9.tfm    cmtt9.tfm
```

sowie

```
cmssbx10.tfm  cmcsc10.tfm   cmmib10.tfm  cmbsy10.tfm  cmu10.tfm
cmdunh10.tfm  manfnt.tfm
```

für die vorgeladenen Zeichensätze. Die letzte Gruppe enthält diejenigen Zeichensätze, denen in `plain.tex` der Bildschirmausgabebefehl `\message{more fonts}` vorangeht.

Kurz vor Ende des Files `plain.tex` findet man den Befehl `\input hyphen`. Bei der `initex`-Bearbeitung wird an dieser Stelle nach dem File `hyphen.tex` gesucht und dieses, wenn es gefunden wird, eingelesen. Es enthält das US-englische Trennverzeichnis, das somit Bestandteil des Formatfiles `plain.fmt` wird. Wird `hyphen.tex` in `UShyphen.tex` umbenannt, so bleibt die Suche nach `hyphen.tex` erfolglos, und `initex` bleibt mit der Fehlermeldung

```
! I can't find file 'hyphen'
l.1211 \input hyphen
Please type another input file name:
```

stehen und wartet auf eine entsprechende Tastatureingabe. Mit der Eingabe von `UShyphen`, gefolgt von der Returntaste, wird das umbenannte File `UShyphen.tex` eingelesen, die `initex`-Bearbeitung fortgesetzt und mit der abschließenden Eingabe `\dump` ⟨*R*eturn⟩ wie vorher mit der Ausgabe von `plain.fmt` beendet.

Die Abfrage zur Eingabe des Trennmusterfiles kann aber auch mit einem anderen Filenamen beantwortet werden. Die deutschen Trennmusterfiles wird in unter den Namen `dehypht.tex` (alte Rechtschreibung) bzw. `dehyphn.tex` (neue Rechtschreibung) bereitgestellt. Mit der Antwort `dehypht` bzw. `dehyphn` undi der Abschlusseingabe `\dump` wird ein Formatfile `plain.fmt` erzeugt, das die entsprechende deutsche Trennmusterliste enthält.

Wird der vorstehende `initex`-Aufruf zweimal vorgenommen und die Frage nach dem einzulesenden Trennmusterfile einmal mit `dehyphn` und ein anderes Mal mit `UShyphen` beantwortet, so wird das Bearbeitungsergebnis beide Male unter dem Namen `plain.fmt` abgelegt, womit das zweite Ergebnisfile das erste überschreibt. Um dies zu vermeiden, muss das erste Ergebnisfile vorab umbenannt werden, z. B. als `gplain.fmt`. Die beiden Ergebnisfiles `gplain.fmt` und `plain.fmt` können dann in Verbindung mit `virtex` zur Bearbeitung deutscher bzw. englischer Texte genutzt werden.

TEX-Versionen ab 3.0 können im Prinzip bis zu 255 verschiedene Trennmusterfiles in *einem* Formatfile einbinden. Wird mit dem Editor ein kleines File mit dem Inhalt

```
\message{== Loading hyphenation patterns:}
\chardef\l@USenglish=\language
\chardef\l@english=\l@USenglish  %% british english as "dialect"
\input UShyphen

\newlanguage\l@german \language=\l@german
\chardef\l@austrian=\l@german    %% austrian as german dialect
\input dehyphn

\newlanguage\l@french \language=\l@french
\input fhyph

%% Default hyphenation pattern: USenglish
\language=\l@USenglish \lefthyphenmin=2 \righthyphenmin=3
\endinput
```

unter dem Namen `hyphen.tex` abgelegt, so wird dieses bei der `initex`-Bearbeitung an der Stelle des Befehls `\input hyphen` eingelesen. Es liest seinerseits dann nacheinander die US-englischen, deutschen und französischen Trennmusterfiles `UShyphen.tex`, `dehyphn.tex` und `fhyph.tex` ein und verknüpft sie mit den internen Werten 0, 1 und 2 für den Sprachschalter `\language`. Die alternative Einbindung von `dehypht.tex` mit dem Trennmusterfile zur alten deutschen Rechtschreibung bedarf keiner zusätzlichen Erläuterung. Zur Einbindung beider deutscher Trennmusterfiles verweise ich bei Bedarf auf [5a, F.1.1 und F.2.1].

Achtung: Die ausführbaren Programme `initex` und `virtex` richten einen internen Pufferspeicher zur Aufnahme der Trennmuster ein, dessen Größe durch die interne Konstante `trie_size` bei den TEX-Standardprogrammen mit 8000 vorgegeben wird. Dieser Wert ist zur Aufnahme mehrerer Trennmusterlisten zu klein und muss vor der Kompilierung vergrößert werden, falls die Pufferspeicher nicht zur Laufzeit abgeändert werden können. Letzteres ist z. B. bei den TEX-Programmen aus dem emTEX-Paket der Fall. Bei den ausführbaren Programmen aus dem UNIX-Installationspaket wird `trie_size=30000` eingestellt, was zur Aufnahme der vorgeschlagenen dreisprachigen Trennmusterfiles ausreicht.

1.1.3 Formatfile-Einbindung

Das eigentliche TEX-Textbearbeitungsprogramm `virtex` bzw. `virtex.exe` verlangt beim Aufruf neben dem Namen des zu bearbeitenden Textfiles auch die Angabe des zu verwendenden Formatfiles. Das Formatfile wird hierbei durch ein vorangestelltes &-Zeichen gekennzeichnet (das unter UNIX durch einen nochmals vorangestellten Rückstrich \ zu maskieren ist). Die Aufrufsyntax lautet damit:

`virtex` &*format_file text_file* bzw `virtex` \&*format_file text_file* (UNIX)

Wurden mit `plain.fmt` und `gplain.fmt` zwei Plain-Formatfiles mit dem US-englischen Original- bzw. dem deutschen Trennmusterfile erzeugt, so können englische Textfiles mit dem Aufruf `virtex &plain` *text_file* und deutsche Textfiles mit dem Aufruf `virtex &gplain` *text_file* sachgerecht bearbeitet werden. Erzeugt man unter DOS zwei kleine Befehlsdateien mit den Namen `tex.bat` bzw. `gtex.bat` und dem Inhalt

`virtex &plain %1` bzw. `virtex &gplain %1`

dann kann der Aufruf vereinfacht mit

`tex` *text_file* für englische Texte bzw.
`gtex` *text_file* für deutsche Texte

erfolgen. Wurde ein Formatfile `plain.fmt` mit mehrsprachigen Trennmustern erstellt, so lautet der Aufruf zunächst einfach `virtex &plain` *text_file* oder erfolgt mit einer entsprechenden Befehlsdatei `tex.bat` als `tex` *text_file*. Die Aktivierung des erforderlichen sprachspezifischen Trennmusters erfolgt dann mit der zugehörigen Schaltereinstellung `\language=`n innerhalb des Textfiles *text_file* selbst.

Auch der Aufruf zur LATEX-Bearbeitung ist nichts anderes als `virtex &latex` *text_file*, bei dem nun ein Formatfile `latex.fmt` zugefügt wird, das aus der `initex`-Bearbeitung des LATEX-Quellenfiles `latex.ltx` gewonnen wird. Bei dieser `initex`-Bearbeitung liest das Ausgangsquellenfile `latex.ltx` bei der Formaterstellung weitere Files mit dem Anhang `.ltx` ein, worauf in 2.1.2 genauer eingegangen wird. In gleicher Weise können Formatfiles für andere Makropakete, z. B. `amstex.tex`, erzeugt und anschließend mit `virtex` durch Aufrufe der Form '`virtex` &*makro_pak text_file*' aktiviert werden, z. B. als '`virtex &amstex` *text_file*' zur AMS-TEX-Bearbeitung von *text_file*.

Der `virtex`-Aufruf mit der Einbindung des Formatfiles `plain.fmt` wird im TEX-Sprachgebrauch häufig als PLAIN-TEX bezeichnet. Dies ist in sich schlüssig, da sich hinter den Ausdrücken der LATEX- oder AMS-TEX-Bearbeitung ebenfalls nur der `virtex`-Aufruf mit der Einbindung der `latex.fmt`- bzw. `amstex.fmt`-Formatfiles verbirgt.

1.1.4 Formatfile-Erweiterungen

Soll ein bestehendes Formatfile *format*`.fmt` um ein weiteres Makropaket, das mit dem File *extra_makr*`.tex` bereitgestellt wird, erweitert werden, so kann dies mit einem `initex`-Aufruf der Form

`initex` *&format extra_makr*

geschehen. Bei dieser `initex`-Bearbeitung wird das vorhandene Formatfile *format*`.tex` vorab eingelesen und mit den Makrodefinitionen aus *extra_makr*`.tex` verknüpft. Das Bearbeitungsergebnis wird in einem neuen Formatfile mit dem Namen *extra_makr*`.fmt` abgelegt. Wurde z. B. ein Standardformatfile `plain.fmt` mit dem US-englischen Trennverzeichnis eingerichtet, so könnte mit der Bereitstellung eines Files `mplain.tex` und dem Inhalt, wie er auf S. 4 mit dem dort vorgeschlagenen `hyphen.tex` mit Ausnahme der vierten Zeile '`\input UShyphen`' entspricht, ein mehrsprachiges Formatfile `mplain.fmt` schneller mit dem Aufruf '`initex &plain mplain`' erzeugt werden.

1.2 Das TEX-Filesystem

Die ausführbaren TEX-Programme erwarten die angeforderten Files unter bestimmten Pfad- und Verzeichnisnamen, die das sog. TEX-Filesystem bilden. Dieses wird bei der Kompilierung der Quellenprogramme vorbestimmt und kann bei den meisten Betriebssystemen mit sog. Umgebungsvariablen abgeändert werden. Soweit die ausführbaren Programme beim Anwender durch eigene Kompilierung erstellt werden, kann das geforderte Filesystem nach den Vorstellungen des Anwenders durch Editieren der zugehörigen Makefiles vorgenommen werden. Dies ist z. B. bei der Installation eines TEX-Systems unter UNIX der Fall.

Werden die ausführbaren Programme als fertige binäre Files geliefert, wie das bei den meisten PC-TEX-Systemen der Fall ist, dann muss das eingebaute Filesystem übernommen oder mit dem Setzen expliziter Umgebungsvariablen an die Wünsche des Anwenders angepasst werden. Dabei hängt es von der Lieferquelle ab, welche Files mit welchen Umgebungsvariablen zugeordnet werden können. Dies führt meistens zu unterschiedlichen TEX-Filesystemen für die verschiedenen Herkunftsquellen.

Die internationale TEX-Users-Group (TUG) hat deshalb einen Arbeitskreis eingerichtet, der einen Vorschlag für ein einheitliches TEX-Filesystem erarbeiten soll. Ein solcher wurde Mitte Juni 1995 unter dem Kürzel TDS (TEX Directory Structure, Vers. 0.98) vorgestellt und zuletzt am 21. April 1999 mit der Version 0.9996 verbessert. Nach diesem Vorschlag soll das Ausgangsverzeichnis für das TEX-Gesamtsystem den Namen `.../texmf` tragen. Die Einbindung dieses TEX-Ausgangsverzeichnisses in das gesamte Rechner-Filesystem bleibt dem Systemverwalter überlassen. Unter UNIX ist es traditionell `/usr/local/lib/texmf` und unter DOS vermutlich ein Hauptverzeichnis eines Laufwerks, z. B. `D:\texmf`.

Die erste Ebene für das TEX-Eingabeverzeichnis `.../texmf` soll dann mindestens aus den Unterverzeichnissen

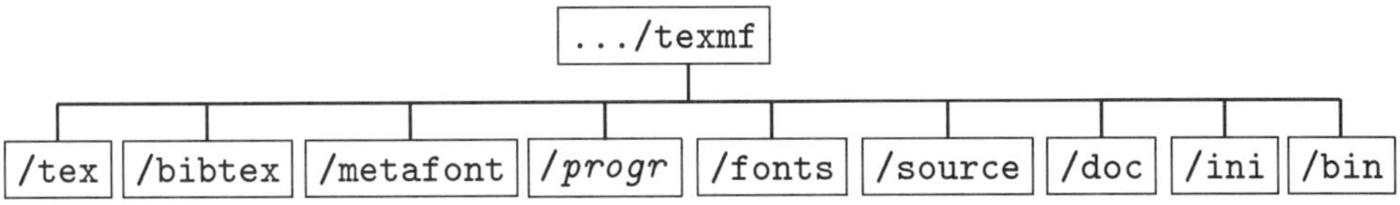

bestehen. Die Namen sind teilweise selbsterklärend. Die meisten dieser Unterverzeichnisse sind ihrerseits untergliedert. Diese Eingangsebene und ihre weitere Untergliederung wird in den nachfolgenden Unterabschnitten vorgestellt.

Bei dieser Vorstellung verwende ich die UNIX-Syntax für die Verzeichnisgliederung. Sie ist, bis auf das Eingangsverzeichnis, weitgehend mit der MS-DOS-Syntax identisch, wenn der Schrägstrich `/` aus UNIX unter DOS durch den Rückstrich (Backslash) ersetzt wird. Der UNIX-Angabe `/usr/local/lib/texmf/source` könnte unter MS-DOS z. B. `d:\texmf\source` entsprechen. Die VMS-Syntax auf VAX-Rechnern unterscheidet sich zwar formal von der einfachen UNIX- oder DOS-Verzeichnisstruktur, stimmt jedoch mit diesen in der Logik der Verzeichnishierarchie überein, und die entsprechende Zuordnung wird dem VMS-Nutzer nicht schwerfallen.

UNIX erlaubt Filenamen mit einer Namenslänge von bis zu 256 Zeichen (Buchstaben, Ziffern und einige Sonderzeichen wie _ und -), wobei der Namensanhang mehrfach untergliedert sein darf. Dies macht unter UNIX weitgehend selbstbeschreibende Filenamen möglich. MS-DOS beschränkt Filenamen auf die Gliederung *grund_name.anh*, wobei die maximale Länge für den Grundnamen acht und für den Anhang drei Zeichen beträgt. Der TDS-Vorschlag für das TeX-Filesystem übernimmt die MS-DOS-Einschränkungen für die Verzeichnisnamen, um eine weitgehend einheitliche Namensgebung auf allen Rechnerplattformen zu ermöglichen.

Nach dem vorstehenden Vorschlag für ein TeX-Filesystem sollten zukünftig alle TeX-Systeme strukturiert werden, was bei neueren TeX-Installationen meistens auch der Fall ist. Frühere TeX-Insatallationen waren dagegen nach den Vorstellungen des jeweiligen Quellenbetreuers untergliedert. Dies führte, je nach Herkunftsquelle, zu recht unterschiedlichen Verzeichnisstrukturen. Der TeX-Betreuer für ein Rechenzentrum mit mehreren unterschiedlichen Rechnern und Betriebssystemen sollte den TDS-Vorschlag für alle seine Plattformen zu übernehmen. Die Wartung der TeX-Systeme wird dadurch mit Sicherheit einfacher, auf jeden Fall übersichtlicher.

Für ein TeX-Filesystem nach dem TDS-Vorschlag ist es hilfreich, wenn die ausführbaren Programme eine rekursive Suchstrategie für die angeforderten Files erlauben. Darunter ist Folgendes zu verstehen: Die Suche nach einem angeforderten File beginnt in einem (oder mehreren) bei der Installation vorbestimmten oder explizit mit Umgebungsvariablen erklärten Eingangsverzeichnis(sen). Wird es dort nicht gefunden, wird die Suche in den darunter liegenden Unterverzeichnisssen der ersten Ebene fortgesetzt. Bleibt die Suche auch hier erfolglos, so wird die nächste Unterverzeichnisebene durchmustert usf.

Die rekursive Suchstrategie kann für alle ausführbaren Programme einer TeX-Installation unter UNIX vorausgesetzt werden, zumindest wenn diese auf das von DANTE e. V. gepflegte Installationspaket `dante-tex.tar` oder auf dessen Original `web2c` von Karl Berry zurückgreifen. Dies gilt gleichermaßen für die DVI-Treiberpakete `dante-dvilj.tar` und `dante-dvips.tar`. Ebenso können die ausführbaren Programme aus dem emTeX-Paket, einschließlich aller beigefügten DVI-Treiber, mit einer rekursiven Suchstrategie ausgestattet werden.

Die rekursive Suchstrategie für angeforderte Files aus einem nach dem TDS-Vorschlag gegliederten Filesystem ist nicht zwingend erforderlich. Ohne diese müssen jedoch alle bei einer Filesuche zu durchmusternden Verzeichnisse und Unterverzeichnisse entweder bereits bei der Installation oder mit entsprechenden Umgebungsvariablen explizit angegeben werden. Dies erschwert die Erweiterung des TeX-Filesystems, weil damit entweder die Installation mit der entsprechenden Erweiterung wiederholt oder die zugehörigen Umgebungsvariablen entsprechend erweitert werden müssen.

1.2.1 Format- und Basisfiles

Alle mit `initex` bearbeiteten Makropakete, also die sog. Formatfiles mit dem Namensanhang `.fmt`, sollten im Eingangsverzeichnis `.../texmf/ini` abgelegt werden. Bei der Erstellung von multilingualen Formatfiles gemäß 1.1.2, S. 4 wird sich dies häufig auf die beiden Formatfiles `plain.fmt` und `latex.fmt` beschränken, evtl. ergänzt durch `amstex.fmt` und `texinfo.fmt`. Dies gilt zumindest nach der Einführung von LaTeX 2ε, dank derer die bisherigen unterschiedlichen LaTeX-Formatfiles für diverse LaTeX-Variationen durch nur ein einheitliches LaTeX 2ε-Formatfile abgelöst wurden.

Das Pendant zu den Formatfiles und ihrem Erzeugungsprogramm `initex` sind bei einem METAFONT-System die Basisfiles mit dem Anhang `.bas` sowie das Erzeugungsprogramm `inimf`. Für Details zur Erstellung der Basisfiles verweise ich auf [5a, F.1.6] sowie ergänzend für emTeX-Betreiber auf Abschnitt F.2.3.2 im gleichen Buch. Für die allermeisten METAFONT-Anwendungen reicht die Erstellung von `plain.bas` und `cmbase.bas`. Auch die Basisfiles sind im Unterverzeichnis `.../texmf/ini` abzulegen.

In dieses Verzeichnis gehören schließlich noch die TeX- und METAFONT-Poolfiles, also die Files `tex.pool` und `mf.pool`, deren Namensanhänge unter MS-DOS auf drei Buchstaben und damit auf `.poo` verkürzt sind.

Kommen TeX und METAFONT beim Anwender sowohl in einer Standard- als auch in einer BIG-Version zur Anwendung, dann empfiehlt es sich, das Eingangsverzeichnis `.../texmf/ini` entsprechend zu untergliedern, z. B. in `.../texmf/ini/std` und `.../texmf/ini/big`, und die Format-, Basis- und Poolfiles der Standard- und Big-Versionen in den zugeordneten Unterverzeichnissen abzulegen.

Die Einrichtung des Verzeichnisses `./ini` in der Eingangsebene `.../texmf` entspricht einer früheren Empfehlung der TDS-Arbeitsgruppe. In der letzten Version 0.999 wurde sie wieder zurückgenommen. Falls die aktuelle Empfehlung nun so zu verstehen ist, die verschiedenen Format-, Basis- und Poolfiles in vertieften Verästelungen des TeX-Dateienbaums unterzubringen, so erscheint mir der frühere explizite Vorschlag für das Eingangsverzeichnis `./ini` konsequenter, da er gleichzeitig die herausgehobene Bedeutung der Format-, Basis- und Poolfiles für die TeX- bzw. METAFONT-Bearbeitung unterstreicht. Die Einrichtung dieses Sonderverzeichnisses entspricht auch der `Makefile`-Installationshilfe für ein TeX-Filesystem unter UNIX, falls diese nicht manuell abgeändert wird.

1.2.2 TeX-Makropakete

Das Eingangsverzeichnis `.../texmf/tex` ist zur Aufnahme aller Makropakete gedacht, die bei einem TeX-Aufruf evtl. zusätzlich eingebunden werden. Da zu einem TeX-Programmaufruf stets die Angabe des zu verwendenden Formatfiles gehört (s. 1.1.3), ist das Eingangsverzeichnis `./tex` weiter zu untergliedern, und zwar wenigstens in Unterverzeichnisse, deren Namen den Grundnamen der erstellten Formatfiles entsprechen.

Für die Mehrzahl der LaTeX-Anwender sind dies wenigstens die Unterverzeichnisse `./plain` und `./latex`. Als weiteres paralleles Unterverzeichnis wird häufig `./amstex` benötigt, insbesondere bei Anwendern mit umfangreichen mathematischen Formatierungsaufgaben. Die formatspezifischen Unterverzeichnisse sollten weiter untergliedert werden, und zwar in die Subunterverzeichnisse `./base`, `./misc`, `./local` und bei Bedarf in `./`⟨*zus_pakete*⟩ für weitere Ergänzungen. Das nachstehende Diagramm demonstriert die empfohlene Untergliederung des Eingangsverzeichnisses `.../texmf/tex`.

```
./tex/
  ⟨format⟩/
    base/
    misc/
    local/
    ⟨zus_pakete⟩
  generic/
    hyphen/
    misc/
    ⟨zus_pakete⟩/
```

Unter `./tex/plain/base` sind diejenigen Makropakete abzulegen, die zur Grundausstattung eines PLAIN-TEX-Pakets gehören und *nur* im Zusammenhang mit dem `plain.fmt`-Formatfile verwendet werden. Dies sind die `.tex`-Files, die man auf den TEX-Fileservern unter `/tex-archive/macros/plain/base` findet, mit Ausnahme der dortigen Files `null.tex` und `hyphen.tex`.

In gleicher Weise sind unter `./tex/latex/base` alle `.cls`-, `.clo`-, `.def`-, `.fd`-, `.sty`- und `.ltx`-Files abzulegen, die nach dem Entpacken der LATEX-Originalfiles aus dem Archiv `/tex-archive/macros/latex/base` entstehen. Für Erstellungsdetails verweise ich auf 2.1.1 und [5a, F.1.3].

Das jeweilige Unterverzeichnis `./misc` für die verschiedenen Formatunterverzeichnisse ist für solche Makropakete gedacht, die jeweils nur aus *einem* File bestehen und nicht bereits im Unterverzeichnis `./base` enthalten sind. Schließlich sind die Unterverzeichnisse mit dem Namen `./local` für lokale Konfigurationsfiles aus dem jeweiligen Formatverzeichnis vorgesehen. Mit weiteren Unterverzeichnissen `./`⟨*zus_paket*⟩ können weitere Makropakete geordnet werden. Auf den öffentlichen Fileservern findet man solche in großer Vielzahl, z. B. unter dem Eingangsverzeichnis `/tex-archive/macros` in weiteren Unterverzeichnissen wie `./plain/contrib`, `./latex/packages`, `./latex/contrib` u. a.

Das Eingangsverzeichnis `./generic` unterhalb von `.../texmf/tex` ist für solche Makropakete gedacht, die von mehreren Formaten benutzt werden. Ebenso gehören hierhin diejenigen Makropakete, die bei der Erstellung von verschiedenen Formatfiles gemeinsam genutzt werden. Die hierunter vorgeschlagene Gliederung ist mit `./hyphen` zur Aufnahme der sprachspezifischen Trennmusterfiles gedacht und mit `./misc` für sonstige Makropakete wie `null.tex` aus dem PLAIN-TEX-Grundpaket, das für alle Formate als Eingabereaktion auf die Fehlermeldung '`! I can't find file '...' Please type another input file name:`' für eine zielgerichtete Programmbeendigung genutzt werden kann.

1.2.3 METAFONT-Makropakete

Das Eingangsverzeichnis `.../texmf/metafont` ist zur Aufnahme des METAFONT-Makrofilesystems vorgesehen. Es ist seinerseits untergliedert in `./base`, `./misc` und `./local`. Unter `./base` sind alle `.mf`-Files abzulegen, die zum METAFONT-Grundsystem gehören. Das sind insbesondere die Files `plain.mf`, `cmbase.mf`, `expr.mf`, `grayf.mf` und `slant.mf` sowie die Beispiefiles aus [10b], wie `io.mf`, `manfnt.mf`, `test.mf` u. ä. Nicht hierher gehören die METAFONT-Quellenfiles für die diversen Zeichensätze. Diese sind im Zeichensatz-Filesystem einzurichten (s. u.).

Unter dem Unterverzeichnis `./misc` sind sonstige METAFONT-Makropakete abzulegen, die jeweis nur aus einem File bestehen und nicht bereits in `./base` auftreten. Typische Vertreter sind hierfür die Files `modes.mf` und `null.mf`. Ersteres findet man auf den TEX-Fileservern unter `/tex-archive/fonts/ams/amsfonts/sources`. Es stellt die Einstellvorgaben für eine Vielzahl von Druckern bereit. Das andere File `null.mf` ist ein Leerfile, das bei einem METAFONT-Aufruf als Anwenderantwort zur Programmbeendigung genutzt werden kann, falls die Suche nach einem METAFONT-Makrofile erfolglos blieb.

Das Unterverzeichnis `./local` ist, seinem Namen entsprechend, für lokale METAFONT-Ergänzungen gedacht, falls solche existieren. Mit dieser relativ einfachen Filestruktur ist das METAFONT-Filesystem bereits vollständig beschrieben.

1.2.4 Das Zeichensatz-Filesystem

Das Eingangsverzeichnis `.../texmf/fonts` enthält das am tiefsten untergliederte TEX-Filesubsystem, das die ganz unterschiedlichen Typen der unter TEX möglichen Zeichensatzfiles aufnimmt. Die TDS-Arbeitsgruppe empfiehlt hierfür die nachstehende Unterstruktur:

```
./fonts/
  ⟨file_typ⟩/
    ⟨drucker_typ⟩/
      ⟨herkunft⟩/
        ⟨zs_quelle⟩/
          dpi⟨nnn⟩/
```

Die oberste Ebene *file_typ* kennzeichnet hierbei die verschiedenen Zeichensatz-Filetypen. Vorgeschlagen werden hierfür als Minimalausstattung die Eingangsverzeichnisse `./tfm` für die TEX-Zeichensatz-Metrikfiles, `./pk` für die gepackten Drucker-Zeichensatzfiles, `./source` für die METAFONT-Zeichensatz-Quellenfiles und `./vf` zur Aufnahme der sog. *virtuellen* Zeichensätze (s. 1.3.3 und [5b, 4.2.4]).

Die METAFONT-Bearbeitung der Zeichensatz-Quellenfiles *zs_name*`.mf` erzeugt bekanntlich Druckerzeichensätze in einem speziellen Format, das durch den Namensanhang `.gf` gekennzeichnet wird. Das Umwandlungsprogramm `gftopk` erzeugt hieraus die gepackten Druckerzeichensätze, erkennbar an einem `pk` im Namensanhang, die die meisten Druckertreiber dann verwenden. Kommt beim Anwender ein Druckertreiber zur Anwendung, der das `.gf`-Format erwartet, so sind die erzeugten `.gf`-Files ebenfalls abzulegen. Die TDS-Arbeitsgruppe schlägt hierfür als weiteres Eingangsverzeichnis `./gf` für *file_typ* vor. Bei den meisten Installationen wird dieses Eingangsverzeichnis nicht benötigt, da die `.gf`-Files nach Erzeugung der äquivalenten `.pk`-Files gewöhnlich gelöscht werden.

Werden beim Anwender auch PostScript-Schriften genutzt, dann wird als weiteres Eingangsverzeichnis für *file_typ* `./afm` (Adobe Font Metrics) benötigt. Diese speziellen Zeichensatz-Metrikfiles stehen auf den TEX-Fileservern für alle erdenklichen PostScript-Schriften frei zur Verfügung. Das Umwandlungsprogramm `afm2tfm` von Tomas Rokicki oder das TEX-Makropaket `fontinst.tex` von Alan Jeffrey erzeugt hieraus die zugehörigen `.tfm`-Metrikfiles, die für eine TEX- oder LATEX-Bearbeitung zur Anwendung kommen.

Neben den in einem PostScript-Drucker fest eingebauten PostScript-Schriften existieren weitere PostScript-Schriften als sog. programmierte Schriften (Soft-Zeichensätze). Die PostScript-Programmiersprache stellt hierfür u. a. ein spezielles Beschreibungsformat unter dem Namen `type1` bereit. Auf den TEX-Fileservern findet man einige wenige frei verfügbare `type1`-kodierte Zeichensätze, z. B. für die Courier- und Utopia-Schriften. Die meisten der erhältlichen `type1`-PostScript-Zeichensätze sind dagegen Lizenzprodukte, die gekauft werden müssen und nur unter Einhaltung der Lizenzvorgaben genutzt werden dürfen. Kommen solche `type1`-Zeichensätze zur Anwendung, dann sind sie in dem zusätzlichen Eingangsverzeichnis `./type1` abzulegen.

Werden beim Anwender verschiedene Druckertypen verwendet, so sind die Eingangsverzeichnisse `./gf` und `./pk` in druckerspezifische Unterverzeichnisse *drucker_typ* zu untergliedern, für die der Anwender eigene charakterisierende Verzeichnisnamen wählen kann. Bei allen anderen Zeichensatz-Eingangsverzeichnissen entfällt diese Unterebene.

Die nächste Unterebene *herkunft*, die bei allen Zeichensatz-Filetypen zur Anwendung kommt, kennzeichnet die Herkunft. Die TDS-Arbeitsgruppe empfiehlt, für alle frei verfügbaren bzw. verteilbaren Schriften das Unterverzeichnis `./public` bereitzuhalten, das seinerseits in die Zeichensatzquellen *zs_quelle*, wie `./cm`, `./dc`, `./pandora` u. a., untergliedert ist. Weitere Verzeichnisnamen zur Kennzeichnung der Herkunft können sein `./ams` für die Zeichensätze der AMS (American Mathematical Society), `./adobe` für PostScript-Schriften der Firma Adobe Systems Inc. u. a. Auch diese Verzeichnisse sind für die verschiedenen Quellengruppen zu untergliedern, z. B. in `./euler`, `./symbols`, `./extracm` und `./cyrillic` für die AMS-Schriften oder `./times`, `./helvetic`, `./newcent` usw. für die Adobe-PostScript-Schriften.

Die beiden letzten Gliederungsebenen *herkunft* und *zs_quelle* treten unter allen Eingangsverzeichnissen für die verschiedenen Filetypen *file_typ* auf. Die Herkunftskennzeichnung `./adobe` kann selbst beim Filetyp `./pk` erforderlich werden, nämlich dann, wenn mit dem Umwandlungsprogramm `ps2pk` von Piet Tutelaers (s. [5b, 4.4.1]) Typ-1-kodierte Adobe-Zeichensätze in äquivalente `.pk`-kodierte Zeichensätze für diskrete Vergrößerungsstufen umgewandelt werden. Umgekehrt könnte der Unterverzeichniszweig `./public/cm` auch unter dem Eingangsverzeichnis `./type1` auftreten, nämlich dann, wenn die TEX-cm-Schriften auch in Typ-1-kodierter Form vorliegen. Man findet sie in dieser Form auf den öffentlichen TEX-Fileservern unter `/tex-archive/fonts/cm/ps-type1`.

Bei den Eingangsverzeichnissen `./gf` und `./pk` erscheint als unterste Ebene zusätzlich noch `./dpi`*nnn*`/`, womit die fiktive Druckerauflösung entsprechend dem gewählten Skalierungsfaktor beim METAFONT-Bearbeitungsaufruf untergliedert wird. Für einen 600 dpi-Drucker enthält das Unterverzeichnis `./dpi600` die `.gf`- bzw. `.pk`-Zeichensätze in ihrer Entwurfsgröße und das Unterverzeichnis `dpi720` diese dann um den Faktor 1.2 vergrößert.

1.2.5 Das Quellenfile-Eingangsverzeichnis

Das Eingangsverzeichnis `.../texmf/source` ist zur Aufnahme der originären Quellenfiles vorgesehen. Ich benutze es gleichzeitig als vorläufiges Installationsverzeichnis, indem ich die von mir gewünschten Dateien vom DANTE-Fileserver in gepackter und/oder archivierter Form zunächst in dieses Verzeichnis kopiere, z. B. das ganze TEX-Installationspaket für UNIX `dante-tex.tar.Z`, hier unter dem Anfangsverzeichnis `./tex.src/`. Ebenso habe ich das LATEX-Grundsystem aus `/tex-archive/macros/latex/base` in `.zip`-gepackter Form hier unter `./latex.src/` als `base.zip` abgelegt und parallel dazu auch die LATEX-Ergänzungen aus `/tex-archive/macros/latex/packages` als `packages.zip` kopiert. Entsprechendes gilt für alle sonstigen von mir vom DANTE-Filesever angeforderten Dateienteilbäume.

Dazu habe ich mir unterhalb des Eingangsverzeichnisses `.../texmf/source` zunächst entsprechende Unterverzeichnisse eingerichtet, deren Namen alle mit dem Anhang `.src` gekennzeichnet sind, wie die vorab genannten Unterverzeichnisse `./tex.src/` und `./latex.src/`. Weitere Beispiele für bei mir eingerichtete Anfangsverzeichnisse für Quellenverzeichnisbäume sind `./dvips.src/`, `./makeindx.src/` u. ä.

Mit dem Entpacken und/oder Entarchivieren entstehen unterhalb der einzelnen Anfangsverzeichnisse die ursprünglichen Dateienstrukturen mit ihren eigenen Verzeichnisbäumen. Diese müssen regelmäßig gewartet werden, um unnötige Plattenspeicherbelegungen zu vermeiden. Viele Files aus den entpackten und/oder entarchivierten Dateien werden für ein arbeitsfähiges TEX-System in anderen Teilen des Filesystems, z. B. unterhalb der bereits vorgestellten Eingangsverzeichnisse `.../texmf/tex/`, `.../texmf/metafont/`, `.../texmf/fonts/` u. a., erwartet. Werden sie dorthin lediglich kopiert, so können sie anschließend zwar ordnungsgemäß genutzt werden, bleiben aber zusätzlich im Quellenverzeichnis erhalten.

Um eine Vorstellung von der Größenordnung zu erhalten, um die es hierbei zum Teil gehen kann, demonstriere ich dies am Beispiel des TEX-Installationspakets für UNIX. Das übertragene archivierte und komprimierte Paket `dante-tex.tar.Z` belegt anfänglich gut 13 Mbyte.

Nach dem Entkomprimieren wächst es als `dante-tex.tar` auf gut 37 Mbyte. Mit dem Entarchivieren belegt das wiederhergestellte Original-Dateiensystem weitere 38 Mbyte. Bei der Aufbereitung der Programm-Qellenfiles mittels der beigefügten Konfigurations- und Installationshilfen (`configure.sh` und `Makefile`) wächst das Original-Dateiensystem dann bereits auf mehr als 60 Mbyte. Von den bei der Aufbereitung entstehenden zusätzlichen Files werden nur die ausführbaren Programme, die Format- und Basisfiles sowie die UNIX-Manual-Dokumentationsfiles benötigt.

Bei der Kompilierung der Original-Quellenfiles entstehen viele hundert Zwischenfiles im Objektkode, die anschließend nicht wieder benötigt werden. Zum Glück enthalten die meisten beigefügten Installationshilfen eine Säuberungsoption, so dass mit dem Aufruf '`make clean`' o. ä. das Gesamtsystem von temporär angelegten Zwischenfiles befreit werden kann.

Nach der erfolgreichen Installation und Aufbereitung von `dante-text.tar.Z` unterhalb des Quellenverzeichnisses `.../texmf/source/tex.src` habe ich alle Files, die das arbeitsfähige TEX- und METAFONT-System in anderen Zielverzeichnissen erwartet, dorthin verschoben. Die ausführbaren Zusatzprogramme (zusätzlich zu den Systemprogrammen) erwartet mein UNIX-System unter `/usr/local/bin` bzw. unter `/usr/local/gnu/bin`. Die für das UNIX-TEX-System entstandenen ausführbaren Programme habe ich bei mir in das erstere Unterverzeichnis verschoben. Zusätzliche UNIX-Manualdokumentation erwartet mein System unter `/usr/local/man`. Dorthin habe ich die erzeugten TEX-UNIX-Manualfiles verschoben. Weitere Dokumentationsfiles, die zum UNIX-TEX-System gehören, habe ich in geeignete Unterverzeichnisse unterhalb von `.../texmf/doc` (s. u) verschoben.

Das entkomprimierte Archiv `dante-tex.tar` habe ich anschließend wieder komprimiert, auf eine DAT-Kassette kopiert und dann auf meiner Festplatte gelöscht. Im bereinigten Quellenverzeichnis `.../texmf/source/tex-src` habe ich letztlich nur die WEB-Quellenfiles und ihre Systemanpassungen, die originären C-Programmfiles mit den zugehörigen Include-Dateien und die beigefügten Installationsdateien behalten. Diese belegen knapp fünf Mbyte gegenüber den während der Installation belegten 100 Mbyte. In gleicher Weise verfahre ich mit allen Ausgangspaketen des DANTE-Fileservers.

1.2.6 Das Dokumentations-Filesystem

Viele Pakete auf den TEX-Fileservern enthalten beigefügte Dokumentationsfiles oder können solche eigenständig erstellen und/oder aufbereiten. Der Vorschlag der TDS-Gruppe für das TEX-Filesystem enthält hierfür ein eigenes Eingangsverzeichnis `.../texmf/doc`.

Dieses Eingangsverzeichnis wird unterschiedlich tief untergliedert. Als erste Ebene werden Unterverzeichnisse auftreten, die weitgehend der Eingangsebene unterhalb von `.../texmf` (s. S. 7) entsprechen und teilweise wie diese weiter untergliedert sind. Unterhalb von `.../texmf/doc/tex` habe ich bei mir `./plain/`, `./latex/`, `./amstex/`, `./generic/` u. a. eingerichtet. `./latex` enthält dann weiter die Unterverzeichnisse `./base/`, `./packages/` und `./contrib/`. Unterhalb von `./base/` habe ich die LATEX-Dokumentationsfiles `usrguide.tex`, `clsguide.tex`, `cnfguide.tex`, `fntguide.tex`, `modguide.tex` und alle `ltnews*.tex`-Files abgelegt und mit LATEX bearbeitet. Die entstandenen `.dvi`-Files wurden gleichermaßen hier abgelegt und können bei Bedarf als Preview durchmustert oder über den Druckertreiber ausgegeben werden. Sie stellen Einführungsmanuale dar, die für alle LATEX 2_ε-Anwender von Nutzen sind.

Das LATEX 2_ε-Grundpaket enthält das File `source2e.tex`. Dieses habe ich im Originalverzeichnis mit LATEX bearbeitet und das entstandene File `source2e.dvi` dann ebenfalls nach

`.../texmf/doc/tex/latex/base` verschoben. Sein Ausdruck erzeugt die 525-seitige Programmdokumentation des gesamten LaTeX 2_ε-Kerns.

Unter `.../texmf/doc/tex/plain` habe ich das File `texbook.tex` abglegt, das man auf den öffentlichen TEX-Fileservern unter `/tex-archive/systems/knuth/tex` findet. Entsprechend habe ich das File `mfbook.tex` aus `/tex-archive/systems/knuth/mf` nach `.../texmf/doc/metafont/plain` kopiert. Diese beiden Files enthalten jeweils den Eingabetext für die beiden Bücher von Donald E. Knuth, 'The TEXbook' [10a] und 'The METAFONTbook' [10b], die man nach einer TEX-Bearbeitung auf dem eigenen Drucker ausgeben könnte. Mir ist nicht ganz klar, welche Copyright-Einschränkungen hierbei zu beachten sind.[3] Nach der in der Fußnote wiedergegebenen, sehr restriktiven Bedingung scheint selbst ein privater einmaliger Ausdruck einen Copyright-Verstoß darzustellen. Andererseits frage ich mich, was den Autor bewogen haben mag, die originären Erzeugungsfiles dem TEX-System beizufügen, wenn selbst ihr Preview verboten sein sollte.

Weitere Unterverzeichnisse unter `.../texmf/doc`, wie `./bibtex/`, `./makeindx/` `./fonts/` u. a. sind zur Aufnahme von Dokumentationsfiles aus diesen Paketen gedacht. Je nach Umfang der Dokumentationen möge der Anwender oder Systembetreuer diese Eingangsvezeichnisse ggf. eigenständig sachgerecht untergliedern.

1.2.7 Das BIBTEX-Filesystem

Das Eingangsverzeichnis `.../texmf/bibtex` ist zur Aufnahme der Files gedacht, die das Programm BIBTEX zur Erstellung von Literaturverzeichnissen aus Bibliographie-Datenbanken benötigt. Es sollte dem nachfolgenden Diagramm entsprechend untergliedert werden:

```
./bibtex/
  bib/
    base/
    local/
    misc/
  bst/
    base/
    local/
    misc/
```

Das erste Unterverzeichnis `./bib/` dient zur Aufnahme von Bibliographie-Datenbanken, die durch den Anhang `.bib` gekennzeichnet sind. Das zweite Unterverzeichnis `./bst` nimmt die Stilfiles für das Programm BIBTEX auf, die den Anhang `.bst` tragen.

Diese beiden Eingangsverzeichnisse sind jeweils für sich in die Unterverzeichnisse `./base/`, `./local` und `./misc` gegliedert. `./base` nimmt die Bibliographie-Datenbanken bzw. die Stilfiles auf, die dem BIBTEX-Programmpaket beigefügt sind. `./local` dient zur Aufnahme von Bibliographie-Datenbanken bzw. BIBTEX-Stilfiles, die beim Anwender lokal erstellt wurden.

Das jeweils dritte Unterverzeichnis `./misc` ist zur Aufnahme von Bibliographie-Datenbanken bzw. BIBTEX-Stilfiles gedacht, die weder unter `./base` noch unter `./local` einzugliedern sind.

Die Erstellung von eigenen Bibliographie-Datenbanken wurde bereits [5a, Anh. B] beschrieben. Dieser Band enthält mit Abschnitt 6.8.2 Hinweise, wie weitere BIBTEX-Stilfiles zu erstellen sind, um Literaturverzeichnisse nach den Forderungen des Anwenders oder seines Auftraggebers zu gestalten. Die dem BIBTEX-Originalpaket beigefügte Dokumentation ist, entsprechend dem vorangegangenen Unterabschnitt, unter `.../texmf/doc/bibtex` abzulegen.

[3] Die Copyright-Vermerke in den Originalbüchern enthalten die Angabe "No part of this publication may be reproduced, stored in retrieval system, or transmitted, in any form or by any means, electronic, mechanical, photocopying, recording, or otherwise, without the prior written permission of the publishers."

1.2.8 Weitere Verzeichnisstrukturen des TEX-Filesystems

Das Diagramm für die Eingangsebene des TEX-Filesystems auf S. 7 enthält weitere Eingangsverzeichnisse, die dort symbolisch mit `.../texmf/`*`progr`*`/` angeführt werden. Hiermit sind in sich abgeschlossene zusätzliche Programmpakete einer TEX-Installation gemeint, z. B. `makeindx`, `dvips` u. a. In diesen Verzeichnissen sollen diejenigen Files aus den genannten Paketen abgelegt werden, die deren ausführbare Programme bei der Bearbeitung zusätzlich einlesen. Dies sind im Wesentlichen Konfigurations- und sonstige Datenfiles. Nicht hierher gehören die diesen Paketen zugeordneten Quellen- und Dokumentationsfiles, da diese entsprechend 1.2.5 und 1.2.6 im Quellen- bzw. Dokumentations-Filesystem abzulegen sind.

Die Entscheidung, welche Files hier abzulegen sind, kann der Anwender oder Systemverwalter am ehesten treffen, wenn er meiner Installationspraxis folgt, wie sie in 1.2.5 für `dante-tex.tar` mit `./tex.src` beschrieben wurde. Das Ergebnis wird sein, dass für das Eingangsverzeichnis `./texmf/makeindx` kaum Files aus dem MakeIndex-Installationspaket übrig bleiben. Zwar enthält das Originalpaket einige Stilfiles wie `makeidx.sty` und `showidx.sty`. Diese gehören als LATEX-Stilfiles jedoch in das Verzeichnis `.../texmf/tex/latex/misc`. Andererseits entstehen bei der Installation von LATEX 2_ε die speziellen MakeIndex-Stilfiles `gind.ist` und `gglo.ist`, die umgekehrt unter `.../texmf/makeindx/` abzulegen sind, ebenso wie evtl. weitere MakeIndex-Stilfiles, über die der Anwender oder sein Rechenzentrum verfügt.

Das Eingangsverzeichnis für die DVI-Treiber sollte den Namen `.../texmf/dviware/` tragen, das dann für die verschiedenen Treiber wie `dvips`, `dvilj`, `xview` u. ä. in entsprechende Unterverzeichnisse gleichen Namens zu untergliedern ist. Kommt nur ein Druckertreiber zur Anwendung, dann könnte `./dviware` entfallen und durch das Treiberverzeichnis ersetzt werden. Ich rate davon ab, da neben dem Druckertreiber ein DVI-Treiber als Previewer verfügbar sein sollte, womit `./dviware` bereits in zwei Unterverzeichnisse aufzugliedern ist.

1.2.9 Die ausführbaren TEX-Programme

Der TDS-Vorschlag für die Eingangsebene des TEX-Filesystems enthält als letztes Eingangsverzeichnis `.../texmf/bin`, das zur Aufnahme der ausführbaren Programme und evtl. Befehlsdateien gedacht ist. In den Erläuterungen zum TDS-Vorschlag wird es als Alternative empfohlen, falls beim benutzten Betriebssystem die ausführbaren binären Programme nicht in einem anderen Verzeichnis vorgehalten werden.

Ich bin auf meinem PC dem TDS-Vorschlag gefolgt, indem ich das emTEX-Paket entsprechend diesem Vorschlag neu gegliedert habe. Entsprechend erscheint beim Setzen der `PATH`-Variablen innerhalb von `autoexec.bat` bzw. `config.sys` die Angabe `...;c:\texmf\bin;...`

Auf meiner UNIX-Workstation werden lokale ausführbare Programme traditionell unter `/usr/local/bin` und `/usr/local/gnu/bin` erwartet, während sonstige lokale Dateien unter dem Eingang `/usr/local/lib` mit ihren eigenen Verzeichnisbäumen eingerichtet werden. Hier erschiene mir ein Verzeichnisname `./bin` unterhalb eines Oberverzeichnisses `./lib` als ein Syntax-Stilbruch. Auf meiner UNIX-Workstation wurden deshalb alle ausführbaren Programme aus dem TEX-Gesamtsystem, einschließlich etwaiger Shell-Skripten, unter `/tex/local/bin` abgelegt. Das Verzeichnis `./bin` entfällt hier im TEX-Filesystem.

1.3 Die Zeichensatz-Filetypen

Auf Grund gelegentlicher Leseranfragen und Problembeschreibungen auf den TEX-Diskussionslisten habe ich den Eindruck gewonnen, dass manchen LATEX-Anwendern die verschiedenen Zeichensatz-Filetypen nicht ganz klar sind. Hier folgt deshalb noch einmal eine Beschreibung der verschiedenen TEX-Zeichensatz-Filetypen.

1.3.1 Die Zeichensatz-Metrikfiles

Zur Bearbeitung eines Textes, bei dem verschiedene Schriften zur Anwendung kommen, greift TEX während der Formatierung *nur* auf die sog. Zeichensatz-Metrikfiles zurück. Das sind diejenigen Zeichensatzfiles, die durch den Anhang `.tfm` (TEX Font Metric) gekennzeichnet sind.

Die `.tfm`-Files enthalten für jedes Zeichen des betrachteten Zeichensatzes dessen Abmessungen, also seine Höhe, Tiefe und Breite. Höhe und Tiefe eines Zeichens kennzeichnet die Abmessung, um die sich das Zeichen oberhalb bzw. unterhalb seiner Grundlinie erstreckt. Die Breite steht für die fiktive Weite des Zeichens, so dass mehrere Zeichen mit diesen Weiten nebeneinander gestellt werden, ohne sich zu berühren.

Über den grafischen Inhalt der Zeichen enthält das `.tfm`-File keine weitere Information. Für die Textformatierung werden die einzelnen Zeichen als leere Kästchen betrachtet, die mit ihren natürlichen Abmessungen nebeneinander gestellt werden. Die Eingabe 'ganz typisch' erscheint bei der TEX-Bearbeitung intern nur als .

Die einzelnen Zeichen werden normalerweise mit ihren natürlichen Weiten, wie sie im `.tfm`-File angegeben sind, nebeneinander gestellt. Für bestimmte Buchstabenkombinationen wie `fi` oder `ffl` werden diese durch ein jeweils eigenes Gemeinschaftszeichen als Ligatur und damit als 'fi' und 'ffl' gesetzt, wohingegen die nebeneinander gestellten Einzelzeichen als 'fi' bzw. 'ffl' erscheinen würden.

Bei anderen Zeichenkombinationen werden die Einzelzeichen nicht unter Verwendung ihrer natürlichen Weiten, sondern durch Unter- oder Überschneidungen näher oder weiter zusammengefügt, wie bei 'AV' statt 'AV' deutlich zu erkennen ist. Die `.tfm`-Files enthalten für alle Zeichenkombinationen, die durch Ligaturen ersetzt oder mit Unterschneidungen nebeneinander gestellt werden, eine sog. Ligatur- und Kerningliste. Treten solche Zeichenkombinationen im Text auf, so berücksichtigt TEX die Angaben aus diesen Listen.

Die `.tfm`-Files enthalten weiterhin noch Informationen, die für alle Zeichen des Zeichensatzes gemeinsam gelten. Hierzu gehört die Entwurfsgröße des Zeichensatzes, die Angabe der Neigung bei geneigten Schriften, die Angabe des Sollwertes für den normalen Wortabstand sowie für dessen maximalen Dehn- oder Schrumpfwert, die Höhe des kleinen 'x' sowie den Zusatzabstand, der nach einem Punkt als Satzende zusätzlich eingefügt wird.

Mathematische Zeichensätze enthalten noch einige allgemeine Zusatzinformationen, wie den Betrag der Verschiebung von Zähler und Nenner eines Bruchs sowie den Betrag der Hoch- und Tiefstellungen bei Exponenten und Indizes.

Schließlich enthalten die `.tfm`-Files bei geneigten Schriften für jedes einzelne Zeichen noch den Betrag der sog. Italic-Korrektur, also den Zusatzabstand, der nach Übergang von einer geneigten auf eine aufrechte Schrift zugefügt werden sollte.

Die `.tfm`-Files enthalten diese Informationen in sehr kompakter Form. Es handelt sich teilweise um Bitfelder, die kürzer als ein Byte sind und kompakt nebeneinander stehen. TEX kennt das interne Format der `.tfm`-Daten und vermag es zu verarbeiten. Mit dem Editor können `.tfm`-Files als binäre Files nicht gelesen werden. Man könnte sie als oktalen oder hexadezimalen Dump ausgeben, doch verlangt dessen Interpretation vertiefte Kenntnisse über das Format der `.tfm`-Datenstrukturen.

Zum TEX-Gesamtpaket gehört das Umwandlungsprogramm tftopl, mit dem `.tfm`-Files in eine lesbare und leichter interpretierbare Form umgewandelt werden können. Dieses Umwandlungsprogramm (und sein Rückwandlungspendant pltotf) wird in Anhang B.3.4 vorgestellt.

Zeichensätze sollen für eine TEX-Bearbeitung häufig vergrößert oder verkleinert werden. Hierzu wird kein weiteres `.tfm`-File benötigt. TEX verwendet die `.tfm`-Files nur für die Zeichensätze in der Entwurfsgröße. Die Vergrößerung bzw. Verkleinerung nimmt TEX selbst vor, indem alle Zeichensatzabmessungen aus dem `.tfm`-File mit dem verlangten Skalierungsfaktor einfach multipliziert werden.

Trotz des relativ großen Informationsgehalts sind die `.tfm`-Files wegen der sehr kompakten Datenformate erstaunlich klein. Typische Werte für die TEX-cm-Standardschriften liegen bei 1000–1500 Byte. Selbst bei den erweiterten dc-Schriften mit 256 Zeichen pro Zeichensatz sind Filegrößen mit mehr als drei Kbyte die Ausnahme.

Demzufolge werden die `.tfm`-Files für eine große Zahl von Zeichensätzen bereits bei der Installation eingerichtet und nicht erst bei Bedarf mit METAFONT generiert. `.tfm`-Files für einige Hundert Zeichensätze sind keine Seltenheit. Ihre Gliederung wurde in 1.2.4 vorgestellt. Auf den öffentlichen TEX-Fileservern findet man die fertigen `.tfm`-Files für alle nur erdenklichen Schriften. Man kann sie sich von dort in Paketgruppen kopieren und im Zeichensatzfilesystem unter `.../texmf/fonts/tfm` aufteilen, auch wenn viele von ihnen kaum zur Anwendung kommen. Wegen ihrer Kompaktheit hält sich der Plattenspeicherbedarf in Grenzen. Die vorsorgliche Installation dieser Files verlangt vermutlich weit weniger Zeitaufwand, als sie erst bei Bedarf jeweils einzeln zu generieren oder zu beschaffen und erst dann in das TEX-Filesystem einzubinden.

1.3.2 Druckerzeichensätze

Für die Druckausgabe oder das Preview werden die grafischen Muster für die Zeichen des Zeichensatzes benötigt. Die interne Beschreibung der grafischen Muster durch sog. Pixel oder Bitmaps wurde bereits in Band 1 dieser Buchserie [5a] in den dort enthaltenen Anhängen C.3.7 und C.3.8 ausführlich beschrieben, auf die bei Bedarf zurückgegriffen werden sollte.

Die Zeichensatzfiles für die Druckerzeichensätze im gepackten Bitmap-Format werden durch den Namensanhang `.pk` oder, wenn der Namensanhang mehr als drei Zeichen zulässt, durch `.`*nnn*`pk` gekennzeichnet, wobei *nnn* für eine mehrstellige Zahl steht, die die *fiktive* Auflösung widerspiegelt. Während für die TEX-Bearbeitung die dort benötigten `.tfm`-Metrikfiles für jeden Zeichensatz nur einmal vorgehalten werden, unabhängig davon, mit welcher Skalierung (Vergrößerung oder Verkleinerung) und auf welchem Ausgabegerät die Ausgabe erfolgen soll, gilt das für die Druckerzeichensätze nicht.

Für jede Skalierungsstufe eines Zeichensatzes ist ein eigenes `.pk`-Zeichensatzfile zu generieren, da die zugehörigen grafischen Muster, also ihre Bit- oder Pixelmaps stark von der Skalierungsstufe abhängen und nicht einfach aus den Bitmustern der Zeichensätze in ihrer Entwurfsgröße abgeleitet werden können. Es ist gerade die Aufgabe des METAFONT-Programms, für jede Skalierungsstufe das zugehörige Pixelmuster optimal zu erstellen.

Ebenso verlangen Drucker unterschiedlicher Auflösung ihre jeweils eigenen Drucker-Zeichensatzfiles. Selbst für Drucker gleicher Auflösung, aber unterschiedlicher Herkunft kann es notwendig sein, jeweils druckerspezifische Zeichensatzfiles zu generieren. Trotz gleicher Auflösung können sich die Einzelpixel bei Druckern verschiedener Herkunft in ihrem Schwärzungsgrad deutlich unterscheiden. Abschnitt 8.1.3 aus Band 2 dieser Buchserie beschreibt die Details. Zum METAFONT-Gesamtpaket gehört das File `modes.mf`, das für eine große Zahl von Druckern die speziellen Einstellvorgaben enthält. Findet man dort für Drucker gleicher Auflösung, aber unterschiedlicher Herkunft unterschiedliche Einstellvorgaben, dann sollten für die zugehörigen Drucker die erforderlichen Druckerzeichensätze separat erstellt werden.

Der TDS-Vorschlag für das Zeichensatzfilesystem enthält deshalb unter der Eingangsebene `.../texmf/fonts/pk/` als nächste Ebene die Untergliederung nach Druckertypen ⟨*drucker_typ*⟩`/` und als unterste Ebene zusätzlich nochmals eine Untergliederung nach den verschiedenen Skalierungsstufen `dpi`⟨*nnn*⟩`/`.

Nach diesen Bemerkungen wird es verständlich, dass für die endgültige Druckausgabe meist sehr viel mehr `.pk`-Files benötigt werden, als an `.tfm`-Files zur TeX-Bearbeitung vorzuhalten sind. Die `.pk`-Zeichensatzfiles sind überdies deutlich größer als die `.tfm`-Zeichensatzfiles. Deshalb wird von einer Voraberstellung für die `.pk`-Zeichensatzfiles meistens abgesehen, evtl. mit Ausnahme der aus Erfahrung abgeschätzten, am häufigsten verwendeten Druckerzeichensätze.

Zusätzliche Drucker-Zeichensatzfiles werden erst bei ihrem tatsächlichen Bedarf generiert und unter dem zugehörigen Zielverzeichnis gemäß 1.2.4 abgelegt. Es gibt DVI-Treiber, wie `dvips` von Tomas Rokicki oder die Treiber aus dem emTeX-Paket von Eberhard Mattes, die dies automatisch erledigen. Hier muss lediglich bei der Installation die Struktur des Zeichensatz-Filesystems mitgeteilt oder mit einem Konfigurationsfile bekannt gemacht werden. Entsprechende Hinweise sind der jeweiligen Installationsdokumentation zu entnehmen.

Das METAFONT-Programm erstellt aus den Zeichensatzquellenfiles zunächst Druckerzeichensätze in einem speziellen Format, das durch den Anhang `.gf` oder `.`*nnn*`gf` gekennzeichnet wird. Das Umwandlungsprogramm `gftopk`, das Bestandteil eines METAFONT-Installationspakets ist, erstellt aus diesen `.gf`-Files die endgültigen `.pk`-Files. Da alle mir bekannten DVI-Treiber das `.pk`-Format verarbeiten können, werden die `.gf`-Files meistens nur als temporäre Files erzeugt und nach der endgültigen Umwandlung in ihre `.pk`-Äquivalente wieder gelöscht. Dies ist sinnvoll, da die `.gf`-Zeichensatzfiles deutlich größer – oft mehr als doppelt so groß – als die äquivalenten `.pk`-Files sind.

Auch die `.pk`-Files sind in einem kompakten Format binär kodiert, so dass sie mit einem Texteditor nicht eingesehen werden können. Es gibt jedoch das Aufbereitungsprogramm pktype, mit dem `.pk`-Files in eine sichtbare und leicht interpretierbare Form umgewandelt werden können. pktype wird in diesem Buch in Anhang B.4.6 vorgestellt und erläutert.

1.3.3 Virtuelle Zeichensätze

Ab TeX 3.0 gibt es die Möglichkeit der Verwendung *virtueller* Zeichensätze. Zeichensatzfiles für virtuelle Zeichensätze sind durch den Anhang `.vf` gekennzeichnet. Zu jedem virtuellen Zeichensatz gibt es ein zugeordnetes `.tfm`-Metrikfile, das sich durch nichts von den `.tfm`-Files für die *realen* Zeichensätze unterscheidet. Bei der TeX-Bearbeitung entnimmt TeX dem Metrikfile an den von TeX vorausgesetzen Positionen für die Zeichensatzanordnung diese Zeichen und behandelt sie mit ihren dort angegebenen Abmessungen.

Gleichnamige Druckerzeichensätze, genauer gleichnamige `.pk`-Zeichensatzfiles, fehlen dagegen. Stößt der DVI-Treiber bei einem angeforderten Druckerzeichensatz auf diese Situation, so wird ersatzweise nach einem File mit dem angeforderten Grundnamen und dem Anhang `.vf` gesucht. Dieser sog. virtuelle Zeichensatz enthält nun seinerseits die Hinweise darauf, aus welchem realen Zeichensatz das angeforderte Zeichen zu entnehmen und wo es dort positioniert ist. Dies macht es möglich, reale Zeichensätze mit einer anderen Zeichenbelegung oder einer Kombination aus mehreren Zeichensätzen unter einem einheitlichen Namen anzufordern.

Die Nutzung und Ausgabe von PostScript-Schriften für eine TEX-Bearbeitung und ihre anschließende Druckausgabe erfolgen über entsprechende virtuelle Zeichensätze. PostScript-Zeichensätze haben gegenüber den cm-TEX-Standardschriften einen teilweise unterschiedlichen Zeichenvorrat, wobei die Positionierung der Zeichen eines PostScript-Zeichensatzes teilweise von derjenigen der cm-Zeichensätze abweicht.

Soll z. B. ein Text mit dem Ergänzungspaket `times.sty` bearbeitet werden, so werden die bisherigen cm-Schriften durch die PostScript-Schriften der Times-Roman-, Helvetica- und Courier-Familie ersetzt. Bei der TEX-Bearbeitung werden dabei für die angeforderten PostScript-Schriften die zugehörigen `.tfm`-Files eingelesen, die sich von den entsprechenden `.tfm`-Files der cm-Zeichensätze nur durch die Maßangaben für die einzelnen Zeichen, nicht aber durch ihren sonstigen internen Aufbau unterscheiden. Für die aufrechte Times-Roman-Standardschrift lautet der Filename für das zugehörige Metrikfile `ptmr7t.tfm`.

Bei den cm-Textschriften stehen auf den Positionen "00–"0a ("z steht für die hexadezimale Zahlenangabe) die griechischen Großbuchstaben Γ Δ Θ Λ Ξ Π Σ Υ Φ Ψ und Ω. Hierauf folgen auf den Positionen "0b–"0f die Ligaturen ff, fi, fl, ffi und ffl. Das ß und die skandinavischen Sonderbuchstaben æ, œ, ø, Æ, Œ und Ø stehen innerhalb der cm-Zeichensätze an den Plätzen "19–"1f. Bei der TEX-Bearbeitung werden diese Zeichen an den gewohnten Stellen erwartet und mit ihren geänderten PostScript-Abmessungen berücksichtigt.

Innerhalb der PostScript-Standardzeichensätze treten griechische Großbuchstaben nicht auf. Als Ligaturen existieren nur fi und fl. Die Zeichen ß, æ, œ, ø, Æ, Œ und Ø stehen hier an den Stellen "fb, "f0, "fa, "f9, "e0, "ea und "e9. Für die Druckausgabe wird nun zunächst das virtuelle File `ptmr7t.vf` (für die aufrechte Times-Roman-Standardschrift) eingelesen. Dieses enthält nun an der Position "19 den Hinweis, dass das dort von TEX erwartete Zeichen ß der PostScript-Times-Roman-Standardschrift zu entnehmen ist, sowie die Information, dass es dort auf Platz "fb steht. Entsprechendes gilt für die skandinavischen Sonderzeichen.

Wird von TEX die Ligatur ff angefordert, die bei den cm-Textschriften auf Platz "0b steht, so enthält das virtuelle Zeichensatzfile an dieser Stelle den Hinweis, dass die Ligatur ff durch zwei nebeneinander gestellte f's aus dem PostScript-Zeichensatz zu ersetzen ist, wobei die beiden f's jedoch näher zusammengerückt werden, als es ihrer natürlichen Zeichenbreite entspricht. Auf diese Weise wird die fehlende Ligatur näherungsweise nachgebildet.

Wird einer der oben aufgelisteten griechischen Großbuchstaben angefordert, so enthält das virtuelle File `ptmr7t.vf` an den Originalpositionen den Hinweis, dass das angeforderte Zeichen aus einem anderen PostScript-Zeichensatz, der mit `psyr0` (für Symbol) gekennzeichnet ist, zu entnehmen ist, sowie die Information darüber, an welchen Positionen es sich dort befindet. Für weitere Hinweise zu den virtuellen Files verweise ich auf die Abschnitte 4.2.4, 4.2.5 und 4.2.7 in Band 2 [5b] dieser Buchserie.

Auch die virtuellen Zeichensatzfiles enthalten ihre Information in sehr kompakter binärer Form, so dass sie mit einem Text-Editor nicht eingesehen werden können. Mit dem Programm vftovp können `.vf`-Files für eine lesbare und leicht interpretierbare Form aufbereitet werden. Dieses Programm wird in Anhang B.3.5 dieses Buches näher vorgestellt.

Kapitel 2

LaTeX im Detail

Im Juni 1994 wurde die bis dahin als Probeversion mit LaTeX 2_ε gekennzeichnete Version zur LaTeX-Standardversion erklärt. Die bis dahin bereitgestellte LaTeX-Version wird seitdem als LaTeX 2.09 gekennzeichnet. Ich folge dieser Bezeichnungskonvention, so dass unter dem Sammelbegriff LaTeX in diesem Buch das LaTeX 2_ε-Paket zu verstehen ist. Verweise auf die frühere Version werden mit LaTeX 2.09 gekennzeichnet.

Dieses Kapitel beschränkt sich auf das LaTeX-Grundpaket, das auf den öffentlichen TeX-Fileservern unter `/tex-archive/macros/latex/base` abgelegt ist. Weitere Ergänzungen stehen dort unter den Parallelverzeichnissen `./packages` und `./contrib` bereit, auf die ich in diesem Kapitel nicht eingehe.

Bei der Bereitstellung der neuen LaTeX-Version im Juni 1994 wurde angekündigt, dass sein Installationspaket alle halbe Jahre, und zwar jeweils im Juni und Dezember, aufgefrischt und verbessert würde. Dies wurde weitgehend eingehalten. Ab Juni 2000 wurde zu einem jährlichen Updatezyklus übergegangen. Derzeit ist die vierzehnte Version vom Juni 2001 aktuell. Jede der angebotenen Versionen enthält ein File `ltnews`*nn*`.tex`, dessen LaTeX-Bearbeitung eine wohlformatierte einseitige Kurzinformation mit den Versionserneuerungen anbietet.

2.1 Das LaTeX-Installationspaket

Das LaTeX-Installationspaket ist, wie bereits oben erwähnt, auf den öffentlichen TeX-Fileservern unter `/tex-archive/macros/latex/base` abgelegt. Wird es aus anderen Quellen beschafft, z. B. als `.zip`-gepackte Datei auf einer Diskette, so entsteht nach dem Entpacken ebenfalls ein Eingangsverzeichnis mit dem Namen `./base`, unter dem das Gesamtpaket abgelegt ist. Es enthält mehr als 100 Einzelfiles, von denen die meisten den Anhang `.dtx` tragen. Weitere Filegruppen werden durch die Namensanhänge `.txt`, `.tex`, `.err`, `.ins`, `.fdd` und `.cls` gekennzeichnet.

Alle Files mit dem Anhang `.txt` enthalten Hinweise, Erläuterungen und/oder Dokumentationen, die mit dem Editor eingesehen werden können. Ich stelle hier eine Auswahl mit einer kurzen Inhaltsangabe vor:

`00readme`: Kurze Literaturhinweise und Inhaltsbeschreibungen weiterer `.txt`-Files sowie einiger der ansonsten beigefügten Files.

`manifest.txt`: Nach Aufgaben gegliederte Auflistung aller zum LaTeX-Installationspaket gehörenden Ausgangsfiles. Dieses File wird auch beim ersten Installationsschritt (s. u.) eingelesen und dient dort dazu, festzustellen, ob alle zur Installation erforderlichen Files verfügbar sind.

`install.txt`: Ausführliche Installationsbeschreibung mit Hinweisen auf anwender- und rechnerspezifische Anpassungen mit Ergänzungshinweisen auf entsprechende Anpassungs-`.txt`-Informationsfiles.

`unpacked.txt`: Auflistung aller beim ersten Installationsschritt (Entpacken) entstehenden Files.

`bugs.txt`: Hinweise zur Dokumentation und Meldung von eventuell auftretenden Fehlern mit Hinweis auf `latexbug.tex` zur Erstellung eines Formulars für einen Fehlerbericht.

`changes.txt`: Auflistung der LaTeX 2_ε-Entwicklungskorrekturen in rückwärtiger Reihenfolge, d. h. beginnend mit der letzten Korrektur.

`legal.txt`: Copyright-Eintrag für das LaTeX-Installationspaket mit Hinweisen zu den Weitergabebedingungen.

Das Installationspaket enthält weitere `.txt`-Files mit Hinweisen auf rechnerspezifische Besonderheiten zur Installation. Die Rechner- oder Betriebssystemzuordnung kann aus dem Filegrundnamen entnommen werden, wie z. B. `emtex.txt`, `textures.txt`, `oztex.txt` u. a.

Wurde dem TDS-Verschlag gemäß 1.2 zur Einrichtung des TeX-Filesystem gefolgt, dann sollte das LaTeX-Installationspaket zunächst unter `.../texmf/source/latex.src/base/` abgelegt werden. Die nachfolgenden Installationsschritte beginnen dann in diesem Verzeichnis.

2.1.1 Der erste Installationsschritt

Die Mehrzahl der Files aus dem LaTeX-Installationspaket trägt den Anhang `.dtx`. Dieser Anhang verweist auf 'Dokumentierte TeX-Makrofiles', d. h. die Files enthalten Makrodefinitionen, vermischt mit umfangreichen Kommentaren. Dokumentierte Makrofiles müssen aufbereitet und häufig zu größeren Einheiten zusammengebunden werden. Die entsprechenden Bearbeitungswerkzeuge werden in 2.2 vorgestellt. Deren Anwendungskenntnisse werden in diesem Stadium nicht benötigt. Das LaTeX-Installationspaket enthält das File `unpack.ins`, das die erforderliche Gesamtaufbereitung automatisch sicherstellt. Das Installationsfile `unpack.ins` muss mit dem TeX-Compiler `initex` (s. 1.1) bearbeitet werden, dessen Bearbeitungsaufruf

`initex unpack.ins` bzw. `tex /i unpack.ins` für emTeX

lautet. Dieser Aufruf startet einen längeren Bearbeitungsauftrag, der, je nach Rechnertyp, von einer halben Minute bis zu einer viertel Stunde oder gar länger dauern kann. Ist das TeX-System auf dem Rechner des Anwenders ordnungsgemäß installiert, dann sollten, trotz des umfangreichen Bearbeitungsauftrags, keinerlei Probleme auftreten. Mir ist bei der Vielzahl verschiedener Rechnertypen in unserem Hause kein Fall bekannt geworden, bei dem dieser Bearbeitungsaufruf nicht ordnungsgemäß zum Abschluss kam.

Während der Bearbeitung erscheinen auf dem Bildschirm fortlaufend Mitteilungen über den Bearbeitungsfortschritt, die viele Bildschirmseiten füllen. Diese Mitteilungen werden gleichzeitig im Protokollfile `unpack.log` abgelegt, das nach Auftragsbeendigung evtl. mit dem Editor durchmustert werden kann. War LaTeX auf dem Rechner bereits installiert und befinden sich Bestandteile dieser Installation im aktuellen Verzeichnis, so erscheint auf dem Bildschirm die Mitteilung, dass ein File mit dem angeführten Namen bereits existiert, gefolgt von der Abfrage, ob dieses File mit dem neu generierten überschrieben werden soll:

```
File ./file_name already exists on the system.
Overwrite it [y/n]
```

Nach Beantwortung dieser Frage erfolgt als Nächstes die Mitteilung, dass eine solche Bearbeitungsunterbrechung evtl. noch mehrmals auftritt, und es wird gefragt, ob diese Unterbrechung unterbleiben soll, wodurch evtl. weitere existierende Files ohne Rückfrage durch die neu generierten Files überschrieben werden:

```
By default you will be asked this question for every file.
If you enter 'y' now, I will assume 'y' for all future questions
without prompting.
\noprompt=
```

Ich empfehle auch hier, mit 'y' für 'ja' zu antworten, um die sonst auftretenden Bearbeitungsunterbrechungen zu vermeiden, mehr jedoch, um nicht eine Einzelabfrage irrtümlich mit 'n' zu beantworten und damit ggf. ein inkonsistentes LaTeX-System zu erhalten, da dann evtl. einige Pakete einer vorangegangenen Version entnommen würden.

Nach Beendigung dieses Bearbeitungsauftrags sind eine Reihe neuer Files entstanden. Bei diesen handelt es sich zum einen um die Klassen- und Klassenoptionsfiles

```
book.cls       artcicle.cls   report.cls     letter.cls
proc.cls       slides.cls     ltxdoc.cls

size10.clo     size11.clo     size12.clo     fleqn.clo
bk10.clo       bk11.clo       bk12.clo       leqno.clo
```

sowie um die Ergänzungspakete

```
alltt.sty      doc.sty        exscale.sty    flafter.sty    fontenc.sty
graphpap.sty   iftthen.sty    inputenc.sty   latexsym.sty   makeidx.sty
newlfont.sty   oldlfont.sty   openbib.sty    pict2e.sty     shortvrb.sty
showidx.sty    syntonly.sty   t1enc.sty      tracefnt.sty
```

Zusätzlich entstehen einige weitere Files mit dem Anhang `.sty`, nämlich solche mit den gleichen Grundnamen wie die vorstehenden Klassen- und Klassenoptionsfiles mit Ausnahme von `ltxdoc` und weiterhin `bezier.sty`. Dies sind keine Ergänzungspakete im Sinne von LaTeX 2_ε, d. h., sie werden nicht mit `\usepackage` aktiviert. Die `.sty`-Files dieser Gruppe sind nahezu leer. Sie dienen nur zur Sicherung des LaTeX 2.09-Kompatibilitätsmodus und lesen ihrerseits die Klassen- und Klassenoptionsfiles ein bzw. verweisen in `bezier.sty` nur darauf, dass dessen Eigenschaften nun bereits mit dem LaTeX-Kern bereitgestellt werden.

Weiterhin entstehen einige Definitionsfiles, die durch den Anhang `.def` gekennzeichnet sind. Im Einzelnen handelt es sich um die Files:

`ansinew.def`	`applemac.def`	`ascii.def`	`cp437de.def`	`cp437.def`
`cp850.def`	`latex209.def`	`latin1.def`	`latin2.def`	`next.def`
`OMLenc.def`	`OMSenc.def`	`OT1enc.def`	`sfonts.def`	`slides.def`
`T1enc.def`				

Die Zeichensatzfiles werden für eine LaTeX-Bearbeitung mit den sog. Zeichensatz-Definitionsfiles bekannt gemacht, die durch den Anhang `.fd` gekennzeichnet sind. Mit dem Bearbeitungsaufruf für den ersten Installationsschritt entstehen:

`OMLcmm.fd`	`OMLcmr.fd`	`OMLlcmm.fd`	`OMScmr.fd`	`OMScmsy.fd`
`OMSlcmsy.fd`	`OMXcmex.fd`	`OMXlcmex.fd`		
`OT1cmdh.fd`	`OT1cmfig.fd`	`OT1cmfr.fd`	`OT1cmr.fd`	`OT1cmss.fd`
`OT1cmtt.fd`	`OT1lcmss.fd`	`OT1lcmtt.fd`		
`T1cmdh.fd`	`T1.cmfib.fd`	`T1.cmfr.fd`	`T1cmr.fd`	`T1cmss.fd`
`T1cmtt.fd.`	`TS1.cmr.fd`	`TS1.cmss.fd`	`TS1.cmtt.fd`	
`Ucmr.fd`	`Ucmss.fd`	`Ucmtt.fd`	`Ulasy.fd`	`Ullasy.fd`

Alle bis hierher aufgezählten Files des ersten Installationsschritts sind in das TeX-Makro-Filesystem zu verschieben. Nach dem TDS-Vorschlag ist das endgültige Zielverzeichnis gemäß 1.2.2 `.../texmf/tex/latex/base/`.

Zusätzlich entsteht als weiteres Makropaket `docstrip.tex`. Seine Aufgabe wird in 2.2 näher erläutert. Zu diesem Zeitpunkt muss es lediglich in ein geeignetes Zielverzeichnis verschoben werden. Nach 1.2.2 sollte dieses als `.../texmf/tex/generic/misc/` gewählt werden.

Neben den aufgezählten TeX-Makropaketen und Definitionsfiles entstehen mit dem ersten Installationsschritt noch die beiden Files `gind.ist` und `gglo.ist`. Dies sind spezielle Stilfiles für das MakeIndex-Programmm. Sie sind in das Verzeichnis zu verschieben, unter dem das Programm `makeindx` etwaige Stilfiles erwartet. Nach dem TDS-Vorschlag wäre dies gemäß 1.2.8 `.../texmf/makeindx/`.

Das LaTeX-Installationspaket enthält noch drei weitere Klassenfiles, die nicht beim ersten Installationsschritt entstehen, sondern dem Installationspaket beigefügt sind, und zwar `ltnews.cls`, `ltxguide.cls` und `minimal.cls`. Sie sind ebenfalls in das Makro-Zielverzeichnis `.../texmf/tex/latex/base/` zu verschiebend.

Mit der Verschiebung der aufgezählten Ergebnisfiles in die vorgeschlagenen Zielverzeichnisse wird der erste Installationsschritt beendet. Wurde das TeX-Filesystem beim Anwender nicht nach dem TDS-Vorschlag gemäß 1.2 strukturiert, dann sind die Zielverzeichnisse entsprechend der lokalen TeX-Filestruktur zu wählen.

Es gibt Lieferquellen für ein LaTeX-Grundsystem, bei dem der erste Installationsschritt entfallen kann, da dessen Bearbeitungsergebnis dem Trägermedium bereits beigefügt ist. Dies ist z. B. bei dem emTeX-Paket der Fall, das jedoch zusätzlich auch das originäre LaTeX-Installationspaket enthält. Auch auf dem DANTE-Fileserver findet man ein solches bereits vorbearbeitetes LaTeX-Einrichtungspaket unter `/tex-archive/makros/latex/unpacked`. Ob das gelieferte LaTeX-Einrichtungspaket bereits vorbearbeitet wurde, kann man am besten mit der Suche nach dem File `latex.ltx` überprüfen. Ist dieses vorhanden, dann wurde das Einrichtungspaket bereits vorbearbeitet, so dass der erste Installationsschritt vermutlich entfallen kann.

Solche vorbehandelten Installationspakete sind zum Teil jedoch systemabhängig, so dass sie bei Übertragung auf einen anderen Rechnertyp oder ein anderes Betriebssystem u. U. Schwierigkeiten bereiten. In solchen Fällen sollte trotz der beigefügten Bearbeitungsergebnisse des ersten Installationschritts dieser auch hier ausgeführt werden.

2.1.2 Der zweite Installationsschritt

Mit dem ersten Installationsschritt aus dem letzten Unterabschnitt entstehen zusätzlich noch fünf Files mit dem Namensanhang `.ltx`, nämlich

```
latex.ltx   fontmath.ltx   fonttext.ltx   hyphen.ltx   preload.ltx
```

die, entsprechend den Schlussbemerkungen des letzten Unterabschnitts, dem Lieferpaket evtl. ebenfalls beigefügt sind, womit der erste Installationsschritt entfallen kann. Diese Files dienen zur Erzeugung des LATEX-Formatfiles, das den sog. LATEX-Kern enthält. Der Aufruf zur Erzeugung des LATEX-Formatfiles erfolgt in bekannter Weise (s. 1.1) als

`initex latex.ltx` bzw. `tex /i latex.ltx` für emTEX

und stellt den zweiten Installationsschritt zur Erzeugung eines ausführbaren LATEX-Systems dar. Das `latex.ltx`-File enthält seinerseits Lesebefehle für die vier weiteren aufgezählten `.ltx`-Files, so dass diese bei der Formaterstellung ebenfalls eingelesen werden. Überdies enthält `latex.ltx` eine Abfrage nach der Existenz des Files `ltpatch.ltx`. Ist dieses vorhanden, so wird es eingelesen und bei der Formatfile-Erstellung berücksichtigt. Damit ist Folgendes beabsichtigt: Innerhalb der Halbjahreszyklen für ein aufgefrischtes und verbessertes LATEX-Installationspaket wird auf den TEX-Fileservern gelegentlich ein File namens `ltpatch.ltx` mit einem jüngeren Datum zugefügt, mit dem erkannte Programmfehler korrigiert werden. Damit wird dann in einfacher Weise durch einen Neuaufruf '`initex latex.ltx`' ein entsprechend korrigiertes LATEX-Formatfile erzeugt. Der erste Intallationsschritt zur Erzeugung eines korrigierten Formatfiles entfällt dabei.

Der Rechnerauftrag '`initex latex.ltx`' benötigt sehr viel weniger Zeit als der erste Installationsschritt. Auf einem modernen 486- oder Pentium-PC nimmt er kaum mehr als zehn Sekunden in Anspruch. Das erzeugte Formatfile `latex.fmt` ist in dem Verzeichnis abzulegen, unter dem das TEX-System die Format- und Basisfiles erwartet. Nach dem TDS-Vorschlag ist dieses gemäß 1.2.1 das Verzeichnis `.../texmf/ini/`.

Unter UNIX kann anschließend die LATEX-Bearbeitung eines beliebigen LATEX-Eingabefiles *lat_file*`.tex` mit dem Aufruf

`latex` *lat_file*

sofort erfolgen. Für MS-DOS wird man sich zweckmäßigerweise eine kleine Befehlsdatei `latex.bat` mit dem Inhalt

```
virtex &latex %1 %2 ... %9
```

erstellen (s. auch 1.1.3) und unter einem Verzeichnis ablegen, das in der `PATH`-Variablen aufgeführt ist. Anschließend kann auch hier die LATEX-Bearbeitung eines Eingabefiles mit dem Aufruf '`latex` *lat_file*' erfolgen.

2.1.3 Lokale Anpassungen für ein LATEX-Formatfile

Das LATEX-Quellenfile `latex.ltx` zur Erzeugung des LATEX-Formatfiles enthält weitere Abfragen nach der Existenz von Files mit bestimmten Grundnamen und dem Anhang `.cfg`, die, falls vorhanden, bei der Formatfile-Erstellung an diesen Stellen eingelesen werden. Dies erfolgt für Files mit dem Namen `hyphen.cfg`, `preload.cfg`, `texsys.cfg`, `latex209.cfg`, `fonttext.cfg` und `fontmath.cfg`.

Mit der Bereitstellung solcher Konfigurationsfiles kann ein LATEX-Formatfile mit den geforderten lokalen Ergänzungen oder Änderungen erstellt werden. So wird es für alle LATEX-Anwender im deutschsprachigen Raum zwingend notwendig sein, ein LATEX-Formatfile zu erstellen, das neben den US-englischen Originaltrennmustern auch die deutschen Trennmustervorgaben enthält. Eventuell wird der Zugriff auf weitere fremdsprachige Trennmusterlisten gefordert.

Wird das in 1.1.2 auf S. 4 vorgeschlagene File `hyphen.tex` in `hyphen.cfg` umbenannt, so erzeugt der Aufruf '`initex latex.ltx`' nun ein LATEX-Formatfile, das die US-englischen, deutschen und französischen Trennmusterlisten enthält und zur LATEX-Bearbeitung von Eingabefiles in diesen Sprachen geeignet ist. Bei der Erstellung dieses LATEX-Formatfiles werden Trennmusterfiles mit den Namen `UShyphen.tex`, `dehyphn.tex` und `fhyph.tex` angefordert, die natürlich verfügbar sein müssen. Das erste File ist bei jeder TEX-Installation vorhanden, da es identisch mit dem Originalfile `hyphen.tex` ist. Trennmusterfiles für eine Vielzahl von Sprachen findet man auf den TEX-Fileservern unter `/tex-archive/language`.

Trennmusterfiles sollten nach dem TDS-Vorschlag im TEX-Filesystem gemäß 1.2.2 unter `.../texmf/tex/generic/hyphen/` abgelegt werden. Bei einem anders strukturierten TEX-Filesystem können sie vorübergehend auch ins aktuelle Verzeichnis, aus dem heraus der `initex`-Aufruf erfolgt, kopiert werden, da das aktuelle Verzeichnis bei einer Filesuche stets ebenfalls durchmustert wird.

Achtung: Die ausführbaren Programme `initex` und `virtex` richten einen internen Pufferspeicher zur Aufnahme der Trennmusterfiles ein, dessen Größe durch die interne Konstante `trie_size` vorgegeben ist. Beim TEX-System unter UNIX ist diese Konstante mit 30 000 ausreichend groß, um drei bis fünf unterschiedliche Trennmusterfiles einzubinden. Bei einigen TEX-Systemen kann die Größe der internen Pufferspeicher noch zur Laufzeit modifiziert werden. Dies ist z. B. für emTEX der Fall, für das der Bearbeitungsaufruf für das vorgeschlagene dreisprachige Formatfile

```
tex /i /mt:24000 latex.ltx
```

lauten sollte. Hiermit wird `trie_size` zur Laufzeit mit 24 000 eingestellt, was für die genannten drei Trennmusterfiles ausreicht.

Von der Erstellung eines LATEX-Formatfiles mit *nur* dem deutschen Trennverzeichnis rate ich ab, selbst wenn beim Anwender ausschließlich deutsche Texte zur LATEX-Bearbeitung kommen. Auch in diesem Fall sollte der Zugriff auf das englische Original-Trennmusterverzeichnis möglich sein. Viele LATEX-Makropakete enthalten englischsprachige Dokumentationen in Form beigefügter `.tex`-Files, deren LATEX-Bearbeitung eine wohl formatierte Ausgabe dieser Dokumentationen ermöglicht.

Ohne Zugriffsmöglichkeit auf das US-englische Trennmusterfile werden für die Aufbereitung der Dokumentation wünschenswerte Trennungen entweder vollständig unterdrückt oder erscheinen häufig falsch, da sie dann nach dem deutschen Trennmusterverzeichnis errechnet werden.

Weitere lokale Modifikationen können mit Bereitstellung von Konfigurationsfiles der oben aufgelisteten Filenamen erfolgen, sind aber kaum erforderlich. Mit `preload.cfg` könnte die Anzahl der vorgeladenen Zeichensätze über den standardmäßigen Minimalsatz vergrößert werden. Die damit theoretische Verkürzung einer LATEX-Bearbeitung wird angesichts der kurzen Zugriffszeiten moderner Winchester-Platten kaum merkbar sein. Für eine dennoch geforderte lokale Erweiterung mögen die Originalfiles `preload.dtx` und `preload.ltx` zu Rate gezogen werden, um ein entsprechendes Konfigurationsfile `preload.cfg` beizustellen.

Das LATEX-Installationspaket enthält bereits ein Konfigurationsfile namens `texsys.cfg`. Dieses File enthält ausschließlich Kommentarzeilen und ist für die Einbindung somit ein Leerfile. Ein aufbereitetes Konfigurationsfile `texsys.cfg` wird vermutlich nur für relativ exotische Rechnertypen oder Betriebssysteme erforderlich werden, z. B. für solche, die eine vollständig andere Filestruktur als die hierarchische Gliederung von UNIX- und DOS-Systemen und sonstigen mir bekannten Systemen mit ihren Verzeichnisbäumen haben. Entsprechende Exoten werden am ehesten als Großrechner in Rechenzentren anzutreffen sein. Die dortigen Systemprofis sollten am ehesten in der Lage sein, das evtl. erforderliche Konfigurationsfile mit den Kommentarhinweisen aus dem beigefügten `texsys.cfg` zu erstellen.

Nach meiner Einschätzung kommt neben dem im deutschen Sprachraum zwingenden File `hyphen.cfg` für ein lokales Konfigurationsfile am ehesten noch `latex209.cfg` in Betracht, nämlich dann, wenn das ursprüngliche LATEX 2.09-Original beim Anwender lokal modifiziert wurde. Der LATEX 2.09-Kompatibilitätsmodus des Standardpakets kennt solche lokalen Modifikationen natürlich nicht. Er geht davon aus, dass LATEX 2.09 entsprechend dem Original zur Anwendung kam, und garantiert die Kompatibilität zu diesem Original. Soll die Kompatibilität auch solche lokalen Änderungen erfassen, dann wird vermutlich ein `latex209.cfg`-Konfigurationsfile erforderlich werden.

Da ich keine Annahmen über lokale LATEX 2.09-Modifikationen machen kann, kann ich auch keine Lösungsvorschläge unterbreiten. Hier sollte derjenige, der die Änderungen vorgenommen hat, die Files `latex209.def` sowie `latex209.dtx` und `oldlfont.dtx` zu Rate ziehen, um herauszufinden, wie seine Änderungen an LATEX 2.09 zu berücksichtigen sind.

Für die Bereitstellung der Konfigurationsfiles `fonttext.cfg` und `fontmath.cfc` wird bei der Mehrzahl der LATEX-Installationen ebenfalls kaum Bedarf bestehen. Ein solcher kommt, wenn überhaupt, dann nur für Installationen in Betracht, bei denen statt der TEX-Standardschriften ausschließlich oder nahezu ausschließlich Schriften aus anderen Quellen, z. B. PostScript-Schriften, zur Anwendung kommen. Diese können aber auch mit einer Standardinstallation jederzeit durch geeignete Ergänzungspakete genutzt werden. Die Berücksichtigung solcher Schriften bereits im LATEX-Formatfile ist zwar möglich, die damit evtl. erhoffte Freisetzung an RAM-Speicher und Rechenzeitbedarf wird aber zu vernachlässigen sein. Evtl. trifft sogar das Gegenteil zu, nämlich dann, wenn solche Schriften *ergänzend* zu den TEX-Standardschriften bereits im Formatfile eingebunden werden.

Viel eher handelt man sich Kompatibilitätsprobleme für den Fall ein, dass nur solche Schriften *statt* der TEX-Standardschriften bekannt sind und ein fremdes, per Datentransfer empfangenes Textfile auf dem eigenen Rechner weiterbehandelt werden soll. Nach meiner Einschätzung besteht für eine solche lokale Modifikation nur dann ein Bedarf, wenn ausschließlich nichtlateinische Schriften, also z. B. nur griechische oder kyrillische Schriften, zur Anwendung kommen und diese überdies mit entsprechenden Sondertastaturen eingegeben werden.

2.1.4 LATEX-Dokumentationen

Dem LATEX-Installationspaket sind einige Dokumentationen in Form von `.tex`-Eingabefiles beigefügt, und zwar:

```
cfgguide.tex  clsguide.tex  fntguide.tex  modguide.tex  usrguide.tex
```

Sie sollten zunächst in den Dokumentationszweig des TEX-Filesystems verschoben werden. Nach dem TDS-Vorschlag kommt hierfür gemäß 1.2.6 als Zielverzeichnis vermutlich

`.../texmf/doc/tex/latex/base/` in Betracht. Dort sollten sie zweimal mit LATEX bearbeitet werden, um alle Referenzen aufzulösen. Anschließend können die erzeugten `.dvi`-Files über den DVI-Treiber ausgedruckt werden. Man erhält dann wohl formatierte englischsprachige Erläuterungsmanuale.

Auf den TEX-Fileservern findet man unter `/tex-archive/info` im dortigen Unterverzeichnis `./LaTeX2e-Kurzbeschreibung` das Dokumentationspaket `l2kurz`, mit dem eine deutschsprachige 46-seitige LATEX 2_ε-Kurzbeschreibung erstellt werden kann, die von Jörg Knappen und anderen Autoren stammt. Diese Kurzbeschreibung ist auch im emTEX-Paket enthalten. Man findet sie dort auf Diskette sieben als `l2kurz.zip`.

Das LATEX-Installationspaket enthält das File `source2e.tex`. Seine LATEX-Bearbeitung erzeugt die interne Dokumentation des gesamten LATEX-Kerns. Nach dem ersten LATEX-Aufruf entstehen u. a. die Files `source2e.idx`, `source2e.glo` und evtl. `source2e.ist`. Diese sind zunächst mit MakeIndex zu bearbeiten, und zwar durch die beiden Befehlsaufrufe

```
makeindx -s source2e.ist source2e  und
makeindx -s ggls.ist -o source2e.gls source2e.glo
```

Hiermit werden zwei weitere Files namens `source2e.ind` und `source2e.gls` erzeugt, die bei der zweiten LATEX-Bearbeitung eingebunden werden und die LATEX-Entwicklungsgeschichte sowie das Indexregister mit allen Befehlsdefinitionen und Aufrufen enthalten. Das Gesamtergebnis des zweiten LATEX-Befehlsaufrufs ist ein 525-seitiges Dokument, für dessen Ausdruck der Drucker einige Zeit und genügend Papiervorrat oder Nachschub benötigt.

Die LATEX-Bearbeitung von `source2e.tex` sowie die anschließenden MakeIndex-Aufrufe erfolgen zweckmäßigerweise im Installationsverzeichnis, also in dem Verzeichnis, in dem der erste und zweite Installationsschritt durchgeführt wurden. Dies stellt sicher, dass alle während der Bearbeitung angeforderten Eingabefiles verfügbar sind. Bei großzügiger Plattenausstattung könnte man alle Quellenfiles auch in das LATEX-Dokumentationsverzeichnis kopieren und die genannten Bearbeitungsaufrufe dort ausführen. Ansonsten sollte man dorthin nur das erzeugte `source2e.dvi`-File verschieben. Dieses kann dann bei Bedarf erneut ausgedruckt oder als Preview eingesehen werden. Im Eingangsverzeichnis kann man anschließend alle dort erzeugten `sourc2e.*`-Files, natürlich mit Ausnahme des Originals `source2e.tex`, wieder löschen.

In ähnlicher Weise kann man sich auch die interne Dokumentation aller Klassen- und Klassenoptionsfiles sowie der Ergänzungspakete erstellen. Deren Ergebnisfiles, also die `.cls`-, `.clo`- und `.sty`-Files, enthalten in ihren Anfangszeilen die Angaben

```
% The original source files were:
% file.dtx  (with options 'opt_liste')
```

Mit der zweimaligen LATEX-Bearbeitung der angegebenen `.dtx`-Files, also mit den Aufrufen '`latex` *file*`.dtx`' wird die zugehörige Dokumentation erstellt. Bei einigen dieser `.dtx`-Files entstehen mit dem ersten LATEX-Bearbeitungslauf die Files *file*`.idx` und/oder *file*`.glo`. Diese müssen vor dem zweiten LATEX-Bearbeitungsaufruf vorab mit MakeIndex bearbeitet werden, und zwar in der Form:

```
makeindx -s gind.ist file                      für die .idx-Files und
makeindx -s gglo.ist -o file.gls file.glo      für dic .glo-Files.
```

Bei den nachfolgenden Abschnitten mit der Darstellung der internen LATEX-Strukturen setze ich voraus, dass beim Leser diese internen Dokumentationen erstellt wurden oder zugänglich sind. Bezüglich der eingangs erwähnten *xxx*`guide`-Manuale setze ich die Bereitstellung von mindestens `clsguide` und `fntguide` voraus. Bei den internen Dokumentationen werden anfänglich viele Darstellungen vermutlich unverständlich erscheinen. Soweit auf diese Dokumentationen zurückgegriffen wird, werden sie zumindest teilweise erläutert. Viele der internen Makrodefinitionen greifen ihrerseits auf TEX-Grundbefehle oder Makros aus PLAIN-TEX zurück. Die allermeisten Makrodefinitionen aus `plain.tex` wurden im LATEX-Kern übernommen und stehen damit auch für LATEX zur Verfügung.

Für Leser, denen die originären TEX-Befehle sowie Programmiertechniken in TEX nicht geläufig sind und die einen Einstieg in die Originalliteratur scheuen, mag Kapitel 5 einen Einstieg geben. Das Indexregister dieses Buchs enthält unterhalb des Eintrags „TEX-Befehle" eine alphabetisch geordnete Liste von Befehlsnamen, die auf die Fundorte in Kapitel 5 verweisen.

2.2 LATEX-Entwicklungswerkzeuge

Beim ersten Schritt der LATEX-Installation gemäß 2.1.1 entstehen neben einer Vielzahl von Makropaketen auch `doc.sty` und `docstrip.tex`. Diese stellen Hilfwerkzeuge zur Dokumentationsaufbereitung bzw. zur Erstellung effizienter Laufversionen für umfangreiche Makropakete dar. Sie sind gewissermaßen das Pendant zu den WEB-Werkzeugen `weave` und `tangle` zur Dokumentation und Pascal-Kodeerzeugung von WEB-Programmen, wie z. B. den Originalquellenkode von TEX und den der meisten TEX-Hilfsprogramme (s. Anhang A). Anwendungen und Eigenschaften von `doc.sty` und `docstrip.tex` werden im Verlauf dieses Abschnitts genauer vorgestellt.

2.2.1 Allgemeine Erläuterungen zu Makropaketen

Makrodefinitionen, vermischt mit Kommentaren, die mit dem `%`-Zeichen eingeleitet werden, sind bei der Entwicklung von Makropaketen weitgehend gebräuchlich. Die Kommentare enthalten gewöhnlich kurze Hinweise zur Erläuterung bestimmter Makrostrukturen oder zur Zweckbestimmung des Makros, eventuell ergänzt durch Anwendungsbeispiele. Druckt man ein solches Makrofile aus, so ist die Mischung von Kommentaren und Definitionen in der jeweils gleichen Schreibmaschinenschrift für die leichte Lesbarkeit und das Verständnis nicht gerade förderlich. Erläuternde Kommentare sind überdies meistens nur kurz, um die eigentliche Zweckbestimmung des Makrofiles nicht mit kommentierendem Text zu überfrachten, da damit das Einlesen während der Bearbeitung verlängert würde.

Eine Ausnahme bildete das Hauptfile `latex.tex` aus dem früheren LATEX 2.09-Paket. Es bestand zu fast zwei Dritteln aus Kommentarzeilen und nur zu einem Drittel aus Makrodefinitionen. Dieses File wurde aber nur einmal zur Erzeugung des Formatfiles eingelesen. Im Formatfile selbst bleiben Kommentare aus dem Eingabefile unberücksichtigt. Letzteres enthält nur die Makrodefinitionen in maschinenspezifisch vorbearbeiteter Form. Das zur LATEX-Bearbeitung verwendete Formatfile ist damit frei von jedem erläuternden Textballast.

Anders sieht es bei den Klassenfiles und Ergänzungspaketen aus. Diese werden bei jedem LATEX-Aufruf neu eingelesen. Bei ihren Vorgängern in LATEX 2.09 hatte Leslie Lamport die äquivalenten Files in zwei Versionen als `.sty`- und `.doc`-Files bereitgestellt. Erstere enthielten keinerlei Kommentarzeilen und wurden zur LATEX-Bearbeitung verwendet. Die `.doc`-Files enthielten zusätzlich zu den Makrodefinitionen einen umfassenden Erläuterungskommentar. Der Nachteil dieser doppelten Vorhaltungen ist für den Entwickler sofort klar: Er muss zwei Programmfiles gleichzeitig pflegen. Eine Änderung im unkommentierten `.sty`-File muss anschließend auch im kommentierten `.doc`-File nachvollzogen und hier evtl. noch zusätzlich im Erläuterungskommentar angepasst werden. In vielen Fällen ist es dann nur eine Frage der Zeit, bis `.doc`- und `.sty`-Files in ihrer Aktualität auseinander klaffen.

2.2.2 Dokumentierte Makrofiles

Bei Einhaltung einiger weniger Regeln bei der Mischung von Erläuterungs- und Beispieltext als Kommentarzeilen und den eigentlichen Makrodefinitionen gestatten die Werkzeuge `docstrip.tex` und `doc.sty` eine systematische Vorbehandlung des dokumentierten Makrofiles. Alle mit dem Anhang `.dtx` gekennzeichneten Files aus dem LaTeX-Installationspaket sind solche dokumentierten Makrofiles.

Das Programm `docstrip.tex` erkennt alle Kommentarzeilen und entfernt sie, so dass als Ergebnis die reinen Makrodefinitionen übrigbleiben. Das Herausfiltern von Makrodefinitionen kann bedingungsabhängig erfolgen, so dass, abhängig vom Bearbeitungsaufruf, nur bestimmte Definitionen und Makroaufrufe verbleiben. Es ist auch möglich, mehrere dokumentierte Makrofiles in einem Bearbeitungsvorgang zusammenzubinden und hieraus ein File zu generieren, das den reinen Makrokode der Eingabefiles enthält. Einzelheiten zur Aktivierung von `docstrip.tex` werden in 2.2.7 nachgereicht.

Das Ergänzungspaket `doc.sty` erkennt ebenfalls die Kommentarzeilen, bei denen die einleitenden `%`-Zeichen entfernt werden, so dass der verbleibende Text dieser Kommentarzeilen wie gewöhnlicher LaTeX-Eingabetext formatiert wird. Der ursprüngliche Kommentartext darf LaTeX-Befehle enthalten, die nach der Entfernung der einleitenden Kommentarzeichen dann wie gewohnt berücksichtigt werden. Die Makrodefinitionen bzw. Makroaufrufe sind im Eingabetext dadurch gekennzeichnet, dass ihnen kein `%`-Zeichen zeilenweise voransteht. Solche Zeilen werden mit `doc.sty` entweder ignoriert oder so behandelt, als stünden sie in einer `verbatim`-Umgebung. Als Bearbeitungsergebnis erscheint eine wohl formatierte Ausgabe, bei der sich Erläuterungstext und Makrodefinitionen bzw. Makroaufrufe deutlich voneinander abheben, was die Lesbarkeit sehr verbessert und gleichzeitig das Verständnis für den Makrokode erleichtert.

Erläuterungstext wird im Eingabefile also dadurch gekennzeichnet, dass seine Zeilen mit einem `%`-Zeichen in Spalte eins beginnen. Alle Zeilen, die nicht mit dem `%`-Zeichen in Spalte eins beginnen, werden als *Definitionsteile* bezeichnet. Der Erläuterungstext darf neben dem eigentlichen Text beliebige LaTeX-Befehle und TeX-Grundbefehle sowie alle TeX-Befehle aus `plain.tex` enthalten, soweit diese in LaTeX nicht ausdrücklich verboten sind [5a, Verbotene TeX-Befehle]. Zusätzlich stellen `doc.sty` und `docstrip.tex` einige weitere Befehle bereit, die zur zielgerichteten Bearbeitung ebenfalls im Erläuterungstext benutzt werden können.

Definitionsteile enthalten dagegen nur LaTeX- und/oder erlaubte TeX-Befehlsaufrufe sowie eine Vielzahl von Definitionsstrukturen mit `\def`, `\newcommand`, `\newenvironment` usw. Evtl. treten auch Befehlsnamen auf, die in anderen Makropaketen definiert werden. Diese müssen bei einer `docstrip`-Bearbeitung dann ebenfalls eingelesen und zusammengebunden werden (s. 2.2.7).

Das LaTeX-Kommentarzeichen `%` ist zur Kennzeichnung des Erläuterungstextes in dokumentierten Makrofiles vergeben. Soll der Erläuterungstext seinerseits Kommentar (*Pseudokommentar*) enthalten, der bei der ausgegebenen Dokumentation als interner Kommentar unterdrückt werden soll, dann kann solcher Pseudokommentar innerhalb der laufenden Kommentarzeile durch ein vorangestelltes `^^A` gekennzeichnet werden. Pseudokommentar, der sich über mehrere Zeilen im Erläuterungstext erstreckt, kann auch mit den beiden Erläuterungszeilen `% \iffalse ... % \fi` eingeschachtelt werden.

Definitionsteile, die in der Dokumentation wie im Original (*verbatim*[1]) erscheinen sollen, müssen mit den Erläuterungszeilen

```
%␣␣␣␣\begin{macrocode}
    Definitionsteile
%␣␣␣␣\end{macrocode}
```

eingeschachtelt werden. Die vier Leerzeichen zwischen dem `%`-Zeichen und dem Umgebungsanfang `\begin` bzw. Umgebungsende `\end` sind zwingend! Als Umgebungsname kann hierbei auch `macrocode*` gewählt werden, mit der Folge, dass alle Leerzeichen im verbatim ausgegebenen Definitionsteil als '␣' erscheinen. Den verbatim ausgegebenen Zeilen kann außerdem eine fortlaufende Zeilennummer vorangestellt werden (s. `\CodelineIndex` und `\CodelineNumbered` in 2.2.3), die bei der ersten dokumentierten Makrozeile mit 1 beginnt.Definitionsteile, die nicht mit diesem Erläuterungs-Zeilenpaar eingeschachtelt werden, erscheinen als Makrokode im `docstrip.tex`-Bearbeitungsergebnis, nicht dagegen in der aufbereiteten Dokumentation. Auf solchen verborgenen Makrokode kann jedoch im Erläuterungstext Bezug genommen werden. Das File `doc.dtx`, also das dokumentierte Makrofile für das `doc`-Ergänzungspaket, enthielt bei einer früheren Version (Mitte Februar 1994) kurz nach dem Fileanfang die unkommentierten Definitionszeilen

```
\def\fileversion{v1.9i}
\def\filedate{1994/02/11}
\def\docdate{1993/02/10}
```

ohne Einschachtelung mit der kommentierten `makrocode`-Umgebung. Die vorstehenden Definitionen erschienen im damaligen `doc.sty`-File, nicht dagegen in der aufbereiteten Dokumentation. In einer Fußnote des Erläuterungstextes tauchte dann die Angabe `... version number \fileversion{} dated \filedate. ... revised on \docdate.` auf, die in der Dokumentation die entsprechenden Versionsangaben und Datumswerte ausgab.

Erläuterungstext, mit dem ein bestimmtes Makro oder eine bestimmte Umgebung beschrieben wird, sollte die Erläuterungszeile mit dem Inhalt `% \DescribeMacro{`*makro_name*`}` bzw. `% \DescribeEnv{`*umg_name*`}` vorangestellt werden. Dies bewirkt zunächst, dass der Makro- bzw. Umgebungsname in der Dokumentation als Randnotiz zu Beginn der nachfolgenden Makro- oder Umgebungsbeschreibung erscheint. Außerdem wird der Makro- bzw. Umgebungsname ins Stichwortverzeichnis aufgenommen, wo er mit der kursiven Nummer der Seite erscheint, auf der dieser Befehl verwendet wird.

Den eigentlichen Makrodefinitionen wird häufig ein eigener Erläuterungstext mit Hinweisen zur Definition vorangestellt. Solcher Erläuterungstext sollte zusammen mit dem nachfolgenden Definitionsteil mit den Erläuterungszeilen `% \begin{macro}{`*makro_name*`}` und `% \end{macro}` eingeschachtelt werden. Die unmittelbare Umgebung eines Definitionsteils sieht in einem dokumentierten Makrofile damit üblicherweise so aus:

---

[1]Für Textausgaben, die wie beim eingegebenen Original erfolgen, so, als ständen sie in einer `verbatim`-Umgebung, verwende ich im nachfolgenden Text häufig den Ausdruck „verbatim“.

```
% \begin{macro}{\makro_name}
% nähere Hinweise zur nachfolgenden Definition
%␣␣␣␣\begin{macrocode}
\def\makro_name ...
%␣␣␣␣\end{macrocode}
% \end{macro}
```

Damit erscheint der angegebene Makroname ebenfalls zu Beginn des nachfolgenden Erläuterungstextes oder des verbatim ausgegebenen Definitionsteils als Randnotiz. Außerdem wird er ins Stichwortverzeichnis aufgenommen, diesmal aber mit der Zeilennummer der ersten Zeile des nachfolgenden Definitionsteils, die im Stichwortverzeichnis außerdem unterstrichen wird, um dort auf die tatsächliche Makrodefinition zu verweisen. Enthält der Definitionsteil die Einrichtung einer neuen Umgebung, also die LaTeX-Struktur `\newenvironment{...}`, dann sollte stattdessen das äquivalente Zeilenpaar `% \begin{environment}{`*umg_name*`}` und `% \end{environment}` verwendet werden.

Der Unterschied zwischen diesen Kennzeichnungsstrukturen und den vorangegangenen Erläuterungsbefehlen `\DescribeMacro` und `\DescribeEnv` liegt einmal in den unterschiedlichen Indexeinträgen als Seiten- bzw. Zeilennummerreferenz. Zum anderen sind die beiden letzten Kennzeichnungsbefehle für Erläuterungstext vorgesehen, mit dem die Anwendung oder Nutzung von Makros oder Umgebungen beschrieben wird. Sie sind oft in einem LaTeX-Text eingebettet, der mit `\titlepage`, `\section`, `\subsection` usw. gegliedert ist und eine Nutzungsbeschreibung aller Makros aus dem File vorstellt. Die Makro- und Umgebungsdefinitionen folgen dann oft mit einer eigenen Gliederungsüberschrift, die auf die Bereitstellung der Definitionen verweist. Das File `doc.dtx` ist in dieser Form gegliedert. Der Leser möge seine Dokumentation erstellen (s. u.) und sie mit `doc.dtx` vergleichen.

Definitionsteile in einem dokumentierten Makrofile enthalten oft unmittelbar aufeinander folgend die Definitionen mehrerer Makros. In diesem Fall können dieser Definitionsteil und seine evtl. vorangehende Definitionserläuterung durch mehrere Kennungszeilen der Form `% \begin{macro}{`*makro_name*`}` mit entsprechenden Einträgen für *makro_name* eingeleitet werden. Nach dem zugeordneten Definitionsteil sind dann gleich viele Kennungszeilen `% \end{macro}` erforderlich, wie zur Einleitung aufgeführt. Die entsprechende Aussage bezüglich der äquivalenten Umgebungskennung `% \begin{environment}{`*umg_name*`}` versteht sich von selbst.

Es ist möglich, die Dokumentation auf die Anwendungsbeschreibung der Makros zu begrenzen und die nachfolgenden Definitionsbeschreibungen und Definitionen selbst zu unterdrücken. Eine solche begrenzte Dokumentation ist für Anwender gedacht, die sich nicht mit den Interna der Definitionen selbst befassen möchten. Der Bearbeitungsaufruf zur Erstellung einer begrenzten Dokumentation wird im nachfolgenden Unterabschnitt vorgestellt.

Die beiden Entwicklungswerkzeuge `doc.sty` und `docstrip.tex` stellen eine Reihe weiterer Befehle zur Erstellung einer zielgerichteten Dokumentation und von kompakten Makropaketen bereit. Die wichtigsten dieser Zusatzbefehle werden in den nachfolgenden Unterabschnitten vorgestellt. Für weitere Möglichkeiten und Details verweise ich auf die Dokumentation, die aus den zugehörigen kommentierten Makropaketen selbst, also aus `doc.dtx` und `docstrip.dtx`, erstellt werden kann. Das Klassenfile `ltxdoc.cls` stellt darüber hinaus noch einige weitere Befehle bereit, die ebenfalls im Erläuterungsteil zur Erstellung der Dokumentation genutzt werden können, wenn die LaTeX-Bearbeitung mit dieser Bearbeitungsklasse erfolgt.

2.2.3 Das doc-Ergänzungspaket

Die Erstellung der Dokumentation aus einem dokumentierten Makrofile verlangt die Bereitstellung eines sog. Treiberfiles, das mindestens die nachstehenden LaTeX-Befehlszeilen enthalten muss:

> `\documentclass[`*optionen*`]{`*bearb_klasse*`}`
> `\usepackage{doc}`
> *evtl. weitere Vorspannbefehle*
> `\begin{document}`
> *spezielle Eingabebefehle*
> `\end{document}`

Als Bearbeitungsklasse *bearb_klasse* kann jede der Standardklassen gewählt werden. Das LaTeX-Installationspaket stellt als spezielles Klassenfile zusätzlich `ltxdoc.cls` bereit. Wird für *bearb_klasse* `ltxdoc` gewählt, dann kann der Vorspannbefehl `\usepackage{doc}` entfallen, da das Ergänzungspaket `doc.sty` durch das spezielle Klassenfile `ltxdoc.cls` automatisch eingelesen wird. Neben der Bereitstellung einiger Zusatzbefehle greift dieses Klassenfile ansonsten auf die Standardklasse `article` zurück, so als wäre diese im Dokumentklassenbefehl gewählt worden.

Als Grundname für das Treiberfile sollte ein Name gewählt werden, der das zu dokumentierende Makropaket charakterisiert. Dies wird häufig der Grundname des dokumentierten Makrofiles selbst sein. Das Treiberfile sollte dann einen Namensanhang tragen, der die Aufgabe als Treiberfile erkennen lässt. Ich empfehle, als Namensanhang `.drv` zu wählen, falls dieser Anhang beim Anwender nicht bereits für andere Kennungen vergeben ist. Der Bearbeitungsaufruf zur Erstellung der Dokumentation lautet dann:

> `latex` *dok_file*`.drv`

Die Bearbeitungsergebnisse dieses Aufrufs werden dann in Files mit dem gleichen Grundnamen *dok_file* und dem sie kennzeichnenden Anhang wie `.dvi`, `.aux`, `.log` und evtl. `.toc`, `.idx`, `.glo` u. a. abgelegt. Bei den meisten dokumentierten Makrofiles wird es erforderlich sein, den Bearbeitungsaufruf ein zweites Mal auszuführen, da beim ersten Aufruf evtl. benötigte Hilfs- und Zwischenfiles noch nicht existieren und evtl. Quer- und Quellenverweise erst hieraus gewonnen werden. Entstanden beim ersten Bearbeitungsaufruf `.idx`- und/oder `.glo`-Files (s. u.), so wird vorab deren MakeIndex-Bearbeitung erforderlich. Die genauen Aufrufformen für deren Zusatzbearbeitung werden am Schluss dieses Unterabschnitts nachgereicht.

Der Textteil *spezielle Eingabebefehle* des Treiberfiles besteht häufig nur aus den in `doc.sty` bereitgestellten Lesebefehlen

> `\DocInput{`*dok_makro_file*`}`

mit dem Filenamen des dokumentierten Makrofiles. Beim Auftreten mehrerer `\DocInput`-Lesebefehle werden entsprechend mehrere dokumentierte Makrofiles eingelesen und für die Dokumentation zu einer Einheit verbunden. Alternativ oder ergänzend zu `\DocInput` kann als Eingabebefehl auch `\IndexInput{`*makro_file*`}` (s. u.) verwendet werden. Zum Abschluss folgt häufig noch der ebenfalls aus `doc.sty` stammende Befehl `\PrintIndex`, der die Ausgabe des Indexregisters bewirkt.

Tragen die Namen der dokumentierten Makrofiles einen anderen Anhang als `.tex`, was vermutlich bei den meisten dieser Files der Fall ist, so ist für *doc_makro_file* im `\DocInput`-Befehl der gesamte Filename einschließlich des Anhangs anzugeben. So tragen z. B. alle dokumentierten Makrofiles aus dem LaTeX-Installationspaket den Anhang `.dtx`.

Im letzten Unterabschnitt wurde dargestellt, dass mit den Befehlen `\DescribeMacro`, `\DescribeEnv`, `\begin{macro}` und `\begin{environment}` die hiermit übergebenen Makro- oder Umgebungsnamen u. a. im Stichwortverzeichnis (Indexregister) aufgenommen werden. Enthält der Vorspann des Treiberfiles den Befehl `\EnableCrossrefs`, so werden zusätzlich *alle* in Definitionsteilen auftretenden Makro- oder Umgebungsnamen ins Stichwortverzeichnis aufgenommen, falls diese Definitionsteile mit `% \begin{macrocode} ... % \end{macrocode}` eingeschachtelt sind. Umgekehrt kann mit `\DisableCrossrefs` diese Zusatzaufnahme von Makro- und Umgebungsnamen unterbunden werden.

Die Gestaltung des Indexregisters erfolgt mit einem der beiden Befehle `\CodelineIndex` oder `\PageIndex` im Vorspann der Treiberfiles. Unabhängig von diesen Steuerbefehlen verweisen die mit `\DescribeMakro` und `\DescribeEnv` erzeugten Stichworteinträge stets auf die Seitennummer. Nach `\CodelineIndex` werden die Kodezeilen aus den Definitionsteilen fortlaufend durchnummeriert, auf die alle sonstigen Stichworteinträge dann verweisen. `\PageIndex` unterbindet die fortlaufende Nummerierung der Kodezeilen und alle weiteren Stichworteinträge verweisen ebenfalls auf die zugehörigen Seitennummern.

Die Ablage der genannten Indexeinträge in einem zugehörigen `.idx`-File erfolgt automatisch, ohne dass es hierzu expliziter `\index`-Befehle bedarf. Diese werden bei der Bearbeitung mit `doc.sty` nach den eingebauten Regeln implizit abgesetzt. Ein `.idx`-File mit diesen internen `\index`-Befehlen entsteht bei der LaTeX-Bearbeitung jedoch nur, wenn das Treiberfile einen der beiden Befehle `\CodelineIndex` oder `\PageIndex` enthält, wobei der erste Befehl gleichzeitig eine fortlaufende Nummerierung der in der Dokumentation ausgegebenen Kodezeilen erzeugt, die mit dem zweiten Befehl entfällt. Eine fortlaufende Nummerierung der Kodezeilen im Dokumentationstext *ohne* deren gleichzeitige Ablage in einem `.idx`-File kann mit dem Vorspannbefehl `\CodelineNumbered` im Treiberfile erreicht werden.

Mit `\DoNotIndex{`*makro_namen_liste*`}` kann eine durch Kommata getrennte Liste von Makronamen übergeben werden, die dann nicht im Indexregister erscheinen. Dies wird für die Erstellung eines sinnvollen Indexregisters praktisch immer erforderlich sein. Man stelle sich nur vor, wie oft der Befehlsname `\def` als Folge von `\EnableCrossrefs` im Indexregister erscheinen würde, wenn er mit dem vorstehenden Befehl `\DoNotIndex` nicht explizit unterdrückt würde.

Mit der Angabe `\RecordChanges` im Vorspann des Treiberfiles wird ein zweites Hilfsfile mit dem Anhang `.glo` erzeugt, in dem alle Einträge eines dokumentierten Makrofiles der Form `\changes{`*vers_nr*`}{`*datum*`}{`*kurz_beschr*`}` abgelegt werden. Hiermit kann die Entwicklungsgeschichte des Makropakets dokumentiert werden, worauf 2.2.5 näher eingeht. Diese Entwicklungsgeschichte kann in der Dokumentation mit dem Befehl `\PrintChanges` ausgegeben werden.

Neben dem bereits oben vorgestellten File-Lesebefehl `\DocInput`, mit dem in Treiberfiles üblicherweise die dokumentierten Makrofiles zur Erstellung ihrer Dokumentation eingelesen werden, stellt `doc.sty` als weiteren Lesebefehl noch `\IndexInput{`*makro_file*`}` bereit. Hiermit können beliebige Makrofiles eingelesen und bearbeitet werden, also auch solche, die sich nicht an die Regeln der doc-Formen halten. Ein solches File wird dann in der Dokumentation zur Gänze verbatim ausgegeben. Gleichzeitig werden alle in ihm auftretenden Befehlsnamen im Stichwortverzeichnis untergebracht, ohne dass die entsprechenden Befehlsteile mit

`% \begin{macrocode} ... % \end{macrocode}` einzuschachteln sind. Dieser Eingabebefehl kann gelegentlich auch für dokumentierte Makrofiles anstelle von `\DocInput` sinnvoll sein, nämlich dann, wenn ein Stichwortverzeichnis erstellt werden soll, das *alle* Befehlsaufrufe enthält.

Im Erläuterungstext eines dokumentierten Makrofiles wird man häufig Befehlsnamen in Schreibmaschinenschrift erscheinen lassen wollen. Die Aufrufe mit `\verb|`*bef_name*`|` sind bei der erforderlichen Häufigkeit recht lästig. `doc.sty` gestattet eine verkürzte Eingabe, z. B. als `|`*orig_text*`|`, wenn zuvor mit `\MakeShortVerb{\|}` das `|`-Zeichen zum Einschlusszeichen erklärt wurde. Die Wirkung ist dann so, als hätte man `\verb|`*orig_text*`|` geschrieben. Diese Eigenschaft wurde bereits in [5a, 4.10.3] als Wirkung des Ergänzungspakets `shortvrb.sty` vorgestellt. Dieses Ergänzungspaket wird genaugenommen aus einer Untermenge von `\doc.dtx` erstellt und ist somit integraler Bestandteil von `doc.sty`.

Soll die Dokumentation auf die Anwendungsbeschreibung der mit dem Makrofile bereitgestellten Makros beschränkt werden, so kann dies mit der Erklärung `\OnlyDescription` im Vorspann des Treiberfiles erreicht werden. Die Nutzung dieses Befehls verlangt im dokumentierten Makrofile die Angabe des Befehls `\StopEventually{`*abschl_aktionen*`}` an geeigneter Stelle, üblicherweise am Ende des Erläuterungstextes und vor den eigentlichen Makrodefinitionen. Das File `doc.dtx` beschreibt zunächst in den Abschnitten 1 und 2 die bereitgestellten Zusatzmakros und Umgebungen und leitet mit Abschnitt 3 den eigentlichen Definitionsteil ein. Der Befehl `\StopEventually` erscheint damit folgerichtig unmittelbar vor dem `\section`-Befehl für den Abschnitt 3.

Das mit *abschl_aktionen* gekennzeichnete Argument von `\StopEventually` steht für diejenigen Aktionen, die am Ende der eingeschränkten Dokumentation noch ausgeführt werden sollen. Dies werden häufig die Befehlsfolgen zur Erzeugung eines Literaturverzeichnisses sowie ein anschließender `\PrintIndex`-Befehl zur Ausgabe des Stichwortverzeichnisses sein. Entfällt der Befehl `\DescriptionOnly` im Treiberfile, so wird das Argument des `\StopEventually`-Befehls an den Befehl `\Finale` weitergereicht, der in dokumentierten Makrofiles gewöhnlich am Fileende auftritt.

Falls bei der LATEX-Bearbeitung des Treiberfiles Zwischenfiles mit dem Anhang `.idx` und/oder `.glo` entstehen, so sind diese vorab mit MakeIndex zu bearbeiten, wobei gleichzeitig geeignete MakeIndex-Stilfiles anzufordern sind. Die Syntax dieser Bearbeitungsaufrufe lautet:

`makeindx -s gind.ist` *dok_file*	für die `.idx`-Files und
`makeindx -s gglo.ist -o` *dok_file*`.gls` *dok_file*`.glo`	für die `.glo`-Files.

Hiermit wird aus dem `.idx`-File das `.ind`-Indexfile und aus dem `.glo`-File das `.gls`-Glossarfile gebildet. Diese werden dann bei der nächsten LATEX-Bearbeitung von *dok_file*`.drv` zusätzlich eingelesen und führen zur Beifügung des Indexregisters und der Entwicklungsgeschichte des Makropakets.

Entsteht bei der ersten LATEX-Bearbeitung des Treiberfiles ein Zwischenfile mit dem Anhang `.toc`, so soll der Dokumentation gleichzeitig ein Inhaltsverzeichnis vorangestellt werden. Hier ist es häufig empfehlenswert, den ersten LATEX-Bearbeitungsaufruf vorab noch einmal zu wiederholen, bevor das `.idx`-File mit MakeIndex bearbeitet wird. Die Seitenreferenzen der Indexeinträge können sich nämlich durch das vorangestellte Inhaltsverzeichnis verschieben, was das `.idx`-File nach der ersten Bearbeitung noch nicht berücksichtigt hat. In solchen Fällen wird also eine insgesamt dreimalige LATEX-Bearbeitung der Treiberfiles erforderlich.

In der vorangegangenen Darstellung wurden einige, bei weitem aber nicht alle Gestaltungsmöglichkeiten zur Erstellung der Dokumentation für ein dokumentiertes Makrofile vorgestellt. So stellt `doc.sty` z. B. auch die Befehle `\AmSTeX` `\BibTeX`, `\SliTeX`, `\PlainTeX` und `\Web` bereit, deren Verwendung im Erläuterungstext eines dokumentierten Makrofiles in dessen Dokumentation zur Ausgabe der entsprechenden Programmlogos führt:

AMS-TEX BIBTEX SLITEX PLAIN TEX WEB

In der Dokumentation für ein Makrofile soll gelegentlich auf den Filenamen, die Versionsnummer, das Versionsdatum und evtl. auf eine kurze Versionsinformation verwiesen werden. Nach dem Aufruf `\GetFileInfo{`*makro_file*`}` können diese Daten mit den Befehlsaufrufen `\filename`, `\fileversion`, `\filedate` und `\fileinfo` ausgegeben werden, falls das Makropaket sich mit einem Selbstidentifikations-Interfacebefehl wie `\ProvidesPackage` bekannt macht.

Einige weitere Gestaltungsmöglichkeiten für die Dokumentation von Makrofiles werden in den drei nachfolgenden Unterabschnitten vorgestellt. Für die Nutzung des gesamten Gestaltungsbereichs von `doc.sty` möge sich der Anwender die Dokumentation, wenigstens in der eingeschränkten Form mit `\OnlyDescription`, selbst erstellen und nutzen. Die einfachste Form dieser Erstellung wird im nachfolgenden Unterabschnitt vorgestellt.

2.2.4 Zusatzmöglichkeiten mit der Bearbeitungsklasse ltxdoc

Die Bereitstellung eines Treiberfiles zur Erstellung der Dokumentation für ein dokumentiertes Makrofile kann entfallen, wenn das Makrofile die Vorgaben für ein Treiberfile bereits selbst enthält. Dies ist z. B. für alle `.dtx`-Files aus dem LATEX-Installationspaket der Fall. Diese enthalten als ersten Definitionsteil gewöhnlich Befehlszeilen der Form (oder Teile davon):

```
\documentclass{ltxdoc}
  \EnableCrossrefs
  %\DisableCrossrefs   % Say \DisableCrossrefs if index is ready
  \RecordChanges       % Gather update information
  %\OnlyDescription    % comment out for implementation details
\begin{document}
  \DocInput{makro_file.dtx}
\end{document}
```

Dies könnte nach dem vorangegangenen Unterabschnitt genau der Inhalt eines Treiberfiles sein. Wird das dokumentierte Makrofile dagegen direkt zur LATEX-Bearbeitung mit '`latex` *makro_file*`.dtx`' aufgerufen, so wird sein Inhalt zunächst Zeile für Zeile eingelesen und dabei zeilenweise interpretiert. Der Anfang eines dokumentierten Makrofiles besteht jedoch aus Zeilen, die mit einem `%`-Zeichen in Spalte 1 beginnen. Diese Zeilen werden von LATEX als Kommentarzeilen ignoriert. Schließlich trifft LATEX auf die erste nichtkommentierte Zeile, die hier

```
\documentclass{ltxdoc}
```

lautet. Dies ist der bekannte Eröffnungsbefehl für eine LATEX-Bearbeitung. Er bewirkt das Hinzuladen des Klassenfiles `ltxdoc.cls`, das seinerseits das Ergänzungspaket `doc.sty` implizit einbindet. Die nächsten beiden zu bearbeitenden Zeilen lauten dann '`\EnableCrossrefs`' und '`\RecordChanges`', die als Vorspannbefehle eines Treiberfiles bereits im vorangegangenen Unterabschnitt vorgestellt wurden. Die gleiche Wirkung entfalten sie nun in Verbindung mit `doc.sty` bei der direkten LATEX-Bearbeitung. Die zunächst herauskommentierten Befehlszeilen '`%DisableCrossrefs`' und '`%\OnlyDescription`' bleiben wegen des Kommentarzeichens folgenlos. Sie wurden nur eingefügt, damit der Anwender durch Entfernung des Kommentarzeichens problemlos ein entsprechend geändertes Bearbeitungsergebnis erzielen kann.

Mit dem nächsten LATEX-Befehl '`\begin{document}`' wird die LATEX-Bearbeitung des Textteils gestartet. Der nächste Befehl `\DocInput{`*makro_file*`.dtx}` liest nun das dokumentierte Makrofile nochmals ein und startet dessen LATEX-Bearbeitung aufs Neue, diesmal aber unter Berücksichtigung des Klassenfiles `ltxdoc.cls` sowie des Ergänzungspakets `doc.sty` und der sonstigen Vorspannbefehle. Die mit einem `%`-Zeichen in Spalte 1 beginnenden Zeilen werden nunmehr entsprechend den Vorgaben aus `doc.sty` als Erläuterungstext für die Dokumentation oder als Pseudokommentar interpretiert und entsprechend behandelt (2.2.2 und 2.2.3).

Kommt die Bearbeitung nun zur ersten unkommentierten Zeile, also hier nochmals zu '`\documentclass{ltxdoc}`', so wird diese entsprechend den Vorgaben aus `doc.sty` so bearbeitet, als stände sie in einer `verbatim`-Umgebung. Das Gleiche gilt für alle unkommentierten Befehlszeilen aus dem dokumentierten Makrofile. Solche Befehlszeilen entfalten also bei dieser inneren LATEX-Bearbeitung keinerlei Befehlswirkung. Nach der LATEX-Bearbeitung des mit `\DocInput` eingelesenen Makrofiles trifft der äußere LATEX-Aufruf dann auf '`\end{document}`'. Dies ist gleichzeitig der Beendigungsaufruf für eine LATEX-Bearbeitung.

Der verbleibende Rest des mit dem LATEX-Befehlsaufruf eingelesenen gleichnamigen Makrofiles wird damit ignoriert. Alle im `.dvi`-File und in sonstigen Hilfsfiles abgelegten Bearbeitungsergebnisse stammen ausschließlich aus der LATEX-Bearbeitung des mit `\DocInput` nochmals eingelesenen Makrofiles, allerdings unter Berücksichtigung der mit dem äußeren Bearbeitungsaufruf bereitgestellten Treibervorgaben des zuerst eingelesenen gleichnamigen Makrofiles. Dieses hat damit seine Aufgabe erledigt und seine Bearbeitung wird beendet.

Die `.dtx`-Files aus dem LATEX-Entwicklungspaket enthalten bei den eingebauten Befehlszeilen für die direkte LATEX-Bearbeitung evtl. herauskommentierte Befehlszeilen, wie oben mit '`%DisableCrossrefs`' und '`%OnlyDescription`' demonstriert wurde. Der Anwender kann mit der Entfernung des Kommentarzeichens ein geändertes Dokumentationsergebnis erzielen. Die Bearbeitungsklasse `ltxdoc.cls` kennt hierfür jedoch eine elegantere und flexiblere Lösung. Existiert beim Anwender ein File mit dem Namen `ltxdoc.cfg`, so wird dieses beim Einlesen von `ltxdoc.cls` zusätzlich zugefügt und berücksichtigt. Hiermit können Standardvorgaben aus `ltxdoc.cls` abgeändert oder ergänzt werden. Soll z. B. die Formatierung für die Dokumentation in DIN A4-Papierformat erfolgen, so kann mit der Angabe

```
\PassOptionToClass[a4paper]{ltxdoc}
```

in `ltxdoc.cfg` die entsprechende Formatierung erreicht werden.

Häufig sollen Vorgaben aus oder Modifikationen für `doc.sty` zur Anwendung kommen. Werden diese mit einem `ltxdoc.cfg`-File bereitgestellt, so ist zu beachten, dass dieses Konfigurationsfile bereits unmittelbar nach dem Leseanfang von `ltxdoc.cls` hinzugeladen wird. Das Ergänzungspaket `doc.sty` wird dagegen erst anschließend hinzugelesen. Damit sind etwaige Vorgaben aus `ltxdoc.cfg`, die sich auf `doc.sty` beziehen, noch gar nicht definiert oder möglicherweise wieder unwirksam gemacht. LaTeX 2_ε kennt jedoch die beiden Interface-Befehle

`\AtBeginDocument{`*b_bef_eintr*`}` und
`\AtEndDocument{`*e_bef_eintr*`}`,

mit denen Befehlslisten übergeben werden können, deren einzelne Befehle dann in der Reihenfolge ihrer Angabe als *b_bef_eintr* unmittelbar *nach* `\begin{document}` bzw. als *e_bef_eintr* unmittelbar *vor* `\end{document}` ausgeführt werden.

Soll z. B. eine eingeschränkte Dokumentation eines Makrofiles erstellt werden, so kann dies durch die Angabe `\AtBeginDocument{\OnlyDescription}` im File `ltxdoc.cfg` erreicht werden. Mit dem Aufruf '`latex doc.dtx`' wird dann in einfachster Weise die eingeschränkte Dokumentation für das Makropaket `doc.dtx` und damit auch für das Ergänzungspaket `doc.sty` erstellt.

Einige der dokumentierten Makrofiles aus dem LaTeX-Installationspaket erzeugen standardmäßig kein zugehöriges Indexregister. Mit den Befehlseinträgen

`\AtBeginDocument{\EnableCrossrefs,\CodelineIndex}` und
`\AtEndDocument{\PrintIndex}`

im Konfigurationsfile `ltxdoc.cfg` wird ein solches angelegt und am Ende der Dokumentation ausgegeben.

`ltxdoc.cls` stellt noch einige weitere Gestaltungsmöglichkeiten bereit. So enthält es z. B. die Befehlserklärung `\MakeShortVerb{\|}`, womit die verbatime Ausgabe einer Textstruktur mit der Eingabe `|`*orig_text*`|` erfolgen kann, ohne dass es einer eigenen `\MakeShortVerb`-Erklärung im dokumentierten Makrofile bedarf. Befehlsnamen unter Einschluss des Rückstrichs (Backslash) können alternativ auch durch die Eingaben `\cmd{\`*bef*`}` oder `\cs{\`*bef*`}` verbatim als `\`*bef* ausgegeben werden.

Schließlich stellt `ltxdoc.cls` noch den File-Eingabebefehl `\DocInclude{`*dtx_file*`}` bereit. Dieser wirkt wie der LaTeX-Standardbefehl `\include`, d. h. er gestattet eine selektive Dokumentationsbearbeitung von Teilfiles, aus denen ein großes Makropaket häufig besteht. Querbezüge, fortlaufende Kennmarken und Seitennummern bleiben trotz der evtl. selektiven Bearbeitung eines Einzelfiles in Bezug auf das Gesamtdokument korrekt erhalten.

Die zugehörige Teildokumentation beginnt stets mit einer neuen Seite, wie dies auch beim LaTeX-Standardbefehl `\include` der Fall ist. `\DocInclude{`*dtx_file*`}` ruft zunächst den LaTeX-Gliederungsbefehl `\part` auf und übergibt den Filenamen *dtx_file* als Gliederungsüberschrift für den `\part`-Befehl. Die fortlaufende Kennung der einzelnen `\part`-Befehle erfolgt durch einen forlaufenden lateinischen Buchstaben vor der übergebenen Überschrift. Diese Kennung beginnt mit einem kleinen 'a' und endet evtl. mit einem großen 'Z'. Der übergebene Filename *dtx_file* wird dabei ohne die Anhangskennung `.dtx` eingesetzt. Das zugehörige File *dtx_file*`.dtx` wird dann eingelesen und seinerseits mit LaTeX bearbeitet, und zwar so, als wäre es mit der Wirkung von `\include{`*dtx_file*`.dtx}` eingelesen worden.

Das File `source2e.tex` aus dem LaTeX-Installationspaket ist ein reines Treiberfile im Sinne von 2.2.3. Es macht intensiv von `\DocInclude`-Lesebefehlen Gebrauch. Sein Inhalt sollte mit Hilfe der hier vermittelten Informationen verständlich werden. Die Erstellung der Dokumentation für den LaTeX-Kern mit diesem Treiberfile wurde bereits in 2.1.4 auf S. 26 beschrieben.

2.2.5 Dokumentation von Versionsentwicklungen

Größere Makropakete unterliegen häufig einer kontinuierlichen Wartung durch den/die Autor(en). Verborgene Fehler und Schwachstellen werden im Laufe der Nutzungszeit entdeckt und behoben. Anregungen aus dem Kreis der Anwender führen ebenfalls oft zu entsprechenden Ergänzungen oder Verbesserungen. Solche Korrekturen, Ergänzungen und Verbesserungen führen dann zur Bereitstellung einer neuen Version des Makropakets.

Es kann nützlich sein, wenn die Dokumentation des Makropakets solche Versionsentwicklungen in Form einer listenartigen Entwicklungsgeschichte widerspiegelt. Das `doc.sty`-Werkzeug unterstützt die Erstellung einer solchen listenartigen Entwicklungsgeschichte durch die Bereitstellung des Befehls

`\changes{`*vers_nr*`}{`*datum*`}{`*kurz_beschr*`}`

Die Argumente dieses Befehls sind weitgehend selbsterklärend: *vers_nr* enthält die übergebene Versionskennnummmer, *datum* das Datum der zugehörigen Versionsänderung und *kurz_beschr* eine kurze Beschreibung der vorgenommenen Änderung.

Aus diesen Eingaben erzeugt `doc.sty` jeweils einen dreigliedrigen `\glossary`-Befehl der Form

`\glossary{`*haupt_eintr* | *mitten_eintr* | *unter_eintr*`}`

Als Haupteintrag wird die Versionsnummer *vers_nr* und als Untereintrag die Kurzbeschreibung *kurz_beschr* aus dem `\changes`-Befehl übernommen. Der Inhalt des mittleren Feldes *mitten_eintr* hängt von der Stellung des `\changes`-Befehls innerhalb des dokumentierten Makrofiles ab. Steht dieser Befehl innerhalb des allgemeinen Erläuterungstextes, so wird als Mitteneintrag 'General' eingesetzt. Steht dieser Befehl dagegen in unmittelbarer Umgebung eines Definitionsteils, genauer, in der `macro`- oder `environment`-Umgebung, die einen Definitionsteil einschließt, dann wird als Mitteneintrag der Befehls- oder Umgebungsname eingesetzt, der dort mit

`\begin{macro}{\`*makro_name*`}` bzw. `\begin{environment}{`*umg_name*`}`

eingesetzt wurde (s. 2.2.2 auf S. 30). Diese `\glossary`-Befehle werden, zusammen mit den zugehörigen Nummern der Seiten, auf denen sie auftraten, in einem `.glo`-File abgelegt. Ein solches `.glo`-File wird aber nur angelegt, wenn das Treiberfile zur Erzeugung der Gesamtdokumentation den Vorspannbefehl `\RecordChanges` enthält. Ohne diesen Vorspannbefehl bleiben die `\changes`-Einträge unwirksam.

Ein evtl. erzeugtes `.glo`-File muss dann zunächst mit dem MakeIndex-Programm aufbereitet werden. Der genaue Bearbeitungsaufruf wurde bereits in 2.2.3 auf S. 33 angegeben und wird zur Leseerleichterung hier nochmals wiederholt:

`makeindx -s gglo.ist -o` *dok_file*`.gls` *dok_file*`.glo`

Hiermit wird aus dem `.glo`-File ein sortiertes `.gls`-File erzeugt, das bei einer erneuten LATEX-Bearbeitung dann zur Erstellung der formatierten Entwicklungsgeschichte dient. Die Liste dieser Entwicklungsgeschichte erscheint in der Dokumentation an der Stelle, an der im dokumentierten Makrofile der kommentierte Befehl

```
% \PrintChanges
```

zu finden ist. Dies ist üblicherweise am Ende des Dokumentationstextes unmittelbar vor einem evtl. existierenden Indexregister oder gelegentlich sogar ganz am Ende nach dem Indexregister der Fall.

Die ausgegebene Entwicklungsliste trägt die Überschrift **Change History** und erscheint zweispaltig. Die Reihenfolge der einzelnen Einträge folgt der alphabetischen Ordnung entsprechend der übergebenen Versionskennungen *vers_nr*. Unterhalb dieser Hauptordnung erscheinen dann, jeweils etwas eingerückt, die Angaben der Mitteneinträge, ebenfalls für sich alphabetisch sortiert und ergänzt durch die Angaben der Untereinträge. Jeder dieser Untereinträge verweist dann rechtsbündig auf die Nummer der Seite, auf der der erzeugende `\changes`-Befehl angebracht war. Der Leser möge sich zur Demonstration die aufgelistete Entwicklungsgeschichte aus der Dokumentation von `doc.dtx` ansehen, die sich dort ganz am Dokumentationsende befindet.

2.2.6 Integritätsprüfung von Makropaketen

Dokumentierte Makrofiles werden häufig über Datennetze per Filetransfer oder E-Mail versandt und von dort oft in Form von Diskettenkopien weiterverteilt. Beim Endnutzer landet oft die Kopie einer Kopie einer Kopie ... Der Endanwender möchte in der Regel gerne überprüfen, ob sich auf dem Weg durch die Datennetze und Kopienverästelungen Übertragungsfehler eingeschlichen haben. Das Ergänzungspaket `doc.sty` gestattet eine einfache Überprüfung, die zwar keine absolute Fehlerfreiheit garantiert, jedoch mit einiger Wahrscheinlichkeit etwaige Übertragungsfehler erkennt.

Enthält das dokumentierte Makrofile einen Eintrag der Form `% \CheckSum{`*nnn*`}`, dann findet bei der LaTeX-Bearbeitung des Treiberfiles zur Erzeugung der Dokumentation eine interne Berechnung dieser Prüfsumme statt, deren Ergebnis mit dem angegebenen Wert von *nnn* verglichen wird. Stimmt das Ergebnis der errechneten Prüfsumme mit der eingetragenen Zahl überein, so erscheint am Ende der LaTeX-Bearbeitung die Bildschirmmitteilung:

```
******************
* Checksum passed *
******************
```

Bei fehlender Übereinstimmung der intern errechneten Prüfsumme *sss* mit der in `\CheckSum{`*nnn*`}` eingetragenen Zahl erscheint die Fehlermeldung:

```
! Package doc Error: Checksum not passed (nnn<>sss)

See the doc package documentation for explanation.
Type H <return> for immediate help.
 ...
```

Wird hierauf mit 'H' geantwortet, so erscheint als weitere Mitteilung:

```
The file currently documented seems to be wrong.
Try to get a correct version.
```

Der korrekte Sollwert der Prüfsumme wurde vom Autor des Makropakets als Argument beim Befehl `\CheckSum{`*nnn*`}` eingetragen. Den richtigen Wert wird kaum ein Autor durch Auszählen aller auftretenden Rückstriche innerhalb aller `macrocode`-Umgebungen in seinem Makrofile selbst ermitteln. Durch Einsetzen einer Null in `% \CheckSum{0}` meldet `doc.sty` bei der Bearbeitung des Makrofiles zurück:

```
**********************************
* This macro file has no Checksum!
* The checksum should be sss!
**********************************
```

Der hier mitgeteilte Zahlenwert *sss* kann dann als Argument bei `% \CheckSum{sss}` eingesetzt werden. Ein solcher Eintrag sollte nur vom Autor des Makropakets vorgenommen werden. Erfolgt er an anderer Stelle, so wird dort bei einem evtl. bereits fehlerhaften File natürlich auch eine Prüfsumme mitgeteilt, deren Übernahme in `\CheckSum{sss}` in Folgekopien ein scheinbar korrektes File vortäuscht, womit die ursprüngliche Prüfabsicht sinnlos geworden ist.

Viele dokumentierte Makrofiles, z. B. die meisten Makrofiles aus dem LaTeX-Installationspaket, enthalten kurz nach dem Fileanfang eine Zeichentabelle der Form:

```
%% \CharacterTable
%%  {Upper-case    \A\B\C\D\E\F\G\H\I\J\K\L\M\N\O\P\Q\R\S\T\U\V\W\X\Y\Z
%%   Lower-case    \a\b\c\d\e\f\g\h\i\j\k\l\m\n\o\p\q\r\s\t\u\v\w\x\y\z
%%   Digits        \0\1\2\3\4\5\6\7\8\9
%%   Exclamation   \!     Double quote  \"     Hash (number) \#
%%   Dollar        \$     Percent       \%     Ampersand     \&
%%   Acute accent  \'     Left paren    \(     Right paren   \)
%%   Asterisk      \*     Plus          \+     Comma         \,
%%   Minus         \-     Point         \.     Solidus       \/
%%   Colon         \:     Semicolon     \;     Less than     \<
%%   Equals        \=     Greater than  \>     Question mark \?
%%   Commercial at \@     Left bracket  \[     Backslash     \\
%%   Right bracket \]     Circumflex    \^     Underscore    \_
%%   Grave accent  \`     Left brace    \{     Vertical bar  \|
%%   Right brace   \}     Tilde         \~}
```

Sie bewirkt eine Überprüfung aller zulässigen Zeichen für eine LaTeX-Bearbeitung. Die gleiche Zeichentabelle ist in `doc.sty` enthalten, mit der sie verglichen wird. Ergibt der Vergleich der internen Tabelle mit der übergebenen Tabelle Übereinstimmung, dann meldet `doc.sty` kurz nach Bearbeitungsbeginn auf dem Bildschirm:

```
****************************
* Character table correct *
****************************
```

Bei einem Unterschied zwischen der übergebenen und der in `doc.sty` eingebauten Zeichentabelle erscheint die Fehlermeldung:

```
! Package doc Error: Character table corrupted.

See the doc package documentation for explanation.
Type H <return> for immediate help.
 ...
```

Die Hilfe-Anforderung mit der Eingabe von ‘H’ führt zu:

```
Some of the ASCII characters are corrupted.
I now \show you both tables for comparision.
```

Mit einer anschließenden Betätigung der Eingabetaste (◁—┘) erscheint zunächst die in `doc.sty` enthaltene Tabelle und mit der nochmaligen Betätigung der Eingabetaste dann die übergebene Zeichentabelle.

Ich empfehle, den Einbau dieser beiden einfachen Prüfstrukturen auch bei eigenen dokumentierten Makropaketen vorzunehmen. Dies erlaubt dann stets eine einfache Überprüfung der Fileintegrität bei weitergegebenen Kopien. Die Zeichentabelle wird man dabei zweckmäßigerweise aus einem `.dtx`-File des LaTeX-Installationspakets mit dem Editor ins eigene Makrofile kopieren, um eventuelle Tippfehler einer direkten Tastatureingabe zu vermeiden.

2.2.7 Die Erzeugung kompakter Makrofiles mit docstrip.tex

Dokumentierte Makrofiles sollten grundsätzlich auch als einlesbare Makrofiles für eine LaTeX-Bearbeitung genutzt werden können. Wegen der vielen Erläuterungszeilen führt dies aber zu unnötigen Verzögerungen. Außerdem enthalten dokumentierte Makrofiles häufig bedingungsabhängige Definitionsteile, die durch den einfachen LaTeX-`\input`-Befehl nicht berücksichtigt werden.

Mit dem docstrip-Werkzeug aus LaTeX wird es möglich, aus dokumentierten Makrofiles ein oder mehrere kompakte Makropakete als Klassen-, Klassenoptions- und Ergänzungsfiles zu erstellen, bei denen alle Kommentarzeilen, die mit dem Kommentarzeichen `%` in Spalte 1 beginnen, entfernt werden, falls dies nicht durch andere spezielle `docstrip`-Befehle ausdrücklich abgeändert wird.

Der Bearbeitungsaufruf kann mit '`latex docstrip`' interaktiv erfolgen. Danach erscheinen auf dem Bildschirm eine Reihe von Abfragen. Mit dem vorstehenden Bearbeitungsaufruf sucht das Programm zunächst nach einer Datei mit dem Namen `docstrip.cmd`. Gibt es beim Anwender eine solche, so erwartet `docstrip.tex`, dass es sich um eine Befehlsdatei mit weiteren Bearbeitungsangaben (s. u.) handelt. Die erste Bildschirmabfrage lautet dann, ob diese Befehlsdatei verwendet werden soll. Wird hierauf mit 'y' (yes) geantwortet, so erfolgt die Bearbeitung entsprechend den Vorgaben aus der Befehlsdatei `docstrip.cmd`.

Wird dagegen mit 'n' (no) oder einfach mit der Eingabetaste (⊲—┘) geantwortet bzw. gibt es beim Anwender keine Datei mit dem Namen `docstrip.cmd`, so erfolgt als nächste Abfrage, welches oder welche File(s) als dokumentierte(s) Makrofile(s) eingelesen werden sollen und unter welchem Namen das Bearbeitungsergebnis abzulegen ist. Außerdem wird nach eventuellen Bearbeitungsoptionen (s. u.) gefragt. Nach Beantwortung dieser Fragen erfolgt dann die zielgerichtete Bearbeitung.

Der Bearbeitungsaufruf kann auch als '`latex` *inst_dat.anh*' erfolgen, wobei *inst_dat* und *anh* für den Grundnamen und den Namensanhang einer Befehlsdatei stehen, die ihrerseits `docstrip.tex` einliest und die erforderlichen Anweisungen an `docstrip.tex` hinzufügt. Eine solche Bearbeitungsdatei bezeichne ich im weiteren Verlauf als 'Installationsdatei' oder 'Installationsfile'. Bei allen Installationsfiles mit dem Anhang `.ins` aus dem LaTeX-Installationspaket handelt es sich um solche Befehlsdateien für `docstrip.tex`.

Eine Installationsdatei beginnt, nach einem eventuellen internen Textvorspann (s. u.), mit den beiden Zeilen

```
\def\batchfile{inst_dat.anh}
\input docstrip
```

Mit der ersten Definition wird der Name der Installationsdatei auch intern bekannt gemacht. Der nächste Befehl liest dann das Programm `docstrip.tex` ein. Hierauf folgt evtl. eine `preamble`-Umgebung in der Form

```
\begin{preamble}  beliebiger Text  \end{preamble}
```

Der mit dieser Umgebung eingeschachtelte Text erscheint im kompakten Makrofile als vorangestellter Kommentar, dessen Einzelzeilen mit jeweils zwei `%%`-Zeichen eingeleitet werden. Ein kompaktes Makrofile ist zwar frei von allen Kommentarzeilen aus dem erzeugenden dokumentierten Makrofile, doch soll häufig auch dem kompakten Makrofile noch ein kurzer Kommentar mit Herkunftshinweisen und Copyright-Einträgen vorangestellt werden. Genau dies kann mit der `preamble`-Umgebung erreicht werden.

Hierauf folgen gewöhnlich die Anweisungen zur Erstellung des/der kompakten Makrofiles aus vorzugebenden dokumentierten Makrofiles. `docstrip.tex` stellt hierfür zwei Befehle mit fast gleichartiger Wirkung, aber unterschiedlicher Syntax bereit:

`\generateFile{`*komp_file*`}{{`*akt*`}{[\from{`*dok_makro_file*`}{`*ausw_liste*`}]*}`

und ab Version 2.3 zusätzlich noch

`\generate{[\file{`*komp_file*`}{[\from{`*dok_makro_file*`}{`*ausw_liste*`}]*}]*}`

Die bei dieser Syntaxvorstellung verwendeten eckigen Klammerpaare mit dem nachfolgenden * symbolisieren die Aussage, dass die in [...] stehenden Strukturen beliebig oft wiederholt werden dürfen. Die eckigen Klammern und der hochgestellte * sind dabei natürlich nicht Eingabebestandteile. Die umschließenden oder eingeschlossenen geschweiften `{ }`-Paare gehören dagegen zur Eingabesyntax.

In beiden Befehlen steht *komp_file* für den Filenamen (Grundname und Anhang), unter dem das Bearbeitungsergebnis, also das kompakte Makrofile, abgelegt werden soll. Mit *akt* beim ersten Befehl wird die Aktion bestimmt, die ablaufen soll, wenn ein File mit dem Namen *komp_file* beim Anwender bereits existiert. Erlaubte Einträge für *akt* sind `f` oder `t`, mit der Wirkung, dass mit `f` ein existierendes File gleichen Namens mit dem Bearbeitungsergebnis ohne Warnung überschrieben wird. Die Angabe `t` erzeugt dagegen eine entsprechende Warnung und fragt ab, ob das bereits existierende File mit dem Ergebnisfile überschrieben werden soll.

Beim zweiten Befehl fehlt dieses Argument. Hier erfolgt standardmäßig stets die Abfrage, ob ein bereits existierendes File *komp_file* überschrieben werden soll. Dieses Verhalten kann durch den Befehlsaufruf

`\askforoverwritefalse` abgeschaltet und durch einen späteren Aufruf
`\askforoverwritetrue`

wieder eingeschaltet werden. Diese Befehle können sowohl außerhalb des `\generate`-Befehls als auch innerhalb von `\generate` zwischen jeweiligen `\file`-Befehlen gesetzt werden. Die damit verknüpfte globale Wirkung bei äußerer Anordnung bzw. lokale Wirkung bei innerer Anordnung wird vom Anwender vermutlich auch erwartet und bedarf keiner zusätzlichen Bemerkung.

Beide Erzeugungsbefehle (`\generateFile` und `\generate`) rufen mit ihrem letzten Argument zunächst den internen Befehl `\from` auf. Dieser hat zwei eigene Argumente, nämlich *dok_makro_file* und *ausw_liste*. Das erste Argument bestimmt das dokumentierte Makrofile, aus dem das kompakte Makrofile *komp_file* gebildet werden soll.

Das `docstrip.tex`-Programm gestattet eine Auswahl von Definitionsteilen zur Ablage im kompakten Makrofile. Damit können aus einem dokumentierten Makrofile evtl. mehrere unterschiedliche Ergebnisfiles erzeugt werden. Wird ein Definitionsteil oder eine Gruppe von Definitionsteilen im dokumentierten Makrofile von den zwei Erläuterungszeilen

`%<*`*auswahl*`>`
Definitionsteile
`%</`*auswahl*`>`

umschlossen, so werden die eingeschlossenen Definitionsteile im kompakten Makrofile nur dann abgelegt, wenn dies durch die entsprechende Auswahlangabe in *ausw_liste* beim `\from`-Befehl erklärt wurde.

Für *auswahl* kann im einfachsten Fall ein einfacher Name gewählt werden, wobei das Namenswort auch Ziffern enthalten darf, z. B. `book` oder `bk10`. Die mit %<**name*> ... %</*name*> eingeschlossenen Definitionsteile werden im Ergebnisfile nur abgelegt, wenn der gleiche Name in der Auswahlliste beim `\from`-Befehl erscheint. Diese Liste darf mehrere durch Kommata getrennte Auswahlnamen enthalten. Weitere Möglichkeiten zur Bildung komplexerer logischer Ausdrücke werden in 2.2.8 nachgereicht.

Das Installationsfile für das dokumentierte Makrofile `doc.dtx` könnte z. B. folgendermaßen aussehen:

```
\def\batchfile{doc.ins}
\input docstrip
\begin{preamble}
   Beliebiger Vorspanntext, der als Kommentartext dem kompakten Makrofile vorangestellt wird.
\end{preamble}
\generate{\file{doc.drv}{\from{doc.dtx}{driver}}
          \file{doc.sty}{\from{doc.dtx}{package}}
          \file{shortvrb.sty}{\from{doc.dtx}{shortvrb}} }
\begin{postamble}
   Beliebiger Nachspanntext, der als Kommentartext dem kompakten Makrofile angehängt wird.
\end{postamble}
```

Die letzte hier angegebene `postamble`-Umgebung war bisher noch nicht vorgestellt worden. Der vorangehende Beispieltext beschreibt deren Aufgabe bereits vollständig, so dass sich weitere Erläuterungen erübrigen.

Mit diesem Installationsfile würden die drei kompakten Makrofiles `doc.drv`, `doc.sty` und `shortvrb.sty` erstellt. Das dokumentierte Makrofile `doc.dtx` umschließt seinerseits den in 2.2.4 auf S. 34 abgedruckten Definitionsteil für ein Treiberfile mit `%<*driver> ... %</driver>`. Genau dieser Teil würde mit dem vorstehenden ersten internen `\file`-Befehl in einem solchen Treiberfile mit dem Namen `doc.drv` abgelegt, das dann seinerseits mit dem Aufruf '`latex doc.drv`' die Dokumentation von `doc.dtx` erzeugen würde.

Andererseits würde genau dieser Teil nicht in `doc.sty` erscheinen, wo er auch nicht auftreten darf, da das Ergänzungspaket `doc.sty` aus denjenigen Definitionsteilen entsteht, die mit den Auswahlschranken `%<*package> ... %</package` umschlossen sind. Das ist für nahezu alle sonstigen Definitionsteile aus `doc.dtx` der Fall. Die Ausnahmen sind einige kurze Definitionsteile, die zur Erzeugung der MakeIndex-Stilfiles `gind.ist` und `gglo.ist` gedacht sind.

An anderer Stelle wurde bereits gesagt, dass im Ergänzungspaket `doc.sty` die Eigenschaften von `shortvrb.sty` enthalten sind und Letzteres lediglich eine Untermenge von `doc.sty` ist. Im dokumentierten Makrofile `doc.dtx` sind diese Definitionsteile mit den Auswahlschranken

```
%<*package|shortvrb> ... %</shortvrb> ... %</package>
```

umschlossen. Sie bewirken, dass die entsprechende Auswahl eingeleitet wird, wenn im `\from`-Erzeugungsaufruf `package` *oder* `shortvrb` angeführt wird. Die Auswahl endet im zweiten Fall mit dem Schrankenende `%</shortvrb>` und im ersten Fall bei `%</package>`.

Im obigen Beispiel für ein Installationsfile enthielt der Erzeugungsbefehl `\generate` dreimal den Aufruf des internen `\file`-Befehls, was zur Erstellung der drei genannten kompakten Makrofiles führt. Auch der `\from`-Befehl darf nach einem `\file`-Befehl ebenfalls mehrfach zur Anwendung kommen, was dann der Fall ist, wenn ein kompaktes Makrofile aus mehreren dokumentierten Makrofiles zusammengesetzt werden soll.

Bei Verwendung von `\generateFile` statt `\generate` müsste der Erzeugungsbefehl `\generateFile` dreimal zur Anwendung kommen, bei sonst gleicher Argumentauswahl für `\from` wie beim vorgestellten Beispiel. Letzteres ist nicht mit dem tatsächlichen Installationsfile für das doc-Paket identisch, dessen Name `docstrip.ins` lautet. Dieses enthält weitere Gestaltungsstrukturen, die ich im nächsten Unterabschnitt vorstelle.

Beim vorstehenden Beispiel für ein Installationsfile erhalten alle Ergebnisfiles den gleichen mit `\preamble ... \endpreamble` vorangestellten und mit `\postamble ... \endpostamble` angehängten Text als internen Kommentartext, dem in jeder Zeile zwei `%%`-Zeichen vorangestellt werden. Der nächste Unterabschnitt zeigt, wie auch dies variiert werden kann.

Ein Installationsfile enthält häufig einen eigenen Erläuterungskommentar, dessen Zeilen mit zwei vorangestellten `%%` beginnen. Solcher Erläuterungskommentar wird jedoch *nicht* in die kompakten Ergebnisfiles übernommen. Deren evtl. Kommentar stammt allein aus den `\preamble ... \enpreamble`- bzw. `\postamble ... \endpostamble`-Einträgen.

2.2.8 Weitere Bearbeitungsvarianten für docstrip.tex

Die umschließenden Auswahlschranken %<**auswahl*> und %</*auswahl*> dürfen beliebig komplexe logische Ausdrücke enthalten, die das gesamte Spektrum der logischen Algebra einschließen. Mit $ausw_1$ | $ausw_2$ entsteht die Auswahlbedingung *oder*, die zum Tragen kommt ('wahr ist'), wenn wenigstens eine der Angaben $ausw_1$ oder $ausw_2$ in der Auswahlliste des `\from`-Befehls auftritt. Mit $ausw_1$ & $ausw_2$ wird die Auswahlbedingung *und* gebildet, die verlangt, dass sowohl $ausw_1$ als auch $ausw_2$ in der Auswahlliste erscheinen müssen, damit der eingeschlossene Definitionstext im kompakten Makrofile übernommen wird. Schließlich führt !*auswahl* (*logische Verneinung*) im umschließenden Auswahlschrankenpaar dazu, dass der eingeschlossene Definitionsteil ins kompakte Makrofile *nur* dann übernommen wird, wenn der entsprechende Ausdruck für *auswahl* <u>nicht</u> in der Auswahlliste des `\from`-Befehls erscheint.

Mit den vorstehenden einfachen logischen Kombinationen dürfen komplexere Ausdrücke gebildet werden. Dabei hat & höhere Priorität als | und !. Der Leser möge sich die Auswahlangabe $ausw_a$ & $ausw_b$ | !$ausw_c$ selbst erklären. Die eingebaute Prioritätsfolge kann durch explizite Klammerung mit { } verändert werden. Auch hier möge sich der Leser die Wirkung von $ausw_a$ & { $ausw_b$ | !$ausw_c$ } gegenüber der des ersten Beispiels selber klarmachen.

Das Beispiel für ein Installationsfile `doc.ins` aus dem letzten Unterabschnitt erzeugt u. a. das Treiberfile `doc.drv` mit dem Inhalt, wie er in 2.2.4 auf S. 34 vorgestellt wurde. In dem zitierten Unterabschnitt wurde ausgeführt, dass es zur Erstellung der Dokumentation der meisten Makrofiles aus dem LaTeX-Installationspaket eigener Treiberfiles nicht bedarf, sondern dass die direkte LaTeX-Bearbeitung der dokumentierten Makrofiles deren Dokumentation ebenfalls erzeugt.

Dies trifft zu, hat aber die Nebenwirkung, dass das dokumentierte Makrofile nicht selbst durch `\input{`*makro_file*`.dtx}` aktiviert werden kann. Manchmal wird verlangt, dass ein dokumentiertes Makrofile direkt aufgerufen und wie sein kompaktes Pendant wirken soll. Die Erstellung der Dokumentation eines solche Makrofiles verlangt dann zwingend die Bereitstellung eines Treiberfiles, dessen Erstellung durch andere Auswahlstrukturen zu steuern ist. Neben den vorgestellten Auswahlstrukturen %<**auswahl*> ... %</*auswahl*> kennt `docstrip.tex` als weitere Auswahlstruktur

`%<`±*auswahl*`>` *makro_text*

Wegen des Kommentarzeichens in Spalte eins bleibt bei einem unbearbeiteten Makrofile diese Zeile ohne Wirkung. Das `docstrip.tex`-Programm erkennt jedoch, dass es sich um eine Abfragebedingung handelt. Der nachfolgende Text *makro_text* in der laufenden Zeile, der Makroaufrufe, Makrodefinitionen oder Teile von Definitionen enthalten darf, wird als solcher in das kompakte Makrofile eingefügt, wenn im dokumentierten Makrofile `<+`*auswahl*`>` gesetzt ist *und* die entsprechende Angabe für *auswahl* in der Auswahlliste des zugehörigen `\from`-Befehls erscheint. Mit der Angabe `<-`*auswahl*`>` im dokumentierten Makrofile erscheint der nachfolgende Makrotext genau dann *nicht* im kompakten Makrofile, wenn die entsprechende Angabe in der Auswahlliste auftritt, und *immer* dann, wenn sie dort fehlt. Eine Auswahlangabe ohne vorangestelltes `+`-Zeichen wirkt so, als wäre auch hier das `+`-Zeichen vorhanden.

Bei einer früheren Version enthielten die dokumentierten Makrofiles aus dem LaTeX-Paket als bedingungsabhängige Erläuterungszeilen den Kode, der zur Erzeugung der zugehörigen Treiberfiles für die Dokumentation mit dem `doc.sty`-Ergänzungspaket genutzt werden konnte. Diese lauteten damals für `doc.dtx` auszugsweise:

```
%<+driver>\documentclass{ltxdoc}
%<+driver>\EnableCrossrefs
%<+driver>%\OnlyDescription % comment out for implementation details
%<+driver>\begin{document}
%<+driver>   \DocInput{doc.dtx}
%<+driver>\end{document}
```

Mit der Befehlszeile `\generateFile{doc.drv}{t}{\from{doc.dtx}{driver}` in einer passenden Installationsdatei ist klar, was geschieht. Der nach `%<+driver>` angeführte Makrotext wird in dem File mit dem Namen `doc.drv` abgelegt. Die dritte Zeile erscheint dabei als `%\OnylDescription`, der Befehl ist damit herauskommentiert. Mit der nachträglichen Entfernung des Kommentarzeichens kann eine verkürzte Dokumentation, wie sie weiter oben beschrieben wurde, erstellt werden.

Das dokumentierte Makrofile `doc.dtx` enthält auch in der letzten Version einige Auswahlangaben dieser Form, nämlich als

`%<gind>` *makro_text* und
`%<gglo>` *makro_text*

Mit den Angaben

```
\generate{\file{gind.ist}{\from{doc.dtx}{gind}}
          \file{gglo.ist}{\from{doc.dtx}{gglo}} }
```

in einem zugehörigen Installationsfile werden hieraus die MakeIndex-Stilfiles `gind.ist` und `gglo.ist` erzeugt.

Im vorangegangenen Unterabschnitt wurde dargestellt, dass der in einem Installationsfile mit `\preamble ... \endpreamble` bzw. `\postamble ... \endpostamble` eingeschachtelte Text im kompakten Makrofile als Kommentarvorspann bzw. -nachspann erscheint. Bei der Erstellung mehrerer kompakter Makrofiles mit einem Installationsfile erscheint dieser Kommentarvorspann bzw. -nachspann dann bei allen kompakten Makrofiles auf die gleiche Weise.

Dies ist häufig unerwünscht. Stattdessen möchte man oft unterschiedliche Kommentartexte in die verschiedenen kompakten Makrofiles einbinden. Das `docstrip.tex`-Programm erlaubt diese Differenzierung in Installationsfiles mit den Befehlsstrukturen:

> `\declarepreamble\`*kommentar_name*
>   *Eingabetext*
> `\endpreamble}` bzw.
> `\declarepostamble\`*kommentar_name*
>   *Eingabetext*
> `\endpostamble`

Hiermit wird zunächst der eingeschlossene *Eingabetext* unter dem zugehörigen Befehlsnamen `\`*kommentar_name* zwischengespeichert. Mit anschließenden Befehlsaufrufen der Form

> `\usepreamble\`*kommentar_name* bzw.
> `\usepostamble\`*kommentar_name*

kann der zugehörige Kommentartext dann als Vor- oder Nachspann den verschiedenen kompakten Makrofiles zugeordnet werden. Diese Zuordnungsbefehle erscheinen dabei zwischen den einzelnen `\file`-Aufrufen beim `\generate`-Befehl bzw. zwischen den einzelnen `\generateFile`-Befehlen. Sie entfalten dort ihre Wirkung auf alle nachfolgenden `\file`- oder `\generateFile`-Befehle, bis sie durch einen weiteren `\usepreamble`- oder `\usepostamble`-Befehl abgelöst werden.

Enthält die Installationsdatei den Aufruf `\showprogress`, dann wird bei der Ausführung der nachfolgenden Erzeugungsbefehle `\generate` und `\generateFile` der Bearbeitungsfortschritt auf dem Bildschirm durch Prozentzeichen, Punkte und Schrägstriche symbolisch mitgeteilt. Jedes `%`-Zeichen steht dabei für eine Erläuterungszeile, die entfernt wurde, jeder Punkt '.' steht für eine Kodezeile, die im kompakten Makrofile abgelegt wurde, und `/` signalisiert, dass im Ausgangsfile eine Leerzeile gefunden wurde, die ebenfalls entfernt wird. Trifft `docstrip.tex` auf eine Erläuterungszeile, die die nachfolgenden Definitionsteile als bedingungsabhängig erklärt, so erscheint auf dem Bildschirm <*auswahl*, mit der entsprechenden Auswahlkennung für *auswahl*, gefolgt von obigen Fortschrittszeichen für die bedingungsabhängigen Definitionsteile, bis schließlich mit > das Ende des bedingten Eingabeteils symbolisiert wird.

War mit `\showprogress` die symbolische Kennzeichnung des Bearbeitungsfortschritts auf dem Bildschirm aktiviert worden, so kann diese mit der Erklärung `\keepsilent` für weitere `\generate`- und `\generateFile`-Erzeugungsbefehle wieder abgeschaltet werden. Unabhängig hiervon erscheint am Ende der Erzeugung eines kompakten Makrofiles die Mitteilung, wie viele Zeilen insgesamt behandelt, wie viele Erläuterungszeilen entfernt, wie viele beibehalten und wie viele Kodezeilen insgesamt abgelegt wurden. Eine entsprechende Statistik erscheint nochmals am Ende der Befehlsdatei, mit der ja mehrere kompakte Makrofiles erzeugt werden können. Die Schlussstatistik gibt zunächst an, wie viele Files insgesamt bearbeitet wurden, gefolgt von der Gesamtzahl aller entfernten bzw. abgelegten Zeilen für die behandelten Files.[2]

[2]Die hier beschriebene Wirkung von `\showprogress` und `\keepsilent` sowie der nachfolgenden Statistikangaben setzt voraus, dass bei der Generierung von `docstrip.tex` aus `docstrip.dtx` die Auswahlangabe `stats` gesetzt war. Dies aber ist im Installationsfile `docstrip.ins` der Fall. Die beschriebenen Eigenschaften bilden also den Bearbeitungsstandard von `docstrip.tex`, wenn bei der Installation hiervon nicht ausdrücklich abgewichen wurde.

Eine Befehlsdatei (Installationsdatei) zum Aufruf des Programms `docstrip.tex` darf ihrerseits weitere Befehlsdateien einlesen. Dies geschieht mit dem speziellen Lesebefehl:

`\batchinput{`*bef_datei*`}`

Befehlsdateiaufrufe dürfen bis zu einer Tiefe von zehn geschachtelt werden. Das Hauptinstallationsfile `unpack.ins` aus dem LaTeX 2_ε-Installationspaket ist ein Beispiel für das Einlesen weiterer Befehlsdateien.

Jede Befehlsdatei enthält ihrerseits den Befehl `\input{docstrip}`, womit zum Einlesen des Programms `docstrip.tex` aufgefordert wird. In `docstrip.tex` ist aber sichergestellt, dass das Programm nicht nochmals eingelesen wird, wenn es bereits mit einer äußeren Befehlsdatei eingelesen worden war.

Befehlsdateien für `docstrip.tex` enthalten oft Bildschirmmitteilungen, die z. B. mit dem LaTeX-Befehl `\typeout{`*nachricht*`}` erzeugt werden. Bei etlichen Befehlsdateien werden häufig gleichartige Bildschirmmitteilungen ausgegeben. Bei verschachtelten Befehlsdateien ist die wiederholte gleiche Bildschirmmitteilung unerwünscht. Mit dem Befehl

`\ifTopLevel{`*befehls_liste*`}`

wird erreicht, dass die als Argument übergebene Befehlsliste, also eine Folge von LaTeX-Befehlen, nur dann ausgeführt wird, wenn die Befehlsdatei die äußerste der Aufrufverschachtelung ist.

Mit den vorstehend beschriebenen Strukturen sind die wichtigsten Bearbeitungseigenschaften des Programms `docstrip.tex` abgedeckt. Für weitere Details verweise ich auf die Originaldokumentation, die mit der zweimaligen LaTeX-Bearbeitung von `docstrip.dtx` und einem zwischengeschalteten MakeIndex-Bearbeitungsaufruf für `docstrip.ist` und `docstrip.glo` erstellt werden kann (s. 2.2.3 und 2.2.4).

2.3 Der LaTeX-Bearbeitungsablauf

Bei jedem LaTeX-Bearbeitungsaufruf wird zunächst das Formatfile `latex.fmt` eingelesen, dessen Inhalt mit der Dokumentation aus `source2e.tex` eingesehen werden kann. Als Nächstes wird mit dem Lesen des zu bearbeitenden Files begonnen. Nach jeder eingelesenen Zeile des zu bearbeitenden Files entscheidet LaTeX zunächst, ob und welche Aktionen als Folge der eingelesenen Zeile zu starten sind. Viele dieser Aktionen, insbesondere die des LaTeX-File-Vorspanns werden auf dem Bildschirm mitgeteilt und mit zusätzlichen Informationen im Protokollfile abgelegt.

Dies soll am Beispiel der Filevorlagen für dieses Buch verdeutlicht werden. Zur Bearbeitung habe ich zunächst ein Rahmenfile `lat.tex` mit dem Inhalt

```
\documentclass{book}
  \usepackage{mytimes,german,latexsym,ifthen,makeidx}
  ⟨ Befehlsaufrufe zur Festlegung des Seitenformats, um die Verlagsvorgaben zu erfüllen ⟩
  ⟨ Einige eigene Befehlsdefinitionen zur erleichterten Eingabe der damit geforderten
      Befehlsstrukturen ⟩
\listfiles
\makeindex

\typein[\files]{Welche Files ?}
\includeonly{\files}
```

```
\begin{document}
  \frontmatter
    \include{vorw}
    \include{toc}
  \mainmatter
    \include{lat1}
    \include{lat2}
     . . . . . . .
    \begin{appendix}
      \include{anha}
      \include{anhb}
       . . . . . .
    \end{appendix}
  \backmatter
    \include{bib}
    \include{index}
\end{document}
```

erstellt. Der Bearbeitungsaufruf erfolgt als:

```
latex lat
```

Wenn LATEX die mit `\typein[\files]` beginnende Eingabezeile abarbeitet, erscheint auf dem Bilschirm die Eingabeaufforderung:

```
Welche Files ?    \files=
```

worauf ich das oder die Teilfile(s) zur selektiven Bearbeitung eingeben kann. Jedes Kapitel habe ich in einem eigenen Eingabefile mit dem Namen `lat1.tex`, `lat2.tex`, ... abgelegt. Das Gleiche gilt für die Anhänge mit den Filenamen `anha.tex`, `anhb.tex`, ..., für das Vorwort `vorw.tex` und für das Literaturverzeichnis `bib.tex`. Die Files `toc.tex` und `index.tex` dienen zur Formatierung des Inhaltsverzeichnisses und des Indexregisters.

2.3.1 Die Abarbeitung des Filevorspanns

Bevor LATEX jedoch so weit kommt, wurde bereits eine Menge Vorarbeit geleistet, die den Bildschirmmitteilungen und dem Protokollfile zu entnehmen sind. Diese Protokollmitteilungen beginnen am Beispiel des Eingaberahmenfiles `lat.tex` mit:

```
This is TeX, Version ⟨akt. Vers. Nr⟩ (format=latex ⟨Datum⟩)
**lat
(lat.tex
LaTeX2e <1995/12/15> patch level 1
(/usr/local/lib/texmf/tex/latex/base/book.cls
Document Class: book 1995/12/20 v1.3q Standard LaTeX document class
(/usr/local/lib/texmf/tex/latex/base/bk10.clo
File: bk10.clo 1995/12/20 v1.3q Standard LaTeX file (size option)
)
```

Die erste Zeile besagt, dass der LATEX-Aufruf vorab das ausführbare TEX-Programm aufruft, das LATEX-Formatfile `latex.fmt` hinzulädt und hierbei die aktuelle TEX-Versionsnummer sowie das Erstellungsdatum des LATEX-Formatfiles protokolliert. Die nächste Zeile `**lat` wiederholt nur den Grundnamen des zu bearbeitenden LATEX-Eingabefiles. Die dritte Zeile beginnt mit einer öffnenden runden Klammer `(`, die besagt, dass ein File zum Lesen geöffnet und mit dem Lesen begonnen wird. Dies ist hier das File `lat.tex`. Die zur öffnenden runden Klammer `(` zugeordnete schließende Klammer `)` erscheint erst, wenn das File vollständig gelesen, abgearbeitet und wieder geschlossen wurde. Für das zu bearbeitende Eingabefile `lat.tex` geschieht dies erst nach Beendigung der Gesamtbearbeitung nach dem `\end{document}`-Befehl. Die nächste Protokollzeile verweist auf die LATEX-Version mit Versionsdatum und Korrekturgrad (`patch level 1`), mit der das Eingabefile bearbeitet wird.

Das zu bearbeitende File `lat.tex` enthält in der ersten Zeile den Befehlsaufruf zur Auswahl der Bearbeitungsklasse `\documentclass{book}`. Dieser führt zu einer ganzen Reihe von Aktivitäten. Zunächst wird das File `book.cls` geöffnet und mit seinem Einlesen begonnen, erkennbar an der nächsten öffnenden Klammer und der Auflistung des Filenamens, unter Hinzufügung des vollen Pfadnamens. Die darauf folgende Protokollzeile erläutert kurz Aufgabe und Herkunft dieses Files.

Auch dieses File wird Zeile für Zeile eingelesen und abgearbeitet. Die Standardklassenfiles `book.cls`, `article.cls` und `report.cls` enthalten ihrerseits einen Filelesebefehl zur Einbindung eines Größenoptionsfiles. Die Größenoptionsfiles tragen für die Bearbeitungsklasse `book` die Namen `bk10.clo`, `bk11.clo` und `bk12.clo` und für die Bearbeitungsklassen `article` und `report` die Namen `size10.clo`, `size11.clo` und `size12.clo`. Die Auswahl des verwendeten Größenfiles wird durch die Angabe der Größenoption im `\documentclass`-Befehl gesteuert. Ohne explizite Größenoptionsangabe wird standardmäßig 10 pt angesetzt.

Demzufolge wird hier das File `bk10.clo` geöffnet und eingelesen, was mit den letzten drei Protokollzeilen angezeigt wird. Die letzte dieser drei Zeilen besteht nur aus einer schließenden Klammer `)`, die das vollständige Einlesen und Schließen des Files `bk10.clo` signalisiert.

Die Abarbeitung des Files `book.cls` ist zu diesem Zeitpunkt noch nicht abgeschlossen. Sie führt zunächst noch zur Reservierung einiger TeX-Register, was durch die nachfolgenden Protokollzeilen

```
\c@part=\count79
\c@chapter=\count80
 . . . . . . . . . .
\abovecaptionskip=\skip41
\belowcaptionskip=\skip42
\bibindent=\dimen102
```

mitgeteilt wird. `\count`*nn* sind die von TeX bereitgestellten internen Zahlenregister, `\dimen`*nn* Längenregister und `\skip`*nn* elastische Längenregister. Diese Belegungen entstammen entsprechenden `\newcounter`-, `\newlength`- und `\newdimen`-Befehlen aus `book.cls`, mit denen den TeX-Registern die vorgestellten Befehlsnamen zugeordnet werden. Dabei sei vermerkt, dass der LaTeX-Aufruf

`\newcounter{`*zähler*`}`

das nächste freie `\count`-Register belegt und diesem den internen Befehlsnamen `\c@`*zähler* zuordnet.

Die Abarbeitung des eingelesenen Files `book.cls` endet kurz nach diesen Registerreservierungen, wonach dieses Klassenfile wieder geschlossen wird, was durch die schließende Klammer `)` in der nachfolgenden Protokollzeile mitgeteilt wird. Das Eingabefile enthält in seiner nächsten Zeile den Befehl `\usepackage` mit den Argumenten `mytimes`, `german`, `latexsym`, `ifthen` und `makeidx`, was zum Einlesen der entsprechenden Ergänzungspakete führt. Die nachfolgenden Protokollzeilen spiegeln dies wider:

```
) (mytimes.sty
Package: mytimes 1995/08/07 5.1 Times PSNFSS2e package
)
(/usr/local/lib/texmf/tex/latex/misc/german.sty
Package: `german', Version 2.5b of 95/01/20.
Package: german 1995/01/20 v2.5b Package for writing german texts (br)
\grmnU@D=\dimen103
german -- \language number for French undefined, default 255 used.
)
 . . . . . . . . . . . . . . . . . . . . . . . . . . . . . . . . . . . . .
```

Das Ergänzungspaket `mytimes.sty` ist eine Modifikation des Standard-PostScript-Ergänzungspakets `times.sty`, bei dem ich als Schreibmaschinenschriften leicht vergrößerte TEX-`cmtt`-Schriften statt der PostSript-Courier-Schriften verwende. Die Angabe des reinen File-Grundnamens ohne vorangestellten Pfadnamen verweist darauf, dass sich dieses Ergänzungspaket im aktuellen Verzeichnis befindet.

Als nächstes Ergänzungspaket wird `german.sty` eingelesen. Die zugehörigen weiteren Protokollzeilen kennzeichnen Versionsnummer, Versionsdatum und Aufgabe von `german.sty`. Dieses Ergänzungspaket reserviert ebenfalls ein TEX-Längenregister, was mit der Protokollzeile '`\grmnU@D=\dimen103` zum Ausdruck kommt. Die nächste Protokollzeile mit dem Hinweis auf einen undefinierten Sprachschalter ist darauf zurückzuführen, dass `german.sty` Sprachschalter für US-Englisch, Deutsch und Französisch erwartet, die bereits mit dem Formatfile bereitzustellen sind. Da bei mir keine französischen Texte zur Anwendung kommen, habe ich in meinem LATEX-Formatfile nur das US-englische und das deutsche Trennverzeichnis eingebunden und ihnen entsprechende Sprachschalter zugeordnet.

Würden mit diesem Formatfile französische Texte nach Umschaltung mit dem Sprachauswahlbefehl `\selectlanguage{french}` bearbeitet, so unterbliebe bei ihnen jegliche Trennung, was die gewollte Folge des dann standardmäßig verwendeten Sprachschalters 255 wäre.

Ähnliche Protokollmitteilungen erscheinen für die weiteren angeforderten Ergänzungspakete `latexsym.sty` und `ifthen.sty`, deren Besprechung ich hier auslasse. Einige Ergänzungspakete lesen ihrerseits weitere Ergänzungspakete ein, was zu entsprechenden Protokollmitteilungen führt, auch wenn im Eingabefile keines dieser Pakete direkt angesprochen wird. Die Anforderung des Ergänzungspakets `epsfig.sty` zur Einbindung von gekapselten PostScript-Grafiken führt z. B. neben dem Einlesen von `epsfig.sty` zusätzlich nacheinander zum Einlesen von `graphicx.sty`, `keyval.sty`, `graphics.sty` und `trig.sty` sowie des Definitionsfiles `dvips.def`.

Das letzte im `\usepage` angeforderte Ergänzungspaket ist `makeidx.sty`, was zur folgenden Protokollmitteilung führt:

```
(/usr/local/lib/texmf/tex/latex/base/makeidx.sty
Package: makeidx 1995/04/19 v1.0j Standard LaTeX package
)
```

Damit sind die Files für die angeforderten Ergänzungspakete eingelesen und wieder geschlossen worden. Hierauf folgen einige Protokollmitteilungen, die aus den eigenen Definitionsstrukturen des Vorspanns stammen und die ich hier übergehe. Wenn LATEX im Anschluss die Eingabezeile `\makeindex` einliest, erscheint als deren Bearbeitungsergebnis im Protokoll

```
\@indexfile=write3
Writing index file lat.idx
```

Der Befehl `\makeindex` wird mit dem LATEX-Kern bereitgestellt. Sein Aufruf führt zum Öffnen eines Ausgabefiles mit dem gleichen Grundnamen wie das Eingabefile und dem Anhang `idx`, hier also `lat.idx`. Das spätere Schreiben der aufbereiteten `\index`-Einträge in dieses File erfolgt über den TEX-Schreibkanal Nr. 3, dem gleichzeitig der interne Befehlsname `\@indexfile` zugeordnet wurde.

Im Eingabefile `lat.tex` folgt nun der Aufruf für den interaktiven Dialog, mit der Aufforderung zur Eingabe einer Namensliste für die zu bearbeitenden Teilfiles. Die Ausführung erscheint im Protokollfile mit:

\typein[\files]{Welche Files ?}
\files=*eing_liste*

Zur Bearbeitung des laufenden Kapitels lautete die Eingabe einfach `lat2`, so dass daraufhin genau dieser Eintrag bei *eing_liste* erschien.

2.3.2 Optionsverwaltung

Der `\documentclass`-Befehl und die `\usepackage`-Lesebefehle zur Einbindung von Ergänzungspaketen dürfen Optionsangaben enthalten. Die Syntax der Optionsangaben ist in beiden Fällen in formaler Hinsicht gleich:

\documentclass[*optionen*]{*klasse*}[*vers_datum*] und
\usepackage[*optionen*]{*paket_liste*}[*vers_datum*]

Die Verwaltung dieser Optionsangaben *optionen* erfolgt jedoch auf unterschiedliche Weise. Optionsangaben beim `\usepackage`-Befehl wirken *nur* auf die im gleichen Befehl mit *paket_liste* angegebenen Ergänzungspakete. Wird für jedes Einzelpaket ein eigener `\usepackage`-Befehl verwendet, dann müssen gleichnamige Optionsnamen bei jedem `\usepackage`-Befehl auftreten, damit sie für das zugehörige Ergänzungspaket zur Wirkung kommen.

Andererseits müssen die Ergänzungspakete auf die angegebenen Optionsnamen vorbereitet sein, d. h. sie müssen einen internen Akzeptanzbefehl für die zulässigen Optionen und für diese evtl. Definitionsänderung oder geänderte Ablaufzweige enthalten. Enthält ein `\usepackage`-Befehl eine Optionsangabe, für die das zugehörige Ergänzungspaket nicht vorbereitet wird, so führt dies zur Fehlermeldung:

! LaTeX error: Unknown option '*option*' for package '*paket*'

Enthält ein `\usepackage`-Befehl Optionsangaben und mehrere Paketnamen in *paket_liste*, so müssen *alle* dort angegebenen Ergänzungspakete auf die vorangestellten Optionsangaben vorbereitet sein. Ist dies nicht der Fall, dann erscheint die gleiche Fehlermeldung, diesmal für die erste Kombination von *option* und *paket*, die einander nicht akzeptieren.

Optionsangaben beim `\documentclass`-Befehl entfalten nur dann eine Wirkung auf die angegebene Bearbeitungsklasse *klasse*, wenn das zugehörige Klassenfile hierauf vorbereitet ist und entsprechende Modifikationszweige anbietet (*erklärte* oder *deklarierte* Optionen). Der `\documentclass`-Befehl darf jedoch auch Optionsangaben enthalten, auf die das Klassenfile selbst nicht vorbereitet ist. Solche Optionsangaben werden als *globale* Optionen bezeichnet. Ihre Wirkung liegt dann darin, dass sie allen nachfolgend mit `\usepackage`-Befehlen eingelesenen Ergänzungspaketen als deren Optionsangaben zusätzlich angeboten werden.

Ist ein Ergänzungspaket auf eine global angebotene Optionsangabe vorbereitet, dann entwickelt diese die gleiche Wirkung, als wäre sie dort lokal und implizit angegeben worden. Für Ergänzungspakete, die auf global angebotene Optionsangaben nicht vorbereitet sind, bleiben die entsprechenden Optionen wirkungslos. Eine Fehlermeldung wie bei unbekannten lokalen Optionsangaben unterbleibt hierbei.

Enthält der `\documentclass`-Befehl Optionsangaben zur globalen Weitergabe, auf die *keines* der nachfolgend mit `\usepackage` eingelesenen Ergänzungspakete vorbereitet ist, dann erscheint bei der Abarbeitung des nachfolgenden `\begin{document}`-Befehls die Warnung:

```
LaTeX warning: Unused global option(s): [opt_1, opt_2, ...]
```

Die Absicht dieser Warnung liegt nur darin, Aufmerksamkeit zu erregen, da die Ursache häufig in einer irrtümlich fehlerhaft eingetippten Optionsangabe liegt.

Beide Vorspannbefehle, `\documentclass` und `\usepackage`, erlauben als zweiten optionalen Parameter die Angabe eines geforderten *jüngsten* Versionsdatums *vers_datum* in der Form [*jahr*/*monat*/*tag*] mit der Syntax [*yyyy*/*mm*/*dd*], z. B. [1995/12/15]. Alle LaTeX-Klassenfiles und Ergänzungspakete enthalten intern ihr Erstellungsdatum. Ist das angeforderte Versionsdatum jünger als das des zugehörigen Files, so führt dies für ein Klassenfile zu der Warnung:

```
LaTeX warning: You have requested, on input line n, version
               'yyyy/mm/dd of document class klasse,
               but only version
               'jahr/monat/tag vers_nr Standard LaTeX document class'
               is available.
```

Ist das bereitgestellte Versionsdatum eines Ergänzungspakets älter als das hierfür angeforderte Versionsdatum, so führt dies zu der fast gleichlautenden Warnung:

```
LaTeX warning: You have requested, on input line n, version
               'yyyy/mm/dd of package paket,
               but only version
               'jahr/monat/tag vers_nr Standard LaTeX package'
               is available.
```

Alle LaTeX-Klassenfiles und die meisten Ergänzungspakete enthalten eine interne Anforderung für das Versionsdatum, das das LaTeX-Formatfile spätestens haben muss. Dies ist nicht das Erstellungsdatum, an dem der Anwender das LaTeX-Formatfile erzeugt hat, sondern ein Versionsdatum, dass dem Formatfile aus den Quellenfiles, genauer aus `ltvers.dtx` mit dem Befehl `\fmtversion`, aufgeprägt wurde. Kommt beim Anwender ein LaTeX-Formatfile zur Anwendung, das ein älteres Versionsdatum trägt als es von einem Klassenfile oder Ergänzungspaket gefordert wird, so führt auch dies zu einer Warnung:

```
LaTeX warning: You have requested release 'yyyy/mm/dd' of LaTeX,
               but only release 'jahr/monat/tag' is available.
```

Diese Warnung erscheint ohne Zutun des Anwenders. Sie ist durch die vorhandene Kombination von LaTeX-Kern und LaTeX-Systemfiles bedingt. Bei einem vollständigen Update eines neuen LaTeX-Installationspakets dürfte sie nicht auftreten, da dort alle Bestandteile in sich konsistent sind. Erscheint sie beim Anwender, dann sollte er sich ein neueres Installations-Gesamtpaket beschaffen und einrichten. Die Warnung lässt erkennen, dass einige Teile der Gesamtinstallation möglicherweise inkonsistent sind. Das muss nicht unbedingt zu einer fehlerhaften Bearbeitung führen. Kommt es jedoch zu einer solchen, so sind die Folgen kaum vorhersehbar.

Die beiden ersten LaTeX-Warnungen wurden dagegen vom Anwender selbst verursacht, da er ja selbst das geforderte Versionsdatum beim `\documentclass`- oder einem `\usepackage`-Befehl eingetragen hatte. Hier sollte der Anwender zunächst prüfen, ob er nicht irrtümlich ein zu junges Versionsdatum eingetragen hat, z. B. das des laufenden Tages, während seine Systemfiles schon einige Monat alt sind. Ansonsten weiß der Anwender selbst am besten, was ihn zu dem geforderten Versionsdatum bewogen hat und wie dieses zu seiner eigenen Installation passt.

2.3.3 Der Übergang zum Textteil des LaTeX-Files

Der Vorspann eines LaTeX-Files endet mit dem Eröffnungsbefehl `\begin{document}`. Dieser leitet den Übergang zum eigentlichen Textteil des LaTeX-Files ein. Im vorgestellten Eingabefile tritt dieser Befehl unmittelbar nach dem vorangegangenen Dialog auf. Die Ausführung von `\begin{document}` führt wiederum zu einer Reihe interner Aktionen. Zunächst wird das Hilfsfile `lat.aux`, falls es existiert, eingelesen. Das ist beim allerersten Bearbeitungsaufruf noch nicht der Fall, was durch die Protokollmitteilung '`No file lat.aux`' angezeigt wird. Dieses Hilfsfile wird nach der ersten Bearbeitung von `lat.tex` angelegt und existiert damit für alle weiteren Bearbeitungsaufrufe, was dann zu der Protokollmitteilung '`(lat.aux`' führt.

Als Folge des Inhalts des Eingabefiles `lat.tex` als Rahmenfile mit den alleinigen Eingabebefehlen `\include` für die selektive Bearbeitung enthält das Hilfsfile `lat.aux` nur weitere interne Eingabebefehle der Form `\@input{`*eing_file*`.aux}`, und zwar je einen dieser Eingabebefehle für jeden `\include`-Befehl aus dem Eingabefile, wobei die dortigen Grundnamen für die hier eingetragenen Hilsfiles übernommen wurden.

Mit der Abarbeitung von `lat.aux` werden also weitere Hilfsfiles eingelesen, was mit entsprechenden Protokollmitteilungen `(vorw.aux)`, `(toc.aux)`, `(lat1.aux)`, ..., `(index.aux)` angezeigt wird. Diese Protokollmitteilungen enden schließlich mit einer weiteren schließenden Klammer `)`, womit das eingangs eingelesene Hilfsfile `lat.aux` wieder geschlossen wird. Fehlen einige der inneren Hilfsfiles, so wird dies durch die Protokollmitteilung '`No file` *name*`.aux`' angezeigt.

Unmittelbar danach wird das Hilfsfile für das Hauptbearbeitungsfile, im vorgestellten Beispiel also `lat.aux`, wieder geöffnet, diesmal jedoch zum Beschreiben. Als erster Fileeintrag wird gleichzeitig `\relax` hineingeschrieben. Weiter Einträge erfolgen dann mit fortschreitender Bearbeitung. Damit wird ein vorhandenes Hilfsfile überschrieben.

Der Befehl `\begin{document}` stellt dann als aktuelle Zeichensatzattribute die mit `\encodingdefault`, `\familydefault`, `\seriesdefault` und `\shapedefault` vorgegebenen Attribute ein und wählt als Größenattribut `\normalsize`. Die ersten vier Standardeinstellungen werden im LaTeX-Kern ihrerseits den Attributvorgaben `OT1`, `\rmdefault`, `\mddefault` und `\updefault` zugeordnet, was standardmäßig zur Attributkombination `OT1/cmr/m/n` führt. Der Schriftgrößenbefehl `\normalsize` wird in den Größenoptionsfiles als 10 pt, 11 pt oder 12 pt mit den dazu passenden Zeilenabständen von 12 pt, 13.6 pt bzw. 14.5 pt eingestellt. Die mit den vorstehenden Standard-Einstellbefehlen zugeordneten Schriftattribute werden evtl. mit einem Ergänzungspaket, wie z. B. `times.sty`, modifiziert.

Die Anfangseinstellungen der Schriftattribute setzen voraus, dass diese Attributkombinationen erlaubt sind und durch geeignete TeX-Zeichensätze realisiert werden können. Dies führt zu entsprechenden Prüfungen, deren Ergebnisse durch eine Reihe von Protokollzeilen der Form

```
LaTeX Font Info:  Checking defaults for Code/fam/ser/form
                  on input line nr
LaTeX Font Info:  ... okay on input line nr
```

mitgeteilt werden. Die angegebene Zeilennummer '*nr*' verweist auf die Zeile im Eingabefile, in der der Befehl `\begin{document}` steht. Als Folge des eingelesenen Ergänzungspakets `mytimes.sty` setzt der Befehl `\begin{document}` zusätzlich den Zugriff auf das zugehörige Zeichensatz-Definitionsfile (`.fd`-File) voraus, das deshalb hier hinzugeladen wird.

Die entsprechenden Protokollmitteilungen lauten:

```
LaTeX Font Info:  Try loading font information for OT1+ptm on
                  input line nr
 (/usr/local/lib/texmf/tex/latex/packages/psnfss/OT1ptm.fd
File: OT1ptm.fd 1995/05/09 Fontinst v1.335 font definitions
      for OT1/ptm
)
```

Erst hiernach ist der Befehl `\begin{document}` abgearbeitet und erst jetzt kann die Bearbeitung des/der eigentlichen Textfiles beginnen. Ähnliche Protokollmitteilungen erscheinen bei allen LaTeX-Bearbeitungsaufrufen. Die Bearbeitung beginnt stets mit dem Laden des angeforderten Klassenfiles und eines Größenoptionsfiles. Evtl. werden vorab weitere Optionsfiles geladen, wenn der `\documentclass`-Befehl entsprechende Optionsangaben enthält. Anschließend werden alle mit `\usepackage` angeforderten Ergänzungspakete geladen, die ihrerseits evtl. weitere Ergänzungspakete implizit hinzuladen. Weitere Protokollmitteilungen hängen von den sonstigen Vorspannbefehlen ab, wobei das hier vorgestellte Bearbeitungsbeispiel nur von `\makeindex` Gebrauch macht.

Der Eingangsbefehl `\begin{document}` führt zu einer Reihe weiterer Aktionen, die entsprechend dem vorgestellten Beispiel protokolliert werden. Evtl. folgen hier weitere Aktionen aus `\begin{document}`, nämlich dann, wenn eines oder mehrere der eingelesenen Ergänzungspakete den Interfacebefehl `\AtBeginDocument{`*bef_liste*`}` enthalten oder dieser Befehl als weiterer Vorspannbefehl auftritt. Die hiermit übergebene Befehlsliste *bef_liste* wird dann ebenfalls vorab mit `\begin{document}` abgearbeitet.

2.3.4 Die Bearbeitung des Textteils

Mit Beendigung des Befehls `\begin{document}` stehen alle angeforderten LaTeX-Systemressourcen zur Verfügung, so dass nun mit der zielgerichteten Bearbeitung des eigentlichen Eingabetextes begonnen werden kann. Die zugehörigen Protokollmitteilungen des Bearbeitungsfortschritts werden nun viel einfacher. Im einfachsten Fall bestehen sie nur noch aus der Angabe der ausgegebenen Seiten mit ihren Seitennummern in Form der Protokollangaben [n], [$n+1$], [$n+2$], ...

Meistens erscheinen vorab jedoch noch einige Protokollzeilen mit Hinweisen auf Zeichensatzinformationen der Form:

```
\LaTeX Font Info:  External font ‘cmex10’ loaded for size
(Font)             <nn.rr> on input line nr
```

Die angegebene Zeilennummer ‘nr’ stammt dann meistens aus einer Eingabezeile, die zum ersten Mal einen neuen Gliederungsbefehl wie `\chapter`, `\section` u. a. enthält. Diese Gliederungsbefehle schalten für die Ausgabe der zugehörigen Überschriften auf vergrößerte Schriften um. Innerhalb der Überschrift könnte auch eine mathematische Formel oder eine Teilformel auftreten. Innerhalb einer mathematischen Formel können drei verschiedene Schriftgrößen zur Anwendung kommen, nämlich in einer Grundgröße für die Hauptbestandteile und zwei weiteren, gegenüber der Grundgröße unterschiedlich verkleinerten Größen für einfache und mehrfache Hoch- und Tiefstellungen (Exponenten und Indizes).

Die vorstehenden Protokollmitteilungen sind etwas unglücklich, wenn nicht gar missverständlich. Sie sollen darauf hinweisen, dass bei Verwendung von Zeichen aus dem mathematischen Zeichensatz `cmex10` in vergrößerten Überschriften diese Zeichen eigentlich mit $nn.rr$

skaliert werden müssten, tatsächlich aber unskaliert in ihrer Grundgröße verwendet werden. Diese Protokollmitteilungen entfallen übrigens, wenn das Ergänzungspaket `exscale.sty` zur Anwendung kommt. Es bewirkt bekanntlich, dass angeforderte Zeichen aus dem mathematischen Zeichensatz `cmex10` tatsächlich entsprechend den Erfordernissen skaliert werden bzw. dass ggf. die Zeichensätze `cmex7`, `cmex8` und/oder `cmex9` zur Anwendung kommen.

Eventuell erscheinen zwischen den Protokollmitteilungen zu den ausgegebenen Seiten `[`*nn*`]` weitere Mitteilungen über zusätzlich hinzugeladene Zeichensatz-Definitionsfiles, nämlich dann, wenn während der laufenden Textbearbeitung zum ersten Mal lokal eine Schrift angefordert wird, die mit Beendigung des Befehls `\begin{document}` noch nicht aktiviert worden war. Solche Schriftanforderungen werden dann nach Bedarf hinzugefügt. Die entsprechenden Protokollmitteilungen lauten sinngemäß:

```
LaTeX Font Info:  Try loading font information for Code+fam
                  on input line nr
 (voller_Pfadname/Code_fam.fd
File: Code_fam.fd vers_datum herkunfts_quelle font definitions for Code/fam
)
```

Eventuell folgen hierauf noch einige zugehörige Protokollmitteilungen, die mit

```
LaTeX Font Info:     Informationstext  oder
LaTeX Font Warning:  Warnungstext
```

beginnen, deren Informations- oder Warnungstext zusammen mit einer Folgezeile leicht zu interpretieren ist.

Die Bearbeitungsergebnisse werden seitenweise im `.dvi`-File abgelegt, was jeweils mit der in eckigen Klammern protokollierten Seitennummer `[`*nn*`]` signalisiert wird. Vor der Protokollausgabe für die letzte Seitennummer erscheint hinter der protokollierten vorletzten Seitennummer gewöhnlich eine schließende runde Klammer `)`, die erkennen lässt, dass das Eingabefile vollständig eingelesen und wieder geschlossen wurde. Erst hiernach erfolgt die Ablage der letzten bearbeiteten Seite im `.dvi`-File.

Trifft LaTeX während der Bearbeitung auf einen Eingabefehler, so führt dies zu einer Fehlermitteilung auf dem Bildschirm und im Protokollfile. LaTeX unterbricht an dieser Stelle den Bearbeitungsvorgang und wartet auf eine Anwenderreaktion. Lautet diese '`X`' oder '`E`', so beendet LaTeX die laufende Bearbeitung, und man landet eventuell mit dem Editor im Eingabefile an der Stelle, an der LaTeX den Fehler entdeckt hat.

Das Bearbeitungsergebnis für die laufende Seite bis zum Auftreten des Fehlers geht dabei verloren, d. h. es wird nicht im `.dvi`-File abgelegt. Mit der Reaktion `I\stop` auf eine Fehlermeldung erfolgt gleichermaßen die Beendigung der LaTeX-Bearbeitung. Hiermit wird jedoch das Bearbeitungsergebnis für die laufende Seite ebenfalls im `.dvi`-File abgelegt. Ihr Ausdruck oder Preview kann zur Fehlersuche gelegentlich recht hilfreich sein.

Neben der Ablage des formatierten Textes im `.dvi`-File werden zusätzliche Informationen, wie Gliederungsüberschriften, Markierungen für Querverweise u. a., entsprechend dem Bearbeitungsfortschritt im `.aux`-File abgelegt. Erfolgt die Bearbeitung selektiv mit `\include`-Befehlen, wie beim vorgestellten Beispiel `lat.tex`, so werden neben dem `.aux`-File für das Haupteingabefile weitere Hilfsfiles angelegt, und zwar je eines für jeden `\include`-Befehl. Diese zusätzlichen Hilfsfiles tragen die Grundnamen der in `\include{`*file_n*`}` angegebenen Filenamen *file_n* und sind ebenfalls durch den Anhang `.aux` gekennzeichnet.

Bei der Abarbeitung des `\include`-Befehls wird vor dem Einlesen des zu bearbeitenden Teilfiles ein File *file_n*`.aux` zum Schreiben eröffnet und, entsprechend dem Bearbeitungsfortschritt, neu beschrieben. Ein bereits vorhandenes `file_n.aux` wird damit überschrieben. Kommt es wegen eines Bearbeitungsfehlers des Eingabefiles *file_n*`.tex` zu einer vorzeitigen Programmbeendigung, dann enthält das neu angelegte `.aux`-File seine Informationen nur bis zu der Stelle, die die Programmbeendigung bewirkte.

Bei der nächsten LaTeX-Bearbeitung des korrigierten Files führt dies häufig zu Warnungen über unaufgelöste Referenzen, nämlich dann, wenn sich Verweise auf spätere Markierungen beziehen. Dies gilt sowohl für Verweise auf spätere Markierungen im aktuellen Teilfile als auch für Verweise auf Markierungen in weiteren Teilfiles, deren `\include`-Befehle erst später folgen. Die `.aux`-Files für solche nachfolgenden Teilfiles sind zwar vollständig vorhanden, sie sind jedoch dem Hilfsfile für das Haupteingabefile nicht mehr bekannt, da mit der vorzeitigen Beendigung das Hilfsfile für das Rahmenfile nur teilweise beschrieben wurde.

Die Korrektur eines Fehlers in einem LaTeX-Eingabefile verlangt deshalb meistens eine zweimalige LaTeX-Bearbeitung des Eingabefiles, um alle Referenzen wieder korrekt aufzulösen. Die Erfordernis einer zweimaligen Anschlussbearbeitung kann den Abschluss-Protokollmitteilungen entnommen werden, die im nächsten Unterabschnitt vorgestellt werden.

Enthält das Hauptfile für die LaTeX-Bearbeitung den Vorspannbefehl `\makeindex`, dann werden alle `\index`-Befehlseinträge in einem weiteren Zusatzfile mit dem Grundnamen des Hauptfiles und dem Anhang `.idx` abgelegt. Erfolgt eine selektive Teilbearbeitung wie beim vorgestellten Rahmenfile `lat.tex`, dann entsteht für jeden selektiven Bearbeitungsaufruf ein Zusatz-`.idx`-File mit dem gleichen Grundnamen wie das Hauptfile, im vorgestellten Beispiel also `lat.idx`. Das jeweils erstellte Zusatzfile `lat.idx` enthält natürlich nur die Informationen aus den `\index`-Einträgen des/der selektiv bearbeiteten Teilfiles.

Hier muss das Betriebssystem Abhilfe leisten. Nach jedem selektiven Bearbeitungsaufruf sollte das erstellte File *name*`.idx` umbenannt werden, z. B. in einen das selektive File kennzeichnenden Grundnamen und den Anhang `.idx`. Ich verwende hierfür die gleichen Grundnamen für die umbenannten `.idx`-Files, wie sie LaTeX selbst für die Hilfsfiles der selektiven Bearbeitungsaufträge mit *file_n*`.aux` einrichtet.

Vor der endgültigen MakeIndex-Bearbeitung sind alle `.idx`-Teilfiles zu einem gemeinsamen Gesamtfile zusammenzufügen. Jedes Betriebssystem kennt hierzu geeignete Kopierbefehle, UNIX z. B. mit

`cat` *file_1*`.idx` *file_2*`.idx` *file_3*`.idx ...>>` *file*`.idx`

und MS-DOS mit

`copy` *file_1*`.idx +` *file_2*`.idx +` *file_3*`.idx + ...␣file.idx`

Der abschließende MakeIndex-Aufruf erfolgt dann für das Gesamtfile *file*`.idx` in der Form '`makeindx` *file*'.

2.3.5 Die Abschlussaktionen einer LaTeX-Bearbeitung

Trifft LaTeX während der Bearbeitung auf den Befehl `\end{document}`, so entnimmt es daraus, dass die Bearbeitung des/der Eingabefiles ordnungsgemäß beendet werden soll. Ging diesem Befehl eine Umgebungsöffnung mit einem `\begin{`*umg*`}`-Befehl voraus, für den der zugehörige Beendigungsbefehl `\end{`*umg*`}` fehlt, dann führt dies zur Fehlermeldung

```
LaTeX Error: \begin{umg} on input line nn ended by \end{document}.
...
l.ll \end{document}
```

Erfolgt die Bearbeitung selektiv unter Verwendung von `\include`-Befehlen, dann ist zu be achten, dass sich die in der ersten Zeile genannte Zeilennummer *nn* auf das bereits geschlossene Eingabe-Teilfile des letzten aufgerufenen `\include`-Befehls bezieht, während die in der letzten Zeile aufgeführte Zeilennummer *ll* dann vermutlich aus dem Rahmenfile stammt.

Wird auf diese Fehlermeldung mit der Eingabetaste reagiert oder kommt die Beendigung ordnungsgemäß zustande, dann werden die bis dahin erstellten `.dvi`-, `.aux`- und evtl. `.idx`-Files mit dem gleichen Grundnamen, wie er für das Eingabefile beim LATEX-Bearbeitungsaufruf auftrat, geschlossen. Etwaige `.aux`-Files, die bei selektiver Bearbeitung mit dem `\include`-Befehl entstanden, wurden bereits mit Beendigung des `\include`-Befehls geschlossen. Das Gleiche gilt auch für die selektiven Eingabefiles *file_n*`.tex`.

Anschließend wird das neu erstellte `.aux`-File für das Hauptbearbeitungsfile nochmals eingelesen, das dann seinerseits etwaige zusätzliche `.aux`-Files für alle auftretenden `\include`-Befehle einliest. Dies wird mit der Protokollzeile

```
(file.aux (file_1.aux) (file_2.aux) ... (file_n.aux) )
```

angezeigt. Dieses nochmalige Einlesen der `.aux`-Files dient lediglich zur Überprüfung, ob alle Referenzen aufzulösen sind und ob sich Seitennummern für auszugebende Bezüge gegenüber der letzten Bearbeitung verschoben haben, was zu entsprechenden Abschlusswarnungen führt.

Enthielt der Vorspann des Eingabefiles den Befehl `\listfiles`, so werden anschließend alle zur Bearbeitung verwendeten Systemfiles sowie bei einer selektiven Bearbeitung alle hierbei bearbeiteten Teilfiles aufgelistet. Als Systemfiles werden hierbei alle benutzten `.cls`-, `.clo`-, `.sty`-, `.def`- und `.fd`-Files angeführt. Die Auflistung der Files erfolgt entsprechend der Reihefolge ihres Einlesens während der Bearbeitung.

Die Abschlussüberprüfung des `\end{document}`-Befehls führt evtl. zu einer oder allen der folgenden Warnungen:

```
LaTeX Font Warning: Some font shapes were not available,
                    defaults substituted.

LaTeX warning: There were undefined references.

LaTeX warning: One or more label(s) multiply defined

LaTeX warning: Label(s) may have changed.
               Rerun to get cross-references right.
```

Die erste Warnung erscheint, wenn eine Attributkombination zur Schriftauswahl zur Anwendung kam, für die es keinen sie realisierenden Zeichensatz gibt. Das ist z. B. der Fall, wenn zunächst auf das Serienattribut einer Fettschrift umgeschaltet wurde und anschließend eine Schreibmaschinenschrift verlangt wird. Da es unter den TEX-Standardschriften keine fetten Schreibmaschinenschriften gibt, wird statt der angeforderten Schrift die normale Schreibmaschinenschrift verwendet. Die vorstehende Abschlusswarnung wird im Protokollfile an der Stelle, an der die entsprechende Anforderung zum ersten Mal erfolgt, durch eine genauere Beschreibung ergänzt. Für das Beispiel der angeforderten fetten Schreibmaschinenschrift findet man im Protokollfile irgendwo vorab die Warnung:

```
LaTeX Font Warning: Font shape 'OT1/cmtt/b/n' undefined.
(Font)              using 'OT1/cmtt/m/n' instead on input line nr.
```

Die zweite der genannten Abschlusswarnungen verweist darauf, dass nicht alle Bezüge oder Verweise aufgelöst wurden. Sie tritt dann auf, wenn es im Bearbeitungsfile `\ref`-, `\pageref`- oder `\cite`-Befehle gibt, für deren Markierungs- oder Bezugskennung *marke* oder *bezug* kein einrichtender `\label{`*marke*`}`- oder `\bibitem{`*bezug*`}`-Befehl existiert. Auch in diesem Fall enthält das Protokollfile an anderen Stellen Präzisierungen wie:

```
LaTeX warning: Reference 'marke' on page s undefined on input line nn.
LaTeX warning: Citiation 'bezug' on page s undefined on input line nn.
```

Die dritte Abschlusswarnung verweist darauf, dass ein gleicher Markierungsname *marke* an mehreren Stellen mit `\label{`*marke*`}` eingerichtet wurde. Auch hierauf verweist das Protokollfile gleich zu Beginn nach dem Einlesen der `.aux`-Files mit Hinweisen wie:

```
LaTeX warning: Label 'marke' multiply defined.
```

Die Beseitigung dieses Fehlers kann etwas mühevoll werden, insbesondere wenn bei einer selektiven LaTeX-Bearbeitung viele Teilfiles mit `\include`-Befehlen angesprochen werden. Die Warnungen der letzten Form stehen im Protokollfile nach dem Einlesen der `.aux`-Files für diejenigen selektiven Eingabefiles, in denen der gleiche Markierungsname ein zweites oder mehrfaches Mal in einem `\label`-Befehl auftritt.

Über dasjenige Teilfile, in dem der Befehl `\label{`*marke*`}` zum ersten Mal auftritt, enthält das Protokollfile keinerlei Hinweise. Der dortige `\label`-Befehl kann aber gerade der falsch gesetzte sein. Oft liegt die Ursache darin, dass die eingetragene Markierungskennung *marke* irrtümlich falsch geschrieben wurde und deshalb mit einem späteren `\label`-Befehl kollidiert. Man muss deshalb *alle* vorangehenden Teilfiles mit dem Editor nach dem Aufruf `\label{`*marke*`}` durchmustern und ihn korrigieren oder an den unpassenden Stellen beseitigen. Für die anderen Teilfiles, in denen ein gleicher `\label{`*marke*`}`-Befehl ein weiteres Mal auftritt, kann die Filesuche gezielter erfolgen, da diese Teilfiles im Protokollfile benannt werden. `\label`-Befehle mit einer eindeutigen Markierungskennung müssen genau *einmal* im gesamten Eingabepaket auftreten.

Die letzte der angeführten Abschlusswarnungen erscheint, wenn nach einer Überarbeitung des Eingabetextes weitere `\label`-Befehle zugefügt wurden oder Textverschiebungen für die vorhandenen `\label`-Befehle zu geänderten Seitenzahlen bei der Ausgabe führen. Diese Warnung verschwindet nach einem zweiten LaTeX-Bearbeitungsaufruf von selbst.

Entfallen einige der genannten Abschlusswarnungen, dann ist der Eingabetext frei von den zugehörigen Schwachstellen. Ansonsten sollen sie als zusammenfassende Abschlusswarnung nur signalisieren, dass das Protokollfile genauer zu durchmustern ist, um die entsprechenden Mängel genauer zu lokalisieren.

Die beschriebenen Abschlussaktionen erfolgen bei jeder LaTeX-Bearbeitung als Folge des `\end{document}`-Befehls. Eventuell erfolgen noch weitere Abschlussaktionen, nämlich dann, wenn eines oder mehrere der mit `\usepackage` eingelesenen Ergänzungspakete den Befehl

```
\AtEndDocument{bef_liste}
```

enthält/enthalten oder dieser Befehl im Filevorspann auftritt. Die hiermit übergebenen Befehle aus der Befehlsliste *bef_liste* werden dann während der Abarbeitung des Befehls `\end{document}` ebenfalls noch ausgeführt.

Nach der vollständigen Abarbeitung des `\end{document}`-Befehls erscheint im Protokollfile eine weitere schließende `)`-Klammer. Sie bezieht sich auf die öffnende `(`-Klammer, die im Protokollfile ganz zu Anfang das Öffnen und Einlesen des Hauptbearbeitungsfiles mitteilt. Der LATEX-Bearbeitungsaufruf ist damit beendet.

Hiernach erscheinen noch einige statistische Angaben über den erfolgten Bearbeitungsaufruf. Diese stammen nicht mehr aus dem LATEX-Kern oder seinen verwendeten Systemfiles, sondern aus dem unterliegenden TEX-Programm. Die abschließenden Statistikangaben sind von der Form:

```
Here is how much of TeX's memory you used:
  n_s strings out of max_s
  n_c string characters out of max_c
  n_w words of memory out of max_w
  n_m multiletter control sequences out of max_m
  n_i words of font info for n_f fonts, out of max_i for max_f
  n_h hyphenation exceptions out of max_b
  n.i,n.n,n.b,n.s stack positions out of max.i,max.n,max.b,max.s
```

Hierin verweisen die mit max_j oder $max.j$ aufgelisteten Zahlenangaben auf die Größe der zugeordneten Pufferspeicher, die TEX bereitstellt. Die vorangehenden Zahlenangaben n_j oder $n.j$ sagen aus, wie viel hiervon tatsächlich benötigt wurde. Diese Angaben können dann als Warnung dienen, wenn einige Werte für n_j bereits nahe an die entsprechenden Werte von max_j heranreichen. Bei einer Erweiterung des zu bearbeitenden Eingabefiles besteht dann die Gefahr, dass dessen erneute LATEX-Bearbeitung zur TEX-Fehlermeldung

```
! TeX capacity exceeded, sorry [puffer_max],
```

führt, die eine Weiterbearbeitung unmöglich macht.

Die TEX-Bearbeitung endet mit der letzten Bildschirmnachricht und Protokollablage

```
Output written on file.dvi (n_p pages, n_b bytes).
```

Gelegentlich erscheint nach Beendigung der LATEX-Bearbeitung unmittelbar vor den statistischen Abschlussmitteilungen die TEX-Warnung:

```
(\end occured inside a group of level n)
```

Dies ist fast immer durch eine fehlerhaft gesetzte öffnende `{`-Klammer oder die vergessene schließende `}`-Klammer zur Einrichtung einer namenlosen Umgebung verursacht worden, und zwar in einer Kombination, die LATEX selbst nicht als Fehler erkannt hat. Mir gelingt es in einem solchen Fall fast nie, die zugehörige fehlerhafte öffnende `{`-Klammer auf einfache Weise zu finden. Um sie aufzuspüren, muss ich meistens auf die in [5a, Abschn. 9.6] beschriebene Suchstrategie zurückgreifen.

Die vorstehende TEX-Warnung erschien bei der Bearbeitung dieses Kapitels plötzlich in einem bestimmten Erstellungsstadium. Es mag sein, dass sie bereits seit einigen Bearbeitungsaufrufen ausgegeben, von mir aber übersehen wurde. Nachdem ich sie zur Kenntnis genommen hatte, ergab die Suche nach der Ursache die fehlerhafte Eingabe '`\verb|\label|{\emph{marke}\verb|}|`', mit der ich die Ausgabe `\label{`*marke*`}` erreichen wollte. Die richtige Eingabe hätte '`\verb|\label{|\emph{marke}\verb|}|`' lauten müssen.

Die Verwechselung durch `|{` statt `{|` hinter dem Befehlsnamen `\label` hatte einige Seiten zuvor die Ausgabe `\label`*marke*`}` bewirkt. Die nochmalige Erstellung eines Probeausdrucks und sein sorgfältiges Lesen hätten in diesem Fall den Fehler direkt erkennen lassen.

Das war aber nach dem Auftreten der TEX-Warnung nicht zu erahnen. Eine fehlerhafte öffnende {-Klammer hätte auch an einer Stelle erfolgen können, die keinerlei Niederschlag im Probeausdruck gefunden hätte, oder hätte Abweichungen zum gewollten Ergebnis an ganz anderen Stellen verursachen können. Mir gelang das Aufspüren der Ursache erst nach iterativer Anwendung der zitierten Suchstrategie [5a, Abschn. 9.6].

2.4 Der Zugang zum LATEX-Kern

LATEX-Nutzer, bei denen immer noch LATEX 2.09 installiert ist und nur in dieser Version zur Anwendung kommt, mögen diesen und die folgenden Abschnitte überspringen. Die Abschnitte 4.1f beschreiben den entsprechenden Zugang zu einem LATEX 2.09-Kern.

An dieser Stelle sollte der LATEX-Anwender den Ablauf eines LATEX-Bearbeitungsaufrufs, wie er im vorangegangenen Abschnitt genauer beschrieben wurde, bezüglich der Einbindung der verschiedenen Systemfiles überblicken. Nicht erforderlich ist in diesem Stadium die Kenntnis der vielfältigen Wechselbeziehungen zwischen dem LATEX-Kern und den zugeladenen Systemfiles. Diese werden im Verlauf dieses Abschnitts näher erläutert.

Der Zugang zum LATEX-Kern durch die verschiedenen Systemfiles ist in LATEX 2_ε sehr viel präziser definiert, als dies in LATEX 2.09 der Fall war. Dies erleichtert die Entwicklung eigener LATEX-Systemfiles. Vorab folgen zunächst einige formale Hinweise.

2.4.1 Kennzeichnung von LATEX-Befehlstypen

LATEX verwendet intern eine Vielzahl von Befehlen, die aus der Anwenderebene heraus nicht direkt angesprochen und genutzt werden können. Diese internen (verborgenen) Befehle sind dadurch gekennzeichnet, dass in ihren Namen ein oder mehrere `@`-Zeichen auftreten. Befehlsnamen dürfen bekanntlich nur aus Buchstaben bestehen, wobei der jeweilige Befehlsname *vor* dem ersten Zeichen, das kein Buchstabe ist, endet. Innerhalb der Systemfiles wird das `@`-Zeichen lokal zu einem Buchstaben erklärt, so dass es hier auch als Teil eines Befehlsnamens akzeptiert wird (s. 5.1.2).

Nahezu alle dem Anwender in [5a] vorgestellten LATEX-Befehle bestehen aus Namen, in denen nur Kleinbuchstaben auftreten. Dies kennzeichnet die dem Anwender von LATEX zu seiner Nutzung angebotenen Befehle. Daneben stellt LATEX 2_ε eine Reihe von Befehlen bereit, deren Namen teilweise recht lang und damit weitgehend selbsterklärend sind. In diesen Namen treten gleichzeitig Klein- und Großbuchstaben auf. Befehle mit solchen langen Namen mit gemischten Groß- und Kleinbuchstaben werden als LATEX-Interface-Befehle bezeichnet.

Interface-Befehle stellen den Zugang zum LATEX-Kern dar, indem sie ihrerseits bei ihrer Ausführung häufig auf verborgene LATEX-Befehle aus dem Kern zurückgreifen. Der Anwender braucht solche verborgenen LATEX-Befehle dabei selbst nicht zu kennen. Er kann sie jedoch in gezielter Weise durch die Interface-Befehle nutzen. LATEX-Interface-Befehle können auch aus der Anwenderebene angesprochen werden, da ihre Namen ebenfalls nur aus Buchstaben, wenn auch in gemischter Groß- und Kleinschreibung, bestehen.

LATEX-Interface-Befehle kommen vorrangig in den Klassenfiles und Ergänzungspaketen zur Anwendung und bieten dort eine elegante Möglichkeit, geeignete Einstellvorgaben in Kombination mit dem LATEX-Kern vorzunehmen. Einige Interface-Befehle wurden vermutlich auch beim Anwender in seinen eigenen Eingabefiles schon genutzt. Ich erinnere z. B. an den Befehl `\MakeShortVerb{\`*z*`}` aus dem Ergänzungspaket `shortvrb.sty`.

2.4.2 Allgemein nutzbare Interface-Befehle

Die Mehrzahl der LaTeX-Interface-Befehle dient zur Kommunikation von Klassenfiles und Ergänzungspaketen mit dem LaTeX-Kern. Sie werden im nächsten Abschnitt mit den Strukturhinweisen zu Klassenfiles und Ergänzungspaketen vorgestellt und sind auf die dort beschriebenen Anwendungszwecke beschränkt.

Eine zweite Gruppe von Interface-Befehlen dient zur Verwaltung der Zeichensätze. Sie wird in den nachfolgenden Unterabschnitten vorgestellt. Einige wenige Interface-Befehle können auch direkt aus der Anwenderebene heraus genutzt werden. Diese stelle ich vorab vor.

LaTeX stellt zur Erzeugung bzw. Änderung von anwendereigenen Befehlsstrukturen `\newcommand` und `\renewcommand` jeweils in einer Standard- und einer *-Form zur Verfügung (s. [5a, 7.3 und 7.6.6]). Zusätzlich gibt es noch die Definitionsbefehle

`\DeclareRobustCommand {\`*befehl*`}[`*narg*`][`*standard*`]{`*definition*`}`
`\DeclareRobustCommand*{\`*befehl*`}[`*narg*`][`*standard*`]{`*definition*`}`

Diese Befehle entsprechen den Definitionsbefehlen `\newcommand`, jeweils in der Standard- und *-Form. Die damit erzeugten anwendereigenen Befehle sind robust, selbst wenn Teile des einrichtenden Definitionstextes *definition* für sich selbst zerbrechlich sind. Mit den vorstehenden Definitionsbefehlen können auch existierende Befehle *befehl* überschrieben werden. Sie entsprechen damit gleichzeitig auch den `\renewcommand`-Strukturen.

Zur Erinnerung an den Unterschied zwischen Standard- und *-Form: Bei den mit der Standardform erzeugten Befehlen dürfen bei Befehlsaufrufen die übergebenen Argumente beliebig lang sein, während diejenigen aus der *-Form Absatzgrenzen nicht überschreiten dürfen [5a, 7.6.5]. Die mit der *-Form eingerichteten Befehle führen deshalb bei fehlerhaften Definitionen oder Aufrufen zu einer rascheren Fehlererkennung.

Wird das Beispiel `\ovec` aus [5a, 7.3.3] mit einem eigenen kleinen Ergänzungspaket `vector.sty` als

```
\DeclareRobustCommand*{\ovec}[2]{n}{%
  \ifmmode #2{1},\ldots,#2_\{#1}
  \else  \PackageWarning{vector}{You can't use \protect\ovec\space
                                  in text}
  \fi }
```

eingerichtet, so erzeugt `$ovec{x}$` erwartungsgemäß $1, \ldots, n$. Sein Aufruf darf nunmehr aber auch innerhalb von Befehlen mit wandernden Argumenten, z. B. in Gliederungsbefehlen, auftreten. Der Aufruf '`\section{n-dimensionale Vektoren $\ovec{x}$}`' lässt diesen Vektorausdruck problemlos in der Abschnittsüberschrift, im Inhaltsverzeichnis und evtl. in den Seitenkopfzeilen erscheinen, während die Verwendung des Originalbefehls aus [5a, 7.3.3] beim Wandern ins Inhaltsverzeichnis vermutlich zerbrechen würde.

Erfolgt der Aufruf ohne Umschaltung in den mathematischen Modus, also ohne Einschachtelung mit `$...$`, so erscheint als Folge von `\PackageWarnung` bei der Bearbeitung die Bildschirmwarnung: '`Package vector Warning: You can't use \ovec in text on input line` *ll*'

Zusätzlich steht ein Definitions-Überprüfungsbefehl

`\CheckCommand{\`*befehl*`}[`*narg*`][`*standard*`]{`*definition*`}` zur Verfügung, mit dem geprüft werden kann, ob ein Befehl *befehl* genau die mit *definition* angegebene Definition hat. Ansonsten entspricht die Bedeutung seiner Argumente derjenigen von `\newcommand`. Dieser Befehl kann z. B. genutzt werden, um festzustellen, ob ein Ergänzungspaket einen vorausgesetzten Befehl verändert hat. Führt die Überprüfung zu einer Differenz, so erscheint die Warnung:

```
LaTeX Warning: Command \befehl has changed.
               Check if current package is valid.
```

Der Prüfbefehl `\CheckCommand` ist ein Vorspannbefehl und darf somit nur vor dem `\begin{document}` verwendet werden. Dieser Prüfbefehl existiert auch in einer *-Form als `\ChecCommand*` bei sonst gleicher Syntax. Bei der *-Form darf der Definitionsteil *definition* eine Absatzgrenze nicht überschreiten.

Gelegentlich sollen bestimmte Teile eines Eingabetextes in Groß- oder Kleinschreibung umgewandelt werden. Als Beispiel verweise ich auf die Kopfzeilen in diesem Buch, in denen die Einträge aus den `\chapter`- und `\section`-Befehlen wiederholt werden, dort aber in Großbuchstaben erscheinen. TEX stellt hierfür die Grundbefehle `\uppercase` und `\lowercase` zur Verfügung. Die TEX-Grundbefehle sind jedoch mit der Schwäche behaftet, dass Umlaute und Sonderbuchstaben nicht umgewandelt werden:

`\uppercase{aBcD\ae\AA\ss\L}` ergibt ABCDæÅßŁ und
`\lowercase{aAcD\ae\AA\ss\L}` ergibt abcdæÅßŁ

Diese Schwäche wird mit zwei neuen Befehlen aus LATEX 2_ε vermieden:

`\MakeUpperCase{aBcD\ae\AA\ss\L}` ergibt ABCDÆÅSSŁ und
`\MakeLowercase{aAcD\ae\AA\ss\L}` ergibt abcdæåßł

Diese Umwandlungsbefehle führen zur entsprechenden Umwandlung für alle Teile des übergebenen Arguments mit Ausnahme von Befehlsnamen. Enthält der eingeschlossene Text z. B. mathematische Formeln oder Verweise mit `\ref`{*marke*}, so erfolgt die Umwandlung sowohl für den Formalteil als auch für den Markierungsnamen *marke*. Die Eingabe

```
\MakeUppercase{$x+y$ in \ref{math}}
```

erzeugt '$X + Y$ IN ??' und führt zu der Warnung

```
LATEX WARNING: REFERENCE 'MATH' ON PAGE 71 in input line ll.
```

Zur unaufgelösten Referenz kommt es deshalb, weil der angegebene Markierungsname `math` ebenfalls in Großschreibung nach `MATH` umgewandelt wurde, zu dem kein zugehöriger `\label`-Befehl existiert. Überraschend ist dagegen die Fortpflanzung der Umwandlung selbst auf Teile des erzeugten Warnungstextes, die hier plötzlich ebenfalls in Großschreibung erscheinen.

Die Interface-Befehle `\MakeShortVer{\`*z*`}` und `\DeleteShortVerb{\`*z*`}` aus dem Ergänzungspaket `shortvrb.sty` wurden bereits in der Einführung [5a, 4.10.3] vorgestellt, so dass ich sie hier nur zur Erinnerung wiederhole. Mit dem ersten Befehl wird ein beliebiges Zeichen *z* zum Schachtelzeichen erklärt, wonach ein Stück Originaltext mit *z Originaltext z* als Original so ausgegeben wird, als hätte man `\verb`*z Originaltext z* eingegeben. Mit dem zweiten Befehl wird die Bedeutung von *z* als Schachtelzeichen wieder aufgehoben.

2.4.3 Zeichensatz-Interface-Befehle

Die Schriftauswahl und Schriftumschaltung erfolgt auf der Anwenderebene gewöhnlich durch die Schrifterklärungen

`\rmfamily`	`\sffamily`	`\ttfamily`		(Familie)
`\bfseries`	`\mdseries`			(Serie)
`\itshape`	`\slshape`	`\scshape`	`\upshape`	(Form)

`\normalfont` (Rückschaltung auf die mit `\begin{document}` bereitgestellte Attributkombination)

Sie bleiben als Erklärungen so lange wirksam, bis sie durch eine weitere Erklärung des gleichen Typs (Familie, Serie oder Form) abgelöst werden oder bis die laufende Umgebung endet. Für kürzere Schriftumschaltungen sind die argumentbehafteten Schriftumschaltbefehle

`\textrm{`*text*`}`	`\textsf{`*text*`}`	`\texttt{`*text*`}`	
`\textbf{`*text*`}`	`\textmd{`*text*`}`		
`\textit{`*text*`}`	`\textsl{`*text*`}`	`\textsc{`*text*`}`	`\textup{`*text*`}`

sowie die Umschaltung auf eine hervorhebende Schrift mit `\emph{`*text*`}` geeigneter, da ihre Reichweite sofort erkennbar ist und sie bei einer Umschaltung von einer geneigten in eine aufrechte Schrift automatisch die sog. Italic-Korrektur einfügen.

Diese Schriftumschaltbefehle sind jedem Anwender hinlänglich geläufig, ebenso wie die Attribut-Auswahlbefehle

`\fontencoding{`*kode*`}` `\fontfamily{`*fam*`}` `\fontseries{`*st_br*`}`
`\fontshape{`*form*`}` und `\fontsize{`*größe*`}{`*z_abstand*`}`

und die Schrift-Initialisierungsbefehle

`\encodingdefault`	`\rmdefault`	`\bfdefault`	`\itdefault`
`\familydefault`	`\sfdefault`	`\mddefault`	`\sldefault`
`\seriesdefault`	`\ttdefault`		`\scdefault`
`\shapedefault`			`\updefault`

auch wenn diese Attribut-Auswahlbefehle bzw. Attribut-Initialisierungsbefehle evtl. seltener zur Anwendung kommen, da die vorstehenden Schriftumschaltbefehle intern auf diese Auswahl- bzw. Initialisierungsbefehle zurückgreifen. Alle diese Befehle wurden bereits in [5a, 4.1 und 8.5, 2. Aufl.] und ergänzend in [5b, 1.3] vorgestellt und beschrieben, so dass ich hier von Wiederholungen absehe.

Der LaTeX-Kern stellt einige interne Makros bereit, die die jeweils gültigen Attributeinstellungen enthalten:

`\f@encoding`	`\f@family`	`\f@series`	`\f@shape`
`\f@size`	`\f@baselineskip`		

Die Zuordnung für das jeweilige Attribut geht für die Makros der ersten Zeile aus den jeweiligen Befehlsnamen eindeutig hervor. Das Makro `f@size` enthält die mit dem ersten Argument *größe* aus dem `\fontsize`-Befehl übergebene Zeichengröße, `\f@baselineskip` den eingestellten Zeilenabstand *z_abstand* aus dem dortigen zweiten Argument. Zusätzlich stellt der LaTeX-Kern noch

`\tf@size` `\sf@size` und `\ssf@size`

bereit, die die aktuellen Zeichensatzgrößen für den mathematischen Formelsatz enthalten, und zwar mit `\tf@size` für die Hauptbestandteile der Formel (`\textstyle`), mit `\sf@size` für einfache Umstellungen (`\scriptstyle`) und mit `\ssf@zize` für zweifache Umstellungen (`\scriptscriptstyle`) (s. [5a, 5.5.2]).

In anwendereigenen Ergänzungspaketen und Klassenfiles kann auf diese Makros und damit auf die aktuellen Attribute zurückgegriffen werden. Mit

```
\fontsize{9}{\f@baselineskip}
```

wird als Schriftgröße 9 pt eingestellt, während der zugehörige Zeilenabstand unverändert den vorherigen Wert übernimmt. Die Werte der internen `\f@`*attr*-Befehle sollten niemals direkt, z. B. mit `\setlength{\f@size}{`*wert*`}`, verändert werden. Eine solche Direktzuweisung birgt die Gefahr der Erzeugung von internen Endlosschleifen.

Mit dem Zeichensatz-Interface-Befehl

`\DeclareTextFontCommand{\`*arg_bef*`}{\`*attr_erkl*`}`

können weitere argumentbehaftete Umschaltbefehle *arg_bef* vom Typ der `\text`*xx*-Befehle eingerichtet werden. Das zweite Argument *attr_erkl* kann eine der obigen Schrifterklärungen sein. Die von LaTeX bereitgestellten Schriftumschaltbefehle mit einem Textargument wurden intern genau mit diesem Interface-Befehl eingerichtet, z. B. als

```
\DeclareTextFontCommand{\textrm}{\rmfamily}
\DeclareTextFontCommand{\textbf}{\bfseries}
\DeclareTextFontCommand{\textit}{\itshape}
```

Alle mit `\DeclareTextFontCommand` erzeugten Schriftumschaltbefehle berücksichtigen automatisch eine evtl. erforderliche Italic-Korrektur, wenn auf eine geneigte Schrift eine aufrechte folgt. Außerdem ist der erzeugte Schriftumschaltbefehl *robust*, so dass er ohne Probleme als Argument in weiteren Befehlen mit wandernden Argumenten auftreten kann, z. B. in Gliederungsbefehlen wie `\chapter`, `\section` usw. Mit

```
\DeclareTextFontCommand{\normalsc}{\normalfont\scshape}
```

wird der Befehl `\normalsc{`*text*`}` eingerichtet, der für das übergebene Textargument *text* zunächst auf die Attributkombination zurückschaltet, die mit `\begin{document}` eingestellt wird. Anschließend wird das Formattribut `sc` umgestellt und der übergebene Text in der zugehörigen Kapitälchenschrift ausgegeben.

Als weiteren Zeichensatz-Interface-Befehl stellt LaTeX bereit:

`\DeclareFixedFont{\`*schrift_bef*`}{`*kode*`}{`*familie*`}{`*serie*`}{`*form*`}{`*größe*`}`

Er richtet einen Schriftbefehl unter dem Namen *schrift_bef* ein, dessen Aufruf zu einer Schrift führt, die durch die übergebenen fünf Attribute *kode*, *familie*, *serie*, *form* und *größe* gekennzeichnet ist. Der Aufruf von *schrift_bef* verändert dagegen nicht den aktuellen Einstellwert für den Zeilenabstand. Dieser muss ggf. vorab mit

`\setlength{\baselineskip}{`*z_abstand*`}`

angepasst werden. Entsprechendes gilt für weitere Einstellvorgaben, wie sie z. B. mit den LaTeX-Schriftgrößenbefehlen `\normalsize`, `\small`, `\footnotesize` u. a. vorgenommen werden. Näheres wird hierzu in 3.3.1 ausgeführt.

Schließlich stellt LaTeX zur Sicherung der Bearbeitung von älteren Eingabetexten noch den Interface-Befehl

`\DeclareOldFontCommand{`*alt_schrift_bef*`}{`*text_schrift*`}{`*math_schrift*`}`

bereit. Zu seiner Erläuterung muss an die Schriftumschaltbefehle aus LaTeX 2.09 erinnert werden. Diese bestanden aus Befehlsnamen mit zwei kennzeichnenden Buchstaben, wie `\rm`, `\bf`, `\it` u. a. Sie konnten in LaTeX 2.09 zur Schriftumschaltung innerhalb von gewöhnlichen Texten *sowie*, bis auf `\sl` und `\sc`, von mathematischen Formeln verwendet werden. In LaTeX 2_ε beeinflussen die aktuellen Attribute nur die Zeichensatzauswahl in normalen Textbearbeitungsmodi, nicht dagegen diejenige in mathematischen Bearbeitungsmodi. Schriftumschaltungen in mathematischen Formeln müssen in LaTeX 2_ε explizit mit den mathematischen Schriftumschaltbefehlen, wie `\mathrm`, `\mathsf`, `\mathit` u. a., vorgenommen werden.

Mit dem vorstehenden Interface-Befehl können die alten Schriftumschaltbefehle aus LaTeX 2.09 auch für LaTeX 2_ε reaktiviert werden. Hier steht *alt_schrift_bef* für einen Umschalt-Befehlsnamen und *text_schrift* für die entsprechende Schrifterklärung aus LaTeX 2_ε sowie *math_schrift* für den entsprechenden mathematischen Schriftumschaltbefehl. Die Standardklassenfiles `book.cls`, `report.cls` `article.cls` und `letter.cls` aus dem LaTeX-Installationspaket stellen die alten LaTeX 2.09-Schriftumschaltbefehle mit

```
\DeclareOldFontCommand{\rm}{\normalfont\rmfamily}{\mathrm}
\DeclareOLdFontCommand{\sf}{\normalfont\sffamily}{\mathsf}
 . . . . . . . . . . . . . . . . . . . . . . . . . .
\DeclareOldFontCommand{\it}{\normalfont\itshape}{\mathit}
\DeclareOldFontCommand{\sc}{\normalfont\scshape}{\@nomath\sc}
```

wieder her. Sie können somit auch bei einer LaTeX 2_ε-Bearbeitung unter ihren alten Befehlsnamen aktiviert werden. Für Klassenfiles aus anderen Quellen kann das nicht immer garantiert werden. In solchen Fällen kann sie der Anwender jedoch mit einem eigenen kleinen Ergänzungspaket und entsprechenden Erklärungen mit `\DeclareOldFontCommand` bereitstellen.

Der vorstehende Interface-Erklärungsbefehl sollte nur zur Wiederherstellung der alten Schriftumschaltbefehle *alt_schrift_bef* aus LaTeX 2.09 verwendet werden. Neue Schriftumschaltbefehle sollten hiermit, obwohl das möglich wäre, nicht erklärt werden. Solche sollten vielmehr mit den Auswahl- und Erklärungsmechanismen aus LaTeX 2_ε verknüpft werden.

2.4.4 Zeichensatz-Definitionsfiles

Die Zuordnung von Attributkombinationen zu den sie realisierenden Zeichensätzen geschieht in den Zeichensatz-Definitionsfiles, die durch den Anhang `.fd` gekennzeichnet sind. Für jedes Kombinationspaar aus dem Kode- und Familienattribut gibt es jeweils ein eigenes `.fd`-File, z. B. `OT1cmr.fd`, `OT1cmss.fd`, `OMXcmex.fd`, `T1cmtt.fd` u. a. Die bei der Installation eines LaTeX-Grundsystems bereitgestellten `.fd`-Files wurden bereits in 2.1.1 auf S. 22 aufgelistet.

Jedes Zeichensatz-Definitionsfile beginnt mit einer Selbstidentifikation mittels des Interface-Befehls (2.5.1, S. 84)

`\ProvidesFile{`*Kode_fam*`.fd}[`*vers_info*`]` z. B. mit

```
\ProvidesFile{OT1cmr.fd}
        [1995/12/20 v2.4f Standard LaTeX font definitons}
```

Hierauf folgt in jedem `.fd`-File genau einmal der Befehl

`\DeclareFontFamily{`*kode*`}{`*famlie*`}{`*lade_erkl*`}`

Mit diesem Befehl wird das Familienattribut *familie* in Verbindung mit dem Kodierattribut *kode* erklärt. Mit *lade_erkl* kann eine Folge von Befehlen übergeben werden, die stets abläuft, wenn die hier erklärte Kode-Familie-Attributkombination aus dem Bearbeitungsfile angefordert wird. Bei den `.fd`-Files aus dem LaTeX-Standardsystem sind, mit Ausnahme derjenigen für die Schreibmaschinenschriften, die dort für *lade_erkl* übergebenen Argumente leer, d. h. bei den dortigen `\DeclareFonfFamily`-Befehlen steht für *lade_erkl* ein leeres `{}`-Paar.

Bei den Schreibmaschinenschriften, also bei den `.fd`-Files mit der Familienkennung `cmtt`, ist für *lade_erkl* `{\hyphenchar\font=-1}` eingetragen[3], womit für alle Zeichensätze, die diese Kode-Familie-Kombination erfüllen, Worttrennungen am Zeilenende unterbunden werden.

Der Erklärungsbefehl `\DeclareFontFamily` prüft bei seiner Ausführung, ob das angegebene Kodierungsattribut *kode* seinerseits vorab erklärt worden ist. Für die LaTeX-Standardinstallation geschieht dies für die Kodierungsattribute

`OT1 OML OMS OMX T1 TS1` und `U`

bereits mit dem LaTeX-Kern, der hierzu auf den weiteren Interface-Erklärungsbefehl `\DeclareFontEncoding` zurückgreift, der im nächsten Unterabschnitt näher vorgestellt wird.

Auf den `\DeclareFontFamily`-Befehl folgen dann weitere Interface-Erklärungsbefehle der Form

`\DeclareFontShape{`*kode*`}{`*familie*`}{`*serie*`}{`*form*`}{`*lade_info*`}{`*lade_erkl*`}`

und zwar je einer für jede zulässige Kombination aus den Serie-Form-Attributen. Für *kode* und *familie* sind die gleichen Attributkennungen einzutragen, wie sie mit dem Befehl `\DeclareFontFamily` für das `.fd`-File vorab erklärt worden sind.

Der Parameter *lade_erkl* wird meistens leer bleiben. Er hat die gleiche Bedeutung wie der gleichnamige Parameter in `\DeclareFontFamily`. Seine Wirkung besteht darin, dass beim Laden des Zeichensatzes, der das vorgegebene Attributquartett erfüllt, bestimmte Einstellungen, die für alle Zeichensätze mit dem gleichen Kode-Familie-Attribut vorgegeben wurden, bei dem speziellen Zeichensatz des Attributquartetts mit der angegebenen *lade_erkl* überschrieben werden.

Der Parameter *lade_info* legt fest, welche Zeichensatzgrößen als erklärt gelten und durch welchen realen Zeichensatz die entsprechende Größe in Kombination mit dem vorgegebenen Attributquartett das vollständige Attributquintett *kode*, *familie*, *serie*, *form* und *größe* realisiert wird. Der Eintrag für den Parameter *lade_info* besteht aus beliebig vielen Informationspaaren der Form *gr_info* *zs_info*.

[3]Genaugenommen steht dort `{\hyphenchar\m@ne}`. Das Makro `\m@ne` stammt aus dem LaTeX-Kern und enthält den Zahlenwert -1, so dass genau die vorgestellte Befehlskombination abläuft.

Die Größeninformation *gr_info* besteht im einfachsten Fall aus einer oder mehreren in Winkelklammern gefassten Zahlenangaben <nn>, die die zulässigen Größen in der Maßeinheit 'pt' erklären. Ein zulässiger Eintrag für *gr_info* wäre damit z. B. `<10> <10.95> <12> <14.4>`, womit 10 pt, 10.95 pt, 12 pt und 14.4 pt als bekannte Schriftgrößen erklärt würden. Die Größeninformation darf auch in der Form <n_a-n_e> sowie <-n_e>, <n_a-> oder <-> erfolgen. Sie bedeuten eine *von–bis*-Größenangabe, wobei <-n_e> gleichbedeutend mit <0-n_e>, <n_a-> gleichbedeutend mit <n_a-∞> und <-> gleichbedeutend mit 0-∞ ist. Innerhalb der *von–bis*-Angabe ist für die Wahl des Größenattributs mit `\fontsize{`*größe*`}{`*z_abstand*`}` jede Größenangabe mit Ausnahme des *bis*-Endwertes erlaubt.

Die Zeichensatzinformation *zs_info* besteht im einfachsten Fall aus dem Grundnamen der Zeichensatzfiles (`.tfm`-Files). Der Befehl

```
\DeclareFontShape{OT1}{cmr}{bx}{sl}{%
    <8> <9> <10> <10.95> <12> <14.4> cmbxsl10}{}
```

erklärt die Attributkombination `OT1/cmr/bx/sl` in den Größen 8 pt, 9 pt, 10 pt, 10.95 pt, 12 pt und 14.4 pt und realisiert sie durch den Zeichensatz `cmbxsl10`. Der Zeichensatz für diese Schrift steht bei den cm-Schriften nur in der Entwurfsgröße 10 pt zur Verfügung, womit zunächst nur das Größenattribut `<10>` abgedeckt ist. Für die anderen angeführten Größenattribute wird die Schrift `cmbxsl10` automatisch mit dem erforderlichen Faktor skaliert.[4] Würde beim vorstehenden Befehl als Einstellung `<-> cmbxsl10` gewählt, so würde mit dem ersten Aufruf von `\fontsize{7.5}{10pt}` der Zeichensatz `cmbxsl10 scaled 750` geladen.[5]

Die vollständige Syntax für die Zeichensatzinformation ist komplexer und gestattet sehr variable Kombinationen bei gleichzeitig sehr kompakter Schreibweise. Für *zs_info* kann eingesetzt werden:

[*gr_funktion* `*`][`[`*opt_skal*`]`] *zs_name*

Die in [ ] stehenden Angaben sind optional. Werden sie verwendet, so müssen aber zwingend die inneren Angaben in Schreibmaschinenschrift auftauchen. Wird für *gr_funktion* einer der nachfolgend aufgezählten Funktionsnamen verwendet, so muss hierauf zwingend das `*`-Zeichen folgen. Ebenso ist die Angabe *opt_skal* optional. Erfolgt eine solche, so muss sie zwingend in eckigen Klammern eingeschlossen sein. Als optionale Größenfunktion *gr_funktion* kann gewählt werden:

nichts Die fehlende Angabe kann formal auch als *leere* Größenfunktion angesehen werden. Die Angabe für *zs_name* muss dann durch den Grundnamen eines `.tfm`-Files erfolgen. Bei expliziten Größenangaben im vorangehenden *gr_info*-Feld wird das `.tfm`-File automatisch für die angegebenen Größen skaliert, in denen die zugehörigen Zeichensätze dann für diese Attributkombination zur Verfügung stehen. Bei einer *von–bis*-Angabe im *gr_info*-Feld sind alle Größenangaben innerhalb des *von–bis*-Intervalls erlaubt. Die erforderliche Skalierung erfolgt für die vom Anwender mit `\fontsize` verlangte Größe.

---

[4] Bei der LATEX-Bearbeitung bezieht sich die Skalierung auf die `.tfm`-Files mit der anschließenden Bedarfsanforderung für entsprechend skalierte `.pk`-Files in der `.dvi`-Ausgabe. Solche geeignet skalierten `.pk`-Files müssen ggf. – unabhängig von der problemfreien LATEX-Bearbeitung – vor der Druckausgabe mit METAFONT generiert werden. Ein DVI-Treiber, der fehlende Druckerzeichensätze automatisch generiert und anschließend dauerhaft ablegt, wie z. B. `dvips` von Thomas Rokicki oder die Treiber von Eberhard Mattes aus emTEX, ist dabei enorm hilfreich.

[5] Genauer: Alle Zeichensatzabmessungen aus `cmbxsl10.fmt` würden mit dem Faktor 750/1000 skaliert und dem Zeichensatz mit der Attributkombination `OT1/cmr/bx/sl` in der Größe 7.5 pt zugeordnet.

Die optionale Angabe [*opt_scal*] ist bei dieser Funktion ein zusätzlicher Faktor, mit dem die obigen Sollskalierungen nochmals multipliziert werden. Mit <10> <10.95> [1.05] cmtt10 würde die angeforderte Schreibmaschinenschrift von 10 pt bzw. 10.95 pt tatsächlich in den Größen 1.05×10 pt bzw. 1.05×10.95 pt erscheinen.

s * Die *leere* Größenfunktion erzeugt ggf. Bildschirmwarnungen oder Mitteilungen, die bei der s-Funktion unterbleiben. Die unterdrückten Bildschirmmeldungen werden jedoch im .log-File abgelegt. Der Name s soll auf 'silent' (still, stumm) verweisen. Ansonsten ist s * mit der *leeren* Größenfunktion identisch.

gen * Bei dieser Größenfunktion erfolgt die Angabe von *zs_name* aus dem Grundnamen *ohne* Größenkennung, also nur aus dem Buchstabenteil des Grundnamens. Die vorangehenden Größenwerte aus *gr_info* werden durch die Zeichensatzfiles in gleicher Entwurfsgröße realisiert. <8> <9> <10> gen * cmtt realisiert die Anforderung der Schreibmaschinenschrift für 8 pt durch cmtt8, 9 pt durch cmtt9 und 10 pt durch cmtt10. Die Bedeutung für die optionale Angabe [*opt_skal*] ist die gleiche wie bei der *leeren* Größenfunktion.

sgen * Realisiert die *stumme* Version der Größenfunktion gen.

genb * Das Äquivalent von [gen *] bezüglich der dc-Zeichensätze mit der geänderten Namenssyntax ab Herbst 1995. Die Entwurfsgrößen der neuen dc-Zeichensätze sind durch eine Zahlenangabe in Centi-Points am Grundnamenende gekennzeichnet. Die .tfm-Files für die Entwurfsgrößen 12 pt, 14.4 pt oder 9 pt tragen seitdem Namen wie dcr1200.tfm, dcss1440.tfm, dctt900.tfm usw. Die Größenfunktion genb berücksichtigt diese Namenssyntax der dc-Zeichensätze. Die Ladeinformation

```
<9> <10> <10.95> genb * dcit
```

würde zur Zeichensatzrealisierung die Zeichensätze mit den Grundnamen dcit900, dcit1000 und dcit1095 anfordern.

sgen * Realisiert die *stumme* Version der Größenfunktion genb.

subf * Jedem Zeichensatz der cm-Schriften kann eindeutig ein Attributquintett, das ihn exakt charakterisiert, zugeordnet werden. Umgekehrt steht aber nicht jeder denkbaren Attributkombination ein sie optimal realisierender Zeichensatz gegenüber. Die geneigten Schriften der cmss-Familie werden durch das Formattribut sl gekennzeichnet und durch die cmssi-Schriften realisiert. Kursivschriften mit dem Attribut it gibt es bei den cmss-Schriften nicht. Man kann es formal mit einem \DeclareFontShape{OT1}{cmss}{m}{it}{...}{}-Befehl verfügbar machen und ebenfalls durch die cmssi-Schriften realisieren. Wird hierbei die Funktion subf verwendet, so erscheint gleichzeitig eine Bildschirmwarnung, dass die gewählte Attributkombination hilfsweise durch die angegebene Schrift realisiert wird.

Die hilfsweise Zuordnung einer anderen Schrift erfolgt häufig nur für bestimmte Größen. Mit

```
\DeclareFontShape{OT1}{cmr}{m}{ui}{
  <7> subf* cmti7 <8> subf* cmti8 <9> subf* cmti9
  <10> <10.95> <12> <14.4> <17.28> <20.74> <24.88} cmu10}{}
```

wird die angeforderte ungeneigte Italic-Schrift ab 10 pt durch die geeignet skalierte `cmu10`-Schrift realisiert, die kleineren Größen 7 pt, 8 pt und 9 pt werden jedoch hilfsweise durch die Italic-Schrift gleicher Entwurfsgröße ersetzt, was von einer entsprechenden Bildschirmwarnung begleitet wird.

`ssubf *` Die stumme Version von `subf`. Die unterdrückten Bildschirmwarnungen werden aber im `.log`-File protokolliert.

`sub *` Die Ersetzung aller oder einer größeren Zahl von Schriften für das Attributquartett erfolgt effizienter mit der `sub`-Funktion als mit der expliziten Zuordnung einer benachbarten Schrift. Die Angabe von *zs_name* erfolgt bei Verwendung der `sub`-Funktion durch das ersetzende Attributtripel *fam*/*serie*/*form*. Das obige Beispiel der Ersetzung durch `cmssi` für das Formattribut `it` bei den serifenlosen Schriften würde man besser mit

```
\DeclareFontShape{OT1}{cmss}{m}{it}{<-> sub * cmss/m/sl}{}
```

erreichen. Hiermit wird auf den `\DeclareFontShape`-Befehl mit dem gleichen Kodeattribut und `cmss`, `m` sowie `sl` als Familien-, Serien- bzw. Formattribut verwiesen.

`ssub *` Die stumme Version der `sub`-Funktion.

`fixed *` Der vorangehende Größeneintrag *gr_info* wird mit der `fixed`-Funktion *ohne* Skalierung durch den nachfolgend erklärten Zeichensatz *zs_name* realisiert, der mit seinem vollen Grundnamen anzugeben ist. Mit `<5> <7> <10> fixed * cmex10` würde der Symbolzeichensatz `cmex10` unabhängig von den angeforderten Größen 5 pt, 7 pt oder 10 pt stets nur in der Entwurfsgröße von 10 pt erscheinen.

`sfixed *` Die stumme Version der `fixed`-Funktion.

Die `.fd`-Files für die `T1`-kodierten neuen dc-Zeichensätze sind in formaler Hinsicht kürzer als die anderen `.fd`-Files. Die `\DeclareFontShape`-Aufrufe werden dort durch Befehlsaufrufe der Form

`\EC@family{`*kode*`}{`*familie*`}{`*serie*`}{`*form*`}{`*zs_name*`}`

ersetzt. Dieser Befehl wird in diesen `.dc`-Files jedoch vorab ggf. eigenständig mit

```
\providecommand{\EC@family}[5]{\DeclareFontShape{#1}{#2}{#3}{#4}
   {<5><6><7><8><9><10><10.95><12><14.4><17.28><20.74><24.88>
    genb * #5}{}}
```

definiert. Aufrufe wie `\ECfamily{T1}{cmr}{bx}{n}{dcbx}` rufen dann ihrerseits den Befehl `\DeclareFontShape` auf und reichen die übergebenen Argumente an diesen weiter, wobei alle in der Definition in Winkelklammern angeführten Zeichensatzgrößen erklärt werden.

Alle `.fd`-Files eines LaTeX-Grundsystems entstehen beim ersten Installationsschritt gemäß 2.1.1 aus den dokumentierten Makropaketen `cmfonts.fdd` und `slides.fdd`. Mit den Hinweisen aus 2.2 sollte das Verständnis dieser dokumentierten Makrofiles nicht schwerfallen. Etwaige Modifikationen oder Ergänzungen könnten in den dokumentierten Makrofiles vorgenommen und dort gleichzeitig dokumentiert werden.

Kommen beim Anwender weitere Schriften zur Anwendung, die nicht zu den TeX-Standardschriften gehören, dann sollte deren Herkunftspaket die erforderlichen `.fd`-Files enthalten. Ist das nicht der Fall, dann wird man am einfachsten ein entsprechendes `.fd`-File aus einer Kopie einer verwandten TEX-Standardschrift mit den Hinweisen aus diesem Abschnitt vornehmen können. Ich erläutere das am Beispiel der Erstellung der Satzvorlage für dieses Buch.

Leser mit einem scharfen Blick für Zeichensätze werden vielleicht erkannt haben, dass als Textzeichensätze in diesem Buch die TimesRoman- und als serifenlose Schriften die Helvetica-Schriften zur Anwendung kommen. Die Courier-Schriften als Schreibmaschinenschriften aus dem PostScript-Zeichensatz erschienen mir im Vergleich zu den TimesRoman- und Helvetica-Schriften als zu leicht und gleichzeitig auch zu weit. Für die Schreibmaschinenschriften habe ich deshalb auf die TEX-Standardschriften `cmtt` und ihre Formvarianten zurückgegriffen.

Die x-Höhen der TimesRoman-Schriften sind deutlich größer als diejenigen der entsprechenden TEX-Standardschriften. Damit würden die Schreibmaschinenschriften gegenüber den TimesRoman-Schriften bei gleicher Größenauswahl optisch zu klein erscheinen. Ich habe mir deshalb eine Kopie `OT1cmttv.fd` aus dem Original `OT1cmtt` erstellt. In diesem `.fd`-File habe ich dann lediglich in allen `\DeclareFontShape`-Befehlen vor den realisierenden Zeichensatznamen *zs_name* den Skalierungsfaktor `[1.05]` eingefügt, womit alle angeforderten Schreibmaschinenschriften zusätzlich um diesen Faktor vergrößert wurden.

Umgekehrt erschienen mir die Helvetica-Schriften gegenüber den TimesRoman-Schriften bei gleichen Größenanforderungen zu groß. In der Kopie `OT1phvv.fd` aus dem Original `OT1phv.fd` habe ich umgekehrt vor allen realisierenden Zeichensatznamen den Skalierungsfaktor `[0.95]` eingefügt, was meines Erachtens zu einer harmonischeren Kombination von TimesRoman und Helvetica führt.

Das Ergänzungspaket `mytimes.sty` zur Aktivierung dieser Schriften bestand in seinem Hauptteil dann nur aus den drei Zeilen

```
\renewcommand{\rmdefault}{ptm}
\renewcommand{\sfdefault}{phvv}
\renewcommand{\ttdefault}{cmttv}
```

Mit diesen doch sehr geringfügigen Eingriffen konnte ich im Vergleich zu den TEX-Standardschriften eine fast professionelle Satzvorlage erstellen. Anwender mit Erfahrungen für andere Textsysteme mögen das mit dem dort erforderlichen Aufwand für eine entsprechende Variation vergleichen.

2.4.5 Zeichensatz-Kodierfiles

Beim ersten Installationsschritt einer LATEX-Installation gemäß 2.1.1 entstehen u. a. die Kodierfiles `OMLenc.def`, `OT1enc.def`, `OMSenc.def` und `T1enc.def`, die ihrerseits in `fonttext.ltx` eingelesen und damit beim zweiten Installationsschritt Bestandteil des LATEX-Kerns werden. In diesen `.def`-Files sowie in `fonttext.ltx` treten eine Reihe weiterer Zeichensatz-Interface-Befehle auf, die ich hier kurz vorstelle.

Die genannten `.def`-Files entstehen aus dem dokumentierten Makrofile `ltoutenc.dtx`. Zur Vertiefung der nachstehend erläuterten Strukturen möge sich der Leser die Dokumentation für `ltoutenc.dtx` erstellen oder die Gesamtdokumentation aus `source2e.tex` zu Rate ziehen, da letztere die aufbereitete Dokumentation aus `ltoutenc.dtx` wie auch die aller anderen `.dtx`-Files für den LATEX-Kern enthält.

Ein Kodierattribut wird für LaTeX mit dem Interface-Befehl

`\DeclareFontEncoding{`*kode*`}{`*text_erkl*`}{`*math_erkl*`}`

erklärt. Hierin steht *kode* für die Kodierkennung, wie z. B. `T1` oder `OT1`. *Text_erkl* steht für eine Liste von Befehlen, die ausgeführt werden, wenn mit einem Schriftumschaltbefehl eine Schrift angefordert wird, deren Kodierattribut sich von dem der vorangehenden Schrift unterscheidet. *Math_erkl* steht für eine weitere Liste von Befehlen, die für dieses Kodierattribut in mathematischen Bearbeitungsmodi ausgeführt werden. Etwas genauer: Sie werden ausgeführt, wenn ein math. Alphabet (s. 2.4.7) mit diesem Kodierattribut aufgerufen wird.

Neben den speziellen Einstellvorgaben für ein Kodierattribut mittels *text_erkl* und/oder *math_erkl* stellt LaTeX eine Reihe effizienterer Einstellerklärungen bereit, deren zweites Argument stets das Kodierattribut *kode* ist, womit die entsprechende Einstellung nur für dieses Kodierattribut gilt. Der LaTeX-Kern erklärt z. B. die Kodierattribute `OT1`, `OML`, `OMS` `OMX`, `T1` und `U` mit entsprechenden `\DeclareFontEncoding`-Befehlen, in denen für *text_erkl* und *math_erkl* nur leere `{}`-Paare stehen. Die kodierspezifischen Einstellungen erfolgen dann mit Erklärungen des Typs:

`\DeclareTextAccent{\`*akz_bef*`}{`*kode*`}{`*z_num*`}`

Diese Erklärung richtet für das Kodierattribut *kode* einen Akzentbefehl *akz_bef* ein, der das Akzentzeichen aus den für dieses Kodierattribut bereitgestellten Zeichensätzen an der dortigen Belegungsposition *z_num* entnimmt und dieses über den nachfolgenden Buchstaben setzt. Der hiermit eingerichtete Befehl *akz_bef* kann als Befehl mit einem Argument angesehen werden, dessen übernommenes Argument das nächstfolgende Zeichen ist, das deshalb auch in einem Klammerpaar als `{`*z*`}` übergeben werden kann. Die jeweilige Position der einzelnen Akzentzeichen kann für die cm-Zeichensätze den Belegungstabellen aus [5a, C.6] entnommen werden. Die meisten dem Anwender geläufigen Akzentbefehle aus LaTeX, wie `` \` ``, `\'`, `\^`, `\"`, `\~`, `\=`, `\.`, `\u`, `\v`, `\H`, `\t` und `\r` werden im LaTeX-Kern in dieser Weise erklärt, z. B.

```
\DeclareTextAccent{\'}{OT1}{19}
```

Eine nahezu gleiche Syntax hat der Definitionsbefehl

`\DeclareTextSymbol{\`*sym_bef*`}{`*kode*`}{`*z_num*`}`

mit dem fremdsprachigen Sonderzeichen wie Æ Œ Ø, æ, œ ø, ß und die punktlosen ı und ȷ als `\AE`, `\OE`, `\O`, `\ae`, `\oe`, `\o`, `\ss`, `\i` und `\j` erklärt und eingerichtet werden, z. B. für

```
\DeclareTextSymbol{\ae}{OT1}{26}
```

weil das kleine Sonderzeichen æ bei den cm-Schriften auf Position 26 steht. Die mit `\DeclareTextSymbol` eingerichteten Symbolbefehle sind argumentfreie Befehle, die keinen Einfluss auf den nachfolgenden Text haben. Ein allgemeinerer Definitionsbefehl ist

`\DeclareTextCommand{\`*zeich_bef*`}{`*kode*`}[`*narg*`][`*standard*`]{`*definition*`}`

Er dient ebenfalls zur Erklärung von Sonderzeichen, die nunmehr jedoch aus der übergebenen Definition konstruiert bzw. zusammengesetzt werden. Das polnische Zeichen ł, dass als `\l` eingegeben wird, könnte hiermit als

```
\DeclareTextCommand{\l}{OT1}{\symbol{32}l}
```

erklärt werden. Der schräggestellte Querstrich steht in den cm-Zeichensätzen auf Platz 32 mit einer Breitenabmessung von 0 pt, womit es zur Überschreibung mit dem nachfolgenden Zeichen, hier 'l', kommt. Die drei letzten Argumente von `\DeclareTextCommand` entsprechen vollständig denjenigen für den Standard-Definitionsbefehl `\newcommand` und wirken prinzipiell genauso wie bei diesem. Der mit `\DeclareTextCommand` erzeugte Befehl ist jedoch robust, selbst wenn Teile der übergebenen Definition zerbrechlich sind.

Mit `\DeclareTextCommand` kann ein existierender Zeichenbefehl *zeich_bef* auch neu definiert werden, so dass dieser Befehl gleichzeitig auch wie `\renewcommand` wirkt. Alternativ gibt es noch

`\ProvideTextCommand{`*zeich_bef*`}{`*kode*`}[`*narg*`][`*standard*`]{`*definition*`}`

Dieser Befehl richtet einen Zeichenbefehl unter dem Namen *zeich_bef* ein, wenn ein solcher noch nicht existiert. Anderenfalls bleibt der existierende Befehl unverändert und der Einrichtungsbefehl `\ProvideTextCommand` wird ignoriert.

Die `.def`-Files richten eine Reihe weiterer Zeichenbefehle mit dem Erklärungsbefehl `\DeclareTextCommand` ein. Ihre Definitionen greifen häufig auf TEX-Grundbefehle und TEX-Makros zurück, so dass zu ihrem Verständnis auf die TEX-Originalliteratur verwiesen werden muss. Alternativ und für einen Einstieg kann auch Kapitel 5 dieses Buchs zu Rate gezogen werden.

Die Mehrzahl der LATEX-Zeichenbefehle wird in `OT1enc.def`, `OMLenc.def` und `OMSenc.def` mit einem der vorgestellten Erklärungsbefehle eingerichtet. Die dc-Zeichensätze stellen neben einer Reihe von eigenen Akzenten eine Vielzahl von akzentuierten Buchstaben als eigene Zeichen bereit. Die Akzente werden auch hier zunächst mit `\DeclareTextAccent` eingerichtet, wobei sich diese Befehle beim T1-Kodierattribut lediglich durch die zugehörige Belegungsnummer *z_num* von denjenigen für das OT1-Kodierattribut unterscheiden, z. B. mit

```
\DeclareTextAccent{\v}{T1}{6}
```

für den Háček-Akzent. Ohne Zusatzinformation würde nunmehr auch bei den dc-Zeichensätzen mit Eingabe `\v{e}` der Háček-Akzent über das anschließende 'e' geschoben. Die Zeichen č, ě, ň u. a. stehen innerhalb der dc-Zeichensätze neben vielen weiteren akzentuierten Buchstaben als eigene Zeichen zur Verfügung. Mit dem Interface-Befehl

`\DeclareTextComposite{`*akz_bef*`}{`*kode*`}{`*buchst*`}{`*z_num*`}`

wird LATEX darüber unterrichtet, dass bei der Eingabekombination *akz_bef*`{`*buchst*`}` das zugehörige Gesamtzeichen nicht aus dem Akzent und dem Grundbuchstaben *buchst* zu kombinieren ist, sondern unter Position *z_num* zur Verfügung steht und dort als eigenständiges Zeichen zu entnehmen ist.

Der in `\DeclareTextComposite` angegebene Befehlsname \akz_bef oder *sym_bef* muss jedoch vorab mit `\DeclareTextAccent` oder `\DeclareTextSymbol` explizit als Akzent- oder Symbolbefehl erklärt werden. Das Kodierfile `T1enc.def` enthält eine Vielzahl von `\DeclareTextComposite`-Befehlen, deren Bedeutung mit den hier gegebenen Hinweisen verständlich sein sollte.

Als letzten Zeichenerklärungsbefehl nenne ich hier noch

`\DeclareTextCompositeCommand{`*\zeich_bef*`}{`*kode*`}{`*buchs*`}{`*definition*`}`

als Verallgemeinerung von `\DeclareTextComposite`. Hiermit könnte ein komplexeres Zeichen durch den Ablauf von *definition* konstruiert werden. Mit

```
\DeclareTextCompositeCommand{\u}{OT1}{i}{\u{\i}}
```

erzeugt nun `\u{i}` ĭ, ohne dass das i-Pünktchen beim eigenen Befehlsaufruf zu entfernen ist. Standardmäßig hätte die Eingabe sonst `\u{\i}` lauten müssen. Auch bei diesem Erklärungsbefehl muss der übergebene Befehlsname *\zeich_bef* vorab mit einem der vorangehenden Einrichtungsbefehle erklärt worden sein.

2.4.6 Zeichensatz-Standardeinstellungen

Die mit den vorstehenden Interface-Befehlen eingerichteten Akzent-, Symbol- und Zeichenbefehle *akz_bef*, *sym_bef* und *zeich_bef* können nur aufgerufen werden, wenn das zugehörige Kodierattribut auch das aktive Kodierattribut ist. Das §-Zeichen entstammt z. B. der mathematischen Symbol-Zeichensatzgruppe `cmsy` und befindet sich dort an Position 120. In `OMSenc.def` wird es mit '`\DeclareTextSymbol{\textsection}{120}`' erklärt. In normalen Bearbeitungstexten wird vermutlich `OT1` als Kodierattribut aktiv sein. Dies würde zur Ausgabe von § eine lokale Umschaltung mit

```
{\fontencoding{OMS}\selectfont\textsection}
```

verlangen, was dem Normalanwender nicht zuzumuten ist. Noch mühevoller wäre der lokale Aufruf für den Verbindungsakzent `\t{`*oo*`}`, der den mathematischen Textzeichensätzen `cmmi` mit '`\DeclareTextAccent{\t}{OML}{127}`' entnommen wird. Aus einer normalen Textbearbeitung mit `OT1` müsste zur Ausgabe von o͡o eingegeben werden:

```
{\fontencoding{OML}\selectfont\t{\fontencoding{OT1}\selectfont oo}}
```

Wurde schon die Aktivierung eines Symbolbefehls aus einem anderen Kordierattribut als unzumutbar empfunden, so gilt dies erst recht für einen solchen Akzentbefehl. Außerdem weiß jeder LaTeX-Anwender, dass er ganz ohne Kenntnis der internen Abläufe das §-Zeichen bzw. den Verbindungsakzent einfach durch Eingabe von `\S` bzw. `\t{oo}` erzeugen kann. Dies jedoch ist eine Folge der internen Standardvorgaben mit:

`\DeclareTextSymbolDefault{`*\sym_bef*`}{`*kode*`}` bzw.
`\DeclareTextAccentDefault{`*\akz_bef*`}{`*kode*`}`

Wurden Symbol- und Akzentbefehle vorab mit `\DeclareTextSymbol` bzw. `\DeclareTextAccent` kodierspezifisch erklärt, dann können durch anschließende `\...Default`-Erklärungen diese Befehle aus jedem aktuellen Kodierattribut heraus angesprochen werden, ohne dass es einer lokalen Umschaltung durch den Anwender bedarf.

Der LaTeX-Kern enthält eine Vielzahl solcher Standardvorgaben, die dann ihrerseits auf die speziellen Definitionserklärungen für das zugehörige Kodierattribut zurückgreifen, ohne den Anwender hiermit zu belasten. Eine weitere Standardeinstellung kann mit

`\DeclareTextCommandDefault{`*\zeich_bef*`}{`*definition*`}` vorgegeben werden. Die hier vorgegebene Befehlsdefinition *definition* wird benutzt, wenn das aktuelle Kodierattribut den Befehl *zeich_bef* nicht eigenständig definiert. Dieser Standardeinstellbefehl existiert auch in der Form

`\ProvideTextCommandDefault{`*zeich_bef*`}{`*definition*`}`

Er bewirkt eine Standarddefinition für *zeich_bef*, falls eine solche nicht bereits mit `\DeclareTextCommandDefault` erklärt worden war. Gibt es eine solche, dann wird `\ProvideTextCommandDefault` ignoriert.

Eine weitere Standardvorgabe kann mit

`\DeclareFontEncodingDefaults{`*text_erkl*`}{`*math_erkl*`}`

vorgenommen werden. Die Bedeutung seiner Argumente *text_erkl* und *maht_erkl* entspricht den gleichnamigen Argumenten beim `\DeclareFontEncoding}`-Befehl aus dem vorangegangenen Unterabschnitt, nur dass sie nunmehr für *alle* Kodierattribute zur Anwendung kommen. Dahinter verbirgt sich die Absicht, die häufigsten oder wichtigsten Einstellerklärungen nur einmal vorzunehmen und Besonderheiten für die einzelnen Kodierattribute durch die mit `\DeclareFontEncoding` eingestellten speziellen Vorgaben bei deren Aktivierung temporär vorzunehmen.

Der Befehl `\DeclareFontEncodingDefaults` darf mehrfach auftreten, z. B. in verschiedenen Ergänzungspaketen. Dann gelten ab der Stelle eines wiederholten Aufrufs die neuen Erklärungslisten *text_erkl* und *math_erkl*. Bleibt eine dieser Listen leer, so wird die vorangegangene entsprechende Liste gelöscht. Mit der Angabe `\relax` für *xxx_erkl* bleibt dagegen die vorangegangene Erklärungsliste erhalten und ist damit weiterhin gültig.

Die Zuordnung zwischen den eingestellten Attributen und den sie realisierenden Zeichensätzen erfolgt mit den Zeichensatz-Definitionsfiles (`.fd`-Files), deren Inhalt in 2.4.4 vorgestellt wurde. Wird eine Attributkombination angefordert, für die kein sie erklärender `\DeclareFontShape`-Befehl im zugehörigen `.fd`-File existiert, so führt LaTeX eine Ersetzungsstrategie durch, bei der zunächst das angeforderte Formattribut durch ein bestimmtes Standardformattribut ersetzt wird. Ist das so geänderte Attributquartett *kode/familie/serie/form* definiert, d. h. existiert dafür ein `\DeclareFontShape`-Befehl im zugehörigen `.fd`-File, so wird das dort zugeordnete Zeichensatzfile verwendet. Anderenfalls wird das angeforderte Serienattribut durch ein Standardserienattribut ersetzt und die Suche wiederholt. Bleibt auch diese erfolglos, so wird schließlich das Familienattribut durch ein Standardfamilienattribut ersetzt.

Die Standardattribute, auf die bei dieser Suchstrategie zurückgegriffen wird, können mit dem Vorspannbefehl

`\DeclareFontSubstitution{`*std_kode*`}{`*std_fam*`}{`*std_serie*`}{`*std_form*`}`

auch vom Anwender oder mit einem speziellen Klassenfile oder Ergänzungspaket vorgegeben werden. Die Parameter *stc_xxx* bedürfen keiner weiteren Erläuterung. Die Vorgaben sind bezüglich des Kodierattributs lokal, da das Kodierattribut bei der beschriebenen Ersetzungsstrategie nicht ausgetauscht wird. Dies verlangt ggf. mehrere `\DeclareFontSubstitution`-Befehle, nämlich je einen für jedes erlaubte Kodierattribut. Der Ersetzungsbefehl bewirkt gleichzeitig, dass seine Attributvorgabe als die Standardschrift mit `\begin{document}` bereitsteht, so als wäre sie mit einem expliziten `\DeclareFontShape` im Vorspann erklärt worden. Bei mehreren Ersetzungsbefehlen ist das derjenige für das Kodierattribut `OT1` (Standard) oder `T1`, falls das Ergänzungspaket `t1enc.sty` zur Anwendung kommt.

Bleibt die vorstehende Attributersetzungsstrategie insgesamt erfolglos, z. B. weil die angeforderte Größe nicht mit den Standardattributen zu realisieren ist, dann kann mit der Vorspannerklärung

`\DeclareErrorFont{`*kode*`}{`*familie*`}{`*serie*`}{`*form*`}{`*größe*`}`

der abschließende Ersatz vorgegeben werden. Der LaTeX-Kern setzt hierfür standardmäßig `OT1/cmr/m/n/10` ein, was mit diesem Vorspannbefehl vom Anwender bei Bedarf geändert werden kann.

Die in diesem Gesamtabschnitt vorgestellten Interface-Befehle werden in der Mehrzahl der Fälle kaum aus der Anwenderebene durch Direktaufrufe zur Anwendung kommen. Sie sind überdies als Vorspannbefehle auf den Vorspann des LaTeX-Eingabefiles beschränkt. Ihre Kenntnis ist jedoch erforderlich, um die aus dem LaTeX-Kern stammenden Einstellvorgaben abändern zu können. Dies geschieht am besten in eigenen Klassenfiles oder Ergänzungspaketen, wofür später noch Beispiele folgen werden. Dieser Hinweis gilt gleichermaßen auch für den nächsten Unterabschnitt.

2.4.7 Mathematische Zeichensatz-Interface-Befehle

Die in einem umgebenden Textteil gewählte Schrift beeinflusst in LaTeX 2_ε nicht die Schriftauswahl innerhalb mathematischer Bearbeitungsmodi. Dort kann sie mit Schriftauswahlbefehlen der Form `\math`*xx*`{`*formel_text*`}` vom Anwender nach seinen Wünschen gewählt werden, wobei *xx* für `normal`, `cal`, `bf`, `it`, `rm`, `sf` oder `tt` steht.

Außerhalb mathematischer Bearbeitungsmodi kann mit einer mathematischen Versionsvorgabe der Form `\mathversion{`*vers_name*`}` eine mathematische Schriftversion eingestellt werden, die dann für alle nachfolgenden mathematischen Bearbeitungsmodi gilt, bis sie durch einen weiteren Versionsbefehl nochmals umgestellt wird. Für den Eintrag *verx_name* stehen standardmäßig `bold` und `normal` zur Verfügung.

Diese mathematischen Schriftumschaltbefehle wurden bereits in [5a, 5.5.4] vorgestellt und sind allen Anwendern mit etwas mathematischen Formatierungsaufgaben hinreichend geläufig. Erläuterungswiederholungen erspare ich mir und den Lesern.

Sollen die Bearbeitungseigenschaften für den mathematischen Formelsatz verändert oder TeX-fremde mathematische Zeichensätze verfügbar gemacht werden, so werden Anwenderaufrufe der mathematischen Interface-Befehle erforderlich. Die mit ihnen vorzunehmenden Einrichtungsvorgaben für den Formelsatz wird man, entsprechend der allgemeinen LaTeX-Philosophie, zweckmäßigerweise als eigenes Ergänzungspaket bereitstellen. Anwender ohne solche Forderungen mögen diesen Abschnitt überspringen.

Vorbemerkungen: Die in mathematischen Formeln auftretenden Zeichen können, etwas grob differenziert, in zwei Klassen aufgeteilt werden, zum einen in die reinen Buchstaben und Ziffern, die direkt über die Tastatur eingegeben werden, und zum anderen in die mathematischen Symbole, von denen die meisten unter einem Befehlsnamen einzugeben sind. Die in Formeln auftretenden Buchstaben und Ziffern entstammen den sog. mathematischen Alphabeten, Symbole den sog. Symbolsätzen. Die hier verwendeten Begriffe *Alphabet* und *Symbolsatz* sind nicht identisch mit dem allgemeineren Begriff *Zeichensatz*. So enthält die mathematische cm-Zeichensatzgruppe `cmsy` zwar vorrangig mathematische Symbole, mit den kalligraphischen Buchstaben aber auch ein mathematisches Alphabet. Die hier verwendeten Begriffe *Alphabet* und *Symbolsatz* stehen damit für Teilmengen aus realen Zeichensätzen.

Intern ordnet LATEX beim Formelsatz die Zeichen in acht interne Bearbeitungsklassen ein, denen die Klassennummern 0–7 oder äquivalente Klassenbefehle[6] zugeordnet sind.

Nr	*Kl-Befehl*	*Bedeutung*	*Beisp.*	*Nr*	*Kl-Befehl*	*Bedeutung*	*Beisp.*
0	`\mathord`	allgemein	/	4	`\mathopen`	linke Klammer	(
1	`\mathop`	Var. Symbole	`\int`	5	`\mathclose`	rechte Klammer	)
2	`\mathbin`	bin. Operator	+	6	`\mathpunct`	Satzzeichen	,
3	`\mathrel`	Beziehungsop.	<	7	`\mathalpha`	Variable	x

Weitere Erläuterungen, die vertiefte TEX-Kenntnisse voraussetzen, müssen hier entfallen. Die Auflistung erfolgt hier nur, weil der weiter unten vorgestellte Befehl `\DeclareMathSymbol` darauf zurückgreift. Für weitere Details verweise ich auf 5.3.3

Mathematische Versionen: Mathematische Versionen wie `normal` und `bold` werden durch den Vorspannbefehl

`\DeclareMathVersion{`*vers_name*`}`

erklärt. In LATEX werden die Standardversionen mit `\DeclareMathVersion{normal}` und `\DeclareMathVersion{bold}` bereits im LATEX-Kern eingerichtet. Sie entstehen dort durch die docstrip-Aufbereitung der dokumentierten Makrofiles `ltfssdcl.dtx` und `ltfssini.dtx`. Weitere Versionsnamen können bei Bedarf vom Anwender für eine anwenderspezifische Installation bereitgestellt werden. Anschließend können sie an beliebigen Stellen eines Eingabefiles mit `\mathversion{`*vers_name*`}` aktiviert werden.

Mathematische Alphabete: Mathematische Alphabete können mit

`\DeclareMathAlphabet{`*\alph_name*`}{`*code*`}{`*fam*`}{`*serie*`}{`*form*`}`

erklärt werden. Das mathematische Alphabet kann dann unter dem Namen *\alph_name* aktiviert werden, wobei zu einer Realisierung auf den Zeichensatz zurückgegriffen wird, der das angegebene Attributquartett erfüllt. Dieses Attributquartett wird gleichzeitig *allen* mathematischen Versionen bekannt gemacht, so dass das hiermit definierte mathematische Alphabet *\alph_name* in allen Versionen zum gleichen Ergebnis führt, falls nicht eine spezielle Zuordnung mit dem nachfolgend vorgestellten Befehl `\SetMathAlphabet` erfolgt.

Bleibt die Angabe für das Kodierattribut bzw. für das Familien-, Serien- und Formattribut leer, so wird das mit dem Namen *\alph_name* gekennzeichnete mathematische Alphabet in allen mathematischen Versionen zunächst als ungültig erklärt, bis es mit `\SetMathAlphabet` (s. u.) einer oder mehreren mathematischen Versionen bekannt gemacht wird.

In LATEX werden in `fontmath.ltx` mit diesem Befehl die mathematischen Alphabete

```
\DeclareMathAlphabet{\mathbf}{OT1}{cmr}{bx}{n}
\DeclareMathAlphabet{\mathsf}{OT1}{cmss}{m}{n}
\DeclareMathAlphabet{\mathit}{OT1}{cmr}{m}{it}
\DeclareMathAlphabet{\mathtt}{OT1}{cmtt}{m}{n}
```

erklärt, deren Nutzung bereits in [5a, 5.5.4] vorgestellt wurde.

[6]Um Leser mit TEX-Kenntnissen nicht zu Protesten zu veranlassen: Die den Bearbeitungsklassen 0–6 zugeordneten Klassenbefehle sind TEX-Grundbefehle. Der zusätzliche Befehl `\mathalpha` zur Klasse 7 wird mit LATEX bereitgestellt.

Soll ein mit \DeclareMathAlphabet unter dem Namen *alph_name* erklärtes Alphabet in verschiedenen mathematischen Versionen zu unterschiedlichen Schriften führen, so kann dies anschließend mit Befehlen der Form

\SetMathAlphabet{*alph_name*}{*version*}{*code*}{*fam*}{*serie*}*form*}

erreicht werden. Hiermit werden für das mathematische Alphabet *alph_name* mit der Angabe *version* versionsabhängige Attributquartette zugeordnet. In fontmath.ltx wird für LATEX standardmäßig

```
\SetMathAlphabet{\mathsf}{bold}{OT1}{cmss}{bx}{n}
\SetMathAlphabet{\mathit}{bold}{OT1}{cmti}{bx}{n}
```

gesetzt. Nachdem die mathematischen Alphabete \mathbf, \mathsf, \mathit und \mathtt mit der ersten Befehlsgruppe erklärt wurden, stehen sie zunächst für die mathematischen Standardversionen normal und bold mit den dortigen Attributquartetten zur Verfügung. Mit der zweiten Befehlsgruppe wird dann für die Version bold den Alphabeten \mathsf und \mathit das geänderte Serienattribut bx zugeordnet.

Damit erscheinen die Argumente der \mathsf- und \mathit-Befehle in Abhängigkeit von der gewählten mathematischen Version in normaler Stärke bzw. in Fettdruck. Das Argument von \mathbf erscheint in beiden Versionen in Fettdruck. Dies aber ist auch genau die Aufgabe von \mathbf. Sein Argument erscheint in der Version normal gegenüber dem Rest der Formel in Fettdruck, während in der Version bold die gesamte Formel in Fettdruck gestaltet wird, so dass \mathbf keine zusätzliche Abhebung bewirkt.[7] Das gleichartige Verhalten von \mathtt in beiden Versionen ist letztlich darin begründet, dass die cm-Schriften für die Familie cmtt keine unterschiedlichen Stärken kennen.

Die beiden hier vorgestellten Befehle prüfen bei ihren Aufrufen, ob der angegebene Alphabetname erlaubt ist. Für \DeclareMathAlphabet bedeutet dies, dass kein Befehl mit dem gleichen Namen existieren darf, während \SetMathAlphabet voraussetzt, dass der angegebene Alphabetname vorab mit \DeclareMathAlphabet erklärt und für zulässig befunden wurde. Beide Befehle setzen überdies voraus, dass das angegebene Kodierattribut zulässig ist, also für LATEX vorab mit dem Befehl \DeclareFontEncoding bekannt gemacht worden war. \SetMathAlphabet prüft zusätzlich noch, ob der angegebene Versionsname zulässig ist. Bei Nichterfüllung dieser Voraussetzungen generieren beide Befehle präzise und leicht verständliche Fehlermeldungen. Beide Befehle sind nur im Vorspann erlaubt.

Mathematische Symbolsätze: Mathematische Symbolsätze werden intern durch symbolische Namen gekennzeichnet. Diese Namen werden mit

\DeclareSymbolFont{*symb_satz_name*}{*code*}{*fam*}{*serie*}{*form*}

erklärt und mit einem Attributquartett verknüpft. Die so eingeführten Symbolsätze sind mit ihrem Attributquartett allen mathematischen Versionen, die mit \DeclareMathVersion eingerichtet wurden, bekannt und führen somit zunächst in allen Versionen zum gleichen Ergebnis.

LATEX kennt als Symbolsatznamen standardmäßig operators, letters, symbols und largesymbols, die in fontdef.dtx bzw. fontmath.ltx mit

[7] Bei Verwendung von Schriften mit mehr als zwei Stärken könnte man natürlich auch für das math. Alphabet \mathbf eine versionsabhängige Abstufung vornehmen, z. B. für die Version bold das Serienattribut mit ubex vorgeben. Die Einstellungen in fontdef.ltx berücksichtigen die mit den cm-Zeichensätzen zur Verfügung stehenden Möglichkeiten.

```
\DeclareSymbolFont{operators}{OT1}{cmr}{m}{n}
\DeclareSymbolFont{letters}{OML}{cmm}{m}{it}
\DeclareSymbolFont{symbols}{OMS}{cmsy}{m}{n}
\DeclareSymbolFont{largesymbols}{OMX}{cmex}{m}{n}
```

erklärt wurden. Der erste Symbolsatz `operators` wird zur Erzeugung von Funktionsnamen wie 'sin', 'inf' usw. benötigt. Er liefert aber auch die in mathematischen Formeln standardmäßig erscheinenden aufrechten griechischen Großbuchstaben. Mit dem zweiten Symbolsatz `letters` werden u. a. die mathematischen Variablen und griechischen Kleinbuchstaben bereitgestellt. Der dritte Symbolsatz `symbols` stellt die meisten speziellen mathematischen Symbole bereit, und Symbole, die in mehreren Größen benötigt werden, entstammen dem vierten Symbolsatz `largesymbols`.

Zusätzlich können einzelne Symbolsätze speziellen mathematischen Versionen mit der Erklärung

`\SetSymbolFont{`*symb_satz_name*`}{`*version*`}{`*code*`}{`*fam*`}{`*serie*`}{`*form*`}`

zugeordnet werden. Die Erläuterungen zum Wirkungsmechanismus der Erklärungspaare `\DeclareMathAlphabet` und `\SetMathAlphabet` können hier übernommen werden. In `fontmath.ltx` werden als Standard für LATEX gesetzt:

```
\SetSymbolFont{operators}{bold}{OT1}{cmr}{bx}{n}
\SetSymbolFont{letters}  {bold}{OT1}{cmm} {b}{n}
\SetSymbolFont{symbols}  {bold}{OT1}{cmsy}{b}{n}
```

Die Zeichen aus den Symbolsätzen `operators`, `letters` und `symbols` erscheinen damit bei der mathematischen Version `bold` in Fettdruck und bei der Version `normal` in normaler Stärke, während die Zeichen aus `largesymbols` in beiden Versionen unverändert bleiben.

Die Attributquartette für die vier Standardsymbolsätze aus LATEX lassen erkennen, dass ihre realisierenden Zeichensätze auch Buchstaben enthalten: die beiden ersten sogar in überwiegendem Maße und für `symbols` mindestens die kalligraphischen Buchstaben. Um diese als mathematische Alphabete bereitzustellen, braucht nicht auf zusätzliche `\DeclareMathAlphabet`-Erklärungen zurückgegriffen zu werden, sondern es können für einmal erklärte Symbolsätze darin enthaltene Alphabete mit der Erklärung

`\DeclareSymbolFontAlphabet{`*\alph_name*`}{`*symb_satz_name*`}`

effizienter eingerichtet werden. Standardmäßig geschieht dies in `fontmath.ltx` für LATEX als

```
\DeclareSymbolFontAlphabet{\mathrm}{operators}
\DeclareSymbolFontAlphabet{\mathnormal}{letters}
\DeclareSymbolFontAlphabet{\mathcal}{symbols}
```

Die hiermit erklärten mathematischen Alphabete berücksichtigen die mathematischen Versionen wie ihre Erzeugungsquellen, also wie die Symbolsätze. Das hier erklärte Alphabet `\mathnormal` entspricht in LATEX 2.09 der Schriftumschaltung in Formeln mit `\mit`.

Wie `\DeclareMathAlphabet` und `\SetMathAlphabet` führen auch die Erklärungsbefehle für Symbolsätze gewisse Zulässigkeitsprüfungen durch. Wie dort, muss das angegebene Kodierattribut bekannt, also vorab mit`\DeclareFontEncoding` erklärt worden sein und \SetSymbolFont verlangt für den angegebenen symbolischen Namen die Vorabeklärung mit \DeclareSymbolFont-Befehlen sowie die Existenz der zugeordneten Version. \DeclareMathAlphabet prüft die Zulässigkeit des gewählten Alphabetnamens und die Existenz des referierten Symbolsatzes. Bei Nichterfüllung einer dieser Voraussetzungen wird eine fehlerspezifische Bildschirmmeldung ausgegeben. Alle drei Befehle sind nur im Vorspann erlaubt.

Für Leser mit vertieften TEX-Kenntnissen sei hier vermerkt: Die \DeclareSymbolFont-Erklärungen reservieren (allokieren) in der Reihenfolge ihres Auftretens jeweils ein weiteres TEX-\fam-Register. Die Standardsymbolsätze sind damit den TEX-\fam-Registern 0–3 zugeordnet, wie dies bereits früher in plain.tex für die dort explizit genannten Zeichensätze der Fall war.

Mathematische Symbole: Nur wenige Symbole, die in mathematischen Formeln benötigt werden, können *direkt* über die Tastatur eingegeben werden. Die meisten verlangen die Eingabe mit einem symbolspezifischen LATEX-Befehlsnamen. Die Verknüpfung dieser Befehlsnamen sowie der Tastenzeichen mit dem zugeordneten Symbolsatz und der Position des angeforderten Zeichens innerhalb des realisierenden Zeichensatzes geschieht mit Befehlen der Form

\DeclareMathSymbol{*symbol*}{*kl_typ*}{*symb_satz_name*}{*position*}

Hierin steht *symbol* für das Tastenzeichen wie z. B. < oder für den Befehlsnamen wie \sum. Mit *kl_typ* ist die Klassennummer oder deren äquivalenter Klassenbefehl für die zugeordnete mathematische Bearbeitungsklasse vorzugeben (s. die Vorbemerkungen zu diesem Abschnitt auf S. 75). Die Symbolsatzangabe *symb_satz_name* bedarf keiner Erläuterung. Die Positionsangabe *pos* kann als dezimale, oktale oder hexadezimale Zahl erfolgen, wie z. B. 10, '12 oder "0A. Beispiele für diesen Zuordnungsbefehl findet man im LATEX-Paket in fontmath.ltx bzw. seinem Ausgangsfile fontdef.dtx. Der Leser möge sich einige der dortigen \DeclareMathSymbol-Erklärungen ansehen und mit den Belegungstabellen 6–8 aus [5a, C.6] vergleichen. Viele der dort eingerichteten mathematischen Symbolbefehle werden ihm bezüglich ihrer Anwendung für den Formelsatz vertraut sein. Soweit dort auf TEX-Notationen zurückgegriffen wird, kann 5.1.1 und 5.3.3 aus diesem Buch für eine Anfangserläuterung zu Rate gezogen werden. Dieser Hinweis gilt ganz besonders auch für die nachfolgenden mathematischen Symbolerklärungen.

Mathematische Klammerzeichen (s. [5a, 5.4.1]), die in variablen Größen, abhängig vom eingeschlossenen Formelteil, erscheinen sollen, können mit dem Befehl

\DeclareMathDelimiter{*klammer_bef_*}{*kl_typ*}{$symb\_satz\_name_1$}{pos_1}
{$symb\_satz\_name_2$}{pos_2}

unter dem Befehlsnamen *klammer_bef* definiert werden. Die Bedeutung der anderen Parameter ist die gleiche wie beim vorangegangenen \DeclareMathSymbol-Befehl. Der Index 1 bzw. 2 kennzeichnet den Symbolsatz und die Position für die kleine bzw. große Variante des variablen Klammersymbols. Genauer: Ist der Symbolsatz für den Index 1 symbols, dann wird das dortige Zeichen mit der Position pos_1 in Textformeln verwendet. Der Symbolsatz für den Index 2 ist dann fast immer largesymbols, dessen Zeichen aus der Position pos_2 in abgesetzten Formeln als erstes Zeichen geprüft und, falls geeignet, verwendet wird. Bei Symbolen, die im Symbolsatz largesymbols in mehreren Größen existieren, ist hier zunächst das kleinste zugehörige Klammersymbol anzugeben.

Das `.tfm`-File für den Symbolsatz `largesymbols` enthält an der Position pos_2 zunächst die Abmessungen für das jeweils kleinste Klammersymbol und gleichzeitig die Information darüber, an welcher Position sich das nächstgrößere Klammersymbol befindet usw. Erweist sich das erste Klammersymbol als zu klein für den eingeschlossenen Formeltext, so wird das nächstgrößere Zeichen geprüft und, falls geeignet, verwendet. Die Kette setzt sich fort, bis ein ausreichend großes Klammersymbol gefunden wird oder das `.tfm`-File den Hinweis enthält, dass das Klammersymbol aus mehreren Teilsymbolen zusammenzusetzen ist. Für weitere Details verweise ich auf [5b, 7.4.3] und dort insbesondere auf die Beschreibung von `charlist` und `extensible`.

Klammerzeichen bzw. Klammerbefehle entfalten ihre Größenvariation nur, wenn ihnen für den Formelsatz ein `\left` oder `\right` vorangesetzt wird. Ohne diesen Vorsatz stellen sie einfache mathematische Symbole dar, so als wären sie mit `\DeclareMathSymbol` für den Index 1 erklärt worden.

Zum vertieften Verständnis von `\DeclareMathDelimiter` empfehle ich auch hier dem Leser, einige seiner Aufrufe in `fontmath.ltx` oder `fontdef.dtx` in Augenschein zu nehmen und sie sich mit den vorangegangenen Hinweisen verständlich zu machen. Für die zugrunde liegenden TEX-Befehle `\delchar` und `\delimiter` kann 5.3.3 als Anfangserläuterung herangezogen werden.

Ein formal ähnlicher Befehl dient zur Bereitstellung des in der Größe variablen Wurzelsymbols mit

`\DeclareMathRadical{`*bef_name*`}{`*symb_satz_name*$_1$`}{`*pos*$_1$`}`
`{`*symb_satz_name*$_2$`}{`*pos*$_2$`}`

Dieser Befehl greift seinerseits auf den TEX-Grundbefehl `\radical` zurück. Die Hinweise zu den Indizes 1 und 2 beim vorangegangenen `\DeclareMathDelimiter` können hier weitgehend wiederholt werden. Auch der Hinweis zur Einsicht in `fontmath.ltx` soll nicht hier, sondern vom Leser wiederholt werden.

Als letzter Einrichtungsbefehl dieser Gruppe wird

`\DeclareMathAccent{`*akz_bef_name*`}{`*kl_typ*`}{`*symb_satz_name*`}{`*pos*`}`

vorgestellt. Er stellt Akzentbefehle unter den Namen *akz_bef_name* mit einem beliebigen Symbol als Argument bereit. Das Zeichen in der Position *pos* des den Symbolsatz *symb_satz_name* realisierenden Zeichensatzes wird als Akzent benutzt und über das angegebene Argument des Akzentbefehls *akz_bef_name* gesetzt. Der Befehl greift auf den TEX-Grundbefehl `\mathaccent` zurück.

Auch die Symbolerklärungsbefehle führen bei ihren Aufrufen eine Prüfung durch, ob der mit ihnen erklärte Befehlsname nicht schon anderweitig vergeben ist und ob die angeführten Symbolsätze vorab erklärt worden sind. Bei Verstößen gegen diese Voraussetzungen generieren sie eine präzise und leicht verständliche Fehlermeldung. Wie alle bisher vorgestellten mathematischen Erklärungsbefehle sind auch die Symbolerklärungsbefehle nur im Vorspann erlaubt.

Mathematische Schriftgrößen: Die in mathematischen Formeln auftretenden Schriften stehen üblicherweise in drei Größen bereit, die in Abhängigkeit von der zu formatierenden Teilformel automatisch gewählt werden. Der Zuordnungsmechanismus ist ausführlich in [5a, Abschn. 5.5.2] beschrieben, wobei dort gleichzeitig die expliziten Größenbefehle `\displaystyle` und `\textstyle` sowie `\scriptstyle` und `\scriptscriptstyle` vorgestellt werden. In LATEX können sie mit

\DeclareMathSize{*text_größe*}{*mt_größe*}{*s_größe*}{*ss_größe*}

absoluten Einstellwerten zugeordnet werden. Die vier Angaben für *xxx_größe* sind Zahlenangaben, die die Schriftgrößen in der Maßeinheit 'pt' festlegen. Der Parameter *mt_größe* bestimmt die Schriftgröße für \displaystyle und \textstyle, *s_größe* diejenige für \scriptstyle und schließlich *ss_größe* die Schriftgröße für \scriptscriptstyle. Diese Größen werden innerhalb mathematischer Bearbeitungsmodi gewählt, wenn die umgebende Textschrift, also für den aktuellen Bearbeitungsmodus außerhalb der mathematischen Modi, die aktuelle Schriftgröße *text_größe* ist.

Die Einstellwerte für *text_größe* und *mt_größe* sind üblicherweise identisch, zumindest bei Beschränkung der Schriften auf die cm- oder auf Kombinationen von cm- und dc-Schriften. Bei Verwendung von PostScript-Schriften als Textschriften lassen Letztere aber eine beliebige Größenabstufung zu, für die entsprechende Größenstufen bei den mathematischen Schriften nicht in gleichem Maße zur Verfügung stehen.[8] Als formales Beispiel für mathematische Größenvorgaben möge gelten:

\DeclareMathSize{9.5}{10}{7}{5}	für PS mit 10 pt cm-math Basis
\DeclareMathSize{12}{12}{8}{6}	für cm in Größe \large

Wird innerhalb des zu bearbeitenden Textes als umgebende Textschrift eine Größe gewählt, die nicht mit einem \DeclareMathSize-Befehl beim Parameter *text_größe* definiert wurde, so bestimmt LATEX die in mathematischen Bearbeitungsmodi zu wählenden Schriftgrößen aufgrund eines internen Algorithmus, was bei der LATEX-Bearbeitung evtl. zu einigen Warnmeldungen führt.

2.4.8 Nutzung von LATEX-Kern-Strukturen

Der LATEX-Kern enthält eine Vielzahl interner Makrodefinitionen, Registerreservierungen, Abfrage- und Verzweigungsbefehle, die in anwendereigenen Ergänzungspaketen, Klassen- und Optionsfiles genutzt werden können. Einige solcher Strukturen, die vorrangig zur Nutzung in Ergänzungspaketen, Klassen- und Optionsfiles gedacht sind, werden hier vorgestellt.

Zahl- und Maßkonstanten: Der LATEX-Kern stellt eine Reihe von Zahlen- und Maßkonstanten unter eigenen Befehlsnamen bereit:

Befehl	Wert	Befehl	Wert	Befehl	Wert	Befehl	Wert
\z@	0	\thr@@	3	\@cclvi	256	\@Mii	10002
\@ne	1	\sixt@@n	16	\@m	1000	\@Miii	10003
\m@ne	−1	\@xxxii	32	\@M	10000	\@Miv	10004
\tw@	2	\@cclv	255	\@Mi	10001	\@MM	20000

Unter dem Befehlsaufruf \p@ wird das Maß 1 pt zurückgeliefert. Mit einer vorangestellten Zahl n als n\p@ wird das entsprechend Vielfache ausgegeben, z. B 2.5 pt durch 2.5\p@. Die als Konstante bezeichnete Größe \z@ kann gleichzeitig zur Zuweisung eines Nullmaßes 0 pt an Stellen genutzt werden, wo eine Maßangabe erforderlich ist. Mit \z@skip wird das

[8] Mit METAFONT könnten alle mathematischen cm-Zeichensätze natürlich ebenfalls in allen erforderlichen Größen durch geeignete Skalierungen bereitgestellt werden. Dagegen spricht einerseits der erforderliche Plattenspeicherbedarf, andererseits die Zeichensatzqualität, da die cm-Zeichensätze in skalierten Größen ihre Originalqualität vermindern.

elastische Nullmaß `0pt plus0pt minus 0pt` ausgegeben und `\@flushglue` erzeugt `0pt plus 1fil`, also ein elastisches Maß mit dem Sollwert 0 pt, das beliebig gedehnt werden kann.

Temporäre Register und Schalter: In vielen Makrodefinitionen werden häufig temporäre Speicher für verschiedene Zwischenspeicherungen benötigt. Der LaTeX-Kern stellt solche mit

`\@tempcnta`	`\@tempcntb`		für Zähler
`\@tempdima`	`\@tempdimb`	`\@tempdimc`	für feste Maße
`\@tempskipa`	`\@tempskipb`		für elast. Maße
`\@tempboxa`			für Boxen
`\@temptokena`			für Tokenketten

bereit. Werden in eigenen Ergänzungspaketen temporäre Speicher benötigt, dann sollte auf diese Angebote zurückgegriffen werden. Die Neureservierung mit `\new`*reg* birgt die Gefahr, dass in Kombination mit weiteren Ergänzungspaketen die verfügbaren TeX-Kapazitäten überschritten werden. Als temporäre Schalterabfrage stellt der LaTeX-Kern noch

`\if@tempswa` *wenn_zweig* `\else` *sonst_zweig*`}` `\fi`

bereit, deren zugehöriger Schalter `\@tmpswa` standardmäßig mit `\@tempswatrue` eingestellt ist. Mit dem Aufruf `\@tempswafalse` wird er auf *falsch* gesetzt, was dann zur Ausführung von *sonst_zweig* führt.

Weitere nützliche Abfragebefehle: Mit

`\@ifundefined{`*bef_name*`}{`*undef_zweig*`}{`*def_zweig*`}`

kann geprüft werden, ob ein Befehl mit dem Namen *bef_name* existiert. Ist das der Fall, dann wird *def_zweig* ausgeführt, anderenfalls *undef_zweig*. Einer der beiden Zweige darf auch leer sein, was durch ein entsprechendes leeres `{}`-Paar bewirkt wird. Weitere Abfragebefehle ähnlicher Form sind:

`\@ifdefinable` *bef_name* *{ja_zweig}*
`\@ifnextchar` x *{ja_zweig}*`{`*nein_zweig*`}`
`\@ifstar`*{ja_zweig}*`{`*nein_zweig*`}`

Der erste Abfragebefehl `\@ifdefinable` prüft, ob aus dem Makropaket heraus der Befehl *bef_name* definiert werden darf, und führt, falls dies der Fall ist, *ja_zweig* aus. Kommt die Prüfung zum gegenteiligen Ergebnis, so erfolgt eine entsprechende Fehlermeldung. Ein Befehl *bef_name* gilt als definierbar, wenn

1. er noch nicht oder nur in der Bedeutung von `\relax` existiert,
2. der Befehlsname *bef_name* nicht mit `\end` beginnt und
3. kein Befehl mit dem Namen `\end`*_bef_name* existiert.

Ist eine dieser drei Bedingungen verletzt, so gilt \bef_name als nicht definierbar.

Der nächste Abfragebefehl `\@ifnextchar` prüft, ob das erste Zeichen des auf diesen Befehl folgenden Textes ein x ist, wobei für x jedes Zeichen eingesetzt werden darf. Eventuelle Leerzeichen, die auf diesen Aufruf folgen, werden dabei übersprungen. Ist das erste nachfolgende Zeichen ein x, dann wird der *ja_zweig* ausgeführt, anderenfalls der *nein_zweig*.

Der letzte Abfragebefehl `\@ifstar` prüft, ob das nächste auf diesen Befehl folgende Zeichen ein '*' ist. Ist dies der Fall, so wird das *-Zeichen übersprungen und der *ja_zweig* ausgeführt, anderenfalls der *nein_zweig*. Auch hierbei werden evtl. anfängliche Leerzeichen übersprungen.

Schließlich stellt der LATEX-Kern als weiteren Abfragebefehl

```
\if@compatibility
```

bereit, der in Klassenfiles zur Sicherung der LATEX 2.09-Kompatibilität genutzt werden kann. Der zugehörige Schalter `\@compatibility` enthält den logischen Wert *wahr*, wenn im LATEX-Bearbeitungsfile der Öffnungsbefehl `\documentstyle` verwendet wird. Im Klassenfile kann man dann im zugehörigen *wahr_zweig* die Definitionen einbringen, die zur Sicherung der 2.09-Kompatibilität aus LATEX 2_ε heraus erforderlich werden. Tritt im Bearbeitungsfile dagegen der Öffnungsbefehl `\documentclass` auf, so steht der Schalter `\@compatibility` auf *falsch* und kann zu entsprechenden Aktionen im *sonst_zweig* führen.

Weitere Definitionsbefehle: Beliebige Befehlsnamen können mit dem Befehl

`\@namedef{`*name*`}` eingerichtet und mit
`\@nameuse{`*name*`}`

aufgerufen werden. Die hiermit eingerichteten Befehlsnamen dürfen beliebige Zeichen enthalten. `\@namedef{?-xy*}` definiert einen Befehl mit dem seltsamen Namen `\?-sy*`, und `\@nameuse{?-xy*}` bringt ihn zur Ausführung. Auf `\@namedef{`*name*`}` folgen dann die weiteren Definitionsstrukturen für eine Makrodefinition in der Form:

`\@namedef{`*name*`}` [*param_text*] {*ersetzungs_text*}

in der gleichen Weise, wie dies sonst bei dem TEX-Befehl `\def` geschieht.

Weitere nützliche Makros aus dem LATEX-Kern: Die Abfrage `\@ifnextchar` erfolgt recht häufig für eine nachfolgende eckige Klammer `[`, z. B. um zu überprüfen, ob ein Befehlsaufruf mit einem optionalen Argument erfolgt. Das Makro `\@testopt` ist als

```
\def\@testopt#1#2{\@ifnextchar[{#1}{#1[#2]}}
```

definiert. Es führt diese Prüfung aus und übergibt im *ja_zweig* das optionale Argument und im *nein_zweig* das erste Argument als zwingendes und als zweites Argument die Standardaktion.

`\@gobble{`*arg*`}` `\@gobbletwo{`*arg_1*`}{`*arg_2*`}`
`\@gobblefour{`*arg_1*`}{`*arg_2*`}{`*arg_3*`}{`*arg_4*`}`

können genutzt werden, um bei einem Makroaufruf das erste, die beiden ersten oder die vier ersten Argumente zu überspringen.

`\@firstofone{`*arg*`}`
`\@firstoftwo{`*arg_1*`}{`*arg_2*`}` `\@secondoftwo{`*arg_1*`}{`*arg_2*`}`

liefern im ersten Fall das übergebene Argument eines Befehls mit einem Parameter zurück. Die beiden anderen Makros sind für Befehlsaufrufe von Befehlen mit zwei Parametern gedacht und liefern mit `\@firstoftwo` das erste und mit `\@secondoftwo` das zweite der übergebenen Argumente zurück.

Schließlich stehen `\@height`, `\@depth`, ..., `\@minus` mit den Definitionen

```
\def\@height{height}   \def\@depth{depth}   \def\@width{width}
\def\@plus{plus}       \def\@minus{minus}
```

nur für die Wörter `height`, `depth`, `width`, `plus` und `minus`, die durch die Aufrufe der entsprechenden `\@`*wort*-Makros ausgegeben werden. Dies mag der Leser zunächst als unrationell empfinden, da die Tastatureingabe von `heigth` sogar kürzer ist als die von `\@height`. Die Verwendung dieser Makros in anderen Makrodefinitionen spart jedoch Speicherplatz, da sie intern lediglich den Speicherplatz für einen Befehlstoken statt der sonst vier, fünf oder gar sechs Zeichentoken belegen. Von gleichem Nutzen ist deshalb auch das Makro `\hb@xt@` mit der Definition

```
\def\hb@xt@{\hbox to}
```

das zu Speicherersparnis bei der Einrichtung horizontaler TEX-Boxen führt. Die Makros `\@empty` und `\@spaces` stehen mit

`\def\@empty{}` für ein leeres Makro bzw. mit
`\def\@spaces{\space\space\space\space}`

zur Ausgabe von vier Leerstellen zur Verfügung. Als letztes internes Makro nenne ich noch

`\@settopoint{`*maß*`}`

mit dem ein übergebenes festes oder elastisches Maß so gerundet wird, dass seine Zahlenwerte für die Maßeinheit 'pt' ganzzahlig werden. Für *maß* kann eine Maßangabe oder ein Maßbefehl stehen.

Zahlenkonstanten zur Nutzung in Größenoptionsfiles: Die Größenoptionen eines Klassenfiles werden häufig durch eigene Größenoptionsfiles wie `bk10.clo`, `bk11.clo`, `size12.clo` u. a. realisiert. Diese verlangen vielfältige Größeneingaben zur Realisierung der zugehörigen Zeichensatzgrößen. Hierfür können die Makros `\@vpt`, ..., `\@xxvpt` genutzt werden, die ich hier mit ihrer Definition wiedergebe:

```
\def\@vpt{5}         \def\@vipt{6}        \def\@viipt{7}
\def\@viiipt{8}      \def\@ixpt{9}        \def\@xpt{10}
\def\@xipt{10.95}    \def\@xiipt{12}      \def\@xivpt{14.4}
\def\@xviipt{17.28}  \def\@xxpt{20.74}    \def\@xxvpt{24.88}
```

Die vorgestellten internen Befehle stellen nur eine kleine Auswahl der im LATEX-Kern definierten Makros dar. Die Auswahl erfolgte unter dem Gesichtspunkt einer evtl. Nutzung von internen Befehlen in eigenen Klassenfiles oder Ergänzungspaketen. Eine solche Nutzung sollte mit Zurückhaltung erfolgen, da bei Realisierungsmöglichkeiten durch LATEX-Standardstrukturen oder Interface-Befehle diese bevorzugt verwendet werden sollten.

Es kann nicht sichergestellt werden, dass bei späteren Überarbeitungen des LATEX-Kerns alle internen Befehle in der vorgestellten Form zur Verfügung stehen, was dagegen für die LATEX-Strukturen auf der Anwenderebene sowie für die Interface-Befehle von der Betreuergruppe garantiert wird. Die Vorstellung der internen Befehle erfolgte hier mehr mit der Absicht, sie für die Interpretation von Makrostrukturen aus dem Standardpaket verständlich zu machen.

2.5 Zur Struktur von Klassenfiles und Ergänzungspaketen

Jedes Klassenfile und Ergänzungspaket sollte grundsätzlich folgendermaßen gegliedert sein:

1. Identifikationsteil
2. Initialisierungsteil
3. Options-Erklärungsteil
4. Options-Ausführungsteil
5. Laden von Zusatzfiles
6. Hauptteil

Diese fünf Teile (1–5) bezeichne ich auch als *Vorspann* der Klassenfiles und Ergänzungspakete, da sie im Vergleich zum Hauptteil formale Änlichkeiten zum Vorspann und Hauptteil eines normalen LaTeX-Bearbeitungsfiles haben.

wobei einige dieser Teile auch leer sein dürfen. Zur Erstellung dieser Teile stellt LaTeX 2_ε einige nützliche Interface-Befehle zur Verfügung.

2.5.1 Identifikationsteil

Jedes Klassenfile und Ergänzungspaket sollte sich selbst identifizieren und dies mittels einer Bildschirmmitteilung und Protokollablage kenntlich machen. Außerdem sollte es die erforderliche LaTeX-Formatversion mitteilen. Dies geschieht am einfachsten mit den Interface-Befehlen:

```
\NeedsTeXFormat{format}[datum]
\ProvidesClass{klassen_name}[vers_info]
\ProvidesPackage{paket_name}[vers_info]
\ProvidesFile{file_name}[vers_info]
```

Der erste Befehl kommt sowohl in Klassenfiles als auch in Ergänzungspaketen zur Anwendung. Für sein erstes zwingendes Argument *format* kommt als Eintrag eigentlich nur `LaTeX2e` in Betracht. Das zweite optionale Argument *datum* kann eine Datumsangabe der Form *jahr/monat/tag* sein. Kommt es zur Anwendung, dann wird ein LaTeX-Formatfile verlangt, das nicht älter als das angegebene Datum ist. Gibt es ein solches nicht, so führt das zu einer entsprechenden Bildschirmwarnung mit gleichzeitiger Protokolleintragung.

Die drei anderen Identifikationsbefehle kommen alternativ für Klassenfiles, Ergänzungspakete und sonstige Makrofiles zur Anwendung. Ihr erstes zwingendes Argument ist mit *klassen_name*, *paket_name* bzw. *file_name* selbsterklärend. Für *klassen_name* und *paket_name* ist nur der jeweilige Grundname anzugeben. Die zugehörigen `\Provide`*Xyz*-Befehle ergänzen ihn selbständig mit dem erforderlichen Anhang `.cls` bzw. `.sty`. Für *file_name* ist dagegen der vollständige Name, einschließlich seines Anhangs, anzugeben.

Das gleichartige optionale Argument *vers_info* bei diesen Identifikationsbefehlen steht für *Versionsinformation*. Es besteht gewöhnlich ebenfalls aus einer Datumsangabe in der Form *jahr/monat/tag*, gefolgt von einer kurzen Herkunftsbeschreibung. Die Klassenfiles und Ergänzungspakete aus dem LaTeX-Installationspaket enthalten hier Einträge wie

```
[1995/12/20 v1.3q Standard LaTeX document class]
```
oder
```
[1995/04/25 v1.0k Standard LaTeX ifthen package]
```

Ein hier eventuell eingegebenes Datum wird zur Überprüfung herangezogen, wenn der `\documentclass`- oder der entsprechende `\usepackage`-Befehl im Eingabefile des Anwenders den optionalen Eintrag für ein angefordertes Versionsdatum enthält.

Der Identifikationsteil darf in einem Klassenfile oder Ergänzungspaket entfallen. Ich rate aber davon ab, da die Nutzung der hier vorgestellten Interface-Befehle eine spätere Pflege des Makropakets erleichtert.

2.5.2 Initialisierungsteil

Klassenfiles und Ergänzungsbefehle enthalten häufig Reservierungsanforderungen mit `\newcounter`, `\newlength`, `\newboolean` (oder sein TeX-Äquivalent `\newif`) u. ä. In einem Klassenfile oder Ergänzungspaket sollten solche Reservierungsanforderungen als Nächstes folgen, die dann den sog. Initialisierungsteil bilden. Die erforderlichen Reservierungsanforderungen können durch die entsprechenden TeX-Befehle wie

```
\newcount  \newdimen  \newskip  \newbox  \newif  \newtoks  u.a.
```

realisiert werden. Soweit LaTeX entsprechende Reservierungsbefehle bereitstellt, z. B. mit `\newcounter`, `\newlength`, `\newboolean`, sollten die LaTeX-Befehle bevorzugt werden. Sie führen gegenüber den äquivalenten TeX-Befehlen (`\newcount`, `\newskip` und `\newif`) gleichzeitig eine Verträglichkeitsprüfung durch und sind deshalb gegen ungewollte Nebenwirkungen sicherer.

Gelegentlich muss im Initialisierungsteil auch ein externes Makropaket eingelesen werden. Soll z. B. der Reservierungsbefehl `\newboolean` zur Anwendung kommen, dann verlangt dies vorab das Einlesen von `ifthen.sty`, da der Einrichtungsbefehl `\newboolean` dort definiert und damit bereitgestellt wird. Dazu können die gleichen File-Eingabebefehle genutzt werden, die weiter unten in 2.5.5 (Laden von Zusatzfiles) vorgestellt werden.

Entfallen Reservierungsanforderungen in einem Klassenfile oder Ergänzungspaket, dann kann oft auch der Initialisierungsteil in diesem Makropaket entfallen, d. h. er bleibt dann leer.

2.5.3 Options-Erklärungsteil

Ergänzungspakete und ganz besonders Klassenfiles erlauben in den zugehörigen Anforderungsbefehlen `\usepackage` und `\documentclass` das Ansprechen von Optionen. Die erlaubten Optionen für Ergänzungspakete müssen im zugehörigen Ergänzungspaket *erklärt* werden. Der `\documentclass`-Befehl erlaubt beliebige Optionsangaben. Sind solche nicht im Klassenfile erklärt, so werden sie als globale Optionen zunächst allen weiteren Ergänzungspaketen angeboten. Enthält der `\documentclass`-Befehl Optionsangaben, die im zugehörigen Klassenfile erklärt wurden, so bewirken sie dort die vorgesehenen Modifikationen.

Optionen können in Klassenfiles und Ergänzungspaketen ganz einfach mit dem Interface-Befehl

`\DeclareOption{`*option*`}{`*real_kode*`}`

erklärt werden, wobei für *real_kode* der Realisierungskode anzugeben ist, der für die hiermit erklärte Option *option* ausgeführt werden soll. Die Standardklassenfiles erlauben z. B. die Angabe einer Papierformatoption. Diese wird dort mit Erklärungen wie

```
\DeclareOption{a4paper}{\setlength{\paperheight}{297mm}%
                        \setlength{\paperwidth}{210mm}}
```

eingerichtet. Für *real_kode* können beliebig umfangreiche LATEX- und TEX-Befehlsstrukturen stehen. Sind solche Optionskonstrukte gleichartig in mehreren Klassenfiles oder Ergänzungspaketen einzurichten, dann kann man sie auch in einem eigenen Makrofile ablegen und die zugehörige Option *com_opt* mit

`\DeclareOption{`*com_opt*`}{\input{`*macro_file*`}}`

erklären. Die Standardklassenfiles machen hiervon z. B. für die Optionen `fleqn` und `leqno` Gebrauch:

```
\DeclareOption{fleqn}{\input{fleqn.clo}}
```

Der Realisierungskode ist häufig jedoch nur ganz kurz. Oft besteht er nur aus dem Setzen einer Schaltervariablen auf *wahr* oder *falsch*. Die Standardklassenfiles erklären einige Alternativoptionen wie `onecolumn` | `twocolumn` u. a. einfach mit:

```
\DeclareOption{onecolumn}{\@twocolumnfalse}
\DeclareOption{twocolumn}{\@twocolumntrue}
```

und entsprechend für die anderen alternativen Optionspaare.

Erfolgt der Aufruf eines Ergänzungspakets mit einer Option, die dort nicht erklärt ist, so führt dies standardmäßig zu einer entsprechenden Fehlermeldung. Dieses Verhalten kann jedoch durch das Ergänzungspaket selbst modifiziert werden. Die Erklärung

`\DeclareOption*{`*alt_kode*`}`

bewirkt, dass beim Aufruf eines Ergänzungspakets mit einer unbekannten Option der hier angegebene alternative Ausführungskode *alt_kode* zur Anwendung kommt. Innerhalb von *alt_kode* stehen ergänzend zwei spezielle Interface-Befehle zur Verfügung:

`\CurrentOption` enthält den Namen der gerade abzuarbeitenden Option aus dem aktuellen `\usepackage`-Befehl. Enthält dieser eine ganze Liste von Optionen, so übergibt `\CurrentOption` nacheinander deren Namen bei der jeweiligen Abarbeitung (s. u.).

`\OptionNotUsed` bewirkt, dass die Optionen aus `\CurrentOption` unbehandelt bleiben.

Beispiel:

```
\DeclareOption*{\InputIfFileExists{\CurrentOption.sty}%
                  {}{\OptionNotUsed}}
```

prüft bei der Ausführung dann, ob ein File mit dem Grundnamen der jeweiligen Option und dem Anhang `.sty` existiert. Ist das der Fall, so wird es eingelesen. Existiert ein solches File nicht, dann bleibt die angeforderte Option unbehandelt. Dies geschieht nacheinander für alle unbekannten Optionen aus der Optionsliste des zugehörigen `\usepackage`-Befehls.

Im LATEX-Kern wurde `\DeclareOption*{\@unknownoptionerror}` voreingestellt, was das standardmäßige Anzeigen einer Fehlermeldung für unbekannte Optionsangaben beim Aufruf von Ergänzungspaketen bewirkt. Mit der Erklärung `\DeclareOption*{}` wird das Gegenteil erreicht: Jede Optionsangabe wird akzeptiert, wobei unbekannte, also nicht explizit erklärte Optionen leer und damit wirkungslos bleiben.

Häufig besteht in einem Ergänzungspaket oder einem Klassenfile die Absicht, erklärte oder unbekannte Optionen an ein anderes Ergänzungspaket oder Klassenfile weiterzureichen. Dies kann mit den Interface-Befehlen

\PassOptionsToPakage{*opt_liste*}{*paket_name*}
\PassOptionsToClass{*opt_liste*}{*klassen_name*}

erreicht werden. Die mit *opt_liste* übergebene Optionsliste wird an das Ergänzungspaket *paket_name* oder an das Klassenfile *klassen_name* weitergereicht. In dieser Form eines Direktaufrufs kommen sie bevorzugt in dem mit '5. Laden von Zusatzfiles' beschriebenen Teil zur Anwendung. Im hier behandelten Options-Erklärungsteil werden sie als Teilargument von `\DeclareOption` oder `\DeclareOption*` verwendet:

\DeclareOption{*opt_a*}{
    \PassOptionsToPackage{*opt_a*}{*paket_x*}
    \PassOptionsToPacakge{*opt_a,opt_b*}{*paket_y*}
    ⟨*Ausführungskode für opt_a*⟩}

Die hiermit erklärte Option *opt_a* wird bei ihrer Ausführung zunächst an die Ergänzungspakete *paket_x* und *paket_y* weitergereicht, wobei an das Letztere zusätzlich noch die an anderer Stelle erklärte Option *opt_b* übergeben wird. Für das aktuelle Ergänzungspaket bewirkt die Option *opt_a* die Bereitstellung des in der vierten Zeile angegebenen Ausführungskodes.

\DeclareOption*{\PassOptionsToPackage{\CurrentOption}{*paket_z*}}

reicht alle für das aktuelle Ergänzungspaket unbekannten Optionen an das Ergänzungspaket *paket_z* weiter.

2.5.4 Options-Ausführungsteil

Die im Options-Erklärungsteil bereitgestellten Optionen eines Klassenfiles oder Ergänzungspakets enthalten den Realisierungskode für die erklärten Optionen und ggf. den alternativen Ausführungskode für unbekannte Optionen des Ergänzungspakets. Diese kommen mit den Erklärungsbefehlen noch nicht zur Ausführung. Hierfür stehen drei Interface-Befehle zur Verfügung, nämlich einmal:

\ExecuteOptions{*opt_liste*}

Hiermit können innerhalb des Klassenfiles oder Ergänzungspakets selbst die zugehörigen Realisierungskodes für die in der Optionsliste *opt_liste* angegebenen Optionen zur Ausführung gebracht werden. Von dieser Möglichkeit machen die Klassenfiles oder Ergänzungspakete dann Gebrauch, wenn bestimmte Optionen standardmäßig voreingestellt werden sollen, d. h. auch dann wirksam sein sollen, wenn im anfordernden `\documentclass`- oder `\usepackage`-Befehl keine entsprechende Optionseinstellung erfolgt. Das Standardklassenfile `article.cls` enthält hierfür z. B.:

```
\ExecuteOptions{letterpaper,10pt,oneside,onecolumn,final}
```

womit innerhalb des Klassenfiles `article.cls` der zugehörige Realisierungskode für die angeführten Optionen zur Ausführung kommt.

Ansonsten soll der jeweilige Realisierungs- oder Alternativkode zur Ausführung kommen, der durch die Optionsliste des `\documentclass`- oder `\usepackage`-Befehls angefordert wird. Dies geschieht mit dem Interface-Befehl

`\ProcessOptions` oder `\ProcessOptions*`

In einem Klassenfile bewirkt dieser Befehl, dass alle erklärten Optionen dieses Klassenfiles zur Ausführung kommen, die in der Optionsliste des `\documentclass`-Befehls angegeben werden. Die Reihenfolge der Optionsausführungen erfolgt für die Standardform, also mit `\ProcessOptions`, in der Abfolge, wie sie durch die Reihenfolge der `\DeclareOption`-Befehle im Klassenfile vorgegeben ist. Die Reihenfolge der Optionsangaben in der Optionsliste des `\documentclass`-Befehls bleibt damit wirkungslos. Sie kommt umgekehrt genau dann zur Anwendung, wenn der Ausführungsbefehl in der *-Form, also mit `\ProcessOptions*`, erfolgt.

Beide Befehlsformen reichen dann alle nicht im Klassenfile erklärten, aber in der Optionsliste angeführten Optionen an die nachfolgenden `\usepackage`-Befehle weiter. Innerhalb eines Ergänzungspakets bewirken die dortigen Ausführungsbefehle `\ProcessOptions` und `\ProcessOptions*` dann die Ausführung der aus dem Dokumentklassenbefehl übernommenen globalen Optionen sowie der aus dem `\usepackage`-Befehl stammenden lokalen Optionen, wobei in beiden Fällen nur solche Optionen berücksichtigt werden, die im Ergänzungspaket erklärt sind.

Pür nicht erklärte globale Optionen eines Ergänzungspakets bleiben solche dort wirkungslos oder führen zum Alternativkode bei einem evtl. `\DeclarePackage*`-Befehl. Nicht erklärte lokale Optionen führen zu einer Fehlermeldung, falls das Ergänzungspaket für diesen Fall nicht mit `\DeclareOptions*{`*alt_kode*`}` einen Alternativkode bereitstellt.

Bezüglich der Reihenfolge der Optionsausführungen gilt das Gleiche wie für Klassenfiles dargestellt: Die Standardform `\ProcessOptions` führt zur Ausführung des jeweiligen Realisierungskodes in der Reihenfolge, wie sie durch die Anordnung der `\DeclareOption`-Befehle festgelegt ist. Mit der Sternform `\ProcessOptions*` erfolgt die Reihenfolge der Optionausführungen durch ihren Realisierungskode dagegen in der Anordnung, in der sie in der Optionsliste für `\documentclass` und anschließend für `\usepackage` auftreten.

Um mir die beschriebenen Ablaufvorgänge sowie die Wirkung von `\CurrentOption` selbst klar zu machen, habe ich mir ein kleines Ergänzungspaket `testpack.sty` erstellt:

```
\NeedsTeXFormat{LaTeX2e}
\ProvidesPackage{testpack}[1996/03/08]
\DeclareOption{a}{\typeout{Erklaerte Option a}}
\DeclareOption{b}{\typeout{Erklaerte Option b}}
\DeclareOption{z}{\typeout{Globale Option z}}
\DeclareOption{c}{\typeout{Erklaerte Option c}}
\DeclareOption{x}{\typeout{Standard-Option x}}
\DeclareOption*{\typeout{unbek. Option = \CurrentOption}}
\ExecuteOptions{x}
\ProcessOptions
```

wobei die Standardform beim letzten Befehl für einen zweiten Nutzungsaufruf durch die Sternform `\ProcessOptions*` ersetzt wurde. Als Bearbeitungsfile für den LaTeX-Aufruf habe ich `test.tex` mit dem Inhalt

```
\documentclass[z]{article}
\usepackage[c,b,a,o,p,q]{testpack}
\begin{document}    \end{document}
```

benutzt. Auf dem Bildschirm erschienen dann nacheinander:

mit \ProcessOptions	mit \ProcessOptions*
Standard-Option x	Standard-Option x
Erklaerte Option a	Globale Option z
Erklaerte Option b	Erklaerte Option c
Globale Option z	Erklaerte Option b
Erklaerte Option c	Erklaerte Option a
unbek. Option = o	unbek. Option = o
unbek. Option = p	unbek. Option = p
unbek. Option = q	unbek. Option = q

Das hier benutzte Ergänzungspaket `testpack.sty` hätte natürlich keinerlei Einfluss auf die Bearbeitung eines eventuellen Textteiles des Bearbeitungsfiles. Es demonstriert jedoch mit seinen Bildschirm-Ausgabebefehlen die logische Wirkung und die Ablauffolge der Options-Erklärungs- und Options-Ausführungsbefehle `\DeclareOption`, `\DeclareOption*`, `\ExecuteOption` und `\ProcessOptions` im ersten und `\ProcessOptions*` im zweiten Bearbeitungslauf.

Die erste Ausgabe lautet in beiden Fällen `Standard-Option x`. Dies ist die Folge des Ausführungsbefehls `\ExecuteOptions{z}`, der im Ergänzungspaket dem Ausführungsbefehl `\ProcessOptions` vorangeht. Dies ist im übrigen eine zwingende Syntaxforderung für den Options-Ausführungsteil. Der `\ExecuteOptions`-Befehl darf dort mehrfach auftreten. Als letzter Befehl des Ausführungsteils muss dann `\ProcessOptions` genau einmal auftreten, und zwar entweder in der Standard- oder in der *-Form. Mehrfache `\ProcessOptions`-Befehle sind nicht erlaubt. Mit diesem Befehl endet gleichzeitig der Options-Ausführungsteil.

Die nächsten vier Ausgabezeilen des kleinen Testlaufs demonstrieren die unterschiedliche Wirkung von `\ProcessOptions` und `\ProcessOptions*` bezüglich der Eingaben `\documentclass[z]{article}` und `\usepackage[c,b,a,...]{testpack}`. Die letzten drei Ausgabezeilen demonstrieren schließlich die Wirkung von `\CurrentOption` für die mit `\usepackage[...,o,p,q]{testpack}` angeforderten und mit

```
\DeclareOption*{... \CurrentOption}
```

abgefangenen unbekannten Optionen `o`, `p` und `q`, deren Namen mit `\CurrentOption` nacheinander ausgegeben werden.

2.5.5 Laden von Zusatzfiles

Ergänzungspakete können weitere Ergänzungspakete hinzuladen. Dies kann mit dem Interface-Befehl

`\RequirePackage[`*opt_liste*`]{`*paket_name*`}[`*vers_datum*`]`

geschehen. Das laufende Ergänzungspaket lädt dann zusätzlich das mit *paket_name* genannte Ergänzungspaket hinzu und überweist ihm die mit *opt_liste* angegebene Optionsliste. Zusätzlich werden alle globalen Optionen aus dem `\documentclass`-Befehl sowie alle im Options-Erklärungsteil mit

`\PassOptionsToPackage{`*opt_liste*`}{`*paket_name*`}`

aus der dortigen Optionsliste an das gleiche Zusatzpaket überwiesenen Optionen weitergereicht. Wurde das zusätzlich angeforderte Ergänzungspaket bereits mit einem vorangehenden `\usepackage`-Befehl aus dem Bearbeitungsfile des Anwenders geladen, so unterbleibt ein nochmaliges Laden mit `\RequirePackage`. Dies erfolgt jedoch nur dann störungsfrei, wenn die Optionsliste aus dem vorangehenden `\usepackage`-Befehl die Optionsliste aus `\RequirePackage` umfasst, Letztere also eine Untermenge aus der bereits mit `\usepackage` übergebenen Optionsliste ist.

Wird dagegen ein Ergänzungspaket mit `\RequirePackage` aus einem laufenden Ergänzungspaket mit einer Optionsliste angefordert, die Optionen enthält, die noch nicht mit dem vorangegangenen `\usepackage` bereitgestellt wurden, dann kommt es zu einer entsprechenden Fehlermeldung. Der Anwender muss dann die Ursache in seinem Eingabefile beseitigen, indem er die Optionsliste bei seinem vorangehenden `\usepackage`-Befehl entsprechend erweitert.

Wird umgekehrt ein zusätzliches Ergänzungspaket aus einem laufenden Ergänzungspaket mit `\RequirePackage` hinzugeladen, so bleibt ein späterer `\usepackage`-Befehl wirkungslos, da angeforderte Ergänzungspakete *nur* einmal geladen werden. Enthält der nachfolgende `\usepackage`-Befehl dagegen Optionsanforderungen, die mit der Ausführung von `\RequirePackage` noch nicht erfüllt wurden, dann kommt es auch hier zur Fehlermeldung

```
! LaTeX error: Option clash for package ...
```

Die Lösung liegt dann darin, dass der Anwender in seinem Eingabefile den `\usepackage`-Befehl mit der weitergehenden Optionsliste dem Ergänzungspaket *voranzustellen* hat, das seinerseits dieses Ergänzungspaket nochmals mit `\RequirePackage` hinzuladen will.

Neben `\RequirePackage` kennt LaTeX 2_ε noch einen weiteren Ladebefehl zum Laden von Zusatzpaketen aus einem laufenden Ergänzungspaket heraus:

`\RequirePackageWithOptions{`*paket_name*`}[`*vers_datum*`]`

Hiermit wird das Ergänzungspaket *paket_name* mit denjenigen Optionen hinzugeladen, mit denen das aktuelle Ergänzungspaket selbst angefordert wurde, also mit *opt_liste* aus dem aktuellen `\usepackage[`*opt_liste*`]{`*akt_erg_paket*`}`-Befehl.

Für Klassenfiles gibt es die äquivalenten Zuladebefehle:

`\LoadClass[`*opt_liste*`]{`*klassen_name*`}[`*vers_datum*`]`
`\LoadClassWithOptions{`*klassen_name*`}[`*vers_datum*`]`

Beide Befehle dürfen *nur* alternativ und *nur* einmal in einem Klassenfile auftreten. Der erste Befehl lädt dann das Klassenfile *klassen_name* hinzu und aktiviert dabei die mit *opt_liste* übergebenen Optionen. Zusätzlich werden an das zugeladene Klassenfile auch die im Options-Erklärungsteil mit

`\PassOptionsToClass{`*zus_opt_liste*`}{`*klassen_name*`}`

übergebenen Optionen aus *zus_opt_liste* weitergereicht.

Der andere Befehl `\LoadClassWithOptions` reicht diejenigen Optionen an das angeforderte Klassenfile weiter, mit dem es selbst durch

`\documentclass[`*optionen*`]{`*akt_klasse*`}`

aufgerufen wurde.

Klassenfiles dürfen weitere `\RequirePackage`-Zuladebefehle enthalten. Die zugeladenen Ergänzungspakete werden damit Bestandteil des Klassenfiles. Die umgekehrte Kombination ist nicht erlaubt, die Zuladebefehle für Klassenfiles sind in Ergänzungspaketen nicht zulässig!

Bei allen vorgestellten Zuladebefehlen ist für *klassen_name* bzw. für *paket_name* nur der jeweilige Grundname anzugeben. LaTeX fügt für die angeforderten Files den jeweiligen Anhang `.cls` bzw. `.sty` automatisch hinzu. Bei allen Ladebefehlen wurde bei ihrer Syntaxvorstellung als zweiter optionaler Parameter [*vers_datum*] aufgeführt, wobei *vers_datum* für einen Eintrag der Form *jahr/monat/tag* steht. Erfolgt ein Ladeaufruf mit diesem optionalen Parameter, so findet für das eingelesene Klassenfile oder Ergänzungspaket eine Prüfung über sein internes Versionsdatum statt. Weist das Klassenfile bzw. Ergänzungspaket ein älteres Versionsdatum als das angeforderte aus, so führt dies zu einer entsprechenden Bildschirmwarnung.

LaTeX stellt zwei weitere nützliche Filebefehle bereit, die nicht auf Klassenfiles und Ergänzungspakete beschränkt sind, sondern auch in Bearbeitungsfiles des Anwenders auftreten dürfen:

`\IfFileExists`{*file_name*}{*dann_kode*}{*sonst_kode*}
`\InputIfFileExists`{*file_name*}{*dann_kode*}{*sonst_kode*}

Der erste Befehl prüft, ob ein File mit dem Namen *file_name* existiert. Ist das der Fall, dann wird der mit *dann_kode* gekennzeichnete Teil ausgeführt. Gibt es kein File mit diesem Namen, so wird der mit *sonst_kode* gekennzeichnete Zweig ausgeführt. Der zweite Befehl führt dieselbe Prüfung durch und liest nach Ausführung von *dann_kode* das genannte File *file_name* anschließend ein. Einer oder beide der Zweige *dann_kode* bzw. *sonst_kode* darf auch leer sein. In diesem Fall enthält der entsprechende Filebefehl ein jeweils leeres `{}`-Klammerpaar.

Für *file_name* ist in beiden Fällen der volle Name, also Grundname und Anhang, anzugeben. Alle mit `\InputIfFileExists` eingelesenen Files werden am Bearbeitungsende aufgelistet, falls das Bearbeitungsfile des Anwenders den Vorspannbefehl `\listfiles` enthält.

2.5.6 Der Hauptteil

Nach den evtl. File-Zuladebefehlen beginnt der Hauptteil eines Klassenfiles oder Ergänzungspakets. Hier werden alle Befehle bereitgestellt und Einstellvorgaben vorgenommen, die das Klassenfile oder Ergänzungspaket zur Erfüllung seiner Zielsetzung charakterisieren. Dabei dürfen alle LaTeX-Strukturen, die im Vorspann eines Bearbeitungsfiles zulässig sind, verwendet werden. Ebenso können alle TeX-Strukturen zur Anwendung kommen, soweit sie in LaTeX nicht ausdrücklich verboten sind (s. [5a, Befehlsindex, Verbotene TeX-Befehle]). Soweit LaTeX parallel zu TeX eigene Definitions- und Einrichtungsbefehle wie `\newcommand`, `\newenvironment` `\mbox`, `\parbox`, `\newconter`, `\newlength` u. a. bereitstellt, sollten die LaTeX-Konstrukte bevorzugt werden.

Der Hauptteil eines Klassenfiles oder Ergänzungspakets macht häufig von internen (verborgenen) LaTeX-Befehlen aus dem LaTeX-Kern Gebrauch. Sie können, wegen ihrer Fülle und teilweisen Komplexität, hier nicht angegeben werden. Einige von ihnen werden später noch in 3.2 beispielhaft vorgestellt.

LaTeX stellt einige weitere Interface-Befehle bereit, die in Klassenfiles und Ergänzungspaketen zur gezielten Ausführungsverzögerung vorgesehen sind:

`\AtEndOfClass{`*kode*`}`	`\AtEndOfPackage{`*kode*`}`
`\AtBeginDocument{`*kode*`}`	`\AtEndDocument{`*kode*`}`

Mit den ersten beiden Befehlen wird der übergebene Programmkode *kode* zwischengespeichert und am Ende des Klassenfiles bzw. Ergänzungspakets ausgeführt, so, als wäre er dort angebracht worden. Auf den ersten Blick könnte man diese Verzögerungsbefehle für überflüssig halten, da der übergebene Kode ja am Ende des Klassenfiles oder Ergänzungspakets angeordnet werden kann. Die Verzögerungsbefehle können jedoch auch als Argument in anderen Interface-Befehlen zur Anwendung kommen, wie z. B. für den Realisierungskode in einem `\DeclareOption`-Befehl, der aus syntaktischen Gründen im Options-Erklärungsteil auftreten muss. Hiervon machen die Standardklassenfiles bei der Optionserklärung für `openbib` in der Form

```
\DeclareOption{openbib}{\AtEndOfPackage{...}}
```

Gebrauch und das Klassenoptionsfile `fleqn.clo` enthält den Verzögerungsbefehl

```
\AtEndOfClass{\mathindent\leftmargini}
```

Der Verzögerungsbefehl `\AtEndOfPackage` führt jeweils am Ende des Makropakets, das diesen Aufruf enthält, zur Ausführung des übergebenen Kodes. Ist das aufrufende Makropaket ein Ergänzungspaket, so wird der übergebene Kode an dessen Ende ausgeführt. Ist das aufrufende Makropaket dagegen ein Klassenfile, wie im angeführten Beispiel für die Klassenoption `openbib`, dann bewirkt dieser Verzögerungsbefehl die Kodeausführung am Ende des Klassenfiles. In Klassenfiles ist `\AtEndOfPackage` deshalb gleichwertig mit `\AtEndOfClass`.

Im zweiten Beispiel aus dem Optionsfile `fleqn.clo` bewirkt der dortige Verzögerungsbefehl `\AtEndOfClass`, dass der übergebene Kode am Ende desjenigen Klassenfiles ausgeführt wird, das das Optionsfile eingelesen hat. Innerhalb des Optionsfiles hätte ein `\AtEndOfPackage` dagegen bewirkt, dass der übergebene Kode am Ende des Optionsfiles selbst ausgeführt würde.

Die beiden anderen Verzögerungsbefehle `\AtBeginDocument` und `\AtEndDocument` sind mit ihren Befehlsnamen selbsterklärend. Sie wurden bereits in 2.2.4 auf S. 36 sowie in 2.3.3 auf S. 53 und 2.3.5 auf S. 57 vorgestellt und in ihrer Wirkung beschrieben, so dass sich Wiederholungen erübrigen. Hier folgt nur noch die Anmerkung, dass `\AtBeginDocument` als sog. Vorspannbefehl nur innerhalb des Vorspanns eines Bearbeitungsfiles, also nur zwischen `\documentclass` und `\begin{document}` auftreten darf. Dies schließt natürlich Ergänzungspakete und Klassenfiles ein, da diese ja ebenfalls im Vorspann aktiviert werden. `\AtEndDocument` darf dagegen auch im Textteil eines Bearbeitungsfiles verwendet werden.

Klassenfiles und Ergänzungspakete melden häufig Syntaxverstöße bei den von ihnen angebotenen Befehlsstrukturen zurück, die zudem noch durch eine Hilfeanforderung bei der Fehlerreaktion mit 'H' ergänzt werden können. LaTeX stellt hierfür zwei Generiergungsbefehle für Fehlermeldungen bereit:

`\ClassError{`*klassen_name*`}{`*fehler_text*`}{`*hilfe_text*`}`
`\PackageError{`*paket_name*`}{`*fehler_text*`}{`*hilfe_text*`}`

Bei der Ausführung leitet der erste Befehl die Fehlermeldung mit `! Class` *`klassen_name`* `Error:` und der zweite mit `! Package` *`paket_name`* `Error:` ein, auf die in beiden Fällen jeweils der Inhalt von *fehler_text* folgt. Zusätzlich erscheint in einer weiteren Fehlerzeile stets die Zusatzmitteilung

```
See the klassen_name documentation for explanation  bzw.
See the paket_name documentation for explanation
```

Auf die Fehlerreaktion mit 'H' wird anschließend der Inhalt von *hilfe_text* ausgegeben. Die hiermit erzeugten Fehler- und Hilfemitteilungen erscheinen sowohl auf dem Bildschirm als auch im Protokollfile. Innerhalb des Fehler- oder Hilfetextes kann mit dem Befehl `\MessageBreak` an geeigneten Stellen eine Zeilenschaltung eingebaut werden. Die Folgezeile beginnt beim Fehlertext dann mit (*klassen_name*) oder (*paket_name*) in Spalte 1 und rückt den Fortsetzungstext aus *fehler_text* so weit ein, dass er linksbündig zum vorangehenden Fehlertext erscheint.

Als weiterer Befehl kann innerhalb von *fehler_text* oder *hilfe_text* der Befehl `\space` verwendet werden, mit dem zusätzlich ein Leerzeichen erzeugt wird. Als Beispiel für `\ClassError` gebe ich seine Anwendung aus dem Klassenfile `proc.cls` wieder. Diese Bearbeitungsklasse erlaubt die bei anderen Bearbeitungsklassen zulässigen Optionen `a5paper`, `b5paper`, `onecolumn` und `titlepage` dort nicht. Die zugehörigen Optionserklärungen werden dort deshalb mit

```
\DeclareOption{a5paper}
    {\ClassErrro{proc}{Option 'a5paper' not supported}{}}
```

bzw. mit entsprechenden Strukturen für die anderen unerlaubten Optionen erzeugt. Der Hilfetext bleibt hier leer.

Der Fehlergenerierungsbefehl `\PackageError` erscheint in dem Ergänzungspaket `pict2e.sty` in der sehr trivialen Form

```
\PackageError{pict2e}
   {The package pict2e.sty has not yet been written}{\@ehc}
```

und ist gleichzeitig der Gesamtinhalt von `pict2e.sty`. Der Versuch seiner Einbindung mit `\usepackage{pict2e}` oder `\LoadPackage{pict2e}` bewirkt dann genau diese Fehlermeldung. Der hier mit `\@ehc` aufgerufene Text für die Hilfemitteilung greift auf ein internes Textmakro aus dem LaTeX-Kern zurück, das den Text enthält:

```
Try typing \space <return> \space to proceed.\Messagebreak
If that doesn't work, type \space X <return> \space to quit.
```

Ein sinnvolleres Beispiel für `\PackageError` stammt aus `ifthen.sty`, das ich hier auszugsweise wiedergebe. Die Definition für den dortigen Befehl `\setboolean` mit der Syntax `\setboolean{`*schalter*`}{`*wert*`}` prüft zunächst, ob der hiermit übergebene logische *Wert* `true` oder `false` ist. Ist das nicht der Fall, dann wird die Fehlermeldung mit

```
\PackageError{ifthen}
   {You can only set a boolean to 'true' or 'false'}{\@ehc}
```

erzeugt. War die vorangegangene Prüfung erfolgreich, so wird anschließend geprüft, ob die Schaltervariable *schalter* vorab eingerichtet wurde, z. B. irgendwo vorher mit dem Reservierungsbefehl `\newboolean{`*schalter*`}`. War das nicht der Fall, so wird der Befehl

```
\PackageError{ifthen}{Boolean #1 is undefined}{\@ehc}
```

ausgeführt, wobei an der Stelle von `#1` der jeweilige Name *schalter* übergeben wird. Der in beiden Befehlen mit `\@ehc` angeforderte Hilfetext wurde bereits beim vorangehenden Beispiel aus `pict2e.sty` vorgestellt (s. o.).

Neben diesen Fehlergenerierungsbefehlen stellt LaTeX entsprechende Generierungsbefehle zur Erzeugung von Warnungen bereit. Diese sind:

`\ClassWarning{`*klassen_name*`}{`*warnungs_text*`}`
`\PackageWarning{`*paket_name*`}{`*warnungs_text*`}`
`\ClassWarningNoLine{`*klassen_name*`}{`*warnungs_text*`}`
`\PackageWarningNoLine{`*paket_name*`}{`*warnungs_text*`}`
`\ClassInfo{`*klassen_name*`}{`*info_text*`}`
`\PackageInfo{`*paket_name*`}{`*info_text*`}`

Die jeweiligen Argumenteinträge *klassen_name*, *paket_name*, *warnungs_text* und *info_text* sind selbstbeschreibend. Mit den ersten beiden Befehlen wird der Warnungstext zusammen mit der Zeilennummer des Eingabefiles, das diese Warnung verursacht, auf dem Bildschirm ausgegeben und zusätzlich im Protokollfile abgelegt. Das gilt auch für das nächste Befehlspaar, nur unterbleibt dabei die Ausgabe der Zeilennummer im verursachenden Eingabetext. Mit dem letzten Befehlspaar wird der übergebene Informationstext *info_text* beim Auftreten der Warnungsbedingung unter Einschluss der verursachenden Zeilennummer nur im Protokollfile abgelegt. Eine entsprechende Bildschirmausgabe unterbleibt.

Als Beispiel für die Anwendung eines dieser Warnungs-Erzeugungsbefehle verweise ich auf `proc.sty`, das zur Sicherung des LaTeX 2.09-Kompatibilitätsmodus dem LaTeX-Paket beigefügt ist. Wird dieses aus LaTeX 2_ε mit `\usepackage{proc}` angefordert, dann bewirkt es den Ablauf von:

```
\ClassWarningNoLine{proc}{\MessageBreak\space
  You requested the use of ‘proc’ as a package\MessageBreak\space
  but is has been turned into a document class.\MessageBreak\space=
  Please change your file to use ‘proc’ as a class.}
```

Enthält der Fehler- oder Warnungstext bei einem der vorgestellten Generierungsbefehle einen Befehlsaufruf *befehl*, so wird dieser Befehl innerhalb des Textes ausgeführt (expandiert). Durch das Voranstellen von `\protect` in der Form `\protect`*befehl* wird die Befehlsausführung unterdrückt und in der Fehler- bzw. Warnmeldung erscheint der übergebene Befehl mit seinem Namen als '*befehl*'.

Die Vorstellung der Struktur von Klassenfiles und Ergänzungspaketen erfolgte in diesem Abschnitt relativ formal. Eine Konkretisierung über die Details von Klassenfiles aus dem LaTeX-Standardpaket bringt das nächste Kapitel.

Kapitel 3

Detailvorstellung der Standardklassenfiles

Dieses Kapitel stellt die Klassenfiles für den aktuellen LaTeX-Standard, also für LaTeX 2_ε, vor. Leser, bei denen immer noch vorrangig oder gar ausschließlich LaTeX 2.09 zur Anwendung kommt, finden die entsprechende Detailvorstellung von LaTeX 2.09 im nächsten Kapitel 4.

Jedes LaTeX-Eingabefile fordert für seine Bearbeitung ein Klassenfile an, das mit dem `\documentclass`-Befehl festgelegt wird. Das Klassenfile stellt die Formatierungsvorgaben für die gewählte Bearbeitungsklasse bereit. Hierunter fallen auch Makrodefinitionen für einige, jedem Anwender völlig vertraute LaTeX-Befehle, wie z. B. für die Gliederungsbefehle `\chapter`, `\section`, `\subsection`, ..., die nur in den Klassenfiles erfolgen und dem LaTeX-Kern selbst nicht bekannt sind.

Die LaTeX-Standardklassen `article`, `report` und `book` greifen auf die gleichnamigen Klassenfiles mit dem Anhang `.cls` zurück, die bezüglich ihrer Struktur weitgehend übereinstimmend aufgebaut sind. Ihr Ausgangspaket ist das dokumentierte Makrofile `classes.dtx`, aus dem mit dem docstrip-Programm die aufbereiteten Klassen- und Größenoptionsfiles entstehen. Ich stelle im Folgenden die Detailstrukturen der aufbereiteten Makrofiles vor. Parallel dazu möge der Leser das dokumentierte Makrofile `classes.dtx` mit LaTeX bearbeiten und die so erstellte Dokumentation mit den aufbereiteten Klassenfiles vergleichen.

In 2.5 wurde die Gliederung von Klassenfiles und Ergänzungspaketen vergleichsweise formal vorgestellt. Bei der nachfolgenden Konkretisierung für `article.cls`, `report.cls` und `book.cls` folge ich der dortigen Gliederung. Anschließend stelle ich die zugehörigen Größenoptionsfiles inhaltlich vor und gehe zum Schluss dieses Kapitels noch auf die Besonderheiten für `letter.cls` und `proc.cls` ein.

Mit den Hinweisen zu den Standardklassenfiles sollte es möglich sein, eigene Klassenfiles zu erstellen oder geeignete Modifikationen in Kopien der Standardklassenfiles vorzunehmen. Dazu sind geeignete Klassennamen für solche anwendereigenen Modifikationen zu wählen, da die Standardklassennamen dem LaTeX-Original vorbehalten sind.

Als Beispiel für einige wenige, in der Wirkung jedoch gravierende Änderungen möge das Klassenfile `proc.cls` betrachtet werden, das seinerseits auf `arcticle.cls` zurückgreift und nur die gegenüber diesem Klassenfile erforderlichen Änderungen enthält. Beispiele für weitere anwendereigene Klassenfiles werden in Kapitel 6 vorgestellt.

3.1 Der Vorspann der Standardklassenfiles

In diesem Abschnitt fasse ich die ersten fünf Teile der Standardklassenfiles zusammen, worauf der Abschnitt über den Hauptteil mit einer eigenen Gliederung folgt.

3.1.1 Der Identifikationsteil der Standardklassenfiles

Alle Standardklassenfiles beginnen ihren Kodeteil mit den beiden LaTeX-Interfacebefehlen

```
\NeedsTeXFormat{LaTeX2e}{vers_datum}
\ProvideClass{klassem_name}[vers_datum vers_nr
                              Standard LaTeX document class]
```

Der erste Befehl prüft, ob das zugeladene Formatfile aus LaTeX 2_ε stammt und seine Ausgangsquellen nicht älter als das angegebene Versionsdatum *vers_datum* sind. Der zweite Befehl führt zu einer Selbstidentifikation auf dem Bildschirm und im Protokollfile mit der Angabe des Klassennamens, des Versionsdatums und der Versionsnummer für dieses Klassenfile, gefolgt von dem Texthinweis '`Standard LaTeX document class`'.

Das Wortpaar `Standard LaTeX` ist den Makropaketen aus dem LaTeX-Standardpaket vorbehalten. Für anwendereigene Klassenfiles sollte es durch einen dort geeigneten Identifikationstext ersetzt werden.

3.1.2 Der Initialisierungsteil der Standardklassenfiles

Der Initialisierungsteil aller LaTeX-Standardklassenfiles beginnt mit der Definition für den internen Befehl `\@ptsize` als

```
\newcommand\@ptsize{}
```

Dieser hier zunächst leere Befehl dient später zur Behandlung der Gößenoption. Diese könnte bei Beschränkung auf LaTeX 2_ε direkter und übersichtlicher erfolgen. Die hier gewählte Struktur berücksichtigt die Vorgaben aus LaTeX 2.09 und macht die Sicherung der 2.09-Kompatibilität einfacher. Bei den Standardklassen `article`, `report` und `book` folgt dann die Einrichtung von zwei Abfragebefehlen mit

```
\newif\if@restonecol        \newif\if@titlepage
```

Der erste dient zur Erinnerung, ob Seiten ein- oder zweispaltig gesetzt werden sollen, falls hiervon lokal abgewichen wird. Der zweite Abfrageschalter dient zur Unterscheidung der Form für die Titelüberschrift. In `article.cls` wird dieser Schalter anschließend mit `\@titlepagefalse` auf *falsch* und in `report.cls` und `book.cls` mit `\@titlepagetrue` auf *wahr* gesetzt.

`report.cls` und `book.cls` richten als weiteren Abfragebefehl

`\newif\if@openright` und `book.cls` zusätzlich
`\newif\if@mainmatter` mit der Standardeinstellung `\@mainmattertrue`

ein. Der erste Schalterbefehl dient zur Unterscheidung des alternativen Klassenoptionspaares `openright` | `openany`, der andere zur Prüfung, ob bei der Formatierung eines Buches der dortige Gliederungsbefehl `\mainmatter` aktiv ist.

3.1.3 Der Options-Erklärungsteil der Standardklassenfiles

Der Options-Erklärungsteil beginnt mit einer `\if@compatibility`-Abfrage, deren *wenn*-Zweig leer ist, da die nachfolgend erklärten Optionen in LaTeX 2.09 unbekannt sind. Der *sonst*-Zweig beginnt anschließend mit den Optionserklärungen für das Papierformat:

```
\DeclareOption{a4paper}{\setlength{\paperheight{297mm}}%
                        \setlength{\paperwidth{210mm}}}
. . . . . . . . . . . . . . . . . . . . . . . . . . . . . .
\DeclareOption{landscape}{\setlength\@tempdima\paperheight}%[1]
                   \setlegth{\paperheight}{\paperwidth}%
                   \setlenth{\paperwidth}{\@tempdima}}
```

Die punktierte Zeile steht für gleichartige Erklärungen von `a5paper`, `b5paper`, `letterpaper`, `legalpaper` und `executepaper`. Der erste Optionserklärungsblock endet mit `\fi`, womit die anfängliche Schalterabfrage `\if@compatibility` abgeschlossen wird.

Unmittelbar danach erscheint diese Abfrage, die ich hier als Beispiel einmal vollständig wiedergebe, ein weiteres Mal:

```
\if@compatibility             \renewcomannd{\@ptsize}{0}
\else  \DeclareOption{10pt}{\renewcommand{\@ptsize}{0}} \fi
```

Im 2.09-Kompatibilitätsmodus unterbleibt eine explizite Erklärung der Option 10 pt, da diese in LaTeX 2.09 nicht erlaubt ist, sondern dort die Standardeinstellung darstellt, die mit der Neudefinition von `\@ptsize` mit der Bedeutung der Ziffer '0' verknüpft ist. Im *sonst*-Zweig für LaTeX 2_ε wird die Option 10 pt dagegen erklärt, weil diese Optionsangabe dort erlaubt ist, auch wenn sie später zur Standardeinstellung gemacht wird. Das Ergebnis dieser Option ist ebenfalls nur die Neudefinition von `\@ptsize` mit der Bedeutung der Ziffer '0'.

Anschließend folgen die Optionserklärungen für 11 pt und 12 pt, und zwar allgemein, d. h. ohne Unterscheidung zwischen Standard-LaTeX 2_ε und der 2.09-Kompatibilität, weil diese Optionen für beide Versionen erlaubt sind:

```
\DeclareOption{11pt}{\renewcommand{\@ptsize}{1}}
\DeclareOption{12pt}{\renewcommand{\@ptsize{{2}}
```

Hiernach folgen für alle drei LaTeX-Standardklassen die Optionserklärungen für die alternativen Optionspaare `onecolumn` | `twocolumn`, `oneside` | `twoside`, `final` | `draft`, `notitlepage` | `titlepage` und für `book.cls` und `report.cls` zusätzlich noch für `openright` | `openany`. Die Optionserklärungen für diese Optionspaare sind alle recht ähnlich, so dass ich sie nur für ein Paar vorstelle:

```
\if@compatibility\else
   \DeclareOption{onecolumn}{\@twocolumnfalse} \fi
\DeclareOption{twocolumn}{\@twocolumntrue}
```

[1]Die Syntaxform `\setlength`*längen_bef**maß_bef* oder `\setlength`*längen_bef*{*maß_angabe*} ist kein Schreibfehler. In dieser Form wird `\setlength` in den Klassenfiles häufig verwendet. Sie ist eine laxe Schreibweise, die intern gleichwertig mit der LaTeX-Syntaxempfehlung `\setlength`{*längen_bef*}{*maß_ang*} ist, die ich deshalb bei der Vorstellung in der empfohlenen Form vorziehe.

Die Wirkung der Klassenoption `onecolumn` ist in LaTeX 2.09 standardmäßig vorhanden. Als explizite Optionsangabe ist sie dort jedoch unbekannt. Entsprechend bleibt im Kompatibilitätsschalter der *wenn*-Zweig leer und die Optionserklärung für `onecolumn` erfolgt nur im *sonst*-Zweig, womit sie für LaTeX 2_ε bekannt wird.

Für die meisten der aufgelisteten Optionspaare besteht die zugehörige Optionserklärung nur aus der Zuweisung der logischen Werte *wahr* oder *falsch* an gewisse Schaltervariablen. Die hier auftretenden Schaltervariablen `\@twocolumn`, `\@twoside`, `\@mparswitch`, `\@titlepage` und `\@openright` werden, einschließlich der zugehörigen `\if@`-Abfragebefehle, im LaTeX-Kern bereitgestellt, so dass ihre Einrichtung mit `\newif` in den Klassenfiles entfallen kann.

Die Optionen `leqno` und `fleqn` werden in eigenen Optionsfiles namens `leqno.clo` bzw. `fleqn.clo` definiert. Die Klassenfiles enthalten als deren Optionserklärungen deshalb:

```
\DeclareOption{leqno}{\input{leqno.clo}}
\DeclareOption{fleqn}{\input{fleqn.clo}}
```

Als letzte Option wird in den Standardklassenfiles `openbib` erklärt, wobei auf TeX-Befehle zurückgegriffen wird, die ich hier durch ihre LaTeX-Äquivalente ersetze:

```
\DeclareOption{openbib}{\AtEndOfPackage{%
   \renewcommand{@open@bibcode}{%
      \addtolength{\leftmargin}{\bibindent}
      \setlength{\itemindent}{-\bibindent}
      \setlength{\listparindent}{\itemindent}
      \setlength{\parsep}{\z@}}%
   \renewcomand{\newblock}{\par}}}
```

Diese Optionserklärung enthält als Besonderheit `\AtEndOfPackage`, womit der eingeschlossene Kode erst am Ende des Klassenfiles zur Anwendung kommt. Diese Option führt zu verringerten vertikalen Abständen zwischen den einzelnen Literaturauflistungen und zu vertieften Zeileneinzügen in den Fortsetzungszeilen der einzelnen Literaturangaben.

3.1.4 Optionsausführungen in den Standardklassenfiles

Dieser Teil ist sehr kurz. Er besteht bei den Standardklassenfiles nur aus den beiden Befehlen `\ExecuteOptions` und `\ProcessOptions`:

```
\ExecuteOptions{letterpaper,10pt,oneside,onecolumn,final}
```

für `article.cls`

```
\ExecuteOptions{letterpaper,10pt,oneside,onecolumn,final,openany}
```

für `report.cls` und

```
\ExecuteOptions{letterpaper,10pt,twoside,onecolumn,final,openright}
```

für `book.cls`. Die hier übergebenen Optionen werden damit die Standardvorgaben für die entsprechenden Klassenfiles, die zur Ausführung kommen, auch wenn der `\documentclass`-Befehl sie in seiner Optionsliste nicht explizit enthält.

In allen drei Standardklassenfiles erfolgt dann der Aufruf `\ProcessOptions`, womit die in `\documentclass` explizit aufgeführten Optionen zur Ausführung kommen.

3.1.5 Das Laden von Zusatzfiles

Im Options-Erklärungsteil wurden den Optionen `10pt`, `11pt` und `12pt` die Ziffern 0, 1 oder 2 als Inhalt für das Makro `\@ptsize` zugeordnet. Die entsprechende Wertzuweisung erfolgte dann im Options-Ausführungsteil. Hiernach enthält das Makro `\@ptsize` eine der drei Ziffern. Mehr ist zur Aktivierung der Größenoption bisher noch nicht geschehen. Das erfolgt nun mit dem Aufruf:

`\input{bk1\@ptsize.clo}`	für `book.cls` bzw.
`\input{size1\@ptsize.clo}`	für `article.cls` und `report.cls`

was zum Einlesen eines der drei Files `bk10.clo`, `bk11.clo` oder `bk12.clo` bei der Bearbeitungsklasse `book` bzw. von `size10.clo`, `zize11.clo` oder `size12.clo` bei den Bearbeitungsklassen `article` und `report` führt. Die Auswahl des jeweiligen Files wird durch den Inhalt von `\@ptsize` gesteuert, da in den Lesebefehlen der Filename `bk1`x`.clo` bzw. `size`x`.clo` auftritt und an der Namensstelle x der Inhalt von `\@ptsize` eingesetzt wird.

Durch die Reihenfolge der bisher vorgestellten Befehle in den Standardklassenfiles ist sichergestellt, dass die Größenoptionsfiles erst nach Abarbeitung aller anderen Optionsvorgaben eingelesen werden. Sie überschreiben damit evtl. Vorgaben aus anderen Klassenoptionen. Dies ist gewollt und führt für die Standardklassenfiles und deren Optionsmöglichkeiten zu keinerlei Verwirrung. Bei der Verwendung eigener oder sonstiger Klassenfiles ist diese Ausführungsreihenfolge in Betracht zu ziehen.

Ansonsten erfolgt die Abarbeitung der Klassenoptionen in der Reihenfolge, in der sie im Options-Erklärungsteil auftraten. Die Optionsreihenfolge beim `\documentclass`-Befehl bleibt damit ohne Einfluss. Soll davon abgewichen werden, d. h. soll in eigenen Klassenfiles eine Optionsabarbeitung in der Reihenfolge der Optionsliste aus dem `\documentclass`-Befehl geschehen, dann ist im Options-Ausführungsteil der Befehl `\ProcessOptions*` in der *-Form statt in der Standardform zu verwenden.

Die bis hierher vorgestellten Bestandteile eines Klassenfiles können als sein Vorspann bezeichnet werden. Dieser legt die allgemeinen Steuerungsstrukturen eines Klassenfiles bereit, bevor dann der eigentliche Hauptteil folgt, der die Einstellvorgaben des jeweiligen Klassenfiles bestimmt.

3.2 Der Hauptteil der Standardklassenfiles

Dieser Abschnitt wird, entsprechend seiner inhaltlichen Aufgabe, länger ausfallen und deshalb zur besseren Strukturierung weiter untergliedert, wobei seine Untergliederungen selbst wieder von unterschiedlicher Länge sind.

3.2.1 Vorgaben zur Absatz- und Seitenformatierung sowie für Gleitobjekte

Der Hauptteil der Standardklassenfiles beginnt mit den Zuweisungen

```
\setlength{\lineskip}{1\p@}
\setlength{\normallineskip}{1\p@}
```

```
\renewcommand{\baselinestretch}{}
\setlength{\parskip}{0\p@ plus p@}
```

Zur Bedeutung von `\lineskip` und `\normallineskip` verweise ich auf 5.2.4. Die beiden anderen Befehle sollten dem LaTeX-Anwender geläufig sein. Die Leerdefinition für `\baselineskip` hat dieselbe Wirkung, als wäre sie dort mit 1.0 festgelegt worden, womit der Zeilenabstand standardmäßig durch den Wert für `\baselineskip` eingestellt wird. Mit der letzten Zuweisung wird der zusätzliche Absatzabstand ganz leicht dehnbar als `0pt plus 1pt` vorgenommen. Hierauf folgen

```
\@lowpenalty 51   \@medpenalty 151   \highpenalty 301
```

Diese Strafpunktzuweisungen bestimmen den Erschwernisgrad für einen Zeilen- oder Seitenumbruch, wenn er mit

`\nolinebreak[`*num*`]` bzw. `\nopagebreak[`*num*`]`

mit 1, 2 oder 3 für *num* gesteuert werden soll (s. [5a, 3.5.2.2 und 3.5.5.1]).

Die Größenoptionsfiles legen weitere Einstellvorgaben zur Absatz- und Seitenformatierung fest, wie z. B. die Textbreite und Texthöhe für den Seitenrumpf, vertikale Zusatzabstände vor und nach abgesetzten Formeln sowie in Listenstrukturen und vieles mehr. Diese werden in 3.3 vorgestellt.

Anschließend werden einige Stilparameter für Gleitobjekte neu eingestellt (s. [5a, 6.6.3]):

```
\setcounter{topnumber}{2}  \renewcommand{\topfraction}{.7}
. . . . . . . . . . . . . . . . . . . . . . . . . . . .
\renewcommand{\dblfloatpagefraction}{.5}
```

Weitere Neueinstellungen von Stilparametern für Gleitobjekte erfolgen in den Größenoptionsfiles, da sie von der gewählten Bearbeitungsgröße abhängen. Ebenso erfolgen weitere Einstellvorgaben für Gleitobjekte später noch in den Klassenfiles in 3.2.7 unter „Einrichtung der Gleitobjekt-Umgebungen".

3.2.2 Vorgaben für den Seitenstil

Der Seitenstil kann vom Anwender mit dem Befehl `\pagestyle{`*stil*`}` als `plain`, `empty`, `headings` oder `myheadings` für *stil* gewählt werden. Die Klassenfiles bieten gleichzeitig einen Standardseitenstil an, und zwar mit `headings` für `book.cls` und mit `plain` für `article.cls` und `report.cls`.

Der übergebene Stilparameter *stil* greift seinerseits auf ein internes Makro mit dem Namen `\ps@`*stil* zurück. Für die Seitenstile `plain` und `empty` erfolgt die Definition für die zugehörigen Makros `\ps@plain` und `\ps@empty` bereits im LaTeX-Kern. Hieauf greifen die Standardklassenfiles zurück. Für die Seitenstile `headings` und `myheadings` werden die zugehörigen Makros `\ps@headings` und `\ps@myheadings` dagegen erst in den Klassenfiles definiert.

Bei der Formatierung der Einzelseiten erfolgen Aufrufe der internen Makros `\@oddfoot`, `\@evenfoot`, `\@oddheaed` und `\@evenhead`, deren Inhalte als Kopf- und Fußzeilen auf ungeradzahligen bzw. geradzahligen Seiten ausgegeben werden. Der Inhalt der Kopfzeilen kann auf der Anwenderebene bekanntlich mit den Befehlen

`\markright{`*rechter Kopf*`}` bzw. `\markboth{`*linker Kopf*`}{`*rechter Kopf*`}`

eingestellt werden (s. [5a, 3.2.1]). Der Inhalt des linken oder rechten Kopfes kann mit den Befehlsaufrufen `\leftmark` bzw. `\rightmark` ausgegeben werden. Zusätzlich werden die Makros `\chaptermark`, `\sectionmark` und evtl. `\subsectionmark` eingerichtet, die Kopfinformation aus Kapitel-, Abschnitts- und Unterabschnittsüberschriften übernehmen.

Nach diesen Vorbemerkungen stelle ich zunächst die Definition für `\ps@myheadings` für `book.cls` und `report.cls` vor, da sie die einfachere ist:

```
\def\ps@myheadings{\let\@oddfoot\@empty\let\evenfoot\@empty
    \def\@evenhead{\thepage\hfil\slshape\leftmark}%
    \def\@oddhead{{\slshape\rightmark}\hfil\thepage}%
    \let\@mkboth\@gobbletwo
    \let\chaptermark\@gobble \let\sectionmark\@gobble}
```

Die Interpretation dieser Makrodefinition wird LaTeX-Anwendern mit etwas TeX-Erfahrung nicht schwerfallen. Die TeX-Notation `\let`*makro_a**makro_b* richtet ein Makro *makro_a* ein, das die Bedeutung von Makro *makro_b* zugewiesen erhält, so als würde dessen Definition nach *makro_a* kopiert.

Die anschließenden Definitionen für `\@evenhead` und `\@oddhead` sollten ohne Erläuterung verständlich sein. Der Aufruf `\thepage` gibt die jeweils aktuelle Seitennummer aus. Das in der vierten Zeile auftretende interne Makro `\@mkboth` hat die gleiche Aufgabe wie `\markboth`. Mit der `\let`-Zuweisung durch `\@gobbletwo` (s. S. 82) bekommt es die Bedeutung, dass bei seinem Aufruf die nachfolgenden zwei Argumente übersprungen werden. Nach diesem Hinweis sollte auch die letzte Zeile verständlich sein.

Die Definition von `\ps@myheadings` aus `article.cls` unterscheidet sich nur in der letzten Zeile, die dort lautet:

```
\let\sectionmark\@gobble  \let\subsectionmark\@gobble
```

Die Definition von `\ps@headings` ist umfangreicher. Sie unterscheidet die Einstellvorgaben für die Formatierung von ein- oder doppelseitigem Seitendruck. Demzufolge ist sie strukturell folgendermaßen gegliedert:

```
\if@twoside \def\ps@headings{...}
\else       \def\ps@headings{...}  \fi
```

Die Definition für `\ps@headings` im *wenn*-Zweig, also für doppelseitigen Seitendruck, beginnt ganz ähnlich wie diejenige von `\ps@myheadings`:

```
\def\ps@headings{\let\@oddfoot\@empty \let\@evenfoot\@empty
    \def\@evenhead{\thepage\hfil\slshape\leftmark}%
    \def\@oddhead{{\slshape\rightmark}\hfil\thepage}%
    \let\@mkboth\markboth
```

Auf diesen Definitionsteil folgt in `report.cls` und teilweise auch in `book.cls`:

```
    \def\chaptermark##1{\markboth{\MakeUppercase{%
        \ifnum \c@secnumdepth >\m@ne \@chapapp\ \thechapter. \ %
        \fi  ##1}}{}}%
    \def\sectionmark##1{\markright{\MakeUppercase{%
        \ifnum \c@secnumdepth >\z@ \thesection. \ %
        \fi  ##1}}}}
```

In dieser Definition mag zunächst das Ersetzungszeichen `##1` etwas unverständlich erscheinen, worauf ich gleich eingehe. Die Befehlsaufrufe `\thechapter` und `\thesection` geben die jeweils aktuellen Kapitel- bzw. Abschnittsnummern aus. Der interne Befehl `\@chapapp` stellt eine interne Ablage für den Namensbefehl `\chaptername` bereit, so dass der Aufruf `\@chapapp` die sprachspezifische Ausgabe 'Chapter', 'Kapitel', 'Chapitre' und evtl. andere bewirkt. Für sonstige unverständliche TEX-Notationen kann Kapitel 5 zu Rate gezogen werden.

Der interne Befehlsname `c@secnumdepth` stellt die interne Realisierung des LATEX-Zählers `secnumdepth` dar. Grundsätzlich werden alle LATEX-Zähler *zähler*, auch die mit `\newcounter{`*zähler*`}` eingerichteten anwendereigenen Zähler, durch TEX-Zahlenregister mit den internen Namen `\c@`*zähler* realisiert. Der LATEX-Zähler `secnumdepth` legt bekanntlich die Schranke fest, bis zu deren Tiefe die Gliederungsbefehle durchnummeriert werden. Ist diese Schranke > -1, so wird die Kapitelgliederung durchnummeriert und `\thechapter` gibt die aktuelle Kapitelnummer aus, für dieses Kapitel also 3. Ist die Schranke > 0, so werden auch die laufenden Abschnittsüberschriften durchnummeriert, deren zweiteilige Nummern mit `\thesection` ausgegeben werden, an dieser Stelle also 3.2. Die Standardvorgabe für `secnumdepth` erfolgt im betrachteten Klassenfile weiter unten.

Hier bleibt nur noch die etwas seltsame Form des Ersetzungszeichens `##1` zu erläutern. '`\def\`*marko* `##1{...}`' richtet das Makro `\`*makro* mit einem freien Parameter ein. Das Argument für `\`*makro* wird jedoch nicht bei seinem eigenen Aufruf übergeben, sondern aus einem äußeren Makroaufruf übernommen. Dort werden die entsprechenden Gliederungsüberschriften übergeben, wenn `\ps@headings` ausgeführt wird.

Die letzte Klammer aus der abschließenden Klammergruppe `}}}}` bezieht sich auf die öffnende Klammer aus `\def\ps@headings{`. Diese Definition endet somit an dieser Stelle. Die Bearbeitungsklasse `book.cls` schließt den Aufruf `\@chapapp\ \thechapter` in der inneren Definition von `\chaptermark` nochmals in eine weitere Abfrage ein:

```
\if@mainmatter \@chapapp\ \thechapter. \ \fi
```

Damit erscheint bei der Bearbeitungklasse `book` in den Kopfzeilen der geraden Seiten der Text '*KAPITEL n. ÜBERSCHRIFT*' nur bei denjenigen Buchteilen, die mit dem Gliederungsbefehl `\mainmatter` eingeleitet wurden. Bei den mit `\frontmatter` bzw. `\backmatter` eingeleiteten Buchteilen entfällt der Aufruf '`\chapapp \thechapter`', womit dort dann nur die *ÜBERSCHRIFT* aus dem aktuellen `\chapter`-Befehl auftritt.

Beim Klassenfile `article` entfällt innerhalb der Definition von `\ps@headings` die innere Definition von `\chaptermark`, da in dieser Bearbeitungsklasse der Gliederungsbefehl `\chapter` entfällt. Dafür tritt dort als weitere innere Befehlsdefinition

```
\def\subsectionmark##1{\markright{%
    \ifnum \c@secnumdepth >\@ne \thesubsection\quad \fi  ##1}}
```

auf, womit auf ungeraden Seiten in der Kopfzeile die Überschrift des aktuellen `\subsection`-Befehls erscheint.

Die vorstehend beschriebene Definition für `\ps@headings` legt diesen Seitenstil für die Klassenoption `twoside` fest. Dementsprechend steht sie im *wenn*-Zweig der einleitenden `\if@twoside`-Abfrage. Die Realisierung für einseitige Formatierung erfolgt anschließend im *sonst*-Zweig dieser Abfrage. Da bei einseitiger Formatierung nicht zwischen linken und rechten Seiten unterschieden wird, sind die Einstellvorgaben hier einfacher. Ich gebe sie als Beispiel für die Bearbeitungsklasse `book` vollständig wieder:

```
\def\ps@headings{\let\@oddfoot\@empty
   \def\@oddhead{{\slshape\rightmark}\hfil\thechapter}%
   \let\@mkboth\markboth
   \def\chaptermark##1{\markright {\MakeUppercase{%
      \ifnum \c@secnumdepth > \m@ne
         \if@mainmatter \@chapapp\ \thechaper. \ \fi
      \fi  ##1}}}}
```

Im Klassenfile `report` entfällt die Einschachtelung von '`\@chapapp\ \thechapter`' in die `\if@mainmatter ... \fi`-Abfrage. In `arcticle.cls` wird die innere Definition von `\chaptermark` durch die äquivalente Definition von `\sectionmark` ersetzt.

3.2.3 Einstellvorgaben für Titelseiten

Die Gestaltung der `titlepage`-Umgebung hängt weitgehend davon ab, ob die Klassenoption `titlepage` oder ihr Gegenteil `notitlepage` aktiv ist. Bei den Bearbeitungsklassen `book` und `report` ist standardmäßig `titlepage` gesetzt, die jedoch durch die explizite Klassenoptionsangabe `notitlepage` abgeschaltet wird. Umgekehrt ist bei der Bearbeitungsklasse `article` standardmäßig `notitlepage` voreingestellt, die hier ebenfalls durch die explizite Optionsangabe `titlepage` umgeschaltet werden kann. Demzufolge bestehen die Vorgaben zur Gestaltung der `titlepage`-Umgebung strukturell aus:

```
\if@titlepage  \newcommand{\maketitle}{...}
\else          \newcommand{\maketitle}{...} \fi
```

wobei der *wenn*-Zweig die Vorgaben für eine eigene Titelseite und der *sonst*-Zweig diejenigen für einen Titelvorspann enthält. Die Einstellvorgaben für eine eigene Titelseite sind recht einfach:

```
\newcommand{\maketitle}{\begin{titlepage}
  \let\footnotesize\small
  \let\footnoterule\relax  \let\footnote\relax
  \null\vfil \vskip60\p@
    ⟨Aufbereitung des Titelseitentextes⟩ \@thanks
  \vfil\null             \end{titlepage}
```

Die Befehlsfolge `\null\vfil ... \vfil\null` bewirkt, dass vor und nach der eingeschlossenen Struktur beliebig dehnbarer vertikaler Zwischenraum gleicher Größe zugefügt wird, wodurch die eingeschlossene Struktur auf der laufenden Seite vertikal zentriert angeordnet wird.[2] Der nach `\null\vfil` folgende Befehl `\vskip60\p@` bewirkt eine vertikale Zusatzverschiebung um 60 pt nach unten gegenüber der umgebenden vertikalen Zentrierung.

Der mit ⟨*Aufbereitung des Titelseitentextes*⟩ symbolisierte Teil zur Gestaltung der Titelseite besteht aus einer `center`-Umgebung, innerhalb derer die mit `\title`, `\author` und evtl. `\date` eingegebenen Texte für die Titelseite aufbereitet werden:

[2] Der Befehl `\null` erzeugt eine leere horizontale TeX-Box. Er dient hier nur dazu, die interne TeX-Hauptbearbeitungsliste eindeutig zu strukturieren. Hierauf folgender oder vorangehender elastischer vertikaler Füllraum wird auch eingefügt, wenn er am Anfang oder Ende einer Seite auftritt, was ohne `\null` nicht der Fall wäre.

```
\begin{center}{\LARGE \@title \par}\vskip 3em%
   {\large\lineskip.75em\begin{tabular}[t]{c}%
         \@author      \end{tabular}\par}%
   \vskip 1.5em{\large \@date \par}%
\end{center}\par
```

Die hier auftretenden internen Befehle `\@title`, `\@author` und `\@date` enthalten die vom Anwender mit

`\title{`*Titelüberschrift*`}` `\author{`*Autoren_angaben*`}` `\date{`*Datumtext*`}`

eingegebenen Texte zur Gestaltung der Titelseite [5a, 3.3.1]. Diese Überschrifttexte erscheinen als Ergebnis der umschließenden `center`-Umgebung jeweils horizontal zentriert und in den mit den Schriftgrößenbefehlen `\LARGE` bzw. `\large` gewählten Schriftgrößen. Zwischen den einzelnen Bestandteilen der Titelseite wird dabei mit `\vskip` *maß* jeweils vertikaler Zusatzzwischenraum eingefügt.

Das interne Makro `\@date` ist mit `\today` voreingestellt. Entfällt eine explizite Anwenderangabe mit `\date`, dann erscheint hierfür das aktuelle Datum. Im Anschluss an die `\center`-Umgebung erfolgt, wie bereits oben aufgelistet, der interne Befehl `\@thanks`. Dieser enthält alle vom Anwender mit `\thanks`-Befehlen übergebenen Fußnotentexte für die Titelseite, die mit dem Aufruf von `\@thanks` als Fußnoten in der für Fußnoten leicht vergrößerten Schrift `\small` ausgegeben werden.

Nach der Ausgabe der Titelseite können deren interne Befehle wieder geleert werden, da sie sonst nur unnötigen Speicherplatz belegen. Außerdem muss der Fußnotenzähler für den anschließenden Textteil wieder zurückgesetzt werden. Die Definition für `\maketitle` enthält deshalb als letzten Bestandteil:

```
\setconter{footnote}{0}%
\global\let\thanks\relax        \global\let\maketitle\relax
\global\let\@thanks\@empty      \global\let\@author\@empty
\global\let\@date\@empty        \global\let\@title\@empty
\global\let\title\relax         \global\let\author\relax
\global\let\date\relax          \global\let\and\relax       }
```

Die letzte hier auftretende schließende Klammer } gehört zur öffnenden Klammer aus dem Definitionsbefehl `\newcommand{\maketitle}{`, der damit an dieser Stelle zum Abschluss kommt. Die bei den vorangegangenen Leerungsbefehlen vorangestellte TEX-Notation `\global` bewirkt, dass die innerhalb der `\maketitle` vorgenommene Befehlsleerung global, also auch außerhalb dieser Definition, wirksam ist.

Führt die Anfangsabfrage `\if@titlepage` zum *sonst*-Zweig, so ist keine eigene Titelseite, sondern ein Titelvorspann zu erzeugen. Die dann erforderliche Definition für `\maketitle` ist etwas aufwendiger, da sie zu berücksichtigen hat, ob der Gesamttext ein- oder zweispaltig zu formatieren ist:

```
\renewcommand{\maketitle}{\par       \begingroup
   \renewcommand{\thefootnote}{\@fnsymbol\c@footnote}%
   \def\@makefnmark{\rlap{\@textsuperscript{\normalfont\@thefnmark}}}%
   \long\def\@makefntext##1{\parindent 1em\noindent
      \hb@xt@1.8em{\hss\@textsuperscript{\normalfont\@thefnmark}}##1}%
```

```
\if@twocolumn
   \ifnum \col@number=\@ne \@maketitle
   \else  \twocolumn[\@maketitle]  \fi
\else  \newpage \global\@topnum\z@  \@maketitle\fi
\thispagestyle{plain}\@thanks    \endgroup
 ⟨Leerungteil⟩     }
```

Das TEX-Befehlspaar `\begingroup ... \endgroup` dient zur Blockbildung, was in LATEX der Bildung einer namenlosen Umgebung entspricht. Damit werden alle eingeschlossenen Befehle und Speicherstrukturen nur lokal eingerichtet, die nach Verlassen des Blocks nicht mehr existieren. Eine Erläuterung für die TEX-Befehl `\rlap` und `\hss` entfällt hier. Bei Bedarf können die Ausführungen aus Kapitel 5 zu Rate gezogen werden. Die genauen Fundstellen können dem Inhaltsverzeichnis unter dem Oberbegriff 'TEX-Befehle' entnommen werden.

Der interne Befehl `\hb@xt@` stellt die TEX-Box `\hbox to` bereit, die mit der hier übergebenen Breite auf 1.8 em eingestellt wird. Dieser interne Befehl wurde bereits in 2.4.8 auf S. 83 vorgestellt. Ansonsten bewirken die ersten vier Folgezeilen aus der Definition von `\maketitle` nur, dass die `\thanks`- und die damit verknüpfte Fußnotenkennzeichnung durch die speziellen Fußnotensymbole `\fnsymbol` erfolgen (s. [5a, 4.9.2]).

Die anschließende `\if@twocolumn`-Abfrage prüft, ob der Gesamttext zweispaltig formatiert wird. Ist das der Fall, dann wird der Text des Titelvorspanns gemeinsam über beide nachfolgenden Spalten gesetzt: `\twocolumn[`*titel_text*`]`. Dieser Titeltext wird mit dem internen Makro `\@maketitle` aufbereitet, das anschließend vorgestellt wird.

Der *wenn*-Zweig der vorstehenden `\if@twocolumn`-Abfrage enthält eine weitere Abfrage '`\ifnum \col@number=\@ne ... \else ... \fi`', die zunächst etwas verwirrt. Der interne Zahlbefehl `\col@number` wird durch die Klassenoption `twocolumn` stets auf `\tw@` und damit auf '2' gesetzt. Die Abfrage nach `\@ne` und damit nach '1' erscheint deshalb zunächst unsinnig. Sie erfolgt hier nur zur Vorsorge, falls durch ein eingelesenes Ergänzungspaket, wie z. B. durch `multicol.sty`, eine Abänderung von `\col@number` gegenüber den Vorgaben aus dem LATEX-Kern vorgenommen wird.

Der *sonst*-Zweig der `\if@twocolumn`-Abfrage bewirkt die Ausgabe des Titelvorspanns bei einseitiger Formatierung. Damit startet eine neue Seite, auf der am oberen Seitenrand keine Gleitobjekte auftauchen können. Die interne Zuweisung `\global\@topnum\z@` hat die Wirkung von '`\setcounter{topnumber}{0}`' (s. [5a, 6.6.3]). Die Aufbereitung des Titelvorspanns erfolgt auch hier durch das interne Makro `\@maketitle` (s. u.).

Als Seitenstil für die Ausgabeseite mit dem Titelvorspann wird `plain` als Folge von `\thispagestyle{plain}` gewählt, unabhängig davon, welcher Seitenstil für den Gesamttext vorgegeben wird. Der mit ⟨*Leerungsteil*⟩ symbolisierte Abschlussteil der `\maketitle`-Definition enthält die gleichen Leerungsbefehle, wie sie für die doppelseitige Formatierung bei der dortigen `\maketitle`-Definition bereits aufgelistet wurden.

Es bleibt noch die Definition für den internen Befehl `\@maketitle` nachzutragen:

```
\def\@maketitle{\newpage \null \vskip 2.em%
    \begin{center}\%
       \let\footnote\thanks {\LARGE \@title \par}\vskip 1.5em%
       {\large \lineskip .5em\begin{tabular}[t]{c}%
              \@author      \end{tabular}\par}%
       \vskip 1em{\large \@date}
    \end{center}\par    \vskip 1.5em }
```

Diese Definition bedarf nach den Erläuterungen zu ⟨*Aufbereitung des Titelseitentextes*⟩ aus dem *wenn*-Zweig der `\if@titlepage`-Abfrage keiner zusätzlichen Hinweise, weil sich die dortigen Strukturen hier weitgehend wiederholen.

3.2.4 Definitionen und Einstellvorgaben der Gliederungsbefehle

Dieser Teil enthält die umfangreichsten und zugleich wichtigsten Einrichtungsstrukturen der Standardklassenfiles. Er definiert die LaTeX-Gliederungsbefehle, wie `\part`, `\chapter`, `\section`, ..., `\subparagraph`, die allen Anwendern wohlbekannt, dem LaTeX-Kern aber unbekannt sind. Der LaTeX-Kern leistet zu ihrer Definition jedoch Unterstützung.

Vorbemerkungen: Der LaTeX-Kern stellt zwei Einrichtungsbefehle mit den Namen `\@startsection` und `\secdef` bereit. Die Befehlssyntax für den ersten Befehl ist:

`\@startsection{`*name*`}{`*stufe*`}{`*einrückung*`}{`*vor_platz*`}{`*nach_platz*`}{`*schrift*`}`

Dieser Einrichtungsbefehl enthält also sechs zwingende Argumente. Dabei steht *name* für den Gliederungsnamen, wie `section` oder `paragraph`. Für *stufe* ist der Zahlenwert für die Gliederungsstufe, also `0` für `chapter` bis `5` für `subparagraph`, einzusetzen. Die Maßangabe für *einrückung* bestimmt die Einrücktiefe der Gliederungsüberschrift einschließlich einer evtl. Nummerierung.

Für *vor_platz* und *nach_platz* sollten elastische Maßangaben gewählt werden, wobei auch negative Maßangaben erlaubt sind. Der Absolutbetrag für *vor_platz* bestimmt den vertikalen Zwischenraum, der zwischen dem vorangehenden Text und der Gliederungsüberschrift eingefügt wird. Bei einer *negativen* Angabe wird die erste Zeile des nachfolgenden Textes *nicht* eingerückt, wogegen eine *positive* Maßangabe auch die Einrückung der ersten Folgezeile bewirkt.

Eine *positive* Maßangabe für *nach_platz* bestimmt den vertikalen Zwischenraum zwischen der Gliederungsüberschrift und dem anschließenden Text. Bei einer *negativen* Angabe schließt der nachfolgende Text horizontal an die Gliederungsüberschrift an, wobei der Absolutbetrag der Maßangabe den horizontalen Abstand zur vorangehenden Überschrift festlegt.

Schriftarten und Schriftgrößen für die Gliederungsüberschriften werden mit den Angaben für *schrift* festgelegt. Mit diesen Hinweisen bedürfen die später vorgestellten Realisierungen von `\section` bis `\subparagraph` keinerlei zusätzlicher Erläuterungen.

Der andere Einrichtungsbefehl `\secdef` ist universeller und hat die Syntax

`\secdef{\`*std_form*`}{\`*stern_form*`}` oder `\secdef\`*std_form*`\`*stern_form*

wobei `\`*std_form* und `\`*stern_from* zwei noch zu definierende Befehle sind, die ablaufen, je nachdem ob der Gliederungsbefehl in seiner Standard- oder Sternform aufgerufen wird.

Zählervorgaben für die Gliederungsbefehle: Die Schranke `secnumdepth` bestimmt die Tiefe, bis zu der die Gliederungsbefehle durchnummeriert werden. Die Standardklassenfiles geben diese Schranke mit

`\setcounter{secnumdepth}{3}` in `article.cls` bzw.
`\setcounter{secnumdepth}{2}` in `book.cls` und `report.cls`

vor. Jedem Gliederungsbefehl ist ein Zähler gleichen Namens zugeordnet, der die laufende Gliederungsnummer enthält. In der Gliederungshierarchie der Bearbeitungsklassen `book` und `report` sind die Zähler `section`, ..., `subparagraph` auf 0 zurückzusetzen, wenn ein Zähler der darüber liegenden Stufe erhöht wird. In `article` beginnt diese Rücksetzung bei `subsection`. Die Klassenfiles `book.cls` und `report.cls` richten diese Zähler deshalb mit

```
\newcounter{part}  \newcounter{chapter}
\newcounter{section}[chapter]
\newcounter{subsection}[section]
\newcounter{subsubsection}[subsection]
\newcounter{paragraph}[subsection]
\newcounter{subparagraph}[paragraph]
```

ein. In `article.cls` fehlt der Einrichtungsbefehl `\newcounter{chapter}`, und `section` wird dort ohne Rücksetzung durch `chapter` einfach mit `\newcounter{section}` eingerichtet.

Zu jedem Gliederungszähler *gl_zähler* ist ein Ausgabebefehl `\the`*gl_zähler* zu definieren, der die Ausgabe der Zählerstände dieser Gliederungsbefehle bewirkt. In `book.cls` und `report.cls` geschieht dies mit:

```
\renewcommand{\thepart}{\@Roman\c@part}
\renewcommand{\thechapter}{\@arabic\c@chapter}
\renewcommand{\thesection}{\thechapter.\@arabic\c@section}
\renewcommand{\thesubsection}{%
      \thesection.\@arabic\c@subsection}
 . . . . . . . . . . . . . . . . . . . . . . . . . . . . . . .
\renewcommand{\thesubparagraph}{%
      \theparagraph.\@arabic\c@subparagraph}
```

In `article.cls` entfällt die Neudefinition von `\thechapter` und `\thesection` wird dort mit

```
\newcounter{\thesection}{\@arabic\c@section}
```

definiert. Die hier verwendeten Befehle `\@arabic` und `\@Roman` sind die internen Realisierungen der gleichnamigen Befehle aus der Anwenderebene `\arabic{`*zähler*`}` bzw. `\Roman{`*zähler*`}` (s. [5a, 7.1.4]).

Die internen Zählerausgabebefehle wie `\@arabic` und `\@Roman` übernehmen die nachfolgenden TeX-Zahlenregister `\c@`*zähler* als ihr Argument. Die internen Namen für TeX-Zahlenregister wurden bereits in 3.2.2 auf S. 102 vorgestellt. Die Befehlsfolge `\@arabic\c@section` ist also gleichwertig mit `\arabic{section}`. Befehlsfolgen wie in den vorstehenden Definitionen mit

`\thesection.\@arabic\c@subsection` entsprechen damit
`\thesection.\arabic{subsection}`

und bedürfen keiner zusätzlichen Erläuterung. Sie würde an dieser Stelle die Ausgabe 3.2.4 bewirken.

Abschließend wird in den Standardklassenfiles `book.cls` und `report.cls` noch der interne Befehl `\@chapapp` definiert, der im Einrichtungsteil für den Seitenstil zur Anwendung kommt (s. 3.2.2): `\newcommand{\@chapapp}{\chaptername}`

Zusatzvorgaben für book.cls: Die Bearbeitungsklasse book kennt die zusätzlichen Gliederungsbefehle `\frontmatter`, `\mainmatter` und `\backmatter`, die in `book.cls` als

```
\newcommand{\frontmatter}{\cleardoublepage
                    \@mainmatterfalse\pagenumbering{roman}}
\newcommand{\mainmatter}{\cleardoublepate
                    \@mainmattertrue\pagenumbering{arabic}}
\newcommand{\backmatter}{\if@oenright\cleardoublepage
                              \else\clearpage\fi \@mainmatterfalse}
```

eingerichtet werden. Diese Definitionen bedürfen keiner Erläuterung. Der aktuelle Schalterwert für `\@mainmatter` kann an anderen Stellen mit `\if@mainmatter` abgefragt werden, wovon z. B. im Seitenstil-Einrichtungsteil bei der dortigen Befehlsdefinition für `\chaptermark` Gebrauch gemacht wurde (s. S. 102).

Der Gliederungsbefehl `\part`: Die Definition für den Gliederungsbefehl `\part` greift auf den Einrichtungsbefehl `\secdef` zurück (s. Vorbemerkungen). Der Gliederungsbefehl `\part` unterscheidet sich bei der Bearbeitungsklasse `article` deutlich von dem aus `book` und `report`. Ich stelle hier zunächst die Definition aus `article.cls` vor:

```
\newcommand{\part}{\par \addvspace{4ex}\@afterindentfalse
                        \secdef{\@part}{\@spart}}
```

Das erste Argument aus `\secdef` ist hier der Makroaufruf `\@part`, der seinerseits die Einstellvorgaben bewirken muss, die mit dem `\part`-Aufruf in der Standardform ablaufen sollen:

```
\def\@part[#1]#2{%
    \ifnum \c@secnumdepth >\m@ne \refstepcounter{part}%
       \addcontentsline{toc}{\part}{\thepart\hspace{1em}#1}%
    \else \addcontentsline{toc}{part}{#1}\fi
   {\parindent \z@ \raggedright \interlinepenalty \@M
    \normalfont \ifnum \c@secnumdepth >\m@ne
       \Large\bfseries \partname~\thepart \par\nobreak \fi
    \huge\bfseries #2\markboth{}{}\par}%
    \nobreak \vskip 3ex \@afterheading}
```

Die Befehlsdefinition `\def\@part[#1]#2{...}` richtet scheinbar einen Befehl mit einem optionalen und einem zwingenden Parameter ein, so wie das für den `\part`-Befehl aus der Anwendersicht erwartet wird. Das erzeugende Einrichtungsmakro `\secdef` behandelt die Parameterliste `[#1]#2` so vor, dass bei fehlender Eingabe für `[#1]` der Inhalt von `#2` auch nach `#1` kopiert wird. Beim Ablauf von `\@part` sind deshalb `#1` und `#2` stets mit dem/den übergebenen Argument(en) aus dem `\part`-Befehlsaufruf gefüllt, sei es in einer Kurzform und einer Langform oder aber beide Male in der Langform.

Das Makro `\@part` prüft dann den Zahlenwert der Schranke `secnumdepth`. Ist sie > -1, so wird die laufende `\part`-Nummer um eins erhöht und dann mit der `\part`-Überschrift zusammen mit der laufenden Nummer ins Inhaltsverzeichnis aufgenommen. Der Erhöhungsbefehl `\refstepcounter{part}` bewirkt gleichzeitig, dass auf den aktuellen Zahlenwert von `part` mit `\ref`-Befehlen Bezug genommen werden kann. Ist die Schranke `secnumdpepth` ≤ -1, so unterbleibt die Erhöhung des Zählers `part`, und ins Inhaltsverzeichnis wird nur die reine Überschrift ohne vorangestellte Gliederungsnummer übernommen.

Die erste Zeile aus dem anschließenden `{...}`-Block, der mit `{\parindent` beginnt und mit `\par}` endet, bewirkt die linksbündige Ausgabe der `\part`-Gliederungsüberschrift ohne Einrückung. Außerdem wird ein Seitenumbruch zwischen den Zeilen der `\part`-Gliederungsüberschrift verboten (`\interlinepenalty\M`).

Ist die Schranke `secnumdepth` > -1, dann wird der `\part`-Überschrift der Inhalt von `\partname~\thepart` in der Schrift `\Large\bfseries` vorangestellt, z. B. als **Teil III**. Dieser Ausgabeteil entfällt für `secnumdepth` ≤ -1. In der nächsten Zeile folgt dann die eigentliche `\part`-Überschrift in der Schrift `\huge\bfseries`. Die sonstigen Schriftattribute sind, wegen des vorherigen `\normalfont`-Aufrufs, diejenigen, die mit `\begin{document}` bereitstehen.

Mit dem vorletzten Befehl `\markboth{}{}` aus dem umgebenden `{...}`-Block wird das `\markboth`-Register geleert, da es nicht mehr benötigt wird. Zwischen der `\part`-Überschrift und dem nachfolgenden Text wird dann vertikaler Leerraum von der Größe 3 ex eingefügt, vor dem ein Seitenumbruch untersagt wird. Der letzte Befehl `\@afterheading` aus der `\@part`-Definition bewirkt bestimmte Erschwernisvorgaben beim Zeilen- und Seitenumbruch des nachfolgenden Textes, auf die ich nicht weiter eingehe.

Das zweite Argument aus dem vorangegangenen `\secdef`-Einrichtungsbefehl war `\@spart`. Dieses Makro bewirkt die Einstellvorgaben, wenn der `\part`-Befehlsaufruf in der *-Form als `\part*` erfolgt:

```
\def\@spart#1{{\parindent \z@ \raggedright
    \interlinepenalty \@M \normalfont \huge\bfseries #1\par}
    \nobreak \vskip 3ex \@afterheading}
```

Da alle hier auftretenden Strukturen bereits im Zusammenhang mit der Standardform `\@part` vorgestellt wurden, kann hier jede weitere Erläuterung entfallen.

Bei den Bearbeitungsklassen `book` und `report` sind die Definitionen für `\part` und seine Untermakros `\@part` und `\@spart` umfangreicher, da hier der `\part`-Befehl seine Überschrift jeweils auf einer eigenen Seite ausgibt, wobei die alternativen Klassenoptionen `onecolumn` oder `twocolumn` zu beachten sind.

```
\newcommand{\part}{\cleardoublepage\thispagestyle{empty}%
   \if@twocolumn \onecolumn \@tempswatrue
   \else                    \@tempswafalse  \fi
   \null\vfil \secdef{\@part}{\@spart}}
```

Diese Definition sollte keinerlei Verständnisschwierigkeiten bereiten. Soll der Gesamttext zweispaltig bearbeitet werden, so wird für die `\part`-Seite vorübergehend auf Einspaltigkeit umgeschaltet. Der Schalterspeicher `\@tempswa` soll mit seinem logischen Inhalt später nur daran erinnern, ob auf Zweispaltigkeit zurückgeschaltet werden muss. In der Befehlsfolge `\null\vfil` hat die vorangestellte Leerbox `\null` nur die Wirkung, dass der anschließende Füllbefehl `\vfil` für vertikalen Zwischenraum zur Wirkung kommt, da er sonst am Anfang einer Seite unterdrückt würde.

Die Definition der Teilmakros `\@part` und `\@spart` erfolgt nun als:

```
\def\@part[#1]#2{%
    \ifnum \c@secnumdepth >-2\relax \refstepcounter{part}%
       \addcontentsline{toc}{part}{\thepart\hspace{1em}#1}%
    \else \addcontentsline{toc}{part}{#1}\fi
```

```
      \markboth{}{}%
     {\centering \interlinepenalty \@M \normalfont
      \ifnum \c@secnumdepth >-2\relax
         \huge\bferies \partname~\thepart \par \vskip 20\p@ \fi
      \Huge \bfseries #2}\@endpart}

\def\@spart#1{{\centering \interlinepenalty \@M
      \normalfont \Huge \bfseries #1\par}\@endpart}
```

Auch diese Definitionen bedürfen nach den Hinweisen zu den gleichnamigen Definitionen aus `article.cls` keiner zusätzlichen Erläuterung. Die Abfrage der Schranke `secnumdepth` erfolgt nun gegenüber > -2, da die interne Kennzahl für den Gliederungsbefehl `\part` wegen des zusätzlichen Gliederungsbefehls `\chapter` nunmehr -1 beträgt (s. [5a, 3.3.3]). Der nachgestellte Leerbefehl `\relax` dient nur zur Erkennung des Zahlenabschlusses nach -2 bei der internen Makroauflösung.

Die internen Makros `\@part` und `\@spart` aus den Bearbeitungsklassen `book` und `report` enthalten als letzten Befehlsaufruf `\@endpart`, dessen Makro noch zu definieren ist:

```
\def\@endpart{\vfil\newpage
      \if@twoside \null\thispagestyle{empty}\newpage \fi
      \if@tempswa \twocolumn \fi}
```

Es bewirkt nach Ausführung von `\part` den Start einer neuen Seite, der bei doppelseitiger Formatierung eine weitere Leerseite folgt. Ist für die Formatierung des Gesamttextes Zweispaltigkeit vorgesehen, so erinnert `\if@tempswa` daran, mit dessen *wahr*-Zweig dann die Rückschaltung auf `\twocolumn` erfolgt.

Der Gliederungsbefehl `\chapter`: Der Gliederungsbefehl `\chapter` entfällt bei der Bearbeitungsklasse `article`, so dass seine Definition nur in `book` und `report` erfolgt:

```
\newcommand{\chapter}{\if@openright\cleardoublerpage
                          \else \clearpage\fi
      \thispagestyle{plain}\global\@topnum\z@
      \@afterindentfalse \secdef{\@chapter}{\@schapter}}
```

Diese Definition sollte eigentlich keine Verständnisschwierigkeiten bereiten. Der Aufruf von `\chapter` beendet mit `\clearpage` oder `\cleardoublepage` die laufende Seite und gibt alle bis dahin noch anstehenden Gleitobjekte aus. Die neue Seite des neuen Kapitels wird mit dem Seitenstil `plain` formatiert. Auf dieser Seite können wegen `\global\@topnum\z@` keine nachfolgenden Gleitobjekte am oberen Seitenrand erscheinen (s. auch 3.2.3 auf S. 105). Der Schalter `\@afterindent` bewirkt in der Stellung *falsch* (`\@afterindentfalse`), dass die erste Zeile eines nachfolgenden Absatzes *ohne* Zeileneinzug erfolgt. Die restliche Realisierung von `\chapter` erfolgt dann unter Rückgriff auf den Einrichtungsbefehl `\secdef`. Die Befehlsargumente für `\secdef` sind hier `\@chapter` und `\@schapter`, mit denen die Standard- bzw. *-Form für `\chapter` realisiert wird.

Die Definitionen von `\@chapter` und `\@schapter` ähneln zum Teil denen von `\@part` und `\@spart`, so dass ihre Erläuterungen hier kürzer ausfallen können. In `report.cls` erfolgen ihre Definitionen als:

```
\def\@chapter[#1]#2{%
    \if@num \c@secnumdepth >\m@ne \refstepcounter{chapter}%
       \typeout{\@chapapp\space\thechapter.}%
       \addcontentsline{toc}{chapter}%
           {\protect\numberline{\thechapter}#1}%
    \else \addcontentsline{toc}{chapter}{#1}\fi
    \chaptermark{#1}
    \addtocontents{lof}{\protect\addvspace{10\p@}}%
    \addtocontents{lot}{\protect\addvspace{10\p@}}%
    \if@twocolumn \@topnewpage[\@makechapterhead{#2}]%
    \else \@makechapterhead{#2}\@afterheading \fi}
\def\@schapter#1{%
    \if@twocolumn \@topnewpage[\@makeschapterhead{#1}]%
    \else \@makeschapterhead{#1}\@afterheading \fi}
```

Zu der speziellen Form der Parameterliste `[#1]#2` bei der Definition von `\@chapter` verweise ich auf die Hinweise zur gleichartigen Form bei der Definition von `\@part` auf S. 108. Ebenso können die dortigen Hinweise zur Erläuterung der nächsten vier Zeilen übernommen werden, wenn sie dem Leser nicht direkt verständlich sind. Das Argument des `\typeout`-Befehls erscheint als Mitteilung des Bearbeitungsfortschritts auf dem Bildschirm.

Mit `\chaptermark{#1}` wird die aktuelle Kapitelüberschrift zur Ausgabe als Kopfzeile zwischengespeichert. Die nächsten beiden, jeweils mit `\addtocontents` eingeleiteten Zeilen sind relativ unbedeutend. Sie bewirken nur, dass nach einem `\chapter`-Befehl die nachfolgenden Einträge für ein etwaiges Bild- oder Tabellenverzeichnis mit 10 pt vertikalem Abstand zu den vorangehenden Einträgen erscheinen. Der hier auftretende Befehl `\addvspace{10pt}` hat dieselbe Aufgabe wie `\vspace{10pt}`, jedoch mit der zusätzlichen Wirkung, dass beim Zusammentreffen mehrerer Einfügungen vertikalen Zwischenraums deren Summenwirkung auf hier 10 pt beschränkt bleibt.

Die abschließende `\if@twoclumn`-Abfrage enthält in ihrem *wenn*-Zweig den Aufruf `\@topnewpage` mit dem optional übergebenen Argument `[\@makechapterhead{#2}]`. Er bewirkt, dass die Kapitelüberschrift gemeinsam über die nachfolgenden Textdoppelspalten gesetzt wird. Der *sonst*-Zweig ruft ebenfalls den noch zu definierenden Befehl `\@makechapterhead{#2}` auf, worauf abschließend `\@afterheading` folgt. Dieser Befehl verbietet einen Seitenumbruch unmittelbar nach der Kapitelüberschrift und erschwert ihn nach der ersten Zeile des Folgetextes, also das Auftreten eines sog. *Schusterjungen*.

Die Definition von `\@schapter` bedarf keiner weiteren Erläuterung, da sie nahezu identisch mit den beiden letzten Zeilen aus der vorangegangenen Definition von `\@chapter` ist. Der einzige Unterschied liegt darin, dass hier der Befehl `\@makeschapterhead` aufgerufen wird. Die Befehle `\@makechapterhead` und `\@makeschapterhead` werden nun definiert:

```
\def\@makechapterhead#1{\vspace*{50\p@}%
   {\parindent \z@ \raggedright \normalfont
    \ifnum \c@secnumdepth >\m@ne
       \huge\bfseries \@chapapp\space \thechapter
       \par\nobreak \vskip 20\p@ \fi
    \interlinepenalty\@M
    \Huge \bfseries #1\par\nobreak \vskip 40\p@ }}
```

```
\def\@makeschapterhead#1{\vspace*{50\p@}%
  {\parindent \z@ \raggedright \normalfont
   \interlinepenalty\@M
   \Huge \bfseries #1\par\nobreak \vskip 40\p@ }}
```

Diese Definitionen bedürfen keiner Zusatzerläuterungen, da alle auftretenden Befehle bereits bei den vorangegangenen Definitionen erläutert wurden. Nur nochmals zur Erinnerung: `\interlinepenalty\@M` fügt nach einem evtl. Zeilenumbruch innerhalb der Kapitelüberschrift so viele Strafpunkte ein, dass dort ein etwaiger Seitenumbruch untersagt wird.

Die vorstehenden Definitionen von `\@chapter` und `\@makechapterhead` gelten für die Bearbeitungsklasse `report`. Bei der Bearbeitungsklasse `book` enthalten diese Definitionen nach der Abfrage '`\if@num \c@secnumdepth \m@ne`' die weitere Abfrage

`\if@mainmatter` ⟨ wie *wenn*-Zweig aus `\ifnum` in `report.cls` ⟩
`\else \addcontentsline{toc}{chapter}{#1}\fi`

bei `\@chapter` und

`\if@mainmatter` ⟨ wie *wenn*-Zweig aus `\ifnum` in `report.cls` ⟩ `\fi`

bei `\@makechapterhead`. Ansonsten werden alle Definitionsteile für diese beiden Befehle aus `report.cls` unverändert übernommen. Hiermit wird erreicht, dass bei der Formatierung eines Buches die Zusatzausgabe 'Kapitel n' oberhalb der Kapitelüberschriften nur im mit `\mainmatter` eingeleiteten Hauptteil auftritt.

Die Definitionen für alle tieferen Gliederungsbefehle: Die Definitionen für `\section`, ..., `\subparagraph` sind formal sehr viel einfacher, da sie auf den Einrichtungsbefehl `\@startsection` zurückgreifen, der bereits in den Vorbemerkungen auf S. 106 vorgestellt wurde. Die Definition dieser Gliederungsbefehle erfolgt in den Klassenfiles der LaTeX-Standardklassen einheitlich als

```
\newcommand{\section}{\@startsection{section}{1}{\z@}%
  {-3.5ex \@plus -1ex \@minus -.2ex}{2.3ex \@plus .2ex}%
  {\normalfont\Large\bfseries}}

\newcommand{\subsection}{\@startsection{subsection}{2}{\@z}%
  {-3.25ex \@plus -1ex \@minus -.2ex}{1.5ex \@plus .2ex}%
  {\normalfont\large\bfseries}}

\newcommand{\subsubsection}{\@startsection{subsubsection}{3}%
  {\z@}{-3.25ex \@plus -1ex \@minus -.2ex}{1.5ex \@plus.2ex}%
  {normalfont\normalsize\bfseries}}

\newcommand{\paragraph}{\@startsection{paragraph}{4}%
  {\z@}{3.25ex \@plus 1ex \@minus .2ex}{-1em}%
  {normalfont\normalsize\bfseries}}

\newcommand{\subparagraph}{\@startsection{subparagraph}{5}%
  {\z@}{3.25ex \@plus 1ex \@minus .2ex}{-1em}}%
  {normalfont\normalsize\bfseries}}
```

Zu ihrem Verständnis sollten bei Bedarf die Hinweise aus den Vorbemerkungen von S. 106 herangezogen werden.

Das dritte Argument des `\@startsection`-Befehls legt die horizontale Einrücktiefe der ausgegebenen Giederungsüberschrift fest. Bei dem hier mit `\z@` übergebenen Maßbefehl ist es überall 0 pt, womit die Gliederungsüberschriften *ohne* horizontale Einrückung ausgegeben werden. Das vierte Argument bestimmt mit seinem Absolutbetrag den vertikalen Abstand zum vorangehenden Text. Da es für die ersten drei Definitionen ein negatives Maß übergibt, bewirkt es die Nichteinrückung für die erste Zeile des auf die Überschrift folgenden Textes.

Eine positive Maßangabe für das fünfte Argument bestimmt den vertikalen Abstand zwischen der Gliederungsüberschrift und dem nachfolgenden Text. Das negative Maß `-1em` bei den beiden letzten Definitionen bewirkt dagegen den horizontalen Abstand des nachfolgenden Textes zur ausgegebenen Überschrift von `\paragraph` und `\subparagraph`, an die sich der nachfolgende Text in der gleichen Zeile anschließt.

Das sechste und letzte Argument aus `\@startsection` bestimmt bei den Standardklassenfiles Schriftgröße und Schriftart für die ausgegebene Gliederungsüberschrift. Hier könnten weitere Befehle, z. B `\centering` zur Erzeugung horizontal zentrierter Überschriften, angebracht werden.

Alle sonstigen Voreinstellungen für die Gliederungsüberschriften erfolgen mit den internen Vorgaben aus `\@startsection`. Hierzu gehören z. B. der horizontale Abstand zwischen einer ausgegebenen Gliederungsnummer und der nachgestellten Überschrift sowie die Übergabeform für das Inhaltsverzeichnis und für die Kopfzeilen. Auch der interne Befehl `\@afterheading`, der zur Beeinflussung des nachfolgenden Textes bei der Definition von `\chapter` und `\part` explizit angegeben werden musste, erfolgt mit `\@startsection` automatisch. Weitere Gestaltungsmöglichkeiten mit `\@startsection` werden in 6.2.2 und 6.3 vorgestellt.

Bei den vorstehenden elastischen Maßangaben traten die internen Befehle `\@plus` und `\@minus` auf. Sie sind die internen Realisierungen für elastische Maßangaben, die auf der Anwenderebene gewöhnlich als

sollwert `plus` *dehnert* `minus` *schrumpfwert*

erfolgen (s. [5a, 2.4.2]).

Mit den Hinweisen zur Einrichtung der Gliederungsbefehle in den Standardklassenfiles sollte es leicht möglich sein, geänderte Gliederungsbefehle in eigenen Klassenfiles einzurichten. Dies kann ggf. so weit gehen, dass für eine weitere Eindeutschung von LaTeX die Gliederungsbefehle mit deutschen Befehlsnamen wie `\teil`, `\kapitel`, `\abschnitt`, `\absatz` u. ä. eingerichtet werden. Dieser Hinweis sollte jedoch nicht als Empfehlung für eine gewaltsame Eindeutschung interpretiert werden. Ich würde sie für mich persönlich ablehnen.

Die Verwendung der Schriftfamilie `\sffamily` und/oder geänderter Schriftgrößen sowie der vertikalen Abstände zum vorangehenden und nachfolgenden Text bei den Gliederungsbefehlen könnte für eigene Klassenfiles gefordert und leicht nachvollzogen werden.

3.2.5 Einstellvorgaben für listenartige Strukturen

In diesem Teil erfolgen die Einstellvorgaben für die `list`-, `itemize`-, `enumerate`- und `description`-Umgebungen. Weitere Einstellvorgaben für diese Umgebungen erfolgen in den Größenoptionsfiles.

Die Einstellvorgaben für die list-Umgebung: Zur Bedeutung der einzelnen Parameter bei den nachfolgenden Listenerklärungen sollte ggf. [5a, 4.4] zu Rate gezogen werden. Die Standardklassenfiles `book.cls`, `report.cls` und `article.cls` geben sie mit

```
\if@twocolumn \setlength{\leftmargini}{2em}
\else         \setlength{\leftmargini}{2.5em} \fi
\leftmargin \leftmargini
\setlength{\leftmarginii}{2.2em}
\setlength{\leftmariniii}{1.87em}
\setlength{\leftmaringiv}{1.7em}
\if@twocolumn \setlength{\leftmarginv}{.5em}
              \setlength{\leftmarginvi}{.5em}
\else         \setlength{\leftmarginv}{1em}
              \setlength{\leftmargomvi{1em}  \fi

\setlength{\labelsep}{.5em}
\setlength{\labelwidth}{\leftmargini}
\addtolenght{\labelwidth}{-\labelsep}

\@beginparpenalty -\@lowpenalty
\@endparpenalty   -\@lowpenalty
\@itempenalty     -\@lowpenalty
```

vor. Die dritte Zeile '`\leftmargin \leftmarini`' ist eine abkürzende TEX-Schreibweise für `\setlenght{\leftmargin}{\leftmarigni}`. Die Einrückbefehle `\leftmargin`n mit n für `i, ii, iii, iv, v` und `vi` beziehen sich auf die jeweilige Schachtelungsstufe bei verschachtelten `list`-Umgebungen.

In den drei letzten Befehlszeilen werden den vorangestellten Strafbefehlen die negativen Strafpunkte von `\@lowpenalty` zugewiesen. Damit wird ein evtl. Seitenumbruch vor und nach der `list`-Umgebung sowie zwischen den einzelnen Listenpunkten erleichtert. Der Zahlenwert für `\@lowpenalty` wurde bereits bei den Einstellvorgaben für die Absatz- und Seitenformatierung in 3.2.1 mit '51' eingestellt.

Die Einstellvorgaben für die enumerate-Umgebung: Die Zuweisungen sind hier:

```
\renewcommand{\theenumi}{\@arabic\c@enumi}
\renewcommand{\theenumii}{\@alph\c@enmuii}
\renewcommand{\theenumiii}{\@roman\c@enumiii}
\renewcommand{\theenumiv}{\Alph\c@enumiv}

\newcommand{\labelenumi}{\theenumi.}
\newcommand{\labelenumii}{(\theenumii)}
\newcommand{\labelenumiii}{\theenumiii.}
\newcommand{\labelenumiv}{\theenumiv.}

\renewcommand{\p@enumii}{\theenumi}
\renewcommand{\p@enumiii}{\theenumi(\theenumii)}
\renewcommand{\p@enumiv}{\p@enumiii\theenumiii}
```

Die internen Zählerausgabebefehle `\@Roman` und `\@arabic` und die internen Zählerbefehlsnamen `\c@`*zähler* wurden bereits in 3.2.4 bei den Zählervorgaben für die Gliederungsbefehle vorgestellt (S. 107). Die dortigen Hinweise können hier auf `\@alph`, `\@Alph` und `\@roman` sowie `\p@enum`n übertragen werden. Die drei letzten Definitionszeilen für `\p@enum`n bestimmen die Ausgabeformen von Referenzen auf Listenpunkte innerhalb der n-ten Stufe, die intern mit der Befehlsfolge `\p@enum`n`\theenum`n für n = `ii, iii, iv` erzeugt werden.

Die Einstellvorgaben für die itemize-Umgebung:

```
\newcommand{\labelitemi{$\m@th\bullet$}
\newcommand{\labelitemii{\normalfont\bfseries --}
\newcommand{\labelitemiii{$\m@th\ast$}
\newcommand{\labelitemiv}{@\m@th\cdot$}
```

Der hier aufgerufene interne Befehl `\m@th` bewirkt, dass vor und nach Textformeln kein zusätzlicher Leerraum eingefügt wird. Er greift hierbei auf den TEX-Grundbefehl `\mathsurround` zurück, dem er das Maß 0 pt zuweist.

Die Einstellvorgaben für die description-Umgebung: Die `description`-Umgebung wird erst in den Klassenfiles definiert. Sie ist im LATEX-Kern unbekannt.

```
\newenvironment{description}
   {\list{}{\labelwidth\z@ \itemindent-\leftmargin
            \let\makelabel\descriptionlabel}}
   {\endlist}
\newcommand*{\descriptionlabel[1]{\hspace{\labelsep}
                \normalfont\bfseries #1}
```

Da in diesen Definitionen nur reine LATEX-Strukturen auftreten, kann von weiteren Erläuterungen abgesehen werden.

3.2.6 Die Definition weiterer Umgebungen

Einige Umgebungen, die bereits in der Einführung [5a] vorgestellt wurden und jedem LATEX-Anwender vertraut sind, werden erst mit den Klassenfiles definiert. Sie sind dem LATEX-Kern selbst unbekannt. Die Standardklassenfiles `article.cls` und `report.cls` definieren als eigenständige Umgebungen `abstract`, `verse`, `quotation`, `quote`, `titlepage` und `appendix`. Ihre Definitionen erfolgen in den Klassenfiles in der hier genannten Reihenfolge. Das Klassenfile `book.cls` richtet sie, bis auf die `abstract`-Umgebung, ebenfalls ein.

Die abstract-Umgebung: Der Inhalt der `abstract`-Umgebung erscheint, vertikal zentriert, auf einer eigenen Seite, falls die Titelausgabe ebenfalls auf einer eigenen Seite erfolgt. Dies ist der Vorgabestandard bei der Bearbeitungsklasse `book` sowie in Verbindung mit der Klassenoption `titlepage`. Bei der Bearbeitungsklasse `article` bzw. in Verbindung mit der Klassenoption `notitlepage` erscheint die Zusammenfassung in der Schriftgröße `\small` innerhalb einer `quotation`-Umgebung oder als Abschnitt bei zweispaltiger Formatierung.

```
\if@titlepage
   \newenvironment{abstract}{\titlepage \null\vfil
       \@beginparpenalty\@lowpenalty
       \begin{center}
          \bfseries\abstractname \@endparpenalty\@M
       \end{center}}
      {\par\vfil\null\endtitlepage}
\else
   \newenvironment{abstract}{%
```

```
          \if@twocolumn \section*{\abstractname}
          \else \small
             \begin{center}
               {\bfseries\abstractname\vspace{-.5em}\vspace{\z@}}%
             \end{center} \quotation \fi}
         {\if@twocolumn\else\endquotation\fi}}
  \fi
```

In dieser Definition treten zwei Befehlspaare namens `\titlepage ... \endtitlepage` und `\quotation ... \endquotation` auf, die dem Normalanwender ungewohnt erscheinen müssen. In [5a, 2.2] wurde erwähnt, dass alle Erklärungsbefehle auch als Umgebungsformen existieren, so dass statt `{\small ...}` auch `\begin{small} ... \end{small}` eingegeben werden kann. Dies kann auch in umgekehrter Richtung genutzt werden: Jede Umgebung

`\begin{`*umg*`}`	...	`\end{`*umg*`}`	kann auch mit dem Befehlspaar
`\`*umg*	...	`\end`*umg*	aufgerufen werden.

Hiermit sollte die vorstehende Definition ohne weitere Erläuterungen verständlich sein. Die Strafpunktzuweisung `\@beginparpenalty\@lowpenalty` für die `abstract`-Umgebung mit einer eigenen Seite scheint eine Vorsorgemaßnahme für exotische Bedingungen zu sein. Sie erschwert auf der eigenen Abstractseite einen Seitenumbruch vor der Ausgabe der Überschrift 'Zusammenfassung'. Da die `abstract`-Umgebung auf die `titlepage`-Umgebung zurückgreift, wird deren Seiteneröffnung kaum einen anfänglichen Seitenumbruch zulassen.

Die verse-Umgebung:

```
\newenvironment{verse}{\let\\ \@centercr
    \list{}{\itemsep \z@  \itemindent -1.5em%
            \listparindent\itemindent \rightmargin\leftmargin
            \advance\leftmargin 1.5em}
    \item\relax}
   {\endlist}
```

Diese Umgebungsdefinition greift ihrerseits auf die `list`-Umgebung zurück, die hier in der Form `\list ... \endlist` aufgerufen wird. Innerhalb der `verse`-Umgebung erhält der Zeilenendbefehl `\\` die Bedeutung von `\@centercr` zugewiesen. Dieser Befehl stammt aus dem LaTeX-Kern und wird dort als Zeilenendbefehl innerhalb der `center`-, `flushleft`- und `flushright`-Umgebungen für `\\` vorgegeben. Er bewirkt u. a. eine bessere Fehlerkontrolle bei unzulässiger Verwendung von `\\` und entfernt eventuellen zusätzlichen vertikalen Absatzzwischenraum.

Die Einrückumgebungen quotation und quote:

```
\newenvironment{quotation}{\list{}{\listparindent 1.5em%
                                   \itemindent\listparindent
                                   \rightmargin\leftmargin
                                   \parsep \@z \@lus\p@}%
                               \item\relax}
                              {\endlist}
```

```
\newenvironment{quote}{\list{}{\rightmargin\leftmargin}%
                              \item\relax}
                             {\endlist}
```

Auch diese beiden Umgebungen greifen ihrerseits auf die `list`-Umgebung zurück, in der, nach den Einrückvorgaben für `\rightmargin` u. a., mit einem leeren `\item`-Befehl gestartet wird.

Die titlepage-Umgebung: Die Aufgabe der `titlepage`-Umgebung besteht nur darin, eine neue Seite zu starten, für diese den Seitenstil `empty` einzustellen und sie für den eingeschlossenen Umgebungstext einspaltig zu formatieren. Mit dem Umgebungsende ist der Seitenzähler evtl. für die Folgeseite zu korrigieren. In LaTeX 2.09 wurde der Seitenzähler für die Titelseite mit '0' eingestellt, womit er automatisch für die Folgeseite den Wert '1' annimmt. Die Seitennummer '0' entspricht einer linken Seite, während die Titelseite als rechte Seite zu gestalten ist. Dies hat in den meisten Fällen keine Auswirkungen, weil auf der Titelseite gewöhnlich keine vom linken oder rechten Seitentyp abhängigen Strukturen auftreten.

Für LaTeX 2_ε wird diese Schwachstelle beseitigt, indem der Seitenzähler für die Titelseite mit 1 vorgegeben wird. Nach Beendigung der Titelseite steht er damit automatisch auf 2 und muss für die Folgeseite evtl. auf '1' zurückgestellt werden.

```
\if@compatibility
   \newenvironment{titlepage}{%
      \if@twocolumn \@restonecoltrue\onecolumn
      \else         \@restonecolfalse\newpage \fi
      \thispagestyle{empty} \setcounter{page}{\z@}}
     {\if@restonecol\twocolumn \else \newpage \fi}
\else    \newenvironment{titlepage}{%
      \if@twocolumn \@restonecoltrue\onecolumn
      \else         \@restonecolfalse\newpage \fi
      \thispagestyle{empty} \setcounter{page}{\@one}}
     {\if@restonecol\twocolumn \else \newpage \fi
      \if@twoside\else \setcounter{page}{\@one} \fi}
\fi
```

Diese Definition gilt für die Bearbeitungsklassen `article` und `report`. Für `book.cls` ist für beide `titlepage`-Definitionen als erster innerer Befehlsaufruf `\cleardoublepage` hinzuzufügen. Der Abfragebefehl `\if@restonecol` wurde bereits im Initialisierungsteil der Klassenfiles eingerichtet und vorgestellt (s. S. 96). Weitere Erläuterungen können entfallen, da die vorstehende Definition schrittweise leicht nachvollziehbar ist.

Die appendix-Umgebung: Die `appendix`-Umgebung ist keine wirkliche Umgebung, sondern ein Makro, das auf der Anwenderebene gewöhnlich als Umgebung aufgerufen wird. Seine Definition erfolgt in `article.cls` als

```
\newcommand{\appendix}{\par
   \setcounter{section}{0} \setcounter{subsection}{0}%
   \renewcommand{\thesection}{\@Alph\c@section}}
```

und in `book.cls` und `report.cls` als

```
\newcommand{\appendix}{\par
   \setcounter{chapter}{0} \setcounter{section}{0}%
   \renewcommand{\@chapapp}{\appendixname}%
   \renewcommand{\thechapter}{\@Alph\c@chapter}}
```

Diese Definitionen bedürfen keiner weiteren Erläuterungen.

3.2.7 Einstellvorgaben für weitere Strukturen aus dem LaTeX-Kern

Parametervorgaben für Umgebungen aus dem LaTeX-Kern: Einige der nachfolgenden Befehlsgruppen enthalten in ihrer jeweiligen letzten Gruppenzeile einen Hinweis auf Fundstellen in [5a], die zur Erläuterung herangezogen werden können.

```
\setlenght{\arraycolsep{5\p@} \setlength{\tabcolsep}{6\@p}
\setlength{\arrayrulewidth}{.4\p@}
\stelength{\doublerulesep}{2\p@}                        [5a, 4.8.2]
```

```
\setlength{\tabbingsep}{\labelsep}                      [5a, 4.6.4]
```

```
\skip\@mpfootins = \skip\footins
```

`\footins` enthält das elastische Längenmaß, das zwischen der Grundlinie der letzten Textzeile und der Oberkante für eine nachfolgende Fußnote eingefügt wird. Sein Maßbetrag hängt von der gewählten Größenoption ab und wird deshalb in den Größenoptionsfiles eingestellt. `\@mpfootins` hat die entsprechende Bedeutung für Fußnoten in `minipage`-Umgebungen. Mit der vorgenommenen Zuweisung wird dieser Abstand wie bei Seitenfußnoten eingerichtet.

In `minipage`-Umgebungen wird stets vorab der interne Befehl `\@minipagerestore` ausgeführt, der im LaTeX-Kern mit `\relax` gleichgesetzt wird, womit er keine Auswirkungen hat. Innerhalb eines Klassenfiles könnte `\@minipagerestore` eine geänderte Definition erhalten, womit der Inhalt einer `minipage`-Umgebung in gezielter Weise bearbeitet werden könnte. Die Standardklassenfiles machen von dieser Möglichkeit keinen Gebrauch.

In den Standardklassenfiles folgen als weitere Parametervorgaben (s. [5a, 4.7.8]

```
\setlength{\fboxsep}{3\@p} \setlength{\fboxrule}{.4\p@}
```

sowie in `article.cls`

```
\renewcommand{\theequation}{\@arabic\c@equation}
```

bzw. in `book.cls` und `report.cls`

```
\@addtoreset{equation}{chapter}
\renewcommand{\theequation}{\thechapter.\@arabic\c@equation}
```

Der interne Befehl `\@addtoreset{`*zähler*`}{`*rücksetzer*`}` bewirkt, dass der Zähler *zähler* stets auf Null zurückgesetzt wird, wenn der Zähler *rücksetzer* um eins erhöht wird, so wie das bei einer Zählerneueinrichtung auch mit `\newcounter{`*zähler*`}[`*rücksetzer*`]` geschehen würde (s. [5a, 7.1.2]). Damit wird der `equation`-Zähler mit jedem `\chapter`-Befehl stets wieder auf seinen Anfangswert zurückgesetzt.

Die Standardklassenfiles beschränken sich mit diesen Parametervorgaben auf die Umgebungen aus dem LaTeX-Kern. In eigenen Klassenfiles könnten bei Bedarf weitere Parametervorgaben erfolgen. Formelnummern werden z. B. durch den internen Aufruf von `\@eqnnum` ausgegeben. Dieser Befehl wird im LaTeX-Kern als '`\def\@eqnnum{(\theequation)}`' definiert, womit die laufenden Formelnummern durch ein rundes ()-Klammerpaar umschlossen werden. Mit einer geänderten Definition in einem Klassenfile könnten Formelnummern ein anderes Erscheinungsbild erhalten.

Einrichtung der Gleitobjektumgebungen: Einige Einstellvorgaben für Gleitobjekte erfolgten bereits zu Beginn des Hauptteils der Klassenfiles. Dort waren dies Vorgaben für die Stilparameter der Gleitobjekte gemäß [5a, 6.6.3]. Hier erfolgt die Einrichtung der Gleitobjektumgebungen `figure` und `table`. Der LaTeX-Kern stellt hierfür die internen Befehlspaare

`\@float{`*typ*`}[`*wohin*`]` ... `\end@float`
`\@dblfloat{`*typ*`}[`*wohin*`]` ... `\end@dblfloat`

bereit, die innerhalb des `\newenvironment`-Einrichtungsbefehls für die Standard- bzw. für die *-Formen der Gleitumgebungen anzugeben sind. Der Parameter *typ* steht für den Typ des Gleitobjekts, standardmäßig also für `figure` und `table`. Mit diesem Einrichtungs-Befehlspaar könnten bei Bedarf weitere Gleitobjektumgebungen definiert werden, z. B. `program` zur Auflistung von Programmkodes. Die vorstehenden Einrichtungspaare setzen die Definition der Befehle

`\fps@`*typ* mit der Vorgabe der Standardplatzierung, falls der optionale Parameter *wohin* beim Aufruf der Gleitumgebung entfällt.

`\ftype@`*typ* zur Bereitstellung einer einheitlichen Kennnummer für die Gleitobjekttypen. Die Kennnummern sind als 2^{n-1} vorzugeben, also z. B. 1, 2, 4, ... für den ersten, zweiten, dritten usw. Typ der Gleitobjekte.

`\ext@`*typ* zur Kennzeichnung des Namensanhangs für das Hilfsfile mit der Verzeichnisliste für den zugehörigen Gleitobjekttyp, z. B. `lot` für das Verzeichnis aller Tabellen [5a, 3.4.4].

`\fnum@`*typ* zur Ausgabe der laufenden Gleitobjektnummer, evtl. mit einer vorangestellten Namenskennung für das Gleitobjekt bei der Ausführung des `\caption`-Befehls.

voraus. Nach diesen Vorbemerkungen sollte der nachfolgende Erzeugungskode aus den Standardklassenfiles keine Verständnisschwierigkeiten bereiten:

```
\newcounter{figure}                     in article.cls
\renewcommand{\thefigure}{\@arabic\c@figure}

\newcounter{figure}[chapter]            in book.cls und report.cls
\renewcommand{\thefigure}{\thechapter.\arabic\c@figure}

\def\fps@figure{tbp} \def\ftype@figure{1} \def\ext@figure{lof}
\def\fnum@figure{\figurename~\thefigure}
\newenvironment{figure}{\@float{figure}}{\end@float}
\newenvoronment{figure*}{\@dblfloat{figure}}{\end@dblfloat}

\newcounter{table}                      in article.cls
\renewcommand{\thetable}{\@arabic\c@table}

\newcounter{table}[chapter]             in book.cls und report.cls
\renewcommand{\thetable}{\thechapter.\arabic\c@table}
```

```
\def\fps@table{tbp} \def\ftype@table{2} \def\ext@table{lof}
\def\fnum@table{\tablename~\thetable}
\newenvironment{table}{\@float{table}}{\end@float}
\newenvoronment{table*}{\@dblfloat{table}}{\end@dblfloat}
```

Nach dem gleichen Muster könnten bei Bedarf weitere Gleitobjektumgebungen in den Klassenfiles bereitgestellt werden, z. B. zusätzliche `diagramm`- und `programm`-Gleitumgebungen.

Der `\caption`-Befehl zur Erzeugung einer Überschrift oder Legende für das zugehörige Gleitobjekt ruft seinerseits den Befehl `\@makecaption` auf, der seinerseits in den Klassenfiles zu definieren ist. Er ist als Befehl mit zwei Argumenten bereitzustellen. Bei seinem Aufruf durch `\caption` wird als erstes Argument der Inhalt von `\fnum@`*typ* übergeben, also die laufende Gleitobjektnummer mit einer vorangestellten Typkennzeichnung. Als zweites Argument wird der Text der Überschrift oder Legende übergeben.

Passt dieser Text in eine Ausgabezeile, so soll diese horizontal zentriert erscheinen. Anderenfalls soll der Überschrift- oder Legendentext als normaler Absatz mit der normalen Textbreite für die laufende Seite erscheinen. Die mit `\textwidth` eingestellte Textbreite wird intern an den TeX-Befehl `\hsize` weitergereicht, der in der nachstehenden Definition verwendet wird. Zusätzlich soll das Makro `\@makecaption` geeigneten vertikalen Zwischenraum vor und evtl. nach der Überschrift oder Legende einfügen.

```
\newlength{\abovecaptionskip} \newlength{\belowcaptionskip}
\setlength{\abovecaptionskip}{10\p@}
\setlength{\belowcaptionskip}0\p@}

\long\def\@makecaption#1#2{\vkip\abovecaptionskip
   \sbox{\@tempboxa{#1: #2}}
   \ifdim \wd\@tempboxa >\hsize  #1: #2\par
   \else  \global \@minipagefalse
          \hb@xt@\hsize{\hfil\box\@tempboxa\hfil}\fi
   \vskip\belowcatpionskip}
```

Der Überschriftentext wird zusammen mit der vorangestellten laufenden Nummer des Gleitobjekts in der temporären Box `\@tempboxa` zwischengespeichert. Die TeX-Abfrage '`\ifdim \wd\@tempboxa >\hsize`' prüft, ob die Boxbreite größer als die Text-Seitenbreite `\hszize` ist. Die zugehörigen *wenn*- und *sonst*-Zweige befürfen keiner zusätzlichen Erläuterung. Das interne Makro `\hb@xt@` wurde bereits in 2.4.8 auf S. 83 vorgestellt.

Die Bereitstellung der Schriftartenbefehle aus LaTeX 2.09: Die Schriftartenbefehle aus LaTeX 2.09, die traditionell aus Befehlsnamen mit zwei Buchstaben bestanden, wie `\rm`, `\bf`, `it` u. a., stehen im LaTeX-Kern nicht mehr zur Verfügung. Die Standardklassenfiles stellen sie jedoch wieder bereit, damit sich ältere Texte auch mit LaTeX 2$_\varepsilon$ bearbeiten lassen, ohne dass sie mit dem Editor hierzu mühsam aufbereitet werden müssen.

Die Standardklassenfiles bedienen sich hierzu des `\DeclareOldFontCommand`-Interface-Befehls, der in 2.4.3 auf S. 64 vorgestellt und beschrieben wurde:

```
\DeclareOldFontCommand{\rm}{\normalfamily\rmfamily}{\mathrm}
\DeclareOldFontCommand{\sf}{\normalfamily\sffamily}{\mathsf}
\DeclareOldFontCommand{\tt}{\normalfamily\ttfamily}{\mathtt}
\DeclareOldFontCommand{\bf}{\normalfamily\bfseries}{\mathbf}
```

```
\DeclareOldFontCommand{\it}{\normalfamily\itshape}{\mathit}
\DeclareOldFontCommand{\sl}{\normalfamily\slshape}{\mathsl}
\DeclareOldFontCommand{\sc}{\normalfamily\scshape}{\mathsc}
```

Die mathematischen Schriftartenbefehle `\cal` und `\mit` aus LaTeX 2.09 werden mit

```
\DeclareRobustCommand*{\cal}{\@fontswitch\relax\mathcal}
\DeclareRobustCommand*{\mit}{\@fontswitch\relax\mathnormal}
```

eingerichtet. Der Interface-Befehl `\DeclareRobustCommand` wurde in seiner Standard- und *-Form in 2.4.2 auf S. 60 vorgestellt. Der interne Befehl `\@fontswitch` lässt seine Aufgabe aus seinem Befehlsnamen erahnen, so dass von einer zusätzlichen Erläuterung abgesehen wird.

3.2.8 Einstellvorgaben für Textbezüge

Hierunter fallen eine Reihe von Einstell- und Einrichtungsvorgaben für diverse LaTeX-Verzeichnisse, wie Inhalts-, Bild-, Tabellen-, Literatur- und Stichwortverzeichnisse, sowie für Fußnoten.

Vorbemerkungen: Die `.toc`-, `.lof`- und `.lot`-Files aus einem LaTeX-Bearbeitungsaufruf bestehen gewöhnlich aus einer Reihe von Zeilen der Form

\contentsline{*gliederung*}{\numberline{*num*} *titel*}{*seite*}

in denen *gliederung* für den Gliederungsnamen wie `chapter`, `section` u. a. bei den Gliederungsbefehlen bzw. `figure` oder `table` bei den Überschriften von Gleitobjekten steht. *Num* steht für die Gliederungs-, Bild- oder Tabellennummer und *titel* für deren Überschrift. *Seite* steht für die Nummer der Seite, auf der der entsprechende Gliederungs- oder `\caption`-Befehl auftritt.

Bei der Ausführung des Befehls \contentsline{*gliederung*}{...} erfolgt stets der Aufruf eines internen Befehls mit dem Namen \l@*gliederung*, also z. B. von `\c@section` oder `\c@figure` usw. Diese internen Befehle müssen mit den Klassenfiles bereitgestellt werden, um die Textzeilen für die Verzeichnisse zum Zwecke der Ausgabe aufzubereiten.

Die Definitionen für l@*gliederung* greifen häufig auf den Einrichtungsbefehl

\@dottedtocline{*stufe*}{*einrückung*}{*mum_breite*}

aus dem LaTeX-Kern zurück. Hierin bedeutet *stufe* die Kennziffer der zugehörigen Gliederungsstufe, also z. B. 1, 2, ..., 5 für `\section`, `\subsection` bis `\subparagraph`. Mit *einrückung* wird die Einrücktiefe der zugehörigen Eintragung ins Verzeichnis gegenüber dem linken Seitenrand festgelegt. *Num_breite* bestimmt die Feldweite für die laufende Gliederungsnummer.

Der `\@dottedtocline`-Befehl setzt die Erklärung einiger weiterer Größen voraus, mit denen dieser Teil der Standardklassenfiles beginnt:

```
\newcommand{\@pnumwidth}{1.55em}
\newcommand{\@tocrmarg}{2.55em}    \newcommand{\@dotsep}{4.5}
```

Der erste Befehl `\@pnumwidth` legt die Feldweite zur Aufnahme der Seitennummer fest, die in diesem Feld rechtsbündig erscheint. Mit `\@tocrmarg` wird der rechte Rand für mehrzeilige Verzeichniseinträge eingestellt. `\@dotsep` legt den Punktabstand für die punktierte Fülllinie fest, die in den Verzeichnissen zwischen den Titeltexten und den Seitennummern zur Augenführung eingefügt wird. Die hier anzugebende Zahl bezieht sich auf das interne TeX-Maß 'mu', wobei 1 em = 18 mu ist.

Die Verwendung der Maßeinheit 'em' in den vorstehenden Einstellerklärungen hat den Vorteil, dass sie von der Zeichensatzgröße abhängt und damit die jeweilige Größenoption automatisch berücksichtigt. Auf diese Weitenerklärungen folgt in den Standardklassenfiles:

`\setcounter{tocdepth}{3}`	in `article.cls` bzw.
`\estcounter{docdepth}{2}`	in `book.cls` und `report.cls`

womit die Gliederungstiefe zur Aufnahme ins Inhaltsverzeichnis eingestellt wird [5a, 3.4.1].

Einrichtungs- und Einstellvorgaben für das Inhaltsverzeichnis: In den Standardklassenfiles folgt anschließend die Definition für den Befehl `\tableofcontents`, dessen Aufruf durch den Anwender das Inhaltsverzeichnis anlegt und an der Stelle dieses Aufrufs ausgibt. In `book.cls` und `report.cls` lautet diese Definition:

```
\newcommand{\tableofcontents}{%
   \if@twocolumn \@restonecoltrue\oneclumn
   \else         \@restonecolfalse     \fi
   \chapter*{\contentsname
      \@mkboth{\MakeUppercase{\contensname}}%
              {\MakeUppercase{\contentsname}}}%
   \@starttoc{toc}
   \if@restonecol\twocolumn\fi }
```

Die entsprechende Definition ist in `article.cls` einfacher. Sie lautet dort:

```
\newcommand{\tableofcontents}{\section*{\contentsname
   \@mkboth{\MakeUppercase{\contentsname}}%
           {\MakeUppercase{\contentsname}}}%
   \@starttoc{toc} }
```

Diese Definitionen bedürfen mit Ausnahme von `\@starttoc` keiner zusätzlichen Erläuterung. Mit `\@starttoc` wird das vom Anwender angeforderte `.toc`-File eingelesen und mit den Änderungen des letzten LaTeX-Bearbeitungslaufs neu erstellt.

Nach den Vorbemerkungen ruft jeder Gliederungsbefehl seinerseits den internen Befehl `\l@`*gliederung* auf. In `book.cls` und `report.cls` findet man als Definition für `\l@part`:

```
\newcommand*{\l@part}[2]{%
   \if@num \c@tocdepth >-2\relax
      \addpenalty{-\@highpenalty} \addvspace{2.25em \@plus\@p}%
      \begingroup \setlength{\@tempdima}{3em}%
         \parindent \z@ \rightskip \@pnumwidth
         \parfillskip -\@pnumwidth
        {\leavevmode \large \bfseries #1\hfil
            \hb@xt@\@pnumwidth{\hss #2}}\par
         \nobreak
            \global\@nobreaktrue
            \everypar{\global\@nobreakfalse\everypar{}}%
      \endgroup
   \fi}
```

Die Definition aus `article.cls` unterscheidet sich hiervon dadurch, dass im Argument von `\addpenalty` statt `-\@highpenalty` dort `\@secpenalty` verwendet wird und das nach `\nobreak` folgende Zeilenpaar mit `\if@compatibility ... \fi` umschlossen wird, womit dieses Zeilenpaar bei der Bearbeitungsklasse `article` nur im 2.09-Kompatibilitätsmodus zur Anwendung kommt.

Wegen der vermehrten Anwendung reiner TEX-Befehle in dieser Definition muss ich von einer vollständigen Erläuterung absehen. Soweit sich die hier auftretenden TEX-Befehle nicht bereits durch ihre Befehlsnamen selbst erklären, sollte bei Bedarf die Unterliste zum Stichworteintrag „TEX-Befehle“ aus dem Indexregister dieses Buches hinzugezogen werden.

Das vorstehende Makro `\l@part` bewirkt die Ausgabe der Überschrift aus den `\part`-Befehlen im Inhaltsverzeichnis, wobei ihr Text in Fettschrift (`\bfseries`) erscheint und diesem Eintrag ein vertikaler Leerraum von `2.25em plus1pt` vorangestellt wird. Dabei wird ein evtl. Seitenumbruch vor diesem Eintrag im Inhaltsverzeichnis wegen des negativen Werts von `\@highpenalty` sehr erleichtert, ein Seitenumbruch nach diesem Eintrag aber dann zunächst verboten. Ein solcher wird erst wieder nach nachfolgenden Einträgen als Folge des `\everypar`-Arguments möglich.

In `book.cls` und `report.cls` folgt dann eine ähnliche Definition für `\l@chapter`:

```
\newcommand*{\l@chapter}[2]{%
  \if@num \c@tocdepth >\@m@ne
    \addpenalty{-\@highpenalty}\vskip 1em \@plus\p@
    \setlength{\@tempdima}{1.5em}
    \begingroup
      \parindent \z@  \rightskip \@pnumwidth
      \parfillskip -\@pnumwidth  \leavevmode \bfseries
      \advance\leftskip\@tempdima  \hskip -\leftskip
      #1\nobreak\hfil \nobreak\hb@xt#\@pnumwidth{\hss #2}%
      \par \penalty\@highpenalty
    \endgroup
  \fi}
```

Auch für diese Definition muss eine ausführliche Erläuterung aus Zeit- und Platzgründen entfallen. Die Eingabe von 1.5 em in das interne TEX-Maßregister `\@tempdima` wird hier verständlicher, weil dieses Maßregister in der gleichen Definition später abgerufen wird (`\advance\leftskip\@tempdima`), was in der Definition für `\l@part` nicht der Fall war. Der Befehl `\numberline` aus den `.toc`-, `.lof`- und `.lof`-Files setzt seinerseits voraus, dass `\@tempdima` die Boxbreite zur Aufnahme der Gliederungsnummer enthält, die dort linksbündig angeordnet wird, womit auch die Zuweisung in `\l@part` verständlich wird.

Die Befehlsdefinition für `\l@chapter` entfällt in `article.cls`, da die Bearbeitungsklasse `article` den Gliederungsbefehl `\chapter` nicht kennt. Dafür enthält sie eine Definition von `\l@section`, die weitgehend eine Kopie von `\l@chapter` ist:

```
\newcommand*{\l@section}[2]{%
  \ifnum \c@tocdepth >\z@
    \addpenalty\@secpenalty
        gleiche Folgezeilen wie bei \l@chapter bis
      #1\nobreak\hfil \nobreak\hb@xt@\@pnumwidth{\hss #2}\par
    \endgroup
  \fi}
```

Neben den formalen, aber zwangsläufigen Unterschieden in den ersten drei Zeilen besteht der Hauptunterschied zur Definition von `\l@chapter` darin, dass hier vor Verlassen der lokalen Gruppe, also vor dem Befehl `\endgroup`, die Strafpunktzuweisung `\penalty\@highpenalty` entfällt. Damit wird ein Seitenumbruch nach einem `\section`-Eintrag im Inhaltsverzeichnis *ohne* Erschwernis erlaubt, während ein solcher nach einem `\chapter`-Eintrag erschwert wird.

Die Definitionen für `\l@`*gliederung* der nachfolgenden Gliederungsstufen sind sehr viel einfacher, da sie von dem in den Vorbemerkungen vorgestellten Einrichtungsbefehl `\@dottedtochline` Gebrauch machen, und zwar in `book.cls` und `report.cls` für:

```
\newcommand*{\l@section}{\@dottedtocline{1}{1.5em}{2.3em}
\newcommand*{\l@subsection}{\@dottedtocline{2}{3.8em}{3.2em}
\newcommand*{\l@subsubsection}{\@dottedtocline{3}{7.0em}{4.1em}
\newcommand*{\l@paragraph}{\@dottedtocline{4}{10em}{5em}
\newcommand*{\l@subparagraph}{\@dottedtocline{5}{12em}{6em}
```

sowie mit geringfügig geänderten Werten für das zweite und dritte Argument (*einrückung* bzw. *num_breite*) in `article.cls`:

```
\newcommand*{\l@subsection}{\@dottedtocline{2}{1.5em}{2.3em}
\newcommand*{\l@subsubsection}{\@dottedtocline{3}{3.8em}{3.2em}
\newcommand*{\l@paragraph}{\@dottedtocline{4}{7.0em}{4.1em}
\newcommand*{\l@subparagraph}{\@dottedtocline{5}{10em}{5em}
```

Einrichtungsvorgaben für das Bild- und Tabellenverzeichnis: Hierfür werden die Befehle `\listoffigures` und `\listoftables` definiert, die weitgehend der Definition für `\tableofcontents` entsprechen:

```
\newcommand{\listoffigures}{%
   \if@twocolumn \restonecoltrue\onecolumn
   \else         \restonecolfalse      \fi
   \chapter*{\listfigurename
      \@mkboth{\MakeUppercase{\listfigurename}}%
              {\MakeUppercase{\listfigurename}}}%
   \@starttoc{lof}}
```

in `book.cls` und `report.cls` bzw.

```
\newcommand{\listoffigures}{\section*{\listfigurename
   \@mkboth{\MakeUppercase{\listfigurename}}%
           {\MakeUppercase{\listfigurename}}}%
   \@starttoc{lof}}
```

in `article.cls`. Die anschließenden Definitionen für `\listoftables` sind nahezu identisch, nur dass dort der Befehl `\listfigurename` durch `\listtablename` ersetzt und als Argument für `\@starttoc{lot}` gewählt wird.

Einrichtungs- und Einstellvorgaben für das Literaturverzeichnis: Diese beginnen mit der Längeneinrichtung

```
\newdimen\bibindent  \setlength{\bibindent}{1.5em}
```

worauf die Definition der thebibliography-Umgebung folgt:

```
\newenvironment{\thebibliography}[1]{%
   \chapter*{\bibname \@mkboth{\MakeUppercase{\bibname}}%
                              {\MakeUppercase{\bibname}}}%
   \list{\@biblabel{\@arabic\c@enumiv}}%
        {\settowidth{\labelwidth}{\@biblabel{#1}}%
         \leftmargin\labelwidth \advance\leftmargin\labelsep
         \@openbib@code \usecounter{enumiv}%
         \let\p@enumiv\@empty
         \renewcommand{\theenumiv}{\@arabic\c@enumiv}}%
   \sloppy\clubpenalty4000\widowpenalty4000\sfcode`\.\@m}
  {\def\@noitemerr{\@latexwarning{%
       Empty `thebibliography' environment}}\endlist}

\newcommand{\newblock}{\hskip .11em\@plus.33em\@minus.07em}
\let\@openbib@code\@empty
```

Diese Definition gilt für book.cls und report.cls. In article.cls wird der Befehlsaufruf \chapter*{...} durch \section*{...} und das dortige Argument \bibname durch \refname ersetzt.

Diese Definition sollte keine prinzipiellen Verständnisschwierigkeiten bereiten, wenn die Eigenschaften der thebibliography-Umgebung hinreichend bekannt sind [5a, 4.3.6 und 8.2.2]. Der hier als *leer* eingerichtete Befehl \@openbib@code wird, ebenso wie der Anwenderbefehl \newblock, mit der Klassenoption openbib abgeändert (s. 3.1.3 auf S. 98). Der TeX-Befehl '\sfcode`\.1000' bewirkt, dass der '.' nicht als Satzende interpretiert wird, womit evtl. Zusatzzwischenraum nach dem Punkt unterbleibt. Zur horizontalen Trennung der einzelnen Textbestandteile eines Literatureintrags kann der Anwender den Befehl \newblock innerhalb der thebibliography-Umgebung verwenden.

Die lokale Leerung von \p@enumiv ist darum erforderlich, weil Textbezüge mit \ref-Befehlen zum Literaturverzeichnis zur Ablauffolge \p@enumiv\thenumiv führen und \p@enumiv aus den Einstellvorgaben für die enumerate-Umgebung auf darüber liegende Stufen Bezug nimmt (S. 114).

Einrichtungs- und Einstellvorgaben für das Stichwortverzeichnis: Die theindex-Umgebung dient zur zweispaltigen Formatierung des Stichwortverzeichnisses (Indexregister). Die einzelnen Einträge erfolgen innerhalb der theindex-Umgebung mit den \item, \subitem- oder \subsubitem-Befehlen [5a, 8.2.3 und 8.3]. Da diese Befehle nicht im LaTeX-Kern enthalten sind, müssen sie, ebenso wie der vertikale Abstandsbefehl \indexspace, in den Klassenfiles definiert werden. Die Definition der theindex-Umgebung lautet in book.cls und report.cls:

```
\newenvironment{\theindex}{%
   \if@twoclumn \@restonecolfalse
   \else        \@restonecoltrue \fi
   \columnseprule \z@  \columnsep 35\p@
   \twocolumn[\@makeschapterhead{\indexname}]%
   \mk@both{\MakeUppercase{\indexname}}%
           {\MakeUppercase{\indexname}}%
```

```
   \thispagestyle{plain}\parindent\z@
   \parskip\z@ \@plus .3p@\relaxa
   \let\item\@idxitem}
  {\if@restonecol\onecolumn \else\clearpage\fi}
```

Die letzte Zeile enthält den Befehlskode, der mit `\end{theindex}` ausgeführt wird. Dort wird auf einspaltige Seitenformatierung zurückgeschaltet, falls Einspaltigkeit für die Gesamtbehandlung vorgegeben war. Anderenfalls wird lediglich die letzte Seite beendet.

Die Definition der `theindex`-Umgebung in `article.cls` unterscheidet sich allein durch das Argument beim `\twocolumn`-Befehl als:

```
\twocolumn[\section*{\indexname}]%.
```

Auf diese Definitionen erfolgen in allen drei Standardklassenfiles die Definitionen:

```
\newcommand{\@idxitem}{\par\hangindent 40\p@}
\newcommand{\subitem}{\@idxitem \hspace*{20\@p}}
\newcommand{\subsubitem}{\@idxitem \hspace*{30\p@}}
\newcommand{\indexspace}{\par \vskip10\@p \@plus5\p@
                                \@minus3\p@\relax}
```

Der Befehl `\item` wurde bereits in der Definition der `theindex`-Umgebung mit `\@idxitem` gleichgesetzt. Jeder Indexeintrag startet also stets einen neuen Absatz (`\par`), bei dem, mit Ausnahme der ersten Zeile, alle Folgezeilen um 40 pt eingerückt werden (als Folge des TEX-Befehls `\hangindent 40\p@`). Die ersten Zeilen aus `\subitem`- und `\subsubitem`-Einträgen werden um 20 pt bzw. 30 pt eingerückt, während es bei ihren Folgezeilen bei der Einrückung von 40 pt bleibt.

Die Stichwortverzeichnisse beginnen in vielen Büchern, so auch in dieser LATEX-Buchserie, mit einem Erläuterungstext, der über beide Spalten reicht. Ich habe mehrfach Anfragen erhalten, wie dies zu erreichen ist. Die Lösung ist mit LATEX 2_ε denkbar einfach. Die erste Zeile der Umgebungseinrichtung `theindex` ist lediglich in

```
\newenvironment{theindex}[1][]{%
```

abzuändern, womit diese Umgebung mit einem optionalen Parameter eingerichtet wird, für den die Standardreaktion leer bleibt. Das zugehörige Ersetzungszeichen `#1` ist dann dem Argument des `\twocolumn`-Befehls anzuhängen, z. B. für `book.cls` und `report.cls` als

`\twocolumn[\@makschapterhead{\indexname} #1]`	bzw. als
`\twocolumn[\section*{\indexname} #1]`	für `article.cls`.

Der Aufruf der `theindex`-Umgebung kann dann in der Form

`\begin{theindex}[`*vorsp_text*`] ... \end{theindex}`

erfolgen, wobei in diesem Fall der übergebene Vorspanntext *vorsp_text* unterhalb der Indexüberschrift über beide Spalten reicht. Ohne Angabe des optionalen Arguments bleibt die ursprüngliche Wirkung der `theindex`-Umgebung erhalten.

Eine solche Modifikation, die für alle Bearbeitungsklassen genutzt werden kann, habe ich bei mir durch ein kleines Ergänzungspaket namens `preindex.sty` realisiert, das ich in 6.2.6 vorstelle.

Einstellvorgaben für Fußnoten: Diese Vorgaben beschränken sich in den Standardklassenfiles auf

```
\renewcommand{\footnoterule}{\kern-3\p@
    \hrule\@width.4\columnwidth \kern2.6\p@}
```

`\@addtoreset{footnote}{chapter}` (entfällt in `arcticle.cls`)

```
\newcommand{\@makefntext[1]{\parindent 1em%
   \noindent \hb@xt@1.8em{\hss\@makefnmark}#1}
```

Mit der Neudefinition für `\footnoterule` wird die Stärke und Länge des horizontalen Trennstrichs zwischen vorangehendem Seitentext und nachfolgenden Fußnoten eingestellt [5a, 4.9.3]. Die Neudefinition des internen Befehls `\@makefntext` bewirkt die Gestaltung der einzelnen Fußnoten, bei der die Fußnotenmarkierung in einer 1.8 em breiten Box rechtsbündig vor dem unmittelbar anschließenden Fußnotentext erscheint.

Die Fußnotenmarkierung wird durch den internen Befehl `\@makefnmark` gestaltet, der im LaTeX-Kern mit

```
\newcommand{\@makefnmark}{\hbox{\@textsuperscript
                                    {\normalfont\@thefnmark}}}
```

eingerichtet wird. Die Standardklassenfiles definieren ihn nicht neu, sondern nutzen den Originalbefehl aus dem LaTeX-Kern. Bei Bedarf könnte in den Klassenfiles eine geänderte Neudefinition erfolgen.

Der Befehlsaufruf `\@addtoreset{footnote}{chapter}` in `report.cls` sowie in `book.cls` bewirkt, dass bei diesen Bearbeitungsklassen der Fußnotenzähler mit jedem `\chapter`-Befehl auf seinen Anfangswert zurückgesetzt wird.

3.2.9 Initialisierung der Standardbearbeitungsklassen

Nach dem Einlesen des Klassenfiles durch den `\documentclass`-Befehl sind abschließend einige Standardeinstellungen vorzunehmen sowie einige Namensbefehle mit Inhalt zu füllen. In `book.cls` und `report.cls` geschieht Letzteres mit

```
\newcommand{\contentsname}{Contents}
\newcommand{\listfigurenamei}{List of Figures}
\newcommand{\listtablename}{List of Tables}
\newcommand{\bibname}{Bibliograpy}
\newcommand{\indexname}{Index}
\newcommand{\figurename}{Figure}
\newcommand{\tablename}{Table}
\newcommand{\partname}{Part}
\newcommand{\chaptername}{Chapter}
\newcommand{\appendixname}{Appendix}
\newcommand{\abstractname}{Abstract}
```

wobei die letzte Zuweisung in `book.cls` entfällt, da die Bearbeitungsklasse `book` die `abstract`-Umgebung nicht kennt. Das Klassenfile `article.cls` enthält nahezu die gleichen Zuweisungen, nur entfällt dort `\chaptername`, und anstelle der Definition von `\bibname` steht hier

```
\newcommand{\refname}{References}
```

Entsprechend der LaTeX-Herkunft erfolgt diese Namenszuweisung mit ihren englischen Begriffen. Bei ausschließlich deutschsprachiger Nutzung könnte man daran denken, diese Namensbefehle in den Klassenfiles mit ihren deutschen Begriffen zu initialisieren. Dies wäre aber nur dann sinnvoll, wenn die Klassenfiles weitere Besonderheiten zur Behandlung deutschsprachiger Texte, wie z. B. vereinfachte oder direkte Tasteneingabe der Umlaute, spezielle Trennvorgaben für 'ck' und gewisse Doppelkonsonanten u. a., berücksichtigen würden.

Die Berücksichtigung sprachspezifischer Besonderheiten durch ein eigenes Ergänzungspaket, wie z. B. unser `german.sty`, ist die elegantere Lösung, da damit die internationale LaTeX-Kompatibilität für die Standardklassenfiles erhalten bleibt.

Als Nächstes erfolgt die Definition des Datumsbefehls `\today`, und zwar zunächst als Leerdefinition und anschließend unter Rückgriff auf den TeX-Definitionsbefehl `\edef` zur sofortigen Befehlsauflösung (s. 5.6.3, S. 262):

```
\newcommand{\today}{}
\edef\today{\ifcase\month\or January\or February\or
   March\or April\or May\or Juni\or \Juli\or August\or
   September\or October\or Novemver\or December\fi
   \space\number\day, \number\year}
```

Auch diese US-Datumsform wird mit dem Ergänzungspaket `german.sty` auf die entsprechende deutsche Ausgabeform umdefiniert, so dass eine Direktanpassung in den Klassenfiles entfallen kann. `\year`, `\month` und `\day` sind spezielle TeX-Register, die den aktuellen Zahlenwert des laufenden Jahres, Monats und Tages enthalten.

Zum Abschluss erfolgen einige Einstellvorgaben für den Seitenstil und sonstige Gestaltungsmöglichkeiten für die Ausgabeseiten:

```
\setlength{\columnsep}{10\p@} \setlength{\columnseprule}{0\p@}
\pagestyle{plain}             für article.cls und report.cls
\pagestyle{headings}          für book.cls
\pagenumbering{arabic}
\if@twoside \else \raggedbottom \fi
\if@twocolumn \twocolumn \sloppy \flushbottom
\else \onecolumn \fi
```

Diese Einstellungen bedürfen keiner zusätzlichen Erläuterung. Falls doch, so verweise ich zur Bedeutung von `\columnsep` und `\columnseprule` auf [5a, 3.1.3] und zur Bedeutung von `\raggedbottom` und `\flushbottom` auf [5a, 3.2.4].

Die Standardklassenfiles enden jeweils mit dem TeX-Grundbefehl `\endinput`. Trifft TeX beim Lesen eines Files auf diesen Befehl, so wird der Lesevorgang beendet und der Eingabekanal geschlossen. Diesen Abschlussbefehl findet man am Ende aller Systemfiles aus dem LaTeX-Paket. Er empfiehlt sich auch als Abschlussbefehl aller vom Anwender bereitgestellten Makropakete, die als eigenständige Files eingelesen werden sollen.

Hiermit endet die Vorstellung der Standardklassenfiles `article.cls`, `book.cls` und `report.cls`. Die Klassenfiles `letter.cls` und `proc.cls` werden in den beiden übernächsten Abschnitten vorgestellt, die kürzer ausfallen, weil sich sonst viele Darstellungen dieses Abschnitts wiederholen würden.

3.3 Die Standard-Größenoptionsfiles

Die Standardklassenfiles `article.cls` und `report.cls` lesen ihrerseits stets eines der drei Größenfiles `size10.clo`, `size11.clo` oder `size12.clo` ein, wobei die Auswahl durch die Optionsangabe `10pt`, `11pt` oder `12pt` beim `\documentclass`-Befehl bestimmt wird. Ohne explizite Größenoptionsangabe wird `size10.clo` eingelesen. Für die Bearbeitungsklasse `book` gilt das Gleiche bezüglich der Größenfiles `bk10.clo`, `bk11.clo` oder `bk12.clo`.

Die Größenoptionsfiles beginnen mit ihrer Identifikation mittels des Interfacebefehls

```
\ProvidesFile{gr_name.clo}[vers_datum vers_nummer
                    Standard LaTeX file (size option)]
```

wobei *gr_name* für den jeweiligen Grundnamen der aufgezählten Größenoptionsfiles steht. Versionsdatum und Versionsnummer sind zum Zeitpunkt der Erstellung dieses Textes `1996/05/26 v1.3r`.

3.3.1 Die Definition der Zeichensatz-Größenbefehle

Der LaTeX-Kern stellt zur Einrichtung der Zeichensatz-Größenbefehle den internen Befehl

```
\@setfontsize{\gr_befehl}{zs_größe}{z_abstand}
```

bereit. Hierin steht `\`*gr_befehl* für einen LaTeX-Größenbefehl wie `\normalsize`, `\small`, `\large` u. a. *zs_größe* steht für den Zahlenwert der Zeichensatzgröße, bezogen auf die Maßeinheit 1 pt, aber ohne Zufügung der Dimension ‘pt’. Das Gleiche gilt für die Zahlenangabe *z_abstand*, mit der der Zeilenabstand für diesen Größenbefehl eingestellt wird.

Die Definitionen für `\normalsize`, `\small` und `\footnotesize` verlangen eine Reihe weiterer Einstellvorgaben. Diese stelle ich vollständig für 10 pt vor:

```
\newcommand{\normalsize}{%
   \@setfontsize{\normalsize}{\@xpt}{\@xiipt}
   \abovedisplayskip 10\p@ \@plus2\p@ \minus5\p@
   \abovedisplayshortskip \z@ \@plus3\p@
   \belowdisplayshortskip 6\p@ \@plus3\p@ \@minus3\p@
   \belowdisplayskip \abovedisplayskip
   \let\@listi\@listI}
```

Die hier auftretenden Zahlenbefehle `\@xpt` und `\@xiipt` wurden, zusammen mit weiteren Zahlenbefehlen, bereits in 2.4.8 auf S. 83 mit ihrer Definition und Bedeutung vorgestellt. Zur Bedeutung von `\abovdisplayskip`, ..., `\belowdisplayskip` verweise ich auf [5a, 5.5.6]. Die Einstellwerte `\@listi` für die oberste Stufe einer evtl. verschachtelten `list`-Umgebung werden mit denen von `\listI` gleichgesetzt. Letztere werden in den Größenfiles später unter 3.3.5 eingestellt.

Die entsprechenden Einstellwerte für die Größenoptionen `11pt` und `12pt` können aus der folgenden Tabelle für eine gleichartige Befehlsgruppe übernommen werden:

	— 11 pt —			— 12 pt —		
`\normalsize`	`\@xipt`	{13.6}		`\@xiipt`	{14.5}	
`\abovedisplayskip`	11 pt	+3 pt	−6 pt	12 pt	+3 pt	−7 pt
`\abovedisplayshortskip`	0 pt	+3 pt		0 pt	+3 pt	
`\belowdisplayshortskip`	6.5 pt	+3.5 pt	−3 pt	6.5 pt	+3.5 pt	−3 pt

Die Angaben {13.6} und {14.5} in der ersten Tabellenzeile bedeuten, dass zur Einstellung des Zeilenabstands ein geeigneter Zahlenbefehl aus dem LaTeX-Kern nicht zur Verfügung steht und darum das zugehörige Argument in `\@setfontsize{\normalsize}{...}{...}` in dieser Form anzugeben ist. Ein Tabelleneintrag wie 11 pt + 3 pt − 6 pt sollte als Kurzform für die elastische Maßangabe `11\p@ \@plus3\p@ \@minus6\p@` interpretiert werden.

Die entsprechende Definition für den Größenbefehl `\small` lautet für die Größenoption `10pt`:

```
\newcommand{\small}{%
   \@setfontsize{\small}{\@ixpt}{11}%
   \abovedisplayskip 8.5\p@ \@plus3\p@ \minus4\p@
   \abovedisplayshortskip \z@ \@plus2\p@
   \belowdisplayshortskip 4\p@ \@plus2\p@ \@minus2\p@
   \def\@listi{\leftmargin\leftmargini
       \topsep 4\p@ \@plus2\p@ \@minus2\p@
       \parsep 3\p@ \@plus\p@  \@minus\p@
       \itemsep \parsep}%
   \belowdisplayskip \abovedisplayskip}
```

Angaben wie `\@plus\p@` oder `\@minus\p@` sind gleichbedeutend mit der Zuweisung eines Dehn- oder Schrumpfwertes von 1 pt. Für die Größenoptionen `11pt` bzw. `12pt` sind die Einstellwerte für die entsprechenden Definitionen durch diejenigen der nachfolgenden Tabelle zu modifizieren:

	— 11 pt —			— 12 pt —		
`\small`	`\@xpt`	`\@xiipt`		`\@xipt`	{13.6}	
`\abovedisplayskip`	10 pt	+2 pt	−5 pt	11 pt	+3 pt	−6 pt
`\abovedisplayshortskip`	0 pt	+3 pt		0 pt	+3 pt	
`\belowdisplayshortskip`	6 pt	+3 pt	−3 pt	6.5 pt	+3.5 pt	−3 pt
`\topsep`	6 pt	+2 pt	−2 pt	9 pt	+3 pt	−5 pt
`\parsep`	3 pt	+2 pt	−1 pt	4.5 pt	+2 pt	−1 pt

Die Definition wiederholt sich mit leicht geänderten Einstellwerten noch einmal für den Größenbefehl `\footnotesize`, vorgestellt wiederum für die Größenoption `10pt`:

```
\newcommand{\footnotesize}{%
   \@setfontsize{\footnoteszize}{\@viiipt}{9.5}%
   \abovedisplayskip 6\p@ \@plus2\p@ \minus4\p@
   \abovedisplayshortskip \z@ \@plus\p@
   \belowdisplayshortskip 3\p@ \@plus\p@ \@minus2\p@
   \def\@listi{\leftmargin\leftmargini
       \topsep 3\p@ \@plus\p@ \@minus\p@
       \parsep 2\p@ \@plus\p@  \@minus\p@
       \itemsep \parsep}%
   \belowdisplayskip \abovedisplayskip}
```

bzw. modifiziert durch die Einstellwerte der nachfolgenden Tabelle für die Größenoptionen `11pt` bzw. `12pt`:

	— 11 pt —			— 12 pt —		
\footnotesize	\@ixpt	{9.5}		\@xpt	\@xiipt	
\abovedisplayskip	8 pt	+2 pt	−4 pt	10 pt	+2 pt	−5 pt
\abovedisplayshortskip	0 pt	+1 pt		0 pt	+3 pt	
\belowdisplayshortskip	4 pt	+2 pt	−2 pt	6 pt	+3 pt	−3 pt
\topsep	4 pt	+2 pt	−2 pt	6 pt	+2 pt	−2 pt
\parsep	2 pt	+1 pt	−1 pt	3 pt	+2 pt	−1 pt

Die Definitionen für die sonstigen Schriftgrößenbefehle sind einfacher. Sie bestehen jeweils nur aus einer Zeile und rufen darin den internen Befehl `\@setfontsize` mit passenden Einstellwerten auf. Für die Größenoption `10pt` lauten diese:[3]

```
\newcommand{\scriptsize}{\@setfontsize{\scriptsize}{\@viipt}
                                                  {\@viiipt}}
\newcommand{\tiny}{\@setfontsize{\tiny}{\@vpt}{\@vipt}}
\newcommand{\large}{\@setfontsize{\large}{\@xiipt}{14}}
\newcommand{\Large}{\@setfontsize{\Large}{\@xivpt}{18}}
\newcommand{\LARGE}{\@setfontsize{\LARGE}{\@xviipt}{22}}
\newcommand{\huge}{\@setfontsize{\huge}{\@xxpt}{25}}
\newcommand{\Huge}{\@setfontsize{\Huge}{\@xxvpt}{30}}
```

Die Einstellwerte für die Größenoptionen `11pt` und `12pt` erfolgen hier nur mit der kleinen Tabelle:

	— 11 pt —		— 12 pt —	
\scriptsize	\@viiipt	{9.5}	\@viiipt	{9.5}
\tiny	\@vipt	\@viipt	\@vipt	\@viipt
\large	\@xiipt	{14}	\@xivpt	{18}
\Large	\@xivpt	{18}	\@xviivpt	{22}
\LARGE	\@xviipt	{22}	\@xxpt	{25}
\huge	\@xxpt	{25}	\@xxvpt	{30}
\Huge	\@xxvpt	{30}	\@xxvpt	{30}

Die Zuweisung der Einstellwerte für `\Huge` erfolgt in den `12pt`-Größenfiles mittels '`\let\Huge\huge`', weil deren Einstellwerte identisch mit denjenigen der vorangehenden `\huge`-Definition sind.

Die vorstehenden Definitionen für die Größenoption `10pt` erscheinen sowohl in `bk10.clo` als auch in `size10.clo`. Entsprechendes gilt auch für die Filepaare `bk11.clo` und `size11.clo` sowie für `bk12.clo` und `size12.clo` mit den entsprechenden Einstellwerten aus den vorgestellten Tabellen. Diese Übereinstimmung trifft auch noch für die Einstellvorgaben des nächsten Unterabschnitts zu. Eine Differenzierung bezüglich der verwendeten Bearbeitungsklasse erfolgt erst in späteren Teilen der Größenoptionsfiles.

[3] In den Definitionen der Größenbefehle erfolgt der Aufruf von `\@setfontsize` oft in einer verkürzten Syntaxform, z. B. als

```
\newcommand\sriptsize{\@setfontsize\scriptsize\@viipt\@viiipt}
```

Dies ist zulässig, wenn die Befehlsargumente wiederum aus Befehlsaufrufen bestehen. Die von mir gewählte Vorstellungsform erscheint mir eindeutiger. Außerdem entspricht sie der LaTeX-Empfehlung zur Verwendung der Definitionsbefehle. Ich gebe diesen Hinweis nur, um dem Leser den Vergleich mit seinen Größenfiles zu erleichtern.

3.3.2 Einstellvorgaben zur Absatzformatierung

Dieser Teil ist recht kurz. Er besteht bei allen Größenfiles nur aus

```
\if@twocolumn \setlength{\parindent}{1em}
\else         \setlength{\parindent}{v_maß} \fi
```

worin *v_maß* von der gewählten Größenoption abhängt und für

10 pt mit `15\p@`, für 11 pt mit `17\p@` und für 12 pt mit `1.5em`

einzusetzen ist. Hierauf folgt in allen Größenfiles einheitlich:

```
\setlength{\smallskipamount}{3\p@ \@plus 1\p@ \@minus 1\p@}
\setlength{\medskipamount}{6\p@ \@plus 2\p@ \@minus 2\p@}
\setlength{\bigskipamount}{12\p@ \@plus 4\p@ \@minus 4\p@}
```

Diese Maßzuweisungen bestimmen den vertikalen Leerraum, der mit den Befehlen `\smallskip`, `\medskip` bzw. `\bigskip` zwischen absatzartigen Strukturen zusätzlich eingefügt werden kann. Die einheitlichen Maßzuweisungen bewirken, bezogen auf die gewählte Optionsgröße, relativ unterschiedliche Abstände, nämlich den größten für 10 pt und den geringsten für 12 pt.

Die vorstehenden Maßzuweisungen hätten in den Größenfiles entfallen können, da sie genau mit denselben Maßwerten bereits im LaTeX-Kern vorgenommen werden. Sie wurden in den Größenfiles vermutlich nur deshalb wiederholt, um lokale Änderungen leicht vornehmen zu können, z. B. um sie mit relativ gleicher Wirkung, bezogen auf die Größenoption, vorzugeben. Die Betreuer des LaTeX-Grundpakets haben hiervon abgesehen, da die einheitliche Festlegung Bestandteil von LaTeX 2.09 war und so auch für die bisherigen LaTeX 2_ε-Versionen übernommen wurde.

3.3.3 Einstellvorgaben für das Seitenlayout

Die Mehrzahl der hier eingerichteten Einstellvorgaben hängt sowohl von der Größenoption als auch von der Bearbeitungsklasse ab. Sie unterscheiden sich damit in `size`*nn*`.clo` gegenüber `bk`*nn*`.clo`. Ich werde sie einheitlich vorstellen und die größen- und klassenabhängigen Einstellwerte tabellarisch auflisten. Zur Bedeutung der einzelnen Maßregister möge bei Bedarf auf das Diagramm aus [5a, 3.2.5, Seitendeklarationen] zurückgegriffen werden.

Vertikale Abstände: Diese erfolgen mit den Längenzuweisungen:

```
\setlength{\headheight}{12\@p}
\setlength{\headsep}{v_maß}
\setlength{\topskip}{v_maß}
\setlength{\footskip}{v_maß}
```

Mit Ausnahme der Einstellung für `\headheight` sind hier alle Einstellvorgaben größen- und klassenabhängig, und zwar für *v_maß* mit:

	size*nn*.clo			bk*nn*.clo		
	10 pt	11 pt	12 pt	10 pt	11 pt	12 pt
`\headsep`	`25\p@`	`25\p@`	`25\p@`	`.25in`	`.275in`	`.275.in`
`\topskip`	`10\p@`	`11\p@`	`12\p@`	`10\p@`	`11\p@`	`12\p@`
`\footskip`	`30\p@`	`30\p@`	`30\p@`	`.35in`	`.38in`	`30\p@`

Seitenrumpfabmessungen: Die Vorgaben für die Abmessungen des Seitenrumpfes unterscheiden sich in LaTeX 2.09 von denen aus LaTeX 2_ε. Für beide Versionen erfolgt deshalb eine unterschiedliche Vorgabe:

```
\if@compatibility
   \if@twoclumn \setlength{\textwidth}{410\p@}
   \else        \setlength{\textwidth}{v_maß} \fi
\else
   \setlength{\@tempdima}{\paperwidth}
   \addtolength{\@tempdima}{-2in}
   \setlength{\@tempdimb}{v_maß}
   \if@twocolumn
      \ifdim\@tempdima > 2\@tempdimb\relax
            \setlength{\textwidth}{2\@tempdimb}
      \else \setlength{\textwidth}{\@temdima} \fi
   \else
      \ifdim\@tempdima > \@tempdimb\relax
            \setlength{\textwidth}{\@tempdimb}
      \else \setlength{\textwidth}{\@tempdima} \fi
   \fi
\fi
```

Trotz der mehrfachen Verschachtelung sollte diese Befehlstruktur keine Verständnisschwierigkeiten bereiten, da sie bis auf `\ifdim` nur LaTeX-Befehle enthält. Der TeX-Befehl `\ifdim` führt einen Längenvergleich für die nachfolgenden beiden Längenbefehle durch, z. B mit `\@tempdima > 2\@tempdimb`, ob der Längenwert von `\@tempdima` größer als der zweifache Wert von `\@tempdimb` ist. Abhängig vom Ergebnis dieses Vergleichs erfolgt dann eine Aufspaltung in einen *wenn-* oder *wahr-* und in einen *sonst-* oder *falsch*-Zweig.

Die zusammengehörenden Stufen der Verschachtelung sollten aus der zugehörigen Einrücktiefe erkennbar werden. Die Einstellung der Textbreite `\textwidth` berücksichtigt für LaTeX 2_ε die Vorgaben für das Papierformat aus der entsprechenden Optionsangabe beim `\documentclass`-Befehl (`\paperwidth`, für DIN A4 z. B. 210 mm).

Die physikalische Papierbreite wird zunächst um zwei Zoll (`2in`) vermindert, um angemessene Seitenränder zu berücksichtigen. Die verminderte Papierbreite wird als Einstellwert für `\textwidth` gewählt, wenn sie nicht größer als die Vorgabe für `\@tempdimb` ist. Für den letzteren Fall wird für `\textwidth` die Vorgabe aus `\@tempwidthb` gewählt. Die Bestimmung von `\textwidth` bei zweispaltigem Seitenaufbau kann der Leser nun selbst leicht nachvollziehen.

Die variablen Einstellvorgaben *v_maß* für `\textwidth` im 2.09-Kompatibilitätsmodus und für `\@tempdimb` werden weiter unten tabellarisch in Abhängigkeit von der Bearbeitungsklasse und Größenoption zusammengefasst.

Alle Größenfiles enthalten sodann eine weitere einheitliche Kompatibilitätsabfrage der Form:

```
\if@compatibility
\else \@settopoint\textwidth \fi
```

`\@settopint\textwidth` bewirkt, dass der soeben bestimmte Wert für `\textwidth` auf *volle* 'pt' abgerundet wird.

Abschließend erfolgt die Bestimmung für die Rumpfhöhe `\textheight`. Diese hängt in LaTeX 2ε wiederum von der gewählten Papierformatoption ab, während sie in LaTeX 2.09 fest vorgegeben wird:

```
\if@compatibility  \setlength{\textheight}{fakt\baselineskip
\else              \setlength{\@tempdima}{\paperheight}
       \addtolength{\@tempdima}{-2in}
       \addtolength{\@tempdima}{-1.5in}
       \divide\@tempdima\baselineskip  \@tempcnta=\@tempdima
       \setlength{\textheight}{\@tempcnt\baselineskip}
\fi
\addtolength{\textheight}{\topskip}
```

Der Einstellwert für `\textheight` wird als ganzzahliges Vielfaches des Zeilenabstands `\baselineskip` bestimmt. Der Vervielfachungsfaktor hängt in LaTeX 2.09 nur von der Größenoption ab, während er in LaTeX 2ε aus den Papierformatvorgaben bestimmt wird. Abschließend wird dann der so bestimmte Wert für `\textwidth` um den Wert von `\topskip` aus dem vorangegangenen Definitionsteil erhöht.

Die Verminderung der physikalischen Seitenhöhe `\paperwidth` um zwei Zoll berücksichtigt den oberen und unteren Seitenrand. Die nochmalige Verringerung um 1.5 Zoll berücksichtigt zusätzlich den Platz für eine evtl. Kopf- oder Fußzeile. Weitere Erläuterungen erscheinen mir zur Bestimmung von `\textheight` nicht erforderlich.

Abschließend erfolgt die Auflistung der variablen Einstellwerte *v_maß* und *fakt* in Abhängigkeit von der Bearbeitungsklasse und Größenoption:

	size*nn*.clo			bk*nn*.clo		
	10 pt	11 pt	12 pt	10 pt	11 pt	12 pt
`\textwidth` ⟨*v_maß*⟩	345\p@	360\p@	390\p@	4.5in	5in	5in
`\@tempdimb` ⟨*v_maß*⟩	345\p@	360\p@	390\p@	345\p@	360\p@	390\p@
`\textheight` ⟨*fakt*⟩	43	38	36	41	38	36

Einstellvorgaben für Randnotizen und Randeinstellungen: Hier erfolgen zunächst die klassen- und größenabhängigen Vorgaben für

```
\if@twoclumn \setlength{\marginparsep}{10\p@}
\else        \setlength{\marginparsep}{v_size}
             \setlength{\marginparpush}{v_size} \fi
```

mit den Werten für *v_size* in

	size*nn*.clo			bk*nn*.clo		
	10 pt	11 pt	12 pt	10 pt	11 pt	12 pt
`\marginparsep`	11\p@	10\p@	10\p@	7\p@	7\p@	7\p@
`\marginparpush`	5\p@	5\p@	7\p@	5\p@	5\p@	7\p@

Hiernach folgen die Einstellwerte für `\oddsidemargin`, `\evensidemargin` und für die Breite der Randnotizen `\marginparwidth`. Auch hier werden diese Vorgaben für LaTeX 2ε aus dem gewählten Papierformat errechnet, während sie für LaTeX 2.09 zwar größenabhängig, aber mit festen Werten vorgegeben werden. Die gewählten Einstellwerte hängen von weiteren

Optionsangaben ab, so dass hier wiederum eine verschachtelte Abfragestruktur auftritt, die im Kompatibilitätsmodus in `bk`*nn*`.clo` bzw. in `size`*nn*`.clo` nochmals unterschiedlich ausfällt. Ich stelle zunächst die gesamte Einstellungsstruktur für `bk`*nn*`.clo` vor:

```
\if@compatibility
     \setlength{\oddsidemargin} {v_maß}
     \setlenght{\evensidemargin}{v_maß}
     \setlenght{\marginparwidth}{v_maß}
   \if@twocolumn  \setlength{\oddsidemargin} {30\p@}
                  \setlength{\evensidemargin}{30\p@}
                  \setlength{\marginparwdith}{48\p@} \fi
\else
   \if@twoside  \setlength{\@temdima}{\paperwidth}
                  \addtolength{\@tempdima}{-\textwidth}
                \setlength{\oddsidemargin}{.4\@temdima}
                  \addtolength{\oddsidemargin}{-1in}
                \setlength{\marginparwdith}{.6\@tempdima}
                  \addtolength{\marginparwidth}{-\marginparsep}
                  \addtolength{\marginparwdith}{-0.4in}
   \else        \setlength{\@tempdima}{\paperwidth}
                  \addtolength{\@tempdima}{-\textwidth}
                \setlength{\oddsidemargin}{.5\@temdima}
                  \addtolength{\oddsidemargin}{-1in}
                \setlength{\marginparwdith}{.5\@tempdima}
                  \addtolength{\marginparwidth}{-\marginparsep}
                  \addtolength{\marginparwdith}{-0.8in}
   \fi
   \ifdim \marginparwidht >2in
          \setlenght{\marginparwidth}{2in} \fi
   \@settopoint\oddsidemargin  \@settopoint\marginparwidth
   \setlength{\evensidemargin}{\paperwdith}
      \addtolength{\evensidemargin}{-2in}
      \addtolength{\evensidemargin}{-\textwidth}
      \addtolength{\evensidemargin}{-\oddsidemargin}
   \@settopoint\evensidemarg
\fi
```

Der *sonst*-Zweig der `\if@compatibility`-Abfrage mit den Einstellvorgaben für LaTeX 2_ε benötigt keine Erläuterung. Der gleiche *sonst*-Zweig tritt auch in der äquivalenten Einstellstruktur in `size`*nn*`.clo` auf. Zunächst aber die Einstellwerte für *v_maß* für `bk`*nn*`.clo` in Abhängigkeit von der Größenoption:

	10 pt	11 pt	12 pt
`\oddsidemargin`	.5in	.25in	.25in
`\evensidemargin`	1.5in	1.25in	1.25in
`\marginparwidth`	.75in	1in	1in

Bei zweispaltiger Seitenformatierung sind die äquivalenten Einstellungen unabhängig von der Größenoption, wie dem entsprechenden Schalterzweig zu entnehmen ist.

In `size`*nn*`.clo` lautet die entsprechende Einstellstruktur (ich gebe nur die unterschiedlichen Teile wieder):

```
\if@compatibility
   \if@twoside  \setlength{\oddsidemargin} {v_maß}
                \setlength{\evensidemargin}{v_maß}
                \setlength{\marginparwidth}{v_maß}
   \else        \setlength{\oddsidemargin} {v_maß}
                \setlength{\evensidemargin}{v_maß}
                \setlength{\marginparwidth}{v_maß} \fi
   \if@twocolum ⟨gleiche Vorgaben wie in bknn.clo⟩
\else
   ⟨gleiche Vorgaben wie in bknn.clo⟩
\fi
```

mit folgenden Werten für *v_maß*:

	doppelseitig			einseitig		
	10 pt	11 pt	12 pt	10 pt	11 pt	12 pt
\oddsidemargin	44\p@	36\p@	21\p@	63\p@	54\p@	39.5\p@
\evensidemargin	82\p@	74\p@	59\p@	63\p@	54\p@	39.5\p@
\marginparwidth	107\p@	100\p@	85\p@	90\p@	83\p@	68\p@

Es folgt nun noch die Einstellvorgabe für den oberen Seitenrand `\topmargin`, die in LaTeX 2_ε wiederum für das gewählte Papierformat errechnet und in LaTeX 2.09 fest vorgegeben wird:

```
\if@compatibility \setlength{\topmargin}{v_maß}
\else  \setlength{\topmargin}{\paperheight}
       \addtolength{\topmaring}[-2in}
       \addtolength{\topmargin}{-\headheight}
       \addtolength{\topmargin}{-\textheigth}
       \addtolength{\topmargin}{-\footskip}
       \addtolength{\topmargin}{-.5\topmargin}
       \@settopoint\topmargin
\fi
```

Im 2.09-Kompatibilitätsmodus gelten folgende Werte für *v_maß*:

	sizenn.clo			bknn.clo		
	10 pt	11 pt	12 pt	10 pt	11 pt	12 pt
\topmargin	27pt	27pt	27pt	.75in	.73in	.73in

Einstellvorgaben für Fußnoten: Diese betreffen die Längenbefehle

```
\setlenght{\footnotesep}{v_maß}
\setlenght{\skip\footins}{v_el_amaß}
```

mit

	— 10 pt —			— 11 pt —			— 12 pt —		
\footnotesep	6.65\p@			7.7\p@			8.4\p@		
\footins	9 pt	+4 pt	−2 pt	10 pt	+4 pt	−2 pt	10.8 pt	+4 pt	−2 pt

Mit `\setlength{\skip\footins}{`*v_el_maß* wird das übergebene elastische Maß *v_el_maß* an das TEX-`\skip`-Register mit dem Namen `\footins` weitergereicht. Dieses bestimmt den Abstand zwischen der letzten Textzeile der laufenden Seite und der Oberkante des evtl. anschließenden Fußnotentextes. Eine Angabe der Form 9 pt + 4 pt − 2 pt in der vorstehenden Zuweisungstabelle steht wieder als Kurzform für die elastische Maßangabe `9\p@ \@plus4\p@ \@minus2\p@`.

3.3.4 Einstellvorgaben für Gleitobjekte

Einige Stilparameter für Gleitobjekte erhielten ihre Zuweisungen bereits in den Klassenfiles. Weitere Stilparameter, für deren Bedeutung ich auf [5a, 6.6.3] verweise, erhalten ihre Maßzuweisungen in den Größenfiles. Da diese Zuweisungen hier ausschließlich mit dem `\setlength`-Befehl erfolgen, gebe ich die Zuweisungswerte nur in Form einer Tabelle wieder:

	— 10 pt —			— 11 pt —			— 12 pt —		
`\floatsep`	12 pt	+2 pt	−2 pt	12 pt	+2 pt	−2 pt	12 pt	+2 pt	−2 pt
`\textfloatsep`	20 pt	+2 pt	−4 pt	20 pt	+2 pt	−4 pt	20 pt	+4 pt	−4 pt
`\intextsep`	12 pt	+2 pt	−2 pt	12 pt	+2 pt	−2 pt	14 pt	+2 pt	−4 pt
`\dblfloatsep`	12 pt	+2 pt	−2 pt	12 pt	+2 pt	−2 pt	14 pt	+2 pt	−4 pt
`\dbltextfloatsep`	20 pt	+2 pt	−4 pt	20 pt	+2 pt	−4 pt	20 pt	+4 pt	−4 pt

Die Übernahme dieser Werte, z. B. mit

```
\setlength{\floatsep}{12\p@ \@plus 2\p@ \@minus 2\p@}
```

braucht hier nicht wiederholt zu werden. Anschließend folgen weitere elastische Längenzuweisungen an die internen Stilparameter `\@fptop`, `\@fpsep`, `\@fpbot`, `\@dblfptop`, `\@dblfpsep` und `\@dblfpbot`:

```
\setlength{\@fptop}{0\p@ \@plus 1fil}
\setlength{\@fpsep}{8\p@ \@plus 2fil}
\setlength{\@fpbot}{0\p@ \@plus 1fil}
\setlength{\@dblfptop}{0\p@ \@plus 1fil}
\setlength{\@dblfpsep}{8\p@ \@plus 2fil}
\setlength{\@dblfpbot}{0\p@ \@plus 1fil}
```

Diese Zuweisungen erfolgen einheitlich in den 10 pt- und 11 pt-Größenfiles und weitgehend auch in denjenigen für 12 pt. Dort weicht lediglich die Zuweisung für `\@fpsep` und `\@dblfpsep` geringfügig ab, weil dort als Sollwert nicht `8\p@`, sondern `10\p@` angegeben wird, während für den unendlichen Dehnwert dort ebenfalls `2fil` auftritt.

Die vorstehenden internen Stilparameter wirken auf Gleitobjekte, die auf eigenen Seiten gesammelt werden. Auf solchen Seiten wird am oberen und unteren Rand beliebig dehnbarer vertikaler Leerraum mit `\@fptop` und `\@fpbot` eingefügt. Enthalten solche Seiten mehrere Gleitobjekte, so wird das elastische Füllmaß `\@fpsep` zusätzlich zwischen den einzelnen Gleitobjekten eingefügt. Die Stilparameter `\dblfp`*xxx* kommen mit der gleichen Wirkung bei zweispaltiger Formatierung für Gleitobjekte zur Anwendung, die über beide Spalten reichen.

3.3.5 Einstellvorgaben für verschachtelte list-Umgebungen

Die Einstellvorgaben für die linken Ränder `\leftmargin`*i* (i = `i, ii,..., vi`) von verschachtelten `list`-Umgebungen erfolgten bereits in den Klassenfiles. Auf diese Vorgaben beziehen sich weitere Einstellungen in den Größenfiles. Vorab erfolgt hier zunächst die Vorgabe

`\setlength{\partopsep}{`s`\p@ \@plus `p`\p@ \@minus `m`\p@}`

für den vertikalen Zusatzzwischenraum, der eingefügt wird, wenn der `list`-Umgebung bei der Eingabe eine Leerzeile vorangestellt wird. Die zugewiesenen Werte für die verschiedenen Größenoptionen sind hierbei, jeweils in der Reihenfolge s, p, m:

10 pt	11 pt	12 pt
2 1 1	3 1 1	3 2 2

Hierauf folgen die Definitionen und Einstellvorgaben für die verschiedenen Schachtelungstiefen der `list`-Umgebungen in der Form:

```
\def\@listi{\leftmargin\leftmrgini
            \parsep  s\p@ \@plus p\p@ \@minus m\p@
            \topsep  s\p@ \@plus p\p@ \@minus m\p@
            \itemsep s\p@ \@plus p\p@ \@minus m\p@}
\let\@listI\@listi  \@listi
\def\@listii {\leftmargin\leftmarginii}
             \labelwidth\leftmarignii
             \advance\labelwidth-\labelsep
             \topsep s\p@ \@plus p\p@ \@minus m\p@
             \parsep s\p@ \@plus p\p@ \@minus m\p@
             \itemsep \parsep}
\def\@listiii{\leftmargin\leftmargiii
             \labelwidth\leftmariniii
             \advance\labelwdith-\labelsep
             \topsep s\p@ \@plus p\p@ \@minus m\p@
             \parsep \z@
             \partopsep \p@ \@plus\z@ \@minus\p@
             \itemsep\topsep}
\def\@listiv {\leftmargin\leftmarginiv
             \labelwidth\leftmarginiv
             \advance\labelwidth-\labelsep}
\def\@listv  {\leftmargin\leftmarginv
             \labelwdith\leftmarginv}
             \advance\labelwidth-\labelsep
\def\@listvi {\leftmargin\leftmarginvi
             \labelwidth\leftmarginvi
             \advance\labelwidth-\labelsep}
```

Zuweisungen der Form '`\parsep `s`\p@ \@plus `p`\p@ \@minus `m`\p@`' stellen eine abgekürzte Syntaxform der LaTeX-Längenzuweisung

`\setlength{\parsep}{`s`\p@ \@plus `p`\p@ \@minus `m`\p@}`

dar, ebenso wie `\leftmargin\leftmargini` u. ä. gleichbedeutend mit der Standardzuweisung `\setlength{\leftmargin}{\leftmargini}` ist.

Unmittelbar nach der Definition von `\@listi` erfolgt die TEX-Bedeutungszuweisung `\let\@listI\@listi`, womit die Eingangsstufe der `list`-Umgebung auch unter `\@listI` abgespeichert wird. Hierauf greifen die Größenfiles bei der Definition von `\normalsize` zurück (s. 3.3.1). Anschließend erfolgt der Aufruf `\@listi`, womit die Einstellvorgaben für die Eingangsstufe von `list`-Umgebungen zum Standard gemacht werden. Weitere Erläuterungen zu den vorstehenden `\@list`*i*-Definitionen sind nicht erforderlich.

Die Einstellwerte s, p, m lauten für die verschiedenen Größenoptionen und Schachteltiefen:

	— `\@listi` —			— `\@listii` —			— `\@listiii` —		
	10 pt	11 pt	12 pt	10 pt	11 pt	12 pt	10 pt	11 pt	12 pt
`\parsep`	4 2 1	4.5 2 1	5 2.5 1	2 1 1	4.5 2 1	2.5 1 1			
`\topsep`	8 2 4	9 3 5	10 4 6	4 2 1	4.5 2 1	5 2.5 1	2 1 1	2 1 1	2.5 1 1
`\itemsep`	4 2 1	4.5 2 1	5 2.5 1						

Für die dritte Stufe `\@listiii` erfolgen also optionsgrößenabhängige Einstellungen nur für `\topsep`. Soweit in tieferen Stufen keine eigenen Einstellvorgaben erfolgen, werden diejenigen der jeweils darüber liegenden Stufe übernommen.

3.4 Detailvorstellung der Bearbeitungsklasse proc

Die Bearbeitungsklasse `proc` dient zur Erstellung von Sitzungsprotokollen. Ihre Eigenschaften wurden bereits in [5a, 3.2.7] vorgestellt. In LATEX 2.09 war `proc` keine eigene Bearbeitungsklasse, sondern eine sog. Stiloption, die durch die Optionsangabe `proc` beim `\documentstyle`-Befehl in Verbindung mit der Bearbeitungsklasse `article` zu wählen war.

In LATEX 2ε ist `proc` dagegen eine Bearbeitungsklasse, die als Klassenangabe beim `\documentclass`-Befehl anzugeben ist. Bei der Vorstellung des Klassenfiles `proc.cls` wird sich herausstellen, dass `proc.cls` seinerseits `article.cls` einliest und nur die davon abweichenden Definitionen und Einstellvorgaben vornimmt. Damit ist `proc.cls` sehr viel kürzer als die anderen Standardklassenfiles. Für das Durcharbeiten dieses Abschnitts empfehle ich, das Originalfile `proc.dtx` mit LATEX zu bearbeiten (s. 2.2.3 und 2.2.4) und die ausgedruckte Dokumentation als Begleittext heranzuziehen.

3.4.1 Der Vorspann von proc.cls

Das Klassenfile `proc.cls` beginnt wie alle Standardklassenfiles mit der Forderung nach dem LATEX 2ε-Format und seiner Selbstidentifikation:

```
\NeedsTeXFormat{LaTeX2e}[1995/12/01]
\ProvidesClass{proc}[1995/11/30 v1.31
                      Standard LaTeX document class]
```

wobei Versionsdatum und Versionsnummer evtl. durch zukünftige Daten ersetzt werden. Hierauf folgen die Optionserklärung

```
\DeclareOption{a5paper}
   {\ClassError{proc}{Option 'a5paper' not supported}{}}
```

sowie drei weitere Optionserklärungen gleicher Form für `b5paper`, `oneclumn` und `titlepage`. Diese vier Klassenoptionen sind in `proc.cls` also nicht zulässig. Ihre explizite Angabe beim `\documentclass`-Befehl führt zu der entsprechenden Fehlermeldung.

Anschließend erfolgt die Weitergabe aller beim Aufruf von `proc.cls` angeführten Klassenoptionen sowie explizit `twocolumn` an das Klassenfile `article.cls` mit (s. 2.5.3):

```
\PassOptionsToClass{twocolumn}{article}
\DeclareOption*{\PassOptionToClass{\CurrentOption}{article}
```

Der Vorspann von `proc.cls` endet mit der Ausführung der beiden Interfacebefehle

```
\ProcessOptions  \LoadClass{article}
```

was für die Optionsangaben `a5paper`, `b5paper`, `onecolumn` und/oder `titlepage` zur Ausgabe der entsprechenden Fehlermeldung führt. Alle sonstigen Optionsangaben aus dem `\documentclass`-Befehl wurden bereits an das Klassenfile `article.cls` weitergereicht, das nun mit dem letzten Befehl eingelesen wird.

3.4.2 Der Hauptteil von proc.cls

Nachdem soeben das Klassenfile `article.cls` eingelesen wurde, das seinerseits das zugehörige Größenfile size*nn*.clo einliest, stehen alle der dort enthaltenen Definitionen und Einstellvorgaben zur Verfügung. Einige dieser Definitionen und Einstellungen werden nun im Hauptteil von `proc.cls` überschrieben.

Das Seitenlayout: Hier erfolgen die Neueinstellungen für `\footskip`, `\textwidth` und `\textheight` sowie für die Seitenränder:

```
\setlength{\footskip}{75\p@}
\if@compatibility  \setlength{\textwidth}{6.75in}
\else              \setlength{\textwidht}{\paperheight}
                   \addtolength{\textwidth}{-126\p@}
                   \@settopoint\textwidth
\fi
\if@compatibility  \setlenght{\textheight}{9in}
\else
   \ifcase\@ptsize \setlength{\textheight}{53\baselineskip}
   \or             \setlength{\textheight}{47\baselineskip}
   \or             \setlength{\textheight}{44\baselineskip}
   \fi
\fi
\advance\textheight by \topskip
```

Der TEX-Befehl `\advance` in der angeführten Form hat dieselbe Wirkung, als hätte an dieser Stelle `\addtolenght{\textheight}{\topskip}` gestanden. Die Einstellstrukturen zur Bestimmung von `\textwidth` und `\textheight` sind einfacher als diejenigen aus size*nn*.clo, da die dortige Optionsabfrage nach `onecolumn` | `twocolumn` hier entfällt. Die eingestellte Textbreite ist außerdem unabhängig von der gewählten Größenoption. Die Texthöhe wird mit *nn*`\baselineskip` zwar größenabhängig errechnet, das Ergebnis ist für 10 pt, 11 pt oder 12 pt mit 636 pt, 639.2 pt bzw. 638 pt aber nahezu identisch.

Die Einstellung der Seitenränder und des Spaltenabstands der zweispaltigen Seitenformatierung erfolgt ebenfalls auf einfache Weise mit:

```
\setlength{\oddsidemargin}{-10\,pt}
\setlength{\evensidemargin}{-10\,pt}
\setlength{\marginparwdith}{\z@}
\setlength{\topmaring}{-47\p@}
\setlength{\columnsep}{.355in}
```

Die negativen Werte für den linken und den oberen Rand sind deshalb erforderlich, weil Textbreite und -höhe bereits sehr groß gewählt wurden, was ein Hineinragen in die 1 Zoll-Ränder der physikalischen Seitenabmessungen zur Folge hat.

Die Seitenstilbefehle `\pagestyle` und `\thispagestyle` sollten bei der Bearbeitungsklasse `proc` im Bearbeitungsfile nicht zur Anwendung kommen, da damit die nachfolgenden Einstellungen aus `proc.cls` abgeändert würden:

```
\let\@oddhead\@empty \let\@evenhead\@empty
\def\@oddfoot{\normalfont\rightmark \hfil
                 \pagename{} \thepage}
\def\@evenfoot{\@oddfoot}
```

Einstellvorgaben für den Titelvorspann: Die Klassenoption `titlepage` ist bei der Bearbeitungsklasse `proc` nicht erlaubt. Damit erzeugt der Aufruf `\maketitle` einen Titelvorspann. Die Definition hierfür lautet:

```
\def\maketitle{\par
 \begingroup
   \renewcomannd{\thefootnote}{\fnsymbol{footnote}}%
   \def\@makefnmark{\rlap{\@textsuperscript{\normalfont\@thefnmark}}}%
   \long\def\@makefntext##1{\parindent 1em\noindent
      \hb@xt@1.8em{\hss\@textsuperscript{\normalfont\@thefnmark}}##1}%
   \twocolumn[\@maketitle]\@thanks
 \endgroup
   \setcounter{footnote}{0}%
   \let\maketitle\relax \let\@maketitle\relax
   \gdef\@thanks{}\gdef\@auuthor{}\gdef\@title{}\let\thanks\relax}
```

Diese Definition ist in ihrer Wirkung praktisch identisch mit derjenigen aus `article.cls`, nur entfallen hier die `\if@twocolumn`-Abfrage und die explizite Seiteneinstellung mit `\thispagestyle{empty}`. Das Makro `\@maketitle` wird jetzt als

```
\def\@maketitle{\vbox to 2.25in{%
   \hsize\textwidth \linewidth\hsize \vfil \centering
   {\LARGE \@title \par} \vskip 2em
   {\large \begin{tabulari}[t]{c}\@author \end{tabular}\par}
   \vfil}}
```

definiert. Der Titelvorspann wird also in eine 2.25 Zoll hohe vertikale Box gefasst, in der die Titelüberschrift und die Autorenangaben vertikal und horizontal zentriert erscheinen. Die Titelüberschrift wird dabei in der Schriftgröße `\LARGE` und die Autorenangaben in `\large` gesetzt.

Das Klassenfile `proc.cls` definiert einen neuen Befehl namens `\copyrightspace`, der benutzt werden kann, um zwischen der letzten `\thanks`-Fußnote und der ersten Textfußnote vertikalen Zwischenraum einzufügen:

```
\def\copyrightspace{%
   \footnotetext[0]{\mbox{}\vrule \@height \97p@ \@width \z@}}
```

Der TeX-Struktur `\vrule \@height\97p@ \width\z@` entspricht in LaTeX die Balkenbox `\rule{0pt}{97pt}`, was eine *Stütze* der Höhe 97 pt bewirkt (s. [5a, 4.7.6]).

Neueinrichtung der abstract-Umgebung: Sie erfolgt einfach als:

```
\renewcommand{abstract}{\section*{\abstractname}} {\par}
```

Initialisierung: Diese besteht nur aus der Einrichtung des Namensbefehls

```
\newcommand{\pagename}{Page}
```

den das Ergänzungspaket `german.sty` in `\renewcommand{\Pagename}{Seite}` abändert. Das Klassenfile `proc.cls` endet hiernach mit dem Abschlussbefehl `\endinput`.

3.4.3 Das Kompatibilitätsfile proc.sty

In LaTeX 2.09 ist `proc` keine eigene Bearbeitungsklasse, sondern wird mit

```
\documentstyle[...,proc,...]{article}
```

als *Stiloption* für die Bearbeitungsklasse `article` angefordert. Dies führt zum Einlesen eines Stilfiles mit dem Namen `proc.sty`. Das File `proc.sty` entsteht ebenfalls bei der Installation mit dem ersten Installationsschritt. Sein Vorspann besteht aus der Forderung nach dem LaTeX 2_ε-Format und der Selbstidentifikation mit

```
\NeedsTeXFormat{LaTeX2e}[1995/12/01]
\ProvidesFile{proc.sty}[1995/11/30 v1.31
      LaTeX 2.09 compatibility style option 'proc']
```

gefolgt von der Kompatibilitätsabfrage

```
\if@compatibility
\else
   \ClassWarning{proc}{^^J\@spaces%
     You requested the use of 'proc' as a package^^J\@spaces
     but it has been turned into a document class.^^J\@spaces
     Please change your file to use 'proc' as a class.^^J}
   \expandafter\endinput
\fi
```

Der *sonst*-Zeig der Kompatibilitätsabfrage kommt zur Ausführung, wenn mit LaTeX 2_ε versucht wird, `proc.sty` mit `\usepackage` einzulesen. Nach Ausgabe dieser Warnung beendet LaTeX 2_ε die Bearbeitung.

Auf diesen Vorspann folgt der Hauptteil, der eine vollständige Kopie des Hauptteils aus `proc.cls` ist. Die dortigen Einstellvorgaben werden hier ebenfalls eingelesen, wenn die Stiloption `proc` mit dem Dokumentstilbefehl in der eingangs angeführten Form angefordert wird.

3.5 Detailvorstellung der Bearbeitungsklasse letter

Das Klassenfile `letter.cls` ist deutlich kürzer als diejenigen der Standardklassen `article`, `report` und `book`. Ich verkürze die Vorstellung nochmals, da `letter.cls` viele Vorgaben enthält, die bereits in `article.cls` vorgestellt wurden. Diese Vorgaben werde ich hier nicht vollständig wiederholen, sondern ggf. auf die oben gegebene Vorstellung verweisen.

3.5.1 Der Vorspann von letter.cls

Er beginnt wie bei allen Standardklassenfiles mit der Formatversionsanforderung und der Selbstidentifikation:

```
\NeedsTeXFormat{LaTeX2e}[1995/06/01]
\ProvidesClass{letter}[1995/07/06 v1.2s
                        Standard LateX documet class]
```

wobei Versionsdatum und Versionsnummer bei zukünftigen LaTeX-Ausgaben evtl. entsprechend anzupassen sind. Hierauf folgt wie bei den bereits vorgestellten Klassenfiles

```
\newcommand{\@ptsize}{}
```

Optionserklärungen: Sie beginnen mit den Optionserklärungen für das Papierformat:

```
\DeclareOption{a4paper}{\setlength{\paperheight}{297mm}%
                        \setlength{\paperwidth} {210mm}}
 . . . . . . . . . . . . . . . . . . . . . . . . . . . . . .
\DeclareOption{\landscape}{\setlenght{\@tempdima}{\paperwidth}%
                          \setlength{\paperheight}{\paperwidth}%
                          \setlength{\paperwdith}{\@tempdima}}
```

Die punktierte Linie steht für gleichartige Erklärungen für die Papierformate `a5paper`, `b5paper`, `letterpaper`, `legalpaper` und `executivepaper`. Eine vorangestellte Kompatibilitätsabfrage und die Einrichtung der vorstehenden Optionserklärungen in dem zugehörigen *sonst*-Zweig, wie bei den vorgestellten Standardklassenfiles (s. 3.1.3 auf S. 97), entfällt in `letter.cls` zumindest für die vorliegende Version v1.2s. Die vorstehenden Papieroptionen könnten damit auch im LaTeX 2.09-Kompatibilitätsmodus angesprochen werden, obwohl sie in LaTeX 2.09 unbekannt sind.

Hierauf folgen die Erklärungen für die Größenoptionen:

```
\DeclareOption{10pt}{\renewcommand{\@ptsize{0}}
\DeclareOption{11pt}{\renewcommand{\@ptsize{1}}
\DeclareOption{12pt}{\renewcommand{\@ptsize{2}}
```

In LaTeX 2.09 ist für die Bearbeitungsklasse `letter` die Option `twoside` nicht erlaubt, dagegen jedoch in LaTeX 2ε:

```
\if@compatibility \DeclareOption{twoside}{%
    \@latexerr{No ‘twoside’ layout for letter}\@eha}
\else
    \DeclareOption{twoside}{\@twosidetrue \@mparswitchtrue}
\fi
```

Der im *wenn*-Zweig der Kompatibilitätsabfrage auftretende Makroaufruf `\@eha` greift auf den LaTeX-Kern zurück und erzeugt den Hilfetext:

```
Your command was ignored.
Type I <command> <return> to replace it with another command,
or <return> to continue without it.
```

Hierauf folgen die Erklärungen für das Optionspaar:

```
\DeclareOption{draft}{\setlength{\overfullrule}{5pt}
\DeclareOption{final}{\setlength{\overfullrule}{0pt}
```

Bei Zeilenumbrüchen, die zu der Warnung `Overfull \hbox ...` führen, erscheint in der zugehörigen Zeile am rechten Rand ein schwarzer Balken mit der eingestellten Breite für `\overfullrule`, der mit der Option `final` wegen der Breite 0 pt unsichtbar bleibt.

Der Optionserklärungsteil endet mit den beiden Erklärungen:

```
\DeclareOption{leqno}{\input{legno.clo}
\DeclareOption{fleqn}{\input{fleqn.clo}
```

Optionsausführungen: Dieser Teil aktiviert zunächst die Standardvorgaben, die ohne explizite Optionsangabe bereitstehen:

```
\ExecuteOptions{letterpaper,10pt,oneside,onecolumn,final}
```

Hierauf folgt die Aktivierung aller beim `\documentclass`-Befehl explizit angegebenen Optionen mit:

```
\ProcessOptions
```

womit die angegebenen Optionen in der Reihenfolge zur Ausführung kommen, in der sie im Optionserklärungsteil auftreten. Zum Abschluss der Optionsausführungen wird das ausgewählte Größenfile mit

```
\input{size1\@ptsize.clo}
```

eingelesen (s. hierzu 3.1.5 auf S. 99). Hiernach folgt der Hauptteil von `letter.cls`, den ich in den nachfolgenden Unterabschnitten entsprechend seiner Untergliederung vorstelle.

3.5.2 Absatzformatierung und Seitenlayout

Die Vorgaben zur Absatzformatierung erhalten teilweise andere Werte als diejenigen der Standardklassenfiles (s. 3.2.1):

```
\setlength{\lineskip}{1\p@}
\setlength{\normallineskip}{1\p@}
\renewcommand{\baselinestretch}{}
\setlength{parskip}{0.7em}  \setlength{parindent}{0\p@}
\@lowpenalty 51  \@medpenatly 151  \@highpenalty 301
```

Hierauf folgen die Einstellungen für einige vertikale Abstände:

```
\setlength{\headheight}{12\p@}
\setlength{\headsep}{45\p@}  \setlength{\footskip}{25\p@}
```

Die Einstellungen der Seitenrumpfabmessungen erfolgen im Kompatibilitätsmodus mit

```
\if@compatibility \setlength{\textwidth}{365\p@}
                  \setlength{\textheight}{505\p@} \fi
```

womit die entsprechenden Einstellungen aus den Größenfiles `size1`n`.clo` überschrieben werden. In LaTeX 2_ε werden dagegen die Seitenrumpfabmessungen aus den Größenfiles übernommen, da der *sonst*-Zweig der vorstehenden Kompatibilitätsabfrage leer ist.

Die Seitenränder werden in `letter.cls` mit

```
\if@compatibility  \setlength{\oddsidemargin}{53pt}
                   \setlength{\evensidemargin}{53pt}
                   \setlength{\marginparwidth}{90pt}
\else  \setlength{\@tempdima}{paperwidth}
          \addtolength{\@tempdima}{-2in}
          \addtolength{\@tempdima}{-\textwdth}
       \setlenght{\oddsidemargin}{.5\@tempdima}
       \setlength{\evensidemargin}{\oddsidemargin}
       \setlength{\margimparwidth}{90\p@}
\fi
```

eingestellt. Auch diese Einstellungen überschreiben die Vorgaben aus `size1`n`.clo`. Der horizontale Abstand zwischen dem Textrumpf und evtl. Randnotizen sowie der minimale vertikale Abstand zwischen Randnotizen werden mit

```
\setlength{\marginparsep}{11\p@}
\setlength{\marginparpush}{5\p@}
```

eingestellt. Schließlich wird der obere Seitenrand mit

```
\setlenght{\topmargin}{27pt}
```

eingestellt und für Fußnoten wird noch

```
\setlength{\footnotesep}{12\p@}
\setlength{\skip\footins}{10\p@ \@plus 2\p@ \@minus 4\p@}
```

vorgegeben. Zur Bedeutung der letzten Zuweisung s. 3.3.3 auf S. 137.

3.5.3 Die Definitionen der Seitenstilbefehle

Das Klassenfile `letter.cls` definiert als eigenständige Seitenstile `headings`, `empty`, `firstpage` und `plain`, die durch geeignete Makrodefinitionen `\ps@`*stil* zu realisieren sind:

```
\if@twoside
   \def\ps@headings{\let\@oddfoot\@empty \let\@evenfoot\@empty
                    \def\@oddhead{\slshape\headtoname{}
                        \ignorespaces\tonmae \hfil \@date
                        \hfil \pagename{} \thepager}
                    \let\@evenhead\@oddhead}
```

```
\else
   \def\ps@headings{\let\@oddfoot\@empty
                    \def\@oddhead{\slshape\headtoname{}
                       \ignorespaces\toname \hfil \@date
                       \hfil \pagename{} \thepage}}
\fi
```

Der Befehlsaufruf `\toname` übergibt den Empfängernamen in der Kopfzeile, dem mit `\headtoname` das Wort „To" oder „An" vorangesetzt wird. Hierauf folgen in der Kopfzeile das aktuelle Datum und rechtsbündig die laufende Seitennummer, der mit `\pagename` das Wort „Page" oder „Seite" vorangestellt wird.

Beim Seitenstil `empty` bleiben Seitenkopf und Seitenfuß leer:

```
\def\ps@empty{\let\@oddfoot\@empty  \let\@oddhead\@empty
              \let\@evenfoot\@empty \let\@evenhead\@empty}
```

Der Seitenstil `firstpage` existiert nur in der Bearbeitungsklasse `letter`. Er kommt zwecks Gestaltung der *ersten* Briefseite zur Anwendung:

```
\def\ps@firstpage{\let\@oddhead\empty
    \def\@oddfoot{\raisebox{-45\p@}[\z@]{%
        \hb@xt@\textwidth{\hspace*{100\p@}
           \ifcase \@ptsize\relax \normalsize
           \or                    \small
           \or                    \footnotesize \fi
           \fromlocation\hfil \telephonnum}}\hss}}
```

Der Fuß der ersten Briefseite enthält also Raumbezeichnung (`\fromlocation`) und Telefonnummer (`\telephonnum`) des Absenders. Es ist genau dieses Makro, das für eine hauseigene Briefklasse ganz nach den Wünschen des Anwenders zu gestalten ist, um z. B. einen eigenen Briefkopf mit `\@oddhead` zu gestalten.

```
\def\ps@plain{\let\@oddhead\@empty
              \def\@oddfoot{\normalfont\hfil\thepage\hfil}%
              \def\@evenfoot{\normalfont\hfil\thepage\hfil}}
```

Der Seitenstil `plain` bewirkt somit eine horizontal zentrierte laufende Seitennummer im Seitenfuß.

3.5.4 Die Definition spezieller Briefbefehle

Die Bearbeitungsklasse `letter` kennt eine Reihe spezieller Briefbefehle, die es nur bei dieser Bearbeitungklasse gibt und die deshalb in `letter.cls` definiert werden. Dies sind zunächst:

```
\newcommand*{\name}[1]{\def\fromname{#1}}
\newcommand*{\signature}[1]{\def\fromsig{#1}}
\newcommand*{\address}[1]{\def\fromaddress{#1}}
\newcommand*{\location}[1]{\def\fromlocation{#1}}
\newcommand*{\telephone}[1]{\def\telephonenum{#1}}
```

Die hier definierten Makros definieren bei ihrem Aufruf ihrerseits die Befehle `\from`*xxx* sowie `\telephonnum`, die die übergebenen Namen sowie die Raumbezeichnung bzw. Telefonnummer enthalten. In `letter.cls` erfolgt anschließend ihr expliziter Aufruf mit jeweils leerem Argument

```
\name{}  \signature{}  \address{}  \location{}  \telephone{}
```

womit die zugehörigen `\from`*xxx*- und `\telephonnum`-Befehle existieren, aber noch leer sind.

Die Bearbeitungsklasse `letter` kennt den Vorspannbefehl `\makelabels`, mit dem für jeden erzeugten Brief am Bearbeitungsende eine oder mehrere Seiten mit den Anschriftenfeldern für die Briefempfänger erstellt werden. Diese können nach Zerschneiden als Adressaufkleber genutzt werden. Die Definition von `\makelabels` wird hier zunächst mit

```
\newcommand*\makelabels{%
   \AtBeginDocument{\let\@startlabels\startlabels
      \let\@mlabel\mlabel
      \if@filesw \immediate\write\@mainaux{\string
                 \@startlabels}\fi}%
   \AtEndDocument{\if@filesw
      \immedate\write\@mainaux{\string\clearpage}\fi}}
\@onlypreamble\makelabels
```

vorbereitet. Der Vorspannbefehl `\makelabels` bewirkt zunächst nur, dass die internen Befehle `\@startlabels` und `\@mlabel` mit dem Öffnungsbefehl `\begin{document}` die Bedeutung von `\startlabels` und `\mlabel` erhalten, die in `letter.cls` später definiert werden.

Soll für den Bearbeitungsaufruf ein `.aux`-File erstellt werden, was standardmäßig der Fall ist, so wird mit `\begin{document}` der Befehlsname `\@startlabels` und mit `\end{document}` der Befehlsname `\clearpage` in das `.aux`-File geschrieben. Die Erstellung eines `.aux`-Files unterbleibt für einen LaTeX-Bearbeitungsaufruf nur dann, wenn der Vorspannbefehl `\nofiles` gesetzt wird. In diesem Fall erhält der interne Schalter `\@filesw` den logischen Wert *falsch*, während er standardmäßig auf *wahr* gesetzt wird.

3.5.5 Die letter-Umgebung und ihre Gestaltungsbefehle

Der Aufruf der `letter`-Umgebung erfolgt bekanntlich in der Form:

`\begin{letter}{`*empf_name*`\\`*empf_anschrift*`}` *Brieftext* `\end{letter}`

Die Definition dieser Umgebung erfolgt mit:

```
\newenvironment{letter}[1]{\newpage
   \if@twoside \if@odd\c@page
               \else\thispagestyle{empty} \hbox{}\newpage\fi
   \fi
   \c@page\@ne \interlinepenalty=200
   \@processto{\leavevmode\ignorespaces #1}}
```

```
{\stopletter\@@par\pagebreak\@@par
   \if@filesw \begingroup
              \let\\=\relax  \let\protect\@unexpandable@protect
              \immediate\write\@auxout{\string\mlabel
                 {\returnaddress}{\toname\\\toaddress}}%
             \endgroup
   \fi}
```

Die erste mit `{...}` umschlossene Gesamtstruktur nach `\newenvironment{letter}` definiert den Teil, der mit `\begin{letter}` ablaufen soll. Die nächste mit `{...}` umschlossene Gesamtstruktur am Beginn dieser Seite definiert den Teil, der mit `\end{letter}` ablaufen soll. Er bewirkt, dass die Angaben aus `\returnaddress`, `\toname` und `\toaddress` ins `.aux`-File geschrieben werden. `\returnaddress` wird in `letter.cls` später als Leerbefehl definiert. Er könnte auf der Anwenderebene mit `\renewcommand` neu definiert werden und die Rücksendeadresse übergeben. `\toname` und `\toaddress` enthalten Empfängernamen und Empfängeranschrift, die dort mit `\@processto` aus den Empfängerangaben der `letter`-Umgebung eingerichtet werden:

```
\long\def\@processto#1{\@xproc #1\\@@@\ifx\toaddress\@empty
       \else \@yproc#1@@@\fi}
\long\def\@xproc #1\\#2@@@{\def\toname{#1}\def\toaddress{#2}}
\long\def\@yproc #1\\#2@@@{\def\toaddress{#2}}
```

Die Angabe `#1\\#2@@@` im sog. Parametertext bei den Definitionen für `@xproc` und `@yproc` wird vielen Lesern vermutlich merkwürdig, wenn nicht gar unverständlich erscheinen. Sie bewirkt, dass der nachfolgende Text für das erste Argument `#1` so lange eingelesen wird, bis in diesem Text ein `\\` auftritt, was als Ende des Argumenttextes interpretiert wird, wobei `\\` nicht Bestandteil des übergebenen Arguments wird. Entsprechend wird der Text für das zweite Argument `#2` so lange eingelesen, bis eine Folge von drei `@`-Zeichen auftritt, die ebenfalls nur als Endkennung für das übergebene Argument interpretiert werden (s. 5.6.2 auf S. 258ff).

Dem Aufruf `\@processto` wird in der Umgebungseinrichtung im `\begin{letter}`-Teil als Argument `#1` und damit das gesamte Empfängerfeld aus dem `\begin{letter}`-Aufruf übergeben. In der Definition von `\@processto` wird dieses Argument an `\@xproc` und `\@yproc` weitergereicht und mit `\\@@@` bzw. `@@@` abgeschlossen. Die Aufteilung des Empfängerfeldes in Empfängernamen nach `\toname` und in Empfängeranschrift nach `\toaddress` kann auf diese Weise korrekt vorgenommen werden.

Bei der vorstehenden `letter`-Umgebungseinrichtung trat der Befehlsaufruf `\@@par` auf. Er enthält eine Kopie des TeX-Grundbefehls `\par`, da `\par` im LaTeX-Kern oder in den Klassenfiles mehrfach umdefiniert wird und in seiner Wirkung in lokalen Gruppen ggf. geändert ist.

Spezielle Briefbefehle zur Kontrolle des Seitenumbruchs: Für die nachfolgenden Definitionen

```
\newcommand*{\stopbreaks}{\interlinepenalty \@M
   \def\par{\@@par\nobreak} \let\\=\@nobreakcr
   \let\vspace\@nobreakvspace
\DeclareRobustCommand{\@nobreakvspace}
   {\@ifstar{\@nobreakvspacex}{\@nobreakvspacex}}
```

```
\def\@nobreakvspacex#1{\ifvmode\nobreak\vskip #1\relax
    \else \@bsphack\vadjust{\nobreak\vskip #1}\@esphack\fi}
\def\@nobreakcr{\vadjust{\penalty\@M}
    \@ifstar{\@xnewline}{\@xnewline}}
\newcommand*{\startbreaks}{\let\\=\@normalcr
   \interlinepenalty 200\def\par{\@@par\penalty 200\relax}}
```

muss eine Erläuterung wegen der intensiven Nutzung von TeX-Befehlen und internen Makros aus dem LaTeX-Kern entfallen. Ihre Wirkung liegt darin, dass nach einem Aufruf von `\stopbreaks` ein Seitenumbruch unmöglich wird. Ein solcher wird erst wieder mit dem aufhebenden Befehlsaufruf `\startbreaks` erlaubt.

Einrichtung einiger horizontaler Felder: Die nachfolgenden Feldeinrichtungen bedürfen keinerlei Erläuterung:

```
\newdimen\longindentation \longindentation=.5\textwidth
\newdimen\indentewidth    \indentewidth=\textwidth
   \advance\indentewidth -\longindentation
```

Diese Maßbefehle werden in der späteren Definition von `\closing` abgerufen.

Der Brieferöffnungsbefehl `\opening`: Neben der Ausgabe der Anrede wie 'Lieber Norbert' oder 'Liebe Marion' bewirkt der Aufruf `\opening{`*anrede*`}` eine Reihe weiterer Ausgaben und Einstellungen, wie seine Definition erkennen lässt:

```
\newcommand*{\opening}[1]{%
   \ifx\@empty\fromaddress \thispagestyle{firstpage}%
      {\raggedleft\@date\par}%
   \else \thispagestyle{empty}{\raggedleft
         \begin{tabular}{l}\ignorespaces
            \fromaddress \\*[2\parskip]\@date
         \end{tabular}\par}%
   \fi
   \vspace{2\parskip}{\raggedright \toname \\ \toaddress \par}
   \vpace{2\parskip}%
   #1\par\nobreak}
```

Die Brieferöffnung führt zu einer recht unterschiedlichen Gestaltung, je nachdem, ob mit `\address` eine Absenderanschrift angegeben wurde oder nicht. Nach der Definition von `\firstpage` ist `\opening` der zweite typische Kandidat für eine anwendereigene Briefklasse. Als Beispiel mag hierfür die in [5a, A3] angegebene Definition von `\opening` für unsere hauseigene Briefklasse `mpletter.cls` betrachtet werden.

Der Abschlussbefehl `\closing`: Der Abschlussbefehl `\closing{`*grußformel*`}` setzt unter die Grußformel den Namen aus `\fromsig`, falls dieser mit `\signature{`*unterschr_name*`}` gesetzt wurde. Anderenfalls wird dort der Name aus `\fromname`, der mit dem Aufruf `\name{`*abs_name*`}` gesetzt wird, verwendet. Nach Aufruf des Befehls `\closing` ist ein Seitenumbruch nicht mehr möglich. Ein solcher wird erst dann wieder erlaubt, wenn mit dem Befehl `\ps` eine Nachschrift zugefügt werden soll.

```
\newcommand{\closing}[1]{\par\nobreak\vspace{\parskip}%
   \stopbreaks \noindent
   \ifx\@empty\fromaddress
   \else \hspace*{\longindentation}\fi
   \parbox{\indentewidth}{\raggedright
      \ignorespaces #1\\[6\medskipamount]%
      \ifx\@empty\fromsig \fromname
      \else \fromsig \fi\strut}%
   \par}
```

Damit erscheint die Grußformel entweder linksbündig, falls eine `\address`-Eingabe erfolgte, oder sie wird um den Betrag von `\longindentation` eingerückt, worauf in beiden Fällen der Absendername aus `\fromsig` oder `\fromname` erscheint.

Der Maßbefehl `\medksipamount`, der seine Standardmaßzuweisung bereits im LaTeX-Kern erhält, wird in `letter.cls` mit

```
\medskipamount=\parskip
```

neu eingestellt, wobei `\parskip` in `letter.cls` vorab (s. o.) mit 0.7 em eingestellt wurde.

Briefnachtragsbefehle: Nach `\closing` sind in einem Brief noch die Befehle `\cc`, `\encl` und `\ps` erlaubt, mit denen eine Anlagen- und Verteilerliste sowie eine eventuelle Nachschrift zugefügt werden können:

```
\newcommand*{\cc}[1]{\par\noindent
   \parbox[t]{\textwidth}{\@hangfrom{\normalfont\ccname: }%
              \ignorespaces #1\strut}\par}
\newcommand*{\encl}[1]{\par\noindent
   \parbox[t]{\textwidth}{\@hangform{\normalfont\enclname: }%
              \ignorespaces #1\strut}\par}
\newcommand*{\ps}{\par\startbreaks}
```

Die Befehle `\cc` und `\encl` sind Befehle mit einem Argument, das die Verteiler- und Anlagenliste enthält. Diesen wird der Namensinhalt von '`\ccname: `' bzw. '`\enclname: `' vorangestellt. Die übergebenen Argumente von `\cc` und `\encl` erscheinen danach als Gesamtliste, deren Folgezeilen um die Weiten von `\ccname` bzw. `\enclname` eingerückt werden, was genau mit dem Aufruf des internen Befehls `\@hangfrom` erreicht wird. Die aufgerufenen Namensbefehle enthalten standardmäßig 'cc' bzw. 'encl', die mit `german.sty` in 'Verteiler' bzw. 'Anlagen' abgeändert werden. Mit dem Befehlsaufruf `\ps` beginnt der nachfolgende Text mit einem neuen Absatz, ab dem wieder ein Seitenumbruch erlaubt wird.

Der Abschlussbefehl `\stopletter`**:** Bei der Einrichtung der `letter`-Umgebung beginnt deren `\end`-Befehl mit dem Aufruf `\stopletter`, der also mit der Ausführung von `\end{letter}` u. a. ausgeführt wird. Dieser Befehl wird in `letter.cls` als Leerbefehl

```
\newcommand*{\stopletter}{}
```

definiert. Mit einer erweiterten Definition könnte er dazu genutzt werden, den Briefen am jeweiligen Ende gezielte Zusätze, z. B. einen Werbespruch oder sonstiges Füllmaterial, anzuhängen. Eine andere Aufgabe für `\stopletter` könnte darin bestehen, den hiesigen Leerbefehl `\returnaddress` mit Inhalt zu füllen und damit bei den evtl. anschließend ausgedruckten Adressfeldern eine Rücksendeadresse hinzuzufügen.

3.5.6 Die Erzeugung von Adressfeldern

Bei der Definition von `\makelabels` erfolgt ein Rückgriff auf die Befehle `\startlabels` und `\mlabel`, wobei der erste Befehl mit `\begin{document}` und der zweite mit `\end{letter}` zur Ausführung kommt. Am Bearbeitungsende der `letter`-Umgebung erfolgt zusätzlich der Aufruf des Namensbefehls `\returnaddress`. Diese drei Befehle werden jetzt definiert, und zwar zunächst

```
\newcommand*{\returnaddress}{}
```

als Leerbefehl, der bei Bedarf mit dem Inhalt der Rücksendeadresse neu definiert werden kann. Hierauf folgt:

```
\newcount\labelcount
\newcommand*{\startlabels}{\labelcount\z@ \pagestyle{empty}%
   \let\@texttop\relax \topmargin -50\p@ \headsep \z@
   \oddsidemargin -35\p@  \evensidemargin \-35\p@
   \textheight 10\in
   \@colht\textheight  \@colroom\textheight  \vsize\textheight
   \textwidth 550\p@   \columnsep 26\p@
   \ifcase \@ptsize\relax \normalsize
   \or                    \small
   \or                    \footnotesize \fi
   \baselineskip \z2  \lineskip \z@  \boxmaxdepth \z@
   \parindent \z@     \twocolumn\relax}
```

Der hier eingerichtete Zähler `\labelcount` wird mit dem `\startlabels`-Befehl zwar auf null zurückgesetzt, dann aber nicht mehr angesprochen. Er wurde hier offenbar nur eingerichtet, um mit einer erweiterten Definition von `\mlabel`, als diese hier standardmäßig erfolgte, von ihm Gebrauch zu machen. Der Aufruf `\startlabels` bewirkt ein Seitenformat zur Erzeugung von $2'' \times 4\,1/4''$ großen Adressfeldern, die in zwei Seitenspalten als insgesamt $5 \times 2 = 10$ Felder pro Seite ausgegeben werden.

Anschließend wird der interne Befehl `\@startlabel` zunächst als Leerbefehl mit

```
\let\@startlabels=\relax
```

vorgegeben, der bei Verwendung des Vorspannbefehls `\makelabels` dann bei Bearbeitungsbeginn durch `\begin{document}` mit `\starlabels` gleichgesetzt wird.

Mit dem jeweiligen Briefende `\end{letter}` wird der interne Befehl `\@mlabel` mit der aktuellen Bedeutung von `\mlabel` ins `.aux`-File geschrieben. Der Befehl `\mlabel` wird als Befehl mit zwei Argumenten als

```
\newcommand*{\mlabel}[2]{%
   \parbox[b][2in][c]{262\p@}{\strut\ignorespaces #2}}
```

eingerichtet, bei dem derzeit nur das zweite Argument zur Ausführung kommt. Für `#1` wird mit jedem `\end{letter}`-Befehl der Namensbefehl `\returnaddress` und für `#2` die Befehlsfolge `\toname\\ \toaddress` übergeben. Bei der Ausführung von `\mlabel` wird nach der vorstehenden Definition jedoch nur das zweite Argument als Inhalt einer Parbox weitergereicht. Soll mit `\returnaddress` den Adressfeldern eine Rücksendeadresse zugefügt werden, dann müsste die Definition von `\mlabels` zur zusätzlichen Übernahme von `#1` geändert werden. Auch die Verwendung der Maßeinheit 'Zoll' ist für das im europäischen Raum verbreitete A4-Papierformat ungebräuchlich und sollte ggf. durch sachgerechtere Maßvorgaben in 'mm' zur optimalen Seitenaufteilung abgeändert werden.

In unserem Hause wurde von einer entsprechenden Anpassung bisher abgesehen, da unsere hauseigene Briefklasse ein Briefformular erstellt, bei dem die Empfängerangaben zusammen mit der Rücksendeadresse auf der ersten Briefseite so positioniert werden, dass sie nach Doppelfaltung genau im Umschlagfenster erscheinen, womit die Erstellung zusätzlicher Adressaufkleber überflüssig wird.

Abschließend wird in `letter.cls` der interne Befehl `\@mlabel` zunächst mit

```
\let\@mlabel=\@gobbletwo
```

unwirksam gemacht, weil damit die nächsten beiden Argumente übersprungen werden. Mit dem Vorspannbefehl `\makelabels` erhält der interne Befehl `\@mlabel` beim Bearbeitungseintritt durch `\begin{document}` dann die Bedeutung von `\mlabel` zugewiesen.

Am Bearbeitungsende `\end{document}` wird, falls `\makelabels` im Vorspann gesetzt wurde, für jede `letter`-Umgebung ein Adressfeldausdruck erzeugt, der in Gruppen von jeweils bis zu zehn Adressfelden auf Abschlussseiten ausgegeben wird.

3.5.7 Einstellvorgaben für listenartige Strukturen

Einstellvorgaben für listenartige Strukturen erfolgen hier ganz ähnlich wie in den Standardklassenfiles und ergänzend in den `size1`*n*.clo-Größenfiles, wobei die Vorgaben aus Letzteren hier zum Teil überschrieben werden.

```
\setlength{\leftmargini}{2.5em}
setlength{\leftmarginii}{2.2em}
\setlength{\leftmarginiii}{1.87em}
\setlength{\leftmarginiv}{1.7em}
\setlength{\leftmarginv}{1em}
\setlength{\leftmarginvi}{1em}
\setlength{\labelsep}{5\p@}
\setlength{\labelwidth}{\leftmargini}
   \addtolength{\labelwidth}{-\labelsep}
\setlength{\partopsep}{0\p@}
\@beginparpenalty -\@lowpenalty
\@endparpenalty   -\@lowpenalty
\@itempenalty     -\@lowpenalty
```

Zur Erklärung ihrer Bedeutung verweise ich auf [5a, 4.4] sowie auf die Hinweise auf S. 114 zu den entsprechenden Zuweisungen für die Standardklassenfiles. Die weiteren Vorgaben entnehmen die Standardklassen `article` und `report` den Größenfiles `size1`*n*`.clo`, die mit `letter.cls` abgeändert werden:

```
\def\@listI{\setlength{\leftmargin}{\leftmargini}
    \setlength{\parsep}{0\p@} \setlength{\topsep}{.4em}
    \setlength{\itemsep}}
\let\@listi\@listI  \@listi
```

Die entsprechenden elastischen Vorgaben aus `size1`n`.clo` (s. S. 138) werden hier durch feste Maße ersetzt, die wegen der Maßeinheit 'em' aber auch hier von der gewählten Größenoption abhängen.

Die entsprechenden Einstellvorgaben für tiefere Schachtelungsstufen von `list`-Umgebungen erfolgen hier mit:

```
\def\@listii{\setlength{\leftmargin}{\leftmarginii}%
             \setlength{\labelwidth}{\leftmarginii}%
                \addtolength{\labelwidth}{-\labelsep}}
\def\@listiii{\setlength{\leftmargin}{\leftmarginiii}%
              \setlength{\labelwidth}{\leftmarginiii}%
                 \addtolength{\labelwidth}{-\labelsep}%
              \setlength{\topsep}{.2em}%
              \setlength{\itemsep}{\topsep}}
\def\@listiv{\setlength{\leftmargin}{\leftmarginiv}%
             \setlength{\labelwidth}{\leftmarginiv}%
                \addtolength{\labelwidth}{-\labelsep}}
\def\@listi {\setlength{\leftmargin}{\leftmarginv}%
             \setlength{\labelwidth}{\leftmarginv}%
                \addtolength{\labelwidth}{-\labelsep}}
\def\@listvi{\setlength{\leftmargin}{\leftmarginvi}%
             \setlength{\labelwidth}{\leftmarginvi}%
                \addtolength{\labelwidth}{-\labelsep}}
```

Hierauf folgen einige Einstellvorgaben für die `enumerate`-, `itemize`- und `description`-Umgebungen, die ich hier nicht explizit wiedergebe, da sie vollständig identisch mit den Vorgaben aus `arcticle.cls` sind. Es folgen hier also zunächst Neudefinitionen von `\theenum`n bzw. die Definitionen von `\labelenum`n für $n =$ `i, ii, iii, iv` sowie Neudefinitionen von `\p@enum`n für $n =$ `ii, iii, iv`, wie sie bereits auf S. 114 vorgestellt wurden.

Danach folgen die Definitionen für `\labelitem`n mit $n =$ `i, ii, iii, iv`, die den gleichnamigen Definitionen von S. 115 entsprechen. Anschließend wird die Umgebung `description` eingerichtet, deren Einrichtungsstruktur ebenfalls bereits auf S. 115 vorgestellt wurde.

3.5.8 Weitere LaTeX-Struktureinrichtungen

Anschließend folgen eine Reihe weiterer LaTeX-Struktureinrichtungen, die ich ebenfalls nicht explizit wiedergebe, sondern nur aufliste, und für deren Einrichtungsbefehle ich auf die Seiten verweise, auf denen diese bereits vorgestellt wurden.

Die Einrichtung der verse-, quotation- und quote-Umgebungen: Ihre Einrichtung erfolgt in der angegebenen Reihenfolge mit Einstellbefehlen, die bereits für die Standardklassenfiles auf S. 116 und 117 vorgestellt wurden.

Einstellvorgaben für die array-, tabular-, tabbing- und minipage-Umgebungen: Hier folgen die Wertzuweisungen für die Stilparameter `\arraycolsep`, `\tabcolsep`, `\arrayrulewidth`, `\doublerulesep`, `\tabbinsep` und für das TeX-`\skip`-Register `\@mpfootins` mit den gleichen Werten und Zuweisungsbefehlen, wie sie auf S. 118 für die Standardklassen angegeben wurden.

Einstellvorgaben für umrandete Boxen und Gleichungsnummern: Randabstand zum eingeschlossenen Text und Randstärke für umrandete Boxen werden mit den Stilparametern `\fboxsep` und `\fboxrule` eingestellt. Die Form der Gleichungsnummerierung wird durch die Definition von `\theequation` bestimmt. Beide sind in `letter.cls` mit den Vorgaben aus `article.cls` auf S. 118 identisch.

Bereitstellung der Schriftartenbefehle aus LaTeX 2.09: Die Schriftartenbefehle `\rm`, `\sf`, `\tt`, `\bf` `\it`, `\sl` und `\sc` sowie die mathematischen Schriftbefehle `\cal` und `\mit` aus LaTeX 2.09 werden in `letter.cls` auch zur Nutzung mit LaTeX 2_ε bereitgestellt. Ihre Einrichtung erfolgt mit dem Interfacebefehl `\DeclareOldFontCommand` in gleicher Weise, wie dies für die Standardklassen auf S. 120f vorgestellt wurde.

Einstellvorgaben für Fußnoten: Diese beschränken sich auf die Neudefinition von `\footnoterule` und die Definition des internen Befehls `\@makefntext`

```
\renewcommand{\footnoterule{\kern-\p@
    \hrule \@width .4\columnwidth \kern .6\p@
\long\def\@makefntext#1{\noindent \hangindent 5\p@
                            \hb@xt@5\p@{\hss\@makefnmark}#1}
```

Diese Vorgaben unterscheiden sich geringfügig von denjenigen aus den Standardklassenfiles (s. S. 127).

Sonstige Vorgaben und Definitionen aus den Standardklassenfiles, wie für die Gliederungsbefehle, das Inhalts-, Literatur- und Stichwortverzeichnis sowie für Textbezüge, entfallen in `letter.cls`, da bei der Gestaltung eines Briefs hierfür kein Bedarf besteht.

3.5.9 Initialisierung

Hier sind zunächst die verwendeten Namensbefehle mit Inhalt zu füllen:

```
\newcommand*{\ccname}{cc}
\newcommand*{\enclname}{encl}
\newcommand*{\pagename}{Page}
\newcommand*{\headtoname}{To}
```

Hierauf folgt die Definition des Datumsbefehls `\today`:

```
\renewcommand*{\today}{\ifcase\month\or January\or February\or
   March\or April\or May\or June\or July\or August\or
   September\orOctober\or November\or December\fi
   \space\number\day, \number\year}
```

Eine Anpassung über deutsche Namensäquivalente an deutschsprachige Bedürfnisse ist für beide Definitionsgruppen auch hier möglich, doch gelten auch hier die Anmerkungen zu den gleichartigen Überlegungen bei den Standardklassenfiles aus 3.2.9 von S. 128, so dass die Anpassung mit dem deutschen Ergänzungspaket `german.sty` die bessere Lösung darstellt.

Anschließend folgen die Anfangseinstellungen zur Seitengestaltung:

```
\setlength{\columnsep}{10\p@} \setlength{\columnseprule}{0\p@}
\pagestyle{plain} \pagenumberung{arabic} \raggedbottom
```

und die Definition des internen Befehls `\@texttop`

```
\def\@texttop{\ifnum\c@page=1\vskip \z@ plus.00006fi\relax\fi}
```

der bei kurzen Briefen eine Verschiebung des Brieftextes auf der ersten Seite nach unten bewirkt. Dieser Befehl wird in anwendereigenen Briefklassen, die auf einer Kopie von `\letter.cls}` aufbauen oder es mit `\LoadClass{letter}` einlesen, häufig übersehen. Die Verschiebung eines kurzen Brieftextes nach unten mag für die Original-Briefform aus `letter.cls` zu einem gefälligeren Aussehen führen. Soll dem Brief mit dem `\opening`-Befehl aber gleichzeitig ein Empfängerfeld mit Name und Anschrift des Empfängers vorangestellt werden, so führt `\@texttop` zu einer evtl. unkontrollierten Verschiebung des Empfängerfeldes.

Soll eine unkontrollierte Verschiebung des Empfängerfeldes vermieden werden, z. B. weil dieses nach Brieffaltung im Umschlagfenster erscheinen soll, dann ist `\@texttop` im eigenen Briefklassenfile explizit als Leerbefehl einzurichten, z. B. mit `\let\@texttop\relax`.

Das Klassenfile `letter.cls` schließt mit dem Befehlsaufruf

```
\onecolumn
```

ab, der unmittelbar vor dem Abschlussbefehl `\endinput` auftritt. Damit wird die einspaltige Seitenformatierung die Anfangsvorgabe für Briefe.

3.6 Die LATEX-Kompatibilitätsfiles

Trifft LATEX 2_ε auf den Eröffnungsbefehl `\documentstyle{`*bearb_klasse*`}`, so entnimmt es hieraus, dass der zu bearbeitende Text im LATEX 2.09-Kompatibilitätsmodus zu bearbeiten ist. In LATEX 2.09 wurden die verschiedenen Bearbeitungsklassen durch sog. Hauptstilfiles realisiert, die den Grundnamen der Bearbeitungsklasse und den Anhang `.sty` trugen. Der `\documentstyle`-Befehl aus LATEX 2_ε sucht dann seinerseits nach einem File mit dem Namen *klasse*`.sty`.

Bei der LATEX-Installation entstehen mit dem ersten Installationsschritt neben den Klassenfiles *klasse*`.cls` auch Files mit dem Namen *klasse*`.sty` mit `article`, `book`, `report`, `letter` und `proc` für *klasse*. Diese sind, bis auf `proc.sty`, nahezu leer und bestehen, neben vorangestelltem Kommentar, nur aus den Befehlszeilen:

```
\NeedsTeXFormat{LaTeX2e}
\@obsoletfile{klasse.cls}{klasse.sty}
\LoadClass{klasse}
\endinput
```

Der Befehl `\@osoletefile{...}{...}` bewirkt bei der LATEX-Bearbeitung des Eingabefiles die Bildschirmwarnung

```
LaTeX Warning: inputting ‘klasse.cls’ instead
               of obsolete ‘klasse.sty’
```

worauf anschließend das Klassenfile *klasse*`.cls` eingelesen wird, mit dem die Bearbeitung unter Berücksichtigung des Schalterwertes `\@compatibilitytrue` zielgerichtet erfolgt.

Das Kompatibilitätsfile `proc.sty` weicht hiervon ab, da es nicht zum Einlesen des Klassenfiles `proc.cls` führt, sondern die erforderlichen Befehlsstrukturen für die Kompatibilitätsbearbeitung eigenständig bereitstellt. Der tiefere Grund für diese Besonderheit liegt darin, dass `proc` in LaTeX 2.09 keine Bearbeitungsklasse, sondern eine sog. Stiloption bezeichnete, die zusammen mit `article` die spezielle Bearbeitungsform bewirkte. Ansonsten wurde `proc.sty` bereits bei der Vorstellung der Bearbeitungsklasse `proc` in 3.4.3 auf S. 142 beschrieben.

Bei der LaTeX-Installation entstehen zusätzlich noch die Kompatibilitätsfiles `fleqn.sty`, `leqno.sty` und `bezie.sty`. Die beiden ersten sind ganz ähnlich wie die *klasse*`.sty`-Files aufgebaut, nur entfällt dort der Befehl `\NeedsTeXFormat`. Das File `bezier.sty` ist vollständig leer, da die Eigenschaften von `bezier.sty` aus LaTeX 2.09 nun standardmäßiger Bestandteil von LaTeX 2_ε sind.

3.7 Die Bearbeitungsklasse slides

Die Bearbeitungsklasse `slides` wird durch das Klassenfile `slides.cls` realisiert, mit dem ein- oder mehrfarbige Folienvorlagen erstellt werden können und dessen Eigenschaften bereits in [5a, Anh. E] vorgestellt wurden. Das dokumentierte Makrofile `slides.dtx` enthält zu Beginn den Hinweis

> **Warning:** The implementation is still very experimental and may change inrernally very much. It currently basically consists of a slightly modified copy of `slides.sty` (which then forms `slides.cls`) followed by a slightly changed copy of `slitex.tex`. Documentation is practically non-existing. Everybody is invited to help changing this!

also

> **Warnung:** Die Ausführung ist noch sehr experimentell und kann sich intern sehr stark verändern. Sie besteht derzeit aus einer geringfügig modifizierten Kopie aus `slides.sty` (das dann `slides.cls` bildet), gefolgt von einer geringfügig geänderten Kopie von `slitex.tex`. Eine Dokumentation existiert praktisch nicht. Jedermann ist dazu eingeladen, dieses zu ändern zu helfen!

Angesichts des vorläufigen Zustands von `slides.cls` sehe ich von einer Detailvorstellung ab. Bei Bedarf sollte die aktuelle LaTeX-Dokumentation aus `slides.dtx` ausreichende Hinweise zum Verständnis seines Aufbaus liefern, wobei die vorgestellten Hinweise zu den Standardklassenfiles Hilfestellung geben können.

In LaTeX 2.09 war `slitex.tex` ein umfangreiches Makropaket, für das ein eigenes Formatfile zu erstellen war, das dann über einen eigenen Programmaufruf `slitex` mit dem ausführenden TeX-Programm zusammengebunden wurde. Das Hauptstilfile `slides.sty` wurde durch den Eröffnungsbefehl `\documentstyle{slides}` hinzugeladen. In LaTeX 2_ε enthält das File `slides.def` eine modifizierte Kopie von `slitex.tex`. Dieses File wird mit `\input{slides.def}` am Anfang des Klassenfiles `slides.cls` hinzugeladen, das seinerseits eine modifizierte Kopie des LaTeX 2.09-Originalfiles `slides.sty` darstellt.

Kapitel 4

LaTeX 2.09 im Detail

Dieses Kapitel kann für die Mehrzahl der Anwender als überholt angesehen werden. Es enthält Informationen über das Zusammenspiel von LaTeX 2.09 mit TeX sowie über die Einzelbestandteile von LaTeX 2.09. Diese bestehen zum einen aus `lplain.tex`, `lfonts.tex` und `latex.tex`, aus denen das LaTeX 2.09-Formatfile `lplain.fmt` gebildet wird. Zum anderen bestehen sie aus den sog. Hauptstilfiles, die durch weitere Optionsstilfiles ergänzt und mit dem Eröffnungsbefehl

`\documentstyle[`*optionen*`]{`*stil*`}`[1]

angefordert werden. Für ein LaTeX 2.09-Grundpaket stehen als Hauptstilfiles `article.sty`, `book.sty`, `report.sty` und `letter.sty` zur Verfügung, von denen genau eines durch Angabe seines Grundnames für *stil* beim `\documentstyle`-Befehl zu wählen ist. Die Optionsstilfiles eines LaTeX 2.09-Grundsystems sind `art1`n`.sty`, `bk1`n`.sty` und `rep1`n`.sty` mit $n = 0, 1, 2$ sowie `bezier.sty`, `fleqn.sty`, `ifthen.sty`, `leqno.sty`, `makeidx.sty`, `openbib.sty`, `proc.sty`, `showidx.sty`, `titlepag.sty` und `twocolum.sty`.

Die Anforderung der Optionsfiles der zweiten Gruppe erfolgt durch Angabe ihres Grundnamens für *optionen* in der Optionsliste des `\documentstyle`-Befehls. Das File xxx`10.sty` mit `art`, `bk` oder `rep` für xxx wird, entsprechend dem gewählten Hauptstil `article`, `book` oder `report`, standardmäßig angefordert, wenn der `\documentstyle`-Befehl keine Größenoption enthält. Mit der Größenoptionsangabe `11pt` oder `12pt` wird dagegen das zugehörige Optionsfile xxx`11pt` bzw. xxx`12pt` eingelesen. Eine explizite Größenangabe von `10pt` als Optionsangabe ist in LaTeX 2.09 *nicht* erlaubt.

4.1 Das Makropaket lplain.tex

Das Formatfile `lplain.fmt` entsteht aus der `initex`-Bearbeitung des Files `lplain.tex`, mit der die Makrodefinitionen dieses Files vorbearbeitet und in maschineninternem Kode abgelegt werden. Bei einem Größenvergleich zwischen TeX's `plain.tex` und LaTeX's `lplain.tex` stellt man fest, dass Letzteres nur unwesentlich größer ist als Ersteres (46 033 gegenüber 43 343 Bytes).

[1] Für LaTeX 2_ε erfolgt diese Syntaxvorstellung als '`\documentstyle[=`*optionen*`]{`*klasse*`}`', da LaTeX 2_ε begrifflich klarer zwischen Bearbeitungsklassen und Bearbeitungsoptionen unterscheidet, denen in LaTeX 2.09 die Hauptstile und die Stiloptionen entsprechen.

Angesichts dessen überrascht das Ergebnis der `initex`-Bearbeitung: Das erzeugte File `lplain.fmt` ist fast doppelt so groß wie das `plain.fmt`-File (z. B. 280 733 gegenüber 158 896 Bytes oder evtl. sogar 511 027 gegenüber 277 516, falls die BIGTEX-Version von `initex` verwendet wurde). Die Überraschung steigert sich noch, wenn man sich beide `.tex`-Files genauer ansieht. Man stellt dann fest, dass das `lplain.tex`-File aus einer Kopie des `plain.tex`-Files entstanden ist. In dieser Kopie sind alle originalen `plain.tex`-Makro-Definitionen textlich nach wie vor vorhanden. Einige davon sind jedoch durch Kommentarzeichen ausgeblendet und damit von der `initex`-Bearbeitung ausgeschlossen und durch LATEX-eigene Makrodefinitionen ersetzt worden, die stattdessen mit `initex` vorbearbeitet werden.

Die geringfügige Vergrößerung des `lplain.tex`-Files rührt also daher, dass das originale `plain.tex`-File textlich vollständig vorhanden ist und lediglich die auskommentierten Definitionen durch ihre LATEX-Änderungen ergänzt wurden. Die Ursache für die drastische Vergrößerung des `lplain.fmt`-Files findet man schließlich nahezu am Fileende in der zugefügten unscheinbaren Zeile

```
\input latex
```

Hier wird `lplain.tex` das File `latex.tex` zugefügt und dieses File enthält das gesamte LATEX-Grundprogramm, das auf diese Weise Teil von `lplain.fmt` wird.

Die Änderungen gegenüber dem originalen `plain.tex`-File sind dagegen relativ gering. Die ursprünglichen Zeichensatz- und Zeichensatzfamilien-Definitionen wurden herauskommentiert und durch die Zeile `\input lfonts` ersetzt. Das File `lfonts.tex` enthält die LATEX-Font-Definitionen. Es wird im übernächsten Abschnitt genauer beschrieben. Das Gleiche gilt für die TEX-Makrodefinitionen der Tabulatorbefehle, da diese durch die `tabbing`-Umgebung ersetzt werden, die wiederum in `latex.tex` definiert ist. Schließlich wurden noch die mathematischen TEX-Strukturen `\eqalign` und `\eqalignno` sowie der TEX-Gliederungsbefehl `\beginsection` herauskommentiert, da Erstere durch die LATEX-Struktur `\eqnarray` abgedeckt werden und Letzterer durch die umfassenderen LATEX-Gliederungsbefehle ersetzt wird. Die ersetzenden LATEX-Makrodefinitionen werden u. a. mit dem File `latex.tex` zugefügt.

Der LATEX-Befehl `\line` hat eine völlig andere Bedeutung als das ursprüngliche TEX-Makro mit dem gleichen Namen. Da andererseits dieses TEX-Makro mehrfach in weiteren Makros intern verwendet wird, ist es in `\@@line` umbenannt worden. Ebenso kollidiert der LATEX-Befehl `\centering` mit dem gleichnamigen Befehl in `plain.tex`. Er wird daher in `lplain.tex` in `\@centering` umbenannt und unter diesem Namen von LATEX intern aufgerufen.

Auf weitere Änderungseinzelheiten wird hier nicht eingegangen, da sie für die Erstellung eigener `.sty`-Files oder benutzerspezifischer LATEX-Anpassungen kaum von Belang sind. Ein detailverliebter Leser mag sich unter UNIX mit

```
diff lplain.tex plain.tex > plain.diff
```

die Gesamtheit der Differenzen in dem File `plain.diff` ablegen und dieses genauer untersuchen. Ähnliche Befehle zur Darstellung von Filedifferenzen, die entsprechend verwendet werden können, kennen fast alle Betriebssysteme.

Normalerweise wird die einzige Anwenderanpassung bei den diversen PLAIN`.tex` Files auf den Befehl `\input hyphen` beschränkt bleiben, bei dem statt des Grundnamens für das File `hyphen.tex`, das das amerikanische Trennmuster enthält, der Grundname des Files mit den deutschen Trennmustern verwendet wird. Gelegentlich könnten Ergänzungen in Frage kommen, die im `lplain.tex`-File stets nur im Anschluss an die letzte Zeile

```
\typeout{Input any local modifications here.}
```

hinzugefügt werden sollten.

Zum genauen Verständnis von `lplain.tex` kann man auf das Buch "The TeXbook" von DONALD KNUTH [10a] kaum verzichten. Sein Anhang B beschreibt und erläutert das Makropaket `plain.tex`. Leider erweist sich dieses Buch, das zwar alles enthält, was es über TeX zu sagen und zu erlernen gibt, für einen Einstieg in die Programmiersprache von TeX als schwer verdaulich. Sein Autor selbst erwartet durch die Form der Darstellung ein mindestens dreimaliges Durcharbeiten. Für eine erfolgreiche und vertiefte "TeX-Systemprogrammierung" ist es aber nahezu unentbehrlich.

Vor einem Einstieg in „The TeXbook" wird das Buch von NORBERT SCHWARZ „Einführung in TeX" [11] empfohlen. Als Fortsetzung sollte „TeX für Fortgeschrittene" von WOLFGANG APPELT [12] in Betracht gezogen werden. Die Kurzbeschreibung aller rund 900 TeX-Befehle im Anhang des Buches von Norbert Schwarz und die systematische Darstellung der Charakteristiken der Zeichensätze und Zeichensatzfamilen im Buch von Wolfgang Appelt werden sich als unschätzbare Hilfe für das erfolgreiche Selbststudium von „The TeXbook" erweisen.

Die genannte Literatur ist auch für das genaue Verständnis der nachfolgenden LaTeX-Teile bei Bedarf heranzuziehen. Als Mindestausrüstung ist hierbei das Buch von Norbert Schwarz zu wählen, auch wenn das nächste Kapitel die wichtigsten Sprachstrukturen von TeX als Programmiersprache vorstellt.

4.2 Das latex.tex-File

Das `latex.tex`-File wird durch `\input latex` im `lplain.tex`-File eingelesen. Sein Inhalt wird bei der `initex`-Bearbeitung damit Bestandteil von `lplain.fmt`. Er enthält alle LaTeX-Makrodefinitionen, die unabhängig von der gewählten Stilart und den evtl. verwendeten Optionen beim Dokumentstilbefehl verwendet werden. Dieses File enthält gewisssermaßen das LaTeX-Grundprogramm.

Das `latex.tex`-File ist mit umfangreichen Kommentaren versehen, die mehr als die Hälfte des Fileinhalts ausmachen. Anwender mit einigen TeX-Programmierkenntnissen sollten in der Lage sein, mit den gegebenen Kommentaren die Makrodefinitionen ungefähr zu verstehen. Mehr ist auch nicht nötig, da eine Änderung oder Ergänzung in `latex.tex` *nicht* vorgenommen werden sollte. Alle Ergänzungen sollten ausschließlich als eigene `.sty`-Files bereitgestellt werden. Da diese `.sty`-Files häufig auf innere Strukturen von `latex.tex` zurückgreifen, muss ein gewisser Überblick und Kenntnisstand über die Makros aus `latex.tex` vorhanden sein.

Parallel zu den LaTeX-`.sty`-Files stehen meistens `.doc`-Files bereit. Diese enthalten den Inhalt der `.sty`-Files und ergänzen ihn durch umfangreiche Kommentare. Die `.doc`-Files könnten damit statt der `.sty`-Files bei der LaTeX-Bearbeitung genutzt werden, da Kommentare bei der Bearbeitung als nicht vorhandener Text betrachtet werden. Der einzige Grund für die Bereitstellung der `.sty`-Files liegt darin, dass sie kürzer sind und damit schneller eingelesen werden.

Beim `latex.tex`-File ist von der Bereitstellung einer viel kürzeren, unkommentierten Version abgesehen worden. Dies wird verständlich, wenn man bedenkt, dass das `latex.tex`-File nur einmal, nämlich bei der Bearbeitung von `lplain.tex` durch `initex`, gelesen wird. Anschließend ist sein Inhalt in vorbearbeiteter und maschinenspezifischer Form in `lplain.fmt` enthalten und dort ist von den Kommentaren nichts mehr übrig geblieben.

Das `latex.tex`-File besteht aus ca. 8500 Programmzeilen. Dies macht den Umfang deutlich. Für die Erstellung eigener `.sty`-Files ist die Kenntnis dieses Files im Detail nicht erforderlich, jedoch sollte ein Überblick über die prinzipiellen Strukturen und die Gliederung dieses Files vorhanden sein, wozu ein Ausdruck dieses Files empfohlen wird. Der Ausdruck sollte mit einem Hilfsprogramm erfolgen, das den Programmzeilen Zeilennummern voranstellt und die Seiten mit Seitennummern versieht. Dies kann häufig mit Hilfe des Editors erzielt werden. Eventuell ist ein entsprechendes Hilfsprogramm auch mit dem DVI-Druckertreiber mitgeliefert worden oder ist in den Hilfswerkzeugen des Betriebssystems enthalten.

Im Anhang C ist der C-Quellenkode für ein solches Hilfsprogramm aufgelistet. Es versieht den Ausdruck mit vorangestellten Zeilennummern und fügt eine zweiteilige Seitennummer hinzu. Der erste Teil der Seitennummer wird um eins erhöht, wenn das auszudruckende File als Teil seines Textes selbst einen Seitenumbruch verlangt (ASCII-Zeichen für 'formfeed'). Dies kommt in `latex.tex` z. B. 36-mal vor. Der zweite Teil der Seitennummer wird dagegen um eins erhöht, wenn der Drucker wegen der vollen Seite eine Seitenausgabe verlangt. Die Seitennummerierung erscheint damit z. B. als 4, 4–1, 4–2, ... 4–14. Der Ausdruck der ersten Seite für das `latex.tex`-File erhält damit das Aussehen der Nachbarseite (mit Ausnahme der von mir vorgenommenen Ergänzungen, die anschließend erläutert werden).

Die am rechten Rand in eckigen Klammern beigefügten Zahlen sind im Original nicht enthalten. Sie wurden von mir hinzugefügt und stellen den Hauptwert der mit dem genannten Hilfsprogramm erzeugten Seitennummerierung dar. Ebenso sind die Zeilen 9 und 10 zugefügt worden. An diesen Stellen enthält das Original einen Seitenumbruchbefehl und die neue Seite beginnt mit dem Kommentartext der zugefügten Zeile, was aber aus dem Inhaltsverzeichnis im Original nicht hervorgeht. Außerdem treffen die Seitenangaben im Original nicht zu, sie sind überdies davon abhängig, wie viel Zeilen eine Druckseite beim gegebenen Drucker füllen.

Der Abschnitt "Complete List" beginnt im Original auf Seite 4 und besteht aus insgesamt 15 Seiten, wenn jede Seite mit 80 Zeilen gefüllt wird. Der folgende Abschnitt "General Convention" kann daher nicht, wie im Originalinhaltsverzeichnis angegeben, auf Seite 6 fortsetzen. Es ist deshalb übersichtlicher, meinem Vorschlag zu folgen und eine zweiteilige Seitennummerierung zu verwenden. Der soeben genannte Abschnitt "Complete List" beginnt dann mit der Seitenangabe 'Page: 4', auf die 'Page: 4–1', ... 'Page: 4–14' folgen. Dies lässt auf den ausgedruckten Seiten sofort erkennen, welchem Abschnitt sie zugeordnet sind.

Der Abschnitt "Complete List" enthält ein vollständiges Verzeichnis aller in `latex.tex` verwendeten Befehle. Die meisten von ihnen werden in `latex.tex` erst definiert. Andere stammen aus `lplain.tex`, und wieder andere sind TeX-Grundbefehle. Das Verzeichnis legt für jeden Befehl eine neue Zeile an. Für ein vertieftes Durcharbeiten des `latex.tex`-Files wäre es zu begrüßen, wenn dieses Verzeichnis durch die Zeilennummer ergänzt würde, in der der jeweilige Befehl tatsächlich definiert ist. Die in `lplain.tex` definierten Befehle sollten durch ein vorangestelltes p, gefolgt von der entsprechenden Zeilennummer aus `lplain.tex`, gekennzeichnet werden. Schließlich mögen die hier aufgeführten TeX-Grundbefehle mit einem * gekennzeichnet werden. Eine solche Ergänzung ist leider nicht mehr zu erwarten, da LaTeX 2.09 mit dem Erscheinen von LaTeX 2_ε auf seinem Entwicklungstand vom Juni 1994 eingefroren wurde und nicht weiter gepflegt wird.

```
                                                          Page:  1

% LATEX Version 2.09 <25 March 1992>
% Copyright (C) by Leslie Lamport

\everyjob{\typeout{LaTeX Version 2.09 <25 March 1992>}}
\immediate\write10{LaTeX Version 2.09 <25 March 1992>}

%                  TABLE OF CONTENTS
% COMMAND LIST ........................................  2  [ 2]
%    ALPHABETISIZED LIST ..............................     [ 3]
%    COMPLETE LIST ....................................     [ 4]
% GENERAL CONVENTION ..................................  6  [ 5]
% COUNTERS, ETC. ......................................  7  [ 6]
% USEFUL HACKS ........................................  8  [ 7]
% ERROR HANDLING ...................................... 12  [ 8]
% \par AND \everypar .................................. 15  [ 9]
% SPACING / LINE AND PAGE BREAKING .................... 17  [10]
% PROGRAM CONTROL STRUCTURE MACROS .................... 21  [11]
% FILE HANDLING ....................................... 24  [12]
% ENVIRONMENT COUNTER MACROS .......................... 27  [13]
% PAGE NUMBERING ...................................... 30  [14]
% CROSS REFERENCING MACROS ............................ 31  [15]
% ENVIRONMENTS ........................................ 33  [16]
% MATH ENVIRONMENTS ................................... 36  [17]
% CENTER, FLUSHRIGTH, FLUSHLEFT, ETC. ................. 39  [18]
% VERBATIM ............................................ 40  [19]
% THE LIST ENVIRONMENT ................................ 41  [20]
% ITEMIZE AND ENUMERATE ............................... 49  [21]
% BOXES ............................................... 51  [22]
% THE TABBING ENVIRONMENT ............................. 57  [23]
% ARRAY AND TABULAR ENVIRONMENTS ...................... 63  [24]
% THE PICTURE ENVIRONMENT ............................. 72  [25]
% THEOREM ENVIRONMENTS ................................ 86  [26]
% LENGTH .............................................. 88  [27]
% THE TITLE ........................................... 89  [28]
% SECTIONING .......................................... 90  [29]
% TABLE OF CONTENTS ................................... 94  [30]
% INDEX COMMANDS ...................................... 97  [31]
% BIBLIOGRAPHY ........................................ 98  [32]
% FLOATS ............................................. 100  [33]
% FOOTNOTES .......................................... 106  [34]
% INITIAL DECLARATION COMMANDS ....................... 110  [35]
% OUTPUT ............................................. 113  [36]
% DEBUGGING AND TEST INITIALIZATIONS ................. 137  [37]

\catcode'\~=13 \def~{\penalty\@M \ }

```

Die im Inhaltsverzeichnis genannten Abschnitte beginnen jeweils mit einem umfangreichen Kommentar, in dem die anschließenden Strukturen in Bezug auf ihren Aufbau und Aufruf erläutert werden. Hierzu werden häufig interne Teilstrukturen definiert, aus denen die nach außen wirkenden LaTeX-Makros aufgebaut werden. Nahezu alle diese internen Teilstrukturen beginnen mit einem `@` oder enthalten dieses Zeichen im Innern ihres Namens. Innerhalb der LaTeX-Programmfiles wird das Zeichen `@` wie ein normaler Buchstabe behandelt. Solche internen Makros können jedoch von außen nicht direkt angesprochen werden, da hier das Zeichen `@` als Sonderzeichen angesehen wird, vor dem ein Befehlswort enden würde.

Innerhalb von `latex.tex` sowie in den diversen `.sty`-Files werden häufig Zahlenkonstanten mit einem symbolischen Namen verwendet, die teilweise in `lplain.tex` und teilweise in `latex.tex` definiert sind:

Symbol	Wert	Symbol	Wert	Symbol	Wert	Symbol	Wert
`\z@`	0	`\thr@@`	3	`\@cclvi`	256	`\@Mii`	10002
`\@ne`	1	`\sixt@@n`	16	`\@m`	1000	`\@Miii`	10003
`\m@ne`	−1	`\@xxxii`	32	`\@M`	10000	`\@Miv`	10004
`\tw@`	2	`\@cclv`	255	`\@Mi`	10001	`\@MM`	20000

Eine weitere häufig verwendete Zeichenkonstante ist `\@empty`. Diese ist als *leere* Zeichenkette definiert. Weitere symbolische Zeichenkonstanten werden in Abschnitt `[5]` von `latex.tex` bereitgestellt[2]. Hierin werden auch einige TeX-Grundbefehle umbenannt, wobei der Originalname durch zwei vorangestellte `@@` verändert wird, aus `\`*name* also `\@@`*name* wird. In `[6]` werden einige Register bereitgestellt, die zur Aufnahme temporärer Werte bei vielen späteren Strukturen dienen. Dies sind z. B. die internen Zähler `\@tmpcnta` und `\@tmpcntb`, die internen Maßregister `\@tempdima` und `\@tempdimb`, die elastischen Maßregister `\@tempskipa` und `\@tempskipb` und einige andere temporär genutzte Strukturen wie z. B. `\if@tepmswa`.

An einigen anderen Stellen und in einigen `.sty`-Files werden gelegentlich Zähler mit dem LaTeX-Befehl `\newcounter{`*zähler*`}` eingerichtet, die zur Überraschung des Lesers dann intern mit dem Befehlsnamen `\c@`*zähler* angesprochen werden. Der Grund liegt darin, dass jedem LaTeX-Zähler ein TeX-Zahlenregister zugewiesen wird, das genau diesen Namen erhält. Dies wird aber erst nach Kenntnis der genauen Definition für `\newcounter` erkennbar.

Für ein vertieftes Verständnis von `latex.tex`, aber auch zur Nutzung dieser Strukturen in eigenen `.sty`-Files, sollte sich der Leser vorab mit den Inhalten der Abschnitte "Useful Hacks" `[7]` und "Program Control Structure Macros" `[11]` vertraut machen. Dies verlangt vertiefte TeX-Kenntnisse, die ohne die Bereitstellung der in [11], [12] und [10a] (und nach meiner Empfehlung auch in der angegebenen Reihenfolge) angeführten Literatur kaum zu erwerben sind. Für die Gewinnung eines ersten Überblicks oder zum Nachschlagen einiger Details mag auch das nächste Kapitel (5) herangezogen werden.

4.3 Das lfonts.tex-File

Im Vergleich zum `latex.tex`-File ist das File `lfonts.tex` für den Leser sehr viel einfacher zu durchschauen und zu verstehen. Dies ist insofern erfreulich, weil dieses File für

[2] Die Angaben in eckigen Klammern in Schreibmaschinenschrift beziehen sich auf meine Zufügungen auf Seite 160. Sie sollten nicht mit Literaturangaben, die in eckigen Klammern der Standard-Roman-Schrift erfolgen, verwechselt werden.

Benutzeranpassungen, anders als `latex.tex`, in Betracht kommt. Im `lplain.tex`-File steht unmittelbar vor dem Lesebefehl für das `latex.tex`-File

```
\input lfonts
```

womit auch `lfonts.tex` während der `initex` Bearbeitung von `lplain.tex` eingelesen und damit Bestandteil von `lplain.fmt` wird. Dies hat zur Folge, dass jede Änderung oder Ergänzung von `lfonts.tex` zwingend eine erneute `initex`-Bearbeitung von `lplain` nach sich zieht.

Im `lfonts.tex`-File werden zunächst einige LaTeX-Befehle definiert, und zwar

`\em`, `\normalsize`, `\newfont`, `\symbol` und `\load`

sowie die Schriftartenbefehle

`\rm`, `\it`, `\bf`, `\sl`, `\sf`, `\sc`, `\tt`

zusammen mit den mathematischen Schriftarten- und Umschaltbefehlen

`\cal`, `\mit`, `\boldmath`, `\unboldmath`

Der `\load`-Befehl mit der Syntax `\load{\`*größe*`}{`*typ*`}` dient dazu, diejenigen Zeichensätze, die nur bei Bedarf nachgeladen werden (s. u.), auch im mathematischen Bearbeitungsmodus voll verfügbar zu machen. Die sonstigen Schriftgrößenbefehle wie `\small` und `\Large` werden in den Größen-`.sty`-Files definiert. Die Größe `\normalsize` wird deshalb bereits in `lfonts.tex` bereitgestellt, weil sie intern sehr häufig aufgerufen wird und damit effizienter im vorbearbeiteten File `lplain.fmt` zur Verfügung steht.

Weiterhin werden in `lfonts.tex` eine Reihe interner Befehle, also Befehle, die ein `@` in ihrem Namen enthalten, definiert. Von diesen ist für den Anwender der Befehl `\@setsize` von Interesse, da er für die Schriftgrößendefinitionen evtl. in eigenen `.sty`-Files verwendet werden kann.

Nach diesen internen Befehlsdefinitionen folgen Definitionsgruppen, die jeweils mit dem Kommentar "`%`*zahl_name* `point`" eingeleitet werden. Die einzelnen Befehlszeilen dieser Gruppen haben die Form

`\font\`*symb_name* `=` *phys_name* evtl. `scaled` *skal_factor*

also z. B. `\font\fivit = cmit7 scaled 714` bei der `% five point`-Gruppe. Damit ist der Zeichensatz `cmit7` in der Skalierungsstufe 714 für LaTeX unter dem Namen `\fivit` zusammen mit seinen metrischen Angaben aus dem zugehörigen `.tfm`-File bekannt. Solche Zeichensätze sind also vorab in `lplain.fmt` geladen und belegen Speicherplatz. Viele der Definitionszeilen der vorstehenden Gruppen sind durch ein Kommentarzeichen herauskommentiert. Durch Entfernen des Kommentarzeichens können sie bei Bedarf aktiviert werden.

Die Skalierungsangabe erfolgt bei den vorstehenden Definitionszeilen häufig durch `\@ptscale`n, `\@magscale`n oder `\@halfmag`. Dahinter verbirgt sich nichts anderes als der Text

`scaled` $n00$	für `\@ptscale`n	also `scaled 700`	für `\@ptscale7`
`scaled` 1000×1.2^n	für `\@magscale`n	also `scaled 1440`	für `\@magscale2`
`scaled` $1000 \times \sqrt{1.2}$	für `\@halfmag`	also `scaled 1095`	

Nach diesen Definitionsgruppen folgen einige weitere Zeichensatzdefinitionen für den mathematischen Symbolzeichensatz `cmex10` und die zusätzlichen LaTeX-Zeichensätze `line10`, `linew10`, `lcircle10` und `lcircle10w`.

Nach zwei internen Abfragen folgen zunächst die Definitionen der LATEX-Schriftartenbefehle. Diese lauten `\def\rm{\protect\prm}` ... `\def\tt{\protect\ptt}`, d. h. sie nehmen Bezug auf die Befehle `\prm` ... `\ptt`, denen lediglich ein `\protect` vorangestellt ist. Deren Befehlsdefinitionen stehen innerhalb der anschließenden absoluten Schriftgrößendefinitionen.

Die LATEX-Schriftgrößenbefehle, wie `\normalsize` oder `\huge`, sind relative Größenbefehle, da sie sich auf die Größenoption beim Dokumentstilbefehl beziehen. Daneben werden in `lfonts.tex` auch absolute Größenbefehle definiert. Diese tragen die Namen

`\vpt`, `\vipt`, ... `\xpt`, ... `\xxpt`, `\xxvpt`

d. h. sie beginnen mit einer kleinen römischen Ziffer, gefolgt von `pt`, und bedeuten die entsprechende Schriftgröße in pt. Diese Befehle stehen unter diesen Namen auch dem Anwender für die LATEX-Bearbeitung zur Verfügung.

Die Definitionen für die absoluten Schriftgrößen folgen kurz nach den Schriftartendefinitionen. Dazwischen liegen noch einige Definitionen von internen Schriftnamen und die Einrichtung weiterer Zeichensatzfamilien mit dem TEX-Befehl `\newfam`, auf den in 5.2.6 eingegangen wird. Die Schriftgrößendefinitionen beginnen mit `\def\vpt{...}` und reichen bis `\xxvpt{...}`. Der Ersetzungsteil in diesen Definitionen, d. h. der durch `{...}` eingeschlossene Teil, erstreckt sich über 20–30 Zeilen. Sie beginnen stets mit der Erklärung der Zeichensatzfamilien 0 bis 3 in der Form

`\textfont`\\$n$\\$xxxff$
`\scriptfont`\\$n$\\$yyyff$ `\scriptscriptfont`\\$n$\\$zzzff$

Hierin steht \\$n$ für `\z@`, `\@ne`, `\tw@` oder `\thr@@`, denen die Zahlenwerte 0, 1, 2 und 3 entsprechen. \\$sssff$, mit $s = x, y, z$, steht für die oben definierten symbolischen Zeichensatznamen. In der Zeichensatzfamilie 0 steht *ff* für `rm`, in 1 für `mi`, in 2 für `sy` und in 3 für `ex`. Die hier angegebenen logischen Zeichensatznamen waren in den vorangegangenen Zeichensatz-Definitionsgruppen enthalten, d. h. diese Zeichensätze werden durch `lplain.fmt` mit ihren Maßangaben in den Hauptspeicher geladen.

Im Anschluss an diese Erklärungen der Zeichensatzfamilien 0 bis 3 folgen die Definitionen der oben erwähnten `\prm`-, ... `\ptt`-Zeichensatzbefehlsnamen. Enthalten diese Definitionen logische Zeichensatznamen in der Form

`\def\p`*ff*`{\fam\`*ff*`fam\`$xxxff$`}`

mit *ff* für `rm`, `it`, `sl`, `bf`, `tt`, `sf`, `sc` oder `ly`, so werden auch diese Zeichensätze ständig geladen, und an die vorstehenden Definitionen schließen sich unmittelbar die Erklärungen von `\textfont`\\$n$, `\scriptfont`\\$n$ und `\scriptscriptfont`\\$n$ an. Diese haben die gleiche Form wie bei den vorangegangenen Familien 0 bis 3, nur steht jetzt \\$n$ für symbolische Konstanten der Form *ff*`fam`, wobei *ff* hier und bei den symbolischen Zeichennamen für die gleiche Buchstabengruppe wie in der vorangehenden `\def\p`*ff*`{...}`-Definition steht.

Erfolgt die Definition der `\p`*ff*-Befehle in der Form

`\def\p`*ff*`{\@getfont\p`*ff*`\`*ff*`fam\@`sss`pt{`*phys_name**skalierung*`}}`

so werden diese Zeichensätze dem `lplain.fmt`-File zwar bekannt gemacht, deren metrische Daten aus den zugehörigen `.tfm`-Files werden aber nur bei Bedarf in den Hauptspeicher gelesen, also nur dann, wenn ein entsprechender Schriftgrößenbefehl zusammen mit dem Schriftartenbefehl bei der LATEX-Bearbeitung vorkommt. Der interne Befehl `\@getfont` hat vier Argumente, denen z. B. beim Aufruf von

```
\@getfont\psl\slfam\@xivpt{cmsl10\@magscale2}
```

die Parameter `\psl`, `\slfam`, `\@xivpt` und `{cmsl10\@magscale2}` übergeben werden. `\@getfont` prüft zunächst, ob ein Zeichensatz mit dem Namen `\psl@xivpt` existiert. Ist dies nicht der Fall, so wird dieser symbolische Zeichensatzname definiert und dem physikalischen Zeichensatz `cmsl10` in der Vergrößerung `\@magstep2` zugeordnet. Anschließend fügt `\@getfonts` die Erklärungen

`\textfont\slfam\ps@lxivpt` `\scriptfont\slfam\psl@xivpt` und
`\scriptscriptfont\slfam\psl@xivpt`

den Größendefinitionen über den internen Befehl `\@addfontinfo` hinzu. Hieraus ist zu erkennen, dass bei den nachladbaren Zeichensätzen in mathematischen Formeln Exponenten und Indizes in gleicher Größe wie die Hauptzeichen erscheinen.

Schließlich gibt es die `\def\p`*ff*-Definitionen auch noch in der Form

```
\def\pff{\@subfont\ff\rm}
```

Für die zugeordneten Zeichensätze bedeutet dies, dass bei ihrem Aufruf z. B. durch `\Huge\it` eine Warnung auf dem Bildschirm erscheint, die darauf hinweist, dass der Zeichensatz `\it` in der geforderten Größe nicht verfügbar ist und stattdessen der Zeichensatz `\rm` für diese Größe verwendet wird. Da mit der Verfügbarkeit von METAFONT jeder Zeichensatz in jeder gewünschten Größe erzeugt werden kann, sollte überlegt werden, auf die Verwendung von `\@subfont` in den `\p`*ff*-Definitionen ganz zu verzichten und die absoluten Zeichengrößendefinitionen für alle Zeichensätze entweder als ständig geladene in der ersten Definitionsform oder als bei Bedarf zu ladende in der zweiten Form mit `\@getfont` bereitzustellen.

Die absoluten Schriftgrößendefinitionen enthalten schließlich noch die Definitionen für das Schalterpaar `\boldmath` und `\unboldmath`. Bei einer Reihe von Schriftgrößen wird der erste Befehl als

```
\def\boldmath{\@subfont\boldmath\unboldmath}
```

definiert, d. h. sein Aufruf bleibt bis auf die Bildschirmwarnung ohne Wirkung, da stattdessen `\unboldmath` verwendet wird. Die Definition des rückschaltenden Befehls lautet in diesem Fall

```
\def\unboldmath{\everymath{}\everydisplay{}\@nomath
  \unboldmath\fam\@ne\@boldfalse}\@boldfalse
```

Die ersten beiden Befehle im Ersetzungsteil fügen den in `{}` stehenden Text in Textformeln (`\everymath`) bzw. abgesetzten Formeln (`\displaymath`) ein. Sie bleiben ohne Wirkung, da die jeweiligen Klammerpaare leer sind. Der interne Befehl `\@nomath` erzeugt eine Bildschirmwarnung, wenn `\unboldmath` im mathematischen Bearbeitungsmodus gesetzt wird. Schließlich wird der intern eingeführte Schalter `\if@bold` mit `\@boldfalse` auf *falsch* gesetzt.

Bei den Schriftgrößen `\ixpt` ... `\xivpt` wird mit `\boldmath` tatsächlich auf fette Symbole und Schriften innerhalb von mathematischen Formeln umgeschaltet. Die hierzu erforderliche Definition ist etwas umfangreicher und kann, da dies etwas mehr TeX-Definitionskenntnisse voraussetzt, hier nicht im Detail erläutert werden. Bei der Definition von `\boldmath` werden die Schriften `cmmib10`, `cmbsy10` und `lasyb10` in den entsprechenden Vergrößerungsstufen aktiviert und den Zeichensatzfamilien 1, 2 und 10 zugeordnet.

Schließlich wird der Schalter `\if@bold` mit `\@boldtrue` auf *wahr* gesetzt. Mit dem Befehl `\@nomathbold` wird erreicht, dass auf dem Bildschirm eine Warnung erscheint, wenn der Befehl `\boldmath` im mathematischen Bearbeitungsmodus gesetzt wird.

Mit diesen Erläuterungen sollte der Definitionstext für den `\boldmath`-Befehl beim Lesen etwas verständlicher werden, insbesonders wenn noch darauf hingewiesen wird, dass die physikalischen Zeichensatznamen durch die Namensbefehle `\@mbi`, `\@mbsy` und `\@lasyb` realisiert werden, die vor den Größendefinitionen den physikalischen Namen zugeordnet worden sind. Ebenso wurden die Zeichensatzfamilien 1, 2 und 10 durch die symbolischen Konstanten `\@ne`, `\tw@` und `\lyfam` ersetzt. Letztere war vorab mit `\newfam\lyfam` generiert worden.

War mit `\boldmath` auf fette Symbole umgeschaltet worden, so muss der Rückschaltbefehl `\unboldmath` die ursprünglichen normalen mathematischen Schrift- und Symbolzeichensätze reaktivieren. Die hierzu verwendete Definition für `\unboldmath` sollte mit den vorstehenden Erläuterungen aus dem Definitionstext verständlich werden.

Die absoluten Schriftgrößendefinitionen schließen jeweils mit dem Befehlspaar `\@setstrut \rm` ab. Beim Aufruf eines absoluten Größenbefehls, z. B. durch `\xxpt`, wird also standardmäßig auf die Schrift `\rm` umgeschaltet. Soll der Größenbefehl auf eine andere Schrift wirken, so muss sich diese als weiterer Befehl anschließen, z. B. durch `\xxpt\sf`. Der Befehl `\@setstrut` ist unmittelbar vor den Größenbefehlen als *Stütze* erklärt worden und entspricht in seiner Wirkung in etwa dem LaTeX-Befehl

```
\rule[-.3\baselineskip]{0pt}{.7\baselineskip}
```

Das `lfonts.tex`-File schließt ab mit den Definitionen einiger mathematischer LaTeX-Symbole sowie mit den Definitionen von `\$`, `\pounds` und `\copyright`, mit denen der Ausdruck von $, £ und © bewirkt wird. Bei den *italic*-Schriften tritt das Problem für die Erzeugung des Dollarzeichens dadurch auf, dass in diesen Schriften an der Stelle dieses Zeichens (`\symbol{36}`) das Pfundzeichen £ steht. Die Definition von `\$` enthält deshalb eine Abfrage, ob eine geneigte Schrift vorliegt. Ist dies der Fall, so wird vorübergehend auf `\sl` umgeschaltet, bei der `\symbol{36}` ein geneigtes Dollarzeichen darstellt. Damit erzeugt der Aufruf von `\it\$` nunmehr *$*.

Die Definition für `\pounds` ist ohne Erläuterung verständlich. Das Copyrightsymbol © wird aus der Kombination von 'c' und dem mathematischen Symbol $\bigcirc$ zusammengesetzt und greift auf den in `lplain` definierten Befehl `\ooalign` zurück.

Das `lfonts.tex`-File wurde so ausführlich beschrieben, weil es der erste Kandidat für eine benutzerspezifische Anpassung ist. Geeignete Stellen hierfür sind bereits mit dem Kommentarwort `FONT-CUSTOMIZING` gekennzeichnet. Dies sind einmal die Definitionen der Zeichensätze, einige Abkürzungsdefinitionen für physikalische Namen und die Größendefinitionen. Weitere Empfehlungen erfolgten im vorangegangenen Text. Ebenso wird gelegentlich gefordert, weitere Schriftgrößen zu definieren, z. B. `\xxxpt`.

Abschließend sei hier noch kurz der interne Befehl `\@setsize` angesprochen, der in den anschließenden `.sty`-Größenfiles vielfach verwendet wird. Mit diesem Befehl wird einem *relativen* LaTeX-Größenbefehl ein absoluter Größenbefehl zugeordnet und gleichzeitig der zugehörige Zeilenabstand eingestellt. Seine Syntax ist

`\@setsize`*rel_größe*{*zeilen_abstand*}*abs_größe*\\@*abs_größe*

und seine Nutzung wird in 4.5 für die relativen LaTeX-Größendefinitionen vorgestellt.

4.4 Die LATEX-Hauptstilarten

Mit dem zwingenden Vorspannbefehl `\documentstyle[`*optionen*`]{`*stil*`}` wird der Bearbeitungsstil festgelegt. Für *stil* stehen standardmäßig `article`, `book`, `report` und `letter` bereit, von denen *genau* einer angegeben werden muss. Als Folge dieses Befehls wird zunächst das File *stil*`.sty`, also z. B. `report.sty`, eingelesen.

Die Files `article.sty`, `book.sty` und `report.sty` sind von ihrer Struktur her nahezu gleich aufgebaut. Zu ihrem Verständnis sollten die parallel hierzu bereitgestellten `.doc`-Files (unter Zufügung von Seiten- und Zeilennummern) ausgedruckt werden. Das `letter.sty`-File unterscheidet sich dagegen stärker von den anderen drei Stilfiles. Auf dieses File wird in 4.7 näher eingegangen, da die Forderung nach einem benutzerspezifischen `letter.sty`-File von nahezu jedem Anwender gestellt wird. Die Entwicklung benutzereigener `.sty`-Files wird in Kapitel 6 dargestellt, in dem u. a. ein eigenes `letter.sty`-File als Muster vorgestellt wird.

Die Files `article.sty`, `book.sty` und `report.sty` haben die Gliederung:

```
PREPARING A FOREIGN LANGUAGE VERSION ........... [1]
TYPE SIZE AND OPTIONS .......................... [2]
LIST DEFINITIONS ............................... [3]
OTHER ENVIRONMENTS ............................. [4]
SECTIONING ..................................... [5]
TABLE OF CONTENTS, ETC ......................... [6]
BIBLIOGRAPHY ................................... [7]
THE INDEX ...................................... [8]
FOOTNOTES ...................................... [9]
FIGURES AND TABLES .............................[10]
TITLE AND ABSTRACT ............................ [11]
PAGE STYLES ................................... [12]
MISCELLANEOUS ................................. [13]
INITIALIZATION ................................ [14]
```

[1] Preparing a Foreign Language Version: Alle Hauptstilfiles beginnen mit dem Bildschirmausgabebefehl `\typeout{`*identifikation*`}`. Hierauf folgt die Definition einiger Namensbefehle, die mit den zugehörigen englischen Begriffen besetzt werden. Für die Bearbeitung anderssprachiger Texte könnten diese Definitionen mit ihren sprachspezifischen Begriffen erfolgen, wobei jedoch die gleichen Befehlsnamen zu verwenden sind, z. B.

`\def\bibname{Literaturverzeichnis}`	statt
`\def\bibname{Bibliography}`	beim Original.

Die für unsere deutschsprachigen Anwendungen notwendigen Umbenennungen erfolgen mit der Optionsangabe `german` automatisch, weil das Optionsfile `german.sty` die Namensvorgaben aus den Hauptstilfiles überschreibt, womit eine Umbenennung in den Hauptstilfiles entfallen kann.

[2] Type Size and Options: Hierauf folgt in allen Hauptstilfiles der Befehl `\@options`, dem evtl. einige Befehlsdefinitionen der Form `\def\ds@`*option*`{...}` vorangehen. Hierin steht *option* für den Namen einer Dokumentstiloption, wie `twoside` oder `draft`. Enthält der Dokumentstilbefehl in eckigen Klammern die Angabe von Optionen, so bewirkt der Befehl `\@option`, dass die entsprechenden Befehle `\ds@`*option* ausgeführt werden, wenn sie existieren. Andernfalls, also wenn ein entsprechender Befehl `\ds@`*option* nicht existiert, wird nach Ausführung des Hauptstilfiles nach einem File namens *option*`.sty` gesucht und dieses eingelesen. Existiert für eine Optionsangabe *ooo* weder ein Befehl `\ds@`*ooo* noch ein File *ooo*`.sty`, so führt dies zu der Fehlermeldung "`I can't find file '`*ooo*`.sty'`".

Die LaTeX-Hauptstilfiles fahren dann stets mit den folgenden Befehlsdefinitionen fort:

```
\def\@ptsize{0}
\@namedef{ds@11pt}{\def\@ptsize{1}}
\@namedef{ds@12pt}{\def\@ptsize{2}}
```

Der Befehl `\@namedef{`*bef_name*`}{`*def_teil*`}` ist in `latex.tex [7]` definiert und erlaubt die Einrichtung von Befehlen, deren Namen auch Nichtbuchstaben enthalten dürfen. Damit werden die Befehle `\ds@11pt` und `\ds@12pt` definiert und dem Befehl `\@ptsize` ist standardmäßig der Zeichenwert '0' zugewiesen. Enthält der Dokumentstilbefehl die Optionsangabe `11pt` oder `12pt`, so wird `\ds@11pt` bzw. `\ds@12pt` ausgeführt, womit `\@ptsize` den Zeichenwert '1' bzw. '2' erhält.

Unmittelbar nach dem `\@option`-Befehl folgt in den Hauptstilfiles der Filelesebefehl `\input` *st*`1\@ptsize.sty\relax`, wobei *st* für `art`, `bk` oder `rep` steht. Für den Hauptstil `report` wird damit z. B. das File `\rep1\@ptsize.sty`, je nach aktuellem Wert von `\@ptsize` also `rep10.sty`, `rep11.sty` oder `rep12.sty`, eingelesen.

Damit stellt sich dem Leser die Frage, warum von der Definition der `\ds@`*xx*`pt` nicht ganz abgesehen wird, da dann automatisch das entsprechende File als Folge des `\@option`-Befehls eingelesen würde. Dagegen sprechen drei Gründe:

1. Für die Hauptstile `article`, `book` und `report` existieren jeweils eigene Größenfiles `art`*xx*`.sty`, `bk`*xx*`.sty` und `rep`*xx*`.sty`, mit $xx = 10, 11, 12$. Die Optionsangabe kann damit nicht einfach *xx*`pt` lauten, sondern müsste *sssxx*`pt` lauten (sss = `art`, `bk`, `rep`).

2. Die Standardgröße von 10 pt müsste *zwingend* als Option *sss*`10pt` angegeben werden, was dem Begriff der optionalen Angaben widerspräche.

3. Optionsfiles werden erst *nach* Abarbeitung des Hauptstilfiles eingelesen. Die Angaben der Größenstilfiles werden aber teilweise bereits bei der Abarbeitung des Hauptstilfiles benötigt.

Beim Hauptstil `letter` entfällt der Lesebefehl für die Größenfiles. Die entsprechenden Maßeinstellungen werden innerhalb des Hauptfiles `letter.sty` über die TeX-Auswahlstruktur `\ifcase \@ptsize` selbst bereitgestellt. In einer der beiden Formen sollte jedes eigene Hauptstilfile die obigen drei Befehls- und Definitionszeilen enthalten und nutzen.

Die Hauptstilfiles definieren schließlich noch den Befehl `\ds@draft`. Wird die Option `draft` gesetzt, so werden Zeilenüberschreitungen beim Umbruch durch einen vertikalen Balken gekennzeichnet. `article.sty` und `report.sty` definieren zusätzlich `\ds@twoside`, dessen Aufruf die internen Schalter `\if@twoside` und `\if@mparswitch` auf *wahr* setzt. Damit erfolgt die Textformatierung für doppelseitigen Ausdruck und Randnotizen erscheinen standardmäßig am *äußeren* Rand. Beim Hauptstil `book` ist dies Standard, so dass die Definition für `\ds@twoside` dort entfällt.

[3] List Definitions: Dieser Abschnitt enthält die Definitionen der Nummerierungsformen für die verschiedenen Stufen der enumerate-Umgebung sowie der Markierungssymbole für die itemize-Umgebung. Diese Definitionen sollten dem Leser keine Schwierigkeiten bereiten. Die Befehle \labelenum*i* und \labelitem*i*, mit $i =$ i, ii, iii, iv, erzeugen die Nummerierung bzw. Markierung der entsprechenden Schachtelungsstufe bei der enumerate- bzw. itemize-Umgebung. Mit

```
\def\labelitemi{---}      \def\labelitemii{--}
\def\labelitemiii{-}
\def\theenumii{\arabic{enumii}}
\def\labelenumii{\theenumi.\theenumii)}
```

würden z. B. bei der itemize-Umgebung für die ersten drei Stufen verschieden lange Striche (—, – und -) als Markierung erscheinen. Bei der enumerate-Umgebung würde auf der zweiten Stufe die Nummerierung in der Form $i.ii$) erfolgen, mit dem momentanen Zahlenwert i aus der ersten Stufe und dem laufenden Zahlenwert ii der zweiten Stufe. Solche Änderungen in den Hauptstilfiles sollten jedoch nie im Original, sondern stets in einer Kopie *kopie*.sty vorgenommen werden. Diese steht danach als weiterer Bearbeitungsstil *kopie* für den Dokumentstilbefehl zur Verfügung.

Im Abschnitt [3] werden weiterhin die Umgebungen verse, quotation und quote definiert. Für eine Änderung durch den Anwender kämen hier gelegentlich geänderte Einstellungen für \listparindent, \itemindent, \leftmargin sowie \topsep in Betracht. Zur genauen Bedeutung dieser Erklärungen möge der Leser ggf. das Diagramm 3 aus dem Befehlsindex von [5a] zu Rate ziehen.

Zum Abschluss dieses Abschnitts wird schließlich noch die description-Umgebung definiert. Neben evtl. Anpassungen wie bei den drei vorangegangenen Umgebungen kommt hier noch eine Änderung des Schriftstils für den \item-Eintrag in Betracht, z. B. \tt statt des Fettdrucks \bf im Original.

[4] Other Environments: Hier werden die Standardwerte für die Einstellerklärungen \arraycolsep, \tabcolsep, \arrayrulewidth und \doublerulewidth für die array- und tabular-Umgebungen, \tabbingsep für die tabbing-Umgebung und \fboxsep und \fboxrule für die Boxumrandungen gesetzt. Eine Änderung der Werte bedarf keiner Erläuterung.

Weiterhin erfolgt hier die Definition der titlepage-Umgebung und für den Hauptstil article zusätzlich die Definition des \theequation-Befehls für den Ausdruck von Formelnummern. Mit einer Änderung der Befehlsdefinition von \@eqnnum und der Entfernung des Kommentarzeichens, z. B. als \def\@eqnnum{[\theequation]}, erscheinen Gleichungsnummern in eckigen Klammern. Ebenso ist die Erklärung für \jot = 3pt, mit der zusätzlicher Zwischenraum für den Zeilenabstand der Teilformeln bei der eqnarray-Umgebung eingefügt wird, zunächst herauskommentiert. Die entsprechenden Definitionen für book und report erscheinen in [13].

Die Definition der titlepage-Umgebung besteht aus der Definition der beiden Befehle \titlepage und \endtitlepage. In dieser Form werden die meisten LaTeX-Umgebungen definiert. Eine Umgebung kann damit statt mit

\begin{*umg*} ... \end{*umg*} stets auch als *umg* ... \end*umg*

aufgerufen werden. Die Definition von

```
\def\titlepage{\@restoncolfalse\if@twocolumn
                              \@restoncoltrue\onecolumn
              \else \newpage \fi \thispagestyle{empty}\c@page\z@}
```

enthält die Abfrage `\if@twocolumn`, mit der geprüft wird, ob der zu bearbeitende Text zweispaltig formatiert werden soll. Ist dies der Fall, so wird der Schalter `\if@restonecol`, der vorab auf *falsch* gesetzt war, nunmehr auf *wahr* gesetzt und der Befehl `\onecolumn` ausgeführt. Für einspaltige Formatierung dagegen wird nur der Befehl `\newpage` ausgegeben. Für beide Fälle wird sodann der Seitenstil `empty` eingestellt und der Seitenzähler `page` auf Null gesetzt. Zur Form `\c@page\z@` sei auf den Hinweis im dritten Absatz von Seite 162 verwiesen und zusätzlich daran erinnert, dass `\z@` in `lplain` als *Null* definiert ist. Der Beendigungsbefehl wird als

```
\def\endtitlepage{\if@restonecol\twocolumn \else \newpage \fi}
```

definiert. War der Schalter `\if@restonecol` auf *wahr* gesetzt, so wird mit dem Befehl `\twocolumn` auf die zweispaltige Formatierung zurückgeschaltet und gleichzeitig eine neue Seite gestartet. Andernfalls wird nur der Befehl `\newpage` ausgeführt.

Die Definition der `titlepage`-Umgebung erfolgte hier deshalb so ausführlich, weil ähnliche Strukturen, insbesonders die Abfrage der zweispaltigen Formatierung, bei etlichen weiteren Befehlsdefinitionen auftreten, die dann ohne weitere Erläuterung zu verstehen sein sollten.

Der Abschnitt `[4]` beginnt mit den herauskommentierten Befehlsdefinitionen für `\@begintheorem`, `\@opargbegintheorem` und `\@endtheorem`. Diese stammen aus `latex.tex [26]` und können hier abgeändert werden, wenn der Anwender geänderte Formen für Regelsätze mit dem Befehl `\newtheorem` wünscht.

[5] Sectioning: Dieser Abschnitt unterscheidet sich beim `article.sty`-File deutlich von `book.sty` und `report.sty`. In `article.sty` werden hierin lediglich mit `\newcounter`-Befehlen die Zähler `part`, `section`, `subsection`, `subsubsection`, `paragraph` und `subparagraph` eingerichtet. Bei dem Befehl

`\newcounter{`*zähler*`}[`*rücksetzer*`]`

hat die optionale Angabe bekanntlich die Wirkung, dass der eingerichtete *Zähler* jeweils automatisch auf Null zurückgesetzt wird, wenn der Zähler *rücksetzer* um eins erhöht wird.

Die zweite Definitionsgruppe in diesem Abschnitt definiert die Ausgabebefehle `\the`*gliederung*, in der *gliederung* für jeden der in `article` erlaubten Gliederungsnamen `part`, `section`,... `subparagraph` steht. Diese Befehle sind zum Teil rekursiv aufgebaut:

```
\def\thepart{\Roman{part}}
\def\thesection{\arabic{section}}
\def\thesubsection{\thesection.\arabic{subsection}}...
```

Beim Aufruf von `\thesection` wird der Inhalt des Zählers `section` als arabische Zahl ausgegeben. Der Aufruf von `\thesubsection` bewirkt zunächst den Aufruf von `\thesection` und, durch einen Punkt getrennt, die Ausgabe des Inhalts von `subsection` ebenfalls als arabische Zahl. Beim Aufruf von `\thepart` wird der Inhalt von `part` dagegen als große römische Zahl ausgegeben. Beim `article.sty`-File endet der Definitionsabschnitt `[5]` bereits nach diesen `\the...`-Definitionen.

Bei den `book.sty`- und `report.sty`-Files wird zusätzlich der Zähler `chapter` eingerichtet und der Zähler `section` mit `chapter` als Rücksetzer definiert. Entsprechend diesem zusätzlichen Zähler lauten die ersten `\the...`-Definitionen nach `\thepart` nunmehr

```
\def\thechapter{\arabic{chapter}}
\def\thesection{\thechapter.\arabic{section}}
```

Der Definitionsabschnitt [5] fährt dann fort mit der Definition des Namensbefehls `\@chapapp` als `\def\@chapapp{\chaptername}`. Dieser Befehl wird durch den `\chapter`-Befehl intern aufgerufen und erzeugt den Ausdruck des Inhalts von `\chaptername`, z. B. 'Chapter' oder 'Kapitel'.[3]

Hieran schließt sich die Definition für den Gliederungsbefehl `\part` an. Seine Definition beteht aus mehreren Teilen und beginnt mit einer mehrzeiligen Definition für `\def\part{\cleardoublepage ..... \secdef\@part\@spart}`. Diese Definition sollte bis auf die letzte Zeile mit den angegebenen Kommentaren dem Leser halbwegs verständlich werden. Der Befehl `\secdef` in der letzten Zeile stammt aus `latex.tex` [29] und ist dort als

```
\def\secdef#1#2{\@ifstar{#2}{\@dblarg{#1}}}
```

definiert, wobei `\@ifstar` und `\@dblarg` im Abschnitt "Useful Hacks" aus `latex.tex` [7] erläutert und definiert werden. In 4.2 wurde dem Leser empfohlen, sich eine Vorstellung von den in [7] und [11] dargestellten LaTeX-Programmstrukturen zu verschaffen. Wenn ihm das gelungen ist, sollte der vorstehende `\secdef`-Befehl verständlich werden. Dieser Befehl hat zwei Argumente und es wird zunächst abgefragt, ob das nächste Zeichen ein `*` ist. Dies trifft genau für die *-Form des `\part`-Befehls zu, und für diesen Fall wird der zweite übergebene Parameter, wegen `\secdef\@part\@spart` also `\@spart`, ausgeführt. Bei der Standardform wird dagegen der erste übergebene Parameter, also hier `\@part`, mit den Parametern für diesen Befehl ausgeführt.

Die anschließenden Befehlsdefinitionen für `\@part` und `\@spart` sollten mit den beigefügten Kommentaren verständlich werden, da sie fast nur aus LaTeX-Standardbefehlen bestehen. Tritt darin statt des Namensbefehls `\partname` das Wort 'Part' direkt auf, so gilt die Bemerkung der letzten Fußnote auch hier, ebenso wie bei einigen weiteren Definitionen, ohne dass ich dies im Weiteren erwähne.

[6] Table of Contents, etc: Hier werden zunächst einige interne Maßbefehle und Zähler mit Werten versehen. Der Befehl `\@pnumwidth` bestimmt die Breite des Feldes für die Seitennummer im Inhaltsverzeichnis. `\@tocrmarg` legt die rechte Einrücktiefe bei mehrzeiligen umbrochenen Eintragtexten im Inhaltsverzeichnis fest und `\@dotsep` bestimmt den Punktabstand der punktierten Führungslinie. Die Zahlenzuweisung für `\def\@dotsep{4.5}` bedeutet das 4,5-fache der internen TeX-Maßeinheit mu, die mit $1\text{em} = 18\text{mu}$ definiert ist. Schließlich wird der Zähler `tocdepth` in `article.sty` auf 3 und in `book.sty` und

[3] LaTeX-Versionen vor dem 1. Dezember 1991 definieren `\@chapapp` als '`\def\@chapapp{Chapter}`', worin das englische Wort 'Chapter' direkt auftritt. Entsprechendes gilt für alle sprachspezifischen Begriffe, die in [1] mit Namensbefehlen erklärt werden, wobei dieser Definitionsteil bei den alten Versionen entfällt. Solche veralteten Versionen sollten durch eine neuere Version ersetzt werden, da sie die Nutzung sprachspezifischer Optionsfiles wie `german.sty` nicht ohne entsprechende Änderungen erlauben. Noch empfehlenswerter ist es in einem solchen Falle jedoch, auf LaTeX 2_ε umzurüsten!

`report.sty` auf 2 eingestellt. Dieser Zähler bestimmt die Schranke, bis zu der Untergliederungen im Inhaltsverzeichnis aufgenommen werden. Mit den gewählten Einstellungen erfolgen in `book` und `report` Eintragungen bis einschließlich `\subsection` und in `article` bis `\subsubsection`.

Die folgende Befehlsdefinition für `\tableofcontents` erzeugt zum einen den Ausdruck der Überschrift mit dem Inhalt von `\contentsname` zu Beginn des Inhaltsverzeichnisses in der Schriftgröße der Kapitelüberschriften (`book`, `report`) bzw. der Abschnittsüberschriften (`article`) und zum anderen ggf. den links- bzw. rechtsbündigen Ausdruck von `\contentsname` in Großbuchstaben in den Kopfzeilen der folgenden Seiten. Der Aufruf des internen Befehls `\@starttoc{toc}` in dieser Befehlsdefinition bewirkt das Einlesen des `.toc`-Files mit den Eintragungen des vorangegangenen Bearbeitungslaufs. Die Abfrage für ein- oder zweispaltige Seitenformatierung und die daraus folgende Aktion beschränkt sich auf das Setzen des Schalters `\if@restonecol`. Bei zweispaltiger Seitenformatierung wird für die Überschrift aus `\contentsname` vorübergehend auf einspaltige Formatierung umgeschaltet und anschließend auf zweispaltig zurückgeschaltet.

Die Definitionen für `\listoffigures` und `\listoftables` erfolgen am Ende dieses Abschnitts `[6]` und entsprechen vollständig der vorgehend beschriebenen Definition von `\tableofcontents`.

Die verbleibenden Definitionen betreffen Befehle der Form `\l@`*typ*, in der *typ* für einen Gliederungsnamen oder für `figure` bzw. `table` steht. Mit Ausnahme der beiden höchsten Gliederungen sind diese Befehle einheitlich und formal recht einfach aufgebaut. Sie lauten alle:

`\def\l@`*typ*`}{\@dottettocline{`*stufe*`}{`*einrückung*`}{`*nr_breite*`}}`

Diese internen Befehle bestimmen die Zeilenformatierung für die einzelnen Einträge im Inhaltsverzeichnis. Hierin bedeutet *stufe* die jeweilige Gliederungsstufe, also 1 für `\section` bis 5 für `\subparagraph`. Mit der Maßangabe *einrückung* wird die Einrücktiefe für den entsprechenden Gliederungseintrag festgelegt. Die Maßangabe *nr_breite* bestimmt die Breite für die Aufnahme der laufenden Gliederungsnummer. Ein Blick ins Inhaltsverzeichnis dieses Buches macht die Wirkung der gewählten Werte deutlich.

Die Definition von `\l@`*typ* für die höchsten beiden Gliederungen, also `\l@part` und `\l@chapter` bzw. `\l@section` für `article`, erfolgt in anderer Weise. Die Definitionen sollten mit den zugefügten Kommentaren ungefähr zu verstehen sein. Mit ihnen wird zusätzlicher vertikaler Zwischenraum zum vorangehenden Eintrag hinzugefügt und das eingangs definierte Maß `\@pnumwidth` wird hier benutzt, um den Platz für die Aufnahme der Seitennummer bereitzustellen, vor der ein evtl. Eintragsumbruch im Inhaltsverzeichnis zu erfolgen hat. Bei `\l@part` wird zusätzlich mit `\addpenalty{-\@highpenalty}` ein Seitenumbruch vor einem `part`-Eintrag sehr erleichtert und mit `\nobreak` am Definitionsende ein Seitenumbruch unmittelbar nach einem `\part`-Eintrag unmöglich gemacht. Bei `\l@chapter` bzw. `\l@section` (`article`) wird der Seitenumbruch vor einem entsprechenden Eintrag mit `\pagebreak[3]` erleichtert. Bei einem mehrzeiligen Eintrag werden die zweite Linie und weitere Linien um die Breite der laufenden Gliederungsnummer zusätzlich nach links eingerückt, und als Folge von

`\advance\leftskip\@tempdima` und `\hskip -\leftskip`

wird dies für die erste Zeile wieder zurückgenommen.

[7] Bibliography: Dieser kurze Abschnitt definiert die `thebibliography`-Umgebung. Die LaTeX-Befehle in dieser Definition sollten ohne Erläuterung verständlich sein. Der hier verwendeten TeX-Anweisung `\advance\leftmargin\labelsep` entspricht in LaTeX `\addtowidth{\leftmargin}{\labelsep}` und ist damit ebenfalls verständlich. `\clubpenalty4000` und `\widowpenalty4000` erschweren beim Seitenumbruch das Auftreten von *Schusterjungen* oder *Hurenkindern*, also einem Umbruch nach der ersten Zeile eines neuen Absatzes oder vor der letzten Zeile eines laufenden Absatzes. `\sfcode‘\.=1000` bestimmt den zusätzlichen Zwischenraum nach einem Punkt als Satzzeichen. Dieser Wert ist damit in der `thebibliography`-Umgebung kleiner als der Standardwert aus `lplain` mit 3000.

Die Befehle `\@biblabel` und `\@cite` sind in `latex.tex` definiert. Sie werden hier mit vorangestellten Kommentarzeichen wiederholt und können modifiziert und durch Wegnahme des Kommentarzeichens aktiviert werden.

[8] The Index: Dieser Abschnitt entspricht dem vorangegangenen, nur dass hier die `theindex`-Umgebung definiert wird. Die Definition beschränkt sich im Wesentlichen auf die Erzeugung der Überschrift und evtl. Kopfzeilen als **Index** bzw. INDEX sowie auf die anschließende Umstellung auf zweispaltige Formatierung. Zusätzlich werden die Werte für `\columnseprule`, `\columnsep`, `\parindent` und `\parskip` innerhalb der `theindex`-Umgebung eingestellt. Die Abfrage für ein- oder zweispaltige Seitenformatierung entspricht vollständig der gleichartigen Abfrage in der Definition von `\tableofcontents` aus `[6]`.

Die Definition von `\endtheindex` stellt die LaTeX-Anweisung `\end{theindex}` sicher. Damit wird auf einspaltige Formatierung zurückgeschaltet, wenn dies auch vor der `theindex`-Umgebung der Fall war.

Schließlich werden in diesem Abschnitt noch die Befehle `\@idxitem`, `\subitem`, `\subsubitem` und `\indexspace` definiert. Die Definitionen sollten verständlich sein. Mit `\hangindent 40pt` wird erreicht, dass bei einem mehrzeiligen Indexeintrag die Folgezeilen um 40 pt eingerückt werden. Die Aufrufe `\hspace*{20pt}` bzw. `\hspace*{30pt}` bewirken eine entsprechend tiefe Einrückung für die `\subitem`- bzw. `\subsubitem`-Einträge. Während diese beiden Befehle hier direkt definiert werden, greift der `\index`-Befehl aus `latex.tex` auf den intern definierten Befehl `\@idxitem` zurück.

[9] Footnotes: In diesem Abschnitt werden lediglich die Befehle `\footnoterule` und `\@makefntext` definiert. In der Definition

```
\def\footnoterule{\kern-3\p@
                  \hrule width .4\columnwidth \kern2.6\p@}
```

bedeutet `\p@` die Maßeinheit `1pt`, die aus `lplain` stammt. Der TeX-Befehl `\kern` fügt Zwischenraum der angehängten Maßangabe ein, *vor* und *nach* welchem ein Umbruch nicht möglich ist. Die Art des Zwischenraums hängt vom jeweiligen Bearbeitungsmodus ab. Im vertikalen Bearbeitungsmodus – und das ist hier der Fall – wird vertikaler Zwischenraum eingefügt und ein Seitenumbruch ausgeschlossen. Der TeX-Befehl `\hrule` mit einer zugefügten Breitenangabe nach dem Schlüsselwort `width`, aber ohne explizite Höhenangabe, entspricht dem LaTeX-Befehl `\rule{.4\columnwidth}{.4pt}`, also einer Standardhöhe von 0.4 pt. Mit Zufügung des Schlüsselwortes `height` und angehängter Maßangabe könnte auch die Strichstärke anders eingestellt werden. Der Wert für den abschließenden `\kern`-Befehl sollte gleich der Differenz des ersten `\kern`-Befehls und der Strichdicke sein!

Die Befehlsdefinition für `\@makefntext` übergibt als Argument den Fußnotentext und enthält die Erklärung `\parindent1em`. Für die Fußnotenmarkierung wird eine horizontale Box der Breite 1.8 em eingerichtet, in der die Markierung rechtsbündig und hochgestellt erfolgt.

Die Files `book.sty` und `report.sty` enthalten in diesem Abschnitt noch den Befehl `\@addtoreset{footnote}{chapter}`. Dieser bewirkt, dass der Fußnotenzähler `footnote` mit jedem neuen Kapitel auf Null zurückgestellt wird.

[10] Figures and Tables: Dieser Abschnitt enthält die Erklärungen für Gleitobjekte, deren Bedeutung im Einzelnen in [5a, Abschnitt 6.6.3] dargestellt wird. Als Nächstes folgt die Definition des internen Befehls `\@makecaption`. Dieser wird beim LaTeX-Befehl `\caption` aufgerufen und prüft, ob die übergebenen Parameter, die die laufende Bild- oder Tabellennummer und den Überschriftentext enthalten, horizontal mehr Platz benötigen, als die Breite der umgebenden Parbox bereitstellt. Ist dies der Fall, so wird die Überschrift entsprechend der Parboxbreite umbrochen. Im anderen Fall wird die Überschrift innerhalb der Parboxbreite zentriert angebracht.

Anschließend wird der Zähler `figure` mit `chapter` als Rücksetzer eingerichtet und in der Definition des Befehls `\thefigure` genutzt. In dieser Definition wird der mit `\newcounter{figure}[chapter]` eingerichtete Zähler mit seinem internen TeX-Namen `c@figure` angesprochen. Darauf folgt die Definition einiger interner Befehle, die innerhalb der `figure`-Umgebung ablaufen. Von diesen ist für eine sprachspezifische Anpassung nur der Befehl `\fnum@figure` von Interesse, der das Wort "Figure" definiert, das ggf. in "Bild" oder `\figurename` abzuändern ist. Die `figure`-Umgebungen selbst werden abschließend mit den Befehlspaaren

```
\def\figure{\@float{figure}}    \let\endfigure\end@float    bzw.
\@namedef{figure*}{\@dblfloat{figure}
\@namedef{endfigure*}{end@dblfloat}
```

definiert. Der Befehl `@\namedef` gehört zu den "Useful Hacks" aus `latex.tex [7]` und wurde bereits in `[2]` vorgestellt.

Die soeben beschriebene Definitionsgruppe einschließlich der Zählereinrichtung wird sodann für die `table`-Umgebung wiederholt und unterscheidet sich nur durch den Namen `table` statt `figure` von der vorangegangenen Gruppe.

[11] Title and Abstract: Hinsichtlich dieses Abschnitts unterscheiden sich alle drei Hauptstilfiles deutlich voneinander. Beim `report.sty`-File besteht er nur aus der Anweisung `\input titlepag.sty`, d. h. er greift auf die Option `titlepage` der Stilart `article` zurück, die hiermit Bestandteil von `report` wird.

Bei `book.sty` wird in diesem Abschnitt der Befehl `\maketitle` definiert, der seinerseits auf die LaTeX-Umgebung `titlepage` zurückgreift. Der größte Teil dieser Definition sollte ohne Erläuterung verständlich sein, da er auf LaTeX-Standardstrukturen wie den `center`- und `tabular`-Umgebungen sowie auf LaTeX-Schriftgrößenbefehlen aufbaut. Der TeX-Befehl `\vskip` entspricht in seiner Wirkung dem LaTeX-Befehl `\vspace` und bedarf ebenfalls keiner weiteren Erklärung. Der TeX-Befehl `\null` bedeutet eine horizontale leere Box der Breite 0 pt, also in LaTeX so etwas wie `\mbox[0pt]{}`. Die internen Befehle `\@title`, `\@author`, `\@date` und `\@thanks` sind in `latex.tex [28]` definiert und enthalten die mit den zugänglichen LATEX-Befehlen gleichen Namens (ohne das vorangestellte @) übergebenen Textangaben bzw. das aktuelle Datum.

Das bei report mit \input titlepage.sty eingelesene File enthält die gleiche Definition für \maketitle. Zusätzlich wird in ihm noch die Umgebung abstract definiert, die in book nicht zur Verfügung steht. Die dortige Definition für \abstract ruft die titlepage-Umgebung in der Form \titlepage ... \endtitlepage auf. Die Definition der abstract-Umgebung als

```
\def\abstract{\titlepage \null\vfil
   \begin{center}\bf Abstract\end{center}}
\def\endabstract{\par\vfil\null\endtitlepage}
```

sollte verständlich sein. Sie entspricht einer Titelseite mit leeren Angaben für \title, \author, \date und \thanks.

In article.sty werden die Befehle \maketitle und \abstract eigenständig definiert. Die Befehle zur Modeumschaltung \null und zur vertikalen Zentrierung \vfil entfallen hier, mit der Wirkung, dass nach dem \maketitlepage-Aufruf kein Seitenumbruch erfolgt, sondern der nachfolgende Text darunter angebracht wird. Die Abfrage für zweispaltige Formatierung sollte nach den Erläuterungen zu \titlepage aus [4] verständlich sein. Bei zweispaltiger Formatierung wird der LATEX-Befehl \twocolumn[\@maketitle] aufgerufen und der Titeltext zur einspaltigen Kopfformatierung übergeben. Anderenfalls wird lediglich eine neue Seite begonnen, die mit dem Titeltext \@maketitle beginnt. Der Aufruf \@topnum\z@ verhindert das Auftreten eines Gleitobjekts im oberen Teil dieser Seite. Die sonstigen Teile ähneln der Definition aus book und brauchen nicht weiter erläutert zu werden.

Die Definition für den internen Befehl \@maketitle ist mit dem inneren Teil der \maketitle-Definition aus book.sty nahezu identisch und sollte wie dort leicht verständlich sein.

Die \abstract-Definition in article.sty setzt bei zweispaltiger Formatierung die Überschrift mit \section*{Abstract} und den Abstracttext für zweispaltige Ausgabe. Bei einspaltiger Formatierung wird die Überschrift "**Abstract**" horizontal zentriert und der nachfolgende Abstracttext innerhalb der quotation Umgebung angeordnet. Titel und Abstract erscheinen beim article-Stil auf einer Seite, zusammen mit dem anschließenden Artikeltext.

Alternativ hierzu kennt der Hauptstil article die Option titlepage. Diese verwendet die entsprechenden Definitionen aus titlepage.sty und erzeugt somit eigene Titel- und Abstractseiten wie standardmäßig bei report.

[12] Page Styles: Dieser Abschnitt enthält die Definition für den internen Befehl \ps@heading, der bei Aufruf des LATEX-Befehls \pagestyle{headings} intern benötigt wird. Innerhalb dieser Definition treten weitere Befehlsdefinitionen auf, die die Kopf- und Fußzeile für den heading-Seitenstil bestimmen. Die Definitionen hängen in article und report davon ab, ob der Text für ein- oder doppelseitigen Druck formatiert werden soll. Dies wird mit der Struktur

```
\if@twoside  \def\ps@heading{...}
\else        \def\ps@heading{...} \fi
```

erreicht. Beim Hauptstil book ist der doppelseitige Druck Standard. Damit tritt dort die Definition von \ps@heading nur in der oberen Form auf. Diese lautet:

```
\def\ps@headings{\let\@mkboth\markboth
    \def\@oddfoot{} \def\@evenfoot{}%                   No feet.
    \def\@evenhead{\rm \thepage\hfil \sl \leftmark}%    Left heading.
    \def\@oddhead{\hbox{}\sl \rightmark \hfil \rm \thepage}% Right head
    \def\chaptermark##1{\markboth{\uppercase{\ifnum \c@secnumdepth
 >\m@ne \@chapapp\ \thechapter. \ \fi ##1}}{}}
  \def\sectionmark##1{\markright{\uppercase{\ifnum \c@secnumdepth >\z@
        \thesection. \ \fi ##1}}}}
```

Hierin wird zunächst `\@mkboth` mit der momentanen Bedeutung von `\markboth` versehen, und die geraden und ungeraden Fußzeilen werden als Leerzeilen eingerichtet. Die Definitionen der geraden und ungeraden Kopfzeilen `\@evenhead` bzw. `\@oddhead` werden verständlich, wenn man weiß, dass der LaTeX-Befehl `\rightmark` den Text des ersten auf der laufenden Seite gesetzten `\section`-Befehls (bzw. `\subsection` bei `article`) und `\leftmark` den des letzten für die laufende Seite gültigen `\chapter`-Befehls (bzw. `\section` bei `article`) zuweist. Diese beiden in `latex.tex [35]` definierten Befehle entsprechen den TeX-Grundbefehlen `\firstmark` bzw. `\botmark`.

Die hier definierten Befehle `\chaptermark` und `\sectionmark` werden in den Gliederungsbefehlen `\chapter` bzw. `\section` aufgerufen und übergeben dort den Gliederungstext bzw. den optionalen Text, wenn ein solcher vorhanden ist. Die Verwendung der LaTeX-Standardbefehle `\markboth` und `\markright` macht das Verständnis leicht. Im ersten Befehl wird als zweiter Parameter mit `{}` dem `\markboth`-Befehl ein leerer Text übergeben. Bei der `\ifnum`-Abfrage sei hier daran erinnert, dass `\z@` und `\m@ne` für 0 bzw. -1 stehen.

Die vorstehende Definition für `\ps@heading`, zusammen mit den Unterdefinitionen, gilt für `book.sty` und für `report.sty` bei zweiseitiger Formatierung. Die entsprechende Definition für `article.sty` unterscheidet sich davon nur dadurch, dass die Definitionen für `\chaptermark` und `\sectionmark` durch `\sectionmark` und `\subsectionmark` ersetzt sind.

Die Definition von `\ps@heading` für einseitige Formatierung ist etwas einfacher und lautet in `article.sty`:

```
\def\ps@headings{\let\@mkboth\markboth
    \def\@oddfoot{} \def\@evenfoot{}%
    \def\@oddhead{\hbox{}\sl \rightmark \hfil \rm \thepage}% Heading
    \def\sectionmark##1{\markright{\uppercase{\ifnum \c@secnumdepth>\z@
        \thesection\hskip 1em\relax \fi ##1}}{}}
```

Die Definitionen für `\evenside` und den zweiten `\`xxx`mark`-Befehl entfallen hier, da bei einseitiger Formatierung jede Seite als rechte Seite betrachtet wird. Die anschließende Definition für den Befehl `\ps@myheadings` sollte nach den Erläuterungen für `\ps@headings` nunmehr ebenfalls verständlich sein. Mit der Zuweisung `\let\@mkboth\@gobbletwo` werden `\@mkboth` zwei Leereintragungen zugewiesen, die anstelle der aktuellen Inhalte von `\markboth` beim `\ps@headings`-Befehl treten. Die andere Abweichung gegenüber `\ps@headings` liegt darin, dass die `\`xxx`mark`-Definitionen Leerwerte zuweisen.

[13] Miscellaneous: `article.sty` enthält hier nur die Definitionen des Befehls `\today`. In `book.sty` und `report.sty` wird zusätzlich der Befehl `\theequation` als

```
\@addtoreset{equation}{chapter}
\def\theequation{\thechapter.\arabic{equation}}
```

definiert. Mit dem ersten Befehl wird erreicht, dass der Zähler `equation` mit jedem `\chapter`-Befehl auf Null zurückgesetzt wird. Ein gleichartiger Befehl wurde bereits in `[9]` für den Fußnotenzähler verwendet. Gleichungsnummern werden mit dem internen LaTeX-Befehl `\@equnum` erzeugt, dessen Definition hier wiederholt, aber herauskommentiert wird: `% \def\@eqnnum{(\theequation)}`. Bei Bedarf kann diese Definition geändert und aktiviert werden. `\def\@eqnnum{[\theequation]}` würde die Gleichungsnummerierung in der Form [k.n] bewirken.

[14] Initialization: Abschließend werden einige Bearbeitungsstandards eingestellt, und zwar in `book.sty` mit

```
\ps@headings    \pagenumbering{arabic}
\if@towcolumn   \@@input \twocolum.sty\relax
\else           \onecolumn \fi
```

bzw. in `article.sty` und `report.sty` mit

```
\ps@plain       \pagenumbering{arabic}
\if@twoside\else\raggedbottom\fi
\if@twocolumn   \@@input \twocolum.sty\relax
\else           \onecolumn \fi
```

Bei allen drei Hauptstilarten erfolgt die Seitennummerierung also in arabischen Ziffern und der Text wird entsprechend der Spaltenoption formatiert. Bei `article` und `report` ist der Standardseitenstil `plain` und, falls nicht die Option `twoside` gewählt wurde, der Befehl `\raggedbottom` für den Seitenumbruch wirksam. Der Standardseitenstil bei `book` ist dagegen `heading` und für den unteren Rand erfolgt der Seitenumbruch so, als wäre der Befehl `\flushbottom` gesetzt worden. In `article.sty` folgt hierauf noch

```
\if@titlepage \@@input \titlepag.sty\relax \fi
```

womit bei der Optionsangabe `titlepage` auch die Vorgaben aus `titlepag.sty` aktiviert werden.

Anmerkungen: Die Darstellung der Hauptstilfiles und deren Gliederung erfolgte deshalb so ausführlich, weil sie eine Vorlage für die Bereitstellung weiterer Stilarten darstellen. Solche zusätzlichen Stilfiles können am einfachsten aus einer Kopie eines der Standardstilfiles heraus entwickelt werden. Hierbei sollte man zunächst auf die `.doc`-Files zurückgreifen und die Änderungen und Ergänzungen sogleich durch erläuternde Kommentare dokumentieren. Während dieser Bearbeitungsphase sollte das Stilfile den Anhang `.sty` tragen, damit beim Austesten dieses File automatisch eingelesen wird. Nach endgültiger Fertigstellung sollte es als `.doc`-File kopiert werden und im nunmehr endgültigen `.sty`-File von allen Kommentaren befreit werden.

Einige anwendereigene Bearbeitungsstile benötigen nur einen Teil der Standardstilfiles. Für einen Bearbeitungsstil `memo` zur Erstellung von Vermerken oder Aktennotizen wird man auf Inhaltsverzeichnisse, Gleitobjekte und die meisten Gliederungsbefehle ganz verzichten können. Andererseits mag hierfür ein eigener Seitenstil erwünscht sein.

4.5 Die LATEX-Größenfiles

Die wichtigsten Optionsfiles stellen die Größenfiles dar. Für jede der drei Hauptstilarten existieren jeweils drei Größenfiles mit den Namen

`art10.sty`	`art11.sty`	`art12.sty`	für `article`
`bk10.sty`	`bk11.sty`	`bk12.sty`	für `book`
`rep10.sty`	`rep11.sty`	`rep12.sty`	für `report`

Alle Größenfiles stimmen in Gliederung und Aufbau weitgehend überein und unterscheiden sich nur durch die gewählten Parameter. Parallel zu den `.sty`-Files existieren die gleichnamigen `.doc`-Files, die für die nachfolgende Betrachtung unter Zufügung von Zeilen- und Seitennummern ausgedruckt werden sollten. Die Ausdrucke lassen sofort die folgende Gliederung

```
FONTS ................ [1]      CHAPTERS AND SECTIONS .... [4]
PAGE LAYOUT .......... [2]      LISTS .................... [5]
PARAGRAPHING ......... [3]
```

erkennen. Bei den `art`*xx*`.doc`-Files heißt der vierte Abschnitt `SECTION`, da Kapitel bei diesem Stil nicht existieren.

[1] Fonts: Alle Größenfiles beginnen mit den Erklärungen und der Definition von

```
\lineskip 1pt   \normallineskip 1pt   \def\baselinestretch{1}
```

`\lineskip` ist ein TEX-Grundbefehl, mit dem der Mindestabstand zwischen der Unterkante einer Box und der Oberkante der darunter liegenden Box eingestellt wird. `\normallineskip` ist ein Maßregister aus `lplain`, in dem der Wert für eine evtl. Zuweisung an `\lineskip` abgespeichert ist. Beide werden hier mit 1 pt eingestellt. `\baselinestretch` ist der LATEX-Zahlenfaktor, mit dem alle Werte von `\baselineskip` beim Zeilenabstand multipliziert erscheinen.

Im Anschluss daran erfolgt die Definition der LATEX-Schriftgrößenbefehle von `\tiny` bis `\Huge`. Diese greifen auf den in `lfonts.tex` definierten Befehl `\@setsize` zurück, dessen Syntax hier wiederholt wird

`\@setsize\`*rel_größe*`{`*zeilen_abstand*`}\`*abs_größe*`\@`*abs_größe*

womit Definitionen wie

```
\def\large{\@setsize\large{14pt}\xiipt\@xiipt}
```

verständlich sind. Der Größe `\large` wird damit für den Zeilenabstand der Wert `14pt` zugewiesen und intern an `\baselineskip` weitergereicht. Gleichzeitig wird `\large` mit den absoluten Schriftgrößen `\xiipt` und `\@xiipt` verknüpft. In gleicher Weise sind die Definitionen für `\tiny`, `\scriptsize`, `\Large`, `\huge` und `\Huge` aufgebaut. Der letzte Befehl ist in den 12 pt-Files als `\let\Huge=\huge` definiert, da in `lfonts.tex` standardmäßig `xxvpt` die größte Zeichengröße definiert und diese Größe in `12pt` bereits `\huge` zugewiesen wird.

Die Größendefinitionen für `\@normalsize`, `\small` und `\footnotesize` enthalten neben dem `\@setsize`-Befehl mit geeigneten Werten weitere Wertzuweisungen für `\abovedisplayskip`, `\belowdisplayskip`, `\abovedisplayshortskip` und `\belowdisplayshortskip`. Die Bedeutung dieser Einstellung kann aus [5a, Abschnitt 5.5.4] entnommen werden. Die Definition für diese drei Größen endet mit der Definition von `\@listi`, in der die Werte für `\topsep` und `\parsep` in geeigneter Weise eingestellt und jene von `\leftmargin` mit `\leftmargini` und von `\itemsep` mit `\parsep` gleichgesetzt werden. Die Definition für `\@normalsize` enthält stattdessen `\let\@listi=\@listI`, wobei die Definition für `\@listI` in Abschnitt `[5]` erfolgt.

Der Befehl `\normalsize` wurde bereits in `lfonts.tex` definiert und greift auf den hier definierten Befehl `\@normalsize` in der Form

```
\def\normalsize{\ifx\@currsize\normalsize \rm
\else \@normalsize\fi}
```

zurück. Beim Aufruf von `\normalsize` wird also geprüft, ob die momentane Schriftgröße bereits `\normalsize` ist. Ist dies der Fall, so wird lediglich der Schriftartenbefehl `\rm` ausgeführt. Im anderen Fall wird der hier definierte Befehl `\@normalsize` aufgerufen und ausgeführt. Der Grund für die unterschiedliche Definition von `\normalsize` gegenüber den anderen Größenbefehlen liegt darin, dass `\normalsize` für jede Ausgabeseite intern aufgerufen wird und in der vorliegenden Form schneller abläuft.

Der Abschnitt `[1]` endet mit dem Aufruf von `\normalsize`, womit diese Größe standardmäßig aktiviert ist.

[2] Page Layout: In diesem Abschnitt werden eine ganze Reihe von Erklärungen gesetzt, also Wertzuweisungen vorgenommen, die keiner Erläuterung bedürfen, da sie sich auf LaTeX-Standardbefehle beschränken. Ggf. sollte die Bedeutung aus [5a, Befehlsindex] entnommen werden. Soweit hierbei Erklärungen für interne LaTeX-Befehle auftauchen, wie z. B. `\@maxsep 20pt` oder `\@fptop 0pt plus 1fil`, ist deren Bedeutung aus dem daneben stehenden Kommentar zu entnehmen. Zu erinnern sei hier daran, dass `1fil` ein elastisches TeX-Maß für beliebigen Zwischenraum ist, dass aber `2fil` einen doppelt so großen Zwischenraum wie `1fil` erzeugt.

[3] Paragraphing: In diesem Abschnitt werden die Standardwerte für den Absatzabstand `\parskip` und die Einrückung der ersten Absatzzeile `\parindent` sowie `\partopsep` eingestellt. Der letzte Befehl bewirkt den Zusatzzwischenraum vor und nach einer Umgebung, wenn dieser eine Leerzeile vorangeht oder nachfolgt.

Danach werden einige interne Strafpunkte festgelegt, mit denen Zeilen- oder Seitenumbrüche bei den Befehlen `\nolinebreak[`n`]` und `\nopagebreak[`n`]` für $n = 1, 2, 3$ erschwert werden. Anschließend erhalten die internen Strafbefehle `\@beginparpenalty`, `\@endparpenalty` und `\@itempenalty`, die für einen Seitenumbruch *vor* und *nach* einem Absatz sowie nach einem `\item`-Eintrag in einer listenartigen Umgebung geprüft werden, den negativen Wert `-\lowpenalty` zugewiesen, womit ein Seitenumbruch an diesen Stellen erleichtert wird.

Zum Schluss sind eine Reihe von TeX-Strafbefehlen nach einem Kommentarzeichen angeführt. Diesen wurden in `lplain.tex` standardmäßig bestimmte Werte zugewiesen. Sie können hier bei Bedarf mit anderen Werten versehen und durch Entfernen des Kommentarzeichens aktiviert werden.

[4] Chapters and Sections: Dieser Abschnitt bedarf einiger vorangehender Erläuterungen. LATEX stellt zur Definition von Gliederungsbefehlen zwei interne Makros bereit. Das umfassendere von beiden ist

`\@startsection{`*name*`}{`*stufe*`}{`*einrückung*`}{`*vor_platz*`}{`*nach_platz*`}{`*schrift*`}`

Hier steht *name* für den Gliederungsnamen und *stufe* für den Zahlenwert der Gliederungsstufe, also `0` für `chapter` bis `5` für `subparagraph`. Die Maßangabe für *einrückung* bestimmt die Einrücktiefe der Gliederungsüberschrift einschließlich einer evtl. Nummerierung. Dieser Wert ist bei den LATEX-Gliederungsbefehlen standardmäßig auf 0 pt gesetzt.

Für *vor_platz* und *nach_platz* sollten elastische Maßangaben gewählt werden, wobei auch *negative* Maßangaben erlaubt sind. Der Absolutbetrag für *vor_platz* bestimmt den vertikalen Zwischenraum, der zwischen dem vorangehenden Text und der Gliederungsüberschrift eingefügt wird. Bei einer *negativen* Angabe wird die erste Zeile des nachfolgenden Textes *nicht* eingerückt. Auch dies ist bei den LATEX-Gliederungsbefehlen bis einschließlich `\subsubsection` Standard. Eine *positive* Angabe bewirkt, dass der anschließende Text auch bei der ersten Zeile mit einer Einrückung beginnt.

Eine *positive* Maßangabe für *nach_platz* bestimmt den vertikalen Zwischenraum zwischen der Gliederungsüberschrift und dem anschließenden Text. Bei einer *negativen* Angabe schließt der nachfolgende Text horizontal an die Gliederungsüberschrift an, wobei der Absolutbetrag der Maßangabe den horizontalen Abstand zur vorangehenden Überschrift festlegt.

Schriftgröße und Schriftart für die Gliederungsüberschrift werden mit den Angaben für *schrift* festgelegt. Mit diesen Erläuterungen werden die Gliederungsdefinitionen für `\section` bis `\subparagraph` in den Größenfiles voll verständlich:

```
\def\section{\@startsection{section}{1}{\z@}{-3.5ex plus -1ex
     minus -.2ex}{2.3ex plus .2ex}{\Large\bf}}
 . . . . . . . . . . . . . . . . . . . . . . . . . . . .
\def\subparagraph{\@startsection{subparagraph}{5}{\parindent}%
     {3.25ex plus 1ex minus .2ex}{-1em}{\normalsize\bf}}
```

Der LATEX-Befehl `\subparagraph` ist der einzige Gliederungsbefehl, bei dem ein von 0 pt abweichender Wert für *einrückung* gewählt ist. Demzufolge erscheint die `\subparagraph`-Überschrift wie eine normale erste Zeile eines neuen Absatzes um den Betrag von `\parindent` eingerückt. Der negative Wert `-1em` für *nach_platz* bewirkt den entsprechenden horizontalen Abstand des auf die Überschrift folgenden Textes.

Die Verwendung des internen Befehls `\@startsection` gestattet in einfacher Weise die Definition von Gliederungsbefehlen. Die sechs Parameter dieses Befehls können vom Anwender frei gewählt werden. Eine negative Maßangabe bei *einrückung* würde die Gliederungsüberschrift um den entsprechenden Betrag gegenüber dem linken Textrand nach links herausrücken. Alle sonstigen, mit einem Gliederungsbefehl verbundenen Aktionen, wie z. B. die Zuordnung zum Inhaltsverzeichnis und zu einer evtl. Kopfzeile, werden als Folge dieses Befehls intern geregelt. Ebenfalls wird intern der Befehl `\@afterheading` ausgeführt, mit dem erhöhte Erschwernispunkte `\clubpenalty` für einen *Schusterjungen* nach einem Gliederungsbefehl gesetzt werden und ein Seitenumbruch direkt nach einem Gliederungsbefehl verboten wird.

Andererseits ist der Anwender mit Ausnahme der sechs angegebenen Parameter an die sonstigen Voreinstellungen bei der Verwendung von `\@startsection` gebunden. Weitere

Gestaltungsmöglichkeiten mit diesem Befehl werden in 6.2.2 und 6.3 vorgestellt. Für ganz beliebige Definitionen zur Erzeugung von Gliederungsüberschriften stellt LATEX ein zweites Makro namens `\secdef` bereit. Vorab aber noch ein anderer Hinweis: Beide Makros gestatten die Definition beliebiger Gliederungsbefehlsnamen. Mit

```
\def\abschnitt{\@startsection{abschnitt}....}
```

könnte genauso ein Gliederungsbefehl namens `\abschnitt` definiert werden.

Doch nun zum Makro `\secdef`. Seine Syntax lautet (s. S. 171)

`\secdef{`*standard_form*`}{`\stern_form`}` oder kürzer
`\secdef` *standard_form* *stern_form*

wobei *standard_form* und *stern_form* zwei vom Anwender zu definierende Befehle darstellen, die ablaufen, je nachdem ob der Gliederungsbefehl in seiner Standard- oder in der Sternform aufgerufen wird. Der Befehl soll am Beispiel der Definition für `\chapter` aus `bk10.sty` und `rep10.sty` erläutert werden.

```
\def\chapter{\clearpage          % Starts a new page.
   \thispagestyle{plain}         % Pagestyle of chapter page is 'plain'
   \global\@topnum\z@            % Prevents floats from going at top of page
   \@afterindentfalse            % Suppresses indent in the first paragraph
   \secdef\@chapter\@schapter}
```

Die ersten vier Befehle in dieser Definition für `\chapter` sind mit den beigefügten Kommentaren selbsterklärend. Der interne Zähler `\@topnum` hätte auch durch den LATEX-Zähler `topnumber` ersetzt und mit `\setcounter{t`[illegible]`number}{0}` auf Null gesetzt werden können. Würde `\@afterindentfalse` d[illegible]`fterindenttrue` ersetzt, so erschiene die erste Textzeile nach dem `\chapt`[illegible]rückt. Der abschließende Befehl `\secdef\@chapter\@schapter` erw[illegible] `\@chapter` und `\@schapter` für die Standard- und Sternform zur V[illegible]d definiert als:

```
\def\@chapter[#1]#2{\ifnum \c@secn[illegible]
      \refstepcounter{chapter}
      \typeout{\@chpapp\space\thechap[illegible]
      \addcontentsline{toc}{chapter}{\[illegible]\thechapter}#1}
      \else  \addcontentsline{toc}{chapt[illegible]
   \chaptermark{#1}
   \addtocontents{lof}{\protect\addvspace{1[illegible]
   \addtocontents{lot}{\protect\addvspace{10pt}}
   \if@twocolumn   \@topnewpage[\@makechapterhead{#2}]
   \else  \@makechapterhead{#2} \@afterheading \fi}

\def\@schapter#1{\if@twocolumn  \@topnewpage[\@makeschapterhead{#1}]
                 \else  \@makeschapterhead{#1} \@afterheading \fi }
```

Der zweite Befehl soll hier vorab erläutert werden. Er besitzt ein frei wählbares Argument und besteht aus der Abfrage, ob für die Textbearbeitung eine zweispaltige Formatierung gültig ist. In diesem Fall wird der interne Befehl `\@topnewpage` (`latex.tex [36]`) aufgerufen, dem als optionales Argument der Befehl `\makeschapterhead` zusammen mit dem Parameter `#1` übergeben wird. Statt des internen Befehls `\@topnewpage` hätte hier mit derselben Wirkung auch der LATEX-Standardbefehl

```
\twocolumn[\@makeschapterhead{#1}]
```

stehen können, der ebenfalls eine neue Seite startet und den in eckigen Klammern stehenden Text am oberen Seitenende einspaltig über beiden nachfolgenden Textspalten anordnet.

Bei einspaltiger Textformatierung wird lediglich `\@makeschapterhead` aufgerufen und das Argument `#1` an diesen Befehl weitergereicht. Danach wird der bereits weiter oben erwähnte Befehl `\@afterheading` ausgeführt.

Die Befehlsdefinition für die Standardform `\@chapter` ist etwas umfangreicher. Dieser Befehl kennt zwei Argumente, von denen das erste als optionales Argument in eckigen Klammern erscheinen muss. Das Makro beginnt mit der Abfrage, ob die Schranke `secnumdepth` größer als -1 gesetzt ist. In diesem Fall wird der `chapter`-Zähler um eins erhöht und auf dem Bildschirm die Nachricht “Kapitel n.” mit dem aktuellen Wert von n ausgegeben. Anschließend wird mit `\addcontentsline` die in geschweiften Klammern stehende Information in das `.toc`-File geschrieben. War die Schranke `secnumdepth` dagegen ≤ -1, so unterbleibt die Kapitelnummerierung und in das `.toc`-File wird nur der Inhalt von `#1` geschrieben.

Anschließend wird der Befehl `\chaptermark{#1}` ausgeführt. Hiermit wird der Inhalt von `#1` als Kopfmarkierung bereitgestellt. Damit erhebt sich die Frage, was geschieht, wenn der optionale Parameter beim `\chapter`-Aufruf entfällt? Hier kommt nun der `\secdef`-Befehl zum Tragen. Er stellt sicher, dass bei einem Aufruf ohne optionales Argument `#1` eine Kopie von `#2` zugewiesen bekommt und damit die Originalüberschrift enthält. Damit wird dem `.toc`-File und der Kopfmarke stets die gewünschte Information zugewiesen.

Die anschließenden beiden `\addtocontents`-Befehle sind relativ unbedeutend. Sie stellen nur sicher, dass nach einem `\chapter`-Befehl ein mögliches Bild- oder Tabellenverzeichnis mit ausreichendem Abstand nach dem Inhaltsverzeichnis angeordnet wird. Der Rest der Befehlsdefinition entspricht der von `@schapter`, nur dass hier der Befehl `\@makechapterhead` aufgerufen wird, dem der Inhalt des zwingenden Arguments `#2`, also die volle Kapitelüberschrift, übergeben wird.

In `\@chapter` und `\@schapter` wurden die Befehle `\@makechapterhead` bzw. `\@makeschpterhead` aufgerufen. Diese müssen ebenfalls noch definiert werden und sie stellen die eigentliche Formatierung der Überschrift sicher.

```
\def\@makechapterhead#1{                  % Heading for \chapter command.
   \vspace*{50pt}                         % Space at top of text page.
   { \parindent0pt \raggedright
     \ifnum \c@secnumdepth >\m@ne         % If secnumdepth > -1 THEN
       \huge\bf \@chapapp{} \thechapter % Print ‘Chapter’ and number.
     \par \vskip 20pt \fi                 % Space between number and title
     \Huge\bf #1\par                      % Title
     \nobreak                             % TeX penalty to prevent page break.
     \vskip 40pt                          % Space between title and text.
   } }

\def\@makeschapterhead#1{                 % Heading for \chapter* command.
   \vspace*{50pt}                         % Space at top of text page.
   { \parindent0pt \raggedright
     \Huge\bf #1\par                      % Title.
     \nobreak                             % TeX penalty to prevent page break.
     \vskip 40pt                          % Space between title and text.
   } }
```

Diese Makrodefinitionen sind mit den beigefügten Kommentaren selbsterklärend. Würde der in beiden Makros verwendete Befehl `\raggedright` durch `\centering` ersetzt, so erschiene die Kapitelüberschrift nunmehr zentriert. Anstelle der Definition dieser Makros hätte ihr Ersetzungstext auch direkt in den Definitionen für `\@chapter` bzw. `\@schapter` auftreten können. Die Verwendung von Untermakros stellt jedoch einen besseren Programmierstil dar, wie er auch bei herkömmlichen Rechnerprogrammen durch Aufteilung in möglichst kleine Programmodule und Unterprogramme bevorzugt werden sollte. Die `art`*xx*`.sty`-Files enthalten wegen des fehlenden `\chapter`-Befehls diese Definitionen natürlich nicht.

Die Größenfiles enthalten weiterhin die Standardeinstellungen für die Tiefenschranke `secnumdepth`. Diese lauten

`\setcounter{secnumdepth}{2}`	für	`article` bzw.
`\setcounter{secnumdepth}{3}`	für	`book` und `report`

Da diese Werte für alle drei Größen übereinstimmen, hätten sie ebenso in den Hauptstilfiles angebracht werden können. Das Gleiche gilt für eine ganze Reihe weiterer Definitionen in den Größenfiles. So sind die in diesem Abschnitt angeführten Definitionen ebenfalls für alle drei Größen identisch. Offenbar hat Leslie Lamport diese Aufteilung gewählt, um weitere Stiländerungen von der Schriftgröße abhängig machen zu können.

Der Abschnitt `[4]` endet mit der Definition für die `appendix`-Umgebung und enthält nur noch die links für `book` und `report` und rechts für `article` angeführten Definitionen

```
\def\appendix{\par                      \def\appendix{\par
  \setcounter{chapter}{0}                 \setcounter{section}{0}
  \setcounter{section}{0}                 \setcounter{subsection}{0}
  \def\@chapapp{\appendixname}            \def\thesection{\Alph{section}}}
  \def\thechapter{\Alph{chapter}}}
```

Die sprachspezifische Anpassung für `\@chapapp` durch `\appendixname` oder einfach nur durch “Anhang” wurde hinreichend oft bei äquivalenten Strukturen vorgestellt. Die Zählerrücksetzungen in der zweiten Zeile könnten eigentlich entfallen, da in den Hauptstilfiles in `[4]` die zugehörigen Nachfolgezähler mit dem vorangehenden Zähler als Rücksetzer definiert worden waren.

[5] Lists: Mit diesem Abschnitt enden die Größenstilfiles. Hier werden die Einrückungen `\leftmargin`n für verschachtelte Listenumgebungen mit n = `i`...`vi` erklärt. Die Einrückungstiefe bezieht sich jeweils auf die vorangehende Schachtelung. Die Standardwerte für `\rightmargin`, `\listparindent` und `\itemindent` sind in `latex.tex` mit 0 pt voreingestellt.

Innerhalb der `list`-Umgebung wird der Befehl `\@list`n entsprechend der aktuellen Schachtelungstiefe aufgerufen. Diese Befehle sind hier in den Größenfiles definiert. Die Definitionen beginnen stets mit der Zuweisung `\leftmargin\leftmargin`n, d. h. der aktuelle Wert von `\leftmargin` enthält entsprechend der Schachtelungstiefe den eingestellten Wert von `\leftmargin`n. Anschließend wird bei allen `\@list`n-Befehlen der Wert von `\labelwidth` als

```
\labelwidth\leftmarginn \advance\labelwidth-\labelsep
```

eingerichtet, wobei `\labelsep` vorab und außerhalb einer Listenumgebung auf `5pt` oder `.5em` eingestellt worden ist. Der aktuelle Wert von `\labelwidth` entspricht also dem Wert von `\leftmargin`*n*, vermindert um den Wert von `\labelsep`.

Bei der Definition von `\@listi` bis `\@listiii` werden zusätzlich die Werte für `\parsep`, `\topsep` und `\itemsep` eingestellt. LaTeX-Versionen bis Mitte 1987 definierten `\@listi` nur als

```
\def\@listi{\leftmargin\leftmargini}
```

mit globalen Erklärungen für `\labelwidth` und `\parsep`, d. h. diese Erklärungen erfolgten außerhalb einer `\@list`-Definition. Ab Mitte 1987 wird dagegen der Befehl `\@listI` definiert, der zusätzliche Erklärungen für `\parsep`, `\topsep` und `\itemsep` enthält, und anschließend `\@listi` mit

```
\let\@listi\@listI
```

gleichsetzt. Anschließend wird `\@listi` aufgerufen, so dass die hier eingestellten Erklärungen global gelten, soweit sie nicht in den nachfolgenden Definitionen lokal anders definiert werden.

Zur Bedeutung der einzelnen Erklärungsparameter ist ggf. das Diagramm 3 aus [5a, Befehlsindex] heranzuziehen. Abschnitt 4.4.6 desselben Buches enthält Hinweise über den Mechanismus verschachtelter Listen, die mit den hier beschriebenen Definitionen für `\@list`*n* nunmehr voll verständlich werden sollten.

4.6 Die sonstigen Dokumentstiloptionen

Der Mechanismus zur Behandlung von Optionen aus dem LaTeX 2.09-Eröffnungsbefehl `\documentstyle[`*optionen*`]{`*stil*`}` wurde bereits in Abschnitt [2] bei der Vorstellung der Hauptstilfiles in 4.4 auf S. 167f beschrieben. Demnach werden angeforderte Optionen *opt* durch Ausführung der Befehle `\ps@`*opt* aktiviert, falls solche Befehle in den Hauptstilfiles definiert worden sind. Anderenfalls wird nach dem Einlesen des Hauptstilfiles nach Files mit den Namen *opt*`.sty` gesucht, die dann, falls vorhanden, eingelesen werden. Hierbei symbolisiert *opt* nacheinander alle in der Optionsliste angegebenen Optionen.

Die LaTeX-Standardoptionen `draft` und `twoside` werden durch die in den Hauptstilfiles definierten Befehle `\ds@draft` und `\ds@twoside` realisiert. Alle anderen Optionen greifen auf `.sty`-Files zurück. Für den normalen LaTeX-Anwender werden vermutlich nur die Files `titlepag.sty` und `twocolum.sty` auf Anhieb verständlich sein. Das letztere File besteht nur aus den drei Befehlen

```
\twocolumn   \sloppy   \flushbottom
```

sowie geänderten Werten von `\parindent` und `\leftmargin`*i* für i = `i`, `v`, `vi` und veränderten Randeinstellungen mit den entsprechenden Werten für `\oddsidemargin`, `\evensidemargin`, `\marginparwidth` und `\marginparsep`. Schließlich wird noch mit `\textwidth 410pt` die gesamte Textbreite (= 2 × Spaltenbreite + `\columnsep`) vergrößert.

Da die `.sty`-Optionsfiles nach den `.sty`-Hauptstilfiles, die wiederum die Größenstilfiles zu Beginn zufügen, eingelesen werden, überschreiben die hier angegebenen Erklärungen diejenigen der Haupt- oder Größenstilfiles. Damit ist sichergestellt, dass die Reihenfolge von

Größen- und sonstigen Stiloptionen beim `\documentstyle`-Befehl für den Ablauf keine Bedeutung hat.

Das `titlepage.sty`-File wurde bereits bei der Beschreibung der Hauptstilfiles in [11] aus 4.4 vorgestellt und bedarf hier keiner weiteren Erläuterung.

Auch das File `\proc.sty` wird keine Verständigungsschwierigkeiten bereiten. Dieses File ist zwar deutlich umfangreicher als die sonstigen Stiloptionsfiles, in ihm werden jedoch lediglich eine Reihe von Definitionen und Erklärungen für den Hauptstil `article` neu gesetzt.

Alle anderen `.sty`-Optionsfiles verlangen zu ihrem Verständnis vertiefte TEX-Kenntnisse, die hier nicht vorausgesetzt werden. Dies sei am Beispiel des `leqno.sty`-Files demonstriert. Dieses File besteht nur aus einer einzigen Befehlsdefinition, nämlich

```
\def\@eqnnum{\hbox to .01pt{}\rlap{\rm
                \hskip-\displaywidth(\theequation)}}
```

Seine Wirkung besteht darin, dass nunmehr Formelnummern *linksbündig* statt standardmäßig *rechtsbündig* erscheinen. Formelnummern werden intern mit dem Aufruf des Befehls `\@eqnnum` erzeugt. Leser, die diese Definition ohne nähere Erläuterungen verstehen, werden keine Schwierigkeiten beim Verständnis der restlichen `.sty`-Optionsfiles haben. Sonst mag in diesem Fall die nachstehende Erläuterung hilfreich sein.

Der TEX-Grundbefehl `\displaywidth` liefert die maximale Breite, die für eine abgesetzte Formel oder Formelgruppe zur Verfügung steht. Dies ist meistens die Zeilenbreite oder die Breite einer umschließenden Parbox oder Minipage. Der Befehl `\rlap{`xx`}` bewirkt, dass der rechts von ihm stehende Text mit dem Inhalt von xx zusätzlich überschrieben wird. Er entspricht ungefähr der LATEX-Konstruktion `\mbox[0pt][l]{`xx`}`. Beispiel: `lll\rlap{-/-}rrr` liefert "lllr̶/̶r̶". Im vorliegenden Befehl besteht der Parameter von `\rlap` nun aus

```
{\rm hskip-\displaywidth(\theequation)}
```

d. h. es findet zunächst eine Verschiebung um den Wert von `\displaywidth` nach links statt und nach dieser Verschiebung wird der Wert des Zählers `equation`, eingeschlossen in runden Klammern, ausgegeben. Dazu muss man wissen, dass am Ende einer abgesetzten Formel, also mit dem LATEX-Befehl `\end{equation}`, zunächst der TEX-Befehl `\eqno\@eqnnum` aufgerufen wird. Der Trick besteht nunmehr darin, dass als Folge des `\rlap`-Befehls TEX als Breite der Formelnummer 0 pt annimmt und sich damit am linken Rand der horizontalen Box der Breite `\displaywidth` befindet.

Mit einem zweiten Trick wird TEX dann nochmals überlistet. Die internen TEX-Regeln, nach denen eine abgesetzte Formel zentriert wird, unterscheiden sich darin, ob eine Formelnummer mit endlicher Breite dazugehört oder die Breite 0 pt beträgt, was normalerweise bei Formeln ohne Nummerierung der Fall ist (für Details s. [10a, S. 188–190]). Die Angabe `\hbox to .01pt{}` bedeutet für den `\eqno`-Befehl eine endliche Breite der Formelnummer, die für die Formatierung wegen des geringen Betrags von .01 pt aber praktisch keine Rolle spielt.

Auf die Erläuterung der sonstigen `.sty`-Files muss ich verzichten, da sie einerseits ohne nähere TEX-Kenntnisse zu lang geriete und andererseits Leser mit solchen Kenntnissen langweilen würde. Überdies kommen diese als Muster für eigene `.sty`-Files kaum in Betracht. Wer bei den verbleibenden `.sty`-Files Änderungen wünscht, wird unter Zuhilfenahme des nächsten Kapitels und sicherlich mit [11, Kap. 14] weiterkommen, wenn diese Änderungen sich auf Werteänderungen u. ä. beschränken.

4.7 Das Hauptstilfile letter.sty

Das Hauptstilfile `letter.sty` bzw. sein Dokumentationspendant `letter.doc` ist folgendermaßen gegliedert:

```
PREPARATIONS ................................ [1]
TYPE SIZE AND OPTIONS ....................... [2]
FONTS ....................................... [3]
PAGE LAYOUT ................................. [4]
LETTER COMMANDS ............................. [5]
THE SRI LETTER FORMAT ....................... [6]
THE GENERIC LETTER COMANDS .................. [7]
PAGE STYLES ................................. [8]
PARAGRAPHING ................................ [9]
LISTS ...................................... [10]
OTHER ENVIRONMENTS ......................... [11]
FOOTNOTES .................................. [12]
FIGURES AND TABLES ......................... [13]
MISCELLANEOUS .............................. [14]
INITIALIZATION ............................. [15]
```

[1] Preparations: Nach der Selbstidentifikation mit dem Bildschirmausgabebefehl

```
\typeout{Standard Document Style 'letter' <25 Mar 1992>}
```

richtet `letter.sty` die Namensbefehle

```
\def\ccname{cc}          \def\enclname{encl}
\def\pagename{Page}      \def\headtonmae{To}
```

ein, deren Namensinhalte mit dem Optionsfile `german.sty` durch die entsprechenden deutschen Begriffe ersetzt werden.

[2] Type Size and Options: Dieser Teil beginnt wie bei jedem Hauptstilfile mit den Definitionen:

```
\def\@ptsize{0}                        % Default is 10pt
\namedef\ds@11pt}{\def\@ptsize{1}}  % 11pt option
\namddef\ds@12pt}{\def\@ptsize{2}}  % 12pt option
```

Hierauf folgt der Befehlsaufruf `\@twosidefalse`. Eine Definition für `\ds@twoside` entfällt beim `letter`-Standard, d. h. die Option `twoside` ist nicht erlaubt. Soll für Briefe ein doppelseitiger Druck erlaubt werden, so ist als Nächstes die Definition

```
\ds@twoside{\@twosidetrue \@mparswitchtrue}
```

zuzufügen. Nach der Definition von `\ds@draft` folgt der Aufruf `\@options`, womit die angeforderten Optionen zur Ausführung kommen.

[3] Fonts: Der Hauptstil `letter` hat keine eigenen Größenfiles. Die erforderlichen Größenanpassungen erfolgen in `letter.sty` selbst. Sie beschränken sich auf die Definitionen der Schriftgrößen in der Form:

`\ifcase \@ptsize\relax`	*Schriftgrößendefinitionen für 10 pt-Standard*
`\or`	*Schriftgrößendefinitionen für 11 pt-Option*
`\or`	*Schriftgrößendefinitionen für 12 pt-Option*
`\fi  \normalsize`	

Diesen Schriftgrößendefinitionen gehen die drei Einstellungen

```
\lineskip 1pt  \normallineskip 1pt  \def\baselinestretch{1}
```

voran, s. 4.5, Gliederungsteil `[1]` auf S. 178. Die dortigen Hinweise können gleichzeitig auch zur Erläuterung der nachfolgenden drei Gruppen von Schriftgrößendefinitionen für 10 pt, 11 pt und 12 pt in `letter.sty` herangezogen werden. Ansonsten enthält dieser Teil aus `letter.sty` kaum Vorgaben, die entsprechend den Vorstellungen des Anwenders geändert werden müssten.

[4] Page Layout: Die in diesem Teil vorgenommenen Einstellungen sollten an das Papierformat des Druckers, bei uns meistens DIN A4, angepasst werden. Die vertikalen Maße hängen zum Teil auch von einem anwenderspezifischen Briefkopf und evtl. auch Seitenfuß ab, die mit einem eigenen `letter`-Hauptstil erzeugt werden sollen. Ansonsten sollte dieser Teil aus `letter.sty` keinerlei Verständnisschwierigkeiten bereiten.

[5] Letter Commands: Dieser Teil besteht in `letter.doc` nur aus Kommentar, der die Syntax und Bedeutung der einzelnen `letter`-Befehle erläutert. Als reiner Kommentarteil entfällt der zugeordnete Teil in `letter.sty` vollständig.

[6] The SRI Letter Format: Dieser Teil kommt bevorzugt für eigene Anpassungen in Betracht. In ihm werden die Makros `\opening`, `\closing`, `\ps`, `\cc`, `\encl`, `\stopletter`, `\returnaddress`, `\startlabels` und `\mlabel` definiert sowie zwei Maßregister namens `\longindentation` und `\indentewidth` und das Zahlregister `\labelcount` eingerichtet.

[7] The Generic Letter Commands: Dieser Abschnitt definiert die `letter`-Umgebung in Form des Definitionspaares `\long\def\letter#1{...}`, `\def\endletter{...}`. Auch die LaTeX-Hauptumgebung `document` wird hier umdefiniert. Damit wird erreicht, dass in das `.aux`-File mit `\begin{document}` die Befehlsfolge `\startlabels\@startlabels` geschrieben wird, wenn im Vorspann der Befehl `\makelabels` gesetzt wurde.

In diesem Fall wird zusätzlich mit jedem `\end{letter}`-Befehl der Inhalt von `\toname` und `toaddress` (s. u.) in das `.aux`-File geschrieben, nach Erreichen von `\end{document}` das `.aux`-File erneut gelesen und dann für alle Briefe des Gesamttextes ein entsprechender Adressaufkleber beschrieben.

Die hier vorgenommenen Definitionen für die `letter`- und `document`-Umgebung sollten ungeändert übernommen werden. Zusätzlich enthält der Abschnitt `[7]` die Definitionen für `\name` und `\fromname`, `\signature` und `\fromsignature`, `\address` und

`\fromaddress` sowie `\telephone` und `\telephonnum`. Diese jeweils paarweise auftretenden Definitionen haben die Form

`\def\name#1{\def\fromname{#1}}` `\def\fromname{}`

die für die anderen Befehlspaare analog lautet. Ohne den Befehlsaufruf `\name` ist `\fromname` als Leerbefehl definiert, nach `\name{`*Name*`}` dagegen mit dem Inhalt von *Name* gefüllt. Diese Definitionen kommen evtl. für eine Änderung, Ergänzung oder Streichung in Betracht.

Zusätzlich enthält `[7]` die Definitionen von `\stopbreaks` und `\startbreaks`. Nach `\stopbreaks` ist ein Seitenumbruch für den anschließenden Text nicht möglich. Er wird erst wieder nach `\startbreaks` erlaubt. Schließlich enthält dieser Abschnitt noch die Definition von `\@processto`. Dieser Befehl wird mit

`\begin{letter}{`*empfänger*`}`

aufgerufen und teilt die erste Zeile aus der Angabe *empfänger* dem Befehl `\toname` und den Rest dem Befehl `\toaddress` als Argument zu. Die Definition von `\def\@processto` ist geringfügig zu modifizieren, wenn die Angaben für *empfänger* aus einer Anschriftendatei entnommen werden sollen (s. 6.4.6.3, S 339).

Zum Abschluss definiert `[7]` noch die Befehle `\def\makelabels{\@fileswtrue}` und `\def\startlabels{}`. Der Aufruf von `\makelabels` im Vorspann bewirkt, dass der Schalter `\if@filesw` auf *wahr* gesetzt wird und damit die oben erwähnten Eintragungen ins `.aux`-File nach sich zieht.

[8] Page Styles: Dieser Teil enthält den Hauptbereich für die Erstellung eigener Briefformulare. In ihm werden die Seitenstilbefehle `\ps@headings`, `\ps@firstpage`, `\ps@empty` und `\ps@plain` definiert. Sollen Briefe stets mit einem festen Kopf erscheinen, so genügen die Stile `\ps@headings` und `\ps@firstpage`, mit der Voreinstellung von `\pagestyle{headings}`.

Mit eigenen Definitionen für `\ps@firstpage` und `\ps@headings` können Briefköpfe für die erste Briefseite und evtl. Folgeseiten ganz nach den Wünschen des Anwenders gestaltet werden. Eine solche Forderung wird vermutlich bei jedem PC-Betreiber bestehen, der LaTeX auf seinem PC benutzt.

Achtung: Die hier auftretende Definition

```
\def\@texttop{\ifnum\c@page=1\vskip \z@ plus.00006\fil\relax\fi}
```

bewirkt bei kurzen Briefen eine Verschiebung des Brieftextes nach unten, was beim Original ein gefälligeres Aussehen kurzer Briefe bewirken soll. Bei anwendereigenen Briefformularen soll häufig das Empfängerfeld oberhalb der Anrede so positioniert werden, dass es nach Faltung in einem Fensterumschlag erscheint. Für diese Aufgabe ist die vorstehende Definition von `\@texttop` störend. Sie sollte dann in eine Leerdefinition, z. B. mit `\let\@texttop\relax`, geändert werden!

[9] Paragraphing: Dieser Abschnitt enthält die Erklärungen für `\parskip`, `\parindent`, `\topsep`, `\partopsep` und `\itemsep`. Änderungen können vom Anwender nach seinen Vorstellungen vorgenommen werden. Zusätzlich werden in diesem Abschnitt bestimmte Strafpunkte für die Absatzformatierung festgelegt. Diese sollten nur dann verändert werden, wenn dem Anwender die Wirkung dieser Strafpunkte und ihrer Wechselbeziehungen klar ist, um überraschende Ergebnisse zu vermeiden.

[10] Lists: Hier werden die Parameter für verschachtelte listenartige Umgebungen eingestellt. Auch hier kann der Anwender ggf. seine Vorstellungen von Einrücktiefen und vertikalen Abständen verwirklichen. Zusätzlich werden hier die Markierungen für `enumerate` und `itemize` vorgenommen, die ebenfalls verändert werden können. Schießlich können hier noch die Definitionen für die `quote`-, `quotation`-, `verse`- und `description`-Umgebungen an die eigenen Vorstellungen angepasst werden.

Soweit einige der in `[10]` auftretenden Einstellungen und Definitionen nicht sofort verstanden werden, können die entsprechenden Ausführungen für die Hauptstilarten in 4.4 und deren Größenfiles in 4.5 mit den dortigen Abschnitten `[3]` (S. 169f) bzw. `[5]` (S. 183f) herangezogen werden.

[11] Other Environments: Hier folgen eine Reihe weiterer Erklärungen, wie für `\arraycolsep`, `\tabcolsep` u. a. Außerdem wird die Definition der `\theorem`-Umgebung aus dem LaTeX-Kern als Kommentar wiederholt. Bei Bedarf könnten die Kommentarzeichen entfernt werden, wenn der Anwender hier Änderungen vornimmt.

[12] Footnotes: Dieser Abschnitt enthält zwei Untermakros zur Erzeugung der LaTeX-Fußnoten in Briefen. Änderungen und Ergänzungen zur abweichenden Formatierung von Fußnoten könnten hier erfolgen. Für eine Veränderung der Fußnoten wird jedoch kaum ein Bedarf bestehen.

[13] Figures and Tables: Aus formalen Gründen erfolgen hier einige Einstellvorgaben für Gleitobjekte, obwohl solche beim Hauptstil `letter` gar nicht erlaubt sind. Ohne diese formalen Einstellungen hätten einige interne LaTeX-Befehle umdefiniert werden müssen, was aufwendiger ist. Ansonsten sollte dieser Teil für das Verständnis übersprungen werden.

[14] Miscellaneous: Hier erfolgt die Definition für `\today`. Eine sprachspezifische Anpassung an die deutsche Datumsform kann entfallen, da diese durch die Stiloptionsangabe `german` bereits durch `german.sty` vorgenommen wird.

[15] Initialization: Dieser Abschlussteil weist den `lplain`-Skip-Registern `\small-skipamount`, `\medskipamount` und `\bigskipaumount` geänderte Werte zu. Als Standardeinstellung für den Seitenstil wird `plain` gesetzt, der in anwendereigenen `letter.sty`-Files häufig durch den Seitenstil `headings` ersetzt wird. Die sonstigen Standardeinstellungen für arabische Seitennummerierung und einspaltige Textformatierung wird man dagegen meistens übernehmen.

Abschlussbemerkungen: Der Hauptstil `letter` verlangt vermutlich bei jedem Anwender eine Anpassung an die eigenen Gestaltungswünsche. Auf einem PC wird man überdies die eigenen Namens-, Adress-, Telefon- und sonstigen immer wiederkehrenden gleichartigen Angaben nicht über die `\name`-, `\address`- und `\telephon`-Befehle explizit eingeben, sondern automatisch erscheinen lassen wollen. Kapitel 6 stellt Vorschläge für anwendereigene Privat- oder Firmenbriefe vor. Die dortigen Vorschläge beziehen sich zwar auf LaTeX 2_ε, doch sollten deren Hinweise auch entsprechende Änderungen und/oder Ergänzungen in Kopien von `letter.sty` und `letter.doc` für LaTeX 2.09 ermöglichen.

4.8 Das Programmpaket SLITEX

Die Erstellung ein- oder mehrfarbiger Folienvorlagen erfolgt in LATEX 2.09 mit dem Befehlsaufruf '`slitex` *file_name*'. Das zugrunde liegende TEX-Programm wird bei diesem Befehlsaufruf mit dem speziellen Formatfile `splain.fmt` verknüpft, während der Eröffnungsbefehl im Eingabefile als '`\documentstyle{slides}`' zu erfolgen hat, womit während der Bearbeitung das Hauptstilfile `slides.sty` hinzugeladen wird.

Der Aufruf zu Erzeugung des Formatfiles `splain.fmt` erfolgt in gewohnter Weise als '`initex splain`', womit zunächst `splain.tex` eingelesen und bearbeitet wird. Das File `splain.tex` ist das Pendant zum entsprechenden LATEX 2.09-File `lplain.tex`. Das File `splain.tex` enthält kurz vor dem Fileende den Lesebefehl '`\input lhyphen`'. Das hierdurch eingelesene File `lhyphen.tex` liest seinerseits das Trennmusterfile `hyphen.tex` ein. Alle Hinweise aus 1.1.2 auf S. 4 zur Einbindung mehrsprachiger Trennmusterfiles können hier wörtlich übernommen werden.

Nach dem Filelesebefehl für `lhypen.tex` enthält `splain.tex` kurz darauf die drei weitere Lesebefehle

```
\input sfonts   \input latex   \input slitex
```

womit die drei Makropakete `sfonts.tex`, `latex.tex` und `slitex.tex` eingelesen und Bestandteil des Formatfiles `splain.fmt` werden. Das erste File `sfonts.tex` ist das Pendant zu `lfonts.tex`, das die speziellen Zeichensätze, die zur Erstellung von Folienvorlagen verwendet werden, definiert. Inhaltlich ist es ähnlich wie `lfonts.tex` aufgebaut, so dass die Erläuterungshinweise aus 4.3 übernommen werden können. Das File `latex.tex` enthält das gesamte LATEX-Makropaket, auf das `splain.fmt` damit ebenfalls aufbaut. Das dritte File `slitex.tex` definiert dann die Besonderheiten für SLITEX, womit einige der Vorgaben aus `latex.tex` zum Teil überschrieben und ergänzt werden.

Bei der INITEX-Bearbeitung von `sfonts.tex` werden einige spezielle `.tfm`-Zeichensatzfiles benötigt, die deshalb verfügbar sein müssen:

```
ilcmss8.fmt  ilcmssi8.fmt  ilcmssb8.fmt
icmmi8.fmt   ilasy8.fmt    icmtt8.fmt    icmcsc10.fmt  ilasy8.fmt
lcmss8.fmt   lcmssi8.fmt   lcmssb8.fmt
cmmi8.fmt    lasy8.fmt     cmtt8.fmt     cmscsc10.fmt  lasy8.fmt
```

Die `.tfm`-Files der letzten Zeile wurden bereits bei der Erzeugung des LATEX 2.09-Standardformats `lplain.fmt` benötigt, so dass sie vermutlich vorhanden sind. Die anderen `.tfm`-Files werden *nur* für `slpain.fmt` benötigt. Diese müssen ggf. vorab mit METAFONT aus den gleichnamigen `.mf`-Quellenfiles generiert werden. In diesem Fall möge der Anwender das File `sfonts.tex` genauer durchmustern, um gleichzeitig festzustellen, für welche Vergrößerungsstufen er die von SLITEX erwarteten `.pk`-Druckerzeichensätze zu erstellen hat.

Das Hauptstilfile `slides.sty` ist strukturell ähnlich wie die LATEX-Standard-Hauptstilfiles aufgebaut, wobei hier die Größenoptionen entfallen. Die Optionsangabe `twoside` führt zu der Fehlermeldung, dass diese Option in `slides` nicht erlaubt ist, da ein doppelseitiges Bedrucken von Folienvorlagen absurd wäre.

Kapitel 5

Ein TeX-Strukturüberblick

In diesem Kapitel werden die wichtigsten TeX-Interna dargestellt, die Eigenschaften von TeX als Programmiersprache nahegebracht und schließlich die Entwicklung von Makros als leistungsfähige neue TeX-Befehle beschrieben. Dies kann nicht den Anspruch einer Einführung in TeX oder gar einer Vertiefung erheben. Hierfür wird, wie bereits mehrfach vorher, auf [11], [12] und [10a] verwiesen. Hier soll nur eine Abstimmung zwischen mir und den Lesern erfolgen, damit die im nächsten Kapitel vorgestellten Beispiele für eigene Haupt- und Optionsstile nicht mehr für jeden der angeführten Befehle im Detail erläutert werden müssen. Ebenso wurde in den vorangegangenen Kapiteln beim Auftreten von TeX-Strukturen gelegentlich auf diesen Überblick verwiesen.

5.1 Die wichtigsten TeX-Interna

5.1.1 Die TeX-Zeichenkodierung

Bei der Bearbeitung eines `.tex`-Files durch TeX wird das File Zeichen für Zeichen gelesen und intern einem Zahlenkode zugeordnet. Die Ziffern 0 ... 9, die Großbuchstaben A ... Z und die Kleinbuchstaben a ... z entsprechen intern z. B. den Kodierungswerten 48 ... 57, 65 ... 90 bzw. 97 ... 122. Insgesamt unterscheidet TeX 128 verschiedene Zeichen, denen die Zahlenwerte 0 ... 127 zugeordnet sind[1].

Bei der Eingabe baut TeX auf der allgemein bekannten ASCII-Kodierung auf, die in jedem Computer-Handbuch zu finden ist und darum hier nicht nochmals abgedruckt wird. Diese ordnet den einzelnen Zeichen die Zahlenwerte 0 ... 127 zu, wobei den Zahlenwerten 0 ... 32 und 127 sog. Steuerzeichen und nur den Werten 33 ... 126 druckbare Zeichen entsprechen. Die auf jeder Tastatur anzutreffenden Tasten ⟨Return⟩ oder ⟨Enter⟩, ⟨Backspace⟩ und ⟨Tab⟩ entsprechen z. B. den Steuerzeichen 13 (`CR`), 8 (`BS`) bzw. 9 (`HT`). Die Leertaste ␣ hat den Kodewert 32.

Bei der Ausgabe verwendet TeX seine eigenen Zeichensätze. Diese enthalten auch für die Kodierungswerte 0 ... 32 und 127 druckbare Zeichen, z. B. Γ für den Kodierungswert 0 und ¨ für 127 beim `\rm` Zeichensatz. Die Beziehungen zwischen Kodierungswert und ausgegebenen Zeichen für die verschiedenen TeX-Zeichensätze sind in den Tabellen 1–8 in [5a, Anhang C.6] im Detail dargestellt.

[1] TeX-Versionen ab `TeX 3.0` kennen 256 verschiedene Zeichen mit der internen Kodierung 0 ... 255.

Jedes Zeichen kann in TEX auch mit dem Befehl `\char`n angesprochen werden, wobei n für den Dezimalwert des Zeichenkodes steht und alle Werte von 0 ... 255 annehmen darf. `\char65` ist damit gleichwertig mit der Angabe 'A'. Zahlenangaben sind in TEX auch in oktaler oder hexadezimaler Schreibweise erlaubt, wobei ein vorangestelltes `'` oder `"` die oktale bzw. hexadezimale Kodierung kennzeichnet. Der Buchstabe A würde damit auch durch `\char'101` oder `"41` zu ersetzen sein.

Auf diese Weise können auch die Zeichen mit den Kodierungswerten `0...31 = '0...'39 = "0..."1f` bzw. `127 = '177 = "7f` angesprochen werden. So erzeugt `\manual\char"7f` das Erschwerniszeichen aus Donald Knuths "The TEXbook", das sich unter 127 im Zeichensatz `\manual` befindet. Die Zeichen mit den soeben genannten Kodierungswerten lassen sich in TEX auch in einer zweiten Form erzeugen. Die Angabe `^^`X erzeugt den um 64 verminderten Zeichenkode, wenn X ein Zeichen mit einem Kode $\geq$ 64 ist, und einen um 64 vergrößerten Kodewert für $\{X\} < 64$. Der Zeichenkode 0...31 kann damit auch durch `^^@ ... ^^_` erzeugt werden, da `@ ... _` den Kodewerten 64...95 entsprechen. Umgekehrt erzeugt `^^?` den Kode 127, da `?` 63 entspricht. Zwischen diesen beiden Darstellungsformen bestehen interne Unterschiede, auf die im nächsten Abschnitt eingegangen wird.

TEX kennt für jedes Zeichen x dessen Kodierungswert. Dieser kann durch ein vorangestelltes `‘`x (left quote) oder `‘\`x abgerufen werden. `‘b` oder `‘\b` bedeutet für TEX den Zahlenwert 98 = `'`142 = `"`62. Mit der TEX-Definition

`\chardef\`*befehls_wort*=*kode_wert*

wird der Befehl `\`*befehls_wort* eingerichtet, dem als Wert der Inhalt von *kode_wert* zugewiesen wird. Für *kode_wert* ist jeder Zahlenwert 0...255 erlaubt. Beispiel: `\chardef\be=98` oder `\chardef\be=‘b` oder `\chardef\be=‘\b` richtet den Befehl `\be` ein, dessen Aufruf den Zahlenwert 98 zurückliefert. Während bei diesem Beispiel alle drei Formen gleichwertig sind, ist dies für

```
\chardef\prozent=37   \chardef\prozent=‘%   \chardef\prozent=‘\%
```

nicht der Fall, da das `%`-Zeichen bei der zweiten Form als Kommentarzeichen interpretiert und als solches behandelt wird. Die erste und die dritte Form führt zum erwarteten Ergebnis. Da die Verwendung des Rückstrichs (Backslash) `\` bei der dritten Form für normale Buchstaben optional ist, sollte der `\chardef`-Befehl stets in dieser Form bevorzugt werden, da damit eine Unterscheidung für Buchstaben und Sonderzeichen entfällt.

5.1.2 TEX-Zeichenkategorien

Neben dem *Kodierungswert* für die eingelesenen Zeichen kennt TEX zusätzlich einen *Bedeutungswert* für die einzelnen Zeichen. Bei der Eingabe muss z. B. sofort erkannt und unterschieden werden, dass das Zeichen `\` oder `{` eine andere Bedeutung als `X` hat, da das erste die Information für den nachfolgenden Text bis zum ersten Nichtbuchstaben als Befehl enthält, das zweite eine namenlose Umgebung oder den zu übergebenden Text eines Befehls einleitet, während `X` zunächst einmal als normales Zeichen angesehen wird. TEX unterscheidet für jedes eingelesene Zeichen insgesamt 16 Bedeutungswerte, d. h. jedem eingelesenen Zeichen wird nicht nur ein Kodierungswert 0... 127, sondern auch ein Bedeutungswert 0... 15 zugewiesen. In der TEX-Sprache steht für den Bedeutungswert der sog. *Kategoriekode*.

Kategorie	Bedeutung	Standard
0	Befehlsanfang	`\`
1	Blockanfang	`{` Block- oder Parameteranfang
2	Blockende	`}` Block- oder Parameterende
3	Math-Umschaltbefehl	`$` Umschaltung in math-Bearbeitungsmodi
4	Tabellenspalte	`&` Umschaltung zur nächsten Spalte
5	Zeilenende	⟨Return⟩ Taste, ASCII (CR)
6	Makroargument	`#` Ersetzungszeichen
7	Hochstellung	`^` Exponent
8	Tiefstellung	`_` Index
9	Ignorieren	ASCII (NUL)
10	Leerzeichen	␣
11	Buchstabe	`A,...,Z und a,...z`
12	Sonstige Zeichen	Ziffern, Satzzeichen u. a.
13	Aktives Zeichen	`~` Als Makroname verwendbar
14	Kommentarzeichen	`%` Kommentaranfang
15	Ungültiges Zeichen	ASCII (DEL)

Bei der TEX-Bearbeitung eines Eingabetextes wird dieser Text zeilenweise gelesen und die eingelesene Zeile zunächst in eine Liste von Zeichen umgewandelt, wobei jedem Zeichen sein Zeichenkode und sein Kategoriekode zugeordnet werden. Die Textfolge `z.\,B.␣10` erscheint intern als die Folge 122_{11}, 46_{12}, 126_{13}, 44_{12}, 66_{11}, 46_{12}, 32_{10}, 49_{12}, 48_{12}, in der der Zeichenkode als normale Zahl und der Kategoriekode als Index gekennzeichnet ist. Der Text wird damit sozusagen atomisiert, wobei seine kleinsten Einheiten die einzelnen Zeichen darstellen, die durch ihren Zeichen- und Kategoriekode eindeutig bestimmt sind.

Enthält der Eingabetext ein Befehlswort, so wird dieses nicht weiter aufgespalten, sondern als eigenständiges *Atom* angesehen, das keinen Kategoriekode, sondern lediglich eine interne TEX-Kennung besitzt, durch die es sich von anderen Befehlswörtern unterscheidet.

Die kleinsten Bearbeitungseinheiten der vorstehenden Beschreibung mit dem bildlich verwendeten Wort der *Atomisierung* heißen im amerikanischen Computer-Sprachgebrauch *Token*. Die Unterscheidung in Zeichentoken und Befehlstoken ist nach den vorangegangenen Erläuterungen verständlich. Zeichentoken sind die einzelnen Zeichen, die durch ihren Zeichen- und Kategoriekode dargestellt werden. Befehlstoken sind die TEX-internen Kodierungen für die Befehlswörter.

Soweit im folgenden Tokenlisten angegeben werden, werden Zeichentoken zur besseren Lesbarkeit durch ihr Textzeichen und den tiefgestellten Kategoriekode dargestellt. Die symbolische Darstellung $\{_1$ steht also symbolisch für den Token 123_1. Befehlstoken werden durch den umrandeten Befehlsnamen gekennzeichnet, z. B. `hskip` für den Befehl `\hskip`. Folgt auf einen Befehlsnamen ein Leerzeichen, so wird es lediglich als Ende des Befehlsnamens interpretiert und führt nicht zu einem zusätzlichen Zeichentoken $␣_{10}$. Die Behandlung von einem oder mehreren Leerzeichen zwischen Zeichentoken wird weiter unten dargestellt.

Die Zuordnung der Kategoriekodes zu den Zeichen erfolgt zum einen bei der Installation mit `initex` und zum anderen durch Angaben aus `plain.tex` oder `lplain.tex` (LATEX2.09) bzw. `latex.ltx` (LATEX 2ε).Diese Zuordnungen können vom Anwender jederzeit geändert werden. Hierzu dient der Befehl

`\catcode‘\`*zeichen=kategorie_kode*

wobei für *kategorie_code* die Werte 0...15 erlaubt sind. In `plain.tex` werden intern häufig Befehlsnamen verwendet, die ein `@`-Zeichen enthalten. Dies ist möglich, weil zu Beginn der Befehl `\catcode‘\@=11` steht, mit dem `@` zu einem Buchstaben erklärt wird, indem es den Kategoriekode 11 zugewiesen erhält. Am Ende von `plain.tex` wird dann mit `\catcode‘\@=12` dieses Zeichen wieder zu einem *sonstigen* Zeichen gemacht. Eine Änderung von Kategoriekodes innerhalb eines Blocks (was in LaTeX einer Umgebung entspricht), also z. B. innerhalb einer `{ ... }`-Struktur, gilt nur innerhalb dieses Blocks. Nach seinem Verlassen gilt wieder die außerhalb des Blocks gültige Zuordnung. Ein geänderter `\catcode`-Befehl wirkt von der Stelle seines Auftretens an. Bereits vorher erstellte Token werden hiermit nicht mehr rückwirkend beeinflusst.

Der Kategoriekode 13 bedarf einer kurzen Erläuterung. Zeichen, die hiermit zu aktiven Zeichen erklärt wurden, können als Befehlsnamen in Makrodefinitionen verwendet werden, ohne dass ihnen das Befehlsumschaltzeichen `\` vorangestellt werden muss. Hiervon wird z. B. in `german.sty` für das `"`-Zeichen umfangreich Gebrauch gemacht.

Da Befehlswörter als eigene Token betrachtet werden, ist der Ersatz eines Buchstabens aus dem Befehlsnamen durch `\char`n nicht möglich. Zwar ist im Text die Angabe von `\char120` gleichbedeutend mit der Eingabe von `x`. Die Umwandlung in Token unterscheidet sich jedoch. Eine Eingabe von `\ma\char120` statt `\max` wird als Tokenfolge [`ma`] [`char120`] interpretiert und dann wird festgestellt, dass `\ma` ein unbekannter Befehl ist. Die TeX-Angabe `^^`X ist jedoch auch in Befehlsnamen erlaubt, da letztere Form als ein einzelnes Zeichen steht, dessen Zeichenkode gegenüber X lediglich um 64 verschoben ist. Damit ist `^^8` gleichbedeutend mit `x`, nämlich $56 + 64 = 120$, und führt bei `\ma^^8` zum gleichen Token [`max`] wie `\max`.

Der TeX-Befehl `\string`*befehl* zergliedert dagegen auch ein Befehlswort in Zeichentoken. So erzeugt z. B. `\string\LaTeX` die Zeichentoken `\`$_{12}$, `L`$_{12}$, `a`$_{12}$, `T`$_{12}$, `e`$_{12}$, `X`$_{12}$. Jedes Zeichen aus dem Befehlswort, einschließlich des Rückstrichs (Backslash), erhält hierbei lokal den Kategoriekode 12 für *sonstige* Zeichen zugewiesen.

Umgekehrt erzeugt die TeX-Struktur `\csname` *string*`\endcsname` den Befehlsnamen *string*, der seinerseits als Befehlstoken [*string*] betrachtet wird. Der Inhalt der Zeichenkette *string* darf beliebige Zeichen, einschließlich weiterer Befehlswörter, enthalten. Solche Befehlswörter als Teil von *string* müssen bei ihrer Auflösung jedoch auf reine Zeichentoken führen und dürfen keine TeX-Grundbefehle enthalten. Nach `\def\abc{xyz}` ist `\csname my\abc\endcsname` erlaubt und erzeugt den Befehlsnamen `\myxyz` und damit den Token [`myxyz`]. Dagegen ist `\csname La\TeX\endcsname` nicht erlaubt, da das `\TeX` Makro bei seiner Auflösung u. a. auf den TeX-Grundbefehl `\kern` stößt.

TeX kennt zwei weitere, dem `\string`-Befehl verwandte Befehle, nämlich `\number` und `\romannumeral`, mit denen Zahlen in ihr dezimales oder römisches Tokenäquivalent umgewandelt werden. `\romanumeral8` erzeugt ‘viii’ und damit vier Token, denen der Kategoriekode 12 (sonstige) zugeordnet ist. `\number8` erzeugt den Token `8`$_{12}$ und ist in dieser Form unsinnig, da dies auch durch die alleinige Eingabe von `8` der Fall ist. Bei der Eingabe `\number-007` werden führende Nullen fortgelassen und es entsteht die Tokenliste für ‘`-7`’. Schließlich wird mit `\number\count`n die Tokenliste für den momentanen Inhalt des Zahlenregisters `\count`n ausgegeben.

Die Komplementärbefehle `\uppercase{`*token_liste*`}` und `\lowercase{`*token_liste*`}` wandeln den eingeschlossenen Zeichentext in die zugehörigen Groß- bzw. Kleinzeichen um. Bei der TeX-Einrichtung mit `initex` werden jedem der 128 möglichen Zeichen zwei Werte `\lccode` und `\uccode` zugewiesen, die die zugehörigen Klein- bzw. Großäquivalente oder den Wert 0 enthalten. Bei einer Wertzuweisung von 0 unterbleibt die Umwandlung. `initex` weist nur den Klein- und Großbuchstaben von Null verschiedene Werten für `\lccode` und `\uccode` zu, d. h. eine Umwandlung findet nur für Buchstaben statt. Für jeden Kleinbuchstaben `x` ist `\uccode‘x=‘X` und `\lccode‘x=‘x` gesetzt. Umgekehrt gilt für jeden Großbuchstaben `X` `\lccode‘X=‘x` und `\uccode‘X=‘X`. Diese Zuweisungen können vom Anwender verändert werden. Mit `\lccode‘\+=‘\-` und `\uccode‘\-=‘\+` würden z. B. Pluszeichen innerhalb eines `\lowercase`-Befehls in Minuszeichen und umgekehrt Minuszeichen innerhalb eines `\uppercase`-Befehls in Pluszeichen umgewandelt.

5.1.3 Die TEX-Behandlung von Leerzeichen

Es bleibt noch darzustellen, wie TEX die Leerzeichen einer Eingabezeile in evtl. Token $\sqcup_{10}$ umwandelt. Während der Bearbeitung einer Eingabezeile befindet sich TEX stets in einem der drei Zustände N “Neue Zeile”, M “Mitten in der Zeile” oder I “Ignoriere Leerzeichen” (im TEXbook Zustand S für “skipping blanks”).

Unmittelbar nach dem Lesen der Eingabezeile befindet sich TEX im Zustand N. Nach dem Einlesen eines Befehlswortes befindet sich TEX im Zustand I und nach dem Einlesen eines Befehlszeichens im Zustand M. Für alle anderen eingelesenen Zeichen befindet sich TEX ebenfalls im Zustand M. Der Unterschied zwischen dem soeben genannten *Befehlswort* und einem *Befehlszeichen* liegt darin, dass jenes aus dem Befehlsumschaltzeichen (Kategorie 0), gefolgt von einem oder mehreren Buchstaben (Kategorie 11), z. B. `\xyz`, und dieses aus ebenfalls dem Befehlsumschaltzeichen und *einem* Zeichen mit einem von 11 verschiedenen Kategoriekode besteht, z. B. `\$`.

Die Behandlung von Leerzeichen in der Eingabezeile hängt vom vorstehenden Zustand ab:

1. Im Zustand N werden alle Leerzeichen ignoriert, sie erzeugen also keinen $\sqcup_{10}$-Token. TEX verbleibt hierbei im Zustand N. Dieser Zustand wird erst mit dem ersten Zeichen, das kein Leerzeichen ist, verlassen.
2. Im Zustand M wird das nächste Leerzeichen in den Token $\sqcup_{10}$ umgesetzt und TEX schaltet in den Zustand I.
3. Im Zustand I wird jedes weitere Leerzeichen der Eingabezeile ignoriert und TEX bleibt für weitere Leerzeichen in diesem Zustand.
4. Wenn TEX im Zustand M das Zeilenende der Eingabezeile erreicht, d. h. auf ein Zeichen mit Kategoriekode 5 trifft, wird dieses ignoriert und dafür der Token $\sqcup_{10}$, also ein Leerzeichen, erzeugt.
5. Trifft TEX im Zustand I auf das Zeilenende, so wird dieses ignoriert, ohne dass ein weiterer Token erzeugt wird.
6. Kommt es schließlich im Zustand N zu einem Zeilenende, so wird intern der Befehl `\par` abgesetzt, der den Befehlstoken `par` erzeugt und damit den laufenden Absatz beendet.

Nach Erreichung des Zeilenendes und Umwandlung des Zeilentextes in Token wird die nächste Eingabezeile gelesen, womit zunächst wieder in den Zustand N geschaltet wird. Beim Auftreten eines Kommentarzeichens (Kategorie 14) werden dieses und der Rest der Zeile ignoriert und die nächste Zeile wird eingelesen.

Die vorstehenden Regeln beschreiben vollständig die Behandlung von Leerzeichen im Eingabetext und ihre evtl. Umwandlung in $\sqcup_{10}$-Token. Daneben gibt es Fälle, bei denen zwar ein $\sqcup_{10}$-Token angelegt, aber bei der Ausgabe unterdrückt wird. Dies ist z. B. innerhalb des mathematischen Bearbeitungsmodus sowie nach dem Spaltenumschaltzeichen & der Fall. Ebenso werden Leerzeichen zwischen Parametern eines Makroaufrufs bei der Ausgabe unterdrückt. In einigen Fällen sind schließlich optionale Leerzeichen als syntaktisches Element bei Makrodefinitionen oder Maßerklärungen erlaubt, die zwar keinen Leerraum bei der Ausgabe schaffen, aber ihre Wirkung bei der Makroabarbeitung als Endzeichen entfalten können. Weitere Details über die Behandlung von Leerzeichen werden in [12, Abschnitt 4] dargestellt.

5.2 TeX-Register

5.2.1 TeX-Zahlenregister

TeX stellt intern 256 Zahlenregister unter dem Namen `\count0` bis `\count255` bereit. Aus der Sicht einer Programmiersprache wie Pascal oder C stellen diese Register Integer-Variablen vom Typ `signed long` mit den Namen `count0` bis `count255` dar. Der zulässige Wertebereich ist damit $-2^{31} \ldots + 2^{31} - 1$. Die Zuweisung erfolgt durch:

`\count`*n*`=`*zahl* oder `\count`*n*`=\count`*m* oder `\count`*n*`\count`*m*

Bei der zweiten und dritten Form wird dem Zahlenregister `\count`*n* der momentane Wert des Registers `\count`*m* zugewiesen. Die Schreibweise der zweiten Form ist deutlicher und sollte gegenüber der dritten bevorzugt werden.

Mit Zahlenregistern können arithmetische Rechnungen durchgeführt werden. Die arithmetischen Operationen haben stets die Syntax

op`\count`*n* `by` *zahl* oder *op*`\count`*n* `by \count`*m*

wobei für *op* die Operationen `\advance`, `\multiply` und `\divide` erlaubt sind. Die Werte für *zahl* dürfen positiv oder negativ sein. Ein positiver Wert entspricht bei der `\advance`-Operation der Addition, ein negativer der Subtraktion. Für *zahl* dürfen aber nur ganzzahlige Werte angegeben werden. Bei der zweiten Form, bei der hinter dem Schlüsselwort `by` ein weiteres Zahlenregister steht, ist dies implizit stets erfüllt, da Zahlenregister nur ganzzahlige Werte enthalten. Bei einer Division besteht das Ergebnis ebenfalls nur aus dem ganzzahligen Anteil. Enthält `\count25` den Wert 19, so ist das Ergebnis von `\divide\count25 by 5` gleich 3.

Nach Durchführung der arithmetischen Operation enthält `\count`*n* anschließend das Ergebnis dieser Operation. Dies entspräche in Pascal bzw. C den Anweisungen

`count`*n*`:= count`*n* *op zahl*	bzw.	`count`*n*`:= count`*n* *op* `count`*m*	(Pascal)
`count`*n* *op*`=` *zahl*	bzw.	`count`*n* *op*`= count`*m*	(C)

Soll der ursprüngliche Registerwert erhalten bleiben und gleichzeitig eine arithmetische Operation durchgeführt werden, so muss zunächst mit `\count`*i*`=\count`*n* der ursprüngliche Wert von `\count`*n* nach `\count`*i* kopiert und anschließend die Operation an `\count`*i* vorgenommen werden.

TeX gestattet die merkwürdige Angabe `\count\count`*n*. Enthält `\count`*n* z. B. den Zahlenwert 100, so wird nach der Auflösung der eingelesenen Tokenfolge für `\count`*n* die Tokenfolge '100' eingesetzt, die dem Token count umittelbar folgt. Das führt zu dem gleichen Ergebnis, als wäre das Register `\count100` aufgerufen worden.

Umfangreiche TEX-Programme verlangen eine sorgfältige Buchführung darüber, welche Zahlenregister inzwischen mit welchen Werten besetzt sind und für welche Zwecke sie benutzt werden. TEX gestattet, mit dem Befehl

`\countdef`*creg*=*n*

ein Zahlenregister mit dem symbolischen Namen *creg* anzusprechen. So würde z. B mit `\countdef\mycounter=200` das Zahlenregister `\count200` gleichermaßen unter dem Befehlsnamen `\mycounter` anzusprechen sein. So eingerichtete Zahlenregisternamen erschweren zwar Verwechslungen mit anderen Registernamen, sie lassen aber zu, dass ein und dasselbe `\count`*n*-Register unter verschiedenen Namen angesprochen werden kann. Dies ist manchmal erwünscht, unbeabsichtigterweise jedoch meist die Folge einer fehlerhaften Buchführung über die verwendeten Register.

Hinzu kommt, dass `plain.tex` eine Reihe von Zahlenregistern bereits intern benutzt. Diese Register sollten vom Anwender nicht überschrieben werden. Ebenso reservieren das LATEX-Formatfile `latex.fmt`- und die diversen `.cls`-, `.clo`- und `.sty`-Files weitere `\count`-Register. Die Register `\count0 ... \count9` werden z. B. in `plain.tex` zur Verwaltung der Seitennummerierung verwendet und `\count10` enthält die Ziffer für das höchste bereits benutzte Zahlenregister. Mit dem Befehl

`\newcount`*creg*

wird unter einem frei wählbaren Namen *creg* ein Zahlenregister bereitgestellt, ohne dass sich der Anwender um die Buchführung der Zuordnung zu den `\count`*n*-Registern kümmern muss. Dieser Befehl entspricht in der Wirkung der Befehlsfolge

`\advance\count10 by 1  \countdef`*creg*`=\count10`

Häufig soll ein Register nur temporär benutzt werden, etwa zur vorübergehenden Aufnahme eines Zahlenwertes. Hierfür sollte traditionell das Register `\count255` benutzt werden.

Bei komplexerer Registerarithmetik besteht während der Testphase häufig der Wunsch, den aktuellen Wert eines Registers zu überprüfen. Mit dem Befehl

`\showthe\count`*n* oder `\showthe`*creg*

wird der Inhalt des Registers `\count`*n* oder *creg* während der TEX-Bearbeitung auf dem Bildschirm ausgegeben und gleichzeitig im `.log`-File abgelegt. TEX hält danach mit der Weiterbearbeitung an und muss durch Betätigen der ⟨Return⟩-Taste zur Fortsetzung aufgefordert werden.

Register, die innerhalb eines Programmblocks, also z. B. innerhalb einer LATEX-Umgebung oder innerhalb einer `{ ... }`-Struktur verändert werden, beeinflussen nicht die evtl. gleichnamigen Register außerhalb des Programmblocks. Die Programmfolge

```
\newcount\a  \a=5  \newcount\b  \b=3
{\a=\b \advance\a by \a \showthe\a} \showthe\a
```

weist dem Register `\a` zunächst den Wert 5 zu. Innerhalb des darauffolgenden Programmblocks erhält `\a` dann den Wert von `\b`, also 3, zugewiesen. Als Folge dieser Änderung innerhalb eines Programmblocks wird aber vorab der ursprüngliche Wert von `\a` intern gerettet. Nach der zweiten Änderung `\advance\a by \a` hat `\a` nunmehr den Wert 6, was mit `\showthe\a` auf dem Bildschirm nachgewiesen wird. Am Ende des Programmblocks, also mit der schließenden Klammer, erhält `\a` seinen ursprünglichen Wert zurück, was mit der zweiten Bildschirmnachricht `\showthe\a` mit 5 zu erkennen ist.

Soll eine Registeränderung innerhalb eines Programmblocks auch nach außen wirksam werden, so kann dies durch ein Voranstellen von `\global` vor die Änderungsanweisung erreicht werden.

```
{\global\advance\a by\b \advance\a by\b \showthe\a} \showthe\a
```

verändert den Wert von `\a` um den Wert von `\b`. Mit den eingestellten Werten des letzten Beispiels hat `\a` danach den Wert 8, der auch nach außen wirksam ist. Anschließend wird `\a` nochmals um `\b` auf 11 vergrößert, dies aber nur lokal. Nach Beendigung des Blocks nimmt `\a` nunmehr den Wert 8 an.

5.2.2 TEX-Maßregister

Viele TEX-Befehle erwarten die Zuweisung von Längenmaßangaben, also einen Zahlenwert mit einer anhängenden Maßeinheit. Zulässige Maßeinheiten sind in TEX u. a. `cm`, `mm` und `in` für Zentimeter, Millimeter und Zoll (inch), aber auch die im Druckereiwesen üblichen Maße `pt`, `pc`, `dd` und `cc` für Punkt (1 in $= 72.27$ pt), Pica ($= 12$ pt), Didôt-Punkt (157 dd $= 1238$ pt) und Cicero ($= 12$ dd). Schließlich – und für die interne Maßverarbeitung besonders wichtig – ist die Maßeinheit `sp` (scaled point), wobei 1 pt $=$ 65 536 sp entspricht. Die Umrechnung zeigt, dass 1 sp $\approx 5.36 \times 10^{-6}$ mm und damit nur einem Hundertstel der Wellenlänge des sichtbaren Lichts entspricht.

Alle Maßangaben werden intern von TEX in sp-Einheiten umgerechnet. Zur Speicherung dieser Einheiten stellt TEX ebenfalls 256 Register unter den Namen `\dimen0`... `\dimen255` bereit. Die Wertzuweisung erfolgt in der Form

`\dimen`*n*`=`*maß* oder `\dimen`*n*`=\dimen`*m* oder `\dimen`*n*`\dimen`*m*

Bei der Zuweisung durch eine explizite Maßangabe, z. B. `\dimen0=1in`, wird 1 in zunächst in 'sp' umgerechnet, was 4 736 286 sp ergibt, und dieser Zahlenwert in `\dimen0` abgespeichert. Maßangaben können mit einem Vorzeichen versehen werden. Die einzige Beschränkung für Maßangaben liegt darin, dass ihr Absolutbetrag den internen Wert von 2^{30} sp nicht überschreiten darf. In Zentimetern ausgedrückt sind also Maßangaben von ca. -575 cm ... 575 cm erlaubt. Das größte zulässige Maß in pt ausgedrückt ist 16 383.999 99 pt und mit diesem Wert in `\maxdimen` abgespeichert.

Mit Maßregistern können ähnliche arithmetische Rechnungen, wie zuvor bei den Zahlenregistern dargestellt, vorgenommen werden. Bei additiven Operationen

`\advance\dimen`*n* `by` *maß* oder `\advance\dimen`*n* `by \dimen`*m*

muss der Änderungswert ebenfalls ein *Maß* sein. Ein negativer Änderungswert bedeutet eine Subtraktion der Maße. Bei einer multiplikativen Operation

op`\dimen`*n* `by` *zahl* *oder* *op*`\dimen`*n* `by \count`*m*

mit `\multiply` bzw. `\divide` für *op* muss der Multiplikator bzw. Divisor eine *Zahl* sein. Nach Durchführung der vorstehenden Rechnungen enthält `\dimen`*n* das Rechnungsergebnis. Die Multiplikation und Division eines Maßregisters wird in der beschriebenen Form jedoch kaum verwendet, da jedem Maßregister (und ganz allgemein jedem Maßbefehl) eine Dezimalzahl als Faktor vorangestellt werden kann. `2.5\dimen`*n* und `.01\dimen`*m* bedeuten das Zweieinhalbfache bzw. ein Hundertstel des Maßes von `\dimen`*n* bzw. `\dimen`*m*. Der Inhalt der Register `\dimen`*n* und `\dimen`*m* wird hierdurch nicht verändert, sondern das entsprechende Vielfache steht an der Stelle dieses Aufrufs zur Verfügung. Mit

`\dimen`*m*`=1.7\dimen`*n* oder `\advance\dimen`*n* `by -.1\dimen`*n*

wird im ersten Fall dem Register `\dimen`*m* das 1.7fache des Wertes von Register `\dimen`*n* zugewiesen. Im zweiten Beispiel wird dem Register `\dimen`*n* das 0.1fache desselben Registers subtrahiert. Es enthält nach der Ausführung damit das 0.9fache des ursprünglichen Wertes.

Eine Zuweisung der Form `\dimen`*n*`=\count`*m* ist nicht erlaubt, da einem Maßregister zwingend ein Maß, aber keine reine Zahl zuzuweisen ist. Die umgekehrte Zuweisung `\count`*m*`=\dimen`*n* ist dagegen erlaubt. Dem Zahlenregister `\count`*m* wird der in sp-Einheiten abgespeicherte Wert aus `\dimen`*n* als reine Zahl zugewiesen. Ebenso ist, wie schon bei den Zahlenregistern vermerkt, die Schreibweise `\dimen\count`*n* erlaubt. Hiermit wird das Maßregister aufgerufen, dessen Registernummer als Wert in `\count`*n* enthalten ist. Ebenso kann auch `\dimen1\count2` geschrieben werden. Enthält `\count2` z. B. den Zahlenwert 15, so wird damit das Maßregister `\dimen115` aufgerufen.

Die Erläuterungen zu den Befehlen `\countdef`, `\newcount` und `\showthe\count`*n* haben ihre Äquivalente für die Maßregister. Diese heißen hier `\dimendef`, `\newdimen` und `\showthe\dimen`*n*. Die Bedeutung der Syntax

`\dimendef\`*dreg*`=`*n* und `\newdimen\`*dreg*

kann den entsprechenden Angaben im vorangegangenen Unterabschnitt vollständig entnommen werden und braucht deshalb hier nicht mehr wiederholt zu werden. Zum zweiten Befehl sei nur noch vermerkt, dass `plain.tex` dem Zahlenregister `\count11` die Rolle zugewiesen hat, dass es jeweils die Registernummer für das höchste belegte Maßregister enthält.

Ebenso gelten alle Erläuterungen zur Verwendung von Zahlenregistern innerhalb von Programmblöcken und deren lokale bzw. globale Wirkung sinngemäß für die Maßregister. Die dortigen Beispiele könnten mit der Änderung auf Maßregister gleichermaßen wiederholt werden. Schließlich sollte auch hier das Register `\dimen255` ausschließlich temporären Zwecken vorbehalten bleiben.

Anders als die `\count0`- ... `\count9`-Register werden die äquivalenten Maßregister von `plain.tex` nicht vorbesetzt. Auch diese Register, also `\dimen0` ... `\dimen9`, sollten nur für temporäre Zwecke verwendet werden, wobei die ungeraden Registernummern für globale und die geraden für lokale Zwecke vorzubehalten sind.

Neben den allgemeinen Maßregistern `\dimen`*n* stellt TEX zwei spezielle und für die Seitenformatierung besonders wichtige Maßregister `\hsize` und `\vsize` bereit. Sie bestimmen die Textbreite und Texthöhe einer Seite. Alle Ausführungen zu den allgemeinen Maßregistern gelten gleichermaßen für diese speziellen Register, so als wären sie mit `\newdimen\hsize` und `\newdimen\vsize` eingerichtet worden. Tatsächlich sind `\hsize` und `\vsize` jedoch eigenständige TEX-Grundregister. LATEX macht von ihnen an vielen Stellen in der Form `\textwidth\hsize` und `\textheight\vsize` Gebrauch, wobei `\textwidth` und `\textheight` mit `\newdimen\textwidth` und `\newdimen\textheight` als normale Maßregister eingerichtet wurden.

Der TEX-Grundbefehl `\kern`*maß* fügt Zwischenraum vom Betrag *maß* ein, *vor* und *nach* dem ein Umbruch nicht möglich ist. Die Art des Zwischenraums und des Umbruchs, nämlich vertikal oder horizontal, hängt vom momentanen Bearbeitungsmodus ab. Im vertikalen Bearbeitungsmodus wird vertikaler Zwischenraum eingefügt, vor und nach dem ein Seitenumbruch nicht möglich ist. Andernfalls wird horizontaler Zwischenraum erzeugt, um den herum ein Zeilenumbruch unmöglich ist. Für den mathematischen Bearbeitungsmodus gibt es den äquivalenten Befehl `\mkern`*mumaß*. Als Maßeinheit ist hierbei `mu` zu verwenden, die als 18 mu $=$ 1 em definiert ist. Zulässige Angaben für *mumaß* sind damit z. B. `2.5mu` oder `-3mu`.

Der Befehl `\lastkern` liefert das Maß des letzten `\kern`-Befehls zurück, wenn dieser den letzten Eintrag in der Bearbeitungsliste darstellt. Andernfalls wird ein Nullmaß zurückgeliefert. Mit `\dimen`n`=\lastkern` kann dieser Wert in einem Maßregister abgespeichert werden. Auch der Befehl `\unkern` liefert den Wert des unmittelbar vorangegangenen `\kern`-Befehls zurück. Gleichzeitig wird die Wirkung dieses `kern`-Befehls aufgehoben. Anwendung finden diese Befehle in Strukturen, die DONALD KNUTH in [10a] *Dirty Tricks* nennt. Auf den Begriff der Bearbeitungsliste wird in 5.3 näher eingegangen.

TEX stellt eine Reihe weiterer Maß- und Zwischenraumbefehle bereit, wie z. B. `\parindent`*maß*, mit dem die Einrücktiefe der ersten Zeile eines Absatzes bestimmt wird. Die Befehle `\enskip`, `\quad` und `\qquad` erzeugen horizontalen Zwischenraum vom Betrag 0.5 em, 1 em bzw. 2 em. Der Befehl `\enspace` erzeugt ebenfalls Zwischenraum vom Betrag 0.5 em, vor und nach welchem jedoch kein Zeilenumbruch stattfinden kann (entsprechend seiner Definition als `\kern.5em`). Die meisten vertikalen Maß- und Zwischenraumbefehle sind mit elastischen Maßen verknüpft und werden im nächsten Unterabschnitt erläutert.

5.2.3 Elastische Maße und deren TEX-Register

Elastische Maße können gegenüber ihrem Sollbetrag um einen bestimmten Betrag dehnen oder schrumpfen. TEX verwendet solche elastischen Maße z. B. für die Wortabstände einer Zeile oder für die Absatzabstände auf einer Seite, um einen beidbündigen Zeilenumbruch sowie einen einheitlichen Seitenumbruch zu erzielen. Im TEX-Sprachgebrauch werden elastische Maße als *glue*, dem englischen Wort für Leim, bezeichnet. Damit soll bildlich zum Ausdruck gebracht werden, dass elastische Maße die links und rechts oder oben und unten stehenden Strukturen miteinander *verleimen*, diese Verbindungen aber wegen der Elastizität des Leims gegeneinander gedehnt oder gestaucht werden können. Die Syntax für elastische Maße lautet:

soll_maß `plus` *dehn_maß* `minus` *stauch_maß*

Die Angabe `3pt plus 2pt minus 1pt` stellt einen Sollabstand von 3 pt bereit, der bei Bedarf bis auf 5 pt gedehnt oder auf 2 pt gestaucht werden kann. Die Angaben `plus` *dehn_maß* und `minus` *stauch_maß* sind bei elastischen Maßen optional. Entfällt eine von ihnen, so wird hierfür 0 pt verwendet, d. h. eine Dehnung oder Stauchung kann nicht stattfinden. So bedeutet `2mm plus 1mm` ein Maß, das den Sollwert 2 mm besitzt und ggf. bis auf 3 mm gedehnt werden kann, aber eine Stauchung unter 2 mm nicht zulässt.

Für die elastischen Anteile kennt TEX zusätzlich die Maße `fil`, `fill` und `filll`. Diese bedeuten eine *unendliche* Dehnung oder Stauchung, je nachdem ob sie hinter dem Schlüsselwort `plus` oder `minus` stehen. Die Unterschiede für `fil`, `fill` und `filll` bestehen darin, dass `fill` nochmals unendlich mehr ist als `fil`, und das Gleiche gilt für `filll` gegenüber `fill`. Für einen Mathematiker sind unterschiedliche Unendlichkeits-Größenordnungen geläufig. Ihre Wirkung wird bei der anschließenden Beschreibung der Arithmetik für elastische Maße auch dem Nichtmathematiker deutlich.

Zur Speicherung von elastischen Maßen stellt TEX, wie schon bei den Zahlen und festen Maßen, geeignete Register bereit. Diese tragen die Namen `\skip0` ... `\skip255`. Zuweisungen und Arithmetik stimmen weitgehend mit den entsprechenden Strukturen bei den festen Maßregistern überein:

`\skip`n`=`*glue*	oder	`\skip`n`=\skip`m ($\equiv$ `\skip`n`\skip`m)
`\skip\advance\skip`n `by` *glue*	oder	`\advance\skip`n `by \skip`n
`\`*op*`\skip`n `by` *zahl*	oder	`\`*op*`\skip`n `by \count`m

mit *glue* für eine elastische Maßangabe und `\`*op* für `\multiply` oder `\divide`. Bei der Multiplikation und Division werden die drei Teile des elastischen Maßes mit dem gleichen Faktor multipliziert bzw. dem gleichen Divisor dividiert. Ebenso wie den festen Maßregistern kann auch den elastischen Maßregistern eine Dezimalzahl als Faktor vorangestellt werden. Dies macht die Befehle `\multiply` und `\divide` wie schon bei den festen Maßregistern weitgehend überflüssig.

Mit dem `\advance`-Befehl werden die drei Anteile eines elastischen Maßes je für sich geändert. Mit

`\skip0=0pt plus1em` und einem anschließenden
`\advance\skip0 by 2mm plus-.5em minus1mm`

enthält `\skip0` nunmehr `2mm plus.5em minus1mm`, allerdings umgerechnet in 'sp'.

Eine Zuweisung der Form `\skip`n`=\dimen`m oder gar `\skip`n`=\count`m ist unzulässig, da einem `\skip`-Register zwingend ein elastisches Maß zugeordnet werden muss. Die umgekehrte Zuordnung `\dimen`m`=\skip`n oder `\count`m`=\skip`n ist dagegen erlaubt. Hierbei wird das *Sollmaß* dem Maßregister und der in 'sp' abgelegte Zahlenwert des Sollmaßes dem Zahlenregister zugeordnet. Enthielt z. B. `\skip`n das elastische Maß `2pt plus1pt minus.5pt`, so wird dem Register `\dimen`m das Maß `2pt` und dem Register `\count`m die Zahl $2 \times 65\,536 = 131\,072$ zugeordnet.

Abschließend noch einige Hinweise zu den unendlich elastischen Anteilen: Sind x und y beliebige Dezimalzahlen und steht `e` für ein endliches Maß, so gelten die folgenden Rechenregeln:

$$x\texttt{e} \pm y\texttt{fil} = \pm y\texttt{fil}, \quad x\texttt{fil} \pm y\texttt{fill} = \pm y\texttt{fill},$$
$$x\texttt{fill} \pm y\texttt{filll} = \pm y\texttt{filll} \qquad \text{sowie}$$
$$x\texttt{e} \pm y\texttt{e} = (x \pm y)\texttt{e}, \quad x\texttt{fil} \pm y\texttt{fil} = (x \pm y)\texttt{fil},$$
$$x\texttt{fill} \pm y\texttt{fill} = (x \pm y)\texttt{fill}, \quad x\texttt{filll} \pm y\texttt{filll} = (x \pm y)\texttt{filll}$$

Mit diesen Regeln möge sich der Leser zunächst einmal selbst klarmachen, was das Ergebnis von

```
\skip0=0pt plus3pt
\advance\skip0 by \skip1  \advance\skip0 by -\skip1
```

ist, und zwar unter der Annahme, dass `\skip1` zum einen `1cm plus5mm minus1in` und zum anderen `5pt plus1fil minus1fill` enthält. Bitte erst nachdenken und dann weiterlesen. Im ersten Fall ist das Ergebnis nach dem zweiten `\advance`-Befehl wieder der ursprüngliche Wert `0pt plus3pt`, da, unabhängig von der Umrechnung der verschiedenen Einheiten in 'sp', wegen des `\by -\skip1` die erste Änderung genau aufgehoben wird. Im zweiten Fall ist das Ergebnis nach dem ersten `\advance`-Befehl `5pt plus1fil minus1fill` und nach dem zweiten `0pt plus0fil minus0fill` oder anders geschrieben: `0pt plus0pt minus0pt`.

Die Befehle `\showthe\skip`*n*, `\skipdef\`*sreg*`=`*n* und `\newskip\`*sreg* entsprechen vollständig den äquivalenten Befehlen für die Zahl- und Maßregister und brauchen nach den Hinweisen aus den letzten beiden Unterabschnitten nicht weiter erläutert zu werden. Die Registernummer für das höchste belegte `\skip`-Register wird durch `plain.tex` im Zahlenregister `\count12` geführt.

Über die globale und lokale Wirkung von `\skip`-Registeränderungen treffen die Erläuterungen zu den entsprechenden Wirkungen aus 5.2.1 für die Zahlenregister gleichermaßen zu. Temporäre `\skip`-Register sollten wie bei den Maßregistern bevorzugt `\skip255` und `\skip0` bis `\skip9` vorbehalten bleiben, wobei die ungeraden `\skip1`, 3, 5, 7 und `\skip9` für globale und die geraden `\skip0`, 2, 4, 6 und `\skip8` für lokale Zwecke genutzt werden sollten.

Für elastische Maße innerhalb mathematischer Formeln, d. h. im sog. mathematischen Bearbeitungsmodus, hält TEX weitere 256 elastische Maßregister unter dem Namen `\muskip0` bis `\muskip255` bereit, die die Maßeinheit `mu` verlangen. Die Syntax für mathematisch elastische Maße lautet dementsprechend

mu_soll_wert `plus` *mu_dehn_wert* `minus` *mu_stauch_wert*

z. B. also `3mu plus2mu minus1mu`. Mathematisch elastische Maße werden im TEX-Sprachgebrauch als *muglue* bezeichnet. Alles über Zuweisung und Arithmetik im Zusammenhang mit den `\skip`-Registern Gesagte gilt gleichermaßen auch für die `\muskip`-Register, wobei in den Syntaxdarstellungen lediglich *glue* durch *muglue* zu ersetzen ist. Die Befehle `\showthe\muskip`*n*, `\muskipdef\`*mreg* und `\newmuskip\`*mreg* sind den `\skip`-Registerbefehlen völlig äquivalent und bedürfen keiner weiteren Erläuterung. Das Gleiche gilt für temporäre, globale und lokale `\muskip`-Register. `\count13` enthält die Registernummer für das jeweils höchste benutzte `\muskip`-Register.

TEX kennt die Befehle `\hskip`, `\vskip` und `\mskip`, die horizontale, vertikale und mathematische Zwischenräume schaffen, wie sie durch das nachgestellte Argument eines festen oder elastischen Maßes vorgegeben sind. Damit sollten die Befehlsaufrufe `\hskip 5mm`, `\vskip 2ex plus1ex minus.5ex` oder `\mskip 6mu plus2mu` verständlich sein. Ein unmittelbarer Umbruch vor oder nach diesen Befehlen unterdrückt den angeforderten Zwischenraum. TEX kennt zusätzlich noch die unendlich dehnbaren oder dehn- *und* stauchbaren Zwischenraumbefehle:

```
\hfil  \hfill  \hss  \hfilneg    \vfil  \vfill  \vss  \vfilneg
```

Dies sind zwar TEX-Grundbefehle, sie entsprechen aber in ihrer Wirkung den nachfolgenden `\hskip`- und `\vskip`-Aufrufen:

```
\hskip 0pt plus 1fil                \hskip 0pt plus 1fill
\hskip 0pt plus 1fil minus 1fil     \hskip 0pt plus -1fil
\vskip 0pt plus 1fil                \vskip 0pt plus 1fill
\vskip 0pt plus 1fil minus 1fil     \vskip 0pt plus -1fil
```

Der `\hfilneg`-Befehl mit der Bedeutung `\hskip 0pt plus -1fil` hebt also gerade einen vorangegangenen `\fil`-Befehl auf. Die Befehle `\hss` und `\vss` bedeuten nach ihren `\hskip`- und `\vskip`-Äquivalenten beliebig dehn- oder stauchbaren Zwischenraum. Gegenüber dem Sollwert von `0pt` führt der Stauchwert `1fil` zu negativem Zwischenraum beliebiger Größe.

Die `plain`-Befehle `\hglue` und `\vglue` mit angehängten elastischen Maßangaben wirken ähnlich wie `\hskip` und `\vskip`. Im Gegensatz zu den \\x`skip`-Befehlen bleibt der eingefügte Zwischenraum bei ihnen auch bei einem Umbruch erhalten.

TEX kennt weitere elastische Maßbefehle. Viele davon kommen auch in LATEX vor und sollten dem Leser bekannt sein. Die meisten von ihnen sind daran zu erkennen, dass sie mit dem Teilwort `skip` enden. `\baselineskip`, `\parskip`, `\smallskip`, `\medskip`, `\bigskip` sind Beispiele hierfür. Die beiden erstgenannten Befehle sind TEX-Grundbefehle, die anderen werden in `plain.tex` bzw. `lplain.tex` definiert. `\baselineskip` wird üblicherweise nur mit dem festen Anteil eines elastischen Maßes besetzt, in `plain.tex` z. B. mit `\baselineskip12pt` sowie in den LATEX-Größenfiles mit den der gewählten Größe angepassten Werten. Eine Zuweisung mit elastischen Anteilen ist möglich mit dem Ergebnis, dass die Zeilenabstände auf den einzelnen Seiten leicht variieren können. Professionelle Setzer lehnen dies jedoch strikt ab.

Auch die bei den festen Maßen angeführten Befehle `\enskip`, `\quad` und `\qquad` sind eigentlich `skip`-Befehle. Sie werden in `plain.tex` bzw. `lplain.tex` mit `\hskip` definiert und könnten gleichermaßen mit elastischen Anteilen versehen werden.

Zwei weitere `skip`-Befehle sollen hier nur der Vollständigkeit wegen erwähnt werden: `\lineskip` und `\lineskiplimit`. Sie werden in Kürze in Zusammenhang mit den Boxen erläutert. Der Befehl `\nointerlineskip` verhindert die evtl. Einfügung von `\lineskip` zwischen der laufenden und der nächsten Box (s. u.).

Die Befehle `\lastskip` und `\unskip` entsprechen den bei den festen Maßen angeführten Befehlen `\lastkern` und `\unkern`. Der Befehl `\lastskip` liefert das elastische Maß zurück, wenn in der laufenden Bearbeitungsliste ein solches Maß unmittelbar zuvor eingefügt wurde. Je nach Bearbeitungsmodus kann dies ein horizontales oder vertikales Maß sein. `\unskip` macht das Gleiche *und* entfernt das zuvor eingefügte elastische Maß.

5.2.4 TEX-Boxen und Boxregister

Das TEX-Strukturelement der Box sollte dem Anwender vollständig klar sein, wenn er eigene Formatierungsmakros zu schreiben gedenkt. Eine Box ist ein Rechteck, dem drei charakteristische Werte zugewiesen werden

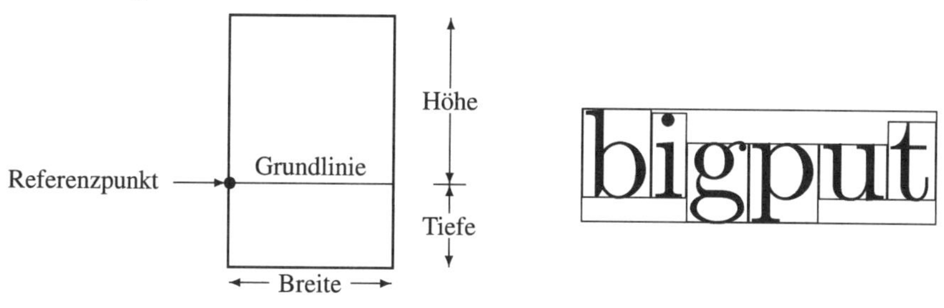

Der Referenzpunkt einer Box ist stets der Schnittpunkt der Grundlinie mit dem linken Rand der Box. Die drei charakteristischen Werte *Breite* (width), *Höhe* (height) und *Tiefe*

(depth) können positive oder negative Maße annehmen. Bei einer negativen Breite liegt der hintere Rand *vor* dem *linken* Rand. Die einfachste Box schließt den einzelnen Zeichentoken ein. Die charakteristischen Boxwerte entnimmt TEX den zugehörigen `.tfm`-Files. Die einzelnen Zeichenboxen bilden, neben- oder übereinander gestellt, größere umschließende Boxen. Werden Boxen nebeneinander angeordnet, so werden sie so ausgerichtet, dass ihre Grundlinie eine gemeinsame horizontale Linie bildet. Bei übereinander gestellten Boxen stehen deren Referenzpunkte senkrecht übereinander, so dass sie durch eine vertikale Linie verbunden werden können. Das rechte Beispiel zeigt die Zeichenboxen zusammen mit der umschließenden Wortbox für "bigput".

Ob Boxen horizontal oder vertikal angeordnet werden, hängt vom Bearbeitungsmodus ab, in dem sich TEX gerade befindet. Im horizontalen Bearbeitungsmodus werden benachbarte Boxen nebeneinander angeordnet, im vertikalen Bearbeitungsmodus dagegen übereinander. Normalerweise erfolgt die Umschaltung zwischen diesen Bearbeitungsmodi durch TEX, ohne dass sich der Anwender hierüber Gedanken machen muss. Mit den Befehlen `\hbox` oder `\vbox` kann der Anwender bei Bedarf umschließende horizontale oder vertikale Boxen zur Aufnahme von elementareren Boxen einrichten. Hierbei stehen drei Syntaxformen bereit:

```
\hbox{hor_text}                 \vbox{vert_text}
\hbox to maß {hor_text}         \vbox to maß {vert_text}
\hbox spread maß {hor_text}     \vbox spread maß {vert_text}
```

Hierin steht *hor_text* für beliebige horizontale Textstrukturen, d. h. für normalen Text, der mit solchen Befehlen vermischt sein darf, die den horizontalen Bearbeitungsmodus nicht verlassen. Umgekehrt steht *vert_text* für solche Textstrukturen, die übereinander angeordnet werden. Diese bestehen im allg. aus horizontalen Teilstrukturen, wie zum Beispiel mehreren horizontalen Boxen, die innerhalb der `\vbox` übereinander positioniert werden.

Bei den vorstehenden Boxbefehlen in der ersten Syntaxform bestimmt der eingeschlossene Text die horizontale Ausdehnung einer `\hbox` bzw. die vertikale Ausdehnung einer `\vbox`. Die Eingabe `\hbox{ganz typisch}` baut sich aus den Zeichenboxen strukturmäßig so auf: 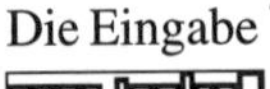. Die dünne Umrahmung stellt die erzeugte `\hbox` als Ganzes dar, die sich aus den etwas stärker gezeichneten Zeichenboxen aufbaut. Man erkennt, dass die Zeichenboxen für 'g', 'y' und 'p' eine von Null verschiedene *Tiefe* haben, die zur Ausdehnung unter die Grundlinie führt.

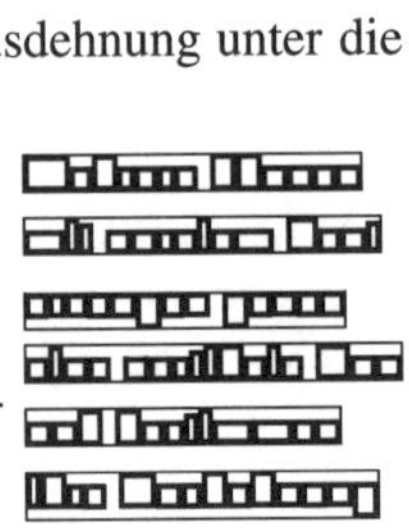

Die Eingabe für eine `\vbox` in Form mehrerer horizontaler Boxen, z. B.:

```
\vbox{\hbox{Mehrere hboxen} \hbox{mit normalem Text}
      \hbox{erzeugen genau} \hbox{eine vertikale Box}
      \hbox{und bestimmen}  \hbox{ihre Ausdehnung}}
```

Der vertikale Abstand der horizontalen Boxen innerhalb einer `\vbox` wird standardmäßig so gewählt, dass die Grundlinien der horizontalen Boxen im Abstand `\baselineskip` übereinander liegen, falls der daraus folgende Abstand zwischen der Unterkante der vorangehenden `\hbox` und der Oberkante der nachfolgenden `\hbox` größer als der eingestellte Wert von `\lineskiplimit` ausfällt. Anderenfalls wird der Unterkante der vorangehenden Box und der Oberkante der folgenden der mit `\lineskip` eingestellte Abstand eingefügt. Diese drei TEX-Grundbefehle werden in `plain.tex` bzw. `lplain.tex` zu

```
\baselineskip 12pt    \lineskip 1pt    \lineskiplimit 0pt
```

voreingestellt, wobei `\baselineskip` bei Umschaltung auf eine andere Schriftgröße von `\tiny` bis `\Huge` in LATEX automatisch mit umgeschaltet wird. Diese Erklärungen können vom Anwender mit

`\baselineskip`*glue* `\lineskip`*glue* `\lineskiplimit`*maß*

nach seinen eigenen Bedürfnissen beliebig verändert werden.

Beim vorangegangenen Beispiel war die erste der oben beschriebenen Bedingungen erfüllt: Die Grundlinien der übereinander stehenden Boxen haben den Abstand von `\baselineskip`. Der Abstand zwischen den aufeinander folgenden Unter- und Oberkanten fällt dagegen unterschiedlich aus und hängt von der *Tiefe* der vorangehenden und der *Höhe* der folgenden `\hbox` ab, wie das Beispiel deutlich demonstriert.

Mit dem Befehl `\nointerlineskip` wird der vertikale Zwischenraum zwischen der vorangegangenen Box und der nächstfolgenden unterdrückt. Die Boxen stoßen mit ihrer Unter- und Oberkante unmittelbar aneinander. Das Gleiche kann mit der Zuweisung `\prevdepth=-1000` oder allg. einem Wert ≤ -1000 erreicht werden. Standardmäßig enthält `\prevdepth` stets die Tiefe des letzten Boxbefehls innerhalb einer `\vbox`. Der Befehl `\nointerlineskip` beeinflusst nur das aktuelle Boxenpaar, das diesen Befehl umgibt. Mit `\offinterlineskip` wird der vertikale Zwischenraum für alle nachfolgenden Boxen abgeschaltet, bis er ggf. durch den Befehl `\normalbaselines` wieder eingeschaltet wird. Die Befehlswirkung von `\offinterlineskip` endet aber stets mit dem Ende der umgebenden `\vbox`.

Intern stellt `plain.tex` noch die Register `\normalbaselineskip`, `\normallineskip` und `\normallineskiplimit` bereit. Diese enthalten die zugehörigen Standardwerte, auf die der Befehl `\normalbaselines` zurückgreift, um die ursprünglichen Einstellungen wiederherzustellen.

Die vertikalen Abstände zwischen den horizontalen Boxen einer `\vbox` können natürlich mit LATEX-Befehlen `\vspace` oder den äquivalenten TEX-Befehlen `\vskip` nach Belieben verändert werden. Ebenso können innerhalb einer `\hbox` die horizontalen Abstände zwischen Textteilen mit `\hspace`- oder `\hskip`-Befehlen beeinflusst werden.

Eine `\vbox` kann ohne explizite Angabe von `\hbox`-Befehlen beliebigen Text enthalten. In diesem Fall wird der `\vbox` die *natürliche* Breite von `\textwidth` (bzw. in TEX von `\hsize`) zugewiesen und der Text entsprechend dieser Breite umbrochen. Die natürliche Breite für eine `\vbox` kann durch lokale Änderung von `\hsize` oder Einschluss einer vertikalen Struktur vorgegebener Breite verändert werden:

`\vbox{\hsize=`*breite* `...}` oder `\vbox{\parbox{`*breite*`}{...}}`

Die Mischung der TEX-Boxstrukturen mit den LATEX-Boxen ist möglich und erlaubt.

Bei der zweiten Syntaxform der TEX-Boxbefehle wird die Breite für eine `\hbox` bzw. die Höhe für eine `\vbox` fest vorgegeben. Die Angabe

```
\hbox to 60mm {``Zu wenig Text f"ur 60mm''}    bzw.
\hbox to 30mm  {``Zu viel Text f"ur 30mm''}
```

richtet im ersten Fall eine `\hbox` mit der Breite 60 mm ein, in der der übergebene Text mit entsprechend großen Wortabständen beidbündig angeordnet wird. Als Folge der großen Wortabstände erscheint während der Bearbeitung eine "`Underfull \hbox ...`"-Warnung. Mit dem zweiten Befehl wird eine `\hbox` der festen Breite von 30 mm eingerichtet, für die der übergebene Text zu lang ist. Er ragt über den rechten Rand der Box hinaus, mit dem Ergebnis einer "`Overfull \hbox ...`"-Warnung. Das Bearbeitungsergebnis selbst erscheint als

“Zu wenig Text für 60mm” bzw. “Zu viel Text für 30mm”

Das vorgestellte Beispiel stellt eine unvernünftige Anwendung einer `\hbox` mit fester Breite dar. Mit einer kleinen Ergänzung

```
\hbox to 60mm {\hss``Zentrierter Text in 60mm''\hss}      bzw.
\hbox to 30mm {\hss``Rechtsb"undiger Text in 30mm''}      oder
\hbox to 30mm {``Linksb"undiger Text in 30mm''\hss}
```

kann eine sinnvollere Anwendung demonstriert werden. Der TeX-Grundbefehl `\hss` stellt bekanntlich elastischen horizontalen Zwischenraum bereit, der beliebig gedehnt oder gestaucht werden kann. Seine Einfügung vor und hinter dem übergebenen Text bewirkt die Zentrierung des Textes innerhalb der eingestellten Breite. Beansprucht der übergebene Text mehr Platz, als mit der vorgegebenen Breite bereitgestellt wird, so ragt er auf beiden Seiten – als Folge der beliebigen Stauchung (oder negativen Dehnung) von `\hss` – gleich weit über die Boxweite hinaus. Die beiden anderen Beispiele bedürfen keiner weiteren Erläuterung, mit der Ausnahme, dass ggf. der rechtsbündige Text nach links über die eingestellte Breite und der linksbündige Text nach rechts hinausragt.

Die Ausführungen zu den horizontalen Boxen vorgegebener Breite lassen sich sinngemäß auf vertikale Boxen vorgegebener Vertikalabmessung übertragen. Elastischer vertikaler Leerraum wird zur vertikalen Auffüllung nach absatzartigen Textstrukturen eingefügt.

```
\fbox{\vbox to 25mm {Der anschlie"sende Platz bleibt leer und wird
                     mit Leerraum zur vollen H"ohe aufgef"ullt.}}
\fbox{\vbox to 25mm {Zwischen den Abs"atzen dieser Box wird
                     Leerraum eingef"ugt.\par
                     Insgesamt wird die vertikale Ausdehnung nach
                     oben und unten erreicht.}}
```

Der anschließende Platz bleibt leer und wird mit Leerraum zur vollen Höhe aufgefüllt.	Zwischen den Absätzen dieser Box wird Leerraum eingefügt. Insgesamt wird die vertikale Ausdehnung nach oben und unten erreicht.

Der Einschluss der beiden vorstehenden Befehle `\vbox to 25mm` mit der LaTeX-Box `\fbox` erfolgte hier nur, um den vertikal eingenommenen Platz besser zu verdeutlichen. Außerdem war vor dem Aufruf der `\vbox`-Befehle deren natürliche Breite mit `\hsize=60mm` eingestellt worden.

Das Pendant zu `\hss` für beliebig dehn- und stauchbaren vertikalen Zwischenraum ist der TeX-Grundbefehl `\vss`. Seine Einfügung in vertikale Boxen vorgegebener Abmessung kann dazu dienen, den Text obenbündig, untenbündig oder vertikal zentriert anzuordnen. Eine sinngemäße Wiederholung der entsprechenden Ausführungen zu den horizontalen Boxen kann hier entfallen.

Die Boxbefehle in der dritten Syntaxform mit dem Zusatz `spread` *maß* richten Boxen ein, deren Abmessungen um den Betrag von *maß* gegenüber den *natürlichen* Abmessungen der übergebenen Texte vergrößert werden.

```
\hbox{Die nat"urliche Textbreite dieses Satzes.}
\hbox spread 5mm {Die nat"urliche Textbreite dieses Satzes.}
```

lässt die Wirkung erkennen und bedarf keiner Erläuterung.

Die natürliche Textbreite dieses Satzes.
Die natürliche Textbreite dieses Satzes.

Auf die Angabe eines äquivalenten Beispiels für eine vertikal auseinander gezogene `\vbox` wird verzichtet.

Bei der Strukturbeschreibung einer `\vbox` wurde dargestellt, dass sich diese aus übereinander gestellten `\hbox`-Strukturen zusammensetzt, und in einem Beispiel wurden solche `\hbox`-Befehle explizit in der Form

```
\vbox{\hbox{...} \hbox{...} ... \hbox{...}}
```

aufgeführt. Die umgekehrte Schachtelung ist ebenfalls möglich.

```
\hbox{\vbox{...} \vbox{...} ... \vbox{...}}
```

erzeugt eine `\hbox`, die aus entlang ihrer Grundlinie nebeneinander stehenden vertikalen Boxen besteht. Was aber ist die Grundlinie einer vertikalen Box? TEX richtet die Grundlinie einer vertikalen Box im Abstand ihrer Tiefe über der Unterkante ein, wobei die Tiefe einer vertikalen Box wie folgt definiert ist:

1. Eine leere `\vbox` oder eine `\vbox`, die mit Zwischenraum ('Glue' oder 'Kern') endet, hat die Tiefe null.
2. Eine `\vbox`, die mit einer inneren Box ohne nachfolgenden Zwischenraum endet, hat die Tiefe dieser inneren Box.
3. Ist die so bestimmte Tiefe der Box jedoch größer als der eingestellte Wert von `\boxmaxdepth`, so erhält sie als Tiefe den Wert von `\boxmaxdepth` zugewiesen. Ihre Höhe wird gleichzeitig um den Betrag erhöht, um den `\boxmaxdepth` überschritten würde. (In `plain.tex` ist dieser Wert mit `\maxdimen` voreingestellt.)

Endet die vertikale Box mit einer `\hbox` oder besteht sie nur aus Text, so entspricht ihre Grundlinie der Grundlinie der letzten `\hbox` oder Textzeile. Das Ergebnis von

```
\hbox to 130mm{\hsize=40mm\small\parindent0pt
   \vbox{Mehrere vertikale Boxen mit unterschiedlichen H"ohen,
         die durch ihren Textinhalt bestimmt sind,}\hfill
   \vbox{werden entlang ihrer Grundlinie nebeneinander gestellt.}%
         \hfill
   \vbox{Sie sind damit auf ihren untersten Zeilen gegeneinander
         ausgerichtet.} }
```

sollte damit vorhersehbar sein:

Mehrere vertikale Boxen mit unterschiedlichen Höhen, die durch ihren Textinhalt bestimmt sind,

werden entlang ihrer Grundlinie nebeneinander gestellt.

Sie sind damit auf ihren untersten Zeilen gegeneinander ausgerichtet.

Auch eine Mischung von nebeneinander stehenden `\hbox`- und `\vbox`-Befehlen innerhalb einer umschließenden `\hbox` ist erlaubt, insbesondere auch innerhalb einer umschließenden `\vbox`. Die verschachtelten und vermischten Boxbefehle sind dabei in allen drei Syntaxformen möglich. Der Leser möge einige Kombinationen durchspielen, um mit den TEX-Boxbefehlen hinreichend vertraut zu werden.

TEX stellt zur Erzeugung vertikaler Boxen einen weiteren Befehl namens `\vtop` bereit. Dieser hat die gleichen Eigenschaften und Syntaxformen wie der `\vbox`-Befehl und unterscheidet sich von diesem nur dadurch, dass die Grundlinie der vertikalen Box mit der Grundlinie der *ersten* eingeschlossenen `\hbox` zusammenfällt. Von den charakteristischen Größen einer Box *Höhe*, *Tiefe* und *Breite* stimmen bei `\vbox` und `\vtop` mit gleichem Inhalt die *Breite* sowie die Summe aus *Höhe* und *Tiefe* überein. Der Leser möge das letzte Beispiel mit `\vtop`- statt `\vbox`-Befehlen wiederholen.

Innerhalb einer vertikalen Box (oder allgemeiner: im vertikalen Bearbeitungsmodus) können die eingeschlossenen Teilboxen mit den Befehlen

`\moveleft` *maß* bzw. `\moveright` *maß*

nach links und rechts gegeneinander verschoben werden. Umgekehrt können in einer horizontalen Box (bzw. innerhalb des horizontalen Bearbeitungsmodus) die eingeschlossenen Teilboxen mit

`\raise` *maß* bzw. `\lower` *maß*

nach oben und unten gegeneinander verschoben werden. Bei allen vier Befehlen sind auch negative Maßangaben erlaubt, mit der Wirkung der Umkehrung: `\raise-1ex` führt zum gleichen Ergebnis wie `\lower1ex`.

Zu den TEX-Boxbefehlen gehören auch die Befehle zur Erzeugung horizontaler oder vertikaler Balken, also mit Farbe gefüllter Rechtecke:

`\hrule width`*maß* `height`*maß* `depth`*maß* und
`\vrule width`*maß* `height`*maß* `depth`*maß*

Zu beachten ist, dass der Befehl `\hrule` *nur* im vertikalen Bearbeitungsmodus, z. B. zwischen Absätzen oder innerhalb eines `\vbox`-Befehls, auftreten darf. Umgekehrt darf `\vrule` *nur* im horizontalen Bearbeitungsmodus, also innerhalb von Absätzen oder einer `\hbox`, auftreten.

Die Angaben `width`, `height` und `depth` mit anschließender Maßzuweisung sind optional und selbsterklärend. Entfällt die entsprechende Angabe, so werden voreingestellte Werte oder die Werte der innersten umfassenden Box verwendet:

	`\hrule`	`\vrule`
width	$*$	0.4pt
height	0.4pt	$*$
depth	0.4pt	$*$

Die Angabe $*$ bedeutet hier, dass bei fehlender Maßangabe der entsprechende Wert aus der unmittelbar umfassenden Box gewählt wird. Enthält z. B. eine horizontale Box mit einer Höhe von 3 pt und einer Tiefe von 1 pt einen `\vrule`-Befehl ohne weitere Maßangaben, so wäre dies gleichwertig mit dem Befehl `\vrule width0.4pt height3pt depth1pt`.

TEX fügt zwischen übereinander stehenden `\hrule`-Balken keinen vertikalen Zwischenraum ein, so als wäre zwischen zwei Boxen im vertikalen Bearbeitungsmodus der Befehl `\nointerlineskip` aktiv.

Zur Speicherung von Boxen stellt TEX wie bei den Maßen und Zahlen 256 Register unter den Namen \box0 ... \box255 bereit. Die Zuweisung erfolgt mit

\setbox$n$=*\boxbefehl* mit $n = 0, \ldots, 255$,

wobei *\boxbefehl* für jeden der beschriebenen Boxbefehle, einschließlich beliebiger Verschachtelungen, stehen darf. Mit

```
\setbox0=\hbox{T\kern-.1667em\lower.5ex\hbox{E}\kern-.125em X}
```

wird z. B. das TEX-Logo erzeugt und im Register \box0 abgespeichert. (Der TEX-Grundbefehl \kern zur Einfügung von Zwischenraum wurde in 5.2.2 auf Seite 200 ausführlich beschrieben.)

Jedes Boxregister enthält neben dem Boxinhalt auch die charakteristischen Boxabmessungen *Höhe*, *Tiefe* und *Breite*. Diese können mit den Aufrufen \ht$n$, \dp$n$ und \wd$n$ für die Boxen \box$n$ ausgegeben werden. Mit diesen Maßen kann wie mit den Maßregistern gerechnet werden: 2.5\wd3 liefert das zweieinhalbfache Maß der Breite von \box3 zurück.

Der Aufruf eines Boxregisters \box$n$ liefert den abgespeicherten Boxinhalt einschließlich des umfassenden Boxbefehls zurück, so als wäre der abgespeicherte Boxbefehl an dieser Stelle ausgeschrieben worden. Zwischen den Aufrufen eines Boxregisters und den sonstigen Registeraufrufen besteht jedoch ein wesentlicher Unterschied: Nach einem Boxregisteraufruf ist dieses Register nach der Ausgabe seines Inhalts anschließend *leer*. Ein nochmaliger Aufruf würde eine *leere* Box ausgeben.

Soll ein Boxregister seinen Inhalt ausgeben *und* gleichzeitig diesen Inhalt behalten, so ist der Befehl \copy$n$ zu verwenden. Beide Befehle liefern den Inhalt des Boxregisters n einschließlich des umfassenden \hbox- oder \vbox-Befehls zurück. Daneben kennt TEX noch die Referenzbefehle

\unhbox$n$ \unvbox$n$ sowie \unhcopy$n$ \unvcopy$n$

Sie liefern wie die \box$n$- bzw. \copy$n$-Befehle den Inhalt der Registerbox n zurück, allerdings ohne den umfassenden \hbox- bzw. \vbox-Befehl. War z. B. gesetzt worden

\setbox5=\hbox{*hor_text*} \setbox7=\vbox{*vert_text*}

so liefern die Aufrufe

\box5 $\rightarrow$ \hbox{*hor_text*} \box7 $\rightarrow$ \vbox{*vert_text*}

dagegen die Aufrufe

\unhbox5 $\rightarrow$ *hor_text* \unvbox7 $\rightarrow$ *vert_text*

Boxbefehle innerhalb von *hor_text* und *vert_text* bleiben dagegen auch bei diesen Referenzbefehlen erhalten. Bei allen Befehlen sind anschließend die Registerboxen 5 und 7 leer. Die äquivalente Wirkung von \copy$n$ bzw. \unhcopy$n$ und \unvcopy$n$, bei denen der Inhalt der aufgerufenen Boxen erhalten bleibt, braucht nicht wiederholt zu werden.

Anwendung finden diese Befehle, wenn der Inhalt mehrerer Boxen in einer Box zusammengefasst werden soll. Waren z. B.

\setbox1=\hbox{AB} \setbox2=\hbox{yz} gesetzt worden, so ist
\setbox5=\hbox{\unhbox1 C} und \setbox6=\vbox{\unhbox1\unhbox2}

gleichwertig mit

`\setbox5=\hbox{ABC}` bzw. `\setbox6=\vbox{ABxy}`

Dagegen wäre

`\setbox7=\hbox{\box1 C}` und `\setbox8=\vbox{\box1\box2}`

gleichwertig mit

`\setbox7=\hbox{\hbox{AB}C}` bzw.
`\setbox8=\vbox{\hbox{AB}\hbox{yz}}`

Die Boxen 1 und 2 sind anschließend leer. Bei der Verwendung von `\unhcopy` und `\copy` statt `\unhbox` und `\box` wäre das Ergebnis für die Boxen 5 und 6 bzw. 7 und 8 dasselbe. Gleichzeitig besäßen die Boxen 1 und 2 noch ihren ursprünglichen Inhalt. Sollte dem Leser der Unterschied zwischen `\hbox{ABC}` und `\hbox{\hbox{AB}C}` und ganz besonders zwischen `\vbox{AByz}` und `\vbox{\hbox{AB}\hbox{yz}}` nicht ganz klar sein, so möge er diese Strukturen mit TEX oder LATEX behandeln und das Ergebnis ausdrucken.

Für vertikale Boxen stellt TEX noch den höchst nützlichen Befehl `\vsplit` bereit. Seine Syntax ist

`\vsplit`n `to` *maß*

Hiermit wird der obere Teil der Box n von ihrer Oberkante bis zu der vertikalen Stelle, die von oben gemessen ungefähr bei *maß* liegt, zurückgeliefert. Dieser Teil wird gleichzeitig aus der Box n entfernt. Die optimale Stelle für den verlangten Umbruch bei *maß* berechnet TEX nach ähnlichen Regeln, wie sie für den Seitenumbruch intern gelten. Daher die obige Formulierung ‚ungefähr'.

Mit `\setbox200=\vsplit100 to 20mm` werden die ersten 20 mm der Box 100 abgespalten und als Box 200 abgespeichert. Hatte Box 100 eine geringere vertikale Abmessung als 20 mm, so ist sie anschließend leer. War sie größer, so werden die ersten 20 mm entfernt. Da jede vertikale Box oben mit Leerraum vom Betrag `\splittopskip` beginnt, ähnlich wie jede Seite mit dem Leerraum von `\topskip` beginnt, so ist dieser Leerraum aus Box 100 damit zunächst entfernt. Ist der verbleibende Rest von Box 100 nicht leer, so wird anschließend oben der Leerraum von `\splittopskip` wieder zugefügt. In `plain.tex` wird `\splittopskip10pt` gesetzt, also ein Betrag von 10 pt standardmäßig verwendet, falls er vom Anwender nicht verändert wurde.

Der Befehl `\newbox`*breg* richtet ein neues Boxregister unter dem Namen *breg* ein, ohne dass sich der Anwender um die Buchführung kümmern muss. Die zugehörigen Abmessungen heißen dann `\ht`*breg*, `\dp`*breg* und `\wd`*breg*. Die Äquivalenz zu `\newcount` bis `\newskip` ist vollständig und braucht nicht wiederholt zu werden. Das Register `\count14` enthält jeweils die höchste benutzte Boxregisternummer.

Ein Befehl wie z. B. `\skipdef`*sreg*=n, mit dem ein symbolischer Registername einem ganz bestimmten Register n zugeordnet wird, entfällt bei den Boxregistern. Der Befehl `\showthe`*reg_n* zur Ausgabe des Registerinhalts auf dem Bildschirm hat sein Äquivalent bei den Boxregistern mit `\showbox`n. Dieser Befehl erzeugt jedoch keine Bildschirmausgabe, sondern speichert die Boxinformation im `.log`-File ab. Diese Information kann recht umfangreich werden. Für

```
\setbox9=\vbox{\hbox{Der einfache Text}
               \hbox{aus diesem Beispiel}\medskip
               \hbox{f"uhrt zum log-Eintrag}}
```

führt `\showbox9` zum folgenden Eintrag im `.log`-File:

```
> \box9=
\vbox(36.94444+1.94444)x97.4169
.\hbox(6.94444+0.0)x77.66676
..\tenrm D
..\tenrm e
..\tenrm r
..\glue 3.33333 plus 1.66666 minus 1.11111
..\tenrm e
..etc.
.\glue(\baselineskip) 5.05556
.\hbox(6.94444+1.94444)x84.47235
..\tenrm a
..\tenrm u
..\tenrm s
..\glue 3.33333 plus 1.66666 minus 1.11111
..\tenrm d
..etc.
.\glue 6.0 plus 2.0 minus 2.0
.\glue 0.0
.etc
```

Hierin bedeutet die erste Zeile `> \box9=`, dass im Folgenden die wesentlichen Strukturen dieser Box protokolliert sind. Die nächste Zeile sagt, dass es sich um eine `\vbox` handelt, deren Höhe und Tiefe 36.94444 pt und 1.94444 pt betragen und deren Breite 97.4169 pt ist. Mit diesen Werten sind auch die zugehörigen Register `\ht9`, `\dp9` und `\wd9` besetzt.

Die nächste Zeile `.\hbox(...` sagt aus, dass die erststufige Unterstruktur der vertikalen Box eine `\hbox` ist, deren Höhe und Tiefe in der nachfolgenden Klammer eingeschlossen ist, gefolgt von der Breite hinter der Kennung `x`. Mit den nächsten Zeilen wird der Inhalt dieser `\hbox` ausgegeben. Die beiden vorangesetzten Punkte symbolisieren die zweite Strukturstufe der Gesamtbox. Enthielte die `\hbox` weitere Boxen, so würde deren Inhalt mit drei vorangestellten Punkten gekennzeichnet. Der Inhalt der `\hbox` wird durch seine ersten fünf Token gekennzeichnet, wobei den Zeichentoken der zugehörige Zeichensatzname vorangestellt wird. Nach dem ersten Wort 'Der' ist Zwischenraum der Weite `3.33333pt plus 1.66666pt minus 1.11111pt` angefügt worden. Nach dem fünften Token '`e`' bedeutet die Angabe `..etc.`, dass die Box weitere Token enthält, die jedoch nicht mehr protokolliert werden.

Die nächste Zeile `.\glue(\baselineskip) 5.05556` gibt den Zwischenraum zwischen der Unterkante der vorangehenden Box und der Oberkante der folgenden wieder. Der Wert `5.05556` folgt aus dem eingestellten Wert von `\baselineskip` (12 pt) abzüglich der Höhe der folgenden Box und der Tiefe der vorangehenden Box. Danach wird die zweite `\hbox` gekennzeichnet und es werden wiederum ihre ersten fünf Inhaltstoken ausgegeben.

Auch die umgebende `\vbox` wird mit ihren ersten fünf Inhaltstoken protokolliert. Dies sind die Zeilen, die jeweils mit einem Punkt beginnen. Die drittletzte Zeile `\glue 6.0 plus 2.0 minus 2.0` ist das Ergebnis des Befehls `\medskip` nach der zweiten `\hbox`. Die letzte Zeile `.etc.` sagt aus, dass die umgebende `\vbox` weitere Token enthält, die nicht mehr protokolliert werden.

Die Ausgabe der jeweils ersten fünf Boxtoken ist eine Folge der Erklärung von `\showboxbreadth`, die in `plain.tex` mit 5 eingestellt wird. Dort wird außerdem die Erklärung `\showboxdepth` mit 3 voreingestellt, womit die Protokolltiefe bei verschachtelten Boxen festgelegt wird. Beide Werte können mit Zuweisungen der Form `\showboxgreadh=`n oder `\showboxdepth=`n verändert werden.

Die Boxregister 0 bis 9 sollten wie die anderen Register temporären Zwecken vorbehalten bleiben. Das Register `\box255` sollte der Anwender nicht benutzen, da es internen Zwecken bei der Seitenausgabe dient. Ebenso wird von der Verwendung der Box 0 abgeraten, da diese bei jeder Absatzformatierung von TeX verwendet wird und anschließend leer ist. Ihre Verwendung durch den Anwender käme nur für kurzfristige Nutzung innerhalb einer begrenzen Struktur in Betracht.

In Bezug auf die globale und lokale Nutzung und Wirkung von Boxregistern gilt sinngemäß das Gleiche, was hierzu zu den `\count`-Registern ausgeführt wurde. Die dortigen Ausführungen können nach hier übertragen werden.

In `plain.tex` werden die beiden speziellen Boxbefehle `\rlap` und `\llap` definiert. Die Namen stehen für "right overlap" und "left overlap". Diese Befehle wirken wie die Befehlsfolgen

```
\newbox\rlap  \setbox\rlap=text  \box\rlap\hskip-\wdrlap
\newbox\llap  \setbox\llap=text  \hskip\-wdllap\box\llap
```

Beim Aufruf von `\rlap` wird also der übergebene Text ausgegeben und anschließend um die Breite des übergebenen Textes zurückpositioniert. Bei `\llap` wird zunächst um die Breite des nachfolgenden Textes nach links positioniert und dann der Text ausgegeben. Die Definition dieser Befehle ist jedoch einfacher, als die obigen Befehlsfolgen erwarten lassen, nämlich:

```
\def\rlap#1{\hbox to 0pt{#1\hss}
\def\llap#1{\hbox to 0pt{\hss#1}}
```

Weitere Boxbefehle aus `plain.tex` sind

```
\null  \strut   \mathstrut         \strutbox
\phantom{text}  \hphantom{text}  \vphantom{text}  \smash{text}
```

mit der Bedeutung:

`\null` Es wird eine leere horizontale Box `\hbox{}` ausgegeben, deren drei charakteristische Abmessungen jeweils 0 pt sind.

`\strut` Es wird eine leere horizontale Box mit den Abmessungen ht $= 8.5$ pt dp $= 3.5$ pt und wd $= 0$ pt ausgegeben. Intern realisiert durch:

```
\vrule width0pt height8.5pt depth3.5pt
```

`\mathstrut` Es wird eine leere horizontale Box ausgeben, deren Höhe und Tiefe denen des Zeichens '(' entsprechen und deren Breite null ist.

`\strutbox` Das Boxregister, das den Befehl `\strut` enthält. Dessen charakteristische Maße können mit `\htstrutbox`, `\dpstrutbox` und `\wdstrutbox` abgerufen werden.

`\phantom{`*text*`}` Es wird eine leere Box ausgegeben, deren Abmessungen sich aus dem übergebenen Text, der weitere Box- und Positionierungsbefehle enthalten darf, herleiten. Ergebnis: Leerraum entsprechend dem übergebenen Mustertext.

`\hphantom{`*text*`}` Es wird eine leere Box ausgegeben, deren Breite sich aus dem übergebenen Text herleitet und deren Höhe und Tiefe null sind.

`\vphantom{`*text*`}` Es wird eine leere Box ausgegeben, deren Höhe und Tiefe sich aus dem übergebenen Text herleiten und deren Breite null ist.

`\smash{`*text*`}` Der übergebene Text wird ausgegeben und der umschließenden Box werden die Höhe und Tiefe null zugewiesen.

Zum Abschluss wird noch kurz auf den Befehl `\lastbox` verwiesen. Seine Erläuterung kann den gleichartigen Befehlen `\lastkern` und `\lastskip` in den beiden vorangegangenen Unterabschnitten entnommen werden. Ein zu `\unkern` und `\unskip` äquivalenter Boxbefehl entfällt, da bereits der Referenzbefehl `\lastbox` die vorangehende Box leert und damit unwirksam macht.

5.2.5 Sonstige TEX-Register

TEX kennt weiterhin die 256 Register `\toks0 ... \toks255`. Diese dienen zur Abspeicherung von Tokenketten, und zwar meistens von Befehlstoken.

```
\toks0={\bigskip\hrule\bigskip}
```

speichert die Befehlsfolge `\bigskip\hrule\bigskip` im Tokenregister 0 ab. Sein Inhalt kann mit `\the\toks0` ausgegeben werden, wonach an der Stelle der Ausgabe die gespeicherte Befehlsfolge abläuft.

Für die Tokenregister existieren die Befehle `\newtoks` und `\toksdef\`*treg*`=`n, deren Bedeutungen den gleichartigen Befehlen `\new`*reg* und `\`*reg*`def` für *reg* = `count`, `dimen` oder `skip` entsprechen und darum hier nicht weiter erläutert werden. Ebenso gelten alle Angaben über globale und lokale Nutzung und Reichweite zu den Zahlen- und sonstigen Registern auch für die Tokenregister. Das Zahlenregister `\count15` enthält die Nummer für das höchste verwendete Tokenregister.

Mit dem Befehl `\showthe\toks`n oder `\showthe\`*treg* wird der Inhalt des Tokenregisters auf dem Bildschirm ausgegeben. Die abgespeicherten Befehlstoken werden dabei nicht aufgelöst. Für das obige Beispiel von `\toks0` erzeugt `\showthe\toks0` auf dem Bildschirm `> \bigskip\hrule\bigskip`.

Schließlich stellt TEX noch 255 sog. Einfügungsregister mit dem Namen `\insert`n, $0 \leq n \leq 254$, bereit. Ihre Verwendung verlangt vertiefte TEX-Kenntnisse, die hier nicht vermittelt werden können. Hier erfolgen nur einige formale Hinweise. Einfügungsregister werden bei der endgültigen Formatierung der einzelnen Seiten verwendet. In `plain.tex` werden zwei dieser Einfügungsregister mit den Namen `\topins` und `\footins` belegt. Das erste wird für evtl. Einfügungen am oberen Seitenrand und das andere vom `\footnote`-Befehl verwendet.

Jedes Einfügungsregister ist automatisch mit allen anderen Registern gleicher Registernummer verknüpft, z. B. `\insert100` mit `\count100`, `\dimen100`, `\skip100` und `\box100`. Die Anforderung eines Einfügungsregisters sollte deshalb nur mit dem Befehl `\newinsert\`*ireg* erfolgen. `\`*ireg* wird mit diesem Befehl eine Nummer zugewiesen, für die keines der verknüpften Register bereits belegt ist. Das Zahlenregister `\count19` enthält die Nummer für das höchste belegte Einfügungsregister.

Ist ein Einfügungsregister, z. B. `\newinsert\myins`, angefordert worden (das Gleiche gilt für `\topins` und `\footins` aus `plain.tex`), so kann es mit

`\insert\myins {`*vert_text*`}`

gefüllt werden. Für *vert_text* können alle Strukturen verwendet werden, die auch in einer vertikalen Box erlaubt sind. Die diesem Einfügungsregister zugeordneten Register gleichen Namens bzw. gleicher Nummer haben dann die folgende Bedeutung:

`\box\myins`	Enthält das vertikale Material *vert_text* des Einfügungsregisters.
`\count\myins`	Eine vorzugebende Bewertungszahl für den Seitenumbruch unter Einschluss der Einfügung. Ein Wert von 1000 bewertet die vertikale Gesamtabmessung der Einfügung für den Umbruch im Verhältnis 1:1.
`\dimen\myins`	Der vom Anwender vorzugebende maximale vertikale Platz auf einer Seite für evtl. Einfügungen.
`\skip\myins`	Der vom Anwender vorzugebende vertikale Zusatzzwischenraum vor einer Einfügung.

Auf die Einfügung der mit `\insert`-Befehlen übergebenen Texte bei der Formatierung einer Seite wird in 5.3.2 nochmals eingegangen. Mit den dortigen Erläuterungen wird auch die Verwendung von Einfügungsregistern verständlicher.

`lplain.tex` benutzt das Register `\insert\topins` in drei weiteren dort bereitgestellten Befehlen namens `\topinsert`, `\midinsert` und `\pageinsert`. Deren Syntax lautet:

`\topinsert` *vert_text* `\endinsert`
`\midinsert` *vert_text* `\endinsert`
`\pageinsert` *vert_text* `\endinsert`

Mit dem ersten Befehl wird der Inhalt von *vert_text* am Kopf der laufenden Seite eingefügt, falls dort noch genügend Platz ist. Ist dieser Platz dort nicht mehr vorhanden, so wird er zu Beginn der nächsten Seite hinzugefügt. Der zweite Befehl `\midinsert` versucht den Inhalt von *vert_text* an der Stelle dieses Befehls auf der laufenden Seite unterzubringen. Reicht der Platz auf dieser Seite hierzu nicht aus, so wird der Befehl in `\topinsert` umgewandelt und entsprechend dem ersten Befehl behandelt. Der dritte Befehl `\pageinsert` bringt den Inhalt von *vert_text* auf einer eigenen Seite unter, die als nächste Seite erscheint.

Die Reihenfolge der mit diesen Befehlen eingefügten Strukturen bleibt trotz der variablen Positionierung erhalten. Die Wirkung dieser Befehle sollte dem LATEX-Anwender aus den Gleitumgebungen `figure` und `table` vertraut erscheinen. Die LATEX-Umgebungen sind wegen der zusätzlichen Gleitparameter allerdings noch flexibler als die hier aufgeführten `plain.tex`-Befehle.

Mit dem Befehl `\mark{`*markierungs_text*`}` wird der übergebene Text in ein globales Merkregister eingetragen. Innerhalb der aktuellen Bearbeitungsliste wird ein interner Vermerk über den `\markr`-Befehl an dieser Stelle eingetragen. Bei der endgültigen Formatierung der laufenden Seite kann dann mit den Befehlen `\firstmark` und `\botmark` auf den ersten und letzten `\mark`-Befehl und dessen Inhalt auf dieser Seite und mit `\topmark` auf den letzten `\mark`-Befehl der vorangegangenen Seite zurückgegriffen werden.

Zu Beginn der ersten Seite eines Dokuments sind die Befehle `\topmark`, `\firstmark` und `\botmark` leer. Enthält eine Seite keinen `\mark`-Befehl, so erhalten die drei Referenzbefehle den Inhalt von `\botmark` der vorangegangenen Seite. Waren z. B. innerhalb eines Textes insgesamt fünf `\mark`-Befehle mit den Inhalten α, β, γ, δ und ε verwendet worden, so dass α auf Seite 2, β, γ und δ auf Seite 4 und ε auf Seite 5 auftraten, dann enthalten

Seite	\topmark	\firstmark	\botmark
1	*null*	*null*	*null*
2	*null*	α	α
3	α	α	α
4	α	β	δ
5	δ	ε	ε
6	ε	ε	ε

Die Befehlsgruppe um `\mark` dient dazu, bei der endgültigen Seitenformatierung Kopf- oder Fußzeilen mit der übergebenen Information zu erzeugen (siehe z. B. LaTeX `\pagestyle{headings}`). Dies geschieht mit der sog. Output-Routine.

5.2.6 Zeichensätze und Zeichensatzfamilien

Zeichensätze werden in TEX allgemein mit dem Zeichensatzbefehl `\font` in einer der drei Syntaxformen

`\font`*font_name* = *file_name* `scaled` *scal_factor*
`\font`*font_name* = *file_name* `scaled\magstep`n
`\font`*font_name* = *file_name* `at` *maß*

definiert und geladen. Die Angaben `scaled` mit einem nachfolgenden Skalierungsfaktor oder Skalierungsbefehl sowie ein nachfolgendes `at` mit einer Maßangabe sind optional und können entfallen. Der Skalierungsfaktor ist das Tausendfache eines Vergrößerungs- oder Verkleinerungsfaktors, also 900 für 0.9 oder 1200 für 1.2. Vergrößerungsstufen als Potenzen von 1.2 sind recht gebräuchlich. In `plain.tex` werden hierfür die Befehle `\magstep1` bis `\magstep5` bereitgestellt. Sie stehen als Abkürzung für 1000×1.2^n, mit $n = 1 \ldots 5$. Zusätzlich gibt es `\magstephalf` als Abkürzung für $1000 \times \sqrt{1.2} \approx 1095$. Bei der letzten Syntaxform stellt die Maßangabe die Gröë dar, auf die der Zeichensatz gegenüber der Entwurfsgröße vergrößert oder verkleinert werden soll: `\font\magfiverm=cmr5 at 10pt` definiert den Zeichensatz `cmr5` auf 10pt vergrößert und stellt ihn unter dem Namen `\magfiverm` bereit. Das Gleiche wäre mit `\font\magfiverm=cmr5 scaled 2000` erreicht worden. Für die TEX-Bearbeitung ist jeder Wert nach `at` oder `scaled` erlaubt, da hiermit lediglich die Angaben aus den `.tfm`-Files modifiziert werden. Für die anschließende Druckausgabe können jedoch nur Stufen verwendet werden, für die die Zeichensätze als `.pk`-Files existieren.

In `plain.tex` werden insgesamt 16 Zeichensätze mit diesen Definitionsbefehlen mit selbsterklärenden Befehlsnamen wie `\tenrm` oder `\fivebf` verknüpft und weitere 25 in der Form `\font\preloaded=`*file_name* namenlos vorgeladen.

Im mathematischen Bearbeitungsmodus werden die verwendeten Zeichensätze in Familien unterteilt. Eine Familie besteht aus jeweils drei Größenstufen eines Zeichensatzes, mit denen die Zeichen in Normalstellung, bei Hoch- und Tiefstellung und bei doppelter Hoch- und Tiefstellung bereitgestellt werden. Dies geschieht in `plain.tex` mit

```
\textfont0=\tenrm  \scriptfont0=\sevenrm  \scriptscriptfont0=\fiverm
\textfont1=\teni   \scriptfont1=\seveni   \sricpsscriptfont1=\fivei
\textfont2=\tensy  \scriptfont2=\sevensy  \scriptscriptfont2=\fivesy
\textfont3=\tenex  \scriptfont3=\tenex    \scriptscriptfont3=\tenex
```

wobei die Befehlsnamen der Zeichensätze vorab mit dem oben angeführten Definitionsbefehl `\font` in `plain.tex` oder `lfonts.tex` erklärt werden. Innerhalb eines mathematischen

Bearbeitungszustands können die Zeichensatzfamilien mit `\fam`*n* aktiviert werden. Nach der vorstehenden Definition erklärt `\fam0` die Famile der Roman-Zeichensätze, `\fam1` die Familie der mathematischen *Italic*-Zeichensätze, `\fam2` die Familie der einfachen Symbolzeichensätze (Files `cmsy`*n*) und `\fam3` die Familie der Symbole in mehreren Größen (Files `cmex`*n*). Bei der letzten Familie sind die mathematischen Schriftgrößen jeweils mit demselben Zeichensatz verknüpft. Deren Zeichen fallen damit in der Grundstellung und in einfachen oder doppelten Hoch- oder Tiefstellungen gleich groß aus.

Für die Formelbearbeitung können insgesamt bis zu 16 Familien gebildet werden. Dabei können Familien aus weniger als drei Zeichensätzen bestehen. So werden in `plain.tex` weiterhin die Familien

```
\textfont4=\tenit   \textfont5=\tensl        \textfont7=\tentt
\textfont6=\tenbf   \scriptfont6=\sevenbf   \scriptscriptfont6=\fivebf
```

erklärt, wobei die Familien 4, 5 und 7 nur für die Grundstellung in Formeln bereitstehen. Hoch- und Tiefstellungen sind für die zugeordneten Zeichensätze nicht erlaubt. Der Anwender kann dies durch entsprechende Familienerklärungen natürlich ändern.

Die Buchhaltung über die erklärten Zeichensatzfamilien kann an TEX übertragen werden. Mit dem Befehl `\newfam`*fam_name* wird eine weitere Familie eingerichtet. Tatsächlich werden die Zeichensatzfamilien 4–7 in `plain.tex` nicht durch explizite Angabe der Familiennummer wie oben angeführt, sondern durch die vier aufeinander folgenden Befehle

```
\newfam\itfam   \newfam\slfam   \newfam\bffam   \newfam\ttfam
```

zunächst unter diesen Namen eingerichtet und dann mit z. B.

`\textfont\itfam=\tenit` oder `\textfont\ttfam=\tentt`

gefüllt. In gleicher Weise können vom Anwender weitere Familien eingerichtet werden, deren Schriften dann in Formeln verwendet werden können. Um Exponenten und Indizes in passender Größe auszudrucken, sind geeignete verkleinerte Schriften ggf. mit METAFONT vorab zu erzeugen.

Die TEX-Befehlsnamen zum Aufruf der verschiedenen Schriftarten wie `\rm`, `\bf` oder `\it` und andere sind keine einfachen Schriftbefehlsaufrufe wie etwa `\tenrm`. Sie übernehmen diese Funktion in den horizontalen und vertikalen Bearbeitungsmodi. In den mathematischen Modi bedeuten sie dagegen den Aufruf der zugehörigen Familie. So ist `\rm` als

```
\def\rm{\fam0 \tenrm}
```

definiert mit der Folge, dass bei seiner Verwendung im mathematischen Bearbeitungsmodus der Befehl `\fam0` abläuft, in den Textmodi jedoch `\tenrm` wirksam wird. In gleicher Weise sind die Befehle `\it`, `\sl`, `\bf` und `\tt` definiert. Die nur innerhalb von Formeln erlaubten Schriftartenbefehle `\mit`, `\oldstyle` und `\cal` sind dagegen einfach als

```
\def\mit{\fam1 }   \def\oldstyle{\fam1 \teni}   \def\cal{fam2 }
```

definiert.

TEX kennt übrigens noch einen sog. `\nullfont`. Dieser enthält keinerlei Zeichen und alle `\fontdimen`-Register sind 0 pt (s. u.). Dieser Zeichensatz wird u. a. bei den Familiendefinitionen, die nicht explizit alle drei Familienmitglieder erklären, für die fehlenden Zeichensätze eingesetzt.

5.2.7 Die Maßregister der Zeichensätze

Jedem Zeichensatz sind mindestens die sieben Register `\fontdimen1` bis `\fontdimen7` zugeordnet. Diese enthalten die folgenden Zeichensatzangaben:

`\fontdimen1` Die Neigung pro pt Höhe bei geneigten Schriften (slant).

`\fontdimen2` Den natürlichen Wortabstand (interword space).

`\fontdimen3` Die Dehnbarkeit des Wortabstands (interword stretch).

`\fontdimen4` Die Stauchbarkeit des Wortabstands (interword shrink).

`\fontdimen5` Die x-Höhe des Zeichensatzes, also die Höhe von Kleinbuchstaben ohne Oberlängen. Dies ist gleichzeitig der Wert für die Maßeinheit 1 ex (x-height).

`\fontdimen6` Die Breite der Maßeinheit 1 em für den Zeichensatz (quad width).

`\fontdimen7` Den Zusatzabstand für einen Zwischenraumfaktor $f \geq 2000$ (s. S. 225) (extra space).

Jeder Zeichensatz hat seinen eigenen Registersatz. Der Aufruf eines Registers erfolgt mit dem angehängten TEX-Zeichensatznamen, z. B. `\fontdimen2\tenrm`. Die aktuellen Werte für diese Register werden den `.tfm`-Files entnommen. Diese lauten für

#	Bedeutung	`cmr10`	`cmbx10`	`cmsl10`	`cmti10`	`cmtt10`	`cmmi10`
1	(slant)	0.00pt	0.00pt	0.17pt	0.25pt	0.00pt	0.25pt
2	(space)	3.33pt	3.83pt	3.33pt	3.58pt	5.25pt	0.00pt
3	(stretch)	1.67pt	1.92pt	1.67pt	1.53pt	0.00pt	0.00pt
4	(shrink)	1.11pt	1.28pt	1.11pt	1.02pt	0.00pt	0.00pt
5	(x-height)	4.31pt	4.44pt	4.31pt	4.31pt	4.31pt	4.31pt
6	(quad)	10.00pt	11.50pt	10.00pt	10.22pt	10.50pt	10.00pt
7	(xspace)	1.11pt	1.28pt	1.11pt	1.02pt	5.25pt	0.00pt

Der Inhalt der Register `\fontdimen`n*font_name* kann mit expliziten Zuweisungen überschrieben werden, wovon in lokalen Strukturen, z. B. innerhalb von Makrodefinitionen, gelegentlich Gebrauch gemacht wird. Die Information aus `\fontdimen1` wird z. B. in `german.sty` benutzt, um die Umlautpünktchen auch bei geneigten Schriften *richtig* über dem Umlautvokal zu positionieren.

Für die Zeichensätze aus den Familien 2 und 3, also für die mathematischen Zeichensätze, richtet TEX weitere Zeichensatzmaßregister ein, und zwar die Register `\fontdimen8` bis `\fontdimen22` für die Familie 2 und `\fontdimen8` bis `\fontdimen13` für die Familie 3. Die in diesen Registern enthaltene Information wird im allg. nur von relativ tiefliegenden Strukturen für den Formelsatz verwendet. Während die Bedeutung der Register 1 bis 7 für alle Zeichensätze gleich ist, enthalten die Register 8 bis 13 für die Zeichensätze der Familien 2 und 3 ganz unterschiedliche Informationen.

In den nachfolgenden Erläuterungen werden die mathematischen Schriftgrößen mit D, T, S und SS und den Modifikationen D', T', S' und SS' für die Schriftbefehle `\displaystyle`, ... `\scriptscriptstyle` symbolisiert. Zu den Unterschieden zwischen den ungestrichenen und den gestrichenen Größen wird auf [5, Abschn. 5.5.2] und dort insbesondere auf die kleine Tabelle auf S. 140 verwiesen. Für die Zeichensatzfamilie 2 gilt dann:

`\fontdimen8–10` Maß für die Verschiebung der Zähler in Bruchstrukturen. Ist die aktive Schrift D, so werden die Zähler um den Wert von Register 8 über den Bruchstrich (Formelachse) angehoben. Bei den anderen Schriftgrößen werden die Zähler um den Wert von Register 9 bei Bruchstrukturen mit explizitem Bruchstrich (`\over` oder `\above`) bzw. um den Wert von Register 10 bei Strukturen ohne Bruchstrich (`\atop`) über die Formelachse angehoben.

`\fontdimen11–12` Maß für die Verschiebung der Nenner in Bruchstrukturen. Ist die aktive Schrift D, so werden die Nenner um den Wert von Register 11 unterhalb des Bruchstrichs (Formelachse) nach unten verschoben. Bei den anderen Schriftgrößen wird der Wert von Register 12 verwendet.

`\fontdimen13–15` Maß für die Mindestanhebung von Exponenten. Für die Schrift D wird hierbei Register 13, für die gestrichenen Schriften D'–SS' Register 15 und für alle anderen Register 14 verwendet[2].

`\fontdimen16–17` Maß für die Mindestabsenkung von Indizes. Enthält das indizierte Element gleichzeitig einen Exponenten, so wird Register 17, sonst Register 16 verwendet[3].

`\fontdimen18` Basisverschiebung von Exponenten (s. Fußnote 2).

`\fontdimen19` Basisverschiebung von Indizes (s. Fußnote 3).

`\fontdimen20–21` Die Mindestgröße von Klammern innerhalb von Formeln. Für die Schriftgröße D wird der Wert aus Register 20, für alle anderen der Wert aus Register 21 verwendet.

`\fontdimen22` Die Höhe der horizontalen Bezugsachse in Formeln.

Die Bedeutung der Register 8 bis 13 für die Familie 3 ist dagegen einfacher:

`\fontdimen8` Das Maß für die Standardstrichstärke bei einem Bruchstrich.

`\fontdimen9–13` Maße für die Anbringung von Grenzen in Form von Exponenten und Indizes an großen Operatoren wie $\sum$ oder $\int$.[4]

Auch den Standardzeichensätzen mit nur sieben `\fontdimen`-Registern können weitere Register zugewiesen werden. Mit `\fontdimen13\tenrm=5pt` wird auch für die Schrift `\tenrm` ein Register 13 eingerichtet und diesem der Wert 5pt zugewiesen. Nach dieser Einrichtung von `\fontdimen13` existieren auch die Register 8 bis 12, deren Inhalt 0pt ist. Diese Möglichkeit kann genutzt werden, wenn Schriften in Formeln in Grundstellung, Exponenten und Indizes in richtiger Größe und Verschiebung verwendet werden sollen, die aus der Sicht von METAFONThierfür nicht gedacht waren. Der spezielle TEX-Zeichensatz `\nullfont` kennt alle `\fontdimen`-Register mit den Inhalten 0 pt.

---

[2] Man beachte den Ausdruck *Mindestanhebung*. Die genauen Regeln für die Anhebung von Exponenten werden in [10a, Anhang G] mit den Regeln 18, 18a und 18c beschrieben. In diese geht auch noch der Inhalt von `\fontdimen18` sowie von x-height aus `\fontdimen5` ein.

[3] Es gilt das Gleiche in Bezug auf die *Mindestabsenkung*. Die genauen Regeln sind hier 18, 18a, 18b und 18d. Sie berücksichtigen zusätzlich den Inhalt von `\fontdimen19` und x-height.

[4] Auch hier stellen die enthaltenen Maße nicht einfach die erforderliche Verschiebung dar. Die genaue Verwendung wird als Regel 13a an der gleichen Zitatstelle wie bei den vorangegangenen Fußnoten beschrieben.

5.3 TEX-Bearbeitungsmodi

Im vorangegangenen Text traten häufig die Begriffe "vertikaler Bearbeitungsmodus", "horizontaler Bearbeitungsmodus" und "Bearbeitungsliste" auf, ohne dass diese Begriffe definiert oder klar beschrieben wurden. Ähnliches gilt für die Angaben von Boxargumenten in der Form *hor_text* und *vert_text*. Das Problem liegt eigentlich darin, dass eine präzisere Begriffsbeschreibung die Kenntnis der Strukturen, in denen diese Begriffe ihrerseits auftauchen, voraussetzt. Vor diesem Problem steht DONALD KNUTH in seinen Büchern [10a] und [10c] bei vielen weiteren Begriffen.

TEX befindet sich wärend der Textbearbeitung in einem von insgesamt sechs verschiedenen Bearbeitungszuständen oder -modi. Diese sind:

- Der vertikale Hauptbearbeitungszustand (vertical mode): In ihm baut TEX die vertikale Hauptbearbeitungsliste auf, aus der die Ausgabeseite gebildet wird.
- Der interne vertikale Bearbeitungszustand (internal vertical mode): In ihm baut TEX die vertikale Bearbeitungsliste einer `\vbox` auf.
- Der horizontale Bearbeitungszustand (horizontal mode): In ihm baut TEX die horizontale Bearbeitungsliste zur Gestaltung eines Absatzes auf.
- Der begrenzte horizontale Bearbeitungszustand (restricted horizontal mode): In ihm baut TEX die Bearbeitungsliste für eine `\hbox` auf.
- Der einfache mathematische Bearbeitungszustand (math. mode): In ihm baut TEX eine Textformel auf, die anschließend in die umgebende horizontale Bearbeitungsliste eingefügt wird.
- Der abgesetzte mathematische Bearbeitungszustand (display math. mode): In ihm baut TEX eine abgesetzte Formel auf, die in einer eigenen Zeile erscheint. Die die Formel umschließende Zeilenbox wird anschließend in die äußere vertikale Bearbeitungsliste aufgenommen.

Zu Beginn einer Seite befindet sich TEX stets im vertikalen Hauptbearbeitungszustand. In diesem Zustand verbleibt TEX so lange, wie vertikale Strukturen zugefügt werden. Solche sind z. B. horizontale Balken (`\hrule`) und vertikaler Zwischenraum (`\vskip` oder `\vglue`). Diese erscheinen damit als die ersten Elemente der vertikalen Hauptbearbeitungsliste.

Trifft TEX dagegen auf `\vbox`- oder `\hbox`-Befehle, so wird vorübergehend in den internen vertikalen oder den begrenzten horizontalen Bearbeitungszustand umgeschaltet. Nach dessen Beendigung wird in den vertikalen Hauptzustand zurückgeschaltet und die erzeugte Box als nächstes Element in die Hauptbearbeitungsliste eingefügt.

Trifft TEX im vertikalen Bearbeitungszustand auf einen Befehl wie `\hskip` oder `\indent`, so wird in den horizontalen Bearbeitungszustand umgeschaltet. Das Gleiche gilt für das erste Zeichen jedes neuen Absatzes. Dieser Zustand bleibt so lange erhalten, bis das Ende des Absatzes erreicht wird *oder* ein Befehl auftaucht, der mit dem horizontalen Bearbeitungszustand unverträglich ist, wie z. B. ein `\vskip`. In beiden Fällen wird in den vertikalen Bearbeitungszustand zurückgeschaltet und die horizontale Bearbeitungsliste in Zeilen umbrochen. Diese Zeilenboxen werden dann, ergänzt durch vertikalen Zeilenboxzwischenraum, in die vertikale Bearbeitungsliste eingetragen.

Trifft TEX im horizontalen Bearbeitungszustand auf einen `\hbox`- oder `\vbox`-Befehl, so wird vorübergehend in den begrenzten horizontalen bzw. den internen vertikalen Bearbeitungszustand umgeschaltet und nach dessen Beendigung in den horizontalen Bearbeitungszustand zurückgeschaltet. Die erzeugte Box erscheint als nächstes Element der horizontalen Bearbeitungsliste. Explizite Boxbefehle innerhalb des horizontalen Bearbeitungsmodus erzeugen also Boxen, die auf ihrer Grundlinie ausgerichtet mit dem umgebenden Text nebeneinander stehen. Boxen aus Boxbefehlen im vertikalen Bearbeitungsmodus werden dagegen linksbündig untereinander angeordnet.

Die Tokenbehandlung des eingeschlossenen Textes entspricht im internen vertikalen Bearbeitungszustand nahezu vollständig dem vertikalen Hauptbearbeitungszustand, nur dass dieser seine eigene Bearbeitungsliste erzeugt, in der seine Strukturelemente erscheinen. Der begrenzte horizontale Bearbeitungszustand entspricht weitgehend dem normalen horizontalen Bearbeitungszustand, nur dass auch er seine eigene Bearbeitungsliste erzeugt. Außerdem darf er keine Befehle enthalten, die einen vertikalen Moduswechsel erzwingen würden, also z. B. kein `\vskip`, `\unvcopy` u. ä.

Eine Textformel im horizontalen Bearbeitungszustand, eingeleitet durch ein `$`, schaltet vorübergehend in den einfachen mathematischen Bearbeitungsmodus, in dem die Textformel erzeugt wird. Ihre Abarbeitung erfolgt in einer eigenen Bearbeitungsliste, in der die einzelnen Formelelemente abgelegt werden. Der mathematische Bearbeitungszustand wird mit dem abschließenden `$`-Zeichen beendet und es wird in den horizontalen Bearbeitungszustand zurückgeschaltet, wobei die erzeugte Formel nunmehr der horizontalen Bearbeitungsliste zugefügt wird.

Trifft TEX im horizontalen Bearbeitungszustand auf die Anforderung, eine abgesetzte Formel zu erzeugen, so wird der horizontale Bearbeitungszustand vorübergehend beendet und seine Arbeitsliste bis zu dieser Stelle benutzt, um den Teilabsatz in Zeilen zu umbrechen. Diese werden der umgebenden vertikalen Liste als Element zugefügt. Anschließend wird in den abgesetzten mathematischen Bearbeitungszustand umgeschaltet, in dem die abgesetzte Formel aufgebaut wird. Mit ihrer Beendigung wird in den vertikalen Modus zurückgeschaltet und die Formel als nächstes Element der vertikalen Liste zugefügt. Danach erscheint wieder der horizontale Bearbeitungszustand, in dem der Rest des Absatzes aufgebaut wird.

Im begrenzten horizontalen Bearbeitungszustand kann nicht in den abgesetzten mathematischen Bearbeitungszustand umgeschaltet werden. Zwei aufeinander folgende Dollarzeichen `$$`, mit denen eine abgesetzte Formel in TEX eingeleitet wird, werden im begrenzten horizontalen Bearbeitungszustand als *leere* Textformel interpretiert. Mit dem ersten `$`-Zeichen wird in den einfachen mathematischen Modus umgeschaltet und mit dem zweiten sofort wieder zurück.

Der Befehl `\tracingcommands=1` bewirkt, dass alle Moduswechsel (und vieles mehr) im `.log`-File protokolliert werden. Mit `\showlists` werden überdies die Bearbeitungslisten protokolliert, beginnend mit der innersten Liste an der Stelle des Befehls und danach rückwärts bis zur vertikalen Hauptbearbeitungsliste. Der Leser möge sich das kleine File `mode.tex` aus [10a, S. 88] als

```
\tracingcommands=1
\hbox{ $ \vbox{ \noindent$$ x\showlists $$}$}\bye
```

erstellen, es mit TEX bearbeiten und das erstellte `mode.log`-File analysieren. Ggf. sollte hierzu [10a, S. 88,89] zu Rate gezogen werden.

5.3.1 Die Absatzformatierung durch TEX

Nach Erstellung der horizontalen Bearbeitungsliste für einen Absatz wird dieser zunächst in Zeilen umbrochen. Die horizontale Bearbeitungsliste besteht weitgehend aus Boxen (Zeichenboxen und Boxen aus expliziten Boxbefehlen) und Zwischenraum (Leerzeichen als Wortzwischenraum und Zwischenraum aus expliziten Zwischenraumbefehlen). Zwischenräume können elastisch oder fest sein. Elastisch sind die Leerzeichen und die mit `\hskip` oder daraus abgeleiteten Befehlen erzeugten Zwischenräume. Zwischenraum, der mit `\kern`-Befehlen erzeugt wird, ist fest. Im Folgenden wird elastischer Zwischenraum kurz als 'glue' (Leim) und fester Zwischenraum als 'kern' bezeichnet.

Die horizontale Bearbeitungsliste kann einige weitere Strukturelemente enthalten, so z. B. Strafpunkte, die entweder explizit mit `\penalty=`n oder anderen Strafpunktbefehlen zugefügt oder von TEX automatisch eingefügt wurden. Die `$`-Umschaltzeichen fügen der Bearbeitungsliste jeweils eine *math_ein*- bzw. *math_aus*-Markierung zu, zwischen denen die Formelbox liegt. Die Listenelemente 'Glue', 'Kern', 'Strafpunkte' und die Umschaltmarken '*math_ein*' und '*math_aus*' heißen *entfernbar* (*discardable*), weil sie an der Stelle eines Zeilenumbruchs evtl. entfernt oder verändert werden. Die Boxen der horizontalen Bearbeitungsliste gehören zu den *nichtentfernbaren* Listenelementen. Weitere solcher Elemente können sein: Trennzeichenmuster, Einfügungen (`\insert`, `\mark` und `\vadjust`) sowie einige sonstige Befehle wie Fileöffnungs- und Filelesebefehle. Trennzeichenmuster werden entweder explizit oder von TEX implizit mit dem Befehl

`\discretionary{`*vor*`}{`*nach*`}{`*ohne*`}`

zugefügt, z. B. als `Dru\discretionary{k-}{k}{ck}er`. Mit dem TEX-Einfügungsbefehl `\vadjust{`*vert_struct*`}` wird nach dem Umbruch der laufenden Zeile der Inhalt von *vert_struct* in der vertikalen Arbeitsliste eingefügt. Mit `\vadjust{\vskip2pt}` wird dies hier demonstriert. Auf diese Weise können Zeilen, die standardmäßig zu eng aufeinander stoßen, verschoben werden.

Ein Zeilenumbruch kann nicht an jeder Stelle der horizontalen Bearbeitungsliste erfolgen, sondern nur

a) vor 'Glue', wenn diesem ein nichtentfernbares Listenelement unmittelbar vorangeht *und* Letzteres nicht Teil einer Formel ist,

b) nach einem 'Kern', falls auf diesen unmittelbar 'Glue' folgt, das nicht gleichzeitig Teil einer Formel ist,

c) bei einer *math_aus*-Marke, wenn hierauf unmittelbar 'Glue' folgt,

d) bei einem Strafpunkt (der evtl. intern oder explizit auch innerhalb einer Formel zugefügt werden kann) und

e) bei einer Worttrennung.

Jeder dieser möglichen Umbruchpunkte ist mit einem Strafwert (*penalty*) p versehen. Für die Umbruchpunkte (a), (b) und (c) ist $p = 0$. Für (d) gilt der übergebene Wert und für (e) gilt der Wert von `\exhyphenpenalty`, wenn der Eingabetext einen expliziten Trennstrich enthält, bzw. von `\hyphenpenalty`, wenn die Trennung automatisch erfolgt.

Positive Strafpunkte an einer möglichen Umbruchstelle erschweren hier den Umbruch, während ihn negative Werte erleichtern. Die genannten Strafbefehle `\exhyphenpenalty` und `\hyphenpenalty` werden in `plain.tex` mit 50 voreingestellt. Zeilenumbrüche mit Trennungen werden also leicht erschwert. Ein Strafwert von 10 000 oder mehr macht einen Umbruch an dieser Stelle unmöglich $-10\,000$ oder weniger führt zu einem zwingenden Umbruch. Die PLAIN-TEX-Befehle `\nobreak` bzw. `\break` (und einige andere) sind nur Abkürzungen für `\penalty10000` bzw. `\penalty-10000` und `\allowbreak` steht für `\penalty=0`.

Für jeden nur denkbaren Umbruch einer Zeile wird zunächst eine Bewertungszahl (*badness*) ermittelt. Je höher diese Bewertungszahl ausfällt, umso schlechter ist der zugehörige Zeilenumbruch. Alle Umbruchstellen, für die die Bewertungszahl kleiner als die Schranke `\tolerance` ausfällt, werden mit einer möglichen *Umbruchmarkierung* gekennzeichnet.

Die Bewertungszahl *badness* wird folgendermaßen errechnet: Zunächst werden die elastischen Anteile aller Zwischenräume für die betrachtete Zeile ermittelt und für die möglichen Dehnungen und Stauchungen aufsummiert. Dies ergibt die bereitgestellte maximale Summendehnung oder -stauchung für diese Zeile. Danach wird die tatsächliche Summe der Dehnungen oder Stauchungen ermittelt, die erforderlich ist, um die Zeile rechtsbündig zu umbrechen. Die Bewertungszahl b ist dann

$$b = 100 \times (\text{tatsächliche Summendehnung/max. Summendehnung})^3 \qquad \text{bzw.}$$
$$b = 100 \times (\text{tatsächliche Summenstauchung/max. Summenstauchung})^3$$

War z. B. die max. Summendehnung 15 pt und die max. Summenstauchung 10 pt, so würde bei einer erforderlichen Dehnung von 10 pt bzw. Stauchung von 8 pt im ersten Fall $b = 100 \times (10/15)^3 \approx 29.63$ und bei der Stauchung $b = 100 \times (8/10)^3 \approx 51.20$ ergeben. Wird die max. Summendehnung oder -stauchung voll ausgeschöpft, so führt dies zu $b = 100$.

Eine Stauchung mit $b > 100$ ist nicht möglich. Dagegen gestattet TEX eine Überdehnung mit $b > 100$ und zwar bis zum Wert von `\tolerance`. In `plain.tex` wurde `\tolerance=200` voreingestellt. Ist ein Zeilenumbruch mit $b \leq$ `\tolerance` nicht möglich, so führt dies zu einer "`Overfull hbox ...`"-Warnung.

Für jede Zeile könnte leicht der Umbruch mit der kleinsten Bewertungszahl b ermittelt werden. Solche Umbrüche können aber zu Zeilenfolgen führen, bei denen die Zeilen abwechselnd gedehnt und gestaucht erscheinen. Dies will TEX vermeiden, da die Zeilen eines Absatzes bezüglich ihrer Wortabstände möglichst ähnlich aussehen sollen. Eine Zeile, für die $b \geq 13$ ausfällt, wird, wenn dies das Ergebnis einer Stauchung ist, als *eng* bezeichnet. Eine Zeile mit $13 \leq b < 100$ als Ergebnis einer Dehnung wird als *weit* und mit $b \geq 100$ als *sehr weit* bezeichnet. Zeilen mit $b \leq 12$ werden als *gefällig* (engl. decent) bezeichnet.

Unmittelbar benachbarte Zeilenpaare gelten als *visuell kompatibel*, wenn sie mit ihrer Weitencharakterisierung übereinstimmen oder sich nur um eine Stufe unterscheiden. Dies trifft z. B. zu, wenn eine enge Zeile mit einer weiteren engen Zeile oder mit einer gefälligen Zeile zusammentrifft oder wenn eine weite Zeile mit einer gefälligen, einer weiteren weiten oder einer sehr weiten Zeile benachbart ist. Zeilenpaare aus einer engen und weiten oder gefälligen und sehr weiten Zeile und erst recht eine enge und eine sehr weite Zeile gelten als *visuell inkompatibel*.

TEX ermittelt nun für alle möglichen Zeilenumbrüche des ganzen Absatzes zugehörige Mängelwerte (*demerits*) d. Diese berücksichtigen die Bewertungszahl b (*badness*) und die Strafpunkte p an der Umbruchstelle. Zusätzlich wird jeder Zeilenumbruch an sich mit dem Wert von l = `\linepenalty` versehen, der in `lplain.tex` mit zehn voreingestellt ist. Der Mängelwert d einer Zeile wird bestimmt durch:

$$d = \begin{cases} (l+b)^2 + p^2, & \text{für } 0 \le p < 10000 \\ (l+b)^2 - p^2, & \text{für } -10000 < p < 0 \\ (l+b)^2 & \text{für } p \le -1000 \end{cases}$$

Bei einer Vergrößerung des Wertes von `\linepenalty` würde TEX versuchen, den Absatz in weniger Zeilen zu umbrechen. Für alle möglichen Zeilen des Absatzes wird nun die Summe D der Mängelwerte bestimmt. Enthält eine der möglichen Zeilenkombinationen Zeilenpaare, die visuell inkompatibel sind (s. o.), so wird die Summe D für jedes visuell inkompatible Zeilenpaar jeweils um den Wert von `\adjdemerits` erhöht. Enden zwei benachbarte Zeilen gleichzeitig mit einer Trennung, so wird D um den Wert von `\doublehyphendemerits` erhöht, und endet die vorletzte Zeile mit einer Trennung, so wird D nochmals um `\finalhyphendemerits` vergrößert.

Die Entscheidung für die tatsächlichen Zeilenumbrüche des Absatzes erfolgt nun so, dass der Summenwert D für alle möglichen Zeilenfolgen des Absatzes das Minimum einnimmt. Es bleibt noch nachzutragen, dass die vorstehend angeführten Mängelregister in `plain.tex` mit `\adjdemerits=5000`, `\doublehypendemerits=10000` und `\finalhyphendemerits=10000` in `plain.tex` voreingestellt sind. Deren Quadratwurzeln machen sie in der Wirkung mit den Werten von b und p vergleichbar.

Das beschriebene Verfahren ist ziemlich rechenaufwendig, insbesondere dann, wenn TEX die möglichen Trennmuster zufügt und damit die Zahl der Umbruchmöglichkeiten erheblich vergrößert wird. TEX versucht deshalb in einem Vorlauf, den Absatz ohne Trennungen zu umbrechen. Hierbei werden die Stellen mit einer *Umbruchmarkierung* gekennzeichnet, für die die zugehörige Bewertungszahl b kleiner als `\pretolerance` (statt allgemein `\tolerance`) ist. Sind alle Zeilen mit dieser Bedingung umbrechbar, so wird nach dem vorstehenden Algorithmus der endgültige Umbruch des Absatzes ermittelt. Nur wenn eine oder mehrere Zeilen keine Bewertungszahl $b \le$ `\pretolerance` zulassen, wird die horizontale Bearbeitungsliste um die möglichen Trennvorgaben erweitert und das Entscheidungsverfahren nun damit durchgeführt. In `lplain.tex` ist voreingestellt: `\pretolerance=100`. Mit einer Vergrößerung dieses Wertes können Trennungen, evtl. auf Kosten vergrößerter Wortabstände, vermindert werden. Ab TEX 3.0 wird evtl. ein dritter Umbruchversuch durchgeführt, falls `\emergencystretch` mit einem Wert $>$ 0 pt voreingestellt wurde.

Es bleibt noch darzustellen, wie TEX erreicht, dass die letzte Zeile eines Absatzes nur mit ihrer natürlichen Länge erscheint. Am Ende eines Absatzes wird von TEX der horizontalen Bearbeitungsliste

```
\penalty10000    \hskip\parfillskip    \penalty-10000
```

zugefügt. War das letzte Listenelement Glue, so wird es vorab entfernt. Mit `\penalty 10000` wird ein Umbruch am Ende der letzten Zeile verhindert. In `plain.tex` ist `\parfillskip=0pt plus1fil` gesetzt. Mit `\hskip\parfillskip` wird die letzte Zeile dann mit Zwischenraum der natürlichen Länge 0 pt, aber beliebiger Dehnung, aufgefüllt und dann mit `\penalty-10000` ein Zeilenumbruch erzwungen.

Für besondere Anwendungen könnte der Wert von `\parfillskip` geändert werden. Mit `\parfillskip\parindent` würde die letzte Zeile mit einem rechten Einzug gleicher Größe wie der linke Einzug der ersten Absatzzeile erscheinen. Dies wird hier demonstriert, funktioniert aber nur ordentlich bei hinreichend langen Absätzen.

TEX kennt mit `\leftskip` und `\rightskip` zwei weitere Befehle zur Formatierung von Absätzen. Diese sind in `lplain.tex` mit 0 pt eingestellt. Mit von Null verschiedenen Werten würde der linke Absatzrand um `\leftskip` und der rechte Absatzrand um `\rightskip` eingerückt erscheinen. Zuweisungen dieser Register mit negativen Maßen würden die Absatzränder über die momentanen Seitenränder nach außen ausdehnen. Eine Zuweisung beider Register mit dem Wert von `\parindent` ist recht häufig. Dies kann einfacher mit dem Aufruf des Befehls `\narrower` erreicht werden.

Unter Verwendung dieser Befehle hat ANNE BRÜGGEMANN-KLEIN, Freiburg, für die zentrierte Ausgabe der letzten Absatzzeile eine elegante Lösung gefunden [22]:

```
\leftskip=0pt plus 1fil   \rightskip=0pt plus -1fil
\parfillskip=0pt plus 2fil
```

Der Leser möge sich die Wirkung von (`1fil`), (`-1fil`) bei den normalen Zeilen und von (`1fil`), (`-1fil 2fil`) bei der letzten Zeile selber klarmachen.

Oft wird eine Absatzformatierung verlangt, bei der eine oder mehrere Zeilen normal gesetzt erscheinen, gefolgt von weiteren Zeilen mit einem linken oder rechten Einzug. Die umgekehrte Gestaltung, bei der eine oder mehrere Zeilen zunächst mit einem linken oder rechten Einzug beginnen und die anschließenden Zeilen normal erscheinen, wird ebenfalls gelegentlich genannt. TEX stellt hierfür die Befehle

`\hangindent=`*maß*   `\hangafter=`*zahl*

bereit. Ist n die übergebene Zahl für `\hangafter`, so werden für $n \geq 0$ die ersten n Zeilen normal gesetzt und die Zeilen $n + 1$, $n + 2$, ... eingerückt, und zwar um den Betrag, der als *maß* für `\hangindent` übergeben wird. Eine positive Maßangabe führt zu einem linken Einzug, eine negative zu einem rechten Einzug. Ist umgekehrt $n < 0$, so werden die ersten n Zeilen links oder rechts eingerückt. Die anschließenden Zeilen erscheinen normal.

Schließlich kennt TEX noch den sehr viel flexibleren Absatzformatierungsbefehl

`\parshape=`$n\ i_1\ l_1\ i_2\ l_2 \ldots i_n\ l_n$

Hierin ist n eine reine Zahl, die die ersten n Zeilen eines Absatzes kennzeichnet. Die anschließenden Paare i_j und l_j mit $j = 1 \ldots n$ enthalten Maßangaben mit der Bedeutung der Einrücktiefe i_j und der Zeilenlänge l_j für die j-te Zeile. Enthält ein Absatz mehr als n Zeilen, so werden alle folgenden Zeilen mit den Werten von i_n und l_n fortgesetzt, was dieses Beispiel am Ende demonstriert. Die letzte Zeile erscheint wie gewohnt nur mit ihrer natürlichen Länge. Die ab hier folgenden Zeilen erscheinen im gleichen Format wie die letzte vorangegangene Zeile, da der Absatz aus mehr als neun Zeilen besteht. Die letzte Zeile des Absatzes erscheint wie eingangs beschrieben nur mit ihrer natürlichen Länge.

Bei einem Absatz mit weniger als n Zeilen bleiben die überzähligen Angaben für Einrückung und Länge ohne Bedeutung. Die letzte Zeile für einen solchen Absatz erscheint nur mit ihrer natürlichen Länge, aber mit der zugehörigen Einrückung für diese Zeile. Diese Eigenschaft ist für die letzte Zeile bei diesem Beispiel vorsätzlich aufgehoben worden, wie nachfolgend genauer beschrieben wird.

Die linke Absatzgestaltung wurde innerhalb einer 80 mm breiten Minipage mit

```
\parshape=9 0mm 80mm 0mm 77mm 0mm 74mm 0mm 71mm 0mm 68mm
            0mm 71mm 0mm 74mm 0mm 77mm 0mm 80mm
```

bewirkt. Für die rechte Darstellung wurde

```
\parshape=9 12mm 40mm 9mm 43mm 6mm 46mm 3mm 49mm 0mm 52mm
             3mm 49mm 6mm 46mm 9mm 43mm 12mm 40mm
```

festgelegt. Zusätzlich wurde `\parfillskip0pt` gesetzt, damit auch die letzte Zeile beidbündig erscheint. Der einheitliche linke Rand beim linken Beispiel ist eine Folge der Angabe 0 mm für alle i_j. Der rechte Rand beim rechten Beispiel folgt daraus, dass Einrücktiefe *und* Zeilenlänge um jeweils den gleichen Betrag vermindert bzw. vergrößert werden oder umgekehrt. Der Leser möge sich ein Muster in Form eines Trapezes erstellen. Anwendung finden solche Absatzmuster häufig bei Werbeschriften. Gelegentlich könnten sie als Beschreibung für ein Bild oder Diagramm in Frage kommen.

Das interne TEX-Register `\prevgraf` enthält während der Formatierung eines Absatzes die Nummer des letzten Zeilenumbruchs und damit nach der Formatierung des ganzen Absatzes die Anzahl der Zeilen für diesen Absatz. Dieses Register kann vom Anwender innerhalb oder außerhalb der Absatzformatierung aufgerufen und abgefragt werden, etwa um anwenderspezifische Aktionen bei Erreichen einer bestimmten Zeilennummer vorzunehmen. Erfolgt eine Absatzformatierung mit `\parshape` oder `\hangindent` und enthält ein solcher Absatz abgesetzte Formeln, so erhöht TEX den Inhalt von `\prevgraf` nach jeder abgesetzten Formel um 3, so als würde die Formel den Platz von drei Zeilen einnehmen. Trifft dies nicht zu, so kann der Wert von `\prevgraf` vom Anwender unmittelbar nach der Formel korrigiert werden.

Als letzter TEX-Befehl zur Absatzformatierung sei hier `\looseness` genannt. Dieser ist in `lplain.tex` standardmäßig auf Null gesetzt. Mit `\looseness=1` versucht TEX den Absatz so zu formatieren, dass er um eine Zeile länger ausfällt. Umgekehrt wird mit `\looseness=-1` versucht, den Absatz eine Zeile kürzer als normal zu gestalten. Dies setzt voraus, dass der Absatz hinreichend lang ist. Ein Absatz, der normalerweise aus einer vollen und einer halben Zeile besteht, ist nicht auf drei Zeilen auszudehnen oder auf eine Zeile zusammenzurücken. Dies gilt erst recht für `\looseness=2` oder gar noch höhere Werte, mit denen TEX aufgefordert wird, den Absatz um zwei (oder mehr) Zeilen länger als normal zu formatieren.

Der Befehl `\looseness=1` kann gelegentlich dazu dienen, die erste alleinstehende Zeile eines neuen Absatzes am unteren Seitenrand (Schusterjunge) auf die nächste Seite zu bringen. Umgekehrt kann mit `\looseness=-1` die letzte Zeile eines Absatzes zu Beginn einer neuen Seite (Hurenkind) noch auf der laufenden Seite untergebracht werden. `\looseness`-Befehle zur Korrektur der Seitenformatierung sollten in den längsten Absätzen der Seite untergebracht werden. Ihre Verwendung bietet sich auch bei zweispaltiger Formatierung an, um gleiche Zeilenzahl in beiden Spalten zu erzielen. Solche manuellen Seitenabgleiche sollten aber die Ausnahme bleiben.

Die möglichen Umbruchpunkte, deren Bewertungen b, d und die zugehörigen Strafpunkte p können im `.log`-File protokolliert werden. Dies geschieht mit `\tracingparagraphs=1`. Zur Interpretation der abgelegten Information muss auf [10a, S. 98,99] verwiesen werden.

Zum Abschluss dieses Abschnitts wird die Behandlung des Wortzwischenraums durch TEX genauer beschrieben. Die Wortzwischenräume einer Zeile stellen im allg. den Hauptanteil für den verfügbaren elastischen Gesamtzwischenraum dar. TEX kennt für jeden Zeichensatz den zugehörigen Standardzwischenraum, beim Zeichensatz 'cmr10' z. B. `3.3333pt plus 1.66666pt minus 1.111111pt`. TEX entnimmt diese Information den `.tfm`-Files, die ebenfalls den Betrag für einen evtl. Zusatzzwischenraum bereitstellen. Dieser Zusatzzwischenraum beträgt für den soeben genannten Zeichensatz `1.11111pt`.

TEX verwendet für den Zeilenumbruch einen internen Zwischenraumfaktor f, der zu Beginn der horizontalen Liste stets auf 1000 gesetzt wird. Jedes Zeichen eines Zeichensatzes hat seinen eigenen Zwischenraumfaktor g. Dieser ist für alle Großbuchstaben 999 und für alle sonstigen Zeichen 1000. In `plain.tex` werden für einige Zeichen andere Werte für g

eingesetzt, und zwar 3000 für '.', '?' und '!', 2000 für ':', 1500 für ';' und 1250 für ','. Außerdem erhalten `)`, `'` und `]` den Faktor Null zugewiesen. Bei der Abarbeitung der horizontalen Liste wird f nach jedem einzelnen Zeichen mit $g \neq 0$ neu gesetzt, und zwar $f = 1000$, falls $f < 1000 < g$ war, und zu $f = g$ in allen anderen Fällen. Der Zwischenraumfaktor f kann damit nie von einem Wert unter 1000 in einem Schritt auf einen Wert über 1000 springen. Nach einem Großbuchstaben war $f = 999$. Folgt hierauf ein Punkt, so wird $f = 1000$ gesetzt und nicht 3000, wie nach einem Kleinbuchstaben. Für $g = 0$ bleibt f unverändert. Nach jeder Nichtzeichenbox in der horizontalen Bearbeitungsliste, also z. B. nach einer mathematischen Formel, wird stets wieder neu $f = 1000$ gesetzt.

Der Wortzwischenraum wird nunmehr wie folgt bestimmt: Ist an der Stelle des einzufügenden Wortzwischenraums $f \geq 2000$, so wird dem festen Anteil des Standardzwischenraums der Wert des Zusatzzwischenraums hinzuaddiert und der Dehnwert mit $f/1000$ und der Stauchwert mit $1000/f$ multipliziert. Anderenfalls, also für $f < 2000$, bleibt der feste Anteil unverändert, und Dehn- und Stauchwert werden mit den vorstehenden Faktoren modifiziert. Für $f = 3000$ wird damit der Wortzwischenraum für den Zeichensatz 'cmr10' zu `4.4444pt plus 5.99997pt minus 0.37036pt` gesetzt, und für $f = 1250$ zu `3.3333pt plus 2.08331pt minus 0.888889`. Dies sind die Zwischenräume für cmr10 nach einem Punkt als Satzende bzw. nach einem Komma. Folgt der Punkt dagegen nach einem Großbuchstaben, so ist danach $f = 1000$ mit der Wirkung des unveränderten Standardzwischenraums.

Die beschriebene Zwischenraumbehandlung kann vom Anwender verändert werden. Dem internen Faktor f kann mit `\spacefactor=`*zahl* ein beliebiger Wert zugewiesen werden, der an der Stelle seines Auftretens wirkt. Zusätzlich kennt TEX die Register `\spaceskip` und `\xspaceskip`, die standardmäßig Nullmaße enthalten. Der Anwender kann ihnen beliebige elastische Maße zuweisen. Sind diese Register ungleich null, so wird der Zwischenraum folgendermaßen bestimmt: Ist $f \geq 2000$ und `\xspaceskip` ungleich null, so wird als Zwischenraum der aktuelle Wert von `\xpaceskip` gewählt. Anderenfalls wird, falls `\spaceskip` ungleich null ist, dieser Wert gewählt, wobei die elastischen Anteile von `\spaceskip` mit $f/1000$ bzw. $1000/f$ multipliziert werden. Auch der Zwischenraumfaktor g kann für beliebige Zeichen mit

`\sfcode'\`*zeichen*=*zwischenraum_faktor*

verändert werden (s. hierzu auch `\catcode`, `\lccode` und `\uccode` aus 5.1.2).

5.3.2 Die Seitenformatierung durch TEX

Bei der Seitenformatierung befindet sich TEX im vertikalen Hauptbearbeitungszustand. Die vertikale Hauptbearbeitungsliste startet zu Beginn einer neuen Seite mit der Bereitstellung von vertikalem Anfangszwischenraum aus dem Register `\topskip`, auf den die Grundlinie der ersten Seitenzeile ausgerichtet wird. Hieran schließt sich, mit Ausnahme der allerersten Seite eines Dokuments, als Folge des letzten Seitenumbruchs bereits vorformatierter Text für die neue Seite an, gefolgt von Vermerken über evtl. Einfügungen aus `\insert`-Registern. Dieser Teil der vertikalen Bearbeitungsliste schließt gewöhnlich mit der Angabe gewisser Strafpunkte für einen evtl. Seitenumbruch an dieser Stelle ab. Die Weiterverarbeitung von Einfügungsvermerken erfolgt durch TEX nach den weiter unten dargestellten Regeln.

Wenn TEX mit der Formatierung einer neuen Seite beginnt und damit in den vertikalen Hauptbearbeitungszustand umschaltet, so enthält die zugehörige vertikale Bearbeitungsliste bereits die vorstehend genannten Strukturen. Solange TEX im vertikalen Bearbeitungszustand verbleibt, werden eventuelle weitere vertikale Strukturen zugefügt (s. u.). Mit Erreichen des nächsten Absatzes schaltet TEX in den horizontalen Bearbeitungsmodus. In diesem wird der Absatz, wie im letzten Abschnitt im Detail beschrieben, in Zeilen umbrochen. Nach dem Absatzumbruch schaltet TEX in den vertikalen Bearbeitungszustand zurück und fügt nun die einzelnen Absatzzeilen als horizontale Boxen der eingestellten Zeilenbreite `\hsize` in die vertikale Bearbeitungsliste ein.

Unmittelbar vor Einfügung der ersten Absatzzeile werden der vertikale Zeilen-Standardzwischenraum (s. u.) *und* zusätzlicher Zwischenraum vom Betrag `\parskip` in die vertikale Liste eingetragen. Nach der Einfügung der ersten Zeilenbox schließt die vertikale Liste mit der Zufügung des Strafpunkts `\interlinepenalty` ab. Dies setzt sich Zeile für Zeile für den ganzen Absatz fort, wobei stets unmittelbar vor Einfügung der nächsten Zeile der vertikale Standardzwischenraum zugefügt und nach jedem Zeileneintrag der Strafpunkt `\interlinepenalty` angefügt wird.

Zwischen der Unterkante der vorangehenden und der Oberkante der nachfolgenden Zeilenbox wird der sog. Standardzwischenraum eingefügt. Dieser bestimmt sich aus den Werten von `\baselineskip`, `\lineskip` und `\lineskiplimit`, wie in 5.2.4 auf S. 205 detailliert dargestellt wurde. Dieser Zwischenraum wird unmittelbar vor Eintragung der nächsten Zeile in der vertikalen Bearbeitungsliste zugefügt, da er erst errechnet werden kann, wenn die Höhe der nächsten Zeile bekannt ist.

Bei einigen Zeilen trägt TEX nach `\interlinepenalty` weitere Strafpunkte ein. So wird nach der ersten Zeile eines Absatzes zusätzlich `\clubpenalty` und nach der vorletzten Zeile `\widowpenalty` eingetragen, um das Auftreten von sog. *Schusterjungen* oder *Hurenkindern* (s. S. 230) zu erschweren. Die vorletzte Zeile vor einer abgesetzten Formel erhält stattdessen `\displaywidowpenalty`. Schließlich erhält jede Zeile, die mit einer Trennung endet, den zusätzlichen Strafpunkt von `\brokenpenalty`. Die Werte für diese Strafpunkte werden in `plain.tex` mit `\clubpenalty=150`, `\widowpenalty=150`, `\displaywidowpenalty=50` und `\brokenpenalty=100` voreingestellt. Der Standardstrafpunkt `\interlinepenalty` hat innerhalb von Fußnoten den Wert 100 und überall sonst Null.

Im vertikalen Bearbeitungszustand, im Allgemeinen also zwischen Absätzen, können der vertikalen Bearbeitungsliste weitere vertikale Strukturen zugefügt werden. Solche können sein: explizite Boxen, `\insert`- und `\mark`-Befehle sowie einige spezielle Befehle wie die TEX-eigenen Filebefehle. Diese stellen zusammen mit den automatisch zugefügten Zeilen eines Absatzes die *nichtentfernbaren* Elemente der vertikalen Bearbeitungsliste dar. Zusätzlich können der vertikalen Liste in diesem Bearbeitungszustand Zwischenräume (Glue und/oder Kern) sowie Strafpunkte zugefügt werden. Die letzten drei Strukturen stellen die *entfernbaren* Listenelemente dar, da sie bei einem Seitenumbruch entfernt werden.

Gelegentlich möchte der Anwender zusätzliche Strafpunkte und/oder zusätzlichen Zwischenraum zwischen zwei Zeilen eines Absatzes anbringen. Ein `\penalty`-Befehl und auch die indirekten Strafbefehle wie `\break` oder `\nobreak` innerhalb eines Absatzes, also im horizontalen Bearbeitungsmodus, wirken auf den Zeilenumbruch bei der Absatzformatierung. Ein vertikaler Zwischenraumbefehl beendet dagegen den horizontalen Bearbeitungsmodus und damit den laufenden Absatz zwingend und fügt den Zwischenraum nach dem Absatz ein. Die Lösung erfolgt mit dem TEX-Grundbefehl `\adjust{`*eintrag*`}`. Mit diesem Befehl kann man aus der horizontalen Bearbeitungsliste auf die umgebende vertikale Arbeitsliste Einfluß nehmen, indem sein Inhalt nach Abschluss der laufenden Zeile in die umgebende vertikale Liste eingefügt wird.

Mit `\vadjust{\penalty=`*strafwert*`}` oder `\vadjust{\nobreak}` werden die entsprechenden Strafwerte und mit `\adjust{\vskip=`*maß*`}` zusätzlicher Zwischenraum zwischen die laufende und die nächste Zeile eingefügt. In gleicher Weise werden die Inhalte von `\insert`- oder `\mark`-Befehlen innerhalb einer horizontalen Bearbeitungsliste behandelt. Sie bewirken nach Beendigung der laufenden Zeile im Anschluss an deren Eintrag einen Einfügungsvermerk in der vertikalen Liste.

Enthält ein Absatz eine abgesetzte Formel, so wird die Absatzformatierung vorübergehend unterbrochen. Der Absatz wird zunächst bis zum Auftreten der Formel in Zeilen umbrochen, wobei die letzte Zeile vor der Formel wie die Endzeile eines Absatzes behandelt wird. Der Teilabsatz wird mit seinen Zeilenboxen in die vertikale Liste eingefügt und anschließend wird die abgesetzte Formel formatiert und deren umgebende Box in die vertikale Liste eingefügt. Vor und nach der Formelbox wird zusätzlich vertikaler Zwischenraum vom Betrag `\abovedisplayskip` bzw. `\belowdisplayskip` eingefügt. Anschließend wird die Formatierung des Restabsatzes fortgesetzt und danach – oder bis zum Auftreten einer weiteren abgesetzten Formel – werden seine Zeilen in die vertikale Liste aufgenommen.

Ist die letzte Absatzzeile vor oder die Folgezeile nach einer Absatzzeile so kurz, dass sie horizontal vor der Formel endet, so wird als vertikaler Zwischenraum `\abovedisplay-shortskip` bzw. `\belowdisplayshortskip` verwendet.

In der vorstehend beschriebenen Weise baut sich die vertikale Bearbeitungsliste nach und nach auf. Mit dem nächsten Absatz wird wieder in den horizontalen Bearbeitungszustand geschaltet und nach seinem Umbruch werden seine Zeilenboxen der vertikalen Liste zugefügt, evtl. gefolgt von weiteren vertikalen Strukturen. Das Verfahren kann sich aber nicht beliebig weit fortsetzen, da die Speicherkapazität eines jeden Rechners begrenzt ist. Während ein Absatz immer als Ganzes die horizontale Bearbeitungsliste aufbaut und dann in Zeilen umbrochen wird, muss die Entscheidung für den Seitenumbruch nach lokaleren Gesichtspunkten erfolgen. TEX kann nicht den gesamten zu bearbeitenden Text vorab als Ganzes einlesen, um dann die Seitenumbruchpunkte unter Berücksichtigung des Gesamttextes zu optimieren, wie dies für den Zeilenumbruch in Bezug auf den Absatztext geschieht.

TEX betreut während des Aufbaus der vertikalen Hauptbearbeitungsliste zwei Register namens `\pagegoal` und `\pagetotal`. Das erste enthält die vertikale Maximalabmessung einer Seite, also den aktuellen Wert von `\vsize` (oder `\textheight` in LATEX). Das andere enthält den momentan eingenommenen Platz für die laufende Seite und wird mit jedem Eintrag in die vertikale Liste um den erforderlichen Platz für den Eintrag erhöht. Die Inhalte dieser beiden Register sollen hier kurz mit g und t symbolisiert werden. Kommt t in die Nähe von g, so beginnt TEX *sich Gedanken* über einen Seitenumbruch zu machen.

Ein Seitenumbruch kann nicht an beliebigen Stellen der vertikalen Liste erfolgen, sondern nur, ähnlich wie bei der horizontalen Liste für den Zeilenumbruch,

a) vor 'Glue', falls diesem ein nichtentfernbares Listenelement unmittelbar vorangeht,

b) nach einem 'Kern', falls auf diesen unmittelbar 'Glue' folgt, und

c) bei einem Strafpunkt.

Für jede mögliche vertikale Umbruchstelle ermittelt TEX eine Bewertungszahl b (*badness*). Diese bestimmt sich formal genauso wie die gleichartige Bewertungszahl für den Zeilenumbruch (s. S. 222), nur dass sich die tatsächlichen und maximalen Dehnungs- und Stauchungswerte auf die vertikalen elastischen Summenanteile beziehen. Für eine Umbruchstelle, die zu einer übervollen Seitenbox führen würde, wird $b = \infty$ gesetzt, was dann zu einem frühzeitigeren Seitenumbruch führt, evtl. verknüpft mit einer 'Underfull vbox'-Warnung.

Die Entscheidung für die Zeilenumbrüche erfolgte über die Minimierung der Summe der Mängelwerte d (*demerits*). Die Mängelwerte der einzelnen Zeilen berücksichtigen neben der Bewertungszahl b auch die Strafpunkte am Ende des Zeilenumbruchs. In ähnlicher Weise ermittelt TEX für den in Betracht gezogenen Seitenumbruch einen Kostenwert c (*cost*). Dieser berücksichtigt die zugehörige Bewertungszahl b und den Strafwert p sowie einen weiteren, bisher nicht genannten Summenstrafwert q. Letzterer stellt die Summe der Strafpunkte für alle Einfügungen mit `\insert`-Registern bis zu der betrachteten Umbruchstelle dar. Solche Einfügungen werden weiter unten noch behandelt. Der Kostenwert für einen Seitenumbruch beträgt dann

$$c = \begin{cases} p & \text{für} \quad b < \infty \quad \text{und} \quad p \leq -10\,000 \quad \text{und} \quad q < 10\,000 \\ b + p + q & \text{für} \quad b < 10\,000 \quad \text{und} \quad -10\,000 < p < 10\,000 \quad \text{und} \quad q < 10\,000 \\ 100\,000 & \text{für} \quad b \geq 10\,000 \quad \text{und} \quad -10\,000 < p < 10\,000 \quad \text{und} \quad q < 10\,000 \\ \infty & \text{für} \quad (b = \infty \quad \text{oder} \quad q \geq 10\,000) \quad \text{und} \quad p < 10\,000 \end{cases}$$

TEX nimmt den Seitenumbruch an der Stelle mit dem kleinsten Kostenwert c vor. Durch Einfügen von negativen Strafpunkten kann dies vom Anwender beeinflusst oder erzwungen werden. Ein Strafwert von $-10\,000$ erzwingt einen Seitenumbruch. In `plain.tex` sind eine ganze Reihe von Strafbefehlen für die Steuerung des Seitenumbruchs definiert. Die Befehle `\smallbreak`, `\medbreak` und `\bigbreak` entsprechen den Strafwerten -50, -100 bzw. -150. Gleichzeitig wird evtl. vertikaler Zwischenraum wie mit den Befehlen `\smallskip`, `\medskip` und `\bigskip` eingefügt. Geht dem Befehl bereits Zwischenraum voran, so wird dieser ersetzt, wenn er kleiner ist als durch diese Befehle vorgesehen. Anderenfalls bleibt es bei dem bereits vorhandenen Zwischenraum ohne zusätzliche Zufügung durch diese Befehle. So fügt `\medbreak` vor oder nach einer abgesetzten Formel nur den Strafpunkt -100 ein, da vor und nach solchen Formeln bereits größerer Zwischenraum eingefügt ist.

Der Befehl `\goodbreak` steht für `\par\penalty=-500`. Damit wird der laufende Absatz zwingend beendet und ein Seitenumbruch stark empfohlen. Der Befehl `\eject` steht für `\par\penalty=-10000`, womit der laufende Absatz beendet und ein Seitenumbruch erzwungen wird. Dies ist ein Unterschied zum Befehl `\break`, der nur für `\penalty=-10000` steht, und bei dessen Aufruf durch `\vadjust{\break}` ein Seitenumbruch innerhalb eines Absatzes erzwungen wird, wobei der laufende Absatz auf der nächsten Seite fortgesetzt wird.

Der Befehl `\eject` zieht die Absätze einer Seite häufig unangemessen weit auseinander, begleitet von der Warnung "`Underfull vbox ...`". Deshalb wird er meist in der Kombination `\vfill\eject` verwendet, wodurch das untere Seitenende mit Leerraum aufgefüllt wird. Der Befehl `\filbreak` steht für `\vfil\penalty=-200\vfilneg`. Führt dies zu einem Seitenumbruch, so wird die Seite wegen `\vfil` mit Leerraum aufgefüllt. Anderenfalls hebt `\vfilneg` den vorangegangenen Befehl `\vfil` wieder auf.

Mit dem Befehl `\tracingpages=1` erscheint das Ergebnis der internen Kostenrechnung für den Seitenumbruch im `.log`-File. Für die vorangehende Seite ist dies

```
%% goal height=562.0, max depth=5.0
% t=10.0 g=562.0 b=10000 p=250 c=100000#
% t=22.0 g=562.0 b=10000 p=100 c=100000#
% t=34.0 g=562.0 b=10000 p=0 c=100000#
% t=46.0 g=562.0 b=10000 p=0 c=100000#
% t=58.0 g=562.0 b=10000 p=150 c=100000#
% t=70.0 g=562.0 b=10000 p=0 c=100000#
```

```
% t=82.0 plus 1.0 g=562.0 b=10000 p=250 c=100000#
% t=94.0 plus 1.0 g=562.0 b=10000 p=0 c=100000#
  . . . . . . . . . . . . . . . . . . . . . . . . .
% t=430.0 plus 5.0 g=562.0 b=10000 p=300 c=100000#
% t=442.0 plus 5.0 g=562.0 b=10000 p=-51 c=100000#
% t=456.0 plus 8.0 minus 1.0 g=562.0 b=10000 p=-51 c=100000#
% t=471.0 plus 10.0 minus 3.0 g=562.0 b=10000 p=-51 c=100000#
% t=486.0 plus 12.0 minus 5.0 g=562.0 b=10000 p=-51 c=100000#
% t=500.0 plus 14.0 minus 6.0 g=562.0 b=10000 p=250 c=100000#
% t=512.0 plus 14.0 minus 6.0 g=562.0 b=4543 p=0 c=4543#
% t=524.0 plus 14.0 minus 6.0 g=562.0 b=1997 p=0 c=1997#
% t=536.0 plus 14.0 minus 6.0 g=562.0 b=638 p=100 c=788#
% t=548.0 plus 14.0 minus 6.0 g=562.0 b=100 p=150 c=250#
% t=560.0 plus 14.0 minus 6.0 g=562.0 b=0 c=0#
% t=572.0 plus 15.0 minus 6.0 g=562.0 b=* p=150 c=*
 [228]
```

Die erste, mit `%%` beginnende Zeile gibt mit `goal=562.0` den Inhalt von `\vsize` und mit `max depth=5` den Inhalt des internen Maßregisters `\maxdepth` wieder. Diese, wie alle sonstigen Maßangaben, beziehen sich auf die Einheit 'pt', ohne dass diese explizit angegeben wird. Das interne Maßregister `\maxdepth` war bisher noch nicht erläutert worden. Es bestimmt die maximale Tiefe für die Seitenbox, also die vertikale Box, die den gesamten Seiteninhalt enthält, und entspricht dem Register `\boxmaxdepth` für allgemeine vertikale Boxen (s. S. 207).

Die anschließenden, mit einem `%` beginnenden Zeilen enthalten die internen Bewertungen für jede weitere zugefügte Zeilenbox. Die Angaben `t=`t und `g=`g stellen den aktuellen Inhalt von `\pagetotal` und `\pagegoal` (s. o.) dar, wobei t auch alle bis dahin angesammelten Summendehn- und -stauchwerte enthält. `b=`b gibt die Bewertungszahl b (*badness*) und `c=`c den errechneten Kostenwert c nach der Zufügung dieser Zeile wieder. p=p schließlich stellt die Summe aller Strafpunkte an dieser Seitenumbruchstelle dar.

Die erste Angabe `t=10.0` entspricht der Einfügung von `\topskip` mit 10 pt. Die Angaben für g sind für die gesamte Seite gleich und entsprechen `\vsize`. Diese Angaben können sich ändern, wenn eine Seite Einfügungen aus `\insert`-Registern, wie z. B. Fußnoten, enthält. Die Angaben `b=10000` und `c=100000` spiegeln wider, dass ein Seitenumbruch nach der ersten Zeile – und dies wiederholt sich zunächst für viele weitere Zeilen – zu einer extrem schlechten Seitenformatierung führen würde.

Die nächste Zeile beginnt mit `t=22.0` und ist die Folge aus `\baselineskip` für den Standardzeilenabstand von 12 pt, was bei der dritten Zeile dann zu `t=34.0` führt, usw. Der erste Absatz dieser Seite besteht aus sechs Zeilen, seine letzte Zeile wird mit `t=70.0` eingeleitet.

Die Seite beginnt mit einem neuen Absatz. Nach der ersten Zeile eines jeden Absatzes werden mit `\clubpenalty` 150 Strafpunkte angebracht, um einen Seitenumbruch nach ersten Absatzzeilen und damit das Auftreten von sog. *Schusterjungen* (engl. club-lines) zu erschweren. Die erste Zeile endet überdies mit einer Worttrennung, was zur Einfügung weiterer 100 Strafpunkte mit `\brokenpenalty` führt, so dass die erste Zeile mit insgesamt p=250 Strafpunkte abschließt. Auch die zweite Zeile endet mit einer Worttrennung, was mit p=100 protokolliert wird.

Der vorletzten Zeile eines jeden Absatzes werden mit `\widowpenalty` ebenfalls 150 Strafpunkte zugewiesen, um einen anschließenden Seitenumbruch mit einem nachfolgenden sog. *Hurenkind* (engl. widow-line) auf der Folgeseite zu erschweren. Der erste Absatz endet dann mit der nachfolgenden Zeile, die mit `t=70.0 ...` protokolliert wird.

Der zweite Absatz führt zur Protokollzeile `t=82.0 plus 1.0 ...`, da der zusätzliche Absatzzwischenraum `\parskip` in den Klassenfiles mit `0pt plus1pt` eingestellt wird. Im Bearbeitungsprotokoll erscheint für jede Zeile der bis dahin angesammelte Summendehnwert, der sich mit jedem weiteren Absatz um jeweils 1 pt erhöht. Alle Protokollzeilen für die ersten fünf Absätze entsprechen weitgehend den angeführten anfänglichen Protokollzeilen, so dass sie hier übersprungen werden.

Der sechste Absatz enthält die Aufzählungspunkte a), b) und c). Seine beiden Anfangszeilen werden, wegen der anschließenden `list`-Umgebung, als eigenständiger Absatz betrachtet, bei der `\clubpenalty` und `widowpenalty` in der ersten Zeile zusammenfallen, was zu `p=300` bei der mit `t=430 plus 5.0 ...` eingeleiteten Protokollzeile führt.

Die hierauf folgenden Protokollzeilen `t=456`–`t=500` entsprechen der anschließenden Aufzählung und der ersten Zeile des Folgeabsatzes. Sie führen zu vergrößerten vertikalen Abständen mit zusätzlichen Dehn- und Stauchmöglichkeiten, die den entsprechenden Angaben für t zu entnehmen sind. Vor einer Aufzählung und nach jedem abgeschlossenen Listenpunkt wird ein Seitenumbruch erleichtert, was zu `p=-51` führt, weil hier die Strafpunkte `-\smallpenalty` zugefügt werden.

Die mit `t=500.0 plus 14.0 minus 6.0` eingeleitete Protokollzeile entspricht der ersten Zeile des letzten Absatzes von S. 228. Bei dieser ist immer noch `b=10000` und `c=100000`. Mit den Folgezeilen nähert sich `t` allmählich dem Wert von `g=562`, was nun zur Verkleinerung von b und c führt. Für die letzte Seitenzeile erscheint `t=560` mit `b=0` und `c=0`. An dieser Stelle kann die Seite also optimal umbrochen werden.

Die nächste Zeile würde mit `t=572.0` zu einer übervollen Seite führen, da selbst bei völliger Ausnutzung des hier angesammelten Stauchwertes von -6 pt der mit `goal=562.0` eingestellte Wert für die Seitenhöhe überschritten würde. Die zugehörigen Werte für b, p und c werden im Protokoll mit einem `*` symbolisiert, womit der Wert ∞ gekennzeichnet werden soll.

Nachdem die optimale Stelle für den Seitenumbruch gefunden ist, wird der gesamte Inhalt der vertikalen Liste bis zu diesem Umbruchpunkt aus der Liste entfernt und als vertikale Box im Boxregister `\box255` abgespeichert. Die verbleibende vertikale Liste wird damit zur neuen vertikalen Hauptbearbeitungsliste der nächsten Seite erklärt. Sie enthält meistens eine Reihe bereits vorbearbeiteter Zeilenboxen aus der Bestimmung des Umbruchpunkts der vorangegangenen Seite. Wurde die Seite innerhalb eines Absatzes umbrochen, so lag der Zeilenumbruch für den gesamten Absatz bereits vor, und die verbleibenden Zeilenboxen mit ihren vertikalen Zwischenabständen stellen den Anfang der neuen vertikalen Hauptbearbeitungsliste dar. Ihnen wird als vertikaler Anfangsabstand der Wert von `\topskip` vorangestellt.

Die neue vertikale Bearbeitungsliste mag zusätzlich noch Vermerke über anstehende, aber noch nicht erfolgte Einfügungen aus `\insert`-Registern enthalten. Der Behandlung solcher Einfügungen ist der Rest dieses Abschnitts gewidmet. Anwendereigene Einfügungsregister werden relativ selten benötigt, da fast alle Formen von Einfügungen mit den `plain.tex`-Makros `\topinsert`, `\midinsert` und `\pageinsert` bzw. `\footnote` oder ihren LATEX-Äquivalenten erfolgen können.

Vorab werden einige weitere TEX-Register, die bei der Seitenformatierung verwendet werden, erläutert. In Ergänzung zu `\pagegoal` gibt es `\pagedepth`, das den tatsächlichen Wert für die Tiefe der Seitenbox enthält, die höchstens `\maxdepth` betragen kann. Neben `\pagetotal` gibt es `\pagestretch` und `\pageshrink`. Diese enthalten die aktuellen elastischen Anteile von `\pagetotal`, also die Summendehnwerte in `\pagestretch` und Summenstauchwerte in `\pageshrink`, wie sie nach `plus` oder `minus` bei dem ausgedruckten `.log`-Beispiel Zeile für Zeile auftreten. Die weiteren Register `\pagefilstretch`, `\pagefillstretch` und `\pagefilllstretch` enthalten die aufsummierten Werte für unendliche Dehnbarkeit in den Einheiten `fil`, `fill` bzw. `filll`, falls solche auf der aktuellen Seite auftreten.

Jedem Einfügungsregister `\insert` n der Nummer n sind bekanntlich die Register `box` n, `\count` n, `\dimen` n und `\skip` n mit der gleichen Nummer n automatisch zugeordnet. Zur Erinnerung möge der Leser ggf. nach S. 213 zurückblättern. Für die Beschreibung der TEX-Behandlung des Registers `\insert` n werden folgende Abkürzungen benutzt: Die Inhalte von `\pagegoal` und `\pagetotal` seien g und t und die von `\pagedepth` und `\pageshrink` d und s. Jede Einfügung

`\insert` n hat eine natürliche Höhe h und Tiefe d, die nach `\tracingpages=1` im `.log`-File protokolliert ist. Die Summe aus Höhe und Tiefe sei x. Enthält die laufende Seite nur eine Einfügung mit dem Einfügungsregister n, so entspricht ihre Höhe und Tiefe `\ht` n bzw. `\dp` n, wenn der Inhalt der Einfügung dem Boxregister `\box` n zugefügt wird. Bei mehreren Einfügungen mit dem gleichen Register `\inden` n hat jede dieser Einfügungen die eigene Vertikalabmessung x, während die Vertikalabmessung der zugeordneten Box `\box` n aus der Summe aller Einfügungen bestimmt wird und mit z bezeichnet werden soll.

Das Register `\insertpenalties` enthält die Summe der Strafpunkte für alle Einfügungen der laufenden Seite, die mit q bezeichnet wird. Mit $f =$ `\count` $n/1000$ ist der Maßstabsfaktor der Einfügung abgekürzt und w sei schließlich der Inhalt von `\skip` n, also der mit der Einfügung zusätzlich einzufügende Zwischenraum. Die dem Einfügungsregister `\insert` n zugeordneten Register `\count` n, `\dimen` n und `\skip` n müssen vor dem ersten Aufruf von `\insert` n mit Werten belegt werden. Der Inhalt der Einfügungen wird während der `\output`-Routine in die Box `\box` n übertragen und es ist Aufgabe der Ausgaberoutine, den Einfügungstext mit dem Seitentext zu verknüpfen.

Für die erste Einfügung auf der laufenden Seite wird die momentane Seitenhöhe g um $fx + w$ vermindert und die erreichten Dehn- und Stauchwerte werden um die elastischen Anteile von `\skip` n ergänzt. Enthält die Seite bereits Einfügungen, so mag es notwendig werden, dass eine weitere Einfügung aufgespalten wird. Ist das der Fall, so werden weitere Einfügungen für diese Seite nicht weiter behandelt. Stattdessen wird q um den internen Wert von `\floatingpenalty` erhöht.

Musste bisher noch keine Einfügung aufgespalten werden, so wird für eine weitere Einfügung geprüft, ob sie noch auf die laufende Seite passt, d. h. ob $xf \leq 0$ oder $t + d + xf - s \leq g$ ist. Ist dies der Fall, so wird g um den Wert von xf vermindert. Anderenfalls wird der für eine Einfügung noch verfügbare Platz v ermittelt und der günstigste Umbruchpunkt für die Einfügung innerhalb einer Box mit der Vertikalabmessung v gesucht. (Das Verfahren für den Einfügungsumbruch entspricht der Bestimmung des günstigsten Kostenwertes für den Seitenumbruch, für den keine Einfügungen existieren.) Der günstigste Umbruch für die Einfügung führt zu einer Vertikalabmessung $u \leq v$ und wird mit dem Strafwert von $r =$ `\floatingpenalty` verbunden. Danach wird g um uf vermindert und q um r erhöht.

War `\tracingpages=1` gesetzt, so führt die Aufspaltung einer Einfügung zu einer Eintragung der Form

`% split`n v`,`u `p=`r

mit der Bedeutung, dass die Einfügung `\insert` n von oben gesehen bei v`pt` umbrochen werden sollte, wofür der beste Umbruch bei u`pt` liegt und dieser Umbruch mit p Strafpunkten verknüpft ist. Bei der Aufspaltung einer Einfügung werden intern die Werte von `\splitmaxdepth` statt `\maxdepth` verwendet und in die Restbox wird als oberer Rand `\splittopskip` eingefügt (s. hierzu die Befehlsbeschreibung von `\vsplit` auf Seite 210).

Wie bereits erwähnt, werden Einfügungsregister für anwendereigene Strukturen selten benötigt, und wenn, dann kaum in der Form eines direkten `\insert`-Befehls, sondern wohl stets als Werkzeug für ein spezielles Makro. Man kann dies bei den Registern `\indent254` und `\indent253` erkennen, die in `plain.tex` als `\indent\footins` bzw. `\indent\topins` eingerichtet werden. Deren direkte Verwendung wird für den Anwender kaum jemals in Frage kommen, sondern ihre Nutzung erfolgt über die Makros `\footnote` und `\topinsert`. Die entsprechenden Makrodefinitionen in `plain.tex` stellen gleichzeitig ein nützliches Beispiel für die Verwendung von Einfügungsregistern dar. Der Leser ist gut beraten, wenn er diese Definitionen durcharbeitet und eigene Einfügungsregister erst dann verwendet, wenn ihm die genannten Makros voll verständlich sind.

Wenn die endgültige Entscheidung für den Seitenumbruch getroffen ist, wird der Text dieser Seite in `\box255` abgespeichert und aus der vertikalen Bearbeitungsliste entfernt. In der Bearbeitungsliste verbleibt der bereits vorbearbeitete Text für den laufenden Absatz und/oder es verbleiben dort eventuell weitere schon bearbeitete vertikale Textstrukturen wie abgesetzte Fomeln und Listen, wenn diese bei der Gewinnung des optimalen Seitenumbruchs bereits mit in Betracht gezogen wurden. Die Einfügungen für diese Seite einschließlich des ersten Teils einer evtl. aufgespaltenen Einfügung werden in den zugehörigen Boxen `\box` n abgespeichert und ebenfalls aus der Bearbeitungsliste entfernt. Der restliche Einfügungstext verbleibt in der Bearbeitungsliste, so als wäre er mit diesem Resttext mit einem eigenen `\insert`-Befehl für die nächste Seite eingegeben worden.

Wird eine Seite an der Stelle eines Strafpunkts umbrochen, so enthält das Register `\outputpenalty` den an der Umbruchstelle wirksamen Strafwert bzw. null, wenn der Umbruch an einer Stelle ohne explizite `\penalty`-Befehle erfolgt. Die Behandlung der ausgegebenen Seitenbox `\box255` und evtl. Einfügungsboxen `\box` n, zusammen mit evtl. Markierungen aus den Befehlen `\marktop`, `\markfirst` und `\markbot` zur endgültigen Seitengestaltung, ist Aufgabe der Ausgaberoutine und wird in 5.3.4 näher dargestellt.

5.3.3 Der Formelsatz durch TEX

Dieser Abschnitt wird kürzer ausfallen als die beiden vorangegangenen, nicht weil der Satz von Formeln weniger interne Entscheidungen zu treffen hat – eher das Gegenteil ist der Fall –, sondern weil zur Verbesserung oder Eigengestaltung von Formeln für den Anwender kaum ein Anlass besteht. Aus diesem Grund werden hier nur die wichtigsten Besonderheiten der mathematischen Bearbeitungszustände dargestellt.

Innerhalb der mathematischen Bearbeitungsmodi ist jedes Zeichen einer von insgesamt acht Klassen zugeordnet. Diese Zeichenklassen sind:

Klasse	*Bedeutung*	*Beisp.*	*Klasse*	*Bedeutung*	*Beisp.*
0	allgemein	/	4	linke Klammer	(
1	Großsymbole	`\int`	5	rechte Klammer	)
2	binäre Operation	+	6	Satzzeichen	,
3	Beziehungsoperation	<	7	variabel	x

Die Zuordnung eines Zeichens zu einer bestimmten Klasse steuert u. a. den Abstand zu vorangehenden oder nachfolgenden Zeichen. Den Klassen 4 und 5 gehören die Zeichen an, die als Klammersymbole verwendet werden können. Die Klassen 0 und 7 sind weitgehend gleichwertig, bei den Zeichen aus 7 darf jedoch die Familie innerhalb einer Formel verändert werden. So gehören die Buchstaben in Formeln dieser Klasse an und ein Aufruf von `\rm` innerhalb von Formeln setzt die Buchstaben in dieser Schrift statt standardmäßig in math.-italic.

In Textmodi, also in horizontalen oder vertikalen Bearbeitungszuständen, ist jedes Zeichen durch seinen Zeichen- (5.1.1) und Kategoriekode (5.1.2) gekennzeichnet. In den mathematischen Bearbeitungsmodi wird jedes Zeichen neben seinem Zeichenkode zusätzlich durch die Zeichensatzfamilie *und* die Bearbeitungsklasse gekennzeichnet. Die Kennung eines Zeichens erfolgt in der Form

$$c = 4096 \times \mathit{Klasse} + 256 \times \mathit{Familie} + \mathit{Zeichenkode}$$

wobei der Zeichenkode zwischen $0, \ldots, 255$, die Familie zwischen $0, \ldots, 15$ und die Klasse zwischen $0, \ldots, 7$ liegen darf. In hexadezimaler Darstellung entspricht dies einer vierstelligen Hexadezimalzahl, bei der die erste Stelle die Klasse, die zweite Stelle die Familie und die letzten beiden Stellen den Zeichenkode darstellen.

Jedes Zeichen der Kategorie 11 (Buchstaben) und 12 (Ziffern, Satzzeichen u. ä.) ist im mathematischen Bearbeitungsmodus einer zusätzlichen mathematischen Kategorie zugeordnet. Die Zuordnung kann mit dem Befehl

`\mathcode'\`*zeichen=kode*

vorgenommen oder geändert werden, wobei *zeichen* für ein Zeichen wie 'A' oder '?' und *kode* für den oben beschriebenen vierstelligen Hexadezimalkode steht. Bei der INITEX-Bearbeitung der PLAIN-Files wird für alle Buchstaben x `\mathcode'\`x = `'`x + `"7100` und für die Ziffern 0 bis 9 `\mathcode'\$z$` = `'`z `+ "7000` gesetzt. Die Bedeutung von `'`x ist der interne Zeichenkode von x (s. 5.1.1). Weitere Zuordnungen erfolgen in `plain.tex` mit der längeren Befehlsgruppe

```
\mathcode'\^^@="2201    \mathcode'\^^A="3223    \mathcode'\^^B="010B
. . . . . . . . . . . . . . . . . . . . . . . . . . . . . . . . .
\mathcode'\{="4266      \mathcode'\|="026A      \mathcode'\}="5267
```

Insgesamt enthält die `\mathcode`-Tabelle 128 Einträge, die es im Prinzip möglich machen, den vierstelligen Gesamtkode durch die Betätigung einer Taste aufzurufen. Für Zeichen der Kategorie 11 und 12, die nicht in der `\mathcode`-Tabelle enthalten sind, wird intern `\mathcode'\`x = `'`x, also ein Kode der Form `"00`xx, verwendet. (Zur Erinnerung: `^^`X bedeutet den um 64 verminderten Kodewert von X. (s. 5.1.1))

Einem Zeichen wird mit `\mathcode\'`*zeichen*`="8000` der spezielle Kodewert `"8000` zugewiesen. Ein solches Zeichen verhält sich dann im mathematischen Modus wie ein aktives Zeichen mit dem Kategoriekode (`\catcode`) 13. Dies wird in `plain.tex` z. B. für das Zeichen `'` zur Erzeugung von Ableitungssymbolen wie y'' aus `y''` genutzt, ohne dass es damit in Konflikt zur Darstellung einer oktalen Konstanten `'`xxx tritt.

In 5.1.1 wurde der Befehl `\char` zum Aufruf eines Zeichens durch seinen Zeichenkode und der Befehl `\chardef` zur Zuordnung eines Zeichenkodes zu einem Befehlsnamen, unter dem das Zeichen dann erzeugt werden kann, vorgestellt. Die äquivalenten Befehle im mathematischen Modus sind `\mathchar`, mit dem ein Zeichen mit seinem Kodewert aufgerufen wird, z. B. `\mathchar"1350` für $\sum$ und `\mathchardef`, mit dem die mathematischen Symbolbefehle definiert werden, wie z. B. `\mathchardef\sum = "1350`. In `plain.tex` werden ca. hundert solcher mathematischen Symbolbefehle definiert.

Die Zuordnung eines mathematischen Zeichens zu einer der Klassen 0 bis 76 kann auch mit `\mathord`, `\mathop`, `\mathbin`, `\mathrel`, `\mathopen`, `\mathclose`, `\mathpunct` und `\mathinner` vorgenommen werden, wobei die Befehlsnamen bezüglich der Klassenzuordnung selbsterläuternd sind. Die Befehlsfolge `\mathopen\mathchar"0266` entspricht dem Aufruf `\mathchar"4266`, da der Befehl `\mathopen` die Zuordnung zur Klasse 4 erzwingt. Das Komma ist standardmäßig der Klasse 6 zugeordnet, und `$A,Z$` erscheint damit als A, Z. Mit `$A\mathbin,Z$` wird das Komma zum binären Operator erklärt und die Formel erscheint nun als $A \mathbin{,} Z$. Die vorstehenden Befehle sind auch vor Teilformeln erlaubt und behandeln diese dann in Bezug auf den Zwischenraum zu den benachbarten Teilen entsprechend ihrer Klassenzugehörigkeit.

Neben seinen Kodewerten aus `\catcode` und `\mathcode` kennt jedes Zeichen im mathematischen Modus noch einen Klammerkode `\delcode`. Dieser ist für alle Zeichen, die als Klammersymbole verwendet werden können, eine sechstellige Hexadezimalzahl aus zwei dreistelligen Gruppen. Die erste Stelle der dreistelligen Gruppen bedeutet die Familie, die beiden weiteren Stellen enthalten den Zeichenkode des zugehörigen Zeichensatzes. Das mit der ersten Gruppe definierte Zeichen wird innerhalb von Textformeln und das der zweiten innerhalb von abgesetzten Formeln als Klammersymbol verwendet. In `plain.tex` werden so neun Zeichen als Klammersymbole definiert, z. B.

```
\delcode`\[="05B302    \delcode`\|="26A30C    \delcode`\]="05D303
```

In Textformeln wird also für die öffnende eckige Klammer das Zeichen `"5B` aus der Familie 0 und in abgesetzten Formeln das Zeichen `"02` aus der Familie 3 verwendet. Alle Zeichen, die nicht als Klammersymbole verwendet werden, erhalten durch INITEX den Klammerkode -1 zugewiesen.

Ein Klammersymbol kann auch direkt mit dem Befehl `\delimiter`, gefolgt von einer siebenstelligen Hexadezimalzahl, erzeugt werden. Die erste Stelle bedeutet hierbei die Klassenangabe für das Klammersymbol. Die verbleibenden sechs Stellen entsprechen den Angaben beim Befehl `\delcode`. `plain.tex` macht von diesem Befehl für die Definition von 22 weiteren Klammersymbolen Gebrauch, z. B. als

```
\def\lbrace{\delimiter"4266308 } \def\rbrace{\delimiter"5267309 }
```

Das erste Klammersymbol gehört damit der Klasse 4 (Öffnen) an und verwendet das Symbol `"66` aus der Familie 2 in Textformeln bzw. das Symbol `"08` der Familie 3 in abgesetzten Formeln.

Der TEX-Grundbefehl `\radical` dient zur Erzeugung von Wurzelsymbolen. Ihm ist formal ein sechsstelliger Hexadezimalwert wie ein Klammersymbol zuzuweisen. In `plain.tex` wird deshalb definiert: `\def\sqrt{\radical="270370}`. Soweit bei den vorstehenden Befehlen Symbole aus der Familie 3 verwendet werden, die in zwei oder mehreren Größen existieren, ist stets das jeweils kleinste Symbol zu kennzeichnen. Dies war z. B. bei den Angaben für das Summensymbol mit `"1350`, der eckigen Klammer mit `"302` bzw. `"303` und hier beim Wurzelsymbol mit `"370` der Fall. TEX ermittelt aus diesen Angaben die evtl. erforderlichen größeren Symbole eigenständig, wenn die sonstige Formelstruktur dies verlangt.

Die letzte Anmerkung gilt auch für den TEX-Grundbefehl `\mathaccent`, der das zugewiesene Symbol als Akzent für das nachfolgende Zeichen setzt. In `plain.tex` werden die Befehle `\widehat` und `\widetilde` als

```
\def\widehat{\mathaccent"0362 }  \def\widetilde{\mathaccent"0365 }
```

definiert, denen im Zeichensatz `cmex` die jeweils kleinsten dieser Akzente entsprechen. Die sonstigen mathematischen Akzentbefehle werden ebenfalls in `plain.tex` definiert und bedürfen keiner Erläuterung, wie z. B. `\def\hat{\mathaccent"705E }` zeigt.

Für die Zuordnung der Zeichen zu ihrem internen Zeichenkode in den verschiedenen Zeichensätzen wird auf die Tabellen 1 bis 8 aus [5a, Anhang C.6] verwiesen. In diesen Tabellen ist jedes Zeichen mit seinem Oktalkode und zusätzlich mit dem entsprechenden Dezimalwert gekennzeichnet. Die Umrechnung in den zugehörigen Hexadezimalwert, ggf. unter Zuhilfenahme eines Taschenrechners, sollte nicht schwerfallen. Notfalls möge sich der Leser eine kleine Umrechnungstabelle anlegen.

Die Schriftgrößenbefehle im mathematischen Bearbeitungsmodus `\displaystyle`, `\textstyle`, `\scriptstyle` und `\scriptscriptstyle` sollten auch dem LATEX-Anwender geläufig sein. Innerhalb von Teilformeln werden je nach Formelstruktur die Größen automatisch gewechselt. In [5a, 5.5.2] werden die Schriftgrößen symbolisch als D, T, S und SS sowie D', T' S' und SS' geschrieben und die interne Umschaltung für die verschiedenen Formelteile dargestellt. TEX kennt den interessanten Grundbefehl

`\mathchoice{`*d*`}{`*t*`}{`*s*`}{`*ss*`}`

Die Angaben d, t, s und ss stehen hier für Teilformeln oder sonstige mathematische Strukturen, von denen genau eine ausgeführt wird, z. B. d, wenn die Schriftgröße D oder D' gerade aktiv ist, oder s für die momentane Schriftgröße S oder S'. Für die Unterschiede zwischen den ungestrichenen und den gestrichenen Größen wird auf [5a, 5.5.2] und [10a, Seite 140, 141] verwiesen.

Für Bruchstrukturen kennt TEX die Grundbefehle `\over`, `\above` und `\atop` sowie deren Verallgemeinerung mit einem angehängten `...withdelimits` an den vorstehenden Befehlsnamen. Syntax:

zähler `\over` *nenner*   *zähler* `\above` *maß nenner*   *zähler* `\atop` *nenner*

Hierin stehen *zähler* und *nenner* für beliebige Teilformeln, die ihrerseits wieder bruchartige Strukturen enthalten können. Der Unterschied zwischen den drei Befehlen liegt darin, dass `\over` einen Bruchstrich mit einer vorgegebenen Standardstrichstärke erzeugt, `\above` diesen Bruchstrich mit der durch *maß* angehängten Strichstärke vornimmt und `\atop` ihn unsichtbar lässt: $\frac{1}{2}$, $\frac{1}{2}$ ${1 \atop 2}$ aus `$\1 \over 2$`, `$\1 \above1pt 2$` und `$1 \atop 2$`. Die erweiterten Befehle mit dem angehängten `...withdelimits` haben dieselbe Syntax, nur folgen auf das angehängte Wort unmittelbar ein linkes und ein rechtes Klammersymbol, die die Bruchstruktur als Ganzes umschließen. In `plain.tex` werden die Befehle `\choose`, `\brack` und `\brace` definiert, die keiner Erläuterung bedürfen, wie am Beispiel `\def\brack{\atopwithlimits[]}` erkennbar wird.

Einige große Klammersymbole werden aus mehreren Teilen zusammengesetzt. Die Befehle `\arrowvert` `\Arrowvert` und `\bracevert` erzeugen die vertikalen Anteile von senkrechten Pfeilen und großen Klammern. Die Befehle `\lgroup` und `\rgroup` erzeugen geschweifte Klammern *ohne* den geschweiften Mittelteil und `\lmoustache` und `\rmoustache` geschweifte Klammern mit vertauschten Enden. Das Ergebnis dieser Befehle mit einem vorangestellten `\big` in der Reihenfolge der Vorstellung ist:

$$\big\arrowvert \quad \big\Arrowvert \quad \big\bracevert \quad \big\lgroup \quad \big\rgroup \quad \big\lmoustache \quad \big\rmoustache$$

Alle diese Befehle können nur in Verbindung mit einem vorangestellten `\big`, `\Big`, `\bigg`, `\Bigg`, `\left` oder `\right` verwendet werden.

Gelegentlich wird in Formeln der Befehl `\vcenter{`*vbox_text*`}` verwendet. Dies ist ein Befehl zur Erzeugung einer vertikalen Box, die alle Strukturen *vbox_text* enthalten kann, die in einer `\vbox` erlaubt sind. Die hiermit erzeugte vertikale Box wird zur horizontalen Achse der umgebenden Formel oder Teilformel so positioniert, dass ihre Ober- und Unterkante um den gleichen Betrag über und unter die Formelachse reicht. Der Befehl `\vcenter` darf nur im mathematischen Bearbeitungsmodus, also nur innerhalb von Formeln, verwendet werden.

```
$$ |x| = \left\{\vcenter{
    \hbox{\hbox to 5mm{$x$\hss} f"ur $x\ge 0$}
    \hbox{\hbox to 5mm{$-x$\hss} f"ur $x < 0$}}
        \right. $$
```

$$|x| = \begin{cases} x & \text{für } x \ge 0 \\ -x & \text{für } x < 0 \end{cases}$$

erzeugt die nebenstehende Formel. Der Befehl `\vcenter` wird bei LATEX-Anwendungen zur Erzeugung von Formeln kaum benötigt werden, da hierzu komfortablere Formatierungsbefehle zur Verfügung stehen. Sein Einsatz wird eher in eigenen Makrodefinitionen zu erwarten sein, um besondere Formatierungswünsche zu erfüllen.

So wie im horizontalen und vertikalen Bearbeitungsmodus die horizontale und vertikale Bearbeitungsliste angelegt und bei der Absatz- bzw. Seitenformatierung abgearbeitet wird, entsteht in den mathematischen Bearbeitungsmodi die mathematische Bearbeitungsliste, die mit der Formatierung der Formel abgearbeitet wird. Die mathematischen Listenelemente sind umfangreicher als bei der horizontalen und erst recht bei der vertikalen Liste. Die Einzelheiten sind für übliche Benutzeranwendungen kaum von Interesse und werden deshalb hier nur kurz angesprochen. Für Details wird auf die Seiten 157, 158 und Anhang G aus [10a] verwiesen.

Die Elemente der mathematischen Bearbeitungsliste können einmal horizontale und vertikale Boxen sowie elastischer und fester Zwischenraum ('Glue' und 'Kern') sein, die mit expliziten Befehlen in der Formel angebracht sind. Das Gleiche gilt für evtl. Strafbefehle. Als mathematische Listenelemente können zusätzlich auftreten:

- Schriftgrößenumschaltungen mit `\displaystyle` bis `\scriptscriptstyle`
- Teilformeln aus Bruchstrukturen (aus `\above`, `\atop` u. ä.)
- Formelgrenzen aus `\left`- und `\right`-Befehlen
- der Vierwegebefehl `\mathchoice`
- und schließlich die sog. Atome

Die häufigsten Listenelemente aus Formeln sind die *Atome*. Jedes Atom besteht aus drei Teilen, dem *Nukleus* oder *Kern*, dem *Exponenten* und dem *Index*, die auch leer sein dürfen. Diese drei Teile können ihrerseits wieder aus Atomen bestehen. So ist in $x^{\overline{n+1}}$ das Symbol x der Kern und $\overline{n+1}$ der Exponent. Der Index für dieses Atom ist leer. Der Exponent besteht seinerseits aus dem Atom mit dem Kern $n+1$ und dieser wiederum aus drei Atomen.

Jedes Atom ist mit einem Attribut verknüpft. Diese sind einmal 'Ord', 'Op', 'Bin', 'Rel', 'Open', 'Close' und 'Punct', die den Klassen 0 bis 6 oder den vorangestellten Befehlen `\mathord`,... `\mathpunct` entsprechen. Weitere implizite Attribute sind 'Inner' für etwas wie ein Bruchstrich, 'Over' für einen Überstrich, 'Under' für einen Unterstrich, 'Acc' für einen Akzent, 'Rad' für ein Wurzelatom wie $\sqrt{2}$ und schließlich 'Vcent' für eine mit `\vcenter` erzeugte Box. Die Attribute spielen die entscheidende Rolle für die Positionierung der Atome beim Satz der Formel. Dies wird mit allen Details in [10a, Anhang G] dargestellt.

5.3.4 Die TEX-Ausgaberoutine

In den vorangegangenen Abschnitten wurde bereits mehrfach auf die TEX-Ausgaberoutine verwiesen. Diese wird nach der Berechnung der optimalen Stelle für den Seitenumbruch automatisch von TEX durch den internen Aufruf `\the\output` angesprochen. Dabei ist es gleich, ob der Umbruch durch einen Anwenderbefehl wie `\newpage` erzwungen oder nach den TEX-eigenen Regeln bestimmt wurde. Hinter `\output` verbirgt sich ein internes Tokenregister (s. 5.2.5). Dieses Tokenregister kann bei Bedarf vom Anwender nach seinen Anfordrungen gefüllt werden. Standardmäßig wird es in `plain.tex` mit `\output={\plainoutput}` gefüllt, wobei `\plainoutput` ein Makro ist, das gleich erläutert wird.

Die Aufgabe der Outputroutine ist es, die verschiedenen Seitenbestandteile richtig zu montieren und die Ausgabe in das `.dvi`-File zu veranlassen. Letzteres geschieht mit dem TEX-Grundbefehl `\shipout\vbox{`*seite*`}`, wobei die angesprochene `\vbox` den endgültigen Seitentext enthält. Die Outputroutine mag eventuell feststellen, dass zur endgültigen Ausgabe einer Seite weiteres durch TEX noch zu bearbeitendes Material erforderlich ist. In diesem Fall wird TEX zur Weiterbearbeitung veranlasst und nach der nächsten Umbruchentscheidung wird die Outputroutine erneut aufgerufen. Um zu verhindern, dass durch eine fehlerhafte Eingabe ein nicht endendes Hin- und Herpendeln zwischen TEX-Bearbeitung und Outputaufrufen auftritt, existiert eine Schranke `\maxdeadcycles`, die in `plain.tex` mit 25 vorbesetzt wird. Bei jedem Aufruf der Outputroutine, der nicht zu einem `\shipout` führt, wird der interne Zähler `\deadcycles` um eins erhöht bzw. auf null zurückgesetzt, wenn die Seite mit `\shipout` tatsächlich ausgegeben wird. Für `\deadcycles=\maxdeadcycles` wird ein `\shipout` in jedem Fall erzwungen.

Ein sinnvoller Anlass für einen Mehrfachaufruf der Outputroutine liegt bei mehrspaltiger Seitenformatierung vor. Hierbei wird jede Spalte zunächst von TEX als eigener Seitenrumpf betrachtet und ihr Inhalt nach der Entscheidung für den vertikalen Umbruch in `\box255` abgelegt. Die danach aufgerufene Outputroutine muss dann prüfen, ob dies die letzte Spalte der Seite ist. Ist dies nicht der Fall, so muss der Inhalt von `\box255` umgespeichert und TEX zur Formatierung einer weiteren Spalte veranlasst werden.

Nach der Bestimmung eines Seitenumbruchs liegt der Inhalt des Seitenrumpfs in `\box255` vor. Ohne Einfügungen hat diese Box die Höhe von `\vsize`. Für die auszugebende Seite mögen aber weitere Boxen existieren, z. B. mit den Fußnoten der laufenden Seite und mit evtl. Einfügungen aus weiteren `\insert`-Registern. In diesem Fall ist die vertikale Abmessung von `\box255` kleiner als `\vsize`, da diese Einfügungen auf die laufende Seite passen müssen. Meistens existiert auch eine Fußzeile mit der laufenden Seitennummer und evtl. auch Material für eine Kopfzeile aus vorangegangenen `\mark`-Befehlen (s. S. 214).

Die Montage dieses Seitenmaterials zur endgültigen Seite soll am Beispiel von `\plainoutput` beschrieben werden. Dieses Makro ist als

```
\def\plainoutput{\shipout\vbox{\makeheadline\pagebody\makefootline}%
    \advancepageno \ifnum\outputpenalty>-20000 \else\dosupereject\fi}
```

definiert. Der Inhalt der mit `\shipout` ausgegebenen `\vbox` wird mit den Befehlen `\makeheadline`, `\pagebody` und `\makefootline` aufgebaut. Diese drei Befehle sind ihrerseits definiert als

```
\def\makeheadline{\vbox to 0pt{\vskip-22.5pt
    \line{\vbox to 8.5pt{}\the\headline}\vss}\nointerlineskip}
\def\pagebody{\vbox to \vsize{\boxmaxdepth=\maxdepth \pagecontents}}
\def\makefootline{\baselineskip=24pt \line{\the\footline}}
```

Hier sei zunächst die Bedeutung von `\line` nachgetragen. Dieser Befehl wird in `plain.tex` mit `\def\line{\hbox to \hsize}` eingerichtet und hätte in den Abschnitt 5.2.4 über die TEX-Boxen und Boxregister gehört. Er wurde dort mit Absicht nicht aufgeführt, da sich dieses Buch an LATEX-Anwender richtet und der LATEX-Befehl `\line` eine völlig andere Bedeutung hat. Der ursprüngliche TEX-Befehl `\line` kann in `.sty`-Files unter dem Namen `\@@line` aufgerufen werden.

Das erste Makro `\makeheadline` erzeugt zunächst eine vertikale Box mit der Höhe 0 pt. Dies ist zulässig, auch wenn die Box selbst nicht leer ist. In dieser Box wird zunächst ein negativer Zwischenraum von -22.5 pt eingefügt, womit die Folgebox um diesen Betrag nach oben verschoben wird. Diese Folgebox ist eine `\line`-Box, die durch den Aufruf `\the\headline` gefüllt wird und deren Höhe wegen der vorangestellten vertikalen Leerbox 8.5 pt beträgt. In `plain.tex` stellt `\headline` eine Leerzeile dar. Mit `\def\headline{\hss\folio\hss}` würde sie aus der zentrierten Seitennummer bestehen und mit `\def\headline{\botmark\hss\folio}` linksbündig den letzten `\mark`-Eintrag und rechtsbündig die Seitennummer enthalten. (`\folio` ist ein `plain`-Makro, das die laufende Seitennummer, die in `\count0` unter dem Namen `\pageno` geführt wird, ausgibt.) Das Makro `\makeheadline` schließt mit dem Befehl `\nointerlineskip` ab.

Damit entfällt ein Zwischenraum zwischen der Unterkante der Kopfbox und der Oberkante der anschließenden Seitenbox.

Die vorstehende Zwischenraumangabe von $-22.5\,\mathrm{pt}$ erscheint zunächst unverständlich. Sie ergibt sich aus der Forderung, den Abstand der Grundlinie der Kopfbox zur Grundlinie der ersten Seitenzeile auf 24 pt und damit auf `2\baselineskip` einzustellen. Der Wert folgt aus `\topskip - 8.5pt - 2\baselineskip`, also $10 - 8.5 - 24$.

Auf die Ausgabe der Kopfbox folgt das Makro `\pagebody`. Dieses richtet eine `\vbox` mit der Höhe von `\vsize` ein, innerhalb derer `\boxmaxdepth=\maxdepth` gesetzt wird. Die Bedeutung dieser Befehle wird in 5.2.4 beschrieben. Gefüllt wird diese `\vbox` mit Ausführung des Befehls `\pagecontents`, der seinerseits als

```
\def\pagecontents{\ifvoid\topins\else\unvbox\topins\fi
    \dimen0=\dp255 \unvbox255
    \ifvoid\footins
    \else \vskip\skip\footins \footnoterule \unvbox\footins\fi
    \ifraggedbottom\kern-\dimen@ \vfil \fi}
```

definiert ist.[5] Hier wird zunächst abgefragt, ob `\topins` leer ist. Dieses ist nicht leer, wenn eine vorangegangene `\topinsert ...\endinsert`- oder `\midinsert ...\endinsert`-Sequenz noch nicht abgearbeitet ist. In diesem Fall wird mit `\unvbox\topins` der Inhalt der umgebenden `\box\topins` ausgegeben. Anschließend wird die Tiefe der `\box255` in `\dimen0` zwischengespeichert und ihr Inhalt mit `\unvbox255` ausgegeben.

Danach wird geprüft, ob `\footins` leer ist. Dies ist nicht der Fall, wenn die laufende Seite Fußnoten enthält, die in `\box\footins` abgespeichert sind. Für diesen Fall wird vertikaler Zwischenraum vom Betrag `\skip\footins` ausgegeben, gefolgt von einem horizontalen Balken `\footnoterule`, unter dem dann der Inhalt der Fußnotenbox mit `\unvbox\footins` eingefügt wird. Dem Leser wird empfohlen, die Makrodefinitionen für `\footnote` und die verschiedenen `\`xxx`insert`-Befehle aus `plain.tex` näher in Augenschein zu nehmen, um ihr internes Wirken ungefähr zu verstehen.

Damit ist der Seitenrumpf für diese Seite fertig. Er besteht aus evtl. Einfügungen oben auf der Seite, gefolgt vom eigentlichen Seitentext aus `\box255`, unter dem, durch einen horizontalen Strich getrennt, die Fußnoten dieser Seite erscheinen. Alle beteiligten Boxen sind als Folge der Referenzbefehle `\unvbox` nunmehr leer. Zum Schluss wird nur noch geprüft, ob der Befehl `\raggedbottom` gesetzt war, und für diesen Fall am unteren Ende etwas variabler Füllraum zugelassen.

Es bleibt noch die Abarbeitung von `\makefootline`. Dieses Makro stellt zunächst den Zeilenabstand auf 24 pt ein und gibt dann mit diesem Abstand die Zeilenbox `\line{\the\footline}` aus, die mit dem Inhalt von `\footline` gefüllt wird. Dies ist ein Tokenregister, das in `plain.tex` mit `\newtoks\footline` belegt und mit `\footline={\hss\tenrm\folio\hss}` gefüllt wird. Seine Ausgabe `\the\footline` erzeugt die zentrierte Seitennummer.

Nachdem die fertige Seitenbox mit `\shipout` in das `.dvi`-File geschrieben worden ist, wird die laufende Seitennummer mit `\advancepageno` um eins erhöht (oder vermindert). Dieses Makro ist ebenfalls in `plain.tex` definiert und berücksichtigt, dass `\folio` zur Ausgabe von römischen Ziffern führt, wenn das Register `\pageno` negative Werte enthält.

[5] In der Originaldefinition aus `plain.tex` stehen anstelle der hier angegebenen Befehle `\dimen0` und `\ifraggedbottom` die internen Befehle `\dimen@` und `\ifr@ggedbottom`, die ich hier zum leichteren Verständnis durch die ungeschützten Befehlsnamen ersetzt habe.

Für diesen Fall muss der Wert um eins vermindert werden, damit die Seitennummerierung auch in römischen Zahlen aufsteigend erfolgt.

Zum Abschluss erfolgt in `\plainoutput` die Abfrage, ob der Strafwert von `\outputpenalty` > -20000 ist. Für diesen Fall wird die Outputroutine beendet. Ist dagegen `\outputpenalty` ≤ -20000, so wird noch der Befehl `\dosupereject` ausgeführt. Letzteres ist dann der Fall, wenn noch nicht abgearbeitete Einfügungen, z. B. aus einer `\pageinsert ...\endinsert`-Sequenz, vorliegen. Dieser Befehl ist als

```
\def\dosupereject{\ifnum\insertpenalties>0
    \line{}\kern-\topskip\nobreak\vfill\supereject\fi}
\def\supereject{\par\penalty-20000}
```

definiert. Die Wirkung ist etwas trickreich: Das Register `\insertpenalties` enthält zu dieser Zeit die Anzahl der noch nicht bearbeiteten Einfügungen. Für diese wird eine neue vertikale Bearbeitungsliste begonnen, in der zunächst die Wirkung von `\topskip`, mit dem jede vertikale Liste beginnt, durch `\kern-\topskip` aufgehoben wird. Der eigentliche Trick nach den weiteren Listenelementen `\nobreak\vfill` erfolgt mit `\superject`, mit dem -20000 Strafpunkte in die vertikale Liste eingefügt werden, die einen neuen Seitenumbruch und damit unverzüglich einen weiteren Aufruf der Outputroutine zu Folge haben, wenn TEX mit der Textbearbeitung fortsetzen will.

Mit diesem erneuten Aufruf wird eine Seite mit noch unbearbeiteten Einfügungen gefüllt. Für diese Seite ist der Wert von `\insertpenalties` um die Zahl der Einfügungen vermindert. Der ganze Vorgang wiederholt sich so lange, bis alle Einfügungen abgearbeitet sind.

Anwendereigene Outputroutinen können bereitgestellt werden. Hierzu ist lediglich `\output={`*my_output*`}` mit dem Namen der eigenen Outputroutine *my_output* zu setzen. So stellt auch LATEX seine eigene Outputroutine bereit, die sehr viel umfangreicher ist und sowohl ein- als auch zweispaltige Ausgabe realisiert, wobei bei einer zweispaltigen Ausgabe eine über beide Spalten reichende Einfügung vorangestellt werden kann. Die LATEX-Outputroutine schränkt den Bedarf an anwendereigenen Ausgaberoutinen stark ein. Soweit veränderte Abmessungen für die Kopfzeilen Anlass für eine eigene Outputroutine sind, entfällt dies in LATEX, da sie mit dem Seitenstil `myheading` und den Erklärungen für `\headheight` und `\headsep` leicht erreicht werden können.

Hier folgt noch ein Beispiel für eine dreispaltige Seitenformatierung, um den Leser mit den Möglichkeiten für eine eigene Outputroutine vertrauter zu machen. Zunächst werden mit

```
\newif\rightcol    \newif\medcol  \newbox\leftbox  \newbox\medbox
\newdimen\fullsize \fullsize = \hsize \hsize=0.3\hsize
```

einige Register reserviert, die ursprüngliche Seitenbreite in `\fullsize` abgespeichert und dann zu 30% ihres ursprünglichen Wertes eingestellt. Die Outputroutine `\iiicolpage` wird dann als

```
\def\iiicolpage{\ifrightcol\shipout\vbox{\makeheadline
    \hbox to \fullsize{\leftline\leftbox\hfill\leftline\medbox\hfill
                       \pagebody}        \makefootline }
    \advancepageno \global\rightcolfalse \global\medcolfalse
    \else
      \if\medcol\setbox\medbox=\pagebody  \global\rightcoltrue
       \else     \setbox\leftbox=\pagebody \global\medcoltrue   \fi
    \fi
    \ifnum\outpenalty>-20000 \else\dosupereject\fi }
```

definiert. Das Makro `\pagebody` kann aus `plain.tex` übernommen werden. Die Makros `\makeheadline` und `\makefootline` müssten geringfügig verändert werden, indem statt der dortigen `\line`-Befehle `\hbox to \fullsize` zu setzen wäre, da die Kopf- und Fußleiste über die gesamte Seitenbreite laufen soll.

Betrug die ursprüngliche Seitenbreite 160 mm, so umfasst sie nach `\hsize=0.3\hsize` nur noch 48 mm. Mit dieser Breite wird zunächst eine Spalte wie eine eigene Seite formatiert und die Outputroutine aufgerufen. Die Schalter `rightcol` und `medcol` sind zunächst *falsch*, d. h. in der Outputroutine läuft `\setbox\leftbox=\pagebody` ab, wonach `\medcol` auf *wahr* gesetzt wird. Die vertikale Box `\box\leftbox` enthält ggf. oben Einfügungen und unten Fußnoten.

Nach weiterer TEX-Bearbeitung wird eine weitere Spaltenseite ausgegeben, wonach die Outputroutine nunmehr `\setbox\medbox=\pagebody` ausführt und dann `\rightcol` als *wahr* setzt. Erst mit dem nächsten Seitenumbruch wird die dritte Spalte zugefügt und nunmehr die äußere `\vbox` mit `\shipout` ausgegeben. Hiernach wird die Seitennummer erhöht und die Schalter `\medcol` und `\rightcol` werden wieder auf *falsch* zurückgesetzt.

5.4 Weitere TEX-Strukturen

Hier werden, ohne Anspruch auf Vollständigkeit zu erheben, einige weitere TEX-Strukturen und Befehle vorgestellt, die in den Beispielen des nächsten Kapitels auftauchen oder für eigene `.sty`-Files von Bedeutung sein könnten und die bisher nicht oder nicht ausreichend erläutert wurden.

5.4.1 TEX-Filebefehle

Der TEX-Grundbefehl `\input` *file_name* ist jedem LATEX-Anwender geläufig. Hiermit wird an der Stelle dieses Befehls ein externes File eingelesen und sein Inhalt so behandelt, als wäre er Teil des Originaltextes, der an dieser Stelle eingefügt ist. TEX kennt einen Ausgabebefehl `\message{`*nachricht*`}`, der den Inhalt von *nachricht* auf dem Bildschirm erscheinen lässt und ihn zusätzlich im `.log`-File ablegt. In *nachricht* dürfen Befehle enthalten sein. Diese werden, soweit dies möglich ist, bei der Ausgabe aufgelöst. TEX-Grundbefehle erscheinen dabei mit ihrem Namen. Beispiel: `\message{\vskip1cm Vertikaler Sprung}` erzeugt auf dem Bildschirm und im `.log`-File:

```
\vskip1cm Vertikaler Sprung.
```

Dagegen erscheint `\message{\llap Ruecksetzung}` als

```
\hbox to 0pt{\hss R}uecksetzung
```

da `\llap` ein Makro darstellt, das als `\hbox to 0pt{\hss#1}` definiert ist und bei der Ausgabe entsprechend aufgelöst wird.

TEX stellt weitere Befehle zum Lesen und Schreiben von externen Files bereit. Solche externen Dateien müssen zunächst eröffnet werden. Dazu dienen die Befehle

`\openin` n = *file_name* `\openout` n = *file_name*

Hierin ist für n eine Zahl $0 \leq n \leq 15$ zu wählen, die als Dateikennzahl mit dem File *file_name* verknüpft wird. Mit diesen Befehlen können bis zu 16 externe Files gleichzeitig geöffnet werden. Die Buchhaltung über zu eröffnende Dateien kann auch an TEX mit den Befehlen

`\newread` *log_name* `\newwrite` *log_name*

übertragen werden, womit ein File mit dem logischen Namen *log_name* gekennzeichnet wird. TEX weist dabei *log_name* die nächste freie Dateikennzahl für ein Ein- bzw. Ausgabefile zu. Durch `plain.tex` wird die jeweils höchste Kennzahl für die Eingabedateien in `\count16` und für die Ausgabedateien in `\count17` abgelegt. Beiden Zahlenregistern ist zu Beginn der Wert -1 zugewiesen.

Nachdem ein File zum Lesen geöffnet wurde, wird mit

`\read` n `to` *zeile* oder `\read` *log_name* `to` *zeile*

die nächste Zeile aus dem File gelesen und unter dem Befehlsnamen *zeile* abgelegt. Beim Aufruf des Namensbefehls *zeile* wird sein Inhalt an der Stelle dieses Befehls in den Text eingefügt. Sollen mehrere Zeilen hintereinander gelesen werden, so müssen entsprechend viele `\read`-Befehle unmittelbar aufeinander folgen und in unterschiedlichen Namensbefehlen abgelegt werden. War z. B. mit `\newread\eingabe` und `\openin\eingabe = daten` das File mit dem Namen `daten` geöffnet worden, so bewirken die Befehle

```
\read\eingabe to \zeilei     \read\eingabe to \zeileii
\read\eingabe to \zeileiii   \read\eingabe to \zeileiv
```

das Einlesen der ersten vier Filezeilen und ihre Ablage unter `\zeilei` bis `\zeileiv`. Die Namensbefehle können an beliebiger Stelle und in beliebiger Reihenfolge im anschließenden Text aufgerufen werden und bewirken dort die Einfügung der unter `\zeile`xx abgespeicherten Inhalte.

Ein `\read`n-Befehl *ohne* einen vorangegangenen Öffnungsbefehl *oder* mit einer Kennzahl $n > 15$ bewirkt auf dem Bildschirm die Ausgabe *zeile* = und das Programm wartet auf eine Eingabe über die Tastatur. Nach Abschluss der Tastatureingabe mit der Returntaste steht der eingegebene Text im Namensbefehl *zeile* und kann mit diesem wie vorher an beliebiger Stelle weiterverwendet werden. Auf diese Weise könnte ein Bildschirmdialog eingerichtet werden:

```
\message{Geben Sie Ihren Namen ein}  \read16 to \myname
\message{Mein Name ist \myname}
```

Bei einer negativen Kennzahl im `\read`-Befehl unterbleibt die Ausgabe von *zeile* = auf dem Bildschirm. Das Programm wartet aber auch hierbei auf eine Tastatureingabe, die nach ihrem Abschluss ebenfalls im Namensbefehl *zeile* abgelegt wird.

War ein File mit `\openout` n = *file_name* oder `\openout`*og_name* = *file_name* zum Schreiben eröffnet worden, so wird mit

`\write` n {*text*} oder `\write`*log_name*{*text*}

der Inhalt von *text* in dieses File geschrieben und mit einem Zeilenendzeichen abgeschlossen. Weitere Schreibbefehle fügen entsprechende Zeilen hinzu. Der auszugebende Text darf TEX-Befehle und -Makros enthalten. Letztere werden so weit wie möglich aufgelöst und mit ihrer aufgelösten Bedeutung in das Ausgabefile geschrieben. Die Fileausgabe erfolgt jedoch nicht an der Stelle des `\write`-Befehls, sondern erst mit dem Aufruf der Ausgaberoutine für die laufende Seite. Dies kann ungewollte Folgen haben. Enthält der auszugebende Text

Makros, so werden diese erst bei der tatsächlichen Fileausgabe, also innerhalb der `\output`-Routine, aufgelöst. Wird nun nach einem `\write`-Befehl eines der auszugebenden Makros vor Beendigung der laufenden Seite verändert, so wird das Ergebnis des veränderten Makros im Ausgabefile erscheinen und nicht das Makro zurzeit des `\write`-Aufrufs.

Dieses Verhalten kann geändert werden. Dazu muss dem Öffnungs- oder Schreibbefehl der Befehl `\immediate` vorangestellt werden. Mit `\newwrite\sofort` und dem Öffnungsbefehl `\immediate\openout\sofort=`*file_name* werden alle nachfolgenden Befehle `\write\sofort` unverzüglich ausgeführt. Ohne ein vorangestelltes `\immediate` beim Öffnungsbefehl können durch sein Voranstellen vor dem Schreibbefehl als `\immediate\write\sofort{`*text*`}` nunmehr einzelne Schreibbefehle unverzüglich ausgeführt und andere, durch Fortlassen von `\immediate`, verzögert behandelt werden.

Hier mag die Frage aufkommen, welchen Sinn eine verzögerte Ausgabe überhaupt hat. Der Grund ist darin zu suchen, dass häufig Information ausgegeben werden soll, die erst nach der endgültigen Seitenformatierung vorliegt, wie z. B. die Seitennummer oder Einfügungen aus `\insert`-Registern.

Da Befehle und Makros im Ausgabetext eines `\write`-Befehls aufgelöst werden, erscheinen im Ausgabefile Umlaute in der TEX-internen Darstellung. Umlaute werden beim TEX-Original durch ein vorangestelltes `\"` vor dem Umlautvokal u erzeugt. Das TEX-Makro `\"` ist seinerseits als `{\accent"7F #1}` definiert. Damit erscheinen alle Umlaute im Ausgabefile als `{\accent"7F` u`}` und aus einem ähnlichen Grund das ‘ß’ als `"19`. Bei der Verwendung von `german.sty` ist die Ausgabe für das ‘ß’ und ganz besonders für die Umlaute erheblich umfangreicher, da diese Zeichen in der `german`-Option intelligenter definiert werden als beim TEX-Original.

Wird ein so erzeugtes Ausgabefile später oder für eine andere Textbearbeitung mit `\read` oder `\input` wieder eingelesen, so werden diese ausgegebenen Grundbefehle bei ihrem Aufruf ausgeführt und erzeugen die Umlaute und das ß (oder sonstige Befehlsstrukturen) in der gewohnten Form. Soll dagegen das Ausgabefile für andere Zwecke verwendet werden, z. B. weil es die Angaben für ein noch zu erstellendes Inhaltsverzeichnis enthält, so mögen die ausgegebenen Befehlsstrukturen hinderlich sein. Man könnte hier daran denken, durch ein bereitzustellendes Makro die Umlaute und das ß im Ausgabefile z. B. als ue bzw. ss zu schreiben.

Ein Schreibbefehl `\write` n ohne vorangegangene Fileeröffnung oder mit einer Kennzahl $n > 15$ schreibt den Inhalt von *text* auf den Bildschirm und in das `.log`-File. Eine negative Kennzahl unterdrückt die Bildschirmausgabe und schreibt nur in das `.log`-File. Geöffnete Ein- und Ausgabefiles können mit den Befehlen

`\closein` n oder `\closein\`*log_name*
`\closeout` n oder `\closeout\`*log_name*

wieder geschlossen werden. Anschließend kann dieselbe Kennzahl durch einen neuen Öffnungsbefehl mit einer anderen Datei verknüpft werden. Auf diese Weise ist es möglich, mehr als 16 Files für das Lesen oder Schreiben anzusprechen. Achtung: Wird ein Ausgabefile nach dem Schließen unter demselben Filenamen wieder geöffnet, so wird sein bisheriger Inhalt durch die nachfolgenden Schreibbefehle überschrieben.

Beim Schließen und Wiederöffnen eines Ausgabefiles unter derselben Kennzahl sollte dem Schließbefehl `\immediate` vorangestellt werden, wenn nicht auf andere Weise sichergestellt ist, dass zwischen dem Schließen und Wiedereröffnen ein Seitenumbruch erfolgt.

Wird bei den vorstehenden Fileöffnungsbefehlen ein Filename ohne Anhang angegeben, so sucht TEX nach einem File mit dem angegebenen Namen als Grundnamen und dem Anhang `.tex`. Soll ein Filename mit einem anderen Anhang verwendet werden, so muss dieser explizit im Namen angegeben werden. In diesem Zusammenhang bietet sich häufig der TEX-Grundbefehl `\jobname` an. Er liefert den Grundnamen des mit TEX oder LATEX zu bearbeitenden Files zurück. Dies kann besonders in Makros sehr hilfreich sein. Nach `\newwrite\aux` wird mit `\openout\aux=\jobname.aux` ein File mit dem Grundnamen des jeweils zu bearbeitenden Dokuments und dem Anhang `.aux` eingerichtet.

5.4.2 TEX-Blockstrukturen

Ein Block ist im Prinzip ein in geschweifte Klammerpaare gesetzter Eingabeteil. Dieser hebt sich von seiner Umgebung, also dem Text außerhalb der Klammern, dadurch ab, dass die meisten Befehlsdefinitionen, Registerzuweisungen, Befehlsaufrufe wie Schriftumschaltungen u. a. nur innerhalb des Klammerpaares bekannt sind und dort lokal ihre Wirkung entfalten. Außerhalb des Blocks sind sie entweder unbekannt oder haben eine andere Bedeutung. Blöcke können beliebig verschachtelt werden, wobei Einstellungen und Definitionen in inneren Blöcken den umgebenden äußeren Blöcken unbekannt bleiben. Anders jedoch in umgekehrter Richtung: Einstellungen und Definitionen in äußeren Blöcken sind in allen inneren Blöcken unabhängig von der Schachtelungstiefe bekannt und wirksam. Dies wird erst aufgehoben, wenn eine Definition mit dem gleichen Namen oder eine Einstellung für die namensgleiche äußere Struktur erfolgt. Diese inneren Einstellungen haben dann Vorrang vor den äußeren.

Für verschachtelte Blöcke gilt, dass die im letzten umfassenden Block gültigen Strukturelemente bekannt und wirksam sind, soweit sie nicht lokal abgeändert werden. Es ist jedoch möglich, innerhalb von Blöcken neue Einstellungen und Definitionen global zu erklären. Dies geschieht durch das Voranstellen des Befehls `\global` vor einer solchen inneren Struktur. Global erklärte Strukturen wirken durch alle umgebenden Blöcke bis hin zur äußersten Ebene. Damit gilt umgekehrt für globale Erklärungen, dass die innerste globale Erklärung *anschließend* die außen gültige ist.

```
{\global\def\a{aussen} \a {\global\def\a{innen} \a } \a } \a
```

führt zu der Ausgabe „aussen innen innen innen“. Innerhalb des ersten Blocks wird global `\a` mit dem Inhalt 'aussen' definiert und anschließend aufgerufen. In dem darauffolgenden inneren Block wird `\a` nun nochmals global mit dem Inhalt 'innen' definiert und anschließend aufgerufen. Danach wird der innere Block verlassen, der Aufruf von `\a` führt nunmehr aber auch hier zu „innen“ und nach Verlassen des äußeren Blocks steht nach wie vor `\a` für „innen“.

TEX und ebenso LATEX gestatten die Bildung eines Blocks auch mit den Befehlen `\begingroup ... \endgroup` sowie `\bgroup ... \egroup`. Das erste Befehlspaar stellt TEX-Grundbefehle dar, während das zweite in `plain.tex` bzw. `lplain.tex` definiert wird und dort mit einer öffnenden bzw. schließenden Klammer gleichgesetzt wird. Dies gestattet die Mischung von Klammersymbolen und den letztgenannten Befehlen: `\bgroup ... }` oder `{ ... \egroup` bilden jeweils einen Block. Auch `{...\bgroup...}...\egroup` ist zulässig. Der innere Block ist hierbei mit `\bgroup...}` definiert und der äußere mit `{ ... \egroup`. Der eigentliche Nutzen der Befehle `\bgroup` und `\egroup` liegt darin, dass sie in Makrodefinitionen auftreten dürfen, um eine öffnende Klammer zu hinterlassen, die erst mit einer anderen Makrodefinition geschlossen wird.

Die TEX-Grundbefehle `\begingroup` und `\endgroup` sind Blockbildungsbefehle, die nicht mit den Klammern zur Blockbildung vermischt werden dürfen. Ein Block, der mit `\begingroup` eingeleitet wird, muss zwingend mit `\endgroup` beendet werden. Die Struktur `{...\begingroup...}...\endgroup` ist nicht erlaubt, weil sie zu einander überlappenden Blöcken führen würde. Dagegen sind Verschachtelungen wie `\begingroup ...{...}...\endgroup` oder umgekehrt mit äußeren Klammern zulässig. Auch diese TEX-Grundbefehle dürfen in Makrodefinitionen verwendet werden, um mit einem Befehl einen Block einzuleiten und ihn mit einem anderen zu schließen.

Neben den expliziten Blöcken stehen andere Strukturen, die TEX gewissermaßen als Einheit und damit als impliziten Block betrachtet. Hierzu gehören z. B. die Boxbefehle. Wird der Inhalt einer Box mit `\unhbox` oder `\unvbox` ausgegeben, so verschwindet allerdings die Blockeigenschaft, wenn sie nicht intern explizit vorgegeben war. Andere Strukturen wie z. B. Absätze, die von TEX in anderer Weise als Einheit betrachtet werden, haben dagegen keine implizite Blockeigenschaft.

Unabhängig von der Blockeigenschaft stellt TEX eine Gruppe von Befehlen bereit, mit denen bestimmten Bearbeitungseinheiten automatisch ein übergebener *Text* vorangestellt wird. Diese Befehle sind:

`\everycr{`*text*`}`	`\everydisplay{`*text*`}`	`\everyhbox{`*text*`}`
`\everypar{`*text*`}`	`\everymath{`*text*`}`	`\everyvbox{`*text*`}`

Der übergebene *Text* wird meist eine Folge von Befehlen sein, z. B. für zusätzlichen Zwischenraum. Möglich ist jedoch jeder Text, soweit er in der zugehörigen Struktur überhaupt erlaubt ist. So wird mit `\everydisplay{`*text*`}` der übergebene Text jeder nachfolgenden abgesetzten Formel und mit `\everymath{`*text*`}` jeder nachfolgenden Textformel vorangesetzt und ausgeführt. Der übergebene Text darf jedoch keine Strukturen enthalten, die im mathematischen Bearbeitungszustand nicht erlaubt sind, wie z. B. `\boldmath` oder Leerzeilen. Mit `\everyhbox{`*text*`}` und `\everyvbox{`*text*`}` beginnt jede nachfolgende horizontale bzw. vertikale Box automatisch mit dem durch diese Befehle übergebenen Text und das Gleiche gilt schließlich nach `\everypar{`*text*`}` für jeden nachfolgenden Absatz.

Der verbleibende Befehl `\everycr`*text* fügt seinen Inhalt vor jedem `\cr`-Befehl ein, mit dem in TEX das Zeilenende bei einer Tabulator- oder Tabellenstruktur bestimmt wird. Diese Strukturen werden im nächsten Abschnitt kurz vorgestellt. Die Tabulatorstruktur aus `plain.tex` wird in LATEX allerdings durch die leistungsfähigere `tabular`-Umgebung ersetzt.

5.4.3 TEX-Tabulator- und Tabellenstrukturen

Der TEX-Grundbefehl `\cr` (carriage return) bestimmt das Zeilenende bei einer Tabulator- oder Tabellenstruktur. Zu Letzteren zählen auch die mathematischen Tabellenbefehle `\eqalign`, `\eqalinno` und `\leqalignno`. Da mit LATEX tabellenartige Strukturen sowohl einfacher als auch komfortabler zu erstellen sind, waren die TEX-Befehle zur Erzeugung solcher Strukturen bisher nicht angesprochen worden.

In `plain.tex` wird der Befehl `\settabs` bereitgestellt, mit dem Aufrufe der Form `\settabs` n `\column` möglich sind, womit die Zeilen in n gleich breite Spalten unterteilt werden, so wie auf einer Schreibmaschine Tabulatorstops in gleich weiten Abständen eingestellt werden können. Soll anschließend innerhalb einer Zeile ein Tabulatorstop aktiviert werden, so muss diese Zeile mit `\+` beginnen, und mit jedem Auftreten von `&` wird um einen

Tabulatorstop weitergesprungen. Das Ende einer Tabulatorzeile muss mit `\cr` abgeschlossen werden. Dem entspricht in LaTeX der Abschluss mit `\\`.

Mit der Angabe einer Musterzeile unmittelbar nach dem Befehl `\settabs` können Tabulatoren in unterschiedlichen Abständen gesetzt werden, wie z. B.

```
\settabs\+Muster&breite & wie &hier\quad&\cr
```

Hiermit werden Tabulatorstops an den mit & gekennzeichneten Stellen gesetzt, deren Breite durch den dazwischen stehenden Text, einschließlich evtl. Wortabstände oder expliziter Zusatzzwischenräume, bestimmt wird. Auf weitere Einzelheiten wird hier nicht eingegangen, weil die Tabulatorbefehle aus `plain.tex` zu den Befehlen gehören, die in LaTeX nicht erlaubt sind.

Der TeX-Grundbefehl `\halign` gestattet den Aufbau von Tabellenstrukturen. Die allgemeine Syntax ist:

`\halign{`*muster_zeile*`\cr` *eingabe_zeile_1*`\cr ... \cr` *eingabe_zeile_n*`\cr}`

In der Musterzeile muss für jede Spalte ein Ersetzungszeichen # sowie das Spaltenendzeichen & auftreten. Vor und nach dem Ersetzungszeichen stehen ggf. Zwischenraumbefehle. So wird mit `\hfil#\hfil&` eine zentrierte Spalte, mit `#\hfil&` eine linksbündige und mit `\hfil#&` eine rechtsbündige Spalte definiert. Die Musterzeile `\indent#\hfil&\quad#\hfil\cr` bewirkt eine linksbündige, zweispaltige Tabelle, bei der die erste Spalte um den Betrag von `\indent` eingerückt ist und zwischen beiden Spalten der Zwischenraum `\quad` erscheint. Die Musterzeile kann auch normalen Text enthalten. Dieser wird dann in jeder Eingabezeile zusätzlich zugefügt.

Die einzelnen Zeilen der Tabelle werden daraufhin genau wie bei der LaTeX-Umgebung `tabular` eingegeben, nur dass das Zeilenende mit `\cr` statt mit `\\` zu kennzeichnen ist. Die einzelnen Spaltenbreiten bestimmen sich wie bei LaTeX aus dem jeweils breitesten Spalteneintrag. Beispiel mit Ergebnis:

```
\halign{\indent# Liste\hfil&\quad Abschnitt 6.3.#\hfil\cr
  Horizontale & 1\cr Vertikale & 2\cr Math. & 3\cr }
```

Horizontale Liste	Abschnitt 6.3.1
Vertikale Liste	Abschnitt 6.3.2
Math. Liste	Abschnitt 6.3.3

Der TeX-Befehl `\halign` ist auch in LaTeX anwendbar, da es sich um einen TeX-Grundbefehl handelt. Für weitere Einzelheiten wird auf [11, Kap. 6] und [10a, Kap. 22] verwiesen. Achtung: Der TeX-Befehl `\cr` ist nur in Tabulator- und Tabellenstrukturen erlaubt. Dies ist ein Unterschied zu `\\` aus LaTeX, wo `\\` auch im horizontalen Bearbeitungszustand zum Zeilenumbruch verwendet werden kann.

TeX kennt noch den Befehl `\crcr`. Dieser entspricht genau `\cr`, falls nicht ein `\cr` oder der Befehl `\noalign` unmittelbar vorangeht, was `\crcr` dann wirkungslos macht. Der Befehl ist in Makrodefinitionen an Stellen nützlich, wo beim Aufruf `\cr` erwartet und bei dessen Fehlen dann intern ein `\cr` eingesetzt wird. Mit dem Befehl `\noalign{`*vert_text*`}` kann unmittelbar nach einem `\cr` vertikales Material innerhalb von `\halign` eingefügt werden. Damit könnten z. B. die vertikalen Abstände zwischen den einzelnen Tabellenzeilen beeinflusst werden.

Hier folgen noch einige kurze Ergänzungen zu `\halign`. Der Befehl kann auch in der Form `\halign spread`*maß* und `\halign to` *maß* erfolgen. Da `\halign` intern eine horizontale Box darstellt, sollte die Bedeutung aus den äquivalenten `\hbox`-Befehlen ohne Erläuterung ersichtlich sein. Mit `\tabskip=`*glue* kann elastischer Zwischenraum zwischen den Tabellenspalten sowie vor der ersten und nach der letzten Spalte eingestellt werden. Innerhalb der Musterzeile können mehrere `\tabskip`-Zuweisungen erfolgen. Für den Zwischenraum nach dem nächsten `&` gilt jeweils die letzte vorgenommene `\tabskip`-Erklärung.

Innerhalb einer Eingabezeile kann statt des Spaltentrennzeichens `&` der Befehl `\span` gesetzt werden. Damit werden die beiden benachbarten Spalteneinträge unter Beibehaltung des evtl. Füllraums aus der Musterzeile zusammengefasst. Der Eintrag `\hfil#\tabskip0.5em &#\hfil&` in der Musterzeile erzeugt normalerweise einen rechtsbündigen Eintrag bei der ersten Spalte und einen linksbündigen Eintrag bei der zweiten Spalte, mit einem Spaltenzwischenraum von 0.5 em. Der Zeileneintrag α_1`\span`α_2 bewirkt einen zentrierten Eintrag in einer horizontalen Box von der Breite beider Spalten. Ganz genau gilt: Lautet der Musterzeileneintrag

`\tapskip` $g_0\, u_1$ `#` v_1 `\tabskip` g_1 `&` u_2 `#` v_2`\tabskip` g_2

und sind w_1 und w_2 die Spaltenbreiten, dann erzeugt der Zeileneintrag α_1`\span`α_2`\cr` eine horizontale Box von der Breite $w_1 + g_1 + w_2$ mit dem Eintrag $u_1\alpha_1 v_1 u_2\alpha_2 v_2$ mit vorangestelltem und nachfolgendem Zwischenraum g_0 bzw. g_2.

Die aus der Musterzeile zugefügten Anteile u_1, v_1 und u_2, v_2 können mit dem Befehl `\omit` in der Eingabezeile entfernt werden. Eine Eingabe von `\omit` α_1 `\span` α_2 erzeugt in der gleichen horizontalen Box des vorangegangenen Beispiels nun den Eintrag $\alpha_1 u_2\alpha_2 v_2$. Umgekehrt folgt aus α_1 `\span\omit` α_2 der Eintrag $u_1\alpha_1 v_1\alpha_2$. Die mit `\tabskip`-Befehlen eingestellten Zwischenräume g_0, g_1 und g_2 bleiben dagegen auch nach `\omit`-Befehlen erhalten.

Als letzter Tabellenbefehl wird `\multispan` n erwähnt. Hiermit werden n Spalten zusammengefasst und gleichzeitig die Zufügungen aus der Musterzeile entfernt. `\multispan3` entspricht also der Befehlsfolge `\omit\span\omit\span\omit` mit anschließendem Eingabetext.

Der Befehl `\span` kann innerhalb der Musterzeile verwendet werden und hat dann eine völlig andere Bedeutung. Dort bewirkt er die Entwicklung des nachfolgenden Makros. Der Befehlsname soll dabei an "ex-span-ded" erinnern.

5.4.4 TEX-Füllbefehle

Der Füllbefehl `\hfill` trat bereits mehrfach auf. Er füllt an der Stelle seines Auftretens in einer horizontalen Box diese mit Leerraum auf. Die TEX-Befehle

`\hrulefill` ________________	`\dotfill` ....
`\leftarrowfill` ←――――――――	`\rigtharrowfill` ――――――――→
`\upbracefill`	`\downbracefill`

haben die gleiche Wirkung, nur wird anstelle des Leerraums für die Auffüllung die aus dem Befehlsnamen zu entnehmende Struktur verwendet. Die beiden letzten Befehle werden meist in einer vertikalen Box als eigene Zeile über oder unter der benachbarten Zeile verwendet. Der vorstehende Ausdruck wurde als zweispaltige Tabelle realisiert, in der die einzelnen Spalteneinträge als `\hbox to 55mm{`*text*`}` erfolgten und der Text mit dem entsprechenden `fill`-Befehl abgeschlossen wurde.

Mit dem TEX-Grundbefehl `\leaders` lassen sich variable Füllmuster erstellen. Die allgemeine Syntax für diesen Befehl lautet

`\leaders` *box* `\hskip` *elast_maß* oder `\leaders` *box* `\hfill`

die meist in der Form `\leaders\hbox to` *breite*{*muster_zeichen*}`\hfill` verwendet wird. Hiermit wird über die Breite von `\hskip` oder `\hfill` die angegebene Box so oft wiederholt, bis diese Breite ausgefüllt ist, und so positioniert, dass die Einzelboxen bei Wiederholungen in nachfolgenden Zeilen auch vertikal genau übereinander stehen. Mit `\hbox to 1em{\hss\_\hss}\hfill` beim vorstehenden Befehl `\leaders` kann
eine Zeile _ wie hier
und nochmals _ so
gefüllt werden. Für die anzugebende Box beim `\leaders`-Befehl können auch `\hrule`- und `\vruler`-Befehle verwendet werden, da diese intern ebenfalls Boxen darstellen.

Zu den Füllstrukturen zählen auch `\obeylines` und `\obeyspaces` aus `plain.tex`. Nach dem ersten Befehl werden alle nachfolgenden Eingabezeilen genau so umbrochen, wie sie über die Tastatur eingegeben wurden. Nach dem zweiten Befehl wird jedes Leerzeichen so oft ausgegeben, wie es bei der Eingabe hintereinander auftrat. Beide Befehle sollten nur innerhalb von Blöcken verwendet werden, da sie sonst bis zum Ende des Dokuments wirken und nicht mehr abgeschaltet werden können.

Der Befehl `\space` erzeugt ein Leerzeichen und wird häufig in Makrodefinitionen verwendet, um bei deren Ablauf ein Leerzeichen an der gewünschten Stelle zu erzeugen. Der Befehl `\enspace` erzeugt horizontalen Zwischenraum von der Breite 0.5 em, was ungefähr der Breite von 'n' entspricht.

Ein Füllbefehl besonderer Art ist `\relax`. Dies ist ein TEX-Grundbefehl für eine Leeranweisung, also die Aufforderung "Tue nichts". Er findet gelegentlich in Makrodefinitionen Anwendung, um eine variable Maßangabe abzuschließen. Um eine Ausgabe wie: plus 5pt zu erzeugen, kann nicht geschrieben werden : `\hskip1em plus 5pt`, weil `plus 5pt` als Teil des `\hskip`-Befehls angesehen würde. Mit `\hskip1em\relax` wird `\hskip1em` als abgeschlossen betrachtet und das anschließende `plus 5pt` als normaler Text interpretiert.

Der Befehl `\par` steht auch unter dem Namen `\endgraf` bereit, der in `plain.tex` mit `\let\endgraf=\par` eingeführt wird. Dieser Befehl kann in Makrodefinitionen mit der Wirkung von `par` dort eingesetzt werden, wo `\par` nicht erlaubt ist.

5.5 TEX-Steuerstrukturen

Jede Programmiersprache kennt Steuerstrukturen, die in Abhängigkeit von Abfragebedingungen unterschiedliche Bearbeitungsabläufe bewirken. Am häufigsten sind hierbei „Zweiwege-Verzweigungen" in der folgenden Form:

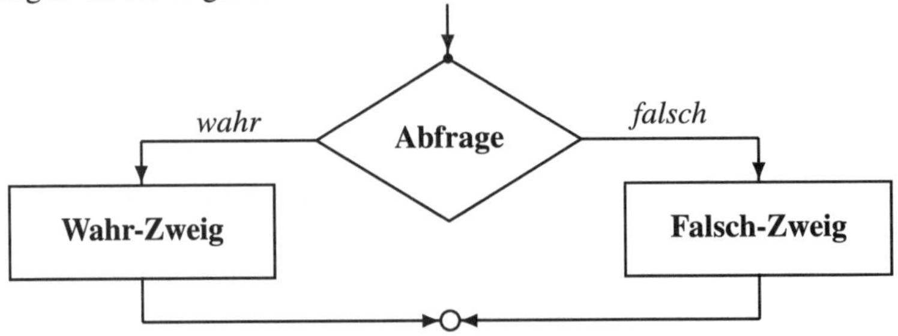

Oft kennen Programmiersprachen zudem Mehrwegeverzweigungen, die auch Schalterverzweigungen genannt werden, da sie in Abängigkeit von einer Schaltervariablen den Zweig ausführen, der durch den Inhalt der Schaltervariablen bestimmt wird, wobei diese mehr als zwei verschiedene Werte annehmen darf.

Eine andere Steuerstruktur von Programmiersprachen sind Programmschleifen. Das sind Programmsegmente, die so oft wiederholt werden, wie durch eine Schleifenvariable angegeben wird oder wie eine bestimmte Bedingung erfüllt ist. Der ersten Version entspricht in Pascal oder C die for-Anweisung und der zweiten die while-Anweisung.

TEX als Programmiersprache kennt vergleichbare Steuerungsstrukturen, die in den folgenden Abschnitten vorgestellt werden.

5.5.1 Bedingte Verzweigungen

Diese Verzweigungsstruktur hat in den meisten Programmiersprachen eine Syntax ähnlich der Form

`if(`*abfrage*`){`*wenn_zweig*`} else {`*sonst_zweig*`}`

Ist kein *sonst_zweig* vorgesehen, so kann auch das Schlüsselwort `else` entfallen. Die als *wenn_zweig* und *sonst_zweig* gekennzeichneten Zweige enthalten eine beliebige Zahl weiterer Programmanweisungen. Ihr jeweiliges Ende ist durch die schließende Klammer } stets eindeutig festgelegt. In Pascal übernimmt das Wortpaar `begin ... end` die Funktion des Klammerpaares. FORTRAN kennt das Strukturelement eines Blocks nicht. Dort wird die `if`-Struktur mit dem Schlüsselwort `endif` beendet.

Die meisten Programmiersprachen kennen nur eine sehr begrenzte Anzahl von Datentypen, wie Ganz- und Gleitkommazahlen, einfache Zeichen und Zeichenketten. In der Abfrage sind meistens nur Vergleiche gleichartiger Datentypen zulässig.

TEX kennt eine viel größere Zahl von *Datentypen*. Man denke nur an Zeichen- und Kategoriekodes, an die Kodierung von mathematischen Zeichen durch Klasse, Familie und Zeichenkode, an die unterschiedlichen Bearbeitungsmodi und anderes mehr. Für die Steuerung sollen ggf. ganz unterschiedliche Strukturelemente abgefragt oder verglichen werden. Die grundsätzliche Syntax der `\if`-Befehle in TEX lautet:

`\if...` abfrage *wenn_text* `\else` *sonst_text* `\fi`

Hier steht `\if...` für eine ganze Gruppe von `\if`-Befehlen, die gleich vorgestellt werden. Die Syntax der Abfrage hängt vom Typ des `\if`-Befehls ab, wie dann zu erkennen ist. Ergibt die Abfrage den logischen Wert *wahr*, so wird der anschließende *wenn_text* bearbeitet. Dieser Text endet unmittelbar vor `\else`. Ergibt die Abfrage dagegen den logischen Wert *falsch*, so wird der *sonst_text* bearbeitet, der unmittelbar vor dem Befehl `\fi` endet. Ist kein *sonst_text* zur Bearbeitung vorgesehen, so kann auch der vorangehende Befehl `\else` entfallen. Der Befehl `\fi` muss aber zwingend für jeden `\if`-Befehl auftreten und schließt die Gesamtstruktur ab.

Der Text beider Zweige kann TEX-Befehle enthalten, die bei der Bearbeitung des entsprechenden Zweiges ausgeführt werden. Diese dürfen auch weitere `\if`-Befehle sein, womit verschachtelte `\if`-Strukturen entstehen. Bei verschachtelten Strukturen schließt das erste `\fi` den ersten vorangehenden `\if`-Befehl ab, das nächste das davor vorangehende `\if...` usw., bis schließlich mit dem letzten `\fi`-Befehl die äußerste `\if`-Struktur beendet wird.

Die verschiedenen `\if`-Strukturen werden im Folgenden mit ihrer Abfragesyntax vorgestellt. Die Komponenten *wenn_zweig* und *sonst_zweig* sowie die Befehle `\else` und `\fi` werden dabei nicht mit angegeben, da sie bei allen `\if`-Strukturen wie in der obigen generellen Syntaxform auftreten.

Numerische Abfragen: `\ifnum` *zahl_a vergleich zahl_b*
Hier steht *vergleich* für genau eines der drei Beziehungszeichen '<', '=' oder '>'. *zahl_a* und *zahl_b* stehen für direkte Zahlenangaben, Zahlbefehle oder Zahlenregister. Die Abfrage $n_1 < n_2$ ist *wahr*, wenn der Inhalt von n_1 kleiner als der Inhalt von n_2 ist. Ist dies nicht der Fall, war also $n_1 \geq n_2$, so ist das Ergebnis der Abfrage *falsch*. Für die Abfrage $n_1 = n_2$ ist das Ergebnis nur *wahr*, wenn die Zahleninhalte von n_1 und n_2 übereinstimmen, anderenfalls ist es *falsch*.

Maßabfragen: `\ifdim` *maß_a vergleich maß_b*
Hiermit werden zwei Maße miteinander verglichen. Für *maß_a* und *maß_b* können direkte Maßangaben, Maßbefehle und Maßregister stehen. Als Vergleichszeichen sind dieselben drei Vergleichsoperatoren wie bei den numerischen Vergleichen erlaubt. Die Abfrage `\dimen100>10pt` ist nur *wahr*, wenn der Inhalt des Maßregisters `\dimen100` größer als 10 pt ist.

Abfrage auf ungerade Zahlen: `\ifodd` *zahl*
Das Ergebnis der Abfrage ist *wahr*, wenn der Inhalt von *zahl* ungerade ist, wobei *zahl* wieder für eine explizite Zahlangabe, einen Zahlbefehl oder ein Zahlenregister steht. Eine entsprechende Abfrage für gerade Werte gibt es in TEX nicht. Sie ist aber auch überflüssig, da die Abfrage auf ungerade den Wert *falsch* ergibt, wenn eine gerade Zahl vorliegt, womit dann der *sonst_zweig* ausgeführt wird. Soll nur eine Aktion für gerade Zahlen ausgeführt werden, so kann der *wenn_zweig* leer bleiben. Die Angabe

`\ifodd` *zahl* `\else` *sonst_text* `\fi`

ist gleichwertig mit einer Abfrage mit dem fiktiven Abfragebefehl `\ifeven` von der Form `\ifeven` *zahl wenn_text* `\fi`. Ein eigener Abfragebefehl `\ifeven` ist damit tatsächlich überflüssig.

Abfrage auf vertikale Bearbeitungsmodi: `\ifvmode`
Befindet sich TEX zum Zeitpunkt dieser Abfrage in einem vertikalen Bearbeitungszustand – dies kann der vertikale Hauptmodus oder ein interner vertikaler Bearbeitungszustand sein – so wird als Ergebnis der Abfrage der *wenn_zweig* ausgeführt. Befindet sich TEX zum Zeitpunkt dieses Befehls in einem anderen Bearbeitungszustand, so gilt die Abfrage als *falsch*, womit ein eventueller *sonst_zweig* ausgeführt wird. Die nächsten drei Abfragebefehle arbeiten ganz ähnlich und werden nur kurz angesprochen.

Abfrage auf horizontale Bearbeitungsmodi: `\ifhmode`
Die Abfrage ergibt *wahr*, wenn TEX sich zum Zeitpunkt des Befehls in einem horizontalen Bearbeitungszustand befindet, d. h. gerade einen Absatz formatiert oder im begrenzten horizontalen Zustand eine `\hbox` aufbaut. Alle anderen Zustände führen zum Ergebnis *falsch*.

Abfrage auf mathematische Bearbeitungsmodi: `\ifmmode`
Die Abfrage ergibt *wahr*, wenn TEX gerade eine mathematische Formel als abgesetzte Formel oder als Textformel formatiert. In allen anderen Bearbeitungszuständen ergibt die Abfrage *falsch*.

Abfrage auf interne Bearbeitungsmodi: `\ifinner`
Die Abfrage ergibt *wahr*, wenn TEX sich in einem internen Bearbeitungszustand befindet. Dazu zählen der interne vertikale, der begrenzte horizontale und der einfache mathematische (Textformel) Bearbeitungszustand. In den anderen Fällen, also im vertikalen Hauptbearbeitungszustand, während der Absatzformatierung oder bei der Formatierung einer abgesetzten Formel, ergibt die Abfrage *falsch*. Diese Abfrage erfolgt meist in Verschachtelung mit einem der drei vorangegangenen Abfragebefehle, um zwischen dem jeweiligen Haupt- und Nebenmodus zu unterscheiden.

Abfrage auf Zeichenkode-Gleichheit: `\if` *zeichen_a zeichen_b*
Die Abfrage ergibt *wahr*, wenn die Zeichen (Token), unabhängig von ihrem Kategoriekode, den gleichen Zeichenkode haben. Für die beiden Token *zeichen_a* und *zeichen_b* können aber auch Befehlstoken, also Befehsaufrufe, verwendet werden. Diese Befehle werden dann so weit wie möglich aufgelöst, d. h. bis sie entweder auf reine Zeichentoken oder auf TEX-Grundbefehle stoßen. Ist das Auflösungsergebnis ein TEX-Grundbefehl, so werden ihm der Zeichenkode 256 und der Kategoriekode 16 zugeordnet. Nach dieser Befehlsauflösung findet der Vergleich für die erzielten Zeichenkodes statt.

Diese Abfrage mag zunächst etwas verwirren. Sie wird gelegentlich in Makrodefinitionen verwendet und ihre Wirkung ist nach kurzer Nutzung leicht vorhersehbar. So ist `\if AA` *wahr*, da 'A' mit 'A' verglichen wird, `\if AB` muss dagegen *falsch* ergeben. Waren mit `\def\x{A}`, `\def\y{B}` und `\def\z{A}` die Befehle `\x`, `\y` und `\z` definiert worden, so ist `\if\x\z` *wahr*, dagegen `\if\x\y` *falsch*, da im ersten Fall nach der Auflösung A mit A und im anderen Fall A mit B verglichen wird. Ebenso ist `\if A\x` oder `\if\y B` *wahr*. Für jede dieser drei Definitionen führt der Vergleich mit einem Grundbefehl, z. B. `\if\x\par`, zum Ergebnis *falsch*, da der Zeichenkode von A mit dem Zeichenkode des TEX-Grundbefehls, d. h. 65 mit 256, verglichen wird. Dagegen ergibt `\if\indent\par` *wahr*, da zwei TEX-Grundbefehle verglichen werden, denen unabhängig von ihrer Befehlsbedeutung bei diesem Vergleich der Zeichenkode 256 zugeordnet wurde.

Gelegentlich wird ein *leerer* Befehl mit anderem Text verglichen. Mit `\def\u{}` und `\def\v{xx}` ergibt die Abfrage `\if\u\v` zur ersten Überraschung *wahr*. Sie wird jedoch klar, wenn man sich das aufgelöste Ergebnis hinschreibt: `\if xx`, da der leere Befehl nach seiner Auflösung verschwunden ist.

Abfrage auf Kategoriekode-Gleichheit: `\ifcat` *zeichen_a zeichen_b*
Die Abfrage entspricht der vorangegangenen, nur werden die Kategoriekodes der beiden Zeichen miteinander verglichen, wobei der fiktive Kategoriekode für Grundbefehle auf 16 gesetzt wird.

Abfrage auf Token-Gleichheit: `\ifx` *token_a token_b*
Zeichentoken werden bei dieser Abfrage auf Übereinstimmung von Zeichenkode *und* Kategorie überprüft. Das Ergebnis ist nur dann *wahr*, wenn jeweils beide Kodewerte übereinstimmen. Sind die zu vergleichenden Token Befehle oder Makros, so werden diese nicht oder nur in der obersten Ebene aufgelöst. Damit können Makrodefinitionen verglichen werden. Mit `\def\a{\x}`, `\def\b{\y}`, `\def\x{gleich}` und `\def\y{gleich}` ergibt `\ifx\x\y` *wahr*, da `\x` und `\y` die gleiche Bedeutung haben. Dagegen ergibt `\ifx\a\b` *falsch*, da `\a` die Bedeutung `\x` und `\b` die Bedeutung `\y` hat, die als unterschiedlich angesehen werden, weil die Befehle nicht weiter aufgelöst werden.

Der Vergleich eines Zeichentokens mit einem Befehlstoken ergibt stets den Wert *falsch*, selbst wenn der aufgelöste Befehl zum gleichen Zeichentoken führt, was mit `\def\e{E}` und `\ifx\e E` leicht überprüft werden kann. Ähnliches gilt für Vergleiche von Makros mit Grundbefehlen: `\def\p{\par}` und `\def\q{\par}` ergeben für `\ifx\p\q` *wahr*, dagegen für `\ifx\p\par` *falsch*.

Das Beispiel beim obigen Zeichenvergleich `\if\u\v` ergab *wahr*. Dagegen ist `\ifx\u\v` *falsch*, da hier das leere Makro `\u` mit einem nicht leeren Makro verglichen wird. Abfragen nach einer leeren Makrodefinition kommen in den `.sty`-Files recht häufig vor. Sie haben dort stets die Form `\ifx\@empty`*macro_name*, wobei `\@empty` im LaTeX-Kern als `\def\@empty{}` definiert wird. Übrigens wird in `plain.tex` und im LaTeX-Kern unter dem Namen `\empty` das gleiche leere Makro definiert, das wegen des fehlenden `@` auch von der Anwenderebene aus angesprochen werden kann.

Abfrage auf leere Boxregister: `\ifvoid` n
Hierin ist n eine Zahl von 0 bis 255. Die Abfrage ergibt *wahr*, wenn das Register `\box` n leer ist. Ist für ein Boxregister mit `\newbox`*breg* ein symbolischer Registername *breg* vergeben worden, so kann die Abfrage auch mit `\ifvoid`*breg* erfolgen. Ist einem Boxregister mit `\setbox` n`=\null` eine Nullbox zugewiesen worden, so gilt es nicht mehr als leer.

Abfrage auf Boxregister mit horizontaler Box: `\ifhbox` n
Abfrage, ob das Boxregister mit der Nummer n eine horizontale Box enthält. Ist dies der Fall, so ergibt die Abfrage *wahr*. Ist das Boxregister leer oder enthält es eine vertikale Box, so ergibt die Abfrage *falsch*. Für einen symbolischen Registernamen kann die Abfrage auch `\ifhbox`*breg* lauten.

Abfrage auf Boxregister mit vertikaler Box: `\ifvbox` n
Die Abfrage ergibt *wahr*, wenn das Boxregister `\box` n eine vertikale Box enthält. Weitere Angaben erübrigen sich nach den vorangegangenen Erläuterungen.

Abfrage auf Filende: `\ifeof` n
Hierin ist n eine Zahl von 0 bis 15, die der Dateikennzahl eines zum Lesen geöffneten Files entspricht. Die Abfrage ergibt *wahr*, wenn für ein geöffnetes Lesefile nach hinreichend vielen `\read`-Befehlen das Fileende erreicht wurde. Bis dahin, d. h. für die vorangegangenen Lesebefehle, war die Abfrage *falsch*. Achtung: Die Abfrage `\ifeof` n auf ein nicht geöffnetes File ergibt stets *wahr*!

Stets wahre Abfrage: `\iftrue`
Diese Abfrage ergibt stets *wahr*. Sie findet gelegentlich in Makrodefinitionen Verwendung, um ein überzähliges `\fi` zu kompensieren.

Stets falsche Abfrage: `\iffalse`
Diese Abfrage ergibt stets *falsch*. Auch sie findet gelegentlich in Makrodefinitionen Verwendung, um ein überzähliges `\fi` zu kompensieren.

5.5.2 Mehrfachverzweigungen

Alle vorangegangenen `\if`-Strukturen führten zu einer *Zweiwege*verzweigung. Lautet das Abfrageergebnis *wahr*, so wird der *wenn_zweig* ausgeführt, andernfalls der *sonst_zweig*. Die Abfrage ist dabei stets so formuliert, dass die Antwort eindeutig *wahr* oder *falsch* ergibt. Dabei kann '*wahr*' auch als Synonym für '*ja*' und '*falsch*' für '*nein*' stehen.

Eine Mehrfachverzweigung könnte aus verschachtelten einfachen Verzweigungen zusammengesetzt werden. Mit

\ifnum *zahl*=0 *null_zweig*
  \else \ifnum *zahl*=1 *eins_zweig*
  \else \ifnum *zahl*=2 *zwei_zweig*
  . . . .
  \else \ifnum *zahl*=n *n_zweig*
  \else *sonst_zweig* \fi\fi\...\fi

wird genau einer von insgesamt $n+1$ Zweigen ausgeführt, wenn das Zahlenregister oder der Zahlbefehl *zahl* einen der Zahlenwerte 0 bis n enthält. Ein weiterer Zweig deckt schließlich den Fall ab, dass n einen anderen Wert enthält. Soll für den letzteren Fall keine spezielle Aktion erfolgen, so kann der abschließende `\else`-Befehl auch entfallen. Alle Zweige können beliebigen Text vermischt mit Befehlen enthalten.

Für die vorstehende verschachtelte Struktur bietet TEX einen eigenen Befehl mit der leicht verständlichen Syntax

\ifcase zahl *null_zweig* \or *eins_zweig* \or *zwei_zweig*
  \or ... \or *n_zweig* \else *sonst_zweig* \fi

Ist der Inhalt von *zahl* 0, so wird der *null_zweig* ausgeführt, für 1 der *eins_zweig* usw. Einzelne Zweige können leer bleiben. Das zugehörige `\or` muss jedoch auch bei leeren Zweigen angegeben werden. Der *sonst_zweig* wird ausgeführt, wenn für den Inhalt von *zahl* kein Zahlenzweig existiert. Soll der *sonst_zweig* entfallen, so kann auch der vorangestellte Befehl `\else` entfernt werden. Für *zahl* kann eine explizite Zahl stehen. Meist wird hierfür jedoch ein Zahlenregister oder ein Zahlenbefehl verwendet. Beispiel:

```
\ifcase\month\or Januar\or Februar\or M"arz\or April\or Mai
  \or Juni \or Juli\or August\or September\or Oktober
  \or November \or Dezember \fi
```

`\month` ist ein internes TEX-Register, das abhängig vom laufenden Monat die Zahlen 1 bis 12 annimmt. Der *Nullzweig* ist leer. Ebenso ist der *Sonstzweig* mit dem vorangestellten `\else` bei der vorstehenden Abfrage ausgelassen worden. Je nach Zahlenwert von `\month` wird mit dieser Abfrage der zugehörige Monatsname ausgegeben.

5.5.3 Neue Verzweigungsbefehle

Mit `\newif\if`*schalter* können weitere IF-Abfragebefehle als zweiwertige Schalter eingerichtet werden. Mit diesem Befehl entstehen für jeden neuen Schalter `\if`*schalter* gleichzeitig die beiden Zuweisungsbefehle *schalter*`true` und *schalter*`false`. Wird z. B. mit `\newif\ifgerman` ein neuer Schalter `\ifgerman` eingerichtet, so kann mit einem anschließenden Aufruf von `\germantrue` dieser Schalter auf *wahr* gesetzt werden. Bei einem späteren Aufruf eines Makros, das die Abfrage

\ifgerman *wenn_zweig* \else *sonst_zweig* \fi

enthält, wird dann der *wenn_zweig* durchlaufen. Wird dieses Makro an anderer Stelle wiederum aufgerufen, nachdem zwischendurch `\germanfalse` gesetzt wurde, dann wird nunmehr der *sonst_zweig* ausgeführt.

Wird ein solcher Schalter innerhalb eines Blocks umgeschaltet, so gilt diese Änderung nur lokal. Soll sie global wirken, so ist der Umschaltung ein `\global` voranzusetzen, also beim vorangegangenen Beispiel

`\global\germantrue` bzw. `\global\germanfalse`

aufzurufen. Entsprechendes gilt auch für die Einrichtung eines neuen Schalters innerhalb eines Blocks. Mit `\newif` ist dieser nur innerhalb des Blocks bekannt. Soll er global errichtet werden, so ist `\global\newif\if`*schalter* zu schreiben.

Bei der Namensgebung für einen neuen Schalter hat der Anwender jede Freiheit, mit der Einschränkung, dass der Name stets mit `\if` beginnen muss und nur Buchstaben enthalten darf. Wird ein neuer Schalter mit `\newif\if`*schalter* eingerichtet, so steht er standardmäßig auf *falsch*, so als wäre explizit *schalter*`false` gesetzt worden.

Für alle vorstehend beschriebenen IF-Strukturen galt, dass sie mit einem `\if`-Befehl eingeleitet und mit dem Befehl `\fi` beendet wurden. Die IF-Struktur stellt aber keinen Block dar, sie ist im Gegenteil blockübergreifend. Das bedeutet: Eine IF-Struktur kann innerhalb eines Blocks beginnen und außerhalb des Blocks enden, ebenso wie sie außerhalb eines Blocks beginnen und innerhalb eines Blocks enden kann. Umgekehrt darf innerhalb einer IF-Struktur ein Block beginnen und nach dem `\fi` geschlossen werden. Es sind also Strukturkombinationen wie `{...\if...}...\fi` und `\if...{...\fi...}` erlaubt. Daß ein Block auch eine abgeschlossene IF-Struktur und Letztere einen abgeschlossenen Block einschließen darf, ist selbstverständlich.

Viele LaTeX-Strukturen machen bei ihren Makrodefinitionen von solchen Überlappungen Gebrauch. Tatsächlich lassen sich damit erstaunlich flexible Makros und Makrogruppen erstellen. Der Anwender sollte zu solchen trickreichen Lösungen aber erst dann schreiten, wenn ihm die Wirkung völlig klar ist, also erst nach hinreichender Erfahrung mit eigenen Makrodefinitionen.

5.5.4 Programmschleifen

In `plain.tex` wird eine Struktur namens `\loop` eingerichtet, die zur wiederholten Bearbeitung von Texteilen und/oder Befehlen dient. Vor ihrer Erläuterung wird ihre Syntax vorgestellt:

`\loop` *schleifen_text* `\if`xxx *abfrage* *abfrage_text* `\repeat`

Hierin steht *schleifen_text* für diejenige Text- und Befehlsfolge, die ggf. mehrfach ausgeführt werden soll. Dieser Schleifentext wird *mindestens* einmal ausgeführt. Der anschließende `\if`xxx kann jeder der vorgestellten IF-Befehle sein, mit der Einschränkung, dass ein mit `\else` eingeleiteter *sonst_zweig* nicht erlaubt ist. Ein abschließendes `\fi` entfällt ebenfalls, da es implizit in `\repeat` enthalten ist. Erweist sich die Abfrage als *wahr*, so wird zunächst der Inhalt von *abfrage_text* ausgeführt und anschließend der *schleifen_text* wiederholt. Das Verfahren wird so lange wiederholt, wie die anschließende Abfrage *wahr* bleibt, und beendet, wenn die Abfrage *falsch* ergibt.

Je nach dem verwendeten `\if`-Befehl entfällt ggf. eine explizite Abfrage, da diese wie bei `\ifvoid` u. ä. implizit im `\if`-Befehl enthalten ist. Ebenso darf sowohl *schleifen_text* als auch *abfrage_text* leer sein. Normalerweise enthält *abfrage_text* die Änderungsbefehle für die wiederholten Abfragen und *schleifen_text* den eigentlichen Ausgabetext. Dies ist jedoch nicht zwingend. Beide dürfen zusätzliche abgeschlossene IF-Strukturen enthalten.

```
\newcount\zaehler  \zaehler=1
\loop Der Schleifentext f"ur Zeile \number\zaehler.\endgraf
   \ifnum\zaehler<10 \advance\zaehler by 1 \repeat
```

erzeugt zehn Zeilen mit dem Text „Der Schleifentext für Zeile n." mit den Zahlenwerten eins bis zehn für n in den aufeinander folgenden Zeilen. Der Befehl `\endgraf` beendet jede Zeile als eigenen Absatz. Ein `\par` ist an dieser Stelle nicht erlaubt (s. S. 248).

In der Anwendung können viel komplexere Schleifen mit umfangreichen Berechnungen auftreten. Ebenso ist eine Verschachtelung von Schleifen erlaubt. Hierfür ein Beispiel mit anschließend ausgedrucktem Ergebnis:

```
\newcount\p  \newcount\d  \newcount\a  \newcount\n  \p=3 \n=2
\newif\ifprime  \newif\ifnp
Bis 100 gibt es mit 2, 3%
\loop \ifnum\p<100 \d=3 \primetrue
     {\loop\a=\p \divide\a by\d \ifnum\a>\d \nptrue\else\npfalse\fi
        \multiply\a by\d \ifnum\a=\p \global\primefalse\npfalse\fi
        \ifnp\advance\d by2 \repeat}%
      \ifprime,\space\number\p\advance\n by 1\fi
      \advance\p by2 \repeat\space
genau \number\n\ Primzahlen. Bei verschachtelten ...
```

Bis 100 gibt es mit 2, 3, 5, 7, 11, 13, 17, 19, 23, 29, 31, 37, 41, 43, 47, 53, 59, 61, 67, 71, 73, 79, 83, 89, 97 genau 25 Primzahlen. Bei verschachtelten `\loop`-Strukturen sind innere Schleifen als Blöcke in Klammern `{...}` zu fassen. Der Leser möge hiermit die Primzahlen bis 1000 erzeugen und sich die Wirkung selbst klarmachen.

5.6 TEX-Makrodefinitionen

Das leistungsfähigste Werkzeug zur Erstellung eigener Bearbeitungsstrukturen stellt TEX mit der Möglichkeit von Makrodefinitionen bereit. Zwar können auch in LATEX mit dem Befehl `\newcommand` Makros und zusätzlich mit `\newenvironment` neue LATEX-Umgebungen eingerichtet werden, die Möglichkeiten der TEX-Makrodefinitionen gehen jedoch über die der LATEX-Makrostrukturen hinaus. Dabei wird sich herausstellen, dass die LATEX-Umgebungsdefinitionen nur einer speziellen TEX-Makrogruppe entsprechen.

5.6.1 Einfache Makrodefinitionen

Das einfachste Makro stellt einfach die Abkürzung für ein Stück Text dar. Wird mit

`\def\mfg{Mit freundlichen Gr"u"sen}` oder allgemein
`\def\`*abkürzung*`{`*ersetzungs_text*`}`

das Makro `\mfg` definiert, so erzeugt jeder Aufruf von `\mfg` den Text: ‚Mit freundlichen Grüßen'. Der Ersetzungstext eines solchen Makros wird an der Stelle des Makroaufrufs in den umgebenden Text eingefügt, so als wäre dieser Text dort eingegeben worden. Der Ersetzungstext darf weitere Makro- oder Befehlsaufrufe enthalten.

```
\def\mfg{\m\ \f\ \g}
\def\m{Mit} \def\f{freundlichen} \def\g{Gr"u"sen}
```

definiert nun das Makro `\mfg` als Folge von drei Makroaufrufen `\m`, `\f` und `\g` mit dazwischen stehenden Leerstellen, die ihrerseits als Abkürzung der Wörter 'Mit', 'freundlichen' und 'Grüßen' stehen. Dieses einfache Beispiel kann bereits die wesentlichen Eigenschaften des Ablaufs von Makroaufrufen demonstrieren.

Zunächst einmal wurde unter demselben Namen wie vorher ein weiteres Makro `\mfg` definiert. Dies ist erlaubt und bewirkt, dass bei einem Makroaufruf der Ablauf der letzten Definition erfolgt. Der Aufruf dieses Makros setzt an der Aufrufstelle ein: `\m\ \f\ \g`. Diese drei eingesetzten Makros werden nun aber unverzüglich selbst aufgelöst, so dass `\mfg` insgesamt wieder erzeugt: ‚Mit freundlichen Grüßen'.

Wäre bei der Definition von `\mfg` geschrieben worden `\def\mfg{\m \f \g}`, so würde der Aufruf vom `\mfg` zunächst `\m␣\f␣\g` bewirken. Hier aber würden die Leerzeichen zwischen `\m` und `\f` bzw. zwischen `\f` und `\g` nur als Ende der Makronamen `\m` und `\g` interpretiert und bei der anschließenden Auflösung entfernt, wie `\m \f \g` demonstriert: MitfreundlichenGrüßen. Wäre bei der Definition `\def\mfg{\m~\f~g}` geschrieben worden, so wären die Leerzeichen eingefügt worden, an denen als Folge von ~ ein Zeilenumbruch nicht möglich ist.

Die Auflösung eines Makros erfolgt an der Stelle seines Aufrufs, nicht dagegen schon bei seiner Definition[6]. Dies macht es möglich, ein Makro mit weiteren Makroaufrufen zu definieren, ohne dass diese inneren Makros bereits existieren. Beim vorangegangenen Beispiel waren zunächst `\def\mfg{\m\ \f\ \g}` und erst danach seine internen Komponenten definiert worden. Wird an dieser Stelle nun mit `\def\f{besten}` nur `\f` neu definiert, so erzeugt ein erneuter Aufruf `\mfg`: ‚Mit besten Grüßen'.

Makrodefinitionen dürfen ihrerseits Makrodefinitionen enthalten. Solche verschachtelten Definitionen stehen aber erst nach ggf. mehreren Aufrufen zur Verfügung. Dies sei an dem zunächst etwas absonderlich wirkenden Beispiel `\def\a{A\def\a{B}}` demonstriert. Der Aufruf `\a` setzt dann ein: `A\def\a{B}`, was zunächst nur zum Ausdruck von 'A' führt. Gleichzeitig ist aber nun `\a` neu definiert, nämlich als ‚Abkürzung' für B. Die Eingabe von einem weiteren `\a` führt nunmehr zu 'B'. Weitere Aufrufe von `\a` bleiben dann bei B.

Nach dieser Erläuterung sollte das in [10a, Seite 200] als Puzzle bezeichnete Beispiel nicht schwerfallen.

```
\def\puzzle{\a\a\a\a\a}      \def\a{\b}
\def\b{A\def\a{B\def\a{C\def\a{\b}}}}
```

Beim Aufruf von `\puzzle` wird zunächst dieses aufgelöst und ergibt `\a\a\a\a\a`. Die Auflösung des ersten `\a` ergibt zunächst `\b` und dessen Auflösung schließlich `A\def\a{B\def\a{C\def\a{\b}}}`, was zunächst nur zur Ausgabe von 'A' führt. Gleichzeitig ist jetzt aber `\a` neu definiert, nämlich als Abkürzung für den Ausdruck `B\def\a{C\def\a{\b}}`. Genau dieser Ausdruck wird für die Auflösung des zweiten `\a` eingesetzt, was zur Ausgabe von 'B' und der neuen Definition `\def\a{C\def\a{\b}}` führt. Das dritte `\a` wird als `C\def\a{\b}` aufgelöst, was zur Ausgabe von 'C' führt und gleichzeitig `\a` seine ursprüngliche Bedeutung `\def\a{\b}` zurückgibt.

Damit beginnt das Spiel von Neuem. Die nächsten beiden `\a\a` führen zur Ausgabe von 'AB' und der neuen Definition `\def\a{C\def\a{\b}}`. Der Aufruf `\puzzle` liefert damit 'ABCAB'. Der Leser möge sich nunmehr selbst klarmachen, dass der zweite Aufruf von

[6] Im übernächsten Abschnitt wird dargestellt, dass eine Makroauflösung auch bereits bei der Definition möglich ist. Solche Makros müssen dann aber vorab definiert sein.

\puzzle 'CABCA' ergibt und beim dritten \puzzle schließlich 'BCABC' herauskommt. Was würde der vierte Aufruf ergeben?

Eine Definition \def\a{\a} ist zwar möglich, beim Aufruf von \a wird \a aufgelöst, also durch seine Bedeutung ersetzt. Diese ist nun wiederum \a und dessen Auflösung setzt abermals \a ein. Eine solche Auflösung würde niemals zu Ende kommen und TEX würde bei der Abarbeitung irgendwann mit einem Speicherüberlauf abbrechen. Das Gleiche geschieht auch bei einem indirekten Selbstaufruf, wie nach \def\a{\b} und \def\b{\a} durch einen Aufruf von \a oder \b. Trotzdem sind solche Definitionen erlaubt und es wird später gezeigt, dass sie einen Sinn haben. Es muss dann dafür gesorgt werden, dass diese Selbstaufrufe an einer gezielten Stelle abbrechen.

Nach dieser Warnung wird der Leser vielleicht überrascht fragen, warum beim vorangegangenen Puzzlebeispiel in der Definition von \b das innere Auftreten von \b nicht zur Katastrophe der gerade beschriebenen Art führte. Beim zweiten Nachdenken wird der Unterschied jedoch klar. Hier ruft \b sich nicht selbst auf, sondern es wird bei der Auflösung eine neue Definition von \def\a{\b} bereitgestellt, so wie sie auch vor dem ersten Aufruf von \a gegeben war.

Wenn dem Leser das Prinzip der Makroauflösung (Expandierung) und der Zeitpunkt dieser Auflösung richtig klar sind, so hat er die Haupthürde zur Entwicklung leistungsfähiger Makros bereits genommen. Mit dem Befehl \tracingmacros=1 wird die Makroauflösung der einzelnen Aufrufe im .log-File protokolliert. Für den ersten Aufruf von \puzzle steht im .log-File

```
\puzzle ->\a \a \a \a \a
\a ->\b
\b ->A\def \a {B\def \a {C\def \a {\b }}}
\a ->B\def \a {C\def \a {\b }}
\a ->C\def \a {\b }
\a ->\b
\b ->A\def \a {B\def \a {C\def \a {\b }}}
\a ->B\def \a {C\def \a {\b }}
```

also kurz und prägnant genau das, was bei der vorangegangenen Erläuterung viel langatmiger zum Ausdruck kam. Jeder einzelne Makroaufruf beginnt mit einer neuen Zeile und nach dem Symbol -> steht das Ergebnis der Auflösung.

Das Klammerpaar {...} in der Syntax des Definitionsbefehls \def dient nur zur Abtrennung des Ersetzungstextes innerhalb der Definition. Bei der Auflösung des Makros erscheinen diese Klammern nicht. Es ist jedoch möglich, Klammern innerhalb des Ersetzungstextes zu verwenden, z. B. \def\mfg{{\m} {\f} {\g}}. Bei der Auflösung dieses Befehls entsteht dann {\m}␣{\f}␣{\g}. Die dazwischen liegenden Leerzeichen werden dabei nicht entfernt. Zur genauen Behandlung von Leerzeichen bei der Makroauflösung sollte Abschnitt 5.1.3 nochmals zu Rate gezogen werden.

Es ist möglich, in Makrodefinitionen ungepaarte Klammern anzugeben. Enthält eine Definition eine öffnende Klammer, so wird mit dem Makroaufruf als Folge der Auflösung an der Stelle dieser öffnenden Klammer ein Block begonnen. Enthält die Definition nicht die zugehörige schließende Klammer, so bleibt dieser Block auch nach dem Makroablauf geöffnet. Er kann später mit einem anderen Makroaufruf, dessen Definition eine ungepaarte schließende Klammer enthält, wieder geschlossen werden. Weitere Befehle zum Öffnen und Schließen von Blöcken sind die Befehlspaare \bgroup und \egroup sowie \begingroup und `\endgroup`, die in 5.4.2 genauer beschrieben sind und die für den gleichen Zweck in Makrodefinitionen auftreten dürfen.

Bei der Auflösung eines Makros wird der Ersetzungstext genaugenommen in seine Tokenliste (s. 5.1.2) umgesetzt, d. h. in die einzelnen Zeichentoken und die eingeschlossenen Befehlstoken. Die Auflösung der letzten Definition von `\mfg` erzeugt exakt $\texttt{\{}_1$ $\boxed{\texttt{m}}$ $\texttt{\}}_2$ $\sqcup_{10}$ $\texttt{\{}_1$ $\boxed{\texttt{f}}$ $\texttt{\}}_2$ $\sqcup_{10}$ $\texttt{\{}_1$ $\boxed{\texttt{g}}$ $\texttt{\}}_2$, mit anschließender Auflösung der Befehlstoken in ihre Zeichentoken, z. B. für $\boxed{\texttt{m}}$ als $\texttt{M}_{11}$ $\texttt{i}_{11}$ $\texttt{t}_{11}$. Zum Begriff der Zeichen- und Befehlstoken möge ggf. nach 5.1.2 zurückgeblättert werden.

Befehlstoken werden bei der Makroexpansion so weit wie möglich aufgelöst, bis sie entweder reine Zeichentoken oder TEX-Grundbefehle erreichen. Der Zeitpunkt der Auflösung kann jedoch vom Anwender beeinflusst werden, worauf in 5.6.4 eingegangen wird. Der genaue Ablauf der Makroauflösung wird zum Abschluss in 5.6.6 nochmals zusammengefasst, wenn alle Definitionsbefehle vorgestellt worden sind.

5.6.2 Makrodefinitionen mit Parametern

Der LATEX-Befehl `\newcommand` gestattet bekanntlich die Einrichtung von bis zu neun freien Parametern, mit denen beim Befehlsaufruf variable Argumente zugefügt werden können. Das Gleiche gilt für TEX-Makrodefinitionen und deren anschließende Aufrufe. Dabei stimmt das Symbol `#`n mit $n = 1, \ldots, 9$ als Ersetzungszeichen überein, so dass dem LATEX-Anwender die leicht veränderte TEX-Syntax keine Schwierigkeiten bereiten sollte. Die vollständige Syntax des `\def`-Befehls lautet:

`\def\`*befehls_name parameter_text* `{`*ersetzungs_text*`}`

Hierin steht *parameter_text* im einfachsten Fall für eine Liste von unmittelbar aufeinander folgenden Ersetzungszeichen `#1#2#3...`. Das erste Ersetzungszeichen dieser Liste muss zwingend das `#1` sein, das zweite `#2` usw. Eine Vertauschung der Reihenfolge ist in der Parameterliste nicht erlaubt. Die Anzahl der Ersetzungszeichen bestimmt die Zahl der freien Parameter in der Makrodefinition. Innerhalb von *ersetzungs_text* dürfen die Ersetzungszeichen in beliebiger Reihenfolge und an beliebigen Stellen ein- oder mehrfach auftreten. Die Ersetzungszeichen innerhalb von *ersetzungs_text* bestimmen die Stellen, an denen die beim Makroaufruf übergebenen Argumente eingefügt werden.

```
\def\subvec#1#2#3{$(#1_#2,\ldots,#1_#3)$}
```

definiert das Makro `\subvec` mit drei Parametern, nach dessen Aufruf `\subvec zin` $(z_i, \ldots, z_n)$ erscheint. Die Auflösung dieses Makros führt zu `$(z_i,\ldots,z_n)$`, dessen TEX-Bearbeitung genau die ausgegebene Formel erzeugt.

Beim Aufruf eines Makros mit n freien Parametern werden die auf den Befehlsnamen folgenden ersten n Zeichen als Argumente interpretiert und an den mit den Ersetzungszeichen gekennzeichneten Stellen im Ersetzungstext positioniert. Leerzeichen innerhalb der anschließenden Argumentliste werden dabei entfernt: `\subvec z i n` erzeugt gleichermaßen $(z_i, \ldots, z_n)$.

Soll mehr als ein Zeichen als einzelnes Argument übergeben werden, so kann die zu übergebende Zeichengruppe beim Makroaufruf in geschweifte Klammern gefasst werden: `\subvec z{pi}{pn}` erzeugt nunmehr $(z_pi, \ldots, z_pn)$. Das Ergebnis überrascht zunächst, man hätte eher $(z_{pi}, \ldots, z_{pn})$ erwartet. Die geschweiften Klammern dienen hierbei nur zur

Kennzeichnung, dass das übergebene Argument aus mehr als einem Zeichen besteht, nämlich genau aus der eingeschlossenen Zeichengruppe. Bei der Auflösung erscheinen diese Klammerpaare nicht. Das Ergebnis der Auflösung ist damit `$(z_pi,\ldots,z_pn)$`, dessen TEX-Bearbeitung zu der ausgegebenen Formel führt.

$(z_{pi}, \ldots, z_{pn})$ verlangt `$(z_{pi},\ldots,z_{pn})$` als Auflösung. Dies kann mit doppelten Klammerpaaren beim Aufruf `\subvec z{{pi}}{{pn}}` oder mit der geänderten Definition

```
\def\subvec#1#2#3{$(#1_{#2},\ldots,#1_{#3})$}
```

erreicht werden. Die weitgehende Übereinstimmung der Makrodefinitionen und der Makroaufrufe von TEX und LATEX sollte dem Leser die bisher dargestellten `\def`-Eigenschaften vertraut erscheinen lassen. Die weiteren Ergänzungen sind dagegen in LATEX unbekannt.

Die Parameterliste *parameter_text* in der obigen Syntaxdarstellung darf neben den Ersetzungszeichen auch weiteren Text enthalten. Solche Textzeichen sind vor, zwischen und nach den Ersetzungszeichen erlaubt. Es ist lediglich die Reihenfolge `#1...#2...` einzuhalten, d. h. das erste Ersetzungszeichen muss `#1` sein, das zweite `#2` usw. Textzeichen zwischen und nach dem letzten Ersetzungszeichen werden als Endmarkierung der Makroargumente beim Makroaufruf interpretiert.

```
\def\preis/#1:#2!{Der Preis ist #1DM, Urteil: #2.}
```

erzeugt mit dem Aufruf `\preis/5.55:sehr teuer!`: Der Preis ist 5.55DM, Urteil: sehr teuer. Das Zeichen `/` vor dem ersten Ersetzungszeichen muss unverzüglich nach dem Befehlsnamen folgen. Es wirkt so, als wäre es Teil des Befehlsnamens. Der anschließende Text wird bis zum Auftreten eines Doppelpunkts als die Zeichenfolge für das erste Argument eingelesen. Der Doppelpunkt wird nur als Endmarkierung interpretiert, er erscheint nicht im Ausgabetext. Das Endzeichen für das zweite Argument war in der Parameterliste mit dem Ausrufezeichen festgelegt worden. Der anschließende Text wird damit bis zum Auftreten eines `!` als die Zeichenfolge für das zweite Argument eingelesen. Auch hier erscheint das abschließende Ausrufezeichen nicht im Ausgabetext.

Als Endmarkierung sind in der Parameterliste beliebige Zeichen und Zeichengruppen erlaubt. Würde beim obigen Beispiel in der Definition `#1. #2!!!` geschrieben, so ist die erste Endmarkierung die Zeichenfolge `.␣`, also ein Punkt, gefolgt von einem Leerzeichen, und die zweite eine Folge von drei Ausrufezeichen. Bei einer Eingabe `5.55.␣` würde der Dezimalpunkt nicht als Endzeichen wirken, da ihm kein Leerzeichen folgt. Erst der zweite Punkt, mit dem anschließenden Leerzeichen, wird als Endkennung interpretiert. Mit `#1DM#2ende` würde das Auftreten der Buchstabengruppe `DM` als Endmarkierung für das erste Argument und die Zeichenfolge `ende` als Ende für das zweite Argument dienen. Wie oben erwähnt, erscheinen solche Markierungsmuster nicht in der aufgelösten Tokenliste. Die Eingabe `10.--DM Zeichenende` im Makroaufruf führt zu den übergebenen Argumenten `10.--` bzw. `Zeichen` im Ersetzungstext.

Die Wirkung von Leerzeichen zwischen den Ersetzungszeichen bei der Parameterliste `..#1␣#2␣#3␣{...` bedarf damit keiner besonderen Erläuterung. Beim Makroaufruf mit dem anschließenden Text `wort1 wort2 wort3 wort4` sind die Leerzeichen nach den ersten drei Wörtern deren Endkennung, womit diese drei als die drei Argumente übergeben werden. Das anschließende `wort4` gehört zum nachfolgenden normalen Text.

Soll ein Endzeichen als explizites Textzeichen in einem Argument auftauchen, so ist dies durch Einschluss der Eingabegruppe in einem Klammerpaar möglich. Wird für das vorangegangene Beispiel nach dem Makroaufruf `{wort1 wort2} wort3 wort4` geschrieben, so besteht das erste Argument nunmehr aus `wort1 wort2` einschließlich des dazwischen liegenden Leerzeichens und das zweite und dritte Argument aus `wort3` bzw. `wort4`.

Die Eintragung im `.log`-File für Makros mit Parametern als Folge des Befehls `\tracingmacros=1` ist leicht verständlich. Für das obige Preisbeispiel führt der Aufruf `\preis/5.55:sehr teuer!` zum Protokolleintrag

```
\preis /#1:#2!->Der Preis ist #1DM, Urteil: #2.
#1<-5.55
#2<-sehr teuer
```

Die erste Zeile enthält den Makroaufruf, gefolgt von der Parameterliste der Definition. Nach dem Symbol `->` erscheint das Ergebnis der Auflösung. Darauf folgen so viele Zeilen, wie für dieses Makro Parameter definiert sind. Diese Zeilen enthalten die aktuellen Besetzungen für die Parameter in der Form `#`n`<-`*besetzung*.

Dieses Protokoll beschreibt auch den Vorgang der Befehlsauflösung genauer. Bei der Befehlsauflösung in die zugehörige Tokenliste erscheinen die einzelnen Ersetzungszeichen als eigene Parametertoken, so wie innere Befehlsaufrufe als eigene Befehlstoken erscheinen. Der Parametertoken `#1` ist damit ein eigenständiges Atom (s. S. 193) und nicht die Folge der zwei Zeichentoken `#`$_6$ `1`$_{12}$. So wie innere Makroaufrufe dann in einem zweiten Schritt aufgelöst werden, gilt dies auch für die Parametertoken, die in ihre aktuellen Besetzungen umgesetzt werden.

Die Parameterliste für die Makrodefinition kennt noch eine Besonderheit. Öffnende und schließende Klammern sind als Markierungszeichen vor und zwischen den Ersetzungszeichen möglich. Eine öffnende Klammer nach dem letzten Parameterzeichen wird dagegen als Start für den Ersetzungstext interpretiert und nicht als Markierungsende für das letzte Argument. Wird die Parameterliste mit dem Zeichen `#` unmittelbar vor der öffnenden Klammer für den Ersetzungstext abgeschlossen, z. B. durch `\def\b#1#{text #1}`, so wirkt dies so, als wäre der letzte Parameter mit einer öffnenden Klammer markiert worden. Gleichzeitig wird eine öffnende Klammer hinter diesem Parametertoken im Ersetzungstext angebracht. Mit `\def\b#1#{\hbox to #1}` führt der Aufruf `\b3cm{Box mit Inhalt}` zu der vollständig aufgelösten Tokenliste `\hbox to 3cm{Box mit Inhalt}`. Das `.log`-Protokoll besteht für diesen Aufruf aus

```
\b #1{->\hbox to#1{
#1<-3cm
```

Auch die Ersetzungsliste kennt eine Besonderheit: Ein doppeltes Ersetzungszeichen `##` in der Ersetzungsliste bei der Definition wird bei einem anschließenden Makroaufruf in den Token `#`$_6$ aufgelöst. Dies macht es möglich, Parameterlisten und deren Nutzung im Ersetzungstext für verschachtelte Makrodefinitionen zu erzeugen.

```
\def\a#1#2{\def\x##1#1##2{..##1..#1..##2}...#2...#1...}
```

definiert das Makro `\a` mit zwei Parametern `\#1` und `#2`. Diese treten einmal im Ersetzungstext dieses Makros direkt auf, was keiner weiteren Erläuterung bedarf. Innerhalb des Makros `\a` wird das Makro `\x` definiert. Der Parameter `#1` wird zweimal an dieses innere Makro weitergereicht, und zwar einmal an die innere Parameterliste und nochmals an den inneren Ersetzungstext. Das innere Makro enthält seinerseits zwei eigene Parameter, die bei der Definition von `\a` mit `##1` und `##2` anzugeben sind.

Der Aufruf `\a!{mpg}` besetzt den ersten Parameter mit `!` und den zweiten mit `mpg`. Seine Auflösung ergibt: `\def\x#1!#2{..#1..!..#2}...mpg...!...` Damit ist nun der Befehl `\x` definiert, der seinerseits keiner zusätzlichen Erläuterung bedarf. Hier sollte nur beachtet werden, dass ein äußeres Argument sowohl an den Ersetzungstext wie auch an die Parameterliste einer inneren Definition weitergereicht wird.

Der tiefer liegende Trick bei der Einrichtung von inneren Definitionen mit Parametern liegt in der internen Tokenbehandlung. Im Zuge der Definition eines Makros stellt ein Parameterzeichen `#`n zunächst die Tokenfolge `#`$_6$ n_{12} dar, die erst bei der Auflösung in einen eigenständigen Parametertoken `#`n umgewandelt wird. Nachdem bei der Auflösung aus `##` der Token `#`$_6$ entsteht, auf den der Zifferntoken n_{12} folgt, steht in der inneren Definition für das Parameterzeichen zunächst wieder die Tokenfolge `#`$_6$ n_{12}, die erst bei einem Aufruf des inneren Makros in den eigenständigen Parametertoken umgewandelt wird.

5.6.3 Erweiterte Makrodefinitionen

Eine Makrodefinition mit `\def` innerhalb eines Blocks ist, wie viele andere TEX-Strukturen, nur innerhalb dieses Blocks bekannt und wirksam. Soll ein solches Makro auch außerhalb des definierenden Blocks verfügbar sein, so kann dies durch das Voranstellen von `\global` vor die Definition, also durch die Befehlsfolge `\global\def` *definition*, erreicht werden. Da globale Makrodefinitionen innerhalb von Blöcken sehr häufig gefordert werden, stellt TEX hierzu auch den Grundbefehl `\gdef` bereit. Für eine Makrodefinition mit `\gdef` gilt die gleiche Syntax wie für `\def`, ebenso wie alle Eigenschaften der Makroauflösungen übereinstimmen. Zwischen `\global\def` und `\gdef` bestehen keinerlei strukturelle Unterschiede.

Für die übergebenen Argumente bei einem Makroaufruf mit Parametern gibt es eine Einschränkung, die im vorangegangenen Abschnitt nicht erwähnt wurde: Ein übergebenes Argument darf eine Absatzgrenze *nicht* überschreiten. Beim Makroaufruf darf also ein zu übergebendes Argument keine Leerzeile oder den Befehl `\par` enthalten. Dies ist als Sicherheitsmaßnahme für die TEX-Bearbeitung beabsichtigt. Soll ein Argument mit einem umschließenden Klammerpaar übergeben werden oder enthält die Parameterliste eine Endmarkierung für den zugehörigen Parameter, so wird die schließende Klammer oder das Markierungsendzeichen bei der Texteingabe gelegentlich vergessen. Damit wird der nachfolgende Text weiter und weiter eingelesen, bis eine passende schließende Klammer oder ein Zeichen, das als Endzeichen dienen sollte, gefunden wird. Im ungünstigsten Fall wird bis ans Fileende eingelesen und erst dann der Fehler von TEX bemerkt.

Um eine solche unwirtschaftliche Fehlererkennung zu unterbinden, lässt TEX ein Argument, das einen Absatz überschreitet, zunächst nicht zu. Tritt innerhalb eines zu übergebenden Arguments ein Absatzende auf, so wird dies als Eingabefehler interpretiert, den TEX mit der Fehlermeldung

```
! Paragraph ended before ... was complete.
```

quittiert. Soll ein Makro tatsächlich Argumente verarbeiten, die über eine Absatzgrenze hinausgehen, so ist der Definition der Befehl `\long` voranzusetzen. Mit Definitionen der Form

`\long\def` *definition* oder `\long\gdef` *definition*

können Makros eingerichtet werden, deren Parameter mit beliebig langem Text gefüllt werden können. Solche `\long`-Definitionen sollten sparsam erfolgen und bei ihren Aufrufen ist besondere Sorgfalt bei der Endmarkierung geboten. Ansonsten gelten alle Eigenschaften bei der Makroauflösung wie bei den einfachen Makros.

Wird die schließende Klammer bei einer Makrodefinition selbst vergessen – und dies ist bei verschachtelten Definitionen und längeren Ersetzungstexten leicht möglich – so entsteht eine ähnlich unerfreuliche Situation. Innerhalb des Ersetzungstextes sind `\par`-Token, also Absatzenden, durchaus erlaubt. Eine gleichartige Standardbegrenzung wie bei den übergebenen Argumenten würde die Definitionsmöglichkeiten arg einschränken. Dieser Fehler kann in seiner Wirkung gemildert werden durch die Verwendung von Makros, denen bei der Definition der Befehl `\outer` vorangestellt wird. Makros, die ihrerseits *nicht* in weiteren Makrodefinitionen auftreten sollen, weder als Argument noch im Ersetzungstext, sollten mit

`\outer\def` *definition* bzw. `\outer\gdef` *definition*

eingerichtet werden. Tritt ein solches Makro innerhalb einer anderen Makrodefinition auf, so interpretiert TEX dies als Fehler, da wegen der `\outer`-Definition ein solcher Gebrauch untersagt wurde. Bei einer vergessenen abschließenden Klammer einer Makrodefinition hält TEX beim ersten Aufruf eines Makros, das als `\outer` definiert ist, an. `\outer\def\a{aussen} \def\b{innen\a}` führt zur Fehlermeldung:

```
Runaway definition?
->innen
! Forbidden control sequence found while scanning definition of \b.
<inserted text>
                }
<to be read again>
                   \a
l.544 \outer\def\a{aussen} \def\b{innen\a
                                          }
```

Mit `\outer\def` eingerichtete Makros dürfen weder als Argument bei einem Makroaufruf noch im Parameter- oder Ersetzungstext bei einer Makrodefinition verwendet werden. Ebenfalls sind sie nicht erlaubt im Abfrageteil einer IF-Struktur sowie in der Musterzeile nach dem Tabellenbefehl `\halign`.

Die Befehle `\global`, `\long` und `\outer` dürfen kombiniert und sogar wiederholt werden. Die Reihenfolge ist dabei gleichgültig. So ist

`\long\outer\global\long\def` gleichwertig mit
`\long\outer\gdef` oder `\outer\long\gdef`

Die mit `\def` und `\gdef` definierten Makros werden erst bei ihren Aufrufen aufgelöst, und zwar bei jedem Aufruf aufs Neue. TEX stellt zwei weitere Makrodefinitionsbefehle `\edef` und `\xdef` bereit, bei denen die Auflösung bereits bei der Definition erfolgt. Die Beziehung zwischen `\xdef` und `\edef` liegt darin, dass `\xdef` gleichwertig mit `\global\edef` ist. Die Syntax dieser Befehle ist mit der von `\def` identisch. Sie dürfen ebenfalls mit `\long` und `\outer` verknüpft werden. Enthält der Parameter- und/oder Ersetzungstext von Definitionen mit `\edef` oder `\xdef` weitere Makroaufrufe, so werden diese bereits in der Definition selbst aufgelöst, so weit wie es möglich ist. Die Definition selbst besteht danach nur noch aus reinen Zeichentoken, Parametertoken und evtl. TeX-Grundbefehlen. Nach

```
\def\a{alt}  \def\b{vorher}  \edef\e{\a\ und \b}
\def\d{\c: \a\ und \b}       \def\a{neu} \def\b{nachher}
\def\c{erst jetzt}
```

erzeugen die Aufrufe

`\a\` und `\b`	neu und nachher
`\d`	erst jetzt: neu und nachher
`aber \e`	aber alt und vorher

da die Makros `\a` und `\b` bereits bei der Definition von `\e` aufgelöst werden, und zwar mit der Bedeutung, die sie zum Zeitpunkt dieser Definition haben. Das Makro `\d` wird dagegen erst bei seinem Aufruf aufgelöst. Vor diesem Aufruf sind aber die Bedeutungen von `\a` und `\b` verändert worden. Das Makro `\c` wurde erst nach `\d` definiert. Es existierte aber beim ersten Aufruf von `\d` und konnte daher zu diesem Zeitpunkt aufgelöst werden.

Alle intern aufgerufenen Makros einer `\edef`-Definition müssen vorab definiert sein. Hätte die Definition von `\e` gelautet `\edef\e{\c: \a\ und \b}`, so hätte TEX bei der Einrichtung des Makros `\e` eine Fehlermeldung ausgegeben, die besagt hätte, dass es das angeforderte Makro `\c` nicht kennt, da dieses zum Zeitpunkt dieser Definition noch gar nicht existierte.

Auf die Parameterabarbeitung bei Makrodefinitionen mit `\edef` und `\xdef` braucht nicht weiter eingegangen zu werden, da diese den Abläufen von normalen Makrodefinitionen völlig entspricht. Argumente werden ja erst beim Makroaufruf zugefügt und können damit auch erst zu diesem Zeitpunkt aufgelöst werden. Auf Details der Makroauflösungen wird nochmals in 5.6.6 eingegangen. Die Befehlsnamen `\edef` und `\xdef` stehen übrigens für 'expanded definition'.

Die Makroauflösung bereits zum Zeitpunkt einer Definition hat eine Konsequenz, auf die hier deutlich hingewiesen wird. Definitionen mit `\edef` und `\xdef` dürfen ihren Befehlsnamen im Parameter- oder Ersetzungstext als Makroaufruf verwenden. Dies führt nicht zu unendlichen Selbstaufrufen wie bei `\def` oder `\gdef`. Vielmehr wird bei der Auflösung auf einen Befehl gleichen Namens, der bereits vorher definiert wurde, zurückgegriffen. Nach Abschluss der `\edef`-Definition hat der Befehlsname eine neue Bedeutung. Innerhalb der Definition selbst aber ist der Befehl mit seiner vorherigen Bedeutung aufgelöst worden. Nach

```
\def\xxx#1{#1\ #1\ #1}  \edef\xxx{\xxx{abc}}
```

ist die zweite Definition gleichwertig mit `\def\xxx{abc abc abc}`, da der innere Aufruf von `\xxx` mit seiner vorangegangenen Bedeutung und dem übergebenen Argument `abc` expandiert wird.

5.6.4 Ablaufänderungen

Bei einer Makrodefinition mit `\edef` oder `\xdef` kann einem internen Makro der Befehl `\noexpand` vorangestellt werden. Ein so gekennzeichnetes Makro wird nicht schon in der Definition, sondern erst beim äußeren Makroaufruf aufgelöst. Bei dem vorangegangenen Beispiel mit den Makrodefinitionen für `\a` bis `\e` bewirkt die Definition `\edef\e{\a\ und \noexpand\b}` beim Aufruf von '`\e`': 'alt und nachher', da `\a` bereits bei der Definition von `\e`, `\b` dagegen erst beim Aufruf von `\e` aufgelöst wird. Wird einem Makroaufruf innerhalb einer `\edef`-Erklärung ein `\noexpand` vorausgesetzt, so braucht dieses Makro zu diesem Zeitpunkt noch nicht definiert zu sein. Im Gegensatz zu der nicht erlaubten Definition `\edef\e{\c: \a\ und \b}` von oben, ist es erlaubt, `\edef\e{\noexpand\c: \a\ und \b}` zu schreiben, da `\c` erst beim Aufruf von `\e` bekannt sein muss.

Einer Definition mit `\edef` entspricht eine Definition mit `\def`, in der alle internen Makros mit ihrer aufgelösten Bedeutung angegeben werden, es sei denn, dem internen Makroaufruf ist `\noexpand` vorausgesetzt worden. Letzterer würde bei der äquivalenten Definition mit `\def` als Makroaufruf ohne vorangesetztes `\noexpand` erscheinen. Genauso läuft die Makroauflösung einer Definition mit `\edef` ab: Es wird in die äquivalente `\def`-Struktur aufgelöst. `\def\x{aaa}` und `\edef\y{\x\noexpand\x}` entspricht `\def\y{aaa\x}`. Wird nunmehr `\edef\z{\y}` zugefügt, so lautet das Auflösungsergebnis `\def\z{aaaaaa}`.

Der Befehl `\noexpand` wirkt nur auf den unmittelbar folgenden Token. Ist dies ein TEX-Grundbefehl oder ein Zeichentoken, so bleibt er ohne Wirkung, da Grundbefehle und Zeichentoken nicht weiter aufgelöst werden können. Wird statt der vorangegangenen Definition von `\y` geschrieben `\edef\y{\x\noexpand\noexpand\x}`, so entspricht dies `\def\y{aaa\noexpand aaa}`, da das erste `\noexpand` auf den gleichnamigen TEX-Grundbefehl wirkt und das darauffolgende `\x` schon wieder aufgelöst wird. Eine anschließende Definition `\edef\z{\y}` entspricht dann gleichermaßen `\def\z{aaaaaa}`. Erst mit `\edef\y{\x\noexpand\noexpand\noexpand\x}` entsteht als Äquivalent `\def\y{aaa\noexpand\x}`, so dass nun `\edef\z{\y}` gleichwertig zu `\def\{aaa\x}` wird.

Beim Aufruf einer Folge von Makros werden diese nacheinander in der Reihenfolge ihrer Aufrufe aufgelöst und abgearbeitet. Sind `\ma`, `\mb`, `\mc` einfache Makros ohne Parameter, so wird die Folge `\ma\mb\mc` so abgearbeitet, dass zunächst `\ma` in seinen Ersetzungstext aufgelöst und dieser von vorne nach hinten abgearbeitet wird. Enthält der Ersetzungstext weitere Makros, so werden diese bei der Abarbeitung wiederum aufgelöst usw. Erst wenn das Makro `\ma` voll aufgelöst und abgearbeitet ist, wiederholt sich der Vorgang für `\mb` und danach für `\mc`.

War das Makro `\ma` ein Makro mit zwei Parametern, die ohne Endmarkierung in der Parameterliste der Makrodefinition erklärt wurden, für dessen Definition also `\def\ma#1#2{...}` stand, so wird `\ma\mb\mc` so aufgelöst, dass `\mb` und `\mc` als die beiden Argumente von `\ma` angesehen werden. Die Argumente werden *unaufgelöst* an den Stellen der zugehörigen Parametertoken `#1` und `#2` in der Ersetzungsliste von `\ma` eingesetzt. Erst danach wird dieser Ersetzungstext abgearbeitet.

Mit dem TEX-Grundbefehl `\expandafter` kann die Reihenfolge der Auflösung von Makrofolgen verändert werden.

```
\expandafter\ma\mb\mc ...
```

bewirkt, dass zunächst das Makro `\mb` in seinen Ersetzungstext aufgelöst, dieser aber noch nicht abgearbeitet wird. Enthält das Makro `\mb` freie Parameter, so werden die anschließenden Token, beginnend bei `\mc`, als dessen Argumente interpretiert und unaufgelöst in den Ersetzungstext von `\mb` eingefügt. Danach wird das zunächst zurückgestellte Makro `\ma` aufgelöst *und* abgearbeitet. Erst wenn dies geschehen ist, wird der bereits aufgelöste Ersetzungstext von `\mb` abgearbeitet.

Diese etwas abstrakte Beschreibung soll durch ein Beispiel konkretisiert werden. Es sei `\def\xx [#1]{...#1...}` und `\def\yy{[abc]}`. Das Makro `\xx` erwartet einen Aufruf der Form `\xx[`*arg*`]`, z. B. `\xx[abc]`. Der Makroaufruf `\yy` erzeugt genau [abc]. Die Makrofolge `\xx\yy ...` führt aber zu der Fehlermeldung: `Use of \xx doesn't match its definition`, da das unaufgelöste Makro `\yy` als Argument von `\xx` interpretiert wird und dieser unaufgelöste Makrotoken keine umschließende Argumentmarkierung durch `[ ]` kennt. Wird dagegen `\expandafter\xx\yy` beim Aufruf verwendet, so wird zunächst `\yy` zu `[abc]` aufgelöst und danach die Folge `\xx[abc]` abgearbeitet, bei der `abc` als Argument in den Ersetzungstext von `\xx` bei dessen Auflösung eingefügt wird.

Wird nun noch `\def\zz{\yy}` eingeführt, so führt `\expandafter\xx\zz` zur gleichen Fehlermeldung wie vorher. Die vorgezogene Auflösung von `\zz` führt zu `\yy`, *nicht* aber zu dessen vorzeitiger Abarbeitung. Vielmehr beginnt danach die Auflösung und Abarbeitung des zurückgestellten `\xx` und damit der Folge `\xx\yy`. Der Leser möge sich immer bewusst sein: Die Auflösung eines Makros bedeutet die Substitution durch seinen Ersetzungstext mit evtl. eingefügten Argumenten. Weitere Makros aus dem Ersetzungstext oder den Argumenten werden erst mit der Abarbeitung der Auflösung ihrerseits aufgelöst und abgearbeitet.

Mit `\edef\uu{\noexpand\xx\zz}` und dem Aufruf `\uu` wird das gewünschte Ergebnis erzielt. Die Auflösung mit `\edef` bereits in der Definition erfolgt bis auf die Grundstrukturen. Damit ergibt die Definitionsauflösung: `\def\uu{\xx[abc]}`.

Vertiefte Kenntnisse über `\expandafter`, wie z. B. seine Mehrfachanwendung und seine Wirkung auf weitere TEX-Strukturen, werden in 5.6.7 nachgereicht. Hier sollen zunächst zwei weitere Befehle zur Ablaufänderung vorgestellt werden: `\aftergroup` und `\afterassignment`.

Der Befehl `\aftergroup` findet innerhalb eines Blocks Anwendung und hat zur Folge, dass der auf diesen Befehl folgende Token abgespeichert und nach Beendigung des Blocks ausgeführt wird. Enthält ein Block mehrere `\aftergroup`⟨*token*$_1$⟩, `\aftergroup`⟨*token*$_2$⟩, ...-Strukturen, so werden die zugeordneten Token nach Beendigung des Blocks in der Reihenfolge ihres Auftretens innerhalb des Blocks ausgeführt. Sind solche Token Makros, so werden sie erst nach Beendigung des Blocks aufgelöst. Hierzu ein leicht modifiziertes Beispiel aus [10a, S. 374]:

```
\newcount\n   \n=5
{ \aftergroup\edef\aftergroup\sterne\aftergroup{\aftergroup$
     \loop\ifnum\n>0 \aftergroup*\advance\n-1 \repeat
  \aftergroup$\aftergroup} }
```

Der Block beginnt und endet mit dem äußeren Klammerpaar `{...}`. Hierfür hätte auch `\bgroup...\egroup` oder `\begingroup...\endgroup` stehen können. Nach Beendigung des Blocks folgt damit `\edef\sterne{$***...$}`. Diese Definition ist dynamisch, da sie im Ersetzungstext so viele Sterne enthält, wie durch den Zähler `\n` vorgegeben sind: `\sterne` $*****$.

Diese Struktur hätte auch als Ersetzungstext in einer Definition stehen können. Mit `\def\nsterne#1{\n=#1{`*block*`}\sterne}` wird ein Befehl `\nsterne` definiert, dessen Parameter die Zahl der zu erzeugenden Sterne übergibt, die mit dem internen Befehl `\sterne` am Ende des Ersetzungstextes ausgegeben werden: `\nsterne{3}` $***$.

Der Befehl `\afterassignment`⟨*Token*⟩ bewirkt, dass die Ausführung des darauf folgenden Tokens zurückgestellt wird, bis die nächste *Zuweisung* erfolgt ist. Eine Zuweisung ist meistens eine TEX-Struktur, die ein =-Zeichen enthält oder enthalten könnte, z. B. `\count255=10` oder `\count`n`\dimen`m, da Letzteres auch als `\count`n`=\dimen`m geschrieben werden kann. Mit `\def\vvskip{\vskip\skip255}` und `\def\varskip{\afterassignment\vvskip\skip255=}` wird `\varskip` definiert, dessen interner Aufruf `\vvskip` aber erst ausgeführt wird, nachdem dem Register `\skip255` ein elastisches Maß zugewiesen wurde. Dies könnte z. B. durch `\varskip 0pt plus1filll` erfolgen, da die auf `\varskip` folgenden Angaben dem Register `\skip255` zugewiesen werden, wonach dann der Befehl `\vvskip` ausgeführt wird.

5.6.5 Makroersetzungen

Neben den Definitionsbefehlen `\def`, `\gdef`, `\edef` und `\xdef` zur Erstellung von Makros kennt TEX eine Reihe weiterer Definitionen zur Einrichtung von TEX-Strukturen unter einem anwendereigenen Befehlsnamen. Die meisten von ihnen sind im Laufe dieses Kapitels vorgestellt und erläutert worden und verwenden die Syntax

*struct_def**name* = *zuweisung*

Zu den Definitionsstrukturen *struct_def* gehören `\font` zusammen mit `\textfont`, `\scriptfont` und `\scriptscriptfont` zur Erzeugung anwendereigener Zeichensatz- und Familiennamen (5.2.6), `\chardef` (5.1.1) und `\mathchardef` (5.3.3, S. 234) zur Erzeugung von symbolischen Zeichennamen und der Zuweisung ihrer Bedeutung sowie `\countdef` (5.2.1) zur Erzeugung eines symbolischen Zahlenregisternamens und dessen Verknüpfung mit einem bestimmten Register. Zur gleichen Gruppe gehören auch die Befehle `\dimendef`, `\skipdef`, `\muskipdef` `\toksdef`.

Eine andere Gruppe von Befehlen mit der einfachen Syntax `\new`*struct**name* stellt weitere oder gleiche Strukturen unter dem symbolischen Namen *name* bereit. Hierzu zählen die Befehle `\newcount`, `\newdimen` u. ä. zur Bereitstellung von Registern unter einem eigenen Namen, aber auch `\newfam` zur Einrichtung einer neuen Zeichensatzfamilie oder `\newread` und `\newwrite` für symbolische Dateikennzahlen und schließlich `\newif` zur Einrichtung weiterer IF-Schalter.

Nach `\read`n `to` *zeile* existiert der Befehl *zeile*, der die letzte eingelesene Zeile eines externen Files enthält (5.4.1, S. 242). Mit der Befehlsfolge `\csname` *name* `\endcsname` (S. 194) wird ein Befehl *name* aufgerufen, der, wenn er noch nicht definiert worden ist, gleichzeitig mit der Bedeutung `\relax` definiert wird.

Eine weitere Definitionsstruktur wird hier vorgestellt: `\let`*name* = *token*. Damit erhält *name* die Bedeutung des übergebenen Tokens und kann unter dem neuen Befehlsnamen gleichermaßen aufgerufen werden. Diese TEX-Struktur wird häufig verwendet, um einen Befehl, ein Makro oder eine sonstige TEX-Struktur vorübergehend unter einem anderen Namen abzuspeichern, den Originalnamen dann geändert zu definieren und ihm später seine ursprüngliche Bedeutung zurückzugeben.

`\let\temp=`*orig*   *Änderung von* *orig*   `\let`*orig*`=\temp`

Eine andere nützliche Anwendung liegt in der Vertauschung der Bedeutung zweier Befehle. Mit `\let\temp=\b   \let\b=\a   \let\a=\temp` kann dies für die Befehle `\a` und `\b` leicht erreicht werden.

Die `\let`-Anweisung hat eine Besonderheit. Bei Zuweisungen dürfen im Allgemeinen vor und nach dem Gleichheitszeichen beliebig viele Leerzeichen stehen. Solche Leerzeichen haben für die Zuweisung keine Bedeutung. Bei der `\let`-Zuweisung darf *nach* dem Gleichheitszeichen *höchstens* ein Leerzeichen stehen. Ein weiteres Leerzeichen würde als der zuzuweisende Token interpretiert. Nach `\let\what=␣␣\a` hat `\what` die Bedeutung des Tokens $␣_{10}$ und nicht die von `a`. Vielmehr wird danach `\a` aufgerufen.

Dies ist gleichzeitig ein Beispiel dafür, dass mit `\let` einem Befehlsnamen auch die Bedeutung eines Zeichentokens, also eines Tokens mit einem Zeichen- und Kategoriekode, zugewiesen werden kann. Nach `\let\zero=0` verhält sich `\zero` weitgehend, aber nicht vollständig, wie der Token 0_{12}. `\zero` ist ein eigener Befehlstoken `zero` und kein Makro, das in einen Ziffertoken aufgelöst wird!

Die Behandlung einer `\let`-Zuweisung als eigener Token hat überraschende Folgen. In `lplain.tex` wird z.B. `\endgraf` als `\let\endgraf=\par` eingeführt. Damit hat `\endgraf` die Wirkung und Bedeutung von `\par`. Die Abfragen `\if\endgraf\par` und `\ifx\endgraf\par` ergeben beide *wahr*. Trotzdem ist `\endgraf` in einem Makroargument erlaubt, wo `\par` ausdrücklich verboten ist, wenn es sich nicht um eine `\long`-Definition handelt. Das Schleifenbeispiel auf Seite 255 enthielt eine weitere Anwendung für ein erlaubtes `\endgraf` an Stelle eines verbotenen `\par`-Befehls.

Abschließend ein weiteres Beispiel für eine `\let`-Zuweisung gegenüber einer Makrodefinition. Mit `\let\a=\b` erhält `\a` die Bedeutung von `\b` zum Zeitpunkt dieser Zuweisung und jeder anschließende Aufruf von `\a` hat die gleiche Wirkung, die `\b` zum Zeitpunkt der Zuweisung gehabt hätte. Mit `\def\a{\b}` wird ein Makro definiert, dessen Aufruf zur Auflösung `\b` mit der momentanen Bedeutung von `\b` führt. Wurde diese nach der Makrodefinition geändert, so wird sie mit der jeweils letzten Bedeutung ausgeführt.

Da `\let` eine Zuweisung bedeutet, wirkt sie auf einen vorausgegangenen und mit `\afterassignment` suspendierten Befehl zurück. Hiervon wird häufig mit Strukturen wie

```
\def\checknext{...\afterassignment\check\let\next= }
\def\check{\ifx\next\cs ... \else ...\fi}
```

Gebrauch gemacht, womit geprüft wird, ob der nächste eingelesene Token gleichbedeutend mit dem Befehlstoken `\cs` ist.

Eine ähnliche Wirkung kann aber auch mit einer erweiterten `\let`-Zuweisung, die TEX bereitstellt, erreicht werden.

`\futurelet`*copy* $token_1$ $token_2$

speichert unter dem Befehlsnamen *copy* die Bedeutung von $token_2$ ab und bearbeitet anschließend $token_1$. Dieser $token_1$ ist in nahezu allen Anwendungsfällen von `\futurelet` ein Makro, das *copy* benutzt, um die Bedeutung des *nachfolgenden* Tokens $token_2$ herauszufinden, und das dann eine bedeutungsabhängige Aktion startet. Dies wird häufig ein weiterer interner Makroaufruf sein, der $token_2$ als Argument absorbiert.

Eine typische Anwendung von `\futurelet` ist die Behandlung von Makros mit optionalen Argumenten, wie sie LATEX in der Form *name*[*option*]{*argument*} auf vielfältige Weise bereitstellt. Das folgende Beispiel ist dem Artikel "A tutorial on `\futurelet`" von Stephan v. Bechtolsheim [23, Vol. 9 (1988), S. 276f] entnommen. Es soll ein Makro `\xx` definiert werden, das als `\xx`[*opt*]{*arg*} aufzurufen ist, wenn sowohl ein optionales als auch ein zwingendes Argument übergeben wird, oder als `\xx`{*arg*}, wenn das optionale Argument entfällt.

Hierzu werden zunächst zwei Makros definiert: `\def\xxWithOpt [#1]#2{...}` und `\def\xxNoOpt #1{...}`. Das erste kommt zum Tragen, wenn der Makroaufruf mit dem optionalen Argument erfolgt, das andere für den einfachen Makroaufruf. Das Makro `\xx` selbst wird als

```
\def\xx{\futurelet\xxLook\xxDecide}
```

definiert. Beim Aufruf von `\xx` wird der anschließende Token unter `\xxLook` abgespeichert und dann das Makro `\xxDecide` aufgerufen. Dieses wird als

```
\def\xxDecide{\ifx\xxLook [ \let\next=\xxWithOpt
              \else        \let\next=\xxNoOpt \fi \next }
```

definiert. Ein Aufruf `\xx[a]{b}` speichert als Folge von `\futurelet` die öffnende eckige Klammer unter `\xxLook` ab und ruft danach `\xxDecide` auf. Beim Ablauf dieses Makros wird festgestellt, dass `\xxLook` gleichbedeutend mit `[` ist, womit `\next` das Makro `\xxWithOpt` zugewiesen erhält. Nach Abschluss der IF-Abfrage wird `\next` mit der Bedeutung `\xxWithOpt` aufgerufen. Dies liest die anschließenden Token `[a]{b}` als Argumente von `\xxWithOpt` ein, wobei `[`, `]`, `{` und `}` nur als Parametermarkierungen betrachtet werden und damit bei der Auflösung verschwinden. Als Argumente werden die Token `a` und `b` übergeben, wonach `\xxWithOpt` ausgeführt wird.

Beim Aufruf `\xx{b}` speichert `\futurelet` die öffnende geschweifte Klammer unter `\xxLook` ab. Der Aufruf von `\xxDecide` führt innerhalb der internen IF-Abfrage nun zum Sonst-Zweig, womit `\next` das Makro `\xxNoOpt` zugewiesen erhält. Dieses wird nach Beendigung der Abfrage ausgeführt. Es liest `{b}` ein und übergibt dann `b` als Argument.

Dieses Beispiel ist gleichzeitig ein Beispiel für sog. Pseudoargumente. Die Definition von `\xx` hat keine Parameterliste und damit keine eigenen Argumente. Trotzdem muss sein Aufruf zwingend in einer der beiden Formen `\xx[`*opt*`]{`*arg*`}` oder `\xx{`*arg*`}` erfolgen, so als wären diese die Argumente von `\xx`. LaTeX kennt viele solcher Makros, deren Argumente Pseudoargumente sind.

Die LaTeX-Gliederungsbefehle sind eigentlich Befehle mit zwei zwingenden Argumenten. Entfällt das scheinbar optionale Argument, so wird es intern mit dem Inhalt des zwingenden Arguments gleichgesetzt. Dies kann mit einer Definition der Form `\def\xxx{\DblArg{\xx}}` erreicht werden. Der Zweck dieses Makros ist, dass ein Aufruf `\xxx{`*arg*`}` nach `\xx[`*arg*`]{`*arg*`}` und der Aufruf `\xxx[`*opt*`]{`*arg*`}` nach `\xx[`*opt*`]{arg}` aufgelöst wird. Dazu werden zusätzlich die folgenden Makros benötigt:

```
\def\DblArg #1{\def\DAtemp{#1}\futurelet\D Look\Decide }
\def\Darg{\ifx \DAlook [ \let\DAdo=\DAtemp
        \else          \let\DAdo=\DBarg  \fi \DAdo }
\def\DBarg #1{\DAtemp[#1]{#1}}
```

Der Aufruf `\xxx` ruft seinerseits `\DblArg` auf und übergibt `\xx` als Argument. Innerhalb von `\DblArg` wird zum einen `\DAtemp` definiert und das Argument `\xx` hieran weitergereicht. Ein späterer Aufruf von `\DAtemp` führt damit stets zur Auflösung `\xx`. Zum anderen wird `\futurelet` ausgeführt, womit der auf den Aufruf von `\xxx` folgende Token nach `\DAlook` abgespeichert und dann `\Decide` aufgerufen wird. Ist `\DAlook` gleich einem `[`-Token, so wird `\DAdo` das Makro `\DAtemp` zugewiesen, anderenfalls das Makro `\DBarg`. Anschließend wird `\DAdo` ausgeführt.

War `\DAdo` gleichwertig mit `\DAtemp`, so führt dies zum Aufruf `\xx` und es ist Aufgabe dieses Makros, die folgenden Token `[`*opt*`]{`*arg*`}` wie oben mit `\xxWithOpt` zu absorbieren und an den Ersetzungstext weiterzureichen.

War dagegen `\DAdo` gleichwertig mit `\DBarg`, so wird dieses Makro, das einen Parameter hat, ausgeführt. Als Argument wird die auf den ursprünglichen Aufruf `\xxx` folgende Tokenfolge `{`*arg*`}` eingelesen und ohne das `{ }`-Paar als Argument in den Ersetzungstext von `\DBarg` eingefügt. Dessen Auflösung führt über `\DAtemp` schließlich zu `\xxx[`*arg*`]{`*arg*`}`.

Der LaTeX-Kern enthält eine Vielzahl solcher trickreichen Definitionen, deren Quellenkode u. a. mit dem File `ltdefs.dtx` bereitgestellt wird. Mit den hier vorgestellten sowie den nachfolgenden Hinweisen sollten die dortigen internen Makrodefinitionen zumindest im Prinzip verständlich werden. Ansonsten muss auf TeX-Originalliteratur (s. Literaturverzeichnis) verwiesen werden.

5.6.6 Strukturauflösungen im Detail

Beim Aufruf eines Makros wird dieses durch Übergabe seines Ersetzungstextes und Einfügung der Argumente an den Stellen der zugehörigen Parametertoken *aufgelöst*. Enthalten die Argumente weitere Befehls- oder Makrotoken, so werden diese zunächst unaufgelöst übergeben. Die so entstandene Tokenfolge wird dann von vorne nach hinten Token für Token abgearbeitet. Ist einer der Token weiter auflösbar, so wird er bei dieser Abarbeitung zunächst seinerseits wieder aufgelöst. War ein solcher Token ein Makro mit Parametern, so werden die anschließenden Token so weit gelesen, wie sie als Argumente für die Parameterliste interpretiert werden können.

Der Behandlung von Leerzeichen ist besondere Aufmerksamkeit zu widmen. Leerzeichen im Eingabetext werden bei der Umwandlung der einzelnen Eingabezeilen in die Tokenfolgen ggf. entfernt, wie in 5.1.3 genauer dargestellt ist. Dies erfolgt z. B. bei Makroaufrufen im Eingabetext und evtl. folgenden Argumenten. Leerzeichen im Ersetzungstext einer Makrodefinition bleiben bei der Auflösung zunächst erhalten. Ihre Behandlung erfolgt erst bei der Abarbeitung der Auflösung, wobei dieselben Regeln wie bei der Umwandlung der Eingabezeilen in Tokenfolgen gelten.

Das folgende Beispiel ist ganz formaler Natur. Es soll die beschriebene Umwandlung und Zeichenabsorption verdeutlichen. Das Makro

```
\def\makro Ab#1#2$#3$ &#4\% {#3{Mit #1}#2  #4\x}
```

enthält einen Parametertext, dessen Tokenfolge aus den zwölf Token

$$\texttt{A}_{11}\ \texttt{b}_{11}\ \texttt{\#1}\ \texttt{\#2}\ \texttt{\$}_3\ \texttt{\#3}\ \texttt{\$}_3\ \sqcup_{10}\ \texttt{\&}_4\ \texttt{\#4}\ \boxed{\texttt{\%}}\ \sqcup_{10}$$

besteht, und einen Ersetzungstext, der zu der Tokenfolge

$$\texttt{\#3}\ \texttt{\{}_1\ \texttt{M}_{11}\ \texttt{i}_{11}\ \texttt{t}_{11}\ \sqcup_{10}\ \texttt{\#1}\ \texttt{\}}_2\ \texttt{\#2}\ \sqcup_{10}\ \sqcup_{10}\ \texttt{\#4}\ \boxed{\texttt{x}}$$

führt. Die Token vor, zwischen und nach den Parametertoken im Parametertext müssen auch beim Makroaufruf in der Eingabe auftauchen. Sie kennzeichnen jeweils das Ende des zu übergebenden Arguments und werden bei der Umwandlung der Eingabezeile entfernt. Parameter `#1` ist ein Parameter ohne Endmarkierung. Für ihn wird aus der Eingabezeile die kleinste Einheit als Argument interpretiert. Dies ist entweder ein einzelnes Zeichen oder ein Befehlsname oder eine Gruppe von Token, die in einem `{ }`-Paar stehen. Das Klammerpaar wird bei der Argumentübergabe entfernt. Es darf weitere innere Klammerpaare enthalten, die als Teil des Arguments angesehen und mit übergeben werden.

Parameter mit einer Endmarkierung bewirken das Lesen des Eingabetextes bis zum Auftreten der Tokenfolge für die Endmarkierung als das zugehörige Argument. Die Parameter `#2`, `#3` und `\#4` haben die Endmarkierungen `$`, `$␣&` bzw. `\%␣`. Der Aufruf

```
\makro Ab {Mehrheit} \drei$ \def\drei $ &{ angenommen: }\% \quad
```

liest den Eingabetext für die Auflösung von `\makro` bis unmittelbar vor `\quad` und bildet damit die Argumente: `#1` ← `Mehrheit`, `#2` ← `\drei`, `#3` ← `\def\drei` und `#4` ← `␣angenommen:␣`. Die Anfangsmarkierung `\Ab` und die Parameterendmarkierungen werden dabei entfernt und sind mit Erreichen des Token `\quad` verschwunden. Die Angabe für das vierte Argument hätte auch ohne Einschluss in Klammern erfolgen können und die angegebenen Klammern werden für die Argumentübergabe auch entfernt. Es beginnt nach der vorangegangenen Markierung `$␣&` und endet vor `\%␣`. Man beachte, dass durch die Eingabe `␣angenommen␣` die Leerzeichen Teil des Arguments werden. Bei einer Eingabe `{ }angenommen{ }` wären die Klammerpaare Teil des Arguments geblieben. Die Entfernung des äußersten Klammerpaares würde sonst zu `␣}angenommen{␣` und damit zu unabgesättigten Klammerfolgen führen.

Nach Einlesen des Eingabetextes bis `\quad` kann die Tokenliste für den Ersetzungstext und die übergebenen Makros gebildet werden. Sie lautet dann (unter Fortlassung der Kategoriekodes):

```
\def\drei{Mit␣Mehrheit}\drei␣␣␣angenommen:␣\x
```

Bei der Bearbeitung dieser Auflösung wird dann seinerseits zunächst der Makroaufruf `\drei` aufgelöst. Von den anschließenden Leerzeichen werden die ersten beiden entfernt, da sie nur das Makroende von

`\drei` kennzeichnen. Das dritte Leerzeichen bleibt jedoch erhalten, weil es als Teil des Arguments für `#4` übergeben wurde. Zum Schluss dieser Bearbeitung wird ggf. `\x` aufgelöst, falls dies ebenfalls ein Makro ist.

Es ist leicht einzusehen, dass die Makroauflösung, insbesondere bei verschachtelten Makros, die Zahl der Token in der Bearbeitungsliste gegenüber dem Eingabetext im Allgemeinen vergrößert. Das Gegenteil ist bei der Auflösung von IF-Strukturen der Fall. Hier wird der Eingabetext zunächst so weit gelesen, dass die IF-Abfrage eindeutig mit *wahr* oder *falsch* beantwortet werden kann. Im ersten Fall wird der Eingabetext bis zum `\else`-Befehl in die Tokenfolge der Bearbeitungsliste umgewandelt. Der auf `\else` folgende Text bis zum abschließenden `\fi` wird übersprungen. Ist das Abfrageergebnis dagegen *falsch*, so wird der Eingabetext bis `\else` übersprungen und nur der darauf folgende Text bis `\fi` in die Tokenliste aufgenommen. Die Befehlstoken `if`⟨*abfrage*⟩, `\else` und `fi` werden gleichfalls entfernt, da sie nach der Auswertung der Abfrage überflüssig sind.

Eine IF-Struktur kann sich damit sogar in *nichts* auflösen, nämlich dann, wenn sie keinen Sonst-Zweig enthält und das Abfrageergebnis *falsch* war.

Zuweisungen in Makrodefinitionen oder If-Strukturen sollten – wenn die Zuweisung als abgeschlossen gilt – stets mit einem optionalen Leerzeichen oder einem `\relax`-Befehl abgeschlossen werden. Solche Leerzeichen erscheinen zwar nicht bei der Ausgabe, sind aber aus syntaktischen Gründen häufig nicht überflüssig, wie man zunächst denken könnte. Der Behandlung von Leerzeichen ist in [12, Kap. 4] ein ganzes Kapitel gewidmet, aus dem hier nur ein Beispiel wiedergegeben wird.

```
\newcount\n \n=0 \ifnum\n=0\n=1\fi \ifnum\n=1\n=2\fi $ n=\number\n $
```

Als Ergebnis erscheint $n = 1$ und nicht, wie man zunächst erwarten würde, $n = 2$. Der Grund liegt in den fehlenden Leerzeichen nach der ersten Zuweisung `\n=1` in der ersten und `\n=2` in der zweiten IF-Struktur. Solche Leerzeichen kennzeichnen eindeutig die Stelle, wo die zugewiesene Zahl endet. Dies ist bei der ersten Zuweisung `\n=0` der Fall, auch wenn solche Leerzeichen dann bei der Umwandlung der Eingabe in die Tokenliste verschwinden.

Bei dem weiteren Bearbeitungsprozess wird zunächst das Leerzeichen nach dem ersten `\fi` und dem folgenden `\if` entfernt. Die Auswertung der ersten IF-Struktur führt damit zu der Tokenliste [n] $=_{12}$ 1_{12} [if] .... Die Zuweisung `\n=1` ist damit noch nicht abgeschlossen, es könnte ja gerade beabsichtigt sein, mit der anschließenden IF-Struktur weitere bedingungsabhängige Ziffern anzuschließen. Zu diesem Zeitpunkt hat `\n` damit noch seinen ursprünglichen Wert null, womit die zweite Abfrage *falsch* ergibt und damit keinerlei Token erzeugt. Mit der Reduzierung und Fortsetzung der Tokenliste [n] $=_{12}$ 1_{12} n_{11} = ... wird erst mit dem Token n_{11} erkannt, dass dies keine Ziffer und damit die vorangehende Zahlzuweisung beendet ist. Erst jetzt erhält `\n` den neuen Wert eins zugewiesen.

Die scheinbar überflüssigen Leerzeichen in `\ifnum\n=0\n=1␣\fi` und `\ifnum\n=1\n=2␣fi` hätten somit sehr wohl eine Wirkung gehabt, da sie das Ende der jeweiligen Zahlzuweisung eindeutig gekennzeichnet hätten. Eine vergleichbare Wirkung hat auch der Befehl `\relax` nach den `\fi`-Endmarkierungen oder nach den Zahlzuweisungen.

Leerzeichen oder ein `\relax`-Befehl nach den Parametertoken im Ersetzungstext einer Makrodefinition beenden gleichermaßen das übergebene Argument, wenn hiermit eine Zuweisung erfolgt, z. B. `\let\next=#1␣`. Endmarkierungen mit `\relax` nach Parametertoken sind im Ersetzungstext dann zweckmäßig, wenn das übergebene Argument ein elastisches Maß oder eine `\hrule`- oder `\vrule`-Angabe ist. Bei Wegfall der optionalen Dehn- oder Stauchwerte bei elastischen Maßangaben oder der optionalen Angaben `\depth`, `\height` oder `\width` bei den `rule`-Befehlen gelten die Zuweisungen ggf. als noch nicht abgeschlossen. Der Leser möge sich den Unterschied zwischen `\skip100=#1 plus#2pt` und `\skip100#1\relax plus#2` im Ersetzungstext einer Makrodefinition selbst klarmachen.

Eine ganze Reihe weiterer TEX-Strukturen führt bei der Eingabe vorab zur Auflösung in eine Tokenliste. Die meisten hiervon wurden bereits an anderer Stelle vorgestellt und erläutert. Hierzu zählen z. B. die Befehle `\csname...\endcsname`, `\string`, `\number`, `\romannumber` sowie `\jobname`

(S. 244). Auch die Befehle `\topmark`, `\firstmark` und `\botmark` führen zur Ausgabe der Tokenliste ihrer zugehörigen MARK-Register (s. 5.2.5).

Der Vollständigkeit halber seien hier noch zwei weitere Befehle erwähnt, die in eine Tokenfolge aufgelöst werden: `\fontname`*\font_name* liefert den Filenamen und die evtl. Vergrößerungsstufe zurück, die dem symbolischen Zeichensatznamen *\font_name* zugeordnet sind. War mit `\font\magfiverm=cmr5 at 10pt` der Zeichensatz `\magfiverm` definiert worden, dann erzeugt der Aufruf `\fontname\magfiverm` die Zeichenfolge `cmr5 at 10pt`.

Der andere Befehl ist `\meaning` *Token*. Mit `\meaning A` wird die Tokenfolge '`the letter A`' und mit `\meaning {` 'begin-group character {' erzeugt, die so im Ausgabefile erscheint. War der Token, dessen Bedeutung hiermit aufgelöst wird, ein Makro, z. B. `\bigskip`, so wird dies in die Tokenfolge `makro:->\vskip \vskipamount` aufgelöst. Die aufgelöste Zeichenfolge ist dieselbe, die mit `\let\test=`*Token* und einem anschließenden `\show\test` auf dem Bildschirm erscheinen würde.

Zum Abschluss wird der bisher nur kurz gestreifte, aber sehr wichtige TEX-Befehl `\the` etwas genauer dargestellt. Dieser Befehl wird immer in der Form `\the`*\decl* aufgerufen, wobei *\decl* eine TEX-Erklärung darstellt, also einen Befehl, dem ein bestimmter Wert zugewiesen ist. Dies können alle expliziten oder internen TEX-Register sein, wie `\count`*n* oder `\parshape`, aber auch die letzten Zuweisungen, die in `\lastpenalty`, `\lastkern` oder `\lastskip` zusätzlich abgelegt sind. In [10a, S. 214] sind alle erlaubten Strukturen aufgelistet. Ein Aufruf `\the\skip255` löst den Inhalt von `\skip255` in die Tokenfolge für ein elastisches Maß auf, z. B. `10.0pt plus 1.5fil minus 5.0pt`.

Falls das Ergebnis einer `\the`-Auflösung eine reine Zeichenfolge ist, erhalten alle Zeichen in der Tokenfolge den Kategoriekode 12 (other) zugewiesen. Die Ausnahme ist das Leerzeichen, dem der Kategoriekode 10 (space) zugeordnet ist.

Folgt auf den Befehl `\the` ein Tokenregister, so ist das Ergebnis der Auflösung der Inhalt des Tokenregisters und damit eine Folge von Befehlstoken, die anschließend ausgeführt werden (s. hierzu das Beispiel aus 5.2.5 auf Seite 213). Die Befehlsfolge `\the`*\font* wird nach *\font* aufgelöst mit der gleichen Wirkung wie der einfache Aufruf von *\font*.

Der TEX-Grundbefehl `\showthe`*\decl* erzeugt auf dem Bildschirm dieselbe Tokenfolge, die mit `\the`*\decl* in die Tokenliste für die TEX-Bearbeitung eingetragen wird. Damit kann auf dem Bildschirm leicht überprüft werden, ob der Inhalt von *\decl* mit dem übereinstimmt, was der Anwender zur TEX-Bearbeitung an die Tokenliste weiterreichen will.

5.6.7 Vertiefungen einiger TEX-Strukturen

Die Reihenfolge der einzelnen Makroaufrufe spielt bei vielen Makrodefinitionen eine ganz entscheidende Rolle. In 5.6.4 wurden die Befehle `\noexpand`, `\expandafter`, `\aftergroup` und `\afterassignment` vorgestellt, mit denen der Auflösungszeitpunkt oder die Auflösungsreihenfolge vom Anwender beeinflusst und gesteuert werden kann. In 5.6.5 wurde der Befehl `\futurelet` beschrieben, der ebenfalls zur Ablaufkontrolle benutzt werden kann.

Zunächst soll der Befehl `\expandafter` nochmals genauer dargestellt werden. Dieser geht stets einer Tokenfolge der Form

`\expandafter` $token_0$ $token_1$ $token_2$ $token_3$ ...

voran. Damit wird Folgendes bewirkt:

1. Der unmittelbar folgende Token $token_0$ wird zunächst ohne Auflösung zwischengespeichert, um später aufgelöst und abgearbeitet zu werden.
2. Der anschließende Token $token_1$ wird analysiert. Dabei sind folgende Fälle zu unterscheiden:
   (a) $token_1$ ist ein Makro: Hat dieses Makro keine Parameter, so wird es in seinen Ersetzungstext aufgelöst. Bei einem Makro mit Parametern werden die anschließenden Token so weit

gelesen, wie sie als Argumente für die Parameter des Makros benötigt werden. Das Makro *token*$_1$ wird dann mit den zugefügten Argumenten in seinen Ersetzungstext aufgelöst.

Das Auflösungsergebnis wird noch nicht ausgeführt. Vielmehr wird zunächst der unter 3. beschriebene Vorgang ausgeführt.

(b) *token*$_1$ ist ein Grundbefehl oder ein einfaches Zeichen. In diesem Fall bleibt der Befehl `\expandafter` mit den folgenden Ausnahmen ohne Wirkung.

   i. *token*$_1$ ist ein weiterer `\expandafter`-Befehl. Dieser Fall wird unter dem Stichwort "Mehrfache `\expandafter`-Befehle" im Anschluss erläutert.

   ii. *token*$_1$ ist `\csname`. In diesem Fall wird die anschließende Tokenfolge bis zum Auftreten von `\endcsname` als einfacher Text interpretiert.

   iii. *token*$_1$ ist eine öffnende geschweifte Klammer `{`. Diese wird vorübergehend deaktiviert, s. Beispiel 3.

   iv. *token*$_1$ ist der TeX-Grundbefehl `\the`. Dann wird der folgende Token *token*$_2$ gelesen und als Folge des `\the`-Befehls aufgelöst.

3. Nunmehr wird der ursprüngliche Token *token*$_0$ aufgelöst und ausgeführt. Anschließend wird ggf. das unter 2. entstandene Auflösungsergebnis oder ein verbleibender Rest ausgeführt.

Die vorstehende umfassende Beschreibung ist dem Artikel "A Tutorial on `\expandafter`" von Stephan v. Bechtolsheim aus [23, Vol. 9 (1988), S. 57f] entnommen, ebenso wie einige der anschließenden Beispiele. Die bereits in 5.6.4 im Zusammenhang mit `\expandafter` angeführten Beispiele bedürfen keiner weiteren Erläuterung. Stattdessen folgen hier einige weitere Beispiele.

Beispiel 1: Mit `\def\xx{\yy}` und `\expandafter\def\xx{Ein Scherz}` wird der Definitionsbefehl `\def` zurückgestellt. Die Auflösung von `\xx` ergibt `\yy` und damit anschließend `\def\yy{Ein Scherz}`.

Beispiel 2: Nach `\def\pickfirst#1#2{#1}` und `\def\picksecond#1#2{#2}` zusammen mit `\def\a{{Argument 1}{Argument 2}}` führt `\expandafter\pickfirst\a` zur Auflösung '`Argument 1`' und `\expandafter\picksecond\a` zu '`Argument 2`'. Hier wird zunächst `\a` nach `{Argument 1}{Argument 2}` aufgelöst. Die anschließende Auflösung und Abarbeitung der Makros `\pickfirst` oder `\picksecond` mit den nachfolgenden beiden Argumenten bedarf keiner Erläuterung. Das Verfahren kann leicht verallgemeinert werden, wenn man z. B. das i-te Argument aus einem Satz von n Argumenten herausfiltern will.

Beispiel 3: Die vorübergehende Aufhebung einer öffnenden Klammer durch ein vorangestelltes `\expandafter{...` kann gelegentlich nützlich sein. Mit `\newtoks\ta \newtoks\tb` werden zwei Tokenregister bereitgestellt. Das erste soll durch `\ta={\a\b\c}` mit den drei Token `\a`, `\b` und `\c` gefüllt werden. Der Aufruf `\the\ta` bewirkt den Ablauf dieser Tokenfolge. Mit `\tb={\the\ta}` wird die Tokenfolge ⟨`\the`⟩⟨`\ta`⟩, nicht aber das Auflösungsergebnis `\a\b\c`, nach `\tb` gespeichert. Dies kann jedoch mit `\tb = \expandafter{\the\ta}` erreicht werden. Hiermit wird zunächst `\the\ta` aufgelöst und anschließend die öffnende Klammer wieder vorangestellt, womit nun `\tb={\a\b\c}` ausgeführt wird. Das Kopieren von `\ta` nach `\tb` hätte im vorliegenden Fall natürlich einfacher mit `\tb=\a` erfolgen können. Es sollte hier nur die Wirkung von `\expandafter{...` demonstriert werden.

Mehrfache `\expandafter`-Befehle: Im Folgenden sei `\ex`$_i$ eine Abkürzung für das i-te Auftreten von `\expandafter` in einer Folge dieser Befehle. Im folgenden Beispiel seien `\a`, `\b` und `\c` drei Makros ohne Parameter. Die Folge `\ex`$_1$ `\ex`$_2$ `\ex`$_3$ `\a` `\ex`$_4$ `\b` `\c` bewirkt nun:

1.) `\ex`$_1$ steht unmittelbar vor `\ex`$_2$, womit das zweite `\expandafter` zunächst zurückgestellt wird. Die Auflösung des nächsten Tokens `\ex`$_3$ ist ein weiteres `\expandafter`, mit dem zusätzlich das Makro `\a` zurückgestellt und der nächste Token vorab aufgelöst wird. Dieser ist `\ex`$_4$ und stellt nun `\b` zurück, um zunächst `\c` aufzulösen. Das Ergebnis dieser Auflösung sei z. B. `ccc`.

2.) Die zurückgestellten und temporär abgespeicherten Token werden nun von vorne nach hinten der Auflösung von `\c`, also `ccc`, vorangestellt, womit die neue Bearbeitungsliste `\ex`$_2$ `\a \b ccc` entsteht.

3.) Die Abarbeitung dieser Liste stellt nunmehr `\a` wiederum zurück und löst zunächst `\b` nach z. B. `bbb` auf. Dies führt zur neuen Bearbeitungsliste `\a bbb ccc`, die in dieser Form dann endgültig abgearbeitet wird.

Ist der vorab aufzulösende Befehl ein weiteres `\expandafter`, so wird dieser auch vorab *ausgeführt*, d. h. auch der folgende Token wird zunächst zurückgestellt. Das Verfahren wird so lange fortgesetzt, bis der vorab aufzulösende Token kein weiteres `\expandafter` ist. In diesem Fall wird nach der Auflösung an den Anfang der suspendierten Tokenfolge zurückgekehrt und mit deren Abarbeitung begonnen.

Das Verfahren kann weiter fortgesetzt werden. Mit einem zusätzlichen parameterlosen Makro `\d` kann die Forderung, in der Tokenfolge `\a\b\c\d` zunächst `\d` aufzulösen, danach `\c` und schließlich `\b` und erst dann `\a` abzuarbeiten, mit

```
\let\ex = \expandafter
\ex\ex\ex\ex\ex\ex\ex \a \ex\ex\ex \b \ex \c \d
```

erreicht werden. Ganz allgemein sind bei einer Folge von n Token, die in umgekehrter Reihenfolge abgearbeitet werden sollen, dem i-ten Token $2^{n-i} - 1$ `\expandafter` voranzustellen.

Enthalten die vorab aufzulösenden Token Parameter, so ist lediglich zu berücksichtigen, dass die unmittelbar folgenden Token als Argumente interpretiert werden und ebenfalls in der Vorabauflösung erscheinen.

Beispiel 4: Der Befehl `\write`*log_name*{*text*}, mit dem der eingeschachtelte Text in ein externes File geschrieben wird (s. 5.4.1), wird erst in der TEX-Ausgaberoutine ausgeführt. Enthält der auszugebende Text Makros, so werden diese mit der Bedeutung, die sie unmittelbar zum Zeitpunkt der Seitenausgabe haben, aufgelöst. Mit einem vorangestellten `\immediate` kann der Schreibbefehl auch unverzüglich ausgeführt werden, womit solche Makros mit der Bedeutung zum Zeitpunkt dieses Befehls aufgelöst erscheinen.

Soll eine Makrofolge, z. B. `\x\y\z`, mit `\write\stream` (`\stream` ist hierbei die symbolische Filekennzahl *log_name*) so ausgegeben werden, dass `\x` unverzüglich, `\y` und `\z` aber erst zum Zeitpunkt der Seitenausgabe aufgelöst werden, so kann dies mit

```
\def\ws{\write\stream}  \let\ex = \expandafter
\ex\ex\ex\ws\ex{\x\y\z}
```

erreicht werden. Mit den Erläuterungen von oben ist leicht zu sehen, dass hiermit zunächst entsprechend 2.) die Ablauffolge `\ex\ws{xxx\y\z}` erscheint (bei diesem Beispiel entspricht `\ws` dem obigen `\a`, `{` dem `\b` und `\x` dem `\c`; die Auflösung von `\x` sei hier `xxx`). Hieraus entsteht dann die endgültige Bearbeitungsliste `\ws{xxx\y\z}` und nach Auflösung von `\ws`: `\write\stream{xxx\y\z}`.

[11, S. 177] enthält eine andere Lösung für das Problem einer partiellen Makroauflösung des `\write`-Befehls. Diese benutzt `\edef`-Definitionen und blendet mit `\noexpand` bestimmte Makros von der unverzüglichen Expandierung in `\edef` aus.

Die Befehlssequenz `\csname` *name* `\endcsname` wurde bereits mehrfach angesprochen (S. 194, 266 und 272). Falls ein Befehl *name* existiert, ist die vorstehende Sequenz gleichwertig mit dem Aufruf *name*. Anderenfalls wird der Befehl `\relax` ausgeführt. Das File `latex.tex` bzw. `latex.ltx` enthält eine Fülle solcher `\csname ... \endcsname`-Sequenzen. Diese Befehlssequenz soll deshalb hier noch etwas ergänzend behandelt werden.

Bekanntlich darf ein TEX-Befehl nur aus einem `\` und einer Folge von Buchstaben (Kategoriekode 11) *oder* aus einem `\` und einem einzigen Zeichen, das kein Buchstabe ist, bestehen. Innerhalb `\csname ... \endcsname` sind dagegen beliebige Zeichenfolgen erlaubt. Mit `\csname?-xy*1.c\endcsname` wird ein Befehl mit dem exotischen Namen `?-xy*1.c` aufgerufen. Mit

```
\expandafter\def\csname?-xy*1.c\endcsname{ ersetzung}
```

kann ein solcher Befehl auch definiert werden. Hiermit wird zunächst die Ausführung von `\def` zurückgestellt und nach der Auflösung `\csname?-xy*.1c\endcsname` nunmehr dem Befehlsnamen `?-xy*.1c` vorangestellt und ausgeführt, d. h. dieser Befehl wird definiert.

Eine direkte Angabe `\def\?-xy*.1c{...}` ist nicht möglich und führt sofort zu einer Fehlermeldung. Auch ein Aufruf `\?-xy*.c` ist natürlich nicht erlaubt. Der Befehlsaufruf mit dem absonderlichen Namen muss stets durch `\csname?-xy*.c\endcsname` erfolgen, der dann jedoch wie ein ganz normaler Befehlsaufruf behandelt wird.

Wie bereits in 5.1.2 erwähnt, darf der eingeschlossene Name auch Befehlsaufrufe enthalten. Das Ergebnis solcher eingeschlossenen Befehle muss zu Zeichentoken führen und darf keine TEX-Grundbefehle hinterlassen. Ist der Inhalt von `\count0` z. B. 12 und von `\xx` grad, so ergibt `\csname sin-\the\count-\xx\endcsname` den Befehlsaufruf `sin-12-grad`.

Der LATEX-Kern stellt einen internen Makrodefinitionsbefehl zusammen mit einem zugehörigen Aufrufbefehl mit der Syntax

`\@namedef{`*bef_name*`}{`*ersetzungs_text*`}`   `\@nameuse{`*bef_name*`}`

bereit, bei dem der einzurichtende oder aufzurufende Befehlsname beliebige Zeichen enthalten darf. Diese internen Befehle wurden mit

```
\def\@namedef#1{\expandafter\csname #1\endcsname}
\def\@nameuse#1{\csname #1\endcsname}
```

definiert, deren Wirkung nach den Erläuterungen zu `\csname ... \endcsname` verständlich sein sollte.

In großen Makropaketen stellt sich häufig die Frage, ob ein bestimmter Befehlsname bereits mit einer Definition belegt ist. Dies kann leicht mit der Abfrage

`\expandafter\ifx\csname` *name* `\endcsname\relax ... ...\fi`

festgestellt werden. Die Abfrage ergibt *wahr*, wenn dieser Name noch nicht belegt ist, da für jeden undefinierten Befehlsnamen die Sequenz `\csname ... \endcsname` den Befehl `\relax` ausführt. LATEX verwendet intern recht häufig den Befehl `\@ifundefined` mit der Syntax

`\@ifundefined{`*name*`}{`*undefiniert*`}{`*definiert*`}`.

Ist der Befehl *name* bereits definiert, so wird der Zweig {*definiert*} ausgeführt, anderenfalls der Zweig {*undefiniert*}. Seine Definition aus einer früheren LATEX-Version bedarf keiner Erläuterung:

```
\long\def\@ifundefined#1#2#3{\expandafter\ifx\csname
    #1\endcsname\relax #2\else #3\fi}
```

Bei neueren LATEX-Versionen wird er bei gleicher Aufrufsyntax mit

```
\def\@ifundefined#1{\expandafter\ifx\csname#1\endcsname\relax
                                          \expandafter\@firstoftwo
                                   \else \expandafter\@secondoftwo\fi}
\def\@firstofone#1#2{#1}   \def\@secondoftwo#1#2{#2}
```

definiert. Das zweite und dritte Argument beim `\@ifundefined`-Aufruf sind hierbei Pseudoargumente (s. S. 268), die mit den Befehlsausführungen von `\@firstoftwo` bzw. `\@secondoftwo` zugefügt werden.

Das File `german.sty` enthält eine ähnliche Struktur. Es beginnt nämlich mit der Abfrage

```
\expandafter\ifx\csname mdqon\endcsname\relax \else \endinput \fi
```

Ist `\mdqon` definiert, so wird nach `\endinput` verzweigt. Dies beendet unverzüglich den Lesevorgang eines mit `\input` eingelesenen Files. Damit wird verhindert, dass `german.sty` mehrfach eingelesen wird, da `\mdqon` in `german.sty` definiert wird und, nachdem dieser einmal eingelesen wurde, nunmehr definiert ist.

Dieses Verfahren kann leicht verallgemeinert werden. Es soll ein Makro `\firstinput` bereitgestellt werden, dessen Parameter ein externer Filename sein soll und das dieses File einliest, wenn der Befehl zum ersten Mal verwendet wird. Bei weiteren Aufrufen mit demselben Filenamen soll ein erneutes Einlesen unterbleiben. Ein solches Makro ist nützlich bei umfangreichen Makropaketen, die auf mehrere Files aufgeteilt sind und intern weitere Files aufrufen. Es mögen z. B. die Files `A.tex`, `B.tex` und `C.tex` verlangt werden, die ihrerseits alle das File `x.tex` einlesen sollen. Nachdem `A.tex` eingelesen ist, ist auch `x.tex` eingelesen, und es wäre unvernünftig, dies ein zweites und drittes Mal beim Einlesen von `B.tex` und `C.tex` zu wiederholen. Eine Lösung könnte sein:

```
\def\firstinput#1{\expandafter\ifx\csname known-#1\endcsname\relax
   \expandafter\def\csname known-#1\endcsname{} \input #1 \fi}
```

Beim Aufruf `\firstinput{`*file_name*`}` wird gefragt, ob der Befehlsname `\known-`*file_name* unbekannt ist. In diesem Fall wird dieser Name als leerer Befehl `{}` definiert und anschließend das File mit `\input` *file_name* eingelesen. Existiert dagegen der Befehl `\known-`*file_name*, so geschieht gar nichts, da der Befehl selbst leer ist und, wegen des fehlenden `\else` in der Abfrage, ein Sonst-Zweig entfällt. Diese Makrodefinition könnte als Kandidat für eine Anwenderergänzung in `plain.tex` oder `lplain.tex` in Betracht kommen, da sie für alle externen Files verfügbar sein sollte.

Der Befehl `\string\`*befehl* (S. 194) ist in gewisser Weise das Komplement zu `\csname ... \endcsname`. Der nachfolgende Befehl wird nicht aufgelöst, sondern in die Folge der Zeichentoken, aus denen der Befehlsname besteht, umgewandelt. Dabei erhalten alle Token den Kategoriekode 12 (sonstige) zugewiesen. `\string\TeX` erzeugt damit die Tokenfolge $\backslash_{12}$ $\mathtt{T}_{12}$ $\mathtt{e}_{12}$ $\mathtt{X}_{12}$, was bei Eingabe von `{\tt \string\TeX}` zur Ausgabe von `\TeX` führt. Ohne Umschaltung auf `\tt` wird aus `\string\TeX` "TeX. Der Grund liegt darin, dass der Zeichenkode für \ den Zahlenwert 92 hat, was mit `\number`\\` leicht überprüft werden kann. Im Zeichensatz `\rm` steht aber an der Stelle 92 das Zeichen ".

Bei der Ausgabe mit `\string` erscheint als Befehlsumschaltzeichen das Zeichen, das mit `\escapechar` eingestellt wurde. Dieses ist intern mit \ voreingestellt. Nach `\escapechar=`\!` würde nunmehr das Ausrufezeichen beim Ausdruck erscheinen. Dies ist nicht gleichbedeutend mit `\catcode`\!=0`, mit dem ! als weiteres Befehlsumschaltzeichen eingerichtet würde. Mit `\escapechar` wird nur festgelegt, welches Zeichen beim Ausdruck symbolisch für das eigentliche Befehlsumschaltzeichen verwendet werden soll. Wird `\escapechar` eine negative Zahl zugewiesen, z. B. `\escapechar=-1`, so wird das Umschaltzeichen bei der Druckausgabe unterdrückt. Nach

`\texttt{\escapechar=`\! \string\bigskip}` erscheint `!bigskip` und nach
`\texttt{\escapechar=-1 \string\bigskip}` erscheint `bigskip`

Der Befehl `\string` wirkt nur auf den unmittelbar nachfolgenden Token. Mit `\string$$` würde das erste Dollarzeichen als $ ausgedruckt und mit dem zweiten in den einfachen mathematischen Bearbeitungsmodus umgeschaltet. Um zwei aufeinander folgende $-Zeichen auszudrucken, muss `\string$\string$` geschrieben werden: $$. Zum Abschluss noch einige weitere Beispiele, für die vorab gemeinsam auf `\tt` umgeschaltet wurde:

`\string{`	`{`	`\string}`	`}`	`\string\{`	`\{`	`\string\}`	`\}`
`\string#`	`#`	`\string\#`	`\#`	`\string&`	`&`	`\string\&`	`\&`
`\string\%`	`\%`	`\string\$`	`\$`	`\string_`	`_`	`\string^`	`^`

Die Token `{` und `\{` sind beide eigenständige Token und erscheinen entsprechend bei der Ausgabe. Man vergesse aber nicht, dass alle ausgegebenen Einzeltoken stets den Kategoriekode 12 haben. Damit erscheint hier `{` als $\{_{12}$ und nicht wie bei der einfachen Ausgabe als $\{_{1}$. Die ausgegebene Klammer leitet damit auch keinen Blockanfang ein.

Beim Versuch, `\string%` einzugeben, mag das Ergebnis dagegen überraschen. Das %-Zeichen behält seine Bedeutung als Kommentarzeichen, womit alle auf `\string` in derselben Zeile folgenden Zeichen ausgeblendet werden und der vorangehende Befehl `\string` auf das erste Zeichen der nächsten Zeile wirkt.

Nach diesen Erläuterungen sollte es dem Leser möglich sein, die Wirkung der Schaltereinrichtungsstruktur `\newif{\if`*schalter*`}` aus `latex.ltx` zu verstehen:

```
\def\newif#1{\count255=\escapechar  \escapechar=-1
    \let#1=\iffalse  \@if#1\iftrue  \@if#1\iffalse
    \escapechar=\count255}
```

mit der Zusatzdefinition für `\@if{\if`*schalter*`}` als

```
\def\@if#1#2{\expandafter\def\csname\expandafter\@gobbletwo\string#1%
                          \expandafter\@gobbletwo\string#2\endcsname
             {\let#1#2}}
```

worin `\@gobbletwo` im LaTeX-Kern mit `\def\@gobbletwo#1#2{}` bereitgestellt wird.

Der Leser möge den Ablauf eines Aufrufs `\newif{\if`*schalter*`}` mit dem von ihm gewählten Schalterrestnamen *schalter* gedanklich schrittweise nachvollziehen. Das Einrichtungsmakro `\newif` speichert die aktuelle Bedeutung `\escapechar` nach `\count255` und setzt lokal den Wert für `\escapechar` auf -1. Mit dieser Einstellung wird es dann beim Ablauf von `\@if`{*arg_1*}{*arg_2* berücksichtigt. Das übergebene Argrument *arg_1* ist für beide internen Aufrufe das außen an `\newif` übergebene Argument `\if`*schalter*. Das zweite Argument *arg_2* der inneren `\@if`-Aufrufe ist `\iftrue` bzw. `\iffalse`. Der Programmiertrick liegt darin, dass als Folge von `\gobbletwo` in den eingerichteten oder zugewiesenen Befehlsnamen `\if`*schalter*, `\iftrue` und `\iffalse` die jeweils ersten zwei Buchstaben `if` übergangen werden. Damit gelten die Zuweisungsbefehle `\`*schalter*`true` und `\`*schalter*`false` als definiert.

Der Wirkungsablauf von `\@if`{*arg_1*}{*arg_2*} sollte nach den ausführlichen Erläuterungen zu `\expandafter`, `\csname` und `\string` keine unüberwindlichen Verständnisschwierigkeiten bereiten. Das Makro `newif` wird in `plain.tex` in anderer Weise definiert, die ich hier der Vollständigkeit ebenfalls wiedergebe:

```
\outer\def\newif#1{\count255=\escapechar \escapechar=-1
  \expandafter\expandafter\expandafter
    \edef\@if#1{true}{\let\noexpand#1=\noexpand\iftrue}%
  \expandafter\expandafter\expandafter
    \edef\@if#1{false}{\let\noexpand#1=\noexpand\iffalse}%
  \@if#1{false}\escapechar=\count255}
\def\@if#1#2{\csname\expandafter\if@\string#1#2\endcsname}
{\uccode`1=`i \uccode`2=`f \uppercase{\gdef\if@12{}}}
```

Ein hiermit eingerichteter Schalter mit dem Namen `\if`*schalter* führt zum selben Ergebnis wie das gleichnamige Einrichtungsmakro aus LaTeX 2_ε, nur dass dieses mir mehr Verständnisschwierigkeiten bereitete als sein Namensvetter aus LaTeX 2_ε.

Kapitel 6

Layoutentwicklungen

Viele LaTeX-Anwender neigen dazu, bestimmte und häufig wiederkehrende Formatänderungen oder eigene Makrogruppen in Files abzulegen und diese zur Bearbeitung eines Textdokuments mit `\input`-Befehlen zuzuladen. Die Bereitstellung eigener Ergänzungspakete oder gar Bearbeitungsklassen oder Klassenoptionen in Form von `.sty`-, `.cls`- und `.clo`-Files erfolgt viel seltener. Dieses Kapitel soll den Anwender in die Lage versetzen, beliebige Formatierungswünsche zu erfüllen und diese durch die Einrichtung von weiteren `.sty`-, `.cls`- und/oder `clo`-Files zu realisieren.

6.1 Vorbemerkungen

Vorab ein Hinweis zur systematischen Unterscheidung von Ergänzungspaketen und Bearbeitungsklassen. Makropakete, die das Gesamtlayout eines Bearbeitungsstils bestimmen, sollten als Klassenfiles mit dem Namensanhang `.cls` bereitgestellt werden, z. B. *my_form*`.cls`. Der formale Aufbau von Klassenfiles wurde in 2.5 auf S. 84–94 beschrieben. Der Inhalt der Standardklassenfiles `article.cls`, `book.cls` und `report.cls` wurde in 3.1 und 3.2 auf S. 96–128, der von `proc.cls` in 3.4 auf S. 139–142 und der von `letter.cls` in 3.5 auf S. 143–155 vorgestellt. Klassenfiles werden durch Angabe ihres Grundnamens *bearb_klasse* mit

`\documentclass[`*optionen*`]{`*bearb_klasse*`}[`*vers_datum*`]`

angefordert. Zur Einrichtung und Behandlung von Optionen für Klassenfiles verweise ich auf 2.5.3 (S. 85f) und 2.5.4 (S. 87f). Optionsanforderungen im `\documentclass`-Befehl, auf die das angeforderte Klassenfile nicht vorbereitet ist, werden an alle nachfolgenden Ergänzungspakete weitergereicht.

Makropakete, mit denen bestimmte Bearbeitungseigenschaften geändert oder zugefügt werden, die für alle Bearbeitungsklassen gelten sollen, werden als Ergänzungspakete unter Filenamen mit dem Anhang `.sty`, z. B. *my_pack*`.sty`, bereitgestcllt. Der formale Aufbau von Ergänzungspaketen wurde ebenfalls in 2.5 dargestellt. Ihre Einbindung erfolgt in LaTeX 2_ε mit

`\usepackage[`*optionen*`]{`*erg_paket*`}[`*vers_datum*`}`

wobei die gleichen Verweisangaben wie bei den Klassenfiles genutzt werden können.

Typische Anwendungsfälle für eigene Klassenfiles könnten z. B. in der Erstellung von Formblättern mit gleichzeitiger Zuweisung der individuellen Eintragstexte liegen. Das Einsatzgebiet solcher Formblätter reicht von Personalfragebögen bis zu technischen Datenblättern, die mit zugeordneten Klassenfiles einfach erstellt und inhaltlich ausgefüllt werden. Als weiteres Beispiel für ein anwendereigenes Klassenfile wird von jedem LaTeX-Betreiber vermutlich ein solches zur Erstellung von Privat- oder Firmenbriefen verlangt.

Beispiele für eigene Ergänzungspakete, wie z. B. zur Erzeugung zentrierter Gliederungsüberschriften, geänderter Kopf- oder Fußzeilen, geänderter Gleichungsnummerierung, geänderter Bild- und Tabellenüberschriften u. a. werden im Laufe dieses Kapitels vorgestellt. Das Beispiel `refman.sty` ist ein Grenzfall. Es kann in Verbindung mit den Bearbeitungsklassen `article` und `report` genutzt werden und bewirkt für diese Bearbeitungsklassen ein Layout, wie es häufig für technische Referenzmanuale verlangt wird. Alternativ könnte man es auch als Klassenfile `refman.cls` einrichten, bei dem mit zusätzlichen Optionen `article` und `report` entsprechende Bearbeitungsunterschiede realisiert werden.

Die LaTeX-eigenen Makropakete befinden sich meistens in Verzeichnissen, die bei der TeX-Installation festgelegt wurden, z. B. `.../texmf/tex/latex/base` (s. 1.2.2, S. 8f). Neue `.cls`- und/oder `.sty`-Files von allgemeinem Interesse sollten in einem zugehörigen Parallelverzeichnis eingerichtet werden, z. B. unter `.../texmf/tex/latex/local`. In einem Rechenzentrum mag dies Schwierigkeiten bereiten, da Normalanwender kaum über die Privilegien verfügen, um in Systemverzeichnissen Änderungen oder Ergänzungen vorzunehmen. Umgekehrt wird jedoch ein Rechenzentrum, das TeX bereitstellt und betreut, sehr wohl ein Interesse an Ergänzungen von allgemeinem Nutzen haben und gut ausgetestete `.sty`-Files gerne übernehmen.

Wird für eine LaTeX-Bearbeitung ein bestimmtes `.cls`- oder `.sty`-File angefordert, so durchmustert TeX zunächst das aktuelle Arbeitsverzeichnis nach diesem File. Erst wenn das angeforderte File dort nicht existiert, wird das Standardverzeichnis `.../texmf/tex/` nach diesem File durchmustert. Angeforderte `cls`- oder `.sty`-Files im aktuellen Arbeitsverzeichnis haben dabei stets Vorrang vor gleichnamigen Systemfiles des Standardeingangsverzeichnisses. Damit sind auch die Nutzer von Rechenzentren in der Lage, eigene `.cls`- und `.sty`-Files einzurichten, wobei die verschiedenen Anwender gleiche Namen für ihre Makrofiles verwenden können, ohne sich gegenseitig zu stören.

Auch auf einem PC kann es von Nutzen sein, spezielle `.sty`-Files in gesonderten Verzeichnissen zu führen, statt sie alle im TeX-Standardverzeichnis einzurichten. Dies kann z. B. nützlich sein, wenn für ein `.sty`-File eine Reihe von Modifikationen entwickelt wurden, die alle unter dem gleichen Namen aktiviert werden sollen. Die jeweils verwendete Modifikation ist dann durch das Verzeichnis bestimmt, in dem die LaTeX-Bearbeitung stattfindet. Ich bin von dieser Praxis inzwischen jedoch abgerückt, da ich solche Modifikationen durch geeignete Optionsaufrufe bei den Makroausgangspaketen realisiere.

Bei der Entwicklung neuer Stilarten sollte das zugeordnete File mit umfassenden Kommentaren zur Erläuterung der Aufgaben und der Funktionswirkung der einzelnen Makros versehen werden. Ein solches dokumentiertes Makrofile sollte durch den Anhang `.dtx` gekennzeichnet werden. Bei Einhaltung einiger weniger Regeln, die in Abschnitt 2.2 vorgestellt wurden, können dann mit den Entwicklungswerkzeugen `doc.sty` und `docstrip.tex` aus dem LaTeX-Installationspaket eine wohl formatierte Dokumentation und das kompakte `.cls`- oder `.sty`-File automatisch erstellt werden. Der anfängliche Mehraufwand bei der Erstellung dokumentierter Makrofiles macht sich durch die einfachere Wartung, Korrektur und Ergänzung später mehrfach bezahlt.

6.2 Einfache Ergänzungspakete

Dieser Abschnitt enthält einige einfache Ergänzungspakete, die als Beispiele für anwendereigene Ergänzungspakete betrachtet und entsprechend den Erfordernissen in geeigneter Weise modifiziert werden sollten. Sie sind, entsprechend dem aktuellen LaTeX-Standard, zur Nutzung mit LaTeX 2_ε durch `\usepackage{`*erg_paket*`}` vorgesehen. Die Mechanismen, mit denen solche Ergänzungen mit LaTeX 2.09 eingebunden werden, werden am Ende dieses Abschnitts nachgereicht, so dass sie sich, bei Wegfall der sog. LaTeX-Interfacebefehle, auch für LaTeX 2.09 eignen.

Alle Ergänzungspakete sollten mit einer Selbstidentifikation beginnen. Diese erfolgt in LaTeX 2_ε mit

`\ProvidesPackage{`*paket_name*`}[`*vers_info*`]`

wobei die angegebene Versionsinformation *vers_info* optional ist. Greifen Makrodefinitionen oder Aufrufe des Ergänzungspakets auf Strukturen zurück, die nur in LaTeX 2_ε bereitgestellt werden und dort ggf. noch vom LaTeX 2_ε-Versionsdatum abhängen, dann sollte zusätzlich der Interfacebefehl

`\NeedsTeXFormat{LaTeX2e}[`*vers_datum*`]`

vorangestellt werden. Bei den vorgestellten Beispielen dieses Abschnitts entfallen solche Rückgriffe auf spezielle LaTeX 2_ε-Strukturen, so dass hier auch `\NeedsTeXFormat` entfallen kann.

6.2.1 Papierformatanpassungen

Bei deutschen Anwendungen besteht von Anbeginn ein Bedarf, die Ausgabe an das bei uns verwendete Papierformat anzupassen. Die Standardklassenfiles aus LaTeX 2_ε gestatten zwar die Angabe des Papierformats mit den Optionsangaben `a4paper`, `b5paper` u. a. Die damit eingestellte Textbreite und Texthöhe entsprechen jedoch nicht den Werten, die die Mehrzahl der Anwender mit dem Papierformat DIN A4 verbindet.

Bei den Standardklassenfiles werden Textbreite und -höhe sowie linker und oberer Rand in den zugehörigen Größenfiles eingestellt. Eine Änderung dieser Einstellungen in den Größenfiles ist zwar leicht möglich, doch ist davon dringend abzuraten. Jede TeX- oder LaTeX-Bearbeitung sollte weltweit kompatibel sein, d. h. ein Text-`.tex`-File sollte auf allen Rechnern zum gleichen Bearbeitungsergebnis führen.

Die Erstellung eines `dina4.sty`-Ergänzungspakets zur Anpassung an das Papierformat DIN A4 sollte einem LaTeX-Anwender kaum Schwierigkeiten bereiten. Im einfachsten Fall besteht es nur aus passenden Maßzuweisungen für `\textwidth`, `\textheight`, `\oddsidemargin`, `\evensidemargin` und `\topmargin`. Evtl. könnten noch geänderte Zuweisungen für `\marginparwidth` und `\marginparsep` in Betracht kommen. Welche sonstigen Einstellungen das ein- oder zweispaltige Seitenformat bestimmen, ist am übersichtlichsten den Diagrammen 1 und 2 aus [5a, Zusammenfassende Diagramme] zu entnehmen.

Steht ein `dina4.sty`-File bereit, so kann die rechnerunabhängige Bearbeitungskompatibilität dadurch erhalten bleiben, dass den per E-Mail oder Diskette versandten `.tex`-Files das `dina4.sty`-File zugefügt wird.

Das Papierformat DIN A4 hat die Abmessung 210 × 297 mm. Bei einem 30 mm breiten rechten und linken Rand verbleiben für die Textbreite 150 mm. Für die Texthöhe sei ein Wert von 250 mm vorgesehen. Für die Bestimmung der Randwerte ist zu berücksichtigen, dass die Druckertreiber standardmäßig einen linken und oberen Zusatzrand von 1 Zoll = 25.4 mm zufügen. Um einen linken Rand von 30 mm zu erzielen, ist `\oddsidemargin4.6mm` zu wählen ($25.4 + 4.6 = 30$).

Beim oberen Rand soll erreicht werden, dass die Grundlinie der ersten Zeile um 30 mm unter dem Seitenrand liegt. Berücksichtigt man, dass die Standardwerte `\headheight12pt`, `\headsep25pt` und `\topskip10pt` für den Seitenkopf bzw. den Abstand der Grundlinie der ersten Zeile zum oberen Rand der Seitenbox eingestellt sind, so ist intern 47 pt $\approx$ 16.5 mm Zwischenraum oberhalb der Grundlinie der obersten Zeile bereits vorgegeben. Der Druckertreiber fügt weitere 25.4 mm hinzu, so dass für `\topmargin-11.9mm` zu wählen ist, um die Anfangsforderung zu erfüllen. Mit diesen Werten erscheint die Unterkante der letzten Textzeile ca. 21.5 mm und die Unterkante der Fußbox (normalerweise die Seitennummer) ca. 11 mm oberhalb des unteren Seitenrands. (Standard: `\footskip30pt`). Wird der Text

```
\textheight250mm      \textwidth150mm \parskip0pt plus3pt
\marginparwidth22mm \marginparsep3mm
\oddsidemargin4.6mm \evensidemargin4.6mm \topmargin-11.9mm
```

als File mit dem Namen `dina4.sty` abgespeichert, so werden seine Einstellungen mit jedem Optionsaufruf `dina4` aktiviert. Der geänderte Wert für `\parskip` erlaubt mehr Elastizität für den Seitenumbruch als der Standardwert `\parskip0pt plus1pt`.

Für die meisten Anwender wird diese Stiloption zu starr sein. Nicht etwa dadurch, dass einige Standardeinstellungen für den Seitenkopf und -fuß übernommen wurden. Diese können natürlich ebenfalls verändert werden, wofür jedoch kaum wirklich ein Bedarf besteht. Eine Änderung wird gelegentlich für bestimmte Formblätter erforderlich sein. Diese wird man aber besser mit einer eigenen Formblattklasse realisieren.

Der gewählte Formatierungsstil hat mindestens drei Schwächen: Die Textbreite und -höhe sind unabhängig von der gewählten Schriftgröße. Bei doppelseitigem Druck sollten linker und rechter Rand unterschiedlich groß gewählt werden. Besonderheiten für zweispaltige Formatierung bleiben unberücksichtigt.

Abhilfe kann durch einige Abfragen und bedingungsabhängige Einstellungen geschaffen werden. Die Textbreite sollte der Schriftgröße angepasst sein und damit bei 10 pt kleiner als bei 11 pt oder gar 12 pt sein. Dies verbessert die Lesbarkeit. Hierzu kann der Zahlenbefehl `\@ptsize` aus den Standardklassenfiles abgefragt werden. Dieser nimmt für 10 pt den Wert *null*, für 11 pt *eins* und für 12 pt *zwei* an. Mit

```
\ifcase \@ptsize\relax ..... \or ..... \or ..... \fi
```

(s. S. 253) können die größenabhängigen Einstellungen leicht vorgenommen werden. Geeignete Textbreiten könnten sein: 10 pt $\rightarrow$ 145 mm, 11 pt $\rightarrow$ 154 mm und 12 pt $\rightarrow$ 164 mm. Unterschiedliche Textbreiten verlangen dann aber auch unterschiedliche Breiten für evtl. Randnotizen, die mit `\marginparwidth` einzustellen sind.

Bleibt die Forderung nach gleich breiten linken und rechten Rändern erhalten, so folgen die einzustellenden Werte zwangsläufig. Die Texthöhe beeinflusst die Lesbarkeit weit weniger. Hier mögen eher ästhetische Gesichtspunkte eine Rolle spielen, um Höhe und Breite in ein ausgewogenes Verhältnis zu bringen. Wichtiger ist hierbei, dass die Seite möglichst gut ausgefüllt wird und die vertikale Elastizität zwischen den Absätzen möglichst wenig in Anspruch genommen wird. Aus diesem Grunde sollte die Texthöhe als ganzzahliges Vielfaches von `\baselineskip` erklärt und zusätzlich der Wert von `\topskip` zugefügt werden.

Bei doppelseitigem Druck unterscheiden sich gewöhnlich die Werte für den linken und rechten Rand. Doppelseitig bedruckte Seiten sind meistens für anschließendes Heften oder Binden vorgesehen. Der Heftrand, also der innere Rand, wird dabei oft größer eingestellt als der äußere Rand. Aber auch die umgekehrte Einstellung ist geläufig, um bei gehefteten Texten am äußeren Rand breitere Randboxen für Randnotizen zuzulassen. Der linke Rand ist auf ungeraden Seiten der innere und auf geraden Seiten der äußere Rand. Die Einstellungen für den linken Rand für ungerade bzw. gerade Seiten erfolgen mit Wertzuweisungen an `\oddsidemargin` und `\evensidemargin`.

War die Option `twoside` verlangt, so setzen die Standardklassenfiles den LaTeX-internen Schalter `\if@twoside`, der normalerweise auf *falsch* steht, auf *wahr*. Hiermit kann eine weitere bedingungsabhängige Einstellungsgruppe erzeugt werden (s. 5.5.3):

```
\if@twoside ... ... ... \else ... ... ...\fi
```

Um sowohl die größenabhängigen Einstellungen als auch die Anpassungen für ein- oder doppelseitigen Druck vorzunehmen, muss man die beiden Abfragestrukturen verschachteln. Dies kann dadurch erfolgen, dass entweder der `\if@twoside`-Schalter in den drei Zweigen der `\ifcase`-Abfrage dreimal eingebettet wird oder die `\ifcase`-Abfrage in beiden Zweigen des `\if@twoside`-Schalters auftritt. Eine der beiden Möglichkeiten möge der Leser vorab selbst ausprobieren. Durch Übertragung einiger arithmetischer Rechnungen an LaTeX oder TeX können beide Abfragen weitgehend entkoppelt werden, wie der endgültige Vorschlag zeigen wird.

Wird die Option `twocolumn` verlangt, dann setzen die Standardklassenfiles den internen Schalter `\if@twocolumn` auf *wahr*. Mit

```
\if@twocolumn ..... \else ..... \fi
```

können die vorgesehenen bedingungsabhängigen Einstellungen gewählt werden. Bei zweispaltigem Seitenaufbau braucht die Spaltenbreite für die drei Schriftgrößen nicht unterschiedlich groß gewählt zu werden, da sie auch für die kleinste Schrift 10 pt hinreichend schmal ist, um eine gute Lesbarkeit sicherzustellen. Hier wird vorgeschlagen, die Spaltenbreite einheitlich mit 85 mm zu wählen und den Abstand zwischen den beiden Spalten mit 5 mm einzustellen, was zu `\textwidth175mm` führt. Und damit nun der abschließende Vorschlag für ein `dina4.sty`-File:

```
\ProvidePackage{dina4}

\newlength{\aiv@width}  \setlength{\aiv@width}{210mm}
\newlength{\tmp@width}  \setlength{\tmp@width}{\aiv@width}

\if@twocolumn \textwidth175mm \marginparsep2.5mm
\else \ifcase \@ptsize\relax \textwidth145mm \or \textwidth154mm
                    \or \textwidth164mm \fi \marginparsep4mm  \fi
\addtolength{\tmp@width}{-\textwidth}

\ifcase \@ptsize\relax \textheight 59\baselineskip
             \or \textheight 52\baselineskip
             \or \textheight 49\baselineskip \fi
\addtolength{\textheight}{\topskip}
```

```
\if@twoside \if@twocolumn \setlength{\oddsidemargin}{0.6\tmp@width}
                    \setlength{\evensidemargin}{0.4\tmp@width}
            \else \setlength{\oddsidemargin}{0.4\tmp@width}
                    \setlength{\evensidemargin}{0.6\tmp@width} \fi
\else \setlength{\oddsidemargin}{0.5\tmp@width}
      \setlength{\evensidemargin}{\oddsidemargin} \fi

\setlength{\marginparwidth}{\evensidemargin}
\addtolength{\marginparwidth}{-\marginparsep}
\addtolength{\marginparwidth}{-6mm}
\addtolength{\oddsidemargin}{-1in}
\addtolength{\evensidemargin}{-1in}

\topmargin-11.9mm \columnsep5mm  \parskip0pt plus2pt
```

Die nachfolgende Tabelle enthält die hieraus folgenden Werte für die verschiedenen Schriftgrößen und die Optionen `twoside` und `twocolumn`. Die schriftgrößenabhängigen Werte für `\baselineskip` sind 12 pt für die 10 pt-Schrift, 13.6 pt für die 11 pt-Schrift und 14.5 pt für die 12 pt-Schrift. Daraus folgt `\textheight` wie angegeben.

Schriftgröße/Format		10 pt		11 pt		12 pt		`\twocolumn`	
	Einstellung	Alle Angaben in mm							
	`\textwidth`	145.0		154.0		164.0		175	
	`\marginparsep`	4.0		4.0		4.0		2.5	
	`\textheight`	≈ 252.3		≈ 252.0		≈ 253.2		s. links	
		wert	eff.	wert	eff.	wert	eff.	wert	eff.
o	`\oddsidemargin`	7.1	32.5	2.6	28.0	−2.4	23.0	−7.9	17.5
n	`\evensidemargin`	7.1	32.5	2.6	28.0	−2.4	23.0	−7.9	17.5
e	`\marginparwidth`	22.5		18.0		13.0		9.0	
t	`\oddsidemargin`	0.6	26.0	−3.0	22.4	−7.0	18.4	−4.4	21.0
w	`\evensidemargin`	13.6	39.0	8.2	33.6	2.2	27.6	−11.4	14.0
o	`\marginparwidth`	29.0		23.6		17.6		5.5	

Bei doppelseitigem Druck und einspaltiger Seitenformatierung ist der innere Rand schmaler als der äußere gewählt worden, um breitere Randnotizen am äußeren Rand zu ermöglichen. Bei zweispaltiger Seitenformatierung ist in diesem Fall der innere Rand größer als der äußere, da Randnotizen für die linke Spalte vor der Spalte angeordnet werden. Die Breite von 5.5 mm für evtl. Randmarkierungen ist nur für die Aufnahme von Symbolen oder vertikalen Balken geeignet. Text ist hierin kaum unterzubringen.

Die beiden Spalten für die Randeinstellungen enthalten unter ‚wert' den eingestellten Wert, der die Randzufügung von 1 Zoll durch die Druckertreiber berücksichtigt. Die Werte unter ‚eff.' stellen die effektiven linken Ränder dar, wie sie sich durch die Druckerzufügung ergeben.

Dieser Vorschlag für ein `dina4.sty`-File hat nur Beispielcharakter. Der Leser möge die ihm passenden Werte verwenden. Bei häufiger Verwendung von Randnotizen ist ggf. auch bei einseitiger Formatierung ein schmalerer linker Rand vorzuziehen, um mehr Platz am rechten

Rand für Randboxen bereitzustellen. Die Verwendung von LaTeX-Befehlen wie `\newlength` oder `\addtolength` statt ähnlicher TeX-Strukturen wie `\newdimen` bzw. `\advance by` sollte bei der Erstellung von `.sty`-Files angestrebt werden. Erst wenn LaTeX keine Lösungen bereitstellt, sollte auf TeX zurückgegriffen werden. Auch dies ist nur eine Empfehlung. Der Leser möge die ihm als geeignet erscheinende Lösung wählen.

Bei der Vorstellung von `dina4.sty` bin ich von meiner eigenen Empfehlung, Ergänzungspakete stets als dokumentiertes Makrofile bereitzustellen, zunächst abgewichen. Das entsprechende dokumentierte Makrofile könnte einen Teil des vorgegangenen Buchtextes übernehmen, z. B. einen Auszug aus dem Text ab dem Absatz, der auf S. 280 mit ‚Abhilfe kann durch ...' beginnt, enthalten. Dieser Erläuterungs- und Dokumentationstext könnte bis einschließlich des zweiten Absatzes nach der vorgestellten Tabelle reichen und diese einschließen.

Im dokumentierten Makrofile ist dieser Erläuterungstext in jeder Eingabezeile durch ein %-Zeichen in Spalte eins zu markieren. Dies gilt auch für die eingeschlossenen LaTeX-Strukturen wie die `tabular`-Umgebung zur Erzeugung der zusammenfassenden Tabelle oder für die `quote`-Umgebungen zur Einrückung einiger Erläuterungsstrukturen, also z. B.:

```
% Hiermit kann eine weitere bedingungsabh"angige Einstellungsgruppe
% erzeugt werden:
% \begin{quote} \verb=\if@twoside ... \else ... \fi \end{quote}
% Um sowohl die gr"o"senabh"angigen Einstellungen als auch die ...
```

Auf diesen Erläuterungstext folgt dann der eigentliche Makrotext, wie er für `dina4.sty` abgedruckt wurde. Dieser Makrotext ist im dokumentierten Makrofile durch das Zeilenpaar

```
%␣␣␣␣\begin{makrocode}
    makro_text
%␣␣␣␣\end{macrocode}
```

einzuschließen (s. 2.2.2 auf S. 29), wobei die vier Leerzeichen nach dem einleitenden %-Zeichen zwingend sind. Der eingeschlossene Makrotext *makro_text* enthält dagegen kein %-Zeichen in Spalte eins. Für weitere Gestaltungsdetails von dokumentierten Makrofiles verweise ich auf die Ausführungen des gesamten Abschnitts 2.2 von S. 27–46.

Wird dieses dokumentierte Makrofile nun mit dem Hilfsprogramm `docstrip.tex` entsprechend den Ausführungen aus 2.2.7 LaTeX-bearbeitet, so entsteht hieraus das kompakte Makrofile `dina4.sty`, wie es bereits im vorangegangenen Text direkt vorgestellt wurde. Das dokumentierte Makrofile `dina4.dtx` kann aber auch mit dem Ergänzungspaket `doc.sty` durch ein sog. Treiberfile (s. 2.2.3, S. 31ff) verknüpft werden und erzeugt dann eine saubere Dokumentation als Folge der LaTeX-Bearbeitung des zugehörigen Treiberfiles.

Ein Treiberfile kann entfallen, wenn das dokumentierte Makrofile vor seinem Erläuterungs- und Dokumentationstext um die wenigen Zeilen aus 2.2.4 auf S. 34 erweitert wird. Der Bearbeitungsaufruf zur Erstellung der Dokumentation lautet dann einfach '`latex dina4.dtx`'.

Das vorgestellte Makropaket `dina4.sty` kann nach Austausch seiner ersten Zeile mit dem Interfacebefehl `\ProvidePackage{dina4}` durch `\typeout{Option: dina4}` mit LaTeX 2.09 durch Angabe der Option `dina4` beim `\documentstyle`-Befehl genutzt werden. Kommt dort gleichzeitig die Option `twocolumn` zur Anwendung, so ist darauf zu achten, dass in der Optionsliste `dina4` *nach* `twocolumn` auftritt, da in LaTeX 2.09 die Option `twoside` durch das Optionsfile `twocolum.sty` realisiert wird, dessen Vorgaben mit `dina4.sty` teilweise überschrieben werden müssen.

6.2.2 Zentrierte Gliederungsüberschriften

Ich erhalte häufig Anfragen, wie in LaTeX zentrierte Gliederungsüberschriften mit den Gliederungsbefehlen wie `\chapter`, `\section`, `\subsection` usw. erzeugt werden können. Bei zentrierten Überschriften wird meistens gefordert, dass die anschließende erste Zeile des nachfolgenden Textes wie bei allen sonstigen Absätzen eingerückt erscheint. Gelegentlich wird auch der Wunsch geäußert, in den Überschriften eine andere Schrift, insbesondere `\sffamily`, zu verwenden.

Die Häufigkeit solcher Anfragen lässt auf das Bedürfnis nach einem Zentrierungs-Ergänzungspaket schließen. Mit den Erläuterungen aus 3.2.4, S. 106–113 bzw. 4.5, S. 180–183 sollte die Entwicklung eines geeigneten `centersec.sty`-Files nicht schwerfallen.

Hierzu ist es erforderlich, für Kapitelüberschriften die Definitionen für `\chapter`, `\@makechapterhead` und `\@makeschapterhead` geringfügig zu ändern. In der Neudefinition für `\chapter` von S. 110 bzw. S. 181 ist lediglich `\@afterindentfalse` durch `\@afterindenttrue` zu ersetzen. Bei den neuen Definitionen für `\@makechapterhead` und `\@makeschapterhead` von S. 111, S. 112 bzw. S. 182 ist `\raggedright` durch `\centering` zu ersetzen. Die geänderten Gesamtdefinitionen werden beim Abdruck von `centersec.dtx` vollständig angegeben.

Die Definitionen für `\@chapter` und `\@schapter` von S. 111 bzw. S. 181 bleiben erhalten, wenn nicht gleichzeitig geänderte Kopfzeilen und Eintragungen im Inhaltsverzeichnis verlangt werden. Die Änderungen für die Gliederungsüberschriften ab `\section` und darunter sind ebenfalls nur ganz geringfügig zu modifizieren. Die Gliederungsbefehle ab `\section` und darunter erfolgen über den internen LaTeX-Befehl `\@startsection` mit seinen sechs Argumenten (s. S. 106 bzw. S. 180). Sind die LaTeX-Einstellungen für die Schriftgrößen und Abstände zum vorangehenden und nachfolgenden Text akzeptabel, so können alle Standardwerte übernommen werden, wobei das vierte Argument durch entsprechende positive Werte zu ersetzen ist. Damit erscheint auch die erste Textzeile eingerückt. Um die Überschrift zu zentrieren, ist im sechsten Argument ein `\centering` voranzusetzen. Die Definitionen für `\section` bis `\subsubsection` von S. 112 bzw. S. 180 sind damit leicht zu modifizieren, z. B. für `\section` mit:

```
\renewcommand{\section}{\@startsection{section}{1}{\z@}%
   {3.5ex \@plus 1ex \@minus .2ex}{2.3ex \@plus .22ex}%
   {\centering \normalfont\Large\bfseries}
```

Die Gliederungsüberschriften für `\paragraph` und `\subparagraph` erzeugen keine eigenen Zeilen. Sie stellen normalerweise den hervorgehobenen Anfang eines neuen Absatzes dar. Demzufolge entfällt für sie das Bedürfnis nach Zentrierung. Allenfalls könnte das Bedürfnis nach einer geänderten Einrückung in Betracht kommen.

Die Gliederungsüberschriften `\section` bis `\subsubsection` werden hiermit *einschließlich* der Gliederungsnummer horizontal zentriert. Erstreckt sich der Text der Gliederungsüberschrift über mehrere Zeilen, so ist der Text der Folgezeilen auf den Textteil der ersten Zeile *ohne* die vorangehende Gliederungsnummer ausgerichtet. Das Ergebnis kann so aussehen:

1 Ein Beispiel für zentrierten Text in einer Überschrift, die sich über mehrere Zeilen erstreckt

Diese Form der Zentrierung ist in sich schlüssig und vermutlich genau das Ergebnis, das dem Anwender vorschwebte. Soll die Ausrichtung der zweiten und der folgenden Zeilen bezüglich der ersten Zeile auf den Gesamttext unter Einschluss der Gliederungsnummer erfolgen, so muss eine tiefer liegende Struktur verändert werden. Die Formatierung der Gliederungsüberschrift erfolgt intern durch das Makro `\@sect`. Dieses enthält u. a. den Aufruf `\@hangfrom{\hskip #3\relax\@svsec}`. Dieser Befehlsaufruf ist unter Beibehaltung des Arguments `\hskip #3\relax\@svsec` zu entfernen. In einem weiteren internen Makro `\@ssect` ist der Aufruf `\@hangfrom{\hskip#1}` durch `\hskip #1` zu ersetzen.

Eine andere Lösung liegt in der Neudefinition des Makros `\@hangfrom` selbst. Dieses Makro wird innerhalb von `latex.ltx` bzw. `latex.tex` nur in den beiden Definitionen von `\@sect` und `\@ssect` verwendet. Wird `\@hangfrom` vom Anwender nicht in seiner ursprünglichen Bedeutung an anderer Stelle benötigt, so kann es mit `\def\@hangfrom#1{#1}` umdefiniert werden, ohne dass eine Änderung in `\@sect` und `\@ssect` erfolgen muss. In beiden Fällen würde die vorangegangene Gliederungsüberschrift nun als

1 Ein Beispiel für zentrierten Text in einer Überschrift, die sich nun so über mehrere Zeilen erstreckt

erscheinen. Die zweite Lösung mit der geänderten Definition von `\@hangfrom` ist einfacher. Sie birgt jedoch die Gefahr, dass in anderen Ergänzungspaketen `\@hangfrom` in seiner Originaldefinition erwartet wird, die mit der zweiten Lösung nicht mehr existiert. Die erste Lösung sollte deshalb bevorzugt, wenn nicht ausschließlich verwendet werden. Dazu sollten die Definitionen von `\@sect` und `\@ssec` mit dem Editor aus `latex.ltx` bzw. `latex.tex` in das `centersec.sty`-File kopiert und in den kopierten Makros die erforderlichen Änderungen vorgenommen werden. Dies vermindert nicht nur die Schreibarbeit, sondern vermeidet auch mögliche Tippfehler.

Ganz frei in der Gestaltung der Gliederungsüberschriften wird man bei Verwendung des Befehls `\secdef` *standard_form* *stern_form* (s. S. 108 bzw. S. 181), der auch bei der Definition von `\chapter` verwendet wurde. Mit den Hinweisen von S. 108–111 bzw. S. 181–183 würde dies für `\section` auf eine Definitionsgruppe des Inhalts

```
\def\section{....\secdef\@section\@ssection}
\def\@section[#1]#2{....\@makesectionhead \@afterheading}
\def\@ssection#1{....\@makessectionhead \@afterheading}
\def\@makesectionhead#1{Formatierungsbefehle für die Standardform}
\def\@makessectionhead#1{Formatierungsbefehle für die Sternform}
```

hinauslaufen. Weitere Einzelheiten sollten den angeführten Seiten entnommen werden. Die Abfrage `\if@twocolumn`, die bei der Definition von `\chapter` erforderlich war, kann bei den weiteren Gliederungsbefehlen entfallen, da deren Überschriften innerhalb der Seitenspalten erscheinen sollen.

Die Verwendung anderer Schriften bei den Gliederungsbefehlen sollte mit LaTeX 2ε keinerlei Schwierigkeiten machen. Die mit `\@startsection` erstellten Gliederungsbefehle enthalten in ihrem sechsten Argument die Befehlsfolge

```
\centering \normalfont\größe\bfseries
```

in der `\`*größe* für einen der Befehle `\Large` bis `\normalsize` steht. Die Definitionen für `\$makechapterhead` und `\@makeschapterhead` enthalten zur Schriftauswahl `\huge\bfseries` zur Ausgabe von **Kapitel *n*** bzw. `\Huge\bfseries` zur Ausgabe der Kapitelüberschrift. In allen Fällen können die dortigen Attributvorgaben geändert oder ergänzt werden. Mit der Zufügung von `\sffamily` in den vorstehenden Befehlsgruppen zur Schriftauswahl würden die Gliederungsüberschriften in fetter Sans-Serif-Schrift erscheinen.

Die Änderung der Schriftart für die Gliederungsüberschriften mit LaTeX 2.09 fiele deutlich aufwendiger aus, so dass ich von einer entsprechenden Darstellung absehe und hierzu mit [5v, S. 289–292] nur einen veralteten Literaturhinweis gebe.

Bei zentrierten Gliederungsüberschriften kommt gelegentlich der Wunsch auf, aus Symmetriegründen auch die jeweils letzte Absatzzeile zentriert auszugeben. Dies kann nach dem Vorschlag von ANNE BRÜGGEMANN-KLEIN (s. S. 224) durch die Angabe der drei Befehle

```
\leftskip=0pt plus 1fil  \rightskip=0pt plus -1fil
\parfillskip=0pt plus 2fil
```

im `centersec.sty`-File erreicht werden. Abschließend sollen nochmals die Definitionen und Befehlsaufrufe zusammengestellt werden, die das `centersec.sty`-File enthalten soll. Diese Zusammenstellung erfolgt hier in Form eines dokumentierten Makrofiles, das auch als allgemeines Beispiel für ein kurzes, aber vollständiges dokumentiertes Makrofile dienen kann.

```
%\iffalse (Meta-Kommentar)
% Dieses File enthaelt den dokumentierten Makrokode zur Erzeugung und
% Dokumentation des Ergaenzungspakets centrsec.sty.  Der Inhalt dieses
% Files darf von jedermann beliebig genutzt und/oder abgeaendert werden.
% \fi
% \CheckSum{0}
% \title{Das Erg"anzungspaket \texttt{centrsec}}\author{A. Anonymous}
% \date{1. April 1996} \maketitle
%
% \section{Nutzungsbeschreibung}
% Die Einbindung erfolgt in gewohnter Weise mit
% \begin{quote} |\usespackage[|\emph{optionen}|]{centrsec}| \end{quote}
% Als Optionen k"onnen alternativ \texttt{roman} oder \texttt{sans} und
% \texttt{part} oder \texttt{full} sowie zus"atzlich \texttt{parend}
% gew"ahlt werden. Mit dem ersten Optionspaar k"onnen f"ur die
% Gliederungs"uberschriften fette Roman- oder Sans-Serif-Schriften gew"ahlt
% werden. Mit dem zweiten Optionspaar kann der Zentrierungstil bei
% mehrzeiligen "Uberschriften variiert werden, und zwar getrennt f"ur den
% "Uberschriftentext und die vorangesellte Gliederungsnummer oder unter
% Einschluss der Gliederungsummer bei der ersten Zeile. Die Option
% \texttt{parend} bewirkt eine horizontale Zentrierung der jeweils letzten
% Absatzzeile. Als Standard werden \texttt{roman} und \texttt{part}
% voreingestellt. Die Option \texttt{full} ist mit dem Mangel verkn"upft,
% dass der interne  Befehl |\@hangfrom| abge"andert wird und damit f"ur
% andere Erg"anzungspakete nicht mehr im Original zur Verf"ugung steht!
%
% \section{Direktdokumentation}
% Die Erstellung der Dokumentation kann f"ur dieses Erg"anzungspaket durch
```

```
% direkte \LaTeX-Berarbeitung von \texttt{centrsec.dtx} erfolgen. Die
% Einrichtung eines Treiberfiles kann damit entfallen:
%    \begin{macrocode}
%<*driver>
\documentclass{ltxdoc}  \usepackage{german}
\begin{document} \DocInput{centrsec.dtx} \end{document}
%</driver>
%    \end{macrocode}
%
% \StopEventually
% \section{Realisierung}
% Der Kode beginnt mit der \LaTeX-Formatanforderung und der
% Selbstidentifikation f"ur das Erg"anzungspaket centersec.sty
%    \begin{macrocode}
\NeedsTeXFormat{LaTeX2e} \ProvidesPackage{centrsec}[1996/01/01]
%    \end{macrocode}
% Hierauf folgt der Optionserkl"arungsteil mit
%    \begin{macrocode}
\DeclareOption{part}{}
\DeclareOption{full}{def\hangfrom{}}
\DeclareOption{roman}{\def\sectfont{\bfseries}}
\DeclareOption{sans}{\def\sectfont{\sffamily\bfseries}}
\DeclareOption{parend}{\leftskip=0pt plus 1fil
     \rightskip=0pt plus -1fil  \parfillskip=0pt plus 2fil}
%    \end{macrocode}
% Der Options-Ausf"uhrungsteil besteht aus
%    \begin{macrocode}
\ExecuteOptions{roman,partcenter} \ProcessOptions
%    \end{macrocode}
% womit \texttt{roman} und \texttt{part} die Standardvorgaben sind, die
% auch ohne explizite Optionsangabe eingestellt werden.  Explizit
% angegebene Optionen werden endg"ultig mit |\ProcessOptions| aktiviert.
%
% Der Hauptteil beginnt mit der Neudefinition der Makros zur Erstellung
% von Kapitel"uberschriften. Diese wird nur in Verbindung mit den
% Bearbeitungsklassen \texttt{report} und \texttt{book}, ben"otigt
% und nur bei diesen Klassen im zugeh"origen Klassenfile definiert.
% Es wird deshalb vorab gepr"uft, ob |\chapter| existiert:
%    \begin{macrocode}
\@ifundefined{chapter}{}{%
   \renewcommand{\chapter}{\if@openright\cleardoublepage
                 \else \clearpage\fi
      \thispagestyle{plain}\global\@topnum\z@
      \@afterindenttrue \secdef\@chapter\@schapter}
   \def\@makechapterhead#1{\vspace*{50pt}
       {\parindent0pt \centering \normalfont
        \ifnum \c@secnumdepth >\m@ne
            \huge\sectfont \@chapapp{}\space \thechapter
            \par \vskip 20pt \fi
        \interlinepenalty\@M
        \Huge\bfseries #1\par\nobreak \vskip 40pt}}
```

```
    \def\@makeschapterhead#1{\vspace*{50pt}
        {\parindent0pt \centering \normalfont \interlinepenalty\@M
         \Huge\sectfont #1\par\nobreak\vskip40pt}}}{}
%    \end{macrocode}
% Die Gliederungsbefehle |\section| bis |\subsubsection| werden mit
% |@startsection| eingerichtet:
%    \begin{macrocode}
\def\section{\@startsection{section}{1}{\z@}%
     {3.5ex \@plus 1ex \@minus .2ex}{2.3ex \@plus .2ex}%
     {\centering \normalfont\Large\sectfont}}
\def\subsection{\@startsection{subsection}{2}{\z@}%
     {3.25ex \@plus 1ex \@minus.2ex}{1.5ex \@plus .2ex}%
     {\centering \normalfont\large\sectfont}}
\def\subsubsection{\@startsection{subsubsection}{3}{\z@}%
     {3.25ex \@plus 1ex \@minus.2ex}{1.5ex \@plus .2ex}
     {\centering \normalfont\normalsize\sectfont}}
%    \end{macrocode}
% \Finale
\endinput
```

Das vorstehende dokumentierte Makrofile `centrsec.dtx`[1] kann durch direkte LaTeX-Bearbeitung zur Erstellung der wohl formatierten Dokumentation genutzt werden. Als Folge des Befehlspaares `\CheckSum{0}` und `\StopEventually` erscheint am Bearbeitungsende die Mitteilung, dass die vorausgesetzte Prüfsumme fehlt und mit 106 in `\CheckSum{106}` einzutragen ist.

Zur Erstellung des kompakten Files `centrsec.sty` wird das kleine Installationsfile `centrsec.ins` mit dem Inhalt

```
\def\batchfile{centrsec.ins}
\input docstrip
\generate{\file{centrsec.sty}{\from{centrsec.dtx}{}}}
```

benötigt, dessen LaTeX-Bearbeitung dann das kompakte File `centrsec.sty` erzeugt.

Bei diesem Makrofile `centrsec.dtx` wurde die Erzeugung der Gliederungsüberschriften in der zweiten Form, wie sie im zweiten Beispiel auf S. 285 vorgestellt wurde, durch Neudefinition von `\@hangfrom` realisiert, obwohl hiervon an der dortigen Beispielstelle abgeraten wurde. Die hier gewählte Realisierung erfolgte nur, um das Beispiel nicht mit zusätzlichem Kode aus dem LaTeX-Kern zu überladen. Für eine Realisierung beim Leser möge der Empfehlung von S. 285 gefolgt werden, was mit den dort gegebenen Hinweisen nicht schwerfallen sollte.

6.2.3 Erweiterte Gleichungsnummerierung

Mit diesem `eqn.sty`-File soll erreicht werden, dass Gleichungen bei der Bearbeitungsklasse `article` in der Form $[a.n]$ mit der Abschnittsnummer a und der laufenden Nummer n erfolgen, wobei für jeden neuen Abschnitt n stets neu mit eins beginnt. Gleichungen, die vor dem ersten `\section`-Befehl auftreten, z. B. im Abstract, sollen mit einer fortlaufenden römischen Nummer gekennzeichnet werden.

[1] Der Grundname für dieses File wurde mit `centrsec` gegenüber dem ursprünglichen Namen `centersec` auf acht Buchstaben gekürzt, um die Längenbegrenzung für Filenamen unter MS-DOS zu erfüllen.

Bei den Bearbeitungsklassen `book` und `report` soll die Gleichungsnummerierung im laufenden Text als $[k, a.n]$ erfolgen, mit k für die laufende Kapitelnummer und a und n in der Bedeutung wie bei `article`. Gleichungen vor dem ersten `\chapter`-Befehl, z. B. in einem Vorwort, sollen auch hier mit einer fortlaufenden römischen Nummer und Gleichungen innerhalb eines Kapitels, aber vor dem ersten `\section`-Befehl als $[k, \alpha]$, mit α für die Buchstabenfolge a, b, ..., erscheinen.

Bei der Bearbeitungsklasse `letter` sollen Gleichungsnummern in der gewohnten Weise fortlaufend als $[n]$ in arabischen Nummern erfolgen. Das Ergänzungspaket `eqn.sty` beginnt deshalb mit der `\@ifundefined`-Abfrage, ob der Befehl `\signature`, den es nur bei der Bearbeitungsklasse `letter` gibt, nicht existiert. Ist dies der Fall, so wird eine der Standardklassen `article`, `book`, `report` oder `proc` vorausgesetzt, für die dann im *wenn*-Zweig die erforderlichen Neudefinitionen erfolgen.

In diesem ersten *wenn*-Zweig erfolgt eine weitere `\@ifundefined`-Abfrage bezüglich des Befehls `\chapter`, um zwischen den Bearbeitungsklassen `article` bzw. `book` und `report` zu unterscheiden, um dann die jeweils erforderlichen Neudefinitionen klassenabhängig vorzunehmen. Existiert dagegen der Befehl `\signature`, so erfolgt im *sonst*-Zweig der ersten Abfrage die Definition der Gleichungsnummern für die Bearbeitungsklasse `letter`:

```
\def\@eqnnum{[\theequation]}

\@ifundefined{signature}{\@addtoreset{equation}{section}
   \@ifundefined{chapter}{%
      {\def\theequation{\ifnum\value{section}=0 \roman{equation}
                     \else \thesection.\arabic{equation}
                     \fi } }
      {% \chapter is defined, e.g. for book or report class
       \def\theequation{\ifnum\value{chapter}=0 \roman{equation}
          \else \ifnum\value{section}=0
             \thechapter,\alph{equation}
                \else \thechapter,\arabic{section}.\arabic{equation}
          \fi \fi }}}}% end of signature not defined branch
  {\def\theequation{\arabic{equation}}}% end of signature def'd branch

\def\@eqnnum{[\theequation]}
```

Der interne LaTeX-Befehl `\@addtoreset`{*zähler_a*}{*zähler_b*} bewirkt, dass *zähler_a* immer dann auf null zurückgesetzt wird, wenn *zähler_b* mit `\stepcounter` oder `\refstepcounter` um eins erhöht wird. In `report.cls` und `book.cls` ist bereits `\@addtoreset{equation}{chapter}` gesetzt worden. Mit dem gleichen Befehl in Verbindung mit `section` wird der Zähler `equation` also stets auf null zurückgesetzt, wenn entweder der `chapter`- oder der `section`-Zähler um eins erhöht wird.

Die Rücksetzung entfällt bei der Bearbeitungsklasse `letter`, da diese die Gliederungsbefehle `\section` usw. nicht kennt. Der letzte Befehl `\@eqnnum` ist der interne LaTeX-Befehl zur Ausgabe der Gleichungsnummer, die hier in eckigen Klammern mit der aktuellen Bedeutung von `\theequation` erfolgt.

Ähnliche Nummerierungsformen können auch für andere, automatisch erscheinende Strukturnummern, wie z. B. für die Über- oder Unterschriften von gleitenden Bildern und Tabellen vorgenommen werden, wie im nächsten Unterabschnitt kurz angesprochen wird.

6.2.4 Geänderte Über- oder Unterschriften für Gleitobjekte

Die Übernahme der gleichen Technik zur Erzeugung mehrgliedriger Bild- und Tabellennummern bedarf keiner langen Erläuterung. Die zugehörigen LaTeX-Zähler `figure` und `table` sind zunächst mit

```
\@addtoreset{figure}{section}   \@addtoreset{table}{section}
```

mit jedem `\section`-Befehl auf null zurückzusetzen. Anschließend kann ihre Ausgabe für `article` mit

```
\def\thefigure{\thesection.\arabic{figure}
\def\thetable{\thesection.\arabic{table}
```

bzw. für die Bearbeitungsklassen `book` und `report` mit

```
\def\thefigure{\thechapter,\thesection.\arabic{figure}
\def\thetable{\thechapter,\thesection.\arabic{figure}
```

erfolgen. Die Verwendung anderer Trennzeichen, z. B. unterschiedlicher Verbindungsstriche statt des hier angegebenen Kommas und Punkts bedürfen ebenfalls keiner Erläuterung. Die Einbindung dieser Neudefinitionen in den *wenn*- und *sonst*-Zweigen einer vorangestellten `\@ifundefined{chapter}`-Abfrage erfolgt nach dem gleichen Muster wie bei den Gleichungsnummern.

Vor einiger Zeit erhielt ich vom Lektor eines Buches, das zum 50-jährigen Bestehen unseres Instituts erscheinen soll, die Anfrage, wie Bild- und Tabellenerläuterungen, die mit `\caption`-Befehlen erstellt werden, in kleinerer Schrift als der Haupttext erscheinen können. Sein Versuch, dem Erläuterungstext im `\caption`-Befehl ein `\small` als `\caption{\small` *text*`}` voranzustellen, führte zu dem unakzeptablen Ergebnis, dass der Erläuterungstext *text* zwar in der Schriftgröße `\small` ausgegeben wurde, die automatisch vorangestellten Teile 'Bild n:' und 'Tabelle n:' aber in Normalgröße erhalten blieben.

Der LaTeX-Befehl `\caption[`*kurzform*`]{`*erl_text*`}` reicht seine Argumente als zweites und drittes Argument an den internen LaTeX-Befehl `\@caption` weiter, der im LaTeX-Kern als

```
\long\def\@caption#1[#2]#3{\par\addcontentsline{\csname
   ext@#1\endcsname}{#1}{\protect\numberline{\csname
   \the#1\endcsanme}{\ignorespaces #2}}\begingroup
      \@parboxrestore \größe
      \@makecaption{\csname funum@#1\endcsname}%
      {\ignorespaces #3}\par              \endgroup}
```

definiert ist. Bei der Originaldefinition steht für *größe* der LaTeX-Schriftgrößenbefehl `\normalsize`, der damit auf die anschließend mit `#1` und `#3` übergebenen Argumente wirkt. Der Erläuterungstext aus dem `\caption`-Befehl wird mit `\#3` eingesetzt, so dass ein vorangestelltes `\small` nur auf diesen Text, nicht dagegen auf die mit `#1` eingesetzten Teile wirkt. Letztere sind gerade 'Bild n' bzw. 'Tabelle n', die mit dem `\caption`-Befehl nicht mehr zu beeinflussen sind.

Wird die vorgestellte Definition von `\@caption` in einem kleinen Ergänzungspaket `varcapt.sty` übernommen, dann kann dort an der Stelle von *größe* der gewünschte Größenbefehl, z B. `\small`, angebracht werden. Mit einem weiteren Schriftauswahlbefehl *schrift_attr* wie z. B. `\slshape` könnte zusätzlich auch der Schrifttyp für die gesamte Bild- oder Tabellenüber- oder -unterschrift geändert werden.

6.2.5 Geänderte Kopf- und Fußzeilen

Eine weitere Gruppe von kleinen Ergänzungspaketen kann als Folge von Forderungen nach Änderungen von Kopf- und Fußzeilen entstehen. Hierzu muss man wissen, dass für jeden Seitenstil *stil* aus dem Befehl `\pagestyle{`*stil*`}` ein interner Befehl `\ps@`*stil* definiert sein muss, der seinerseits die Befehle `\@mkboth`, `\@evenhead`, `\@oddhead`, `\@evenfoot`, `\@oddfoot` und `\`*glied*`mark` bereitstellen muss, mit *glied* für `chapter`, `section` und evtl. `subsection`.

Bei Texten mit vielen Randnotizen besteht häufig der Wunsch, die Kopf- oder Fußzeile über die gesamte Seitenbreite, also über den eigentlichen Seitentext *und* den Text der Randnotizen hinweg auszudehnen. Die optische Abtrennung durch eine horizontale Linie unter der Kopfzeile oder über der Fußzeile ist ebenfalls eine häufige Forderung. Dies soll hier durch zwei kleine Ergänzungspakete namens `head.sty` und `foot.sty` demonstriert werden.

Zunächst wird ein Längenregister `\fullwidth` bereitgestellt und gefüllt und es werden zwei leere `\`*glied*`mark`-Befehle definiert:

```
\newdimen\fullwidth      \fullwidth=\textwidth
\advance\fullwidth by\marginparwidth
\advance\fullwidth by\marginparsep
\if@twocolumn\advance\fullwidth by\marginparwidth
    \advance\fullwidth by\marginparsep \fi
\def\chaptermark#1{}     \def\subsectionmark#1{}
```

Diese Strukturen werden in beiden `.sty`-Files benutzt. Zusätzlich wird in `head.sty`

```
\newdimen\emptyfoot      \advance\headsep by 0.5\baselineskip
\emptyfoot=\topmargin    \advance\emptyfoot by 1\baselineskip
```

und in `foot.sty`

```
\newdimen\emptyhead      \advance\footskip by 0.5\baselineskip
\emptyhead=\topmargin    \advance\emptyhead by -1\baselineskip
```

eingeführt. In `head.sty` wird der Abstand `\headsep` um einen halben Zeilenabstand vergrößert und dem Maßregister `\emptyfoot` der um einen Zeilenabstand vergrößerte obere Rand zugewiesen. In `foot.sty` geschieht das Gleiche für `\footskip` und das Register `\emptyhead` wird mit dem um einen Zeilenabstand verkleinerten oberen Rand gefüllt. Später wird der obere Seitenrand mit diesen geänderten Werten versehen, so dass er bei einer Kopfzeile vergrößert bzw. bei einer Fußzeile verkleinert wird.

Die Kopfzeile soll beim Seitenstil `headings` auf geraden Seiten die letzte gültige `\section`-Überschrift und auf ungeraden Seiten die für die laufende Seite am Beginn gültige `\section`-Überschrift enthalten. Die Überschriften sollen in Kursivschrift und die Seitenzahlen in aufrechter Fettschrift erscheinen, und zwar bei doppelseitigem Druck auf geraden Seiten zunächst die Seitenzahl mit nachfolgender Überschrift nach links und auf ungeraden Seiten die Überschrift mit nachfolgender Seitennummer nach rechts über den Seitentext herausragend. Diese Kopfzeile soll durch einen horizontalen Strich vom Seitentext getrennt werden:

6.2: Einfache Ergänzungspakete **291**

Diese Kopfzeile wird in `head.sty` mit der Neudefinition von `\ps@headings` in der folgenden Form erzeugt:

```
\if@twoside                                    % if twoside printing
   \def\ps@headings{\let\@mkboth=\markboth \topmargin\emptyfoot
       \def\@evenfoot{} \def\@oddfoot{}    % empty feet
       \def\@evenhead{\hss\vbox{\hsize\fullwidth
                          \hbox to \fullwidth{\textbf{\thepage}\quad
                                              \textit{\leftmark}\hfil}%
                          \vskip 3pt \hrule}\if@twocolumn\hss\fi}%
       \def\@oddhead{\if@twocolumn\hss\fi\vbox{\hsize\fullwidth
                         \hbox to \fullwidth{\hfil\textit{\rightmark}\quad
                                                  \textbf{\thepage}}%
                         \vskip 3pt \hrule}\hss}%
       \def\sectionmark##1{\markboth
          {{\ifnum\c@secnumdepth>\z@ \thesection:\enspace\fi ##1}}%
          {{\ifnum\c@secnumdepth>\z@ \thesection:\enspace\fi ##1}}} }
\else                                          % if oneside printing
   \def\ps@headings{\let\@mkboth=\markboth \topmargin\emptyfoot
       \def\@evenfoot{} \def\@oddfoot{}
       \def\@oddhead{\if@twocolumn\hss\fi\vbox{\hsize\fullwidth
                         \hbox to \fullwidth{\hfil\textit{\rightmark}\quad
                                                  \textbf{\thepage}}%
                         \vskip 3pt \hrule}\hss}%
       \def\sectionmark##1{\markright
          {{\ifnum\c@secnumdepth>\z@ \thesection:\enspace\fi ##1}}} }
\fi
\pagestyle{headings}
```

Diese Definition sollte mit den Originaldefinitionen aus `article.cls` und `report.cls` verglichen werden. Jene enthalten eine gleichartige `\if@twoside...\else...\fi`-Struktur. Sie unterscheiden sich von der hiesigen nur in `\def\@evenhead` und `\@oddhead` sowie in `\def\sectionmark`. Beim Original entfällt für `\@evenhead` und `\@oddhead` die Bereitstellung einer `\vbox`, da die Kopfzeile dort nur aus einer einzigen Zeile besteht, innerhalb derer die beiden Anteile `\thepage` und `\leftmark` bzw. `\rightmark` durch `\hfil` getrennt werden und damit eine beidbündige Kopfzeile bilden.

Die LaTeX-Befehle `\leftmark` und `\rightmark` entsprechen ungefähr den TeX-Befehlen `\botmark` und `\firstmark` (S. 214). Die zuweisenden `\mark`-Befehle laufen im Innern von `\markboth` und `\markright` ab, die ihrerseits mit den `\`*glied*`mark`-Befehlen angesprochen werden. Im vorliegenden Fall sind `\chaptermark` und `\subsectionmark` Leerbefehle und nur `\sectionmark` füllt `\markboth` bzw. `\markright` mit Inhalt. Die Befehle `\`*glied*`mark` werden intern beim Aufruf der entsprechenden Gliederungsbefehle aktiviert, so dass mit jedem `\section`-Befehl intern `\sectionmark` abläuft und damit `\leftmark` und `\rightmark` mit den übergebenen Argumenten füllt. Zum Abschluss wird mit `\pagestyle{headings}` der neue Seitenstil `headings` zum Standard erklärt.

Das Ergänzungspaket `foot.sty` stellt den zusätzlichen Steitenstil `footings` bereit, der Fußzeilen der Form

---

292 6.2 EINFACHE ERGÄNZUNGSPAKETE

erzeugt. Die Makrodefinition für `\ps@footings` kann nach dem vorangegangenen Beispiel hier ohne weitere Erläuterung angegeben werden.

```
\if@twoside                                      % if twoside printing
   \def\ps@footings{\let\@mkboth=\markboth \topmargin\emptyhead
       \def\@evenhead{} \def\@oddhead{}      % empty heads
       \def\@evenfoot{\hss\vbox{\hsize\fullwidth \hrule \vskip 3pt\relax
                       \hbox to\fullwidth{\textbf{\thepage}\hfil
                                           \textsc{\leftmark}}}%
                       \if@twocolumn\hss\fi}%
       \def\@oddfoot{\if@twocolumn\hss\fi\vbox{\hsize\fullwidth
                      \hrule \vskip 3pt
                      \hbox to \fullwidth{\textsc{\rightmark}\hfil
                                           \testbf{\thepage}}}\hss}%
       \def\sectionmark##1{\markboth
          {{\ifnum\c@secnumdepth>\z@ \thesection.\enspace\fi ##1}}%
          {{\ifnum\c@secnumdepth>\z@ \thesection:\enspace\fi ##1}}} }
\else                                            % if oneside printing
   \def\ps@footings{\let\@mkboth=\markboth \topmargin\emptyhead
       \def\@evenhead{} \def\@oddhead{}
       \def\@oddfoot{\if@twocolumn\hss\fi\vbox{\hsize\fullwidth
                      \hrule \vskip 3pt
                      \hbox to \fullwidth{\textsc{\rightmark}\hfil
                                           \textbf{\thepage}}}\hss}%
       \def\sectionmark##1{\markright
          {{\ifnum\c@secnumdepth>\z@ \thesection:\enspace\fi ##1}}} }
\fi
\pagestyle{footings}
```

Die Angaben in der Fußzeile erscheinen wegen des dazwischen gestellten `\hfil` beidbündig und der Überschriftentext erscheint in der Schriftart `\textsc`. Das linke bzw. rechte Herausragen der Kopf- und Fußzeilen ist die Folge des TeX-Befehls `\hss` (S. 206), der im ersten Fall *vor* und im zweiten Fall *nach* dem `\vbox{...}`-Befehl angebracht ist. Mit der Klassenoption `twocolumn` wird auf der jeweils gegenüberliegenden Seite ein weiteres `\hss` zugefügt, womit die Zeilen nach beiden Seiten über den Seitentext unter Einschluss der Randboxen hinausragen.

Die beiden hier vorgestellten Ergänzungspakete `head.sty` und `foot.sty` können in *einem* dokumentierten Makrofile `pagesty.dtx` zusammengefasst werden. Dieses dokumentierte Makrofile sollte mit einem Pseudokommentar beginnen, wie er für das dokumentierte Makrofile `centrsec.dtx` auf S. 286 angegeben wurde. Hierauf sollte die Titeleinrichtung folgen, die ebenfalls sinngemäß aus `centrsec.dtx` übernommen werden kann. Anschließend sollte der Pseudotreiber mit (s. 2.2.4, S. 34)

```
%␣␣␣␣\begin{macrocode}
%<*driver>
\documentclass{ltxdoc}  \usepackage{german}
\begin{document} \DocInput{pagesty.dtx} \end{document}
%</driver>
%␣␣␣␣\end{macrocode}
```

eingerichtet werden, womit ein eigenes Treiberfile für `pagesty.dtx` entfallen kann. Die Dokumentation kann dann einfach durch den Bearbeitungsaufruf '`latex pagesty.dtx`' erstellt werden. Die Selbstidentifikation sollte hier mit

```
%␣␣␣␣\begin{macrocode}
%<+head>\ProvidesPackage{head}[vers_datum]
%<+foot>\ProvidesPackage{foot}[vers_datum]
%␣␣␣␣\end{macrocode}
```

erfolgen. Die Auswahlkommentare `\%<+head>` und `%<+foot>` gestatten dem späteren Installationsfile eine zielgerichtete Ablage im zugehörigen kompakten Makrofile `head.sty` bzw. `foot.sty`. An diesen Anfangsteil kann sich im dokumentierten Makrofile `pagesty.dtx` dann der gesamte Erläuterungs- und Definitionstext dieses Unterabschnitts ab Absatz zwei bis einschließlich des Absatzes nach der Definition von `\ps@footings` anschließen.

Der Erläuterungstext wird dabei als Kommentartext, der jeweils mit dem %-Zeichen in Spalte eins beginnt, angegeben. Der eingebettete Definitionstext wird dabei von der `macrocode`-Kommentarumgebung eingeschlossen und darin ohne %-Zeichen in Spalte eins abgelegt. Die beiden jeweils zweizeiligen Definitionsgruppen für `\emptyfoot` bzw. `\emptyhead` werden zusätzlich mit einem Auswahlkommentar als

```
%␣␣␣␣\begin{macrocode}
%<*head>
\newdimen\emptyfoot      \advance\headsep by 0.5\baselineskip
\emptyfoot=\topmargin    \advance\emptyfoot by 1\baselineskip
%</head>
%</foot>
\newdimen\emptyhead      \advance\footskip by 0.5\baselineskip
\emptyhead=\topmargin    \advance\emptyhead by -1\baselineskip
%</foot> %␣␣␣␣\end{macrocode}
```

gekennzeichnet. Hierauf folgt der weitere Erläuterungstext als Kommentartext bis zur Definition von `\ps@heading`. Diese wird wiederum in die `macrocode`-Kommentarumgebung gefasst und darin nochmals durch die Auswahlkommentare `%<*head>` und `%</head>` als Anfangs- und Schlusszeile umrahmt. Nach dem weiteren Erläuterungstext folgt schließlich die Definition für `\ps@footings`, deren umschließende `macrocode`-Kommentarumgebung mit den Auswahlkommentaren `%<*foot>` und `%</foot>` als Anfangs- und Endzeile den eigentlichen Definitionstext einschließt.

Das dokumentierte Makrofile `pagesty.dtx` endet hiernach mit dem Absatz nach der Definition von `\ps@footings` als abschließender Kommentartext, auf den noch die Schlusszeilen '`% Finale`' und '`\endinput`' folgen.

Das so erstellte dokumentierte Makropaket `pagesty.dtx` kann nun durch direkte LaTeX-Bearbeitung zur Erstellung der Dokumentation und gleichzeitig mit der LaTeX-Bearbeitung des kleinen Treiberfiles mit dem Inhalt

```
\def\batchfile{pagesty.ins}   \input \docstrip
\generate{\file{head.sty}{\from{pagesty.dtx}{head}}}
\generate{\file{foot.sty}{\form{pagesty.dtx}{foot}}}
```

zur Erstellung von `head.sty` und `foot.sty` genutzt werden.

Bei Verwendung eines der Ergänzungspakete `head` oder `foot` ist im Textfile zu beachten, dass bei einseitigem Druck alle Randnotizen am rechten Rand und bei zweiseitigem Druck die Randnotizen am jeweils äußeren Rand erscheinen. Dies ist normalerweise auch der LaTeX-Bearbeitungsstandard. Mit dem Befehl `\reversemarginpar` kann jedoch auf linke bzw. innere Randnotizen umgeschaltet werden. Dieser Befehl muss bei Nutzung der vorgestellten Ergänzungspakete unterbleiben.

Um auszuschließen, dass der Befehl `\reversemarginpar` im Bearbeitungsfile irrtümlich oder aus Unkenntnis auftritt und unerwünschte Auswirkungen verursacht, könnte für LaTeX 2ε seine Neudefinition mit

```
\def\reversemarginpar{\PackageError{paket_name}{You can't use
    \protect\reversemarginpar\space together with package erg_paket%
    {\@ehc}
```

erfolgen, womit vorhandene `\reversemarginpar`-Aufrufe die vorstehende Fehlermeldung bewirken (s. 2.5.6 auf S. 92). Eine anschließende Hilfeanforderung führt zur Ausgabe des unter `\@ehc` abgelegten Hilfetextes (S. 93). Bei der Fortsetzung der LaTeX-Bearbeitung wird der `\reversemarginpar`-Aufruf dann ignoriert. Die Aufnahme dieser Definition im dokumentierten Makrofile `pagesty.dtx` mit `head` bzw. `foot` für *paket_name* durch entsprechende Auswahlkommentare `<*head>` bzw. `<*foot>` braucht nicht nochmals dargestellt zu werden. Für LaTeX 2.09 müsste in der vorstehenden Definition `PackageError{...}` durch `\@latexerr` ersetzt werden, wobei die Fehler- und Hilfsmeldung als erstes und zweites Argument übernommen werden kann.

Sollen in einem Text sowohl linke als auch rechte Randnotizen verwendet werden, so sind die vorgestellten `.sty`-Files zu modifizieren, indem die `\if@twocolumn`-Abfragen entfernt werden, der eingeschlossene *wenn*-Text aber beibehalten wird. Damit wird einerseits `\fullwidth` um die linke oder innere Randbreite vergrößert und gleichzeitig die Kopf- und Fußzeile nach beiden Seiten verbreitert. Bei dieser Variante ist die Nutzung von `\reversemarginpar` in seiner Originalbedeutung zulässig, so dass die vorangegangene Definition zur Erzeugung der Fehlermeldung entfällt.

Mit dem LaTeX-Befehl `\framebox` lassen sich leicht auch umrandete Kopf- oder Fußzeilen erzeugen. Dazu wären die `\vbox{...}`-Befehle einschließlich ihres Inhalts zu entfernen und durch

```
\framebox[\fullwidth][pos]{text}
```

zu ersetzen. Als *text* bietet sich der Inhalt der `\hbox to\fullwidth`-Boxen der vorangegangenen Beispiele an. Strichstärke des Rahmens und Abstand zum umgebenen Text können mit den Erklärungen `\fboxrule` und `\fboxsep` nach Bedarf eingestellt werden. Diese Erklärungen sollten nur lokal wirken, was mit einem zusätzlichen Klammerpaar in den Definitionen wie

```
\def\@evenhead{{\fboxrule.....\hss\framebox to\fullwidth{...}}}
```

erreicht wird.

Enthalten die `\@...head`- oder `\@...foot`-Befehle `\vbox`-Strukturen, so kann ihnen auch mehrzeiliger Text zugewiesen werden. Solche mehrzeiligen Kopf- oder Fußblöcke treten häufig in vorgeschriebenen Formblättern für Berichte u. ä. auf. Mit verschachtelten TeX-Box-Strukturen lassen sich beliebig komplexe Kopf- und Fußblöcke mit festen und variablen Informationen erstellen und damit die Texteingaben für solche Berichtsformblätter erheblich vereinfachen.

Der Leser möge die beiden vorgestellten Files `head.sty` und `foot.sty` durch Definitionen für `\my@headings` und `\my@footings` ergänzen. Dazu sollten die Originaldefinitionen für `\my@headings` aus `article.cls` und `report.cls` betrachtet werden. Eine Anpassung an die hier vorgestellten Ergänzungspakete wird dann nicht schwerfallen.

6.2.6 Eine Variante zur Erstellung des Indexregisters

Ein Indexregister wird bekanntlich mit dem Befehl `\printindex` erzeugt, der seinerseits die `theindex`-Umgebung aufruft und dort das File *dok_name*`.ind` einfügt. Die Einträge aus dem File *dok_name*`.ind` erscheinen auf zweispaltigen Seiten, denen auf der Anfangsseite die Überschrift **Index** in der Größe der Kapitel- (bei `book` und `report`) oder Abschnittsüberschriften (bei `article`) vorangestellt wird. Der Erzeugungsbefehl `\printindex` verlangt die Einbindung des Ergänzungspakets `makeidx.sty` aus der LaTeX-Grundinstallation.

Ein Erläuterungsvorspann, der, wie in den Indexregistern dieser LaTeX-Buchserie, über beide Spalten der anschließenden Stichwortauflistungen reicht, ist mit der `theindex`-Umgebung aus dem LaTeX-Standardpaket nicht zu erreichen. Ich bin mehrfach gefragt worden, wie diese Indexregister mit ihrem vorangehenden Erläuterungstext erzeugt wurden.

Ich habe mir hierzu ein kleines Ergänzungspaket namens `preindex.sty` eingerichtet, dass die Definition der `theindex`-Umgebung aus den Standardklassenfiles enthält und geringfügig modifiziert, wobei sich diese Modifikation für LaTeX 2_ε als kompatibel zur Standarddefinition erweist. Dieses Ergänzungspaket benutze ich als Alternative zu `makeidx.sty` aus dem Standardpaket.

```
\ProvidesPackage{preindex}[1995/01/01]
\newcommand*{\see}[2]{\emph{\seename} #1}
\newcommand{\printindex}{\@input@{\jobname.ind}}
\providecommand{\seename}{see}

\renewenvironment{theindex}[1][]
   {\if@twocolumn \@restonecolfalse
    \else         \@restonecoltrue \fi
    \columnseprule \z@  \columnsep 35\p@
    \twocolumn[\@ifundefined{chapter}
        {\section*{\indexname}}
        {\@makeschapterhead{\indexname}} #1]%
    \@mkboth{\MakeUppercase{\indexname}}%
            {\MakeUppercase{\indexname}}%
    \thispagestyle{plain}\parindent\z@
    \parskip\z@ \@plus .3pt\relax \let\item\@idxitem}
   {\if@restonecol\onecolumn\else\clearpage \fi}
\endinput
```

Die Zeilen zwei bis vier sind dem Standardpaket `makeidx.sty` entnommen, so dass dessen zusätzliche Einbindung zur Erstellung des Indexregisters entfallen kann. Die Neudefinition der `theindex`-Umgebung erfolgte aus einer Kopie aus den Standardklassenfiles, bei der lediglich das zusätzliche optionale Argument zugefügt wurde. Außerdem wurde sie um die Abfrage nach der Existenz von `\chapter` und den alternativen Folgen erweitert, da die `theindex`-Umgebung in den Klassenfiles definiert wird, und zwar unterschiedlich für `article.cls` bzw. `book.cls` und `report.cls`. Deren unterschiedliche Definitionen werden hier im *wenn*- und *sonst*-Zweig der `\@ifundefined`-Abfrage nachgebildet.

Mit dieser Definition der `theindex`-Umgebung kann sie in gewohnter Form als

`\begin{theindex} ... \end{theindex}` bzw. als
`\bgein{theindex}[`*vorsp_text*`] ... \end{theindex}`

erfolgen. Ihr Aufruf mit dem optionalen Text *vorsp_text* setzt diesen Text als Vorspann über beide Spalten der nachfolgenden Stichwortliste. Erfolgt der Aufruf in der gewohnten Form ohne den optionalen Text, dann ist das Ergebnis identisch mit der Originaldefinition, da die Standardreaktion für ein fehlendes optionales Argument mit `[]` als Leerreaktion erfolgte.

Für LaTeX 2.09 kann die Neudefinition der `theindex`-Umgebung nahezu vollständig übernommen werden. Es ist lediglich das leere eckige Klammerpaar `[]` in der ersten Definitionszeile zu entfernen, da LaTeX 2.09 keine Definitionsstrukturen mit einem optionalen Argument erlaubt. Außerdem ist der Befehlsaufruf `\MakeUppercase` durch den TeX-Grundbefehl `\uppercase` zu ersetzen. Mit dieser Neudefinition muss die `theindex`-Umgebung nun aber in der Form

`\begin{theindex}{`*vorsp_text*`}` oder `\begin{theindex}{}`

aufgerufen werden, da sie jetzt mit einem *zwingenden* Argument definiert wurde, das ggf. als Leerargument übergeben werden muss.

6.2.7 Allgemeine Anmerkungen zu kleinen Ergänzungspaketen

Die vorgestellten Beispiele für kleine Ergänzungspakete bewirkten Layoutänderungen gegenüber Vorgaben aus dem LaTeX-Kern oder den Klassenfiles. Ihre Realisierungen führten zu recht kurzen Ergänzungspaketen. Selbst die `.sty`-Files zur Erzeugung zentrierter Gliederungsüberschriften oder erweiterter Kopf- und Fußzeilen überschritten kaum 30 Eingabezeilen.

Viele solcher kleinen Ergänzungspakete können ohne vertiefte LaTeX-Kenntnisse erstellt werden. So wird bei deutschen Texten häufig gewünscht, Absätze nicht durch Einrücken der ersten Zeile, sondern durch einen vergrößerten vertikalen Abstand zum vorhergehenden Text abzuheben. Hierzu wird jeder LaTeX-Anwender als Lösung für ein `parskip.sty`-Ergänzungspaket vermutlich sofort etwas wie

```
\ProvidesPackage{parskip}[erst_datum]
\setlength{\parindend}{\z@}
\setlength{\parskip}{.5\baselineskip \@plus .1\baselinexkip
                                     \@minus.1\baselineskip}
\newcommand*{\noparskip}{\par\vspace{-\parskip}}
```

oder Ähnliches vorgeben. Hierbei wurde gleichzeitig noch der Befehl `\noparskip` bereitgestellt, der in Analogie zu `\noindent` steht und den zusätzlichen Abstand vor dem nächsten Absatz entfernt.

Andere Layoutänderungen oder -ergänzungen gegenüber den Standardvorgaben verlangen dagegen vertiefte Kenntnisse der Definitionen aus dem LaTeX-Kern oder den Klassenfiles. Das Beispiel `varcapt.sty` zur Ausgabe des Erläuterungstextes mit dem `\caption`-Befehl in kleinerer Schrift geht auf eine Forderung aus der Praxis zurück, für die ich auf Anhieb zunächst auch keine Lösung anbieten konnte.

Die vorgestellte Lösung erkannte ich erst bei der Durchsicht der Originaldokumentation des LaTeX-Kerns. Anwender, die vor ähnlichen Aufgaben stehen, sollten sich diese Dokumentation erstellen. Die Bearbeitungsschritte zur Erstellung der Dokumentation für den LaTeX-Kern mit der LaTeX-Bearbeitung von `source2e.tex` sind ausführlich in 2.1.4 auf S. 26 beschrieben. Das umfangreiche Indexregister dieser Dokumentation erweist sich als unschätzbare Hilfe bei der Suche nach den Originaldefinitionen, wobei an den angegebenen Stellen häufig weitere Erläuterungen zu finden sind.

Für LaTeX 2.09 gilt eine ähnliche Aussage bezüglich der Originalfiles `latex.tex`, `lfonts.tex` und `lplain.tex`, aus denen das LaTeX 2.09-Format `lplain.fmt` gebildet wird (s. 4.1–4.3). Diese Files kann man sich direkt ausdrucken. Eine wohl formatierte Dokumentationsaufbereitung ist für die LaTeX 2.09-Quellen nicht vorgesehen. Die verbatim ausgedruckten LaTeX 2.09-Quellenfiles enthalten ebenfalls umfangreiche Erläuterungskommentare, die zum Verständnis der Makrodefinitionen höchst hilfreich sind. Leider fehlt hier ein Indexregister, wie es bei der Dokumentation des LaTeX 2_ε-Kerns automatisch erstellt wird.

Man könnte daran denken, mit einem speziellen Treiberfile unter Rückgriff auf `\IndexInput{latex209.tex}` (s. 2.2.3, S. 32f) ein solches Indexregister mit `doc.tex` zu erstellen, das dann jedoch für ein praktisch nutzbares Indexregister von vielem Ballast befreit werden müsste, was vermutlich eine iterarative Editierbearbeitung verlangen würde. Als bei mir noch LaTeX 2.09 zur Anwendung kam, hatte ich den Editor mit seinen Suchbefehlen zur Suche der Makrodefinitionen bei den LaTeX 2.09-Quellenfiles eingesetzt.

Als weitere Arbeitshilfe zur Erstellung eigener Ergänzungspakete empfehle ich die Dokumentation der Standardklassenfiles, die mit der LaTeX-Bearbeitung von `classes.dtx`, `letter.dtx` und `proc.dtx` entsteht. Die Bearbeitungsschritte zur Erstellung dieser Dokumentation unter Einschluss der zugehörigen Indexregister sind ebenfalls in 2.1.4 auf S. 26 beschrieben. Zusätzlich sollten die dem Installationspaket beigefügten Führer xxx`guide.tex` mit LaTeX aufbereitet und ausgedruckt werden (s. 2.1.4).

Gelegentlich soll mit einem zusätzlichen Ergänzungspaket die Funktionalität eines vorhandenen Ergänzungspakets verändert oder erweitert werden. Für eine solche Aufgabe empfiehlt es sich, in dem Erweiterungspaket das ursprüngliche Ergänzungspaket mit

`\RequirePackage[`*opt_liste*`]{`*urspr_erg_paket*`}`

hinzuzuladen (s. 2.5.5). Das Laden des ursprünglichen Ergänzungspakets mit einem eigenen und vorangehenden `\usepackage`-Befehl kann damit entfallen. Die Änderungs- und/oder Erweiterungsdefinitionen können dann nach diesem Ladebefehl erfolgen, wobei auf alle sonstigen Definitionen und Vorgaben aus dem ursprünglichen Ergänzungspaket zurückgegriffen werden kann.

6.2.8 Die Behandlung von Stiloptionen in LaTeX 2.09

In LaTeX 2.09 unterbleibt die Unterscheidung von Klassenfiles und Ergänzungspaketen. Die dortigen äquivalenten Systemfiles tragen alle den einheitlichen Anhang `.sty`, wobei den Klassenfiles aus LaTeX 2_ε in LaTeX 2.09 die Hauptstilfiles entsprechen. Das für eine LaTeX-Bearbeitung zwingend erforderliche Hauptstilfile wird durch Angabe seines Grundnamens im LaTeX 2.09-Eröffnungsbefehl

`\documentstyle[`*opt_liste*`]{`*haupt_stil*`}`

angefordert.

Bei der Behandlung der Hauptstilfiles wird entschieden, welche Stiloptionen zu berücksichtigen sind. Dies geschieht dort mit dem Aufruf des internen Befehls `\@options`. Beim Ablauf dieses Befehls wird zunächst geprüft, ob ein Befehl `\ds@`*opt* existiert, wobei *opt* nacheinander für jeden Optionsnamen aus der Optionsliste *opt_liste* des `\documentstyle`-Befehls steht. Gibt es einen solchen Befehl, so wird er ausgeführt. Für alle Optionen, die durch einen Befehl `\ds@`*opt* behandelt werden sollen, müssen diese Befehle in den Hauptstilfiles vor dem Auftreten von `\@options` definiert sein. Standardmäßig enthalten die Hauptstilfiles die Definitionen:[2]

```
\def\ds@11pt{\def\@ptsize{1}}    \def\ds@12pt{\def\@ptsize{2}}
\def\ds@draft{\overfullrule 5pt}
\def\twoside{\@twosidetrue \@mparswitchtrue}
```

Diesen Optionsdefinitionen geht noch `\def\@ptsize{0}` voran und nach ihnen folgt unmittelbar der Aufruf `@options`. Ist z. B. eine Größenoption gewählt worden, so ist die Folge des Befehlsaufrufs `\ds@..pt`, dass `\@ptsize` neu definiert wird und bei der Option `twoside` die beiden internen Schalter `\if@twoside` und `\if@mparswitch` auf *wahr* gesetzt werden (s. 5.5.3).

Anschließend enthalten die Hauptstilfiles den Aufruf `\input` xxx`1\@ptsize.sty`, mit xxx für `art`, `bk` oder `rep`, womit das entsprechende xxx`1`n`.sty`-File eingelesen wird. Darin ist $n = 0$, 1 oder 2.

Stellt der Befehl `\@options` fest, dass ein Befehl `\ds@`*opt* für die angeforderte Option nicht existiert, so wird *nach* dem Einlesen des Hauptstilfiles ein File *opt*`.sty` gesucht und, falls es existiert, eingelesen. Dieser Such- und Lesevorgang findet in der Reihenfolge der Optionsangaben in der Optionsliste statt. Für diese Optionen ist ggf. die Reihenfolge zu beachten, nämlich immer dann, wenn die zugehörigen `.sty`-Files gleichnamige Befehle definieren.

Die Optionen, die durch einen `\ds@`*opt*-Befehl realisiert werden, haben stets Vorrang vor den Optionen, die durch die Bereitstellung eines *opt*`.sty`-Files behandelt werden. Die Reihenfolge dieser beiden Optionsgruppen innerhalb der Optionsliste ist damit nicht von Belang. Wird eine Definition, die durch einen `\ds@`*opt*-Befehl bereitgestellt wird, in einem `.sty`-File neu vorgenommen, so gilt anschließend die Definition aus diesem `.sty`-File.

Werden bei den Beispielen für kleine Ergänzungspakete die LaTeX 2_ε-Interfacebefehle entfernt und/oder durch äquivalente Standardbefehle ersetzt, z. B. `\typeout{`*option*`}` an Stelle von `\ProvidesPackage{`*erg_paket*`}`, so können sie auch mit LaTeX 2.09 genutzt werden.

Soweit Schriftauswahlbefehle auftreten, sind sie durch passende Schriftauswahlbefehle (Zweibuchstabenbefehle) aus LaTeX 2.09 zu ersetzen. Letztere sind jedoch viel starrer, so dass die Wirkungen bestimmter Attributkombinationen nicht so einfach nachzubilden sind. Hier sind evtl. vorab zusätzliche Schriftauswahlbefehle mit `\newfont` einzurichten. Dies gilt vor allem für das Beispiel `centrsec.sty`, wenn dort z. B. fette Sans-Serif-Schriften verwendet werden sollen. Auf weitere Einzelheiten gehe ich nicht ein, da LaTeX 2.09 als veraltet gilt.

Trifft LaTeX 2_ε auf den Eröffnungsbefehl `\documentstyle`, so schaltet es in den sog. Kompatibilitätsmodus und setzt den internen Schalter `\if@compatibility` auf *wahr*. Für diesen Bearbeitungsmodus sind etwaige Ergänzungspakete durch ihren Grundnamen in der Optionsliste des `\documentstyle`-Befehls anzugeben, womit die zugehörigen Ergänzungspakete automatisch eingelesen werden. Der Ladebefehl `\usepackage` ist dann nicht erlaubt. Sonstige LaTeX 2_ε-Interfacebefehle werden dagegen auch im Kompatibilitätsmodus akzeptiert.

---

[2]Die Definitionen für `\ds@..pt` lauten genaugenommen `\@namedef{ds@..pt}{...}`. Die Wirkung entspricht den oben angeführten Definitionen, falls dort arabische Ziffern in Befehlsnamen zulässig wären, was genau mit `\@namedef` der Fall ist.

6.3 Das refman-Ergänzungspaket

Ein völlig neues Layout wird man häufig durch ein eigenes Klassenfile bereitstellen. Dies ist jedoch nicht zwingend, wie am Beispiel des Ergänzungspakets `refman.sty` dargestellt wird. Dieses Ergänzungspaket wurde ursprünglich von Dr. Hubert Partl, dem Erstkoordinator und Mitautor von `german.sty`, für die Erstellung von Referenz-Manualen an der TU Wien als Stiloptionsfile für LaTeX 2.09 entwickelt. Ich stelle es hier etwas gekürzt und modifiziert zur Verwendung als Ergänzungspaket unter LaTeX 2_ε vor. Dabei werden einige der vorangegangenen Beispiele partiell wieder auftauchen.

6.3.1 Das refman-Layout

Bei diesem Layout werden die Überschriften gegenüber dem linken Rand des Textes nach links herausgerückt, wobei die Schriftgröße der Überschriften gegenüber dem Standard kleiner gewählt wird. Außerdem wird der Abstand der Gliederungsüberschriften zum vorangehenden und ganz besonders zum nachfolgenden Text geringer als beim Standard gewählt.

Absätze werden durch einen vergrößerten Abstand statt durch Einrücken der ersten Zeile gekennzeichnet. Mit `\noparskip` kann dieser vergrößerte Abstand im Einzelfall zurückgenommen werden. Der gesamte Abschnitt 6.3 wird mit diesem Layout formatiert und stellt im weiteren Verlauf alle Eigenschaften und Zusatzbefehle aus `refman.sty` vor.

6.3.2 Der Aufruf

Der `refman.sty`-Ergänzungspaket wird wie jedes Ergänzungspaket mit

```
\usepackage{refman}
```

aktiviert. Es kann sowohl mit der Bearbeitungsklasse `article` als auch mit `report` verwendet werden. Die Optionsliste des `\documentclass`-Befehls darf jedoch nicht die Optionen `twocolumn` oder `titlepage` enthalten. Werden weitere Ergänzungspakete geladen, die in irgendeiner Form das Seitenformat verändern, dann ist `refman.sty` als letztes Ergänzungspaket zuzufügen, damit seine Vorgaben für die Seitenabmessungen gültig bleiben.

Innerhalb des Textes ist mit `refman` der LaTeX-Befehl `\twocolumn` nicht erlaubt! Alle anderen LaTeX-Befehle können verwendet werden. Sie haben ggf. eine geänderte Wirkung.

6.3.3 Die Seitenaufteilung

Die Seitenaufteilung greift zunächst auf die Standardwerte aus den Größenfiles zurück. Zusätzlich werden einige weitere Maßregister eingerichtet.

Maßregister:

```
\newdimen\fullwidth        \newdimen\leftmarginwidth
\newdimen\emptyfoot        \newdimen\emptyhead
\newdimen\templength@
```

→ S. 311

Horizontal: Für die horizontalen Einstellungen werden die nachfolgenden Wertänderungen vorgenommen:

```
\fullwidth=6.5in    \leftmarginwidth=\fullwidth
   \advance\leftmarginwidth by -\textwidth
\oddsidemargin=\leftmarginwidth
\evensidemargin=\leftmarginwidth
\marginparwidth=\leftmarginwidth
   \advance\marginparwidth by -\marginparsep
```

Die linken Ränder werden damit auf die Differenz aus `\fullwidth` und `\textwidth` eingestellt. Die Breite für Randboxen entspricht dieser Differenz abzüglich `\marginparsep`.

Vertikal: Für die vertikale Seiteneinstellung erfolgen ebenfalls einige Änderungen:

```
\advance\topmargin by -4.5\baselineskip
\advance\headsep by 0.5\baselineskip
\advance\footskip by 0.5\baselineskip
\advance\textheight by 10\baselineskip
\@colht=\textheight \@colroom=\textheight
\emptyhead=\topmargin
   \advance\emptyhead by -1\baselineskip
\emptyfoot=\topmargin
   \advance\emptyfoot by 1\baselineskip
```

Der obere Rand wird um 4.5 Zeilen verkleinert und der Seitenrumpf um zehn Zeilen vergrößert. Die sonstigen Änderungen traten bereits in den `head.sty`- und `foot.sty`-Beispielen auf und wurden dort erläutert. Die Zuweisungen der internen Register `\@colht` und `\@colroom` mit dem aktuellen Wert von `\textheigth` könnten eigentlich entfallen, da sie normalerweise mit dem LaTeX-Befehl `\begin{document}` vorgenommen werden.

6.3.4 Gliederungsüberschriften

Die Gliederungsüberschriften ab `\section` werden in gewohnter Weise mit dem internen LaTeX-Befehl `\@startsection` (S. 106 bzw. S. 180) erzeugt. Hier werden lediglich mit dem vierten und fünften Parameter die Abstände zum vorangehenden und nachfolgenden Text verändert sowie mit dem sechsten Parameter andere Schriftgrößen gewählt. Vorab wird ein

`\secshape`: Formatierungsmakro eingerichtet:

```
\def\secshape{\leftskip=-\leftmarginwidth
          \rightskip=0pt plus 1fil \hyphenpenalty=2000}
```

Zur Bedeutung von `\leftskip` und `\rightskip` s. S. 224. Dieses Makro wird im sechsten Parameter der Schriftart vorangestellt. Damit erscheinen die Überschriften um den Betrag von `\leftmarginwidth` nach links ausgerückt. Nach rechts erfolgt kein Randausgleich und Trennungen werden in Überschriften erheblich erschwert. Die einzelnen Gliederungsbefehle sind

`\...section`: dann als

```
\def\section{\@startsection {section}{1}{\z@}%
    {-2ex plus -1ex minus -.2ex}{0.5ex plus .2ex}%
    {\secshape\normalfont\large\bfseries}}
\def\subsection{\@startsection{subsection}{2}{\z@}%
    {-1.5ex plus -.5ex minus -.2ex}{0.5ex plus .2ex}%
    {\secshape\normalfont\normalsize\bfseries}}
\def\subsubsection{\@startsection{subsubsection}{3}{\z@}%
    {-1.5ex plus -.5ex minus -.2ex}{0.5ex plus .2ex}%
    {\secshape\normalfont\normalsize}}
\def\paragraph{\@startsection{paragraph}{4}{\z@}%
    {2ex plus 1ex minus .2ex}{-1em}%
    {\normalfont\normalsize\bfseries}}
\def\subparagraph{\@startsection{subparagraph}{5}%
    {\parindent}{2ex plus 1ex minus .2ex}{-1em}%
    {\normalfont\normalsize\bfseries}}
```

definiert. Ein wirklicher Unterschied zu den Originaldefinitionen aus `article` und `report` tritt nur bei den Gliederungen `\section` bis `\subsubsection` auf. In Verbindung mit `report` muss auch der Gliederungsbefehl `\chapter` umdefiniert werden. Von den diversen Teilmakros seiner Definition (s. S. 181–183) sind hier lediglich `\@makechapterhead` und `\@makeschapterhead` neu zu definieren. Vorab werden zwei Hilfsmakros bereitgestellt, die auch bei weiteren Strukturen Anwendung finden:

`report:`

`\longhrule:`

```
\def\longhrule{\par\hbox to \linewidth{\hss
   \vrule width \fullwidth height 0.4pt depth 0pt}\par}
\def\longthickhrule{\par\hbox to \linewidth{\hss
    \vrule width \fullwidth height 1.0pt depth 0pt}\par}
```

Sie erzeugen einen horizontalen Balken der vollen Breite `\fullwidth` und der Stärke 0.4 pt bzw. 1.0 pt, der rechtsbündig mit dem Text abschließt und nach links entsprechend seiner Gesamtbreite hinausragt. Und damit nun:

`\chapter:`

```
\def\@redefinechapter{  % Redefines \chapter for report
\def\@makechapterhead##1{\longthickhrule\bigskip
     {\secshape\parskip\z@\parindent\z@
      \normalfont\Large\bfseries
      \ifnum \c@secnumdepth >\m@ne \@chapapp{}
      \thechapter:\quad \fi ##1\par}}
     \bigskip\longthickhrule\bigskip}
\def\@makeschapterhead##1{\longthickhrule\bigskip
     {\secshape\parskip\z@\parindent\z@
      \normalfont\Large\bfseries ##1\par}
     \bigskip\longthickhrule\bigskip}
} % end of \@redefinechapter
```

Die Definitionen für `\@makechapterhead` und `\@makeschapterhead` sollten beim Vergleich mit den Originaldefinitionen aus `report.sty` verständlich sein. Die Kapitelüberschriften erscheinen damit als:

Kapitel 6: Layoutentwicklungen

`article`: Für `article` werden andererseits die Makros der `titlepage`-Umgebung sowie der `\part`-Gliederung neu definiert. Dies erfolgt analog zu oben durch ein `\@redefinemaktitle`-Makro:

```
\def\@redefinemaketitle{  % Redefinitions for article
    \def\maketitle{\par        \begingroup
        \newpage \global\@topnum\z@  \@maketitle
        \thispagestyle{plain} \endgroup
        \setcounter{footnote}{0}}
    \def\@maketitle{\clearpage \longthickhrule\bigskip
        {\secshape\parskip\z@\parindent\z@
         \normalfont\Large\bfseries \@title\par}
        \bigskip\longthickhrule\bigskip}
    \def\makeauthor{\par\nopagebreak
        \vskip 2ex plus 1ex minus 1ex
        \begin{flushright}
            \normalfont\normalsize\slshape \@author
        \end{flushright}\par
        \vskip 2ex plus 1ex minus 1ex\relax }
    \def\and{\\*}
    \def\thanks{\footnote}

    \def\part{\par \clearpage \thispagestyle{plain}
        \@afterindentfalse \secdef\@part\@spart}
    \def\@part[##1]##2{\ifnum \c@secnumdepth >\m@ne
        \refstepcounter{part} \addcontentsline{toc}%
           {part}{\thepart \hspace{1em}##1}
        \else \addcontentsline{toc}{part}{##1}\fi
        \longhrule\medskip
        {\secshape\parskip\z@\parindent\z@ \normalfont\Large
        \ifnum \c@secnumdepth >\m@ne \thepart.\quad \fi
           ##2\par}
        \medskip\longhrule\bigskip
        \@mkboth{}{}\@afterheading }
    \def\@spart##1{\longhrule\medskip
        {\secshape\parskip\z@\parindent\z@
           \normalfont\Large ##1 \par}
        \medskip\longhrule\bigskip\@afterheading}
} % end of \@redefinemaketitle
```

Auch die Definition für `\@redefinemaketitle` sollte beim Vergleich seiner Untermakros mit den Originalen aus `article.cls` verständlich sein. Die LaTeX-Befehle `\title`, `\author` und `\thanks` finden ihre normale Anwendung. Sie füllen die internen Befehle `\@title` und `\@author` mit der Titelüberschrift und den Autorenangaben, die ihrerseits mit den Befehlen `\maketitle` und `\makeauthor` ausgegeben werden.

Titel: Die Titelüberschrift startet eine neue Seite und erscheint in `article` zwischen zwei horizontalen Linien in ganz ähnlicher Form wie die Kapitelüberschriften in `report`. Die Autorenangaben erscheinen rechtsbündig mit einem linken Flatterrand an der Stelle des Befehls `\makeauthor`. Dieser Befehl wird üblicherweise unmittelbar nach `\maketitle` oder am Ende des Gesamttextes angebracht. Der Befehl `\and` innerhalb der Autorenangaben in `\author{...}` trennt mehrfache Autorenblöcke durch Übereinandersetzen. Beim Standard wurden sie dagegen, jeweils für sich übereinander zentriert, blockweise nebeneinander angeordnet.

Teil: Auch die Gliederungsüberschrift aus `\part` mit `article` erscheint in ähnlicher Weise wie die Titelüberschrift auf einer neuen Seite. Die Standardangabe **Teil** n**.** entfällt jedoch. Es erscheint nur die laufende Nummer `\thepart`, gefolgt von der zugehörigen Überschrift.

`report`: Mit `report` erzeugt `\maketitle` eine eigene Titelseite in der gleichen Form, wie sie auch ohne `\refman` erscheinen würde. Das Gleiche gilt für die separaten Seiten der `\part`-Befehle.

Abschließend trifft `refman.sty` für die beiden `\redefine`-Befehle die Auswahl mit

```
\@ifundefined{chapter}{\@redefinemaketitle}{\@redefinechapter}
```

6.3.5 Seitenstile

`plain`: Der Seitenstil `plain` wird in `refman.sty` verändert, so dass die Seitennummern am rechten bzw. äußeren Seitenrand erscheinen:

```
\def\ps@plain{\let\@mkboth\@gobbletwo
     \def\@oddhead{}\def\@evenhead{}%
     \def\@oddfoot{\normalfont\hfil\thepage}%
     \def\@evenfoot{\hss \hbox to \fullwidth{
         \normalfont\normalsize\thepage\hfil}}}
```

`headings`: `footings`: `\@gobbletwo` ist ein interner LaTeX-Leerbefehl, der die nächsten beiden Token überliest. Zusätzlich stellt `refman.sty` die Stilarten `headings` und `footings` bereit. Die Makros für `\ps@headings` und `\ps@footings` sind ganz ähnlich den entsprechenden Strukturen aus `head.sty` bzw. `foot.sty` aus 6.2.5 aufgebaut. Es werden deshalb hier nur die abweichenden Teile aufgelistet, da die dortigen `\if@twoside...\else...\fi`-Strukturen weitgehend übernommen werden können.

In `\ps@headings` von S. 292 ist das Definitionspaar

```
\def\@evenhead{\hss\vbox{\hsize=\fullwidth
    \hbox to \fullwidth{\normalfont\normalsize\thepage \hfil
      \small\slshape \leftmark}  \vskip 3pt \hrule}}%
\def\@oddhead{\hss\vbox{\hsize=\fullwidth
    \hbox to \fullwidth{\normalfont\small\slshape \rightmark
      \hfil \normalsize\upshape\thepage} \vskip 3pt \hrule}}%
```

im *wenn*-Zweig der `\if@twoside`-Abfrage zu verwenden und die gleiche Definition für `\@oddhead` tritt nochmals im *sonst*-Zweig auf. Das Definitionspaar `\def\@evenfoot` und `\def\@oddfoot` für den `\ps@footing`-Befehl vertauscht lediglich die Reihenfolge von `\hrule` und `\hbox`:

```
\def\@evenfoot{\hss\vbox{\hsize=\fullwidth \hrule
    \vskip 3pt \hbox to \fullwidth{....}}}%
\def\@oddfoot{\hss\vbox{\hsize=\fullwidth \hrule
    \vskip3pt \hbox to \fullwidth{....}}}%
```

`\bhox to \fullwidth{....}` enthält die gleichen Angaben wie die entsprechenden Boxen bei den `\`x`head`-Befehlen aus `ps@headings`. Eine kleine Änderung gegenüber `head.sty` und `foot.sty` betrifft noch die `\sectionmark`-Befehle. Hier ist überall

`\thesection:\enspace` durch `\thesection\quad`

zu ersetzen. Damit erscheinen Kopf- und Fußzeilen nunmehr als

6.3 Das refman-Ergänzungspaket 305

6.3 Das refman-Ergänzungspaket 305

Der Überschriftentext erscheint nach der Definition der `\`x`head`- und `\`x`foot`-Befehle in der kleineren `\small\itshape`-Schrift. Bei der Option `twoside` sind auf geraden Seiten Seitennummern und Abschnittsüberschrift gegeneinander vertauscht.

`myheadings:`
`myfootings:`

Das Ergänzungspaket `refman.sty` stellt schließlich noch die Seitenstile `myheadings` und `myfootings` bereit. Bei den Definitionen für die erzeugenden Befehle `\ps@myheadings` und `\ps@myfootings` entfällt eine Unterscheidung für ein- oder zweiseitigen Druck.

```
\def\ps@myheadings{\let\@mkboth\@gobbletwo ....
    \def\@evenhead{\hss\vbox{....}}%
    \def\@oddhead{\hss\vbox{....}}%
    \def\@oddfoot{}\def\@evenfoot{}%
    \def\sectionmark##1{}\def\subsectionmark##1{}}
```

Eine Einschachtelung `\if@twoside ... \else ... \fi` unterbleibt hier. Alle mit `....` gekennzeichneten Stellen stimmen mit den entsprechenden Angaben für den *wenn*-Zweig mit `\ps@headings` überein und können von dort übernommen werden. Die Definition von `\ps@myfootings` tauscht lediglich die Bedeutung von `\evenfoot` mit `\evenhead` und `\oddfoot` mit `\oddhead` aus.[3]

---

[3]Das Originalfile für `refman.sty` enthält hiernach eine Neudefinition für `\@specialoutput` aus der LaTeX-Outputroutine. Sie korrigiert einen Fehler von früheren LaTeX-Versionen, der auftrat, wenn eine Seite gleichzeitig Randnotizen *und* Fußnoten enthielt. Dieser Mangel ist in LaTeX 2_ε behoben, ebenso wie für LaTeX 2.09-Versionen ab dem 1. März 1988. Für diese Fälle kann die 24zeilige Korrekturdefinition aus `refman.sty` entfernt werden, zumal die korrigierte Definition aus LaTeX 2_ε leistungsfähiger ist.

6.3.6 Randnotizen

Alle Randnotizen erscheinen mit `refman` ausschließlich am linken Rand, und zwar auch für `twoside` auf geraden Seiten. Dies verlangt einen Eingriff in eine tiefer liegende Struktur aus `latex.ltx`. In der Outputroutine aus `latex.ltx` wird das Makro `\@addmarginpar` definiert. Seine Definition erstreckt sich über ca. 30 Zeilen. Diese Definition ist mit dem Editor nach `refman.sty` zu kopieren und anschließend zu modifizieren:

```
\def\@addmarginpar{\@next\@marbox\@currlist{ . . . . .
    ...\@tempcnta\@ne  %% exchange by ...\@tempcnta\m@ne
    \if@twocolumn                              % delete
        \if@firstcolumn \@tempcnta\m@ne \fi    % delete
    \else                                      % delete
      \if@mparswitch                           % delete
         \ifodd\c@page \else\@tempcnta\m@ne \fi % delete
      \fi                                      % delete
      \if@reversemargin \@tempcnta -\@tempcnta \fi% del.
    \fi                                        % delete
    \ifnum\@tempcnta <\z@ \global\setbox\@marbox  . . .
    . . . . . . . . . . . . . . . . . . . . . . . . . .
    \nointerlineskip
  \hbox{\vrule \@height\z@ \@width\z@ \@depth\@pagedp}}
```

Die Änderung beschränkt sich also auf die Zuweisung von `\m@ne` (-1) an den Zähler `\@tempcnta` und die Entfernung der gesamten `\if@twocolumn ... \else ... \fi`-Struktur.

Da Bearbeitungstexte für `refman` häufig viele Randnotizen enthalten, wird schließlich noch

```
\marginparpush=\z@
```

gesetzt, also der vertikale Mindestabstand zwischen Randnotizen mit 0 pt eingestellt.

6.3.7 Änderung der description-Umgebung

Die `description`-Umgebung wird in `refman.sty` abgeändert, wie das folgende Beispiel zeigt und erläutert:

Markierung: Die mit `\item[`*marke*`]` übergebene Markierung steht rechtsbündig vor dem eingerückten Text.

Lange Markierung: Sie ragt ggf. in den linken Seitenrand hinein, der als zusätzlicher Platz für die Markierung zur Verfügung steht.

Der nachgesetzte Doppelpunkt hinter dem Markierungsnamen erscheint automatisch, ist also nicht in `\item[`*marke*`]` anzugeben. Dieses Verhalten kann mit der Schaltererklärung `\descriptioncolonfalse` abgeschaltet werden, womit ein nachgestellter Doppelpunkt entfällt. Auch die rechtsbündige Markierung vor dem eingerückten Aufzählungstext kann mit der Schaltererklärung `\descriptionlefttrue` in eine zum

Seitenrand linksbündige Markierung umgeschaltet werden. Eine spätere Rückschaltung in das Standardverhalten kann mit den Schaltererklärungen `\descriptioncolontrue` bzw. `\descriptionleftfalse` erreicht werden.

```
\newif\ifdescriptioncolon  \descriptioncolontrue
\newif\ifdescriptionleft   \descriptionleftfalse

\def\descriptionlabel#1{\ifdescriptionleft\else \hfil \fi
    \normalfont #1\ifdescriptioncolon :\fi
    \ifdescriptionleft \hfil \fi}

\def\description{\list{}{\labelsep=\marginparsep
    \labelwidth=\leftmarginwidth
        \advance\labelwidth by \@totalleftmargin
        \advance\labelwidth by \leftmargin
        \advance\labelwidth by -\labelsep
    \let\makelabel=\descriptionlabel}}
\let\enddescription=\endlist
```

Statt des Paares `\def\description ..... \let\enddescription` hätte auch die LaTeX-Struktur `\renewenvironment{description}` verwendet werden können. `\@totalleftmargin` ist ein internes LaTeX-Maßregister, das bei verschachtelten Listenstrukturen zum Tragen kommt. Es enthält die gesamte Einrücktiefe der umgebenden Liste. Für die äußerste Liste beträgt diese stets 0 pt. Alle sonstigen Register sollten verständlich sein oder ggf. dem Diagramm 3 aus [5a, Befehlsindex] entnommen werden.

6.3.8 Sonstige Einstellungen

Die geänderten Werte von `\parskip` und `\parindent` wurden bereits zu Beginn dieser Stiloption angesprochen und ihre Wirkung ist aus dem Text der letzten Seiten erkennbar. `refman.sty` setzt hierfür:

```
\parskip=0.5\baselineskip \advance\parskip by 0pt plus 2pt
\parindent=\z@   % 0pt
```

In den LaTeX-Größenfiles *xxx*`10pt` bis *xxx*`12pt` werden am Ende die internen Listenbefehle `\@listI`, `\@listii` usw. definiert. Diese fügen u. a. für die verschiedenen Schachtelungstiefen zusätzlichen vertikalen Zwischenraum ein. Wegen des vergrößerten Absatzzwischenraums in `refman` sollte dieser Zusatzzwischenraum aus Listenstrukturen entfernt werden. Dies geschieht mit der Neudefinition dieser Befehle in `refman.sty`:

```
\def\@listI{\leftmargin\leftmargini
   \topsep\z@ \parsep\parskip \itemsep\z@}
\let\@listi\@listI        \@listi   %%% activate \@listi
\def\@listii{\leftmargin\leftmarginii
   \labelwidth\leftmarginii\advance\labelwidth-\labelsep
   \topsep\z@ \parsep\parskip \itemsep\z@}
```

```
\def\@listiii{\leftmargin\leftmarginiii
   \labelwidth\leftmarginiii\advance\labelwidth-\labelsep
   \topsep\z@ \parsep\parskip \itemsep\z@}
```

Mit den vorangegangenen Angaben sollte es möglich sein, ein `refman`-ähnliches Ergänzungspaket zu erzeugen, wenn es nicht Bestandteil der vorhandenen LaTeX-Installation ist. Dabei sollten die angegebenen Einstellungen nach den eigenen Bedürfnissen abgeändert werden. Dies betrifft vor allem die Schriftgrößen der Gliederungsüberschriften und deren Abstände zum vorangehenden und nachfolgenden Text. Auch die Gestaltung von Kopf- und Fußzeilen kommt für eine Anwenderanpassung in Betracht.

Auf den vorangegangenen Seiten wurden die Haupteigenschaften von `refman.sty` demonstriert. Hierzu wurde eine Kopie des Originals mit lokaler Wirkung innerhalb eines Blocks mit `\input` eingelesen, bei der `\textwidth105mm` und `\fullwidth130mm` gewählt war, damit das vorliegende Buchformat nicht verlassen wird. Gleichzeitig wurde die Definition für `\ps@headings` mit der entsprechenden Definition aus `book` versehen, um den vorhandenen Buchstil bezüglich der Kopfzeile nicht zu verändern.

Der `refman.sty`-File stellt eine Reihe weiterer Befehle bereit, von denen einige – ohne dass dies genannt wurde – auf den vorangegangenen Seiten mehrfach genutzt wurden. Der nachfolgende Abschnitt beschreibt alle Zusatzbefehle und listet den Erzeugungskode auf.

6.3.9 Zusätzliche refman-Befehle

6.3.9.1 Randeinfügungen

Linksbündige Randnotiz

Mit dem LaTeX-Standardbefehl `\marginpar{`*rand_notiz*`}` werden Randnotizen in gewohnter Weise erzeugt. Als Folge der Änderung von `\@addmarginpar` erscheinen diese Randnotizen stets am linken Rand. Innerhalb der zugehörigen Randbox sind die Notizen linksbündig angeordnet.

`\marginlabel`:

Zusätzlich stellt `refman.sty` den Befehl `\marginlabel{`*marke*`}` bereit, mit dem ein einzeiliger Eintrag *marke* innerhalb der Randbox rechtsbündig angeordnet wird. Von diesem Befehl wurde auf den vorangegangenen Seiten

Beispiel:

vielfach Gebrauch gemacht. Mit `\marginlabel{Beispiel:}` erscheint nebenstehend “Beispiel:”, und die Randmarke in der ersten Zeile dieses Absatzes wurde mit `\marginlabel{\tt\string\marginlabel\rm:}` erzeugt.

`\attention`:

! →

Der Befehl `\attention` erzeugt ein Achtung-Zeichen im linken Rand in der nebenstehend demonstrierten Form.

`\seealso`:

Schließlich kann mit `\seealso{`*verweis*`}` eine Verweismarkierung im linken Rand erzeugt werden. Für *verweis* wird häufig eine Gliederungs- oder Seitennummer auftreten, die zweckmäßigerweise mit einem `\ref`- oder

→ 6.3

`\pageref`-Befehl erzeugt wird. `\seealso{\ref{refman}}` erzeugt den

Verweis auf 6.3, weil dort mit `\label{refman}` eine entsprechende Markierung gesetzt war.

Der erzeugende Kode für diese Zusatzbefehle sollte keine Verständnisschwierigkeiten bereiten:

```
\def\marginlabel#1{\mbox{}\marginpar{\raggedleft #1}\ignorespaces}
\def\attention{\mbox{}\marginpar{\raggedleft\large\bf! $\rightarrow$}}
\def\seealso#1{\mbox{}\marginpar{\small$\rightarrow$ #1}\ignorespaces}
```

6.3.9.2 Die maxipage-Umgebung

Der soeben ausgedruckte Kode ist ein Beispiel für die `maxipage`-Umgebung. Der mit

`\begin{maxipage}` *Text* `\end{maxipage}`

eingeschachtelte *Text* erscheint über die volle Breite `\fullwidth` und wird durch zwei horizontale Balken vom umgebenden Text abgetrennt. Innerhalb der `maxipage`-Umgebung sind Randnotizen und sonstige Randmarken *nicht* erlaubt. Diese Umgebung stellt strukturell eine vertikale Box dar, in der ein Seitenumbruch nicht möglich ist.

Typische Kandidaten für die `maxipage`-Umgebung sind lange mathematische Formeln, breite Tabellen und Bilder. Die `maxipage`-Umgebung kann ihrerseits in eine `table`- oder `figure`-Umgebung gefasst werden, womit ihr Inhalt gleiten kann.

Die standardmäßig voran- und nachgesetzten horizontalen Trennbalken können mit der Schaltererklärung `\maxipagerulefalse` unterdrückt und mit einer späteren Rückschaltung `\maxipageruletrue` wieder aktiviert werden. Der erzeugende Kode der `maxipage`-Umgebung lautet:

```
\newif\ifmaxipagerule  \maxipageruletrue
\def\maxipage{\par % (here a \parskip will happen by the final \par)
              \mbox{}\kern-\leftmarginwidth \kern-\@totalleftmargin
              \begin{minipage}{\fullwidth}
              \medskip \ifmaxipagerule \hrule\medskip \fi
              \parskip = 0.5\baselineskip % <--- same as outside minipage
              \def\marginpar{
                 \typeout{Marginpar not allowed within Maxipage.}}}
\def\endmaxipage{\par \vskip\parskip
          \medskip\ifmaxipagerule \hrule\medskip \fi
                \end{minipage}\par}
```

Anstelle des Paares `\def\maxipage ... \def\endmaxipage` hätte auch hier die LaTeX-Struktur `\newenvironment{maxipage}` verwendet werden können. Mit dieser wäre

```
\newenvironment{maxipage}%
    {Inhalt von \def\maxipage{...} }%
    {Inhalt von \def\endmaxipage{...} }
```

zu schreiben gewesen.

Die Definition der `maxipage`-Umgebung lässt erkennen, dass sie auch aus verschachtelten Listenstrukturen heraus aufgerufen werden kann und dann, als Folge von `\kern-\totalleftmargin`, über die gesamte Breite reicht.

6.3.9.3 Die fullpage-Umgebung

Mit dieser Umgebung werden eine oder mehrere ganze Seiten eingerichtet, die über die volle Breite `\fullwidth` reichen. Auf diesen Seiten sind zwangsläufig Randnotizen und Randmarken nicht erlaubt. Der erzeugende Kode besteht aus:

```
\def\fullpage{\clearpage \leftmarginwidth\z@ \textwidth=\fullwidth
              \oddsidemargin=\z@ \evensidemargin\z@
              \hsize=\fullwidth \linewidth=\fullwidth
              \columnwidth=\fullwidth
              \def\marginpar{\typeout{
                  Marginpar not allowed within Fullpage.}}}
\def\endfullpage{\clearpage}
```

Die Anmerkung zur Definition mit `\newenvironment{fullpage}` gilt auch hier. Der Leser möge die ihm vertrautere Struktur verwenden. Die Definitionspaare `\def`*umg_befehl*... `\def\end`*umg_befehl* demonstrieren gleichzeitig, wie LaTeX intern Umgebungen einrichtet.

6.3.9.4 Die example-Umgebung

Diese Umgebung dient zur Gestaltung von Eingabebeispielen. Der eingeschlossene Text erscheint in Schreibmaschinenschrift, wobei die `example`-Umgebung ihrerseits auf die LaTeX-Umgebung `verse` zurückgreift.

```
Zeilen werden entweder durch explizite \\-Befehle
umbrochen oder,

falls eine Zeile länger ist, als es die eingerückte
   Textbreite erlaubt, wird diese Zeile automatisch
   umbrochen und mit tiefer eingerückten Folgezeilen
   fortgesetzt.
```

Der Eingabetext für dieses Beispiel erfolgte mit

```
\begin{example}\small
Zeilen werden entweder durch explizite \verb=\\=-Befehle\\
umbrochen oder,
```

```
falls eine Zeile l"anger ist, als es die einger"uckte ...
\end{example}
```

Die `example`-Umgebung wird mit

```
\def\example{\@beginparpenalty=\@highpenalty
    \verse \ttfamily}
\let\endexample=\endverse
```

definiert, womit gleichzeitig ein Seitenumbruch am Beginn der `example`-Umgebung sehr erschwert wird.

6.3.9.5 Änderung der Seitenaufteilung

Der Befehl `\setleftmarginwidth{`*breite*`}` im Vorspann des zu bearbeitenden Textes erlaubt dem Anwender, die Breite für den linken Rand eigenständig zu wählen. Die Textbreite `\textwidth` stellt sich damit als Differenz zwischen `\fullwidth` und dem übergebenen Wert von *breite* ein.

```
\def\setleftmarginwidth#1{\templength@=#1\relax
    \leftmarginwidth=\templength@
    \textwidth=\fullwidth \advance \textwidth by -\templength@
    \oddsidemargin=\leftmarginwidth \advance\oddsidemargin by 3mm
    \evensidemargin=\leftmarginwidth
    \marginparwidth=\leftmarginwidth
       \advance\marginparwidth by -\marginparsep
    \hsize=\textwidth \linewidth=\textwidth \columnwidth=\textwidth }
```

Mit dem Befehl `\condbreak{`*rest_platz*`}` erfolgt ein Seitenumbruch, wenn auf der laufenden Seite an der Stelle dieses Befehls der verbleibende vertikale Platz kleiner ist, als es mit der Maßangabe *rest_platz* verlangt wird. Ist dieser Platz noch verfügbar, so bleibt `\condbreak` wirkungslos und eine nachfolgende vertikale Struktur wird bis zu mindestens dieser Abmessung noch auf der laufenden Seite verarbeitet.

```
\def\condbreak#1{\vskip 0pt plus #1\pagebreak[3]
                 \vskip 0pt minus #1\relax}
```

Schließlich kann mit dem Befehl `\noparskip` der vertikale Zwischenraum vor einem einzelnen Absatz entfernt werden. Dieser Befehl steht in Analogie zu `\noindent`. Seine Definition lautet:

```
\def\noparskip{\par\vspace{-\parskip}}
```

In 6.3.2 wurde erwähnt, dass ein mit `refman.sty` zu bearbeitender Eingabetext den Befehl `\twocolumn` nicht enthalten darf. Genauer gilt: Ein `\twocolumn`-Befehl im Eingabetext bleibt wirkungslos und führt zu der Bildschirmmitteilung '`Twocolumn not allowed with Refman.`'. Das Ergänzungspaket `refman.sty` enthält nämlich die Vorgaben:

```
\onecolumn   \let\onecolumn=\relax
\def\twocolumn{\typeout{Twocolumn not allowed with
                                   Refman.}}
```

Es wird also das einspaltige Seitenformat eingeschaltet und anschließend der Befehl `\onecolumn` für spätere Aufrufe wirkungslos gemacht. Der Befehl `\twocolumn` erhält die Bedeutung einer Bildschirmmitteilung mit dem angegebenen Text.

6.3.10 Anmerkungen zu refman.sty

Das `refman.sty`-File von HUBERT PARTL ist eine gelungene Kombination eines höchst nützlichen Ergänzungspakets mit der Demonstration für eine „Layoutänderung mit LaTeX“. Mit dem Vortrag unter diesem Titel wurde es beim 7. Deutschen TeX-Treffen 1988 in Freiburg neben vielen Layoutempfehlungen als ein Beispiel für eigene Layoutentwicklungen vorgestellt. Der Vortrag steht unter H27.0 als Dokumentation des EDV-Zentrums der TU Wien zur Verfügung und kann, ebenso wie das `refman.sty`-File, auch als `layout.tex`-File über DANTE beschafft werden.

Das gesamte `refman.sty`-File beginnt mit der Abfrage

```
\@ifundefined{leftmarginwidth}{}{\endinput}
```

womit zum Fileende verzweigt wird, wenn das File bereits einmal eingelesen worden ist. Als Nächstes folgt ein `\typeout`-Befehl mit der Terminalnachricht, dass es sich um den Refman-Stil der TU Wien handelt. Für LaTeX 2_ε wird dieser Bildschirmausgabebefehl zweckmäßigerweise durch den Selbstidentifizierungsbefehl

`\ProvidesPackage{refman}[`*herk_nachricht*`]`

mit der gleichen Herkunftsnachricht ersetzt.

Das `refman.sty`-File endet mit den Befehlen

```
\pagestyle{plain}   \endinput
```

womit der geänderte Seitenstil `plain` zum Standard gemacht und das Fileende markiert wird, zu dem ggf. unmittelbar am Fileanfang verzweigt wird.

Die Realisierung eines gegenüber dem Standard deutlich veränderten Layouts ist nach diesem Beispiel durch ein Ergänzungspaket zu realisieren. Als Alternative könnte man daran denken, es durch ein eigenes Klassenfile bereitzustellen. Ein solches wird zweckmäßigerweise aus einer Kopie von `article.cls` oder `report.cls` entwickelt. Dort werden dann die unerwünschten Optionserklärungen entfernt oder durch Bildschirmwarnungstexte ersetzt. Als eigenständige Klassenoptionen sind hier dann `article` und `report` einzurichten.

Die Erstellung eines alternativen `refman.cls`-Klassenfiles sollte mit den Hinweisen aus 2.5 und 3.1–3.3 und evtl. aus 3.4 sowie den Angaben zu `refman.sty` nicht schwerfallen.

6.4 Briefstile

Nach dem Ausflug in einen geänderten Bearbeitungsstil gilt nunmehr wieder das normale Bearbeitungsformat für dieses Buch. Das LaTeX-File `letter.cls` realisiert die Bearbeitungsklasse `letter`. Diese ist so sehr auf amerikanische Briefformate zugeschnitten, dass die Erstellung eigener Briefklassenfiles nahezu zwangsläufig ist. In einer Mehrbenutzerumgebung eines Rechners mögen die Eingaben des Namens des Briefschreibers, seiner Telefonnummer und evtl. weiterer personenbezogener Angaben mit dazu geeigneten Parameterbefehlen vertretbar sein. Bei einer PC-Installation ist die immer wiederkehrende gleiche Angabe bei jedem Brief lästig und überflüssig. Aber auch in einer Mehrbenutzerumgebung ziehe ich es vor, meine eigene Briefklasse `myletter.cls` vorzuhalten, um unnötige Eingaben zu vermeiden.

6.4.1 Allgemeine Vorbemerkungen zu eigenen Briefklassenfiles

Das Originalfile `letter.cls` enthält andererseits viele Makrodefinitionen, die unverändert oder mit geringen Modifikationen übernommen werden können. Es kann damit stets als Basis für eigene Briefstile genutzt werden. Der Inhalt des Standardklassenfiles `letter.cls` wurde ausführlich in 3.5 vorgestellt. Auf diese Ausführungen sollte bei Bedarf zurückgegriffen werden, evtl. ergänzt durch die allgemeineren Ausführungen über Klassenfiles und Ergänzungspakete in 2.5.

Der Rückgriff auf das Standardklassenfile `letter.cls` als Basis für ein eigenes Briefklassenfile `myletter.cls` erfolgt am direktesten aus einer Anfangskopie von `letter.cls` nach `myletter.cls` und anschließender Überarbeitung von `myletter.cls` mit den erforderlichen Änderungen und Ergänzungen. Diese Lösung ist fehleranfällig und damit evtl. arbeitsintensiv. Werden z. B. Originaldefinitionen fehlerhaft abgeändert und die Fehlerursachen nicht gefunden, so bleibt im ungünstigsten Fall nur die Rückkehr zu einer erneuten Originalkopie. Die bereits erfolgreich vorgenommenen Änderungen sind dann ein weiteres Mal zu wiederholen, womit weitere Fehlerquellen geschaffen werden.

LaTeX 2_ε gestattet eine bessere Lösung. Die Entwicklung des eigenen Klassenfiles `myletter.cls` kann mit

```
\NeedsTeXFormat{LaTeX2e}  \ProvidesClass{myletter}
```

beginnen, worauf nach evtl. weiteren Vorspannbefehlen

```
\DeclareOption*{\PassOptionsToClass{\CurrentOption}{letter}}
\ProcessOptions        \LoadClass[zus_opt]{letter}
```

folgen sollte (s. 2.5.3 und 2.5.4). Damit wird das Standardklassenfile `letter.cls` hinzugeladen, dessen Klassenoptionen neben evtl. zusätzlichen eigenständigen Klassenotionen auch im Aufruf '`\documentclass[`*optionen*`]{myletter}`' auftreten dürfen. An das zugeladene Klassenfile `letter.cls` werden die angegebenen Aufrufoptionen *optionen* sowie etwaige zusätzlichen Optionen *zus_opt* weitergereicht.

Anschließend können dann Definitionsänderungen in `myletter.cls` folgen. Werden diese bei der Entwicklung schrittweise vorgenommen und sogleich ausgetestet, dann werden etwaige fehlerhafte Definitionen sofort erkannt, und es ist ggf. nur die letzte Definitionsänderung rückgängig zu machen. Das zugeladene Originalfile `letter.cls` bleibt dabei stets unversehrt erhalten.

Bei anwendereigenen Briefklassenfiles im deutschsprachigen Raum wird vermutlich stets das Ergänzungspaket `german.sty` benötigt. Eventuell werden weitere sprachspezifische Begriffe eingerichtet, die mit einer Klassensprachoption ausgewählt werden sollen. Am häufigsten wird die Bereitstellung für zwei alternative Sprachen gefordert, z. B. für Deutsch und Englisch mit den Optionen `german` und `english`. Die Bereitstellung von LaTeX-Auswahlbefehlen mit *wenn*- und *sonst*-Zweigen verlangt das Ergänzungspaket `ifthen.sty`. Zur Erfüllung dieser Forderungen sollte das eigene Klassenfile stets mit dem Vorspann

```
\NeedsTeXFormat{LaTeX2e}      \ProvidesClass{myletter}
\RequirePackage{ifthen}
\newboolean{@german}          \setboolean{@german}{false}
\DeclareOption{german}{\setboolean{@german}{true}}
\DeclareOption{english}{\setboolean{@german}{false}}
\DeclareOption*{\PassOptionsToClass{\CurrentOption}{letter}}
\ExecuteOptions{german}       \ProcessOptions
\LoadClass[a4paper]{letter}
\newcommand{\lettergerman}{}
\newcommand{\letterenglish}{}
\ifthenelse{\boolean{@german}}
   {\RequirePackage{german}\lettergerman}{\letterenglish}
```

beginnen. Hiermit wird die eingeführte Klassenoption `german` gleichzeitig die Standardeinstellung, die auch ohne explizite Optionsangabe `german` wirksam ist und, als Folge von `\RequirePackage{german}`, das File `german.sty` automatisch einliest.

Hierbei wurde stillschweigend angenommen, dass die Mehrzahl der Briefe in Deutsch geschrieben wird. Ist das nicht der Fall, wird also die Mehrzahl der Briefe in der Alternativsprache, hier Englisch, erstellt, dann sollte im obigen Vorspannvorschlag '`\ExecuteOptions{english}`' gewählt werden. Damit werden Briefe standardmäßig in Englisch vorausgesetzt, was dann für deutschsprachige Briefe zwingend die Klassenoptionsangabe `german` im `\documentclass`-Befehl verlangt.

Sollen mit dem eigenen Briefklassenfile `myletter.cls` Briefe in mehr als zwei Alternativsprachen erstellt werden, dann kann dies durch verschachtelte Schalterstrukturen erreicht werden. Für eine Zweit- und Drittsprache könnte man z. B. neben der Optionserklärung für `german` die Optionen *zweit_sprache* und *dritt_sprache* mit

```
\newboolean{@zweit_sprache}   \setboolean{@zweit_sprache}{false}
\DeclareOption{zweit_sprache}{\setboolean{@zweit_sprache}{true}}
\DeclareOption{dritt_sprache}{\setboolean{@zweit_sprache}{false}}
\newcommand{\letterzweit_sprache}{}
\newcommand{\letterdritt_sprache}{}
```

zusammen mit zusätzlichen Sprachmakros *n_sprache*names erklären. Die Aktivierung der als Optionsangabe verlangten Sprache erfolgt dann mit der verschachtelten Schalterstruktur:

```
\ifthenelse{\boolean{@german}
   {\RequirePackage{german}\lettergerman}
   {\ifthenelse{\boolean{@zweit_sprache}}
      {\RequirePackage{zweit_sprache} \letterzweit_sprache}
      {\RequirePackage{dritt_sprache}  \letterdritt_sprache}
   }
```

Ist eine der Zusatzsprachen Englisch, dann entfällt für diese die Einbindung eines zugeordneten Ergänzungspaketes mit `\RequirePackage` wie dies bereits für den deutsch/englischen Anfangsvorschlag geschah, da LaTeX standardmäßig für englischsprachige Texte vorbereitet ist. Für das Sprachentripel Deutsch/Englisch/Französisch wird in 6.4.4 eine noch einfachere Lösung vorgestellt.

Das Verfahren mit verschachtelten Schalterstrukturen kann für weitere Sprachen entsprechend fortgesetzt werden. Für n Sprachen sind insgesamt $n-1$ Schaltervariablen `@`*x_sprache* mit `\newboolean` einzurichten. In der anschließenden verschachtelten Schalterstruktur sollte dann die gebräuchlichste Sprache als Erstsprache die oberste Ebene bilden, wie dies für die dreisprachige Struktur für `@german` geschah. Für die verschiedenen Schachtelungstiefen sollte die Sprachhäufigkeit berücksichtigt werden, so dass die am wenigsten vorkommende Sprache in der untersten Ebene liegt.

Anwendern, denen solche verschachtelten Schalterstrukturen zu umständlich oder undurchsichtig erscheinen, bietet sich die TeX-Alternative mit dem Mehrwegeschalter `\ifcase` (s. 5.5.2, S. 253) an. Für jede Sprache ist die zugehörige Option *n_sprache* dann als

```
\DeclareOption{n_sprache}{\newcommand{\@nlang}{n − 1}
```

zu erklären, wobei für die Erstsprache dem zugehörigen internen Makro `\@`*erst*`lang` der Zahlenwert '0', für die Zweitsprache der Zahlenwert '1' usw. mit `\newcommand` zugewiesen wird. Die sprachspezifische Aktivierung erfolgt dann später mit

```
\ifcase \@nlang \RequirePackage{erst_sprache}     \lettererst_sprache
\or             \RequirePackage{zweit_sprache}    \letterzweit_sprache
\or             \RequirePackage{dritt_sprache}    \letterdritt_sprache
 . . . . . . . . . . . . . . . . . . . . . . . . . . . . . . .
\or             \RequirePackage{l_sprache}        \letterl_sprache
\fi
```

für die insgesamt l erklärten Sprachoptionen.

Die sprachspezifischen Namensmakros `\letter`*n_sprache* wurden hier zunächst nur als Leermakros mit `{}` eingerichtet. Sie werden bei den nachfolgenden Beispielen mit Inhalt gefüllt. Bei diesen Beispielen wird vorausgesetzt, dass ein anwendereigenes Klassenfile `myletter.cls` mit dem Vorspann in einer der vorgeschlagenen Formen entsprechend den Mehrfachsprachanforderungen bereitgestellt wurde.

6.4.2 Privatbriefe

Nach diesen Vorbemerkungen wird die Erstellung eigener Briefformulare nicht schwerfallen. Die Erstellungsbasis ist stets ein `myletter.cls`-File mit dem vorgeschlagenen Vorspann. Der Briefkopf für die erste Seite soll in der Form

Andrea Kuhlenkampf	**Tel.: 05552–6666** **Kiefernweg 11** **37191 Katlenburg-Lindau**

bereitgestellt werden. Er wird naheliegenderweise durch zwei nebeneinander stehende vertikale Boxen (LaTeX-`\parbox` oder TeX-`\vbox`) geeigneter Breite realisiert. Wir beginnen unser Klassenfile `myletter.cls` nach dem Vorspann mit den Einstellvorgaben für das Seitenformat, die für DIN A4 z. B. mit

```
\setlength{\hoffset}{-1in}          \setlength{\voffset}{-1in}
\setlength{\topmargin}{5mm}         \setlength{\marginparwidth}{20mm}
\setlength{\oddsidemargin}{30mm}
\setlengthhh{\evensidemargin}{26mm}
\setlength{\textwidth}{154mm}       \setlength{\textheight}{250mm}
\setlength{\headheight}{30pt}       \setlength{\headsep}{30pt}
\newdimen\leftfield                 \setlength{\leftfield}{100mm}
\newdimen\rightfield                \setlength{\rightfield}{42mm}
```

gewählt werden können. Mit den ersten beiden Einstellungen für `\hoffset` und `\voffset` werden die Standardeinfügungen von 1 Zoll durch die Druckertreiber kompensiert. Damit beziehen sich die anschließenden Werte für `\`*xxx*`margin` auf die physikalischen Seitenränder beim Drucker. Die Werte für `\leftfield` und `\rightfield` hängen vom Inhalt der Kopfboxen für die erste Seite ab. Ihre Summe sollte kleiner als `\textwidth` sein. Die gewählten Werte passten für die fiktive Andrea Kuhlenkampf und ihre Anschrift.

Die Namens- und Anschriftenangaben sollen durch eigene Namensbefehle `\myname`, `\mycall` `\mystreet` und `\mytown` verwirklicht werden:

```
\newcommand{\myname}{name}          \newcommand{\mycall}{telefon}
\newcommand{\mystreet}{straße}      \newcommand{\mytown}{ort}
```

Beim vorgestellten Beispiel also mit `Andrea Kuhlenkampf` für *name*, `05552--6666` für *telefon*, `Kiefernweg 11` für *straße* und `37191 Katlenburg-Lindau` für *ort*.

Anschließend sollten die Identifizierungsbefehle des Briefautors aus `letter.cls` für undefiniert erklärt werden:

```
\let\name\@undefined        \let\fromname\@undefined
\let\address\@undefined     \let\fromaddress\@undefined
\let\location\@undefined    \let\fromlocation\@undefined
\let\telephone\@undefined   \let\telephonenum\@undefined
```

Die erste Briefseite wird mit dem Seitenstil `firstpage` erzeugt. Der Erzeugungsbefehl `\ps@firstpage` ist neu zu definieren:

```
\def\ps@firstpage{\def\@oddhead{%
      \parbox[b]{\leftfield}{%
         \newfont{\Ldunh}{cmdunh10 scaled 2488}\Ldunh\myname}
      \hfill
      \parbox[b]{\rightfield}{\normalfont\fontsize{9}{10pt}
         \bfseries Tel.: \mycall\\ \mystreet\\ \mytown}}%
   \def\@oddfoot{} \def\@evenhead{} \def\@evenfoot{}}
```

Fortsetzungsseiten sollen einen Kopf der Form

Andrea Kuhlenkampf

An empfänger_name *datum* *Seite n*

haben. Die Fortsetzungsseiten sind durch den Seitenstil `headings` bestimmt. Die zugehörige Definition für `\def\ps@headings` ist als

```
\def\ps@headings{\def\@oddhead{\parbox{\textwidth}{%
      {\usefont{OT1}{cmdh}{m}{n}\myname}\\[8pt]
      \normalfont\slshape \headtoname\ \ignorespaces\toname
        \hfill \@date \hfill \pagename\ \thepage\\[-8pt]
        \rule{\textwidth}{.4pt}}}
    \let\@evenhead=\@oddhead
    \def\@oddfoot{} \let\@evenfoot=\@oddfoot}
\ps@headings
```

zu wählen.[4] Der Aufruf `\ps@headings` macht dies zum Standardseitenstil für Folgeseiten bei Briefen, so dass eine explizite Angabe mit `\pagestyle{headings}` in den Brieffiles des Anwenders entfallen kann, wenn er diesen Standard akzeptiert.

Die nächste Anpassung betrifft die Definitionen für `\opening` und `\closing`. Sie erfolgen hier mit:

```
\def\opening#1{\thispagestyle{firstpage}
    {\raggedleft\@date\par} \vspace{2\parkip}
    {\raggedright \toname\\ \toaddress \par}
    \vspace{2\parskip} #1\par\nobreak}

\long\def\closing#1{\par\nobreak\vspace{\parskip}
    \stopbreaks \noindent \hspace*{\longindentation}
    \parbox{\indentedwidth}{\centering
    \ignorespaces #1\\[6\medskipamount]
    \ifthenelse{\equal{\fromsig}{}}{\myname}{\fromsig}
    \strut}\par}
```

In diesem Stadium von `myletter.cls` sollte nun ein erster Test für den eigenen Briefstil erfolgen. Hierfür ist ein Testfile mit dem Inhalt

```
\documentclass[german,11pt]{myletter}
\begin{document}
\begin{letter}{empfänger_name\\ anschrift}
\opening{anrede}  brief_text  \closing{gruß}
\end{letter} \end{document}
```

zu erstellen und mit LaTeX zu bearbeiten.

---

[4]Der aufmerksame Leser wird hier vermutlich fragen, warum in der Definition für `\ps@firstpage` die TeX-Dunhill-Schrift mit dem veralteten `\newfont`-Befehl als `\Ldunh` vorab erklärt und dann aufgerufen wurde, während sie in `\ps@headings` mit dem LaTeX 2ε-Schriftauswahlbefehl `\usefont` angefordert wird? Man würde es sicher für konsequenter halten, wenn `\usefont` mit einem vorangestellten `\fontsize{24.88}{30pt}` auch in `\ps@firstpage` verwendet würde.

Dieser Einstellung stimme ich zu. Es ist jedoch zu beachten, dass das Zeichensatzdefinitionsfile `OT1cmdh.fd`, das bei der LaTeX-Bearbeitung für diese Zeichensatzfamilie angefordert wird, bei einer LaTeX-Standardinstallation die Schriftfamilie `cmdh` nur in der 10 pt-Größe bereitstellt. Die angeforderte Skalierung auf 24.88 pt wird von der Bildschirmwarnung begleitet, dass der angeforderte Zeichensatz ersatzweise in 10 pt verwendet wird. Man könnte natürlich das `OT1cmdh.fd`-File modifizieren und damit das Problem lösen.

Die Gefahr liegt in diesem Falle darin, dass bei einem Update der LaTeX-Installation das geänderte `OT1cmdh.fd`-File erneut überschrieben wird und der Anwender plötzlich einen abgeänderten Briefkopf erhält, der in unakzeptabler Weise von seinem ursprünglichen Aussehen abweicht. Die dann erforderliche Ursachensuche verlangt im Weiteren erhebliche Erinnerungsleistungen.

Ist bei der Übernahme der vorstehenden Makrodefinitionen kein Schreibfehler gemacht, insbesondere keine Klammer vergessen worden, so sollte die Bearbeitung fehlerfrei erfolgen und der anschließende Ausdruck mag weitere Korrekturwünsche, insbesondere bei den vorgegebenen Längeneinstellungen, nach sich ziehen. Das Testfile sollte hierbei mehrmals variiert werden und unterschiedlich lange Brieftexte sowie die Klassenoption für die Zweitsprache prüfen.

Bei einseitigen Briefen wird man feststellen, dass bei kurzen Brieftexten das Empfängerfeld weiter nach unten rückt als bei längeren Texten. Dieses Verhalten stammt aus dem Original `letter.cls` und soll nach den Vorstellungen des Programmautors zu einem gefälligeren Aussehen führen. Wird dies beim eigenen Briefklassenfile abgelehnt, so ist der interne Befehl `\@texttop` aus `letter.cls` unwirksam zu machen, z. B. durch die Angabe '`\let\@texttop=\relax`' in `myletter.cls`.

Der nach rechts eingerückte Gruß, zusammen mit dem daruntergesetzten Namen aus `\myname` oder die frei wählbare Namensform aus `\signature{`*nick_name*`}` entsprechen nicht der deutschen Briefnorm. Diese sollte bei Privatbriefen auch nicht zwingend sein. Mit der Entfernung von `\hspace*{\longindentation}` und dem Austausch von `\raggedright` gegen `\centering` in der Definition von `\closing` erscheinen die Grußformel und der Absendername linksbündig.

Unterhalb des Briefkopfes erscheint als erstes rechtsbündig das aktuelle Datum. Der Abstand von der Kopfzeile ist durch die eingestellten Werte von `\headsep` und `\topskip` aus `letter.cls` bzw aus dem LaTeX-Kern bestimmt. Die vertikalen Zwischenräume für die anschließenden Empfängerangaben und die nachfolgende Anrede stammen aus den `\vspace`-Befehlen von `\opening`. Die Abstände sind Vielfache von `\parskip` und damit von der gewählten Schriftgröße abhängig. Die Reihenfolge von Datum und Empfängerangaben kann bei Bedarf vertauscht werden. Wird in der Definition von `\opening` die Struktur `{\raggedleft\@date\par}` unmittelbar vor dem Ersetzungszeichen `#1` angebracht, so erscheinen zuerst die Empfängerangaben, dann mit dem Abstand `2\parskip` rechtsbündig das Datum und dann im Abstand `\parskip` nunmehr linksbündig die Anrede.

Häufig wird gewünscht, das Empfängerfeld durch eine vertikale Box mit fester Höhe und mit festen Abstand zum Briefkopf vorzugeben, innerhalb welcher dann die Empfängerangaben vertikal zentriert erscheinen sollen. Dies ist eine sinnvolle Forderung, wenn Briefumschläge mit einem Fenster verwendet werden und die Empfängerangaben nach dem Falten im Umschlagfenster sichtbar sein sollen. Mit den Makrodefinitionen

```
\newcommand{\to@label}[2]{\parbox[][35mm][c]{\leftfield}{%
                        #1\\[1ex] #2}}
\newcommand\myreturn{\underline{\normalfont\fontsize{8}{9.6pt}
                             \sffamily \myname, \mystreet, \mytown}}
```

werden eine solche Box mit zwei Parametern und ein Befehl für die Rücksendeadresse eingerichtet. Mit

```
\def\opening#1{\thispagestyle{firstpage}
   {\raggedleft\@date\par}
   {\reversemarginpar\vspace{60mm}                         %% foldmark
       \marginpar{\rule{5mm}{.4pt}}\vspace{-50mm}}         %% foldmark
   {\raggedright\myreturn\\ \to@label\toname\toaddress}\par
   \vspace{2\parskip} #1\par\nobreak}
```

wird nunmehr das Empfängerfeld an die richtige Stelle gebracht. Im Umschlagfenster erscheint oberhalb der Anschrift zusätzlich die Rücksendeadresse. Gleichzeitig wird am linken Papierrand eine Falzmarke mit `\rule{3mm}{.4pt}` in Form eines kleinen Balkens erzeugt. Die vertikalen Verschiebungen von 65 mm und -55 mm gelten für die oben vorgeschlagenen Seiteneinstellungen und den hier verwendeten Briefkopf. Sie können bei Bedarf modifiziert werden.

Die vertikale Fixierung des Adressfeldes verlangt zwingend die Abschaltung des internen Befehls `\@texttop` aus `letter.cls`, um unkontrollierte vertikale Verschiebungen des Adressfeldes bei kurzen Briefen zu vermeiden. Falls dies nicht bereits nach dem Hinweis der vorangegangenen Seite geschehen ist, muss jetzt in `myletter.cls`

```
\let\@texttop=\relax
```

verfügt werden.

Die Verwendung von Fensterbriefumschlägen zusammen mit dem vorgeschlagenen festen Adressfeld erübrigt die Erzeugung von Adressaufklebern. Diese Lösung hat große Vorteile gegenüber dem Versuch, tatsächlich Adressaufkleber zu beschriften. Beim Original wird ein spezielles Format 4.25×2-Zoll für die Aufkleber vorausgesetzt, die in zwei Spalten zu je fünf Aufklebern auf der Vorlage angeordnet sind. Zwar lassen sich für andere Aufklebervorlagen die beiden Makros `\startlabels` und `\mlabel` leicht an das gegebene Format anpassen, ihre Verwendung stößt im Drucker aber auf praktische Schwierigkeiten.

Der Druckauftrag für die Aufkleber erfolgt nach `\end{document}`, wobei für jede `letter`-Umgebung des Gesamttextes ein eigener Aufkleber beschrieben wird, und zwar für den ersten Brief der erste Aufkleber der linken Spalte, für den zweiten Brief der zweite Aufkleber der gleichen Spalte usw. Sind alle Aufkleber der linken Spalte beschrieben, so wird mit dem ersten Aufkleber der rechten Spalte fortgefahren. Der gesamte Druckauftrag erfolgt unmittelbar nach dem Briefdruck und funktioniert ohne zusätzliche Eingriffe jedoch nur, wenn die Papierkassette des Druckers mit genau der Anzahl von Papierblättern geladen wird, wie sie zum Ausdruck der Briefseiten benötigt wird, gefolgt von einer ausreichenden Zahl mit Aufklebervorlagen. Abhilfe könnte ein Drucker mit mehreren Eingabefächern schaffen. Dies setzt voraus, dass der Druckertreiber eine `special`-Option kennt, mit der aus dem dvi-File heraus das Eingabefach gewechselt werden kann.

Angenommen, der Druckertreiber kennt einen `dvi`-Befehl `\special{label}`, nach dessen Auftreten das Eingabefach gewechselt wird. In diesem Fall müsste der Befehl `\@startlabels` als

```
\def\@startlabels{\special{label}}
```

definiert werden. Viele Druckertreiber kennen einen `dvi`-Befehl `\special{manual}`, nach dessen Auftreten der Drucker anhält und auf eine manuelle Papierzufuhr wartet. Diese könnte im Zusammenhang mit den Adressenaufklebern auch genutzt werden. In der obigen Definition für `\@startlabels` ist anstelle von `label` dann `manual` zu setzen.

Beim Bedrucken der Aufklebervorlagen ist die letzte Vorlage meistens nur teilweise bedruckt. Bei einem Druckauftrag mit Hunderten von Briefen mag das vertretbar sein. Bei Privatbriefen werden mit einem Brieffile meistens nur wenige Einzelbriefe, häufig sogar nur ein einziger Brief erzeugt. Hier wäre die Verwendung von Aufklebervorlagen mit 12, 16 oder mehr Einzelaufklebern höchst unwirtschaftlich.

Man könnte daran denken, den `\makelabels`-Befehl so zu erweitern, dass mit `\makelabels{`n`}` mitgeteilt wird, welches das erste verfügbare Label der Vorlage ist, und dass `\startlabels` dann mit dieser Kenntnis an der richtigen Stelle für die erste Aufklebervorlage beginnt. Die Druckerhersteller raten jedoch von einer mehrfachen Verwendung von Aufklebervorlagen dringend ab. Innerhalb des Laserdruckers treten beim Druckvorgang auch auf freibleibenden Feldern sehr hohe Temperaturen auf, so dass sich die Aufkleber bei mehrfacher Verwendung bereits im Drucker lösen und erheblichen Schaden anrichten können. Auch die Kleberückstände auf den freien Stellen einer partiell bereits genutzten Vorlage können den Laserdrucker beschädigen.

Nach dieser Abschweifung über Druckereigenschaften sollte klar sein, dass die Verwendung von Fensterumschlägen und ein festes Feld für die Empfängeranschrift gegenüber Adressaufklebern zu bevorzugen sind. Ohne spezielle Vorlagen für Adressaufkleber bewirkt der Vorspannbefehl `\makelabel` nach der Druckausgabe der Einzelbriefe den Ausdruck der Adressfelder auf dem Normalpapier des Druckers mit bis zu zehn Feldern pro Seite, die anschließend zerschnitten und von Hand aufgeklebt werden müssen. Ein solches Verfahren erscheint im Zeitalter der Hochleistungsrechner archaisch.

Es gibt Drucker mit einem eigenen Briefumschlageinzugsfach. Ich selbst habe bei einem Laserdrucker ein solches Zusatzfach. Für diesen Drucker hatte ich den Befehl `\endletter` so abgeändert, dass unmittelbar nach dem Briefausdruck ein Briefumschlag eingezogen und bedruckt wurde. Dies machte aber gleichzeitig eine Modifikation beim Druckertreiber erforderlich, die mir nur möglich war, weil ich den zugehörigen DVI-Treiber selbst entwickelt hatte. Im Ergebnis hatte ich davon jedoch mehr Ärger als Nutzen, da der Einzug der Briefumschläge sehr häufig zu Papierstaus im Drucker führte und dann umfangreiche Reinigungsmühen zur Folge hatte. Ich benutze deshalb nur noch feste Adressfelder auf der ersten Briefseite, die nach Faltung im Umschlagfenster erscheinen.

Die Briefbefehle `\cc` und `\encl` greifen bei ihrer Ausführung auf die Namensbefehle `\ccname` und `\enclname` zurück, wie dies ebenso bei der Erstellung der Kopfzeilen mit `ps@headings` für `\headtoname` und `\pagename` der Fall war. In `letter.cls` werden diese Namensbefehle mit ihren englischen Begriffen 'cc', 'encl', 'To' und 'Page' gefüllt und mit dem Ergänzungspaket `german.sty` in 'Verteiler', 'Anlagen', 'An' und 'Seite' abgeändert.

Briefklassenfiles, die für das Sprachpaar Deutsch/Englisch gemäß S. 314 vorbereitet wurden, erzeugen mit der Optionswahl `german` bzw. `english` stets die korrekten sprachspezifischen Befehlsbegriffe. Das Ergänzungspaket `german.sty` stellt seinerseits den Sprachauswahlbefehl `\selectlanguage{`*sprache*`}` mit den Möglichkeiten `austrian`, `english`, `french`, `german` und `USenglish`. Mit diesem Auswahlbefehl kann z. B. zwischen den `letter`-Umgebungen eines Eingabefiles mit mehreren Briefen zwischen diesen Sprachen für die nachfolgenden Einzelbriefe umgeschaltet werden.

Briefklassenfiles für das Sprachpaar Deutsch/Englisch sind damit auch für Briefe in französischer Sprache geeignet, ohne dass hierzu im Briefklassenfile zusätzliche Makros einzurichten sind. Nach der Umschaltung auf Französisch mit `\selectlanguage{french}` erzeugen die obigen Namensbefehle nun 'P. J.', 'Copie à', 'A' und 'Page'. Sonstige französische Besonderheiten werden nur so weit berücksichtigt, wie sie `german.sty` bereitstellt, was z. B. für die französischen Anführungszeichen und für die Umschaltung auf französche Trennungsregeln der Fall ist. Für weitergehende Anpassungen müsste auf ein eigenes französisches Ergänzungspaket zurückgegriffen werden, für das dann allerdings auch die Sprachoption `french` in `myletter.cls` gemäß den Hinweisen von S. 314 einzurichten ist.

Bei Sprachumschaltungen mit `austrian` und `german` bzw. `english` und `USenglish` durch `\selectlanguage` werden die gleichen deutschen bzw. englischen Begriffe verwendet, das Datum erscheint dagegen in unterschiedlichen Formen. Die Sprachumschaltung mit `\selectlanguage` verlangt als Klassenoptionsangabe dann stets `german`, auch wenn anschließend auf Französisch oder das US-englische Original zurückgeschaltet wird. Dies mag als Stilbruch erscheinen, der jedoch mit der Vorgabe von `german` als Standardoption gemildert oder unsichtbar gemacht wird.

Bei anderssprachigen Ergänzungspaketen muss der Einrichter selbst prüfen, ob sie die richtigen sprachspezifischen Namen für `\ccname`, `\enclname`, `\headtoname` und `\pagename` enthalten und sie ggf. dort nachtragen.

6.4.3 Verallgemeinerte Privatbriefe

Die Standardumgebung `letter` aus dem `letter.cls`-File erlaubt es nicht, irgendwelchen Text – mit Ausnahme der Empfängerangaben – vor und oberhalb der Anrede mit dem `\opening`-Befehl unterzubringen. Häufig sollen bestimmte Bezugsangaben wie

Ihre Nachricht vom: *Ihr Zeichen*:   *Unser Zeichen*:   Betr.:

und andere eingefügt werden. Auch der Platz rechts neben dem Empfängerfeld soll gelegentlich mit zusätzlicher Information gefüllt werden. Man könnte den `\opening`-Befehl dazu missbrauchen, solche Bezugsangaben zu erzeugen und anschließend die Anrede in Verbindung mit `\vspace` in den nachfolgenden Text zu verlegen. Das Ergebnis kann zwar befriedigend aussehen, widerspricht aber dem LaTeX-Konzept, die Formatierung von LaTeX selbst vornehmen zu lassen.

Noch schlimmer: Um einen Eintrag wie ‚Einschreiben' oder ‚Persönlich' und Ähnliches im Fenster des Briefumschlags vor den Empfängerangaben zu erzeugen, wird gelegentlich geschrieben:

```
\begin{letter}{\underline{Einschreiben}\\ name\\ anschrift}
```

Spätestens auf der zweiten Briefseite offenbart sich dann die Folge mit dem Seitenkopf ‚*An* Einschreiben'. Man mag es dann als gelungenen Trick empfinden, auf den Seitenstil `plain` umzusteigen, der keinen Seitenkopf auf Folgeseiten erzeugt und damit das Übel nicht sichtbar werden lässt.

Die beiden Beispiele demonstrieren hinreichend den Bedarf an weiteren Formatierungsbefehlen für die Bearbeitungsklasse `myletter`. Gleichzeitig sollen solche Sonderangaben je nach Wahl der Sprache mit den sprachspezifischen Begriffen erscheinen.

Für Zustellangaben wie ‚Einschreiben' oder ‚Persönlich' wird zunächst das Befehlspaar

```
\newcommand{\@specmail}{}
\newcommand{\specialmail[1]{\renewcommand{\@specmail}{#1}}
```

definiert. Der Befehl `\@specmail` ist damit entweder leer oder enthält das übergebene Argument aus `\specialmail`. Zusätzlich wird der `to@label`-Befehl geringfügig ergänzt:

```
\newcommand{\to@label}[2]{\parbox[b][35mm][c]{\leftfield}{%
           \ifthenelse{\equal{\@specmail}{}}{#1\\[1ex] #2}
             {\underline{\@specmail}\\[1ex] #1\\[1ex] #2}}}
```

Mit der Angabe `\specialmail{Einschreiben -- Eilbrief}` vor dem `\opening`-Befehl erscheint bei unserem Musterbrief mit

```
\begin{letter}{Frau Irene Mustermann\\
              Mittenwalder Stra"se  61\\10961 Berlin}
```

nunmehr das folgende Adressfenster:

Andrea Kuhlenkampf, Kiefernweg 11, 37191 Katlenburg–Lindau

Einschreiben – Eilbrief

Frau Irene Mustermann

Mittenwalder Straße 25
10961 Berlin

Für Bezugsangaben sollen die Befehle `\myref`, `\yref`, `\ymail` und `\subject` mit einem Parameter bereitgestellt werden. Der Aufruf `\subject{Briefstil}` bzw. `\subject{Letter Style}` soll bei einem deutschen Text dann ‚Betr.: Briefstil' und beim englischen '*Subject*: Letter Style' erzeugen. Diese Befehle sind nach dem Muster von `\specialname` paarweise als

```
\newcommand*{\@myref}{}      \newcommand*{\@yref}{}
\newcommand*{\@ymail}{}      \newcommand*{\@subject}{}

\newcommand*{\myref}[1]{\renewcommand*{\@myref}{\myrefname:~#1}}
\newcommand*{\yref}[1]{\renewcommand*{\@yref}{\yrefname:~#1}}
\newcommand*{\ymail}[1]{\renewcommand*{\@ymail}{\ymailname:~#1}}
\newcommand*{\subject}[1]{\renewcommand*{\@subject{\subjectname:~#1}}
```

zu definieren. Die Referenzbefehle erwarten, dass vor ihrem Aufruf die inneren Namensbefehle sprachspezifisch definiert sind. Hier kommen nun die bisherigen Leerbefehle `\letter`*sprache* aus dem Vorspann (S. 314) zur Ausfüllung. Für deutschsprachige Briefe könnte dies mit

```
\newcommand{\lettergerman}{%
   \def\myrefname{\textsl{Unser Zeichen}}      %% oder 'Mein Zeichen'
   \def\ymailname{\textsl{Ihre Nachricht vom}}
   \def\yrefname}{\textsl{Ihr Zeichen}}
   \def\subjectname}{\underline{Betr.}}}
```

geschehen sowie evtl. ergänzt für englische und französische Briefe durch

```
\newcommand{\letterenglish}{%
   \def\myrefname{\textsl{Our Ref.}}           %% oder 'My Ref.'
   \def\ymailname{\textsl{Your letter from}}
   \def\yrefname{\testsl{Your Ref.}}
   \def\subjectname{\textsl{Subject}}}
\newcommand{\letterfrench}{%
   \def\myrefname{\textsl{Notre r\'ef\'erence}}
   \def\ymailname{\textsl{Votre lettre du}}
   \def\yrefname{\testsl{Votre r\'ef\'erence}}
   \def\subjectname{textsl{Object}}}
```

Da die Befehle `\letter`*sprache* entsprechend der Optionsangabe *sprache* beim `\documentclass`-Befehl im Vorspann ausgeführt werden, sind ihre inneren Definitionen wirksam und somit die gewählten sprachspezifischen Begriffe verfügbar. Die Referenzangaben sollen, falls eine von ihnen gesetzt wurde, mit einem vorangestellten vertikalen Zusatzabstand erscheinen. Sie werden deshalb zunächst in eine vertikale Box gefasst:

```
\newcommand{\refbox}{\setbox0\vbox{\makebox[\textwidth][l]{%
   \ifthenelse{\equal{\@ymail}{}}{}{\@ymail\hfill}
   \ifthenelse{\equal{\@yref}{}}{}{\@yref\hfill}
   \@myref\hfill} \@subject}
   \ifthenelse{\lengthtest{\ht0 >\z@}}{\vspace{.5\parskip} \box0}{}}
```

Die Höhe der hier eingerichteten temporären TeX-Box `\box0` ist dann ungleich 0 pt, wenn einer der Referenzbefehle gesetzt war. In diesem Fall wird zunächst zusätzlicher vertikaler

Zwischenraum `.5\parskip` erzeugt und dann der Inhalt von `\box0`, also die Referenzangaben, in der Reihenfolge `\ymail`, `\yref`, `\myref` in einer Zeile und `\subject` in der Folgezeile ausgegeben, falls die zugehörigen Referenzbefehle gesetzt waren.

Der Befehlsaufruf von `\refbox` wird der letzten Zeile der `\opening`-Definition von S. 318 zugefügt:

```
\refbox \vspace{2\parskip} #1\par\nobreak}
```

Die Referenzbefehle können wie der Befehl `\specialmail` im Vorspann oder innerhalb einer `letter`-Umgebung *vor* dem `\opening`-Befehl verwendet werden. Im ersten Fall entfalten sie ihre Wirkung für alle anschließenden `letter`-Umgebungen, also für alle Einzelbriefe des Textfiles. Im zweiten Fall gelten sie nur für den jeweiligen Brief aus der umgebenden `letter`-Struktur.

In gleicher Weise können weitere Befehle bereitgestellt werden, mit denen fester oder variabler Text ober-, inner- und unterhalb des Adressfensters angeordnet wird. Es bleibt festzuhalten, dass der Briefteil unterhalb der Kopfzeile bis einschließlich der Anrede durch den `\opening`-Befehl gestaltet wird. Gelegentlich soll auf den Platz rechts vom Adressfenster zugegriffen werden. Dies kann durch die Bereitstellung von zwei vertikalen Boxen, deren Gesamtbreite `\textwidth` nicht übersteigt, im `\opening`-Befehl erreicht werden. Eine allgemeinere `\opening`-Struktur könnte lauten:

```
\def\opening#1{\thispagestyle{firstpage} \foldmarks
    \parbox[pos]{\leftfield}{empfänger_feld}\hfill%
    \parbox[pos]{\rightfield}{zusatz_feld}
    \refbox \vspace{2\parskip} #1\par\nobreak}
```

Hierin steht `\foldmarks` für ein Makro zur Erzeugung einer oder mehrerer Falzmarken am linken Rand *und* anschließender vertikaler Rückpositionierung (s. den mit `%% foldmark` kommentierten Teil aus `\def\opening` auf S. 318). Die erste `\parbox` umschließt die Rücksendeanschrift und die Empfängerangaben, z. B. für *empfänger_feld* als:

```
\parbox[pos]{\myreturn\\ \to@label\toname\toaddress}
```

Die zweite `\parbox` kann mit beliebiger Zusatzinformation gefüllt werden. Dies könnten neben dem Datum E-Mail-Adressen, Kontonummer, evtl. Referenzbefehle oder beliebiger sonstiger Text sein. Beide Boxen können mit den optionalen Positionierungsparametern *pos* gegeneinander auf die oberste oder unterste Zeile oder auf ihre vertikale Mitte gegeneinander ausgerichtet werden. Mit der Einschachtelung der zweiten `\parbox` in `\raisebox{...}` kann eine beliebige vertikale Positionierung gegenüber der linken Box erreicht werden. Als weiteres Beispiel hierzu kann der Brief von Herrn Resch auf der übernächsten Seite dienen.

Der anschließende Befehl `\refbox` war bereits im vorangegangenen Beispiel eingeführt worden. Er ist entsprechend abzuändern, wenn einige der Referenzbefehle bereits im rechten Zusatzfeld auftreten.

Das Datum erscheint bei der Erstellung automatisch an den Stellen, an denen innerhalb von `myletter.cls` der interne Befehl `\@date` aufgerufen wird. Dies geschieht normalerweise im `\opening`-Befehl und in den Kopfzeilen auf Fortsetzungsseiten. Gelegentlich soll ein Brief vor- oder zurückdatiert werden. Hierzu kann der Befehl `\date` aus `latex.ltx` verwendet werden, der dort eigentlich zur Erzeugung einer Datumsangabe für den Dokumenttitel gedacht ist. Er wird in `latex.ltx` als

```
\date#1{\def\@date{#1}}        \def\@date{\today}
```

definiert. Nach dem Aufruf `\date{22.~Juni~90}` enthält `\@date` das übergebene Datum als Wert zugewiesen und gibt es statt des aktuellen Wertes von `\today` aus.

Der Gesamteindruck eines Briefes wird ganz wesentlich von seinem Briefkopf bestimmt. Ein Psychologe wird anhand eines persönlich gestalteten Briefkopfes sicherlich Aussagen zur Person machen können. Aber auch ein ‚Normalleser' wird einen solchen Briefkopf mit Attributen wie *sachlich, verspielt, gelungen, überladen, romantisch, technisch* und Ähnlichem mehr beurteilen können. Auf den nächsten beiden Seiten gebe ich einige Briefköpfe aus dem Kreis von LaTeX-Zuschriften wieder, die als Beispiele für eigene Entwürfe dienen können. (Namen, Anschriften und Telefonnummern wurden teilweise geändert!)

AK Andreas Kicherer
Hettenhäuser Str. 37, 8701 Reichenberg

CHRISTIAN STILLER

Magdeburger Straße 8
2940 WILHELMSHAVEN
Tel. (04421) 57782

Christian Stiller
Magdeburger Straße 8
2940 Wilhelmshaven
Tel. (04421) 57782

C. Stiller, Magdeburger Str. 8, 2940 Wilhelmshaven

Herrn Helmut Kopka
MAX-PLANCK-INSTITUT für Aeronomie
Postfach 20
Max-Planck-Straße 2
3411 Katlenburg-Lindau

Herr Stiller hat offensichtlich bei seinen Briefköpfen etwas experimentiert. Zunächst wurde von ihm der vorstehende Kopf benutzt, während er neuerdings den zuerst angegebenen Kopf mit den zwei Feldern verwendet. In beiden Fällen schließt er das Empfängerfeld mit einem weiteren 80 mm breiten Balken ab, über dem sich die zentrierte und unterstrichene Rücksendeadresse befindet.

Und schließlich noch ein weiteres Beispiel, bei dem der Briefschreiber offensichtlich auch für die erste Briefseite den Seitenstil `plain` benutzt und im `\opening`-Befehl zwei gegeneinander verschobene Boxen verwendet, wobei die *rechte* Box die Empfängerangaben aufnimmt.

An Herrn
Helmut Kopka
Max-Planck-Institut
für Aeronomie
D-3411 Katlenburg-Lindau

Peter Keller
Waldheimstrasse 45
CH–3012 Bern
Schweiz

Martin Resch, der mir freundlicherweise eine Liste mit den von ihm gefundenen Schreibfehlern aus der ersten Auflage des Vorgängers dieses Buches zugesandt hatte, greift bei seinem Briefkopf auf die fetten mathematischen Zeichensätze `cmmib10` und `cmbsy10` zurück.

$\mathcal{M}$artin $\mathcal{R}$esch

Tel.: 0721 – 61 15 71
Manheimer Str. 51
7500 Karlsruhe-Rintheim

Martin Resch, Mannheimer Str. 51, 7500 Karlsruhe 1

ADDISON-WESLEY
Verlags-GmbH
Poppelsdorfer Allee 32
5300 Bonn 1

Karlsruhe, den
18. November 1990

Betr.: Das Buch LaTeX Erweiterungsmöglichkeiten

Der Briefkopf für die erste Seite wurde vermutlich mit den beiden Parboxen und den Zusatzschriften in der `\@oddhead`-Definition aus `\ps@firstpage`

```
\parbox{\leftfield}{\newfont{\mbi}{cmmib10 scaled 2488}  % leftbox
   \newfont{\mbs}{\cmbsy10 scaled 2488}    \mbi          % leftbox
   {\mbs M}artin\hspace{5mm}{\mbs R}esch }\hfill         % leftbox
\parbox{\rightfield}{\fontsize{8}{9.5pt}\sffamily        % rightbox
   Tel.: 0721 -- 61 15 71\\ Mannheimer Str.\ 51\\        % rightbox
   7500 Karlsruhe-Rintheim }                             % rightbox
```

erzeugt. Die Großbuchstaben $\mathcal{M}$ und $\mathcal{R}$ entstammen den kalligraphischen Zeichen aus dem mathematischen Symbolzeichensatz `cmbsy10`. Die Kleinbuchstaben werden dem Zeichensatz mit den mathematischen Italic-Schriften `cmmib10` entnommen.

Aus der Anordnung des Datums ist zu entnehmen, dass auch die Definition des `\opening`-Makros zwei vertikale Boxen enthält.

```
\def\opening#1{\thispagstyle{firstpage}
    \parbox[b]{\leftfield}{\myreturn\\ \to@label\toname\toaddress}
    \hfill \parbox[b]{\rightfield}{Karlsruhe, den\\ \@date}
    \rule{\textwidth}{.5pt}\par
    \refbox \vspace{2\parskip} #1\par\nobreak }
```

Die hier verwendeten Untermakros und Erklärungen `\myreturn`, `\to@label`, `\toname`, `\toaddress`, `\@date` und `\refbox` bzw. `\leftfield` und `\rightfield` wurden auf den vorangegangenen Seiten hinreichend erläutert. Die horizontale Linie unterhalb des Datums über die ganze Textbreite dient gleichzeitig als Faltlinie.

Bei den meisten vorgestellten Beispielen bestand der Briefkopf oder das `\opening`-Feld aus zwei nebeneinander gestellten vertikalen Boxen. Eine Aufteilung in mehrere nebeneinander stehende vertikale Boxen lässt beliebig komplexe Kopfstrukturen zu. Auf meinem privaten PC befand sich vor einigen Jahren ein Briefstil, dessen Aufruf den Kopf

SPD Sozialdemokratische Partei Deutschlands — Ortsverein Berka —
(05552) 1888
Osterweg 18š7191
Katlenburg-Lindau
Vors.: Helmut Kopka

erzeugte. Die drei `\parbox`-Befehle gehen aus der Struktur deutlich hervor. Sie sind gegeneinander auf die unterste Zeile ausgerichtet `[b]`. Der Kopf wird insgesamt durch einen über die gesamte Textbreite reichenden horizontalen Balken abgeschlossen.

6.4.4 Sprachauswahl mit german.sty

Die Auswahlmechanismen zur Bearbeitung von Briefen in mehreren Sprachen mittels Sprachoptionen für `myletter.cls` und dem Hinzuladen sprachspezifischer Ergänzungspakete wurde in allgemeiner Form bereits in 6.4.1 dargestellt.

Zur Bearbeitung deutschsprachiger Texte kommt stets das Ergänzungspaket `german.sty` zur Anwendung. Dieses gestattet gleichzeitig die Bearbeitung englischer und französischer Texte durch den Sprachauswahlbefehl

`\selectlanguage{`*sprache*`}`

mit `german`, `french` und `USenglish` für *sprache*. Für deutsche bzw. englische Texte kann für *sprache* auch `austrian` bzw. `english` gewählt werden, womit neben den deutschen bzw. englischen Ausgabebegriffen das Datum in österreichischer bzw. englischer anstelle der deutschen bzw. angloamerikanischen Form erscheint.

Beschränkt sich der Bedarf für mehrsprachige Briefe auf das Sprachentripel Deutsch/Englisch/Französisch, was vermutlich die Mehrzahl mehrsprachiger Anforderungen abdeckt, dann sollte `german.sty` zum Bestandteil von `myletter.cls` gemacht werden. Dies gilt auch für weitere Sprachen, wenn diese mit den unten vorgestellten Ergänzungen zugefügt werden. `german.sty` wird Bestandteil von `myletter.cls`, wenn es dort im Vorspann mit

```
\RequirePackage{german}
```

direkt – also *nicht* über eine Schalterabfrage – angefordert wird.

Mit dem Sprachauswahlbefehl `\selectlanguage` vor einer `\letter`-Umgebung erfolgt für die nachfolgenden Briefe die LaTeX-Bearbeitung in der gewählten Sprache, wobei mit einem späteren weiteren `\selectlanguage`-Befehl die Sprache für die dann folgenden Briefe weiter gewechselt werden kann. Das eigene Briefklassenfile `myletter.cls` stellt evtl. eigene sprachspezifische Begriffe über die Befehlsgruppe `\letter`*sprache* bereit, wie dies z. B. im letzten Unterabschnitt für die Referenz- und Betreffbefehle vorgeschlagen wurde. Damit die zugehörige Befehlsgruppe `\letter`*sprache* mittels `\selectlanguage` ebenfalls aufgerufen wird, muss letzterer Befehl in `myletter.cls` neu definiert werden:

```
\def\selectlanguage#1{\protect\p@selectlanguage{%
    \ifnum\escapechar=\expandafter`\string#1\relax
    \else \string#1\empty\fi}
    \csname letter#1\endcsname}
```

Der Originaldefinition von `\selectlanguage` aus `german.sty` wurde hier nur die letzte Zeile zugefügt, womit die Definitionsgruppe `\letter`*sprache* ebenfalls zur Ausführung kommt. Zum Abschluss ist nur noch mit

```
\let\letteraustrian=\lettergerman
\let\letterUSenglish=\letterenglish
```

`\letter`*sprache* auch für Österreichisch und US-Englisch als Kopie der Referenz- und Betreffnamen aus der deutschen bzw. englischen Definitionsgruppe einzurichten.

Mit diesen Ergänzungen ist das eigene Briefklassenfile unter Nutzung von `german.sty` zur Bearbeitung von Brieftexten in Deutsch, Englisch und Französisch geeignet. Das Verfahren kann leicht für weitere Sprachen ergänzt werden, falls für diese kein eigenes Anpassungs-Ergänzungspaket bereitsteht. Hierfür wird man zweckmäßigerweise als weiteres Ergänzungspaket `addlang.sty` erstellen, das zunächst seinerseits `german.sty` anfordert und dann für jede weitere Sprache jeweils die Befehle

`\l@`*sprache*	`\extras`*sprache*	`\noextras`*sprache*
`\date`*sprache*	`\captions`*sprache*	`\letter`*sprache*

definiert bzw. testet. Hierin ist `\l@`*sprache* der Sprachschalter zur Auswahl des Trennmusters, der mit dem Formatfile bereitzustellen ist [5a, D.2.2 und F.1.1]. Im Ergänzungspaket `addlang.sty` wird nur geprüft, ob dieser Sprachbefehl existiert:

```
\expandafter\ifx\csname \l@sprache\endcsnames\relax
   \chardef\l@sprache =255
   \wlog{sprache -- \string\language\space for sprache
         undefined, default number \l@sprache\space used} \fi
```

Stellt das Formatfile den Befehl `\l@`*sprache* nicht bereit, so wird er hier mit dem Zahlenwert 255 gleichgesetzt, womit für diese Sprache Trennungen unterbleiben. Mit dem Befehl `\extras`*sprache* können bestimmte Formatierungsbesonderheiten für die betreffende Sprache berücksichtigt werden. Für `\extrasgerman` wird in `german.sty` z. B.

```
\frenchspacing \lefthypenmin=2 \righthyphenmin=2
```

gesetzt, d. h. diese Befehlsfolge steht im Definitionsteil von `\def\extrasgerman{...}`. Damit unterbleiben vergrößerte horizontale Zwischenräume nach Satzzeichen und bei Worttrennungen müssen mindestens zwei Buchstaben vor und nach der Trennstelle auftreten.

Der Befehl `\extras`*sprache* wird mit `\selectlanguage{`*sprache*`}` zur Ausführung gebracht. Der Umkehrbefehl `\noextras`*sprache* hebt diese Besonderheiten auf. Er muss jedoch im Textfile explizit angegeben werden. Welche Besonderheiten mit diesem Befehlspaar eingerichtet bzw. aufgehoben werden, muss der Einrichter für jede Sprache selbst entscheiden.

Der Befehl `\date`*sprache* definiert das Datum `\today` für die zugehörige Sprache unter Rückgriff auf die TEX-Register `\year`, `\month` und `\day`, die die aktuellen Jahres-, Monats- und Tagesnummern enthalten. Für Spanisch könnte man hier z. B. setzen:

```
\def\datespanish{\def\today{\number\day~de\space\ifcase\month\or
    enero\or febrero\or marzo\or abril\or mayo\or junio\or julio\or
    augosto\or septiembre\or octubre\or noviembre\or diciembre\fi
    \space de~\number\year}}
```

Der Befehl `\captions`*sprache* definiert die Inhalte von insgesamt 19 Namensbefehlen, für die wiederum am Beispiel für Spanisch geschrieben werden könnte:

```
\def\captionsspanish{%                        % deutsches Äquivalent
    \def\prefacename{Prefacio}%               % Vorwort
    \def\refname{Referencias}%                % Literatur
    \abstractname{Resumen}%                   % Zusammenfassung
    \bibname{Bibliograf\'{\i}a}%              % Literaturverzeichnis
    \chaptername{Cap\'{\i}tolo}%              % Kapitel
    \appendixname{Ap\'endice}%                % Anhang
    \contentsname{\'Indice General}%          % Inhaltsverzeichnis
    \listfigurename{\'Indice de Figuras}%     % Abbildungsverzeichnis
    \listtablename{\'Indice de Tablas}%       % Tabellenverzeichnis
    \indexname{\'Indice de Materias}%         % Index
    \figurename{Figura}%                      % Abbildung
    \tablename{Tabla}%                        % Tabelle
    \partname{Parte}%                         % Teil
    \enclname{Adjunto}%                       % Anlage{n}
    \ccname{Copia a}%i                        % Kopien an
    \headtoname{A}%                           % An
    \pagename{P\'agina}%                      % Seite
    \seename{v\'ease}%                        % siehe
    \alsoname{v\'ease tambi\'en}%             % siehe auch
    }
```

Die vorstehende Definition erfolgte in Analogie zu `\captions`*sprache* mit `german`, `french` und `USenglish` für *sprache* aus dem Ergänzungspaket `german.sty`. Die dortigen Definitionen enthalten noch nicht die speziellen und zusätzlichen Namensbefehle `\letter`*sprache* für `myletter.cls`. Die erforderlichen Definitionsgruppen können für zusätzliche Sprachen entsprechend den Beispielen für `\lettergerman`, `\letterenglish` und `\letterfrench` von S. 322 vom Einrichter in `addlang.sty` leicht nachvollzogen werden.

Kommt bei LATEX-Betreibern mit multilingualen Aufgaben das `babel`-Paket von Johannes L. Braams zur Anwendung, dann können die vorstehenden Definitionen für `\extras`*sprache*, `\noextras`*sprache*, `\date`*sprache* und `\captions`*sprache* entfallen, da sie für alle unterstützten Sprachen aus dem `babel`-Paket mit den beigefügten Optionsfiles für den Aufruf

`\usepackage[`*sprach_opt*`]{babel}`

abgedeckt werden. Diese müssen dann nur noch durch die briefspezifischen Zusatznamensbefehle ergänzt werden. Am einfachsten geschieht dies über zusätzliche Namensdefinitionen in den dortigen `\captions`*sprache*-Definitionen. Soll das `babel`-Paket im Original erhalten bleiben, so beschränkt sich unser Zusatzfile `addlang.sty` auf die Namensdefinitionen für die zusätzlichen Briefbefehle für die beabsichtigten Sprachen. Diese sollten hier mit

`\addto\captions`*sprache*`{`*zus_namens_definitonen*`}`

erfolgen. Der Befehl `\addto` stammt aus dem `babel`-Kern und fügt vorhandenen Gruppendefinitionen weitere Namensdefinitionen hinzu. Für das vorgeschlagene Briefklassenfile sind dies die sprachspezifischen Definitionen für `\myrefname`, `\yrefname`, `\ymailname` und `\subjectname` und evtl. weitere vom Anwender zugefügte Namensdefinitionen. Aus Gründen der semantischen Einheitlichkeit würde ich dann das bisherige Zusatzfile `addlang.sty` in `addbabel.sty` umbenennen. Im eigenen Briefklassenfile `myletter.cls` ist dann nur sicherzustellen, dass die Ergänzungspakete `babel.sty` und `addbabel.sty` zugeladen werden, was mit `\RequirePackage`-Befehlen geschehen kann.

Mit diesen Ergänzungen kann dann das `babel`-Paket auch zur Erstellung von Briefen in unterschiedlichen Sprachen genutzt werden. Die Sprachauswahl für verschiedensprachige Briefe erfolgt auch hier mit '`\selectlanguage{`*sprache*`}`', ohne dass dieser Befehl, anders als bei Nutzung über `german.sty`, abzuändern ist.

6.4.5 Firmenbriefe

Firmen- oder Geschäftsbriefe unterscheiden sich von den vorgeschlagenen Privatbriefen nur dadurch, dass das erzeugende Klassenfile `faletter.cls` meistens von mehr als einem Bearbeiter verwendet wird und damit der Name und evtl. weitere Personenangaben des jeweiligen Briefschreibers hinzuzufügen sind, und zum anderen dadurch, dass die Briefformulare meistens mehr Kopfinformation als die Privatbriefe enthalten.

Ist ein `myletter.cls`-File für Privatbriefe erfolgreich eingerichtet worden, so sollte eine Erweiterung zu einem `faletter.cls`-File für Geschäftsbriefe nicht schwerfallen. Auch die Entwicklung eines `faletter.cls`-Files sollte von einem ähnlichen Vorspann wie dem von S. 314 ausgehen. Da bei geschäftlicher Korrespondenz fremdsprachige Briefe evtl. häufiger erforderlich werden als bei privaten Briefwechseln, muss man sich hier bereits in der Entwicklungsphase von `faletter.cls` für die gewählte Sprachauswahlmethode entscheiden.

Beschränken sich die Sprachanforderungen für Firmenbriefe auf das Sprachentripel Deutsch/Englisch/Französisch, dann sollte der Zugang über `german.sty` mit den Anfangshinweisen aus dem vorangegangenen Abschnitt 6.4.4 erfolgen, evtl. ergänzt um die dort gegebenen Folgevorschläge für eine oder zwei weitere Sprachen, wie dort für Spanisch gezeigt wurde. Bestehen Sprachanforderungen für wesentlich mehr Sprachen, insbesondere für solche mit deutlich abweichenden Formatierungsbesonderheiten, dann sollte das `babel`-Paket von Johannes L. Braams in Erwägung gezogen werden. Die zusätzlichen Ergänzungen für weitere briefspezifische Namensbefehle können dem letzten Teil des vorangegangenen Abschnitts entnommen werden.

Von den Identifizierungsbefehlen für den Briefautor aus `letter.cls` sollten nur `\address` und `\fromaddress` gemäß S. 316 für undefiniert erklärt werden. Die anderen dort als undefiniert erklärten Identifizierungsbefehle bleiben dagegen erhalten.

Zunächst sollte auch hier mit der Anpassung auf DIN A4 begonnen werden, wobei die entsprechenden Erklärungen von S. 316 bis auf die Einrichtung und Zuweisung von `\leftfield` und `\rightfield` vorläufig übernommen werden sollten. Eine Änderung für einige dieser Werte wird vom einzurichtenden Briefkopf und ggf. auch vom Brieffuß abhängen.

Vorab möchte ich auch hier einige Beispiele aus mir zugesandten Briefen anführen, die als LaTeX-Briefprodukt erkennbar sind. Einige dieser Briefe enthalten zusätzlich spezielle Firmen- oder Institutionssymbole (Logos), die ich nicht wiedergeben kann, da sie vermutlich einem Copyright unterliegen.

Die Verwendung von speziellen Firmenlogos berücksichtigt firmeneigene Sicherheitsbedürfnisse. Ein mit LaTeX erstellter Briefkopf kann leicht nachgemacht werden und eröffnet damit Missbrauchsmöglichkeiten. In unserem Institut wird der Briefkopf bei jedem Brief automatisch erzeugt. Der Ausdruck hat jedoch auf speziellem Papier zu erfolgen, dem in der rechten oberen Ecke ein grünes MPAE-Logo eingeprägt ist, welches vom Laserdrucker nicht nachzumachen ist. Doch nun die angekündigten Beispiele:

(1) **LEHRSTUHL D FÜR MATHEMATIK**
RHEIN.-WESTF. TECHNISCHE HOCHSCHULE
Dr. U. Klein

5100 AACHEN
Templergraben 64
Telefon (0241) 80-4536 bu
Telexnummer TH thac d 832704
EARN: Knoten DACTH 51
USER-ID FM

---

(2) ⟨LOGO⟩

Ingenieurschule Biel
Ecole d'Ingénieurs Bienne
Höhere Technische Lehranstalt des Staates Bern (HTL)
Ecole Technique Supérieure de l'Etat de Berne (ETS)
Quellgasse 21 /Rue de la Source 21, 2500 Biel-Bienne 1
Postfach/CP 1180, Tel. 032/273 111, no. direct 032/273 . . .

---

(3) RECHENZENTRUM
Anwendungssysteme

UNIVERSITÄT
STUTTGART

Rechenzentrum Uni Suttgart 30, 7000 Stuttgart 80

Allmandring 30
7000 Stuttgart 80
Telex 7 255 455 univ d
Telefax (0711) 682357
Telefon (0711) 685 - 5811

FACHHOCHSCHULE FLENSBURG (4)
Hochschule für Technik und Wirtschaft

Institut für Angewandte Mathematik
Tel. 0461/805322 FAX 0461/805300
Kanzleistraße 91-93
D-2390 F l e n s b u r g

TEX Users Group (5)

Post Office Box 9506
Providence, Rhode Island 02940, U.S.A.

mit der Fußzeile

653 North Main Street, Providence, Rhode Island 02904, U.S.A. (401) 751-7760

MAX-PLANCK-INSTITUT FÜR AERONOMIE POSTFACH 20 ⟨logo⟩ (6)
Max-Planck-Straße 2
D-37189 KATLENBURG-LINDAU

mit der Fußleiste

Telefon (05556) 979 0	SPAN: ECD1::LINMPI::dec_id	Bank	Bahnstation
Telefax (05556) 979 240	INTERNET:	Kreis-Sparkasse Northeim	Northeim
Telex 9 65 527 aerli	user_id @ LINHP.GWDG.DE	41 104 449 (BLZ 262 500 01)	(Han.)

Bei den Beispielen (1), (2), (3) und (6) besteht der Kopf aus zwei vertikalen Boxen, während bei den Beispielen (4) und (5) der Kopf die `center`-Umgebung benutzt. Beim Beispiel (1) erscheint der Name des Briefschreibers (Dr. U. Klein) im Briefkopf. Bei der Definition für den Briefkopf steht an der entsprechenden Stelle offenbar `\fromname`. Empfängerfeld und Datum erscheinen ganz ähnlich wie bei unserem Musterbrief von Andrea Kuhlenkampf, nur wird im Umschlagfenster auf die Angabe der Rücksendeadresse verzichtet.

Im Beispiel (2) erscheinen unterhalb des Briefkopfes in einer linken Teilbox weitere Absenderangaben und in einer rechten Box das Datum und das Empfängerfeld. Die Empfängerangaben rechts auf die Seite zu setzen, scheint eine Schweizer Gepflogenheit zu sein, wie sie auch unter den abgedruckten Beispielen für Privatbriefe auftritt.

Das Beispiel (3) ordnet das Empfängerfeld unterhalb der Rücksendeadresse an, wie es bei den meisten Briefformularen geschieht. Die rechts davon stehende Box enthält weitere Institutsinformation. Zusätzliche Angaben über den Briefschreiber entstehen mit dem `\closing`-Befehl unterhalb der Grußformel. Sonstige Angaben werden ggf. mit dem `\ps`-Befehl am Briefende erzeugt.

Beispiel (4) ordnet den Namen des Briefschreibers linksbündig unter dem horizontalen Trennstrich des Briefkopfes an und in derselben Zeile rechtsbündig das Datum. Damit steht vermutlich `\fromname\hfill\@date\\` zu Beginn der `\opening`-Definition.

Der Briefstil der TUG (Beispiel 5) beginnt unterhalb des Kopfes mit dem linksbündigen Datum, gefolgt von einer linksbündigen, vertikal zentrierten Box für das Empfängerfeld. Auch der `\closing`-Befehl erzeugt eine linksbündige Struktur. Ansonsten verwendet dieser Briefstil den relativ großen Wert `\parindent2.5em`, mit dem die Absätze gekennzeichnet werden.

Unser eigener Briefstil ähnelt dem des Rechenzentrums der Uni Stuttgart. Das Format für die Rücksendeadresse und das Empfängerfeld sind nahezu identisch. Das rechts davon stehende Feld wird bei uns, anders als beim RZ der Uni Stuttgart, für persönliche Angaben des Briefschreibers verwendet. Hier erscheinen sein Name, seine Telefondurchwahl, bei Angabe von `\location{`*room*`}` seine Zimmernummer, evtl. seine User-Id für INTERNET oder SPAN. Darunter erscheint im rechten Feld schließlich das Datum. Empfängerfeld und die rechts davon stehenden Absenderangaben werden vom folgenden Briefteil durch einen weiteren horizontalen Balken getrennt, unter dem ggf. Referenzangaben erscheinen. Sonstige MPAE-Angaben erscheinen auf der ersten Briefseite in einer zusätzlichen Fußleiste.

Mit den Angaben aus den vorangegangenen drei Abschnitten sollte es dem Leser eigentlich möglich sein, die verbalen Beschreibungen der verschiedenen Formatierungen in den entsprechenden Befehlsstrukturen bei `\ps@firstpage` und `\opening` einzurichten.

Die Originalbefehle aus `letter.cls`

`\name{`*absender_name*`}`	$\Longrightarrow$	`\fromname`
`\location{`*raum_nummer*`}`	$\Longrightarrow$	`\fromlocation`
`\signature{`*kurz_form*`}`	$\Longrightarrow$	`\fromsig`
`\telephone{`*durchwahl*`}`	$\Longrightarrow$	`\telephonenum`

übergeben bei ihrem Aufruf das Argument an die rechts stehenden Befehle. Ohne expliziten Aufruf eines der linksstehenden Befehle bleibt der zugehörige rechte Befehl leer. Nach dem gleichen Muster können weitere solcher Befehlspaare eingerichtet werden, wie bereits bei den Privatbriefen für die Referenzbefehle vorgeschlagen wurde. Im `mpletter.cls` unseres Instituts sind z. B. für die Übergabe der User-Id die Paare

```
\def\inetid#1{\def\@inet{#1}}     \def\@inet{}
\def\spanid#1{\def\@span{#1}}     \def\@span{}
```

eingerichtet[5]. Mit dem Aufruf der rechten Befehle kann ihr Inhalt in den Kopf- und Fußzeilen oder in `\opening` an geeigneter Stelle positioniert und ausgegeben werden.

Zur besseren Strukturierung der späteren Makrodefinitionen `\ps@firstpage` und `\ps@heading` sollten zusätzliche Makros eingerichtet werden, z. B.:

```
\def\mainhead{...}   \def\conthead{...}   und eventuell
\def\mainfoot{...}   \def\contfoot{...}
```

[5]Ursprünglich hatte ich `\def\inet` und `\def\span` geschrieben, worauf der `\multicolumn`-Befehl aus der `tabular`-Umgebung nicht mehr funktionierte. Dieser greift auf den TeX-Befehl `\span` zurück, der mit dieser Definition überschrieben wurde.

Für `\mainhead` und `\mainfoot` sei dies an den Beispielen (5) und (6) demonstriert, wobei `\fullrule` für das Makro `\def\fullrule#1{\rule{\textwidth}{#1}}` steht:

```
\def\mainhead{\parbox{\textwidth}{\centering\fontsize{12}{14pt}%
    \textbf{\TeX\ Users Group}\\[-3mm] \fullrule{.4pt}
    \textmd{Post Office Box 9506\\ Rhode Island 02940, U.S.A.}}}
\def\mainfoot{\centerline{\fontsize{9}{10pt}\normalfont
    653 North Main Street, Providence, Rhode Island 02904,
    U.S.A. (401) 751-7760} }
```

bzw.

```
\def\mainhead{\parbox{\textwidth}{\parbox[t]{\leftfield}{%
       \fontsize{17.28}{22pt}\sffamily
       MAX-PLANCK-INSTITUT F\"UR AERONOMIE}\hfill
    \raisebox{5pt}{\parbox[t]{\rightfield}{\fontsize{8}{10pt}%
       \sffamily POSTFACH 20\\ Max-Planck-Stra{\ss}e 2\\
                 D-37189 KATLENBURG-LINDAU} }
    \fullrule{1pt} }}
\def\mainfoot{\parbox{\textwidth}{\fontsize{8}{12pt}\sffamily
    \fullrule{.6pt}
    \begin{tabular}{@{}ll}
       \underline{Telefon} & (05556) 979\,0 \\
       \underline{Telefax} & (05556) 979\,240 \\
       \underline{Telex}   & 9\,65\,527 aerli
    \end{tabular}\hfill
    \begin{tabular}{l} ... \end{tabular}\hfill
    \begin{tabular}{l} ... \end{tabular}\hfill
    \begin{tabular}{l@{}}
       \underline{Bahnstation}\\ Northeim\\ (Han.)
    \end{tabular} }
```

Schriftgrößeneinstellungen sollten in den Kopf- und Fußdefinitionen nicht mit relativen Größenbefehlen wie `\Large` u. a., sondern mit dem absoluten Größenbefehl `\fontsize{`*größe*`}{`*z_abstand*`}` vorgenommen werden, damit die hier eingestellten Schriften von der Größenoption unabhängig bleiben. Auf `\fontsize` muss dann aber der Aktivierungsbefehl `\selectfont` folgen, falls dies nicht mit einem Schriftauswahlbefehl wie `\sffamily` implizit erfolgt.

Der Leser möge für einen eigenen Briefkopf und -fuß die Makrodefinition für `\mainhead` und `\mainfoot` vornehmen. Die Bereitstellung dieser Makros zur Verwendung in `\ps@firstpage` macht die Definitionsstrukturen nicht nur übersichtlicher, sie gestattet auch eine einfachere Fehlersuche. Die Untermakros können in einem kleinen `test.tex`-File direkt aufgerufen und im Ergebnis begutachtet werden. Ein eventueller Schreib- oder Programmierfehler wird dabei leichter zu finden sein, als wenn die Teilstrukturen direkt in `\ps@firstpage` angegeben würden. Eine vergessene Klammer in einer der Unterstrukturen von `\ps@firstpage` führt zu Fehlermeldungen, die für die Mehrzahl der LaTeX-Benutzer kaum verständlich sein werden.

Die Definition für die Kopf- und Fußleiste von Fortsetzungsseiten lautet bei unserem Institutsbrief

```
\def\conthead{\parbox{\textwidth}{%
    \fontsize{10}{16pt}\textsf{\MPAE}\\
    \textsl{\headtoname\toname\hfill\@date\hfill\pagename\thepage\\
    \rule[10pt]{\textwidth}{0.6pt}}}
\def\contfoot{}
```

mit `\def\MPAE{MAX-PLANCK-INSTITUT F\"UR AERONOMIE}` für `\MPAE`. Tatsächlich steht dieser Befehl auch in der Definition von `\mainhead` statt des ausgeschriebenen Textes im vorangegangenen Beispiel. Die Bedeutung von `\headtoname` und `\pagename` stammt aus `letter.cls` sowie aus `german.sty`.

Die Definitionen für `\ps@firstpage` und `\ps@headings` lauten nun einfach:

```
\def\ps@firstpage{\def\@oddhead{\mainhead} \def\@oddfoot{\mainfoot}}
\def\ps@headings{\def\@oddhead{\conthead}  \def\@oddfoot{\contfoot}
    \let\@evenhead=\@oddheead} \let\@evenfoot=\@oddfoot }
```

Damit erscheinen Kopf- und Fußzeilen auf Folgeseiten bei doppelseitiger Formatierung auf geraden und ungeraden Seiten einheitlich. Soll hiervon abgewichen werden, dann sind anstelle von `\conthead` und `\contfoot` entsprechende `\contoddhead`- und `\contevenhead`- sowie `\contoddfoot`- und `\contevenfoot`-Makros einzurichten, die dann in `\ps@headings` den internen Kopf- und Fußbefehlen `\@oddhead` und `\@evenhead` bzw. `\@oddfoot` und `\@evenfoot` zugeordnet werden.

Auch für die Definition von `\opening` sollten die Teilstrukturen als eigene Makros bereitgestellt werden, so dass die Hauptdefinition einfach lautet:

```
\def\opening#1{\thispage{firstpage}
    \foldmarks\openleftbox\hfill\openrightbox
    \refbox \vspace{2\parskip} #1\par\nobreak }
```

Dies macht den `\opening`-Befehl sehr übersichtlich und erleichtert eine evtl. Fehlersuche, da die Teilstrukturen vorab mit einem eigenen `test.tex`-File geprüft werden können.

Das Makro `\foldmarks` zur Erzeugung einer oder mehrerer Falzmarken sollte nur lokale Einstellwirkung haben und mag lauten:

```
\def\foldmarks{\bgroup\reversemarginpar\vspace*{falz_1}
    \marginpar{\rule{5mm}{.4pt}}         \vspace{falz_2}
    \marginpar{\rule{5mm}{.4pt}}         \vspace{falz_3}
    \marginpar{\rule{5mm}{.4pt}}         \vspace{rücksprung}
               \egroup }
```

Der erste vertikale Sprung *falz_1* bezieht sich auf die mit `\topskip` eingestellte Position der Seitenformatierung (s. Diagramm 1 aus [5a, Zusammenfassende Diagramme]). Häufig wird nur eine Falzmarke vorgegeben, womit die zweite und dritte Zeile entfallen. Mit *rücksprung* muss die vertikale Position zurückgewonnen werden, die die Oberkante der linken Box `\opneleftbox` bestimmt. Für diese kommt eine Struktur wie

```
\def\openleftbox{\parbox[t]{\openleftfield}{
    \underline{\fontsize{8}{9.6pt}\textsf{rücksende_anschrift}}
    \parbox[][35mm][c]{\openleftfield}{\toname\\[1ex] \toaddress} }
```

in Betracht. Für das rechte Feld steht im allgemeinsten Fall eine eventuell vertikal verschobene Box:

```
\def\openrightbox{\raisebox{lift}[0pt][0pt]{
    \parbox[t]{\openrightfield}{div_angaben}}
```

Die optionalen Angaben `[0pt][0pt]` im vorstehenden `\raisebox`-Befehl bewirken, dass LaTeX für die eingeschlossene Box eine Höhe und Tiefe von 0 pt voraussetzt, womit diese Box keine Positionierungsrückwirkung auf die vorangegangene linke Box ausübt. Der Inhalt der rechten Box, *div_angaben*, kann beliebig gewählt werden. Beim Beispiel (3) der Universität Stuttgart sind es die weiteren Anschriften- und Telefonangaben sowie mit zusätzlichem Abstand das Datum. Bei unserem Institutsbrief erscheinen hier persönliche Angaben des Briefschreibers, falls diese gesetzt sind:

```
\bgroup\fontsize{10}{12pt}\sffamily\parskip12pt
\ifx\fromname\@empty \else \fromname\par \fi
\ifx\telephonnum\@empty \else Tel.: \precode\,\telephonnum\par \fi
\ifx\fromlocation@\empty\else Zimmer: \fromloaction\par \fi
\ifx\@inet\@empty \else INTERNET: @inet\,@\,\inetnode\par \fi
\ifx\@span\@empty \else SPAN: \spannode\@span\par \fi \egroup
\vspace{10pt}\normalsize\rmfamily\@date
```

mit `\precode`, `\inetnode` und `\spannode` für die festen Bestandteile von Telefonnummer und E-Mail-Kennung, z. B. `\def\precode{(05556) 979}`. Die Auswahl der Schriften und Größen möge der Anwender nach seinen Vorstellungen treffen. Bei diesem Beispiel erscheinen die personenbezogenen Angaben in der festen Schrift `\fontsize{10}{12pt}\sffamily` und das Datum in `\rmfamily`, und zwar in der Größe, die durch die Größenoption vorgegeben wird.

Das Makro `\refbox` wurde bereits auf S. 322 vorgestellt und kann von dort übernommen oder modifiziert werden. Häufig wird dieser Teil vom vorangehenden Adressfeld durch eine horizontale Linie getrennt. Die Einfügung eines zusätzlichen `\fullrule{`*stärke*`}` (S. 333) in der `\opening`-Definition ist selbsterklärend.

Bei den vorstehenden Makros `\openleftbox` und `\openrightbox` waren eigene Breitenmaße `\openleftfield` und `\openrightfield` vorausgesetzt worden. Bei einer geteilten Kopfzeile mit den Feldern der Breiten `\leftfield` und `\rightfield` werden aus Symmetriegründen diese Werte oft auch für die Adressfelder in `\opening` übernommen. Dies hängt jedoch weitgehend von den lokalen Vorgaben für den Firmenkopf ab.

Der nächste Unterabschnitt 6.4.6 enthält weitere Hinweise zur Gestaltung von Geschäftsbriefen, so z. B. zu Briefköpfen mit Überbreite (s. S. 337), die entsprechend auch für überbreite Fußzeilen zu übernehmen sind. Ebenso können die Hinweise zu sprachspezifischen Anpassungen für fremdsprachige Briefe aus 6.4.4 nützlich sein. Die zusätzliche Angabe von AUSTRIA, GERMANY oder SWITZERLAND im Firmenbriefkopf bei englischsprachigen Briefen kann leicht mit einem zusätzlichen Namensmakro `\countryname` in `\letter`*sprache* sprachspezifisch erfolgen, z. B. mit

`\def\countryname{Deutschland}`	in `\lettergerman`
`\def\countryname{Germany}`	in `\letterenglish`
`\def\countryname{Allemagne}`	in `\letterfrench`

wie auf S. 322 zur Einrichtung von Namensmakros mit `\letter`*sprache* beschrieben wurde. Ebenso könnten unterschiedliche Angaben für die Telefoninformation in `\precode` sprachspezifisch erfolgen, und sonstige sprachabhängige feste Angaben, wie bei unserem Beispiel mit 'Zimmer', können durch `\roomname` sprachabhängig definiert und ausgegeben werden.

Bei Geschäftsbriefen enthält der Briefkopf häufig einen Hinweis auf eine bestimmte Firmengliederung, z. B. die Angabe **Anwendungssysteme** im Briefkopf des RZ der Universität Stuttgart. Sie lässt den Schluss zu, dass in einem sonst gleichen Briefkopf weitere Untergliederungen auftreten können. Die einfachste, aber keineswegs praktischste Lösung stellen die Bereitstellung eines weiteren Definitionspaares

```
\def\division#1{\def\@division{#1}}    \def\@division{}
```

und der Aufruf von `\@division` an der gewünschten Stelle bei der Definition des Kopfes in `\def\@oddhead` dar, evtl. mit einer vorangesetzten Umschaltung von Schriftstil und Größe. Mit dem Aufruf `\division{Anwendungssysteme}` im Vorspann werden alle Briefe dann mit dieser Zusatzinformation versehen. Eine andere Lösung könnte in einer Dokumentstiloption mit einem Optionsnamen bestehen, der diese Zusatzangabe kennzeichnet, hier z. B. `as`. Mit der vorstehenden Paardefinition *und* der Einfügung von

```
\DeclareOption{as}{\dvision{Anwendersysteme}}
```

im Optionserklärungsteil von `faletter.cls` wird die Zusatzinformation für den Kopf nunmehr duch Angabe der Option `as` mit `\documentclass[as]{faletter}` erreicht. Für weitere Abteilungen sind entsprechende `\DeclareOption{`*abt*`}{\division{`*abt_name*`}`-Befehle einzurichten und mit Inhalt zu füllen, z. B. `Lokale Netze` für die Option `ln` mit `\DeclareOption{ln}{\division{Lokale Netze}`.

Innerhalb von `\documentclass` ist nur *eine* Abteilungsoption anzugeben. Enthält die Optionsliste mehrere dieser Optionen, so gilt die letzte, falls sie mit `\ProcessOptions*` zur Ausführung gebracht wird (s. 2.5.4). Das Gleiche würde aber auch gelten, wenn der Befehl `\division` im Vorspann mehrfach mit unterschiedlichen Abteilungsnamen aufgerufen würde. Auch mit einer Abteilungsoption kann mit `\division{`*abteilung*`}` im Vorspann oder innerhalb der einzelnen `letter`-Umgebungen eine globale oder lokale Änderung gegenüber der Option *abt* bewirkt werden.

Das Verfahren kann auf weitere Teile des Briefkopfes ausgedehnt werden. Soll beim Beispiel der Uni Stuttgart anstelle von **RECHENZENTRUM** ein anderer Institutsname stehen, so würde an der entsprechenden Stelle `\@institute` anzugeben sein, was mit einer äquivalenten Struktur

```
\def\institute#1{\def\@institute{#1}}    \def\@institute{}
\DeclareOption{inst}{\institute{instituts_name}
```

aktiviert werden könnte.

Die unabhängige Kombination von Instituts- und Abteilungsoption birgt eine Gefahr: Es kann eine Institutsoption mit einer Abteilungsoption verknüpft werden, die es in dem gewählten Institut gar nicht gibt. Sicherer ist es deshalb, die Optionserklärung für die Abteilung in die Optionserklärung für das Institut zu verlegen:

```
\DeclareOption{inst_a}{\institute{inst_a_name}
    \DeclareOption{abt_x}{\division{abt_x_name}} ....
    \DeclareOption{abt_z}{\division{abt_z_name}}}
```

Eine nicht erlaubte Instituts- und Abteilungs-Optionskombination bleibt dann bezüglich der Ausgabe eines Abteilungsnamens wirkungslos. Ein weiterer Vorteil dieser Lösung ist, dass derselbe Abteilungsoptionsname ggf. unterschiedliche Abteilungsnamen erzeugt, z. B. `as` in

Verbindung mit `rz`, also für das Rechenzentrum als Anwendungssysteme und in Verbindung mit `wsk`, also dem Institut für Werkstoffkunde, als Abdampfsubstrate erscheint.

Enthält ein firmeneigenes Briefklassenfile die Optionserklärung

```
\DeclareOption*{\InputIfFileExists{\CurrentOption.sty}{}%
                {\OptionNotUsed}
```

so wird für jede Optionsangabe in `\documentclass`, für die keine explizite Optionserklärung im Briefklassenfile existiert, nach einem File *opt*.`sty` gesucht und dieses, falls es existiert, eingelesen. Dies kann für firmeneigene Klassenfiles mit vielen Anwendern für diese sehr nützlich sein. Ich habe mir in meinem Briefordner ein File `hk.sty` mit meinen persönlichen Daten mit `\name`, `\telephone`, `\location` und `\inetid` abgelegt. Mit dem Aufruf `\documentclass[...,hk,...]{mpletter}` erscheinen diese Daten dann in meinen Institutsbriefen, ohne dass ich sie mit den vorstehenden Identifizierungsbefehlen explizit angeben muss.

In einem solchen Personenfile könnten auch weitere individuelle Kürzelmakros wie `\mfg` für ‚Mit freundlichen Grüßen' und vielen anderen abgelegt werden, die dann mit der persönlichen Optionsangabe in `\documentclass{faletter}` stets zur Verfügung stehen.

6.4.6 Weitere Gestaltungsmöglichkeiten

6.4.6.1 Überbreite Briefköpfe

Bei den bisher vorgestellten Beispielen ist die Textbreite, wie beim `letter.cls`-Original, unabhängig von der gewählten Schriftgröße. Die Erklärungen zur Seiteneinstellung erfolgen im Vorspann gemäß S. 316. Wird die Erklärung für `\textwidth` dort in der Form

```
\ifcase \@ptsize \setlength{\textwidth{breite für 10 pt}
        \or      \setlength{\textwidth{breite für 11 pt}
        \or      \setlength{\textwidth{breite für 12 pt} \fi
```

eingerichtet, so hängt die eingestellte Textbreite von der Größenoption ab. Dies ist so lange unproblematisch, wie die Summe aus `\leftfield` und `\rightfield` den kleinsten Wert für `\textwidth`, also die Textbreite für die 10 pt-Standardschrift, nicht übersteigt.

Gelegentlich soll sich der Briefkopf und ggf. auch der Teil aus dem `\opening`-Befehl über den linken, rechten oder über beide Textränder hinaus erstrecken. Dies kann z. B. auch bei schriftgrößenabhängigen Textbreiten auftreten, wenn der Briefkopf bei der 12 pt-Schrift mit den zugehörigen Texträndern abschließt, der Briefkopf bei kleineren Schriften aber nicht enger ausfallen soll, da die Schriften des Briefkopfes – zumindest bei dem vorgestellten Beispiel – unabhängig von der Größenoption sind[6].

Die Lösung liegt in der Anwendung des TeX-Befehls `\hss`, wie für ähnliche Aufgaben bereits in 6.2.5 und bei der Vorstellung der `refman`-Option in 6.3 hinreichend demonstriert wurde. Wird im `\ps@firstpage`-Befehl eine der Definitionsstrukturen

```
\def\@oddhead{\hbox to\textwidth{\hss ...}}
\def\@oddhead{\hbox to\textwidth{... \hss}}
\def\@oddhead{\hbox to\textwidth{\hss ... \hss}}
```

[6] Die Schriften des Kopfes hängen nur dann von der Größenoption ab, wenn sie mit den LaTeX-Größenbefehlen, wie `\normalsize`, `\footnotesize`, `\Large` usw., eingestellt wurden.

verwendet, so ragt sie ggf. nach links oder rechts oder über beide Ränder hinaus. Bei unserem Beispiel für einen Privatbrief könnte an der Stelle von ... stehen:

```
\parbox{\leftfield}{\schrift_auswahl\mynmame}%
\hspace{\boxseparation}%
\parbox{\rightfield}{\schrift_auswahl\mycall\\ \mystreet\\ \mytown}
```

Der Abstand beider Boxen ist mit `\boxseparation` auf

```
\newdimen\boxseparation  \boxseparation=\fullwidth
   \advance\boxseparation by-\leftfield
   \advance\boxseparation by-\rightfield,
```

also der Differenz `\fullwidth` – `\leftfield` – `\rightfield`, eingestellt. Hierin ist `\fullwidth` ein weiterer mit `\newdimen` eingerichteter Längenbefehl, dem ein Längenmaß $\geq$ `\textwidth` zugewiesen wird, z. B. für alle drei Standardschriftgrößen der gleiche Wert von `\textwidth`, wie er für 12 pt gewählt wurde.

Die äquivalente Struktur für die Fortsetzungsseiten mit `\ps@headings` könnte lauten:

```
\def\@oddhead{\hbox to\textwidth{\hss\parbox{\fullwidth}{...}\hss}}
```

Bei Verwendung von Untermakros zur besseren Programmstrukturierung, wie z. B. `\mainhead` und `\conthead`, vereinfachen sich die überbreiten Köpfe nochmals auf

```
\def\@oddhead{\hbox to\textwidth{\hss\mainhead\hss}  bzw.
\def\@oddhead{\hbox to\textwidth{\hss\conthead\hss},
```

wobei in der Definition von `\mainhead` die Trennung der beiden Parboxen am Beispiel unseres Institutsbriefkopfes von S. 333 mit `\boxseparation` statt mit `\hfill` vorzunehmen und die Parbox aus `\conthead` mit der Breite von `\fullwidth` einzurichten ist. Eine überbreite Trennlinie wird auf die gleiche Art eingerichtet:

```
\def\fullrule#1{\hss\rule{\fullwidth}{#1}\hss}
```

Überbreite Strukturen in `\opening` oder in Fußzeilen werden nach dem gleichen Prinzip erzeugt. Es wird stets als äußere Box `\hbox to\textwidth{\hss ... \hss}` eingerichtet und anstelle von ... werden eine vertikale Box mit der größeren Breite `\fullwidth` oder mehrere nebeneinander stehende Boxen mit der Gesamtbreite von `\fullwidth` aufgerufen. Am Beispiel des Fußes für die Hauptseite unseres Institutsbriefes könnte dies mit

```
\def\mainfoot{\parbox{\fullwidth}{\schrift_auswahl
   \begin{tabular}...\end{tabular}\hfill ...}}          und
\def\@oddfoot{\hbox to\textwidth{\hss\mainfoot\hss}}
```

erreicht werden.

6.4.6.2 Unterschiedliches Seitenformat für Haupt- und Folgeseiten

Die meisten Seiteneinstellungen, wie z. B. `\headheight`, `\footheight`, `\headsep`, `\footskip` u. a., können in den Definitionen von `\ps@firstpage` und `\ps@headings` unterschiedlich gewählt werden, wenn Köpfe und Füße für die erste Seite und die Folgeseiten in ihren Abmessungen deutlich voneinander abweichen. Leider gilt das nicht für die Einstellung von `\textheight`. Würde beim Briefkopf der Fachhochschule Flensburg auf der ersten

Seite zusätzlich noch ein umfangreicher Fuß auftreten, so stünde für den Text dieser Seite nur der Platz zwischen Kopf und Fuß bereit, der den Betrag für `\textheight` bestimmt. Dieser Wert muss aber auch auf den Folgeseiten eingehalten werden, weil eine spezielle Zuweisung von `\textheight` in `\ps@firstpage` keine Wirkung hat[7].

Eine zufriedenstellende Lösung war in LaTeX 2.09 nur mit dem internen TeX-Befehl `\pagegoal` (S. 228) möglich. Der eingestellte Wert für `\textheight` wird nach den Anforderungen der Fortsetzungsseiten eingestellt. Für die Hauptseite kann mit einer geänderten Längenzuweisung an `\pagegoal`*maß* ein geänderter Seitenumbruch erreicht werden. Die Erklärung für `\pagegoal` sollte am Ende der `\opening`-Definition, also unmittelbar vor der abschließenden Klammer für diese Definition, erfolgen. Ist `\textheight220mm` eingerichtet und lautet die letzte Zeile der `\opening`-Definition

```
\vspace{2\parskip} #1\par\nobreak\pagegoal180mm}
```

so steht für die Texthöhe auf Fortsetzungsseiten 220 mm und auf der Hauptseite 180 mm zur Verfügung.

Diese Lösung kann auch in LaTeX 2_ε genutzt werden, doch ist hier auch eine LaTeX-eigene Lösung möglich. Mit dem LaTeX2e-Befehl

`\enlargethispage{`*längen_maß*

kann die laufende Seite um den Betrag von *längen_maß* verändert werden, wobei eine negative Angabe für *längen_maß* zu einer entsprechenden Verminderung der Höhe des Seitenrumpfes führt. Dieser Befehl ist ebenfalls mit einer passenden Vorgabe für *längen_maß* am Ende der `\opening`-Definition einzufügen, z. B mit

```
\vspace{2\parskip} #1\par\nobreak\enlargethispage{-40mm}}
```

was zur Verkleinerung des Seitemrumpfes für die erste Briefseite um 40 mm und damit zu einer Rumpfhöhe von 180 mm führt.

6.4.6.3 Anschriften aus Adressdateien

Häufig stehen Adressdateien bereit, in denen unter kurzen Befehlsnamen wie `\xyz` Name und Anschrift häufiger Briefpartner abgespeichert sind. Der Aufruf `\begin{letter}{\xyz}` führt zwar zu einem richtig aussehenden Empfängerfeld, auf Fortsetzungsseiten ist jedoch zu erkennen, dass Name und Anschrift nicht ordnungsgemäß auf die beiden internen Befehle `\toname` und `\toaddress` aufgeteilt wurden. Der erste Befehl `\toname` enthält hierbei sowohl den Namen als auch die Anschrift, jeweils durch `\\` getrennt, und der zweite Befehl `\toaddress` bleibt leer. Mit einer geringen Änderung des internen Befehls `\@processto` in

```
\long\def\@processto#1{\expandafter\@xproc #1\\@@@
      \ifx\toadress\empty\else\expandafter\@yproc #1@@@\fi}
```

wird diese Unvollkommenheit beseitigt. Die Änderung gegenüber dem Original liegt nur in der Zufügung der beiden `\expandafter`-Befehle.

[7] Der Grund liegt in den internen LaTeX-Abläufen: `\thispagestyle{firstpage}` bewirkt, dass der Inhalt von `\ps@firstpage` intern an `\@specialstyle` weitergereicht und dieser Befehl erst in der Ausgaberoutine aufgerufen wird. Dann aber ist der Seiten- oder Spaltenumbruch bereits erfolgt.

6.5 Anwendereigene Klassenfiles

Die Entwicklung eigener Klassenfiles wird nur selten notwendig werden, da mit geeigneten Optionen aus den vorhandenen Klassenfiles eine weitgehende Anpassung an die Formatierungsanforderungen erreicht werden kann, wie die `refman`-Option aus 6.3 demonstriert. Verlagsvorgaben an Autoren für ein verlagsspezifisches Layout sollten durch die Bereitstellung eines verlagseigenen Klassenfiles realisiert werden, falls die Layoutvorgaben nur auf diese Weise zu realisieren sind. Der nächste Abschnitt 6.6 stellt ein solches verlagsspezifisches Klassenfile vor, das der Verlag Addison-Wesley (Deutschland) GmbH seinen Autoren zur Verfügung stellt, falls diese ihre Buchvorlage mit LaTeX erstellen.

Für den Anwendungsalltag kommt am ehesten die Erstellung von Formblättern mit gleichzeitiger Ausfüllung als Aufgabe zur Entwicklung spezieller Klassenfiles in Betracht, z. B. zur Erstellung technischer Datenblätter, von Bestellformularen, Auftragsbestätigungen, Lieferscheinen u. ä. Bei der letzten Gruppe kann vermutlich eine teilweise Übernahme von Makrodefinitionen aus dem eigenen Briefklassenfile erfolgen. Kopf und Fuß mit firmenspezifischen Angaben und das Adressfeld für den Empfänger können direkt übernommen werden.

6.5.1 Ein Klassenfile für Bestellformulare

Es soll das Bestellformular der Nachbarseite mit dem Klassenfile `order.cls` erstellt werden, wobei gleichzeitig Befehle bereitgestellt werden, mit denen die variablen Einträge mit den zugehörigen Texten erstellt und positioniert werden. Erstreckt sich die Bestelliste über mehr als eine Seite, dann sollen Fortsetzungsseiten mit einem verkleinertern Firmenkopf erscheinen, an den sich die Fortsetzung der Bestelltabelle anschließt, wobei auf neuen Seiten die Tabelle stets wieder mit dem gleichen Tabellenkopf beginnt. Der Abschlussteil mit den Hinweisen auf die Einkaufsbedingungen und der Grußformel erscheint unterhalb der Bestelltabelle, bei mehrseitigen Bestellungen also auf der letzten Bestellseite.

Alle Textteile, die im nebenstehenden Formularbeispiel in der Schriftfamilie `\sffamily` erscheinen, soll das Klassenfile `order.cls` automatisch erstellen. Nur die Textteile, die in `\rmfamily` auftreten, erfolgen durch Anwendereingaben über bereitgestellte Befehle. Die Bestellung wird mit `\begin{order}` eröffnet und mit `\end{order}` abgeschlossen. Die Syntax des Eröffnungsbefehls lautet hierbei:

`\begin{order}`{*liefer_firma*}{*firmen_anschrift*}

Innerhalb der `order`-Umgebung sind zunächst die Befehle `\reference`, `\sign`, `\telephonext`, `\clientno` `\delivery` und `\shipment` mit den Angaben des Bezugs, des eigenen Kurzzeichens, der Telefondurchwahl, der Kundennummer, des Liefertermins und der Versandart zu füllen, falls dies nicht bereits im Vorspann geschehen ist. Der Aufruf dieser Befehle erfolgt dabei stets in der Form:

order_bef{*eing_text*}

Für nichtgesetzte Befehle dieser Gruppe bleibt das zugehörige Textfeld im Bestellformular leer. Die eigentliche Bestellung wird mit dem Befehl

`\opening`{*bestell_nummer*}{*konto_nummer*}

eingeleitet. Die Angabe einer Bestell- und Kontonummer wird bei Firmenbestellungen zwingend sein, so dass sie hier als *zwingende* Argumente des `\opening`-Befehls eingerichtet worden sind.

Fiktions-GmbH & Co. KG.

Fiktions-GmbH · Postfach 88 · D-99 999 Himmelsruh

bitte in allen Schriftstücken angeben!

Bestell Nr. 1234/96

Kto.

▶ 51505/37/20 ◀

Tag

▶ 4. Juni 2002 ◀

Fa. Murksladen

Gammelgasse 10
12 345 Bruchhausen

Bezug	Zeichen	Durchwahl	Kunden-Nr
Ihr Sonderkatalog April 2002	ko/st	(0 66 55) 979-451	123 456 01

Liefertermin	Versand
sofort	Selbstabholer

Bestelliste

Pos.	Menge	Artikel-Nr	Bezeichnung	Preis je Einh.	Gesamtpreis
1	5 Stk	D-5142	Optical Disk 3.5″ 128 MB 512 B/S, mit zusätzlicher Konvertierungssoftware Here&Now	39.00 DM	195.00 DM
2	3 Stk	P-6200	Tonerkassette für HP Laserjet 4+	157.00 DM	471.00 DM
3	5 Box	D-8445	3.5″ DS/HD Disketten DOS-formatiert, gepackt in 10er Boxen	11.90 DM	59.50 DM
4	1 Stk	M-5100	Data/Fax-Modem incl. Internet-Software	389.00 DM	389.00 DM
5	1 Stk	99999	99.999%-Virus-Killer-Software	29.90 DM	29.90 DM

Die Bestellung erfolgt zu unseren auf der letzten Seite abgedruckten Einkaufsbedingungen.

Bitte Auftragsbestätigung und
Lieferschein 2-fach
Rechnung 3-fach

Mit freundlichem Gruß

Fiktions-GmbH

⟨*Unterschrift*⟩
(*bearb_name*)

Hausanschrift	Telefon	Telex	Telefax	Telegramme	Bank
Engelsweg 2	(0 66 55)	9 87 333	(0 66 55)	Fiktion	Volksband Himmelsruh
D-99 999 Himmelsruh	979-0	fiktion d	979 100	Himmelsruh	(BLZ 962 500 01) 105 559

Etwaiger Text nach dem `\opening}`-Befehl erscheint im Bestellformular unterhalb des umrahmten Feldes mit den Hinweisen zum Liefertermin und der Versandart. Die Bestellliste wird mit der Umgebung `orderlist` in der Form

`\begin{orderlist}` *bestell_liste* `\end{orderlist}`

erzeugt, wobei für die Bestellliste der Befehl

`\orderline{`*menge*`}{`*artikel_nr*`}{`*bezeichnung*`}{`*einzel_preis*`}{`*gesamt_preis*`}`[8]

zur Verfügung steht. Alternativ kann eine Bestellzeile innerhalb der `\orderlist`-Umgebung auch in der Form einer herkömmlichen Tabellenzeile mit ihren sechs Spalteneinträgen und den zwischengeschalteten `&`-Trennzeichen eingegeben und mit `\\` abgeschlossen werden. Bei dieser Eingabe muss jedoch für die erste Spalte die laufende Positionsnummer berücksichtigt werden, die bei Nutzung des `\orderline`-Befehls automatisch zugefügt wird. Die Nutzung des Befehls `\orderline` vermindert Eingabefehler durch vergessene `&`-Trenn- oder `\\`-Abschlusszeichen.

Die Bestellung endet mit dem Befehl `\closing{`*name*`}`, wobei *name* für den ausgedruckten Namen unterhalb der Unterschrift steht. Auf diesen Befehl darf weiterer Text folgen, der unterhalb der Unterschrift angeordnet wird. Er stellt gewissermaßen eine Nachschrift zur Bestellung dar. Abgeschlossen wird die Bestellung dann mit `\end{order}`.

Das Eingabefile darf mehrere `\order`-Umgebungen enthalten, um mehrere Bestellungen mit einem Eingabefile zu erzeugen. Bei mehreren Bestellungen können die oder einige der Eingangsbefehle `\reference`, `\sign`, `\telephonext`, `\delivery` und `\shipment` auch im Vorspann angeordnet werden, womit sie dann global für alle nachfolgenden `order`-Umgebungen gelten, falls sie dort nicht lokal mit eigenen Inhalten auftreten. Zusätzlich können mit `\name{`*name*`}` und `\date{`*datum*`}` auch der Unterschriftsname und das Datum global vorgegeben werden, womit der Name beim `\closing`-Befehl entfallen kann.

Die explizite Angabe des Datums im Eingabefile kann von Nutzen sein, um bei späteren Rückgriffen das Bestelldatum zu erkennen. Ohne einen `\date`-Befehl wird das aktuelle Datum zwar von LaTeX korrekt in das Bestellformular eingefügt. Bei einem späteren Rückgriff auf das Eingabefile ist es dort jedoch nur zu erkennen, falls es mit `\date{`*datum*`}` auftritt.

Das auf der vorangegangenen Seite abgedruckte Bestellformular wurde demjenigen unseres Instituts nachempfunden. Es soll nur als Muster dienen. Eine Anpassung und/oder Ergänzung an die eigenen Bedürfnisse sollte keine Schwierigkeiten bereiten.

Nach diesen Hinweisen zur Nutzung von `order.cls` folgt nun die Darstellung seiner Realisierung. Diese Darstellung entspricht weitgehend der erstellten Dokumentation aus dem dokumentierten Makrofile `order.dtx`. Das Klassenfile `order.cls` startet mit der Formatanforderung und der Selbstidentifikation als

```
\NeedsTeXFormat{LaTeX2e}[1995/12/01]
\ProvidesClass{order}[1996/06/01 v0.25]
```

Um die Bestellliste in Form einer mehrseitigen Tabelle zu erstellen, bei der auf jeder neuen Seite der Tabellenkopf stets am Anfang zugefügt wird, ist der Rückgriff auf das Ergänzungs-

[8] Aus der Mengenangabe und dem Preis je Einheit könnte der Gesamtpreis natürlich auch durch TeX errechnet werden. Da TeX nur Ganzzahlarithmetik kennt, muss die erforderliche Dezimalbruchrechnung in ihre Einzelterme aufgespalten, teilberechnet und anschließend wieder zusammengefügt werden. Um die Erläuterung nicht mit TeX-Arithmetik zu überladen, folgt später als Kompromiss die Darstellung der Errechnung des Gesamtpreises bei ganzzahligen Mengenangaben, aber Bruchanteilen beim Einzelpreis.

paket `longtable.sty` von DAVID CARLISLE erforderlich. Außerdem soll standardmäßig `german.sty` genutzt werden. Beides geschieht mit

```
\RequirePackage{german}  \RequirePackage{longtable}
```

in `order.cls`. Die Einbindung dieser Ergänzungspakete mit `\usepackage` kann damit entfallen. Als Bearbeitungsoptionen werden `oneside`, `twoside` und `adjust` mit

```
\DeclareOption{twoside}{\@twosidetrue  \@mparswitchtrue}
\DeclareOption{oneside}{\@twosidefalse \@mparswitchfalse}
\DeclareOption{adjust}{\setlongtables}
```

eingerichtet und `oneside` dann mit

```
\ExecuteOptions{oneside}
```

zum Standard gemacht, gefolgt von

```
\ProcessOptions
```

um die mit `\documentclass` übergebenen Optionen zu aktivieren. Anschließend wird mit

```
\input{size10.clo}
```

das File `size10.clo` eingelesen, womit die LaTeX-Schriftgrößenbefehle definiert werden. Die Mehrzahl der LaTeX-Schriftgrößenbefehle wird zur Ausfüllung des Bestellformulars kaum zur Anwendung kommen, so dass das Einlesen von `size10.clo` auch entfallen kann. Dann muss jedoch mindestens `\normalsize` eigenständig definiert und aktiviert werden:

```
\renewcommand{\normalsize}{%
   \@setfontsize{\normalsize}{\@xpt}{\@xiipt}
   \let\@listi=\@listI}
\normalize
```

Auch die Schriftgrößen `\small` und `\footnotesize` werden evtl. zur Ausfüllung des Bestellformulars benötigt, `\footnotesize` z. B. für Fußnoten, die vielleicht in der Bestellliste angebracht werden. Ohne den Rückgriff auf `size10.clo` sind diese dann ebenfalls hier zu definieren:

```
\newcommand{\small}{%
   \@setfontsize{\small}{\@ixpt}{11}%
   \def\@listi{\leftmargin\leftmargini
               \topsep 4\p@ \@plus2\p@ \@minus2\p@
               \parsep 2\p@ \@plus\p@  \@minus\p@
               \itemsep \parsep}%
}
\newcommand{\footnotesize}{%
   \@setfontsize{\footnotesize}{\@viiipt}{9.5}
   \def\@listi{\leftmargin\leftmargini
               \topsep 3\p@ \@plus\p@ \@minus\p@
               \parsep 2\p@ \@plus\p@ \@minus\p@
               \itemsep \parsep}%
}
```

Diese Definitionen von `\normalsize`, `\small` und `\footnotesize` sind etwas einfacher als diejenigen aus `size10.clo`. Die dortigen Definitionen bewirken zusätzlich unterschiedliche vertikale Zwischenräume vor und nach abgesetzten Formeln (s. 3.3.1 auf

S. 129f). Da abgesetzte mathematische Formeln in dem vorgesehenen Bestellformular kaum auftreten werden, ist diese Vereinfachung gerechtfertigt. Bei einem tatsächlichen Bedarf können die erweiterten Definitionen der zitierten Stelle übernommen werden.

Nach diesem Vorspann, der in dieser oder ähnlicher Form vermutlich bei jedem Klassenfile auftreten wird, folgen als Nächstes die Vorgaben für das Seitenformat, die für DIN A4 geeignet sind:

```
\setlength{\hoffset}{-1in}           \setlength{\voffset}{-1in}
\setlength{\topmargin{5mm}           \setlength{\marginparwidth}{20mm}
\setlength{\oddsidemargin}{25mm}     \setlength{\evensidemargin}{21mm}
\setlength{\textwidth}{160mm}        \setlength{\textheight}{250mm}
\setlength{\headheight}{30\@p}       \setlenght{\headsep}{30\@p}
\setlength{\footskip}{25\p@}
```

Hierauf folgen einige Vorgaben zur Absatzformatierung, die in gleicher oder ähnlicher Weise auch bei den Standardklassenfiles auftreten:

```
\setlength{\lineskip}{1\p@}        \setlength{\normallineskip}{1\p@}
\renewcommand{\baselinestretch}{}
\setlength{\parskip}{1ex \@plus.5ex \@minus.2ex}
\setlength{\parindent}{0\p@}
\setlength{\marginparsep}{7\p@}    \setlength{\marginparpush}{5\p@}
\setlength{\footnotesep}{12\p@}
\setlength{\skip\footins}{10\p@ \@plus2\p@ \@minus4\p@}
\setlength{\smallskipamount}{.5\parskip}
\setlength{\medskipamount}{\parkip}
\setlength{\bigskipamount}{2\parskip}

\@lowpenalty 51    \@medpenalty 151    \@highpenalty 301
\@beginparpenalty -\@lowpenalty   \@endparpenalty -\@lowpenalty
\@itempenalty -\@lowpenalty
```

Die Zuweisung negativer Strafpunkte an `\@beginparpenalty`, `\@endparpenalty` und `\@itempenalty` erleichtert Seitenumbrüche vor und nach listenartigen Strukturen sowie vor Aufzählungspunkten.

Nach diesen Vorbereitungen folgen nun die Definitionen für das eigentliche Bestellformular, dessen erste Seite sich deutlich von den Folgeseiten unterscheidet. Demzufolge werden auch hier, wie beim Briefklassenfile, die Seitenstile `\ps@firstpage` für die erste Seite und `\ps@headings` für die Folgeseiten definiert:

```
\def\ps@firstpage{%
    \def\@oddhead{\parbox{\textwdith}{\centering%
        \fontsize{\@xxpt}{\@xxvpt}\sffamily\bfseries
        Fiktions GmbH \& Co. KG.\\ \rule[5mm]{88mm}{1pt}}
    \def\@oddfoot{\fontsize{\@viiipt}{\@xipt}\sffamily%
        \begin{tabular}{@{}l}Hausanschrift\\Engelsweg 2\\
            D-99\,999 Himmelsruh\end{tabular}\hfill
        weitere einspaltige tabular-Umgebungen für 'Telefon', 'Telex' usw. bis
        \begin{tabular}{l@{}}Bank\\Volksbank Himmelsruh\\
            (BLZ 962\,500\,01) 105\,559\end{tabular}%
    }
}
```

```
\def\ps@headings{\def\@oddhead{\parbox{\textwidth}{%
        \usefont{OT1}{cmss}{sbc}{n}Fiktions GmbH \& Co. KG.\\[5pt]
        \normalfont\slshape \headtoname\ \ignorespaces\toname
        \hfill \@date \hfill \pagename\ \thepage\\[-8pt]
        \rule{\textwidth}{.4pt}}}
    \let\@evenhead=\@oddhead
    \def\@oddfoot{} \let\@evenfoot=\@oddfoot}
```

Auf der ersten Bestellseite erscheint damit der Firmenname ‚Fiktions-GmbH & Co. KG' als zentrierte Kopfzeile in der Schrift `\sffamily\bfseries` und der Schriftgröße `\@xxpt` (20.74 pt) sowie dem dreizeiligen Fuß in Form der sechs jeweils einspaltigen `tabular`-Umgebungen in der Schrift `\sffamily` und der Größe 8 pt. Auf Folgeseiten erscheint als Kopf

Fiktions GmbH & Co. KG.

An Lieferfirma *Datum* *Seite* n

Eine Anpassung an andere Schriftarten und Größen sowie eine andere Aufteilung des Kopfes und Fußes für die erste Bestellseite bedürfen keiner weiteren Erläuterung. Es folgen nun die Definitionen der speziellen Befehle `\reference`, ..., `\shipment`:

```
\newcommand*{\reference}[1]{\renewcommand{\@reference}{\normalfont#1}}
\newcommand*{\sign}[1]{\renewcommand{\@sign}{\normalfont #1}}
\newcommand*{\telphonext}[1]{\renewcommand{\@phoneext}{\normalfont#1}}
\newcommand*{\clientno}[1]{\renewcommand{\@clientno}{\normalfont #1}}
\newcommand*{\delivery}[1]{\renewcommand{\@delivery}{\normalfont #1}}
\newcommand*{\shipment}[1]{\renewcommand{\@shipment}{\normalfont #1}}
\newcommand*{\@reference}{}   \newcommand*{\@sign}{}
\newcommand*{\@phoneext}{}    \newcommand*{\@clientno}{}
\newcommand*{\@delivery}{}    \newcommand*{\@shipment}{}
```

Anwender, die deutsche Befehlsnamen vorziehen, können diese Definitionen auch mit geeigneten deutschen Befehlsnamen vornehmen, z B. `\bezug` usw.

Die `order`-Hauptumgebung wird als Umgebung mit zwei Argumenten, dem Namen der Lieferfirma und ihrer Anschrift, eingerichtet. Diese Eingaben sollen zwingend sein; wird eine vergessen, so soll das zu einer entsprechenden Fehlermeldung führen:

```
\newenvironment{order}[2]{\newpage
   \if@twoside \ifodd\value{page}
             \else\thispagestyle{empty} \hbox{}\newpage\fi
   \fi
   \setcounter{page}{\@ne}  \interlinepenalty=200
   \ifx #1\@empty \ClassError{order}{Lieferantenname fehlt}%
      {Lieferantenname als erstes Argument der order-Umgebung
          angeben.} \fi
   \ifx #2\@empty \ClassError{order}{Lieferantenanschrift fehlt}%
      {Anschrift als zweites Argument der order-Umgebung angeben.} \fi
   \def\toname{#1}  \def\toaddress{#2}}
{\@@par\newpage \input{ordcond}}
```

Die Anweisungen des letzten `{}`-Paares werden mit Beendigung der `order`-Umgebung, also mit `\end{order}` ausgeführt. Dort erfolgt damit ein Seitenumbruch, nach dem das File `ordcond.tex` eingelesen und bearbeitet wird. Dieses File ist zur Übergabe der Einkaufsbedingungen vorgesehen, die zum Abschluss der Bestellung beigefügt werden. Das File `ordcond.tex` darf keine der LaTeX-Gliederungsbefehle enthalten, da diese mit `order.cls` nicht bereitgestellt werden. Der Bearbeitungstext aus `ordcond.tex` darf jedoch mit `\twocolumn[`*einsp_überschrift*`]` beginnen, um den nachfolgenden Text der Einkaufsbedingungen zweispaltig und in einer dort gewählten Schriftgröße auszugeben.

Das erste Argument der `order`-Umgebung mit dem Lieferantennamen wird unter dem Befehlsnamen `\toname` und das zweite Argument mit der Lieferantenanschrift unter `\toaddress` abgespeichert und mit dem `\opening`-Befehl genutzt. Vorab werden noch einige Strukturen eingerichtet, die in der nachfolgenden `\opening`-Definition zur Anwendung kommen:

```
\newcommand*{\fnsf}{\fontsize{8}{9.6pt}\usefont{OT1}{cmss}{m}{n}}
\newdimen\leftfield    \leftfield75mm
\newdimen\rightfield   \rightfield50mm
\newdimen\tempdima     \newdimen\tempdimb
\newsavebox{\lattn}    \newsavebox{\rattn}
\savebox{\lattn}{\tempdima10pt \tempdimb-2.5pt \nullfont
   \loop \rule[\tempdimb]{.25pt}{\tempdima}
   \ifdim \tempdima  > 0pt \advance\tempdima by-.5pt
                      \advance\tempdimb by .25pt\repeat}
\savebox{\rattn}{\tempdima0pt \tempdimb2.5pt \nullfont
   \loop \rule[\tempdimb]{.25pt}{\tempdima}
   \ifdim \tempdima <10pt \advance\tempdima by .5pt
                      \advance\tempdimb by-.25pt\repeat}
```

Mit `\fnsf` wird auf die aufrechte 8 pt-Schrift der Schriftfamilie `\sffamily` (Familienattribut `cmss`) in mittlerer Stärke umgeschaltet. Die LaTeX-Boxen `\lattn` und `\rattn` speichern die Aufmerksamkeitssymbole ▶ bzw. ◀, die nicht als Zeichen in den TeX-Standardzeichensätzen existieren. Sie wurden deshalb hier aus senkrechten Balken ab- bzw. zunehmender Länge konstruiert und können mit `\usebox{\lattn}` bzw. `\usebox{\rattn}` ausgegeben werden. Hiermit erfolgt nun die Definition von `\opening` als:

```
\newcommand{\opening}[2]{\thispagestyle{firstpage}%
   \vspace{15mm}
   \parbox{\leftfield}{\underline{\fnsf Fiktions-GmbH\,$\cdot$\,%
            Postfach 88\,$\cdot$\,D-99\,999 Himmelsruh}\\
      \parbox[]{35mm}[c]{\leftfield}{\toname\\[1ex] \toaddress}}
   \hfill
   \parbox{\rightfield}{\begin{center}\fnsf Bitte in allen
                          Schriftst"ucken angeben!\end{center}
      {\fontsize{\@xivpt}{\@xviipt}\sffamily Bestell Nr.}\quad
      \normalfont\normalsize #1\\
      {\fnsf Kto.}\\[3mm]
      \usebox{\lattn}\hfill #2\hfill\usebox{\rattn}\\
      \rule[6pt]{\rightfield}{.4pt}\par
      {\fnsf Tag}\\[3mm]
      \usebox{\lattn}\hfill \@date\hfill\usebox{\rattn}}\par
   \vspace{5mm}
```

```
    \framebox[\textwidth][l]{%
        \parbox[t]{.5\textwidth}{{\fnsf Bezug}\\ \@reference}%
        \parbox[t]{.1\textwidth}{{\fnsf Zeichen}\\ \@sign}\hfill
        \parbox[t]{.2\textwidth}{{\fnsf Durchwahl\\
            (0\,66\,55) 979-)\@phoneext}\hfill
        \parbox[t]{.12\textwidth{{\fnsf Kunden-Nr.}\\ \@clientno}}
    \par\medskip
    \framebox[\textwidth][l]{%
        \parbox[t]{.5\textwidth}{{\fnsf Liefertermin}\\ \@delivery}%
        \parbox[t]{.5\textwidth}{{\fnsf Versand}\\ \@shipment}}
}
```

Dies ist eine längere Definition, die jedoch kaum Verständnisschwierigkeiten bereiten sollte. Sie teilt die gesamte Textbreite in zwei Felder, deren linkes Feld aus einer verschachtelten `\parbox` besteht, in der zunächst die unterstrichene Rücksendeadresse in der Schrift `\fnsf` erscheint. Darunter folgt eine innere `\parbox` mit 35 mm Höhe, in der die Lieferfirma `\toname` und ihre Anschrift `\toaddress` vertikal zentriert angeordnet werden.

Das rechte Feld enthält zunächst den horizontal zentrierten Text ‚Bitte in allen Schriftstücken angeben!' in der Schrift `\fnsf`. Darunter folgen in 14 pt-Größe Bestell Nr. und dann in Normalschrift das erste übergebene Argument aus `\opening` mit der Bestellnummer. Hierunter erscheinen das zweite Argument mit der Kontonummer sowie das aktuelle Datum, falls dieses nicht explizit mit `\date{`*datum*`}` vorgegeben wurde. Beide Ausgaben werden links und rechts mit den Aufmerksamkeitszeichen ▶ und ◀ umschlossen. Den beiden letzten Ausgaben werden noch die Begriffe Kto. und Tag in der Schrift `\fnsf` vorangestellt und die beiden Angaben werden durch einen horizontalen Balken optisch getrennt.

Nach Ausgabe dieser beiden nebeneinander stehenden Felder erscheint darunter das umrandete Feld mit den Angaben 'Bezug', 'Zeichen', 'Durchwahl' und 'Kundennummer', das über die gesamte Textbreite reicht. Hierunter folgt das weitere umrandete Feld mit den Angaben 'Liefertermin' und 'Versand', jeweils ergänzt mit den Argumenten aus `\reference` bis `\shipment`.

Der `\opening`- Befehl gestaltet damit die gesamte obere Hälfte der ersten Bestellseite. Die Bestellung wird mit dem `\closing`-Befehl abgeschlossen, dessen Definition dann lautet:

```
\newcommand{\closing}[1]{\par\nobreak\vspace{\parskip}\stopbreaks
    \parbox[t]{\leftfield}{\raggedright{\fnsf Die Bestellung
        erfolgt zu unseren auf der letzten\\
        Seite abgedruckten Einkaufsbedingungen.\par
        \medskip Mit freundlichem Gru"s}\\
        {\fontsize{\@xiipt}{\@xivpt}\sffamily Fiktions-GmbH}
        \par\vspace{6\medkipamount}(\normalfont #1)}\hfill
    \parbox[t]{\rightfield}{\raggedleft\sffamily%
        Bitte Auftragsbest"atigung und\\
        Lieferschein 2-fach\\ Rechnung 3-fach}
}
```

Der `\closing`-Befehl bewirkt damit die Ausgabe der eingeschlossenen Texte seiner Definition entsprechend dem Abdruck von S. 341 unterhalb der Bestellliste. Unterhalb der Grußformel mit dem Namen der Bestellerfirma wird vertikaler Leerraum vom Betrag `6\medskipamount` zur Einfügung einer Unterschrift eingerichtet. Darunter erscheint nochmals in runden Klammern der ausgedruckte Name des Bearbeiters aus dem Argument des `\closing`-Befehls.

Der `\closing`-Befehl ruft seinerseits den Befehl `\stopbreaks` auf, womit ein Seitenumbruch unmittelbar vor dem `\closing`-Befehl und innerhalb seines Ausgabetextes verboten wird. Dieser Befehl ist, zusammen mit seinem Aufhebungswiderpart `\startbreaks`, noch zu definieren:

```
\newcommand*{\stopbreaks}{\interlinepenalty\@M
   \def\par{\@@par\nobreak}
   \let\\=\@nobreakcr  \let\vspace=\@nobreakvspace}
\def\@nobreakvspace{\@ifstar{\@nobreakvspacex}{\@nobreakvspacex}}
\def\@nobreakvspacex#1{\ifvmode\nobreak\vskip #1\relax
                         \else \@bsphack\vadjust{\nobreak\vskip #1}
                               \@esphack\fi}
\def\@nobreakcr{\vadjust{\penalty\@M}\@ifstar{\@xnewline}{\@xnewline}}

\newcommand*{\startbreaks}{\let\\=\@normalcr
   \interlinepenalty 200\def\par{\@@par\penalty 200\relax}}
```

Zur Erstellung der Bestelltabelle wird die `orderlist`-Umgebung bereitgestellt. Diese greift auf die `longtable`-Umgebung aus dem Ergänzungspaket `longtable.sty` zurück, mit der mehrseitige Tabellen mit ausgerichteten Spaltenbreiten sowie wiederholten Tabellenköpfen am jeweiligen Seitenanfang eingerichtet werden können.

```
\newenvironment{oderlist}{\setcounter{position}{0}%
   \begin{longtable}{@{}r|r|r|p{75mm}|r|r@{}}
   \caption*{\sffamily\bfseries Beste"lliste}\\ \hline
   \fnsf Pos. & \fnsf Menge & \fnsf Artikel-Nr. & \fnsf Bezeichnung &
   \fnsf Preis je Einh. & \fnsf Gesamtpreis\\[1ex]      \endfirsthead
   \caption*{\sffamily Beste"lliste --- Fortsetzung}\\ \hline
   \fnsf Pos. & \fnsf Menge & \fnsf Artikel-Nr. & \fnsf Bezeichnung &
   \fnsf Preis je Einh. & \fnsf Gesamtpreis\\[1ex]           \endhead
   \hline\multicolumn{6}{r}{\sffamily
        Fortsetzung auf der n"achsten Seite}                 \endfoot
   \hline                                                \endlastfoot}
   {\end{longtable}}
```

Innerhalb der `orderlist`-Umgebung können die einzelnen Tabellenzeilen mit `\orderline` (s. S. 342) eingegeben werden:

```
\newcounter{position}
\newcommand{\orderline}[5]{\stepcounter{position}\arabic{position}%
   & #1 & #2 & #3 & #4\,DM & #5\,DM\\}
```

Damit sind die Formatierungsvorgaben für das Bestellformular eingerichtet. Es folgen nun noch einige weitere Strukturen, die als LaTeX-Standardstrukturen auch in `order.cls` bereitgestellt werden. Zunächst werden die Befehle `\cc`, `\encl` und `\ps` aus dem Briefklassenfile `letter.cls` übernommen:

```
\newcommand*{\cc}[1]{\par\noindent\parbox[t]{\textwidth}{%
   \@hangfrom{\normalfont\ccname: }\ignorespaces #1\strut}\par}
\newcommand*{\encl}[1]{\par\noindent\parbox[t]{\textwidth}{%
   \@hangfrom{\normalfont\enclname: }\ignorespaces #1\strut}\par}
\newcommand*{\ps}{\par\startbreaks}
```

Nach einem `\ps`-Befehl wird mit `\startbreaks` ein Seitenumbruch für den Nachschrifttext wieder erlaubt.

Die Einrücktiefen für listenartige Strukturen sowie deren vertikale Zusatzzwischenräume werden in den Klassenfiles und nicht bereits im LaTeX-Kern eingestellt. Für `order.cls` werden die Vorgaben aus `letter.cls` übernommen:

```
\setlength{\leftmargini}{2.5em}          \setlength{\leftmarginii}{2.2em}
\setlength{\leftmarginiii}{1.87em}       \setlength{\leftmarginiv}{1.7em}
\setlength{\leftmarginv}{1em}            \setlength{\leftmarginvi}{1em}
\setlength{\leftmargin}{\leftmargini}    \setlength{\labelsep}{5\p@}
\setlength{\labelwidth}{\leftmargini}
\addtolength{\labelwidth}{-\labelsep}
\setlength{\partopsep}{0\p@}
```

Die Einstellvorgaben für verschachtelte `list`-Umgebungen erfolgen standardmäßig in den Größenfiles. Die Vorgaben aus `size10.clo` erweisen sich für das Bestellformular als unpassend. Sie werden deshalb hier neu vorgenommen, was ein weiterer Grund für das Nichteinlesen von `size10.clo` sein kann, da alle sonstigen Vorgaben aus `size10.clo` bereits an anderen Stellen in `order.cls` erfolgten.

```
\def\listI{\setlength{\leftmargin}{\leftmargini}%
    \setlength{\parsep}{0\p@}\setlength{\topsep}{.4em}%
    \setlength{\itemsep}{.4em}}
\let\@listi=\@listI  \@listi

\def\listii{\setlength{\leftmarigin}{\leftmarginii}%
    \setlength{\labelwidth}{\leftmarginii}%
    \addtolength{\labelwidth}{-\labelsep}}
\def\listiii{\setlength{\leftmargin}{\leftmarginiii}%
    \setlength{\labelwidth}{\leftmarginiii}%
    \addtolength{\labelwidth}{-\labelsep}%
    \setlength{\topsep}{.2em}\setlength{\itemsep}{\topsep}}
\def\listiv{\setlength{\leftmargin}{\leftmarginiv}%
    \setlength{\labelwidth}{\leftmarginiv}%
    \addtolength{\labelwidth}{-\labelsep}}
\def\listv{\setlength{\leftmargin}{\leftmarginv}%
    \setlength{\labelwidth}{\leftmarginv}%
    \addtolength{\labelwidth}{-\labelsep}}
\def\listvi{\setlength{\leftmargin}{\leftmarginvi}%
    \setlength{\labelwidth}{\leftmarginvi}%
    \addtolength{\labelwidth}{-\labelsep}}
```

Die `enumerate`- und `itemize`-Umgebungen werden bereits mit dem LaTeX-Kern bereitgestellt. Ihre Markierungen werden in `order.cls` entsprechend den Einstellungen aus `letter.cls` neu vorgenommen:

```
\renewcommand{\theenumi}{\@arabic\c@enumi}
\renewcommand{\theenumii}{\@alph\c@enumii}
\renewcommand{\theenumiii}{\@roman\c@enumiii}
\renewcommand{\theenumiv}{\@Alph\c@enumiv}

\newcommand{\labelenumi}{\theenumi.}
\newcommand{\labelenumii}{(\theenumii)}
\newcommand{\labelenumiii}{\theenumiii.}
\newcommand{\labelenumiv}{\theenimiv.}
```

```
\renewcommand{\p@enumii}{\theenumi}
\renewcommand{\p@enumiii}{\theenumi(\theenumii)}
\renewcommand{\p@enumiv}{\p@enumiii\theenumiii}
\newcommand{\labelitemi}{$\m@th\bullet@}
\newcommand{\labelitemii}{\normalfont\bfseries --}
\newcommand{\labelitemiii}{$@\m@th\ast$}
\newcommand{\labelitemiv}{$\m@th\cdot$}
```

Die Makros `\p@enum`*n* bestimmen die Referenzmarken bei verschachtelten Umgebungen für `\ref`-Befehle, die als `\p@enum`*n*`\theenum`*n* ausgegeben werden.

Die `description`-, `quote`-, `quotation`- und `verse`-Umgebungen sind dem LaTeX-Kern unbekannt. Sie werden üblicherweise mit den Klassenfiles bereitgestellt, was auch für `order.cls` geschieht, wobei die `verse`-Umgebung entfällt, weil für diese in einem Bestellformular kaum ein Bedarf besteht:

```
\newenvironment{description}{\list{}{\labelwidth\z@
    \itemindent-\leftmargin \let\makelabel\descriptionlabel}}
    {\endlist}
\newenvironment{quote}{\list{}{\setlength{\rightmargin}{\leftmargin}}
    \item[]}{\endlist}
\newenvironment{quotation}{\list{}{\setlength{\listparindent}{1.5em}%
    \setlength{\itemindent}{\listparindent}%
    \setlength{\rightmargin}{\leftmargin}}\item[]}{\endlist}
```

Hiernach folgen noch einige Formatierungsvorgaben für Tabellen, Tabulatoren, Minipages, Boxumrahmungen, abgesetzte Formeln und Fußnoten:

```
\setlength{\arraycolsep}{5\p@}       \setlength{\tabcolsep}{6\p@}
\setlength{\arrayrulewidth}{.4\p@}   \setlength{\doublerulesep}{2\p@}
\setlength{\tabbingsep}{\labelsep}   \setlength{\@mpfootins}{\footins}
\setlength{\fboxsep}{3\p@}           \setlenght{\fboxrule}{.4\p@}
\renewcommand{\theequqation}{\@arabic\c@equation}
\renewcommand{\footnoterule}{\kern-\p@ \hrule \@width .4\columnwdith
    \kern .6\p@}
\newcommand{\@makefntext}[1]{\noindent \hangindent 5\p@
    \hb@xt@5\p@{\hss\@makefnmark}#1}
```

Das Ergänzungspaket `german.sty` definiert die Namensbefehle `\ccname`, `\enclname`, `\pagename` und `\headtoname` sowie das aktuelle Datum `\today` in sprachspezifischer Weise. Da `german.sty` mit `\RequirePackage{german}` Bestandteil des Klassenfiles `order.cls` geworden ist, brauchen diese Definitionen nicht mehr vorgenommen werden. Hier folgen dann nur noch die Anfangseinstellungen:

```
\setlength{\columnsep}{10\p@} \setlength{\columnseprule}{0\p@}
\pagestyle{headings}          \pagenumbering{arabic}
\raggedbottom                 \onecolumn
\endinput
```

Das auf S. 341 abgedruckte und ausgefüllte Bestellbeispiel wurde anschließend mit dem nachfolgenden kleinen Textfile `ordexmpl.tex` erstellt:

```
\documentclass{order}
\begin{document}
\begin{order}{Fa. Murksladen}{Gammelgasse 10\\12\,345 Bruchhausen}
\reference{Ihr Sonderkatalog April 1996}  \sign{ko/st}
\telephonext{451} \clientno{123\,456\,01}
\delivery{sofort} \shipment{Selbstabholer}
\opening{1234/96}{51505/37/20}
\begin{orderlist}
\orderline{5 Stk}{D-5142}{Optical Disk 3.5'' 128 MB 512 B/S, mit
   zus"atzlicher Konvertierungssoftware Here\&Now}{39.00}{195.00}
\orderline{3 Stk}{P-6200}{Tonerkassette f"ur HP Laserjet 4+}{157.00}%
   {472.00}
 . . . . . . . . . . . . . . . . . . . . . . . . . . . . . . . . . .
\orderline{1 Stk}{99999}{99.999\%-Virus-Killer Software}{29.90}{29.90}
\end{orderlist}
\closing{\textit{bearb\_name} \end{order}
\end{document}
```

Bei längeren Bestellungen, deren Bestellliste mehr als eine Seite beansprucht, ist bei der endgültigen Bearbeitung ein Breitenabgleich der zueinander gehörenden Spalten auf den einzelnen Seiten vorzunehmen. Die `longtable`-Umgebung aus dem Ergänzungspaket `longtable.sty` von DAVID CARLISLE erledigt dies mit der Erklärung `\setlongtables` vor Eintritt in die `longtable`-Umgebung, auf die unsere `orderlist`-Umgebung zurückgreift. Die Erklärung `\setlongtables` wird mit der Klassenoption `adjust` aktiviert.

6.5.2 Ein interaktives Bestellprogramm

Bestellungen sind meistens so weit formalisiert, dass sich für sie ein interaktives Programm anbietet, das auf dem Bildschirm zur Eingabe der Bestellangaben auffordert und hieraus das Bestellformular automatisch erstellt. Die interaktiven Bestellangaben sollen gleichzeitig in Files abgelegt werden, aus denen sie für andere Zwecke, z. B. zur Buchhaltung und/oder Eingangsüberwachung genutzt werden können. Ein solches Programm kann mit LaTeX-eigenen Mitteln erstellt werden.

Alle interaktiven Eingaben sollen zur Kontrolle auf dem Bildschirm wiederholt werden, um zu prüfen, ob die Eingabe korrekt war. Der interaktive Dialog zur Eingabe der Lieferfirma läuft damit folgendermaßen ab:

`Lieferfirma:`
`Lieferfirma=` *Name der Lieferfirma* `ok?:`

Auf dem Bildschirm erscheint zunächst die erste Zeile, bei der der Eingabecursor ein Leerzeichen hinter dem Doppelpunkt steht. Das Programm wartet dann auf die Eingabe der Lieferfirma. Nach deren Eingabe erscheint die zweite Zeile, in der der eingegebene Name nunmehr nochmals nach dem Gleichheitszeichen auftritt, wonach auf die Bestätigung gewartet wird. Der Eingabecursor steht dort hinter `ok?:` . Die Bestätigung kann für 'ja' einfach mit Betätigung der Eingabetaste (Returntaste) erfolgen. Wird dagegen auf die `ok?`-Abfrage mit `nein` geantwortet, dann wird die erste Zeile erneut ausgegeben und nach der erneuten Eingabe die zweite Zeile wiederholt. Dieses Spiel wiederholt sich so lange, bis die Bestätigung mit der einfachen Betätigung der Eingabetaste abgeschlossen wird, worauf der nächste Eingabedialog eingeleitet wird.

Unser interaktives LaTeX-Programmfile trägt den Namen `order.tex`. Nach dem Bearbeitungsaufruf '`latex order`' erscheint auf dem Bildschirm zunächst die Abfrage nach dem Filegrundnamen, unter dem die nachfolgenden Bestellangaben abgelegt werden. Nach Abschluss des Gesamtdialogs entsteht zum einen `order.dvi`, also das DVI-Ausgabefile für das Bestellformular mit den interaktiv eingegebenen Bestelldaten. Zum anderen entstehen drei Files mit vorab gewählten Grundnamen und den Anhängen `.tex`, `.bdy` und `.lst`.

name`.tex` ist ein LaTeX-Eingabefile, dessen LaTeX-Bearbeitung nochmals die Bestellung, evtl. nach einer manuellen Feinkorrektur, erzeugt. Dieses LaTeX-File liest seinerseits *name*`.bdy` ein, das den Bearbeitungsrumpf enthält und darin wiederum *name*`.lst` einliest. Das letzte File enthält die `\orderline`-Befehle für die zu erzeugende Bestellliste.

Das Programmfile `order.tex` beginnt mit

```
\documentclass[adjust]{order}
\usepackage{ifthen}
\newrite\tex  \newwrite\bdy  \newwrite\lst
\begingroup   \catcode`\@=11
\newcommand{\interactive}[2]{%
   \def\ok{nein}  \let\@@protect=\protect \let\protect=\string
   \advance\endlinechar\@M%
   \whiledo{\equal{\ok}{nein}}{%
      \message{^^J#1: } \read -1 to#2%
      \message{#1= #2 ok?\space} \read -1 to\ok}%
   \advance\endlinechar-\@M \let\protect=\@@protect}
\newcommand{\iwrite}[2]{\immediate\write#1{#2}}
```

Es greift damit auf das Klassenfile `order.cls` zurück, das seinerseits implizit die Ergänzungspakete `german.sty` und `longtable.sty` hinzulädt. Zusätzlich wird das Ergänzungspaket `ifthen.sty` eingebunden, da dessen Abfrage- und Schleifenstrukturen genutzt werden. Zur späteren Nutzung werden drei Fileschreibregister mit den symbolischen Namen `\tex`, `\bdy` und `\lst` belegt.

Anschließend wird mit `\begingroup` eine lokale Gruppe eröffnet, damit die nachfolgenden Definitionen, Einstellungen und Erklärungen nur lokale Wirkung entwickeln und mit der späteren Beendigung durch `\endgroup` wieder die Anfangsvorgaben zur Geltung kommen. Hierin wird zunächst das Zeichen `@` zu einem Buchstaben erklärt, damit es in Befehlsnamen verwendet werden darf und somit den Rückgriff auf interne LaTeX-Befehle erlaubt.

Mit der Definition von `\interaktive` wird das Makro zur interaktiven Texteingabe und Kontrolle bereitgestellt. Dieses Makro hat zwei Argumente, deren erstes den Bildschirmtext zur Eingabeaufforderung übergibt und deren zweites unter einem Befehlsnamen den Eingabetext übernimmt. Die temporäre Erhöhung von `\endlinechar` um 1000 (`\@M`) bewirkt, dass den mit der Returntaste abgeschlossenen Eingabetexten kein Zeilenendzeichen angehängt wird.

Die Definition von `\iwrite` dient nur als Abkürzung zur unverzüglichen Ablage des zweiten Arguments in einem File, dessen symbolische Kennzeichnung mit dem ersten Argument erfolgt. Hiermit soll lediglich die wiederholte Eingabe von `\immediate\write\`*kz*`{`*text*`}` erleichtert werden. Anschließend werden mit

```
\let\\=\relax   \originalTeX
```

die Bedeutung des LaTeX-Befehls `\\` aufgehoben und die Vorgaben aus `german.sty` suspendiert. Damit wird erreicht, dass interaktive Eingabetexte, die `\\`-Befehle und Umlaute und das ß entsprechend der Notation aus `german.sty` enthalten können, unverändert in die Ablagefiles geschrieben werden. Ohne die vorgenommene Suspendierung würde die Eingabe von `"a` z. B. im Ablagefile als `\active@dq \dq@prtct{a}` ausgegeben, wobei dies schon eine Verkürzung als Folge von `\let\protect=\string` darstellt. Noch schlimmere Folgen hätten `\\`-Befehle im Eingabetext, da deren Auflösung durch den `\write`-Befehl zu einem Bearbeitungsfehler mit Programmabbruch führen würde.

Nach dieser Anfangsumstellung erfolgt nun die erste interaktive Eingabeaufforderung und ihre Nutzung mit

```
\interactive{Grundname der Ablagefiles}{\batchfile}
\immediate\openout\tex=\batchfile.tex
\immediate\openout\bdy=\batchfile.bdy
\immediate\openout\lst=\batchfile.lst
```

Der erste Befehl bewirkt die Textausgabe '`Grundname der Ablagefiles: `' auf dem Bildschirm, woraufhin auf die Eingabe gewartet wird. Der eingegebene Name wird dann unter dem Befehlsnamen `\batchfile` abgespeichert. Anschließend werden drei Schreibkanäle geöffnet und mit den externen Files *name*`.tex`, *name*`.bdy` und *name*`.lst` verbunden, wobei *name* für den interaktiv eingegebenen Grundnamen steht. Hiernach werden mit

```
\iwrite\tex{\string\documentclass[adjust]{order}}
\iwrite\tex{\string\begin{document}}
\iwrite\tex{\string\input{\batchfile.bdy}}
\iwrite\tex{\string\end{decument}}
\immediate\closeout\tex
\xdef\batchfile{\batchfile}
```

die als zweites Argument übergebenen Texte in das File *name*`.tex` geschrieben. Durch das vorangestellte `\string` wird der jeweils nachfolgende Befehlsname unverändert in das Ablagefile geschrieben. Danach wird das Ausgabefile *name*`.tex` geschlossen. Dieses File besteht damit nur aus den vier angegebenen Zeilen. Sein LaTeX-Bearbeitungsrumpf enthält nur '`\input{`*name*`.bdy}`', womit die eigentlichen Bearbeitungsanweisungen und -texte als einzulesendes File zugefügt werden.

Das Ausgabefile *name*`.tex` wird danach geschlossen und der bisher *lokal* definierte Namensbefehl `\batchfile` nochmals mit der gleichen Bedeutung *global* definiert, da er später nach Verlassen der lokalen Gruppe noch einmal benötigt wird. Das Programfile `order.tex` fährt dann fort mit:

```
\interactive{Name der Lieferfirma}{\toname}
\interactive{Anschrift [Strasse\\PLZ Ort]}{\toaddress}
\iwrite\bdy{\string\begin{order}{\tonmae}{\toaddress}}
\interactive{Bestellnummer}{\orderno}
\interactive{Kontonummen}{\account}
\interactive{Bezug}{\inttext}
\iwrite\bdy{\string\reference{\inttext}}
\interactive{Zeichen}{\inttext}
\iwrite\bdy{\string\sign{\inttext}}
\interactive{Durchwahl}{\inttext}
\iwrite\bdy{\string\telephonext{\inttext}}
\interactive{Kundennummer}{\inttext}
\iwrite\bdy{\string\clientno{\inttext}}
```

```
\interactive{Liefertermin}{\inttext}
\iwrite\bdy{\string\delivery{\inttext}}
\interactive{Versand}{\inttext}
\iwrite\bdy{\string\shipment{\inttext}}
\interactive{Bearbeiter-Name}{\respname}
\iwrite\bdy{\string\opening{\orderno}{\account}}
\iwrite\bdy{\string\begin{orderlist}}
\iwrite\bdy{\string\input{\batchfile.lst}}
\iwrite\bdy{\string\end{orderlist}}
\iwrite\bdy{\string\end{order}}
\immediate\closeout\bdy
```

Die hier auftretenden `\interactive`- und `\iwrite`-Befehle bedürfen keiner weiteren Erläuterung. Bei einer Reihe dieser Befehle tritt jeweils der gleiche Befehlsname `\inttext` zur Aufnahme des Eingabetextes auf. Sein Inhalt wird unmittelbar nach der Eingabe in das Ausgabefile *name*`bdy` geschrieben, so dass `\inttext` wieder frei wird und mit neuem Text gefüllt werden kann.

Abschließend erfolgt noch der Dialog zur Eingabe der Daten für die Bestellliste:

```
\message{^^JBestelliste eroeffnen^^J}
\def\terminate{nein}  \setcounter{position}{0}
\whiledo{\not\equal{\terminate}{ja}}{%
   \let\@@protect=\protect \let\protect=\string%
   \advance\endlinechar\@M%
   \stepcounter{position}\message{Position \arabic{position}}
   \interactive{Menge}{\quantity}
   \interactive{Artikel-Nr}{\waresno}
   \interactive{Bezeichnung}{\indication}
   \interactive{Preis je Einheit}{\unitprice}
   \interactive{Gesamtpreis}{\totalprice}
   \iwrite\lst{\string\orderline{\quantity}{\waresno}{\indication}%
                                   {\unitprice}{\totalprice}}
   \message{Bestelliste beenden [ja|nein=<Return>]:\space}
      \read -1 to\terminate
   \advance\endlinechar-\@M \let\protect=\@@protect}
\immediate\closeout\lst
\endgroup
```

Der hiermit verbundene Dialog erfolgt in einer `\whiledo`-Struktur, die fünf Eingabeaufforderungen zur Eingabe der Bestellmenge, der Artikelnummer, einer näheren Warenbezeichnung, des Preises je Einheit und des Gesamtpreises umfasst. Diese Eingaben werden dann als Argumente für den `\orderline`-Befehl übergeben und dieser wird in dem File *name*`.lst` abgelegt. Anschließend erfolgt die Abfrage, ob die Bestellliste zu beenden ist. Mit 'nein' oder nur der Betätigung der Returntaste wiederholt sich der Vorgang zur Eingabe der nächsten fünf Angaben für eine weitere Bestellzeile. Soll die Bestellliste beendet werden, so ist die vorstehende Abfrage mit `ja` zu beantworten. Damit wird das File *name*`.lst` geschlossen und die lokale Gruppe beendet (`\endgroup`).

Alle innerhalb der vorstehenden lokalen Gruppe vorgenommenen Erklärungen und Umdefinitionen sind damit vergessen, so als hätte es sie gar nicht gegeben. Zum Abschluss folgt dann nur noch:

```
\begin{document} \input{\batchfile.bdy} \end{document}
```

Damit wird das soeben erzeugte File *name*.bdy nochmals eingelesen und sein Inhalt als Bearbeitungsrumpf mit LaTeX bearbeitet. Das Bearbeitungsergebnis wird als DVI-File order.dvi für das ausgefüllte Bestellformular ausgegeben, womit die LaTeX-Bearbeitung von order.tex endet.

Abschließend noch ein Hinweis auf ein Problem, auf das ich im Zuge der vorgestellten Entwicklung gestoßen bin. Ich hatte zunächst versucht, die \whiledo-Struktur zur Eingabe der Bestelldaten für die Bestellliste innerhalb der erzeugenden orderlist-Umgebung einzurichten. Dies führte zu einem schweren LaTeX-Bearbeitungsfehler mit dem Fehlerhinweis auf eine unvollständige \ifthenelse-Struktur, wohingegen die identische \whiledo-Struktur außerhalb der orderlist-Umgebung fehlerfrei arbeitete.

Die orderlist-Umgebung aus dem Klassenfile order.cls greift ihrerseits auf die longtable-Umgebung aus dem Ergänzungspaket longtable.sty zurück. Die Standard-tabular-Umgebung führt zu dem gleichen Bearbeitungsfehler. Bei dem Versuch, die Fortsetzung der Bearbeitung zu erzwingen, wurde die erwünschte Tabelle vollständig unterdrückt. Innerhalb tabular-artiger Umgebungen sind offensichtlich Bedingungsabfragen nach dem ersten Spaltenfeld nicht möglich.

Die Ablage der Zeileneinträge außerhalb der tabular-Umgebung mit den zugehörigen Spaltenfortschaltzeichen & und dem Zeilenendzeichen \\ in einem temporären File und dessen Einlesen innerhalb der tabular-Umgebung ermöglicht dagegen eine korrekte Tabellenerzeugung.

6.5.3 Berechnung des Gesamtpreises durch TeX

Bei der Nutzung des vorgestellten Bestellklassenfiles muss neben der jeweiligen Mengenangabe und dem Einzelpreis auch der Gesamtpreis eingegeben werden, obwohl Letzterer aus den beiden ersten Angaben als deren Produkt einfach zu errechnen ist. Diese Rechenaufgabe kann auch an TeX übertragen werden. Die von TeX bereitgestellte Arithmetik beschränkt sich jedoch auf Ganzzahlarithmetik. Der Einzelpreis wird dagegen als Dezimalzahl mit zweistelligen Pfennigbeträgen nach dem Dezimalpunkt (oder -komma) eingegeben.

Bei den Mengenangaben setze ich zur Vereinfachung ganzzahlige Werte voraus, was für Stückangaben wohl immer zutrifft. Als Mengenangaben könnten jedoch auch Gewichte, Längen u. ä. auftreten, bei denen Angaben wie 1.75 kg oder 33.333 m nicht ungewöhnlich wären. Solche Dezimalbrüche sollen zunächst bei den Mengenangaben nicht zugelassen werden.

Die Einzelpreisangabe in Form einer Dezimalzahl mit den zweistelligen Pfennigbeträgen nach dem Dezimalpunkt muss zunächst in einen Ganzzahlenstring umgewandelt werden. Dies erfolgt am einfachsten durch Fortlassen des Dezimalpunkts, was einer Multiplikation mit 100 entspricht. Der Einzelpreis wurde bei der interaktiven Eingabe in \unitprice abgelegt. Für die anschließende Arithmetik werden zunächst drei TeX-Zähler

```
\newcount\numa   \newcount\numb   \newcount\numc
```

und das Makro

```
\def\deldecpoint#1.#2!!{#1#2}
```

eingerichtet, das als erstes Argument die nachfolgende Tokenfolge bis zum Auftreten eines Punkts und als zweites Argument die anschließende Tokenfolge bis zum Auftreten der !!-

EndKennung übernimmt (s. 5.6.2 auf S. 258ff). Bei Anwendern, die das Komma als Dezimaltrennzeichen bevorzugen, ist der Punkt durch das Komma im Parametertext der vorstehenden Definition zu ersetzen. Mit

```
\numa=\expandafter\deldecpoint\unitprice!!
```

wird dem Zähler `\numa` der Inhalt von `\unitprice` unter Fortlassung des Dezimalpunkts zugewiesen. Enthielt `\unitprice` z. B. `11.90`, wie in Position drei bei unserem Bestellbeispiel von S. 341, so enthält der TeX-Zähler `\numa` nun den Zahlenwert 1190.

Mit einer gleichartigen Technik ist zunächst der Inhalt von `\quantity` mit der Zahl- und Einheitenangabe wie '5 Stk' auf seinen reinen Zahlenbestandteil zu reduzieren. Hierin folgt auf die Zahlenangabe zunächst stets ein Leerzeichen, so dass mit

```
\def\extractnum#1␣#2!!{#1}     \numc=\expandafter\extractnum\quantity!!
```

dem TeX-Zähler `\numc` der reine Zahlenbestandteil aus der Mengenangabe übergeben wird. Das Leerzeichen im Parametertext der Definition von `\extractnum` wurde hier zur Verdeutlichung mit ␣ gekennzeichnet. Mit

```
\numb=\numa    \multiply\numb by \numc
```

wird der Zahlenwert aus `\numa` nach `\numb` kopiert und dort mit dem Zahlenwert aus `\numc` multipliziert. Der Zähler `\numb` enthält danach den Gesamtpreis in Pfennigen ausgedrückt. Mit '11.90' für `\unitprice` und '5 Stk' für `\quantity`, also 1190 für `\numa` und 5 für `\numc` ergäbe dies dann 5950. Dieser Zahlenwert muss anschließend wieder in Mark- und Pfenniganteile zurückgewandelt werden:

```
\numa=\numb    \divide\numa by 100
\numc=\numa    \multiply\numc by 100
\advance\numb by-\numc
```

Nach der ersten Zeile enthält der Zähler `\numa` den vollen Markanteil des Gesamtpreises, da Bruchteile bei dem Ergebnis des `\divide`-Befehls fortgelassen werden. Die zweite Zeile legt in `\numc` das Hundertfache des Markanteils ab, so dass nach der dritten Zeile in `\numb` der ursprüngliche Gesamtbetrag auf seinen reinen Pfenniganteil reduziert wird. Damit enthalten abschließend also `\numa` den Mark- und `\numb` den Pfenniganteil des Gesamtpreises.

Nach diesen Vorbemerkungen kann nun abschließend das Makro `\calctotalprice` definiert werden. Dies setzt voraus, dass die Mengen- und Einzelpreisangaben unter `\quantity` und `\unitprice` bereitstehen und die obigen TeX-Zähler `\numa`, `\numb` und `\numc` eingerichtet sowie die Makros `\deldecpoint` und `\extractnum` definiert wurden.

```
\newcommand{\calctotalprice}{%
   \numa=\expandafter\deldecpoint\unitprice!!
   \numc=\expandafter\extractnum\quantity!!
   \numb=\numa  \multiply\num by\numc
   \numa=\numb  \divide\numa by 100\relax
   \numc=\numa  \multiply\numc by 100\relax
   \acvance\numb by-\numc
   \def\totalprice{\number\numa.\two@digits\numb}}
```

Der Makroaufruf `\two@digits` in der letzten Zeile dieser Definition greift auf einen internen Befehl aus dem LaTeX-Kern zurück. Mit ihm werden einstellige Zahlen durch Voranstellen einer '0' zweistellig ausgegeben. Ohne diesen Rückgriff würden einstellige Pfennigbeträge aus der Berechnung des Gesamtpreises ohne vorangestellte Null erscheinen, z. B. statt 8.05 fehlerhaft 8.5 ausgegeben. Die Definition von `\two@digits` erfolgt im LaTeX-Kern mit

```
\def\two@digits#1{\ifnum<10 0\fi\number#1}
```

Sie sollte mit den Hinweisen aus 5.1.2 (S. 194) und 5.5.1 (S. 250) verständlich sein.

Mit der vorgeschlagenen Ergänzung kann das interaktive LaTeX-Bestellprogramm für seine Nutzung etwas vereinfacht werden. Die Einrichtung der Zähler `\numa`, `\numb` und `\numc` sowie der Makros `\deldecpoint`, `\extractnum` und `\calctotalprice` sollte im Definitionsteil der dortigen lokalen Gruppe, also innerhalb der dortigen `\begingroup ... \endgroup`-Struktur, vorgenommen werden. In der `\whiledo`-Struktur für den Dialog der Eingabedaten der Bestellliste wird der Aufruf

`\interactive{Gesamtpreis}{\totalprice}`	entfernt und durch
`\calctotalprice`	ersetzt.

Weitere Änderungen sind nicht erforderlich. Die Aufforderung zur Eingabe des Gesamtpreises entfällt damit. Dieser wird aus den vorangegangenen Eingaben für Bestellmenge und Einzelpreis errechnet und unter `\totalprice` abgelegt. Sein errechneter Inhalt wird anschließend als fünftes Argument für den `\orderline`-Befehl in das Ablagefile *name*`.lst` geschrieben.

Die vorstehende Berechnung des Gesamtpreises unterliegt der Einschränkung, dass nur ganzzahlige Mengenangaben erlaubt sind. Diese Einschränkung soll nun gelockert werden. Als Einschränkung für Mengenangaben soll nur noch gelten, dass natürliche Brüche nicht erlaubt sind, sondern nur Dezimalbrüche zugelassen werden. Statt 2 3/4 ist also 2.75 einzugeben. Als Dezimalbruchanteile werden maximal drei Stellen nach dem Dezimalpunkt erlaubt.

Mit `\expandafter\extractnum\quantity!!` wird auch jetzt der Zahlenanteil der Mengenangabe extrahiert. Dieser kann nun jedoch eine Dezimalzahl mit dem Dezimalpunkt und maximal drei Stellen danach enthalten. Man könnte daran denken, den Dezimalpunkt nach der Technik des Makros `\deldecpoint` zu entfernen, was einer Multiplikation mit 1, 10, 100 oder 1000 entspräche, je nachdem, ob nach dem Dezimalpunkt keine, eine, zwei oder drei Stellen auftreten.

Die extrahierte Mengenangabe kann jedoch auch eine ganze Zahl *ohne* Dezimalpunkt sein. In diesem Fall würde das Makro `\deldecpoint` einen Fehler melden, weil es nach einem Punkt sucht, bis zu dem die eingelesene Tokenfolge als erstes Argument interpretiert wird. Es muss also vorab eine Abfrage erfolgen, ob die extrahierte Mengenangabe einen Dezimalpunkt enthält.

Ich stelle hierfür weiter unten ein allgemeines Abfragemakro `\TestSubString` vor, das in der Form

```
\if\TestSubString{gesamt_z_kette}{teil_z_kette}
   ja_zweig
\else
   nein_zeig
\fi
```

verwendet werden kann. Darin wird der Ja-Zweig ausgeführt, wenn eine Zeichenkette *gesamt_z_kette* die Teilzeichenkette *teil_z_kette* enthält. Ist dies nicht der Fall, wird der Nein-Zweig ausgeführt, wobei einer der beiden Ausführungszweige auch leer sein darf. Für die vorstehende Prüfung auf den Dezimalpunkt hin ist die Teilzeichenkette der Dezimalpunkt selbst und die Gesamtzeichenkette die extrahierte Mengenangabe `\quantitynumb` z. B. in der Form

```
\edef\quantitynumb{\expandafter\extractnum\quantity!!}
```

womit die Abfrageprüfung mit

```
if\TestSubString{\quantitynumb}{.}  ja_zweig
\else                               nein_zweig \fi
```

erfolgen kann. Für Mengenangaben wie '3 Stk' enthält `\quantitynumb` eine ganze Zahl *ohne* Dezimalpunkt, womit der Nein-Zweig ausgeführt wird, der dann aus dem Makroaufruf `\calctotalprice` bestehen könnte.

Im Ja-Zweig könnte entsprechend dem obigen Vorschlag der Dezimalpunkt aus `\quantitynumb` entfernt und diese Ganzzahl dann einem Zahlenregister zugewiesen werden:

```
\numc=\expandafter\deldecpoint\quantitynumb!!
```

Hiermit kann die Multiplikation mit dem in Pfennigen umgewandelten Einzelpreis erfolgen. Anschließend müsste das Ergebnis wieder durch 10, 100 oder 1000 dividiert werden, je nachdem, ob die Mengenangabe eine, zwei oder drei Stellen nach dem Dezimalpunkt enthält. Dies müsste vorab geprüft und in einem zugehörigen Divisor abgelegt werden. Ich sehe hier von den erforderlichen Prüf- und Zuweisungsstrukturen ab und empfehle eine einfachere Lösung unter Rückgriff auf das Makropaket calc, das man als LaTeX-Ergänzung auf den TeX-Fileservern findet. Das Ergänzungspaket `calc.sty` stellt arithmetische Rechenverfahren mit LaTeX-eigenen Mitteln bereit und wird im nächsten Unterabschnitt kurz vorgestellt.

6.5.4 Berechnung des Gesamtpreises mit calc.sty

Das LaTeX-Ergänzungspaket `calc.sty` stammt von KRESTEN KRAB THORUP und FRANK JENSEN. Es erlaubt mit LaTeX einfache arithmetische Ausdrücke mittels der vier Grundrechenarten zu bilden, die innerhalb der Zuweisungsbefehle `\setcounter` und `\addtocounter` bzw. `\setlength` und `\addtolength` auftreten dürfen. Additionen und Subtraktionen erfolgen in der vertrauten Syntax: $a_1 \pm a_2 \pm \cdots \pm a_n$, worin $\pm$ für einen der Additions- oder Subtraktionsoperatoren $+$ bzw. $-$ steht.

a_i steht hierbei für Zahlen- oder Längenangaben wie `3` oder `4cm`, wobei in Summen- und Differenzketten alle Terme vom gleichen Typ sein müssen, also entweder reine Zahlen oder ausschließlich Längen. Die Angabe `2cm +4` ist damit nicht zulässig. Innerhalb von Längensummen oder Differenzen dürfen die Maßeinheiten jedoch wechseln, z. B. `2cm+4pt`, da alle Längenangaben in die interne Maßeinheit 'sp' umgewandelt werden (1 pt = 65536 sp).

Für a_i können direkte Zahlen- und Längenangaben wie `10` und `5mm` oder Befehlsnamen stehen, die ihrerseits in Zahlen- oder Längenangaben aufgelöst werden. Mit

```
\newcommand{\ten}{10}         \newcommand{\five}{5}
\newcommand{\twomm}{2mm}  \newcommand{\fourpt}{4pt}
```

führt `\ten + \five` zu $10 + 5$ und damit zum Ergebnis 15 und `\twomm - \fourpt` zu 2 mm − 4 pt. Für a_i dürfen auch Befehlsnamen von Längenregistern stehen, die mit

`\newlength` erklärt wurden. LaTeX-Zähler, die mit `\newcounter{`a_i`}` erklärt wurden, können zur Summen- oder Differenzbildung in der Form `\value{`a_1`}` $\pm$ `\value{`a_2`}` verknüpft werden.

Zahlen und Zahlenbefehle sowie Längen und Längenbefehle können mit Zahlen multipliziert oder dividiert werden. Angaben wie `3 * 4` oder `2cm * 5` und `10/2` oder `20mm/5` sind damit erlaubt und führen zum erwarteten Ergebnis. Bei der Multiplikation oder Division von Längen oder Längenbefehlen mit Zahlen muss die Längenangabe dem Zahlenfaktor oder Divisor vorangehen: *längen_bef***faktor* bzw. *längen_bef* / *divisor*.

Bei der Division wird als Ergebnis der ganzzahlige Anteil zurückgeliefert: `12/5` ergibt als Ergebnis `2`. Bei der Division von Längen oder Längenbefehlen durch Zahlen bezieht sich diese Rundung auf die interne Maßeinheit 'sp'.

Mehrfache Multiplikationen oder Divisionen sind ebenfalls erlaubt. So ergibt `6*3*2` erwartungsgemäß `36`, und `6 * 3 / 2` führt zu `9`. Bei der Kombination von Summen und Produkten oder Quotienten gilt die herkömmliche Prioritätsregel (Punkt- *vor* Strichrechnung): `5 * 2 + 3` ergibt `13`. Durch explizite Klammerung mit runden Klammern kann die Prioritätsregel überspielt werden: `5 * (2 + 3)` ergibt dann `25`.

Bei der Multiplikation oder Division von Längen mit Zahlen dürfen für die Längen auch elastische Maße stehen. Die Multiplikation oder Division bezieht sich dann gleichzeitig auf die Soll-, Dehn- und Schrumpfanteile. Ist z. B.

```
\setlength{\parskip}{5pt plus 2pt minus 1pt}
```

gewählt worden, so ergibt `\parskip * 3:  15pt plus6pt minus 3pt`.

Das Ergänzungspaket `calc.sty` erlaubt als Zahlenfaktoren oder Dividenden auch natürliche oder dezimale Brüche. Diese müssen dann in der Form `\ratio{`*Zähler*`}{`*Nenner*`}` bzw. `\real{`*Dezimal_Bruch*`}` angegeben werden. Damit ergibt

```
\setcounter{x}{100 * \real{1.75}}
\setcounter{y}{10 / \ratio{2}{3}}
```

für die LaTeX-Zähler `x` und `y` die Zuweisung von `175`bzw. `15`. Das Ergebnis wird hierbei auf seinen ganzzahligen Anteil abgerundet. So ergibt `\setcounter{x}{3 * \real{1.6}}` für `x` die Zuweisung von `4`. Bei mehrfachen Produkten erfolgt die Rundung jeweils für die einzelnen Zwischenergebnisse von links nach rechts.

```
\setcounter{x}{3 * \real{1.6} * \real{1.7}}
```

ergibt für `x` die Zuweisung von `6`, da das erste Zwischenergebnis von $3 \times 1.6 = 4.8$ auf 4 abgerundet und dieser Wert dann mit $4 \times 1.7 = 6.8$ auf 6 abgerundet wird.

Bei der Multiplikation von elastischen Längenmaßen mit der `\real`-Funktion verschwinden die elastischen Anteile. Die LaTeX-Zuweisung

```
\setlengt{\parskip}{5pt plus2pt minus1pt * \real{1.5}}
```

ergibt für `\parskip` den Wert von `7.5pt` ohne zusätzliche Dehn- oder Schrumpfanteile.

Mit dem Ergänzungspaket `calc.sty` kann der Gesamtpreis aus dem Einheitenpreis und der Gesamtmenge weitgehend mit LaTeX-eigenen Mitteln errechnet werden. Vorab werden mit

```
\newcounter{numa}  \newcounter{numb}  \newcounter{numc}
```

die LaTeX-Zähler `numa`, `numb` und `numc` eingerichtet, die die früheren TeX-Zähler `\numa`, `\numb` und `\numc` ersetzen. Das Makro `\calctotalprice` wird nun mit

```
\newcommand{\calctotalprice}{%
    \edef\unitpfennigprice{\expandafter\deldecpoint\unitprice!!}
    \edef\quantitynumb{\expandafter\extractnumb\quantity!!}
    \if\TestSubString{\quantitynumb}{.}
       \setcounter{numa}{\unitpfennigprice * \real{\quantitynumb}}
    \else
       \setcounter{numa}{\unitpfennigprice * \quantitynumb}
    \fi
    \setcounter{numb}{\value{numa} / 100}
    \setcounter{numc}{\value{numb} * 100}
    \addtocounter{numa}{-\value{numc}}
    \newcommand{\totalprice}{\value{numb}.\two@digits{\value{numa}} }
```

eingerichtet, das mit den Abschlusshinweisen aus dem vorangegangenen Unterabschnitt keiner weiteren Erläuterungen bedarf.

6.5.5 Das Abfragemakro \TestSubString

Es ist noch die Einrichtung des Abfragemakros `\TestSubString` nachzutragen, dessen Anwendungssyntax bereits auf S. 357 vorgestellt wurde. Da es etwas umfangreicher ist, stelle ich es hier ohne ausführliche Erläuterung vor. Es funktioniert jedoch in der vorgestellten Weise und wurde von mir ausgetestet. Zunächst wird mit

```
\catcode`\@=11    \newif\if@SubString
```

das Zeichen `@` zu einem Buchstaben erklärt, so dass es in Befehlsnamen auftreten darf, sowie ein neuer TeX-Schalter `\if@SubString` eingerichtet. Anschließend wird mit

```
\newcommand[2]{\TestSubstring}{TT\fi
    \edef\@MainString{#1}
    \edef\@SubStringTemp{{#1}{#2}}
    \expandafter\@SubStringCond\@SubStringTemp
}
```

das Makro `\TestSubString` mit zwei Parametern eingerichtet, das seinerseits auf das Makro `\@SubStringCond` zurückgreift, das anschließend vorgestellt wird. Der Anfang seines Ersetzungstextes `TT\fi` fängt das bei seinem Aufruf vorangestellte `\if` ab. Für diese `\if`-Abfrage ergibt der Vergleich der beiden intern übergebenen Zeichen 'T' und 'T' stets *wahr*, wobei der Wahr-Zweig selbst leer bleibt. Dies ist eine beliebte Technik, um Makros eine Pseudo-`\if`-Struktur zuzuweisen. Damit kann das Makro `\TestSubString` mit der auf S. 357 vorgestellten Anwendungssyntax genutzt werden.

Der erste Parameter dieses Makros `#1` übernimmt als Argument die zu prüfende Gesamtzeichenkette, die ihrerseits mit dem internen Makro `\@MainString` zurückgeliefert wird. Der zweite Parameter `#2` übernimmt die Teilzeichenkette, nach der der erste Parameter durchmustert werden soll. Das interne Makro `\@SubStringTemp` liefert bei seinem Aufruf beide übergebenen Argumente, jeweils in `{}`-Paare eingeschlossen, zurück. Das Makro

```
\newcommand[2]{\@SubStringCond}{%
    \def\@TestSS ##1#2##2\@@@{\def\@TestTemp{##1}}%
    \@TestSS #1#2\@@@
    \ifx\@MainString\@TestTemp  \@SubStringfalse
    \else                       \@SubStringtrue \fi
    \if@SubString
}
\catcode`\@=12
```

ist wegen seiner verschachtelten Strukturen etwas undurchsichtig. Es hat ebenfalls zwei Parameter und definiert mit seinem Aufruf das interne Makro `\@TestSS` mit zwei eigenen Parametern `##1` und `##2`. Das zugehörige erste Argument wird mit einer Abschlussmarke gekennzeichnet, die dem äußeren zweiten Argument `#2` entspricht. Das zweite innere Argument `##2` wird mit der Abschlussmarke `\@@@` gekennzeichnet.

Der Aufruf von `\@SubStringCond` setzt den Schalter `\if@SubString` auf *wahr*, wenn die zu prüfende Zeichenkette die übergebene Teilzeichenkette enthält. Andernfalls wird dieser Schalter auf *falsch* gesetzt. Das Makro `\@SubStringCond` wird innerhalb von `\TestSubString` aufgerufen, wobei seine Auflösung (Expandierung) wegen des vorangestellten `\expandafter` zunächst zurückgestellt wird. Das nachfolgende `\SubStringTemp` liefert die übergebene Gesamt- und Teilzeichenkette, jeweils von geschweiften Klammerpaaren umschlossen, zurück, die dann als Argumente von `\TestSubString` zur Anwendung kommen.

Das Abfragemakro `\TestSubString` dient im vorliegenden Anwendungsfall zur Prüfung, ob `\quantitynumb` einen Dezimalpunkt enthält. Für diese Prüfungsaufgabe hätte auch ein einfacheres Abfragemakro eingerichtet werden können. Ich fand für meine Anwendungen jedoch `\TestSubString` so universell und nützlich, dass ich seine Gesamtdefinition in einem eigenen kleinen File `testsubs.tst` abgelegt habe, so dass ich es bei Bedarf mit `\input{testsubs.tst}` einlese und entsprechend den jeweiligen Anwendungszwecken nutze.

6.6 Das Addison-Wesley-Layout

Der Addison-Wesley (Deutschland) Verlag legt seinen Autoren ein verlagsspezifisches Layout nahe, für das ein eigenes Klassenfile `addwes.cls` zur Verfügung steht. Dieses weicht deutlich vom Layout dieser Buchserie ab, die sich als Buchserie über LaTeX auch unverkennbar als LaTeX-Produkt präsentieren soll.

Die vorliegende LaTeX-Buchserie wurde mit der LaTeX-Standardklasse `book.cls` erzeugt, wobei im Vorspann des Bearbeitungsfiles lediglich die Verlagsvorlage für Seitenhöhe und Seitenbreite mit 198 × 130 mm abweichend vom `book`-Standard eingestellt wurde. Alle sonstigen Vorgaben aus `book.cls` blieben nahezu unverändert und wurden lediglich durch das Ergänzungspaket `mytimes.sty` zur Auswahl der verwendeten Schriften ergänzt.

Bei der Entwicklung von `addwes.cls` bzw. dem zugehörigen dokumentierten Makrofile `addwes.dtx` bin ich von `book.cls` als Vorlage ausgegangen. Soweit die nachfolgenden Beschreibungen Makrodefinitionen enthalten, beschränken sich diese auf die Abweichungen zu `book.cls`.

6.6.1 Schriftauswahl

Das Addison-Wesley-Layout empfiehlt als Standardschriftfamilie die PostScript-Schriftfamilie Palatino, als Serifen-Schriftfamilie Helvetica und als Schreibmaschinenschrift Courier. Diese Schriftkombination könnte mit dem Ergänzungspaket `palatino.sty` aktiviert werden. Das Klassenfile `addwes.cls` enthält jedoch die erforderlichen Schriftauswahlstrukturen, so dass das Hinzuladen entfallen kann:

```
\renewcommand{\rmdefault}{ppl}
\renewcommand{\sfdefault}{phv}
\renewcommand{\ttdefault}{pcr}
```

Die Schriftgrößenbefehle `\tiny` bis `\normalsize` entsprechen denjenigen aus den LaTeX-Standardklassenfiles. Die darüber liegenden Schriftgrößenbefehle wurden aus den Layoutverlagsvorgaben für die Gliederungsbefehle unterschiedlicher Ordnung abgeleitet. Dort wird als Schriftgröße für die Überschriften der `\subsubsection`-Befehle 12 pt, der `\subsection`-Befehle 14 pt und der `\section`-Befehle 16 pt gefordert. Diese absoluten Größen wurden dann den Größenbefehlen `\large`, `\Large` und `\LARGE` zugeordnet.

Als Schriftgröße für einen evtl. Untertitel auf der Buchtitelhauptseite verlangt das Verlagslayout 18 pt, die damit `\huge` zugeordnet wurde. Als Schriftgröße für die zweizeiligen Kapitelüberschriften wird 20 pt gefordert, die somit an den nächstgrößeren Schriftbefehl `\Huge` vergeben wurde.

Die Layoutvergaben kennen noch drei weitere Schriftgrößen, nämlich 28 pt für die Titel auf den Buchtteilevorblättern, 32 pt für den Haupttitel des Buches auf der Titelseite und 58 pt für die Kapitelnummern. Diesen absoluten Größen wurden zusätzlich die Schriftgrößenbefehle `\giant`, `\Giant` und `\titanic` zugeordnet.

Das Addison-Wesley-Layout lässt als Schriftgröße für die Normalschrift nur 10 pt zu. Demzufolge entfallen hier die Größenoptionen `10pt`, `11pt` und `12pt` der LaTeX-Standardklassenfiles. Als Folge entfällt auch die Einrichtung von Größenoptionsfiles in Analogie zu `bk`*nn*`.clo`. Die entsprechenden Makrodefinitionen erfolgen stattdessen in `addwes.cls`

Die Definitionen für `\normalsize`, `\small` und `\footnotesize` erfolgen nach dem Muster der gleichnamigen Größenbefehle aus `bk10.clo` mit etwas geänderten Werten, insbesondere für die vertikalen Zwischenräume vor und nach abgesetzten Formeln sowie bei Listenstrukturen (s. 3.3.1 auf S. 129f).

Alle anderen Schriftgrößenbefehle werden unter Nutzung des internen LaTeX-Befehls `\@setfontsize` eingerichtet, der in 3.3.1 auf S. 129 vorgestellt wurde. Den jeweiligen Schriftgrößenbefehlen wurden die oben aufgelisteten absoluten Größen zugeordnet. Als Angabe für den jeweiligen Zeilenabstand wurde das 1.2fache der Schriftgröße gewählt.

6.6.2 Seitenformat und Seitenstile

Als Seitenformat für den Textrumpf schreibt das Addison-Wesley-Layout 190×128 mm vor, wobei die hier angegebene Höhe von 190 mm den Abstand von der Grundlinie der obersten Textzeile bis zur Unterkante der untersten Textzeile meint. Der Einstellwert für `\textheight` ist gegenüber dieser Angabe um den Wert von `\topskip` zu vergrößern.

Genaugenommen wird der Einstellwert für `\textheight` dadurch errechnet, dass zunächst 190 mm durch den Standardwert von `\baselineskip` ganzzahlig dividiert und anschließend mit diesem so ermittelten Faktor multipliziert und dann zu `\topskip` addiert wird. Damit wird sichergestellt, dass die metrische Layoutvorgabe zu einer Texthöhe führt, die genau durch eine ganzzahlige Anzahl von Textzeilen ausgefüllt werden kann:

```
\setlength{\@tempdima}{190mm}
   \divide\@tempdima by \baselineskip
   \@tempcnta=\@tempdima
\setlength{\textheight}{\@tempcnta\baselineskip}
\addtolength{\textheight}{\topskip}
```

Dem LaTeX-Einstellbefehl für die Textbreite `\textwidth` wurde der Layoutvorgabewert von 128 mm zugewiesen. Alle sonstigen Einstellvorgaben für das Seitenformat wurden aus `book.cls` bzw. `bk10.clo` entweder übernommen oder geringfügig modifiziert.

Absätze werden nach den Verlagsvorgaben durch einen vergrößerten Zwischenraum und nicht durch Einzug der ersten Absatzzeile getrennt. Die Einstellvorgaben erfolgen hier mit 0 pt für `\parindent` und '2 ex plus.5ex minus.5ex' für `\parskip`.

An Seitenstilen stellt das Klassenfile `addwes.cls` die Stilarten `empty`, `plain`, `headings` und `myheadings` bereit, wobei `headings` zum Standard erklärt wird. Die Klassenoption `draft` wurde erweitert, so dass sie neben den Randbalken bei übervollen Zeilen im inneren Seitenfuß die Mitteilung ‚Entwurf: *akt_datum*' bewirkt. Dies gilt auch für den Seitenstil `empty`, so dass das zugehörige Seitenstilmakro `\ps@empty` in

```
\def\ps@empty{\let\@mkboth=\@gobbeltwo
    \let\@oddhead=\@empty \let\@evenhead=\@empty
    \def\@oddfoot{\if@draft\normalfont\textsf{Entwurf: \today\hfil}
                  \else \@empty \fi}%
    \def\@evenfoot{\if@draft\hfil\normalfont\textsf{Entwurf: \today}
                  \else \@empty \fi}% }
```

geändert wurde. Das Seitenstilmakro `\ps@plain` beginnt mit seinen ersten beiden Definitionszeilen wie `\ps@empty`. Die Definitionen für`\@oddfoot` und `\@evenfoot` lauten hier:

```
\def\@oddfoot{\if@draft\textsf{Entwurf: \today}\fi
              \hfil\textit{\thepage}}
\def\@evenfoot{\textit{\thepage}\hfil
               \if@draft\textsf{Entwurf: \today}\fi}
```

Das Verlagslayout verlangt standardmäßig, dass auf ungeraden Seiten eine horizontal zentrierte Kopfzeile mit dem Inhalt der aktuellen Kapitelüberschrift und auf geraden Seiten eine solche mit dem Inhalt der aktuellen Abschnittsüberschrift in 9 pt-Kursivschrift erscheint. Die Fußzeilen der einzelnen Seiten sollen außenbündig die Seitennummern in 10 pt-Kursivschrift enthalten. Hierzu wird der Seitenstil `headings` mit dem Seitenstilmakro `\ps@headings` eingerichtet:

```
\def\ps@headings{\let\@mkboth=\markboth
    \def\@evenhead{\hfil\small\itshape\leftmark\hfil}%
    \def\@oddhead{\hfil\small\itshape\rightmark\hfil}%
    \def\@evenfoot{\textit{\thepage}\hfil
        \if@draft \textsf{Entwurf: \today}\fi}%
    \def\@oddfoot{\if@draft\textsf{Entwurf: \today}\fi
        \hfil\textit{\thepage}}%
```

Dieser Teil der `\ps@headings`-Definitionen sollte keine Verständnisschwierigkeiten bereiten. Ggf. kann 3.2.2, S. 100ff zu Rate gezogen werden. Das Makro `\ps@headings` hat seinerseits noch die Markenmakros `\chaptermark` und `\sectionmark` zu definieren, so dass der vorstehende Definitionsteil mit

```
\def\chaptermark##1{%
    \markboth{\ifnum \c@secnumdepth >\m@ne
      \if@mainmatter\thechapter\quad\fi
              \fi
    ##1}{}}%
\def\sectionmark##1{%
    \markright{\ifnum \c@secnumdepth >\z@
        \thesection\quad\fi
    ##1}}}
```

fortgesetzt wird. Die letzte schließende `}`-Klammer aus dem `}}}`-Tripel der letzten Zeile beendet den Definitionsteil von `\ps@headings`.

Beim Seitenstil `myheadings` wird den Seitenköpfen ihr Text mit anwendereigenen Zuweisungen an `\markboth` und/oder `\markright` übergeben. Bei dem zugehörigen Seitenstilmakro `\ps@myheadings` entfällt somit die Definition der Markenmakros. Stattdessen steht dort im zweiten Definitionsteil:

```
\let\@mkboth=\@gobbletwo
\let\chaptermark=\@gobble \let\sectionmark=\@gobble
```

Ansonsten entspricht der erste Teil der Definition von `\ps@myheadings` derjenigen von `\ps@headings`.

In den vorstehenden Seitenstilmakros trat bei den Definitionen für die Fußzeilen die Schalterabfrage `\if@draft` auf. Dieser Schalter wird im Initialisierungsteil des Klassenfiles mit `\newif\if@draft` eingerichtet und standardmäßig mit `\@draftfalse` auf *falsch* gesetzt. Mit der Klassenoption `draft` wird dieser Schalter dagegen mit `\@drafttrue` auf *wahr* gesetzt und bewirkt dann die innenbündige Zusatzangabe Entwurf *akt_datum* in den Fußzeilen.

6.6.3 Die Gliederungsüberschriften

Die Gliederungsüberschriften ab zweiter Ordnung, also für `\section` und höhere, ähneln denen der Standardbuchklasse `book`. Deren Gliederungsbefehle werden einheitlich mit `\@startsection` gemäß 3.2.4, S. 106 und S. 112, erzeugt. Den Gliederungsbefehlen `\section`, `\subsection` und `\subsubsection` werden darin die Schriftgrößen `\LARGE`, `\Large` bzw. `\large` zugeordnet.

Der vertikale Zwischenraum zum nachfolgenden Text, der mit dem fünften Argument von `\@startsection` eingerichtet wird, wurde einheitlich mit `1.0ex plus.2ex` festgelegt. Der vertikale Zwischenraum oberhalb der Gliederungsüberschrift wurde aus `book.cls` übernommen und nur für `\subsubsection` geringfügig auf `3.0ex plus 1ex minus .2ex` vermindert.

Größere Unterschiede zur Standardklasse `book` treten bei den Kapitel- und Buchteilüberschriften auf, wie das nachfolgende Beispiel für die Kapitelüberschrift zeigt. Die Kapitelüberschrift soll zweizeilig in 20 pt halbfetter Schrift erscheinen, wobei dem zweizeiligen Überschrifttext die laufende Kapitelnummer grau getönt in 58 pt Größe vorangestellt wird.

1 Das Addison-Wesley-Layout Kapitelüberschrift 2-zeilig

Dieses Beispiel ist weitgehend korrekt. Es trifft sogar für die hier verwendete halbfette Palatino-Schrift zu. Neue Kapitel starten jeweils eine neue rechte (ungerade) Seite. Den Kapitelüberschriften wird kein vertikaler Leerraum vorangesetzt. Die laufende Kopf- und Fußzeile entfällt auf den Kapitelanfangsseiten. Dies ist die einzige Abweichung beim vorgestellten Beispiel gegenüber einer Kapitelanfangsseite der Bearbeitungsklasse `addwes`.

Der Gliederungsbefehl `\chapter` wird mit dem gleichnamigen Makro und seinen Untermakros `\@chapter`, `\@makechapterhead`, `\@schapter` und `\@makeschapterhead` realisiert. Die Definition von `\chapter` wird gegenüber `book.cls` nur geringfügig abgeändert:

```
\newcommand{\chapter}{\if@openright\cleardoublepage
                      \else\clearpage\fi
    \thispagestyle{empty}
    \global\@topnum\z@ \@afterindentfalse
    \secdef{\@chapter}{\@schapter}}
```

Die Änderung liegt nur in der lokalen Einstellung des Seitenstils `empty` gegenüber `plain` beim Original aus `book.cls`. Zur Wirkung des Erzeugungsbefehls `\secdef` verweise ich auf 3.2.4, S. 106. Die Definitionen für `\@chapter` und `\@schapter` werden unverändert aus `book.cls` übernommen (S. 111), so dass ich von einem erneuten Abdruck absehe.

Die Ausgabe der Kapitelüberschriften erfolgt mit dem Makro `\@makechapterhead` bzw. `\@makeschapterhead`.

```
\def\@makechapterhead#1{\vspace*{\0\p@}%
    {\parindent\z@ \normalfont
     \ifnum \c@secnumdepth >\m@ne
       \if@mainmatter
         \settowidth{\@tempdima}{\titanbf\thechapter}
         \addtolength{\@tempdima}{15pt}
         \parbox[b]{\@tempdima}{\titangraybf\thechapter\hfil}%
       \else \@tempdima=0pt \fi
     \else \@tempdima=0pt \fi
     \setlength{\@tempdimb}{\textwidth}%
     \addtolength{\@tempdimb}{-\@tempdima}%
     \parbox[b]{\@tempdimb}{\raggedright\Huge\bfseries #1}
     \par\nobreak \vspace{10\p@}
    }}
```

Die hier auftretenden Schriftauswahlbefehle `\titanbf` und `\titangraybf` werden im Anschluss an die Größenbefehle `\giant` `\Giant` und `\titanic` (S. 362) mit

```
\newcommand{\titanbf}{\titanic\bfseries}
\newcommand{\titangraybf}{\titanbf\color[gray]{0.8}}
```

eingerichtet. Sie bewirken die Umschaltung auf Schriftart und -größe zur Ausgabe der Kapitelnummern. Vorab wird die erforderliche Breite für die Kapitelnummer ermittelt und diese dann in eine Parbox der um 15 pt vergrößerten Breite gefasst. Ihr Inhalt wird mit dem Positionierungsparameter `[b]` auf die untere Zeile der Nachbarbox ausgerichtet.

Der Überschrifttext wird ebenfalls in eine Parbox mit dem gleichen Positionierungsparameter `[b]` gefasst. Die Breite dieser Parbox wird aus der Vorgabe für `\textwidth` abgleitet, die um die Breite der Kapitelnummerbox vermindert wird.

Damit ist sichergestellt, dass die Grundlinie der Kapitelnummer und die Grundlinie der unteren Zeile bei einer zweizeiligen Kapitelüberschrift zusammenfallen. Es liegt dabei in der Verantwortung des Anwenders, den Text der Kapitelüberschrift so zu wählen, dass er zwei Zeilen benötigt. Ggf. kann der Überschriftentext mit einem expliziten Zeilenumbruchbefehl `\\` vom Anwender manuell umbrochen werden. In diesem Fall sollte der `\chapter`-Befehl mit dem zusätzlichen optionalen Parameter *kurz_form* in der Form

`\chapter[`*kurz_form*`] [`*überschrift*`}`

verwendet werden, da anderenfalls der Umbruchbefehl `\\` bei der Übergabe der Kapitelüberschrift ins Inhaltsverzeichnis und an die anschließenden Kopfzeilen unerwünschte Nebenwirkungen entfalten könnte.

Beim `\chapter`-Befehl in der *-Form erfolgt die Ausgabe der Kapitelüberschrift mit dem Makro `\@makeschapterhead`. Dieses ist einfacher, da die Ausgabe der Kapitelnummer entfällt.

```
\def\@makeschapterhead#1{\vspace*{0\p@}}%
    {\parindent\z@ \raggedright
     \normalfont \interlinepenalty\@M
     \Huge\bfseries #1\par\nobreak \vspace{10\p@}
    }}
```

Beide Makros beginnen mit `\vspace*{0\p@}`, also der Einfügung von vertikalem Zusatzzwischenraum der Größe 0 pt. Dieser ist wirkungslos und der `\vspace`-Befehl hätte damit auch entfallen können. Ich hatte ihn hier nur eingefügt, um bei Bedarf später eine Feinjustierung vornehmen zu können.

Die Vorderseite der Vorblätter für Buchteile erscheint mit dem Buchteiltitel und seiner laufenden Nummer in der Form

I

Buchteil-Überschrift

im oberen Seitenteil. Die laufende Teilenummer erscheint in römischen Ziffern in gleicher Größe wie die Kapitelnummern. Der Buchteiltitel wird in 28 pt-halbfetter Palatino-Schrift ausgegeben. Beide Teile erfolgen jeweils für sich horizontal zentriert. Kopf- und Fußzeilen bleiben leer, ebenso wie die Rückseite des Vorblatts.

Der Gliederungsbefehl `\part` wird durch das Makro gleichen Namens und die Untermakros `\@part` bzw. `\@spart` sowie `\@endpart` realisiert. Die Definition für `\part` wird gegenüber der Definition aus `book.cls` nur geringfügig modifiziert.

```
\newcommand{\part}{\cleardoublepage\thispagestyle{empty}
    \if@twocolumn \onecolumn \@tempswatrue
    \else \@tempswafalse \fi
    \secdef{\@part}{\@spart}}
```

Der Seitenstil für diese Seite wird mit `empty` gegenüber `plain` aus `book.cls` eingestellt. Außerdem entfällt vorangehender vertikaler Füllraum `\vfil` aus `book.cls`.

Bei der Standardform des `\part`-Befehls erfolgt die Gestaltung der Buchteilvorseite mit `\@part`:

```
\def\@part[#1]#2{%
    \ifnum \c@secnumdepth >-2\relax
      \refstepcounter{part}%
      \addcontentsline{toc}{part}{\thepart\hspace{1em}#1}%
    \else
      \addcontentsline{toc}{part}{#1}%
    \fi
    \markboth{}%
    {\vspace*{0pt} \centering
     \interlinepenalty\@M \normalfont
     \ifnum \c@secnumdepth >-2\relax
       {\titangraybf\thepart\par}
       \vskip 20\p@ \fi
     \giant\bfseries #2\par}%
    \@endpart}
```

Die Definition für `\@spart` ist einfacher, da beim `\part`-Befehl in der *-Form die Aufnahme des Buchteiltitels ins Inhaltsverzeichnis und die Ausgabe der laufenden Nummer entfällt:

```
\def\@spart#1{{\vspace*{30\p@}\centering
    \interlinepenalty\@M \normalfont
    \giant\bfseries #1\par}%
    \@endpart}
```

Beide Makros `\@part` und `\@spart` rufen zum Schluss das Makro `\@endpart` auf, das die Abschlussarbeiten erledigt und zusätzlich die leere Rückseite für das Buchteilvorblatt erzeugt. Dieses Makro wird unverändert aus `book.cls` übernommen, so dass ein Abdruck hier unterbleiben kann.

6.6.4 Der Buchtitelvorspann

Mit dem LaTeX-Befehl `\maketitle` soll beim Klassenfile `addwes.cls` ein vierseitiger Titelvorspann erzeugt werden. Der Titelvorspann dieses Buches kann dazu als Muster betrachtet werden. Die Vorderseite des ersten Titelblatts soll im oberen Seitenteil den Buchtitel (Schmutztitel) in 16 pt Palatino-Normalschrift ausgeben und ansonsten, ebenso wie seine Rückseite, leer bleiben.

Hierauf folgt das zweite Titelvorblatt, dessen Vorderseite mit der Autorenangabe in 16 pt-Palatino-Normalschrift beginnen soll. Darauf folgt mit vertikalem Zwischenraum von ungefähr 20 mm der Haupttitel des Buches in 32 pt halbfetter Palatino-Schrift. Hierunter kann mit einem vertikalen Abstand von 15 mm ein etwaiger Untertitel in 18 pt Palatino-Normalschrift folgen.

Die Seite wird am unteren Ende mit den Verlags- und Ortsangaben abgeschlossen, wobei dem internationalen Verlagsnamen das Addison-Wesley-Firmenlogo vorangestellt wird. Der Verlagsname erscheint dabei in 12 pt fetter Helvetica-Schrift und wird von den nachfolgenden Ortsangaben durch eine horizontale Linie abgetrennt.

Die nachfolgenden Ortsangaben erscheinen in 10 pt-Normalgröße und der Palatino-Normalschrift. Die einzelnen Ortsangaben werden gegeneinander mit einem hochgestellten Punkt als · gegeneinander abgegrenzt.

Die Rückseite des Titelhauptblatts enthält dann diverse Verlagsangaben über Katalogisierung, eventuell Auflagennummer, Autoren, Satz-, Druck- und Bindungserstellung und einiges mehr, wie der Seite iv dieses Buches entnommen werden kann. Alle Angaben der Rückseite erscheinen in 8 pt-Palatino-Normalschrift.

Die variablen Teile des Titelvorspanns werden mit speziellen Texteingabebefehlen eingegeben. Dies sind zum einen die Standardbefehle `\title`, `\author` und `\date` aus dem LaTeX-Kern, die hier noch durch einen weiteren Eingabebefehl für den Untertitel ergänzt und für den internen Befehl `\@date` verändert werden.

```
\newcommand*{\subtitle}[1]{\gdef\@subtitle{#1}}
\def\@subtitle{} \def\@date{\number\year}
```

Zur Übergabe der Informationen für die Rückseite des Titelhauptblatts sind eine Reihe weiterer Eingabebefehle einzurichten.

```
\newcommand*{\revname}[1]{\gdef\@revname{#1}}
 . . . . . . . . . . . . . . . . . . . . . . . .
\newcommand*{\production}[1]{\gdef\covering{Produktion: #1}}
\def\@revname{}
 . . . . . . . . . . . . . .
\def\@production{Produktion:}
```

Vom gleichen Einrichtungstyp wie `\revname` sind auch die Befehle `\isbn` und `\edition`, d. h. sie übernehmen nur das übergebene Textargument. Die zusätzlichen Befehle `\composition`, `\exposure`, `\printing`, `\covering` und `\lecture` sind vom gleichen Typ wie `\production`, d. h. den übergebenen Textargumenten werden die Zusatztexte 'Satz:', 'Belichtung:', 'Druck und Bindung:', 'Umschlaggestaltung:' bzw. 'Lektorat:' vorangestellt.

Der Eingabebefehl `\revname{`*name*`}` bedarf eines Hinweises. Er dient zur Eingabe des Autorennamens in der Reihenfolge *Nachname, Vorname(n)*. Alle anderen Eingabebefehle erklären sich mit ihren englischen Befehlsnamen weitgehend selbst. Deren Inhaltsinformationen muss sich der Autor in den meisten Fällen vom Verlag nennen lassen.

Zusätzlich wurden noch einige Textbefehle mit den festen Inhalten

```
\newcommand*{\publisher}{Bonn; Reading, Mass. [u.\,a.]:
    Addison-Wesley, \@date\\ \hspace*{5pt}ISBN \isbn}
\newcommand*{\ciptext}{Die Deutsche Bibliothek --
    CIP-Einheitsaufnahme}
\newcommand*{\awcopyright}{\copyright\space\space\@date
    \space Addison-Wesley (Deutschland) GmbH}
```

sowie `\backtexta{...}`, `\backtextb{...}`, `\backtextc{...}` und `\backtextd {...}` nach dem gleichen Muster eingerichtet. Der Textinhalt der letzten vier Befehle kann den letzten vier Absätzen der Titelseite iv dieses Buches entnommen werden.

Nach Übergabe der variablen Textbestandteile für die Titelseiten können diese mit `\maketitle` ausgegeben werden. Die vier Titelseiten erhalten keine Seitennummern, der Seitenzähler soll jedoch stumm mitgezählt und mit dem `\maketitle`-Befehl initialisiert werden. Dieses Makro wird dann definiert. Für das erste Vorblatt geschieht dies mit:

```
\newcommand{\maketitle}{\setcounter{page}{\@ne}%
    \begin{titlepage}\raggedright
       \LARGE\hspace*{5mm}\@title
    \end{titlepage}
    \null\thispagestyle{empty}\newpage
```

Die `titlepage`-Umgebung stellt für die laufende Seite den Seitenstil `empty` ein und führt an ihrem Ende ein internes `\newpage` aus, womit diese Umgebung mit einem Seitenumbruch endet. Der nachfolgende Befehl `\newpage` bliebe dann ohne Wirkung, da mehrere aufeinander folgende `\newpage`-Befehle keine akkumulierende Wirkung ausüben. Mit dem vorangestellten Aufruf von `\null` wird TeX überlistet. Dieses Makro bewirkt die Ausgabe einer Leerstruktur, die nun für den nachfolgenden `\newpage`-Befehl Wirkung entfaltet und zu einer leeren Rückseite für das Titelvorblatt führt.

Die Definition für das Makro `\maketitle` wird dann zur Gestaltung der Vorderseite des Titelhauptblatts fortgesetzt:

```
\begin{titlepage}%
   \let\footnotesize=\small
   \let\footnoterule=\relax
   \let\footnote=\thanks
   \raggedright
   \newcommand{\@sdot}{{\raisebox{.5ex}{ . }}}
   {\LARGE \lineskip 1ex%
      \begin{tabular}[t]{c}\@author \end{tabular}\par}%
   \vskip 15mm{\Giant\bfseries\@title\par}%
   \vskip 10mm{\huge\@subtitle\par}%
   \vfill{\awlogo\large\sffamily\bfseries
      ADDISON-WESLEY PUBLISHING COMPANY}\\[-5pt]
   \rule{\textwidth}{.4pt}\\
   Bonn\@sdot Reading, Massachusets\@sdot .....
   ... Mexico City\@sdot Taipei, Taiwan
   \@thanks
\end{titlepage}
```

Dieser Teil bedarf mit den vorangegangenen Hinweisen zur `titlepage`-Umgebung keiner Zusatzerläuterung. Das Makro `\awlogo` zur Erzeugung des Addison-Wesley-Logos wird weiter unten vorgestellt. Nach der Ausgabe dieser Vorderseite für das Titelhauptblatt kann nun seine Rückseite gestaltet werden.

```
\thispagestyle{empty}
\begin{flushleft}\footnotesize
   \ciptext\par \textbf{\@revname}:\\
   \@title\,:\,\@subtitle\space/\space\@author. --
```

```
      \@edition\\ \publisher\par
      \vfill
      \awcopyright\par
      \@composition\\ \@exposure\\ \@printing\\
      \@production\\ \@lecture\\ \@covering\par
      \backtexta\par
      \backtextb\\ \backtextb\\ \backtextc\\ \backtextd
   \end{flushleft}
   \newpage
```

Nach Ausgabe der Rückseite des Titelhauptblatts wird der Fußnotenzähler zurückgestellt, und alle verwendeten Textmakros werden gelöscht bzw. geleert, um Speicherplatz zurückzugewinnen.

```
   \setcounter{footnote}
   \global\let\thanks\relax    \global\let\maketitle\relax
   \global\let\title\relax     \global\let\author\relax
     . . . . . . . . . . . . . . . . . . . . . . . . . .
   \global\let\@thanks\@empty \global\let\@author\@empty
     . . . . . . . . . . . . . . . . . . . . . . . . . .
}
```

Die erste Fortsetzungszeile mit den Punkten steht hier für gleichartige Zuweisungen von `\relax` an alle eingeführten Textbefehle von `\subtitle` bis `\backtextd`, die zweite Fortsetzungszeile für die Zuweisung von `\@empty` an die internen Befehle `\@date` bis `\@lecture`. Die schließende }-Klammer der letzten Zeile beendet den Definitionsteil des Makros `\maketitle`.

Anschließend folgt die Definition für das Makro `\awlogo` zur Erzeugung des Addison-Wesley-Logos. Dies geschieht mit reinen TeX-Mitteln aus Balkenboxen unterschiedlicher Länge, wobei das Makro `\awlogo` eine lokale Gruppe einrichtet, so dass die Belegung von Längenregistern nach Verlassen der lokalen Gruppe wieder aufgehoben wird.

```
\newcommand{\awlogo}{\begingroup%
   \newdimen\dima \newdimen\dimb \newdimen\dimc
   \newdimen\dimd \newdimen\dime
   \dima=5.75pt \dimb=-4pt \dimc=.5pt \dimd=12.5pt \dime=-19.25pt
   \loop%
      \hspace*{\dima}\rule[\dimb]{\dimc}{.5pt}%
      \hspace{\dimd}\rule[\dimb]{\dimc}{.5pt}\hspace{dime}%
      \advance\dima by -.25pt  \advance\dimb by .35355pt
      \advance\dimc by .5pt    \advance\dimd by -.5pt
      \advance\dime by -.25pt
   \ifdim \dimc <12.1pt\repeat
   \dima=6.5pt \dimb=5.5pt \dimc=12pt \dim-18.5pt
   \loop%
      \hspace*{\dima}\rule[\dimb]{\dimc}{.5pt}\hspace{\dime}%
      \advance\dima by .25pt   \advance\dimb by .35355pt
      \advance\dimc by -.5pt   \advance\dime by .25pt
   \ifdim \dimc >0pt\repeat
   \hspace{36pt}\endgroup
}
```

6.6.5 Aufzählungen

Die Aufzählungsmarken der `itemize`- und `enumerate`-Umgebungen sollen jeweils linksbündig zum linken Rand der umgebenden Textstruktur ausgerichtet erscheinen. Außerdem soll bei der `itemize`-Umgebung der ersten Stufe ein graues Quadrat und bei jener der zweiten Stufe ein Spiegelstrich als Marke erscheinen.

- Aufzählungen erster Ordnung haben als Aufzählungsmarke ein grau gefülltes Quadrat.
- Die Aufzählungsmarke ist linksbündig, der Text eingezogen. Der Texteinzug ist für alle Zeilen des Aufzählungstextes gleich, so dass dieser in sich als linksbündiger Block erscheint.
  - Aufzählungen zweiter Ordnung haben als Aufzählungsmarken den Spiegelstrich, diese sind linksbündig zum Aufzählungstext erster Ordnung ausgerichtet.
  - Der Text ist wiederum eingezogen und in sich linksbündig.
- Der Zwischenraum zwischen den einzelnen Aufzählungspunkten beträgt ungefähr eine halbe Leerzeile. Er kann jedoch etwas gedehnt oder geschrumpft werden, um eine optimale Seitenausfüllung zu erreichen.

Nummerierte Aufzählungen erfolgen mit der `enumerate`-Umgebung. Die Positionierung erfolgt in Analogie zur `itemize`-Umgebung.

1. Die Markierung der ersten Stufe erfolgt in arabischen Ziffern, gefolgt von einem Punkt.
   (a) Die Markierung der zweiten Stufe erfolgt in Kleinbuchstaben, die in runden Klammern eingschlossen werden.
   (b) Die nächsten Markierungen setzen die Reihenfolge des Alphabets fort.
2. Die nächste Markierung der ersten Stufe erscheint damit als 2.

Bei den LaTeX-Standardklassen erscheinen in listenartigen Umgebungen die Markierungen rechtsbündig im Markierungsfeld der Weiten `\labelwidth`, an das sich im Abstand `\labelsep` der Aufzählungstext anschließt. Die Standardvorgaben für `\leftindent` erscheinen bei linksbündiger Anordnung der Markierung als zu groß, so dass die gesamten Einstellvorgaben für listenartige Umgebungen in `addwes.cls` eigenständig eingerichtet werden.

Zunächst werden die Einrücktiefen von Listentexten für Listen bis sechster Ordnung und die Markierungsweite für Listen erster Ordnung sowie für den Zusatzzwischenraum für vorangehende Leerzeilen festgelegt:

```
\setlength{\leftmargini}{1.5em}   \setlength{\leftmarginii}{1.75em}
\setlength{\leftmarginiii}{1.5em} \setlength{\leftmarginiv}{1.25em}
\setlength{\leftmarginv}{1em}     \setlength{\leftmarginvi}{1em}
\setlength{\leftmargin}{\leftmargini}
\setlength{\labelsep}{.5em}
\setlength{\labelwidth}{\leftmargini}
\addtolength{\labelwidth}{-\labelsep}
\setlength{\partopsep}{2\p@ \@plus 1\p@ \@minus 1\p@}
```

Die negativen Strafpunkte zur Erleichterung eines Seitenumbruchs vor und nach absatzartigen Umgebungen sowie zwischen Aufzählungspunkten werden aus `book.cls` übernommen.

```
\@beginparpenalty -\@lowpenalty
\@endparpenalty   -\@lowpenalty
\@itempenalty     -\@lowpenalty
```

Die Anordnung der Markierung im Markierungsfeld erfolgt im LaTeX-Kern mit `\@mklab`, was Rechtsbündigkeit bewirkt. Dieses Makro wird zur Erreichung der Linksbündigkeit hier abgeändert:

```
\def\@mklab#1{#1\hfil}
```

Das Makro `\@listi` legt die Einstellwerte von `\leftmargin`, `\partop`, `\topsep`, `\itemsep` und evtl. von weiteren Einstellvorgaben für die erste Stufe einer `list`-Umgebung fest. Die Größenbefehle `\small` und `\footnotesize` setzen die Zuweisungen von `\@listi` neu mit passend verkleinerten Werten. Aus diesem Grund werden die Originalwerte von `\@listi` auch nach `\@listI` kopiert, woraus sie bei Bedarf wiedergewonnen werden können:

```
\def\@listi{\setlength{\leftmargin}{\leftmargini}
    \setlength{\parsep}{4\p@ \@plus1\p@ \@minus1\p@}
    \setlength{\topsep}{3\p@ \@plus1.5\p@ \@minus1\p@}
    \setlength{\itemsep}{2\p@}}
\let\@listI=\@listi
\@listi
```

Mit dem letzten Aufruf werden Einstellungen für die erste Stufe initialisiert. Anschließend werden die entsprechenden Makros `\@listii ... \@listvi` für die tieferen `list`-Umgebungen definiert. Die genauen Einstellwerte sind nicht von Allgemeininteresse, so dass ich von ihrer Wiedergabe absehe.

Die Zähler der vier Stufen der `enumerate`-Umgebung werden bereits mit dem LaTeX-Kern bereitgestellt, so dass hier nur ihr Ausgabeformat festgelegt wird. Wegen fehlender Vorlagen durch den Verlag werden die Standardeinstellungen aus `book.cls` übernommen und bei Bedarf den Verlagswünschen angepasst.

```
\renewcommand\theenumi{\@arabic\c@enumi}
\renewcommand\theenumii{\@alph\c@enumii}
\renewcommand\theenumiii{\@roman\c@enumiii}
\renewcommand\theenumiv{\@Alph\c@enumiv}
\newcommand\labelenumi{\theenumi.}
\newcommand\labelenumii{(\theenumii)}
\newcommand\labelenumiii{\theenumiii.}
\newcommand\labelenumiv{\theenumiv.}
\renewcommand\p@enumii{\theenumi}
\renewcommand\p@enumiii{\theenumi(\theenumii)}
\renewcommand\p@enumiv{\p@enumiii\theenumiii}
```

Anschließend wird die `enumerate`-Umgebung neu definiert, da deren Definition aus dem LaTeX-Kern zu rechtsbündigen Marken im Markierungsfeld führt.

```
\def\enumerate{\ifnum \@enumdepth >\thr@@\@toodeep\else
    \advance\@enumdepth\@ne
    \edef\@enumctr{enum\romannumeral\the\@enumdepth}%
    \expandafter\list \csname label\@enumctr\endcsname
    {\usecounter\@enumctr\def\makelabel##1{##1\hss}}\fi}
\let\endenumerate =\endlist
```

Die äquivalenten Einstellvorgaben sowie die Neudefinition erfolgen nun für die `itemize`-Umgebung.

```
\newcommand\labelitemi{\textcolor[gray]{0.8}{\rule{1.25ex}{1.25ex}}}
\newcommand\labelitemii{\normalfont\bfseries --}
\newcommand\labelitemiii{$\m@th\ast$}
\newcommand\labelitemiv{\boldmath$\m@th\cdot$}
\def\itemize{\ifnum \@itemdepth >\thr@@\@toodeep\else
    \advance\@itemdepth\@ne
    \edef\@itemitem{labelitem\romannumeral\the\@itemdepth}%
    \expandafter\list \csname\@itemitem\endcsname
    {\def\makelabel##1{##1\hss}}\fi}
\let\enditemize =\endlist
```

Die erste Zeile dieser Befehlsgruppe bewirkt als Aufzählungsmarke der ersten `itemize`-Stufe das graue Quadrat. Die anderen Markendefinitionen wurden aus `book.cls` übernommen.

6.6.6 Sonstige LaTeX-Umgebungen

Das Klassenfile `addwes.cls` richtet anschließend die Umgebungen `description`, `verse`, `quotation`, `quote`, `titlepage` und `appendix` ein, deren Definitionsstrukturen aus `book.cls` übernommen oder nur ganz geringfügig modifiziert wurden, so dass ihr Abdruck hier unterbleibt. Ebenso wurden die Einstellvorgaben für die `tabular`-, `array`-, `tabbing`- und `minipage`-Umgebungen aus `book.cls` übernommen.

6.6.7 Mathematische Formeln

Beim Addison-Wesley-Layout sollen abgesetzte mathematische Formeln linksbündig mit der festen Einrücktiefe von 5 mm angeordnet werden. Die LaTeX-Standardinstallation stellt hierfür das Ergänzungspaket `fleqn.clo` bereit. In `addwes.cls` wird es standardmäßig eingelesen. Hierzu wird im Initialisierungsteil der Schalter

```
\newif\if@fleqn
```

eingerichtet und im Optionserklärungsteil mit

```
\DeclareOption{fleqn}{\@fleqntrue}
\DeclareOption{centereqn}{\@fleqnfalse}
```

gesetzt. Im Optionsausführungsteil werden die Standardoptionseinstellungen mit

```
\ExecuteOptions{a4paper,...,final,fleqn}
```

vorgenommen, womit der Schalter `\if@fleqn` standardmäßig auf *wahr* steht. Er wird nur auf *falsch* gesetzt, wenn die eingeführte Klassenoption `centereqn` im `\documentclass`-Befehl explizit angegeben wird.

Im Programmteil des Klassenfiles über das Laden von Zusatzfiles ist dann mit der Abfrage

```
\if@fleqn \input{fleqn.clo} \fi
```

das standardmäßige Einlesen von `fleqn.clo` sichergestellt. Das Einlesen unterbleibt, wenn die Klassenoption `centereqn` gewählt wird, was zur Folge hat, dass der LaTeX-Standard mit horizontal zentrierten Formeln zur Anwendung kommt.

Die Einrücktiefe für abgesetzte und linksbündig angeordnete Formeln erfolgt im Hauptteil von `addwes.cls` mit

```
\setlength{\mathindent}{5mm}
```

Die Gleichungsnummerierung erfolgt zweigliedrig mit der laufenden Kapitelnummer und einer im Kapitel fortlaufenden Gleichungsnummer, getrennt durch einen Punkt und umschlossen von einem runden Klammerpaar.

```
\@addtoreset{equation}{chapter}
\renewcommand{\theequation}{\thechapter.\@arabic\c@equation}
\def\@eqnnum{(\theequation)}
```

6.6.8 Fußnoten

Die Verlagsvorgaben für Fußnoten unterscheiden sich deutlich[9] von der Fußnotengestaltung der LaTeX-Standardklassen.[10] Als Fußnotenmarke soll im laufenden Text eine hochgestellte Nummer in 8 pt Größe der aktuellen Schrift zur Anwendung kommen. Innerhalb der Fußnote wird diese Fußnotennummer *nicht* hochgestellt, sondern linksbündig zum Seitentext angeordnet. Der Fußnotentext erscheint als Blocksatz mit einem Einzug von 10 pt.[11] Die drei Fußnoten dieser Seite dienen zur Demonstration.

Jede Fußnote beginnt mit der Ausgabe einer *Stütze*, also einer unsichtbaren vertikalen Linie der Höhe `\footnotesep`. Sie wird in `addwes.cls` mit

```
\setlength{\footnotesep}{12pt}
```

eingestellt, was einen Zusatzleerraum von 5.35 pt oberhalb der ersten Fußnotenzeile bewirkt, da die Schrifthöhe bei der Schriftgröße `\footnotesize` 6.65 pt beträgt.

Der Abstand zwischen der letzten Textzeile des Seitenrumpfes und der Oberkante der ersten Fußnote einer Seite wird durch das elastische Maßregister `\skip\footins` bestimmt, das hier mit

```
\setlength{\skip\footins}{8\p@ \@plus3\p@ \@minus 2\p@}
```

eingestellt wird. Der horizontale Trennstrich zwischen dem Haupttext und der ersten Fußnote einer Seite wird mit

```
\renewcommand{\footnoterule}{\hrule\@width.4\columnwidth \kern-.4\p@}
```

eingerichtet. Eine Rückpositionierung um −3 pt, wie bei den LaTeX-Standardklassen zur Vermeidung einer Berührung der Trennlinie mit der Oberkante der ersten folgenden Fußnote, kann wegen der 12 pt großen Stütze `\footnotesep` entfallen.

---

[9] Dies ist eine Fußnote, wie sie standardmäßig durch LaTeX gestaltet wird. Fortsetzungszeilen mehrzeiliger Fußnoten erscheinen linksbündig zum Seitentextrand. Die erste Fußnotenzeile wird einschließlich ihrer Marke durch einen Einzug gekennzeichnet.

[10] Mehrfache Fußnoten auf einer Seite erhalten beim LaTeX-Standard keinen zusätzlichen vertikalen Trennraum. Die optische Abtrennung erfolgt nur durch den ersten Zeileneinzug.

11 Dies ist ein Beispiel für eine Fußnote nach dem Addison-Wesley-Layout. Man vergleiche sie mit der vorangehenden Fußnote bezüglich der Fußnotenmarke im laufenden Text und der Fußnotenkennung. Mehrere Fußnoten einer Seite werden durch einen vertikalen Zusatzabstand voneinander getrennt.

Die Fußnotennummerierung erfolgt kapitelweise und beginnt mit jedem neuen Kapitel wieder mit eins:

```
\@addtoreset{footnote}{chapter}
```

Jeder `\footnote`-Befehl ruft intern den Befehl `\@makefntext` auf, der die aktuelle Fußnote formatiert. Zur Erfüllung der Verlagsvorgaben wird dieser Befehl hier mit

```
\newcommand\@makefntext[1]{%
    \@setpar{\@@par \@tempdima=\hsize
            \advance\@tempdima by -10\@p
            \parshape \@ne 10\p@ \@tempdima}%
    \par \parindent \z@\noindent
    \hbox to \z@{\hss\hbox to 10\p@{\@thefnmark\hfil}}#1}
```

definiert.

Jetzt bleibt nur noch die Vorgabe zu erfüllen, dass die Fußnotenmarke im laufenden Text in der Schriftgröße 8 pt zu erstellen ist. Dazu ist der interne Befehl `\@textsuperscript` aus dem LaTeX-Kern abzuändern.

```
\def\@textsuperscipt#1{%
    {\m@th\ensuremath{^{\mbox{\fontsize\viiipt\z@#1}}}}}
```

Mit diesen Makrodefinitionen werden die Layoutvorgaben des Addison-Wesley-Verlags für Fußnoten erfüllt. Der ursprüngliche Vorschlag sah vor, Fußnoten seitenweise durchzunummerieren und auf jeder Seite neu mit eins zu starten. Die Dokumentation des LaTeX-Kerns enthält hierzu die Aussage:

> "If footnotes are to be numbered within pages, then the document style file must include an `\@addtoreset` command to cause the footnote to be reset when the page counter is stepped. This is not a good idea, though, because the counter will not always be reset in time to ensure that the first footnote on a page is footnote number one."

Eine direkte Lösung für seitenweise Fußnotennummerierungen ist mit LaTeX-eigenen Mitteln kaum möglich, da die tiefer liegenden Mechanismen des Seitenumbruchs durch TeX vorgegeben sind. Eine indirekte Lösung stammt von JOACHIM SCHROD, Darmstadt, mit dem Ergänzungspaket `footnpag.sty`. Dieses Paket erzeugt mit jedem LaTeX-Lauf eine Hilfsdatei mit dem Namensanhang `.fot`, aus dem die Fußnotennummern beim nächsten LaTeX-Lauf seitenweise korrekt ermittelt werden. Dies verlangt zum Abschluss deshalb stets eine zweimalige LaTeX-Bearbeitung, damit die Fußnoten der letzten Bearbeitung korrekt bestimmt werden.

Eine seitenweise Fußnotennummerierung erschwert Querverweise auf Fußnoten, da diese dann, wenn sie nicht gerade auf derselben Seite auftreten, stets mit der laufenden Fußnoten- und der zugehörigen Seitennummer, also mit `\ref`- und zusätzlichen `\pageref`-Befehlen, anzuführen sind. Nach diesen Einwänden hat der Verlag die kapitelweise Fußnotennummerierung akzeptiert.

In der vorliegenden Form liegt noch eine Schwäche. Der Blockeinzug von Fußnotentexten von 10 pt ist gerade noch ausreichend, um zweistellige Fußnotennummern vom Fußnotentext abzutrennen. Bei dreistelligen Fußnotennummern würden diese den nachfolgenden Fußnotentext berühren, vielleicht sogar in diesen hineinragen.

Eine Lösung könnte darin bestehen, den Blockeinzug ab Fußnote 100 zu vergrößern. Treffen dann jedoch die Fußnoten 99 und 100 auf einer Seite zusammen, so würde der Texteinzug der Fußnoten dieser Seite springen, was optisch stören würde. Eine andere Lösung könnte darin liegen, bei mehrstelligen Fußnotennummern die erste Fußnotentextzeile etwas weiter einzuziehen. Eine endgültige Entscheidung durch den Verlag steht noch aus.

Für die Praxis ist dieses Problem vermutlich nicht gravierend, da Kapitel mit mehr als 99 Fußnoten sicherlich eine große Ausnahme sein werden. In allen meinen Büchern überschritt die Anzahl der Fußnoten eines Kapitels nur selten den Wert von zehn, wobei dieses Kapitel eine der wenigen Ausnahmen darstellt.

6.6.9 Bild- und Tabellenanordnung

Bilder und Tabellen sollen nach den Layoutvorschriften von Addison-Wesley horizontal zentriert angeordnet werden. Dies gilt sowohl für gleitende wie auch für feste Bilder und Tabellen. Die horizontale Zentrierung kann vom Anwender durch Einschluss in eine `center`-Umgebung oder durch die Erklärung `\centering` am Beginn der `figure`- und `table`-Gleitumgebungen erreicht werden.

Zur Entlastung des Anwenders habe ich in `addwes.cls` die äquivalenten `cfigure`-, `ctable`- und `ctabular`-Umgebungen eingerichtet, die die horizontale Zentrierung bewirken. Vorab wurden zunächst alle Einstellvorgaben und Makrodefinitionen für Gleitumgebungen aus `book.cls` übernommen. Die äquivalenten Zentrierumgebungen wurden dann mit

```
\newenvironment{cfigure}[1][]
    {\begin{figure}[#1]\centering}
    {\end{figure}}
\newenvironment{ctable}[1][]
    {\begin{table}[#1]\centering
    {\end{table}}
\newenvironment{ctabular}[1]
    {\begin{center}\begin{tabular}{#1}}
    {\end{tabular}\end{center}}
```

bereitgestellt. Diese zentrierten Umgebungen haben die gleiche Anwendungssyntax wie die Originalumgebungen. `cfigure` und `ctable` kennen ein optionales Argument für den Positionierungsparameter und `ctabular` hat ein zwingendes Argument zur Eingabe der Spaltenformatierungsliste.

Die Originalumgebungen stehen gleichzeitig auch in einer *-Form zur Verfügung. Entsprechend wurden die äquivalenten *-Formen auch für die zentrierten Versionen bereitgestellt, von denen ich aufgrund ihrer Offensichtlichkeit hier nur `cfigure*` wiedergebe.

```
\newenvironment{cfigure*}[1][]
    {\begin{figure*}[#1]\centering}
    {\end{figure*}}
```

Bilder und Tabellen sollen durch Über- oder Unterschriften gekennzeichnet werden, deren Text bei Gleitobjekten mit einem anfänglichen *oder* abschließenden `\caption`-Befehl zu übergeben ist. Die Einrichtung der Längenregister `\abovecaptionskip` und `\belowcaptionskip` wurde, ebenso wie die Makrodefinition für `\@makecaption`, aus `book.cls` übernommen und hier mit

```
\setlength{\abovecaptionskip}{5\p@}
\setlength{\belowcaptionskip}{5\p@}
```

eingestellt. Die Bild- oder Tabellenüber- oder -unterschrift soll, einschließlich ihrer automatischen Kennzeichnung 'Abbildung $k.b$' bzw. 'Tabelle $k.t$' in 9 pt Palatino-Kursivschrift erfolgen. Dies verlangt eine Abänderung des Makros `\@caption` aus dem LaTeX-Kern, worauf mit einer Lösung bereits in 6.2.4, S. 290, hingewiesen wurde.

```
\long\def\@caption#1[#2]#3{\par%
    \addcontentsline{\csname ext@#1\endcsname}%
    {#1}{\protect\numberline{\csname \the#1\endcsname}%
    {\ignorespaces #2}}%
    \begingroup
      \small\itshape \@makecaption{\csname fnum@#1\endcsname}%
      {\ignorespaces %2}\par
    \endgrouop}
```

Der dem `\caption`-Befehl übergebene Text wird horizontal zentriert, wenn er weniger Platz als die mit `\textwidht` eingestellte Textbreite einnimmt. Anderenfalls wird er wie ein gewöhnlicher Absatz über die gesamte Seitenbreite umbrochen. Für schmalere Abbildungen und Tabellen, die ihrerseits horizontal zenriert werden sollen, mag diese Form der Beschreibung optisch ungefällig erscheinen. Hier ist zu überlegen, ob der Text für den `\caption`-Befehl über eine Parbox vorgegebener Breite gefälliger wirkt.

Als Alternative plane ich, den `\caption`-Befehl mit einem weiteren optionalen Parameter für eine Breitenvorgabe einzurichten. Bei einer Breitenvorgabe kleiner als `\textwidth` soll die damit intern verknüpfte Parbox dann ihrerseits horizontal zentriert werden.

6.6.10 Weitere Hinweise zum Addision-Wesley-Klassenfile

Wie bereits zu Beginn dieses Abschnitts vermerkt, geht das Klassenfile `addwes.cls` von `book.cls` als Vorlage aus. Alle strukturellen Einstellvorgaben und Makrodefinitionen wiederholen sich in `addwes.cls` und wurden hier entweder unverändert übernommen oder zur Erfüllung der speziellen Layoutforderungen modifiziert. Dabei wurden einige Abfragen entfernt, wenn diese beim Original zur Realisierung von Klassenoptionen dienten, die es in `addwes.cls` nicht gibt.

So könnten die Optionspaare `openright` | `openany`, `onecolumn` | `twocolumn` und `twoside` | `oneside` zusammen mit den zugehörigen Abfragestrukturen entfernt werden, da das Addison-Wesley-Layout die Wirkung der jeweils zweiten Alternativoptionen nicht erlaubt. Ich habe sie in `addwes.cls` aus Kompatibilitätsgründen nicht entfernt, sondern mit der Ausgabe einer Warnung verknüpft, die besagt, dass diese Optionen ignoriert werden, da sie das Verlagslayout stören würden.

`\ClassWarningNoLine{addwes}{`*warnungs_text*`}`

Dieser Warnungsbefehl (s. 2.5.6, S. 94) wurde mit einem jeweils geeigneten Warnungstext den `\DeclareOption`-Befehlen zur Einrichtung der Optionen `openany`, `twocolumn` und `oneside` als Realisierungskode zugewiesen (s. 2.5.3, S. 85). Die jeweils erstgenannten Optionen dieser drei Paare `openright`, `onecolumn` und `towside` sind formal erlaubt, doch überflüssig, da sie bereits Teil der Standardeinstellung sind.

In 6.6.1 wurde bereits erwähnt, dass Größenoptionen zur Einstellung der Zeichensatzstandardgröße nicht zugelassen werden, da das Verlagslayout hier zwingend 10 pt vorschreibt. Dies wird für Layoutvorschriften anderer Verlage vermutlich in ähnlich restriktiver Form zu erwarten sein. In diesem Fall kann von der Bereitstellung eigener Größenoptionsfiles und deren Einbindung über entsprechende Auswahlabfragen im Klassenfile abgesehen werden. Stattdessen sind die analogen Einstellvorgaben und Makrodefinitionen aus dem benachbarten Größenoptionsfile direkt im Klassenfile zu übernehmen und ggf. zu modifizieren.

Die `theindex`-Umgebung wurde mit einem optionalen Argument eingerichtet, das zur Aufnahme eines Vorspanntextes dienen kann, der oberhalb des nachfolgenden zweispaltigen Stichwortverzeichnisses über die volle Textbreite erscheint. Die hierzu erforderliche Modifikation der `theindex`-Umgebung wurde bereits in 6.2.6 vorgestellt.

Als Klassenoptionen können für `addwes.cls` genutzt werden:

```
a4paper | b5paper | linosheet
fleqn | centereqn
final | draft
openbib
```

Die mit | getrennten Optionen der ersten drei Zeilen können jeweils zeilenweise nur alternativ genutzt werden. Die in diesen Zeilen erstgenannte Option ist jeweils die Standardoption, die auch ohne explizite Optionsangabe zur Anwendung kommt. Sie wird nur dann abgeschaltet, wenn eine der zugehörigen Alternativoptionen angegeben wird.

Das Klassenfile `addwes.cls` liest seinerseits die Ergänzungspakete `german.sty`, `array.sty` und `color.sty` ein. Diese Ergänzungspakete brauchen deshalb nicht mit eigenen `\usepackage`-Befehlen hinzugeladen zu werden. Das letztgenannte Ergänzungspaket stammt von DAVID CARLISLE und dient hier zur Erstellung von Grauabtönungen bei normalen Schwarzweiß-PostScript-Druckern; auf einem PostScript-Farbdrucker könnten damit beliebige Farbgestaltungen für den Ausgabetext erzielt werden. Das Ergänzungspaket `array.sty` stammt von FRANK MITTELBACH und erweitert die `tabular`-Umgebung und ist zur Standard-`tabular`-Umgebung abwärtskompatibel.

Das beschriebenen Addison-Wesley-Layouts ist mit der Programmumgestaltung des Verlags wegen der damit verbundenen Layoutänderungen nicht mehr aktuell. Inzwischen werden vom Grund-Style `addwes.cls` abgeleitet Alternativen für die aktuellen Verlagsvorgaben in Form von Basis-Paketen `pearsonb.sty` (`pearsonbase.sty`) sowie `pearsons.sty` (`pearsonstudy.sty`) zur Verfügung gestellt, die notwendige Ergänzungen für Projekte enthalten, die auf den Standard-Latex Klassen aufbauen (book). Andererseits stehen Weiterentwicklungen für Addison-Wesley (`awbook.cls`) als auch Pearson-Studium (`psbook.cls`) für Projekte zur Verfügung, die von Planungsbeginn an für die in Frage kommenden Imprints vorgesehen sind. Weitere Einzelheiten sind beim Verlag zu erfragen.

Für die Erstellung der Lichtsatzvorlage muss sich der Anwender einen PostScript-DVI-Treiber einrichten, falls dies bei ihm noch nicht geschehen ist, z. B. `dvips` von TOMAS ROKICKI, der auf den TeX-Fileservern als C-Qellenkode und für DOS auch als ausführbares Programm zur Verfügung steht. Die damit erstellten PostScript-Files kann jede Lichtsatzfirma problemlos weiterverarbeiten.

Zur Ausgabe der mit `dvips` erstellten PostScript-Ausgabefiles auf dem Bildschirm oder über einen Probedruck auf einem Nicht-PostScript-Drucker bietet sich das Programm GhostScript von PETER L. DEUTSCH (Aladdin Enterprise) an. Dieses Programm wurde in [5b, 4.4.4] vorgestellt. Es enthält in einem eigenen Unterverzeichnis kostenfreie Versionen der PostScript-Standardzeichensätze, deren Qualität zwar nicht die Qualität der PostScript-Originalzeichensätze erreicht, für ein Preview oder einen Probedruck aber akzeptabel ist.

Falls beim Preview oder Probedruck mit `gs` (Programmaufruf für GhostScript) Positionierungsmängel bei einzelnen Zeichen oder Zeichengruppen auftreten, so sind diese durch die nachgebildeten kostenfreien Zeichensätze bedingt. Die Ausgabe der PostScript-Ausgabefiles auf einem PostScript-Drucker ergibt bei mir dann stets korrekte Ergebnisse.

6.7 Abschlussanmerkungen zu eigenen Klassenfiles und Ergänzungspaketen

Nach den Hinweisen und Beispielen aus diesem Kapitel sollte es möglich sein, beliebige Verlagsanforderungen an ein spezielles Layout zu erfüllen. Die meisten dieser Layoutvorgaben beziehen sich auf Seitenformate, Schriftarten und auf die Schriftgrößen der Gliederungsüberschriften und deren Ausrichtung zum Text. Der Formelsatzstandard durch TEX wird kaum verändert werden müssen. Allenfalls bestehen Anforderungen an die Nummerierung und gegebenenfalls an die Ausrichtung. Die Änderung der Nummerierung sollte keine Schwierigkeiten bereiten und für eine geänderte Ausrichtung, wie etwa linksbündig mit einer festen Einrücktiefe, existiert bereits die Standardoption `fleqn`.

Die Änderung von Einrücktiefen und ihr vertikaler Abstand zum umgebenden Text sowie die Art der Markierung oder Nummerierung für listenartige Strukturen ist mehrfach angesprochen und mit Beispielen unterlegt worden, wie z. B. beim Addison-Wesley-Klassenfile. Mit diesen Beispielen sollte die Erfüllung beliebiger Layoutforderungen für listenartige Strukturen keine unüberwindlichen Schwierigkeiten bereiten. Auch die Beispiele über geänderte Kopf- und/oder Fußzeilen sollten auf alle sonstigen Anforderungen übertragbar sein.

Bei Zeitschriften wird häufig ein Layout für die Referenzen oder das Literaturverzeichnis vorgegeben, das deutlich vom LATEX-Standard abweicht. Die Umgebung `thebibliography` ist als spezielle Liste definiert, deren Einstellwerte und Nummerierungsart abgeändert werden können. Ggf. könnten in dem betrachteten `.sty`-File auch die internen LATEX-Befehle `\@biblabel` und `\@cite` neu definiert werden. Wird das Literaturverzeichnis unter Mithilfe von BIBTEX erstellt, so spielen für die Bibliographiestile `plain`, `unsrt`, `alpha` und `abbrv` die zugehörigen `.bst`-Files eine zu den LATEX-`.sty`-Files analoge Rolle. Eigene zusätzliche `.bst`-Files sind zwar denkbar, doch verlangen diese eine C-ähnliche Notation. Einzelheiten können dem `btxhak.tex`-Dokument von OREN PATASHNIK entnommen werden, das Bestandteil des BIBTEX-Programmpakets ist.

Die Erstellung eigener Bibliographie-Stilfiles ist in dieser Buchserie bisher nicht angesprochen worden. Die erforderlichen Programmstrukturen sind vielen, selbst versierten LATEX-Anwendern, unbekannt und verlangen die Einarbeitung in ein ganz anderes Programmierprinzip. Anstelle eines weiteren Kapitels über die Interna der BIBTEX-Strukturen und Stilfiles stelle ich im nächsten Abschnitt einige Hilfswerkzeuge vor, mit denen LATEX-Anwender eigene Bibliographie-Stilfiles und Verweisformate mit den ihnen geläufigen LATEX-Mitteln erstellen können.

Zum Abschluss noch einmal der Rat: Jedes eigene Makro und jede vorgenommene Änderung sollte ausführlich kommentiert werden. Am Anfang sollte stets die Erstellung eines dokumentierten `.dtx`-Files stehen, aus dem das kompakte Makrofile dann leicht mit dem docstrip-Programm erstellt werden kann. Eine anfängliche Erstellung des reinen Makrokodes, mit der Absicht, ihn später zu dokumentieren, bleibt nach Austesten und mühevollen Korrekturen oft nur ein frommer Wunsch. Bei einer späteren Modifikation oder Übernahme in ein anderes Paket erweisen sich fehlende Erläuterungen und Dokumentation dann als zeitaufwendige Hürde zur erfolgreichen Wiedernutzung.

Grundsätzlich sollten alle Makroänderungen und Ergänzungen sofort mit einem kleinen Testfile überprüft werden. Von komplexen, mehrfach verschachtelten Makrodefinitionen ist im Allgemeinen abzuraten. Die Gliederung in Teil- und Untermakros und deren Aufruf durch weitere Makros ist übersichtlicher und vermindert mühevolle Fehlersuche.

6.8 Anwendereigene Bibliographiestile

Literaturverweise im laufenden Text erfolgen mit Standard-LaTeX durch Einschluss in eckigen Klammern und durch Angabe einer Markierung, die sich auf die zugehörige Markierung im Literaturverzeichnis bezieht. Die Markierung erfolgt standardmäßig in Form einer fortlaufenden Nummer, die den Einträgen im Stichwortverzeichnis vorangestellt ist und dort in eckigen Klammern erscheint. Bei einer vom Anwender eingerichteten `thebibliography`-Umgebung kann durch das optionale Argument beim `\bibitem`-Befehl eine beliebige Markierung im Stichwortverzeichnis angebracht werden, die dort ebenfalls in eckigen Klammern erscheint und auf die sich dann auch die Literaturverweise mit `\cite`-Befehlen beziehen.

Wird das Literaturverzeichnis mit dem Programm BIBTeX erstellt, dann hat der Anwender nur geringe eigene Gestaltungsmöglichkeiten. Ihm stehen hier zunächst nur die Stilfiles `plain.bst`, `unsrt.bst` und `abbrv.bst` sowie `alpha.bst` zur Verfügung, die bereits in [5a, Anh. B] vorgestellt wurden. Bei den ersten drei Stilfiles erscheinen im Literaturverzeichnis die einzelnen Einträge mit einer vorangestellten fortlaufenden Nummer als Markierung, wobei sich die einzelnen Einträge nur durch die Art der Sortierung unterscheiden. Bei dem vierten Stilfile `alpha.bst` erfolgt die Markierung im Inhaltsverzeichnis durch die ersten drei Buchstaben des Autorennamens, gefolgt von der auf zwei Stellen gekürzten Jahreszahl, z. B. [Won93].

Häufig wünscht der Autor, sei es aus Gründen seines eigenen Darstellungsstils oder als Folge einer Verlagsvorgabe, Literaturhinweise in der Form der Angabe des Autorennamens, gefolgt von einer Jahreszahl, z. B. in der Form ‚wie von Jones u. a. (1990) gezeigt wurde' oder ‚es wurde nachgewiesen (Jones u. a., 1990), dass . . . '. Bei einer solchen Verweisform werden eigenständige Markierungen im Literaturverzeichnis überflüssig, da durch Angabe des Autorennamens und des Publikationsjahres die Zuordnung zu den Literatureinträgen im Literaturverzeichnis eindeutig festliegt.

Literaturverweise in Form des Autorennamens und des Publikationsjahres werde ich nachfolgend als *Autorenverweise* bezeichnen, die im Gegensatz zur LaTeX- und BIBTeX-Standardform der *numerischen* Verweise stehen. Erscheinen Verweise in Klammern, wie z. B. (Jones u. a. 1990) oder [Baker, 1992], so sollen sie *geklammerte* Verweise genannt werden, wobei der Klammertyp variabel sein kann. Verweise ohne Klammereinschluss wie ‚Jones u. a. (1990)' werden als *Textverweise* bezeichnet, wobei das Publikationsjahr zur besseren Textabhebung in einem nachgestellten Klammerpaar erscheint.

Auf den öffentlichen TeX-Fileservern findet man inzwischen eine Vielzahl von Ergänzungspaketen und bibliographischen Stilfiles, die von wissenschaftlichen Verlagen oder Gesellschaften stammen und deren Verweis- und Bibliographiestile realisieren. Einige von ihnen verwenden neben den oder statt der `\cite`-Befehle(n) eigene oder weitere Varianten der Zitierbefehle. Ebenso wird die Syntax des `\bibitem`-Eintragbefehls verändert, erweitert oder durch eigene Eintragbefehle ersetzt.

Etliche der bibliographischen Stil- und Ergänzungspakete könnte man in Gruppen zusammenfassen, die in der Art der Syntaxänderungen und Befehlsvarianten übereinstimmen, und damit ein Textfile mit verschiedenen Stil- und Ergänzungspaketen der jeweiligen Gruppe bearbeiten lassen. Stil- und Ergänzungspakete aus verschiedenen Gruppen verlangen dagegen Abänderungen im Textfile, da hierbei unterschiedliche Syntaxformen und Befehlsnamen zur Anwendung kommen. Dies ist gewissermaßen ein Widerspruch zur gewünschten LaTeX-Einheitlichkeit, wobei diese Stil- und Ergänzungspakete ihre eigenen Forderungen jeweils sachgerecht erfüllen.

6.8.1 Das Ergänzungspaket natbib

Zur Beseitigung dieses Widerspruchs bei gleichzeitig größerer Wirkungsvariabilität hat PATRICK W. DALY, mein Kollege und Mitautor von [6], das Ergänzungspaket `natbib` entwickelt und auf den TeX-Fileservern bereitgestellt. Man findet es dort unter dem Verzeichnisbaum `.../latex/contrib/supported` in dem Unterverzeichnis gleichen Namens.

Inhaltsbeschreibung: Das dortige Paket besteht aus dem dokumentierten Makrofile `natbib.dtx`, seinem Installationsfile `natbib.ins`, zwei `README.`xxx-Files sowie den Bibliographie-Stilfiles `plainnat.bst`, `unsrtnat.bst` und `abbrvnat.bst`. Die LaTeX-Bearbeitung von `natbib.ins` erzeugt das eigentliche Ergänzungspaket `natbib.sty`, die von `natbib.dtx` dessen 17-seitige Dokumentation.

Das Installationsfile `natbib.ins` enthält den Erzeugungsbefehl

```
\generateFile{\natbib.sty}{f}{\from{natbib.dtx}{package,all}
```

Die Optionsangabe `all` im zweiten Argument des `\from`-Befehls könnte durch eine oder mehrere der Optionen

`apalike`, `newapa`, `harvard`, `astron` und/oder `authordate`

ersetzt werden, womit die Funktionalität und Syntaxerweiterung der Ergänzungspakete und bibliographischen Stilfiles gleicher Namen nachgebildet wird. Die Option `all` deckt sie alle ab. Das erzeugte Ergänzungspaket `natbib.sty` ist nur zur Nutzung mit LaTeX 2_ε geeignet. Das Installationsfile `natbib.ins` enthält einen herauskommentierten Erzeugungsbefehl, mit dem das File `natbib209.sty` zur Nutzung mit LaTeX 2.09 erstellt werden kann.

Die bibliographischen Stilfiles `plainnat.bst`, `unsrtnat.bst` und `abbrvnat.bst` ersetzen die Stilfiles `plain.bst`, `unsrt.bst` und `abbrv.bst` aus dem BIBTeX-Standardpaket und bilden deren Funktionalität zusammen mit den Erweiterungen aus `natbib.sty` nach. Weitere anwendereigene `.bst`-Stilfiles können mit dem im nächsten Unterabschnitt vorgestellten Zusatzwerkzeug custom-bib von PATRICK W. DALY nach den Anforderungen des Anwenders leicht erstellt werden.

Zitierbefehle: Das Ergänzungspaket `natbib.sty` stellt den `\cite`-Befehl zunächst in seiner Standardform als

`\cite{`*schlüssel*`}` und mit einem optionalen Argument als
`\cite[`*zusatz_text*`]{`*schlüssel*`}`

bereit. Damit ergeben die Zitierungsaufrufe standardmäßig

`\cite{jon90}`	⇒	Jones et al. (1990)
`\cite[]{jon90}`	⇒	(Jones et al., 1990)
`\cite[Kap.~2]{jon90}`	⇒	(Jones et al., 1990, Kap. 2)

vorausgesetzt, dass die `thebibliography`-Umgebung einen Eintrag der Form

`\bibitem[Jones et al.(1990)]{jon90}` *literatur_text*

enthält. Der Eintrag für `\bibitem` zusammen mit dem zugehörigen Literaturtext kann dort entweder manuell oder mit dem Programm BIBTeX unter Zugriff auf eine Literatur-Datenbank und unter Nutzung eines geeigneten Stilfiles automatisch erfolgen. Wichtig ist nur, dass das optionale Argument des `\bibitem`-Befehls mit dem oder den Autorennamen und einer nachfolgenden, in Klammern eingeschlossenen Jahreszahl gesetzt wird.

Der `\cite`-Befehl *ohne* optionales Argument führt zu einem *Textverweis*, bei dem die Jahreszahl durch Einschluss in einem runden Klammerpaar von dem oder den Autorennamen getrennt wird. Ein `\cite`-Befehl *mit* einem optionalen Argument führt dagegen, auch wenn das Argument selbst leer ist, zu einem *geklammerten* Verweis. Bei einem geklammerten Verweis entfällt der Einschluss des Publikationsjahres in einem eigenen Klammerpaar. Stattdessen wird es von dem/den vorangehenden Autorennamen durch ein Komma getrennt. Bei einem nichtleeren optionalen Argument erscheint dieses *nach* dem/den Autorennamen und dem Publikationsjahr und von diesen nochmals durch ein Komma getrennt.

Der Klammertyp für geklammerte Verweise und das Trennungszeichen zur Abhebung des optionalen Arguments vom vorangehenden Autorentext können vom Anwender geändert werden, wie weiter unten dargestellt wird. Die runden Klammern und das Komma sind lediglich die Standardvorgaben aus `natbib.sty`.

Das Ergänzungspaket `natbib.sty` erlaubt es, den `\cite`-Befehl mit einem zweiten optionalen Argument in der Form

`\cite[`*vor_text*`][`*nach_text*`]{`*schlüssel*`}`

anzugeben. Damit erzeugen

`\cite[z.\,B.][]{jon90}`	⇒	(z. B. Jones et al., 1990)
`\cite[siehe][S.~34]{jon90}`	⇒	(siehe Jones et al., 1990, S. 34)

Das zweite optionale Argument erscheint, wie bei der LaTeX-Standardform mit einem optionalen Argument durch ein Komma abgetrennt, nach dem Publikationsjahr. Bei zwei optionalen Argumenten erscheint das erste dagegen vor dem Autorennamen, und zwar ohne zusätzliches Satztrennzeichen.

In `\cite`-Befehlen dürfen mehrere durch Kommata getrennte Schlüsselwörter auftreten, was dann zu

`\cite{jon90,jam91}`	⇒	Jones et al. (1990); James (1991)
`\cite[]{jon90,jam91}`	⇒	(Jones et al., 1990; James, 1991)
`\cite[]{jon90,jon91}`	⇒	(Jones et al., 1990, 1991)
`\cite[]{jon90a,jon90b}`	⇒	(Jones et al., 1990a,b)

führt. Hierbei wird für den Bezugsschlüssel `jam91` ein Eintrag in der `thebibliography`-Umgebung der Form

`\bibitem[James (1991)]{jam91}` *literatur_text*

vorausgesetzt. Beziehen sich zwei Bezugsschlüssel auf denselben Autor mit Publikationen in verschiedenen Jahren, so erscheint der Autorenname nur einmal, wie im dritten Beispiel demonstriert wurde. Gibt es vom selben Autor mehrere Publikationen innerhalb desselben Jahres, so erscheint auch das Publikationsjahr nur einmal. Als `\bibitem`-Einträge wurden hierbei

```
\bibitem[Jones et al.(1990)]{jon90} ...
\bibitem[Jones et al.(1991)]{jon91} ...
\bibitem[Jones et al.(1990a)]{jon90a} ...
\bibiitem[Jones et al.(1990b)]{jon90b} ...
```

vorausgesetzt. Die Verwendung des Semikolons als Trennzeichen zwischen mehreren Autoren ist eine Standardvorgabe aus `natbib.sty`, die ebenfalls vom Anwender abgeändert werden kann.

Zitierbefehle in *- und Sonderformen: Die `\bibitem`-Einträge wurden bei den vorstehenden Beispielen in der Form

`\bibitem[`*autor_liste (jahr)*`]{`*schlüssel*`}`

vorausgesetzt, z. B. als `\bibitem[Jones et al.(1990)]{jon90}`, wobei auf die Autorenliste stets das Publikationsjahr in runden Klammern zu folgen hat. Diese Einträge können aber auch in einer erweiterten Form als

`\bibitem[`*kurz_liste (jahr) lang_liste*`]{`*schlüssel*`} ...` z. B. als
`{\bibitem[Jones et al.(1990)Jones, Baker und Williams]{jon90}`

erfolgen. Bei solchen Einträgen beziehen sich die vorgestellten `\cite`-Befehle auf die Angaben der abgekürzten Liste *kurz_liste*, wie das auch für `\bibitem`-Einträge in der einfachen Form mit *autor_liste* der Fall ist.

Alle Syntaxformen der vorgestellten `\cite`-Befehle sind aber auch als *-Form mit einem dem Befehlsnamen nachgestellten `*` erlaubt. Die *-Formen beziehen sich dann auf die vollständige Autorenliste *lang_liste*, falls es eine solche gibt. Damit erzeugen

`\cite*{jon90}` ⇒ Jones, Baker und Williams (1990)
`\cite*[]{jon90}` ⇒ (Jones, Baker und Williams, 1990) gegenüber
`\cite[]{jon90}` ⇒ (Jones et al., 1990)

Als Abkürzung für geklammerte Verweise mit `\cite[]`- oder `\cite*[]`-Aufrufen stehen die Befehle

`\citep{`*schlüssel*`}` und `\citep*{`*schlüssel*`}`

zur Verfügung. Mit diesen erzeugen

`\citep{jon90}` ⇒ (Jones et al., 1990)
`\citep*{jon90}` ⇒ (Jones, Baker und Williams, 1990)

Um bei einem Eingabetext, der einmal mit Autorenverweisen, später aber mit numerischen Verweisen erstellt werden soll, oder umgekehrt, die erforderlichen Textänderungen zu minimieren, wurde der Zitierbefehl `\citet` eingerichtet. Für einen Bearbeitungsaufruf mit Autorenverweisen wirkt er wie der `\cite`-Befehl zur Ausgabe von Textverweisen. Für einen Bearbeitungsaufruf mit numerischen Verweisen gibt er den Autorennamen und die Referenznummer aus dem Literaturverzeichnis aus

`\citep{jon90}` ⇒ Jones et al. [21]
`\citep*{jon90}` ⇒ Jones, Baker und Williams [21]

unter der Annahme, dass diese Literaturstelle im Literaturverzeichnis mit der laufenden Marke [21] gekennzeichnet ist. Bei diesen Zitierbefehlen sind mehrfache Schlüsselangaben *nicht* erlaubt!

Zum `\cite`-Befehl für Textverweise gibt es den Alternativbefehl in Standard- und *-Form:

`\citealt{`*schlüssel*`}`

Bei diesem Zitierbefehl erscheint das Publikationsjahr ohne Einschluss in runden Klammern:

`\citealt{jon90}`	⇒	Jones et al. 1990
`\citealt*{jon90}`	⇒	Jones, Baker und Williams, 1990
`\citealt{jon90,jam91}`	⇒	Jones et al. 1990; James 1991

Für Textverweise wird manchmal gefordert, nur den/die Autorennamen ohne das nachfolgende Publikationsjahr bzw. nur das Publikationsjahr ohne vorangestellte Autorennamen auszugeben. Dies kann mit

`\citeauthor{`*schlüssel*`}` `\citeauthor{`*schlüssel*`}` `\citeyear{`*schlüssel*`}`
`\citefullauthor{`*schlüsssel*`}`

erreicht werden. Damit ergeben:

`\citeauthor{jon90}`	⇒	Jones et al.
`\citefullauthor{jon90}`	⇒	Jones, Baker und Williams
`\citeyear{jon90}`	⇒	1990

Fehlt der Zusatzeintrag *lang_liste* im zugehörigen `\bibitem`-Befehl, dann erzeugen `\citeauthor` und `\citefullauthor` gleichartige Textverweise, wie das dann auch für den `\cite`-Befehl in der Standard- und *-Form der Fall ist.

Die Angabe mehrerer Bezugsschlüssel ist bei diesen Befehlen *nicht* erlaubt. Fehlt im zugehörigen `\bibitem`-Befehl die Autoren- oder Jahresangabe, wie dies z. B. bei Verwendung der BIBTEX-Standardstilfiles (*std*`.bst`) der Fall ist, dann erzeugen diese Befehle eine Bildschirmwarnung.

Änderung der Zitatform: Die Detailform der mit den Zitierbefehlen ausgegebenen Zitate kann vom Anwender verändert werden. Dazu steht der Vorspannbefehl `\bibpunct` zur Verfügung, der ein optionales und sechs zwingende Argumente hat:

`\bibpunct[`*ntr_z*`]{`*ö_kl*`}{`*s_kl*`}{`*atr_z*`}{`*typ*`}{`*jtr_z*`}{`*mt_z*`}`

Die Bedeutung dieser Argumente ist:

ntr_z Das Satzzeichen, das dem Autorenverweis nachgestellt wird, wenn diesem ein Nachtext mit dem optionalen oder zweiten optionalen Argument des `cite`-Befehls folgt. Dies ist standardmäßig ein Komma ,.

ö_kl Die öffnende Klammer bei geklammerten Verweisen. Dies ist standardmäßig die öffnende runde Klammer (.

s_kl Die schließende Klammer bei geklammerten Verweisen. Dies ist standardmäßig die schließende runde Klammer).

atr_z Das Satzzeichen, das als Abtrennzeichen für mehrfache Autorenverweise zur Anwendung kommt. Dies ist standardmäßig das Semikolon ;.

typ Dieses Argument bestimmt den Zitiertyp als Autorenverweis oder numerischen Verweis. Für *typ* können gewählt werden:

- `n` bewirkt numerische Verweise in der Standardform.
- `s` bewirkt ebenfalls numerische Verweise, die im Verhältnis zum laufenden Text verkleinert und hochgestellt werden (superscript).
- `a` jeder andere Buchstabe bewirkt Autorenverweise, die mit der Wahl von `a` symbolisch angedeutet werden.

jtr_z Das Satzzeichen, das bei geklammerten Verweisen nach dem Autorennamen zur Abtrennung des nachfolgenden Publikationsjahres eingefügt wird. Standardmäßig ist dies ein Komma ,.

mtr_z Das Satzzeichen, das bei mehrfachen Autorenverweisen auf gleiche Autoren zwischen den Publikationsjahren eingefügt wird. Bei ebenfalls gleichen Publikationsjahren wird es zwischen die Unterscheidungsbuchstaben in der Form '1994a,b' eingefügt. Standardmäßig ist dies das Komma ohne nachfolgenden Leerraum. Mit der Angabe `{,~}` für das Argument von *mtr_z* erscheint nach dem Komma dagegen ein Leerzeichen.

Mit `\bibpunct[;]{$\langle$}{$\rangle$}{,}{}{;}` würde die Ausgabe von

```
\cite[s.~die dortigen Referenzen]{jon90,jon91,jam92}
```

als ⟨Jones et al. 1990; 1991, James 1992; s. die dortigen Referenzen⟩ erscheinen.

Der Zitierstil wird durch den Verlag oder das Journal vorgeschrieben, für den oder das der Autor schreibt, und durch ein zugehöriges Bibliographie-Stilfile realisiert. Die Auswahl des Stilfiles erfolgt mit dem LaTeX-Befehl

`\bibliographystyle{`*b_stil*`}`

Der übergebene Stilname *b_stil* wird an das Programm BIBTeX weitergereicht, das dann seinerseits ein File mit dem Grundnamen *b_stil* und dem Anhang `.bst` einliest. Das Ergänzungspaket `natbib.sty` ordnet die jeweilige Einstellung für `\bibpunct` dann den internen Befehlen `\bibstyle@`*b_stil* zu, z. B.

```
\newcommand{\bibstyle@agu}{\bibpunct{[}{]}{;}{a}{,}{,~}}
```

wobei agu für 'Amer. Geophys. Union' steht, von der es das Stilfile `agu.bst` gibt. In gleicher Weise werden die Einstellvorgaben der Zitierbefehle für die BIBTeX-Standardstile `plain`, `abbrv` und `unsrt` mit entsprechenden Definitionen für `\bibstyle@plain`, `\bibstyle@abbrv` und `\bibstyle@unsrt` mit geeigneten `\bibpunct`-Einstellungen verknüpft, was gleichermaßen auch für die `natbib`-eigenen Stile `plainnat`, `abbrvnat` und `unsrtnat` gilt.

Das `natbib`-Ergänzungspaket ist auf diese Weise zur Kombination mit einer größeren Zahl von Bibliographiestilen naturwissenschaftlicher Verlage und Journale vorbereitet. Ein Blick in `natbib.sty` wird den aktuellen Stand der `\bibstyle@`*b_stil*-Definitionen erkennen lassen. Der Anwender kann auf diese Weise die Verknüpfung von weiteren Bibliographiestilen durch entsprechende Definitionsergänzungen von `\bibstyle@`*b_stil* in `natbib.sty` oder besser in einem Konfigurationsfile `natbib.cfg` vornehmen. Gibt es ein Konfigurationsfile mit diesem Namen, so wird es von `natbib.sty` eingelesen und damit Vorgabebestandteil.

Gelegentlich soll ein Zitierstil zur Anwendung kommen, der vom verwendeten Bibliographie-Stilfile abweicht. Zu diesem Zweck stellt `natbib.sty` den Zitierstilbefehl

`\citestyl{`*stil*`}`

als Vorspannbefehl bereit. Mit einem Textfile der Form

```
\documentclass{article}
\usepackage{natbib}
 . . . . . . . .
```

```
\citestyl{nature}
\begin{document}
   \bibliographystyle{plain}
  . . . . . . . .
```

wird erreicht, dass das Literaturverzeichnis nach den Vorgaben des Bibliographiestils `plain` erstellt wird, Zitate dagegen nach den Vorgaben der Zeitschrift *NATURE* erfolgen. Dieses Beispiel kann gleichzeitig zur Erläuterung der in `natbib` eingebauten Prioritätsregeln genutzt werden.

Der Zitierstil wird zunächst durch den mit `\bibliographystile` vorgegebenen Bibliographiestil bestimmt, der in `natbib.sty` über den internen Befehl `\bibstyle@`*b_stil* verknüpft wird. Das Einlesen von `natbib.sty` mit `\usepackage` kann auch mit einer Paketoption erfolgen, die dann Vorrang vor den Zitiervorgaben aus dem Bibliographiestil hat. Das Gleiche gilt für etwaige globale Optionen des `\documentclass`-Befehls, die an `natbib` weitergereicht werden. Optionsvorgaben für das Ergänzungspaket `natbib.sty` werden ihrerseits durch Vorgaben mit den Vorspannbefehlen `\citestyle` und/oder `\bibpunct` abgelöst.

Weitere Anwenderanpassungen: Die Überschrift des Literaturverzeichnisses erfolgt standardmäßig in der Schriftart und -größe, die für Kapitelüberschriften (Bearbeitungsklasse `book` und `report`) bzw. Abschnittsüberschriften (Bearbeitungsklasse `article`) zur Anwendung kommen. Das Ergänzungspaket `natbib.sty` definiert die `thebibliography`-Umgebung neu und richtet dort den Befehl `\bibsection` ein, der standardmäßig mit `\chapter*` bzw. mit `\section*` gleichgesetzt wird. Mit einer Eigendefinition für `\bibsection` kann die Schrift zur Erzeugung der Überschrift für das Literaturverzeichnis nach den eigenen Erfordernissen gestaltet werden.

Für die laufenden Einträge des Literaturverzeichnisses wird der Schriftauswahlbefehl `\bibfont` verwendet, der standardmäßig mit `\normalfont` gleichgesetzt wird. Mit einer Eigendefinition für den Schriftauswahlbefehl `\bibfont` kann die Schrift für die Literatureinträge verändert werden.

Die laufenden Einträge des Literaturverzeichnisses erfolgen für die jeweils erste Zeile linksbündig und für die Folgezeilen eines Eintrags mit einem Einzug, der vom aktuellen Wert des Längenbefehls `\bibhang` abhängt. Dieser beträgt standardmäßig 1 em. Mit einer geänderten Längenerklärung für `\bibhang` (mit `\setlength`) kann der Einzug vom Anwender vorgegeben werden.

Der vertikale Abstand zwischen den einzelnen Einträgen der Literaturliste wird durch den Längenbefehl `\bibsep` bestimmt. Er entspricht standardmäßig etwa einer Leerzeile. Mit einer geänderten Längenerklärung für `\bibsep` kann dieser Abstand vom Anwender festgelegt werden.

Automatische Stichworteinträge: Die `\cite`-Befehle aller Varianten können einen automatischen `\index`-Eintrag mit dem Autorennamen erzeugen. Dies ist der Fall, wenn der Schalter `\ifciteindex` mit `\citeindextrue` auf *wahr* gesetzt wird. Dies kann im Vorspann für das ganze Dokument oder lokal im Textteil erfolgen. Die automatische Generierung erfolgt nach dem Setzen von `\citeindextrue` für alle nachfolgenden `\cite`-Befehle.

Die automatische `\index`-Generierung kann mit dem Umsetzen des Schalters auf `\citeindexfalse` wieder abgeschaltet werden. Solche Umschaltungen können an beliebigen Stellen im Text erfolgen und gelten ab der jeweiligen Textstelle.

Die einzelnen Literatureinträge der `thebibliography`-Umgebung können ebenfalls automatisch zugehörige `\index`-Einträge erzeugen. Dies kann mit `\citeindextrue` oder `\citeindexfalse` unmittelbar vor Eintritt in die `thebibliography`-Umgebung erzwungen oder unterbunden werden.

Der genaue Inhalt der automatisch erzeugten `\index`-Befehle aus den `\cite`- und `\bibitem`-Befehlen wird durch das interne Makro `\NAT@idxtxt` bestimmt. Es bewirkt die Ablage der *kurz_liste* mit dem Autorennamen und dem Publikationsjahr als Indexeintrag.

Zur Ablage der automatisch erzeugten `\index`-Befehle in einem zugehörigen `.idx`-File muss, wie für alle anderen `\index`-Befehle auch, der Vorspannbefehl `\makeindex` gesetzt sein. Zur Aktualisierung des endgültigen `.idx`-Ablagefiles ist es erforderlich, nach dem BIBTEX-Lauf das Eingabefile *zweimal* mit LATEX zu bearbeiten, bevor das MakeIndex-Programm zur Erzeugung des `.ind`-Files aufgerufen wird.

Numerische Literaturverweise: Die `\cite`-Befehle des Ergänzungspakets `natbib` erzeugen standardmäßig Autorenverweise in der Form des Autorennamens, gefolgt von dem Publikationsjahr. Die Umschaltung auf numerische Literaturverweise kann auf vier Weisen mit unterschiedlicher Priorität erfolgen:

1. durch Auswahl eines Bibliographiestils mit `\bibliograpystyle` durch ein `.bst`-File, das den numerischen Verweisstil selbst bereitstellt oder anfordert (niedrigste Priorität),

2. durch Angabe der Ergänzungsoption `numbers` oder `super` beim `\usepackage`-Befehl für `natbib`,

3. durch Verwendung des Vorspannbefehls `\bibpunct` mit einem `n` oder `s` in seinem vierten zwingenden Argument

4. oder durch den Vorspannbefehl `\citestyle` mit dem Namen eines Bibliographiestils, der numerische Verweise selbst bereitstellt oder anfordert (höchste Priorität).

Einige Bibliographiestile, wie der BIBTEX-Standardstil `alpha`, erlauben die Angabe einer nichtnumerischen Marke als optionales Argument beim `\bibitem`-Befehl z. B. als

```
\bibitem[Won93]{won93}
```

Das `natbib`-Paket erkennt hieraus, dass dies nicht die Eingabeform für einen Autorenverweis in Form des Autorennamens und des in Klammern gesetzten Publikationsjahres ist. Ein Verweis mit `\cite{won93}` erfolgt deshalb in pseudonumerischer Form als [Won93].

natbib-eigene Bibliographiestile: Bei der Inhaltsbeschreibung des `natbib`-Pakets wurden bereits die beigefügten Stilfiles `plainnat.bst`, `abbrvnat.bst` und `unsrtnat.bst` genannt. Sie erzeugen ein Literaturverzeichnis wie die entsprechenden Standardstilfiles `plain.bst`, `abbrv.bst` und `unsrt.bst`. Der Vorteil der beigefügten Stilfiles liegt darin, dass sie sowohl numerische als auch Autorenverweise erlauben.

Für Autorenverweise ist das Stilfilc `unsrtnat.bst` nur bedingt geeignet, da es ein Literaturverzeichnis erzeugt, in dem die einzelnen Einträge in der Ordnung der `\cite`-Befehle im Bearbeitungstext angeordnet werden. Bei größeren Literaturverzeichnissen kann es dann mühsam werden, den zugehörigen Literatureintrag dort zu finden.

Das BIBTEX-Standardstilfile `alpha.bst` hat kein Äquivalent im `natbib`-Paket, weil es zu den Autorenverweisen gewissermaßen im Widerspruch steht.

Aufrufoptionen für natbib.sty: Der `\usepackage`-Lesebefehl darf an `natbib` folgende Optionen übergeben:

`round` | `square` | `curly` | `angle`
`colon` | `comma`
`authoryear` | `numbers` | `super`

Die mit | getrennten Optionen einer Zeile können nur alternativ verwendet werden. Optionen aus unterschiedlichen Zeilen können beliebig miteinander kombiniert werden. Die Bedeutung der Optionen lautet wie folgt:

`round` geklammerte Verweise erscheinen in runden Klammerpaaren (Standard).

`square` geklammerte Verweise erscheinen in eckigen Klammern.

`curly` geklammerte Verweise erscheinen in geschweiften Klammern.

`angle` geklammerte Verweise erscheinen in Winkelklammern.

`colon` Mehrfachverweise mit mehreren Bezugsschlüsseln in einem Zitierbefehl werden durch ein Semikolon getrennt (Standard).

`comma` Mehrfachverweise werden durch ein Komma getrennt.

`authoryear` Literaturverweise erscheinen als Autorenverweise (Standard).

`numbers` Literaturverweise erscheinen als numerische Verweise.

`super` Literaturverweise erscheinen als numerische Verweise mit der hochgestellten Verweisnummer.

6.8.2 Das interaktive Programm makebst

Mit dem soeben vorgestellten Ergänzungspaket `natbib.sty` lassen sich alle Arten von Zitierstilen leicht vom Anwender erzeugen. Das Layout des Literaturverzeichnisses selbst ist damit nur bezüglich der dort auftretenden Schriften, der Einrücktiefe für Fortsetzungszeilen und dem vertikalen Abstand zwischen den einzelnen Literatureinträgen zu beeinflussen.

Für weitere Layoutänderungen beim Literaturverzeichnis muss auf andere Bibliographie-Stilfiles zurückgegriffen werden. Für eine Vielzahl von Verlagen und wissenschaftlichen Organisationen existieren solche speziellen Stilfiles. Bei vielen Autoren werden jedoch Layoutforderungen für das Literaturverzeichnis auftreten, die mit den auf den TEX-Fileservern angebotenen Bibliographie-Stilfiles nicht oder nur ungenügend realisiert werden können.

Das BIBTEX-Paket von OREN PATASHNIK ist zwar gut dokumentiert und enthält mit `btxhak.tex` eine vollständige Syntaxbeschreibung zur Erstellung eigener `.btx`-Files. Die erforderliche C-ähnliche Syntax weicht jedoch so sehr von den LATEX-Programmformen ab, dass ein Erfolg erst nach einer vertieften Einarbeitung in die BIBTEX-Syntax zu erwarten ist.

Von PATRICK W. DALY, meinem Kollegen und Mitautor von [6], wurde ein Entwicklungswerkzeug bereitgestellt, mit dem in einem interaktiven Bearbeitungsprogramm eigene Bibliographie-Stilfiles erstellt werden können, ohne in die Syntax der BIBTEX-Programmierung einsteigen zu müssen.

Dieses Programmpaket ist auf den öffentlichen TEX-Fileservern im Verzeichnisbaum `.../latex/contrib/supported/` in dem dortigen Unterverzeichnis `custom-bib` zu finden.

Inhaltsbeschreibung: Das Gesamtpaket besteht aus dem dokumentierten Makrofile `makebst.dtx`, seinem Installationsfile `makebst.ins`, einem *Muster*-Stilfile `merlin.mbs`, den Sprachanpassungsfiles `esperant.mbs`, `finnish.mbs`, `french.mbs`, `german.mbs` und `italian.mbs` sowie den Abkürzungs-Definitionsfiles `geojour.mbs`, `photjour.mbs` und `physjour.mbs`. Der hier gewählte Anhang `.mbs` steht für Muster-Bibliographie-Stilfile (oder im Original: Master Bibliography Style).

Die LaTeX-Bearbeitung von `makebst.ins` erzeugt das interaktive TeX-Programm `makebst.tex`, die von `makebst.dtx` die wohlformatierte Dokumentation. Das Musterstilfile `merlin.mbs` enthält das eigentliche Muster zur Erstellung eines Bibliographie-Stilfiles nach den Erfordernissen des Anwenders. Die Sprachanpassungsfiles bewirken, dass die von BIBTeX automatisch ausgegebenen Begriffe wie 'Publisher', 'and', 'Volumn' u. a. mit ihren sprachspezifischen Äquivalenten erscheinen, für Deutsch also als 'Herausgeber', 'und', 'Band' usw. Dies gilt gleichzeitig für etwaige Abkürzungen dieser Begriffe, wie 'Hg' und 'Bd' für 'Herausgeber' und 'Band'.

Für eine Reihe Computer-Journale stellt das Musterfile `merlin.mbs` bereits Abkürzungen, wie `tcs` für "Theoretical Computer Science" und dessen Kurzform "Theoretical Comput. Sci." bereit. Weitere fachspezifische Journale und Gesellschaften der geophysikalischen, optischen und physikalischen Disziplin werden zur Einrichtungserleichterung zugehöriger Bibliographie-Datenbanken mittels geeigneter Abkürzungen verfügbar. Die beigefügten Files `geojour.mbs`, `photjour.mbs` und `physjour.mbs` können als Muster für weitere fachspezifische Abkürzungs-Definitionsfiles dienen.

Nutzungsbeschreibung: Das mit der Installation von `custom-bib` erzeugte Programm `makebst.tex` ist ein interaktives TeX-Programm zur Erzeugung anwenderspezifischer Bibliographie-Stilfiles. Seine TeX-Bearbeitung, also der Aufruf '`tex makebst`', beginnt mit der Dialogeröffnung auf dem Bildschirm

```
***********************************
* This is Make Bibliography Style *
***********************************
It makes up a docstrip batch job to produce
a customized .bst file for running with BibTeX
Do you want a description of the usage? (NO)

\yn=
```

Hierauf bleibt das Programm mit dem Eingabecursor hinter dem Gleichheitszeichen der letzten Zeile stehen und wartet auf eine Anwenderreaktion. Diese kann hier mit '`y`' für ja und '`n`' für nein erfolgen und bezieht sich auf die Frage der vorstehenden Zeile, hier also, ob eine nähere Nutzungsbeschreibung gewünscht wird. Die Eingabereaktion kann auch einfach mit der Eingabetaste (Enter, Return u. ä.) erfolgen, was dann zu einer Standardreaktion führt, die meistens in runden Klammern im Anschluss an die Abfrage angegeben ist, hier mit (NO).

Bei vielen Abfragen erscheint ein mehrzeiliger Auswahltext, der mit einem `(*)` oder einem (x) Buchstaben für x beginnt und für diese eine durch den nachfolgenden Text erläuterte Auswahl erlaubt. Bei der alleinigen Betätigung der Eingabetaste wird die mit `(*)` gekennzeichnete Auswahl getroffen, ansonsten die mit der Taste für den Buchstaben x. Wird auf die obige erste Anfrage mit '`y`' reagiert, so erscheint:

```
In the interactive dialogue that follows, you will be presented
with a serie of menus. In each case, one answer is the default,
```

```
marked as (*), and a mere carriage-return is sufficient to select it.
(If there is no * choice, then the default is the last choice.)
After the other choices, a letter is indicated in brackets for
selecting that option. If you select a letter not in the list,
default is taken.

The final output is a file contaning a batch job which may be
(La)TeXed to produce the desired bibliography style file.
The batch job may be edited to make minor changes, rather
than running this program once again.

Enter the name of the MASTER file (default=merlin.mbs)

\mfile=
```

Wird bei der ersten Abfrage auf den Erläuterungstext verzichtet, so erscheinen anschließend nur die beiden letzten Zeilen auf dem Bildschirm, womit nun zur Eingabe des Namens für ein Musterfile aufgefordert wird. Bei Reaktion mit der Eingabetaste wird standardmäßig das Musterfile `merlin.mbs` eingelesen und dieses Angebot sollte genutzt werden. Hiernach erscheint als nächste Abfrage:

```
Name of the final OUTPUT .bst file? (default extension =bst)

\ofile=
```

Hier ist ein Filegrundname zwingend anzugeben. Als Namensanhang wird dann standardmäßig `.bst` zugefügt. Bei der Eingabe eines vollständigen Filenamens mit Grundnamen und Anhang entfällt die Zufügung von `.bst`. Der nächste Dialog folgt dann mit:

```
Give a comment line to include in the style file.
Something like for which journals it is applicable.

\ans=
```

Die hier eingegebene Textzeile wird dem erzeugten `.bst`-File als Erläuterungskommentar vorangestellt. Anschließend wird das Musterfile `merlin.mbs` eingelesen, was mit einer Protokollzeile aus TeX auf dem Bildschirm mitgeteilt wird, worauf sich dann der Dialog fortsetzt:

```
(merlin.mbs
<<< For more information about the meanings of
<<< the various options, see the section on
<<< Menu information in the .mbs file documentation.

EXTERNAL FILE:

Name of language definition file (default=merlin.mbs)

\cfile=
```

Die ersten drei mit `<<<` eingeleiteten Kommentarzeilen dieses Menüs beziehen sich auf die Dokumentation für `merlin.mbs`. Dieses File kann eigenständig mit LaTeX bearbeitet werden und erzeugt eine 33-seitige Dokumentation. Sein Abschnitt 9 trägt den Titel "The Menu Information", auf den sich der vorstehende Dialoghinweis bezieht.

Die nächste Abfrage fordert dann zur Eingabe des Grundnamens für ein Sprachanpassungsfile auf. Die Standardreaktion führt zu den sprachspezifischen Vorgaben aus `merlin.mbs`, die auf englischsprachige Eingaben vorbereitet sind. Für deutschsprachige Publikationen wird man hier `german` eingeben. Die Sprachanpassungsfiles `esperant.mbs`, `french.mbs` und `german.mbs` stammen von PATRICK W. DALY selbst. Die anderen, wie `finnish.mbs`, `italian` u. a., wurden von Nutzern des `custom-bib`-Pakets zugefügt.

Nach der Eingabe für die Sprachanpassung wird der Dialog mit

```
Include file(s) for extra journal names? (NO)
\yn=
```

fortgesetzt. Hier wird zunächst nur gefragt, ob weitere Journal-Abkürzungsfiles eingelesen werden sollen. Die Anwort kann hier nur 'y' oder 'n' lauten, wobei die einfache Betätigung der Eingabetaste gleichwertig mit 'n' ist. Wird mit 'y' geantwortet, dann erscheint:

```
File to include (default=physjour,photjour.mbs)
\jfile=
```

an dieser Stelle können mehrere, durch Kommata getrennte Filenamen für entsprechende Definitionsfiles angegeben werden. Wie bereits erwähnt, enthält das `custom-bib`-Paket die Files `geojour.mbs`, `photjour.mbs` und `physjour.mbs`, mit denen alle in unserem Institut anfallenden Journalzitate abgedeckt werden. Nach dem Muster dieser Files können Anwender oder Literaturbetreuer aus anderen Disziplinen weitere Journal-Definitionsfiles zufügen und an der Stelle dieser Dialogabfrage dann für das zu erzeugende `.bst`-File aktivieren.

Nach einer passenden Eingabe wird der Dialog fortgesetzt:

```
STYLE OF CITIATIONS:
(*) Numerical as in standard LaTeX
(a) Author-year with some non-standard interface
(b) Alpha style (labels like DAL90)
(c) Cite key (special for listing contents of bib file)
  Select:
\ans=
```

Hiermit wird der Zitierstil festgelegt. Der Standard ist der numerische Verweis, wie er standardmäßig auch mit LaTeX als Literaturmarkierung mit einer laufenden Nummer in eckigen Klammern vor den einzelnen Literatureinträgen und als Literaturverweis im laufenden Text erscheint.

Mit der Auswahl '`a`' erfolgen Literaturverweise mit dem Autorennamen, gefolgt von dem Publikationsjahr, deren Varianten bei der Vorstellung von `natbib.sty` vorgestellt wurden. Wird dieser Zitierstil gewählt, dann sollte bei der LaTeX-Bearbeitung des zu bearbeitenden Textes das Ergänzungspaket `natbib.sty` aktiviert werden.

Mit '`b`' ist ein pseudonumerischer Zitierstil verknüpft, wie ihn der BibTeX-Standardstil `alpha` nahelegt, nämlich in Form der ersten drei Buchstaben des Autorennamens, gefolgt von der zweistelligen Jahreszahl der Veröffentlichung. Diese fünfstellige Markierung erscheint mit `alpha.bst` vor den Einträgen des Literaturverzeichnisses und ebenso als Zitiermarke im laufenden Text.

Der letzte Markierungsstil, der mit '`c`' eingestellt wird, bewirkt an den Zitierstellen die Ausgabe des Bezugsschlüssels. Hiermit kann im Literaturverzeichnis der gesamte Inhalt der Literaturdatenbank mit diesem Bezugsschlüssel eingesehen werden.

Nach Auswahl des Zitierstils mit einem der vorstehenden Kennbuchstaben erfolgt beim Dialog eine Bestätigung, z. B. für

```
\ans=a
  You have selected: Author-year
```

worauf sich der Dialog dann mit

```
AUTHOR--YEAR SUPPORT SYSTEMS:
(*) Natbib for use with natbib.sty v5.3
(o) Older Natbib without full authors citations
(l) Apalike for use with apalike.sty
(h) Harvard stystem with harvard.sty
(a) Astronomy stystems with astron.sty
(c) Chicago systmen with chicago.sty
(n) Named system with named.sty
(d) Author-date system with authordate1-4.sty
  Select:

\ans=
```

fortsetzt. Zu Einzelheiten der hier erwähnten Zitierformate möge die Dokumentation der zugehörigen Ergänzungspakete herangezogen werden. Es ist jedoch nicht zwingend erforderlich, das jeweilige Ergänzungspaket, wie z. B. `harvard.sty`, für die LaTeX-Bearbeitung mit `\usepackage{harvard}` zu aktivieren, wenn die Bearbeitung bereits mit `natbib.sty` erfolgt, da `natbib` alle hier zur Auswahl stehenden Zitierstile abdeckt.

Die hier getroffene Auswahl wird bei der Fortsetzung des Dialogs auf dem Bildschirm mitgeteilt, z. B. bei der Standardreaktion mit

```
\ans=
   You have selected: Natbib
```

Der hiernach folgende Dialog bestimmt das Ordnungsschema der Literatureinträge im Literaturverzeichnis. Der zugehörige Dialog hängt vom ausgewählten Zitierstil ab. Für die bei diesem Beispiel getroffene Auswahl für Autorenverweise mit 'a' folgt jetzt als Dialog:

```
ORDERING OF REFERENCES
(*) Alphabetical by all authors
(l) By label (Jones before Jones and James before Jones et al)
(k) By label and cite key instead of label and title, as above
(d) Year ordered and then by authors (for publication lists)
   Select:

\ans=
  You have selected: Alphabetical
```

Die Standardauswahl, die bei diesem Beispiel gewählt wurde, führt zur alphabetischen Ordnung entsprechend dem/den Nachnamen der Autoren. Bei mehreren Veröffentlichungen eines Autors erfolgt das nachrangige Ordnungsschema nach dem Titel der Veröffentlichung. Dieses Ordnungsschema entspricht vollständig demjenigen des Standard-BibTeX-Stils `plain`.

Die Auswahl mit '`l`' führt zu einer alphabetischen Ordnung nach den Zitiermarken (genauer, nach den mit dem optionalen Argument bei den `\bibitem`-Befehlen übergebenen Texten) in der Weise, dass zunächst die Alleinveröffentlichungen des Autors erscheinen, z. B. alle Alleinveröffentlichungen von 'Jones'. Hierauf folgen gemeinsame Veröffentlichungen von Jones und anderen Autoren, z. B. 'Jones und James'. Die Ordnung erfolgt hierbei stets nach dem ersten Autor und dann nachrangig nach den zweiten Autoren. Sind alle Paarveröffentlichungen des ersten Autors aufgelistet, erfolgt die Auflistung von Veröffentlichungen des ersten Autors mit zwei weiteren Koautoren usw.

Bei mehreren Veröffentlichungen eines Autorenteams erfolgt auch hier die nachrangige Ordnung nach den Titeln der Veröffentlichungen. Hiervon kann mit der Auswahl nach 'k' abgewichen werden. Das nachrangige Ordnungsschema ist dann der Bezugsschlüssel der `\bibitem`-Befehle. Mit der Auswahl nach 'd' erfolgt die Ordnung des Literaturverzeichnisses nach den Veröffentlichungsjahren und hierunter nach der alphabetischen Autorenliste für das jeweilige Jahr.

Wären als Zitierform numerische Verweise gewählt worden, dann hätte hier der Auswahldialog den gleichen Standard '`*`' sowie die Ordnung '`d`' nach den Veröffentlichungsjahren zugelassen. Zusätzlich wird im Auswahldialog dann noch '`c`' angeboten, womit die Ordnung des Literaturverzeichnisses nach der Ordnung der `\cite`-Befehle im laufenden Text erfolgt, so wie dies dem BIBTEX-Standardstil `unsrt` entspricht.

Bei Namen mit Feudaltiteln wie 'von Biron' oder 'de la Maire' ist das 'von' oder 'de la' Bestandteil des Nachnamens. Bei US-amerikanischen Veröffentlichungslisten ist es üblich, diese Namensbestandteile in die Ordnung einzubeziehen, also 'von Biron' z. B. erst nach 'Volkmann' anzuordnen. Bei europäischen Veröffentlichungslisten bleibt dieser Titelanteil bei der alphabetischen Namensordnung meist unberücksichtigt. Der Auswahldialog setzt sich deshalb fort mit

```
ORDER ON VON PART:
(*) Sort on von part (de la Maire before Defoe)
(x) Sort without von part (de la Maire after Mahone)
  Select:
\ans=x
  You have selected: Sort without von part
```

und bestätigt die hier getroffene Auswahl von '`x`.

Die Ausgabe der Autorennamen erfolgt bei vielen Layoutvorgaben recht unterschiedlich, z. B. durch den vorangestellten Nachnamen, dem, durch ein Komma getrennt, der/die Vorname(n) folgen, wobei die Vornamen evtl. durch ihre Anfangsbuchstaben zu ersetzen sind. Das Programm `makebst.tex` erlaubt eine Vielzahl von unterschiedlichen Namensformen zu wählen:

```
AUTHOR NAMES:
(*) Full, surname last (John Frederick Smith)
(f) Full, surname first (Smith, John Frederick)
(i) Initials + surname (J. F. Smith)
(r) Surname + initials (Smith, J. F.)
(s) Surname + dotless initials (Smith, J F)
(x) Surname + pure initials (Smith JF)
(y) Surname + spaceless initials (Smith J.F.)
(a) Only first name reversed (AGU style: Smith, J. F., H. K. Jones)
  Select:
\ans=
  You have selected: Auswahlschema
PUNCTUATION BETWEEN AUTHOR NAMES:
(*) Author names seperated by commas
(s) Names seperated by semi-colon
```

```
\ans=
```

Der Dialog zur Auswahl der Namensform bedarf mit seinen angeführten Beispielen keiner weiteren Erläuterung. Der anschließende Auswahldialog dient zur Festlegung des Satzzeichens, mit dem die einzelnen Autorennamen bei Mehrautorveröffentlichungen getrennt werden. Zur Auswahl stehen hier das Komma und das Semikolon.

In gleicher Weise folgen noch eine ganze Reihe von Auswahldialogen, die ich nicht alle vorstelle, da einige von ihnen von vorangegangenen Auswahlentscheidungen abhängen. Ich gebe deshalb hier nur eine Auswahl weiterer Dialoge und ihrer Aufgaben wieder.

So kommt es auf wissenschaftlichem Gebiet zunehmend zu Veröffentlichungen mit einer Vielzahl von Autoren, um die kollektive Gesamtherkunft zu verdeutlichen. Gemeinsame Veröffentlichungen von fünf und mehr Autoren sind dabei keine Seltenheit. Manche wissenschaftlichen Verlage verlangen im Literaturverzeichnis für Multiautoren-Veröffentlichungen eine Reduzierung auf einen oder einige wenige Autoren mit dem Ergänzungshinweis 'et al.' oder 'u. a.' für 'und andere'. Zur Festlegung dient der Dialog:

```
NUMBER OF AUTHORS:
(*) All authors included in listing
(l) Limited authors (et al replaces missing names)
  Select:
\ans=
```

Nach einer Entscheidung für '`l`', also für die Begrenzung der Autorennamen, erscheint der Doppeldialog

```
Maximum number of athors (1-9)
\num=
  You have selected n authors
Minimum number (before et al given) (1-3)
\num=
```

Die Angaben `(1-9)` bzw. `(1-3)` verweisen auf Eingrenzungen von eins bis neun für die maximale Autorenanzahl und eins bis drei für die minimale Autorenanzahl, bevor die Ergänzung 'et al.' zugefügt wird.

Eine weitere Dialoggruppe gestattet es, die Schrifttypen für bestimmte Felder des Literaturverzeichnisses zu wählen. Der Schrifttyp zur Ausgabe der Autorennamen kann mit

```
TYPEFACES FOR AUTOHRS IN LIST OF REFERENCES:
(*) Normal font for authors
(s) Small caps authors (\sc)
(i) Italic authors (\it or \em)
(b) Bold authors (\bf)
  Select:
\ans=
```

ausgewählt werden. Hierzu gehören noch zwei Dialogvarianten, mit denen die Form und der Schrifttyp von 'and' und 'et al.' bestimmt werden können, wenn bei mehreren Autoren die Namen durch ein 'und' miteinander verbunden werden bzw. ein Teil der Autorengruppe durch 'et al.' ersetzt wird. Standardmäßig erfolgen diese Zusätze in derselben Schrift, die zur Ausgabe der Autorennamen eingestellt wird, mit den Zusatzdialogen kann hiervon aber abgewichen werden.

In ähnlicher Weise erfolgt ein Dialog zur Auswahl der Schrift für den Titel der Veröffentlichung im Literaturverzeichnis. Hierzu gibt es einen Dialog zur Auswahl der Schrift für Buchtitel und einen weiteren zur Auswahl der Schrift für einen Zeitschriftenartikel, da in Literaturverzeichnissen zwischen diesen häufig bezüglich der Titelschrift unterschieden wird. Buchtitel werden im Literaturverzeichnis gewöhnlich kursiv gesetzt, Artikeltitel dagegen in der Normalschrift. Mit den zugehörigen Dialogen kann der Anwender hiervon abweichen.

Eine größere Dialoggruppe beschäftigt sich mit der Positionierung und der Form des Publikationsdatums im Literaturverzeichnis. Standardmäßig wird als Publikationsdatum nur das Publikationsjahr gewählt, es ist jedoch möglich, dort auch den Publikationsmonat hinzuzufügen. Mit entsprechenden Dialogen kann dann die Reihenfolge von Monat und Jahr und ggf. ihr Trennungszeichen bestimmt werden, ebenso wie festgelegt werden kann, ob das Publikationsdatum in Klammern gesetzt werden soll, und vieles mehr. Die bei diesen Dialogen angebotenen Kurzbeispiele sollten die jeweilige Auswahlwirkung erkennen lassen.

Falls dem Anwender bei einigen Dialogen die Auswahlwirkung nicht bereits aus dem Dialogtext klar wird, so ist zu empfehlen, den Abschnitt neun der Dokumentation von `merlin.mbs` zu Rate zu ziehen, also das Bearbeitungsergebnis von '`latex merlin.mbs`' auszudrucken oder als Preview zu nutzen. Das gilt gleichermaßen für alle sonstigen, hier nicht vorgestellten weiteren Dialoge.

So beschäftigt sich eine größere Dialoggruppe mit der Gestaltung der Angaben für Zeitschriften und Journale und deren Zitatmarken im Literaturverzeichnis. Zeitschriften und Journale werden in Bibliotheken am Jahresende gewöhnlich gebunden und dann in einem oder mehreren Jahresbänden bereitgestellt. Für ein geeignetes Literaturverzeichnis muss man sich auf eine geeignete Darstellungsform festlegen, falls diese nicht bereits durch die Layoutvorgaben des Verlages bestimmt wird. Die zugehörigen Dialogvarianten mögen zu Beginn etwas unklar erscheinen. Mit einem Einblick in die Dokumentation von `merlin.mbs` sollten sie jedoch verständlich werden.

Änliches gilt für die Wahl und Ausgabeform von Abkürzungen, die für eine Vielzahl von Journalen und allgemein verwendeten Begriffen aus BIBTEX zur Verfügung stehen. Der Dialog, der mit der Überschrift `PUNCTUATION BETWEEN SECTIONS (BLOCKS)` eingeleitet wird, verwendet häufig den Begriff 'Block'. Gemeint sind hiermit die verschiedenen Feldtypen des Literaturverzeichnisses wie Autorennamen, Titel, Verlagshinweis u. ä. Die LATEX-Klassenoption `openbib` bewirkt, das jeder dieser Blöcke im Literaturverzeichnis als eigene Zeile erscheint, während sie beim Standard durch eigene Trennvorgaben, z. B. durch zusätzlichen horizontalen Abstand oder spezielle Trennzeichen, voneinander getrennt werden, wozu der hier genannte Dialog genutzt werden kann.

Am Dialogende erstellt `makebst` eine Befehlsdatei *b_stil*.`dbj`, deren Grundname demjenigen des beim ersten Dialog übergebenen Filenamens für das gewünschte Bibliographie-Stilfiles entspricht. Der Abschlussdialog lautet hier:

```
Finished!!
Batch job written to file 'b_stil.bdj'
Shall I now run this batch job? (NO)
\yn
```

Mit der Eingabe von 'n' oder auch nur der Betätigung der Eingabetaste wird der TEX-Bearbeitungsaufruf von `makebst` beendet. Anschließend kann mit einem eigenen LATEX-

Bearbeitungsaufruf für *b_stil*.bdj das Bibliographie-Stilfile *b_stil*.bst erstellt werden, das alle Auswahlentscheidungen des vorausgegangenen makebst-Dialogs realisiert. Der Bearbeitungsaufruf für *b_stil*.bdj erfolgt automatisch, wenn beim Abschlussdialog aus makebst mit 'y' geantwortet wird.

Die getrennte Handhabung soll den Anwender in die Lage versetzen, die Befehlsdatei *b_stil*.bdj evtl. manuell zu editieren, um etwaige Modifikationen oder Feinjustierungen vorzunehmen. Dies setzt dann jedoch voraus, dass der Anwender mit der BIBTEX-Syntax etwas vertrauter ist, um die Befehlsstrukturen aus *b_stil*.bdj ungefähr zu verstehen. Einfacher ist es deshalb dann meistens, den makebst-Bearbeitungslauf nochmals zu starten und dort ggf. andere Auswahlentscheidungen zu treffen. Zu diesem Zweck ist anzuraten, das Protokollfile des ersten Bearbeitungslaufs makebst.log umzubenennen oder auszudrucken. Es kann dann jederzeit herangezogen werden, um festzustellen, welche Auswahlentscheidungen beim ersten Lauf getroffen wurden.

Anzumerken ist hier noch, dass die Bearbeitung der Befehlsdatei *b_stil*.bdj einige Rechenzeit benötigt, die je nach Rechnerleistung einige Minuten in Anspruch nehmen kann.

Kommt als Ergänzungspaket natbib.sty zur Anwendung, was für eigene Bibliographie-Stilfiles zu empfehlen ist, dann sollte man für jedes eigene Bibliographie-Stilfile *b_stil*.bst ein Makro mit

```
\newcommand{\bibstyle@b_stil}{\bibpunkt{..}{..}{..}{..}{..}{..}}
```

einrichten und in dem File natbib.cfg ablegen. Gibt es ein File dieses Namens, so wird es am Ende von natbib.sty eingelesen und damit Bestandteil von diesem. Zur Bedeutung und Syntax des Befehls \bibpunct sowie von \bibstyle@*b_stil* wird auf 6.8.1, S. 384 und S. 385 verwiesen.

Anhang A

Das WEB-Programmsystem

WEB gestattet eine Programmentwicklung, die weitgehend eine logische "Top to Down"-Lösung des anstehenden Problems unterstützt. Das Problem kann in Teilaufgaben gegliedert werden, die zunächst evtl. nur *symbolische* Aufgabennamen tragen. Die Teilaufgaben werden durch *Module* realisiert, die beliebig weiter unterteilt werden können und erst bei hinreichend überschaubaren Elementarmodulen mit den Programmieranweisungen gefüllt werden. Die Module können zusätzlich mit Textpassagen erläutert werden. Sonstige Sprachstrukturen, wie Konstanten, globale und lokale Variablen, Prozeduren und Makros, können nach logischen Gesichtspunkten oder nach der Nähe ihrer Verwendung eingeführt werden, statt nach der strengen Hierarchie der Pascal-Sprache. Die Definition von Makros, einer Struktur, die es in Pascal gar nicht gibt, kann sogar mit einem Argument zur beliebigen Parameterübergabe erfolgen.

A.1 Vorbemerkungen

Ein in WEB geschriebenes Programm erhält einen Filenamen mit dem Anhang `.web`, z. B. `muster.web`. Zum WEB-System gehören die beiden Übersetzungsprogramme `weave` und `tangle`. Die Anwendung von `weave` auf das `.web`-File erzeugt ein `.tex`-File (beim Beispiel `muster.web` das File `muster.tex`), das zur Programmdokumentation dient. Nach dessen TeX-Bearbeitung liegt eine saubere und umfangreiche Programmdokumentation vor. Diese enthält den erläuternden Text zusammen mit den Moduldefinitionen in nummerierter und klar gegliederter Form und schließt die Querbezüge von Definitionen und deren Aufrufe oder Nutzung ein. Schließlich entsteht in der Dokumentation automatisch ein Index über alle Module, Konstanten, Variablen, Prozeduren u. ä. mit der Angabe der Definitionsstelle und aller Anwendungsstellen.

Die Anwendung von `tangle` auf das `.web`-File erzeugt ein `.pas`-File (im Beispiel `muster.pas`), das den Pascal-Quellenkode für die Programmlösung enthält. Nach Kompilation dieses Quellprogramms steht das ablauffähige Programm zur Verfügung. Unter UNIX erhält das durch `tangle` erzeugte File entsprechend der UNIX-Konvention die Endung `.p` (`muster.p`) und es existiert meistens noch ein weiteres Konvertierungsprogramm `convert`, das den Pascal-Quellenkode in C-Quellenkode umwandelt (`muster.c`), falls nicht durch ein `ctangle`-Programm die Umwandlung des `.web` Files direkt in das C-Programm erfolgt.

Soll ein in WEB entwickeltes Programm auf einem anderen Rechner und eventuell unter einem anderen Betriebssystem eingesetzt werden, so sind meistens systemspezifische Änderungen erforderlich, insbesondere als Folge der teilweise sehr unterschiedlichen Pascal-Dialekte. Solche Programmanpassungen sollten *nie* im Quellfile selbst vorgenommen, sondern durch ein sog. Änderungsfile bereitgestellt werden. Das Änderungsfile erhält im Allgemeinen denselben Grundnamen wie das `.web`-File und unterscheidet sich von diesem durch die Endung `.ch`. Strukturell besteht das Änderungsfile aus Einträgen der Form (zur genauen Syntax s. S. 424)

`@x` ⟨ Original-Zeilen ⟩ `@y` ⟨ Änderungen ⟩ `@z`

Der zwischen `@x ... @y` stehende Text enthält eine oder mehrere hintereinander liegende Programmzeilen aus dem Originalfile, die geändert oder ergänzt werden sollen, und der zwischen `@y ... @z` stehende Text enthält die Programmanweisungen, die stattdessen verwendet werden sollen. Den Originalkode wird man zweckmäßigerweise aus dem `.web`-File mit dem Editor in das `.ch`-File kopieren. Das `.ch`-File darf beliebig viele `@x ... @y ... @z`-Sequenzen enthalten und zwischen diesen Sequenzen darf beliebiger Text eingefügt werden, der zur Erläuterung dienen kann.

Die Programmaufrufe zur Bearbeitung der `.web`-Files unter Einbeziehung der Änderungsfiles lauten dann

`tangle` *name*`.web` *name*`.ch` bzw. `weave` *name*`.web` *name*`.ch`

Die Grundnamen der mit vorstehendem Aufruf zusammengefügten `.web`- und `.ch`-Files dürfen unterschiedlich sein. Die erzeugten `.pas`- und `.tex`-Files erhalten stets den Grundnamen des `.web`-Files. Die Endungen `.web` und `.ch` dürfen beim `tangle`- und `weave`-Aufruf auch fortgelassen werden. Beide Programme interpretieren beim Aufruf den ersten Filenamen als `.web`- und den zweiten als `.ch`-File. Die Files `muster.web` und `muster.ch` können damit auch mit `tangle muster muster` korrekt zum `muster.pas`-File zusammengefügt werden.

Das WEB-System entstand an der Stanford University als Entwicklungswerkzeug für TeX und METAFONT sowie deren diversen Hilfsprogrammen. Aus lokalen Gründen bezieht es sich auf die Programmiersprache Pascal. Inzwischen existieren mehrere WEB-Systeme in Zusammenarbeit mit C. Das TeX-Installationsband für UNIX enthält z. B. neben dem Original-WEB-System auch ein äquivalentes CWEBSystem, das für Programmlösungen mit C als Programmiersprache zusammenarbeitet. Da C sehr viel stärker standardisiert ist als Pascal, ist ein für CWEB bereitgestellter Quellenkode meistens kompatibler als für das Original-WEB.

Andererseits steht WEB im Original in nahezu allen Rechenzentren und für die meisten Workstations zur Verfügung, bei denen die TeX-Installation aus dem WEB-Quellenkode erfolgte. Überdies sind fast alle sonstigen TeX- und METAFONT-Werkzeuge im WEB-Original entwickelt worden, so dass Änderungen oder Ergänzungen die Kenntnis des Originals voraussetzen. In den folgenden Abschnitten wird deshalb WEB im Original vorgestellt und beschrieben. Mit dieser Kenntnis wird die Umsetzung auf ein CWEB-System nicht schwerfallen. Der letzte Abschnitt geht auf die Besonderheiten von CWEB ein, das ich persönlich inzwischen als nützliches Entwicklungswerkzeug für allgemeine C-Programme zu schätzen gelernt habe.

Da ich auf meinen Rechnern seit mehr als 15 Jahren mit UNIX arbeite, verwende ich für wissenschaftliche Programmierarbeiten neben FORTRAN ausschließlich C. Aus meiner früheren Praxis mit Pascal ziehe ich den Schluss, dass WEB für die Entwicklung von Pascal-Programmen noch erheblich hilfreicher sein muss, als dies für CWEB in Bezug auf die viel flexiblere Programmiersprache C gilt. Trotzdem möchte ich das letztere Hilfswerkzeug nicht mehr missen. Vermutlich würde meine Empfehlung für WEB noch stärker ausfallen, wenn ich Pascal als Programmiersprache noch praktizieren würde.

Zum Abschluss dieses Abschnitts folgen noch einige Anmerkungen zur Namenswahl von WEB, WEAVE und TANGLE. *Web* hat im Englischen die Bedeutung von "Gewebe" und bringt zum Ausdruck, dass ein umfangreiches Programm ein Netzwerk von Programmkodes und erläuternden Kommentaren darstellt. Das Verb *weave* hat die Bedeutung von "weben", "wirken", "flechten" u. ä. Hiermit soll zum Ausdruck gebracht werden, dass Programmkode und Kommentar zu einer Texteinheit verflochten werden, deren Ausgabe eine klare Gliederung der Erläuterungen und des zugehörigen Programmkodes zur Folge hat. *Tangle* hat andererseits die webtechnische Bedeutung des "Knotens". Die programmtechnischen Teile eines `.web`-Files werden mit TANGLE so miteinander *verknotet*, wie es die Syntax von Pascal verlangt, so dass die TANGLE-Bearbeitung einen widerspruchsfreien Pascal-Quellenkode abliefert.

A.2 Die WEB-Grundidee

Ein WEB-File ist formal ein Textfile, das mit einem Editor erzeugt wird und dessen Text aus vielen Zeilen besteht. Der Zeilenumbruch kann vom Anwender nach seinen Vorstellungen vorgegeben werden, mit der einzigen Einschränkung, dass *Stringkonstanten* kein Zeilenumbruchzeichen enthalten dürfen und WEB-*Steuersequenzen* in derselben Zeile beendet werden müssen, in der sie beginnen. Der zweite Hinweis ist wahrscheinlich irrelevant, da diese Steuersequenzen nur aus zwei Zeichen bestehen, von denen das erste stets das `@` ist, und kaum jemand bei der Editoreingabe ein Zeichenpaar wie `@"` oder `@!` durch eine Zeilenumschaltung mutwillig auftrennen würde. Der Begriff der Stringkonstanten in WEB wird später erläutert.

Der Text eines WEB-Files besteht aus zwei unterschiedlichen Typen, den sog. TeX-Texten und den Pascal-Texten[1]. Der TeX-Text besteht aus normalem Text, vermischt mit TeX-Befehlen, der die Programmideen oder den anschließenden Pascal-Kode textlich erläutern soll, wobei die eingestreuten TeX-Befehle zur Textformatierung dienen. Der Pascal-Text besteht aus einem Stückchen Pascal-Programmkode, der keineswegs abgeschlossen sein muss, wie dies z. B. bei einer Pascal-Prozedur oder Funktion verlangt wird. Diesem Kodestück wird ein symbolischer Name zugeordnet, unter dem das Programmfragment angesprochen und aufgerufen werden kann.

Zum Pascal-Text zählen in diesem Sinne auch die weiter unten erläuterten *Makrodefinitionen*, die es in Pascal nicht gibt, die aber bei der TANGLE-Bearbeitung in den äquivalenten Pascal-Kode umgewandelt werden.

Bei der WEAVE-Bearbeitung eines WEB-Files wird der TeX-Text, angereichert mit einigen TeX-Befehlen als Folge dieser Bearbeitung, unverändert an das entstehende `.tex`-File weitergereicht. Bei der späteren TeX-Bearbeitung wird dieser Text dann entsprechend seinen TeX-Befehlen formatiert. Der Pascal-Text erfährt bei der WEAVE-Bearbeitung eine besondere Behandlung. Bei der Erstellung des WEB-Files kann der Pascal-Text bezüglich der Dokumentation so betrachtet werden, als kenne TeX neben den vertikalen, horizontalen und mathematischen Bearbeitungsmodi noch den zusätzlichen fiktiven Bearbeitungsmodus "pascal", in den TeX beim Auftreten von Pascal-Text umschaltet, womit dieser gesondert bearbeitet wird, so wie der Formeltext gegenüber dem sonstigen Text erkannt und in einem

[1] Bei einem CWEB-System ist anstelle von Pascal-Texten von C-Texten zu sprechen.

eigenen Modus speziell behandelt wird. So werden z. B. die reservierten Pascal-Befehlsworte erkannt und in Fettdruck ausgegeben. Die in Verzweigungs- und Schleifenstrukturen stehenden Anweisungen werden eingerückt, so dass ihr Wirkungsbereich klar erkennbar wird.

Bei der TANGLE-Bearbeitung des WEB-Files wird der TeX-Text vollständig ignoriert, da er aus Pascal-Sicht einen reinen Kommentar darstellt. Dafür wird der Pascal-Text gesammelt, geordnet und durch die Makrodefinition ergänzt, so dass schließlich ein vollständiges Pascal-Programm aus den eingegebenen Programmfragmenten entsteht. Zu den Einzelheiten folgen später noch weitere Informationen.

In einem WEB-File wird die anstehende Programmieraufgabe in kleine überschaubare Teilaufgaben untergliedert, die *Module* genannt werden. Jedes Modul besteht aus drei Teilen:

1. Einem TeX-Textteil, der die Aufgabe des Moduls beschreibt und erläutert, wie diese Aufgabe gelöst werden soll.

2. Einem Definitionsteil, der Makrodefinitionen enthält, die als Abkürzungen für die Pascal-Konstruktionen stehen, in die diese Makros durch TANGLE umgewandelt werden.

3. Einem Pascal-Programmteil, dem evtl. eine symbolische Bezeichnung zugewiesen wird. Der Pascal-Programmteil besteht im Allgemeinen aus einer Reihe von Pascal-Programmzeilen, eventuell vermischt oder ergänzt durch die symbolischen Bezeichnungen von weiteren, an anderer Stelle zugewiesenen Pascal-Programmteilen. Der Pascal-Programmteil eines Moduls könnte z. B. lauten

   ```
   FOR loop_var:= start_val TO stop_val DO @<loop body@>
   ```

   Hierin sind die groß geschriebenen Teile[2] sowie `loop_var:=` echter Pascal-Kode. `start_val` und `stop_val` stellen Makronamen dar, die aus dem Definitionsteil dieses oder eines anderen Moduls stammen. `loop body` ist schließlich die symbolische Bezeichnung für den Pascal-Teil, der in einem anderen Modul mit dieser Bezeichnung eingerichtet wird.

   Die Teile zwei und drei werden gelegentlich unter dem Oberbegriff „Pascal-Text“ zusammengefasst.

Die drei Teile, aus denen ein Modul besteht, müssen in der genannten Reihenfolge innerhalb des Moduls auftreten. Jeder dieser drei Bestandteile darf auch leer sein.

A.3 WEB-Module

Jedes WEB-File besteht aus einer Folge von Modulen, in die die Programmieraufgabe gegliedert wird. Es wurde aber nicht erläutert, wo ein Modul beginnt und wo es endet, ebensowenig, wie seine drei Bestandteile gegeneinander abgegrenzt werden.

[2] In einem WEB-File sollten die reservierten Wörter der Pascal-Sprache stets klein geschrieben werden, worauf weiter unten eingegangen wird. Die Großschreibung wurde hier nur zur Verdeutlichung für die Idee des Pascal-Programmteils gewählt.

A.3.1 Modulkennzeichnung

Ein Modul startet mit einer der beiden WEB-Steuersequenzen `@␣` oder `@*`. Hierin steht ␣ zur Verdeutlichung des Leerzeichens. Das laufende Modul endet mit dem nächsten Auftreten einer dieser beiden Modul-Startsequenzen. Der auf diese Modulstartsequenz folgende Text, evtl. vermischt mit TEX-Befehlen, stellt den Textteil des Moduls dar.

Der Textteil endet mit dem Beginn des Definitionsteils, der mit dem Auftreten der ersten Steuersequenz für eine Makrodefinition eingeleitet wird. Die zulässigen WEB-Steuersequenzen lauten `@d` oder `@f`. Die Bedeutungen dieser Steuersequenzen werden im Abschnitt A.4 erläutert. Innerhalb des Definitionsteils können beliebig viele dieser Definitions-Steuersequenzen auftreten. Der Definitionsteil endet mit der Steuersequenz für den Pascal-Programmteil.

Dieser beginnt entweder mit der Steuersequenz `@p` oder `@<`. Auf die Steuersequenz `@<` folgt zunächst die Textkennzeichnung des Moduls, die mit `@>` abschließt. Diese Textkennzeichnung kann aus einem oder mehreren Wörtern bestehen, mit denen das Modul benannt wird. Ein Gleichheitszeichen unmittelbar nach der Benennung bewirkt, dass der anschließende Pascal-Programmteil der symbolischen Modulkennzeichnung zugeordnet wird. Die Syntax für diese Form des Programmteils lautet also

@<*modul_kennung*@>= *pascal_teil*

Der zugewiesene *pascal_teil* kann aus einer oder mehreren Pascal-Anweisungen bestehen. Diese dürfen ihrerseits Modulaufrufe der Form @<*modul_kennung_xyz*@> enthalten. Bei der TANGLE-Bearbeitung werden diese nacheinander durch den zugeordneten Pascal-Kode ersetzt. Der einer bestimmten Modulkennung zugewiesene Pascal-Programmteil sollte leicht überschaubar und damit auf maximal 10–15 Programmzeilen begrenzt bleiben.

Die Steuersequenz `@p` leitet den Pascal-Programmteil eines sog. *namenlosen* Moduls ein, da diesem keine Modulkennzeichnung vorangesetzt wird. Solche namenlose Module werden häufig für Pascal-Programmteile verwendet, mit denen Funktionen oder Prozeduren definiert werden. Jedes WEB-File muss *mindestens* ein namenloses Modul enthalten! Nahezu jedes `.web`-File der diversen TEX-Werkzeuge enthält als erstes namenloses Modul einen Pascal-Programmteil der Form:

```
@p program sample(input,output); { Mainprogram-header }
   label @<Labels in the outer block@>
   const @<Constants in the outer block@>
   type  @<Types in the outer block@>
   var   @<Globals in the outer block@>
   procedure initialize;  {this procedure gets things started properly}
     var @<Local variables for initialization@>
     begin @<Whatever is necessary for initialization@> end;
```

A.3.2 Modulnummerierung

Jedes Modul erhält eine laufende Nummer, beginnend mit eins für das erste Modul des WEB-Files, zugeordnet. Für jedes weitere Modul wird die Nummer um eins erhöht. Die laufende Nummer wird dem Modul bei der WEAVE-Bearbeitung vorangestellt und erscheint nach der TEX-Bearbeitung des entstandenen `.tex`-Files in Fettdruck zu Beginn des Textteils. Wird innerhalb des Pascal-Programmteils mittels der Modulkennzeichnung mit @<*modul_kennung*@>

auf andere Teile verwiesen, so erzeugt die WEAVE- und anschließende TEX-Bearbeitung eine Ausgabe der Form ⟨modul_kennung n⟩, wobei n die Nummer desjenigen Moduls darstellt, in dem dieser symbolischen Kennzeichnung zum ersten Mal ein beliebiger Pascal-Kode zugewiesen wurde.

Enthält z. B. das Modul mit der Nummer 10 in seinem Pascal-Programmteil für die Modulkennung `@<Globals in the outer block@>` zum ersten Mal eine Kodezuweisung

```
@<Globals in the outer block@>=
xord: array[text_char] of ASCII_code;
xchr: array[0..255] of text_char;
```

so wird dieser Modulkennung die gleiche Nummer 10 zugewiesen. Entsprechendes gilt für das Modul mit z. B. der Nummer 8 und der ersten Zuweisung an

```
@<Types in the outer block@>=
ASCII_code=" ".."~";
```

Das namenlose Modul für den Beginn des Hauptprogramms am Ende des letzten Unterabschnitts erscheint nach der WEAVE- und TEX-Bearbeitung mit den angenommenen Modulnummern als

> **program** *sample*(*input*, *output*); { Mainprogram-header }
>   **label** ⟨Labels in the outer block m_l⟩
>   **const** ⟨Constants in the outer block m_c⟩
>   **type** ⟨Types in the outer block 8⟩
>   **var** ⟨Globals in the outer block 10⟩
>   **procedure** *initialize*; {this procedure gets things started properly}
>   **var** ⟨Local variables for initialization m_v⟩
>   **begin** ⟨Whatever is necessary for initialization m_i⟩
>   **end**;

Hierin stehen, neben 8 und 10, m_l, m_c, m_v und m_i symbolisch für diejenigen Modulnummern, die den entsprechenden Modulkennungen zugeordnet sind. Gleichzeitig macht das Beispiel die automatische Hervorhebung der reservierten Pascal-Namen und die zugeordnete Programmstruktur durch Einrückungen deutlich.

Dem Modul mit diesem Pascal-Programmteil geht wahrscheinlich ein Textteil mit Erläuterungen voran. Auf diesen folgt möglicherweise noch ein Definitionsteil. Nach der WEAVE- und TEX-Bearbeitung erscheinen diese, in geeigneter Weise formatiert, vor diesem Programmteil. Das Beispiel wird später mit diesen Zusätzen aufgefüllt, wobei das zugehörige Modul mit der Nummer 3 angenommen wird.

Wurde das angenommene Modul 8 mit dem nachfolgenden Textteil eingeleitet, auf den der bereits angeführte Pascal-Programmteil folgt

```
@* Der Zeichensatz. Alle in WEB geschriebenen Programme sollten
unabh"angig von der rechnerspezifischen Zeichenkodierung arbeiten.
Der intern vorausgesetzte ASCII-Kode erleichtert die Portabilit"at.
Die wechselseitige Zuordnung des ASCII-Kodes mit dem rechnerspezifischen
Zeichenkode wird durch dieses und die folgenden vier Module realisiert.
@<Types in the outer block@>=
ASCII_code=" ".."~";
```

so erscheint es in der Dokumentation als

> **8 Der Zeichensatz.** Alle in WEB geschriebenen Programme sollten unabhängig von der rechnerspezifischen Zeichenkodierung arbeiten. Der intern vorausgesetzte ASCII-Kode erleichtert die Portabilität. Die wechselseitige Zuordnung des ASCII-Kodes mit dem rechnerspezifischen Zeichenkode wird durch dieses und die folgenden vier Module realisiert.
>
> ⟨Types in the outer block 8⟩ ≡
> *ASCII_code* = "␣" . . "~";
>
> See also section i and j.
>
> This code is used in section 3.

und der vorangegangene Pascal-Programmteil für das Modul 10 als

> ⟨Globals in the outer block 10⟩ ≡
> *xord*: **array**[*text_char*] **of** *ASCII_code*;
> *xchr*: **array**[0 . . 255] **of** *text_char*;
>
> See also section $i, j, \ldots,$ and z.
>
> This code is used in section 3.

Die Angabe "See also section i, j, ..." verweist auf die Module i, j, ..., in denen der angeführten Modulkennung weiterer Pascal-Kode zugefügt wird. Die weitere Angabe "This code is used in section 3" ist selbsterklärend. Unter der Annahme, dass das Hauptprogramm in Modul 3 startet, handelt es sich dort um die Bereitstellung der Listen der Typdefinitionen bzw. der globalen Variablenerklärungen.

A.3.3 Modulergänzungen

Einer symbolischen Kennzeichnung kann in weiteren Modulen weiterer Pascal-Kode zugewiesen werden. Dieser wird dann an den bereits bestehenden Kode angehängt. Wird in Modul 22 erneut

```
@<Globals in the outer block @>=
dvi_file: byte_file;
tfm_file: byte_file;
```

geschrieben, so werden der Modulkennung ⟨Globals in the outer block⟩ die beiden anschließenden Datenerklärungen zugefügt. Nach der WEAVE- und TeX-Bearbeitung erscheint diese Angabe in der Programmdokumentation als

> ⟨Globals in the outer block 10⟩ +≡
> *dvi_file*: *byte_file*;
> *tfm_file*: *byte_file*;

Das hierbei verwendete Zuweisungssymbol +≡ macht deutlich, dass es sich um eine Kodeergänzung und nicht um die erste Kodezuweisung handelt, für die das Symbol ≡ verwendet wird. Die Angabe der Modulnummer 10 verweist auf das Modul, in dem die Modulkennung den anfänglichen Pascal-Kode zugwiesen erhielt.

A.3.4 Abkürzungen von Modulkennungen

Da die Modulkennung häufig aus mehreren Wörtern besteht, die eine erläuternde Beschreibung für den Inhalt darstellen, ist eine vollständige Wiederholung in weiteren Modulen schreibaufwendig und eine Fehlerquelle, falls hierbei Schreibfehler auftreten. Zur Abkürzung von Kennzeichnungen gestattet WEB, bei Wiederholungen nur den Anfang der Kennzeichnung mit drei Folgepunkten zu verwenden, soweit dieser Anfang *eindeutig* ist. Ist z. B. keine weitere Kennzeichnung vorhanden, die ebenfalls mit der Buchstabengruppe Glob übereinstimmt, so kann in weiteren Modulen die Kennzeichnung @<Globals in the outer blocks@> auch mit @<Glob...@> vorgenommen werden. In einem weiteren Modul kann eine nochmalige Zuweisung in

@<Glob...@>= $\mathit{var\_a}_i$: $\mathit{typ\_a}$; ... ;

vereinfacht werden. Hiervon hätte bereits beim vorangegangenen Modul 22 Gebrauch gemacht, dort also geschrieben werden können:

```
@<Glob...@>=
dvi_file: byte_file;
tfm_file: byte_file;
```

Die abkürzende Schreibweise hätte sogar schon bei der ersten definierenden Zuweisung in Modul 10 verwendet werden können, da die volle Kennung bereits in Modul 3 durch den Aufruf var @<Globals in the outer block@> erfolgt war und damit für alle folgenden Module bekannt ist.

A.3.5 Modulgruppen

Zu Beginn dieses Abschnitts wurde dargestellt, dass ein Modul mit einer der beiden WEB-Steuersequenzen @␣ oder @* eingeleitet wird, womit gleichzeitig das vorangegangene Modul endet. Für die TANGLE-Bearbeitung sind beide Sequenzen gleichwertig. Bei der WEAVE-Bearbeitung startet der Modultext eine neue Seite und der auf @* folgende erste Satz, also der nachfolgende Text bis zum ersten Punkt '.', wird, wie die Modulnummer, als Modulüberschrift ebenfalls in Fettdruck gesetzt. Gleichzeitig erscheint diese Modulüberschrift auf dieser und den evtl. folgenden Seiten zusammen mit der laufenden Seitennummer außenbündig in der Kopfzeile.

Die Kopfzeilen der einzelnen Seiten enthalten zusätzlich innenbündig die jeweilige Modulnummer für das erste Modul auf dieser Seite, evtl. ergänzt durch einen Programmtitel. Die außenbündige Modulüberschrift erscheint auf Folgeseiten so lange, bis ein weiteres Modul mit @* eingeleitet wird, das eine neue Modulgruppe kennzeichnet und damit eine neue Seite bei der Dokumentation startet.

A.3.6 Sonstiges zur Modulformatierung

WEAVE kennt die reservierten Schlüsselwörter der Pascal-Sprache und setzt diese in Fettdruck. Die Modulkennzeichnungen erscheinen in roman, umgeben von einem Winkelklammerpaar. Sonstige Namen für Variablen, Funktionen u. ä. werden in *italic* gesetzt. Ebenso erkennt WEAVE die Programmstruktur, die zu entsprechenden Einrückungen für die zusammengehörigen Programmteile führt. Die bei den symbolischen Modulkennungen angeführten

Modulnummern wie m_l oder m_c verweisen auf die Module, in denen der zugehörige Pascal-Kode beginnt.

Im TEX-Text eines Moduls wird häufig auf Strukturen in Pascal-Texten verwiesen, z. B. auf dort eingeführte Variablen- und Funktionsnamen sowie auf sonstige Pascal-Strukturen. Werden solche Namen im TEX-Text in `|...|` eingeschlossen, so erscheinen sie in der Dokumentation als Ergebnis der WEAVE-Bearbeitung in derselben Schriftart, wie sie für diese Struktur im formatierten Pascal-Text gewählt wird. Enthält der TEX-Text z. B. die Angabe

```
Die Zeichenfolge wird in |buffer| zwischengespeichert,
der einen |packed array [1..n] of char| darstellt.
```

so erscheint der formatierte Text in der Dokumentation als

> Die Zeichenfolge wird in *buffer* zwischengespeichert, der einen **packed array** $[1\,..\,n]$ **of *char*** darstellt.

Auch die Modulkennzeichnung wird bei der WEAVE-Bearbeitung als TEX-Text betrachtet. Die Angabe

```
if x = 0 then @<Fill the |buffer| array again@>
```

im Pascal-Text führt nach der Formatierung durch WEAVE in der Dokumentation zur Ausgabe von

> **if** $x = 0$ **then** ⟨Fill the *buffer* array again m⟩

Die Formatierung des TEX-Teils eines Moduls bedarf kaum weiterer Formatierungsanweisungen. Die Formatierung des Pascal-Teils erfolgt bei der WEAVE-Bearbeitung nach den intern eingebauten Regeln. Der Zeilenumbruch im Pascal-Teil erfolgt mehr nach visuellen denn nach programmlogischen Gesichtspunkten.

Mit `@/` kann innerhalb des Pascal-Teils ein Zeilenumbruch bei der WEAVE-Dokumentation erzwungen werden. Die Steuersequenz `@/` hat für die TANGLE-Bearbeitung dagegen keine Bedeutung. Dasselbe gilt für die Steuersequenz `@+`, die für WEAVE die umgekehrte Bedeutung hat, nämlich einen Zeilenumbruch, der an diesen Stellen im Pascal-Teil standardmäßig vorgenommen wird, zu unterdrücken.

Im Pascal-Teil findet z. B. standardmäßig in der Dokumentation bei einer `if-then-else`-Struktur ein Zeilenumbruch vor jedem `else`-Zweig statt. Bei kurzen Zweigen wird man für die Pascal-Anweisung

```
if a=b then x:=y else x:=z;
```

in der Dokumentation häufig die Darstellung

> **if** $a = b$ **then** $x \leftarrow y$ **else** $x \leftarrow z$; anstelle des standardmäßigen
>
> **if** $a = b$ **then** $x \leftarrow y$
else $x \leftarrow z$;

bevorzugen, was mit `if a=b then x:=y @+ else x:=z;` erreicht wird.

Soll die Dokumentation dagegen in der Form

> **if** $a = b$
then $x \leftarrow y$
else $x \leftarrow z$;

erfolgen, so ist einzugeben

```
if a=b @/ then x:=y else x:=z;
```

da standardmäßig das Pascal-Befehlswort then mit dem folgenden „Dann-Zweig“ in der gleichen Zeile wie die if-Abfrage angebracht wird, falls der Platz dies zulässt. Beide Beispiele demonstrieren auch, dass der Pascal-Zuweisungsoperator ‘`:=`’ in der Dokumentation durch das Zuweisungssymbol $\leftarrow$ dargestellt wird.

Neben `@/` stellt WEB die Steuersequenz `@#` bereit, die ebenfalls einen Zeilenumbruch bei der Dokumentation des Pascal-Teils bewirkt. Zusätzlich wird hiermit vertikaler Zusatzzwischenraum zur nachfolgenden Zeile eingefügt.

Die WEB-Steuersequenzen `@/` und `@#` für einen Zeilenumbruch in der Dokumentation des Pascal-Teils sollten nicht *innerhalb* einer Pascal-Anweisung, sondern nur zwischen solchen erfolgen. Gelegentlich treten jedoch so lange Pascal-Anweisungen auf, die über mehr als eine Zeile reichen und für die der Programmierer in der Dokumentation einen Zeilenumbruch an einer gezielten Stelle wünscht. Für diesen Zweck stellt WEB zusätzlich die Steuersequenz `@|` bereit.

Gelegentlich wird auch die Einfügung von etwas horizontalem Zwischenraum bei der Dokumentation des Pascal-Teils gewünscht. Dies kann mit `@,` erreicht werden, was in TeX oder LaTeX dem Zwischenraumbefehl `\,` entspricht.

Das Pascal-Symbol ‘`;`’ als Anweisungstrennzeichen beeinflusst auch die Dokumentation mit WEAVE. Gelegentlich soll in der Dokumentation eine Formatierung erfolgen, so als stünde im Pascal-Teil ein Semikolon, ohne dass es dort wirklich auftritt. Mit `@;` kann ein *unsichtbares* Semikolon in den Pascal-Teil eingefügt werden. Dieses entfaltet evtl. Wirkung nur bei der WEAVE-Bearbeitung, bleibt in der Dokumentation aber selbst unsichtbar.

Die hier vorgestellten Steuersequenzen zur Erzielung bestimmter Formatierungsergebnisse im Pascal-Teil `@/`, `@+`, `@#`, `@|`, `@,` und `@;` werden bei der TANGLE-Bearbeitung ignoriert.

Sollen innerhalb des Pascal-Teils TeX-Strukturen zur Anwendung kommen, so muss TANGLE mitgeteilt werden, wo diese TeX-Struktur beginnt und wo sie endet. Dies geschieht mit der WEB-Steuersequenz `@t`. Der hierauf folgende Text bis zum Auftreten der nächsten `@>`-Sequenz wird bei der TANGLE-Behandlung ausgeblendet. Er entfaltet seine Wirkung aber bei der WEAVE-Bearbeitung. Der zwischen `@t` *TeX-Text*`@>` stehende TeX-Text wird von WEAVE in eine `\hbox` gefasst und mit dieser entsprechend seinem Inhalt von TeX bearbeitet. Dies führt zu der Einschränkung, dass die abschließende WEB-Sequenz `@>` in derselben Zeile wie die öffnende Sequenz `@t` liegen muss. Mit `@t \hskip12mm@>` wird zwischen dem evtl. vorangehenden und dem nachfolgenden Pascal-Text in der Dokumentation 12 mm Zwischenraum eingefügt. Ebenso kann mit `|size < @t$2^{15}$@>|` in einem Pascal-Kommentar (s. u.) bei der Dokumentation $size < 2^{15}$ erzeugt werden.

In den `.web`-Files der TeX-Werkzeuge findet man häufig die Anweisung `@t\4@>`. Hiermit wird eine standardmäßige Einrückung erster Stufe rückgängig gemacht. Weitere spezielle TeX-Befehle, wie hier `\4`, werden in A.8 vorgestellt.

A.3.7 Pascal-Kommentar

Ein Pascal-Programm darf Kommentar enthalten. Nach der Pascal-Syntax wird der von einem geschweiften Klammerpaar eingeschlossene Text als Kommentar interpretiert, der bei der Kompilation unberücksichtigt bleibt. Im `.web`-File ist innerhalb des Pascal-Textes solcher

Kommentar ebenfalls erlaubt. Dieser Text wird, einschließlich der Kommentarklammerpaare, bei der TANGLE-Bearbeitung entfernt, da dies sonst bei der Kompilierung erfolgen würde.

Der Programmkommentar wird bei der WEAVE-Bearbeitung aber an den Stellen seines Auftretens, in geschweiften Klammern eingeschlossen, als normaler TEX-Text in roman ausgegeben. Der WEB-Text beim Beispiel des Moduls 3 für den Anfang des Hauptprogramms enthielt bereits solchen Pascal-Kommentar (S. 401), der in der Dokumentation auf S. 402 erscheint.

WEB gestattet mit den Paaren `@{` und `@}` die Einfügung von sog. Metakommentaren im Pascal-Programmteil. Bei der TANGLE-Bearbeitung werden die WEB-Sequenzpaare `@{` und `@}` in reine Klammerpaare umgewandelt, d. h. der eingeschlossene Programmtext wird als Kommentar erst bei der Kompilierung interpretiert. Enthält dieser Pascal-Text bereits Metakommentare, also innere Klammersequenzpaare, so werden diese durch eckige Klammerpaare ersetzt, da Pascal keine verschachtelten Kommentarangaben erlaubt. Bei der Dokumentation bleiben die WEB-Kommentarklammern als `@{` bzw. `@}` erhalten.

Der Sinn für diese Metakommentarzeichen liegt darin, dass WEB-Programme häufig Pascal-Programmteile enthalten, die nur unter bestimmten Anforderungen im endgültigen Pascal-Programm als Programmteil zur Anwendung kommen sollen. Werden diese Teile durch die Metakommentarzeichen umschlossen, so sind sie nach der TANGLE-Bearbeitung im Pascal-Programm von einem geschweiften Klammerpaar umgeben. Bei der Kompilierung werden sie als Kommentar betrachtet und bleiben als Programmkode unwirksam. Bereits eingeschlossener Metakommentar erscheint in eckigen Klammerpaaren, wodurch ein Syntaxverstoß aufgrund verschachtelter Kommentarstrukturen umgangen wird.

Werden die Metakommentarzeichen im WEB-Programm entfernt, so werden die entsprechenden Pascal-Teile als wirksamer Pascal-Kode nach der TANGLE-Bearbeitung bereitgestellt. Das `tex.web`-File enthält an etlichen Stellen **init** . . . **tini**-Strukturen, zwischen denen Pascal-Kode mit vermischten Kommentaren steht. Bleibt die Bedeutung von **init** und **tini** leer, so wird der eingeschlossene Programmteil ganz normal bearbeitet, was zum Programm initex führt. Erhält **init** die Bedeutung von `@{` und **tini** die von `@}`, so wird der eingeschlossene Programmteil bei der Kompilierung als Kommentar ausgeblendet, wodurch das Program virtex entsteht.

Die geschweiften Klammern gehörten ursprünglich nicht zum Zeichenvorrat von Pascal. Bei den frühen Pascal-Compilern wurden Kommentare durch Einschluss in `(* ... *)`- oder `(. .... .)`-Sequenzen gekennzeichnet. Um die Kompatibilität zu früheren Programmentwicklungen sicherzustellen, lassen die meisten Pascal-Compiler diese Kommentarkennzeichnungen ebenfalls zu. Gleichermaßen können sie in einem `.web`-File auftreten, wo sie als Metakommentar wie `@{ ... @}` für `(* ... *)` bzw. als verschachtelter Kommentar `[ ... ]` für `(. .... .)` angesehen und bei der WEAVE- bzw. TANGLE-Bearbeitung wie solcher behandelt werden. In der Dokumentation werden `(* ... *)`-Eingaben ebenfalls als `@{ ... @}` dargestellt.

A.4 WEB-Makros

Ein besonders nützliches Hilfswerkzeug der WEB-Sprache liefert die Möglichkeit von Makrodefinitionen, die bei der TANGLE-Bearbeitung in den zugehörigen Pascal-Kode umgewandelt werden. Die Verwendung von Makros macht ein WEB-Programm nicht nur kürzer, sondern auch besser lesbar. Im weiteren Sinne gehören auch die Formatzuweisungen und die vorbearbeiteten Zeichenketten zu den Makros, so dass ihre Beschreibung in diesem Abschnitt erfolgt.

A.4.1 Makrodefinitionen

WEB gestattet die Definition von drei Makrotypen. Diese sind:

1. Numerische Makros mit der Syntax:

   `@d` *makro_name* = *konstanten_ausdruck*

   Für *konstanten_ausdruck* kann jede Zahl mit einem Absolutbetrag kleiner $2^{15} = 32\,768$ oder eine Summe oder Differenz solcher Zahlen sowie Summen und Differenzen von bereits definierten numerischen Makros oder von solchen mit Zahlen stehen, wobei das Ergebnis solcher Summen oder Differenzen vom Absolutbetrag her ebenfalls $< 2^{15}$ sein muss. Hierunter fallen auch Angaben der Form "Z" für beliebige Zeichen Z, die mit ihrem ASCII-Wert eingesetzt werden. Zahlenwerte mit einem Absolutbetrag $\geq 2^{15}$ können als einfache Makros (s. u.) eingerichtet werden.

   Mit Ausnahme von `+` und `-`, reinen Zahlen oder mit "Z" eingeschlossenen Zeichen und bereits definierten numerischen Makros sind keine weiteren Zeichen in *konstanten_ausdruck* erlaubt, also z. B. auch keine Klammerpaare ( ) zur Klammerung von Teilausdrücken. Zugelassen ist jedoch anhängender Kommentar in geschweiften Klammern zur Erläuterung der Bedeutung.

   Bei der TANGLE-Bearbeitung werden die hier evtl. angegebenen Summen oder Differenzen vorab errechnet und an den Stellen von *makro_name* an den Pascal-Programmtext als Zahlenwert übergeben.

2. Einfache Makros mit der Syntax:

   `@d` *makro_name* == *pascal_text*

   Für *pascal_text* darf jede gültige Pascal-Struktur, evtl. vermischt mit bereits definierten Makros und/oder Kommentar, stehen. Beim Aufruf von *makro_name* im Pascal-Teil eines Moduls wird es bei der TANGLE-Bearbeitung durch den rechts stehenden *pascal_text* ersetzt.

3. Parametrisierte Makros mit der Syntax:

   `@d` *makro_name* `(#)` == *pascal_text mit vermischten* `#`

   Für *pascal_text* gilt das unter 2. gesagte. Beim Aufruf wird der mit (*argument*) übergebene Teil an allen Stellen des Auftretens von `#`-Zeichen auf der rechten Seite eingefügt und der so entstehende Pascal-Gesamttext durch die TANGLE-Bearbeitung in den Pascal-Teil eingesetzt.

Die Syntax für *makro_name* ist für alle drei Makrotypen gleich. Ein Makroname muss mit einem Buchstaben beginnen, auf den *mindestens* ein weiterer Buchstabe oder eine Ziffer folgt. Das Zeichen '_' wird hierbei als Buchstabe angesehen. Die Länge von Makronamen ist beliebig, praktisch aber durch die Zeilenlänge begrenzt, da Leer- oder Zeilenschaltzeichen einen

Makronamen beenden. Klein- und Großbuchstaben stellen für Makronamen unterschiedliche Zeichen dar.

Erscheinen im Pascal-Teil numerische Makros und/oder Zahlen $< 2^{15}$, zwischen denen die Zeichen `+` oder `-` stehen, so führt TANGLE vorab die erforderliche Arithmetik durch und übergibt das erzielte Rechenergebnis an den verbleibenden Pascal-Kode. Ist *weite* ein solches numerisches Makro, so kann im Pascal-Programmteil z. B. `array[0..weite-1]` stehen, was in Pascal für eine Konstante mit dem Namen *weite* nicht erlaubt ist. Steht *weite* als numerisches Makro für 100, so bildet TANGLE hieraus `array[0..99]`, womit die Pascal-Syntax erfüllt wird.

Ebenso dürfen im WEB-Programm Verzweigungsmarken für die Pascal-`case`-Anweisung additive Konstantenausdrücke enthalten. Ist *marke* ein numerisches Makro, so können als Verzweigungsmarken `marke+1:`, `marke+2:`, ... innerhalb der `case`-Anweisung auftreten, da ihre Zahlenwerte vorab errechnet und als Konstante oder Konstantenliste in den endgültigen Pascal-Text eingesetzt werden.

Die `label`-Erklärung und die Angabe von Anweisungsmarken müssen in Pascal in Form einer vorzeichenlosen Zahlenangabe aus dem Zahlenbereich $0 \leq l \leq 9999$ vorgenommen werden. Symbolische Namen sind hierzu nicht erlaubt. In WEB können in der `label`-Erklärung und im Programmteil die entsprechenden Anweisungsmarken als numerisches Makro aufgerufen werden, da sie bei der TANGLE-Bearbeitung mit ihrem Zahlenwert in den Programmkode eingefügt werden.

Numerische Makros dürfen im Pascal-Teil beliebig mit einfachen oder parametrisierten Makros verknüpft werden. Wegen der unterschiedlichen Behandlungsweise von numerischen und den beiden anderen Makrotypen durch TANGLE ist vorab an das Ergebnis zu denken. Numerische Makros werden vor ihrem Einsetzen in den umgebenden Pascal-Text errechnet und ihr Rechenergebnis wird eingesetzt. Einfache und parametrisierte Makros werden durch den rechts stehenden Pascal-Text ersetzt. Waren z. B definiert

```
@d ma=2    @d mb=3+ma    @d mc==3+ma
```

so steht `ma` für 2 und `mb` für 5, dagegen `mc` für 3+2. Eine Angabe `x-mb` führt zu `x-5`, dagegen `x-mc` zu `x-3+2` und damit zu einem vollständig anderen Ergebnis. Zur Vermeidung solcher unbeabsichtigten Fehlinterpretationen kann man arithmetische Ausdrücke bei der Definition nichtnumerischer Makros in Klammern setzen. Mit `@d mc==(3+ma)` wird der Aufruf `x-mc` nach `x-(3+2)` und damit in das vermutlich erwünschte Ergebnis aufgelöst. Ähnliche Mehrdeutigkeiten treten bei Strukturen wie `x*mc`, `x/mc`, `mc E3` auf, die ohne Klammerung zu $x * 3 + 2$, $x/3 + 2$ und $3 + 2E3$ und mit Klammerung zu $x * (3 + 2)$, $x/(3 + 2)$ sowie $(3 + 2)E3$ führen.

Enthalten die rechten Seiten der Definitionen von einfachen und parametrisierten Makros öffnende und schließende Klammern, so müssen die Klammerpaare *vollständig* sein, d. h. es müssen insgesamt genauso viele schließende wie öffnende Klammern in der Definition auftreten. Das Gleiche gilt für ein übergebenes Argument beim Aufruf von parametrisierten Makros, wenn das Argument Klammern enthält.

Trotz der Einfachheit und der Beschränkungen der Makrodefinitionen lassen sich mit ihnen erstaunlich trickreiche und variable Strukturen erzeugen. Als Argument bei einem parametrisierten Makro ist z. B. der Name eines weiteren parametrisierten Makros *ohne* dessen Argumentübergabe erlaubt. Vorab sei die WEB-Steuersequenz `@&` erläutert. Sie bewirkt, dass der links von ihr stehende Pascal-Text mit dem rechts davon stehenden zu einer Einheit verbunden wird. Mit

```
@d add_to_file(#)==append(# @& file)
```

erzeugt der Aufruf `add_to_file(my)` den Pascal-Kode `append(myfile)`. Mit der weiteren Definition

```
@d our_cases(#)==case c of 'm': #(my); 'y': #(your); end
```

und dem Aufruf `our_cases(add_to_file)` entsteht die Pascal-Struktur

```
case c of 'm': append(myfile); 'y': append(yourfile); end
```

Auch die Beschränkung auf *höchstens* einen Parameter bei der Definition von parametrisierten Makros ist nicht so einschränkend, wie man zunächst denken würde. Wenn man z. B. ein Makro mit der Wirkung

```
@d dmacro(#1,#2) == macro_a(#1) macro_b(#2)
```

haben wollte, was WEB nicht zulässt, so erreicht man diese Wirkung mit

```
@d dmacro(#)  == macro_a(#) macro_c
@d macro_c(#) == macro_b(#)
```

und dem Aufruf `dmacro`(xxx)`(`yyy`)`. Die Auflösung von `dmacro`(xxx) ergibt zunächst `macro_a`(xxx) `macro_c`, der das auf den Aufruf von `dmacro` folgende (yyy) nachgestellt wird, so dass dort insgesamt `macro_a`(xxx) `macro_c`(yyy) erscheint. Das Makro `macro_c` wurde aber als parametrisiertes Makro definiert, so dass bei seiner Auflösung die nachfolgende ( )-Gruppe als sein Argument angesehen wird und damit als `macro_b`(yyy) erscheint. Die Gesamtwirkung des Aufrufs `dmacro`$(xxx)(yyy)$ entspricht damit der unerlaubten Definition eines Makros mit zwei Parametern.

Viele `.web`-Files aus dem TEX-Gesamtpaket enthalten die Makrodefinitionen

```
@d final_end = 9999  { this label marks the end of the program }
@d debug==@{ { change this to '|debug|$\equiv$ ' when debugging }
@d gubed==@} { change this to '|gubed|$\equiv$ ' when debugging }
@d increment(#) == #:= #+1  { increase a variable by unity }
@d decrement(#) == #:= #-1  { decrease a variable by unity }
```

Als Ergebnis der WEAVE-Bearbeitung erscheinen diese Makrodefinitionen in der Dokumentation als

define *final_end* = 9999 { this label marks the end of the program }
define *debug* ≡ `@{` { change this to '*debug* ≡ ' when debugging }
define *gubed* ≡ `@}` { change this to '*gubed* ≡ ' when debugging }
define *increment*(#) ≡ # ← # + 1 { increase a variable by unity }
define *decrement*(#) ≡ # ← # − 1 { decrease a variable by unity }

Als Makrozuweisungsoperator erscheint bei numerischen Makros das Gleichheitszeichen '=' und bei nichtnumerischen Makros das Äquivalenzsymbol '≡'. Der Pascal-Zuweisungsoperator `:=` erscheint in der Dokumentation als ←, wie dies bereits bei vorangegangenen Beispielen demonstriert wurde.

Die Pascal-Vergleichssymbole `<`, `<=`, `=`, `<>`, `>=` und `>` erscheinen in der Dokumentation als '$<$', '$\leq$', '$=$', '$\neq$', '$\geq$' und '$>$'. Für die logischen Pascal-Operatoren NOT, AND und OR werden in der Dokumentation die mathematischen Symbole '$\neg$', '$\wedge$' und '$\vee$' verwendet. Der Mengenoperator IN erscheint als $\in$.

Bei den vorangegangenen Beispielen demonstrierten die Makrodefinitionen für *debug* und *gubed* die Technik der Metakommentare, auf die bereits in A.3.7 hingewiesen wurde. Beim Aufruf von *debug* (in der Dokumentation wahrscheinlich in Fettdruck als **debug**, s. u.) wird im Pascal-Programmteil `@{` eingesetzt, was mit TANGLE in die öffnende Kommentarklammer umgewandelt wird. Der anschließende Pascal-Text wird damit als Kommentar betrachtet, bis mit dem Aufruf von **gubed** durch die zugehörige schließende Klammer `@}` bzw. '}' die Kommentarwirkung beendet wird.

Wird in einem Änderungsfile (change file) nun geschrieben

```
@x
@d debug==@{ { change this to '|debug|$\equiv$ ' when debugging }
@d gubed==@} { change this to '|gubed|$\equiv$ ' when debugging }
@y
@d debug==  { debugging program version }
@d gubed==  { debugging program version }
@z
```

so erzeugen die Aufrufe von **debug** und **gubed** allenfalls ein Leerzeichen. Der zwischen diesen Aufrufen liegende Pascal-Kode kommt damit ganz normal zum Tragen und enfaltet seine Wirkung als Programmteil.

Im `tex.web`-Originalfile enthält eines der ersten Module die Makrodefinitionen mit den anschließenden Kommentaren:

```
@d init== { change this to 'init $\equiv$ @@{' for virtex }
@d tini== { change this to 'init $\equiv$ @@}' for virtex }
```

Der hier angegebene Kommentar ist zum besseren Verständnis gegenüber dem Original geringfügig geändert worden. Die Aufrufe **init** und **tini** erzeugen *nichts* und haben damit keinerlei Wirkung. Das mit TANGLE erzeugte Pascal-File `tex.pas` führt nach seiner Kompilierung zum Programm initex. Im `virtex.ch`-File wird diese Angabe in einem `@x ... @y`-Zweig wiederholt und dann durch den anschließenden `@y ... @z`-Zweig

```
@d init==@{ { this makes 'virtex'}
@d init==@} { this makes 'virtex'}
```

ergänzt. Alle zwischen **init** und **tini** liegenden Programmteile werden nun als Pascal-Kommentar ausgeblendet, was zum Programm virtex führt. Die vorangegangene Angabe `@@{` im ersten Kommentar von *init* enthält die WEB-Steuersequenz `@@`. Diese bewirkt bei der WEAVE- und TANGLE-Bearbeitung die Ausgabe des Zeichens '@', so dass die Steuerwirkung mit dem nächsten Zeichen erfolgen kann.

Das reale `virtex.ch`-File enthält eine Reihe weiterer Änderungen, auf die hier nicht eingegangen wird. Im Originalfile `tex.web` werden die erforderlichen Änderungen bereits häufig in Kommentaren mitgeteilt. Daneben sind meistens systemspezifische Änderungen erforderlich, die auch ein `initex.ch`-Änderungsfile verlangen, das beim Originalrechner und Originalbetriebssystem von DONALD E. KNUTH nicht nötig war.

A.4.2 Formatänderungen

Im vorangegangenen Unterabschnitt wurde darauf hingewiesen, dass die Makronamen **debug** und **gubed** bzw. **init** und **tini** in der Dokumentation wahrscheinlich in Fettdruck erscheinen. Man würde hier zunächst erwarten, dass sie wie sonstige Kennzeichnungsnamen in *Italic* auftreten. Dies ist standardmäßig auch der Fall.

Es ist jedoch möglich, jeder Pascal-Struktur sowie den WEB-Makros für die Dokumentation ein geändertes Erscheinungsformat zuzuweisen. Hierzu dient die WEB-Steuersequenz `@f`. Wird damit

```
@f debug == begin   @f gubed == end
@f init  == begin   @f tini  == end
```

angegeben, so erscheinen **debug** und **init** in der Dokumentation genau so, wie dies für das Pascal-Schlüsselwort **begin** der Fall ist, und für **gubed** und **tini** gilt dasselbe in Bezug auf das Pascal-Schlüsselwort **end**.

Als Zuweisung nach dem Operator == darf jede zulässige Pascal-Konstruktion oder ein bereits definiertes und formatangewiesenes Makro stehen. Die Darstellung bei der Dokumentation beschränkt sich nicht nur auf die Schrift, sondern alle Formatbesonderheiten werden übernommen. Eine Gleichsetzung mit **else** beginnt für das äquivalente Makro z. B. gleichzeitig mit einer neuen Zeile.

Eine Formatzuweisung mit `@f` hat für die TANGLE-Bearbeitung und damit für das erzeugte Pascal-Programm keinerlei Bedeutung. In der Dokumentation erscheint dagegen am Beispiel der ersten angegebenen Zuweisung diese als

format *debug* ≡ *begin*
format *gubed* ≡ *end*

Es ist auch möglich, vorhandene Pascal-Strukturen umzuformatieren. In `tex.web` erscheint im Modul 4 der Dokumentation der Definitionsteil

define *mtype* ≡ *t*@&*y*@&*p*@&*e* { this is a WEB coding trick: }
format *mtype* ≡ *type* { '**mtype**' will be equivalent to '**type**' }
format *type* ≡ *true* { but '*type*' will not be treated as a reserved word }

Die etwas seltsam anmutende Definition von *mtype* führt zu der Buchstabenfolge 't' 'y' 'p' 'e', die mit WEB-Steuersequenzen `@&` zu einer *Einheit* zusammengefügt wird. Die so erzeugte Einheit 'type' ist für WEB, nicht aber für Pascal, etwas anderes als die Zeichenkette '*type*'. Mit der anschließenden Formatzuweisung wird *mtype* in der Dokumentation wie das Pascal-Schlüsselwort **type** behandelt. Das Pascal-Wort `type` selbst wird, weil ihm anschließend das Format von *true* zugewiesen wird, in der Dokumentation überall als *type* erscheinen. In einer späteren Makrodefinition wird über den Namen *type* als `@d type(#)==mem[#].hh.b0` neu verfügt, so dass ein Aufruf von `type(5)` zum Pascal-Kode `mem[5].hh.b0` führt, der in der Dokumentation als *type*(5) erscheint. Der Aufruf `mtype` wird in der Dokumentation als **mtype** und im Pascal-Progamm als `type` ausgegeben.

Der Definitionsteil (s. A.2, S. 400) eines Moduls darf beliebige Mischungen von `@d`- und `@f`-WEB-Steuersequenzen enthalten. Mit dem ersten Auftreten einer dieser beiden Sequenzen in einem Modul endet der evtl. vorangegangene Textteil. Der Definitionsteil endet mit dem ersten Auftreten von `@p` oder `@<`, spätestens aber mit dem Beginn eines neuen Moduls, falls der Pascal-Programmteil leer ist (s. A.3.1).

A.4.3 Vorbearbeitete Zeichenketten

Viele Pascal-Compiler behandeln Zeichenketten häufig recht uneffizient. Werden gleiche Zeichenketten mehrfach angesprochen, so belegen sie im lauffähigen Programm mehrfach Speicherplatz, weil ihre Gleichheit vom Compiler nicht erkannt wird. In anderen Fällen wird für alle Zeichenketten gleichgroßer Speicherplatz eingerichtet, der sich aus der maximal erlaubten Länge für Zeichenketten bestimmt. Aus diesem Grunde gestattet es WEB, Zeichenketten vorzubehandeln, die in einem eigenen File mit dem Grundnamen des `.web`-Files und dem Anhang `.pool` abgelegt werden.

Die Vorbearbeitung von Zeichenketten erfolgt für alle Texteingaben, die mit doppelten Anführungsstrichen `" ... "` im Pascal-Teil eingeschachtelt erscheinen. In einfache Anführungsstriche (') eingeschachtelte Zeichenketten werden dagegen unverändert an Pascal weitergereicht. Einzelne, in doppelten Anführungsstrichen stehende Zeichen, wie `"A"` oder `"!"`, erzeugen den äquivalenten ASCII-Zahlenwert für das Zeichen, der an Pascal weitergereicht wird. Im Pascal-Kode steht an der Stelle der beiden angegebenen Zeichen damit 65 bzw. 33. Dies gilt unabhängig von dem verwendeten Zeichenkode des Rechners. Auch bei einem Rechner mit EBCDIC-Zeichenkodierung erscheinen hier 65 und 33. Soll das Zeichen `"` innerhalb einer Zeichenkette erscheinen, so ist es doppelt als `""` anzugeben. Damit steht `""""` für den ASCII-Zahlenkode von `"` und damit für 34.

Bestehen die in doppelten Anführungszeichen stehenden Zeichenketten aus mehr als einem Zeichen, so werden ihnen intern Zahlenwerte $\geq$ 128 zugeordnet, beginnend mit 128 für die erste dieser auftretenden Zeichenketten, 129 für die zweite usw. Gleichzeitig wird ein File xxx`.pool` eingerichtet, in dem diese Texte mit einer vorangehenden zweistelligen Zahl zeilenweise abgelegt werden. Diese vorangestellte Zahl von '00' bis max. '99' gibt die Länge der nachfolgenden Zeichenkette an, also die Anzahl von Einzelzeichen, aus denen dieser Text besteht.

Damit erscheint für die leere Zeichenkette `""` im `.pool`-File '`00`', gefolgt vom Zeilenendzeichen ('CR'), und für die Angabe `"eins zwei drei"` wird die entsprechende Zeile '`14eins zwei drei`' eingerichtet, da sie, einschließlich der Leerzeichen, aus 14 Zeichen besteht. Eine Zeichenkette erscheint nur einmal im `.pool`-File, unabhängig davon, wie oft sie selbst im `.web`-File auftritt. Das `.pool`-File endet stets mit einer neunstelligen Zahl in der Form `*`$nnnnnnnnn$, der sog. Prüfsumme (string pool check sum). Wird im `.web`-File eine Zeichenkette geändert oder werden Zeichenketten zugefügt oder entfernt, so ändert sich mit hoher Wahrscheinlichkeit auch die Prüfsumme.

Die TANGLE-Bearbeitung erzeugt als Pascal-Kode an der Stelle der vorbearbeiteten Zeichenkette deren zugeordnete Kennnummer, bei einstelligen Zeichen also deren ASCII-Kodewert und bei mehrstelligen Zeichenketten einen Zahlenwert $\geq$ 128. Die Zeichenkette selbst ist im erzeugten Pascal-Kode nicht enthalten. Man kann sich das so vorstellen, als würden intern numerische Makros der Form

```
@d . . . . . . . . .    @d s32 = 32    {"␣"}   @d s33 = 33    {"!"}
@d s34 = 34    {""""}   @d s35 = 35    {"#"}   @d . . . . . . . .
@d s48 = 48    {"0"}    @d s49 = 49    {"1"}   @d . . . . . . . .
@d s65 = 65    {"A"}    @d s66 = 66    {"B"}   @d . . . . . . . .
@d s120=120    {"x"}    @d s121=121    {"x"}   @d s122=122    {"z"}
@d s123=123    {"{"}    @d s124=124    {"|"}   @d s125=125    {"}"}
@d . . . . . . . . .    @d s127=127    {"DEL"}
```

```
@d s128=128    {"erste Zeichenkette"}
@d s129=129    {"zweite Zeichenkette"}
. . . . . . . . . . . . . . . . . . . .
```

definiert, denen die rechts stehenden Zahlenwerte zugewiesen sind und denen zur Erläuterung die nachfolgende Zeichenkette als Kommentar folgt, wobei mehrstelliger Kommentar gleichzeitig in das `.pool`-File geschrieben wird.

Dem mit TANGLE erzeugten Pascal-Kode wird an der jeweiligen Stelle der vorbearbeiteten Zeichenketten ein Kode zugewiesen, so als würde dort das entsprechende numerische Makro s_i aufgerufen. Bei den einstelligen Zeichenketten ist dieses mit dem umgebenden Pascal-Kode meistens genau das, was der Programmierer mit der Zuweisung erreichen wollte. Bei mehrstelligen Zeichenketten kann ein sorgloser Umgang mit vorbearbeiteten Zeichenketten zu absolutem Unsinn bis hin zu klaren Syntaxverstößen führen. Eine WEB-Anweisung

```
println{"Weitere Zeichenkette"}
```

möge zu 130 als Kennnummer für `"Weitere Zeichenkette"` führen. Im `.pool`-File steht dann als dritte Zeile `20Weitere Zeichenkette`. Als Pascal-Kode entsteht dagegen `println{130}` und damit sicherlich nicht das, was beabsichtigt war.

Eine sinnvolle Möglichkeit für die Angabe von vorzubearbeitenden Zeichenketten könnte z. B. in einem als

string_pool: **array**[0. .*max_string_no*] **of** *integer*

erklärten Ganzzahldatenfeld *string_pool* liegen. Dieses enthält dann als Index die jeweilige Zeilennummer für die vorbearbeitete Zeichenkette, die ihrerseits mit der TANGLE-Bearbeitung im `.pool`-File abgelegt wird. Die WEB-Angabe

```
string_pool["Weitere Zeichenkette" - 127]
```

führt in der Dokumentation zu '*string_pool*[`"Weitere Zeichenkette"` − 127]' und im Pascal-Kode zu `string_pool[3]`.

Das `.web`-File darf seinerseits Lesebefehle für das `.pool`-File enthalten. Damit kann das durch die TANGLE-Bearbeitung entstehende `.pool`-File im ausführbaren Programm wieder eingelesen werden. Auf seinen Inhalt kann das Pascal-Programm damit zurückgreifen. Die WEB-Steuersequenz `@$` liefert die Prüfsumme für die im `.web`-File angegebenen Zeichenketten zurück. Damit kann geprüft werden, ob das durch das Pascal-Programm eingelesene File tatsächlich dem aktuellen `.pool`-File entspricht.

Die TANGLE-Behandlung von `tex.web` erzeugt das umfangreiche `tex.pool`-File. Dieses wird beim lauffähigen initex-Programm selbst wieder eingelesen. Die damit verbundenen Möglichkeiten sollten anhand der Modulgruppe **String handling** in der `tex`-Dokumentation (WEAVE auf `tex.web` und dessen TEX-Behandlung) oder [10b] erarbeitet werden. Eine weitere Quelle für vertieftes Erarbeiten dieser Möglichkeiten kann auch dem Programm `pooltype.web` entnommen werden. Dieses Programm ist recht einfach und eignet sich darum besonders für Anfänger der WEB-Programmierung. Neben dem Originalausdruck von `pooltype.web` sollte sowohl das Ergebnis der WEAVE-Bearbeitung `pooltype.tex` als auch dasjenige der TANGLE-Bearbeitung `pooltype.pas` ausgedruckt und mit der endgültigen Dokumentation, also der TEX-Bearbeitung von `pooltype.tex`, verglichen werden.

A.4.4 Systemunabhängige Zeichenbehandlung

Ein WEB-Programm sollte bezüglich der Zeichenarithmetik systemunabhängig arbeiten, das Ergebnis also von der internen Zeichenkodierung unabhängig bleiben. Die TEX-Werkzeuge erzielen dies durch die Einrichtung von zwei komplementären Umwandlungstabellen. Hierzu wird als zusätzlicher Datenyp

⟨Types in the outer block n⟩ $\equiv$
ASCII_code $= 0\,..\,127$; { seven-bit numbers }

eingerichtet. Der Pascal-eigene Datentyp *char*, der die interne Zeichenkodierung und deren Zeichenvorrat kennzeichnet, wird zur besseren Verdeutlichung zusätzlich mit '**define** *text_char* $\equiv$ *char*' unter dem Namen *text_char* bereitgestellt.

Mit diesen Datentypen werden die beiden Felder

⟨Global variables in the outer block m⟩ $+\equiv$
xord: **array**[*text_char*] **of** *ASCII_code*; { conversion of input characters }
xchr: **array**[*ASCII_code*] **of** *text_char*; { conversion of output characters }

global eingerichtet. Die druckbaren (sichtbaren) Zeichen des ASCII-Kodes entsprechen den Zahlenwerten *32 ... 126* (dezimal) bzw. *'40 ... '176* (octal) gemäß der Tabelle

	0	1	2	3	4	5	6	7
'04x	␣	!	"	#	$	%	&	'
'05x	(	)	*	+	,	-	.	/
'06x	0	1	2	3	4	5	6	7
'07x	8	9	:	;	<	=	>	?
'10x	@	A	B	C	D	E	F	G
'11x	H	I	J	K	L	M	N	O
'12x	P	Q	R	S	T	U	V	W
'13x	X	Y	Z	[	\	]	^	_
'14x	`	a	b	c	d	e	f	g
'15x	h	i	j	k	l	m	n	o
'16x	p	q	r	s	t	u	v	w
'17x	x	y	z	{	|	}	~	

In einem weiteren Modul wird nun das Feld *xchr* für die Indizes *32 ... 126* bzw. in oktaler Notation *'40 ... '176* mit den entsprechenden Zeichenkodewerten des aktuellen Zeichensatzes gefüllt.

⟨Set initial values o⟩ $\equiv$
xchr['40] ← '␣'; *xchr*['41] ← '!'; *xchr*['42] ← '"'; *xchr*['43] ← '#';
xchr['44] ← '$'; *xchr*['45] ← '%'; *xchr*['46] ← '&'; *xchr*['47] ← '''';
xchr['50] ← '('; *xchr*['51] ← ')'; *xchr*['52] ← '*'; *xchr*['53] ← '+';
. . . .
xchr['170] ← 'x'; *xchr*['171] ← 'y'; *xchr*['172] ← 'z'; *xchr*['173] ← '{';
xchr['174] ← '|'; *xchr*['175] ← '}'; *xchr*['176] ← '~';

Die in einfachen Anführungsstrichen stehenden Zeichen liefern den internen Zahlenkode zurück. Wird rechnerintern die EBCDIC-Kodierung (Extended Binary Coded Decimal Interchange Code) verwendet, so hat das Leerzeichen den Zahlenkode 64 bzw. '100. Den

Kleinbuchstaben ‘a ... i’, ‘j ... r’ und ‘s ... z’ entsprechen die Zahlenwerte 129 ... 137, 145 ... 153 bzw. 162 ... 169 (oktal: ’201 ... ’211, ’221 ... ’231 bzw. ’242 ... ’251). Damit steht in *xchr*[*’40*] der Zahlenwert 64 und in *xchr*[*’141*] ... *xchr*[*’151*] stehen nacheinander 129 ... 137 usw.

Wie in A.4.3 dargestellt, liefern in doppelten Anführungsstrichen eingeschachtelte Einzelzeichen den zugehörigen ASCII-Kode zurück. Damit ist *xchr*["␣"] gleichwertig mit dem Aufruf *xchr*[*’40*]. Dieses Feldelement enthält den internen Kode für das Leerzeichen. Für EBCDIC liefert dieser Aufruf dann z. B. 64. Allgemeiner gibt jeder Aufruf der Form *xchr*["z"] den internen Kodewert für das Zeichen z zurück.

Da dem ASCII-Kode *’0* ... *’37* und *’177* nichtdruckbare Steuerbefehle entsprechen, wird diesen Indizes meist

⟨Set initial values *o*⟩ + ≡
for $i \leftarrow 0$ **to** *’37* **do** *xchr*[i] ← ’␣’
xchr[*’177*] ← ’␣’

zugewiesen, d. h. diese Feldelemente werden mit dem internen Kode des Leerzeichens besetzt. Umgekehrt wird das Feld *xord* zu

⟨Set initial values *o*⟩ + ≡
for $i \leftarrow$ *first_text_char* **to** *last_text_char* **do** *xord*[*chr*(i)] ← *’40*;
for $i = 1$ **to** *’176* **do** *xord*[*xchr*[i]] ← i;

initialisiert. Hierin steht *first_text_char* für den niedrigsten Zahlenwert des internen Zeichenkodes (für EBCDIC z. B. 0) und *last_text_char* für dessen höchsten Zahlenwert (EBCDIC: *255* bzw. *’377*). Beim reinen ASCII-Kode sind dies dagegen 0 bzw. *127* oder *’177*. Mit der ersten Schleifenzuweisung wird den Elementen *chr*(i) von *xord* der Zahlenwert des ASCII-Leerzeichens zugeordnet. Die Indexberechnung läuft hierbei über die Pascal-Funktion *chr*(n), die für die übergebene Zahl n das zugehörige Zeichen ‘z’ zurückliefert. Beim ASCII-Kode erzeugt *chr*(80) den Buchstaben ‘P’, derselbe Funktionsaufruf beim EBCDIC-Kode dagegen das Zeichen ‘&’. Statt des Zahlenkodes für das ASCII-Leerzeichen *’40* bei der Zuweisung der ersten Schleife wird manchmal auch der ASCII-Kode *’177* gewählt.

Nach dieser ersten Feldbesetzung werden nun die Feldelemente von *xord*, deren Indizes sich aus *xchr*[i] ergeben, mit den ASCII-Kodewerten 1 ... *’177* besetzt, womit die erste Initialisierung teilweise überschrieben wird.

Werden die eingelesenen Zeichen ‘z’ des Eingabefiles nun stets mit dem Aufruf *xord*[’z’] verknüpft, so werden sie durch ihre ASCII-Äquivalente ersetzt. Jegliche im Programm vorzunehmende Zeichenarithmetik kann nun für den ASCII-Kode erfolgen. Für die Ausgabe und damit für die Erstellung eines evtl. Ausgabefiles erfolgt die Ausgabe über den Aufruf *xchr*["z"] oder *xchr*[ν] mit dem ASCII-Kodewert ν, womit der korrekte interne Zeichenkode zurückgeliefert wird.

Enthält der interne Zeichenkode Zeichen, für die es kein ASCII-Äquivalent gibt, so werden diese Zeichen in ASCII-Leerzeichenkode oder *’177* umgewandelt. Für letzteren Fall kann dies mit einer Ausgabewarnung verknüpft werden. Verwendet der Rechner einen erweiterten ASCII-Kode, so können die Konvertierungsfelder *xchr* und *xord* hierauf leicht erweitert werden.

Soll das Programm *nur* ASCII-kompatibel sein, so kann die Bereitstellung der beschriebenen Konvertierungsfelder natürlich entfallen.

A.5 Der TANGLE-Prozess

Bei der TANGLE-Bearbeitung des `.web`-Files werden zunächst die Pascal-Programmteile aller *namenlosen* Module durch ihren Pascal-Kode ersetzt, und zwar in der Reihenfolge dieser Module. Soweit in diesem Kode benannte Module auftreten, wird die entsprechende Modulkennzeichnung mitkopiert. Enthalten diese namenlosen Module Kommentare, die durch die Klammerpaare `{ }` eingeschachtelt sind, so werden diese Kommentare einschließlich der Kommentarklammern entfernt, da der Compiler sie ignorieren würde. Dies gilt nicht für die sog. Metakommentare, die im `.web`-File mit `@{` und `@}` eingeschachtelt sind. Letztere werden an den Pascal-Kode in geschweiften oder eckigen (bei verschachtelten Kommentaren) Klammerpaaren weitergegeben. In gleicher Weise werden die Äquivalente der Metakommentarklammern `(* *)` und `(. .)` behandelt.

Das so entstandene Pascal-Fragment enthält den angegebenen Pascal-Kode aller namenlosen Module, vermischt mit weiteren Modulkennungen und evtl. Makroaufrufen. Dieser erste Bearbeitungsvorgang sei hier T_0 genannt. Da die Pascal-Syntax eine bestimmte Reihenfolge der Programmstrukturen von Hauptprogramm, globalen Erklärungen, Prozedur- und Funktionsdefinitionen u. a. vorschreibt, sollte ihre Formaldefinition als namenlose Module erfolgen.

Das erste namenlose Modul beginnt stets mit dem Kopf des Hauptprogramms, wie am Beispiel aus A.3.1 auf S. 401 demonstriert wurde. Die Programmdetails können zunächst weitgehend durch benannte Module charakterisiert werden. Beim angeführten Beispiel enthält der Pascal-Kode noch die Deklarationsangaben `label`, `const`, `type` und `var`, deren Zuweisungen bereits mit benannten Modulen erfolgen. An diese Kopfdeklaration des Hauptprogramms schließt noch die Definition der Prozedur `initialize` an, bei der der Programmrumpf bereits wieder durch ein benanntes Modul bereitgestellt wird.

Im weiteren Verlauf des `.web`-Programmfiles werden weitere Module auftreten, die benannten und unbenannten Modulkode enthalten. Prozeduren und Funktionen werden meistens, zumindestens mit ihrer definierenden Kopfzeile, als namenlose Module eingeführt, deren weitere Programmstruktur zunächst in Form benannter Module angegeben wird. Die Definition von Prozeduren und Funktionen durch namenlose Module ist jedoch nicht zwingend, wofür weiter unten noch ein Beispiel folgt.

Als *letztes* namenloses Modul tritt im `.web`-File fast immer eine Struktur auf, die in der Dokumentation z. B. als

> **begin** { program start }
> ⟨ part one of main program body n_1⟩
> ⟨ part two of main program body n_2⟩
> . . . .
> **end**.

erscheint. Eventuell stehen zwischen **begin** und **end** noch weitere Pascal-Kodefragmente, wie z. B. Anweisungsmarken u. a. Die Angabe

> *final_end*: ⟨ close all open files n_z⟩

unmittelbar vor **end** bedarf keiner Erläuterung. Der beschriebene Bearbeitungsprozess macht aber deutlich, dass ein `.web`-Programm zwingend mindestens ein namenloses Modul enthalten muss, damit ein Pascal-Quellenkode überhaupt entstehen kann.

Das Ergebnis des ersten TANGLE-Prozesses T_0 wird nun fortgesetzt, indem alle in T_0 auftretenden Aufrufe von benannten Modulen durch ihren Pascal-Kode ersetzt werden. Enthalten diese Module weitere Aufrufe von benannten Modulen, so bleiben sie hier zunächst mit ihrer Modulkennung stehen. Das Gleiche gilt für Makroaufrufe in den aufgelösten benannten Modulen erster Stufe. Kommentare und Metakommentare innerhalb der aufgelösten Module werden genau so behandelt, wie bei der Auflösung der unbenannten Module beschrieben. Das Bearbeitungsergebnis sei T_1 genannt.

Enthält T_1 immer noch benannte Modulaufrufe, so wiederholt sich das Verfahren, was zu T_2, T_3 usw. führt. Nach wiederholter Auflösung der benannten Modulaufrufe entsteht schließlich ein Pascal-Kodefragment T_n, das keine weiteren Modulaufrufe mehr enthält, sondern allenfalls noch Makroaufrufe kennt. Diese werden nun in einem vorletzten Bearbeitungsschritt mit ihren Zahlenwerten (bei numerischen Makros) sowie durch ihren Pascal-Ersetzungstext (bei einfachen Makros) und durch gleichzeitiges Einsetzen der Argumente (bei parametrisierten Makros) aufgefüllt. Bei verschachtelten Makrodefinitionen führt dies intern zu einem mehrstufigen Auflösungsprozess.

Die aus den einzelnen Moduldefinitionen stammenden Pascal-Programmteile werden im endgültigen Pascal-Programm durch Kommentare der Form $\{n\}$ umfasst, d. h. dieser Kommentar mit der Modulnummer n wird dem Pascal-Text an den entsprechenden Stellen voran- und nachgestellt. Damit wird die Fehlersuche im `.web`-File für Progammfehler, die erst der Compiler entdeckt, erleichtert.

Nach diesem Bearbeitungsschritt enthält der TANGLE-Prozess nur noch Pascal-Kode. Die Namen für Konstanten, Variablen, Funktionen u. ä. wurden dabei aus dem ursprünglichen `.web`-File übernommen. Im WEB-Kode dürfen solche Namen beliebig lang sein und Wortteile solcher Namen durch das Zeichen _ miteinander verbunden werden. Zur besseren Lesbarkeit ist im `.web`-File Groß- und Kleinschreibung erlaubt.

Als letzter Schritt der TANGLE-Bearbeitung wird der gesamte Pascal-Kode, einschließlich aller Namen, aber ohne die in Hochkommata gesetzten Zeichenketten, durch Großschreibung ersetzt. Bei den Namen werden eventuell '_'-Verbindungszeichen entfernt und die verbleibende Namenslänge wird auf sieben Zeichen begrenzt. Soweit im `.web`-File unterschiedliche Namen auftreten, deren erste sieben Zeichen übereinstimmen, wird dies bei der Begrenzung auf sieben Zeichen berücksichtigt, indem die gekürzten Namen in den letzten Zeichen unterschiedlich gewählt werden.

Die Verkürzung der Namen und die Umwandlung in ausschließliche Großschreibung berücksichtigt die Einschränkung vieler Pascal-Compiler, die maximal acht Zeichen für Namen erlauben und diese evtl. nur in Großschreibung zulassen. Diese Eigenschaft wird häufig mit `tangle.ch` geändert. Der Pascal-Compiler meines UNIX-Systems erlaubt Namenslängen bis zu 80 Zeichen, die alle als signifikant betrachtet werden. Demzufolge kürzt mein `tangle` Namen nicht auf die ersten sieben Zeichen, sondern entfernt lediglich evtl. Verbindungszeichen '_'.

Die Formaldefinition von Funktionen und Prozeduren erfolgt, wie beschrieben, meist durch namenlose Module. Es ist aber möglich, irgendwo *vor* dem Auftreten von **begin** beim letzten namenlosen Modul ein benanntes Modul einzuführen, dessen WEB-Text aus `@p@< further definitions @>` besteht. T_0 enthält dann an dieser Stelle den Modulaufruf $\langle$further definitions $u\rangle$. Definition und evtl. Ergänzungen von $\langle$further definitions $u\rangle$ $(+)\equiv$ können an beliebigen Stellen im WEB-Programm erfolgen, so z. B. auch *nach* dem letzten namenlosen Modul.

A.6 Indexregister

Bei der WEAVE-Bearbeitung eines WEB-Programms entsteht neben den Querbezügen zwischen den Modulen automatisch auch ein Indexregister. Das Indexregister enthält, alphabetisch geordnet, alle Makrodefinitionen und Makroaufrufe, Funktions- und Prozedurnamen, alle Variablen, Konstanten, Typen und Marken. Die mit diesen Namen verbundenen Bezugsangaben stellen die Modulnummern dar, in denen diese Namen im Definitions- oder Pascal-Teil auftreten.

Unterstrichene Bezugsangaben verweisen auf die Module, in denen diese Strukturnamen definiert oder eingeführt werden. Bei Makronamen sind dies die Stellen der Makrodefinitionen. Unterstrichene Bezüge bei Funktions- und Prozedurnamen verweisen auf die Module, in denen diese Funktionen und Prozeduren mit den Pascal-Strukturen **function** bzw. **procedure** definiert werden. Ebenfalls unterstrichen erscheinen Strukturnamen, mit denen eine evtl. Formatzuweisung erfolgt.

Nichtunterstrichene Bezüge verweisen auf die Module, in denen die Strukturen verwendet werden. Es ist möglich, Bezugsangaben auch dort zu unterstreichen, wo dies standardmäßig unterbleibt. Dazu ist der Strukturangabe die WEB-Steuersequenz `@!` unmittelbar voranzustellen. Dies geschieht bei den TEX-Werkzeugen z. B. überall dort, wo Variablen, Konstanten, Typen u. ä. erklärt werden. Die Zuweisungen an das benannte Modul ⟨Globals in the outer block n⟩ (+) ≡ erfolgen deshalb in der Form

```
@<Glob...@>=
@!xord: array[text_char] of ASCII_code;
@!yord: array[0..255] of text_char;
```

ebenso wie auch für ⟨Types in the outer block m⟩ (+) ≡ als

```
@<Typ...@>=
@!ASCII_code="␣".."~";
```

Umgekehrt wird manchmal gewünscht, dass ein standardmäßiges Unterstreichen der Bezugsangabe unterbleibt. Dies kann mit der Steuersequenz `@?` erreicht werden. Mit `@f@?loop=xclause` unterbleibt im Indexregister beim Wort **loop** das Unterstreichen der Modulnummer, in der diese Formatzuweisung erfolgt.

Die Einträge der Suchworte im Indexregister erscheinen standardmäßig in derselben Schriftart, wie sie bei den entsprechenden Wörtern in der Dokumentation der Module verwendet wird, z. B. **debug** für den Makronamen `debug` oder *dvi_file* für den Variablennamen `dvi_file`. Häufig sollen im Indexregister Suchworte erscheinen, die auf bestimmte Stellen in Textteilen von Modulen verweisen und für die gleichzeitig eine bestimmte Schriftart verlangt wird. Mit

`@^`*zusatz_eintrag*`@>`

kann ein solcher *Zusatzeintrag* in der Schriftart 'roman' erzeugt werden. Der Text für *zusatz_eintrag* beginnt unmittelbar nach `@^` und endet mit dem Auftreten der nächsten `@>`-Sequenz. Dieser Eintragstext darf selbst keine WEB-Steuersequenzen enthalten, nicht einmal ein `@@`. Soll im Ausgabetext beim Indexregister das Zeichen @ erscheinen, so kann es in *zusatz_eintrag* mit `\AT!` (s. A.8) erzeugt werden. Anfangs- und Endzeichen `@^...@>` müssen in einer Zeile liegen, d. h. *zusatz_eintrag* darf eine Zeilenlänge nicht überschreiten. Der Text für *zusatz_eintrag* erscheint nur als Eintrag im Indexregister, nicht aber an der Stelle des Auftretens im Text- oder Pascal-Teil in einem Modul.

Die gleiche Wirkung und Eigenschaft wie `@^` hat auch die Eingabe

`@.`*zusatz_eintrag*`@>`

nur erscheint hiermit der Zusatzeintrag in Schreibmaschinenschrift `\tt`. Schließlich kann mit

`@:`*zusatz_eintrag*`@>`

eine weitere Form für den Indexeintrag erfolgen, der in einer Schriftart erscheint, die der Anwender durch eine TEX-Makrodefinition für `\def\9` bereitzustellen hat. Wird diese als `\def\9#1{}` eingerichtet (s. A.8), so kann mit

`@:`*alpha*`}{`*eintrag*`@>`

ein Eintrag im Indexregister mit dem Text von *eintrag* erzeugt werden, dessen lexikalische Position durch den Text von *alpha* bestimmt wird. Ansonsten gelten alle zu `@^` gemachten Ausführungen.

Die reservierten Wörter der Pascal-Sprache, wie **integer**, **begin**, **end**, **if** usw., erscheinen standardmäßig nicht als Einträge im Indexregister. Das Gleiche gilt für Namen, die nur aus einem Buchstaben bestehen. Solche kurzen Namen werden meistens nur für lokale Zwecke, z. B. als Schleifenvariable in **for**-Anweisungen, verwendet. Da die reservierten Wörter der Pascal-Sprache und lokale einstellige Namen in einem WEB-Programm sehr häufig auftreten, wäre eine standardmäßige Aufnahme ins Indexverzeichnis eher verwirrend als nützlich. Sollen einzelne dieser Strukturen trotzdem im Indexregister erscheinen, so kann dies natürlich mit einer der vorangegangenen Steuersequenzen `@^`, `@.` und `@:` erzwungen werden.

Das alphabetisch geordnete Stichwortverzeichnis erscheint zweispaltig formatiert. An dieses schließt sich, mit einer neuen Seite beginnend, ein ebenfalls alphabetisch geordnetes Verzeichnis aller benannten Module mit ihren Kennungen an. Die Einträge hierfür erscheinen in der Form

$\langle$modul_kennung $i,\ j,\ k,\ldots\rangle$ Used in section s. bzw.
$\langle$modul_kennung $i,\ j,\ k,\ldots\rangle$ Used in sections r, s, …, and v.

Hierin sind $i, j, k, \ldots$ die Modulnummern, für die das Modul mit der Kennung *modul_kennung* Kodezuweisungen oder Ergänzungen erhält. Die Modulnummern r, s, … verweisen auf die Module, in denen das benannte Modul verwendet wird.

A.7 Zusammenfassung der WEB-Strukturen

Wie bereits in A.2 dargestellt, besteht jedes WEB-Programm aus einer Vielzahl von Modulen, die jeweils aus drei Teilen in der Reihenfolge ‚TEX-Teil', ‚Definitionsteil' und ‚Pascal-Programmteil' zusammengesetzt sind. Jeder dieser Modulbestandteile darf auch leer sein. Abschnitt A.3.1 beschreibt die Steuerstrukturen, mit denen ein Modul beginnt, und wie die Gliederung der drei Bestandteile erreicht wird. Definitionsteil und Pascal-Programmteil werden gelegentlich gemeinsam unter dem Oberbegriff ‚Pascal-Text' zusammengefasst.

A.7.1 WEB-Vorspann

Jedes Modul beginnt mit einer der beiden Steuersequenzen `@␣` oder `@*`. Bis auf das erste Modul wird mit dem Auftreten dieser Sequenzen ein neues Modul gestartet, womit gleichzeitig das vorangehende Modul beendet wird. Ein `.web`-File darf vor dem ersten Modul beliebigen Text, einschließlich TEX-Befehle und TEX-Makrodefinitionen, enthalten. Der vor dem ersten Auftreten einer `@␣` oder `@*` stehende Text wird der *Vorspann* des `.web`-Files genannt.

Der Text des Vorspanns wird bei der TANGLE-Bearbeitung vollständig ignoriert und bei der WEAVE-Bearbeitung unverändert in das entstehende `.tex`-File kopiert. Damit kann das Formatierungsergebnis der Dokumentation vom Anwender festgelegt werden. Im Vorspann können z. B. TEX-Erklärungen für die Texthöhe und Textbreite erfolgen, die an das durch WEAVE erzeugte `.tex`-File weitergegeben werden und damit das Seitenformat der Dokumentation festlegen. Auch die im letzten Abschnitt erwähnte Makrodefinition `\def\9#1{}` ist ein typischer Vertreter für einen Vorspannkandidaten. Eine weitere Nutzung des Vorspanns liegt in der Erzeugung einer evtl. Titelseite für die Programmdokumentation.

Alle im Vorspann vorgegebenen Makrodefinitionen können in den TEX-Teilen der nachfolgenden Module genutzt werden. WEAVE selbst lädt das File webmac.tex, das eine Reihe von TEX-Makros bereitstellt, als Erstes ein und übergibt es an den Anfang des erstellten `.tex`-Files. Das File webmac.tex ist damit stets der Beginn des Vorspanns.

A.7.2 Verzeichnis aller WEB-Steuerstrukturen

Das nachfolgende Verzeichnis enthält eine Kurzbeschreibung aller WEB-Steuerstrukturen mit der Angabe der Abschnitt- und Seitennummer, wo diese Struktur genauer beschrieben ist. Soweit diese Angaben fehlen, ist die Struktur noch nicht erläutert worden, was hier dann nachgeholt wird. Die nach der Steuerstruktur in eckigen Klammern stehenden Buchstaben *V, T, P, M, K* und/oder *S* verweisen darauf, dass diese Steuerstruktur im Vorspann, im Textteil, im Pascal-Programmteil, in Modulkennamen, in Kommentaren und/oder in Zeichenketten (Strings) erlaubt ist. Sind diese Buchstaben überstrichen, wie z. B. $\overline{V}$ oder $\overline{T}$, so bedeutet dies, dass die angeführte Struktur, also hier der Vorspann bzw. der Textteil eines Moduls, mit dem Auftreten der Steuersequenz beendet und die zugeordnete neue Teilstruktur gestartet wird.

`@@` $[K, M, P, S, T, V]$ . . . . (A.4.1) – 411

Das doppelte `@`-Zeichen erzeugt das @-Zeichen im Ausgabetext. Dies ist die einzige WEB-Steuersequenz, die in allen WEB-Strukturen erlaubt ist.

`@␣` $[\overline{P}, \overline{T}, \overline{V}]$ . . . . (A.3.1), (A.3.5) – 401, 404

Beginn eines neuen Moduls. Anstelle des Leerzeichens nach dem @-Zeichen kann auch die Zeilenschaltung oder die Tab-Taste benutzt werden.

`@*` $[\overline{P}, \overline{T}, \overline{V}]$ . . . . (A.3.1), (A.3.5) – 401, 404

Beginn eines neuen Moduls mit gleichzeitiger Einleitung einer neuen Modulgruppe.

`@d` $[\overline{P}, \overline{T}]$ . . . . (A.3.1), (A.4.1) – 401, 408

Makrodefinition der drei Formen ‘`@d` *name* `=` *konst*’, ‘`@d` *name* `==` *pascal_text*’ oder ‘`@d` *name*`(#)` `==` *pascal#text*’. Anstelle `@d` kann auch `@D` verwendet werden. Makrodefinitionen dürfen ihrerseits bereits definierte Makros aufrufen. Modulaufrufe (s. u.) sind in Makrodefinitionen nicht erlaubt.

`@f` $[\overline{P},\overline{T}]$ . . . . (A.3.1), (A.4.2) – 401, 412

Formatzuweisung der Form '`@f` *name* == *typ*'. Anstelle `@f` kann auch `@F` verwendet werden.

`@p` $[\overline{P},\overline{T}]$ . . . . (A.3.1) – 401

Startet den Pascal-Progammteil für ein namenloses Modul. Anstelle `@p` kann auch `@P` verwendet werden.

`@<` $[P,\overline{T}]$ . . . . (A.3.1), (A.3.2), (A.3.3), (A.3.4) – 401, 401, 403, 404

Entweder Modulaufruf der Form `@<`*modul_kennung*`>` für das benannte Modul mit der Textkennzeichnung *modul_kennung* oder Pascal-Kodezuweisung an das benannte Modul in der Form `@<`*modul_kennung*`@>=` *pascal_text*. In *pascal_text* dürfen weitere benannte Module aufgerufen werden. *pascal_text* sollte mit Ausnahme von `@@` keine weiteren WEB-Steuersequenzen enthalten, es sei denn, dass sie in Teilen, die mit `|...|` eingeschachtelt sind, stehen. Modulaufrufe oder Kodezuweisungen können in abgekürzter Form `@<`*anfang*`...@>` mit dem Anfangstext der Modulkennung und drei unmittelbar folgenden Punkten erfolgen. Modulaufrufe sind in Makrodefinitionen nicht erlaubt, da mit ihnen der Definitionsteil zwingend beendet wird.

`@>` $[P,T]$ . . . . (A.3.1), (A.3.6) (A.6)– 401, 406, 419

Beendet die mit `@<`, `@^`, `@.`, `@:`, `@t` oder `@=` eingeleiteten Textangaben.

`@'` $[P,T]$

Die nachfolgende Ziffernkette wird als oktale Konstante interpretiert. Enthält das WEB-Programm die Angabe `@'100`, so erscheint sie in der Dokumentation als *'100* und im Pascal-Programm als Dezimalzahl 64. Oktale Zahlenangaben sollten nur für positive Zahlen erfolgen.

`@"` $[P,T]$

Die nachfolgende Ziffernkette wird als hexadezimale Konstante interpretiert. Die Angabe `@"A00F` erscheint in der Dokumentation als *"A00F* und im Pascal-Programm als Dezimalzahl 40 975.

`@$` $[P]$ . . . . (A.4.3) – 414

Erzeugt im Pascal-Programm die Prüfsumme der vorbearbeiteten Zeichenketten. Diese Steuersequenz wird bei der WEAVE-Bearbeitung ignoriert.

`@{` $[P]$ . . . . (A.3.7), (A.4.1) – 407, 410

Beginn eines Metakommentars. Die Sequenz erzeugt im Pascal-Programm eine öffnende geschweifte oder eckige Klammer. Letztere entsteht bei verschachtelten Metakommentaren für die inneren Strukturen. Die laufende Modulnummer wird ohne expliziten Aufruf dem Pascal-Programm als Metakommentar zugefügt.

`@}` $[P]$ . . . . (A.3.7), (A.4.1) – 407, 410

Beendet einen Metakommentar. Die Sequenz erzeugt im Pascal-Programm eine schließende geschweifte oder eckige Klammer.

`@&` $[P]$ . . . . (A.4.1) – 409

Mit *links* `@&` *rechts* werden die links und rechts von dieser Steuersequenz stehenden Teile zu einer Einheit zusammengefügt. Vor und nach `@&` stehende Leerzeichen werden dabei entfernt. Der links stehende Teil sollte jedoch nicht mit einem Semikolon enden.

`@^` [P, T] . . . . (A.6) – 419

Der nach `@^` folgende Text bis zum Auftreten der nächsten `@>`-Sequenz erscheint als Eintrag im Indexregister in der Schriftart roman. Anfangs- und Endsequenz müssen in einer Zeile liegen und zwischen ihnen darf keine WEB-Steuersequenz auftreten.

`@.` [P, T] . . . . (A.6) – 420

Gleiche Wirkung wie `@^`, nur erscheint der Indexeintrag in Schreibmaschinenschrift `\tt`.

`@:` [P, T] . . . . (A.6) – 420

Gleiche Wirkung wie `\@^`, nur erscheint der Indexeintrag mit der Wirkung des Aufrufs `\9`, wobei die Makrodefinition für `\def\9` vom Anwender im Vorspann einzurichten ist.

`@t` [P] . . . . (A.3.6) – 406

Der auf `@t` folgende Text bis zum Auftreten der Abschlusssequenz `@>` wird in eine TEX-`\hbox` gefasst und mit dem umgebenden Pascal-Programmtext bei der WEAVE-Bearbeitung für die Dokumentation geeignet formatiert. Der eingeschlossene Text darf beliebige TEX-Befehle enthalten, die in `\hbox`-Strukturen erlaubt sind. Er wird bei der TANGLE-Bearbeitung ignoriert.

`@=` [P]

Der auf `@=` folgende Text bis zum Auftreten der Abschlusssequenz `@>` wird unverändert (verbatim) an das Pascal-Programm weitergereicht. In der Dokumentation erscheint dieser Text umrahmt und ebenfalls unverändert in Schreibmaschinenschrift.

`@\` [P]

Erzwingt im Pascal-Programm eine Zeilenschaltung. WEAVE ignoriert diese Sequenz.

`@!` [P, T] . . . . (A.6) – 419

Steht diese Sequenz vor einer WEB-Struktur, die automatisch oder durch explizite Angabe von `@^`, `@.` oder `@:` im Indexregister erscheint, so wird die zugehörige Modulnummer unterstrichen. Die Definitionen von Pascal-Funktionen, -Prozeduren und des Hauptprogramms werden im Indexregister automatisch, also auch ohne vorangestelltes `@!`, unterstrichen. Das Gleiche gilt für Makrodefinitionen und Formatzuweisungen mit `@d` bzw. `@f`.

`@?` [P, T] . . . . (A.6) – 419

Wird diese Sequenz einer Struktur vorangestellt, die sonst automatisch im Indexregister unterstrichen erscheint, so unterbleibt das Unterstreichen.

`@,` [P] . . . . (A.3.6) – 406

Fügt in der Dokumentation des Pascal-Programmtextes an der Stelle des Auftretens einen kleinen Zwischenraum ein. TANGLE ignoriert diese Sequenz.

`@/` [P] . . . . (A.3.6) – 405

Erzwingt in der Dokumentation des Pascal-Programmtextes an der Stelle des Auftretens einen Zeilenumbruch. Diese Sequenz sollte nur zwischen Anweisungen oder vor bzw. nach Pascal-Steuerstrukturen stehen, nicht dagegen innerhalb von Pascal-Ausdrücken. TANGLE ignoriert diese Sequenz.

`@|` [P] . . . . (A.3.6) – 406

Bewirkt einen Zeilenumbruch im Pascal-Text auch innerhalb von Anweisungen. Die Sequenz ist geeignet, einen Zeilenumbruch im Pascal-Text nach programmlogischen Gesichtspunkten zu erzwingen. TANGLE ignoriert diese Sequenz.

`@#` [*P*] . . . . (A.3.6) – 406

Wie `@/` zur Erzeugung eines Zeilenumbruchs nach Pascal-Anweisungen. Gleichzeitig wird vertikaler Zusatzzwischenraum zur nachfolgenden Zeile eingefügt. TANGLE ignoriert diese Sequenz.

`@+` [*P*] . . . . (A.3.6) – 405

Unterdrückt einen evtl. sonst von WEAVE standardmäßig vorgenommenen Zeilenumbruch an der Stelle des Auftretens, z. B. vor **else**-Zweigen. TANGLE ignoriert diese Sequenz.

`@;` [*P*] . . . . (A.3.6) – 406

Fügt für die WEAVE-Bearbeitung ein *unsichtbares* Semikolon ein, mit der Wirkung, als stünde im Pascal-Text an dieser Stelle ein Semikolon. TANGLE ignoriert diese Sequenz.

`@x` $[K, P, T, V]$ . . . . (A.1) – 398

Nur im `.ch`-File (Änderungsfile) erlaubt. Die darauf folgenden Zeilen, die geändert werden sollen, stellen eine Kopie aus dem `.web`-File dar. Hierbei dürfen nur ganze Zeilen, nicht dagegen Teilzeilen aus dem Originaltext verwendet werden. Der zu ändernde Text endet mit einer Zeile, die nur `@y` enthält.

`@y` $[K, P, T, V]$ . . . . (A.1) – 398

Nur im `.ch`-File (Änderungsfile) erlaubt. Beendet den Originaltext der vorangehenden Zeilen. Die folgenden Zeilen enthalten den WEB-Text, der stattdessen verwendet werden soll. Der Änderungstext endet mit einer Zeile, die nur `@z` enthält.

`@z` $[K, P, T, V]$ . . . . (A.1) – 398

Nur im `.ch`-File (Änderungsfile) erlaubt. Beendet als eigene Zeile den vorangehenden Änderungstext. Im Änderungsfile sind beliebig viele `@x...@y...@z`-Angaben erlaubt. Die Steuersequenzen `@x`, `@y` und `@z` müssen am Zeilenanfang stehen. Ein evtl. Resttext in diesen Steuerzeilen wird ignoriert. Zwischen `@z` und einer erneuten Öffnungssequenz `@x` stehender Text wird bei der TANGLE- und WEAVE-Bearbeitung ebenfalls ignoriert.

A.7.3 Einige Zusatzhinweise

1. Als Folge der Dreiteilung der Module in Text-, Definitions- und Pascal-Programmteile dürfen `@d`-, `@f`- und `@p`-Sequenzen nicht mehr auftreten, wenn der Pascal-Programmteil bereits erreicht ist. Umgekehrt darf im Definitionsteil, z. B. im Ersetzungstext einer Makrodefinition, kein Modulaufruf stehen, da deren Aufrufsequenzen `@<` oder `@p` den Definitionsteil zwingend beenden.

2. Enthält die Tastatur des Anwenders spezielle Tasten für '≠', '≤', '≥', '←', '≡', '∧', '∨', '¬' und '∈', so können diese als Abkürzung für die Pascal-Operatoren '`<>`', '`<=`', `>=`', '`:=`', '`==`', '`and`', '`or`', '`not`' und '`in`' nur verwendet werden, falls die Files `tangle.ch` und `weave.ch` die entsprechenden Ergänzungen enthalten. Anderenfalls müssen diese vom Anwender vorgenommen werden. Die Ergänzungen für die Umwandlungstabelle *xchr* gemäß A.4.4 sollten nicht schwerfallen. Das Gleiche gilt für das jeweils nächste Modul in `weave.web` und `tangle.web`, in dem für diese Sondertasten bestimmte Kodewerte als numerische Makros eingesetzt werden, die ggf. zu ändern sind. Die Zusatzzeichen erweiterter Tastaturen sollten aber in Zeichenketten vermieden werden, wenn Programmkompatibilität für verschiedene Rechner und Eingabegeräte gefordert wird.

3. Das durch WEAVE erzeugte `.tex`-File beschränkt die Zeilenlänge auf 80 Zeichen pro Zeile. Ist das Terminal für größere Zeilenlängen, z. B. für 132 Zeichen pro Zeile eingestellt, so ist dies so lange unproblematisch, wie die längere Zeile keine Kommentarzeichen `%` enthält. Für den letzteren Fall sollte bei der WEB-Eingabe auch bei verlängerten Zeilen nach spätestens 80 Zeichen ein Zeilenumbruch folgen und die nächste Zeile mit einem `%` zur Fortsetzung des Kommentars beginnen.

4. Als Folge der internen WEAVE-Abläufe sollten folgende Einschränkungen in `web`-Files eingehalten werden.

   (a) Kommentare sollten im Pascal-Text nur *nach* abgeschlossenen Anweisungen oder Steuerstrukturen wie **then** oder **do** oder *vor* **end** oder **else** stehen.

   (b) Längerer Pascal-Text sollte nicht mit `|...|` eingefasst werden, da solcher Text nicht in Zeilen umbrochen oder eingerückt wird. Auf keinen Fall sollte der eingeschachtelte Pascal-Text 80 oder mehr Zeichen enthalten.

   (c) Kommentare und Modulnamen dürfen *nicht* mit `|...|` eingeschachtelt werden. Innerhalb von Kommentaren sind dagegen `|...|`-Strukturen erlaubt. Mit dem Auftreten von `|` im Textteil wird der nachfolgende Text bei der WEAVE-Bearbeitung als Pascal-Text interpretiert. Mit dem nächsten `|` gilt dieser Pascal-Text als beendet. TANGLE dagegen ignoriert das Umschaltzeichen `|`.

5. Kommentarklammern müssen paarweise geschlossen werden, damit WEAVE und TANGLE das äußere Ende des Kommentars richtig erkennen. Die Angaben `\{` und `\}` werden innerhalb von Kommentaren *nicht* als Kommentarklammern betrachtet. Ebenso wird zur Interpretation des eingeschlossenen Textes als Pascal-Text `\|` nicht als Umschaltzeichen für den Beginn bzw. das Ende dieses Textes angesehen.

6. Reservierte Wörter der Pascal-Programmsprache *müssen* in WEB-Programmen mit Kleinbuchstaben geschrieben werden, damit WEAVE sie als solche erkennt. Die Nichtunterscheidung von Klein- und Großschreibung gilt erst für den endgültigen Pascal-Kode als Ergebnis der TANGLE-Bearbeitung. Bis dahin wird Klein- und Großschreibung unterschieden. Der Makroname *END* ist für TANGLE und WEAVE etwas völlig anderes als das reservierte Pascal-Wort **end**. Im endgültigen Pascal-Kode ist das Makro *END* in seinen zugehörigen Pascal-Ersetzungstext umgesetzt worden, womit die Konkurrenz zu **end** nicht mehr besteht.

A.8 Das webmac.tex-File

Das aus der WEAVE-Bearbeitung entstandene `.tex`-File enthält als ersten TEX-Aufruf den Befehl `\input webmac`. Dies setzt das File `webmac.tex` voraus, das Teil des WEB-Systems ist und das eine Reihe von TEX-Makros bereitstellt, mit denen die Besonderheiten der Pascal-Dokumentation umgesetzt werden.

Das `webmac.tex`-File definiert rund 100 TEX-Makros, von denen die meisten für den Anwender nur dann von Interesse sind, wenn er das erzeugte `.tex`-File analysieren und evtl. sogar editieren möchte. Die meisten Definitionen in `webmac.tex` sind mit einem kurzen Kommentar versehen, der die Aufgabe des jeweiligen Makros beschreibt.

In den `.web`-Quellen der TEX- und METAFONT-Werkzeuge treten gelegentlich Makroaufrufe auf, die unmittelbar auf `webmac.tex` Bezug nehmen. So findet man gelegentlich Aufrufe der Form `\\{`*text*`}`, `\&{`*text*`}` oder `\.{`*text*`}` u. ä., deren Definitionen in `webmac.tex` lauten:

```
\def\\#1{\hbox{\it#1\/\kern.05em}} % italic type for identifiers
\def\&#1{\hbox{\bf1\/}} % boldface type for reserved words
\def\.#1{\hbox{\tenex   % typewriter type for strings
    \let\\=\BS  % backslash in a string
     . . . . . . . . . . . . . . . . .
    \let\\=\AM  % ampersand in a string
    #1}}
```

Die Aufrufe `\\{`*text*`}`, `\&{`*text*`}` oder `\.{`*text*`}` richten also jeweils eine horizontale TEX-Box ein, in der der übergebene Text in 'kursiver' bzw. 'fetter' Schrift sowie in 'mathematischer' Schreibmaschinenschrift [5, Anh. C, Tab. 5] eingerichtet wird. Innerhalb des Textes für den Aufruf `\.{`*text*`}` erzeugen `\\`, `\'`, `` \` ``, `\{`, `\}`, `\~`, `\␣`, `\_` oder `\&` die Zeichen `\`, `'`, `` ` ``, `{`, `}`, `~`, `␣`, `_` bzw. `&` in Schreibmaschinenschrift.

In |...| geschachtelte Angaben im Textteil oder in Kommentaren werden durch WEAVE unter Aufruf der erforderlichen Schriften an das `.tex`-File weitergegeben. Das in A.3.6 auf Seite 405 angeführte Beispiel

```
Die Zeichenfolge wird in |buffer| zwischengespeichert,
der einen |packed array [1..n] of char| darstellt.
```

erscheint im `.tex`-File als

```
Die Zeichenfolge wird in \\{buffer} zwischengespeichert, der
einen \&{packed} \&{array} $[\1\to\|n]$ \&{of} \\{char}
darstellt.
```

woraus nach der TEX-Bearbeitung das ebenfalls auf S. 405 angegebene Ergebnis in der Dokumentation erscheint. Die hier angegebenen Aufrufe `\to` und `\|` stellen ebenfalls Makros aus `webmac.tex` dar, die dort als

```
\def\|#1{\hbox{$#1$}}     % one-letter identifier looks better so
\def\to{\mathrel{.\,.}}  % double dot, used only in math mode
```

definiert sind.

Wie bereits oben bemerkt, wird in `.web`-Files gelegentlich auch direkt auf diese TEX-Makros zurückgegriffen. Die Kommentare der WEB-Makrodefinitionen **debug**, **gubed**, **init** und **tini** erscheinen in den originalen `web`-Files nicht wie auf den Seiten 410 und 411 angegeben, sondern als

```
@d debug==@{ {change this to '$\\{debug}\equiv\null$' when ...}
@d gubed==@} {change this to '$\\{gubed}\equiv\null$' when ...}
```

bzw.

```
@d init== {change this to '$\\{init}\equiv\.{@@\{}$' for virtex}
@d tini== {change this to '$\\{tini}\equiv\.{@@\}}$' for virtex}
```

Mit den auf den angeführten Seiten gemachten Angaben `|debug|` oder `|tini|` wären die zugehörigen Makronamen auch in den Kommentaren in Fettdruck gesetzt worden, weil diesen Makros an anderer Stelle das Format der reservierten Pascal-Wörter **begin** bzw. **end** zugewiesen worden war.

Auch nach der WEB-Steuersequenz `@t` bis zum Auftreten der schließenden Sequenz `@>` treten häufig TEX-Befehlsaufrufe auf. Auf die Angabe `@t\4@>`, mit der die nachfolgende Texteinrückung durch den Aufruf von `\4` um eine Einrückungsstufe zurückgenommen wird, wurde schon am Ende von A.3.6 hingewiesen. Ebenso findet man in `web`-Files häufig den Aufruf `\yskip`, der lediglich einen anderen Namen für `\smallskip` darstellt. Mit `\AT` kann in der Dokumentation auch dort ein @-Zeichen erzeugt werden, wo eine Angabe `@@` nicht erlaubt ist.

Vor einer Nutzung von webmac-Makros in WEB-Programmen sollte sich der Anwender die Einfügung solcher Makros als Ergebnis der WEAVE-Bearbeitung im entstandenen `.tex`-File genauer ansehen und sich deren Bedeutung klar machen. Einige dieser Makros sind als innere Makrodefinitionen bei gleichem Makronamen unterschiedlich definiert. Als *äußeres* Makro schaltet `\\{`*text*`}` für den eingeschachtelten Text auf die Schriftart *italic* um. Mit `\.{\\befehl}` wird für den eingeschachtelten Text `befehl` auf Schreibmaschinenschrift umgeschaltet. Zusätzlich ist innerhalb dieses Makros `\\` als Aufruf zur Erzeugung des Zeichens `\` (Backslash) definiert.

Die sonstigen Makrodefinitionen aus `webmac.tex` muss sich der Anwender an Hand eines Ausdrucks dieses Files bei Bedarf selbst klarmachen. Hierzu wird bei Bedarf auf Kapitel 5 und die Auflistung aller in diesem Buch dargestellten TEX-Befehle unter dem Stichwort ‚TEX-Befehle' im Indexregister zurückzugreifen sein. Zusätzlich wird auf den Anhang von [11] verwiesen, der eine alphabetisch geordnete Kurzbeschreibung *aller* TEX-Befehle enthält. Diese schließt neben den TEX-Grundbefehlen, die mit einem vorangestellten * gekennzeichnet sind, alle Makros aus `plain.tex` ein.

Der Rest dieses Abschnitts enthält noch einige Allgemeininformationen zu den Möglichkeiten aus `webmac.tex`. Diese können durch die Bereitstellung weiterer Makros im Vorspann erweitert oder durch anschließende Änderung von webmac-Makros verändert werden.

1. Zusätzlich zu den Zeichensätzen aus `plain.tex` werden durch `webmac.tex` die Zeichensätze `\sc`, `\titlefont` und `\ttitlefont` bereitgestellt. Der Zeichensatz `\sc` entspricht dem Zeichensatzfile `cmr10` und war dazu gedacht, mit `G{\sc ROSS}` die Ausgabe GROSS zu erzeugen. Da hierfür das Zeichensatzfile `cmcsc10` geeigneter ist, kann das Makro `\sc` im Vorspann in `\font\sc=cmcsc10` abgeändert werden. Die beiden anderen Zeichensätze stehen für Titelangaben auf der Titelseite bereit und stehen für

   ```
   \font\titlefont=cmr7 scaled\magstep4 % title on the contents page
   \font\ttitlefont=cmtt10 scaled\magstep2 % typewriter type in title
   ```

2. Die Angabe `|xxx|` bzw. `\\{xxx}` mit `xxx` in einem `.web`-File für einen beliebigen Variablen- oder Funktionsnamen (Pascal identifier) führt in der Dokumentation an der Stelle des Auftretens zum gleichen Ergebnis. Mit der ersten Form erscheint zusätzlich der Bezug für `xxx` im Indexregister, während er mit der zweiten Form dort entfällt.

3. Die Ausgabe von Zeichenketten in Schreibmaschinenschrift kann mit der Angabe `\.{`*zeichenkette*`}` erzwungen werden. Soll die Zeichenkette eines der Zeichen `\`, `'`, `` ` ``, `{`, `}` `~`, `_` oder `&` enthalten, so ist diesen Zeichen in der Kette ein `\` (backslash)

voranzustellen. Ein '`\ `', also der Backslash gefolgt von einem Leerzeichen, erzeugt in der Dokumentation das Leerzeichen als ␣. Der normale Leerraum für das Leerzeichen kann mit der Angabe '`{ }`' innerhalb der Zeichenkette erreicht werden.

4. Die Seitenformatierung der Dokumentation erfolgt durch die webmac-Makros `\pagewidth`, `\pageheight` und `\fullpageheight`, mit denen die Textbreite, die Höhe des Textrumpfes sowie die Seitenhöhe einschließlich der Kopfzeile eingestellt wird. Diese Werte sind in `webmac.tex` mit 6.5 in, 8.7 in bzw. 9 in voreingestellt. Mit geänderten Zuweisungen, z. B. `\pagewidth=160mm` kann im Vorspann für das `web`-File ein geändertes Seitenformat eingestellt werden. Auf die im Vorspann geänderten Erklärungen für diese Formatbefehle sollte unverzüglich der Befehl `\setpage` folgen.
5. Der linke Rand für ungeradzahlige Seiten kann mit `\pageshift` abweichend von den geradzahligen Seiten eingestellt werden. Damit kann die vertikale Randübereinstimmung für doppelseitigen Druck erreicht werden. Die Wertzuweisung kann als `\pageshift=`*maß* im Vorspann erfolgen.
6. Mit der geänderten Definition `\def\title{`*überschrift*`}` im Vorspann erscheint der Inhalt von *überschrift* vor bzw. hinter der Modulnummer in der Kopfzeile in der Schriftart `cmr8`. Die Kopfzeilen werden durch interne Aufrufe der Makros `\lheader` für gerade und `\rheader` für ungerade Seiten erzeugt. Die Kopfzeilen können mit dem Aufruf `\titletrue` unterdrückt werden. Standardmäßig ist `\titlefalse` gesetzt, womit die Kopfzeilen erscheinen.
7. Die erste Seite der Dokumentation beginnt standardmäßig mit 1. Mit der Erklärung `\pageno=`n kann sie auf jeden Wert n eingestellt werden.
8. Die Titelseite enthält üblicherweise auch ein Inhaltsverzeichnis, das aus den Überschriften der Modulgruppen mit den zugehörigen Modul- und Seitennummern besteht. Die Titelseite erhält standardmäßig keine Seitennummer und keine Kopfzeile. Intern erfolgt vor dem Inhaltsverzeichnis der Makroaufruf `\topofcontents` und nach dem Verzeichnis der Aufruf `\botofcontents`. Die Definitionen aus `webmac.tex` lauten hierfür

```
\def\topofcontents{\centerline{\titlefont\title}\vfill}
\def\botofcontents{\vfill}
```

womit die Überschrift aus der `\title`-Definition in der Schrift `\titlefont` auf der Titelseite erscheint. Mit der Änderung dieser Makros im Vorspann kann die Titelseite nach den Wünschen des Anwenders gestaltet werden. Im Vorspann des `weave.web`-Files geschieht dies z. B. mit

```
\def\topofcontents{\null\vfill\titlefalse
  \def\rheader{\mainfont Appendix D\hfil 15}
  centerline{\titlefont The
    {\ttitlefont WEAVE} processor}
  \vskip 15pt \centerline{Version 2.9} \vfill}
```

Als Folge des Aufrufs `\titlefalse` erscheint nunmehr auf der Titelseite eine Kopfzeile mit dem Inhalt, wie er durch die innere Definition von `\rheader` festgelegt wird. Als Titel erscheint hierbei, horizontal zentriert

The `WEAVE` Processor

mit dem ebenfalls zentrierten Untertitel 'Version *k.l*' mit *k.l* für die aktuelle Versionskennnummer. Die Titelseite selbst wird durch den internen Aufruf von `\con` erzeugt. Dessen Definition enthält u. a. den Aufruf `\titletrue`, gefolgt von `\topofcontents`, den Befehlen zur Erzeugung des Inhaltsverzeichnisses und endend mit dem Aufruf `\botofcontents`.

Mit der Definition `\def\contentspagenumber{`n`}` kann die Seitennummer für die Titelseite übrigens mit einem beliebigen Wert n eingestellt werden. Standardmäßig wird hierfür '0' gesetzt.

9. Während der WEAVE-Bearbeitung wird die Information für das Inhaltsverzeichnis in ein File mit dem Namen `CONTENTS.tex` geschrieben. Für jede neue Modulgruppe wird in dieses File eine Zeile in der Form

   `\Z {`*modul_titel*`}{`m`}{`s`}`

   mit der Überschrift *modul_titel* für die entsprechende Modulgruppe, ihrer Modulnummer m und der zugehörigen Seitenzahl s geschrieben. Das Formatierungsmakro `\Z` für die Formatierung der einzelnen Zeilen wird seinerseits in `\con` definiert. Mit einer geänderten Definition innerhalb von `\topofcontents` könnte auch das Inhaltsverzeichnis umgestaltet werden. Das File `CONTENTS.tex` wird am Ende der WEAVE-Bearbeitung wieder eingelesen, womit die Titelseite gestaltet wird. Diese erscheint damit stets als letzte Seite in der Dokumentation.

10. Bei der WEAVE-Bearbeitung erscheinen auf dem Bildschirm nacheinander die Modulnummern der gerade bearbeiteten Modulgruppen. Bei der anschließenden TeX-Bearbeitung erscheinen diese Modulnummern, gefolgt von den zugehörigen Seitenzahlen in der Form $*m[s_{1_m}][s_{2_m}]\ldots$, ebenfalls auf dem Bildschirm. Mit dem Makroaufruf `\modno` kann die momentane Modulnummer für spezielle Anwendungen bei der Dokumentation zurückgeliefert werden.

11. Die Änderungen durch ein `.ch`-File werden standardmäßig in der Dokumentation gegenüber dem ursprünglichen `.web`-File berücksichtigt und im Indexregister durch einen der Modulnummer nachgestellten * gekennzeichnet. Es ist möglich, nur die Änderungen zusammen mit dem vollständigen und modifizierten Indexregister zu dokumentieren. Dazu ist im Vorspann lediglich `\let\maybe=\iffalse` anzugeben. Häufig enthält das `.ch`-File eine solche Angabe als Ergänzung im `@y...@z`-Zweig, bei dem sich der `@x...@y`-Zweig auf eine oder mehrere Zeilen im Vorspann bezieht.

12. Gelegentlich soll ein sehr langes `.tex`-File aus einer WEAVE-Bearbeitung auf mehrere Files aufgeteilt werden. Jedes Teilfile sollte dabei mit einer Modulgruppe beginnen, die im `.tex`-File mit dem Aufruf `\N`n startet, wobei n für eine Modulnummer steht. Dabei muss der Vorspann des `.tex`-Files, mindestens aber alle dortigen Makrodefinitionen und -aufrufe, *vor* jedes Teilfile kopiert werden. Im jeweiligen Vorspann der so gewonnenen Teilfiles sind nacheinander die Definitionen `\def\contentsfile{CONTENT`n`}` mit n für die Nummer des n-ten Teilfiles anzugeben'. Im Vorspann des letzten Teilfiles ist zusätzlich

    `\def\readcontentsfile{\input CONTENT1 \input CONTENT2 ...}`

zu definieren. Damit wird das Inhaltsverzeichnis korrekt für die Zusammenfassung aller Teilfiles erzeugt. Es muss aber zusätzlich noch die richtige Seitennummer für das zweite und die folgenden Teilfiles eingegeben werden. Dies kann interaktiv durch die Angabe im jeweiligen Vorspann der Folgefiles durch

```
\message{Type the last page number of the previous file: }
\read-1 to\\ \pageno=\\ \advance\pageno by 1
```

und Eingabe der letzten Seitennummer für das vorangegangene File erfolgen.

Zu jeder WEB-Installation gehört ein File namens `webman.tex`. Dieses enthält eine kompakte Beschreibung mit dem Titel "The WEB-System of Structured Documentation" und stammt von DONALD E. KNUTH. Sie schließt die Dokumentation von `webmac.tex` und Hinweise für dessen Makroaufrufe ein.

Zusätzlich sei nochmals an die Empfehlung erinnert, eines der kürzeren `.web`-Files für eines der TeX- oder METAFONT-Werkzeuge im Original (verbatim) sowie dessen WEAVE- und TANGLE-Bearbeitungsergebnisse, also die erzeugten `.pas`- und `.tex`-Files, auszudrucken. Nach einer TeX-Bearbeitung des erzeugten `.tex`-Files können sie mit der endgültigen Dokumentation verglichen werden. Wegen seiner Einfachheit und Kürze eignet sich für diesen Zweck ganz besonders das File `pooltype.web`.

Für die beispielhafte Nutzung der WEB-Strukturen genügt es, die formalen Zusammenhänge zwischen den Ausgangs- und den Bearbeitungsergebnissen zu erkennen. Die gesamte Programmlogik für `pooltype.web` oder ein anderes `.web`-Beispiel braucht dabei nicht im Detail verstanden oder erarbeitet zu werden.

A.9 CWEB für C-Programme

WEB als Werkzeug für die Dokumentation und Entwicklung von Pascal-Programmen hat inzwischen mehrere äquivalente Systeme zur Dokumentation und Entwicklung von C-Programmen bekommen. Das TeX-Verteilungsmedium für UNIX enthält z. B. ein solches System unter dem Namen und Unterverzeichnis CWEB. Dieses System wurde von Silvio Levi von der Princeton University entwickelt.

A.9.1 Gemeinsamkeiten von WEB und CWEB

Die prinzipielle WEB-Idee stimmt für beide Systeme weitestgehend überein. Damit können die Abschnitte A.1–A.3, mit Ausnahme des Unterabschnitts A.3.7, genauso für die Beschreibung von CWEB herangezogen werden, wenn überall, wo dort auf Pascal Bezug genommen wird, dies durch C ersetzt wird. Demzufolge gliedert sich jedes Modul in die drei Bestandteile *TeX-Teil*, *Definitionsteil* und *C-Programmteil*. Letzterer besteht aus einem Stück C-Programmkode, evtl. vermischt mit Makroaufrufen oder weiteren Modulaufrufen. Definitions- und Programmteil fallen gemeinsam unter den Oberbegriff *C-Text*.

Benannte Module haben in CWEB dieselbe Syntax und werden durch die gleichen Steuersequenzen `@<`*modul_kennung*`@>` aufgerufen oder mit Kode gefüllt wie beim Original-WEB. Wie dort können die Modulkennungen auch hier abgekürzt werden. Jedes Modul startet mit einer der beiden Steuersequenzen `@␣` oder `@*`, wobei Letztere zusätzlich eine Modulgruppe einleitet.

Für die Einrichtung von namenlosen Modulen steht in CWEB die Steuersequenz `@c` bereit, mit der gleichen Wirkung wie `@p` im Original-WEB. Konsequenterweise entfällt deshalb in CWEB die Steuersequenz `@p`. Auch hier gilt: Jedes `.web`-File für CWEB muss *mindestens* ein namenloses Modul enthalten.

Im TEX-Teil sowie in Modulkennungen und Kommentaren können C-Strukturen mit `|...|` eingeschachtelt werden. Dies hat in Äquivalenz zur Folge, dass diese C-Strukturen im Text so formatiert erscheinen, wie sie in der Dokumentation für die C-Programmteile ausgegeben werden (s. A.3.6).

Wie beim WEB-Original muss ein CWEB-Programm in einem File mit dem Anhang `.web` abgespeichert werden. Die Konvertierungsprogramme für CWEB heißen hier naheliegenderweise `ctangle` und `cweave`. Programmanpassungen werden in CWEB ebenfalls durch ein Änderungsfile mit dem Anhang `.ch` bereitgestellt, das strukturell vollständig dem analogen Änderungsfile für WEB entspricht:

`@x` ⟨ Original-Zeilen ⟩ `@y` ⟨ Änderungen ⟩ `@z`

Auch hier wird für die genaue Syntax auf S. 424 verwiesen. Die Programmaufrufe zur Bearbeitung der `.web`-Files erfolgen in Analogie zum Orginal als

`ctangle` *name*`.web` *name*`.ch` bzw. `cweave` *name*`.web` *name*`.ch`

mit allen Variationen, wie sie auf S. 398 für das Original beschrieben wurden. Die entstehenden `.c`- bzw. `.tex`-Files haben auch hier stets den Grundnamen des `.web`-Files.

Der Vorspann eines `.web`-Files für CWEB und seine Behandlung durch CWEAVE bzw. CTANGLE entspricht in allen Einzelheiten der Darstellung aus A.7.1.

A.9.2 Unterschiede von WEB und CWEB

Die Gemeinsamkeiten von WEB und CWEB sind weit zahlreicher als die Unterschiede zwischen diesen beiden Systemen. Diese Unterschiede sind nahezu zwangsläufig eine Folge von unterschiedlichen Sprachstrukturen bei Pascal und C. Sie werden dem C-Programmierer daher als fast selbstverständlich erscheinen. Die Unterschiede betreffen eigentlich nur die Kommentare, die Makrodefinitionen, die Stringbehandlung und die Fileeinfügungen mit `@i`.

Kommentare werden in C mit `/*`*kommentar*`*/` eingeschachtelt. In dieser Form sind sie auch im `.web`-File innerhalb des C-Programmteils oder nach Makrodefinitionen anzugeben. Das geschweifte Klammerpaar, mit dem in Pascal Kommentare eingefasst werden, hat in C die Funktion der Blockbildung und wird im C-Programmteil für diese Aufgaben in der Dokumentation durch CWEAVE bzw. im endgültigen C-Kode durch CTANGLE berücksichtigt.

Kommentare erscheinen in der Dokumentation in der Form `/*` Kommentar `*/`. Im C-Kode werden Kommentare durch die CTANGLE-Bearbeitung entfernt, da dies sonst spätestens durch den C-Preprozessor erfolgen würde. Die beim Original-WEB mögliche Einrichtung von Metakommentaren durch Einschluss in `@{ ... @}` zum Zwecke einer anwendergesteuerten Programmkompilierung entfällt in CWEB, da C mit

#ifdef *schalter* ⟨*dann_zweig*⟩ **#else** ⟨*sonst_zweig*⟩ **#endif**

und der Compileroption `-D`*schalter* diese gesteuerte Übersetzung erreicht.

Makrodefinitionen sind, anders als bei Pascal, Strukturelemente der C-Sprache. Mit der WEB-Steuersequenz `@d` können sie als

`@d` *macro_name C_ersetzungs_text* /* *evtl. Kommentar* */
`@d` *macro_name*($par_1, \ldots, par_n$) *C_ersetzungs_i text* /* *evtl. Kommentar* */

eingerichtet werden. In der Dokumentation wird hieraus

#define *macro_name C_ersetzungs_text* /* evtl. Kommentar */ bzw.
#define *macro_name*($par_1, \ldots, par_n$) *C_ersetzungs_text* /* e. Kommentar */

und im C-Programm

`#define` *macro_name C_ersetzungs_text* bzw.
`#define` *macro_name*($par_1, \ldots, par_n$) *C_ersetzungs_text*

Die Definition von Makros im Definitionsteil eines Moduls folgt genau der C-Syntax für Makrodefinitionen, nur dass anstelle der vorangestellten `#define` hier die WEB-Steuersequenz `@d` steht. Die für Pascal erforderliche Unterscheidung in *numerische*, *einfache* und *parametrisierte* Makros entfällt für C, weil Makrodefinitionen hier zu den Sprachelementen zählen, die auch Makros mit mehreren Parametern zulassen.

Als C-Sprachelement sind Makrodefinitionen natürlich auch im C-Programmteil eines Moduls erlaubt. Hier sind sie durch ein vorangestelltes `#define` einzuleiten. Zwischen Makrodefinitionen im Definitionsteil bzw. im C-Programmteil besteht bei der CTANGLE-Bearbeitung aber ein Unterschied bei der Anordnung im endgültigen C-Kode, worauf in A.9.4 eingegangen wird. Außerdem darf sich der Ersetzungstext der mit `@d` eingeleiteten Makros über mehrere Zeilen erstrecken, ohne dass die Zeilenschaltung am Zeilenende mit einem vorangestellten \ zu schützen ist, wie es die C-Syntax für Makrodefinitionen mit `#define` im C-Programmteil verlangt.

Wie beim WEB-Original dürfen auch bei CWEB im Definitionsteil eines Moduls die Steuersequenzen `@d` und `@f` in beliebiger Zahl und beliebiger Reihenfolge auftreten. Wie `@d` hat auch `@f` eine gegenüber WEB geänderte Syntax:

`@f` *strukt_name form_typ*

Für *form_typ* kann zunächst jedes reservierte C-Wort wie **int**, **while**, **break** usw. stehen. In der Dokumentation erscheint dann die unter dem Namen *strukt_name* eingeführte Programmstruktur so formatiert, wie dies für *form_typ* geschieht. Ist einem bestimmten *strukt_name* bereits ein Format zugewiesen worden, so kann dieser in weiteren Formatzuweisungen seinerseits als *form_typ* verwendet werden. Mit

`@f` *res_wort* `x`

kann jedem reservierten Wort *res_wort* der C-Sprache das Format einer einfachen Variablen x zugewiesen werden, womit dieses Wort in der Dokumentation wie ein beliebiger unreservierter Name einer einfachen Variablen erscheint.

Eine Formatzuweisung mit `@f` erfolgt in CWEB viel seltener als im Original-WEB für Pascal-Programme, da mit der C-Anweisung

typedef *typ name*

in der Dokumentation *name* stets so formatiert wird, wie dies auch für *typ* geschieht. Für alle C-Typzuweisungen dieser Form erübrigt sich eine gesonderte Formatzuweisung mit `@f` *name typ*.

Formatzuweisungen werden bei der CTANGLE-Bearbeitung ignoriert. Bei der CWEAVE-Bearbeitung wirken sie für das ganze `.web`-Programm. In der Dokumentation erscheinen sie damit einheitlich für das ganze Programm. Eine mehrfache Formatzuweisung für dieselbe C-Struktur ist deshalb nicht erlaubt.

A.9.3 C-Zeichen und -Zeichenketten

C unterscheidet zwischen Einzelzeichen und Zeichenketten. Einzelzeichen werden durch Einschluss in einfachen Anführungsstrichen `'`*z*`'` für C gekennzeichnet und durch ihren internen Maschinenkode ersetzt. Zu den Einzelzeichen gehören auch die dem C-Programmierer geläufigen Angaben `'\n'`, `'\t'`, `'\v'`, `'\b'`, `'\r'`, `'\f'`, `'\a'`, `'\\'`, `'\?'`, `'\''`, `'\"'` und allgemein alle Angaben der Form `'\`*ooo*`'` oder `'\x`*hh*`'` zur oktalen bzw. hexadezimalen Kodezuweisung für Einzelzeichen.

Zeichenketten stehen in doppelten Anführungszeichen. Diese werden bei der Kompilierung in die interne Kodefolge für die Einzelzeichen umgewandelt und mit dem Leerzeichen `\0` abgeschlossen. Die Angaben `'z'` und `"z"` stellen für C unterschiedliche Strukturen dar, die erste wird durch ihren internen Zeichenkode ersetzt, die zweite dagegen durch die Zeichenfolge `'z'` `'\0'` und damit durch deren Folge im internen Maschinenkode.

In CWEB-Programmen sind Einzelzeichen und Zeichenketten innerhalb der C-Texte, also im Definitionsteil oder im C–Programmteil, in gleicher Form anzugeben, mit der Ausnahme von `'@@'` bzw. `"...@@.."` für das Auftreten von `@` als Einzelzeichen oder innerhalb einer Zeichenkette. Im TEX-Teil können sie in gleicher Form durch Einschluss in `| |`-Paaren auftreten. Die Angabe `|'z'|` oder `|"kette"|` erscheint in der Dokumentation dann als `'z'` bzw. `"kette"`.

CWEB gestattet in `.web`-Programmen bei den C-Texten die Angabe `@'`*z*`'` für beliebige Einzelzeichen *z*. Bei der CTANGLE-Bearbeitung entsteht hieraus, unabhängig vom internen Zeichenkode, der ASCII-Kodewert für das Zeichen '*z*'. In der Dokumentation bleiben diese Einzelzeichen als `@'`*z*`'` zur Verdeutlichung erhalten.

Die Behandlung von Zeichen und Zeichenketten sollte bei einem WEB-Programm unabhängig vom verwendeten Zeichenkode erfolgen. In A.4.4 wurde dargelegt, dass die `.web`-Quellen der diversen TEX-Programme dies durch die Bereitstellung von zwei Umwandlungsfeldern *xchr* und *xord* realisieren. Die gleiche Technik wird in CWEAVE und CTANGLE für eine systemunabhängige Zeichenbehandlung verwandt. Das File `common.web`, auf das beide Programme zurückgreifen, enthält in den Modulen vier und fünf einen C-Text, der in der Dokumentation als

#define *first_text_char 0* /∗ lowest interesting value of a **char** ∗/
#define *last_text_char '177* /∗ highest interesting value of a **char** ∗/

⟨Definitions that should agree with `TANGLE` and `WEAVE` 2⟩ + ≡
  typedef char ASCII; /∗ type of characters inside `WEB` ∗/
  typedef char outer_char; /∗ type of characters outside `WEB` ∗/
  ASCII *xord*[*last_text_char*]; /∗ specifies conversion of input characters ∗/
  outer_char *xchr*['*200*]; /∗ specifies conversion of output characters ∗/

erscheint. In Modul sechs wird die Funktion *common_init*() definiert. Ihre Dokumentation führt zu

```
common_init()
{
  strcpy(xchr,"␣␣␣␣␣␣␣␣␣␣␣␣␣␣␣␣␣␣␣␣␣␣␣␣␣␣␣␣␣␣␣␣!\"#$%&'()*+,-./\
      0123456789:;<=>@ABCDEFGHIJKLMNOPQRSTUVWXYZ[\\]^_'abcde\
      fghijklmnopqrstuvwxyz{|}~␣");
  ⟨System-dependent part of character set 8⟩;  ⟨Invert xchr to get xord 7⟩;
  ⟨...⟩; ⟨...⟩;
}
```

und ihr Aufruf initialisiert die Felder *xchr* und *xord*, das Letztere in der Form

```
⟨Invert xchr to get xord 7⟩ ≡
  {
    int i;   /* to invert the correspondence */
    for (i = first_char; i ≤ last_char; i++) xord[i] = '\040';
    for (i = 1; i < '177; i++) xord[xchr[i]] = i;
  }
```

Die Feldvariablen $xchr[i]$ enthalten für die Indizes, die den ASCII-Kodewerten `'␣'..'~'` ('40...'176) entsprechen, die maschinenspezifischen Werte der zugehörigen Zeichen. Das inverse Feld *xord* enthält bei den Indexwerten für den maschinenspezifischen Zeichenkode die ASCII-Äquivalente.

Der Aufruf *xord*['z'] für jedes Zeichen z im Eingabefile liefert dessen ASCII-Kode, der für die Zeichenarithmetik im Programm verwendet werden kann. Bei der Ausgabe wird der ASCII-Kode mit *xchr*[`@'`x`'`] in den maschinenspezifischen Kode für das Zeichen x zurückgewandelt. Der wechselseitige Feldaufruf steht in Analogie zu den Pascal-Umwandlungsfunktionen *chr* und *ord*.

Enthält der aktuelle Zeichenkode des Rechners weitere druckbare Zeichen, so könnten diese den ASCII-Kodewerten 1, ..., *'32* zugeordnet werden. Im Original wird in Modul acht ⟨System-dependent part of character set⟩ als *leeres* Modul eingerichtet, das ggf. entsprechende Zuweisungen vornimmt.

Soll ein CWEB-Programm bezüglich der Zeichenbearbeitung systemunabhängig arbeiten, so kann die beschriebene Technik der Einrichtung und Initialisierung von *xchr*[ ] und *xord*[ ] übernommen werden. Das Verfahren kann entfallen, wenn nur ASCII-Kompatibilität gefordert ist.

Bei der vorgestellten Dokumentation auf der vorangegangenen Seite tritt mit Angaben wie *xchr*[*'200*] oder $i <$ *'177* eine Besonderheit auf. Die Bedeutung ist dem Leser als oktale Zahlendarstellung *'200* oder *'177* sofort verständlich. Oktale Zahlenangaben in C sind dagegen durch eine vorangestellte Null als `0200` bzw. `0177` zu kennzeichnen. Im C-Text der zugehörigen Module sind diese Zahlenangaben entsprechend der C-Syntax eingegeben worden und so werden sie mit CTANGLE auch an das C-Programm weitergereicht. Die CWEAVE-Bearbeitung wandelt diese C-Angaben für oktale Zahlen in der Dokumentation automatisch in die zugehörige TeX-Notation um. Entsprechend würde eine hexadezimale C-Zahlenangabe `0x7f` oder `0x80` in der Dokumentation als "7f bzw. "80 erscheinen.

Beim WEB-Original legt TANGLE zur effizienteren Verwaltung von Zeichenketten ein `.pool`-File an (s. A.4.3), das vom ausführbaren Programm selbst wieder eingelesen werden kann. Diese Eigenheit entfällt bei CTANGLE, da C hinreichend effiziente Möglichkeiten zur Speicherung und Bearbeitung von Zeichenketten selbst bereitstellt.

A.9.4 Der CTANGLE-Prozess

Der CTANGLE-Prozess unterscheidet sich vom TANGLE-Prozess des WEB-Originalsystems in der Reihenfolge der Bearbeitung der Makrodefinitionen. Diese werden mit TANGLE als *vorletzter* Bearbeitungsschritt durch ihre Zahlenwerte bzw. ihre Pascal-Ersetzungstexte mit evtl. gleichzeitigem Einsetzen des Arguments ersetzt (s. A.5). Der CTANGLE-Prozess behandelt WEB-Makrodefinitionen genau umgekehrt. Diese werden bereits im *ersten* Bearbeitungsschritt in der Reihenfolge ihres Auftretens im `.web`-File nacheinander in die zugehörigen C-Makrodefinitionen umgewandelt und an den Anfang des C-Programms gestellt. Sie stellen damit gewissermaßen den Vorspann des C-Programms dar. Folgt auf den Ersetzungstext bei einer WEB-Makrodefinition ein Kommentar, so wird dieser entfernt. Anschließend werden alle namenlosen Module in der Reihenfolge ihres Auftretens durch ihre C-Programmteile ersetzt. Enthalten die C-Programmteile weitere benannte Modulaufrufe, so bleiben sie in diesem ersten Bearbeitungsschritt T_0 zunächst mit ihrer Modulkennung stehen. Eventuelle Kommentare in den C-Programmteilen werden dagegen ebenfalls entfernt.

Dem C-Programmteil eines jeden namenlosen Moduls wird der Kommentar `/*`n`*/`, mit n für die aktuelle Modulnummer, vorangestellt. Auf diesen folgt der C-Preprozessorbefehl

`#line` z "*file_name*"

mit z für die Zeilennummer, mit der der C-Programmteil für dieses Modul beginnt, und *file_name* für das File, aus dem dieses Modul stammt. Damit erhält der Compiler die Information, um Syntaxfehler unter Bezug auf Zeilennummer und Filenamen für das `.web`-Quellenfile zu berichten. Dies macht die Fehlersuche unmittelbar im `.web`-File möglich. Am Ende des C-Programmteils wird dem namenlosen Modul nochmals der Kommentar `/*`n`*/` angehängt.

In den meisten Fällen enthält T_0 Aufrufe von benannten Modulen. Diese werden an den Stellen ihrer Aufrufe in einem weiteren Bearbeitungsschritt T_1 durch den zugeordneten C-Text ersetzt, ebenfalls ergänzt durch die Modulnummer als Kommentar vor und nach dem C-Text und zusätzlich eingeleitet mit einem `#line`-Befehl, der auf die erste Zeile des C-Programmtextes für das benannte Modul verweist.

Enthalten die Programmteile der benannten Modulaufrufe in T_1 ihrerseits Modulaufrufe, so wird das Auflösungsverfahren wiederholt, was zu T_2, T_3 usw. führt. Auch hierbei werden die einzelnen Modulauflösungen mit der vor- und nachgestellten Modulnummer als Kommentar ergänzt und der C-Programmtext wird mit einem zugefügten `#line` begonnen, der auf die erste Zeile des jeweiligen C-Programmtextes verweist.

Das Auflösungsverfahren endet mit einem Bearbeitungsschritt T_n, wobei T_n keine unaufgelösten Modulaufrufe mehr enthält. Das ist gleichzeitig auch das Ende der CTANGLE-Bearbeitung. Die Umwandlung aller C-Texte in Großschreibung, wie dies durch TANGLE bei den Pascal-Texten als letzter Bearbeitungsschritt durchgeführt wird, entfällt, da in C als Bestandteil der Syntax zwischen Groß- und Kleinbuchstaben unterschieden werden muss. Der Verbindungsstrich '`_`' wird in C als Buchstabe betrachtet, so dass er in Namen erhalten bleibt.

ANSI-C betrachtet bei lokalen Namen mindestens die ersten 31 Zeichen als signifikant. Eine Kürzung der Namen auf sieben Zeichen, wie durch TANGLE für Pascal-Namen, entfällt bei der CTANGLE-Bearbeitung. Die Länge von externen Namen, zwischen denen unterschieden wird, ist weitgehend systemabhängig. Die C-Compiler verlangen von jedem Betriebssystem, dass bei externen Namen *mindestens* die ersten sechs Zeichen als signifikant betrachtet werden. Um die Kompatibilität zwischen verschiedenen

Systemen zu sichern, sollten CWEB-Programme für unterschiedliche externe Namen keine Übereinstimmung bei den ersten sechs Zeichen zulassen, was in der Verantwortung des Programmierers liegt.

Makrodefinitionen sind Bestandteil der C-Sprache. Damit können sie auch im C-Programmteil eines namenlosen oder benannten Moduls auftreten. Diese Makrodefinitionen erscheinen innerhalb des C-Programms an den Stellen, wo die Modulauflösungen angeordnet werden. Damit unterscheiden sich C-Makrodefinitionen von den WEB-Makrodefinitionen im endgültigen C-Programm zum einen in der Anordnung innerhalb des Programms, da alle mit `@d` eingeleiteten Makrodefinitionen über den TANGLE-Prozess im Programmvorspann durch die entsprechenden C-Makrodefinitionen zusammengefasst werden.

Zum anderen dürfen WEB-Makrodefinitionen keine Modulaufrufe enthalten, da der Definitionsteil eines Moduls mit den Steuersequenzen `@c` oder `@<` zwingend beendet wird. C-Makrodefinitionen können dagegen in ihrem *C_ersetzungs_text* benannte Modulaufrufe enthalten. Erstreckt sich der C-Text für diese Module über mehrere Zeilen, so muss die Zeilenschaltung am Zeilenende durch einen vorangestellten \ (Backslash) geschützt werden, wie es die C-Syntax für mehrzeilige Moduldefinitionen verlangt. Mehrzeilige WEB-Makrodefinitionen werden dagegen bei der CTANGLE-Bearbeitung mit dem Backslash am Zeilenende automatisch geschützt.

Man könnte daran denken, auf WEB-Makrodefinitionen ganz zu verzichten und diese ausschließlich in C-Programmteilen von Modulen als C-Makros einzurichten. Werden die äquivalenten C-Makrodefinitionen im ersten namenlosen Modul vor einem sonstigen C-Text aufgeführt, so erscheinen sie ebenfalls am Beginn des endgültigen C-Programms. Für das Programmverständnis wird diese Lösung häufig nachteilig sein, da dann alle C-Makrodefinitionen in diesem namenlosen Modul eingerichtet werden müssen, während die WEB-Makros dort eingeführt werden können, wo die Programmlogik und Textdokumentation dieses wünschenswerter erscheinen lässt.

Alle sonstigen C-Preprozessoranweisungen, also `#undef`, `#include`, `#line`, `#if`, `#ifdef`, `#ifndef`, `#elif`, `#else`, `#error` und ggf. `#pragma`, können nur in C-Programmteilen eines Moduls auftreten und sie müssen entsprechend der C-Syntax jeweils zu Beginn einer neuen Zeile stehen.

A.9.5 Zusammenfassung

Die Beschreibung aller WEB-Steuersequenzen von S. 421–424 kann nahezu vollständig auf CWEB übertragen werden, wenn bei den dort in eckigen Klammern stehenden Buchstaben P jeweils durch C ersetzt wird, wobei C nunmehr auf C-Programmteile in den Modulen verweist. Die Sequenz `@p` ist durch `@c` und überall, wo in der Kurzbeschreibung von 'Pascal-Program', 'Pascal-Text' oder sonstigen Pascal-Bezügen die Rede ist, sind diese durch entsprechende C-Begriffe zu ersetzen. Von einer Wiederholung der äquivalenten Kurzbeschreibung für CWEB wird deshalb hier abgesehen und diese durch die Beschreibung der Abweichungen ergänzt.

Die Steuersequenzen `@{` und `@}` aus Original-WEB entfallen in CWEB, da die Zweckbestimmung der Metakommentare durch C-Compileroptionen erzielt werden kann. Von den originalen Steuersequenzen `@'` und `@"` entfällt Letztere, da in C hexadezimale Zahlenangaben in C-Texten in der Form 0x*hh* einzugeben sind. Die CWEB-Steuersequenz `@'` hat eine völlig andere Bedeutung als in Original-WEB. Während sie dort die Bereitstellung einer oktalen Zahl bedeutet, wird hiermit in CWEB die Umsetzung von `@'`x`'` des Zeichens x in seinen ASCII-Kode bewirkt.

In Ergänzung zum WEB-Original kennt CWEB die zusätzliche Steuersequenz `@i`. Das auf diese Sequenz folgende Wort wird als Filename interpretiert und dessen Inhalt an dieser Stelle im `.web`-File eingefügt. Die Wirkung von `@i` *file_name* unterscheidet sich deutlich von der C-Preprozessoranweisung `#include "`*file_name*`"`. Letztere erscheint in der Dokumentation als

#include "*file_name*"

im C-Programmteil des zugehörigen Moduls. Diese Preprozessoranweisung wird mit CTANGLE auch an das C-Programm weitergereicht, und zwar an der Stelle, wo die zugehörige Modulauflösung angebracht wird. Das File mit dem Namen *file_name* wird erst bei der Kompilierung zugefügt.

Mit `@i` *file_name* wird sein Inhalt als Bestandteil des aufrufenden `.web`-Files behandelt. In der Dokumentation wird dieser zugefügte `.web`-Text so aufbereitet, als hätte er an der Stelle von `@i` gestanden. Das Gleiche gilt für das Bearbeitungsergebnis von CTANGLE, mit der Ergänzung, dass die den Modulauflösungen vorangestellten `#line`-Anweisungen auf die Zeilennummern und den Filenamen des eingefügten Files verweisen.

Alle sonstigen Hinweise aus A.7 können nahezu wörtlich für CWEB übernommen werden, wenn die dortigen Pascal-Verweise durch die äquivalenten C-Konstrukte ersetzt werden. Ebenso können alle Angaben aus A.8 zur Beschreibung des äquivalenten Files `cwebmac.tex` und der evtl. Nutzung seiner Makros herangezogen werden. Schließlich gelten auch die Hinweise zum Indexregister aus A.6 gleichermaßen für CWEB.

Zum Abschluss folgt noch eine kurze Darstellung, wie die C-Operatoren in der Dokumentation erscheinen. In den meisten Fällen erscheint das entsprechende Symbol dort unverändert in der Schriftart roman. In einigen Fällen werden dort aber die aussagekräftigeren, äquivalenten mathematischen Symbolzeichen verwendet.

C-op	Dok.	C-op	Dok.	C-op	Dok.	C-op	Dok.
`f(x)`	$f(x)$	`a[n]`	$a[n]$	`s.m`	$s.m$	`p->m`	$p \to m$
`!b`	$\neg b$	`~t`	$\tilde{}t$	`*p`	$*p$	`&v`	$\&v$
`x++`	$x{+}{+}$	`++x`	$++x$	`x-`	$x--$	`-x`	$--x$
`-v`	$-v$	`a*b`	$a*b$	`a/b`	a/b	`a%b`	$a\%b$
`a+b`	$a+b$	`a-b`	$a-b$	`x>>2`	$a \gg 2$	`y<<3`	$y \ll 3$
`u<v`	$u<v$	`u<=v`	$u \le v$	`u>v`	$u>v$	`u>=v`	$u \ge v$
`u==v`	$u \equiv v$	`u!=v`	$u \ne v$	`a&b`	$a\&b$	`a^b`	$a{\uparrow}b$
`a|b`	$a \mid b$	`p&&q`	$p \wedge q$	`p||q`	$p \vee q$	`b?x:y`	$b\,?\,x:y$
`i=j`	$i=j$	`i+=2`	$i += 2$	`i-=2`	$i -= 2$	`i,j`	i,j

Der C-Operator für das Einer-Komplement ~ erscheint vor der Variablen t als Ergebnis der CWEAVE-Bearbeitung im `.tex`-File als `\\{\~t}`. In `cwebmac.tex` ist `\~` allgemein mit `\let\~=\ignorespaces` besetzt und steht nur innerhalb des Makros `\.` mit `\let\~=\TL` für die Ausgabe der Tilde in Schreibmaschinenschrift bereit. Damit wird der Operator ~, zumindest bei mir, in der Dokumentation unterdrückt, falls ich nicht im Vorspann des `.web`-Files `\let\~=\TL` einführe. Als bessere Lösung habe ich bei mir die Makrodefinitionen für `\\` und `\|` aus `cwebmac.tex` in

```
\def\\#1{\leavevmode\hbox{\it % italic type for identifiers
  \let\~=\TL #1\/\kern.05em}} % tilde in identifiers
```

```
\def\|#1{\leavevmode\hbox{\let\~=\TL      % tilde in front of
   $#1$}}       % one-letter identifiers look better this way
```

abgeändert.

Ein vollständiges Beispiel für ein CWEB-File und dessen Bearbeitungsergebnisse wird in Anhang C für ein hilfreiches Druckerprogramm nachgereicht. Es sollte den Vorteil des CWEB-Systems selbst für relativ bescheidene Programmentwicklungen hinreichend demonstrieren.

A.9.6 Weitere WEB-Systeme

Auf den öffentlichen TEX-Fileservern findet man inzwischen unter dem TEX-Eingangsverzeichnis `./web` ca. 25 Unterverzeichnisse, deren Namen auf zugehörige Programmiersprachen schließen lassen, wie. z. B. `ada`, `apl`, `clip` u. a. Andere der dortigen Unterverzeichnisse tragen die Namen $x$web, wie z. B. `cweb` für das gerade vorgestellte CWEB-System oder `fweb` mit dem WEB-System für FORTRAN-Programmierung.

Leider sind WEB-Systeme als Programmierentwicklungswerkzeug außerhalb der TEX-Welt weitgehend unbekannt. Sie sollten, insbesondere für größere Programmentwicklungen, genutzt werden. Die nötige Einarbeitung erfolgt denkbar schnell. Programmierer, die einmal von ihnen Gebrauch gemacht haben, werden sie nicht mehr missen wollen.

Die bei vielen Programmierern ungeliebte Programmdokumentation wird mit WEB-Systemen bereits in der Anfangsphase einer Programmentwicklung integraler Bestandteil. Die spätere Wartung und Pflege großer Programmpakete wird hierdurch enorm erleichtert, wenn nicht erst dadurch möglich.

Anhang B

Das TeX-Programmpaket

Dieser Anhang ist für diejenigen TeX-Nutzer oder Betreuer von Bedeutung, die ein TeX-METAFONT-System aus den `.web`- und den zugehörigen `.ch`-Files zu installieren haben. Die Mehrzahl der kommerziell oder als Shareware angebotenen PC-Versionen für TeX und METAFONT stellen nur die ausführbaren Programme bereit. Alle damit verbundenen Aufgaben wurden bereits in Kapitel 1 beschrieben. Ergänzend enthält dieser Anhang die Nutzungsbeschreibungen der TeX- und METAFONT-Zusatzwerkzeuge.

Das Installationsmedium eines TeX-WEB-Systems enthält neben dem eigentlichen TeX- und METAFONT-Programm eine Vielzahl Hilfs- und Zusatzprogramme sowie Dokumentations- und Datenfiles. Die Anzahl dieser Programm-, Text- und Datenfiles kann je nach Quelle von einigen Hundert bis zu mehreren Tausend reichen.

B.1 Das WEB-Grundsystem

Die meisten Programme des TeX-Gesamtsystems sind in WEB geschrieben. Ihre Umsetzung in kompilierfähige Pascal-Programme verlangt zwingend die Bereitstellung eines lauffähigen `tangle`-Programms. Über die TeX-Anwendervereinigungen wird man inzwischen für nahezu jeden Rechnertyp und jedes Betriebssystem ein hierauf angepasstes Quellenprogramm `tangle.pas` oder `tangle.c` beschaffen können[1]. Die Kompilation dieses Programms stellt das lauffähige Program `tangle` bereit, mit dem nun alle weiteren `.web`-Files zur Bereitstellung eines kompilierfähigen Pascal-Programms behandelt werden können.

---

[1] Die erstmalige Installation auf einem neuen Rechnertyp oder für ein neues Betriebssystem hat seine Hauptschwierigkeit in dem fehlenden ausführbaren Progamm `tangle`. Das mitgelieferte Pascal-Quellprogramm `tangle.pas` für ein anderes System, z. B. für das TeX-Originalsystem, kann kaum unverändert benutzt werden, womit eine Bearbeitung von `tangle.web` zusammen mit `tangle.ch` zur Erzeugung eines eigenen `tangle.pas` nicht möglich ist. Man muss sich dabei sozusagen an den eigenen Haaren aus dem Sumpf ziehen. Die notwendigen Änderungen sind zunächst beim mitgelieferten und schwer lesbaren `tangle.pas`-Programm vorzunehmen, dessen Kompilierungsergebnis hier als `tangle′` bezeichnet wird. Gleichzeitig sollte die WEB-Anpassung durch ein `tangle.ch` vorgenommen werden. Die Bearbeitung von `tangle.web` und `tangle.ch` mit `tangle′` liefert das Programm `tangle.pas′`, dessen Kompilierung hier `tangle` heißen soll. Eine erneute Bearbeitung von `tangle.web` und `tangle.ch`, nunmehr mit `tangle`, liefert `tangle.pas`. Das Verfahren ist ggf. so lange fortzusetzen, bis `tangle.pas′` und `tangle.pas` identisch sind.

Die beschriebene Aufgabe war Anfang der 80er Jahre an vielen Rechenzentren eine schwierige Klippe bei der Installation von TeX auf dem eigenen Rechner.

Das hoffentlich zusätzlich vorhandene Filepaar `tangle.web` und `tangle.ch` kann nun zu Testzwecken benutzt werden. Nach der Umbenennung von `tangle.pas` in `otangle.pas` und dem Aufruf

```
tangle tangle.web tangle.ch
```

entsteht ein neues `tangle.pas`-File, das mit `otangle.pas` identisch sein sollte. Bei Abweichungen muss der Anwender selbst entscheiden, ob die Unterschiede signifikant sind. Ich wünsche keinem Installateur dieses Ergebnis bei seiner Erstinstallation, da er anderenfalls vor dem in der vorangegangenen Fußnote beschriebenen Problem steht.

Als letzte Aufgabe für die Einrichtung des WEB-Systems steht die Bereitstellung eines lauffähigen `weave`-Programms aus. Dies erfolgt einfach durch Aufruf von

```
tangle weave.web weave.ch
```

und anschließender Kompilierung, natürlich nur unter der Voraussetzung, dass das vorhandene `.ch`-File dem vorhandenen Rechner und Betriebssystem entspricht.

Vor dem Versuch, eigene `.ch`-Files für die diversen Programme des TEX-Gesamtsystems zu entwickeln, sollte geprüft werden, ob diese nicht bereits an anderer Stelle entstanden sind. Die internationale TEX-Users-Group (TUG) [23] veröffentlicht jährlich ein Mitgliederverzeichnis, das u. a. ein Verzeichnis aller Rechnertypen und Betriebssysteme enthält, für die das TEX-System erfolgreich installiert wurde. Dieses Verzeichnis gibt gleichzeitig die Institutionen oder Betreiber dieser Rechner und Betriebssysteme, soweit sie Mitglied von TUG sind, an. Für die gängigsten Rechnertypen und Betriebssysteme stehen überdies sog. Site-Koordinatoren bereit, über die ein angepasstes Installationsmedium beschafft werden kann.

Für den deutschsprachigen Raum hat inzwischen auch DANTE für die gängigsten Systeme Betreiber gefunden, die die Aufgabe des Systemkoordinators übernommen haben. Die Anschriften sind über DANTE erhältlich.

Bei den kommerziell oder als Shareware vertriebenen PC-Versionen von TEX und METAFONT entfallen in den meisten Fällen die Installationsarbeiten aus den `.web`- und `.ch`-Files, da sie von den meisten Anbietern nur als lauffähige Programme ohne den Quellenkode geliefert werden. Leider entfällt bei den meisten PC-TEX-Vertreibern auch die Bereitstellung lauffähiger `weave`- und `tangle`-Programme, die nach Anhang A ein leistungsfähiges Werkzeug zur Pascal-Programmentwicklung darstellen. Sie sind jedoch Bestandteil des auf PCs weit verbreiteten emTEX-Pakets von Eberhard Mattes. Zwar enthält dieses Paket alle TEX-Programme auch als lauffähige Programme, teilweise in mehreren Versionen für verschiedene Prozessoren. Mit dem beigefügten lauffähigen `weave`-Programm können jedoch auch die `.web`-Quellenfiles zur Dokumentation aufbereitet werden, was für eine vertiefte Nutzung zu empfehlen ist.

Die Installation eines TEX-Gesamtsystems unter UNIX wurde bereits in [5a, Anh. F.3.4] beschrieben. Mit dem dem UNIX-Verteilungsmedium beigefügten Ausgangs-`Makefile` sollte die Gesamtinstallation keine Probleme bereiten, da sie weitgehend automatisch erfolgt. Die Pascal-Files aus den `tangle`-Bearbeitungsaufrufen werden mit einem beigefügten Umwandlungsprogramm in C-Programmfiles umgewandelt und dann mit dem C-Compiler kompiliert. Nach meinen Erfahrungen sollte der GNU-C-Compiler bevorzugt werden, da mit ihm kaum systemspezifische Anpassungen erforderlich werden. Weitere Hinweise können [5a, Anh. F.3.4] entnommen werden.

B.2 Das TEX-Grundsystem

TEX wurde in WEB geschrieben. Demzufolge enthält das TEX-System für einen bestimmten Rechner und/oder ein bestimmtes Betriebssystem stets das File `tex.web` sowie entweder `tex.ch` oder besser `initex.ch` und `virtex.ch` als Anpassungs- und Änderungsfiles.

Für die Installation von TEX zur Bearbeitung deutscher Texte ist vorab eine kleine Änderung in `tex.ch` bzw. `initex.ch` erforderlich, um das größere deutsche Trennverzeichnis nutzen zu können. Hierzu ist mit dem Editor nach dem zweiten Auftreten von `trie_size` zu suchen. Die Konstante `trie_size` tritt beim ersten Mal innerhalb der WEB `@x ... @y`-Sequenz mit den Originaldefinitionen auf und beim zweiten Mal innerhalb von `@y ... @z`. Bei Letzterer ist der zugewiesene Wert auf `trie_size=12000` zu erhöhen. Eine gleichartige Änderung ist auch innerhalb von `virtex.ch` anzubringen. Hier könnte der zugewiesene Wert zwar kleiner gewählt werden, es wird jedoch empfohlen, auch hier 12 000 zu wählen[2].

Die beiden Änderungs- und Anpassungfiles `initex.ch` und `virtex.ch` dienen zur Erzeugung von zwei ganz unterschiedlichen TEX-Programmen `initex` und `virtex`. Mit dem Aufruf

```
tangle tex.web initex.ch
```

entsteht zunächst das File `tex.pas`, das in `initex.pas` umbenannt werden sollte und nach dessen Pascal-Kompilierung das ausführbare Programm `initex` vorliegt. In gleicher Weise wird mit dem Aufruf

```
tangle tex.web virtex.ch
```

und anschließender Pascal-Kompilierung das Programm `virtex` erzeugt. Die Programme `initex` und `virtex` sollen in einem Verzeichnis abgelegt werden, in der sich auch die sonstigen ausführbaren Programme befinden, in jedem Fall aber in einem Verzeichnis, das mit der `PATH`-Systemvariablen bei Programmaufrufen durchsucht wird.

Enthält das TEX-Installationsmedium nur die Files `tex.web` und `tex.ch`, so wird mit der `tangle`-Bearbeitung und anschließender Kompilierung ein Programm erzeugt, das `initex` benannt werden sollte, da es diesem entspricht. Anschließend muss das `tex.ch`-File editiert werden. Dies sollte in einer Kopie von `tex.ch` mit dem Namen `virtex.ch` erfolgen. Als Erstes ist nach den Definitionen für `@d init` und `@d tini` zu suchen. Treten diese im `tex.ch`-File noch nicht auf, so sollten sie aus dem `tex.web`-File in eine `@x...@y`-Sequenz des `tex.ch`-Files kopiert werden[3]. In der anschließenden `@y...@z`-Sequenz ist dann

`@d init==@{` bzw. `@d tini==@}`

anzugeben. Damit werden alle in `tex.web` durch `init ... tini`-Sequenzen eingeschlossenen Programmteile bei der `tangle`-Bearbeitung nur als Kommentar an das Pascal-File weitergereicht und damit bei der Kompilierung entfernt. Zusätzlich sind einige Konstan-

[2] Für TEX-Versionen ab 3.0 sind vermutlich geänderte Werte erforderlich, die von der Zahl und Art der verschiedensprachigen Trennverzeichnisse abhängen. Die TEX-Version für UNIX setzt hier inzwischen standardmäßig 30 000 ein, was für ein dreisprachiges Formatfile, z. B. für Deutsch, Englisch und Französisch, ausreicht.

[3] Dieser Hinweis ist vermutlich nur von hypothetischem Wert. Alle von mir durchgesehenen `.ch`-Files für TEX enthalten für alle diejenigen Stellen, bei denen im Original darauf hingewiesen wird, dass auch geänderte Werte erlaubt sind oder dass bei `INITEX` und der "production version" jeweils unterschiedliche Werte empfohlen werden, bereits `@x...@y...@z`-Sequenzen, auch wenn der zweite Zweig noch mit dem ersten übereinstimmt. Damit soll dem Systemeinrichter die Anpassungsarbeit erleichtert werden.

ten, mindestens aber die Konstante `mem_max`, zu verändern. Diese muss für `initex` mit dem Wert von `mem_top` übereinstimmen, während sie für `virtex` einen beliebigen Wert zwischen `mem_top` $\leq$ `mem_max` $<$ `max_halfword` annehmen darf. Es ist sinnvoll, für `virtex` `mem_max` $=$ `max_halfword` -1 zu wählen. Zur Vorgehensweise wird empfohlen, zunächst in `tex.ch` mit dem Editor nach `@!mem_max=` zu suchen und, falls diese Definition hier auftritt, diese im zugehörigen `@y ... @z`-Zweig in `@!mem_max=65534` zu ändern, vorausgesetzt, dass `mem_halfword` in `tex.web` als `@d max_halfword==65535` definiert war. Trat `@!mem_max=` im `tex.ch` noch nicht auf, so ist diese Zuweisung, wie oben für `init` und `tini` beschrieben, zunächst aus dem `tex.web`-File in das `tex.ch`-File zu kopieren und danach der `@y ... @z`-Zweig mit der vorgeschlagenen Änderung einzurichten[4].

Ob weitere Konstanten verändert werden sollen, hängt von den Anwenderanforderungen ab. Normalerweise kann man für die anderen Konstanten die Originalwerte akzeptieren. Die erneute Bearbeitung von `tex.web` und `tex.ch` mit `tangle` erzeugt nun den Quellkode für das Programm `virtex`, dessen Kompilierungsergebnis deshalb in `virtex` umbenannt werden sollte.

Enthält das TEX-Installationsmedium ein oder zwei weitere Änderungsfiles mit den Namen `bigtex.ch` oder `binitex.ch` und `bvirtex.ch` (eventuell auch mit veränderten Namen, aus denen in irgendeiner Form `...big...` zu erkennen ist), so sollten die vorstehende Prozedur mit diesen Änderungsfiles wiederholt und die lauffähigen Programme nunmehr `binitex` und `bvirtex` genannt werden. Hiermit werden TEX-Versionen mit vergrößerten Pufferspeichern bereitgestellt, mit denen sehr viel komplexere Textstrukturen, wie sehr umfangreiche Tabellen und Bilder, bearbeitet werden können. Falls nur die BIG-Versionen erstellt werden sollen – was anzuraten ist, wenn die Plattenkapazität beschränkt, aber BIG.ch verfügbar ist – kann es für diese bei den konventionellen Namen `initex` und `virtex` bleiben.

Fehlt ein `.ch`-File für eine BIGTEX-Version, so können die erforderlichen Anpassungen im vorhandenen `.ch`-File manuell vorgenommen werden. Die nachfolgende Tabelle enthält in der linken Spalte die Definitionen der Standardversion und rechts ihre Äquivalente für meine BIG-Version.

`@!mem_max=65530;`	`@!mem_max=262140;`
`@!stack_size=200;`	`@!stack_size=300;`
`@!font_max=120;`	`@!font_max=255;`
`@!font_mem_size=36000;`	`@!font_mem_size=72000;`
`@!max_strings=4400;`	`@!max_strings=7500;`
`@!string_vacancies=15000`	`@!string_vacancies=75000;`
`@!pool_size=45000;`	`@!pool_size=100000;`
`@!save_size=2000;`	`@!save_size=4000;`
`@!mem_top=65530;`	`@!mem_top=262140;`
`@d hash_size=3000`	`@d hash_size=9500`
`@d hash_prime=2551`	`@d hash_prime=7919`
`@d hyph_size=307`	`@d hyph_size=607`
`@d max_quarterword=255`	`@d max_quarterword=511`
`@d max_halfword==65535`	`@d max_halfword==262143`

Zusätzlich, aber nicht zwingend erforderlich, können alle *real*-Erklärungen in *longreal* umgewandelt werden. Dies wird am einfachsten mit der Angabe

[4]Entsprechend der vorangegangenen Fußnote ist auch dieser Hinweis vermutlich überflüssig.

```
@x
@!ASCII_code=0..127 {seven-bit numbers}
@y
@!ASCII_code=0..127 {seven-bit numbers}
@!real=longreal     {set type real to longreal}
@z
```

im `tex.ch`-File erreicht, womit nach der Typdefinition für `ASCII_code` gleich die Umdefinition für `real` angefügt wird. Diese Änderung ist natürlich nur dann sinnvoll, wenn der Pascal-Compiler den Typ *longreal* kennt.

B.3 Weitere TEX-Werkzeuge

Zu den Standardwerkzeugen eines TEX-Gesamtsystems gehören neben den TEX-Hauptprogrammen die Quellenfiles `dvitype.web`, `patgen.web`, `pooltype.web`, `tftopl.web`, `pltotf.web`, `vftovp.web` und `vptovf.web`. Enthält das Installationsmedium gleichzeitig die systemangepassten `.ch`-Files, so erfolgt ihre Einrichtung einfach durch

`tangle` *werkzeug*`.web` *werkzeug*`.ch`

und anschließende Pascal-Kompilierung. Für *werkzeug* ist jeweils der Grundname des gewünschten `.web`-Programmfiles einzusetzen. Gleichzeitig sollte mit

`weave` *werkzeug*`.web` *werkzeug*`.ch`

und anschließender TEX-Bearbeitung auch die Dokumentation bereitgestellt werden, da diese häufig auch Anwendungsdetails beschreibt.

B.3.1 Das dvitype-Programm

Das Programm liest mit dem Aufruf '`dvitype` *muster*`.dvi`' das DVI-File mit dem Grundnamen *muster* ein und meldet sich mit einigen interaktiven Abfragen, wie z. B. nach Bearbeitungsstufe, Anfangsseitennummer, maximal zu bearbeitenden Folgeseiten, Druckerauflösung und Vergrößerungsfaktor zurück. Werden diese Abfragen nur mit der Returntaste beantwortet, so verwendet das Programm die angegebenen Standardwerte. Mit der Beendigung der letzten Frage nach einem eventuellen Vergrößerungsfaktor beginnt die Bearbeitung von *muster*`.dvi`. Das Ergebnis wird als File `dvitype.out` abgelegt.

Der Inhalt von `dvitype.out` hängt von der gewählten Bearbeitungsstufe ab, für die die ganzzahligen Werte 0 – 3 erlaubt sind. Der Standardwert 3 liefert die umfassendste Information. Sie besteht aus der Angabe aller für das `dvi`-File angeforderten Zeichensätze sowie dem auszugebenden Text, vermischt mit den Positionierungsbefehlen und den Umschaltbefehlen für die jeweils angeforderten Zeichensätze und evtl. Balkenausgabebefehlen.

Mit der Bearbeitungsstufe 0 werden nur die angeforderten Zeichensätze und deren jeweilige Anforderung auf den einzelnen Seiten sowie evtl. Fehlermeldungen protokolliert. Mit den Stufen 1 und 2 wird ein zwischen diesen Extremen liegendes Bearbeitungsergebnis erzielt.

Das Programm dvitype kann gleichzeitig als Prototyp für einen `dvi`-Druckertreiber herangezogen werden. Die Positionierungs- und Balkenbefehle müssen hierbei lediglich durch die internen äquivalenten Druckerbefehle ersetzt werden. Gleiches gilt für die symbolischen Lade- und Umschaltbefehle für die angeforderten Zeichensätze.

B.3.2 Das patgen-Programm

Der Aufruf für dieses Programm lautet:

`patgen` *trenn_file muster_file ergebnis_file*

Hierin steht *trenn_file* für das File mit einer vorzugebenden Liste von Wörtern mit der Angabe der zulässigen Trennungen in der Form `VER-ZEICH-NIS`, `TREN-NUN-GEN` usw., im weitesten Sinne also für ein in diesem File abgelegtes Trennlexikon. Die Angabe *muster_file* steht für den Namen eines Files, das eine evtl. bereits vorhandene Liste von Trennmustern enthält, die mit der erneuten `patgen`-Bearbeitung ergänzt oder korrigiert werden soll. Ist ein solches Trennmusterfile noch nicht vorhanden, so muss *muster_file* den Namen für ein *leeres* aber *existierendes* File (zumindest für UNIX) enthalten. Das Ergebnis der `patgen`-Bearbeitung, d. h. die Liste der für das Trennverzeichnis gefundenen Trennmuster, wird in *ergebnis_file* abgelegt. Dieses File kann für einen weiteren Bearbeitungslauf als *muster_file* erneut zur Anwendung kommen.

Eine sachgerechte Anwendung von `patgen` setzt die Kenntnis des TEX-internen Trennmechanismus und die Interpretation der Trennmuster voraus, wie sie in [10a, Anhang H] und umfassender in der Doktorarbeit von Frank M. Liang, 1983, Stanford University, Department of Computer Science, dargestellt werden. Andererseits ist die Erstellung eines vollständig neuen Trennmusterfiles für eine weitere Fremdsprache eine Aufgabe, die kaum einen Leser dieses Buches je belasten wird. Darum folgen hier nur einige verkürzte Erläuterungen für detailverliebte Leser.

Für jedes zu trennende Wort wird zunächst eine Anfangs- und Endkennung vorgegeben, z. B. als `.trennvorschlag.` für das Wort „Trennvorschlag". Hierbei wird nicht zwischen Klein- und Großbuchstaben unterschieden. Das zu trennende Wort wird nun nacheinander in alle denkbaren *Teilwörter* der Längen 1, 2, 3 usw. aufgeteilt. Die Teilwörter der Länge 1 sind einfach die Einzelbuchstaben, beginnend mit dem Anfangszeichen und endend mit dem Endzeichen.

```
. t r e n n v o r s c h l a g .
```

Die möglichen Teilwörter der Länge 2 bestehen aus den Buchstabenpaaren

```
.t tr re en nn nv vo or rs sc ch hl la ag g.
```

gefolgt von den Teilwörtern der Längen 3, 4, 5, ...

```
.tr tre ren enn nnv nvo vor ors rsc sch chl hla lag ag.
.tre tren renn ennv nnvo nvor vors orsc rsch schl chla hlag lag.
.tren trenn rennv ennvo nnvor nvors ··· schla chalg halg.
. . . . . . . . . . . . . . . . . . . . . . . . . . . . . .
.trennvorschla trennvorschlag rennvorschlag.
.trennvorschlag trennvorschlag.
.trennvorschlag.
```

Ein Wort, das einschließlich der Anfangs- und Endkennung, aus n Zeichen besteht, enthält damit n einstellige Teilwörter, $n - 1$ zweistellige Teilwörter, ..., zwei $(n - 1)$-stellige Teilwörter und ein n-stelliges Teilwort. Ein Wort, das aus k Buchstaben besteht, kann auf 2^{k+2} verschiedene Weisen durch seine Teilwörter zusammengesetzt werden.

Jedem Teilwort der Länge t können an $t+1$ Stellen Zahlenwerte zugeordnet werden, z. B. dem Teilwort `nvors` in der Form $_0n_5v_0o_2r_3s_0$. Die Zahlenwerte bewerten eine mögliche Trennung bzw. ein Trennverbot an der Stelle der jeweiligen Zahl, wobei ungerade Zahlenwerte eine erlaubte Trennung und gerade Zahlenwerte eine unerlaubte Trennung kennzeichnen. Das Trennmusterverzeichnis besteht genau aus solchen mit Bewertungszahlen gekennzeichneten Teilwörtern, wobei Nullen als Bewertungszahlen entfallen. Das vorangegangene Beispiel würde damit als `n5vo2r3s` erscheinen. Ein Trennmuster für den Anfang oder das Ende eines Wortes beginnt bzw. endet mit einem '`.`', z. B. `.trenn1`, wobei in der Praxis derartig lange Trennmuster kaum auftreten.

Soll ein Wort getrennt werden, so durchmustert TEX das Trennmusterverzeichnis und baut das Wort aus den möglichen Teilwörtern auf. Soweit dies auf mehrfache Weise möglich ist, werden die Teilwörter verwendet, mit denen die jeweils höchste Trennbewertung zwischen den einzelnen Buchstaben erreicht wird. Teilbereiche eines Wortes, für die kein Teilwortäquivalent im Trennmusterfile existiert, werden so behandelt, als wäre für diesen Teilbereich ein Muster mit den alleinigen Kennungszahlen 0 vorhanden, d. h. innerhalb dieser Teilbereiche kann keine Trennung stattfinden.

Für ein vorgegebenes Trennverzeichnis *trenn_file* baut `patgen` nun eine Trennmusterliste auf, mit der mit einem Minimum an Trennmustern ein Maximum an richtigen Trennungen für das vorgegebene Trennverzeichnis erreicht wird. Die Trennmusterliste wird unter *ergebnis_file* abgelegt. Enthält das Trennverzeichnis nur das Beispielwort `TRENN-VOR-SCHLAG`, so ist das Bearbeitungsergebnis `1s` und `1v`, womit eine Trennung *nur* vor den Buchstaben `s` und `v` zugelassen wird.

Die Aufteilung aller Wörter aus dem Trennverzeichnis, das ggf. ein vollständiges Trennlexikon einer Sprache darstellt, in alle denkbaren Teilwörter, deren Zahlenbewertung mit dem Ziel, die Anzahl der Trennmuster zu minimieren und gleichzeitig eine Maximalzahl von richtigen Trennungen zu erzielen, ist ein extrem rechenaufwendiger Prozess. Aus diesem Grunde erwartet `patgen` eine interaktive Vorgabe durch den Anwender. Nach dem Programmaufruf

`patgen` *trenn_file muster_file ergebnis_file*

meldet sich das Programm nacheinander mit der Mitteilung und den anschließenden Abfragen

```
0 pattern read in
pattern trie has 128 nodes, trie_max = 128, 0 outputs
hyph_start =
hyph_finish =
pat_start =
pat_finish =
good weight, bad weight, threshold:
```

Die beiden ersten Zeilen entsprechen einem Leerfile für `muster_file`, die für eine bereits existierende Trennmusterliste durch die zugehörigen Werte ersetzt würden. Die anschließenden Abfragen '`hyph_start =`' und '`hyph_finish =`' erwarten als Antwort Zahleneingaben, die der kleinsten bzw. größten Bewertungszahl bei den erzeugten Trennmustern entspricht. Bei einem ersten Bearbeitungslauf sollte stets `hyph_start = 1` gewählt werden. Bei einem umfangreichen Trennverzeichnis sollte, um evtl. zu lange Rechenzeiten zu vermeiden, zunächst ebenfalls `hyph_finish = 1` oder allenfalls `hyph_finish = 2` gewählt werden.

Mit `pat_start =` und `pat_finish =` wird die Minimal- und Maximallänge für die zugelassenen Teilwörter des Trennmusterverzeichnisses festgelegt. Für beide Eingabegruppen erfolgt die Eingabe über die Tastatur mit dem jeweiligen Abschluss durch die Returntaste.

Die letzte Aufforderung `good weight, bad weight, threshold:` erwartet die Eingabe von drei ganzen Zahlen, die zur Gewichtung für die Auswahl eines Teilwortes als Trennmuster dienen. Für jedes in Betracht gezogene Teilwort werden zwei Werte `good` und `bad` geführt, die angeben, wie oft das Teilwort für das gesamte Trennverzeichnis zu einer zulässigen bzw. fehlerhaften Trennung führt. Das Teilwort wird als Trennmuster zugelassen, wenn $good * good\_wt - bad * bad\_wt \geq thresh$ ist, wobei *good_wt*, *bad_wt* und *tresh* für die unter der Aufforderung `good weight, bad weight, threshold:` eingegebenen Zahlenwerte steht. Diese Eingabe kann durch drei durch Leerzeichen getrennte Zahlenwerte erfolgen, deren letzter mit der Return- oder Entertaste abschließt[5]. Die Eingabe `1 1 1` erzeugt die meisten Trennmuster. Eine Angabe, die zu $good\_wt < bad\_wt \leq thresh$, z. B. `1 3 3`, führt, kann für einen Erstdurchgang gelegentlich sinnvoll sein.

Anstelle einer Darstellung weiterer Einzelheiten in zusätzlichen Verästelungen soll abschließend die Verwendung von `patgen` an einem realen Beispiel erfolgen. Als Trennmusterfile habe ich hier die Liste aus dem LaTeX-Befehl `\hyphenation` des ursprünglichen Textmaterials für die LaTeX-Kurse, aus denen mein Einführungsbuch hervorging, gewählt. Zu dem damaligen Zeitpunkt (1985) verfügte ich noch nicht über ein deutsches `ghyphen.tex`-File und die häufigsten fehlerhaften Trennungen wurden durch eine korrigierte Trennliste mit `\hyphenation{`*trennliste*`}` kompensiert. Diese damalige Trennliste wird hier als Beispiel für ein *trenn_file* verwendet:

```
AB-ZU-WEI-CHEN
BE-ZIF-FE-RUNG
BREI-TE
BREI-TEN
EBEN-SO
ENT-SPRE-CHEND
FE-STEN
FEH-LER-IN-DI-KA-TOR
GE-STAR-TET
IN-HALTS-VER-ZEICH-NIS
MAR-KIE-RUNG
MA-XI-MAL
SCHACH-TEL-TIE-FE
SCHRIFT-ART
SCHRIFT-AR-TEN
SEI-TEN-BREI-TE
SEI-TEN-UM-BRUCH
SON-DER-ZEI-CHEN
TA-BEL-LE
TEXT-EIN-GA-BE
TRENN-VOR-SCHLAG
UM-GE-BUNG
VON-EIN-AN-DER
VOR-ZU-NEH-MEN
WERT-ZU-WEI-SUNG
ZEI-CHEN
ZEI-CHEN-SATZ
ZEI-CHEN-KOM-BI-NA-TIO-NEN
ZWI-SCHEN
ZWI-SCHEN-RAUM
```

Mit den interaktiven Bearbeitungseingaben `hyph_start = 1`, `hyph_finish = 2`, `pat_start = 2`, `pat_finish = 4`, `good weight, bad weight, threshold: 1 1 1` erscheinen eine Reihe Protokollnachrichten für die verschiedenen Teilwortlängen auf dem Bildschirm, deren erste lautet:

```
processing dictionary with pat_len = 2, pat_dot = 1     *
0 good, 0 bad, 72 missed                                *
0.00 %, 0.00 %, 100.00 %                                *
110 patterns, 238 nodes in count trie, trie_max = 497   ÷
 38 good and 61 bad patterns added (more to come)       ÷
finding 60 good and 4 bad hyphens, efficiency = 1.43    *
pattern trie has 227 nodes, trie_max = 250, 2 outputs   ÷
```

[5]Bleibt das Programm hiernach stehen, so muss das systemspezifische EOF-Zeichen (End of File) eingegeben werden. Unter UNIX wird z. B. an dieser Stelle die Eingabefunktion `scanf` für eine Eingabeliste aufgerufen, wobei die Liste mit `Ctrl d` (`Strg d` bei einer deutschen Tastatur), also der gleichzeitigen Verwendung der Tasten `Ctrl` (`Strg`) *und* `d`, abzuschließen ist. Diese Tastenkombination steht bei den meisten Betriebssystemen für das EOF-Zeichen. Anderenfalls muss das Systemmanual zu Rate gezogen werden.

Die mit ÷ gekennzeichneten Zeilen können hier übersprungen werden, da sich ihr Sinn nur mit der Kenntnis der internen Strukturen des Programms erschließt, die für die reine Programmanwendung nicht benötigt wird. Die mit ∗ gekennzeichneten Zeilen lassen sich auch für den reinen Anwender verständlich machen. Die erste Zeile sagt aus, dass die Trennliste zunächst mit Teilwörtern der Länge 2 bearbeitet wird (`pat_len = 2`), wobei die aktuelle Trennbewertungszahl nach dem ersten Buchstaben der Teilwörter (`pat_dot = 1`) zur Anwendung kommt.

Der Inhalt der nächsten Zeile ist eine Folge des *leeren* Trennmusterfiles. Zu Beginn der Bearbeitung gibt es noch keine aktuellen Trennmuster, die zu richtigen oder evtl. falschen Trennungen führen. Die letzte Angabe dieser Zeile `72 missed` weist darauf hin, dass das Trennverzeichnis insgesamt 72 Trennungen vorgibt, von denen bisher keine erkannt wurde. Die nächste Zeile gibt die relativen Werte bezüglich der Gesamtzahl aller Trennungen in Prozent wieder.

Die vorletzte Zeile sagt aus, dass mit dem Fortgang der Bearbeitung für die Teilwörter mit der Trennmöglichkeit nach dem ersten Buchstaben 60 richtige und vier fehlerhafte Trennungen erzielt werden können. Die Zusatzangabe `efficiency = 1.43` beschreibt einen Wirksamkeitsfaktor, der hier übersprungen werden soll.

Danach startet das Programm einen neuen Durchgang mit einer äquivalenten Mitteilungsgruppe auf dem Bildschirm, von der hier nur die soeben erläuterten Zeilen wiedergegeben werden:

```
processing dictionary with pat_len = 2, pat_dot = 0  ∗
60 good, 4 bad, 12 missed                            ∗
83.33 %, 5.56 %, 16.67 %                             ∗
finding 8 good and 2 bad hyphens, efficiency = 1.00  ∗
```

Bei diesem Bearbeitungsvorgang werden die zweistelligen Teilwörter mit der Trennbewertung *vor* dem ersten Buchstaben (`pat_dot = 0`) zur Bildung von Trennmustern herangezogen. Die nächste Zeile ist eine Folge des ersten Bearbeitungslaufs, bei dem 60 richtige und vier fehlerhafte Trennungen erzielt wurden. Mit dem zweiten Durchlauf werden acht weitere Trennungen mit zwei zusätzlichen Fehlern erkannt. Der nächste Durchlauf führt dann zu

```
processing dictionary with pat_len = 2, pat_dot = 2  ∗
68 good, 6 bad, 4 missed                             ∗
94.44 %, 8.33 %, 5.56 %                              ∗
finding 2 good and 0 bad hyphens, efficiency = 1.00  ∗
```

Hier werden also die zweistelligen Teilwörter mit der Trennbewertung nach dem zweiten Buchstaben und damit am Ende der Teilwörter betrachtet. Damit können zwei weitere Trennungen erzielt werden, ohne dass es zu zusätzlichen fehlerhaften Trennungen kommt. Weitere Trennmöglichkeiten lassen die zweistelligen Teilwörter nicht mehr zu.

Wäre nach dem Programmaufruf `hyph_finish = 1` und `pat_finish = 2` gewählt worden, so würde die patgen-Bearbeitung hiermit auch enden und der Anwender zur abschließenden Entscheidung mit

```
hyphenation word list?
```

aufgefordert werden. Mit der Eingabe von '`y`' für 'yes' antwortet das Programm:

```
writing pattmp.1
70 good, 6 bad 2 missed 97.22
```

Damit ist die gefundene Trennmusterliste unter *ergebnis_file* abgelegt. Die erzeugten Trennmuster bestehen ausschließlich aus zwei Buchstaben mit der Bewertungszahl 1 (`hyph_start` = `hyph_finish` = 1) *vor*, *zwischen* oder *nach* den beiden Buchstaben:

```
a1b  1an  a1t  a1x  bi1  b1z  e1b  e1c  e1f  e1s  e1z  f1f
h1m  h1n  h1t  i1c  i1k  i1m  i1s  i1t  1le  l1l  m1b  m1g
n1b  n1d  1ne  n1g  n1h  n1k  n1r  n1s  n1u  n1v  r1k  r1s
r1t  1ru  r1z  1sp  s1v  t1a  1ti  t1z  u1w  xt1
```

Mit dieser Trennmusterliste werden 70 von 72 möglichen Trennungen richtig erkannt, es können aber auch sechs fehlerhafte Trennungen verursacht werden. Diese Trennmusterliste kann als *muster_file* bei einem anschließenden erneuten `patgen`-Aufruf verwendet werden, womit eine Aufteilung der Gesamtbearbeitung erreicht werden kann.

Als Folge der Antwort '`y`' auf die letzte Abfrage ist gleichzeitig ein File namens `pattmp.1` angelegt worden. Dieses enthält eine Wiederholung des eingegebenen Trennverzeichnisses, bei dem jede richtige Trennung durch ein '`*`', eine mögliche fehlerhafte Trennung durch ein '`.`' und eine unerkannte Trennung durch ein '`-`' gekennzeichnet wird. Im Gegensatz zum eingegebenen Trennverzeichnis erscheint dieses Prüfverzeichnis in Kleinbuchstaben:

```
ab*zu*wei*chen             mar*kie*rung             trenn*vor*schlag
be*zif*fe*rung             ma*xi*mal                um*ge*bung
brei*te                    schach*tel*tie*fe        vo.n-ein*an*der
brei*ten                   schrift*art              vor*zu*neh*men
eben*so                    schrift*ar*ten           wer.t*zu*wei*sung
ent*spre*chend             sei*ten*brei*te          zei*chen
fe*sten                    sei*ten*um*b.ruch        zei*chen*sa.tz
feh*ler-in*di*ka*tor       son*der*zei*chen         zei*chen*kom*bi*na*tio*nen
ge*st.ar*tet               ta*bel*le                zwi*schen
in*halts*ver*zei.ch*nis    text*ein*ga*be           zwi*schen*raum
```

Unerkannt bleibt hier also nur die mögliche Trennung von „Fehler-indikator“ und „voneinander“. Andererseits können aber fehlerhafte Trennungen, wie „gest-artet“, „Inhaltsverzeichnis“, „Seitenumb-ruch“, „vo-neinander“, „Wer-tzuweisung“ und „Zeichensa-tz“ auftreten.

Bei dem beschriebenen Beispiel war jedoch `pat_finish = 4` und `hyph_finish = 2` gewählt worden. Das Programm endet damit nicht nach der Durchmusterung aller zweistelligen Teilwörter, sondern fährt danach mit der Betrachtung der dreistelligen Teilwörter fort. Bei diesen wird nacheinander die Trennmöglichkeit zunächst nach dem ersten und dann nach dem zweiten Buchstaben sowie am Beginn und am Ende (`pat_dot = 1, 2, 0, 3`) geprüft. Jeder der zugehörigen Bearbeitungsläufe ist von einer entsprechenden Terminalmitteilung wie bei den zweistelligen Mustern begleitet. Der letzte Bearbeitungslauf für die dreistelligen Teilwörter führt so zu der Terminalausgabe:

```
processing dictionary with pat_len = 3, pat_dot = 3  *
72 good, 6 bad, 0 missed                             *
100.00 %, 8.33 %, 0.00 %                             *
finding 0 good and 0 bad hyphens                     *
```

Nach Einbeziehung von dreistelligen Trennmustern werden alle möglichen Trennungen erkannt. Obwohl wegen `pat_finish = 4` auch vierstellige Trennmuster zugelassen sind, hält das Programm nach der Durchsicht der dreistelligen Muster an, da hiermit bereits alle möglichen Trennungen erkannt werden. Mit höherstelligen Trennmustern kann das Ergebnis nicht mehr verbessert werden, diese könnten *nur* noch zusätzliche Trennfehler verursachen. Stattdessen meldet das Programm

```
total of 48 patterns at hyph_level 1
```

und setzt die Bearbeitung mit der Trennbewertungszahl 2 fort, da nach dem Programmaufruf nach `hyph_start = 1` zur Fortsetzung `hyph_finish = 2` gewählt worden ist. Hierzu verlangt das Programm vom Anwender eine erneute Festlegung der Minimal- und Maximallänge der Teilwörter sowie der Gewichte. Auf dem Bildschirm erscheinen damit erneut dieselben drei Zeilen, wie sie nach dem Programmstart als

```
pat_start = 2
pat_finish = 3
good weight, bad weight, threshold: 1 1 1
```

auftraten. Die unterstrichenen Angaben stellen meine Eingaben für das Demonstrationsbeispiel dar. Hier werden zunächst versuchsweise maximal dreistellige Muster zugelassen, da mit diesen bereits bei der Trennbewertungszahl 1 alle Trennmöglichkeiten erfasst wurden. Damit wiederholt sich der gesamte Bearbeitungsvorgang mit den diversen Durchläufen für die Teilwörter mit der Trennbewertung 2 an den mit `pat_dot` angeführten Stellen. Der erste Durchlauf führt zu der Mitteilung:

```
processing dictionary with pat_len = 2, pat_dot = 1     *
72 good, 6 bad, 0 missed                                *
100.00 %, 8.33 %, 0.00 %                                *
finding 1 good and 0 bad hyphens                        *
```

Die Trennbewertungszahl 2 verbietet als geradzahlige Angabe eine Trennung an der entsprechenden Stelle. Die mit `finding` *n* `good` mitgeteilten Werte bedeuten somit die gefundenen *fehlerhaften* Trennungen, die hiermit unterbunden werden. Damit erscheint beim nächsten Durchlauf (unter Fortlassung der Prozentangaben):

```
processing dictionary with pat_len = 2, pat_dot = 0     *
72 good, 5 bad, 0 missed                                *
finding 2 good and 0 bad hyphens                        *
```

Das Verfahren endet schließlich mit:

```
processing dictionary with pat_len = 3, pat_dot = 3     *
72 good, 0 bad, 0 missed                                *
finding 0 good and 0 bad hyphens                        *
total of 5 patterns at hyph_level 2
hyphenation word list? y
writing pattmp.2
72 good, 0 bad, 0 missed
```

Die erzeugte und unter *ergebnis_file* abgelegte Trennmusterliste besteht nunmehr aus

a1b	1an	a1t	a1x	bi1	b2r	b1z	2chn	e1b	e1c	e1f
e1s	e1z	f1f	h1m	h1n	h1t	i1c	i1k	i1m	i1s	i1t
1le	l1l	m1b	m1g	n1b	n1d	1ne	n1ei	n1g	n1h	n1k
n1r	n1s	n1u	n1v	r1in	r1k	r1s	r1t	1ru	r1z	1sp
st2	s1v	t1a	1ti	2t1z	u1w	vo2	xt1			

Mit diesem Trennmuster erfolgen alle möglichen Trennungen korrekt, und es kommt zu keiner fehlerhaften Trennung. Das Trennprüffile wurde unter `pattmp.2` abgelegt. Es enthält an allen zulässigen Trennstellen, d. h. überall, wo das ursprüngliche Trennfile ein '-' enthält, als erkanntes Trennsymbol einen '*'. Ein '.' für eine mögliche fehlerhafte Trennung und ein '-' für eine unerkannte Trennung treten in diesem Prüffile nicht mehr auf.

Anwender, die ein Trennmusterverzeichnis für eine weitere Sprache planen, sollten sich vorab mit den Wahlmöglichkeiten von patgen vertraut machen. Es empfiehlt sich, zunächst mit einem Trennfile mit wenigen Hundert Wörtern zu beginnen und die Bearbeitung in mehrere getrennte Bearbeitungsläufe aufzuteilen. Für die erste Bearbeitungsstufe sollte neben `hyph_start = 1` höchstens `hyph_finish = 2` vorgegeben werden. Auch die Teilwortlängen sollten zunächst nur als `pat_start = 2` und `pat_finish = 3` gewählt werden. Es empfiehlt sich, als Name für *ergebnis_file* z. B. `pattern1` zu wählen und beim zweiten patgen-Aufruf das File `pattern1` als *muster_file* bereitzustellen.

Falls beim ersten Bearbeitungslauf noch eine größere Zahl von Trennungen unerkannt blieb, kann versucht werden, nunmehr mit `pat_start = 4` und `pat_finish = 5` weitere Teilwörter als Trennmuster zu überprüfen. Alternativ oder anschließend kann eine erneute Bearbeitung mit `hyph_start = 3` und `hyph_finish = 4` erfolgen. Nach jeder Teilbearbeitung sollte die in *ergebnis_file* abgelegte Trennmusterliste als *muster_file* für die erneute Bearbeitung herangezogen werden.

Beim Zahlentripel `good_weight, bad_weight, threshold` sollten Angaben mit *good_wt* < *bad_wt* und *good_wt* ≤ *thresh* variiert werden. Höhere Werte für die kürzeren Muster und niedrigere für längere Muster vermindern häufig die Gesamtzahl der für eine fehlerlose Trennung erforderlichen Muster.

Ein wirkliches Trennlexikon sollte erst in Angriff genommen werden, wenn Vertrautheit mit den variablen Programmaufrufen besteht. Mit hinreichend vielen Bearbeitungsdurchgängen lässt sich für ein vorgegebenes Trennlexikon ein Trennmusterfile erzeugen, das zu fehlerlosen Trennungen führt und dabei alle möglichen Trennungen erfasst. Es kommt aber darauf an, einen vernünftigen Kompromiss zwischen der Gesamtzahl der erzeugten Trennmuster und einem hinreichend hohen Trennungserfolg zu finden, da der Zeitaufwand für die TEX-Bearbeitung umso größer wird, je umfangreicher das Trennmusterverzeichnis ist.

Statt der Vorgabe eines vollständigen Trennlexikons wird häufig eine repräsentative Untermenge verwendet. Ist hierfür ein Trennmusterverzeichnis erstellt worden, so kann mit einem anschließenden patgen-Lauf für das vollständige Trennlexikon mit den Bearbeitungsangaben 0 für `hyph_start`, `hyph_finish`, `pat_start` und `pat_finish` in dem erzeugten File `pattmp.0` die Wirksamkeit überprüft werden.

Den einzelnen Trennvorgaben im Trennverzeichnis können ganzzahlige Zahlenwerte vorangestellt werden. Wird dem ganzen Wort eine Zahl > 1 vorangestellt, so wird das ganze Wort mit all seinen Trennmöglichkeiten bei der Erzeugung der Trennmuster höher gewichtet. Eine entsprechende Zahl vor einem Trennstrich führt zu einer höheren Gewichtung für diese Trennstelle. Bei der Vorgabe eines ganzen Trennlexikons ist es empfehlenswert, eine Gewichtung in Abhängigkeit von der Worthäufigkeit vorzunehmen. Die patgen-Bearbeitung kann dann mit einer geringeren Erfolgsquote beendet werden. Die fehlenden oder fehlerhaften Trennungen häufen sich dann bei den selteneren Wörtern, während die korrekten und vollständigen Trennungen mit zunehmender Worthäufigkeit sicherer werden.

B.3.3 Das pooltype-Programm

Der Aufruf `pooltype` *muster*`.pool` liest das File mit dem Grundnamen *muster* und dem Anhang `.pool`, das aus einer vorangegangenen `tangle`-Bearbeitung aus den `.web`- und `.ch`-Quellenfiles entstanden ist, und gibt dieses auf dem Bildschirm in einer besser lesbaren Form aus. Die ersten 128 Zeilen erscheinen dabei in der Form n_z`: "`z_a`"` mit n_z für die ausgegebene Zeilennummer und z_a für das ASCII-Zeichen mit dem Zahlenwert der Zeilennummer, z. B.: `64: "A"` oder `35: "#"`. Die ersten 32 Zeichen verwenden hierbei die TEX-Notation `0: "^^@"` ... `31: "^^_"` (s. 5.1.1). Ebenso erscheint das nichtdruckbare ASCII-Zeichen für 127 als `127: "^^?"`.

Ab Zeilennummer 128 erscheinen diese Nummern, gefolgt von der zugeordneten Zeichenkette, z. B. für das File `tex.pool` als

```
128: "pool size"
129: "number of strings"
...   . . . . . . . . .
1142: "output file name"
```

Bei längeren `.pool`-Files empfiehlt es sich, die Ausgabe durch Ablage in einem File umzudirigieren, z. B. unter UNIX oder DOS durch den Aufruf

`pooltype` *muster*`.pool > pool.tmp`

um anschließend `pool.tmp` mit dem Editor sorgfältiger durchmustern zu können.

Das Programm pooltype kann gleichzeitig als Muster dafür dienen, wie in einem WEB-Programm die Zeichenkettenverarbeitung durch anschließendes Einlesen im ausführbaren Programm effizienter gestaltet werden kann, als dies normalerweise mit Pascal geschieht.

B.3.4 Die Programme tftopl und pltotf

Das Programm tftopl dient dazu, ein Zeichensatzfile *font*`.tfm` mit den metrischen Informationen in einer lesbareren Form als `.pl`-File (property-list) abzulegen. Der Aufruf erfolgt zweckmäßigerweise als

`tftopl` *font*`.tfm` *font*`.pl`

mit *font* für den physischen Grundnamen des gewünschten Zeichensatzes. Für das erzeugte File *font*`.pl` könnte ein beliebiger Name mit oder ohne Anhang gewählt werden. Der hier vorgeschlagene gleiche Grundname mit dem Anhang `.pl` ist jedoch naheliegend und vermeidet Verwirrungen bei einer größeren Zahl von Zeichensatzfiles.

Das "Property-List-Format", und damit die Angaben des `.pl`-Files, besteht im Wesentlichen aus Zeilen der Form

(*pl_name* [*typ*] *wert*)

Fehlt die rechte Klammer, so folgen zunächst eingerückt weitere Zeilen der gleichen Art, die zur vorangehenden PL-Struktur gehören, bis diese durch die schließende Klammer beendet wird. Mit etwas Kenntnis über die Struktur der `.tfm`-Files sind die unter *pl_name* auftretenden Begriffe selbsterklärend. Die optionale Angabe *typ* steht für einen der Buchstaben `C`, `D`, `H`, `O`, `R` oder `F`. Hiermit wird gekennzeichnet, dass der anschließende Inhalt von *wert* ein Buchstabe (character), eine ganze (nicht negative) Dezimal-, Hexadezimal- oder Oktalzahl bzw. ein beliebiger Dezimalbruch (real) ist. Die Kennung `F` für "face" steht für eine spezielle Kennung aus drei Buchstaben, wie `MMR`, `MIR`, ..., `LIE`, die für TeX und nahezu alle Druckertreiber keine Bedeutung hat und deshalb hier nicht weiter erläutert wird.

Anstelle weiterer allgemeiner Erläuterungen soll das File `cmsl10.pl`, das aus dem Aufruf "`tftopl cmsl10.tfm cmsl10.pl`" entstanden ist, auszugsweise wiedergegeben werden. Es beginnt mit:

```
(FAMILY CMSL)
(FACE O 352)
(CODINGSCHEME TEX TEXT)
(DESIGNSIZE R 10.0)
(COMMENT DESIGNSIZE IS IN POINTS)
(COMMENT OTHER SIZES ARE MULTIPLES OF DESIGNSIZE)
(CHECKSUM O 16053430112)
(FONTDIMEN
   (SLANT R 0.166672)
   (SPACE R 0.333334)
   (STRETCH R 0.166667)
   (SHRINK R 0.111112)
   (XHEIGHT R 0.430555)
   (QUAD R 1.000003)
   (EXTRASPACE R 0.111112)
   )
```

Der genaue Aufbau eines `.tfm`-Files kann im Detail der Dokumentation von **tftopl** entnommen werden. Ergänzende Erläuterungen stehen in 5.2.7 und [5b, 7.4.3]. Die ersten zwölf Halbworte (16 bit) des `.tfm`-Files beschreiben seinen strukturellen Aufbau. Darauf folgt ein Vorspann mit üblicherweise 18 Ganzworten (72 Byte), `header[0]` ... `header[17]`. Das erste Wort `header[0]` enthält die sog. Prüfsumme, die im `.pl`-File mit `CHECKSUM` gekennzeichnet und hier mit ihrem oktalen Zahlenwert angegeben ist.

Das nächste Wort im Vorspann `header[1]` enthält die sog. Entwurfsgröße in der Maßeinheit `pt` multipliziert mit 2^{20}. Im `.pl`-File erscheint sie als `DESIGNSIZE` mit dem nachfolgenden Dezimalbruch 10.0 für 10.0 pt. Der Faktor 2^{20} wird als *design_size*-Einheit (unit) betrachtet und könnte im `.pl`-File ggf. als `(DESIGNUNITS D 1)` erscheinen, was normalerweise aber nur für von 1 abweichende Einheiten mitgeteilt wird. Alle sonstigen Maßangaben betragen stets das Vielfache dieser Entwurfsgröße.

Die Angaben `FAMILY CMSL`, `FACE O 352` und `CODINGSCHEME TEX TEXT` sind die Zeichenketten aus `header[2..11]`. Die erste beschreibt den Zeichensatztyp, die nächste ist für TeX ohne Belang und die dritte steht für das Kodierschema. Andere Kodierschemata sind z. B. `TEX MATH EXTENSION` für `cmex` oder `UNSPECIFIED`, wenn keine nähere Angaben erfolgen[6].

[6] Allgemein stehen hier die Zeichenketten aus den METAFONT-Zuweisungen (s. [5b, 7.4.3, S. 385]) `font_identifier:=`xxx und `font_coding_scheme:=`zzz.

Die Angabe `FACE O 352` ist dem niederwertigsten Byte aus `header[17]` entnommen. Da dieser Wert weder für TEX noch für die üblichen Druckertreiber Bedeutung hat, wird von einer Erläuterung abgesehen. Kommentarangaben (`COMMENT` *kommentar*) stammen nicht aus dem `.tfm`-File, sondern werden vom Programm **tftopl** dem Ausgabefile zur besseren Erläuterung hinzugefügt.

Die nächste Gruppe `FONTDIMEN` mit den nachfolgenden Angaben gibt die Werte für die sog. Zeichensatzregister wieder. Mit den Angaben aus 5.2.7 sind die Namen und Zahlenwerte selbsterklärend. Da es sich bei den Zahlenwerten um Vielfache der Entwurfsgröße handelt, führt `XHEIGHT R 0.430555` in Absolutwerten zu `xheight = 4.30555pt`.

Als Nächstes arbeitet **tftopl** die Ligaturtabelle des `.tfm`-Files auf. Sie erscheint im `.pl`-File wie auszugsweise hier für `cmsl10.pl` wiedergegeben:

```
(LIGTABLE
   (LABEL C f)
   (LIG C i O 14)    (LIG C f O 13)    (LIG C l O 15)
   (KRN O 47 R 0.077779)  (KRN O 77 R 0.077779)  (KRN O 41 R 0.077779)
   (KRN O 51 R 0.077779)  (KRN O 135 R 0.077779)                 (STOP)
   (LABEL O 13)
   (LIG C i O 16)    (LIG C l O 17)
   (KRN O 47 R 0.077779)  (KRN O 77 R 0.077779)  (KRN O 41 R 0.077779)
   (KRN O 51 R 0.077779)  (KRN O 135 R 0.077779)                 (STOP)
   (LABEL C D)  (LABEL C O)
   (KRN C X R -0.027779)  (KRN C W R -0.027779)  (KRN C A R -0.027779)
   (KRN C V R -0.027779)  (KRN C Y R -0.027779)                  (STOP)
   )
```

Diese Ligaturtabelle besagt: Nach dem Auftreten des Buchstabens ‘f’ `(LABEL C f)` wird ein nachfolgendes ‘i’ gemeinsam als Ligatur unter der Zeichenkodierung `'14` ausgegeben `(LIG C i O 14)`. Entsprechendes gilt für ein folgendes ‘f’ oder ‘l’ für die Ausgabe von `'13'` bzw. `'15`. Folgt auf das ‘f’ das Zeichen mit der Kodierung `'47'`, das dem Anführungszeichen ’ entspricht, so wird es um .77779pt gegenüber dem Standardabstand nach rechts verschoben (kerning). Entsprechendes gilt für die Zeichen mit der Kodierung `'77`, `'41`, `'51`, `'135'`, also für ?, !,) und]. Die einzelnen Ligaturgruppen werden mit `(STOP)` abgeschlossen.

Die weitere Angabe `(LABEL O 13)` besagt: Tritt nach dem Zeichen `'13`, also nach der Ligatur ff für die vorangeganene Eingabe von `ff`, eines der nachfolgenden Zeichen auf, so wird in Abhängigkeit von dem nächsten Zeichen wiederum eine evtl. Sonderausgabe gestartet. Ist das nächste Zeichen ein ‘i’ oder ‘l’, so wird die Gesamtgruppe durch die Ligaturen unter `'16` bzw. `'17` und damit als ‘ffi’ bzw. ‘ffl’ realisiert. Für anschließende ’, ?, !,) und] kommt es zur selben Verschiebung wie bei den vorangegangenen zweistelligen Ligaturen.

Nach `(LABEL C D) (LABEL C O)` folgen mit `(KRN X R -0.07779)` und gleichartigen Angaben für W, A, V und Y die Erklärungen, dass beim Auftreten dieser Buchstaben umittelbar nach D oder O diese um -0.7779pt zu versetzen, also näher an das vorangehende D oder O zu setzen sind. Das File `cmsl10.pl` enthält weitere Ligaturen und Unterschneidungen für eine Reihe anderer Zeichenkombinationen, die teilweise nicht mit `D` c, sondern durch ihren Zahlenkode als `O` z gekennzeichnet sind.

Der anschließende Teil eines `.pl`-Files besteht in den Maßangaben für jedes einzelne Zeichen und dessen eventuelle Italic-Korrektur aus dem Zeichensatz, wie ein weiterer Auszug aus `cmsl10.pl` demonstriert:

```
(CHARACTER O 56
   (CHARWD R 0.277779)  (CHARHT R 0.105556)
   )
(CHARACTER O 55
   (CHARWD R 0.333334)  (CHARHT R 0.430555)  (CHARIC R 0.008102)
   (COMMENT  (LIG O 55 O 173)   )
   )
(CHARACTER C I
   (CHARWD R 0.361112)  (CHARHT R 0.683332)  (CHARIC R 0.100003)
   (COMMENT  (KRN C I R 0.027779)  )
   )
(CHARACTER C y
   (CHARWD R 0.527781)  (CHARHT R 0.430555)  (CHARDP R 0.194445)
   (CHARIC R 0.08565)
   (COMMENT
      (KRN C o R -0.027779)  (KRN C e R -0.027779)  (KRN C a R -0.027779)
      (KRN O 56 R -0.083334) (KRN O 54 R -0.083334)
      )
   )
```

Die verwendeten PL-Namen CHARACTER zusammen mit den Maßkennzeichnungen CHARWD, CHARHT, CHARDP und CHARIC sind selbsterklärend und bedürfen keiner Erläuterung. Bei einigen der Zeichencharakterisierungen treten Kommentare auf, die auf Ligaturen und Versetzungen mit bestimmten Folgezeichen verweisen. Diese wurden zur besseren Übersicht von tftopl aus der Ligaturtabelle bei den Zeichencharakterisierungen zusätzlich zugefügt.

Für die Zuordnung der einzelnen Zeichen zu ihrem Zahlenkode innerhalb der einzelnen TEX-Zeichensätze wird auf die Tabellen 1–8 aus [5a, C.6] verwiesen.

Das zu tftopl inverse Programm hat den Namen pltotf. Es erzeugt aus einem *Property-List*-File ein `.tfm`-File. War mit einer tftopl-Bearbeitung aus einem `.tfm`-File ein *font*`.pl` File erzeugt worden, so führt

`pltotf` *font*`.pl` *font*`.tfm`

zu dem File *font*`.tfm`, das mit dem Ausgangs-`.tfm`-File identisch ist. Man könnte daran denken, auf diese Weise bestimmte Feinkorrekturen für ein `.tfm`-File vorzunehmen. Solche Änderungen müssen aber auch in den Druckerzeichensätzen ihren Niederschlag finden, was nur durch eine erneute METAFONT-Bearbeitung zu erreichen ist, womit das `.tfm`-File automatisch modifiziert wird.

Eine eigenständige Verwendung von pltotf kann darin liegen, `.tfm`-Files für Zeichensätze bereitzustellen, die als Druckerhardware oder -firmware existieren und die für die TEX-Bearbeitung verfügbar gemacht werden sollen. Die Einhaltung der erforderlichen Syntax sollte keine Schwierigkeit bereiten, wenn man von einem verwandten TEX-Zeichensatz ausgeht und dessen `.pl`-File als Ausgangsfile für die Anpassung wählt.

PostScript-Zeichensätze haben ihre eigenen Metrikfiles, die durch den Namensanhang `.afm` gekennzeichnet sind. Diese sind für eine TEX-Bearbeitung ungeeignet. Es gibt jedoch Umwandlungsprogramme wie afm2tfm von Tomas Rokicki oder fontinst von Alan Jeffrey, die aus den `.afm`-Files die erforderlichen `.tfm`-Files erzeugen. Diese Umwandlungsprogramme wurden bereits in [5b, 4.2.6 und 4.2.7] vorgestellt.

B.3.5 Die Programme vftovp und vptovf

Dieses Programmpaar hat eine dem vorangegangenen Programmpaar tftopl und pltotf vergleichbare Aufgabe, nur dass es sich auf virtuelle Zeichensätze bezieht, die durch den Namensanhang `.vf` gekennzeichnet sind. Aufgabe und grundsätzlicher Inhalt von virtuellen Zeichensätzen wurden in [5b, 4.2.4] beschrieben. Zu jedem `.vf`-File gehört ein `.tfm`-File mit dem gleichen Grundnamen. Das Programm vftovp erzeugt mit dem Aufruf

vftovp *font*.vf *font*.tfm *font*.vpl

aus den nur maschinenlesbaren Zeichensatzfiles *font*`.vf` und *font*`.tfm` ein les- und leicht interpretierbares File *font*`.vpl`. Ein `.vpl`-File beginnt mit dem gleichen Anfangsteil wie das zugehörige `.pl`-File. Nach den Angaben für Zeichensatzregister in `FONTDIMEN` folgt im `.vf`- und `.vpl`-File der Bezug auf reale Zeichensätze, die der Druckertreiber anzusprechen hat:

(MAPFONT D 0 (FONTNAME *z_satz_0*) ...) und evtl. weitere
(MAPFONT D 1 (FONTNAMW *z_satz_1*) ...)

An den mit `...` gekennzeichneten Stellen folgen gewöhnlich Angaben wie (FONTCHECKSUM O *ppp*) und (FONTDSIZE R *d*) sowie (FONTAT R *s*), die die Prüfsumme *ppp* und die Entwurfsgröße *d* aus den `.tfm`-Files für *z_satz_n* zur Kontrolle wiederholen. Für s steht meistens 1.0, womit die gleiche Skalierung wie beim realen Zeichensatz eingestellt wird.

Die Informationen über die einzelnen Zeichen erfolgen in ähnlicher Weise wie bei den `.pl`-Files mit:

(CHARACTER *c z* (CHARWD *c w*)(CHARHT *c h*) ...
  (MAP (SELECTFONT D *n*)(SETCHAE *c z'*))) oder auch nur
(CHARACTER *c z* (CHARWD *c w*)(CHARGH *c h*) ... (MAP (SETCHAR *c z'*)))

An neuen Kennzeichnungswörtern kommen gegenüber den PL-Kennungen hier noch `MAP` und `SELECTFONT` hinzu, deren Bedeutung fast selbstbeschreibend ist. Das angeforderte Zeichen z wird dem realen Zeichensatz entnommen, der mit der Kennnummer n mit `MAPFONT D` n zugeordnet wurde. In diesem realen Zeichensatz steht das angeforderte Zeichen z auf Position z'. Entfällt die Angabe `SELECTFONT`, so wird das Zeichen dem mit der Kennummer 0 über `MAPFONT` zugeordneten realen Zeichensatz entnommen.

Anstelle längerer Allgemeinbeschreibungen gebe ich hier einen Auszug aus dem virtuellen Zeichensatz `ptmr7t` für die PostScript-Schrift Times-Roman wieder. Nach einem Vorspann, der mit den Kenntnissen über die PL-Syntax sofort zu interpretieren ist, folgt dort dann der Bezug auf die realen PostScript-Zeichensätze `psyr` und `ptmr0`:

```
(MAPFONT D 0 (FONTNAME psyr)  (FONTDSIZE R 10.0) ... )
(MAPFONT D 1 (FONTNAME ptmr0) (FONTDSIZE R 10.0) ... )
```

Hierauf folgt wie bei `.pl`-Files die Ligaturtabelle, die entsprechend aufgebaut ist. Für `ptmr7t.vpl` beginnt sie mit

```
(LIGTABLE (LABEL O 13) (LIG C i O 16) (LIG C l O 17) ... (STOP)
   (LABEL C f) (LIG C i O 14) (LIG C f O 13) (LIG C l O 15)
```

deren zweite Zeile besagt: Wenn auf ein f ein i folgt, dann sollen beide Buchstaben durch das Zeichen von Position '14 ersetzt werden – und weiter: Wenn auf ein f ein weiteres f folgt, so sollen beide durch das Zeichen von Position '13 ersetzt werden usw. Aus der ersten Zeile folgt: Wenn auf das Zeichen aus Position '13 ein i oder l folgt, so sollen beide Kombinationen durch das Zeichen aus Position '16 bzw. '17 ersetzt werden.

Diese Ligaturtabelle entspricht den Zeichenpositionen der f-Ligaturen aus den TEX-Roman-Zeichensätzen. PostScript-Times-Roman kennt als eigenständige Ligaturen nur fi und fl, und diese befinden sich dort auf den Plätzen '256 und '257. Die zitierten Positionen '13–'17 sind bei Times-Roman unbesetzt. Der virtuelle Zeichensatz `ptmr7t` erklärt deshalb bei den Zeichenzuordnungen:

```
(CHARACTER O 13 (CHARWD R 0.641) (CHARHT R 0.682)
  (MAP (SELECTFONT D 1) (SETCHAR C f) (MOVERIGHT R -0.025)
       (SETCHAR C f)))
```

Das von TEX auf der Position '13 vorausgesetzte Zeichen wird also mit dem f `(SETCHAR C f)` aus dem realen Zeichensatz mit der Kennung 1 `(SELECTFONT D 1 = ptmr7t)` eingeleitet. Hierauf folgt eine Rückpositionierung um -0.25 pt, worauf abschließend ein weiteres f folgt. Die ff-Ligatur wird also durch zwei enger gestellte f aus dem realen Zeichensatz `ptmr0` nachgebildet.

Die Ligatur fi ist in Times-Roman enthalten, befindet sich dort aber auf Position '256. Der virtuelle Zeichensatz `ptmr7t` enthält deshalb

```
(CHARACTER O 14 (CHARWD R 0.556) (CHARHT R 0.682)
  (MAP (SELECTFONT D 1) (SETCHAR O 256)))
```

womit das von TEX auf der Postition '14 erwartete Zeichen durch das Zeichen '256 aus dem Zeichensatz `ptmr0` ersetzt wird. Die entsprechenden Nachbildungen und Zuordnungen von fl, ffi und ffl können aus `ptm7t.vpl` dann leicht nachvollzogen werden.

TEX erwartet auf den Positionen '0–'12 seiner Zeichensätze große griechische Buchstaben, die beim Times-Roman-Zeichensatz fehlen. Es gibt jedoch den PostScript-Zeichensatz 'Symbol' mit der Kennung `psyr`, der griechische Buchstaben bereitstellt. Der virtuelle Zeichensatz `ptmr7t` enthält deshalb die Zuordnungen:

```
(CHARACTER O 0 (CHARWD R 0.603) (CHARHT R 0.668)
  (MAP (SETCHAR C G)))
. . . . . . . . . . . . . . . . . . . . . . . . .
(CHARACTER O 12 (CHARWD R 0.768) (CHARHT R 0.682)
  (MAP (SETCHAR C W)))
```

Wegen des fehlenden `SELECTFONT`-Aufrufs wird implizit `(SELECTFONT D 0)` gewählt, womit der Zeichensatz `psyr` angesprochen wird, dessen Zeichen G, . . . , W den TEX-Positionen '0–'12 zugeordnet werden.

Der Leser möge sich überlegen, wie mit virtuellen Zeichensätzen Kapitälchenschriften der Schriftfamile `sffamily` nachgebildet werden können. Bei einem solchen virtuellen Zeichensatz würde man mit `MAPFONT`-Zuordnungen den Standardzeichensatz `cmsf10` zweimal zuordnen, und zwar das erste Mal in seiner Entwurfsgröße und zum zweiten Mal um das 0.7fache skaliert. Den Kleinbuchstaben der Eingabe werden dann die herunterskalierten zugeordneten Großbuchstaben bei der Ausgabe zugewiesen.

Das inverse Programm vptovf, das die lesbaren `.vpl`-Files in die kompakten `.vf`-Files zurückwandelt, bedarf keiner zusätzlichen Erläuterungen. Sein Programmaufruf erfolgt als:

`vptovf` *font*`.vpl` *font*`.vf` *font*`.tfm`

B.3.6 BIBTEX

Der Quellenkode für das eigenständige LATEX-Zusatzprogramm BIBTEX steht mit den Files `bibtex.web` und evtl. `bibtex.ch` bereit. Ist das `bibtex.ch`-File auf das vorhandene System angepasst, so erfolgt die Einrichtung wie bei allen `.web`-Quellen durch

```
tangle bibtex.web bibtex.ch
```

und anschließende Pascal-Kompilierung. Zum ausführbaren bibtex-Programm gehören eine Reihe weiterer Ergänzungsfiles mit dem Anhang `.bst`, die eine ähnliche Rolle wie die `.sty`-Files für LATEX spielen und die im gleichen Verzeichnissystem wie die LATEX-`.sty`-Files einzurichten sind.

Die Erstellung eigener BIBTEX-Stilfiles kann ohne vertiefte Kenntnisse über die BIBTEX-Syntax mit dem Hilfswerkzeug `makebst.tex` vorgenommen werden, dessen Nutzung in 6.8.2 vorgestellt wurde.

B.3.7 Weitere TEX-Werkzeuge

Neben den beschriebenen Standardwerkzeugen existieren auf vielen TEX-Verteilungsmedien zusätzliche Programme oder Ergänzungen. Soweit diese als `.web-.ch`-Paare verfügbar sind, steht ihrer Einrichtung und Dokumentation mittels `tangle` und `weave` nichts im Wege. Andere Programmwerkzeuge stehen dagegen nur in anderen Programmiersprachen zur Verfügung. So gibt es das Programm `MakeIndex` nur als C-Quellenkode. Für diesen stehen auf meiner Installation die C-Quellen für UNIX, DOS, VMS und DEC20 mit den zugehörigen `makefile`-Einrichtungshilfen bereit.

Daneben gibt es meistens eine größere Zahl von TEX-Makropaketen, die zwar keine eigenständigen Programme liefern, die aber für die Anwendung von TEX außerordentlich hilfreich sind. Letztlich sind die Files für LATEX, SLITEX oder AMSTEX nichts anderes als eben diese TEX-Makropakete, die keine eigenständigen Programme bereitstellen, sondern nur als TEX-Zusatzpaket den Zugang zu TEX erleichtern, wenn nicht für die meisten Anwender überhaupt erst möglich machen.

Die Einbindung dieser Makropakete in ein geeignetes PLAIN-File und dessen Vorbearbeitung durch initex wurde ausführlich in 1.1.2 dargestellt und braucht hier nicht wiederholt zu werden.

B.4 METAFONT und seine Werkzeuge

Programmsystematisch gesehen ist das METAFONT-System vollkommen äquivalent zum TEX-System aufgebaut. Es besteht aus dem METAFONT-Grundsystem und einer Reihe von METAFONT-Werkzeugen. Im weitesten Sinne zählt das METAFONT-System zum TEX-Gesamtsystem, da es üblicherweise Bestandteil eines TEX-Verteilungsbandes ist. Leider gehört METAFONT nicht bei allen kommerziellen PC-TEX-Programmen zum Lieferumfang. Hierauf ist beim Preisvergleich zu achten.

B.4.1 Das METAFONT-Grundsystem

Alle Hinweise zur Einrichtung eines TEX-Grundsystems aus B.2 können mit einigen Vereinfachungen zur Einrichtung eines METAFONT-Grundsystems herangezogen werden. Die Vereinfachungen liegen darin, dass die dortigen Hinweise zur Anpassung an deutsche Texte für METAFONT entfallen.

In [5b, 8.1.1] wurden die unterschiedlichen Aufgaben der Programme inimf und virmf dargestellt. Ihre Einrichtung steht in völliger Analogie zu den TEX-Grundprogrammen initex und virtex. Existieren die Quellenprogramme `mf.web` zusammen mit `inimf.ch` und `virmf.ch`, so erzeugt

```
tangle mf.web inimf.ch
```

das File `mf.pas`, nach dessen Pascal-Kompilierung das Programm inimf vorliegt, und mit

```
tangle mf.web virmf.ch
```

entsteht ein weiteres `mf.pas`-File, dessen Pascal-Kompilierung zu virmf führt. Existiert nur das Änderungsfile `mf.ch`, so entspricht das mit `tangle` erzeugte `mf.pas` nach seiner Pascal-Kompilation inimf. Eine Kopie von `mf.ch` als `virmf.ch` und die Änderung von

```
@d init==␣...   @d tini==␣...
```

im `@y ... @z`-Zweig in

```
@d init==@{...   @d tini==@}...
```

ist alles, was erforderlich ist, um anschließend mit `tangle` und Pascal-Kompilierung virmf zu erzeugen. Evtl. kann mit dem Editor nach der Wortgruppe `production version` in `mf.web` gesucht werden, um festzustellen, ob weitere Änderungsempfehlungen existieren, die aber nicht zwingend vorzunehmen sind.

Die Literaturstellen [10b] und [10d] enthalten die gesamte Programmdokumentation von TEX und METAFONT. Diese beiden Bücher stellen nichts anderes dar als die `weave`-Bearbeitung von `tex.web` und `mf.web`. Steht ausreichend Rechenzeit und Druckerleistung zur Verfügung, so kann sich der Anwender mit

```
weave tex.web tex.ch   und   weave mf.web mf.ch
```

die für sein System angepasste Dokumentation selbst erzeugen. Enthält der Vorspann oder einer der anfänglichen `@y...@z`-Zweige des jeweiligen `.ch`-Files die Zeile

```
\let\maybe=\iffalse,
```

so sollte diese entfernt (herauskommentiert) werden, damit die systemspezifischen Änderungen integraler Bestandteil der Dokumentation werden (s. A.8 unter Punkt 11 auf S. 429).

B.4.2 Die METAFONT-Standardwerkzeuge

Standardmäßig sind die Quellenprogramme `gftype.web`, `gftodvi.web`, `gftopk.web`, `pktogf.web` und `pktype.web` zusammen mit den zugehörigen `.ch`-Files Bestandteil eines systemspezifischen TEX-Verteilungsbandes. Aus diesen werden wie bei allen `.web`-Quellen die lauffähigen Programme durch

tangle *werkzeug*.web *werkzeug*.ch

und anschließende Pascal-Kompilierung von *werkzeug*`.pas` erzeugt. Zweckmäßigerweise sollte gleichzeitig die Dokumentation dieser Programme mit

`weave` *werkzeug*`.web` *werkzeug*`.ch`

und anschließender TEX-Bearbeitung von *werkzeug*`.tex` bereitgestellt werden. Enthält *werkzeug*`.ch` im Vorspann oder in einem der anfänglichen `@y...@z`-Zweige die Zeile `\let\maybe=\iffalse`, so sollte diese herauskommentiert werden, damit die systemspezifischen Änderungen integraler Bestandteil der Dokumentation werden. Bei dieser Darstellung steht *werkzeug* für einen der Grundnamen `gftype`, `gftodvi`, `gftopk`, `pktogf` oder `pktype`.

B.4.3 Das gftype-Programm

Das Ergebnis einer METAFONT-Bearbeitung ist bekanntlich ein File im sog. `.gf`-Format (Generic Font, s. [5b, 8.1.1]), z. B. `cmr10.300gf`. Die Dokumentation von gftype enthält eine Beschreibung dieses Formats.

Die genaue Namenssyntax der `gf`-Files hängt vom Betriebssystem ab. Lässt dieses lange Namensanhänge zu, dann lautet der Gesamtname *font*`.`*aufl*`gf`, wobei *aufl* für die geforderte Druckerauflösung in Form einer drei- oder vierstelligen Zahl steht. Unter DOS sind nur Namensanhänge bis zu drei Zeichen erlaubt. Hier wird der Namensanhang auf die ersten drei Zeichen gekürzt. Eine evtl. vierte Ziffer und die Kennung mit `gf` entfallen. Dies wirkt sich auf die Aufrufsyntax für gftype aus. Bei langen Namensanhängen lautet der Aufruf

`gftype` *font*`.`*aufl*`gf`	z. B.	`gftype cmr10.300gf`	bzw.
`gftype` *font*`.`*anh*	z. B.	`gftype cmr10.300`	bei kurzen Anhängen

worauf sich das Programm mit den Fragen

```
Mnemonic output? (default=yes, ? for help):
Pixel output?    (default=yes, ? for help):
```

zurückmeldet. Bei beiden Fragen wartet das Programm auf eine Anwenderreaktion, die `y` für 'yes' (ja) oder `n` für 'no' (nein) lauten kann. Auf die Eingabe von `?` liefert das Programm eine kurze Erläuterung für die Bearbeitungsoption zurück.

Lautet die Antwort in beiden Fällen 'no', so gibt das Programm auf dem Bildschirm nur evtl. Fehler und die Positionierungsangaben aus, wo im `gf`-File die jeweiligen Zeichen beginnen. Hierauf folgt der sog. Nachspann, dessen Bedeutung dem Modul 17 der Dokumentation entnommen werden kann. Abschließend wird für jedes Zeichen der natürliche Abstand zum nächsten Zeichen angegeben, und zwar einmal mit `dx` in Einheiten von 2^{16} und nochmals mit `width` in TFM-Einheiten, also mit demselben Wert, der hierfür im `.tfm`-File auftritt. Auf beide Angaben folgen zusätzlich, jeweils in runden Klammern, die auf ganze Pixel gerundeten Werte.

Die Antwort `y` auf die Frage '`Mnemonic output?`' liefert eine Ausgabe des `gf`-Formats in einer verständlicheren und leichter zu merkenden Form (mnemonic). Die Bedeutung der einzelnen `gf`-Befehlsnamen und der sonstigen Angaben muss der Beschreibung des `.gf`-Formats in der Modulgruppe "Generic font file format" (Modul Nr. 13–19) aus der Dokumentation von gftype entnommen werden.

Die Antwort `y` auf die Frage '`Pixel output?`' ist auch für den Anwender von Bedeutung, den das `gf`-Format nicht weiter interessiert. Dies gilt ganz besonders für Anwender, bei denen METAFONT nicht mit einer grafischen Terminalausgabe (s. [5b, 7.1.5]) eingesezt wird oder bei denen gftodvi bzw. `grayf.mf` (s. [5b, 7.1.6]) nicht zur Verfügung steht. Wird die vorstehende gftype Abfrage mit 'yes' beantwortet, so erscheint für den Zeichensatz `cmti12 scaled 1200` das in [5b, 8.1.6] vorgestellte Beispiel für die Ligatur '*ffi*' nunmehr als

```
5054: beginning of char 14
.<--This pixel's lower left corner is at (-1,42)
                                        in METAFONT coordinates
                       *********         ************
                     ****      ***     ****         ***
                    ***         **   ***             **
                   ***         **** ***             ****
                  ****        **** ****            ****
                  ***          **  ***              **
                 ****             ****
                 ****             ****
                 ****             ****
                ****             ****
                ****             ****
                ****             ****
                ****             ****
                ****            *****
               ****             ****
               ****             ****
          *****************************************
         ******************************************
               ****             ****           ****
              ****             ****            ****
              ****             ****           ****
              ****             ****           ****
              ****             ****           ****
              ****             ****           ****
             ****             ****           ****
             ****             ****           ****
             ****             ****           ****
             ****             ****           ****
             ****             ****          ****
            ****             ****           ****
            ****             ****           ****
            ****             ****           ****
            ****             ****          ****
            ****             ****          ****    **
           ****             ****           ****    **
           ****             ****           ****    **
           ****             ****          ****    **
           ****             ****          ****    **
           ****             ****           ***    **
          ****             ****            ***   **
          ****             ****             **   *
          ****             ****              ****
          ****             ****
          ***              ***
         ****             ****
         ****             ****
         ***              ***
         ***             ****
 **     ****   **        ***
****    ***   ****       ***
****    **    ****      ***
***    ***    ***      ***
 **    **      **     **
  *****         ******
.<--This pixel's upper left corner is at (-2,-12)
                                        in METAFONT coordinates
```

auf dem Bildschirm, und zwar auch auf einfachen alphanumerischen Terminals. Bei dieser Darstellung tritt wegen der unterschiedlichen Zeilen- und Zeichenabstände des Bildschirms eine gewisse Aspektverzerrung auf. Trotzdem können die Pixelmuster der einzelnen Zeichen im Detail betrachtet werden.

Bei einigen Betriebssystemen, so auch für UNIX, entfällt die interaktive Auswahl des gftype-Bearbeitungsmodus. Dieser muss stattdessen in der Kommandozeile angegeben werden:

`gftype [-m] [-i]`*font.anh*`gf`

Die Option `-m` wirkt so, als wäre bei der interaktiven Auswahl '`Mnemonic output? y`' gewählt worden. Entsprechend ist `-i` der Auswahl von '`Pixel output? y`' äquivalent. Ohne diese Optionsangaben entspricht der gftype-Aufruf bei der interaktiven Auswahl der Antwort 'no'.

B.4.4 Das gftodvi-Programm

Dieses Programm dient zur Erzeugung von Musterausdrucken für die einzelnen Zeichen eines Zeichensatzes, und zwar meistens in Zusammenhang mit den METAFONT-Bearbeitungsmodi `proof` oder `smoke`. Ausgabebeispiele sind für `proof` in [5b, 8.1.1 und 8.1.6] und für `smoke` in [5b, 8.1.1] angeführt. In Zusammenhang mit dem METAFONT-Bearbeitungsmodus `localfont` erfolgt eine vergrößerte Ausgabe auf dem Drucker, bei der jedes einzelne Pixel klar erkennbar ist, wie das Beispiel aus [5b, 8.1.6] zeigt. Damit wird eine Pixelbeurteilung für das einzelne Zeichen möglich, womit ggf. eine Feinkorrektur für die erzeugenden `.mf`-Files vorgenommen werden kann.

Aufruf und Optionen für gftodvi sowie die evtl. Einrichtung der erforderlichen Hilfsfiles sind ausführlich in [5b, 7.1.6] beschrieben, so dass hier von einer Wiederholung abgesehen wird.

B.4.5 Die Programme gftopk und pktogf

METAFONT erzeugt zunächst ein Zeichensatzfile im `.gf`-Format. Die meisten Druckertreiber erwarten die Druckerzeichensätze dagegen im sog. gepackten `.pk`-Format. Für eine Kurzbeschreibung dieses Formats wird auf [5a, C.7.4] verwiesen. Eine detailliertere Darstellung des `.pk`-Formats kann der Dokumentation von pktype (s. u.) entnommen werden.

Das Programm gftopk wandelt das `.gf`-Format in das kompakte `.pk`-Format um. Sein Aufruf hängt vom Format des Namensanhangs der `gf`-Files ab. Bei langen Anhängen lautet er

`gftopk` *font*`.`*aufl*`gf` *erg_file.anh*

wobei für das erzeugte Ergebnisfile *erg_file*`.`*anh* zwar ein beliebiger Filename gewählt werden kann, der aus Gründen der Namenssystematik jedoch fast immer *font*`.`*aufl*`pk` lautet. Der Aufruf kann daher auch in einer Kurzform als

`gftopk` *font*`.`*aufl*`gf`

erfolgen, mit dem dem Ergebnisfile der Name *font*`.`*aufl*`pk` automatisch zugewiesen wird.

Erlaubt das Betriebssystem als Anhang der Filenamen nur drei Zeichen, womit die Anhänge der `gf`-Files auf die ersten drei Stellen der Auflösung gekürzt werden, dann lautet der gftopk-Aufruf:

`gftopk` *font*`.`*anh* *font*`.pk`

Hierbei geht die Auflösung nicht mehr aus dem Namen des erzeugten `.pk`-Files hervor. Die jeweiligen `.pk`-Files werden dann in auflösungsspezifischen Unterverzeichnissen gesammelt.

Das Umkehrprogamm pktogf wandelt ein `.pk`-File in das `.gf`-Format zurück. Ein Anwendungsbedarf für dieses Programm besteht gelegentlich darin, auf das ursprüngliche aber inzwischen gelöschte `gf`-File eines der vorangegangenen Programme gftype oder gftodvi anzuwenden, ohne dass ein neuer intensiver Rechenlauf für eine METAFONT-Bearbeitung notwendig ist. Die Entscheidung hängt von der Rechnerleistung ab: Bei 45 Minuten Rechenzeit für einen neuen Rechenlauf auf einem AT mit einem uneffizienten METAFONT-Programm wird die Antwort anders ausfallen als bei 20 Sekunden für einen UNIX-RISC-Rechner oder einen modernen Pentium-PC.

Der Aufruf von pktogf erfolgt erwartungsgemäß als

`pktogf` *font*`.`*aufl*`pk` *font*`.`*aufl*`gf` oder einfacher
`pktogf` *font*`.`*aufl*`pk`

wobei im zweiten Fall derselbe Anhanganfang *aufl* wie beim `.pk`-File gewählt und im gesamten Filenamen nur `pk` durch `gf` ersetzt wird. Bei der ersten Aufrufform kann der Name des `.gf`-Files unabängig vom `.pk`-File gewählt werden. Die Aufrufvarianten bei auf drei Zeichen begrenzten Namensanhängen entsprechen denen von gftopk.

B.4.6 Das pktype-Programm

Das `.pk`-Format enthält die Zeicheninformation für den Drucker in einer sehr gepackten Form. Eine kurze Erläuterung für dieses Format enthält [5a, C.7.4]. Die Dokumentation von pktype beschreibt dieses Format mit der Modulgruppe "Packed file format" (Modul Nr. 14–30). Die genaue Kenntnis ist nur für den Entpackungsvorgang bei den Druckertreibern erforderlich, also für Anwender, die eigene Druckertreiber schreiben wollen. Mit dem Aufruf

`pktype` *font*`.`*anh*`pk` bzw. unter MS-DOS `pktype` *font*`.pk`

kann der Inhalt des Files *font*`.`*anh*`pk` in einer verständlicheren Form auf dem Bildschirm ausgegeben werden. Für das File `cmr10.300pk` bzw. `cmr10.pk` erscheint zunächst

```
This is PKtype, C Version 2.2
' METAFONT output 1991.01.14:1553'
Design size = 10485760
Checksum = 1274110073
Resolution: horizontal = 272046  vertical = 272046  (300 dpi)
```

Nach dem Programmprompt mit der aktuellen Versionsnummer folgt das Datum, an dem der betrachtete Zeichensatz mit METAFONT erzeugt wurde. Die nächste Zeile liefert die Entwurfsgröße (`Design size`), wobei 2^{20} Zahleneinheiten der Maßeinheit 1 pt entsprechen. Die hier angegebene Zahl 10×2^{20} entspricht damit der Entwurfsgröße 10 pt. Als Nächstes wird die Prüfsumme ausgegeben, die von METAFONT errechnet wurde und die auch das `.tfm`-File enthält.

Die anschließende Zeile gibt die Druckerauflösung wieder, für die der Zeichensatz konstruiert wurde, und zwar die Pixelauflösung pro 1 pt, wobei 1pt hierbei 2^{16} Zahleneinheiten entspricht. Die Umrechnung ergibt $272\,046/2^{16} \approx 4.127$ Pixel/pt und damit 300 Pixel/Zoll, was die letzte Angabe in Klammern (`300 dpi`) widerspiegelt.

Nach diesem Vorspann folgt die lesbare Kodedarstellung für die einzelnen Buchstaben. Jedem einzelnen Zeichen ist ein Zeichenvorspann vorangestellt. Dieser besteht aus dem sog. Flagbyte, gefolgt von der Kodelänge für das Zeichen, dem Zeichenkode, der TFM-Weite, dem Abstand zum nächsten Zeichen, der minimalen Umgebungsbox in Breite und Höhe sowie dem Bezugspunkt bezüglich des linken und oberen Randes der Umgebungsbox (s. hierzu evtl. das Beispiel für 'g' aus [5a, C.7.3]).

```
51:  Flag byte = 192  Character = 65  Packet length = 53
  Dynamic packing variable = 12
  TFM width = 786434  dx = 2031616
  Height = 29  Width = 28  X-offset = -1  Y-offset = 28
  (13)[2]2(25)[2]4(23)[2]1(1)4(21)[2]1(3)4(19)[2]1(5)4(17)[1]1(7)4(15)2
  (7)5 (14)1(9)4(14)14(13)2(9)5(12)[1]1(11)4(11)2(11)5(10)[1]1(13)4(9)2
  (13)5(7)4(12)5(4)9(7)12
```

Die erste Zahl '51:' verweist auf die Byteposition im `.pk`-File, bei der das Zeichen beginnt. Der Zeichenkode 65 kennzeichnet das Zeichen 'A'. Für die Kodierung dieses Zeichens werden insgesamt 53 Byte benötigt. (Das nächste Zeichen beginnt somit bei der Byteposition 104.) Die nächste Zeile bezieht sich auf die interne Größe *dyn_f*, die den ersten vier Bit aus dem Flagbyte entspricht und die nur für den internen Entpackungsvorgang von Bedeutung ist. Darauf folgen die Zeichenweite in TFM-Einheiten und der horizontale Abstand `dx` vom Bezugspunkt dieses Zeichens (A) zum Bezugspunkt des darauffolgenden Zeichens in Pixeln, multipliziert mit 2^{16}. Die Umrechnung ergibt für diesen Wert 31 Pixel.

Die Angaben `Height=29` und `Width=28` geben die Höhe und Breite der minimalen Umgebungsbox für das 'A' wieder und die beiden letzten Offsetangaben charakterisieren den Bezugspunkt bezüglich des linken und oberen Randes der Umgebungsbox.

Auf diese Vorspannangaben folgt das Zeichenmuster als Folge von weißen und schwarzen Pixeln. Angaben in runden Klammern kennzeichnen die Folgen von weißen Pixeln, Angaben ohne Klammern diejenigen von schwarzen Pixeln. Angaben in eckigen Klammern kennzeichnen Zeilenwiederholungen.

Das 'A' beginnt also zunächst mit 13 weißen, gefolgt von zwei schwarzen Pixeln. Hierauf folgen wiederum 25 weiße Pixel. Insgesamt ist das Zeichen aber nur 28 Pixel weit, so dass von diesen 25 Pixeln nur 13 in die laufende Zeile fallen. Diese Zeile wird vorab aber noch zweimal `[2]` wiederholt. Damit beginnt die vierte Zeile mit zwölf weißen Pixeln, nämlich den verbleibenden aus der vorangegangenen Angabe von 25 weißen Pixeln. Hierauf folgen dann vier schwarze Pixel, so dass in dieser Zeile noch zwölf weitere Pixel folgen können. Die anschließende Angabe von 23 weißen Pixeln verteilt sich also wieder auf zwölf Pixel für die laufende und elf Pixel für eine spätere, nämlich die siebte Zeile, da die vierte Zeile zunächst wiederum zweimal wiederholt wird. Nach den elf weißen Pixeln der siebten Zeile folgen dort ein schwarzer, ein weißer, vier schwarze und weitere 21 weiße Pixel, von denen nur noch elf in die laufende Zeile passen usw.

Mit diesen Erläuterungen kann der Leser die Interpretation der Zahlenfolge selbst fortsetzen. Zur Übung sollte ein Blatt karierten Papiers, mit einem eingezeichneten Rahmen mit einer Breite und Höhe von 28×29 Karos verwendet werden, wobei die Karos für die schwarzen Pixel aufgefüllt werden. Das Ergebnis spiegelt dann deutlich die Kodierung für das 'A' wieder.

Die gepackte Kodierung in Form von abwechselnden Zahlenangaben für weiße und schwarze Pixel oder umgekehrt kommt im `.pk`-File nur dann zur Anwendung, wenn diese

Form der Kodierung weniger Speicherbedarf erfordert als das reine Pixelbitmuster. Anderenfalls bleibt es beim Pixelbitmuster, wobei jede Bitzeile aus genau so vielen Stellen besteht, wie es der Breite der umgebenden Minimalbox entspricht. Diese Zeilen folgen unmittelbar aufeinander. Da Speicherplätze üblicherweise nur byteweise angesprochen werden können, müssen aufeinander folgende Bitzeilen ebenfalls entpackt werden, wenn die Zeilenlänge nicht gerade einer ganzzahligen Bytelänge entspricht.

Verbleibende Bitmuster werden mit gftype auf dem Bildschirm so ausgegeben, dass '`*`' für einen scharzen und '`.`' für einen weißen Pixel steht:

```
4887:  Flag byte = 224  Character = 23  Packet length = 18
  Dynamic packing variable = 14
  TFM width = 786434  dx = 2031616
  Height = 7  Width = 8  X-offset = -11  Y-offset = 29
    ..****..
    .*....*.
    *......*
    *......*
    *......*
    .*....*.
    ..****..
```

B.5 Der Torture-Test

Die Erstinstallation eines TEX- oder METAFONT-Systems auf einem neuen Rechnertyp und/oder einem neuen Betriebssystem stellt eine umfangreiche Arbeit dar, die erhebliche Hard- und Softwarekenntnisse voraussetzt, und zwar sowohl in der Anwendungs- als auch in Teilen der Systemprogrammierung. Insbesondere müssen das TEX- bzw. METAFONT-WEB-Programm wirklich im Detail verstanden und die Eigenschaften des eigenen Pascal-Compilers ebenso umfassend bekannt sein. Für eine solche Aufgabe ist ein Testverfahren dringend erforderlich, um festzustellen, ob die vorgenommenen Änderungen und Ergänzungen unter nahezu allen Betriebsbedingungen das beabsichtigte Ergebnis liefern.

Kein Testverfahren kann die absolute Fehlerfreiheit eines Programms beweisen. Testverfahren können nur vorhandene Fehler aufdecken, wobei es vom Verfahren abhängt, in welchem Umfang dies gelingt. Von DONALD KNUTH, dem Entwickler von TEX und METAFONT, stammen zwei Testverfahren, die beide Programme sehr umfassend austesten, bis hin zu sehr exotischen Betriebsbedingungen. Besteht ein lauffähiges TEX- oder METAFONT-Programm diesen *Torture*-Test, so kann man sicher sein, dass es nahezu frei von allen bisher bekannt gewordenen Fehlern ist.

Dieser Test sollte nicht nur für die Anpassung von TEX oder METAFONT an einen neuen Rechnertyp – eine Aufgabe, die hoffentlich keinem der Leser je aufgebürdet wird – ausgeführt werden, sondern auch nach der Installation aus einem bereits angepassten Verteilungsmedium auf dem eigenen Rechner erfolgen. Ein erfolgreicher Test stellt sicher, dass evtl. geringfügige Hard- oder Systemsoftware-Unterschiede auf TEX und METAFONT ohne Einfluss sind.

B.5.1 Ein tangle-Vortest

Das bisher benutzte `tangle`-Programm ist vermutlich aus dem `tangle.pas`-Quellenprogramm des Verteilungsbandes durch unmittelbare Kompilierung erzeugt worden. Als Vortest kann an dieser Stelle `tangle` vorab selbst getestet werden. Zu diesem Zweck sollte das vorhandene `tangle.pas`-File zunächst umbenannt werden, z. B. in `otangle.pas`, und dann mit

```
tangle tangle.web tangle.ch
```

ein neues `tangle.pas`-File aus dem `.web`-Original erstellt werden. Dieses neu erzeugte `tangle.pas` sollte mit dem Original `otangle.pas` identisch sein, was mit dem UNIX-`diff`-Befehl und dem Aufruf '`diff otangle.pas tangle.pas`' überprüft werden kann. Einen äquivalenten Aufruf zum Vergleich zweier Files mit der Ausgabe der evtl. Unterschiede kennen nahezu alle Betriebssysteme.

War das `tangle`-Programm ursprünglich aus einem vorhandenen C-Quellenkode (z. B. unter UNIX) `tangle.c` gewonnen worden, so verläuft der Vortest ganz ähnlich. Hier wird zunächst `tangle.c` nach `otangle.c` umbenannt. Nach der Erstellung von `tangle.pas` wie zuvor muss anschließend mit dem Umwandlungsprogramm `convert` aus `tangle.p` der C-Quellenkode `tangle.c` erzeugt werden. Dieser sollte mit dem Originalprogramm `otangle.c` identisch sein.

B.5.2 Der TEX-trip-Test

Enthält das Verteilungsmedium ein File `trip.ch`[7], so kann mit

```
tangle tex.web trip.ch
```

der Quellkode für das Testprogramm erstellt werden, dessen Kompilierungsergebnis man sinnvollerweise `triptex` nennen sollte. Gleichzeitig werden die Files `trip.tex`, `trip.pl`, `tripin.log` `tripin.fot`, `trip.log`, `trip.typ` und `trip.fot` benötigt, die sich auf dem Verteilungsband befinden sollten. Neben diesen Files, die für das Testergebnis als Eingabe bzw. für den Ergebnisvergleich benötigt werden, müssen vorab die ausführbaren Programme `tftopl`, `pltotf` (s. B.3.4) und `dvitype` (s. B.3.1) erzeugt werden. Für diese findet man auf dem Verteilungsmedium die `.web`- und `.ch`-Quellen, aus denen mit `tangle` der übersetzungsfähige Pascal-Kode erzeugt und anschließend kompiliert wird.

Doch nun zum eigentlichen TRIP-TEST. Es wird vorausgesetzt, dass das lauffähige Programm `triptex` sowie die weiteren ausführbaren Programme `pltotf`, `tftopl` und `dvitype` entsprechend den obigen Angaben erzeugt worden sind. Vorab sind die Files `tripin.log`, `tripin.fot`, `trip.log`, `trip.typ` und `trip.fot` umzubenennen, z. B. durch ein vorangestelltes `o`, um auf die Originale hinzuweisen. Bei der Durchführung des Tests entstehen nämlich Files mit genau diesen Namen. Der Test besteht dann aus den nachfolgenden Stufen:

1. Mit dem Aufruf `pltotf trip.pl trip.tfm` wird das File `trip.tfm` erzeugt. Anschließend wird mit dem Aufruf

   ```
   tftopl trip.tfm trip.tpl
   ```

   das File `trip.tfm` wieder in das `.pl`-Format zurückgewandelt. Das ursprüngliche `trip.pl` und das neue `trip.tpl` sollten identisch sein. Ein evtl. festgestellter Unterschied, nach dem die zweite Zeile `(FACE F MRR)` aus dem `trip.pl`-File bei `trip.tpl` nunmehr `(FACE F 778282)` lautet, kann akzeptiert werden, da 778282

[7] Fehlt das File `trip.ch` auf dem Verteilungsband, so muss es manuell erzeugt werden. Die erforderlichen Änderungen für `initex.ch` bzw. `tex.ch` werden am Ende dieses Abschnitts angegeben.

die Dezimaldarstellung der ASCII-Kodierung von MRR darstellt. Anschließend ist das `trip.tfm`-File im Verzeichnis `.../tex/fonts`, das die `.tfm` Files enthält, einzurichten.

2. Als Nächstes ist das Programm `triptex` aufzurufen, und zwar ohne Angabe eines Eingabefiles. Das Programm meldet sich mit einer Nachricht, etwa wie

```
This ist TeX, C Version 3.1415 (INITEX)
**
```

und wartet danach auf eine Anwenderreaktion. Diese sollte zunächst in der Betätigung der Returntaste bestehen, worauf die nächsten zwei Zeilen

```
Please type the name of your input file
**
```

erscheinen. Danach ist `\input trip` einzugeben, womit das Programm die Bearbeitung fortsetzt. Auf dem Bildschirm erscheinen eine Reihe von Fehlermeldungen und Mitteilungen, die identisch mit dem Inhalt von `tripin.fot` sein sollten. Nach Beendigung des Programmablaufs sind zusätzlich die Files `trip.fmt` und `trip.log` entstanden. Letzteres sollte in `tripin.log` umbenannt und mit `otripin.log` verglichen werden. Für einen erfolgreichen Test müssen beide Files, bis auf das Datum und eventuell eine Herkunftsangabe, identisch sein. Ein etwaiger geringfügiger Unterschied am Protokollende bei der Angabe

nnn `strings of total length` *sssss*

für *sssss* kann jedoch akzeptiert werden.

Kennt das Betriebssystem die Möglichkeit, die jeweilige Bildschirmausgabe zusätzlich in einem File abzulegen, wie etwa mit dem `tee`-Filter von UNIX, so sollte dies genutzt und der aufnehmende Filename als `tripin.fot` gewählt werden. Unter UNIX könnte dieser Teil des Textes mit der Programmzeile

```
$ triptex '\input trip' | tee tripin.fot
```

nach dem Eingabeprompt `$` aufgerufen werden. Hiermit werden wie zuvor die Files `trip.tfm` und `trip.log` erzeugt *und* gleichzeitig die Mitteilungen auf dem Bildschirm zusätzlich unter `tripin.fot` abgelegt. Auch dieses File muss mit dem Original `otripin.fot` übereinstimmen. Dies ist jedoch kein zusätzliches Testergebnis, da alle Bildschirmnachrichten während einer TEX-Bearbeitung – neben weiteren internen Angaben – auch im zugeordneten `.log` File abgelegt werden. Die Übereinstimmung von `tripin.log` mit `otripin.log` schließt also diejenige von `tripin.fot` ein.

3. Der Hauptteil des Tests erfolgt danach durch nochmaligen Aufruf von `triptex`, nunmehr in der Form

`triptex '␣&trip␣␣trip'`	oder alternativ
`triptex`	worauf das Programm zurückmeldet
`**` und mit `␣&trip␣␣trip`	geantwortet wird.

Die mit '␣' verdeutlichten einzugebenden Leerzeichen sind zu beachten. Mit der Eingabe von `&trip`, also dem Voranstellen von `&` vor dem Filenamen, wird von TeX nach dem File mit der Endung `.fmt` gesucht, das im vorangegangenen Testteil erzeugte `trip.fmt` nunmehr hinzugeladen und damit das File `trip.tex` erneut bearbeitet.

Die während der Bearbeitung auf dem Bildschirm erscheinenden Fehlermeldungen und Mitteilungen sollten mit dem Inhalt von `trip.fot` übereinstimmen. Während der Bearbeitung scheint vorübergehend der Bildschirm anzuhalten – während dieser Zeit wird der sog. `\batchmode` getestet – um anschließend mit weiteren Mitteilungen und Fehlernachrichten fortzufahren. Nach Beendigung des Programmlaufes sind die Files `trip.log`, `trip.dvi`, `tripos.tex` und `8terminal.tex` entstanden.

4. Das entstandene `trip.log`-File ist mit dem umbenannten Originalfile gleichen Namens zu vergleichen.

   (a) Stammt das Originalfile `trip.log` von einem Test für den gleichen Rechner mit dem gleichen Betriebssystem, so dürfen die Unterschiede zum neu entstandenen `trip.log`-File nur im Datum liegen.

   (b) Bei einem Vergleich mit einem Originalfile `trip.log` für ein anderes Rechnersystem dürfen geringfügige Abweichungen der Werte von `glue set` an den Enden von `\hbox`- und `\vbox`-Zeilen auftreten, die durch unterschiedliche Gleitkommagenauigkeiten bedingt sind.

   (c) Die Anzahl und die Länge von Zeichenketten dürfen sich für ein systemfremdes `trip.log` ebenfalls geringfügig unterscheiden.

   (d) Unterschiedliche Angaben bei der Statistik am Ende des Files sind ggf. auf unterschiedliche Einstellwerte für *stack_size*, *buf_zize*, *font_max* u. a. beim eigenen `trip.ch` gegenüber denjenigen zurückzuführen, die bei der Originalquelle von `trip.log` vorausgesetzt wurden. In diesem Fall sollte man das `trip.ch`-File der `trip.log`-Quelle mit dem eigenen `trip.ch`-File vergleichen und ggf. die betreffenden Einstellwerte ändern.

5. Anschließend ist `dvitype trip.dvi` aufzurufen. Für die interaktiv einzustellenden Bearbeitungswerte (s. B.3.1) sind die unterstrichenen Werte einzugeben:

```
Output level = 2
Starting page = *.*.*.*.*.*.*.*.*.*
Number of pages = 10000000              oder ⟨Return⟩, da Standard
Resolution = 7227/100
New magnificaltion = 0                  oder ⟨Return⟩, da Standard
```

   Das Ergebnis der dvitype-Bearbeitung wird unter `dvitype.out` abgelegt. Dieses sollte mit `trip.typ` verglichen werden und mit diesem bis auf das Datum und die Herkunftsangabe übereinstimmen. Abweichungen von Positionierungsangaben in den letzten Stellen können als Rundungsunterschiede akzeptiert werden.

Fehlt das File `trip.ch` auf dem Verteilungsband, so kann es leicht aus `initex.ch` oder `web.ch` erzeugt werden. In dem nach `trip.ch` kopierten File bleiben die Angaben

`@d init==␣...` und `@d tini==␣...`

erhalten und

`@d debug==@{...`	und	`@d gubed==@}...`	sowie
`@d stat ==@{...`	und	`@d tats ==@}...`	werden geändert in
`@d debug==␣ ...`	und	`@d gubed==␣ ...`	bzw.
`@d stat ==␣ ...`	und	`@d tats ==␣ ...`	

Zusätzlich sind die Werte für *mem_min*, *mem_bot*, *mem_max*, *mem_top*, *error_line*, *half_error_i line* und *max_print_line* in den zugehörigen `@y ... @z`-Zweigen in

```
@!mem_min=0 ...                 @!mem_max=3000 ...
@!mem_bot=0 ...                 @!mem_top=3000 ...
@!error_line=64 ...             @!half_error_line=32 ...
@!max_print_line=72 ...
```

abzuändern. Alle sonstigen Einstellwerte, wie *stack_size* $= 200$, *buf_size* $= 500$, *font_max* $= 75$, *font_mem_size* $= 20000$ u. ä. sollten mit ihren Originalwerten erhalten bleiben, falls nicht das `trip.ch`-File für die Vergleichsquellen `trip.log`, ... andere Werte voraussetzt.

Die Differenzen zwischen den Trip-Test-Ergebnissen auf meinem Rechner mit den Original-Vergleichsfiles habe ich unter äquivalenten Filenamen mit dem Anhang `.diff` abgespeichert. Hier wird das Ergebnis für ein BIGTEX wiedergegeben. Darin stellen die mit < gekennzeichneten Zeilen das Trip-Test-Ergebnis auf meinem Rechener dar, während die entsprechenden Zeilen der Originalfiles mit > beginnen.

```
*****************************************************************
*   RESULT OF TRIP_BIG_TEX ON HP 9000 SERIE 715 UNDER HP-UX 9.02  *
*       for BIG_TeX-building from DANTE distribution medium       *
*****************************************************************

Content of tripin.log.diff
-------------------------
< This is TeX, Version 3.1415 (C-Version 6.1) (INITEX) 9 Feb 1995 17:21
> This is TeX, Version 3.1415 (INITEX) 27 Feb 1993 00:25
<  (preloaded format=trip 95.2.9)
>  (preloaded format=trip 93.2.27)
< 1320 strings of total length 23519
> 1320 strings of total length 23540
-------------------------------------------------------

Content of trip.fot.diff
----------------------
< This is TeX, Version 3.1415 (C-Version 6.1) (INITEX)
> This is TeX, Version 3.1415 for SunOS (INITEX)
----------------------------------------------------

Content of trip.log.diff
-----------------------
< This is TeX, Version 3.1415 (C-Version 6.1) (format=trip 95.2.9)
> This is TeX, Version 3.1415 (preloaded format=trip 93.2.27)
< \vbox(16383.99998+0)x1000.0, glue set 16341.99998fil
< \vbox(16383.99998+0)x1000.0, glue set 16342.0fil
```

```
 . . . . . . . . . . . . . . . . . . . . . . . . .
< 267 string characters out of 8481
> 267 string characters out of 8460
-----------------------------------------------------------------
```

An der mit Punkten gekennzeichneten Stelle stehen eine Reihe weiterer Zeilenpaare vom Typ des vorangegangenen Paares, wobei sich die Werte für `glue set` jeweils nur in der letzten Stelle nach dem Dezimalpunkt unterscheiden.

```
Content of trip.typ.diff
---------------------------
< This is DVItype,  Version 3.4 (C Version 6.1)
< This is DVItype,  Version 3.4
< ' TeX output 1995.02.09:1721'
> ' TeX output 1993.02.27:0025'
< down4 1072300031
> down4 1072300032
 . . . . . . . . .
< y4 303921756
> y4 303921760
----------------------------------------------
```

Auch hier steht die mit Punkten gekennzeichnete Stelle für einige weitere Zeilenpaare vom Typ des vorangegangenen Paares, wobei sich die Abweichungen auch hier nur jeweils in der letzten Stelle geringfügig bemerkbar machten.

B.5.3 Der METAFONT-trap-Test

Der äquivalente Test für METAFONT verlangt das File `trap.ch`, aus dem mit

```
tangle mf.weh trap.ch
```

und anschließender Pascal-Kompilierung das lauffähige Programm `trapmf` erzeugt wird. Fehlt das File `trap.ch`, so kann es leicht aus `inimf.ch` oder `mf.ch` erzeugt werden. Nachdem `inimf.ch` zusätzlich nach `trap.ch` kopiert wurde, sollten hier dieselben Änderungen vorgenommen werden, wie sie auf S. 467 für `trip.ch` beschrieben wurden. In `trap.ch` bleiben also die Angaben

`@d init==␣...` und `@d tini==␣...`

erhalten und

`@d debug==@{...`	und	`@d gubed==@}...`	sowie
`@d stat ==@{...`	und	`@d tats ==@}...`	werden geändert in
`@d debug==␣ ...`	und	`@d gubed==␣ ...`	bzw.
`@d stat ==␣ ...`	und	`@d tats ==␣ ...`	

Zusätzlich sind die Werte für *mem_min*, *mem_bot*, *mem_max*, *mem_top*, *error_line*, *half_error_line* und *max_print_line* sowie *gf_buf_size*, *screen_width* und *screen_depth* in den zugehörigen `@y ... @z`-Zweigen in

```
@!mem_min=0 ...                  @!mem_max=3000 ...
@!mem_bot=0 ...                  @!mem_top=3000 ...
@!error_line=64 ...              @!half_error_line=32 ...
@!max_print_line=72 ...          @!gf_buf_size=8 ...
@!screen_width=100 ...           @!screen_depth=200 ...
```

abzuändern. Alle sonstigen Einstellwerte, wie $max\_internal = 50$, $stack\_size = 200$, $buf\_size = 500$ u. ä. bleiben mit ihren Originalwerten erhalten. Waren im Original für *mem_min* und *mem_bot* andere Werte als 0 eingestellt, so können sie alternativ auch erhalten bleiben, wenn dafür $mem\_max = mem\_min + 3000$ und $mem\_top = mem\_bot + 3000$ gewählt werden.

Ist METAFONT beim Anwender für eine grafische Terminalausgabe (s. [5b, 7.1.5]) eingerichtet, so sollten zusätzlich in `trap.ch`

```
@x Screen routines:
begin init_screen:=false;
@y
begin init_screen:=true; { screen instruction will be logged }
@z
```

eingerichtet oder wie angegeben geändert werden.

Der Trap-Test verlangt die Bereitstellung der Files `trap.mf`, `trapin.log`, `trap.log`, `trap.typ`, `trap.pl` und `trap.fot`, die ggf. über DANTE beschafft werden können. Zusätzlich werden lauffähige Versionen von tftopl (s. B.3.4) und gftype (s. B.4.3) benötigt. Von diesen sollten die Files `trapin.log`, `trap.log`, `trap.pl` und `trap.fot` umbenannt werden, z B. durch ein vorangestelltes `o`, um das Original zu kennzeichnen, da mit dem Trap-Test Files mit genau diesen Namen entstehen.

Für die anschließende Beschreibung der Durchführung des Trap-Tests sollten evtl. die Aufzählungen zwei bis vier für die entsprechende Beschreibung des Trip-Tests aus B.5.2 herangezogen werden, da diese etwas ausführlichere Darstellungen enthalten.

1. Der Test wird durch Aufruf von trapmf gestartet. Auf die Terminalrückmeldung `**` ist zunächst mit der Returntaste und auf die nochmalige Terminalmeldung `**` mit `input trap` zu antworten. Das Bearbeitungsergebnis ist das File `trapin.log`, das mit dem Original bis auf Datumsangaben identisch sein muss. Fehlermeldungen auf dem Bildschirm sollten nicht verwirren, da diese gleichzeitig in `trapin.log` abgelegt werden und Teil des korrekten Tests sind, soweit sie mit dem originären `trapin.log` übereinstimmen.

2. Der nochmalige Aufruf von trapmf wird nach der Rückmeldung von `**` nunmehr mit `␣&trap␣␣trap␣` beantwortet, wobei die mit ␣ symbolisierten Leerzeichen Bestandteil des Tests sind. Alternativ kann der Aufruf ggf. direkt in der Kommandozeile lauten `trapmf '␣&trap␣␣trap␣'`. Als Bearbeitungsergebnis werden die Files `trap.log`, `trap.gf` und `trap.fot` angelegt.

3. Das Haupttestergebnis liegt nun im Vergleich von `trap.log` mit dem originären `trap.log`. Idealerweise sollten diese Files bis auf Datumsangaben und evtl. geänderte Filenamen übereinstimmen. Nachfolgende Abweichungen sind ggf. akzeptabel.

(a) Die statistischen Angaben am Ende von `trap.log` dürfen differieren, wenn das benutzte `trap.ch`-File andere Werte für *stack_size*, *buf_size* u. a. verwendet, als die Quelle von `trap.log` voraussetzte.

(b) Hilfe-Nachrichten dürfen sich selbstverständlich unterscheiden, wenn sie in einer anderen Sprache als beim Original abgefasst wurden.

(c) Statistiken über Anzahl und Länge von Zeichenketten sowie unterlassene Datumsanpassungen (`still untouched`) dürfen sich unterscheiden.

(d) Systemspezifische Speicherverwaltungen können zu unterschiedlichen Kapselnummern von Makrodefinitionen führen. Die Reihenfolge der Variablen muss aber erhalten bleiben.

(e) Wenn der vorhandene Rechner Ganzzahldivisionen von negativen Zahlen in einer nichtstandardisierten Form durchführt, können Rundungsergebnisse geringfügig differieren.

4. Der nächste Test liegt in dem Aufruf `gftype trap.gf` und den Antworten y bei der interaktiven Auswahl von "`Mnemonic output?`" und "`Pixel output?`" (s. B.4.3) bzw. dem Aufruf `gftype -m -i trap.gf` unter UNIX. Das Bildschirmergebnis sollte mit `trap.typ` übereinstimmen. Anstelle der Bildschirmausgabe sollte, falls das Betriebssystem dies zulässt, eine Umrichtung auf einen Filenamen `mystrap.typ` vorgezogen werden. Dies vereinfacht den anschließenden Vergleich.

5. Mit `tftopl trap.tfm trap.pl` ist das erzeugte File in `trap.pl` umzuwandeln und dieses mit dem originären `trap.pl` zu vergleichen. Beide Files müssen für einen erfolgreichen Test übereinstimmen.

Der Trap-Test führt bei meinem Rechner auf das folgende Vergleichsergebnis. Die mit < gekennzeichneten Zeilen stellen das Testergebnis dar, zu dem die abweichenden Originalzeilen mit dem vorangestellten > folgen. Auch dieses Testergebnis kann wie der vorangegangene Trip-Test als ideal angesehen werden, da neben reinen Datumsunterschieden nur ganz geringfügige, und nach 3(c) zulässige, Unterschiede bei den Zeichenkettenstatistiken auftreten.

```
*************************************************************
*    RESULT OF TRAPMF ON HP 9000 SERIE 715 UNDER HP-UX 9.02  *
*        for MF-building from DANTE distribution medium      *
*************************************************************

Content of trapin.log.diff
--------------------------
< This is METAFONT, Version 2.71 (C Version 6.1) (INIMF) 9 FEB 1995 17:26
> This is METAFONT, Version 2.71(INIMF)  25 JAN 1992 08:58
< String usage 26&83 (895&11544 still untouched)
> String usage 26&83 (895&11534 still untouched)
<  (base=trap 95.2.9)
< 1113 strings of total length 20495
>  (preloaded base=trap 92.1.25)
> 1113 strings of total length 20516
----------------------------------------------------------
```

```
Content of trap.fot.diff
-----------------------
< This is METAFONT, Version 2.71 (C Version 6.1) (INIMF)
< **(trap.mf
> This is METAFONT, Version 2.71 (INIMF)
> ** &trap  trap
> (trap.mf
< String usage 39&162 (821&7752 still untouched)
> String usage 39&162 (821&7731 still untouched)
-----------------------------------------------
```

```
Content of trap.log.diff
-----------------------
< This is METAFONT, Version 2.71 (C Version 6.1) (base=trap 95.2.9) ...
> This is METAFONT, Version 2.71 (preloaded base=trap 92.1.25)  ... 08:58
< String usage 21&86 (866&11433 still untouched)
> String usage 21&86 (866&11412 still untouched)
< String usage 39&162 (821&7752 still untouched)
> String usage 39&162 (821&7731 still untouched)
<  3753 string characters out of 11505
>  3753 string characters out of 11484
<  289 symbolic tokens out of 9500
>  289 symbolic tokens out of 2100
<   out of 256w,16h,16d,64i,15000l,2500k,256e,50p
>   out of 256w,16h,16d,64i,5000l,500k,256e,50p
--------------------------------------------------------------------------
```

```
Content of trap.typ.diff
-----------------------
< This is GFtype, Version 3.1 (C Version 6.1)
> This is GFtype, Version 3.1
< ' METAFONT output 1995.02.09:1726'
> ' METAFONT output 1992.01.25:0858'
----------------------------------------------
```

```
Content of trap.pl.diff
----------------------
----------------------
```

Die hier gezeigten geringfügigen Abweichungen sind, wie diejenigen des Trip-Tests, akzeptabel. Damit besteht die UNIX-Version des DANTE-Verteilungsmediums auf einer Workstation HP-9000, Serie 715 unter HP-UX 9.02 beide Tests.

Anhang C

Ein Drucker-Hilfsprogramm

In 4.2 wurde auf ein Hilfsprogramm verwiesen, das die LaTeX-Quellenfiles mit Zeilen- und Seitennummern beim Ausdruck versieht. Ähnliche Programme sind häufig Bestandteil des Betriebssystems. Falls ein geeignetes Programm nicht vorliegt, kann das nachfolgend vorgestellte Programm hierfür genutzt werden, das hier die Vorteile einer CWEB-Programmierung demonstrieren soll.

Das Programm versieht das auszudruckende File mit laufenden Zeilennummern und fügt als Seitenkopf eine eventuelle zweigliedrige Seitennummer der Form s - n hinzu. Der erste Teil dieser Seitennummer beginnt mit 1 und wird jeweils um 1 erhöht, wenn das File ein ASCII-Formfeed-Zeichen enthält. Dies führt gleichzeitig zu einer neuen Seite auf dem Drucker. Das Programm füllt jede Seite bis zu 80 Zeilen auf und erhöht den zweiten Teil der Seitennummer um 1, mit einer gleichzeitig neuen Seite, wenn weitere Zeilen ohne internen Formfeed-Befehl folgen.

Das kompilierte Programm hat bei mir den Namen `lpprint` und erlaubt die Aufrufoptionen

`lpprint -l=`l_a`-`l_e *file_name*
`lpprint -p=`p_a`-`p_e *file_name*

Damit werden die Zeilen l_a bis l_e bzw. die Seiten p_a bis p_e ausgedruckt. Ohne die Angaben `-`l_e bzw. `-`p_e erfolgt der Ausdruck bis ans Fileende. Ein Programmaufruf ohne Optionen bewirkt den Ausdruck des gesamten Files.

C.1 Der C-Quellenkode

Zu diesem Programm einige kurze Anpassungshinweise. In der Zeile

```
#define PRINTER "..."
```

sollte der String `"..."` durch die Systemadresse für den Drucker ersetzt werden (bei mir ist dies unter UNIX für einen HP-Laserjet z. B. `/dev/tty0p1` und für einen Kyocera-Drucker 2200 die Adresse `"/dev/tty0p2"`; unter DOS wird wahrscheinlich `"COM`n`"` oder `"LPT`n`"` anzugeben sein). Bei der nächsten Zeile

```
#define INIT_PRINTER "... ..."
```

ist die Zeichenkette `"...   ..."` durch den passenden Ausgabestring für die Druckerinitialisierung zu ersetzen, z. B. durch

`"\033E\033&k2G\033&a10L"` für HP-Laserjet oder
`"!R!; FTMD 15; FONT 15; UNIT C; SLM 2.0; EXIT;"` für Kyocera 2200,

um eine geeignete Lineprinterschrift zu wählen und die Werte für den oberen und linken Rand sowie die Seitenlänge festzulegen. Die genauen Angaben sind dem jeweiligen Druckermanual zu entnehmen. Die Beispiele für den Kyocera 2200 bzw. HP-Laserjet entsprechen meinen Einstellungen.

Beim Laserjet führt `\033E` [ESCE] zu einem Druckerreset, womit automatisch auf die Standardschrift und die Standardseitenlänge geschaltet wird. Diese wurden bei der Druckerkonfiguration von mir als 8.5 pt-Lineprinterschrift und mit 82 Zeilen pro Seite eingestellt. Bei einer anderen Druckerkonfiguration müssten Schriftauswahl und Seitenlänge mit geeigneten Escapesequenzen zusätzlich im Initialisierungsstring angegeben werden. [ESC&k2G] wandelt das UNIX-Zeilenende 'L_F' im Drucker in die Folge '$L_F C_R$' um und [ESC&a10L] setzt den linken Rand um zehn Zeicheneinheiten nach rechts.

```
#include <stdio.h>

#define NAMELENGTH 80                        /* Max length for filenames */
#define PRINTER    "..."                     /* Set to printer's address */
#define INIT_PRINTER "... ...       /* Choose proper initialization string*/
#define PAGE  "Page:"                      /* For printing the word Page: */
#define PAGEBREAK  80                                /* Max lines per page */

#define getcount(p,x) while((*p >= '0') && (*p <= '9')) \
                      x = 10*x + *p++ - '0';

FILE *pfile, *printer;
char filename[NAMELENGTH];
int  line_number = 1;
int  page_number = 1;
int  startline, lastline;
int  startpage, lastpage;
void firstline(), firstpage();

/************************************************************************
 * ===>> main(argc,argv)                                                *
 ************************************************************************/
main(argc,argv)
char *argv[];
{
  dialog(argc,argv);                       /* process all lpprint options   */
  openprintfile();                         /* open input File               */
  if(startline) firstline();               /* find first line to be printed */
  else startline = 1;                      /* or set default                */
  if(startpage) firstpage();               /* find first page to be printed */
  else startpage = 1;                      /* or set default                */
  printfile();                             /* now do the main work          */
}
```

```
/*********************************************************************
 * ===>>  dialog(argc,argv)                                          *
 * The selected options are put into global variables by this procedure.*
 *********************************************************************/
dialog(argc,argv)
char *argv[];
{ char *arg;
  filename[0] = 0;
  while (--argc > 0)
  { arg = *++argv;
    if(arg[0] != '-') strcpy(filename,arg);
    else switch(arg[1])
    { case 'l':                                    /* set start line */
        arg += 3;   getcount(arg,startline);
        if(*arg++ == '-') getcount(arg,lastline);
        printf("startline = %d   lastline = %d\n",startline,lastline);
        break;
      case 'p':                                    /* set start page */
        arg += 3;   getcount(arg,startpage);
        if(*arg++ == '-') getcount(arg,lastpage);
        printf("startpage = %d   lastpage = %d\n",startpage,lastpage);
        break;
      default:
        error("Syntax: lpprint [-l=aaa[-eee]] [-p=aaa[-eee]] filename\n");
    }
  }
  if(!filename[0]) error("No file name given on command line!\n");
  if(!lastline)  lastline  = 1000000;   if(!lastpage)  lastpage  = 10000;
}

/*****************************************************************
 * ===>> openprintfile()                                         *
 *****************************************************************/
openprintfile()
{ if((pfile = fopen(filename,"r")) == NULL)
    stringerror("%s file does not exist!\n",filename);
}

/******************************************************************
 * ===>> firstline()                                              *
 * This routine finds the first line to be printed                *
 ******************************************************************/
void firstline()
{ char c;
  while(line_number < startline)
  { while((c = getc(pfile)) !=EOF)
    { if(c == '\f') page_number++;
      if(c == '\n') { line_number++; break; }
    }
  }
}
```

```
/*****************************************************************
 * ===>> firstpage()                                             *
 * This routine finds the first page to be printed               *
 *****************************************************************/
void firstpage()
{ char c;
  while(page_number < startpage)
  { while((c = getc(pfile)) !=EOF)
    { if(c == '\n') line_number++;
      if(c == '\f') { page_number++; break; }
    }
    if(c == EOF) error("Not so many pages in file\n");
  }
  startline = line_number;
}

/****************************************************************
 * ===>> printfile()                                            *
 * This does the main things in printing the output             *
 ****************************************************************/
printfile()
{ char c;
  int incr_line = 0;
  int incr_page = 0;
  printer = fopen(PRINTER,"w");
  fputs(INIT_PRINTER, printer);
  fprintf(printer, "%100s  %d\n\n", PAGE, page_number);
  fprintf(printer, "%6d:     ",line_number);
  while((c = getc(pfile)) != EOF)
  { if(c != '\n' && c !='\f') putc(c,printer);
    else if(c == '\n')
    { if(++line_number > lastline) break;
      incr_line++;
      if(incr_line < PAGEBREAK)
      { putc(c,printer);  fprintf(printer, "%6d:     ",line_number); }
      else
      { incr_page++;
        fprintf(printer,"\f%100s  %d - %2d\n\n", PAGE,
                                page_number, incr_page);
        fprintf(printer,"%6d:     ",line_number);
        incr_line = 0;
      }
    }
    else if(c == '\f')
    { if(++page_number > lastpage) break;
      incr_line = incr_page = 0;           putc(c,printer);
      fprintf(printer, "%100s  %d\n\n",PAGE, page_number);
    }
  }
  fprintf(printer,"\f");
}
```

```
/****************************************
 * error and die routines               *
 * prints error messages and exits lpprint *
 ****************************************/
error(s)
char *s;
{ printf(s);  exit(); }

stringerror(s,t)
char *s,*t;
{ printf(s,t);  exit(); }
```

C.2 Eine CWEB-Realisierung

Das vorgestellte C-Programm ist kurz und bereits hinreichend strukturiert, so dass ein zusätzliches Entwicklungswerkzeug wie CWEB nicht notwendig erscheint. Die anschließende Programmdokumentation wird jedoch deutlich machen, dass selbst für ein so kleines Programm die Nutzung von CWEB Vorteile bietet. Dies gilt besonders für die Einbindung von Erläuterungen, die Aufgliederung in zunächst nur beschreibende Teilaufgaben und die Einführung von globalen C-Strukturen bezüglich der logischen Nähe und nicht nach den formalen C-Vorschriften für deren Anordnung.

Vorab eine Anmerkung zu dem vorliegenden CWEB-Programm. In meinen Programmen verwende ich als Namen für Variablen, Funktionen, Makros, logische Konstanten u. ä. stets englische Begriffe. Dies geschieht nahezu unbewusst, da ich während des Programmierens gewissermaßen auf Englisch denke. Außerdem kommt mir die Mischung von reservierten Wörtern einer Programmiersprache, die zwangsläufig in Englisch vorliegen, mit deutschen Folgewörtern wie ein Stilbruch vor. Als Folge der mentalen Sprachumschaltung erscheinen in meinen Programmen selbst längere Kommentare gewöhnlich in Englisch.

Aus Gesprächen mit Lesern meiner Bücher habe ich gelernt, dass die Kenntnis der englischen Sprache im Bereich der TEX/LATEX-Anwender keineswegs so verbreitet ist, wie ich dies bisher voraussetzte. Aus diesem Grunde erfolgen die beschreibenden TEX-Texte in den nachfolgenden Modulen in Deutsch. Dies verlangt im Vorspann des `.web`-Files den TEX-Befehl `\input german.sty`, der das File `german.sty` einliest. Als Folge der Cweave-Bearbeitung beginnt das erzeugte `.tex`-File stets mit dem Befehl `\input cwebmac`. Die beiden nacheinander eingelesenen Files `cwebmac.tex` und `german.sty` definieren den Befehl `\3` in ganz unterschiedlicher Weise.

In `german.tex` wird `\3` als überholter Befehl zur Erzeugung des 'ß' aus Gründen der Kompatibilität zu älteren Texten vorgehalten. Bei neueren Texten sollte das 'ß' mit `"s` erzeugt werden. In `cwebmac.tex` ist `\3` als

```
\def\3#1{\hfil\penalty#10\hfilneg} % optional break within statments
```

definiert. Diese Definition muss im Vorspann des `.web`-Files nach `\input german` nochmals vorgenommen werden, um die Voraussetzungen für eine sachgerechte TEX-Bearbeitung sicherzustellen. Alternativ sollte evtl. die Definition `\3` aus `\german.tex` entfernt werden.

C.2.1 Die Dokumentation von lpprint

Die Bearbeitung von `lpprint.web` mit Cweave führt zum File `lpprint.tex`, dessen TEX-Bearbeitungsergebnis zunächst vorgestellt wird. Anschließend wird das Ausgangsfile `lpprint.web` partiell vorgestellt. Die Modulerläuterungen enthalten z. T. auch Hinweise, die auf allgemeine CWEB-Praktiken aufmerksam machen.

1. Drucker-Hilfsprogramm. Das Programm `lpprint` versieht ein auszudruckendes File mit laufenden Zeilennummern und fügt als Seitenkopf eine evtl. zweigliedrige Seitennummer der Form s - n hinzu. Der erste Teil dieser Seitennummer beginnt mit 1 und wird jeweils um 1 erhöht, wenn das File ein ASCII-Formfeed-Zeichen enthält. Dies führt gleichzeitig zu einer neuen Seite auf dem Drucker. Das Programm füllt jede Seite bis zu 80 Zeilen auf und erhöht den zweiten Teil der Seitennummer um 1, mit einer gleichzeitig neuen Seite, wenn weitere Zeilen ohne internen Formfeedbefehl folgen.

Der Programmaufruf kennt zwei Aufrufoptionen:

`lpprint -l=`l_a`-`l_e *file_ name* bzw. `lpprint -p=`p_a`-`p_e *file_name*

Damit werden die Zeilen l_a bis l_e bzw. die Seiten p_a bis p_e ausgedruckt. Ohne die Angaben -l_e bzw. -p_e erfolgt der Ausdruck bis ans Fileende. Ein Programmaufruf ohne Optionen bewirkt den Ausdruck des gesamten Files.

2. Das Programmfile beginnt, wie nahezu jedes C-Programm, mit der Bereitstellung einiger globaler Strukturelemente, die an späteren Stellen mit dem Erzeugungskode aufgefüllt werden. Diese werden als das erste namenlose Modul eingerichtet.

⟨Global include files 5⟩ ⟨Global definitions 27⟩
⟨Global variables declarations 7⟩ ⟨Function declarations 16⟩

3. Das Hauptprogramm analysiert zunächst die Programmaufrufzeile. Abhängig von den hier gefundenen Werten wird die erste auszudruckende Zeile bzw. Seite bestimmt oder es werden deren Standardwerte eingesetzt. Danach erfolgt der Ausdruck mit zugefügter Zeilen- und Seitennummer.

main(argc,argv)
char $*$*argv*[ ];
{
⟨Process command line 6⟩ ⟨Process the options 14⟩ ⟨Now do the output work 17⟩
}

4. Formal folgt hierauf ein weiteres namenloses Modul, das unter einem oder mehreren Modulnamen die erforderlichen Funktionsdefinitionen sammelt. Die hier auftretenden Modulnamen hätten gleichermaßen im Anschluss an die Globalstrukturen in Modul 2 aufgeführt werden können. Die Art der Unterteilung spiegelt den individuellen Programmierstil wieder.

⟨Function definitions 8⟩

5. ⟨Global include files 5⟩ ≡
#include < *stdio.h* >

This code is used in section 2.

6. Die Behandlung der Kommandozeile erfolgt in zwei Stufen. Mit *dialog(argc,argv)* wird die Kommandozeile abgefragt und deren Angaben werden in globalen Variablen abgespeichert. Anschließend wird das auszugebende File mit *openreadfile*( ) zum Lesen geöffnet.

⟨Process command line⟩ ≡
dialog(*argc*, *argv*); *openreadfile*( );

This code is used in section 3.

7. Dies verlangt die Bereitstellung der globalen Variablen

#define *NAMELENGTH* 80

⟨Global variables declarations 7⟩ ≡

```
FILE *pfile;
char file_name[NAMELENGTH];
```

See also sections 9 and 19.

This code is used in section 2.

8. Die Kommandozeile wird mit *dialog(argc,argv)* untersucht. Zunächst werden evtl. Optionsangaben abgefragt und deren Werte in *start_line*, *last_line*, *start_page* und *last_page* abgelegt bzw. diese Variablen mit den Standardwerten versehen. Der in der Kommandozeile übergebene Filename wird in *file_name* abgelegt. Bei fehlerhaften Optionsangaben oder fehlendem Filenamen erfolgt eine Fehlermitteilung mit Programmabbruch.

⟨Function definitions 8⟩ ≡

```
dialog(argc,argv)
char *argv[];
{
  char *arg;
  file_name[0] = 0;
  while (-- argc > 0) {
    arg = * ++argv;
    if (arg[0] ≠ '-') strcpy(file_name, arg);        /* get file_name */
    else switch (arg[1]) ⟨Copy the options 10⟩
  }
  ⟨No file_name reaction 11⟩ ⟨Check for end values 12⟩
}
```

See also sections 13, 15, 18, 20, 23 and 25.

This code is used in section 4.

9. Nach Bereitstellung der globalen Variablen

⟨Global variables declarations 7⟩+ ≡

```
int start_line, last_line;
int start_page, last_page;
```

10. werden die Optionen abgehandelt, wofür vorab das Makro *getcount(p,x)* definiert wird:

#define *getcount*(*p*, *x*) **while** $((*p \geq \texttt{'0'}) \wedge (*p \leq \texttt{'9'}))x = 10 * x + *p{+}{+} - \texttt{'0'}$

⟨Copy the options 10⟩ ≡

```
{
case 'l': arg += 3; getcount(arg, start_line);
  if (*arg++ ≡ '-') getcount(arg, last_line);
  printf("startline␣=␣%d␣␣␣lastline␣=␣%d\n", start_line, last_line); break;
case 'p': arg += 3; getcount(arg, start_page);
  if (*arg++ ≡ '-') getcount(arg, last_page);
  printf("startpage␣=␣%d␣␣␣lastpage␣=␣%d\n", start_page, last_page); break;
default: error("Syntax:␣lpprint␣[-l=aaa[-eee]]␣[-p=aaa[-e=eee]]␣filename\n");
}
```

This code is used in section 8.

11. Reaktion bei fehlendem Filenamen in der Kommandozeile:

⟨No *file_name* reaction 11⟩ ≡

```
if (¬file_name[0]) error("No␣filename␣given␣on␣command␣line!\n");
```

This code is used in section 8.

12. Falls keine Endangaben für Zeilen oder Seiten als Optionen vorgegeben sind:

⟨Check for end values 12⟩ ≡

```
if (¬last_line) last_line = 1000000;
if (¬last_page) last_page = 10000;
```

This code is used in section 8.

13. Das zu lesende File *file_name* wird mit *openreadfile*( ) geöffnet und, falls es nicht existiert, mit einer programmabbrechenden Fehlernachricht kommentiert. Das geöffnete File wird dem globalen Filepointer *∗pfile* zugeordnet

⟨Function defintions 8⟩+ ≡

```
void openreadfile( )
{
  if ((pfile = fopen(file_name, "r")) ≡ NULL)
    string_error("%s␣file␣does␣not␣exist\n", fn);
}
```

14. Nun kann das geöffnete File, falls entsprechende Optionen angegeben worden sind, bis zur ersten auszugebenden Zeile bzw. Seite durchmustert werden. Ohne Optionsangaben wurden die Variablen *start_line* und *start_page* ursprünglich mit null initialisiert.

⟨Process the options 14⟩ ≡

```
if (start_line) first_line( );   else start_line = 1;
if (start_page) first_page( );   else start_page = 1;
```

This code is used in section 8.

15. Die Definitionen von *first_line*( ) und *first_page*( ) erfolgen als

⟨Function definitions 8⟩+ ≡

```
void first_line( )
{
  char c;
  while (line_number < start_line) {
    while ((c = getc(pfile)) ≠ EOF) {
      if (c ≡ '\f') page_number++;
      if (c ≡ '\n') {
        line_number++; break;
      }
    }
    if (c ≡ EOF) string_error("Not␣so␣many␣lines␣in␣file␣%s\n", file_name);
  }
}

void first_page( )
{
  char c;
  while (page_number < start_page) {
    while ((c = getc(pfile)) ≠ EOF) {
      if (c ≡ '\n') line_number++;
      if (c ≡ '\n') {
        page_number++; break;
      }
    }
    if (c ≡ EOF) string_error("Not␣so␣many␣pages␣in␣file␣%s\n", file_name);
  }
}
```

16. Dies setzt die globalen Funktionserklärungen voraus:

⟨Function declarations 16⟩ ≡

```
void openreadfile(), first_line(), first_page();
```

See also sections 24 and 26.

This code is used in section 2.

17. Die Druckausgabe wird mit den Funktionsaufrufen *init_printer*( ), *print_file*( ) und *clean_up*( ) realisiert. Hierfür wird vorab definiert:

```
#define PRINTER "/dev/tty0p1"    /* lokale Anpassung durch .ch-File */
#define INIT_PRINTER "\033E\033&k2G\033&a10L"    /* lokale Anpassung dto */
#define PAGE "Seite:␣"
#define PAGEBREAK 80
```

⟨Now do the output work 17 ≡

```
init_printer(); print_file(); clean_up();
```

This code is used in section 3.

18. Die Funktion *init_printer*( ) öffnet und initialisiert den Drucker. Für die erste Ausgabeseite wird gleichzeitig die Anfangsseiten- und Zeilennummer ausgegeben.

⟨Function definitions 8⟩+ ≡

```
void init_printer()
{
  printer = fopen(PRINTER, "w"); fputs(INIT_PRINTER, printer);
  fprintf(printer, "100s␣␣%d\n\n", PAGE, page_number);
  fprintf(printer, "%6d:␣␣␣␣␣", line_number);
}
```

19. Die hier auftretenden Variablen *printer*, *line_number* und *page_number* sind global zu erklären und zu initialisieren:

⟨Global variables declarations 7⟩+ ≡

```
FILE *printer;
int line_number = 1, page_number = 1;
```

20. Die Funktion *print_file*( ) durchmustert das Eingabefile ab dem aktuellen Wert von *line_number* und stellt jeder neuen Zeile die laufende Zeilennummer *line_number* voran. Der aktuelle Wert von *line_number* ist entweder eins (keine Optionsangabe) oder der in *first_line*( ) oder *first_page*( ) übergebene Anfangswert.

Zu Beginn sind die lokalen Zähler *incr_line* und *incr_page* auf null gesetzt. Mit jeder neuen Zeile wird *incr_line* um eins erhöht. Nach max. *PAGEBREAK* Zeilen erfolgt ein Seitenumbruch mit gleichzeitiger Inkrementierung von *incr_page* um eins und Rücksetzung von *incr_line* auf null. Anschließende Seitennummern werden als $s - n$ mit den aktuellen Werten von $n =$ *page_number* und $s =$ *incr_page* ausgegeben. Nach einem Formfeed im Eingabefile wird *page_number* um eins erhöht und gleichzeitig *incr_line* und *incr_page* auf null zurückgesetzt.

```
⟨Function definitions 8⟩+ ≡
  void print_file( )
  {
    char c;
    int incr_i line = 0;
    int incr_page = 0;
    while ((c = getc(pfile)) ≠ EOF) {
      if (c ≠ '\n' ∧ c ≠ '\f') putc(c, printer);
      else if (c ≡ '\n') ⟨Handle new line 21⟩
        else if (c ≡ '\f') ⟨Handle new page 22⟩
    }
  }
```

21. Die hier angeführten Ausführungsmodule sind:

```
⟨Handle new line 21⟩ ≡
  {
    if (++ line_number > last_line) break;        /* finish output */
    incr_line ++;
    if (incr_line < PAGEBREAK) {
      putc(c, printer); fprintf(printer, "%6d:␣␣␣␣␣", line_number);
    }
    else {
      incr_page ++;
      fprintf(printer, "\f%d100s␣␣%d␣-␣%2d\n\n", PAGE, page_number, incr_page);
      fprintf(printer, "%6d:␣␣␣␣␣", line_number); incr_line = 0;        /* reset incr_line */
    }
  }
This code is used in section 20.
```

22. und

```
⟨Handle new page 22⟩ ≡
  {
    if (++ page_number > last_page) break;        /* finish output */
    incr_line = incr_page— = 0;        /* reset incr_line and incr_page */
    putc(c, printer); fprintf(printer, "%100s␣␣%d\n\n", PAGE, page_number);
  }
This code is used in section 20.
```

23. Die letzte Funktion aus dem Modul ⟨Now do the main work⟩ erzwingt den Ausdruck einer evtl. Teilseite und schließt die geöffneten Files.

```
⟨Function definitions 8⟩+ ≡
  void clean_up( )
  {
    fprintf(printer, "\f"); fclose(printer); fclose(pfile);
  }
```

24. Die vorstehenden und als **void** definierten Funktionen müssen vorab noch global erklärt werden, da die Funktionen erst nach ihren Aufrufen definiert wurden. Von diesen Erklärungen könnte abgesehen werden, wenn sie im ersten namenlosen Modul und damit vor ihren Aufrufen definiert würden.

```
⟨Function declarations 16⟩+ ≡
  void init_printer( ), print_file( ), clean_up( );
```

25. Im vorangehenden Text wurden gelegentlich die Hilfs- und Beendigungsfunktionen *error*(s) und *string_error*(s, t) aufgerufen. Diese werden als

⟨Function definitions 8⟩+ ≡

```
void error(s)
char *s;
{
   printf(s); exit();
}

void string_error(s, t)
char *s, *t;
{
   printf(s, t); exit();
}
```

26. eingerichtet und vorab als **void** erklärt:

⟨Function declarations 16⟩+ ≡

```
void error(), string_error();
```

27. Das erste namenlose Modul enthielt den Modulaufruf ⟨Global definitions⟩. Beim vorliegenden Programm ist dies ein Leermodul, da globale Definitionen als C-Text nicht auftraten. Es wurde zu Beginn nur angeführt, da es häufig Bestandteil von CWEB-Programmen ist. Aus formalen Gründen muss es noch als Leermodul definiert werden.

⟨Global definitions 27⟩ ≡

This code is used in section 2.

28. **Systemanpassungen**. Im Indexregister erscheinen unter dem Stichwort „Systemanpassungen" die Modulnummern, die ggf. systemspezifisch zu ändern sind. Dies sollte mit einem `.ch`-File als @y-@z-Zweig erfolgen.

29. Index

NAMES OF THE SECTIONS LPPRINT

Der vorstehende Ausdruck entspricht, mit Ausnahme der Kopfzeilen und evtl. anderen Seitenumbrüchen, dem Originalergebnis von Cweave auf `lpprint.web` und der anschließenden TEX-Bearbeitung. Anstelle der Kopfzeilen für dieses Buch stehen beim Original Kopfzeilen mit der außenbündigen Seitennummer und der innenbündigen ersten Modulnummer der laufenden Seiten. Zusätzlich enthält die Kopfzeile die Überschrift der aktuellen Modulgruppe und den Programmnamen.

C.2.2 Der `lpprint.web`-Quellenkode

Beim nachfolgenden Quellentext erscheint jeweils nur der Beginn der ersten Zeile der TEX-Texte für die einzelnen Module. Der gesamte Erläuterungstext kann der vorangegangenen Dokumentation entnommen werden, wo er auch besser lesbar ist. Alle C-Texte werden dagegen vollständig wiedergegeben.

```
%%%%%%%%%%%%%%%%%%%%%%%%%%%%%%%%%%%%%%%%%%%%%%%%%%%%%%%%%%%%%%%%%%%%%%%%
%%                                                                    %%
%%                    Source Code for lpprint.web                     %%
%%                                                                    %%
%%%%%%%%%%%%%%%%%%%%%%%%%%%%%%%%%%%%%%%%%%%%%%%%%%%%%%%%%%%%%%%%%%%%%%%%

\input german
\def\3#1{\hfil\penalty#10\hfilneg}      % redefine \3 for cwebmac.tex

@*Drucker-Hilfsprogramm.
Das Programm \.{lpprint} versieht ein auszudruckendes File ...

@ Das Programmfile beginnt, wie nahezu jedes C-Programm, mit der ...
@c
@<Global include files@>@;          @<Global definitions@>@;@/
@<Global variables declarations@>@; @<Function declarations@>@;
```

```
@ Das Hauptprogramm analysiert zun"achst die Programmaufrufzeile. ...
@c main(argc,argv)
   char *argv[];@/
   { @< Process command line@>@;    @< Process the options@>@;
     @< Now do the output work@>@;
   }

@ Formal folgt hierauf ein weiteres namenloses Modul, das unter ...
@c@< Function definitions @>

@ @<Global inc...@>=#include <stdio.h>

@ Die Behandlung der Kommandozeile erfolgt in zwei Stufen. Mit ...
@< Process com...@>= dialog(argc,argv); openreadfile(pfile,file_name);

@ Dies verlangt die Bereitstellung der globalen Variablen
@d NAMELENGTH 80
@<Global var...@>= FILE *pfile;  char file_name[NAMELENGTH];

@ Die Kommandozeile wird mit |dialog(argc,argv)| untersucht. ...
@< Function def...@>=
dialog(argc,argv)
char *argv[];
{ char *arg;
  file_name[0] = 0;
  while (--argc > 0)
  { arg = *++argv;
    if(arg[0] != '-') strcpy(file_name,arg);  /* get |file_name| */
    else@,@,@+switch(arg[1]) @< Copy the options @>@;
  }
  @< No |file_name| reaction @>@;  @< Check for end values @>@;
}

@ Nach Bereitstellung der globalen Variablen
@<Global var...@>=
int start_line, last_line;    int start_page, last_page;

@ werden die Optionen abgehandelt, wof"ur vorab das Makro |getcount(p,x)|
@d getcount(p,x) while((*p >= '0') && (*p <= '9')) x = 10*x + *p++ - '0'
@< Copy the options @>=
{ case 'l':
    arg +=3; getcount(arg,start_line);
    if(*arg++ == '-') getcount(arg,last_line);
    printf("startline = %d  lastline = %d\n",start_line,last_line); break;
  case 'p':
    arg +=3; getcount(arg,start_page);
    if(*arg++ == '-') getcount(arg,last_page);
    printf("startpage = %d  lastpage = %d\n",start_page,last_page); break;
  default:
    error("Syntax: lpprint [-l=aaa[-eee]] [-p=aaa[-e=eee]] filename\n");
}
```

```
@ Reaktion bei fehlendem Filenamen in der Kommandozeile
@< No |file_name|...@>=
if(!file_name[0]) error("No filename given on command line!\n");

@ Falls keine Endangaben f"ur Zeilen oder Seiten als Option vorgegeben wird:
@< Check for...@>=
if(!last_line) last_line = 1000000;
if(!last_page) last_page = 10000;

@ Das zu lesende File |file_name| wird mit |openreadfile()| ge"offnet ...
@< Function def...@>=
openreadfile()
{ if((pfile = fopen(file_name,"r")) == NULL)
    string_error("%s file does not exist\n",file_name);
}

@ Nun kann das ge"offnete File, falls entsprechende Optionen angegeben ...
@< Process the options@>=
if(start_line) first_line();@+@t\quad@>@+else start_line=1;
if(start_page) first_page();@+@t\quad@>@+else start_page=1;

@ Die Definitionen von |first_line()| und |first_page()| erfolgen als
@<Function def...@>=
void first_line()
{ char c;
  while(line_number < start_line)
  { while ((c = getc(pfile)) != EOF)
    { if(c == '\f') page_number++;
      if(c == '\n') { line_number++; break; }
    }
    if(c == EOF) string_error("Not so many pages in file %s\n", file_name);
  }
}

@#
void first_page()
{ char c;
  while(page_number < start_page)
  { while ((c = getc(pfile)) != EOF)
    { if(c == '\n') line_number++;
      if(c == '\n') { page_number++; break; }
    }
    if(c == EOF) string_error("Not so many pages in file %s\n", file_name);
  }
}

@ Dies setzt die globalen Funktionserkl"arungen voraus
@< Function dec...@>=
void openreadfile(), first_line(), first_page();
```

```
@ Die Druckausgabe wird mit den Funktionsaufrufen |init_printer()|, ...
... Hierf"ur wird vorab definiert: @^Systemanpassungen@>
@d PRINTER "/dev/tty0p1"         /* lokale Anpassung durch \.{.ch}-File */
@d INIT_PRINTER "\033E\033&k2G\033&a10L"       /* lokale Anpassung dto  */
@d PAGE "Seite: "
@d PAGEBREAK 80

@<Now do...@>=
init_printer(); print_file(); clean_up();

@ Die Funktion |init_printer()| "offnet und initialisiert den Drucker. ...
@< Function def...@>=
void init_printer()
{ printer = fopen(PRINTER,"w");
  fputs(INIT_PRINTER, printer);
  fprintf(printer, "100s  %d\n\n", PAGE, page_number);@/
  fprintf(printer, "%6d:     ", line_number);
}

@ Die hier auftretenden Variablen |printer|, |line_number| und ...
@< Global var...@>=
FILE *printer;
int line_number=1, page_number=1;

@ Die Funktion |print_file()| durchmustert das Eingabefile ab dem ...
@< Function def...@>=
void print_file()
{ char c;
  int incr_line = 0;
  int incr_page = 0;
  while((c = getc(pfile)) != EOF)
  { if(c != '\n' && c != '\f') putc(c,printer);
    else if(c == '\n') @< Handle new line@>@;
    else if(c == '\f') @< Handle new page@>@;
  }
}

@ Die hier angef"uhrten Ausf"uhrungsmodule sind
@< Handle new line@>=
{ if(++line_number > last_line) break;  /* finish output */
  incr_line++;
  if(incr_line < PAGEBREAK)
  { putc(c,printer); fprintf(printer, "%6d:     ", line_number);}
  else
  { incr_page++;
    fprintf(printer,"\f%d100s  %d - %2d\n\n", PAGE, page_number, incr_page);
    fprintf(printer,"%6d:     ", line_number);
    incr_line = 0;     /* reset |incr_line| */
  }
}
```

```
@ und
@< Handle new page@>=
{ if(++page_number > last_page) break;  /* finish output */
  incr_line = incr_page = 0;  /* reset |incr_line| and |incr_page| */
  putc(c,printer); fprintf(printer, "%100s  %d\n\n", PAGE, page_number);
}

@ Die letzte Funktion aus dem Modul $\langle\hbox{Now do the main ...
@< Function def...@>=
void clean_up()
{ fprintf(printer,"\f");
  fclose(printer); fclose(pfile);
}

@ Die vorstehenden und als |void| definierten Funktionen m"ussen vorab ...
@< Function dec...@>=
void init_printer(), print_file(), clean_up();

@ Im vorangehenden Text wurden gelegentlich die Hilfs- und ...
@< Function def...@>=
void error(s)
char *s;
{ printf(s); exit();}
@#
void string_error(s,t)
char *s, *t;
{ printf(s,t); exit();}

@ eingerichtet und vorab als |void| erkl"art
@< Function dec...@>=
void error(), string_error();

@ Das erste namenlose Modul enthielt den Modulaufruf ...
@<Global def...@>=

@*Systemanpassungen. Im Indexregister erscheinen unter dem Stichwort ...

@*Index
```

Die Einrückungen bei einigen C-Texten haben für die Cweave-Bearbeitung keinerlei Bedeutung. Ebenso haben evtl. Leerzeilen und Zeilenumbrüche keine Auswirkungen. Sie dienen nur der besseren Lesbarkeit des `.web`-Files. Cweave erkennt weitgehend die logische Programmstruktur und nimmt Zeilenumbrüche und Einrückungen nach seinen eingebauten Regeln vor. Mit den CWEB-Steuerstrukturen `@/`, `@|`, `@#` und `@+` kann der Zeilenumbruch im C-Text vom Anwender gesteuert werden. Die Steuerstruktur `@;` empfiehlt sich nach allen Modulnamen, deren Ersetzungstext mit einem Semikolon als C-Struktur endet. Mit Kenntnis von `cwebmac.tex` kann durch `@t\4@>` eine Einrückung im C-Text um eine Stufe zurückgenommen werden. Anweisungen wie `\.`{*text*} nutzen `cwebmac.tex`-Befehle, hier z. B. die Umschaltung auf Schreibmaschinenschrift für *text*.

C.2.3 Auszug aus `lpprint.tex`

Das aus der Cweave-Bearbeitung entstandene `.tex`-File greift auf Befehle zurück, die in `cwebmac.tex` definiert werden. Die meisten dieser Befehle werden dem Anwender unbekannt und unverständlich erscheinen. Ihre Kenntnis ist auch nicht erforderlich, da evtl. Korrekturen nicht im `.tex`-File, sondern ausschließlich im `.web`-Ausgangsfile vorgenommen werden sollten. Um eine Vorstellung des Cweave-Bearbeitungsergebnisses zu vermitteln, folgt hier ein kurzer Auszug aus `lpprint.tex`:

```
\input cwebmac
\input german
\def\3#1{\hfil\penalty#10\hfilneg}    % redefine \3 for cwebmac.tex

\N1. Drucker-Hilfsprogramm.  Das Programm \.{lpprint} versieht einen ...
\fi

\M2. Das Programmfile beginnt, wie nahezu jedes C-Programm, mit der
Bereitstellung einiger globaler Strukturelemente, die an sp"ateren Stellen
mit dem Erzeugungskode aufgef"ullt werden, als erstes namenloses Modul:
\Y\P\X5:Global include files\X\5
\X27:Global definitions\X\6
\X7:Global variables declarations\X\5
\X16:Function declarations\X\par
\fi

\M3. Das Hauptprogramm analysiert zun"achst die Programmaufrufzeile.
Abh"angig von den hier gefundenen Werten wird die erste auszudruckende
Zeile bzw.\ Seite bestimmt, oder deren Standardwerte werden eingesetzt.
Danach erfolgt der Ausdruck mit zugef"ugter Zeilen- und Seitennummer.
\Y\P$\\{main}(\\{argc},\39\\{argv})$\6
\&{char} ${*}\\{argv}[\,];$\6
$\{$\1\6
\X6:Process command line\X\5
\X14:Process the options\X\5
\X17:Now do the output work\X\6
\4$\}$\2\par
\fi
```

Die zweite und dritte Zeile stammen aus dem Vorspann von `lpprint.web`, denen die erste Zeile durch Cweave vorangestellt wird. Die Befehle '`\M`n`.`' bzw. '`\N`n`.`t`.`' erzeugen die Modulnummer n sowie ggf. die Überschrift t einer Modulgruppe. Der Befehl '`\Y`' beginnt einen neuen Absatz und fügt vertikalen Zwischenraum hinzu. Mit '`\P`' wird in den sog. C-Modus (als Ergänzung zum horizontalen, vertikalen und mathematischen TEX-Modus) umgeschaltet. `\\{`*text*`}` schaltet auf die Schriftart `\it` für den übergebenen *text* um. Im Vorspann wurde '`\3`' rückdefiniert und erschwert einen Zeilenumbruch innerhalb einer C-Anweisung. Mit '`\X`n`:`k`\X`' werden der Modulkennname k bis zum Auftreten eines weiteren `\X` sowie die angefügte Modulnummer n erzeugt und von Winkelklammern umschlossen.

Für weitere Befehlserläuterungen muss auf `cwebmac.tex` verwiesen werden. Die meisten Definitionen sind dort mit kurzen Kommentaren zur Erläuterung versehen.

C.2.4 Auszug aus `lpprint.c`

Auch das mit Ctangle erzeugte `.c`-File braucht den Anwender im Normalfall nicht zu interessieren, da Fehlermeldungen des Compilers auf die Zeilennummern im `.web`-File verweisen, so dass Syntaxfehler im `.web`-File leicht korrigiert werden können. Auch hier folgt deshalb nur ein kurzer Auszug aus `lpprint.c`, zusammen mit einigen Hinweisen zur Erläuterung.

```
/*:2*//*3:*/
#line 36 "lpprint.web"
main(argc,argv)
char*argv[];
{/*6:*/
#line 58 "lpprint.web"
dialog(argc,argv);openreadfile();
/*:6*/
#line 38 "lpprint.web"

/*14:*/
#line 135 "lpprint.web"
if(start_line)first_line();
if(start_page)first_page();
/*:14*/
#line 39 "lpprint.web"

/*17:*/
#line 176 "lpprint.web"
init_printer();print_file();clean_up();
/*:17*/
#line 40 "lpprint.web"
}

/*:3*//*4:*/
```

Die Kommentarzeile '`/*:2*//*3:/`' sagt aus, dass das vorangegangene Modul 2 hier endet und nunmehr mit der Abarbeitung von Modul 3 begonnen wird. Dieses beginnt in Zeile 36 von `lpprint.web`. Die nächsten drei Zeilen enthalten den C-Kode '`main(argc,argv)`', '`char*arg[v]`' und '`{`'. Hiernach ist zunächst das Modul 6 abzuarbeiten. Dieses beginnt in Zeile 58 von `lpprint.web` und besteht aus dem hier eingesetzten C-Kode '`dialog(argc,argv);openreadfile();`' Damit endet bereits das Modul 6, was mit der Kommentarzeile `/*:6*/` zum Ausdruck gebracht wird.

Anschließend geht es mit Zeile 38 aus `lpprint.web` weiter. Hier ist zunächst das weitere Modul 14 gemäß `/*14:*/` abzuarbeiten, das in Zeile 135 beginnt und für das der anschließende C-Kode

'`if(start_line)first_line();`' und '`if(start_page)first_page();`'

eingesetzt wird, womit gemäß `/*:14*/` gleichzeitig Modul 14 endet und zur Zeile 39 zurückgekehrt wird. Die nächsten Zeilen für Modul 17 brauchen nicht nochmals erläutert werden. Nach der schließenden Klammer in Zeile 40 endet gleichzeitig das Modul 3 und es beginnt die Abarbeitung von Modul 4.

Literaturverzeichnis

[1] Leslie Lamport. *LaTeX – A Document Preparation System.* Addison Wesley Longman, Inc., Reading, MA, 2. ed. 1994

[1a] Leslie Lamport. *Das LaTeX-Handbuch.* Addison-Wesley-Longman (Deutschland) GmbH, Bonn, 1995. Deutsche Übersetzung von [1] mit einer Ergänzung über `german.sty`

[2] Michel Goossens, Frank Mittelbach, Alexander Samarin. *The LaTeX Companion.* Addison Wesley Longman, Inc., Reading, MA, 1994

[2a] Michel Goossens, Frank Mittelbach, Alexander Samarin. *Der LaTeX-Begleiter.* Addison-Wesley-Longman (Deutschland) GmbH, Bonn, 1995. Deutsche Übersetzung von [2]

[3] Michel Goossens, Sebastian Rahtz, Frank Mittelbach. *The LaTeX Graphics Companion.* Addison Wesley Longman, Inc., Reading, MA., 1997

[4] Michel Goossens, Sebastian Rahtz. *The LaTeX Web Companion.* Addison Wesley Longman, Inc., Reading, MA., 1999

[4a] Michael Goossens, Sebastian Rahtz. *Mit LaTeX ins Web.* Addison-Wesley (Deutschland) GmbH, München, 2000. Deutsche Übersetzung von [4]

[5] Helmut Kopka. *LaTeX, Band 1–3*, Addison-Wesley (Deutschland) GmbH, Bonn 1993

[5a] Band 1: *LaTeX-Einführung*, 3., überarbeitete Auflage, 2000 und 2002

[5b] Band 2: *LaTeX-Ergänzungen – mit einer Einführung in METAFONT*, 3. überarbeitete Auflage, 2002

[5c] Band 3: *LaTeX-Erweiterungen*, 1996

[5u] *LaTeX– Eine Einführung*, 1.–4. Aufl., Bonn 1988–1993, Vorläufer zu Band 1.

[5v] *LaTeX-Erweiterungsmöglichkeiten*, 1.–3. Aufl., Bonn 1990–1992, Vorläufer zu Band 2 und Band 3

[6] Helmut Kopka and Patrick W. Daly. *A Guide to LaTeX 2ε — Document Preparation for Beginners and Advanced Users*, 3. Aufl., Addison Wesley Longman Publishing Company, Workingham, 1998

[7] Rames Abdelhamid. *Das Vieweg LaTeX-Buch.* Vieweg, Braunschweig, 1993

[8] R. Wonneberger. *Kompaktführer LaTeX*, 3., durchgesehene und erweiterte Auflage. Addison-Wesley-Longman (Deutschland) GmbH, Bonn, 1993

[9] Jörg Knappen, Hubert Partl, Elisabeth Schlegel, Irene Hyna. *LaTeX 2ε-Kurzbeschreibung*. Verfügbar auf dem CTAN-DANTE-Fileserver, 1998

[10] Donald E. Knuth. *Computers and Typesetting Vol. A–E*. Addison Wesley Longman, Inc., Reading, MA, 1987–1991

[10a] Vol. A: *The TeXbook*, 11. ed. 1991

[10b] Vol. B: *TeX: The Program*, 4. ed. 1991

[10c] Vol. C: *The METAFONTbook*, 4. ed. 1991

[10d] Vol. D: *METAFONT: The Program*, 4. ed. 1991

[10e] Vol. E: *Computer Modern Typefaces*, 3. ed. 1987

[11] Norbert Schwarz. *Einführung in TeX*, 3., überarbeitete Auflage. Addison-Wesley-Longman (Deutschland) GmbH, Bonn, 1991

[12] Wolfgang Appelt. *TeX für Fortgeschrittene*. Addison-Wesley-Longman (Deutschland) GmbH, Bonn, 1988

[13] Stephan von Bechtolsheim. *TeX in Practice, Vol. I–IV*, Springer-Verlag, New York, 1993

[13a] Vol. I: Basics

[13b] Vol. II: Paragraphs, Math, and Fonts

[13c] Vol. III: Tokens, Macros

[13d] Vol. IV: Output Routines, Tables

[14] Paul W. Abrahams. *TeX for the Impatient*, Addison Wesley Longman, Inc., Reading, MA, 1990

[15] Victor Eijkhout. *TeX by Topic*, Addison Wesley Longman Publishing Company, Workingham, UK, 1992

[16] Wynter Snow. *TeX for the Beginner*, Addison-Wesley Publishing Company, Reading, MA, 1992

[17] Michael Urban. *An Introduction to LaTeX*. Originally prepared for TRW Software Productivity Project 1986; reprinted with permission and distributed by TUG, Providence, RI.

[18] Michael Spivak. *The Joy of TeX*. American Mathematical Society, Providence, RI., 1986

[19] Michael J. Wichura. *The PiCTeX Manual*. TeX Users Group, Providence, RI., 1987

[20] Michael Kofler. *LINUX Installation, Konfiguration, Anwendung*, 4. Aufl., Addison-Wesley-Longman (Deutschland) GmbH, Bonn 1999

[21] Klaus Braune. *TeX Tools, Software zum Arbeiten mit TEX unter Linux*. dpunkt-Verlag, Heidelberg 1998

[22] Anne Brüggemann-Klein. *Einführung in die Dokumentverarbeitung*. B. G. Teubner, Stuttgart, 1989

[23] TUGboat. *The TEX Users Group Newsletter*. TUG, Providence, RI, Vol. 1, 1980 – Vol. 22, 2001 (jährlich drei Ausgaben, vorher zwei)

[24] DANTE. *Die TEXnische Komödie*. Mitgliederschrift der Deutschsprachigen TEX-Anwendervereinigung 1989–2002. Mit Ausnahme von 1989 jährlich vier 64seitige Ausgaben.

Index

Unterstrichene Seitenzahlen bei den nachfolgenden Stichwörtern verweisen auf diejenigen Stellen, an denen der zugehörige Begriff oder Befehl eingeführt und erläutert oder definiert wird.

Das Stichwortverzeichnis ist vielfach in Haupt– und zweistufige Unterbegriffe gegliedert. Tritt ein Stichwort nicht bei den Hauptbegriffen auf, so sollte zunächst nach einem Oberbegriff gesucht werden, unter dem das gesuchte Stichwort eventuell als Untereintrag zu finden ist. Solche umfassenden Oberbegriffe sind vor allem die Haupteinträge

Klassenfiles, LaTeX-Befehle, LaTeX-Entwicklungswerkzeuge, LaTeX 2.09-Hauptstilarten, Layoutentwicklungen, TeX-Bearbeitungsmodi, TeX-Befehle u. a.